가스기능장 필기

과년도 기출문제

PREFACE
머리말

　필자는 보일러, 고압가스, 열관리, 공조냉동기술학원에서 학원장 및 학원강사로 50여 년간 재직하면서 그동안 많은 수강생을 배출하였습니다. 이를 기회로 국가기술자격증 취득에 일조하고자 수많은 기술서적을 저술하는 가운데 에너지관리기능장 필기, 실기 교재를 선보이게 된바 전국의 독자들로부터 고압가스, 위험물, 배관, 용접분야의 기능장에 대한 교재도 저술하여 달라는 요청을 받았습니다.

　이번에 몇 개월을 할애하여 먼저 가스기능장 원고를 탈고하여 도서출판 예문사에서 출간하게 되었습니다. 전국의 고압가스 취급사업장에서 가스분야 취급, 시공을 담당하시는 여러분께서 가스기능장 1차 필기시험을 준비하시는 데 이 교재가 채택되어 좋은 결과를 얻으신다면 저자로서는 이보다 더 좋은 보람이 없겠습니다.

　도서의 미흡한 점이나 혹시 발견될 오류에 대해서는 추후 계속 수정·보완해나갈 예정입니다. 아무쪼록 이 가스기능장 필기편이 여러분들에게 호평을 받아서 좋은 결실이 맺어지기를 간절히 바라면서 수험자 여러분들의 노력과 건투를 빕니다.

　마지막으로 이 교재가 출간되는 데 적극적으로 도움을 주신 예문사 대표 정용수 님께 감사드리며 그간 노고를 아끼지 않으신 편집부 직원들에게도 감사를 드립니다.

저자 일동

INFORMATION
최신 출제기준 (필기)

직무분야	안전관리	중직무분야	안전관리	자격종목	가스기능장	적용기간	2024. 1. 1~2027. 12. 31
직무내용 : 가스에 관한 최상급 숙련기능을 가지고 산업현장에서 작업관리, 기능자의 지도 및 감독, 훈련, 안전관리 등의 업무를 수행하는 직무이다.							
필기검정방법	객관식	문제수	60	시험시간	1시간		

필기 과목명	문제수	주요항목	세부항목	세세항목
가스이론, 가스의 제조 및 설비, 가스안전관리 및 공업경영에 관한 사항	60	1. 가스이론	1. 가스의 성질	1. 기체의 법칙 2. 기체 이론 3. 기체의 특성 4. 기체의 유동(흐름)현상
			2. 가스의 연소와 분석	1. 연소·폭발 2. 반응속도 및 평형 3. 가스분석 4. 가스계측
		2. 가스의 제조 및 설비	1. 가스의 제조 및 용도	1. 고압가스 2. 액화석유가스 3. 도시가스
			2. 가스설비	1. 가스설비 재료의 성질 2. 가스설비 재료의 강도 3. 가스설비 용접 및 비파괴검사 4. 가스 제조 설비 5. 가스 저장 및 충전 설비 6. 가스 배관 설비 7. 가스용품 및 기기 8. 정압기 9. 펌프 및 압축기 10. 압력용기 및 기화장치 11. 전기방폭 설비 12. 내진설비 및 기술사항
			3. 가스 발생 설비의 구조 및 원리	1. 공기액화 분리장치 2. 저온장치 및 반응기 3. 고온장치 및 반응기 4. 가스 계측 설비 5. 냉동사이클
		3. 가스 관련 법규	1. 고압가스 관계법규	1. 고압가스 안전관리법 및 시행령에 관한 사항 2. 고압가스 안전관리법 시행규칙 및 고시에 관한 사항 3. 가스기술기준(KGS Code)에 관한 사항

필기 과목명	문제수	주요항목	세부항목	세세항목
			2. 도시가스 관계법규	1. 도시가스사업법 및 시행령에 관한 사항 2. 도시가스사업법 및 시행규칙 및 고시에 관한 사항 3. 가스기술기준(KGS Code)에 관한 사항
			3. 액화석유가스 관계법규	1. 액화석유가스의 안전관리 및 사업법, 시행령에 관한 사항 2. 액화석유가스의 안전관리 및 사업법, 시행규칙 및 고시에 관한 사항 3. 가스기술기준(KGS Code)에 관한 사항
			4. 수소경제 육성 및 수소안전관리에 관한 법률 관계법규	1. 수소경제 육성 및 수소 안전관리에 관한 법률에 관한 사항 2. 수소경제 육성 및 수소 안전관리에 관한 법률 및 시행령, 시행규칙 및 고시에 관한 사항 3. 가스기술기준(KGS Code)에 관한 사항
			5. 가스안전관리	1. 가스제조 설비 2. 가스 충전 및 저장 3. 가스 공급 설비 4. 부식 및 방식 5. 가스운반 및 취급 6. 재해 시 응급조치 7. 예방대책 8. 위험성 평가
		4. 공업경영	1. 품질관리	1. 통계적 방법의 기초 2. 샘플링 검사 3. 관리도
			2. 생산관리	1. 생산계획 2. 생산통제
			3. 작업관리	1. 작업방법연구 2. 작업시간연구
			4. 기타 공업경영에 관한 사항	1. 기타 공업경영에 관한 사항

CBT 전면시행에 따른

CBT PREVIEW

한국산업인력공단(www.q-net.or.kr)에서는 실제 컴퓨터 필기시험 환경과 동일하게 구성된 자격검정 CBT 웹 체험을 제공하고 있습니다. 또한, 예문사 홈페이지(http://yeamoonsa.com)에서도 CBT 형태의 모의고사를 풀어볼 수 있으니 참고하여 활용하시기 바랍니다.

수험자 정보 확인

시험장 감독위원이 컴퓨터에 나온 수험자 정보와 신분증이 일치하는지를 확인하는 단계입니다.
수험번호, 성명, 주민등록번호, 응시종목, 좌석번호를 확인합니다.

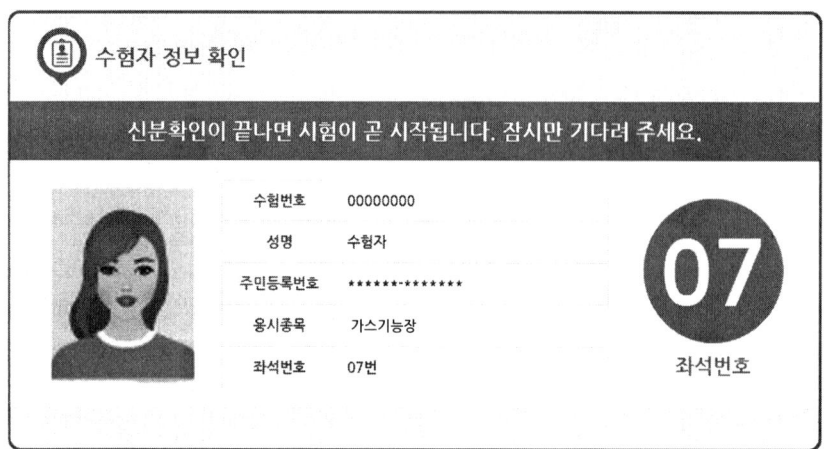

안내사항

시험에 관련된 안내사항이므로 꼼꼼히 읽어보시기 바랍니다.

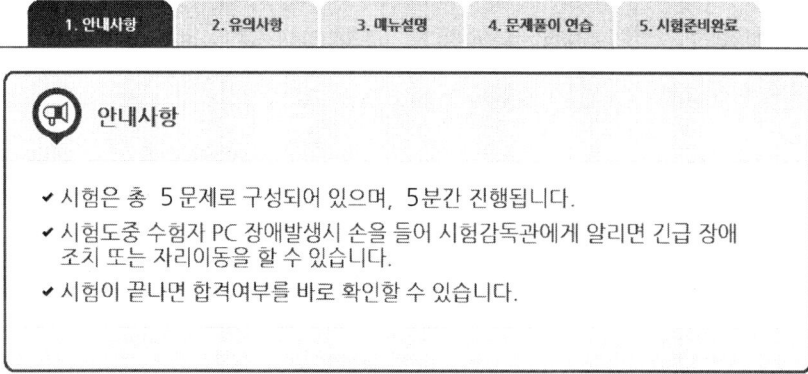

MASTER CRAFTSMAN GAS

유의사항

부정행위는 절대 안 된다는 점, 잊지 마세요!

> **유의사항 - [1/3]**
>
> - 다음과 같은 부정행위가 발각될 경우 감독관의 지시에 따라 퇴실 조치되고, 시험은 무효로 처리되며, 3년간 국가기술자격검정에 응시할 자격이 정지됩니다.
>   - ✔ 시험 중 다른 수험자와 시험에 관련한 대화를 하는 행위
>   - ✔ 시험 중에 다른 수험자의 문제 및 답안을 엿보고 답안지를 작성하는 행위
>   - ✔ 다른 수험자를 위하여 답안을 알려주거나, 엿보게 하는 행위
>   - ✔ 시험 중 시험문제 내용과 관련된 물건을 휴대하여 사용하거나 이를 주고받는 행위
>
> 〔 다음 유의사항 보기 ▶ 〕

문제풀이 메뉴 설명

문제풀이 메뉴에 대한 주요 설명입니다. CBT에 익숙하지 않다면 꼼꼼한 확인이 필요합니다. (글자크기/화면배치, 전체/안 푼 문제 수 조회, 남은 시간 표시, 답안 표기 영역, 계산기 도구, 페이지 이동, 안 푼 문제 번호 보기/답안 제출)

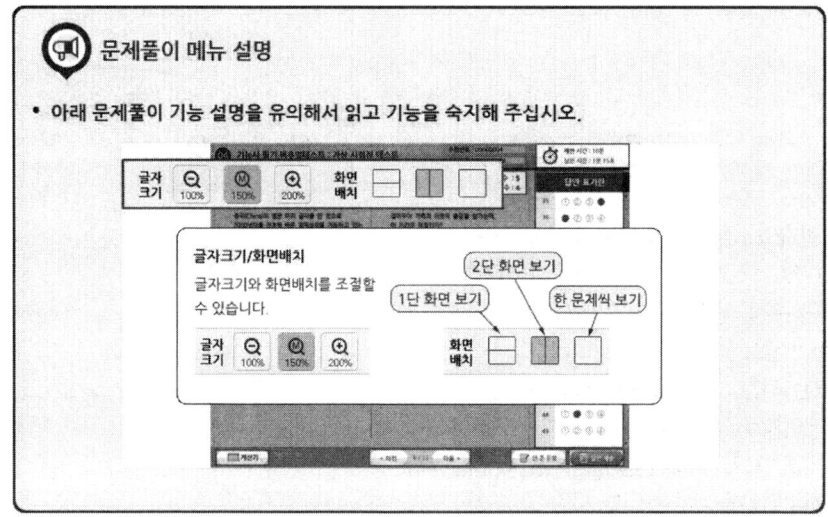

CBT PREVIEW 7

CBT 전면시행에 따른

CBT PREVIEW

🖥 시험준비 완료!

이제 시험에 응시할 준비를 완료합니다.

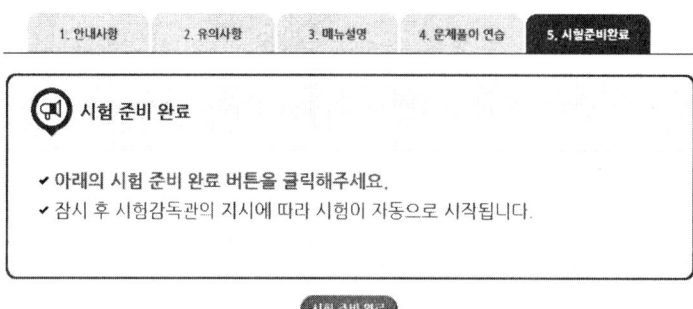

🖥 시험화면

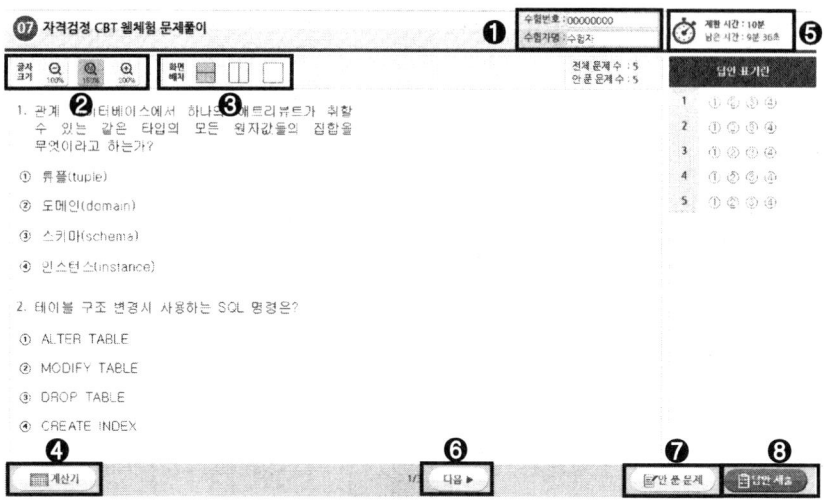

❶ 수험번호, 수험자명 : 본인이 맞는지 확인합니다.
❷ 글자크기 : 100%, 150%, 200%로 조정 가능합니다.
❸ 화면배치 : 2단 구성, 1단 구성으로 변경합니다.
❹ 계산기 : 계산이 필요할 경우 사용합니다.
❺ 제한 시간, 남은 시간 : 시험시간을 표시합니다.
❻ 다음 : 다음 페이지로 넘어갑니다.
❼ 안 푼 문제 : 답안 표기가 되지 않은 문제를 확인합니다.
❽ 답안 제출 : 최종답안을 제출합니다.

MASTER CRAFTSMAN GAS

💻 답안 제출

문제를 다 푼 후 답안 제출을 클릭하면 다음과 같은 메시지가 출력됩니다.
여기서 '예'를 누르면 답안 제출이 완료되며 시험을 마칩니다.

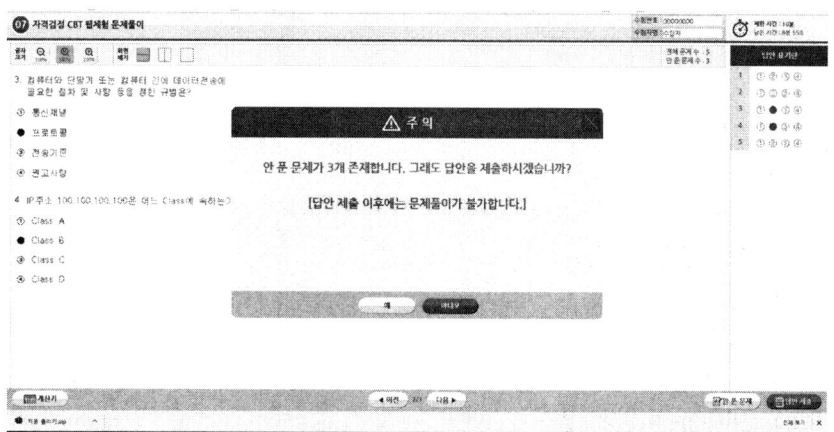

💻 알고 가면 쉬운 CBT 4가지 팁

1. 시험에 집중하자.
  기존 시험과 달리 CBT 시험에서는 같은 고사장이라도 각기 다른 시험에 응시할 수 있습니다. 옆 사람은 다른 시험을 응시하고 있으니, 자신의 시험에 집중하면 됩니다.

2. 필요하면 연습지를 요청하자.
  응시자의 요청에 한해 시험장에서는 연습지를 제공하고 있습니다. 연습지는 시험이 종료되면 회수되므로 필요에 따라 요청하시기 바랍니다.

3. 이상이 있으면 주저하지 말고 손을 들자.
  갑작스럽게 프로그램 문제가 발생할 수 있습니다. 이때는 주저하며 시간을 허비하지 말고, 즉시 손을 들어 감독관에게 문제점을 알려주시기 바랍니다.

4. 제출 전에 한 번 더 확인하자.
  시험 종료 이전에는 언제든지 제출할 수 있지만, 한 번 제출하고 나면 수정할 수 없습니다. 맞게 표기하였는지 다시 확인해보시기 바랍니다.

CONTENTS 이책의 차례

제1편 가스이론

CHAPTER. 01 가스의 기초이론

제1절 기초열역학 및 증기 — 4
  1. 온도 — 4
  2. 열량 — 6
  3. 비열 — 7
  4. 열용량 — 8
  5. 현열(감열)과 잠열 — 8
  6. 물질의 삼상태 — 9
  7. 압력 — 10
  8. 일과 동력 — 12
  9. 비체적, 비중량, 밀도 — 13
  10. 열역학 법칙 — 14
  11. 원자 및 분자 — 17
  12. 증기 — 18

제2절 가스의 상태와 성질 분류 — 22
  1. 고압가스의 상태에 따른 분류 — 22
  2. 고압가스의 성질에 의한 분류 — 23
  3. 고압가스의 독성에 의한 분류 — 25
  4. 불활성 가스(희가스) — 26
  5. 고압가스 사용 시의 이점 — 27
  6. 기체의 물리화학 기초 — 27
  7. 실제기체 및 이상기체 — 32
  8. 가스의 상태변화 — 33

제3절 고압가스의 성질 — 36

CHAPTER. 02 안전관리자 자격

제1절 고압가스 안전관리법 60
제2절 액화석유가스의 안전관리 및 사업법 65
제3절 도시가스사업법 71

제2편 출제예상문제

CHAPTER. 01 기체의 성질 및 가스 특성

제1절 고압가스의 기초 및 열역학 78
제2절 가스의 연소 및 폭발 105
제3절 화학평형 127
제4절 가스의 특성, 폭발, 독성 안전관리 134
제5절 가스분석 및 측정기기 152

CHAPTER. 02 가스의 제조 및 용도

제1절 가스의 제조 및 성질 162

CHAPTER. 03 가스설비사항

제1절 고압가스 요소 및 배관재료 188
제2절 가스설비 및 비파괴 검사 211
제3절 고압가스 배관 공작 230
제4절 고압가스 배관의 부식과 방식 238
제5절 압축기 및 펌프 245

CHAPTER. 04 가스발생설비의 구조 및 원리

제1절 고압가스 저장탱크, 용기, 저온장치   282
제2절 고압장치 및 저온장치의 재료   305
제3절 냉동사이클   319

CHAPTER. 05 고압가스 관계법규

제1절 고압가스 안전관리   342
제2절 LP가스 안전관리   394
제3절 도시가스 안전관리   415

CHAPTER. 06 공업경영

제1절 공업경영   430

부록1 과년도 기출문제

- 2008년 3월 30일 시행   452
- 2008년 7월 13일 시행   462
- 2009년 3월 28일 시행   471
- 2009년 7월 13일 시행   480
- 2010년 3월 29일 시행   490
- 2010년 7월 10일 시행   500
- 2011년 4월 17일 시행   510
- 2011년 8월 1일 시행   520
- 2012년 4월 9일 시행   530
- 2012년 7월 23일 시행   540
- 2013년 4월 14일 시행   550
- 2013년 7월 21일 시행   560

MASTER CRAFTSMAN GAS

- 2014년 4월 6일 시행　　　　　　　　　　　　　　　571
- 2014년 7월 20일 시행　　　　　　　　　　　　　　　582
- 2015년 4월 4일 시행　　　　　　　　　　　　　　　593
- 2015년 7월 19일 시행　　　　　　　　　　　　　　　603
- 2016년 4월 2일 시행　　　　　　　　　　　　　　　613
- 2016년 7월 10일 시행　　　　　　　　　　　　　　　623
- 2017년 3월 6일 시행　　　　　　　　　　　　　　　634
- 2017년 7월 8일 시행　　　　　　　　　　　　　　　645
- 2018년 3월 31일 시행　　　　　　　　　　　　　　　656

부록2　CBT 실전모의고사

- 제1회 CBT 실전모의고사 ·· 668
　　　　정답 및 해설 ·· 676
- 제2회 CBT 실전모의고사 ·· 680
　　　　정답 및 해설 ·· 687
- 제3회 CBT 실전모의고사 ·· 691
　　　　정답 및 해설 ·· 699
- 제4회 CBT 실전모의고사 ·· 702
　　　　정답 및 해설 ·· 709
- 제5회 CBT 실전모의고사 ·· 712
　　　　정답 및 해설 ·· 719
- 제6회 CBT 실전모의고사 ·· 722
　　　　정답 및 해설 ·· 730

2018년 이후부터는 한국산업인력공단에서 시험문제를 제공하지 않으니 참고하시기 바랍니다.

PART 01

가스이론

제1장 가스의 기초이론
제2장 안전관리자 자격

CHAPTER 01

가스의 기초이론

- **제1절** 기초열역학 및 증기
- **제2절** 가스의 상태와 성질 분류
- **제3절** 고압가스의 성질

SECTION 01 기초열역학 및 증기

1. 온도

온도의 개념은 사람의 지각작용에 의하여 느끼는 감각의 정도라 할 수 있으며 어떤 물체를 만졌을 때 뜨겁다, 차다 하는 감각을 주관적으로 나타내는 것을 말한다. 그러나 사람의 감각은 신뢰성이 떨어지며 사람에 따라 느낌이 다소 다르게 나타날 수 있기 때문에 수량적으로 나타낼 수가 없다. 따라서 객관적인 양으로 나타내자면 어떤 계측장치가 반드시 필요하게 되는데 이것을 위하여 만든 것을 온도계라 한다. 따라서 온도측정이란 이 온도계 계측기기의 결과치인 것이다.

1 섭씨온도

스웨덴의 천문학자(Ander Celsius, 1701~1744)가 온도의 정점으로 표준대기압하에서 순수한 물의 빙점을 0℃, 증기점(비등점)을 100℃로 하고 이를 100등분한 한 눈금의 것을 섭씨 1℃로 정한 온도이다.

2 화씨온도

독일의 학자(Daniel Fahrenheit, 1688~1736)가 표준대기압하에서 물의 빙점을 32°F, 비등점을 212°F로 정하고 이를 180등분하여 화씨 1°F로 정한 눈금으로 미국이나 영국에서 많이 사용하는 온도이다.

(1) 섭씨와 화씨의 상관관계식

섭씨 및 화씨를 각각 $t(℃)$, $t(°F)$라 표시하면

$$0℃ = 32°F, \quad 100℃ = 212°F$$

$$\frac{t_c}{100} = \frac{(t_F - 32)}{180}$$

즉, $t_c = \frac{5}{9}(t_F - 32)$, $\quad t_F = \frac{9}{5} \times t_c + 32$

3 절대온도

기체는 압력이 일정할 때 온도가 1℃ 상승함에 따라 0℃일 때 체적의 $\frac{1}{273.15}$씩 증가한다. 여기서 $a = \frac{1}{273.15}$을 가스의 열팽창계수라 한다. 이것은 온도가 1℃ 상승할 때마다 0℃ 때의 압력이 $a = \frac{1}{273.15}$씩 증가하는 것과 같다.

따라서 완전가스는 일정한 체적하에서 온도가 1℃씩 감소함에 따라 0℃ 때의 압력이 $\frac{1}{273.15}$씩 감소되어 -273.15℃에 도달하면 기체의 압력이 0이 되어 기체의 분자운동이 정지되기 때문에 -273.15℃는 최저극한의 온도이다. 이것을 온도 정점으로 하고 눈금의 간격을 섭씨와 같은 눈금으로 한 $-273.15(-459.67$℉$)$를 절대 0도라 하고 이 온도를 기준으로 나타낸 것이 절대온도이다. 또한 이 온도의 기호는 K(Kelvin)으로 표시하며 화씨의 눈금으로 나타낸 것은 °R(Rankine)으로 표시한다.

(1) 절대온도의 상관관계식

절대온도를 $t(K)$, $t(°R)$로 나타내면
- $t(K) = t_c + 273.15 ≒ t_c + 273$
- $t(°R) = t_F + 459.67 ≒ t_F + 460$
- $K = \frac{°R}{1.8}$, $°R = K \times 1.8$
- $0℃ = 273K$, $0°F = 460°R$
- $°F = °R - 460$, $℃ = K - 273$

여기서, K : 켈빈의 절대온도
°R : 랭킨의 절대온도

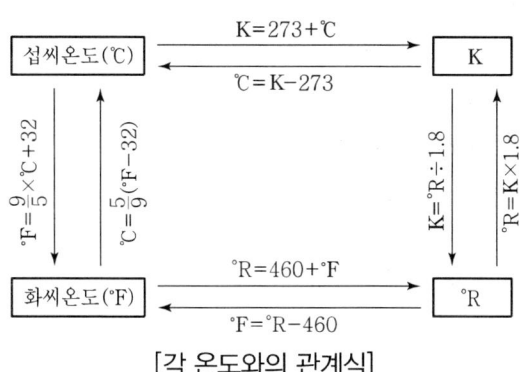

[각 온도와의 관계식]

2. 열량

열은 물질의 분자운동에 의한 에너지의 한 형태이다. 분자운동이 활발한 물체는 온도가 높고 분자운동이 완만한 물체는 온도가 낮다. 즉, 열은 물체의 온도변화를 변화시키는 원인이 되며 분자의 운동상태를 나타내는 결과가 된다. 이와 같이 같은 물체에서는 열이 많이 들어 있을수록 온도가 높고 열은 온도가 높은 데서 낮은 데로 이동하며 열의 흐름은 열량이 많고 적은 것에는 관계가 없다. 이와 같이 물체가 보유하는 열의 양, 즉 열에너지의 양을 열량이라 한다.

1 열량의 단위

공학에서 일반적으로 사용되는 열량의 단위는 kcal, BTU, CHU(PCU) 등이 있다.

(1) 1kcal

순수한 물 1kg을 표준대기압하에서 14.5~15.5℃까지 1℃ 높이는 데 필요한 열량이며 이것을 일명 15℃kcal(kcal15)라고도 한다.(MKS 단위계에서는 주로 열량의 단위를 kcal로 사용한다.)

(2) 평균 kcal

각 온도의 평균치를 나타내는 평균 kcal는 순수한 물 1kg을 표준대기압하에서 0℃로부터 100℃까지 높이는 데 소요된 열량의 $\frac{1}{100}$을 말하며 kcalm으로도 표시한다.

(3) 1BTU

순수한 물 1파운드(lb)를 60°F에서 61°F로 1°F 높이는 데 필요한 열량이다.

(4) 1CHU

순수한 물 1파운드(0.4536kg)을 14.5~15.5℃로 1℃ 높이는 데 필요한 열량이다. 또한 1PCU로 표시하기도 한다.

- 1BTU=0.252kcal=1054.9J=0.556CHU
- 1CHU=0.4536kcal=1898.8J=1.8BTU
- 1kcal=3.968BTU=2.205CHU

$$1BTU = 0.4536 \times \frac{5}{9} = 0.252 \text{kcal}$$

$$1BTU = 1 \times \frac{5}{9} = 0.5556 \text{CHU}$$

$$1 \text{ lb} = 0.4536 \text{kg}$$

3. 비열

비열이란 어떤 물질의 단위중량당 열용량으로 공업상으로는 1kg의 중량을 1℃ 높이는 데 필요한 열량이며 그 단위는 kcal/kg℃이다.

$$1\text{kcal/kg}℃ = 1\text{BTU/lb}℉ = 1\text{CHU/lb}℃$$

비열이 큰 물질은 데우기가 어려운 대신 잘 식지는 않으나, 비열이 작은 물질은 데우기는 쉬우나 금방 냉각된다.

1 기체의 비열

(1) 정적비열(등적비열)

기체의 체적을 일정하게 하고 1kg의 온도를 1℃ 높이는 데 필요한 비열이며 그 기호를 C_v로 표기한다.

(2) 정압비열(등압비열)

기체의 압력이 일정할 때 물질 1kg의 온도를 1℃ 높이는 데 필요한 비열이며 그 기호를 C_p로 표기한다.

2 비열비(K)

비열비란 기체에서 정압비열(C_p)을 정적비열(C_v)로 나눈 값이며 같은 기체라도 항상 정압비열이 정적비열보다 많이 필요하기 때문에 비열비는 언제나 1보다 크다.

$$K = \frac{C_p}{C_v} > 1$$

다만, 고체나 액체에서는 C_p와 C_v의 값의 차이가 거의 없으므로 실용상 구분하여 쓰지 않는다.

〈주요 가스의 비열비〉

가스의 종류	공기	암모니아	염화메틸	프레온 22	프레온 12
비열비	1.41	1.313	1.2	1.183	1.136

※ 기체는 비열비와 압축비가 클수록 가스를 압축하면 토출되는 가스의 온도가 높아진다.

> REFERENCE
>
> 정압비열은 압력을 일정하게 유지하면서 온도를 상승시키면 체적이 팽창하여야 하기 때문에 분자의 거리가 멀어져서 자체의 충돌열이 부족하여 열량이 많이 필요하며 정적비열은 체적을 일정하게 한 후 온도를 1℃ 증가시키면 체적증가는 없이 압력이 증가하여 분자 간의 충돌열이 증가하므로 열량이 적게 소비된다. 고로 가스의 정압비열이 같은 기체라도 정적비열보다 열량이 크게 된다. 또한 비열이 높은 물질은 데우기는 어려우나 일단 데워 놓으면 잘 식지 않고 비열이 낮은 물질은 데우기는 쉬우나 냉각이 빨리 된다.

4. 열용량

열용량이란 어떤 물질의 온도를 1℃ 높이는 데 필요한 열량을 말하며 그 단위는 kcal/℃로 표시한다.

$$\text{열용량} = \text{질량(kg)} \times \text{비열(kcal/kg℃)}$$

5. 현열(감열)과 잠열

1 현열(감열)

어떤 물체에 열을 가할 때 가하는 열에 비례하여 온도가 상승하는 경우와 같이 물체의 온도상승에 소요되는 열량을 감열 또는 현열이라 하며, 단위는 kcal/kg이다. 현열에서는 물질의 상태변화가 없이 온도의 변화만 일어난다.

$$Q = G \times C \times \Delta t$$

여기서, Q : 열량(kcal), G : 물질의 질량(kg)
C : 물질의 비열(kcal/kg℃), Δt : 온도차(℃)

2 잠열

액체에 열을 가하면 그 열은 액체의 온도를 상승시키고 일부는 체적팽창을 가져온다. 그러나 액체의 체적변화는 일반적으로 매우 적다. 액체는 일정한 압력하에서 각 물질의 증기점에 달하여 증발이 시작되면 온도 상승은 정지된다. 이때 가열한 열에너지의 일부는 물질의 내부에 저장되고 일부는 체적의 팽창에 소요된다.

일정한 압력하에서 1kg의 액체를 같은 온도, 즉 포화온도의 증기로 만드는 데 필요한 열량을 증발잠열 또는 증발열이라 한다. 잠열하에서는 물체의 온도변화는 없이 상태변화만 일어나고, 상태변화 시 소요되는 열이 잠열이다.

$$Q = G \cdot r$$

여기서, Q : 열량(kcal)
G : 물질의 질량(kg)
r : 물질의 잠열(kcal/kg)

(1) 물의 증발잠열은 539kcal/kg이다.
(2) 얼음의 융해잠열과 물의 응고잠열은 79.68kcal/kg≒80kcal/kg이다.

6. 물질의 삼상태

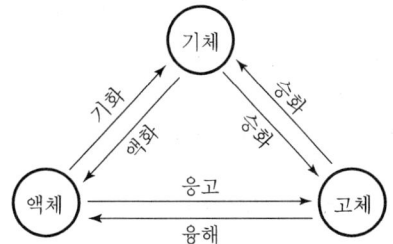

1 융해열

고체에서 액체로 변화 시 필요한 열

2 응고열

액체에서 고체로 변화 시 제거해야 하는 열

3 증발열(기화열)

액체에서 기체로 변화 시 필요한 열

4 액화열(응축열)

기체에서 액체로 변화 시 제거해야 하는 열

5 승화열

고체에서 기체로, 기체에서 고체로 변화 시 필요한 열 또는 제거해야 하는 열

7. 압력

압력이란 단위면적당 작용하는 수직방향력을 말한다. 물리학에서는 그 단위로 N/m^2, $dyne/cm^2$, bar 등을 사용하나 열역학에서는 주로 kgf/cm^2를 사용하고 있다.

1 표준대기압

지구중력 g가 $9.80665 m/sec^2$이고 0℃에서 수은주 760mmHg로 표시될 때의 압력을 말한다. 이 압력은 1atm으로 쓴다. 기호로는 Aq를 사용하며 mAq, mAq의 $\frac{1}{1,000}$ 은 mmAq 등으로 표시된다.

$$1atm = 101.325kPa = 760mmHg = 10,332kg/m^2 = 1.0332kg/cm^2 = 10.332mAq$$
$$= 10,332mmAq = 14.7psi = 101,325Pa = 101,325N/m^2$$

$$1Pa = 1N/m^2 = 10dyne/cm^2 = 10^{-5}bar$$

수은주(mmHg)와 수주(mmAq) 등은 미소압력을 나타낼 때 사용된다.

$$1atm = \frac{1cm^2 \times 76cm \times 13.595g/cm^3}{1cm^2} = 1,033.2g/cm^2 a = 1.0332kg/cm^2 a$$

- 수은의 밀도 = $13.595g/cm^3$
- 무게 = 부피 × 밀도

2 공학기압

$$1at = 10,000kg/m^2 = 1kg/cm^2 = 735.6mmHg = 10m$$
$$Aq = 10,000mmAq = 14.2psi$$

3 계기압력

압력계로 압력을 측정할 때 대기압을 0으로 기준하여 측정한 것을 계기압력이라 한다. 그 기호는 $kg/cm^2 g$, atg, atü 등으로 표시한다.

4 절대압력

열역학에서 완전진공을 기준으로 하여 측정한 압력을 절대압력이라 한다. 그 기호는 kg/cm^2, abs, ata, at 등으로 표시한다.

(1) 계기압력을 P_g, 절대압력을 P_a, 대기압을 P_o라 하면 이들의 관계식은 다음과 같다.
- P_a(절대압력) = P_g(계기압력) + P_o(대기압력)
- P_a(절대압력) = 대기압 − 진공압
- P_a = Pa + 1.0332kg/cm^2
- P_g(계기압력) = P_a(절대압력) − P_o(대기압력)

(2) 미국이나 영국에서는 압력의 단위를 psi 또는 lb/in^{2}로 표시한다.

$$1\text{psi} = 6,895.0\text{Pa} = 0.06895\text{bar} = 0.07031\text{kg/cm}^2$$

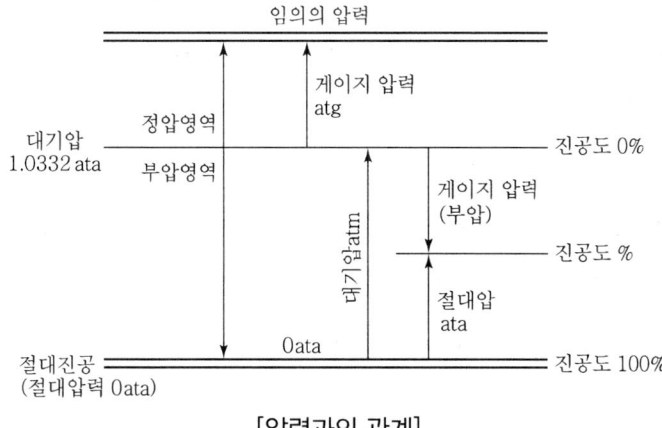

[압력과의 관계]

(3) 절대압력은 항상 게이지 압력보다 1.0332kg/cm^{2}a만큼 크다.

5 진공압력

대기압보다 낮은 압력을 진공이라 하며 진공의 상태는 수은주(mmHgV), 혹은 수주(mmAqV)로써 표시된다. 또 진공의 정도를 나타내는 값으로 진공도를 사용한다. 완전진공은 진공도 100이며 표준대기압은 진공도 0이 된다. 즉, 완전진공이란 압력이 전혀 작용하지 않는 상태를 말한다.

(1) 진공절대압력을 구하는 방식

- cmHgV를 lb/in^{2}a로 구하려면 $P = 14.7 \times \left(\dfrac{76 - V}{76}\right)$
- cmHgV를 kg/cm^{2}a로 구하려면 $P = 1.0332 \times \left(\dfrac{76 - V}{76}\right)$
- inHgV를 lb/in^{2}a로 구하려면 $P = 14.7 \times \left(\dfrac{30 - V}{30}\right)$
- inHgV를 kg/cm^{2}a로 구하려면 $P = 1.0332 \times \left(\dfrac{30 - V}{30}\right)$

8. 일과 동력

1 일(Work)

일이란 어떤 물체에 힘(F)이 작용하여 변위(S)를 일으켰다고 할 때 힘과 힘의 방향에 대한 변위의 곱으로 정의한다. 따라서 힘의 방향과 변위의 방향이 각(θ)을 이루는 경우의 일(W)은 다음과 같다.

$$W = F \cdot S$$
$$W = F \cdot S\cos\theta$$

일의 단위는 공학에서는 1kg의 힘에 역행하여 1m를 움직이는 데 요하는 일, 즉 kg·m를 사용하나 미국이나 영국에서는 ft·lb가 사용된다.

$$1\text{kg} \cdot \text{m} = 7.233\text{ft} \cdot \text{lb}$$

일과 열은 본질적으로 서로 전환이 가능하다. 이들 관계는 일정한 수치적 관계를 가지며 줄(Joule)은 실험에 의하여 다음의 값을 정밀하게 구하였다.

$$1\text{kg} \cdot \text{m} = \frac{1}{426.79}\text{kcal} \fallingdotseq \frac{1}{427}\text{kcal} = 9.8\text{J}$$

$$1\text{kcal} = 426.79\text{kg} \cdot \text{m} \fallingdotseq 427\text{kg} \cdot \text{m}$$

2 동력

동력이란 단위시간당 행하는 일의 율(率)이며 또한 공률이라고 한다. 그 단위는 HP, kW, kg·m/sec, ft·lb/sec, J/sec 등이 사용된다.

(1) 동력단위의 상호 관계

- 1HP = 76kg·m/s = 0.746kW = 550ft·lb/sec
- 1PS = 75kg·m/s = 0.7355kW = 542.5ft·lb/sec
- 1kW = 102kg·m/s = 1.34HP = 1.36PS = 1,000J/sec

REFERENCE

1W = 1J/sec = 10^7erg/sec
1erg = 1dyne·cm
1PS−h = 632kcal/h, 1HP−h = 641kcal/h, 1kW−h = 860kcal/h

---

(2) 동력환산표

kW	HP	PS	kg · m/sec	kcal/h
1	1.34	1.36	102	860
0.746	1	1.014	76	642
0.736	0.986	1	75	632

9. 비체적, 비중량, 밀도

1 비체적

단위질량의 물질이 차지하는 체적을 비체적이라 한다. 그 단위는 m^3/kg으로 표시한다.
비체적을 v라 하고 질량을 $G(kg)$, 체적을 $V(m^3)$라 하면

$$v = \frac{V}{G}(m^3/kg)$$

2 비중량

단위체적당 물질의 중량을 비중량이라 하며 비체적의 역수이다. 그 단위는 kg_f/m^3로 표시한다.
비중량을 γ라 하면

$$\gamma = \frac{1}{v} = \frac{G}{V}(kg/m^3)$$

※ 액체, 고체의 비중이란 물리적인 용어로 4℃의 물과 같은 체적의 질량비를 말하며 단위는 무차원수이다.

3 밀도

단위체적당 물질의 질량을 밀도라 하며 단위는 kg/m^3 또는 $kg \cdot s^2/m^4$가 된다.
밀도를 ρ라 하면

$$\rho = \frac{\gamma}{g}(kg \cdot s^2/m^4)$$

여기서, γ : 비중량, $g = 9.8$

※ 가스의 밀도는 보편적으로 g/L로 표시한다.

10. 열역학 법칙

1 열역학 제1법칙(에너지 보존의 법칙)

열은 에너지의 한 형태이다. 따라서 열에너지는 다른 에너지로, 또 다른 에너지는 열에너지로 전환할 수 있다. 열역학 제1법칙은 열역학의 기초법칙으로 에너지 보존의 법칙이 성립함을 표시한 것이다. 열은 본질상 에너지의 일종이며 열과 일은 서로 전환이 가능하다. 이때 열과 일 사이에는 일정한 비례관계가 성립된다. 열량의 단위인 kcal와 일의 단위인 kg · m 사이에는 수치적 관계가 성립한다. 기계적 일 W와 열량 Q 사이에 $Q \rightleftarrows W$의 상호 전환성을 말해주며 이때 환산계수인 비례상수를 A라 하면

$$Q = AW$$

$$W = \frac{Q}{A} = J \cdot Q$$

여기서, A를 일의 열당량, $J\left(=\dfrac{1}{A}\right)$를 열의 일당량이라 한다.

J(열의 일당량) $= 426.79\text{kg} \cdot \text{m/kcal} ≒ 427\text{kg} \cdot \text{m/kcal} = 778\text{ft} \cdot \text{lb/BTU}$

A(일의 열당량) $= \dfrac{1}{426.79}\text{kcal/kg} \cdot \text{m} ≒ \dfrac{1}{427}\text{kcal/kg} \cdot \text{m} = \dfrac{1}{778}\text{BTU/ft} \cdot \text{lb}$

(1) 엔탈피

엔탈피란 열역학상의 상태량을 나타내는 중요한 양으로 다음의 식으로 정의한다.

$$h = u + APV(\text{kcal/kg})$$

$$H = U + APV(\text{kcal})$$

여기서, H : 엔탈피(kcal)
h : 비엔탈피(kcal/kg)
A : 일의 열당량($\dfrac{1}{427}$kcal/kg · m)
P : 압력(kg/m^2)
V : 비체적(m^3/kg)
U, u : 내부 에너지
APV : 외부 에너지

※ 엔탈피란 보편적으로 어떤 단위중량당의 열량을 말하며 그 단위는 kcal/kg이다.

2 열역학 제2법칙(엔트로피 증가 법칙)

열을 기계적으로 전환하는 장치, 즉 열기관을 다루는 데는 제1법칙만으로 불충분하다. 따라서 이상의 문제를 해결할 수 있는 어떤 자연의 법칙이 요구된다. 이 법칙을 열역학 제2법칙이라 한다. 열기관이 열을 일로 바꾸는 과정을 관찰하면 반드시 열을 공급하는 고열원과 열을 방출하는 저열원이 필요하게 된다. 즉, 온도차가 필요하다. 온도차가 없으면 아무리 많은 열량이라도 일로 바꿀 수가 없다.

(1) 열과 열의 전환과정에 있어서 열이 열로 바뀌는 것은 자연적 과정이지만 열이 일로 바뀌는 것은 비자연적 과정이며 여기에는 조건이 필요하고 이 조건하에서만 실현이 가능하게 된다. 열역학 제2법칙은 이상에서 말한 바와 같이 열이 일로만 전환이 가능한 근본적인 조건을 명시하고 있다.

(2) 어떤 열원으로부터 열원의 온도를 떨어뜨리는 일이 없이, 또 외부에 아무런 변화를 일으키지 않고 열을 기계적으로 바꾸는 운동을 상상할 때 이와 같은 운동을 제2종의 영구운동이라고 한다. 그러나 열역학 제2법칙은 제2종의 영구운동이 실제로 존재할 수 없음을 밝혀주는 법칙이다.

(3) 제1법칙은 열을 일로 바꿀 수 있고 그 역(逆)도 가능하지만 제2법칙은 그 변화가 일어나는 데 제한이 있음을 말하고 있다. 즉, 열이 일로 전환되는 것은 비가역현상임을 나타내고 있는 것이 특징이다.

(4) **열역학 제2법칙의 표현**
  ① 클라우시우스(Clausius)의 표현 : 열은 그 자신으로는 다른 물체에 아무런 변화를 주지 않고 저온의 물체에서 고온의 물체로 이동하지 않는다.
  ② 켈빈-플랑크(Kelvin-Planck)의 표현 : 하나의 열원에서 열을 받고 버리면서 열을 일로 바꿀 수는 없다. 즉 열기관이 동작유체에 의하여 일을 발생시키려면 공급열원보다 더 낮은 열원이 필요하게 된다. 만약 하나의 열원에서 열을 주고받는다면 열을 전부 일로 전환이 가능하다는 결과를 가져오는데 이것은 불가능하다. 따라서 위의 표현은 효율이 100%인 열기관은 제작할 수 없다는 뜻이다.
  ③ 오스트발트의 표현(Ostwald) : 제2종 영구운동기관은 존재할 수 없다.

(5) 엔트로피

지금 가열량을 dQ, 그때의 절대온도를 T라 할 때 dQ와 T의 비를 ds라 하면

$$ds = \frac{dQ}{T}$$

$$\therefore \Delta s = \int \frac{dQ}{T}$$

여기서, s로 표시되는 양을 엔트로피라 하며 단위는 1kg당 엔트로피로서 kcal/kg·K이 된다. 엔트로피는 출입하는 열량의 이용가치를 나타내는 양으로 열역학상 중요한 의미가 있다.

엔트로피는 에너지도 아니고 온도와 같이 감각으로도 알 수 없으며 또한 측정할 수도 없는 물리학상의 상태량이다. 어느 물체에 열을 가하면 엔트로피는 증가하고 냉각하면 감소하는 이상적인 양이다.

비엔트로피는 단위중량당 엔트로피이다.

① 0℃의 물 1kg이 100℃까지 변화하는 동안의 엔트로피 변화량

$$\Delta S_1 = \int_1^2 \frac{C \cdot dT}{T} = C \ln \frac{273+100}{273} = 0.312 \text{kcal/kg} \cdot \text{K}$$

② 100℃의 물이 100℃의 증기로 변화하는 동안의 엔트로피 변화량

$$\Delta S_2 = \frac{dQ}{T} = \frac{539}{273+100} = 1.445 \text{kcal/kg} \cdot \text{K}$$

※ 물의 증발잠열 = 539kcal/kg

③ 표준대기압하에서 0℃의 물 1kg을 100℃의 건조포화증기가 될 때까지 가열할 때 엔트로피 변화량

$$\Delta S_t = 0.312 + 1.445 = 1.757 \text{kcal/kg} \cdot \text{K}$$

④ 0℃의 얼음 1kg이 0℃의 물로 변화하는 동안의 엔트로피 변화량

$$\Delta S_2 = \frac{dQ}{T} = \frac{80}{0+273} = 0.293 \text{kcal/kg} \cdot \text{K}$$

※ 0℃의 얼음 융해잠열 = 80kcal/kg이다.

3 열역학 제3법칙

어떠한 인위적인 방법으로도 어떤 계를 절대 0도(-273℃)에 이르게 할 수 없다는 법칙이다.

4 열역학 제0법칙(열평형의 법칙)

온도차가 있는 물체를 서로 접촉시키면 고온의 물체는 온도가 저하하고 저온의 물체는 온도가 상승하여 결국 두 물체의 온도차가 없어져 열평형이 이루어진다. 이를 열평형의 법칙 또는 열역학 제0법칙이라 한다.

11. 원자 및 분자

1 원자

화학적 방법으로 더 이상 쪼갤 수 없는 입자이다. 물질을 이루는 기본이 된다.

(1) 원자의 크기 : 지름 약 10^{-8} cm

(2) 원자의 질량 : $10^{-22} \sim 10^{-24}$ 정도

(3) 원자의 구성

원자 ─┬─ 원자핵 ─┬─ 양성자 : (+)전하를 띠는 입자
　　　│　　　　　└─ 중성자 : 전기적으로 중성인 입자
　　　└─ 전자 : (−)전하를 띠는 입자

2 분자

분자는 물질 고유의 특성을 갖는 가장 작은 입자이다. 분자는 몇 개의 원자가 모여서 만들어진다.

(1) 물질을 작게 분해하면 분자라는 작은 알갱이가 된다.

(2) 같은 물질의 분자는 크기, 모양, 무게가 같다.

(3) 분자는 분해되어 원자로 되며 이때 물질의 특성을 잃는다.

(4) 모든 물질의 분자 1개 크기는 같다.

(5) 분자의 크기는 그 직경이 $1Å = 1 \times 10^{-8}$ cm 정도이다.

> REFERENCE
>
> - 1원자 분자 : 아르곤(Ar), 네온(Ne) 등의 불활성 기체 등
> - 2원자 분자 : 산소(O_2), 질소(N_2), 수소(H_2) 등
> - 3원자 분자 : 오존(O_3), 수증기(H_2O), 이산화탄소(CO_2) 등
> - 4원자 분자 : 암모니아(NH_3), 인화수소(PH_3) 등
> - 고분자 : 단백질, 녹말, 고무, 플라스틱 등
> ※ 같은 원소로 이루어진 분자를 단체라 하며, 다른 원소로 이루어진 분자는 화합물이 된다.

〈주요 원소의 원자량〉

원소기호	수소(H)	헬륨(He)	탄소(C)	질소(N)	산소(O)	나트륨(Na)	황(S)	염소(Cl)	칼슘(Ca)	아르곤(Ar)
원자량	1	4	12	14	16	23	32	35.5	40	40

12. 증기

1 기체

(1) 가스

동작유체로서 내연기관의 연소가스와 같이 액화나 증발현상이 잘 일어나지 않는 상태의 기체

(2) 증기

증기원동기의 수증기와 냉동기의 냉매와 같이 동작 중 액화 및 기화를 되풀이하는 물질, 즉 액화나 기화가 용이한 동작물질이다. 가스는 근사적으로 완전가스로 취급할 수 있으므로 $RV = RT$인 상태식을 만족하나, 증기는 상당한 고온과 저압인 경우를 제외하고는 이와 같은 경우에 간단한 상태식으로 표시할 수 없다.

2 용어의 정의

(1) 액체열(감열)

액체(물)에 열을 가하면 가열한 열은 우선 액체의 온도를 상승시키고 일부는 액체의 체적팽창에 따른 일을 한다. 그러나 이 일의 양은 매우 작으므로 가열한 열은 전부 내부 에너지로 저장된다. 이때의 열, 즉 포화상태까지 가열하는 데 소요되는 열량을 액체열이라 한다.

(2) 포화온도

액체에 열을 가하면 온도가 상승하고 일정한 압력하에서 어느 온도에 다다르면 액체의 온도 상승을 정지하며 증발이 시작된다. 이때 증발온도는 액체의 성질과 액체에 가해지는 압력에 따라 정해지며 이 온도가 포화온도, 이때의 액체가 포화액이다.

(3) 포화증기

포화온도에서 증발하는 증기가 포화증기이며 포화액과 포화증기의 혼합체가 습포화증기 또는 습증기(Wet Vapour)이다. 이때 계속 열을 가하면 모든 액체의 증발이 끝나 액체 전부가 증기가 되는 순간이 존재한다. 이 상태에서 증기의 온도는 포화온도로 일정하며 이때의 증기도 포화증기이나 건도가 1, 즉 $\chi = 1$인 포화증기가 되므로 이를 건포화증기 또는 건증기라 하고 포화수가 건포화증기로 되는 동안의 소요열량을 증발잠열(증발열)이라 한다.

(4) 과열증기

건포화증기에 열을 가하면 증기의 온도는 계속 상승하여 포화온도 이상이 된다. 이때의 증기를 과열증기라고 하며, 과열증기의 상태는 압력과 온도 여하에 따라 다르다. 어떤 상태에서의 과열증기의 온도와 포화온도의 차이를 과열도라 하며, 과열증기의 과열도가 증가함에 따라 증기는 완전가스의 성질에 가까워진다.

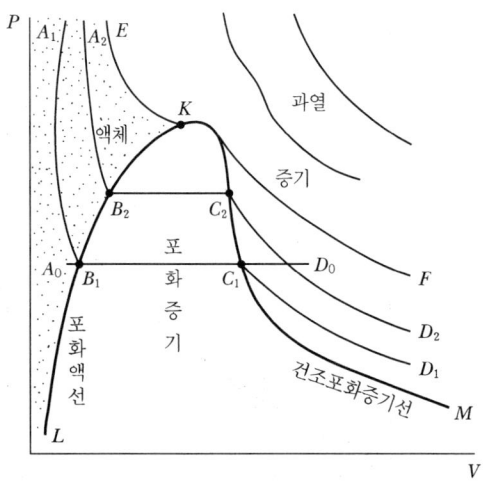

[$P-V$ 선도]

여기서, B_1 : 포화액의 상태점, C_1 : 건포화증기점, A_0 : 비포화액, D_0 : 과열증기

$A_0 \sim B_1$: 비포화액, $B_1 \sim C_1$: 습증기 구역, $C_1 \sim D_0$: 과열증기 구역

$A_1 B_1 C_1 D_1$ 선은 t_1의 등온선, 이때 $B_1 C_1$구역은 등압선이 동시에 등온선이다.

$A_2 B_2 C_2 D_2$: 먼저보다 높은 압력하에서의 포화액점을 B_2, 건포화증기점을 C_2라 하면 이때의 $A_2 B_2 C_2 D_2$ 역시 t_2의 등온선이다.

LB_1, B_2K : 포화액선

MC_1C_2K : 건포화증기선

K : 두 포화선이 합쳐지는 임계점

LKM : 임계선, 임계상태(임계온도, 임계압력)에서 액체 및 증기의 비체적은 동일하다.

물의 임계압력은 225.65at, 임계온도는 374.15℃, 임계비체적은 0.00318m³/kg이다.

> **REFERENCE**
>
> 임계점 이상에서는 액체와 증기의 구분이 불가능하므로 일반적으로 유체라 칭하는 것이 바람직하다. 임계점 이상으로 온도가 높아지면 등온선은 온도 상승에 따라 직각 쌍곡선에 가까워져 $PV = C$인 관계에 접근하여 완전가스의 성질에 가까워진다.

(5) 삼중점

증기, 액체, 고체의 3상이 동시에 공존해서 서로 평형을 유지하는 상태이며 이때의 온도와 이에 해당하는 압력에 따라 결정되는 상태점 T가 삼중점이다.

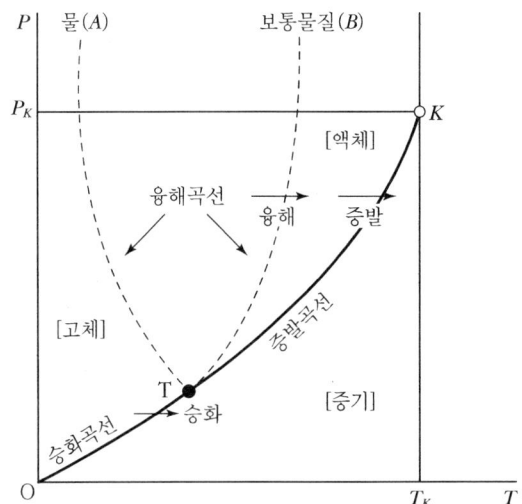

여기서, T : 삼중점, TK : 증발곡선
$T(A) \sim T(B)$: 융해곡선, $O \sim T$: 승화곡선

① 액체와 그때의 증기는 평형을 유지하므로 열을 빼앗아 온도를 내리면 액체가 응고하기 시작하는 온도에 달한다.
② 삼중점에 달한 뒤는 다시 열을 빼앗아도 액체가 모두 응고되기까지는 온도가 내려가지 않는다. 이때의 열을 응고잠열이라 한다.
③ 삼중점 이하의 상태에서는 고체와 증기만이 공존해서 평형을 유지하며 이 상태에서 열을 가하면 고체의 일부는 액체의 상을 거치지 않고 바로 증기로 변하는데 이와 같은 현상을 승화라고 한다. 이때 승화의 압력은 많은 물질에서 극히 낮다.

3 증기의 교축

증기가 밸브나 오리피스를 통하여 작은 단면을 통과할 때에는 외부에 대해서 일은 하지 않고 압력강하만 일어난다. 이와 같은 과정이 교축과정이며 유체가 교축되면 유체의 마찰 및 와류 등의 난류현상이 일어나서 압력과 속도가 감소하게 되는데 이 속도에너지의 감소는 열에너지로 바뀌며 이 열은 다시 유체에 회수되므로 엔탈피는 원래의 상태로 복귀된다. 따라서 교축 전후의 엔탈피는 일정하다.

(1) 교축과정은 비가역변화이므로 압력이 감소되는 방향으로 일어나는 반면 엔트로피는 항상 증가한다. 습증기를 교축하면 건도가 증가하고 드디어 건도는 1이 되며 건도 1의 증기를 교축하면 과열증기가 된다. 이런 현상을 이용하여 습포화증기의 건도를 측정하는 계기가 교축열량계이다.

(2) 교축의 결과는 유체에 따라 각기 다르다. 완전가스의 경우는 등엔탈피이지만 교축에 의하여 온도 또한 변하지 않는다. 그러나 냉동기에 사용되는 냉매 중 CO_2, NH_3, 공기 등은 실제가 스라서 교축 후에는 온도가 하강한다. 이런 현상은 줄-톰슨에 의하여 발견되었기 때문에 줄-톰슨 효과라 한다.

4 증기 엔탈피(kcal/kg)

(1) 급수 엔탈피

   보일러 내로 보급되는 보급수 1kg이 가지는 열량

(2) 포화수 엔탈피

   보일러동 내부에 있는 포화수 1kg이 가지는 열량

(3) 포화증기 엔탈피

   포화상태에서 증발하고 있는 증기 1kg이 가지는 열량이며 건포화증기 엔탈피와 습포화증기 엔탈피가 있다.

(4) 과열증기 엔탈피

   과열증기 1kg이 가지고 있는 열량

> REFERENCE
> - 포화수 엔탈피 = 포화증기 엔탈피 - 증발잠열
> - 건포화증기 엔탈피 = 포화수 엔탈피 + 증발잠열
> - 습포화증기 엔탈피 = 포화수 엔탈피 + 증발잠열 × 증기의 건조도
> - 증발잠열 = 포화증기 엔탈피 - 포화수 엔탈피
> - 과열증기 엔탈피 = 포화증기 엔탈피 + 증기의 비열(과열증기온도 - 포화증기온도)

SECTION 02 가스의 상태와 성질 분류

1. 고압가스의 상태에 따른 분류

1 압축가스

압축가스란 상온에서 용이하게 액화가 되지 않는 공기, 수소, 산소, 질소, 헬륨, 천연가스, 일산화탄소 등의 가스를 용기에 기체로 저장하는 가스이며 특히 비등점이 낮고 임계온도가 낮은 가스 대부분이 압축가스로서 상용온도 또는 35℃에서 1MPa 이상 되는 가스이다.

2 액화가스

상온에서 가압하면 비교적 쉽게 액화하는 프로판, 부탄, 암모니아, 염소가스 등을 액체로 용기 등에 저장한 가스이다. 상용의 온도 또는 35℃에서 0.2MPa 이상의 가스에 해당하나 액화시안화수소, 액화산화에틸렌, 액화브롬화메탄가스 등은 0Pa을 초과하는 이상의 가스가 액화가스이다.

3 용해가스

불안정하고 반응성이 큰 아세틸렌가스를 안전한 용매에 용해시켜 용기에 저장한 가스이다. 아세틸렌(C_2H_2)가스는 불안정한 화합물로서 가압하거나 가열시키면 분해폭발이 일어나기 때문에 용기 내에 공기구멍이 다수인 다공질 물질을 용기에 채우고 이 다공질 물질 내에 용제인 아세톤[$(CH_3)_2CO$]이나 디메틸포름아미드를 침윤시킨 후 이 용제에 아세틸렌을 용해시켜 저장한 후 사용하며, 아세톤 존재하에서는 155기압하에서도 안정하다. 그리고 아세틸렌 용해가스는 15℃에서 압력이 0Pa 초과에서 C_2H_2는 고압가스 이상이다.

2. 고압가스의 성질에 의한 분류

1 가연성 가스

가연성 가스란 공기나 산소 등에서 쉽게 연소가 가능하며 폭발한계의 하한치가 10% 이하이거나 상한과 하한의 차가 20% 이상인 가스로서 다음과 같은 가스를 말한다.

① 아크릴로니트릴　　② 아크릴알데히드　　③ 아세트알데히드
④ 아세틸렌　　　　　⑤ 암모니아　　　　　⑥ 수소
⑦ 황화수소　　　　　⑧ 시안화수소　　　　⑨ 일산화탄소
⑩ 이황화탄소　　　　⑪ 메탄　　　　　　　⑫ 염화메탄
⑬ 브롬화메탄　　　　⑭ 에탄　　　　　　　⑮ 염화에탄
⑯ 염화비닐　　　　　⑰ 에틸렌　　　　　　⑱ 산화에틸렌
⑲ 프로판　　　　　　⑳ 사이클로프로판　　㉑ 프로필렌
㉒ 산화프로필렌　　　㉓ 부탄　　　　　　　㉔ 부타디엔
㉕ 부틸렌　　　　　　㉖ 메틸에테르　　　　㉗ 모노메틸아민
㉘ 디메틸아민　　　　㉙ 트리메틸아민　　　㉚ 벤젠
㉛ 에틸아민　　　　　㉜ 에틸벤젠 등의 가스

2 조연성 가스(지연성 가스)

조연성 가스란 자신은 타지 않고 다른 가스의 연소를 도와주는 가스로서 다음과 같은 가스를 말한다.

① 공기　　　　　　　② 산소(O_2)　　　　③ 오존(O_3)
④ 염소(Cl_2)　　　　⑤ 불소(F_2)　　　　⑥ 일산화질소(N_2O)
⑦ 이산화질소(NO_2)

3 불연성 가스

불연성 가스란 연소가 되지 않으며 또한 조연성이 없는 가스로서 대표적으로 질소(N_2), 이산화탄소(CO_2) 등이 있다.

〈상온 상압에서 가연성 가스의 폭발범위〉

가스명	공기 중 하한	공기 중 상한	산소 중 하한	산소 중 상한	가스명	공기 중 하한	공기 중 상한	산소 중 하한	산소 중 상한
염화비닐(C_2H_3Cl)	4.0	22.0			아세톤[$(CH_3)_2CO$]	3.0	11.0		
황화카보닐(COS)	12.0	29.0			프로필렌(C_3H_6)	2.4	10.3	2.1	53
메틸아민(CH_3NH_2)	4.9	20.7			프로판(C_3H_8)	2.1	9.5	2.5	60
염화메탄(CH_3Cl)	10.7	17.4			벤젠(C_6H_6)	1.4	7.1		
부탄(C_4H_{10})	1.8	8.4			톨루엔(C_7H_8)	1.4	6.7		
펜탄(C_5H_{12})	1.5	7.8			키셀렌(C_8H_{10})	1.0	6.0		
헥산(C_6H_{14})	1.2	7.5			브롬화메탄(CH_3Br)	13.5	14.5		
아세틸렌(C_2H_2)	2.5	81.0	2.5	93	알코올(C_2H_5OH)	4.3	19.0		
산화에틸렌(C_2H_4O)	3.0	80.0			아크릴로니트릴(CH_2CHCN)	3.0	17.0		
수소(H_2)	4.0	75.0	4.0	94	암모니아(NH_3)	15.0	28.0	15.0	79
일산화탄소(CO)	12.5	74.0	12.5	94	디메틸아민[$(CH_3)NH$]	2.8	14.4		
아세트알데히드(CH_3CHO)	4.1	55.0			염화에탄(C_2H_5Cl)	3.8	15.4		
에테르[$(C_2H_5)_2O$]	1.9	48.0			초산비닐($CH_3CO_2C_2H_3$)	2.6	13.4		
이황화탄소(CS_2)	1.2	44.0			피리딘(C_2H_5Nl)	1.8	12.4		
황화수소(H_2S)	4.3	45.0			이염화에틸렌($C_2H_4Cl_2$)	6.2	16.0		
시안화수소(HCN)	6.0	41.0			트리메틸아민[$(CN_3)_3N$]	2.0	11.6		
에틸렌(C_2H_4)	2.7	36.0	2.7	80	에탄(C_2H_6)	3.0	12.5	3.0	66
메탄올(CH_3OH)	7.3	36.0			메탄(CH_4)	5.0	15.0	5.1	59

3. 고압가스의 독성에 의한 분류

1 독성 가스

독성 가스란 공기 중에서 그 허용농도가 100만분의 5,000(1ppm은 1백만분의 1에 해당) 이하의 가스이다. 또한 허용농도란 해당가스를 성숙한 흰쥐 집단에게 대기 중에서 1시간 동안 계속하여 노출시킨 경우 14일 이내에 그 흰쥐의 2분의 1 이상이 죽게 되는 가스의 농도를 말한다.

① 아크릴알데히드　② 아크릴로니트릴　③ 아황산가스
④ 암모니아　⑤ 일산화탄소　⑥ 이황화탄소
⑦ 불소　⑧ 염소　⑨ 브롬화메탄
⑩ 염화메탄　⑪ 염화프렌　⑫ 산화에틸렌
⑬ 시안화수소　⑭ 황화수소　⑮ 모노메틸아민
⑯ 디메틸아민　⑰ 트리메틸아민　⑱ 벤젠
⑲ 포스겐　⑳ 요오드화수소　㉑ 브롬화수소
㉒ 염화수소　㉓ 불화수소　㉔ 겨자가스 등의 가스

2 독성이면서 가연성 가스

독성이면서 가연성 가스란 독성의 허용농도가 100만분의 5,000 이하에 해당하면서 연소성이 있는 다음과 같은 가스들이다.

① 브롬화메탄　② 황화수소　③ 산화에틸렌
④ 이황화탄소　⑤ 시안화수소　⑥ 모노메틸아민
⑦ 일산화탄소　⑧ 아크릴로니트릴　⑨ 암모니아
⑩ 아크릴알데히드　⑪ 벤젠　⑫ 염화메탄
⑬ 트리메틸아민　⑭ 디메틸아민

3 비독성 가스

독성이 전혀 없거나 독성의 허용농도가 100만분의 5,000을 초과하는 가스들을 총칭하여 비독성 가스라 한다.

① 부탄(C_4H_{10})　② 헬륨(He)　③ 네온(Ne)
④ 아르곤(Ar)　⑤ 산소(O_2)　⑥ 수소(H_2)
⑦ 메탄(CH_4) 등의 가스

⟨TLV－TWA 기준 독성 가스 허용농도⟩

가스명	허용농도(ppm)	가스명	허용농도(ppm)	가스명	허용농도(ppm)
암모니아	25	불화수소	3	이산화유황	5
일산화탄소	50	황화수소	10	아세트알데히드	200
이산화탄소	5,000	시안화수소	10	포름알데히드	5
염소	1	브롬메틸	20	니켈·카보닐	0.001
불소	0.1	일산화질소	25	니트로에탄	100
취소	0.1	오존	0.1	아크릴레인	0.1
산화에틸렌	50	포스겐	0.1	케틸아민	10
염화수소	5	인화수소	0.3	디에틸아민	25

⟨LC_{50} 기준 독성 가스 허용농도⟩

가스명	허용농도(ppm)	가스명	허용농도(ppm)	가스명	허용농도(ppm)
염화메탄	8,300	사불화규소	450	알진	20
삼불화질소	6,700	실란	19,000	포스핀	20
암모니아	7,338	염소	293	사불화유황	40
일산화탄소	3,760	아황산가스	2,520	삼불화유황	40
황화수소	444	포스겐	5	삼불화붕소	806
불소	185	산화에틸렌	2,920	삼불화질소	6,700
디보레인	80	시안화수소	140	불화수소	966
게르만	622	염화수소	3,124	아크릴로니트릴	666
셀렌화수소	51	인화수소	20	브롬화메탄	850

4. 불활성 가스(희가스)

불활성 가스란 원소주기율표 0족에 속하는 가스로서 다른 원소와 전혀 반응하지 않는 기체들이다.

① 아르곤(Ar) ② 네온(Ne) ③ 헬륨(He)
④ 크립톤(Kr) ⑤ 크세논(Xe) ⑥ 라돈(Rn)

5. 고압가스 사용 시의 이점

① 압축가스의 압력이나 팽창을 동력이나 파괴력 등으로 이용한다.
② 액화가스의 증발열을 냉동이나 냉방에 이용한다.
③ 가스의 성질과 압력을 화학공업에 이용한다.
④ 청량음료수에 이용한다.
⑤ 압력이 높게 압축되었기 때문에 체적이 작아서 수송이나 저장 등의 취급이 용이하다.
⑥ 저온공업 발달에 일조한다.

6. 기체의 물리화학 기초

1 몰(mol)

(1) 기체 1몰에는 원자 또는 분자의 입자가 6.02×10^{23}개 있다.
(2) 아보가드로에 의하면 0℃, 1기압하에서 모든 기체 1몰이 차지하는 부피는 22.4L이고 그 안에는 6.02×10^{23}개의 분자가 들어 있다.
(3) 몰수를 구하는 방법

$$몰수(\text{mol}) = \frac{질량(\text{g})}{분자량} = \frac{부피(\text{L})}{22.4\text{L}} = \frac{분자수}{6.02 \times 10^{23}}$$

※ 질량＝몰수×분자량, 부피＝몰수×22.4

2 가스의 밀도, 비체적, 비중

(1) 밀도(g/L)＝$\dfrac{분자량(\text{g})}{22.4(\text{L})}$

(2) 비체적(L/g)＝$\dfrac{22.4(\text{L})}{분자량(\text{g})}$

(3) 비중＝$\dfrac{가스의\ 분자량}{29}$

※ 무게(kg)＝부피(m^3)×밀도(kg/m^3)
　부피(m^3)＝무게(kg)×비체적(m^3/kg)

3 기체의 용해도

(1) 기체는 저온 고압에서 용해가 빠르다.
(2) 헨리의 법칙에 의하면 기체의 용해도는 무게비로 압력에 비례한다.
(3) 염화수소(HCl), 아황산가스(SO_2), 암모니아(NH_3) 등 물에 잘 녹는 기체는 적용하지 않고 수소(H_2), 산소(O_2), 질소(N_2), 이산화탄소(CO_2) 등 물에 잘 녹지 않는 기체만 적용한다.

> **REFERENCE**
>
> 사이다나 맥주병의 마개를 열면 많은 거품이 나온다. 이것은 압력이 감소되었기 때문이다. 즉, 이산화탄소(CO_2)의 용해도가 줄어서 기체의 이산화탄소가 나오는 것이다.
> 일반적으로 용해도가 그다지 크지 않은 기체가 일정온도로 일정량의 액체에 용해되는 무게는 압력에 반비례한다. 이것을 "헨리의 기체 용해의 법칙"이라 한다. 그러나 비교적 고압의 기체나 높은 용해도를 가진 기체에 대해서는 이 법칙을 적용하기 어렵다. 즉 암모니아, 이산화탄소, 염화수소 등은 저압의 경우 이외에는 용해 측과 전혀 다른 용해도를 나타낸다.

6 그레이엄의 기체확산속도비

(1) 기체의 확산속도는 분자량 또는 밀도의 제곱근에 반비례한다. 즉 일정온도 일정압력에서 두 기체의 확산속도비는 그들 기체 분자량(밀도)의 제곱근에 반비례한다.

$$\frac{U_1}{U_2} = \sqrt{\frac{M_2}{M_2}} = \sqrt{\frac{d_2}{d_1}}$$

여기서, U : 확산속도
M : 분자량
d : 밀도

(2) 일정한 온도와 압력에서 순수한 기체의 밀도는 그 분자량에 비례한다.
(3) 일정온도에서 기체분자의 운동에너지는 일정하므로 밀도가 작은 기체일수록 빨리 확산된다.
(4) 기체의 확산이란 다른 기체 속으로 고루 섞여 들어가는 현상이다.

7 돌턴의 분압법칙

혼합기체의 전압은 성분기체 분압의 합과 같다.

$$전압(P) = P_1 + P_2 + P_3 + \cdots$$

여기서, P : 전체 압력
P_1, P_2, P_3 : 성분기체의 분압

$$분압 = 전압 \times \frac{성분\ 몰수}{전체\ 몰수}$$

(1) 돌턴의 분압법칙

화학반응을 하지 않는 x기체와 y기체의 혼합기체를 생각할 때 이 혼합기체의 전 부피와 같은 부피, 같은 온도의 것으로 x기체가 나타내는 압력을 P_x로 표시하고 y기체가 나타내는 압력을 P_y라 하면 이 P_x와 P_y의 혼합기체에서 P_x는 x기체의 분압, P_y는 y기체의 분압이라 한다. 즉 돌턴의 분압법칙은 "혼합기체의 전압은 분압의 합과 같다."라고 하는 것이다.

A, B 두 종류의 혼합기체에서 A기체가 N_a(mol), B기체가 N_b(mol)이라면 전 몰수는 $(N_a + N_b)$mol이다.

전 몰수에 대한 각 성분의 몰비를 몰분율이라 하며 식으로 표시하면

$$몰분율 = \frac{각\ 성분의\ 몰수}{전\ 몰수}$$

또 몰분율을 써서 분압을 표시하면 [분압＝전압×몰분율]이 된다.

(2) 혼합가스의 조성

두 종류 이상의 가스가 혼합된 상태에서 각 성분가스 혼합비율의 표시방법에는 3가지 종류가 있다.

① 몰(mol)% $= \dfrac{어떤\ 성분의\ 몰수}{가스\ 전체의\ 몰수} \times 100$

② 용량% $= \dfrac{어떤\ 성분의\ 용량}{가스\ 전체의\ 용량} \times 100$

③ 중량% $= \dfrac{어떤\ 성분의\ 중량}{가스\ 전체의\ 중량} \times 100$

(3) 라울의 법칙

지금 LPG 가스용기의 하부에는 프로판 및 부탄의 액화가스, 상부에는 기체 상태의 프로판과 부탄가스가 혼재하고 있다. 즉 혼합 액화가스이다.

라울의 법칙이란 "기체 프로판의 분압은 용기 내에 액상프로판이 단독으로 존재할 때의 증기압과 액상의 LP 가스(프로판, 부탄의 혼합) 내 프로판 액몰분율의 곱과 같다."라는 것이다.

8 보일의 법칙

온도가 일정할 때 기체의 부피는 절대압력에 반비례한다.

$$PV = C(일정)$$

$$P_1 V_1 = P_2 V_2, \quad V_2 = V_1 \times \frac{P_1}{P_2}$$

여기서, P : 압력(kg/cm²a), V : 부피(L)

9 샤를의 법칙

(1) 압력이 일정할 때 기체의 체적은 절대온도에 정비례한다.

(2) 압력이 일정할 때 기체의 부피는 온도가 1℃ 상승할 때마다 그 기체의 0℃ 때 부피의 $\frac{1}{273}$ 만큼씩 증가한다.

$$\frac{V}{T} = C(일정)$$

$$\frac{V_1}{T_1} = \frac{V_2}{T_2}, \quad V_2 = V_1 \times \frac{T_2}{T_1}$$

여기서, V_1, V_2 : 처음 또는 나중의 부피(L)
T_1, T_2 : 처음 또는 나중의 온도(K)

10 보일 – 샤를의 법칙

기체의 부피는 절대압력에 반비례하고 절대온도에 정비례한다.

$$\frac{P_1 V_1}{T_1} = \frac{P_2 V_2}{T_2}$$

(1) $V_2 = V_1 \times \frac{T_2}{T_1} \times \frac{P_1}{P_2}$

(2) $T_2 = T_1 \times \frac{P_2}{P_1} \times \frac{V_2}{V_1}$

(3) $P_2 = P_1 \times \frac{T_2}{T_1} \times \frac{V_1}{V_2}$

11 이상기체 상태방정식

구분	이상기체	실제기체
보일-샤를의 법칙	완전적용	근사적용
아보가드로 법칙	완전적용	근사적용
분자의 크기	질량은 있으나 부피는 무시한다.	질량, 부피 모두 존재한다.
고압 저온 시	액화나 응고가 되지 않는다.	액화나 응고가 된다.
분자 간의 인력	완전탄성체로서 없다.	있다.
0K(-273℃)	기체부피 0	고체화

(1) $PV = nRT = \dfrac{W}{M}RT$

① $P = \dfrac{\dfrac{W}{M}RT}{V}$

② $V = \dfrac{\dfrac{W}{M}RT}{P}$

③ $M = \dfrac{WRT}{PV}$

여기서, P : 압력(atm), V : 부피(L), n : 몰수(mol)
W : 질량(g), M : 분자량, T : 절대온도(K)
R(기체상수) : $\dfrac{1\text{atm} \times 22.4\text{L}}{1\text{mol} \times 273\text{K}} = 0.08205\text{L} \cdot \text{atm/mol} \cdot \text{K}$

(2) $PV = 2nRT = 2\dfrac{W}{M}Rt$

(3) $PV = GRT$

① $V = \dfrac{GRT}{P}$

② $G = \dfrac{PV}{RT}$

여기서, G : 질량(kg), V : 부피(m³), P : 압력(kg/m²a)
R(가스상수) $= \dfrac{848}{\text{가스의 분자량}}$ (kg · m/kg · K)
$\overline{R}$(일반기체상수) $= \dfrac{PV}{nT} = \dfrac{1.0332 \times 10^4 \text{kg/m}^2\text{a} \times 22.4\text{m}^3}{1\text{kmol} \times 273\text{K}} = 848\text{kg} \cdot \text{m/kmol} \cdot \text{K}$

7. 실제기체 및 이상기체

1 기체의 성질

(1) 기체의 부피
기체분자가 움직일 수 있는 공간이다.

(2) 기체의 압력
① 분자수가 많을수록 압력이 크다.
② 기체분자의 운동이 활발할수록 압력이 크다.
③ 운동공간이 좁을수록 압력이 크다.

(3) 기체분자운동론
① 기체의 분자들은 끊임없이 불규칙한 운동을 하고 분자 간에 인력이나 반발력이 없다.
② 기체분자 자체의 크기는 기체의 전체 부피에 비하여 무시할 정도로 작다.
③ 기체의 압력은 분자가 그릇 벽에 충돌됨으로써 나타난다.
④ 기체분자는 충돌에 의한 에너지 변화가 없는 완전 탄성체이다.
⑤ 기체분자의 운동에너지는 온도에 의해서만 변화될 수 있고 분자의 종류, 모양, 크기 등에는 무관하다.

(4) 기체의 온도와 운동에너지
① 같은 온도에서 모든 기체 분자의 운동에너지는 같다.
② 가벼운 분자는 빠르게 운동하고 무거운 분자는 느리게 운동한다.
③ 기체의 온도를 높이면 기체 분자의 운동에너지는 절대온도에 비례해서 증가한다.

2 실제기체

실제기체는 분자 간의 인력이나 반발력이 있고 분자기체의 부피를 무시할 수 없으므로 이상기체의 상태방정식에서 벗어난다.

(1) 실제기체가 이상기체에 가까워지는 조건
① 온도가 높고 압력이 낮을 때
  • 분자 간의 거리가 멀어져 반발력이나 인력은 무시할 수 있다.
  • 기체 전체의 부피가 커져서 분자 자체의 부피를 무시할 수 있다.
② 분자의 크기(분자량)가 작을 때
  • 분자 자체의 부피를 무시할 수 있다.
  • 분자 간의 인력이 작다.
③ 실제기체 중 이상기체에 가까운 기체는 헬륨(He), 수소(H_2)이다.

(2) 실제기체의 상태방정식(반데르발스 법칙)

① 기체가 1mol일 때

$$\left(P + \frac{a}{V^2}\right)(V-b) = RT$$

여기서, $\frac{a}{V^2}$: 기체 분자 간의 인력

b : 기체 자신이 차지하는 부피

② 기체가 $n$mol일 때

$$\left(P + \frac{a^2 n}{V^2}\right)(V - nb) = nRT$$

$$P = \frac{nRT}{V-nb} - \frac{n^2 a}{V^2}$$

여기서, P : 압력(atm), V : 부피(L), n : 몰수
a : 반데르발스 정수($L^2 \cdot atm/mol^2$)
b : 반데르발스 정수(L/mol)

8. 가스의 상태변화

1 등압변화

그림과 같이 장치 내에 열을 가하면 실린더 내의 압력은 일정한 상태를 유지하면서 가스의 팽창에 의하여 G(kg)의 무게를 이동시키게 된다. 이와 같은 변화를 등압변화(정압변화)라 한다. 일정한 압력하에서 온도를 T_1에서 T_2로 가열하는 데 필요한 열량은 가스 온도를 상승, 즉 내부에너지를 증가시켰고 외부에 대하여 일을 하였다.

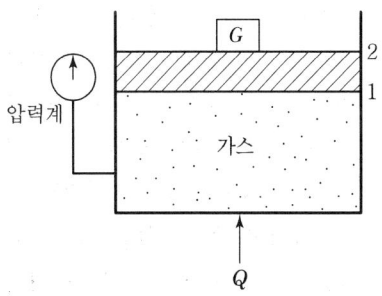

2 등적변화

그림과 같이 용기 속에 들어 있는 물체(가스)에 열을 가하면 체적의 변화는 일어나지 않는다. 즉 체적이 일정한 상태를 유지한다. 이와 같은 변화가 등적변화이다. 등적과정 중 가열한 열량은 전부 내부에너지로 저장된다. 즉 내부에너지의 변화량과 같다. 이 과정 중 온도는 T_1에서 T_2까지 상승한다.

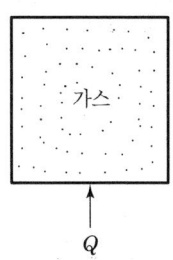

3 등온변화

그림과 같이 피스턴 실린더 기구에 열을 가하여 실린더 내의 온도를 일정하게 유지하면서 변화하는 경우와 같은 과정을 등온변화라 한다. 온도를 일정하게 유지하기 위해서는 압축 시에 열을 외부로 방출해야 하는 반면에 팽창 시에는 열을 외부에서 공급해 주어야 한다. 즉, 등온과정에서 엔탈피와 내부에너지는 불변이다. 열기관의 등온상태에서는 급기 및 배기를 행하는 것으로 이때 가열량은 전부 일량으로 변화하므로 가장 이상적이다.

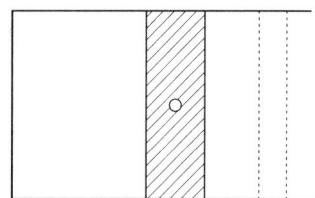

4 단열변화

가스가 상태변화를 하는 동안 외부와 계 간에 열의 이동이 전혀 없는 변화이다. 단열변화 과정 중의 일량은 열역학 제1법칙을 이용하면 외부에 하는 일량은 그 계의 내부에너지 감소량과 같다. 따라서 단열변화 중의 전후 온도를 알면 일의 양을 구할 수 있다.

5 폴리트로픽 변화

실제기관인 내연기관과 공기압축기의 동작유체인 공기와 같은 실제가스는 앞에서의 4가지 기본 변화만으로는 설명이 곤란하다. 폴리트로픽 변화에서는 지수 n을 사용하며, 단열변화의 경우에 대한 k(단열변화 지수) 대신 n(폴리트로픽 지수)을 사용한다. 또 폴리트로픽 비열 C_n은 등압변화와 등온변화의 중간이고 비열은 +를 취한다.

(1) $n=0$인 경우 : 등압변화이다.
(2) $n=1$인 경우 : 등온변화이다.
(3) $n=k$인 경우 : 단열변화이다.
(4) $1<n<k$인 경우 : 일반적으로 단열 폴리트로픽 팽창인 경우이다. 이 변화에서는 온도가 떨어질 때 열을 가하고 온도가 상승할 때 열을 방출하지 않으면 안 된다.
(5) $n>k$인 경우 : 폴리트로픽 압축이다.
(6) $n=\infty$인 경우 : 등적변화이다.

폴리트로픽 지수(n)	폴리트로픽 비열(C_n)	변화
$n=0$	C_p	등압변화
$n=1$	∞	등온변화
$n=k$	0	단열변화
$n=\infty$	C_v	등적변화
n	C_n	폴리트로픽 변화

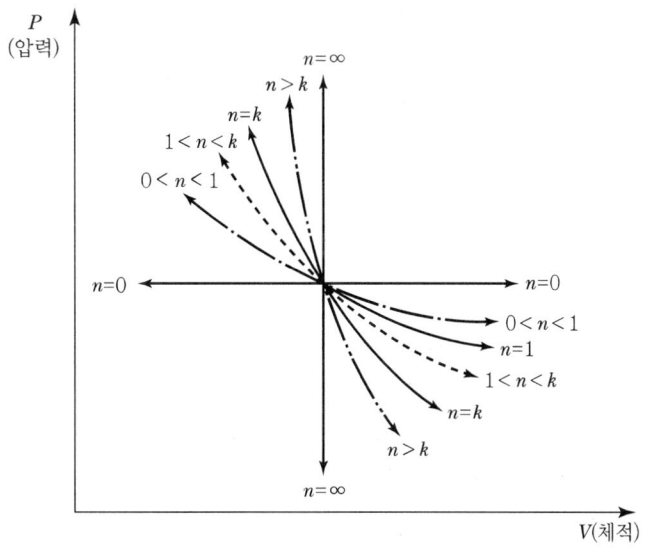

[폴리트로픽 변화]

6 가스의 압축에 필요한 일량(열량) 및 온도상승

(1) 압축에 소요되는 열량

단열압축>폴리트로픽 압축>등온압축

(2) 압축 시 가스온도 상승

단열압축>폴리트로픽 압축>등온압축

SECTION 03 고압가스의 성질

1 수소(H_2)

(1) 무색, 무미, 무취의 가연성 기체이다.
(2) 밀도가 매우 작고 확산속도, 열전도도가 대단히 크다.
(3) 고온에서는 강재나 기타 금속재료도 쉽게 투과시킨다.
(4) 열전달률이 대단히 크고 열에 대하여 안정하다.
(5) 공기 중 폭발범위가 4~75%로 넓다.
(6) 산소와 수소의 혼합가스 연소 시 2,900℃의 고온도를 얻는다.
(7) 발화온도는 530℃ 이상으로 높지만 파라듐 또는 니켈 촉매하에서는 상온에서도 용이하게 반응한다.
(8) 1기압에서 최소발화에너지는 공기와의 혼합물로 약 0.6mJ, 산소와의 혼합기로 약 0.2mJ이므로 정전기 스파크는 연소의 발화원이 될 수 있다.
(9) 공기 중에서 수소는 산소와 2:1 반응에서 530℃ 이상이면 폭발적으로 반응하여 수소폭명기가 발생한다.

$$2H_2 + O_2 \rightarrow 2H_2O + 136.6 kcal (수소폭명기)$$

(10) 할로겐 원소인 F_2, Cl_2, Br_2, I_2와 격렬히 반응하여 폭발반응이 일어난다.

$$H_2 + Cl_2 \rightarrow 2HCl + 44 kcal (염소폭명기)$$

$$H_2 + F_2 \rightarrow 2HF + 128 kcal (불화수소 생성)$$

(11) 수소와 염소의 혼합가스는 빛과 접촉하면 염소폭명기가 발생된다.
(12) 환원성이 강하고 고온에서 금속의 산화물 또는 염화물과 반응하여 금속을 유리시킨다.

$$CuO + H_2 \rightarrow Cu + H_2O$$

$$VCl_2 + H_2 \rightarrow V + 2HCl$$

(13) 수소는 고온·고압에서 강재 중의 탄소와 반응하여 수소취성을 일으킨다.(40℃ 이하에서는 수소취성이 억제된다.)

$$Fe_3C + 2H_2 \rightarrow CH_4 + 3Fe$$

그러나 크롬을 5~6% 이상 함유한 크롬강이나 스테인리스강에서 수소취성은 일어나기 어렵고 내수소원소는 타이타늄(Ti), 바나듐(V), 텅스텐(W), 몰리브덴(Mo) 등을 사용한다.

(14) 일산화탄소(CO)와 반응하여 알데히드 알코올류를 생성한다.

$$2H_2 + CO \rightarrow CH_3OH + 24\text{kcal}$$

2 산소(O_2)

(1) 무색, 무취의 기체이며 물에는 약간 녹는다.
(2) 기체, 액체, 고체를 불문하고 자장의 방향으로 자화되는 상자성체이다.
(3) 공기 중에 21% 존재하는 조연성 기체이다.
(4) 강력한 조연성 가스(연소성을 돕는 가스)이나 그 자신은 연소하지 않는다.
(5) 액화산소는 담청색을 나타낸다.
(6) 화학적으로 활발한 원소이며 할로겐 원소, 백금, 금동의 귀금속을 제외한 모든 원소와 직접 화합하여 산화물을 만든다.

$$C + O_2 \rightarrow CO_2$$

$$S + O_2 \rightarrow SO_2$$

$$4Al + 3O_2 \rightarrow 2Al_2O_3$$

$$4Fe + 3O_2 \rightarrow 2Fe_2O_3$$

(7) 유황(S), 인(P), 마그네슘(Mg) 등은 산소 중보다는 공기 중에서 심하게 연소한다.
(8) 알루미늄선, 동선, 철선 등도 적열하여 산소 중에 넣으면 눈부시게 빛을 내어 연소한다.
(9) 특수한 반응으로서 탄화수소나 탄수화물이 산화하여 알코올이나 알데히드 등이 생기는 완만한 산화가 있다.
(10) 산소 또는 공기 중에서 무성방전을 시키면 오존(O_3)이 된다.

$$3O_2 \rightleftarrows 2O_3 - 117.3\text{kcal}$$

(11) 산소농도나 산소분압이 높아지면 연소가 증대하고 연소속도의 급격한 증가, 발화온도의 저하, 화염온도의 상승, 화염의 길이가 증대된다.
(12) 가연성 가스는 공기 중보다도 산소 중에서 폭발한계 및 폭굉한계가 현저히 넓어지며 물질의 점화에너지도 저하하여 폭발의 위험성이 증대된다.
(13) 산소농도는 공기 중에서 18% 이상 유지하여야 하며 18% 미만에서는 산소결핍을 일으킨다.
(14) 산소 60% 이상의 고농도에서 12시간 이상 흡입하면 폐에 충혈을 일으켜 아기나 새끼동물은 실명하거나 사망한다.

⑮ 산소는 물과의 공존하에서 용존산소 때문에 금속의 부식을 다소 촉진시킨다.
⑯ 온도가 높은 공기 중에서는 산화부식에 의한 금속표면에 스케일이 커지며 내산화성 강재나 크롬강 등은 고온의 순산소 중에서 사용이 보편적이다.

3 질소(N_2)

(1) 무색, 무미, 무취의 기체이다.
(2) 상온에서 다른 원소와 반응하지 않는 기체로서 불연성 가스이다.
(3) 분자상의 질소(N_2)는 안정하나 원자상의 질소(N)로 하면 활발해진다.
(4) 철, 촉매 등의 존재하에 고온(550℃), 고압(250기압)에서 수소와 작용시키면 암모니아가 생성된다.

$$N_2 + 3H_2 \xrightarrow[550℃]{철} 2NH_3$$

(5) 전기불꽃 등으로 극히 높은 온도에서 산소와 반응하여 산화질소가 된다.

$$N_2 + O_2 \rightarrow 2NO$$

(6) 마그네슘(Mg), 칼슘(Ca), 리튬(Li) 등과 화합하여 질화마그네슘(Mg_3N_2), 질화칼슘(CaN_2), 질화리튬(Li_3N) 등을 만들며 탄화칼슘과 고온에서 반응하여 칼슘시아나미드($CaCN_2$)가 된다.

$$CaC_2 + N_2 \rightarrow CaCN_2 + C$$

4 희가스(불활성 가스)

(1) 주기율표 0족에 속하며 화학적으로는 불활성으로 다른 원소와 거의 화합하지 않는 원소이다.
(2) 모두가 상온에서 기체이며 불활성 가스라고 한다.
(3) 라돈(Rn)을 제외하고는 모두 공기 중에 미량으로 존재한다.
(4) 상온에서는 모두가 무색, 무미, 무취의 기체이다.
(5) 원자가는 0이고 화학적으로는 반응성이 없으므로 통상의 화학분석에서 검출되지 않는다.
(6) 방전관 중에서는 모두 특이한 스펙트럼을 발하므로 이 방법으로 검출이 가능하다.
(7) 희가스류는 단원자 분자이므로 원자량, 분자량이 같다.
(8) 크세논에 XeF_4로 표시되는 무색결정의 화합물이 형성되는 것을 발견하였으며 또한 XeF_2, XeF_6, XeO_3 및 Kr_4 등을 얻었기 때문에 100% 불활성 가스라고는 단정하지 못한다.

(9) 희가스를 방전관에 넣어서 방전시키면 각각 특이한 색의 발광을 한다.

원소명	기호	발광색
아르곤	Ar	적색
네온	Ne	주황색
헬륨	He	황백색
크립톤	Kr	녹자색
제논	Xe	청자색
라돈	Rn	청록색

5 일산화탄소(CO)

(1) 무색, 무취의 가스로서 석탄이나 석유의 가스화 시에 수소와 함께 생성된다.(공기의 질량과 거의 비슷하다.)
(2) 연료로 사용이 가능하나 메탄올(CH_3OH) 합성 이외에는 잘 사용되지 않는다.
(3) 물에 잘 녹지 않아 수상치환으로 포집한다.
(4) 독성이 강하고 가스중독 사고 및 대기오염 물질의 원인이 된다.
(5) 극히 환원성이 강한 가스이며 금속의 산화물을 환원시켜 단체금속을 만든다.
(6) 금속과 반응하여 니켈에서는 100℃ 이상, 철과는 고압에서 반응하여 금속카보닐을 생성한다.

$$Ni + 4CO \rightarrow Ni(CO)_4 : 니켈카보닐$$

$$Fe + 5CO \rightarrow Fe(CO)_5 : 철카보닐$$

고온·고압하에서 사용 시에는 금속카보닐을 방지하기 위하여 철강 용기 내를 은(Ag), 동(Cu), 알루미늄(Al) 등으로 라이닝하는 것이 보통이다.

(7) 공기 중에서 연소가 잘된다.

$$2CO + O_2 \rightarrow 2CO_2 + 135.4kcal$$

(8) 상온에서 염소와 동량 반응하여 포스겐($COCl_2$)을 생성한다.

$$CO + Cl_2 \rightarrow 2COCl_2$$

(9) 일산화탄소와 공기가 건조한 상태에서 압력이 증가하면 폭발범위가 좁아지나 공기 중의 질소를 아르곤이나 헬륨으로 치환하면 폭발범위는 압력과 더불어 증대한다.
(10) 혼합가스 중에 수증기가 존재하면 예상대로 폭발범위는 압력과 더불어 증대한다.

⑪ 고온의 일산화탄소가 철합금과 접촉하면 탄소를 생성시켜 이것이 금속조직 내에 확산 침투한다. 이를 침탄작용이라 한다. 금속재료를 약화시키므로 주의가 요망되며, 단 크롬강은 침탄되기가 어렵다.
⑫ 일산화탄소는 200℃에서 철카보닐을 생성하여 (휘발성 철카보닐) 침식이 촉진된다.
⑬ 고온·고압의 일산화탄소는 탄소강 저합금강의 사용을 피하여 Ni-Cr(니켈-크롬)계 스테인리스강을 사용하는 것이 좋다.
⑭ 메탄올(CH_3OH) 합성 시 반응 통에는 동의 라이닝을 하여 CO와 내압용기의 직접적인 접촉을 피한다. 촉매로는 CuO, ZnO, Cr_2O_3 등을 사용한다.

$$CO + 2H_2 \xrightarrow[200\sim300\text{atm}]{250\sim400℃} CH_3OH (메탄올)$$

6 이산화탄소(CO_2)

(1) 상온에서 액화가 가능하기 때문에 액화가스로 저장, 운반이 가능하다.
(2) 액화 이산화탄소를 액체공기로 냉각시키거나 급격히 기화시키면 고체 탄산 드라이아이스를 얻을 수 있다.
(3) 무색, 무취의 불연성 기체이다.
(4) 산소에 의한 연소성이 큰 마그네슘(Mg), 나트륨(Na) 등은 이산화탄소에서도 연소가 가능하다.

$$Mg + \frac{1}{2}CO_2 \rightarrow MgO + \frac{1}{2}C + 96.6\text{kcal}$$

$$2Na + \frac{1}{2}CO_2 \rightarrow Na_2O + \frac{1}{2}C + 52.3\text{kcal}$$

(5) 물에는 대략 동일체적으로 용해하고 일부 탄산이 되어 약산성을 나타낸다.

$$CO_2 + H_2O \rightarrow H_2CO_3$$

(6) 석탄수(석회수) 중에 취입하면 탄산칼슘의 백색침전을 일으키므로 이산화탄소의 검사에 이용된다.

$$Ca(OH)_2 + CO_2 \rightarrow CaCO_3 + H_2O$$

(7) 독성은 없으나 공기 중에 다량으로 존재하면 산소부족으로 질식한다.
(8) 이산화탄소는 건조상태에 있으면 강제에 대하여 거의 영향을 주지 않으나 수분을 함유하면 탄산이 생기므로 강제를 부식시킨다. 이 경우 산소가 공존하거나 고압이 되면 격심하므로 고압세정장치의 재료에는 내산강이 사용된다.

7 염소(Cl_2)

(1) 상온에서 심한 자극성이 있는 황록색의 무거운 기체이다.
(2) 비점 −34℃ 이하에서 냉각시켜 상온에서 6~7기압의 압력을 가하면 용이하게 액화가 되면서 갈색의 액체가 된다.
(3) 20℃의 물 100cc에 염소는 230cc(0.59g) 용해한다.
(4) 조연성 가스이며 독성 가스이다.
(5) 화학적으로 활성이 강하고 휘가스나 탄소, 질소, 산소를 제외한 모든 원소와는 화합하여 염화물이 된다.
(6) 황린, 안티몬, 구리 등의 분말은 염소가스 중에서도 발화 연소하여 염화물이 된다.
(7) 염소는 수분과 작용하여 염산(HCl)을 생성하여 철강을 심하게 부식시킨다.

$$Cl_2 + H_2O \rightleftarrows HCl + HClO$$

$$Fe + 2HCl \rightarrow FeCl_2 + H_2$$

(8) 완전히 건조된 염소는 상온에서 철과 반응하지 않으므로 철강의 고압용기에 넣을 수 있다.
(9) 철에서는 120℃를 넘으면 부식이 진행되며 고온이 되면 급격히 반응하여 염화물이 된다.
(10) 염소와 수소의 같은 양의 혼합물은 염소폭명기라 부르며 냉암소에서는 변화하지 않으나 가열 직사광선의 자외선 등에 의해 폭발하여 염화수소가 된다.

$$Cl_2 + H_2 \rightarrow 2HCl + 44kcal$$

(11) 염소는 물에 용해하면 염산과 차아염소산을 생성한다.

$$Cl_2 + H_2O \rightleftarrows HCl + HClO$$

(12) 염소는 물의 존재하에서 염산과 차아염소산을 생성하는데 차아염소산은 불안정하여 발생기 산소를 생성, 산화작용으로 표백과 살균작용을 한다.

$$Cl_2 + H_2O \rightarrow HCl + HClO$$

$$HClO \rightarrow HCl + (O)$$

(13) 염소는 메탄과 반응하여 여러 가지 염소치환체를 만든다.

$$CH_4 + Cl_2 \rightarrow CH_3Cl + HCl$$

$$CH_3Cl + Cl_2 \rightarrow CH_2Cl_2 + HCl$$

$$CH_2Cl_2 + Cl_2 \rightarrow CHCl_3 + HCl$$

$$CHCl_3 + Cl_2 \rightarrow CCl_4 + HCl$$

⑭ 가성소다(NaOH) 용액이나 소석회(수산화칼슘)에 용이하게 흡수된다.

$$2NaOH + Cl_2 \rightarrow NaClO + NaCl + H_2O$$

$$Ca(OH)_2 + Cl_2 \rightarrow \underset{표백분}{CaOCl_2} + H_2O$$

⑮ 암모니아와 반응하여 염화암모늄(흰 연기)을 생성한다. 또한 이 반응으로 상호 누설검출이 가능하다.

$$8NH_3 + 3Cl_2 \rightarrow 6NH_4Cl + N_2$$

$$4NH_3 + 3Cl_2 \rightarrow 3NH_4Cl + NCl_3$$

NCl_2는 유상의 폭발성이 대단히 강한 물질이다.

⑯ 독성이 매우 강하여 흡입하면 호흡기가 상한다. 허용농도가 1ppm이며 공기 중 30ppm이 존재하면 심하게 기침이 나고 40~60ppm에서 30분~1시간 호흡하면 극히 위험하다. 또한 1,000ppm에서는 동물이 단시간에 사망한다.

8 염화수소(HCl)

(1) 물에 용해하면 염산이 된다.(강산성을 표시한다.)
(2) 순수한 것은 무색이며 자극성 가스이다.
(3) 습공기 중에서는 연무상이 되며 농후한 가스는 흡입하면 유독하다.
(4) 이온화 경향이 큰 금속은 기체의 염화수소에 접하면 이것에 침해되어 수소가 발생하고 염화물로 된다. 특히 수분이 존재하면 그 작용이 심하다.

$$Fe + 2HCl \rightarrow FeCl_2(염화제1철) + H_2$$

(5) 폭발성은 없으나 또한 인화성도 없으며 염산이 금속을 침해하는 경우에 발생하는 수소가 공기와 혼합하여 폭발을 일으키는 경우가 있다.
(6) 염산은 수상, 차아인산, 인산염, 수소화물, 아황산염과 같은 염산보다 강한 산의 염을 분해한다.
(7) 크롬산염, 과망간산염과 반응하여 염소를 발생시킨다.
(8) 금속산화물, 수산화물, 붕화물, 규화물은 염산에 의해 염화물이 된다.
(9) 금속의 과산화물과 반응하여 그 염화물과 염소를 생성한다.
(10) 허용농도 5ppm의 독성이며 다량 흡입하면 중독이 된다.
(11) 농후한 염화수소 또는 염산미스트를 흡입하면 목, 눈, 코를 자극하여 기침이 나온다.

9 암모니아(NH_3)

(1) 상온에서 또는 상압에서 강한 자극성을 가진 무색의 기체이며 가연성이면서 독성 가스이다.
(2) 물에 잘 녹으며 상온·상압에서 물 1cc에 대하여 암모니아 기체는 800cc가 용해한다.
(3) 가압냉각에 의해서 액화하기 쉽고 20℃에서 8.46atm 가압에 액화암모니아가 된다.
(4) 0℃, 1atm에서 물의 1,146배만큼 용해한다.
(5) 증발잠열은 341kcal/kg이나 0℃에서는 301.8kcal/kg이다.
(6) 암모니아는 산소 중에서 황색염을 내어 연소하고 질소와 물을 생성한다.

$$4NH_3 + 3O_2 \rightarrow 2N_2 + 6H_2O$$

(7) 각종 금속에 작용하며 나트륨과 반응 시 나트륨아미드를 만든다.

$$2NH_3 + 2Na \rightarrow 2NH_2Na(나트륨아미드) + H_2$$

(8) 마그네슘과 고온에서 질화마그네슘을 만든다.

$$2NH_3 + 3Mg \rightarrow Mg_3N_2 + 3H_2$$

(9) 할로겐과 반응하면 염화암모늄 및 질소를 유리시킨다.

$$8NH_3 + 3Cl_2 \rightarrow 6NH_4Cl + N_2$$

(10) 염소가 과잉존재하면 황색 유상 폭발성의 삼염화질소를 만든다.

$$NH_4Cl + 3Cl_2 \rightarrow NCl_3 + 4HCl$$

(11) 황산과 반응하여 황산암모늄(유안)을 만든다.

$$2NH_3 + H_2SO_4 \rightarrow (NH_4)_2SO_4$$

(12) 암모니아는 물에 녹으면 물과 화합하여 수산화암모늄을 발생시킨다. 수산화암모늄이 해리하면 수산화이온을 만들기 때문에 알칼리성을 만든다.

$$NH_3 + H_2O \rightleftarrows NH_4OH$$

$$NH_4OH \rightleftarrows NH_4^+ + OH^-$$

(13) 암모니아는 상온에서는 안정하나 1,000℃에서 분해하여 질소와 수소로 된다.(단, 철의 촉매 하에서는 650℃에서 분해)

$$2NH_3 \rightarrow N_2 + 3H_2$$

⑭ 암모니아는 염화수소와 반응하여 염화암모늄(흰 연기)을 발생시킨다.

$$HCl + NH_3 \rightarrow NH_4Cl(흰 연기)$$

⑮ 암모니아는 구리(Cu), 아연(Zn), 은(Ag), 코발트(Co) 등 금속과 이들 금속의 이온과 반응하여 착이온을 만든다.(착이온이란 이온과 분자 또는 이온과 이온이 결합하여 생긴 안정한 이온을 말한다.)

$$Cu(OH)_2 + 4NH_3 \rightarrow Cu(NH_3)_4^{2+} + 2OH^-$$

$$AgCl + 2NH_3 \rightarrow Ag(NH_3)_2^+ + Cl^-$$

$$Zn(OH)_2 + 4NH_3 \rightarrow Zn(NH_3)_4^{2+} + 2OH^-$$

⑯ 암모니아용의 장치 및 계기에 직접 동이나 황동의 사용은 금물이다.

⑰ 암모니아의 건조제는 알칼리성이므로 진한 황산은 사용하지 못한다. 염기성인 소다석회(CaO와 가성소다 혼합물)를 사용한다.

⑱ 액체 암모니아는 할로겐 및 강산과 접촉하면 심하게 반응하여 폭발이나 비산하는 경우가 있다.

10 칼슘카바이드(CaC_2)

(1) 흑회색이나 자갈색의 고체이다.(순수한 것은 무색투명하다.)
(2) 물이나 습기, 수증기와 직접 반응한다.
(3) 고온에서 질소와 반응하며 석회질소($CaCN_2$)가 된다.

$$CaC_2 + N_2 \xrightarrow{1,000℃} CaCN_2 + C + 94.6kcal$$

(4) 15℃, 760mmHg에서 1kg의 순수한 제품에서는 366L의 가스가 발생된다.
(5) 시중에 판매되는 칼슘카바이드에는 황(S), 인(P), 질소(N), 규소(Si) 등의 불순물이 포함되어 황화수소(H_2S), 인화수소(PH_3), 암모니아(NH_3), 규화수소(SiH_4) 등의 유해성 가스가 발생된다.
(6) 카바이드 1드럼은 225kg이다.
(7) 카바이드는 가스 발생량에 따라 1~3등급으로 구분한다.
 ① 1급 : 280L 이상
 ② 2급 : 260L 이상
 ③ 3급 : 230L 이상
(8) 1892년 캐나다에서 공업용으로 처음 제조하였다.
(9) 경도가 매우 작다.

⑽ 비중이 2.2~2.3이다.
⑾ 카바이드를 물과 접촉시키면 쉽게 아세틸렌가스가 발생하고 백색의 소석회[$Ca(OH)_2$] 가루가 남는다.

11 아세틸렌(C_2H_2)

(1) 무색의 기체이며 순수한 것은 에테르와 같은 향기가 있지만 불순물로 인해 특유의 냄새가 난다.
(2) 비점과 융점이 비슷해서(비점 -84℃, 융점 -81℃) 고체 아세틸렌은 융해하지 않고 승화한다.
(3) 액체 아세틸렌은 불안정하나 고체 아세틸렌은 비교적 안전하다.
(4) 각종 액체에 잘 용해되며 보통 물에 대해서는 같은 양으로 용해되고 석유에는 2배, 벤젠에는 4배, 알코올에는 6배, 아세톤에는 25배가 용해된다.
(5) 406~408℃에서 자연발화하고 505~515℃가 되면 폭발하며 780℃ 이상이면 자연폭발한다.
(6) 산소아세틸렌 불꽃은 3,430℃이다.(산소 - 수소 2,900℃, 산소 - 메탄 2,700℃, 산소 - 프로판 2,820℃)
(7) 아세틸렌은 가스 발생 시 흡열 화합물이 된다.

$$2C + H_2 \rightarrow C_2H_2 - 54.2\text{kcal}$$

(8) 아세틸렌은 150℃에서 2기압 이상의 압력을 가하면 폭발할 우려가 있으며 위험압력은 1.5기압이고 분해폭발이 발생할 우려가 있다.

$$C_2H_2 \rightarrow 2C + H_2 + 54.2\text{kcal}(분해폭발)$$

(9) 아세틸렌 15%, 산소 85%에서 가장 폭발위험이 크다.
⑽ 아세틸렌가스가 인화수소(PH_3)를 함유하면 인화수소는 자연폭발을 일으킬 위험이 있는데 인화수소 함량이 0.02% 이상이면 폭발성을 갖게 되며 0.06% 이상인 경우에는 대체로 자연발화되어 폭발한다.
⑾ 아세틸렌은 산화폭발이 있다.

$$C_2H_2 + 2.5O_2 \rightarrow 2CO_2 + H_2O$$

⑿ C_2H_2는 압축하면 분해폭발을 일으키므로 압축하여 저장하는 것은 불가능하기 때문에 고압용기에 다공질 물질인 규조토, 석면, 목탄, 석회, 산화철, 탄산마그네슘, 다공성 플라스틱 등으로 된 다공성 물질을 삽입한 후 용제인 아세톤[$(CH_3)_2CO$], 디메틸포름아미드[$HCON(CH_3)_2$]에 스며들게 한 다음 아세틸렌을 용해 충전하여 운반한다.

⑬ 염화제1동의 암모니아 용액에 아세틸렌을 통하게 되면 황색의 동아세틸라이드(Cu_2C_2)가 침전한다.

⑭ 암모니아성 질산은 용액에 아세틸렌을 통하면 백색침전하여 은아세틸라이드(Ag_2C_2)를 얻는다.

⑮ 금속의 아세틸라이드는 건조되어 있으면 약간의 충격, 마찰 등으로도 폭발적으로 분해하기 때문에 기폭제가 된다.

⑯ 아세틸렌은 접촉적으로 수소화하면 에틸렌(C_2H_4), 에탄(C_2H_6)이 된다.

⑰ 황산수은을 촉매로 하여 수소화하면 아세트알데히드(CH_3CHO)를 얻는다.

$$C_2H_2 + H_2O \rightarrow CH_3CHO$$

⑱ 염화철 등의 촉매를 사용하여 액상으로 반응을 억제하면서 아세틸렌과 염소를 반응시키면 사염화에탄을 얻는다.

$$C_2H_2 + 2Cl_2 \rightarrow CHCl_2 \cdot CHCl_2$$

⑲ 아세틸렌은 동(Cu), 은(Ag), 수은(Hg) 등의 금속과 화합 시(치환반응) 아세틸라이드를 생성한다.

$$C_2H_2 + 2Cu \rightarrow Cu_2C_2 + H_2$$

$$C_2H_2 + 2Ag \rightarrow Ag_2C_2 + H_2$$

$$C_2H_2 + 2Hg \rightarrow Hg_2C_2 + H_2$$

⑳ 염화제2수은을 침착시킨 활성탄을 촉매로 하여 아세틸렌을 염화수소와 반응시키면 염화비닐(CH_2CHCl)을 얻는다.

$$C_2H_2 + HCl \rightarrow CH_2CHCl$$

㉑ 가성칼리 또는 알칼리알코올레이트를 촉매로 하여 반응압력 20atm(10~20% 포함)하에서 아세틸렌은 각종의 알코올과 반응하여 비닐에테르를 생기게 한다.

㉒ 아세틸렌을 염화제1동과 염화암모늄의 산성 용액 중에 65~80℃로 급속히 통하게 되면 아세틸렌의 2분자 종합반응이 일어나 비닐아세틸렌을 얻는다.(Nieuwland 촉매)

$$2CH \equiv CH \rightarrow CH_2 = CH - C \equiv CH$$

㉓ 아세틸렌을 염화제1동과 염화암모늄의 산성 용액 같은 촉매 중에서 아세틸렌과 시안화수소를 동시에 흡입하면 아크릴로니트릴(CH_2CHCN)을 얻을 수 있다.

12 에틸렌(C_2H_4)

(1) 가장 간단한 올레핀계 탄화수소가스이다.
(2) 무색이며 독특한 감미로운 냄새를 지닌 기체이다.
(3) 물에는 거의 용해되지 않고 알코올, 에테르에는 잘 용해된다.
(4) 석유화학공업에서 가장 중요한 원료가스이며 많은 유기화학제품이 제조된다.
(5) 가연성 가스이나 연료로는 사용하지 않는다.
(6) 2중 결합을 가지므로 각종 부가반응을 일으킨다.
(7) 염소를 부가하면 이염화에틸렌(CH_2ClCH_2Cl)을 얻는다.

$$CH_2 = CH_2 + Cl_2 \rightarrow CH_2ClCH_2Cl$$

(8) 염산을 부가하면 염화에틸렌(CH_3CH_2Cl)을 얻는다.

$$CH_2 = CH_2 + HCl \rightarrow CH_3CH_2Cl$$

(9) 황산의 존재로 수화하면 에틸렌알코올(CH_3CH_2OH)이 된다.

$$CH_2 = CH_2 + H_2SO_4 \rightarrow CH_3CH_2OSO_3H \text{(황산에틸)}$$

$$CH_3CH_2OSO_3H + H_2O \rightarrow CH_3CH_2OH + H_2SO_4$$

(10) 수소를 300℃ 정도로 니켈촉매상을 통하게 하거나 상온에서 백금 또는 파라듐상을 통하면 에탄(C_2H_6)이 된다.

$$CH_2 = CH_2 + H_2 \xrightarrow[300℃]{Pt \cdot Pb} CH_3CH_3 \text{(에탄)}$$

(11) 가연성이며 공기와의 혼합 시 폭발성이 있다.

$$C_2H_4 + 3O_2 \rightarrow 2CO_2 + 2H_2O + 337.23\text{kcal}$$

13 시안화수소(HCN)

(1) 액화가스이며 액체는 무색투명하다.
(2) 비점이 27.5℃로 높아서 액화가 용이하다.
(3) 독성이며 가연성 가스이다.
(4) 복숭아, 감의 특이한 편도가 내는 냄새가스이다.
(5) 맹독성(허용농도 10ppm)이며 고농도의 것을 흡입하면 목숨을 잃게 된다.
(6) 장기간 오래된 시안화수소는 중합하므로 자체 열로 폭발을 일으킬 수 있다.

(7) 순수한 액체 시안화수소(순도 98% 이상)는 안정하나 공업적으로 제조된 것은 소량의 수분을 함유하므로 중합폭발을 일으킨다.

(8) 암모니아(NH_3), 소다 등의 알칼리성 물질을 함유하면 중합이 촉진되고 황색 → 갈색을 거쳐서 흑갈색의 덩어리가 된다.

(9) 중합반응에서는 발열반응이므로 촉매작용이 있어 스스로 폭발하는 경우가 있다.

(10) 저장 시에는 안정제(무기산의 황산)를 소량 혼입하면 중합폭발이 방지되며 황산 외에도 동망, 염화칼슘, 인산, 오산화인, 아황산가스 등이 안정제로 사용된다.

(11) 물에 잘 용해되며 이 수용액은 약산성 반응을 나타내고 시안화수소산이라 한다.

(12) 산을 이용하여 가수분해하면 폼아미드($HCONH_2$)를 거쳐 의산(개미산, $HCOOH$)과 암모니아(염화암모늄)가 된다.

$$HCN + 2H_2O + HCl \rightarrow HCOOH + NH_4Cl$$

(13) 염화제1구리, 염화암모늄의 염산 산성 용액 중에서 아세틸렌과 반응하여 아크릴로니트릴($CH_2 = CHCN$)로 된다.

$$C_2H_2 + HCN \rightarrow CH_2 = CHCN$$

(14) 알데히드, 케톤과 알칼리성 물질의 존재하에서 반응하여 에틸시안화드린이 된다.

$$CH_3CHO + HCN \rightarrow CH_3CHOH(에틸시안화드린)$$

$$(CH_3)_2CO + HCN \rightarrow \begin{array}{c} CH_3 \quad OH \\ \diagdown \, O \, \diagup \\ \diagup \quad \diagdown \\ CH_3 \quad CN \end{array}$$

(15) 수소(H_2)에 의해 환원되어 메틸아민(CH_3NH_2)이 된다.

$$HCN + 2H_2 \rightarrow CH_3NH_2$$

(16) 할로겐과 반응하여 시아노겐 할라이드($ClCN$)가 된다.

$$HCN + Cl_2 \rightarrow ClCN + HCl(염화수소)$$

(17) 시안화수소(HCN)는 인화성 액체이며 화염이나 스파크에 의하여 연소된다.

14 포스겐($COCl_2$, 염화카보닐)

(1) 상온에서 자극적인 냄새를 가진 유독한 가스로서 푸른 풀 냄새가 난다.
(2) 무색의 액화가스이나 시중 판매용은 담황록색이다.
(3) 벤젠이나 에테르에 잘 녹으며 사염화탄소(CCl_4), 초산(아세트산)에 대하여는 20% 전후에서 용해된다.
(4) 활성탄을 촉매로 한 일산화탄소와 염소의 혼합체이다.
(5) 포스겐을 가수분해하면 이산화탄소(CO_2)와 염산(HCl)으로 분리된다.

$$COCl_2 + H_2O \rightarrow CO_2 + 2HCl$$

(6) 포스겐을 가열시키면 일산화탄소와 염소로 분해된다.

$$COCl_2 \rightarrow CO + Cl_2$$

(7) 수산화나트륨(NaOH, 가성소다)에는 신속하게 흡수되며 다음과 같은 반응이 일어난다.

$$COCl_2 + 4NaOH \rightarrow Na_2CO_2 + 2NaCl + 2H_2O$$

(8) 포스겐 자체에는 폭발성과 인화성이 없다.
(9) 건조상태에서는 공업용 금속재료가 부식되지 않으나, 수분이 존재하면 가수분해하여 염산(HCl)이 생기므로 금속이 부식된다.

15 산화에틸렌(C_2H_4O)

(1) 무색의 가스 또는 액화가스로서 가연성이며 독성 가스이다.
(2) 에테르 냄새를 가지며 고농도에서 자극취가 있다.
(3) 물이나 알코올, 에테르에 용해되며 대부분의 유기용제에 비율적으로 용해된다.
(4) 극히 반응성이 충분하며 많은 유도체가 합성된다.
(5) 철, 주석 및 알루미늄의 무수염화물, 산, 알칼리, 산화철, 산화알루미늄 등에 의해 중합폭발하여 발열한다.
(6) 액체 산화에틸렌은 연소하기 쉬우나 폭약 등과 같은 폭발은 하지 않는다.
(7) 산화에틸렌 증기를 흡입함으로써 구토를 일으킬 정도의 독성을 갖는다.
(8) 산화에틸렌의 증기는 전기 스파크, 화염, 아세틸드 분해 등에 의해 폭발한다.
(9) 용기 내에 저장 시 질소, 탄산가스와 같은 불활성 가스를 희석제로 하여 사전에 충전해 두면 폭발의 범위가 좁아지고 폭발을 피할 수 있다.

⑩ 나트륨아말감과 같은 환제에 의해 또는 접촉 환원에 의해 에틸알코올(CH_3CH_2OH)로 된다.

$$H_2C - CH_2 + H_2 \rightarrow CH_3CH_2OH$$
$$\diagdown \diagup$$
$$O$$

⑪ 수화반응에 의해 글리콜(HOC_2H_4OH)을 생성한다.

$$C_2H_4O + H_2O \rightarrow HOC_2H_4OH$$

⑫ 산화에틸렌은 에틸렌(C_2H_4)을 원료로 하여 에틸렌클로리드린을 거쳐 합성되고 또는 에틸렌의 직접 산화에 의해서도 만들어진다.

$$C_2H_4 + H_2O + Cl_2 \rightarrow CH_2ClCH_2OH + HCl$$

$$2HCH_2ClCH_2OH + Ca(OH)_2 \rightarrow 2C_2H_4O + CaCl_2 + 2H_2O$$

⑬ 암모니아와 산화에틸렌이 반응하여 에탄올아민($HOC_2H_4NH_2$)을 생성한다.

$$C_2H_4 + NH_3 \rightarrow HOC_2H_4NH_2$$

⑭ 알코올과 반응하여 글리콜에테르(ROC_2H_4OH)를 생성한다.

$$ROH + C_2H_4O \rightarrow ROC_2H_4OH$$

16 황화수소(H_2S)

(1) 고산지대의 화산 분출 시 분기 중에 함유되고 또 유황천에서 물에 녹아 용출한다.
(2) 무색이며 특유한 계란 썩는 냄새를 가진 기체로서 유독하다.
(3) 연소 시에 파란 불꽃(청염)을 내고 이산화황(SO_2)을 생성한다.
   ① 완전 연소 시 $2H_2S + 3O_2 \rightarrow 2H_2O + 2SO_2$
   ② 불완전 연소 시 $2H_2S + O_2 \rightarrow 2H_2O + 2S$
(4) 알칼리와 반응하여 2종류의 염을 생성한다.
   ① $NaOH + H_2S \rightarrow H_2O + NaHS$(수황화소다)
   ② $2NaOH + H_2S \rightarrow 2H_2O + Na_2S$(황화나트륨)
(5) 수용액은 강한 이염기산이 된다.
(6) 각종 산화물을 환원시킨다.
(7) 농질산이나 발열 질산 등의 산화제와는 심하게 반응하므로 위험성이 있다.

17 이황화탄소(CS_2)

(1) 상온에서 무색이며 투명 또는 담황색의 액체이다.
(2) 순수한 것은 거의 무취이나 일반적으로는 특유의 불쾌한 냄새가 난다.
(3) 대단히 인화되기 쉬운 액체(인화점 $-30℃$, 발화온도 $100℃$)로 유독하다.
(4) 비교적 불안정하여 상온에서 빛에 의해 서서히 분해된다.
(5) 고온에서 수소에 의해 환원되고 황화수소, 탄소, 메탄 등이 생긴다.
(6) 니켈 촉매하에 $180℃$로 반응시키면 메탄디티올[$CH_2(SH)_2$]을 생성하는 등 촉매의 종류에 의해 티올류를 생성한다.

$$CS_2 + 2H_2 \rightarrow CH_2(SH)_2$$

(7) 상온에서는 물(H_2O)과 반응하지 않으나 $150℃$ 이상의 고온에서는 분해하여 CO_2와 황화수소(H_2S)가 생긴다.

$$CS_2 + 2H_2O \rightarrow CO_2 + H_2S$$

18 이산화황(아황산, SO_2)

(1) 강한 자극성을 가진 무색의 기체이다.
(2) 불활성의 안정된 가스이며 고온($200℃$)에서도 거의 분해하지 않는다.
(3) $20℃$에서 물의 36배 정도 용해되며 산성을 표시한다.

$$SO_2 + H_2O \rightarrow H_2SO_3 (무수황산)$$

(4) 액체 이산화유황 중 티오닐클로라이드($SOCl_2$)는 산성을 표시하고 아황산소다(Na_2SO_3)는 염기성을 표시한다.

$$SOCl_2 \rightarrow SO^{2+} + 2Cl^-$$

$$Na_2SO_3 \rightarrow 2Na^+ + SO_3^{2-}$$

(5) 중화하면 염을 생성한다.

$$Na_2SO_2 + SOCl_2 \rightarrow 2NaCl + 2SO_2$$

(6) 물에는 조금밖에 용해하지 않으나 일염화유황에는 모든 비율로 잘 녹는다.
(7) 액체 이산화황(SO_2)은 순수한 것은 전도도가 낮으나 용해성의 염을 소량 가하면 전도도가 대단히 높아진다.

19 염화메틸(CH_3Cl)

(1) 상온·고압에서는 무색의 기체이며 에테르 취향의 냄새와 단맛이 난다.
(2) 염소화 파라핀 중에서도 가장 안전하며 공기가 없으면 400℃에서는 거의 분해하지 않지만 1,400℃의 고온에 이르면 완전히 분해한다.
(3) 저온에서는 결정성의 수화물($CH_3Cl \cdot 6H_2O$)을 만든다.
(4) 건조된 염화메틸(CH_3Cl)은 알칼리, 알칼리 토금속, 마그네슘, 아연, 알루미늄 이외의 보통의 금속과는 반응하지 않는다.
(5) 화염을 가까이 하면 백색으로, 주위는 흑색의 화염을 내면서 연소하고 CO_2와 HCl이 된다.
(6) 염화메틸은 체내에서 메탄올과 염화수소(HCl)로 분해된다.
(7) 염화메틸을 흡입하면 최면상태가 되고 현기증이 나서 결국에는 의식을 잃게 되는 경우가 있다.
(8) 수분이 존재하면 가열 시에 서서히 가수분해하여 메탄올(CH_3OH)과 염화수소(HCl)가 된다.

$$CH_3Cl + H_2O \rightarrow CH_3OH + HCl$$

(9) 에테르 용액 중에서 나트륨(Na)과 반응하여 에탄(C_2H_6)을 생성한다.

$$3CH_3Cl + 2Na \rightarrow C_2H_6 + 2NaCl$$

(10) 암모니아(NH_3)와 반응시키면 메틸아민(CH_3NH_2)을 생성한다.

$$CH_3Cl + NH_3 \rightarrow CH_3NH_2 + HCl \rightarrow CH_3NH_2 \cdot HCl$$

20 브롬화메틸(CH_3Br)

(1) 무색, 무취의 가스이다.
(2) 대부분의 유기용제에 용해하며 냉수와 결정성의 수화물을 만든다.
(3) 가연성 가스이며 독성 가스이다.
(4) 400℃ 이상에서 열분해가 시작된다.
(5) 공기 중에서 연소범위가 좁기 때문에 실제상 위험은 없다.
(6) 수용액 중에서 서서히 가수분해가 진행되고 메탄올(CH_3OH)과 브롬화수소산으로 된다.
(7) 알루미늄(Al)과는 반응하며 그 외에 건조된 순수한 브롬화메틸과는 반응하지 않지만 물이나 알코올이 있으면 주석, 아연, 철에서는 표면반응이 일어난다.
(8) 메틸화 시약으로서 유효하며 아민류, 특히 염기성이 강한 아민과 반응시키면 메틸암모늄 브로마이드를 생성한다.

21 프레온

(1) 불소 또는 염소를 함유한 지방족 탄화수소이다.
(2) 무색이며 무취이고 독성이 없다.
(3) 불연성이다.
(4) 화학적으로 안정하다.
(5) 200℃ 이하에서 대부분의 금속과는 반응하지 않는다.[Mg(마그네슘)이나 Mg가 2% 함유된 알루미늄(Al)에서는 부식이 된다.]
(6) 기화 시 증발잠열이 다소 크므로 냉매로 사용된다.
(7) 산 또는 산화제에 대하여 안정하나, 물이 존재하면 알칼리와 약간 반응하여 용융알칼리 중에서는 분해가 가능하다.

22 부틸렌(C_4H_8)

(1) 천연가스나 원유 중에는 섞여 있지 않기 때문에 이들을 열분해 또는 접촉분해하여 얻는다.
(2) 비중이 1.93(공기 1)으로 무거운 가스이며 가연성 가스이고 공기 중 폭발범위 하한(1.8%)이 낮아서 누설 시 바닥에 내려앉아 인화의 위험성이 크다.
(3) 일산화탄소(CO)와 수소(H_2)를 첨가하여 아밀알코올을 얻는다.
(4) 산소로 접촉 산화시키면 말레이산을 얻는다.

23 부타디엔(C_4H_6)

(1) 가연성 가스이며 고농도에서는 마취성이 있다.(허용농도 1,000ppm)
(2) 무색, 무취의 가스이다.
(3) 상온에서 공기 중의 산소와 반응하여 중합성의 과산화물을 생성한다.
(4) 수소를 부가시키면 부텐과 부탄이 생성된다.
(5) 물에는 조금 녹으나 아세톤, 에테르($C_2H_5OC_2H_5$), 벤젠(C_6H_6) 등에는 매우 잘 녹는다.
(6) 코발트(Co) 촉매를 사용하여 일산화탄소와 수소를 반응시키면 n-바렐알데히드를 만들고 이것을 수소화하면 펜탄올($C_5H_{11}OH$)이 된다.
(7) 오산화바나듐(V_2O_5) 촉매 존재하에 산화시키면 포름알데히드(HCHO), 말레이산을 생성한다.

24 염화비닐($CH_2=CHCl$)

(1) 상온·상압에서 무색의 기체이며 가연성 가스이다.
(2) 수분 존재 시 미량의 염산(HCl)을 만든 후 철이나 강을 부식시킨다.
(3) 물에는 잘 용해하지 않으나 기타 용제에는 대체적으로 용해한다.

(4) 열, 직사광선, 래디칼(원자단) 촉매에 의해 쉽게 중합하여 PVC(염화비닐수지)를 만든다. 중합반응 시 몰(mol)당 15~25kcal의 발열이 있으므로 이상 압력상승으로 폭발의 위험성이 따른다.

25 브롬화수소(HBr)

(1) 강한 자극성을 가진 독성 가스이며 무색의 발열성 기체이다.
(2) 물에 잘 용해되며 브롬화수소산의 강산성을 나타낸다.
(3) 습공기 중에서 심하게 열을 발생시킨다.

26 불화수소(HF)

(1) 무색의 기체이며 맹독성 가스로 증기는 극히 유독하다.
(2) 19.4℃ 이하에서 액화하고 상온에서는 H_2F_2로, 또한 30℃ 이상에서는 HF로 존재한다.
(3) 물에 잘 용해하고 수용액은 불화수소산(플루오르화수소산)으로 약산성을 나타낸다.
(4) 유리를 부식시키므로 유리용기에는 저장하지 못한다.

27 메탄올(CH_3OH)

(1) 별명이 메틸알코올이며 가장 저급 알코올에 속한다.
(2) 인화하기 쉽고 휘발하기 쉬운 기체이다.
(3) 무색이며 알코올 냄새가 난다.
(4) 독성이 있으며 8~20g에서 실명하고 30~100mL에서 치사한다.
(5) 에틸알코올(에탄올, C_2H_5OH)과 비슷하나 유독성이므로 마실 수는 없다.
(6) 물에 잘 녹으며 용매로도 쓰인다.
(7) 인화점이 11℃며 온도가 낮으면 폭발성 혼합기체로는 발생되기 어려우나 액온이 인화점 이상이면 인화하고 밀폐된 곳에서는 폭발하기 쉽다.

28 아크릴로니트릴($CH_2 = CHCN$)

(1) 무색이며 투명한 액체이다.
(2) 쓴 복숭아 향의 자극적인 냄새를 갖는 독성 가스이다.
(3) 독성의 허용농도가 20ppm이다.
(4) 가연성 액체이나 증기는 상온에서 폭발성 가스가 된다.
(5) 산소 등의 산화성 물질이 존재하거나 빛에 노출되면 중합이 촉진되어 열 발생으로 압력이 상승하고 폭발의 위험성이 증대된다.
(6) 중합방지제인 안정제로서는 하이드론퀴논이 사용된다.

29 메틸아민(CH_3NH_2)

(1) 종류로는 모노메틸아민(CH_3NH_2), 디메틸아민[$(CH_3)_2NH$], 트리메틸아민[$(CH_3)_2N$]이 있다.
(2) 상온·상압에서는 기체나 액화가 되면 무색이다.
(3) 허용농도 10ppm의 독성 가스로서 특이한 냄새가 난다.
(4) 저급 알코올이나 물에 용해가 잘된다.
(5) 가연성이며 독성 가스로서 인화점이 극히 낮고 공기 중에서 쉽게 연소하여 위험하다.

30 벤젠(C_6H_6)

(1) 무색이며 특유한 냄새가 난다.
(2) 허용농도 10ppm의 독성 가스이며 휘발성 액체로서 가연성이며 독성 가스이다.
(3) 물에는 용해되지 않지만 알코올, 에테르, 아세톤, 유지, 수지에는 용해가 잘된다.
(4) 탄화수소수(C_6H_6)가 같아서 산소 중에서 연소 시 그을음이 발생되며 완전연소반응식은 다음과 같다.

$$2C_6H_6 + 15O_2 \rightarrow 12CO_2 + 6H_2O$$

(5) 공기 중에 2% 정도의 벤젠을 포함한다면 5분 내지 10분 이내에 사망의 우려가 있다.
(6) 휘발성 액체이고 인화점이 낮은 가연성이며 화기와는 일정거리를 유지하여야 한다.
(7) 치환반응 및 첨가(부가)반응을 일으킨다.

31 프로필렌(C_3H_6)

(1) 가연성 가스로서 에틸렌과 비교적 유사한 반응성을 나타낸다.
(2) 향긋한 냄새가 나며 무색이다.
(3) 물을 부가시키면 이소프로필 알코올을 생성하며 수소화하면 프로판이 된다.
(4) 암모니아와 함께 공기 중에서 반응을 시키면 아크릴로니트릴을 생성한다.
(5) 접촉 산화시키면 아크롤레인($CH_2 = CHCHO$)을 생성한다.
(6) 염소화하면 염화아릴, 2염화프로필렌이 된다.
(7) 벤젠과 반응하면 페놀을 생성한다.

32 에틸벤젠(C_8H_{10})

(1) 가연성 액체로서 톨루엔(C_9H_8)과 매우 유사한 성질을 갖는다.
(2) 20atm 이하에서 600~700℃의 고온하에 수소를 가하여 탈알킬화하면 벤젠, 톨루엔, 스티렌이 된다.
(3) 산소를 이용하여 탈수소화하면 스티렌이 된다.

33 염화메틸(CH₃Cl)

(1) 무색의 기체로서 가연성이며 독성 가스이다.
(2) 공기 중에서 연소하면 메탄올과 염화수소가 생성된다.
(3) 물과 함께 가열하면 서서히 가수분해하여 다음과 같이 된다.

$$CH_3Cl + H_2O \rightarrow HCl(염화수소) + CH_3OH(메탄올)$$

(4) 일반금속과는 반응을 하지 않으나 마그네슘(Mg), 알루미늄(Al), 아연(Zn)과는 반응한다.
(5) 암모니아(NH_3)와 반응하여 메틸아민(CH_3NH_2)을 생성한다.

$$CH_3Cl + NH_3 \rightarrow CH_3NH_2 + HCl$$

(6) 에테르 용액 중에서 나트륨(Na)과 반응하여 에탄(C_2H_6)을 생성한다.

$$2CH_3Cl + 2Na \rightarrow C_2H_6 + 2NaCl$$

34 프로판(C_3H_8)

(1) 액화석유가스의 주성분이다.
(2) 연소 시 많은 공기가 필요하다.
(3) 폭발한계가 2.1~9.5%로 좁다.
(4) 연소속도가 4.45m/s로 느리다.
(5) 착화온도가 460~520℃로 높다.
(6) 가스의 밀도가 1.96g/L로 크다.
(7) 가스의 비용적은 $0.5m^3/kg$이다.
(8) 가스의 비중은 1.52 정도로 공기보다 무겁다.
(9) 액체의 비중은 0.508로 물보다 가볍다.
(10) 소비 중 용기에 서리가 낀다.
(11) 기화나 액화가 용이하다.($7kg/cm^2$의 가압으로 액화하거나 상압하에서 −42.1℃로 냉각)
(12) 기화하면 체적이 250배로 증가한다.
(13) 증발잠열이 101.8kcal/kg이다.
(14) 용기 내의 증기압력은 온도에 따라 다르다.
(15) 무색, 무독, 무취이다.
(16) 고무, 페인트, 그리스, 윤활유 등을 용해한다.
(17) 발열량이 12,000kcal/kg로 크다.

35 메탄(CH_4)

(1) 파라핀계 탄화수소로서 가장 간단한 형의 화합물이며 상당히 안정된 가스이다.
(2) 유전가스, 탄전가스 및 수용성 천연가스와 같은 천연가스의 주성분이다.
(3) 유기물의 부패나 분해에 따라 항상 발생되는 천연가스이다.
(4) 무색, 무미, 무취의 기체이다.
(5) 가연성 가스이기 때문에 공기 중에서 연소 시 담청색의 불꽃을 내며 연소한다.

$$CH_4 + 2O_2 \rightarrow CO_2 + 2H_2O + 212.8kcal$$

(6) 무극성이며 물분자와 결합하는 성질이 없어서 용해도는 낮다.
(7) 고온에서 산소 및 수증기를 반응시키면 일산화탄소와 수소(H_2)의 혼합가스가 생성된다. 촉매는 니켈(Ni)이다.

$$CH_4 + \frac{1}{2}O_2 \rightarrow CO + 2H_2 + 8.7kcal$$

$$CH_4 + H_2O \rightarrow CO_2 + 3H_2 - 49.3kcal$$

(8) 염소와 치환반응을 일으켜 염소화합물을 만든다.

$$CH_4 + Cl_2 \rightarrow CH_3Cl(염화메틸) + HCl$$

$$CH_3Cl + Cl_2 \rightarrow CH_2Cl_2(염화메틸렌) + HCl$$

$$CH_2Cl_2 + Cl_2 \rightarrow CHCl_3(클로로포름) + HCl$$

$$CHCl_3 + Cl_2 \rightarrow CCl_4(사염화탄소) + HCl$$

---REFERENCE---

- CH_3Cl : 냉매로 사용
- CH_2Cl_3 : 마취제로 사용
- CH_2Cl_2 : 공업용 용제로 사용
- CCl_4 : 소화제로 사용

36 부탄(C_4H_{10})

(1) 밀도가 2.59g/L로 크다.
(2) 가스의 비용적이 0.39m^3/kg이다.
(3) 가스의 비중은 2이다.(공기보다 2배)
(4) 액체의 비중은 0.581로 물보다 가볍다.
(5) 소비 중 서리가 낀다.

⑹ 가스는 공기보다 무겁다.
⑺ 기화나 액화가 용이하다.(2kg/cm² 로 가압하거나 대기압에서 −0.5℃로 냉각하면 된다.)
⑻ 기화하면 체적이 230배 팽창한다.
⑼ 증발잠열이 92.1kcal/kg으로 크다.
⑽ 용기 내의 증기압은 온도에 따라 다르다.
⑾ 가스는 무색, 무취, 무독성이다.
⑿ 고무나 페인트, 그리스, 윤활유 등을 용해한다.
⒀ 발열량이 12,000kcal/kg이다.
⒁ 연소 시 많은 공기가 필요하다.
⒂ 폭발범위가 1.8~8.4%로 좁다.
⒃ 연소속도가 3.65m/s로 느리다.
⒄ 착화온도가 430~510℃로 높다.

CHAPTER 02
안전관리자 자격

제1절 고압가스 안전관리법
제2절 액화석유가스의 안전관리 및 사업법
제3절 도시가스사업법

SECTION 01 고압가스 안전관리법

시행령 [별표 3] 〈개정 2021.12.7.〉

안전관리자의 자격과 선임 인원(제12조제3항 관련)

시설구분		저장 또는 처리능력	선임구분	
			안전관리자의 구분 및 선임 인원	자격구분
고압가스 특정 제조시설			안전관리 총괄자 : 1명	
			안전관리 부총괄자 : 1명	
			안전관리 책임자 : 1명	가스산업기사
			안전관리원 : 2명 이상	가스기능사 또는 한국가스안전공사가 산업통상자원부장관의 승인을 받아 실시하는 일반시설안전관리자 양성교육을 이수한 자(이하 "일반시설안전관리자 양성교육이수자"라 한다)
고압가스 일반제조시설·충전시설	1. 고압가스 일반제조시설 및 제2호 외의 충전시설	저장능력 500톤 초과 또는 처리능력 1시간당 2,400세제곱미터 초과	안전관리 총괄자 : 1명	
			안전관리 부총괄자 : 1명	
			안전관리 책임자 : 1명	가스산업기사
			안전관리원 : 2명 이상	가스기능사 또는 일반시설안전관리자 양성교육이수자
		저장능력 100톤 초과 500톤 이하 또는 처리능력 1시간당 480세제곱미터 초과 2,400세제곱미터 이하	안전관리 총괄자 : 1명	
			안전관리 부총괄자 : 1명	
			안전관리 책임자 : 1명	가스산업기사
			안전관리원 : 2명	가스기능사 또는 일반시설안전관리자 양성교육이수자
		저장능력 100톤 이하 또는 처리능력 1시간당 60세제곱미터 초과 480세제곱미터 이하	안전관리 총괄자 : 1명	
			안전관리 부총괄자 : 1명	
			안전관리 책임자 : 1명	가스기능사
			안전관리원 : 1명	가스기능사 또는 일반시설안전관리자 양성교육이수자

시설구분		저장 또는 처리능력	선임구분	
			안전관리자의 구분 및 선임 인원	자격구분
고압가스 일반제조시설·충전시설	1. 고압가스 일반제조시설 및 제2호 외의 충전시설	처리능력 1시간당 60세제곱미터 이하	안전관리 총괄자 : 1명	
			안전관리 책임자 : 1명	가스기능사(공기를 충전하는 시설의 경우에는 한국가스안전공사가 산업통상자원부장관의 승인을 받아 실시하는 공기충전시설 안전관리 책임자 특별교육을 이수한 사람)
			안전관리원 : 1명 이상	가스기능사 또는 일반시설안전관리자 양성교육이수자
	2. 자동차의 연료로 사용되는 법 제20조 제1항에 따른 특정고압가스(이하 "특정고압가스"라 한다) 충전시설	저장능력 500톤 초과 또는 처리능력 1시간당 2,400세제곱미터 초과	안전관리 총괄자 : 1명	
			안전관리 부총괄자 : 1명	
			안전관리 책임자 : 1명	가스산업기사
			안전관리원 : 2명 이상	가스기능사 또는 한국가스안전공사가 산업통상자원부장관의 승인을 받아 실시하는 고압가스자동차충전시설안전관리자 양성교육을 이수한 사람(이하 "고압가스자동차충전시설안전관리자 양성교육이수자"라 한다)
		저장능력 100톤 초과 500톤 이하 또는 처리능력 1시간당 480세제곱미터 초과 2,400세제곱미터 이하	안전관리 총괄자 : 1명	
			안전관리 부총괄자 : 1명	
			안전관리 책임자 : 1명	가스산업기사
			안전관리원 : 1명 이상	가스기능사 또는 고압가스자동차충전시설안전관리자 양성교육이수자
		저장능력 100톤 이하 또는 처리능력 1시간당 60세제곱미터 초과 480세제곱미터 이하	안전관리 총괄자 : 1명	
			안전관리 부총괄자 : 1명	
			안전관리 책임자 : 1명	고압가스자동차충전시설안전관리자 양성교육이수자
		처리능력 1시간당 60세제곱미터 이하	안전관리 총괄자 : 1명	
			안전관리 책임자 : 1명	고압가스자동차충전시설안전관리자 양성교육이수자
냉동제조시설		냉동능력 300톤 초과(프레온을 냉매로 사용하는 것은 냉동능력 600톤 초과)	안전관리 총괄자 : 1명	
			안전관리 책임자 : 1명	공조냉동기계산업기사
			안전관리원 : 2명 이상	공조냉동기계기능사 또는 한국가스안전공사가 산업통상자원부장관의 승인을 받아 실시하는 냉동시설안전관리 양성교육을 이수한 자(이하 "냉동시설안전관리자 양성교육이수자"라 한다)

시설구분	저장 또는 처리능력	선임구분	
		안전관리자의 구분 및 선임 인원	자격구분
냉동 제조시설	냉동능력 100톤 초과 300톤 이하(프레온을 냉매로 사용하는 것은 냉동능력 200톤 초과 600톤 이하)	안전관리 총괄자 : 1명	
		안전관리 책임자 : 1명	공조냉동기계산업기사 또는 현장실무 경력이 5년 이상인 공조냉동기계기능사
		안전관리원 : 1명 이상	공조냉동기계기능사 또는 냉동시설안전관리자 양성교육이수자
	냉동능력 50톤 초과 100톤 이하(프레온을 냉매로 사용하는 것은 냉동능력 100톤 초과 200톤 이하)	안전관리 총괄자 : 1명	
		안전관리 책임자 : 1명	공조냉동기계기능사 또는 현장실무 경력이 5년 이상인 냉동시설안전관리자 양성교육이수자
		안전관리원 : 1명 이상	공조냉동기계기능사 또는 냉동시설안전관리자양성교육이수자
	냉동능력 50톤 이하(프레온을 냉매로 사용하는 것은 냉동능력 100톤 이하)	안전관리 총괄자 : 1명	
		안전관리 책임자 : 1명	공조냉동기계기능사 또는 냉동시설안전관리자 양성교육이수자
저장시설	저장능력 100톤 초과(압축가스의 경우는 저장능력 1만 세제곱미터 초과)	안전관리 총괄자 : 1명	
		안전관리 부총괄자 : 1명	
		안전관리 책임자 : 1명	가스산업기사
		안전관리원 : 2명 이상	가스기능사. 다만, 그 중 1명은 일반시설안전관리자 양성교육이수자로 할 수 있다.
	저장능력 30톤 초과 100톤 이하(압축가스의 경우에는 저장능력 3천 세제곱미터 초과 1만 세제곱미터 이하)	안전관리 총괄자 : 1명	
		안전관리 책임자 : 1명	가스기능사
		안전관리원 : 1명 이상	가스기능사 또는 일반시설안전관리자 양성교육이수자
	저장능력 30톤 이하(압축가스의 경우에는 저장능력 3천 세제곱미터 이하)	안전관리 총괄자 : 1명	
		안전관리 책임자 : 1명 이상	가스기능사 또는 일반시설안전관리자 양성교육이수자
판매시설		안전관리 총괄자 : 1명	
		안전관리 책임자 : 1명 이상	가스기능사 · 한국가스안전공사가 산업통상자원부장관의 승인을 받아 실시하는 판매시설 안전관리자 양성교육을 이수한 자 또는 냉매제조시설란의 안전관리 책임자 자격자(냉매가스의 판매에 한정한다)

시설구분	저장 또는 처리능력	선임구분	
		안전관리자의 구분 및 선임 인원	자격구분
특정 고압가스 사용신고 시설	저장능력 250킬로그램(압축가스의 경우에는 저장능력 100세제곱미터) 초과	안전관리 총괄자 : 1명	
		안전관리 책임자(자동차의 연료로 사용되는 특정고압가스를 사용하는 시설의 경우는 제외한다) : 1명 이상	가스기능사 · 공조냉동기계기능사 · 냉동시설안전관리자 또는 한국가스안전공사가 산업통상자원부장관의 승인을 받아 실시하는 사용시설안전관리자 양성교육을 이수한 자(이하 "사용시설안전관리자 양성교육이수자"라 한다)
	저장능력 250킬로그램(압축가스의 경우에는 저장능력 100세제곱미터) 이하	안전관리 총괄자 : 1명	
용기 제조시설	용기제조시설	안전관리 총괄자 : 1명	
		안전관리 부총괄자 : 1명	
		안전관리 책임자 : 1명 이상	일반기계기사 · 용접기사 · 화공기사 · 금속기사 또는 가스산업기사
	용기부속품제조시설	안전관리 총괄자 : 1명	
		안전관리 부총괄자 : 1명	
		안전관리 책임자 : 1명 이상	컴퓨터응용가공산업기사 · 금속재료산업기사 · 화공산업기사 또는 가스기능사
냉동기 제조시설		안전관리 총괄자 : 1명	
		안전관리 부총괄자 : 1명	
		안전관리 책임자 : 1명	일반기계기사 · 용접기사 · 금속기사 · 화공기사 또는 공조냉동기계산업기사
		안전관리원 : 1명 이상	공조냉동기계기능사
특정설비 제조시설	저장탱크 및 압력용기 제조시설	안전관리 총괄자 : 1명	
		안전관리 부총괄자 : 1명	
		안전관리 책임자 : 1명	일반기계기사 · 용접기사 · 금속기사 · 화공기사 및 가스산업기사
		안전관리원 : 1명 이상	가스기능사
	저장탱크 및 압력용기 외의 특정설비제조시설	안전관리 총괄자 : 1명	
		안전관리 부총괄자 : 사업장마다 1명	
		안전관리 책임자 : 1명 이상	일반기계기사 · 용접기사 · 금속기사 · 화공기사 · 가스산업기사. 다만, 냉동제조시설 부속품은 공조냉동기계산업기사로 할 수 있다.

[비고]
1. 시설구분의 처리 또는 저장능력에 따른 자격자는 기술자격종목의 상위자격소지자로 할 수 있다. 이 경우 가스기술사 · 가스기능장 · 가스기사 · 가스산업기사 · 가스기능사의 순서로, 공조냉동기계기술사 · 공조냉동기계기사 · 공조냉동기계산업기사 · 공조냉동기계기능사의 순서로 먼저 규정한 자격을 상위자격으로 본다.
2. 일반시설안전관리자 양성교육이수자는 고압가스자동차충전시설안전관리자 양성교육이수자 및 판매시설안전관리자 양성교육이수자의 상위 자격으로 보고, 고압가스자동차충전시설안전관리자 양성교육이수자 및 판매시설안전관리자 양성교육이수자는 사용시설안전관리자 양성교육이수자의 상위 자격으로 본다.
3. 안전관리 책임자의 자격을 가진 자는 해당 시설의 안전관리원의 자격을 가진 것으로 본다.
4. 고압가스기계기능사보 · 고압가스취급기능사보 및 고압가스화학기능사보의 자격소지자는 이 자격 구분에 있어서 일반시설안전관리자 양성교육이수자로 보고, 고압가스냉동기계기능사보의 자격소지자는 냉동시설안전관리자 양성교육이수자로 본다.
5. 안전관리 총괄자 또는 안전관리 부총괄자가 안전관리 책임자의 기술자격을 가지고 있으면 안전관리 책임자를 겸할 수 있다.
6. 사업소 안에 특정고압가스사용신고시설이 「액화석유가스의 안전관리 및 사업법」에 따른 액화석유가스사용신고시설 또는 「도시가스사업법」에 따른 특정가스사용시설과 함께 설치되어 있는 경우 「액화석유가스의 안전관리 및 사업법」 또는 「도시가스사업법」에 따라 안전관리 책임자를 선임한 때에는 특정고압가스사용신고시설을 위한 안전관리 책임자를 선임한 것으로 본다.
7. 사업소 안에 냉동제조시설이 고압가스제조시설에 부속되어 있는 경우 고압가스제조시설을 위한 안전관리자를 선임한 때에는 별도로 냉동제조시설에 관한 안전관리자를 선임하지 아니할 수 있다.
8. 냉동제조의 경우로서 여러 개의 사업소가 동일지역 내에 있고, 공동관리할 수 있는 안전관리체계를 갖춘 경우에는 안전관리 책임자를 공동으로 선임할 수 있다.
8의2. 프레온을 냉매로 사용하는 냉동제조시설로서 그 사업장 안에 냉동제조시설 전체에 대하여 운전 · 제어 · 감시할 수 있는 중앙통제시스템을 갖춘 경우에는 안전관리원 선임인원의 2분의 1을 경감할 수 있다.
9. 법 제7조에 따라 일정기간 중단한 사업소 내의 고압가스시설에 고압가스가 없는 경우에는 안전관리원을 선임하지 아니할 수 있다.
10. 고압가스특정제조시설, 고압가스일반제조시설, 고압가스충전시설(처리능력 1시간당 60세제곱미터 이하인 공기를 충전하는 시설은 제외한다), 냉동제조시설, 저장시설, 판매시설, 용기제조시설, 냉동기제조시설 또는 특정설비제조시설을 설치한 자가 동일한 사업장에 특정고압가스사용신고시설, 「액화석유가스의 안전관리 및 사업법」에 따른 액화석유가스특정사용시설 또는 도시가스사업법에 따른 특정가스사용시설을 설치하는 경우에는 해당 사용신고시설 또는 사용시설에 대한 안전관리자는 선임하지 아니할 수 있다.
11. 저장시설 중 「관세법」의 적용을 받는 보세구역에서 고압가스를 컨테이너 또는 탱크에 저장하는 경우에는 안전관리원을 선임하지 아니할 수 있다.
12. 사업소 안에 특정설비 제조시설 중 독성가스배관용 밸브 제조시설과 「액화석유가스의 안전관리 및 사업법」에 따른 가스용품 제조시설 중 배관용 밸브 제조시설(산업통상자원부령으로 정하는 것만 해당된다)이 함께 있는 경우에는 하나의 제조시설 안전관리자가 다른 제조시설 안전관리자를 겸할 수 있다.

SECTION 02 액화석유가스의 안전관리 및 사업법

시행령 [별표 1] 〈개정 2020.2.18.〉

안전관리자의 자격과 선임 인원(제15조제4항 관련)

시설구분	저장능력 또는 수용가 수	선임구분	
		안전관리자의 구분 및 선임 인원	자격
액화석유가스 충전시설	저장능력 500톤 초과	안전관리 총괄자 : 1명	
		안전관리 부총괄자 : 1명	
		안전관리 책임자 : 1명 이상	가스산업기사 이상의 자격을 가진 사람
		안전관리원 : 2명 이상	가스기능사 이상의 자격을 가진 사람 또는 한국가스안전공사가 산업통상자원부장관의 승인을 받아 실시하는 충전시설 안전관리자 양성교육 이수자(이하 "충전시설 안전관리자 양성교육 이수자"라 한다)
	저장능력 100톤 초과 500톤 이하	안전관리 총괄자 : 1명	
		안전관리 부총괄자 : 1명	
		안전관리 책임자 : 1명 이상	가스기능사 이상의 자격을 가진 사람
		안전관리원 : 2명 이상	가스기능사 이상의 자격을 가진 사람 또는 충전시설 안전관리자 양성교육 이수자
	저장능력 100톤 이하	안전관리 총괄자 : 1명	
		안전관리 부총괄자 : 1명	
		안전관리 책임자 : 1명 이상	가스기능사 이상의 자격을 가진 사람 또는 현장실무 경력이 5년 이상인 충전시설 안전관리자 양성교육 이수자
		안전관리원 : 1명 이상	가스기능사 이상의 자격을 가진 사람 또는 충전시설 안전관리자 양성교육 이수자
	저장능력 30톤 이하 (자동차에 고정된 용기 충전시설만 해당한다)	안전관리 총괄자 : 1명	
		안전관리 책임자 : 1명 이상	가스기능사 이상의 자격을 가진 사람 또는 충전시설 안전관리자 양성교육 이수자

시설구분	저장능력 또는 수용가 수	선임구분	
		안전관리자의 구분 및 선임 인원	자격
액화석유가스 배관망 공급시설	수용가 500가구 초과	안전관리 총괄자 : 1명	
		안전관리 책임자 : 1명 이상	가스기능사 이상의 자격을 가진 사람
		안전관리원 1. 500가구 초과 1,500가구 이하인 경우에는 1명 이상 2. 1,500가구 초과인 경우에는 1천가구마다 1명 이상을 추가	가스기능사 이상의 자격을 가진 사람 또는 한국가스안전공사가 산업통상자원부장관의 승인을 받아 실시하는 일반시설 안전관리자 양성교육 이수자(이하 "일반시설 안전관리자 양성교육 이수자"라 한다)
		안전점검원 1. 배관 길이 15킬로미터 이하인 경우에는 1명 이상 2. 배관 길이 15킬로미터 초과인 경우에는 15킬로미터마다 1명 이상을 추가	가스기능사 이상의 자격을 가진 사람, 일반시설 안전관리자 양성교육 이수자 또는 한국가스안전공사가 산업통상자원부장관의 승인을 받아 실시하는 안전점검원 양성교육 이수자(이하 "안전점검원 양성교육 이수자"라 한다)
	수용가 500가구 이하	안전관리 총괄자 : 1명	
		안전관리 책임자 : 1명 이상	가스기능사 이상의 자격을 가진 사람 또는 일반시설 안전관리자 양성교육 이수자
		안전점검원 1. 배관 길이 15킬로미터 이하인 경우에는 1명 이상 2. 배관 길이 15킬로미터 초과인 경우에는 15킬로미터마다 1명 이상을 추가	가스기능사 이상의 자격을 가진 사람, 일반시설 안전관리자 양성교육 이수자 또는 안전점검원 양성교육 이수자
액화석유가스 일반집단공급 시설	수용가 500가구 초과	안전관리 총괄자 : 1명	
		안전관리 책임자 : 1명 이상	가스기능사 이상의 자격을 가진 사람
		안전관리원 1. 500가구 초과 1,500가구 이하인 경우에는 1명 이상 2. 1,500가구 초과인 경우에는 1천 가구마다 1명 이상을 추가	가스기능사 이상의 자격을 가진 사람 또는 일반시설 안전관리자 양성교육 이수자
	수용가 500가구 이하	안전관리 총괄자 : 1명	
		안전관리 책임자 : 1명 이상	가스기능사 이상의 자격을 가진 사람 또는 일반시설 안전관리자 양성교육 이수자

시설구분	저장능력 또는 수용가 수	선임구분	
		안전관리자의 구분 및 선임 인원	자격
액화석유가스 저장소 시설	저장능력 100톤 초과	안전관리 총괄자 : 1명	
		안전관리 부총괄자 : 1명	
		안전관리 책임자 : 1명 이상	가스기능사 이상의 자격을 가진 사람
		안전관리원 : 2명 이상	가스기능사 이상의 자격을 가진 사람 또는 일반시설 안전관리자 양성교육 이수자
	저장능력 30톤 초과 100톤 이하	안전관리 총괄자 : 1명	
		안전관리 부총괄자 : 1명	
		안전관리 책임자 : 1명 이상	가스기능사 이상의 자격을 가진 사람
		안전관리원 : 1명 이상	가스기능사 이상의 자격을 가진 사람 또는 일반시설 안전관리자 양성교육 이수자
	저장능력 30톤 이하	안전관리 총괄자 : 1명	
		안전관리 책임자 : 1명 이상	가스기능사 이상의 자격을 가진 사람 또는 일반시설 안전관리자 양성교육 이수자
액화석유가스 판매시설 및 영업소		안전관리 총괄자 : 1명	
		안전관리 책임자 : 1명 이상	가스기능사 이상의 자격을 가진 사람 또는 한국가스안전공사가 산업통상자원부장관의 승인을 받아 실시하는 판매시설 안전관리자 양성교육 이수자(이하 "판매시설 안전관리자 양성교육 이수자"라 한다)
		안전관리원 : 1명 이상(자동차에 고정된 탱크를 이용하여 판매하는 시설만 해당한다)	판매시설 안전관리자 양성교육 이수자
액화석유가스 위탁운송시설	저장능력(자동차에 고정된 탱크의 저장능력 총합을 말한다. 이하 액화석유가스 위탁운송시설에서 같다) 100톤 초과	안전관리 총괄자 : 1명	
		안전관리 부총괄자 : 1명	
		안전관리 책임자 : 1명 이상	가스기능사 이상의 자격을 가진 사람
		안전관리원 : 2명 이상	가스기능사 이상의 자격을 가진 사람 또는 충전시설 안전관리자 양성교육 이수자
	저장능력 30톤 초과 100톤 이하	안전관리 총괄자 : 1명	
		안전관리 부총괄자 : 1명	
		안전관리 책임자 : 1명 이상	가스기능사 이상의 자격을 가진 사람
		안전관리원 : 1명 이상	가스기능사 이상의 자격을 가진 사람 또는 충전시설 안전관리자 양성교육 이수자

시설구분	저장능력 또는 수용가 수	선임구분	
		안전관리자의 구분 및 선임 인원	자격
액화석유가스 위탁운송시설	저장능력 30톤 이하	안전관리 총괄자 : 1명	
		안전관리 책임자 : 1명 이상	가스기능사 이상의 자격을 가진 사람 또는 충전시설 안전관리자 양성교육 이수자
액화석유가스 특정사용 시설 중 공동저장시설	수용가 500가구 초과	안전관리 총괄자 : 1명	
		안전관리 책임자 : 1명 이상	가스기능사 이상의 자격을 가진 사람. 다만, 저장설비가 용기인 경우에는 판매시설 안전관리자 양성교육 이수자로 할 수 있다.
		안전관리원 1. 500가구 초과 1,500가구 이하인 경우에는 1명 이상 2. 1,500가구 초과인 경우에는 1천 가구마다 1명 이상을 추가	가스기능사 이상의 자격을 가진 사람 또는 한국가스안전공사가 산업통상자원부장관의 승인을 받아 실시하는 사용시설 안전관리자 양성교육 이수자(이하 "사용시설 안전관리자 양성교육 이수자"라 한다)
	수용가 500가구 이하	안전관리 총괄자 : 1명	
		안전관리 책임자 : 1명 이상	가스기능사 이상의 자격을 가진 사람 또는 사용시설 안전관리자 양성교육 이수자
액화석유가스 특정사용 시설 중 공동저장시설 외의 시설	저장능력 250킬로그램 초과(소형저장탱크를 설치한 시설은 저장능력 1톤 초과)	안전관리 총괄자 : 1명	
		안전관리 책임자 : 1명 이상	가스기능사 이상의 자격을 가진 사람 또는 사용시설 안전관리자 양성교육 이수자
	저장능력 250킬로그램 이하(소형저장탱크를 설치한 시설은 저장능력 1톤 이하)	안전관리 총괄자 : 1명	
가스용품 제조시설		안전관리 총괄자 : 1명	
		안전관리부 총괄자 : 1명	
		안전관리 책임자 : 1명 이상	일반기계기사 · 화공기사 · 금속기사 · 가스산업기사 이상의 자격을 가진 사람 또는 일반시설 안전관리자 양성교육 이수자(「근로기준법」에 따른 상시근로자수가 10명 미만인 시설로 한정한다)
		안전관리원 : 1명 이상	가스기능사 이상의 자격을 가진 사람 또는 일반시설 안전관리자 양성교육 이수자

[비고]
1. 안전관리자는 해당 분야의 상위 자격자로 할 수 있다. 이 경우 가스기술사·가스기능장·가스기사·가스산업기사·가스기능사의 순으로 먼저 규정한 자격을 상위 자격으로 본다.
2. 일반시설 안전관리자 양성교육 이수자는 충전시설 안전관리자 양성교육 이수자 및 판매시설 안전관리자 양성교육 이수자의 상위 자격으로 보고, 충전시설 안전관리자 양성교육 이수자 및 판매시설 안전관리자 양성교육 이수자는 사용시설 안전관리자 양성교육 이수자의 상위 자격으로 본다.
3. 자격 구분 중 안전관리책임자 구분란의 자격자는 안전관리원 또는 안전점검원 구분란의 자격을 가진다.
4. 고압가스기계기능사보·고압가스취급기능사보 및 고압가스화학기능사보의 자격소지자는 이 자격 구분에 있어서 일반시설 안전관리자 양성교육 이수자로 본다.
5. 안전관리총괄자 또는 안전관리부총괄자가 해당 기술자격을 가지고 있으면 안전관리책임자를 겸할 수 있다. 다만, 「국토의 계획 및 이용에 관한 법률」 제36조제1항에 따른 주거지역 및 상업지역에 위치한 액화석유가스 충전시설에 대해서는 그렇지 않다.
6. 가스용품 제조사업의 경우 안전관리자는 제16조제2항에도 불구하고 「산업안전보건법」 제17조에 따른 안전관리자의 직무를 겸할 수 있다.
7. 허가관청이 안전관리에 지장이 없다고 인정하면 가스용품 제조시설의 안전관리책임자를 가스기능사 이상의 자격을 가진 사람 또는 일반시설 안전관리자 양성교육 이수자로 선임할 수 있으며, 안전관리원을 선임하지 않을 수 있다.
8. 액화석유가스 충전시설, 액화석유가스 집단공급시설, 액화석유가스 판매시설·영업소시설, 액화석유가스 저장소시설 및 가스용품제조시설을 설치한 자가 동일한 사업장에 액화석유가스 특정사용시설, 「고압가스 안전관리법」에 따른 특정고압가스 사용신고시설 또는 「도시가스사업법」에 따른 특정가스사용시설을 설치하는 경우에는 해당 사용신고시설이나 사용시설에 대한 안전관리자는 선임하지 않을 수 있다. 이 경우 해당 사용신고시설이나 사용시설에 대한 제16조제1항, 「고압가스 안전관리법 시행령」 제13조제1항 또는 「도시가스사업법 시행령」 제16조제1항에 따른 안전관리자의 업무는 액화석유가스 충전시설 등의 안전관리자로 선임된 사람이 실시한다.
9. 사업소 안에 둘 이상의 액화석유가스 저장소가 있고 시장·군수·구청장이 안전관리에 지장이 없다고 인정하면 안전관리자 선임 관련 저장능력 산정 시 해당 사업소 안에 설치된 저장소의 저장능력을 모두 합산한 기준으로 안전관리자를 선임할 수 있다.
10. 사업소 안에 둘 이상의 액화석유가스 특정사용시설 중 공동저장시설 외의 시설이 있는 경우 안전관리자를 겸할 수 있다.
11. 사업소 안에 액화석유가스 특정사용시설이 「고압가스 안전관리법」에 따른 특정고압가스사용신고시설 또는 「도시가스사업법」에 따른 특정가스사용시설과 함께 설치되어 있으면 「고압가스 안전관리법」 또는 「도시가스사업법」에 따라 안전관리책임자를 선임한 경우에는 액화석유가스 특정사용시설을 위한 안전관리책임자를 선임한 것으로 본다.
12. 「국토의 계획 및 이용에 관한 법률」 제36조제1항에 따른 주거지역 및 상업지역에 위치한 액화석유가스 충전시설에 대해서는 위 기준에 해당 저장능력에 해당하는 안전관리원의 자격을 가진 사람 1명을 추가로 선임하여야 한다.
13. 자동절체기로 용기를 집합한 액화석유가스 특정사용시설의 안전관리자 선임은 저장능력의 2분의 1을 뺀 저장능력을 위의 기준에 적용하여 안전관리자를 선임한다.
14. 위 표에서 "액화석유가스 특정사용시설 중 공동저장시설"이란 법 제34조제1항 단서에 해당하는 시설로 저장능력이 250킬로그램을 초과하는 시설(자동절체기로 용기를 집합한 액화석유가스 특정사용시설인 경우에는 저장능력이 500킬로그램을 초과하는 시설, 소형저장탱크를 설치한 액화석유가스 특정사용시설인 경우에는 저장능력이 1톤을 초과하는 시설)을 말한다.
15. 액화석유가스 충전시설 또는 액화석유가스 판매시설의 안전관리자는 그 시설에서 액화석유가스를 공급해 주는 액화석유가스 특정사용시설 중 공동저장시설의 안전관리자를 겸할 수 있다.
16. 2개 이상의 액화석유가스 특정사용시설 중 공동저장시설에 액화석유가스를 공급하는 사업자가 동일한 경우에는 시장·군수·구청장이 안전관리에 지장이 없다고 인정하면 위 표의 수용가 수 범위에서 하나의 액화석유가스 특정사용시설 중 공동저장시설의 안전관리자가 다른 액화석유가스 특정사용시설 중 공동저장시설의 안전관리자를 겸할 수 있다.

17. 2개 이상의 액화석유가스 집단공급시설에 액화석유가스를 공급하는 액화석유가스 집단공급사업자가 동일한 경우에는 시장·군수·구청장이 안전관리에 지장이 없다고 인정하면 하나의 액화석유가스 집단공급시설의 안전관리자가 위 표의 수용가 수 범위에서 다른 액화석유가스 집단공급시설의 안전관리자를 겸할 수 있다.
18. 액화석유가스 집단공급사업자와 액화석유가스 특정사용시설 중 공동저장시설에 액화석유가스를 공급하는 사업자의 대표자가 모두 동일한 경우에는 시장·군수·구청장이 안전관리에 지장이 없다고 인정하면 위 표의 수용가 수 범위에서 액화석유가스 집단공급시설의 안전관리자가 다른 액화석유가스 특정사용시설 중 공동저장시설의 안전관리자를 겸할 수 있다.
19. 사업소 안에 가스용품 제조시설 중 배관용 밸브 제조시설(산업통상자원부령으로 정하는 것만을 말한다)과 「고압가스 안전관리법 시행령」 제5조의2제1항제2호라목에 따른 독성가스배관용 밸브 제조시설이 함께 있는 경우에는 하나의 제조시설 안전관리자가 다른 제조시설 안전관리자를 겸할 수 있다.
20. 액화석유가스 배관망공급시설의 안전점검원 선임기준이 되는 배관 길이는 본관 및 공급관 길이를 합한 길이로 한다. 다만, 가스사용자가 소유하거나 점유하고 있는 토지에 설치된 본관 및 공급관은 포함하지 않고, 하나의 도로(「도로교통법」에 따른 도로를 말한다) 등에 2개 이상의 배관이 나란히 설치되어 있는 경우로서 그 배관 바깥측면 간의 거리가 3미터 미만인 것은 하나의 배관으로 계산한다.
21. 액화석유가스 배관망공급시설의 경우 수요자 시설에 다기능가스안전계량기(가스계량기에 가스누출 차단장치 등 가스안전 기능을 수행하는 가스안전장치가 부착된 가스용품을 말한다. 이하 같다)가 설치된 경우에는 다음 표에 따른 겸직 비율에 따라 안전관리책임자 또는 안전관리원이 안전점검원을 겸직할 수 있다.

전체 수요자 시설 중 다기능가스안전계량기 설치 비율	겸직 비율
90퍼센트 이상	안전관리책임자와 안전관리원의 합×90%
80퍼센트 이상 90퍼센트 미만	안전관리책임자와 안전관리원의 합×80%
70퍼센트 이상 80퍼센트 미만	안전관리책임자와 안전관리원의 합×70%
60퍼센트 이상 70퍼센트 미만	안전관리책임자와 안전관리원의 합×60%
60퍼센트 미만	겸직불가

[비고] 겸직비율의 계산 결과 소수점 이하는 버린다.

SECTION 03 도시가스사업법

시행령 [별표 1] 〈개정 2022.8.9.〉

안전관리자의 자격과 선임 인원(제15조제3항 관련)

사업구분	저장능력 또는 처리능력	안전관리자의 종류별 선임 인원 및 자격	
		선임 인원	자격
가스도매사업 (도시가스 사업자 외의 가스공급시설 설치자를 포함한다)		안전관리 총괄자 : 1명	
		안전관리 부총괄자 : 사업장마다 1명	
		안전관리 책임자 : 사업장마다 1명	1. 가스기술사 2. 가스산업기사 이상의 자격을 가진 사람으로서 가스관계 업무에 종사한 실무 경력(자격 취득 전의 경력을 포함한다)이 5년 이상인 사람
		안전관리원 : 사업장마다 10명 이상	가스기능사 이상의 자격을 가진 사람 또는 한국가스안전공사가 산업통상자원부장관의 승인을 받아 실시하는 도시가스시설안전관리자 양성교육(이하 "안전관리자 양성교육"이라 한다)을 이수한 사람
		안전점검원 : 배관 길이 15킬로미터를 기준으로 1명. 다만, 가스도매사업자가 가스배관의 안전관리를 위하여 전액 출자한 기관에 업무를 위탁한 경우에는 그 대행기관의 안전점검원을 가스도매사업자의 안전점검원으로 본다.	가스기능사 이상의 자격을 가진 사람, 안전관리자 양성교육을 이수한 사람 또는 한국가스안전공사가 산업통상자원부장관의 승인을 받아 실시하는 안전점검원 양성교육(이하 "안전점검원 양성교육"이라 한다)을 이수한 사람
일반도시 가스사업	일반도시가스사업	안전관리 총괄자 : 1명	
		안전관리 부총괄자 : 사업장마다 1명	
		안전관리 책임자 : 사업장마다 1명 이상	가스산업기사 이상의 자격을 가진 사람
		안전관리원 1. 배관 길이가 200킬로미터 이하인 경우에는 5명 이상 2. 배관길이가 200킬로미터 초과 1천킬로미터 이하인 경우에는 5명에 200킬로미터마다 1명씩 추가한 인원 이상 3. 배관 길이가 1천킬로미터를 초과하는 경우에는 10명 이상	가스기능사 이상의 자격을 가진 사람 또는 안전관리자 양성교육을 이수한 사람
		안전점검원 : 배관 길이 15킬로미터를 기준으로 1명	가스기능사 이상의 자격을 가진 사람, 안전관리자 양성교육을 이수한 사람 또는 안전점검원 양성교육을 이수한 사람

사업구분	저장능력 또는 처리능력	안전관리자의 종류별 선임 인원 및 자격	
		선임 인원	자격
도시가스 충전사업	저장능력 500톤 초과 또는 처리능력 1시간당 2,400세제곱미터 초과	안전관리 총괄자 : 1명	
		안전관리 부총괄자 : 1명	
		안전관리 책임자 : 1명	가스산업기사 이상의 자격을 가진 사람
		안전관리원 : 2명 이상	가스기능사 또는 안전관리자 양성교육을 이수한 사람
	저장능력 100톤 초과 500톤 이하 또는 처리능력 1시간당 480세제곱미터 초과 2,400세제곱미터 이하	안전관리 총괄자 : 1명	
		안전관리 부총괄자 : 1명	
		안전관리 책임자 : 1명	가스산업기사 이상의 자격을 가진 사람
		안전관리원 : 1명 이상	가스기능사 또는 안전관리자 양성교육을 이수한 사람
	저장능력 100톤 이하 또는 처리능력 1시간당 480세제곱미터 이하	안전관리 총괄자 : 1명	
		안전관리 부총괄자 : 1명	
		안전관리 책임자 : 1명	가스기능사 이상의 자격을 가진 사람 또는 안전관리자 양성교육을 이수한 사람
나프타부생가스·바이오가스제조사업	저장능력 500톤 초과 또는 처리능력 1시간당 2,400세제곱미터 초과	안전관리 총괄자 : 1명	
		안전관리 부총괄자 : 1명	
		안전관리 책임자 : 1명	가스산업기사 이상의 자격을 가진 사람
		안전관리원 : 2명 이상	가스기능사 이상의 자격을 가진 사람 또는 안전관리자 양성교육을 이수한 사람
	저장능력 100톤 초과 500톤 이하 또는 처리능력 1시간당 480세제곱미터 초과 2,400세제곱미터 이하	안전관리 총괄자 : 1명	
		안전관리 부총괄자 : 1명	
		안전관리 책임자 : 1명	가스산업기사 이상의 자격을 가진 사람
		안전관리원 : 1명 이상	가스기능사 이상의 자격을 가진 사람 또는 안전관리자 양성교육을 이수한 사람
	저장능력 5톤 이상 100톤 이하 또는 처리능력 1시간당 50세제곱미터 이상 480세제곱미터 이하	안전관리 총괄자 : 1명	
		안전관리 부총괄자 : 1명	
		안전관리 책임자 : 1명	가스기능사 이상의 자격을 가진 사람 또는 안전관리자 양성교육을 이수한 사람

사업구분	저장능력 또는 처리능력	안전관리자의 종류별 선임 인원 및 자격	
		선임 인원	자격
합성천연가스 제조사업		안전관리 총괄자 : 1명	
		안전관리 부총괄자 : 1명	
		안전관리 책임자 : 사업장마다 1명	1. 가스기술사 2. 가스산업기사 이상의 자격을 가진 사람으로서 가스 관계 업무에 종사한 실무 경력(자격 취득 전의 경력을 포함한다)이 5년 이상인 사람
		안전관리원 : 사업장마다 5명 이상	가스기능사 이상의 자격을 가진 사람 또는 안전관리자 양성교육을 이수한 사람
특정가스 사용시설		안전관리 총괄자 : 1명	
		안전관리 책임자(월 사용 예정량이 4천 세제곱미터를 초과하는 경우에만 선임하고, 자동차 연료장치의 가스사용시설은 제외한다) : 1명 이상	가스기능사 이상의 자격을 가진 사람 또는 한국가스안전공사가 산업통상자원부장관의 승인을 받아 실시하는 사용시설안전관리자 양성교육(이하 "사용시설안전관리자 양성교육"이라 한다)을 이수한 사람

[비고]
1. 안전관리자는 해당 분야의 상위자격자로 할 수 있다. 이 경우 가스기술사 · 가스기능장 · 가스기사 · 가스산업기사 · 가스기능사의 순서로 먼저 규정한 자격을 상위자격으로 본다.
2. 자격 구분 중 안전관리 책임자의 자격을 가진 사람은 안전관리원 또는 안전점검원의 자격을 가진 것으로 본다.
3. 안전관리 총괄자 또는 안전관리 부총괄자가 안전관리 책임자의 기술자격을 가지고 있으면 안전관리 책임자를 겸할 수 있다.
4. 고압가스기계기능사보 · 고압가스취급기능사보 및 고압가스화학기능사보의 자격 소지자는 위 표의 자격 구분에 있어서 안전관리자 양성교육, 안전점검원 양성교육 또는 사용시설안전관리자 양성교육을 이수한 것으로 본다.
5. 가스도매사업자로부터 도시가스를 공급받아 수요자에게 공급하는 일반도시가스사업의 경우에는 안전관리원의 선임 인원 수를 위 표에서 규정된 인원 수에서 2명을 뺀 수로 할 수 있다.
6. 도시가스사업자 외의 가스공급시설설치자의 가스시설 중 액화천연가스 저장탱크를 1기 이상 5기 이하로 설치 · 운영 중인 경우에는 위 표에 규정된 안전관리원 선임 인원에서 5명을 뺀 인원을 선임할 수 있으며, 액화천연가스 저장탱크를 설치 · 운영하고 있지 않은 경우(가스배관시설만을 설치 · 운영 중인 경우를 말한다)에는 위 표에 규정된 안전관리원 선임 인원에서 9명을 뺀 인원을 선임할 수 있다.
7. 나프타부생가스 · 바이오가스제조사업자 및 합성천연가스제조사업자가 수요자 등에게 도시가스를 공급하기 위한 배관을 사업소 밖에 설치하는 경우에는 위 표에 규정된 사업소 내의 안전관리자 선임 인원 외에 일반도시가스사업의 안전점검원의 선임 인원 및 자격기준을 준용하여 안전점검원을 추가로 선임하여야 한다.
8. 도시가스사업자 또는 도시가스사업자 외의 가스공급시설설치자가 동일한 사업장에 나프타부생가스 · 바이오가스제조사업 또는 합성천연가스제조사업을 하는 경우에는 해당 나프타부생가스 · 바이오가스제조사업 또는 합성천연가스제조사업의 안전관리원 선임 인원에서 1명을 뺀 인원을 선임할 수 있다. 다만, 나프타부생가스 · 바이오가스제조사업의 안전관리원 선임 인원이 1명일 경우에는 그러하지 아니하다.
9. 안전관리원과 안전점검원의 선임기준이 되는 배관 길이를 계산하는 방법은 다음 각 목과 같다.
   가. 안전관리원 : 본관 및 공급관(사용자공급관은 제외한다. 이하 나목에서 같다) 길이의 총 길이로 한다.

나. 안전점검원 : 본관 및 공급관 길이의 총 길이로 한다. 다만, 가스사용자가 소유하거나 점유하고 있는 토지에 설치된 본관 및 공급관은 포함하지 아니하고, 하나의 도로(「도로교통법」에 따른 도로를 말한다)에 2개 이상의 배관이 나란히 설치되어 있으며 그 배관 바깥측면 간의 거리가 3미터 미만인 것은 하나의 배관으로 계산한다.

10. 산업통상자원부장관은 도시가스사업자의 도시가스시설의 현대화 및 과학화의 정도에 따라 산업통상자원부령으로 정하는 바에 따라 위 표에서 정한 선임 인원 수의 15퍼센트의 범위에서 더하거나 뺄 수 있다. 이 경우 안전점검원의 배치기준 등에 관하여 필요한 사항은 산업통상자원부령으로 정한다.

11. 이 표에서 특정가스사용시설의 "월 사용 예정량"이란 특정가스사용시설에 설치된 연소기 각각의 소비량을 더하여 산정하되, 공장 등 산업용은 1일 8시간, 음식점 등 영업용은 1일 3시간을 기준으로 하여 30일간 사용하는 총소비가스량을 말한다.

12. 사업소 안에 특정가스사용시설이 「고압가스 안전관리법」에 따른 특정고압가스 사용신고시설 또는 「액화석유가스의 안전관리 및 사업법」에 따른 액화석유가스 사용신고시설과 함께 설치되어 있는 경우 「고압가스 안전관리법」 또는 「액화석유가스의 안전관리 및 사업법」에 따라 안전관리자를 선임한 때에는 특정가스사용시설을 위한 안전관리 책임자를 선임한 것으로 본다.

PART 02

출제 예상문제

- **제1장** 기체의 성질 및 가스 특성
- **제2장** 가스의 제조 및 용도
- **제3장** 가스설비사항
- **제4장** 가스발생설비의 구조 및 원리
- **제5장** 고압가스 관계법규
- **제6장** 공업경영

CHAPTER

01

기체의 성질 및 가스 특성

제1절 고압가스의 기초 및 열역학
제2절 가스의 연소 및 폭발
제3절 화학평형
제4절 가스의 특성, 폭발, 독성 안전관리
제5절 가스분석 및 측정기기

SECTION 01 고압가스의 기초 및 열역학

001 물체에 열을 가하면 물체의 분자 운동에너지가 증가하며 온도가 상승된다. 이 열을 무엇이라 하는가?

① 잠열　　② 현열
③ 증발열　④ 기화열

해설 현열이란 물체에 열을 가하면 분자 운동에너지가 증가하며 온도가 상승될 때 필요한 열이다.

002 압력에 관한 다음 기술 중 올바른 것은 어느 것인가?

① $1kg/cm^2$는 수은주 76mm와 같다.
② 수은주 30mm는 $0.3kg/cm^2$와 같다.
③ 1atm은 $1cm^2$당 1.033kg의 중력이 가해진 압력과 같다.
④ 수은주 10m는 $0.1kg/cm^2$와 같다.

해설
- $1atm = 76cmHg = 1.033kg/cm^2$
  $= 10.33mH_2O = 1,013mbar$
  $= 760mmHg$
- $1.033 \times \dfrac{30}{760} = 0.04kg/cm^2$
- $10mHg = 10,000mmHg$
  $1.033 \times \dfrac{10,000}{760} = 13.6kg/cm^2$

003 용적 100L의 밀폐된 용기 중에 온도 0℃에서 8몰의 산소와 12몰의 질소가 들어 있다. 이 혼합체의 압력은 몇 기압이며 또 그 무게는 몇 g인가?

① 4.48기압, 592g
② 4.48기압, 544g
③ 4.58기압, 438g
④ 5.44기압, 418g

해설
㉠ 산소 1몰은 22.4L이므로
　$8 \times 22.4 = 179.2L$
　질소 1몰은 22.4L이므로
　$12 \times 22.4 = 268.8L$
　∴ 압력 = $(179.2 + 268.8)/100 = 4.48$기압
㉡ 산소 1몰은 32g, 질소 1몰은 28g
　총무게 = $(32 \times 8) + (28 \times 12)$
　　　　 = $256 + 336 = 592g$

004 열과 일 사이의 에너지 보존의 법칙을 표현한 것은 다음 중 어느 것인가?

① 열역학 제2법칙
② 열역학 제3법칙
③ Boyle-Charle의 법칙
④ 열역학 제1법칙

해설 열역학 제1법칙은 열과 일 사이의 에너지 보존의 법칙이다.

005 압력이 $2kg/cm^2$(abs)이고 체적이 5L인 공기를, 압력을 $10kg/cm^2$(abs)로 하면 체적은 얼마인가?

① 1L
② 1.3L
③ 1.8L
④ 2L

해설 $\dfrac{V_2}{V_1} = \dfrac{P_1}{P_2}$

∴ $V_2 = V_1 \times \dfrac{P_1}{P_2} = 5 \times \dfrac{2}{10} = 1L$

정답 01 ②　02 ③　03 ①　04 ④　05 ①

006 일정한 압력에서 기체는 온도가 상승하면 팽창하고 온도가 내려가면 수축한다. 1℃ 올라감에 따라 기체의 체적은 0℃ 때의 체적에 1/273만큼 증가한다. 어떤 법칙인가?

① 샤를의 법칙
② 보일 - 샤를의 법칙
③ 보일의 법칙
④ 아보가드로의 법칙

해설 샤를의 법칙

$$\frac{V_1}{T_1} = \frac{V_2}{T_2} \text{ 또는 } \frac{V_1}{T_1} = R$$

여기서, V: 부피, T: 절대온도, R: 기체상수

$$\therefore V_2 = V_1 \times \frac{T_2}{T_1}$$

007 기압이 680mmHg인 고지에서 압력계에 진공 10cmHg·g을 나타내는 냉매의 절대압력은 약 몇 kg/cm²인가?

① 0.5   ② 0.6
③ 0.7   ④ 0.8

해설 $1.033 \times \frac{680}{760} = 0.92 \text{kg/cm}^2$

$\therefore 0.924 \times \left(1 - \frac{10}{76}\right) = 0.824 \text{kg/cm}^2 \text{a}$

008 보일 - 샤를의 법칙에 대한 설명이 틀린 것은?

① 일정량의 가스의 체적은 압력에 반비례한다.
② 일정량의 가스의 체적은 절대온도에 비례한다.
③ 보일의 법칙과 샤를의 법칙을 결합한 것이다.
④ 혼합기체의 전압은 성분기체 분압의 총합과 같다.

해설 $T_1 - T_2$ 조건에서 PV=일정 체적은 압력에 반비례한다. ④는 혼합가스의 달톤의 분압법칙에 해당하고 ①, ②, ③은 보일 - 샤를의 법칙이다.

009 10L의 용기에 0℃의 공기를 2atm로 충전 후 온도를 273℃로 올리면 압력은 얼마가 되는가?

① 0atm   ② 3atm
③ 4atm   ④ 5atm

해설 $\frac{P_1}{T_1} = \frac{P_2}{T_2}$, $\frac{273+0}{2} = \frac{273+273}{x}$

$x = (2 \times 546)/273 = 4\text{atm}$

010 다음 중 일의 열당량은 어느 것인가?

① 427 kg·m/kcal
② 1/427 kcal/kg·m
③ 580 kg·m/kcal
④ 1/580 kg·m/kcal

해설
• 일의 열당량=1/427 kcal/kg·m
• 열의 열당량=427 kg·m/kcal

011 비열에 대한 올바른 설명은?

① 비열이란 어떤 물체의 온도를 1K 올리는 데 필요한 열량을 말한다.
② 비열이 작은 물질일수록 잘 식지 않는다.
③ 정적비열을 정압비열로 나눈 것이 비열비이다.
④ 가스의 비열에는 정압비열과 정적비열이 있다.

해설 비열은 어떤 물질 1kg을 1℃ 높이며 비열이 큰 물질은 잘 식지 않는다. 그리고 정압비열을 정적비열로 나눈 값이 비열비이며 가스의 비열은 정압비열, 정적비열이 있고 비열비는 항상 1보다 크다.

012 1kW의 열량을 환산한 것으로 맞는 것은?

① 536kcal/h   ② 632kcal/h
③ 720kcal/h   ④ 860kcal/h

해설 1kW=102kg·m/sec
$A = 1/427\text{kcal/kg}\cdot\text{m}$
1hr=60min, 1min=60sec, 1hr=3,600sec
$\therefore 1\text{kWh} = 102 \times 1/427 \times 3,600 = 860\text{kcal}$

정답 06 ① 07 ④ 08 ④ 09 ③ 10 ② 11 ④ 12 ④

013 10kg의 물체를 온도 10℃에서 40℃까지 올리는 데 필요한 열량은 얼마인가?(단, 이 물체의 비열은 0.24이다.)

① 24kcal ② 72kcal
③ 120kcal ④ 300kcal

해설 $Q = G \times C_P(t_1 - t_2)$
$= 10 \times 0.24(40-10) = 72\text{kcal}$

014 다음은 열의 일당량을 표시한 값이다. 맞는 것은?

① 74.2kg$_f$ · m/kcal
② 848kg$_f$ · m/kcal
③ 427kg$_f$ · m/kcal
④ 573kg$_f$ · m/kcal

해설 열의 일당량 = 427kg$_f$ · m/kcal

015 20℃의 어느 가스 용기를 80℃로 가열하면 압력은 몇 배로 높아지는가?(단, 체적은 일정)

① 1배 ② 1.2배
③ 1.4배 ④ 1.8배

해설 $\dfrac{P_1 V_1}{T_1} = \dfrac{P_2 V_2}{T_2}$

$P_2 = P_1 \times \dfrac{T_2 \times V_2}{T_1}$

$\therefore \dfrac{273+80}{273+20} \times 1 \times 1 = 1.2$배

016 N$_2$ 70mol, O$_2$ 50mol로 구성된 혼합가스가 용기에 7kg/cm^{2}로 충전되어 있다. 질소와 산소의 분압은 얼마인가?

① N$_2$: 5kg/cm^2, O$_2$: 2kg/cm^2
② N$_2$: 4kg/cm^2, O$_2$: 3kg/cm^2
③ N$_2$: 3kg/cm^2, O$_2$: 4kg/cm^2
④ N$_2$: 2kg/cm^2, O$_2$: 5kg/cm^2

해설 $70\text{N}_2 + 50\text{O}_2 = 120\text{mol}$

$\text{N}_2 = 7 \times \dfrac{70}{120} = 4.08\text{kg/cm}^2$ (질소)

$\text{O}_2 = 7 \times \dfrac{50}{120} = 2.92\text{kg/cm}^2$ (산소)

$\therefore 4.08 + 2.92 = 7\text{kg/cm}^2$

017 다음 보기의 내용을 압력이 큰 것부터 차례로 나열한 것은?

| ㉠ 1,000mbar | ㉡ 1atm |
| ㉢ 1kg/cm^2 | ㉣ 1 lb/in^2 |

① ㉣ > ㉢ > ㉠ > ㉡
② ㉡ > ㉠ > ㉢ > ㉣
③ ㉡ > ㉢ > ㉠ > ㉣
④ ㉠ > ㉡ > ㉢ > ㉣

해설
- 1atm(표준대기압) = 1,013mbar
  = 1.033kg/cm^2
  = 14.7 lb/in^2
- 1kg/cm^2 = 14.22 lb/in^2 = 980mbar
- $1.033 \times \dfrac{1,000\text{mbar}}{1,013\text{mbar}} = 1.02\text{kg/cm}^2$
- $1.033 \times \dfrac{1\text{ lb}}{14.7\text{ lb}} = 0.07\text{kg/cm}^2$

018 이상기체의 엔탈피가 변하지 않는 과정은?

① 가역 단열과정
② 등온과정
③ 비가역 단열과정
④ 교축과정

해설 교축과정은 단열팽창으로 간주하여 엔탈피 변화가 없고, 압축과정은 단열압축으로 등엔트로피의 변화이다.

019 압력계의 지침이 9.80cmHgV였다면 절대압력은 몇 kg/cm^{2}a인가?

① 0.9 ② 1.3
③ 2.1 ④ 3.5

해설
- $1.033 \times \dfrac{76-9.8}{76} = 0.899 = 0.9\text{kg/cm}^2$a
- 절대압 = 대기압 - 진공압

정답 13 ② 14 ③ 15 ② 16 ② 17 ② 18 ④ 19 ①

020 대기압이 1.0332kg/cm²고 계기압력이 10kg/cm²일 때 절대압력은 얼마인가?

① 8.9669kg/cm²
② 10.332kg/cm²
③ 103.32kg/cm²
④ 11.0332kg/cm²

해설
- 절대압력 = 계기압력 + 대기압
- 계기압력 = 절대압력 − 대기압
 1.0332 + 10 = 11.0332kg/cm²

021 공기의 무게조성은 산소 23%, 질소 77%이다. 15℃에서 1L들이 용기 속에 2g의 공기를 넣으면 공기는 전압이 몇 atm이 되는가?

① 2.5   ② 4.5
③ 1.63   ④ 3.8

해설 $P = \dfrac{WRT}{VM}$

$R = 0.082$ atm · L/mol · K
$T = 15 + 273 = 288$K
M(공기 분자량) = 29

∴ $P = \dfrac{2 \times 0.082 \times 288}{1 \times 29} = 1.63$ atm

※ $PV = \dfrac{W}{M}RT$, $M = \dfrac{WRT}{PV}$

022 다음은 압력에 관한 내용이다. 설명 중 틀린 것은 어느 것인가?

① 10mH₂O의 물기둥은 1kg/cm²이다.
② 1기압은 1.0332kg/cm²이다.
③ 용기 봄베 내의 압력은 (절대압 − 대기압)이다.
④ 게이지의 압력은 (절대압력 + 대기압)이다.

해설 게이지 압력 = 절대압력 − 대기압

023 돌턴의 분압법칙은 다음 중 어느 경우에 성립하는가?

① 실제기체
② 단일성분의 기체
③ 공기의 경우
④ 전압이 일정한 이상혼합기체

해설 돌턴의 분압법칙은 전압이 이상혼합이며 각 성분의 부분압력을 합치면 전압이 된다.

024 다음은 1kg/cm²를 다른 단위로 환산한 것이다. 틀린 것은 어느 것인가?

① 10,000kg/m²
② 0.01kg/mm²
③ 10g/mm²
④ 100g/mm²

해설
① $1\text{kg/cm}^2 \times \dfrac{100^2\text{cm}^2}{1\text{cm}^2} = 10,000\text{kg/m}^2$
② $1\text{kg/cm}^2 \times \dfrac{1\text{cm}^2}{10\text{mm}^2} = 0.01\text{kg/mm}^2$
③ $1\text{kg/cm}^2 \times \dfrac{1,000\text{g}}{1\text{kg}} \times \dfrac{1\text{cm}^2}{10^2\text{mm}^2} = 10\text{g/mm}^2$
④ $1\text{kg/cm}^2 \times \dfrac{1,000\text{g}}{1\text{kg}} = 1,000\text{g/cm}^2$

025 100kg/cm²g 게이지 압력을 절대압력으로 표시한다면 몇 기압이 되는가?

① 0.968atm   ② 96.8atm
③ 97.8atm   ④ 8.97atm

해설 $\dfrac{100}{1.033} + 1 = 97.8$ atm

026 포화수증기 0.1kg을 함유한 절대압력 1kg/cm²의 공기가 있다. 이것을 게이지압 49kg/cm²로 등온 압축하면 수증기는 몇 kg이 되는가?

① 0.001kg   ② 0.002kg
③ 0.004kg   ④ 0.005kg

해설 abs = 49 + 1 = 50kg/cm²

∴ $\dfrac{0.1}{50} = 0.002$ kg

정답 20 ④ 21 ③ 22 ④ 23 ④ 24 ④ 25 ③ 26 ②

027 340mmHg를 inH$_2$O로 환산하면 몇 inH$_2$O가 되는가?

① 160 ② 182
③ 190 ④ 200

해설 $340\text{mmHg} \times \dfrac{10.33\text{mH}_2\text{O}}{760\text{mmHg}} \times \dfrac{1\text{inch}}{2.54 \times 10^{-2}\text{m}}$
$= 182\text{inH}_2\text{O}$

028 1bar의 압력 단위 중 동일하지 않은 것은 어느 것인가?

① 1바 ② 10^5Pa
③ 10^6dyne/cm^2 ④ 10^4N/m^2

해설 $1\text{bar} = 10^5\text{Pa} = 10^6\text{dyne/cm}^2 = 10^5\text{N/m}^2$

029 탄산가스 탱크의 압력계 눈금이 51kg/cm^{2}이다. 이때 기압계의 눈금이 75cmHg라면 절대 압력은 얼마인가?

① 51kg/cm^{2}a
② 52kg/cm^{2}a
③ 53kg/cm^{2}a
④ 55kg/cm^{2}a

해설 $75 \times \dfrac{1.0332}{76} + 51 = 52.02\text{kg/cm}^2\text{a}$

030 1.5기압에서 27℃, 1g의 기체가 0.41L를 차지하는 기체의 분자량 M의 값은 얼마인가?

① 40 ② 30
③ 25 ④ 20

해설 $PV = \dfrac{WRT}{M}$
$\therefore M = \dfrac{WRT}{PV}$
$= \dfrac{1 \times 0.082 \times (273+27)}{1.5 \times 0.41} = 40$
※ 기체상수(R) $= \dfrac{1\text{atm} \times 22.4\text{L/mol}}{273\text{K}}$
$= 0.082\text{L} \cdot \text{atm/mol} \cdot \text{K}$

031 최고 사용압력이 5kg/cm^{2}인 고압가스 용기에 30℃의 가스가 채워져 있다. 30℃의 가스 압력이 2kg/cm^{2}라면 이 가스의 최고 상승온도는 몇 ℃가 되는가?

① 185 ② 285
③ 330 ④ 349

해설 $\dfrac{P}{T} = \dfrac{P_1}{T_1}$, $\dfrac{2+1.033}{273+30} = \dfrac{5+1.033}{t+273}$
$t = \dfrac{(273+30) \times (5+1.033)}{(2+1.033)} = 602.70\text{K}$
$\therefore 602.70 - 273 = 329.70℃$

032 공기조성 중 산소부피가 %로 20.9% 존재한다면 이것을 무게로 하면 약 몇 %가 되겠는가?

① 21% ② 22%
③ 23.5% ④ 25%

해설 공기부피 : 산소 20.9%, 질소 78%
$\therefore \dfrac{32 \times 0.209}{32 \times 0.209 + 28 \times 0.78} \times 100 = 23.44\%$
※ 산소 분자량 32, 질소 분자량 28

033 아보가드로 수의 정의로서 옳은 것은?

① 기체 1g 속의 분자수
② 기체 1g 속 분자 속의 원자수
③ 기체 1몰 부피 속의 분자수
④ 산소 32g 속 분자수의 1/2

해설 아보가드로의 법칙은 모든 기체는 같은 온도, 같은 압력에서 같은 부피 속에 같은 수의 분자수를 가진다는 법칙이다. (6.02×10^{23} 개)

034 일정량의 기체가 차지하는 부피는 온도가 일정할 때 여기에 가해지는 압력에 반비례하여 변한다. 이 법칙은?

① 보일의 법칙
② 보일-샤를의 법칙
③ 샤를의 법칙
④ 아보가드로의 법칙

해설 $PV = P_1V_1$ ($T_1 =$ 일정) : 보일의 법칙

정답 27 ② 28 ④ 29 ② 30 ① 31 ③ 32 ③ 33 ③ 34 ①

035 1kg/cm²의 압력은 mmHg의 압력으로 환산하면 얼마인가?

① 715　　② 720
③ 735　　④ 755

해설 $1.033 \text{kg/cm}^2 = 760 \text{mmHg}$
$760/1.033 = 735.7 \text{mmHg}$

036 대기압이 735mmHg일 때 압력계의 진공이 280mmHg이다. 절대압력은 몇 bar인가?

① 0.505　　② 0.606
③ 0.609　　④ 0.709

해설 절대압 = 735 − 280 = 455mmHg
760mmHg = 1.013bar
∴ $455 \times \dfrac{1.013}{760} = 0.606 \text{bar}$

037 기체상수(R)는 보통 1atm/deg · mol로 표시된다. SI 단위로는 그 값이 몇 J/mol로 표시되는가?

① 8.314　　② 1.987
③ 848　　④ 0.082

해설 $R = 0.082 \text{atm} \cdot \text{L/mol} \cdot \text{K}$
$= 848 \text{kg/kmol} \cdot \text{K}$
$= 8.314 \text{J/mol} \cdot \text{K}$
$= 1.98 \text{cal/mol} \cdot \text{K}$

038 다음 압력에 관한 내용 중 옳은 것은?

① 1atm은 1kg/cm²보다 크다.
② 1atm은 1bar보다 작다.
③ 1bar = 1kg/cm²보다 작다.
④ 1kg/cm² = 750inHg보다 크다.

해설
- $1\text{atm} = 1.033 \text{kg/cm}^2 = 1.013 \text{bar}$
  $= 760 \text{mmHg} = 30 \text{inHg}$
- $1.0332 \times \dfrac{1}{1.013} = 1.0199 \text{kg/cm}^2$
- $1 \text{kg/cm}^2 = 735 \text{mmHg} = 28.94 \text{inHg}$

039 기체가 상압 시에는 거의 이상기체 법칙을 따르는 데 반하여, 고압의 기체가 이상기체 법칙에 어긋나는 이유로서 가장 알맞은 것은?

① 기체가 일부 액화되기 때문이다.
② 기체분자의 운동에너지가 커지기 때문이다.
③ 기체분자의 모양이 변형되기 때문이다.
④ 기체분자 사이에 충돌이 심하기 때문이다.

해설 고압기체가 이상기체의 법칙을 따르지 않는 이유는 기체분자의 운동에너지가 크기 때문이다. 또한 온도가 낮으면 이상기체에서 제외된다.

040 액체가 기체로 변할 때의 열은?

① 승화열　　② 응축열
③ 증발열　　④ 융해열

해설
- 액체 → 기체(기화) : 증발열
- 고체 → 액체(융해)
- 기체 → 액체(액화)
- 액체 → 고체(응고)
- 고체 → 기체(승화)

041 다음 중 비열에 관하여 올바르게 설명한 것은?

① 비열이 큰 물질일수록 빨리 식거나 빨리 더워진다.
② 비열은 기체보다 액체, 액체보다 고체가 크다.
③ 비열이란 어떤 물질 1kg을 1℃ 높이는 데 필요한 열량을 말한다.
④ 비열은 정압비열(C_p)/정적비열(C_v)로 표시하며, 그 값은 암모니아가스가 수소가스보다 크다.

해설
- 비열이 크면 천천히 데워지고 천천히 식는다.
- 비열이란 어떤 물질 1kg을 1℃ 높이는 데 필요한 열량이다.
- 수소의 비열비는 1.41, 암모니아의 비열비는 1.31로, 수소가 암모니아보다 크다.

정답 35 ③　36 ②　37 ①　38 ①　39 ②　40 ③　41 ③

042 다음 설명 중 옳은 것은?

① 정압비열은 정적비열보다 작다.
② 일의 열당량은 427kcal/kg·m이다.
③ 어떤 인위적인 방법으로 어떤 계를 절대온도에 이르게 할 수 없는 것을 열역학 제2법칙이라 한다.
④ 압축가스를 외부에 일을 시키지 않고 팽창시키면 일반적으로 온도는 변화한다.

해설 ① $C_p/C_v > 1$ (비열비는 1보다 크다.)
② 일의 열당량은 $\frac{1}{427}$ kcal/kg·m이다.
③ 열역학 제3법칙의 내용이다.

043 다음 설명 중 옳은 것은?

① 고체에서 기체가 될 때에 필요한 열을 증발열이라 한다.
② 온도의 변화를 일으켜 온도계에 나타나는 열을 잠열이라 한다.
③ 기체에서 액체로 될 때 제거해야 하는 열은 응축열 또는 감열이라 한다.
④ 고체에서 액체로 될 때 필요한 열은 융해열이며 이를 잠열이라 한다.

해설
• 고체 → 기체 : 승화열
• 기체 → 고체 : 승화열
• 액체 → 기체 : 증발잠열
• 기체 → 액체 : 액화
• 고체 → 액체 : 융해열(융해잠열)

044 다음 중 평균 칼로리란?

① 0℃의 물 1kg를 100℃까지 높이는 데 필요한 열량을 100등분한 것
② 1℃의 물 1kg을 100℃까지 높이는 데 필요한 열량을 100등분한 것
③ 1kg의 물 온도를 14.5℃에서 15.5℃까지 높이는 데 필요한 열량
④ 물의 온도를 14.5℃에서 15.5℃까지 높이는 데 필요한 열량

해설 ② 킬로칼로리의 설명이다.
③ 15℃ 킬로칼로리의 설명이다.
④ 열용량의 설명이다.

045 1초 동안에 75kg·m의 일을 할 경우 시간당 발생하는 열량은?

① 623kcal/hr
② 632kcal/hr
③ 643kcal/hr
④ 645kcal/hr

해설 일의 열당량 : $\frac{1}{427}$ kcal/kg·m

$\frac{1}{427} \times 75 \times 3,600 = 632.31$ kcal/kg

※ 1PS = 75kg·m/sec
1hr = 60분×60초 = 3,600sec/hr

046 온도가 다른 두 물체를 접촉시키면 열은 고온에서 저온의 물체로 이동한다. 이것은 어떤 법칙인가?

① 줄의 법칙
② 열역학 제2법칙
③ 헤스의 법칙
④ 열역학 제1법칙

해설
• 열역학 제0법칙 : 열평형의 법칙
• 열역학 제1법칙 : 엔탈피의 법칙으로 에너지 보존의 법칙
• 열역학 제2법칙 : 클라우시우스의 엔트로피 법칙으로 열의 이동성 방향
• 열역학 제3법칙 : 어떤 계를 절대온도 0도에 이르게 할 수 없다.

047 게이지 압력이 3kg/cm²에서 8L로 압축되어 있는 공기를 온도의 변함없이 게이지 압력 2kg/cm²로 하면 몇 L가 되는가?

① 10.6
② 21.3
③ 12.0
④ 5.3

해설 $P_1 V_1 = P_2 V_2$, $V_2 = V_1 \times P_1/P_2$
$P_1 = 3+1 = 4$ kg/cm²abs
$P_2 = 2+1 = 3$ kg/cm²abs
∴ $V_2 = 4 \times 8/3 = 10.66$ L

정답 42 ④ 43 ④ 44 ① 45 ② 46 ② 47 ①

048 정압비열(C_p)이 정적비열(C_v)보다 큰 이유는?

① 압력과 온도는 역비례하기 때문이다.
② 비열은 압력과만 관계가 있기 때문이다.
③ 분자운동에너지가 C_p에서 C_v보다 크기 때문이다.
④ 열량과 체적은 관계없기 때문이다.

해설 기체의 정압비열이 정적비열보다 큰 이유는 분자 운동에너지가 정압비열보다 정적비열에서 작기 때문이다.

049 가스정수 R의 단위는 다음 중 어느 것인가?

① $kg \cdot K/cm^2$
② $kcal/cm^2 \cdot ℃$
③ $kg \cdot m/kg \cdot K$
④ $kcal/kg \cdot ℃$

해설 가스정수 $R = \dfrac{1.033 \times 10^4 \times 22.4}{273}$
$= 848 kg \cdot m/kg \cdot K$

※ 기체 1kmol은 0℃, 1atm($1.033 \times 10^4 kg/m^2$)에서 22.4m³의 체적이다.

050 0℃, 1기압에서 4L의 기체는 동압하에서 273℃, 1atm일 때 체적(L)이 얼마인가?

① 4   ② 8
③ 2   ④ 12

해설 $\dfrac{V_1}{T_1} = \dfrac{V_2}{T_2}$

∴ $V_2 = \dfrac{T_2 V_1}{T_1} = \dfrac{(273+273) \times 4}{273} = 8L$

051 압축과정에서 등엔트로피 변화는?

① 등온변화   ② 등적변화
③ 등압변화   ④ 단열변화

해설 증기를 단열 압축할 때 엔트로피의 변화는 일정하다. 냉동기의 팽창밸브과정 압축기의 압축과정을 단열변화로 간주한다. 즉, 어느 물질이 일정한 온도에서 얻은 열량 $\Delta Q = 0$이다.

052 실린더 내에서 기체를 단열압축하면 어떻게 되겠는가?

① 온도가 낮아진다.
② 비체적이 커진다.
③ 압력이 낮아진다.
④ 엔탈피가 증가한다.

해설
- 단열압축 일량(W)
$= \dfrac{1}{K-1}(P_1 V_1 - P_2 T_2) kg \cdot m/kg$

- $\dfrac{T_2}{T_1} = \left(\dfrac{V_1}{V_2}\right)^{k-1} = \left(\dfrac{P_2}{P_1}\right)^{\frac{k-1}{k}}$

- $T_2 = \left(\dfrac{P_1}{P_2}\right)^{\frac{r-1}{r}} = T_1 \times \left(\dfrac{V_1}{V_2}\right)^{r-1}$

단열압축하면 온도가 상승하며, 단열팽창하면 온도가 내려간다.

053 다음 중 이상유체는 어느 것인가?

① 점성이 없고 비압축성인 유체
② 점성이 없는 모든 유체
③ 점성이 없고 $PV=RT$를 만족하는 유체
④ 비압축성인 모든 유체

해설 이상유체는 점성이 없어 마찰로 인한 에너지의 손실이 없으므로 뉴턴의 제2법칙에 의한 가속도를 가진다.

이상유체(완전가스)
- 보일-샤를의 법칙에 만족한다.
- 아보가드로 법칙에 따른다.
- 내부에너지는 체적에 무관계하며 온도에 의해서만 결정된다.
- 내부에너지는 줄의 법칙이 성립된다.
- 비열비는 온도에 관계없이 일정하다.
- 기체의 분자력과 크기가 무시된다.
- 분자 간의 충돌은 완전탄성체로 간주한다.

054 45L의 용기에 30℃, 110atm의 기체가 동일한 체적으로 130atm으로 되었을 때의 온도는 몇 ℃인가?

① 25   ② 45
③ 55   ④ 85

정답 48 ③ 49 ③ 50 ② 51 ④ 52 ④ 53 ③ 54 ④

해설) $\dfrac{P_1 V_1}{T_1} = \dfrac{P_2 V_2}{T_2}$

$T_2 = \dfrac{P_2 V_2 T_1}{P_1 V_1}$

$\therefore \dfrac{130 \times (273+30)}{110} - 273 = 85℃$

055 증발과정에서 증발압력과 증발온도는 어떻게 변화하는가?

① 압력과 온도가 모두 상승한다.
② 압력과 온도가 모두 일정하다.
③ 압력은 상승하고 온도는 일정하다.
④ 압력은 일정하고 온도는 상승한다.

해설) 증발과정에서는 압력과 온도가 일정하다.

056 15℃, 1atm의 기체가 있다. 압력을 변화시키지 않고 가열하면 100℃에서 그 체적은 몇 배가 되며 체적이 2배가 될 때의 온도는 몇 ℃ 정도인가?

① 약 1배, 275℃
② 약 1.3배, 303℃
③ 약 1.5배, 356℃
④ 약 2배, 408℃

해설) ㉠ 15+273=288K
100+273=373K
∴ 373/288=1.3배
㉡ 2배=x/288
x=288×2=576K
∴ 576−273=303℃

057 kcal/m²h℃는 다음 중 무슨 단위인가?

① 열전도율   ② 열상승률
③ 열통과율   ④ 열복사열

해설) • 열전도율 : kcal/mh℃
• 열통과율 : kcal/m²h℃

058 다음 중 옳은 것은?

① 258℃ = −5K
② 43°F = +12℃
③ 0°R = −462°F
④ 312K = +39℃

해설) ① 258℃ + 273 = 531K
② 5/9(43°F − 32) = 17.22℃
③ 0°R − 460 = −460°F
④ 312K − 273 = +39℃

059 진공도 10mmHg를 kg/cm²(abs)의 절대압력으로 환산하면 얼마인가?

① 1.02kg/cm²(abs)
② 2.03kg/cm²(abs)
③ 4.06kg/cm²(abs)
④ 5.01kg/cm²(abs)

해설) 760 − 10 = 750mmHg

$\therefore 1.032 \times \dfrac{750}{760} = 1.02$ kgf/cm²abs(절대압력)

060 어떤 기체에 10kcal/kg의 열량을 가하여 800kg·m/kg의 일을 하였다. 이 기체의 내부에너지 증가량은?

① 6.24kcal/kg   ② 7.36kcal/kg
③ 8.13kcal/kg   ④ 9.57kcal/kg

해설) 800kg·m/kg × 1/427kcal/kg·m
= 1.8735kcal/kg
∴ 10 − 1.8735 = 8.1256kcal/kg
※ $i = (U_2 - U_1) + AW$

061 다음 사항 중 틀린 것은?

① 고체가 용해될 때 필요한 열을 융해 잠열이라 한다.
② 물이 증발할 때 필요한 열량은 539kcal/kg이다.
③ 얼음의 비열은 1kcal/kg℃이다.
④ 고체가 바로 기체로 될 때 필요로 하는 열을 승화열이라 한다.

해설) 얼음의 비열은 0.5kcal/kg℃이다.

정답) 55 ② 56 ② 57 ③ 58 ④ 59 ① 60 ③ 61 ③

062 온도변화 없이 물질의 상태만 변화시키는 열은?

① 잠열　　② 감열
③ 습열　　④ 전열

해설
- 상태변화 없이 온도만 변화하는 것은 감열(현열)이다.
- 잠열이란 온도변화 없이 물질의 상태만 변화할 때의 열이다.

063 150BTU는 몇 kcal가 되는가?

① 40kcal　　② 37.8kcal
③ 38kcal　　④ 380kcal

해설 1BTU=0.252kcal
∴ 0.252×150=37.8kcal

064 다음 설명 중 옳은 것은?

① 1HP는 860kcal/h이다.
② 승화열, 증발열, 융해열은 잠열이다.
③ 1kW보다 1kg의 물이 가진 증발잠열이 크다.
④ 상대습도란 포화증기압을 증기압으로 나눈 것이다.

해설
① 1HP=641kcal/h이다.
② 승화열, 증발열, 융해열은 잠열이다.
③ 1kWh=860kcal
　 물의 증발잠열은 539kcal/kg이다.
④ 상대습도란 습공기의 비중량과 이와 동일한 온도의 포화습공기의 비중량의 비이다. 포화습공기의 상대습도는 100%, 건조공기의 상대습도는 0%이다.

065 다음 중 옳지 않은 것은?

① 86°F=30℃
② -20℃=253K
③ 1K=1.68°R
④ 0K=-273°F

해설
① 5/9(86°F-32)=30℃
② -20℃+273=253K

③ K(켈빈의 절대온도)=273+℃
　°R(랭킨의 절대온도)=460+°F
　∴ 460/273=1.68°R
④ 0K=-273℃

066 다음 설명 중 틀린 것은?

① 표준대기압은 게이지 압력 1.03kg/cm²이다.
② 표준대기압은 절대압력 1.03kg/cm²이다.
③ 표준대기압은 수은주 760mmHg이다.
④ 표준대기압은 절대압력 14.7 lb/in²이다.

해설
① 표준대기압력 : 1.03kg/cm²(절대압기준)
② 표준대기압력 : 760mmHg
③ 표준대기압력 : 14.7 lb/in²

067 8L들이 탱크에는 10기압의 기체가 들어 있고 15L들이 탱크에는 8기압의 같은 종류의 기체가 들어 있다. 이 두 탱크를 연결하여 양쪽 기체가 서로 섞여서 평행이 되었을 때 기체의 압력은 약 얼마인가?

① 8.7기압　　② 11.1기압
③ 0.12기압　　④ 0.09기압

해설 $PV = P_1V_1 + P_2V_2$
　　　$= 8×10+15×8 = 200$
∴ $200/(8+15) = 8.6956 ≒ 8.7$기압

068 다음 중 보일의 법칙은?

① 온도가 일정할 때 압력이 체적에 비례한다.
② 온도가 일정할 때 체적이 압력에 반비례한다.
③ 압력이 일정할 때 체적이 온도에 반비례한다.
④ 체적이 일정할 때 압력이 온도에 반비례한다.

해설 보일의 법칙은 온도가 일정할 때 압력이 체적에 반비례한다. 즉 일정량의 기체 부피는 그 압력에 반비례한다.

정답 62 ①　63 ②　64 ②　65 ④　66 ①　67 ①　68 ②

069 4.5kg, 0℃의 얼음이 융해하여 0℃의 물로 되려면 약 얼마의 열이 필요한가?

① 180kcal ② 360kcal
③ 370kcal ④ 720kcal

해설 얼음의 융해잠열은 80kcal/kg이므로
∴ 80×4.5=360kcal

070 다음 열역학의 제1법칙에서 열의 일당량을 나타내는 것은?

① 778 ft·lb/BTU
② 1/778 ft·lb/BTU
③ 1/427 kg/kcal
④ 427 kcal/kg·m

해설
- 열의 일당량 : 778 ft·lb/BTU
  427 kg·m/kcal
- 일의 열당량 : 1/778 BTU/ft·lb
  1/427 kcal/kg·m

071 가스의 온도가 일정할 때 압력과 부피는 반비례한다. 이것을 무슨 법칙이라 하는가?

① 돌턴의 법칙 ② 보일의 법칙
③ 샤를의 법칙 ④ 게이뤼삭 법칙

해설 보일의 법칙은 가스의 온도가 일정할 때 압력과 부피는 반비례한다.

072 가스처리능력은 다음 중 어느 상태로 기준한 것인가?

① 0℃, 0kg/cm²(abs)
② 0℃, 0kg/cm²(gauge)
③ 20℃, 1kg/cm²(gauge)
④ 15℃, 0kg/cm²(abs)

해설 처리능력 : 0℃, 0kg/cm²(g)
처리능력이란 고압가스 처리설비 또는 감압설비에 의하여 압축액화 또는 그 밖의 방법으로 하루에 처리할 수 있는 양(0℃, 0kg/cm²g)

073 다음에서 열역학 제2법칙과 가장 관계가 깊은 것은?

① 액체가 기체로 변할 때 주위의 열을 흡수한다.
② 열에너지는 다른 에너지로 바꾸어질 때 일정한 관계가 있다.
③ 열은 고온체에서 저온체로 이동한다.
④ 눈이 오는 날의 날씨는 비교적 따뜻하다.

해설 열역학 제2법칙
열은 고온체로부터 저온체로 이동한다. 또한 일은 열로 변화하기 쉬우나 열은 일로 완전하게 변화하기 어렵다.

074 다음 중 열역학 제1법칙을 나타내는 식은?

① $Q=AW$ ② $W=1/J·Q$
③ $W=AQ$ ④ $J=AW$

해설 $Q=AW=1/427$ kcal/kg·m, kg·m/sec

075 0℃, 3기압에서 4L의 기체를 같은 온도에서 압력을 2기압으로 하면 부피는 얼마가 되는가?

① 12L ② 6L
③ 8L   ④ 4L

해설 $P_1V_1=P_2V_2$ (보일의 법칙)
∴ $V_2=\dfrac{P_1V_1}{P_2}=\dfrac{3\times4}{2}=6L$

076 열용량의 식을 맞게 기술한 것은?

① 물질의 부피×밀도
② 물질의 무게×비열
③ 물질의 부피×비열
④ 물질의 무게×밀도

해설 열용량=물질의 무게×비열(kcal/kg℃)

077 길이 5m인 밀폐 탱크에 물이 3m 차 있다. 주변에는 3kg/cm²의 증기압이 작용하고 있을 때 탱크 밑면에 작용하는 압력은 얼마인가?

① $3.5 \times 10^4 \text{kg/cm}^2$
② $3.3 \times 10^4 \text{kg/cm}^2$
③ 3.5kg/cm^2
④ 3.3kg/cm^2

해설 물 $3\text{m} = 0.3\text{kg/cm}^2$
물 $10\text{m} = 1\text{kg/cm}^2$
∴ $3 + 0.3 = 3.3\text{kg/cm}^2$

078 어떠한 이상적인 방법으로도 어떤 계를 절대온도 0도에 이르게 할 수 없다는 법칙은?

① 열역학 제0법칙
② 열역학 제1법칙
③ 열역학 제2법칙
④ 열역학 제3법칙

해설 열역학 제3법칙은 어떠한 이상적인 방법으로도 어떤 계를 절대온도 0도에 이르게 할 수 없다는 법칙이다.

079 1kg의 이상기체를 절대온도 T_1에서 T_2까지 가열할 때 체적이 일정한 경우에는 그 열량이 $C_v(T_2 - T_1)$가 된다. 이때 변화되는 것은?

① 내부에너지 감소
② 내부에너지 증가
③ 외부에너지 감소
④ 외부에너지 증가

해설 내부에너지는 모든 물체가 그 물체 자신이 외부와는 관계없이 감열과 잠열로서 자체 내에 에너지를 비축하고 있는 것을 말한다.

080 PV^k = 일정일 때 이 압축은 다음 중 어느 것인가?(단, P : 압력, V : 체적이며 지수는 $1 < n < k$이다.)

① 등온압축
② 등적압축
③ 단열압축
④ 폴리트로픽 압축

해설 $P \cdot V$ = 일정 → 등온변화
$P \cdot V^k$ = 일정 → 단열변화
$P \cdot V^n$ = 일정 → 폴리트로픽 변화
($k > n > 1$)

081 이상기체에서의 음속은 다음 값에 직접 비례한다. 다음 중 어느 것에 비례하는가?

① 밀도
② 절대온도
③ 기체상수의 역수
④ 마하수

해설 이상기체의 음속은 밀도에 비례하여 이루어진다.

082 다음 중 표준대기압(1atm)이 아닌 것은?

① 76cmHg
② 1.013bar
③ 14.2 lb/in²a
④ 1.033kg/cm²a

해설 표준대기압(1atm)
$1\text{atm} = 76\text{cmHg} = 1.033\text{kg/cm}^2\text{a}$
$= 1.013\text{bar} = 14.7 \text{lb/in}^2\text{a}$
$= 1.013\text{mb}$

③은 공학기압(1at)이다.

083 동력의 단위 중 그 값이 큰 순서대로 나열된 것은?(단, PS는 국제 마력이고, HP는 영국 마력임)

① $1\text{kW} > 1\text{HP} > 1\text{PS} > 1\text{kg} \cdot \text{m/sec}$
② $1\text{kW} > 1\text{PS} > 1\text{HP} > 1\text{kg} \cdot \text{m/sec}$
③ $1\text{HP} > 1\text{PS} > 1\text{kW} > 1\text{kg} \cdot \text{m/sec}$
④ $1\text{HP} > 1\text{PS} > 1\text{kg} \cdot \text{m/sec} > 1\text{kW}$

해설 $1\text{kW} - \text{h} = 102\text{kg} \cdot \text{m/s} = 860\text{kcal}$
$1\text{HP} - \text{h} = 76\text{kg} \cdot \text{m/s} = 641\text{kcal}$
$1\text{PS} - \text{h} = 75\text{kg} \cdot \text{m/s} = 632\text{kcal}$
$1\text{kg} \cdot \text{m/s} - \text{h} = 0.0023419\text{kcal} \times 3,600\text{s/h}$
$= 8.43\text{kcal}$

정답 77 ④ 78 ④ 79 ② 80 ③ 81 ① 82 ③ 83 ①

084 대기압에서 1.5m³를 갖는 기체를 동일 온도하에서 용적 40L의 용기에 충전하면 그 압력은?

① 35.5kg/cm²
② 37.5kg/cm²
③ 39.5kg/cm²
④ 41.5kg/cm²

해설 1.5m³ 기체는 1,500L
∴ 1,500/40 = 37.5kg/cm²

085 등온 밑에서 완전가스를 표준대기압으로부터 절대압력 5.6kg/cm²로 압축하면 가스의 비중량은 처음의 몇 배로 늘어나는가?

① 5.6배
② 5.4배
③ 약 0.2배
④ 늘어나지 않음

해설 표준대기압은 1.033kg/cm²
$x = \dfrac{1 \times 5.6}{1.033} = 5.42$배

086 이상기체에 해당하지 않는 것은?

① 분자 간의 인력이 0이다.
② $PV = nRT$를 만족시킨다.
③ 완전 탄성체이다.
④ 고온에서만 샤를의 법칙에 따른다.

해설 완전가스(이상기체)의 성질
- 보일–샤를의 법칙에 만족한다.
- 아보가드로 법칙에 따른다.
- 내부 에너지의 변화는 체적에 무관계하며 온도에 의해서만 결정된다.(즉, 내부에너지는 줄의 법칙이 성립된다.)
- 비열비 $\left(K = \dfrac{\text{정압비열}}{\text{정적비열}}\right)$는 온도에 관계없이 일정하다.
- 기체의 분자력과 기체의 크기도 무시되며 분자 간의 충돌은 완전탄성체로 간주한다.

087 온도의 환산값이 옳지 않은 것은?

① 60℃ = 140°F
② 0℃ = 32°F
③ 90°F = 25℃
④ 14°F = −10℃

해설 ① $\dfrac{5}{9}(140°F − 32) = 60℃$
② 0℃ = 32°F
③ $\dfrac{5}{9}(90°F − 25) = 32℃$
④ $\dfrac{5}{9}(14°F − 32) = −10℃$

088 어떤 탄화수소의 증기밀도가 100℃의 표준상태에서 2.55g/L이다. 이 물질의 분자량은 얼마인가?(단, 이상기체 상태방정식을 이용한다.)

① 70 ② 74
③ 78 ④ 88

해설 $PV = \dfrac{W}{M}RT$
∴ $M = \dfrac{WRT}{PV} = \dfrac{2.55 \times 0.082 \times (273 + 100)}{1 \times 1} = 78$

089 다음 용어 중 단위가 필요한 것은?

① 단열압축지수
② 건조도
③ 정압비열
④ 압축비

해설 ③은 정압비열의 단위는 kcal/kg℃이다.
단열압축지수, 건조도, 압축비는 단위가 없다.

090 진공도가 57cmHg일 때 압력은?

① 0.19kg/cm² ② 0.25kg/cm²
③ 0.31kg/cm² ④ 0.438kg/cm²

해설 760mmHg = 76cmHg = 1.033kg/cm²
∴ $1.033 \times \dfrac{76 − 57}{76} = 0.25$kg/cm²

정답 84 ② 85 ② 86 ④ 87 ③ 88 ③ 89 ③ 90 ②

091 열(熱)의 뜻을 옳게 설명한 것은?

① 차고 따뜻한 정도를 말한다.
② 힘으로 바뀔 수 있는 원인이 되는 것이다.
③ 에너지의 한 형태이며, 기계적 에너지와 같은 것이다.
④ 분자의 운동에너지이다.

해설 열은 분자의 운동에너지이다.

092 20PS인 원동기가 1분 동안 하는 일의 열당량은 얼마인가?

① 180.7kcal
② 21.1kcal
③ 360.8kcal
④ 210.8kcal

해설 1PS=632kcal/hr=75kg·m/sec
1kW=860kcal/hr=102kg·m/sec
$75 \times 20 \times A \times 60(초) = 210.77$ kcal
A = 일의 열당량 ($A = \frac{1}{427}$ kcal/kg·m)

093 열의 이동에 관한 설명에서 틀린 것은?

① 유체와 고체가 접촉하여 일어나는 열의 이동을 열전달이라 한다.
② 대류는 기체나 액체 같은 유체에서 주로 일어난다.
③ 온도가 다른 두 물체가 접촉하면 고온에서 저온으로 열이 이동하는 것을 전도라 한다.
④ 물체 내부를 열이 이동할 때 전열량은 온도차에 반비례하고 거리에 비례한다.

해설 $Q = \lambda \frac{F\Delta t}{l}$ (온도차에 정비례, 길이에 반비례)
여기서, Q : 시간당 이동 열량(kcal/h)
λ : 열전도율(kcal/mh℃)
F : 전열면적(m^2)
Δt : 온도차(℃)
l : 길이, 두께(m)

094 습포화증기 1kg이 있다고 가정하고, 그중 x(kg)를 증기라고 할 때 다음 사항 중 옳은 것은?

① $x-1$(kg)은 기체 및 액체의 혼합체이다.
② $1-x$(kg)은 기체이다.
③ $1-x$(kg)은 건도이다.
④ $1-x$(kg)은 액이다.

해설 $1-x$(kg)은 액체(포화수)이다.

095 2atm에서 8m³되는 기체를 같은 온도에서 40kg/cm²의 압력으로 압축하여 충전하려면 용기의 필요한 내용적은 다음 중 어느 것인가?

① 200L
② 400L
③ 500L
④ 800L

해설 $2kg/cm^2 \times 8,000 = 16,000L$
∴ $16,000/40 = 400L$
※ $1m^3 = 1,000L$

096 표준상태하에서 내용적 40L의 용기에 질소가 100kg/cm² 충전되어 있다. 이를 소비하고 난 후 잔압이 50kg/cm²가 되었다면 소비한 질소는 표준상태하에서 몇 m³가 되겠는가?

① 1
② 1.5
③ 2
④ 2.5

해설 $40 \times 100 = 4,000L(4m^3)$
$40 \times 50 = 2,000L(2m^3)$
∴ $4m^3 - 2m^3 = 2m^3$

097 압력 10kg/cm², 체적 1m³의 가스를 25L 용기에 채우면 압력은 몇 kg/cm²인가?

① 2.5
② 250
③ 400
④ 4,000

해설 $1m^3 = 1,000L$
$\frac{1,000 \times 10}{25} = 400kg/cm^2$

정답 91 ④ 92 ④ 93 ④ 94 ④ 95 ② 96 ③ 97 ③

098 메탄의 분자식은 CH₄이다. 메탄(비점 164℃) 4.0g은 0℃, 1기압에서 몇 L의 체적을 차지하는가?(단, 원자량은 C = 12.0, H = 1.0으로 한다.)

① 5.6L ② 9.4L
③ 16.0L ④ 22.8L

해설 CH₄ 분자량은 16
메탄 1몰은 22.4L(16g)
∴ $22.4 \times \frac{4.0}{16} = 5.6L$

099 다음에서 엔트로피의 단위는?

① kcal/kg
② kcal/kg · K
③ kcal/m · ℃ · h
④ kcal/m² · ℃ · h

해설 엔트로피는 단위중량당 물체가 가지는 열량을 그때의 절대온도로 나눈 것으로 바꿀 수 없는 에너지량의 척도로서 0℃ 포화액의 엔트로피를 1로 기준한다. 그 단위는 kcal/kg · K이다.

100 $Q = (U_2 - U_1) + AW$는 열역학 제1법칙을 나타낸 식이다. 각각의 기호에 대하여 다음 중 옳지 않은 것은 어느 것인가?

① Q : 물질에 주어진 열량
② $(U_2 - U_1)$: 내부에너지의 변화
③ A : 열의 열당량
④ W : 물질의 외부에 대하여 한 일량

해설 A : 일의 열당량(1/427kcal/kg · m)

101 어떤 기체에 15kcal/kg의 열량을 가하여 700kg · m/kg의 일을 하였다. 이 기체의 내부에너지 증가량은 몇 kcal/kg인가?

① 3.36 ② 7.36
③ 13.36 ④ 16.63

해설 엔탈피(i) = $(U_2 - U_1) + APV$

내부에너지 증가량($U_2 - U_1$)
= $15 - 1/427 \times 700 = 13.36$kcal/kg

102 엔탈피의 단위는 다음 중 어떤 것인가?

① kcal/kg ② kcal/h℃
③ kcal/kg℃ ④ kcal/m²h℃

해설 ① 엔탈피의 단위
③ 비열의 단위
④ 열관류율 단위

103 제2종 영구 운동기계란 무엇인가?

① 영원히 속도변화 없이 운동하는 기계이다.
② 열역학 제2법칙에 위배되는 기계이다.
③ 열역학 제2법칙에 따르는 기계이다.
④ 열역학 제1법칙에 위배되는 기계이다.

해설 제2종 영구기계(열역학 제2법칙 위배)란 저온의 열원에서 얻은 에너지로 가동할 수 있는 기관

104 대기압력보다 높은 계기압력과 절대압력의 관계는?

① 절대압력 = 대기압력 + 계기압력
② 절대압력 = 대기압력 – 계기압력
③ 절대압력 = 대기압력 × 계기압력
④ 절대압력 = 대기압력/계기압력

해설
• 절대압력 = 대기압력 + 계기압력
• 절대압력 = 대기압 – 진공압력
• 게이지 압력 = 절대압력 – 게이지 압력

105 내용적 40L의 용기에 산소가 0℃에서 150kg/cm² 충전되어 있다. 이것을 소비하고 나니 압력은 0℃에서 30kg/cm²로 되었다. 소비한 산소의 양은 표준상태에서 약 몇 L가 되겠는가?

① 1,160L ② 1,248L
③ 4,800L ④ 5,803L

해설 40 × 150 = 6,000L, 40 × 30 = 1,200L
∴ 6,000 – 1,200 = 4,800L

정답 98 ① 99 ② 100 ③ 101 ③ 102 ① 103 ② 104 ① 105 ③

106 밀폐된 용기 속에 기체를 압축하여 그 용적을 1/2로 하면 압력은 어떻게 변하는가?

① 1/4이 된다.
② 1/2이 된다.
③ 변하지 않는다.
④ 2배가 된다.

해설 기체는 절대온도에 비례하고 압력에 반비례한다.
∴ 2배가 된다.

107 압력이 770mmHg에서 210L인 기체는 660 mmHg 압력하에서는 몇 L가 되는가?

① 180L   ② 189L
③ 231L   ④ 245L

해설 $V_2 = V_1 \times \dfrac{P_1}{P_2} = 210 \times \dfrac{770}{660} = 245L$

108 다음 중 올바른 것은 어느 것인가?(단, 압력은 일정)

① 20℃에서 1L의 체적을 나타내는 가스는 40℃에서 1.2L로 된다.
② 20℃에서 1L의 체적을 나타내는 가스는 40℃에서 1.3L로 된다.
③ 20℃에서 1L의 체적을 나타내는 가스는 40℃에서 1.07L로 된다.
④ 20℃에서 1L의 체적을 나타내는 가스는 40℃에서 0.31L로 된다.

해설 $1 \times \dfrac{273+40}{273+20} = 1.068L$

109 0℃, 1기압에서 수소기체의 부피는 1L였다. 온도를 일정하게 하고 4기압으로 가압할 때 수소가 갖는 부피는?

① 1L   ② 1/4L
③ 4L   ④ 1/2L

해설 $\dfrac{P_1 V_1}{T_1} = \dfrac{P_2 V_2}{T_2}$

∴ $V_2 = V_1 \times \dfrac{P_1 \times T_2}{P_2 \times T_1}$

$= 1 \times \dfrac{1 \times 273}{4 \times 273} = 0.25L = 1/4L$

110 게이지 압력 5kg/cm²로서 5L로 압축되어 있는 공기를 온도 변화없이 게이지 압력 1kg/cm²로 하려면 몇 L가 되는가?

① 12.61L   ② 13.7L
③ 14.9L   ④ 17.8L

해설 $P_1 V_1 = P_2 V_2$
$P_1 = 5 + 1.033$, $V_1 = 5L$
$P_2 = 1 + 1.033$, $V_2 = x$
$6.033 \times 5 = 2.033 \times x$
∴ $x = 5 \times 6.033/2.033 = 14.837L$

111 어느 액체에 걸리는 압력이 높아질 때 증발온도는?

① 상승한다.
② 저하한다.
③ 변하지 않는다.
④ 상승해서 저하한다.

해설 어느 액체에 걸리는 압력이 증가하면 증발온도는 항상 상승한다.

112 표준상태에서 산소(O_2) 1gmol의 밀도는 몇 g/L인가?

① 1   ② 1.2
③ 1.3   ④ 1.43

해설 밀도 = $\dfrac{질량}{부피} = \dfrac{32g}{22.4L} = 1.429g/L$

113 다음 중 온도의 단위가 아닌 것은?

① ℉   ② ℃
③ K   ④ ℉T

해설 온도의 단위
℉(화씨), ℃(섭씨), °R(랭킨), K(켈빈)

정답 106 ④ 107 ④ 108 ③ 109 ② 110 ③ 111 ① 112 ④ 113 ④

°R = °F + 460, K = 273 + ℃
0K = -273℃, 0℃ = 273K
0°R = -460°F, 0°F = 460°R
K = 1.68°R

114 체적이 0.8m³인 용기 내부에 16kg의 기체가 들어있다면 이 가스의 밀도는 몇 kg/m³인가?

① 15　　② 20
③ 25　　④ 26

해설) $P = \dfrac{m}{v} = \dfrac{16}{0.8} = 20 kg/m^3$

115 아세틸렌 제조설비에 관한 다음 사항 중 틀린 것은 어느 것인가?

① 아세틸렌 충전용 지관에는 탄소함량 0.1% 이하의 탄소강을 사용한다.
② 아세틸렌에 접촉하는 부분에는 구리의 함유량이 62% 이상의 것을 사용한다.
③ 아세틸렌 충전용 교체밸브는 충전장소와 격리하여 설치한다.
④ 압축기와 충전장소 사이에는 보안벽이 설치된다.

해설) 아세틸렌에서는 구리의 함유량이 62% 이하의 것을 사용하여야 한다.

116 산소 100kg은 몇 kmol인가?

① 3,200　　② 32
③ 132　　　④ 3.12

해설) 몰수 = $\dfrac{질량}{분자량} = \dfrac{100}{32}$
= 3.12kmol (산소 분자량 32)

117 게이지 압력이 6kg/cm²일 때 8L로 압축 충전되어 있는 공기를, 온도는 바꾸지 않고 게이지 압력을 1kg/cm²로 하면 몇 L의 체적을 차지하겠는가?

① 15L　　② 19L
③ 24L　　④ 28L

해설) $P_1 V_1 = P_2 V_2$
∴ $V_2 = V_1 \times \dfrac{P_1}{P_2} = 8 \times \dfrac{7.033}{2.033} = 27.675$

118 모든 기체 1mol은 0℃, 1기압에서 그 부피가 얼마인가?

① 24.5L　　② 22.4L
③ 19.6L　　④ 18.0L

해설) 표준기압하에서 기체 1mol = 22.4L

119 다음 비열에 관한 설명 중 옳지 않은 것은?

① 단위는 kcal/kg℃이다.
② 물질의 비열이 크면 온도변화가 어렵다.
③ 정적비열은 정압비열보다 작다.
④ 비열비는 기체, 액체, 고체에 적용된다.

해설) 비열비(정압비열/정적비열)는 기체에 적용된다.
※ 비열의 단위(kcal/kg℃)

120 다음 중 압력이 가장 낮은 것은 어느 것인가?

① 8mH₂O
② 0.82kg/cm²
③ 10,000kg/m²
④ 600mmHg

해설) ① 8mH₂O = 0.8kg/cm²
② 0.82kg/cm² = 0.82kg/cm²
③ 10,000kg/m² = 1.0kg/cm²
④ 600mmHg = 0.815kg/cm²

121 압력이 일정할 때 일정량의 기체 체적은 절대온도에 정비례한다는 것은 누구의 법칙인가?

① 샤를의 법칙
② 보일의 법칙
③ 헨리의 법칙
④ 보일 – 샤를의 법칙

정답) 114 ② 115 ② 116 ④ 117 ④ 118 ② 119 ④ 120 ① 121 ①

해설 샤를의 법칙
$$\frac{V_1}{T_1} = \frac{V_2}{T_2} \text{ 또는 } \frac{V_1}{T_1} = R$$
여기서, V : 부피, T : 절대온도, R : 기체상수
$$\therefore V_2 = V_1 \times \frac{T_2}{T_1}$$

122 대기압은 압력이 $1.0332kg/cm^2$인데 이것을 psi로 나타내면 얼마가 되겠는가?
① 14　　② 14.2
③ 14.7　　④ 16.7

해설 $1.0332kg/cm^2 = 14.7psi$

123 밀폐된 용기 안에 들어 있는 일정량의 기체를 상온에서 조금 높은 온도로 가열시키면 이 기체에는 어떤 변화가 일어나겠는가?(단, 열에 의한 용기의 팽창은 무시된다.)
① 개개 분자의 부피 증가
② 단위시간에 일어나는 기체분자 간의 충돌 횟수 감소
③ 평균가스의 밀도 질량 감소
④ 분자운동의 평균속도 증가

해설 밀폐용기 안 일정량의 기체는 상온에서 온도를 높이면 분자운동의 평균속도가 증가한다.

124 $10^4 kg/m^2$의 압력을 mmH_2O로 환산하면 얼마인가?
① $1,000mmH_2O$　　② $1,500mmH_2O$
③ $10^3 mmH_2O$　　④ $10,000mmH_2O$

해설 $10^4 kg/m^2 = 10^4 mmH_2O = 10,000mmH_2O$
$= 10,000kg/m^2 = 1kg/cm^2$

125 다음 중 열량의 단위가 아닌 것은?
① kcal　　② BTU
③ CHU　　④ bar

해설 bar는 압력의 단위(760mmHg = 1.013bar)

126 다음 압력 중에서 가장 높은 압력은 어느 것인가?
① $0.1kg/mm^2$　　② $0.5kg/cm^2$
③ 수주 25m　　④ 수은주 1.5m

해설 ① $0.1kg/mm^2 = 10kg/cm^2$
③ $25mH_2O = 2.5kg/cm^2$
④ $1.5mHg = 2.04kg/cm^2$

127 다음 중 기체의 성질을 잘못 설명한 것은?
① 압력변화가 오면 체적변화도 크다.
② 매우 빠른 속도로 운동한다.
③ 일정한 형태는 없으나 자유로운 운동이 불가능하다.
④ 운동이 자유롭다.

해설 기체는 자유로운 운동이 가능하다.

128 어떤 용기 내에 수소 1g과 산소 1g을 넣었더니 혼합기체의 전압이 782mmHg였다. 이때 수소의 분압은 몇 mmHg인가?
① 700mmHg
② 720mmHg
③ 725mmHg
④ 736mmHg

해설 수소의 분자량 = 2
산소의 분자량 = 32
$$\therefore 782 \times \frac{(1/2)}{(1/2) + (1/32)} = 736mmHg$$

129 섭씨 100℃를 옳게 환산한 값은 어느 것인가?
① 320°R　　② 450°R
③ 600°R　　④ 672°R

해설 R = °F + 460
°F $= \frac{9}{5} \times ℃ + 32 = \frac{9}{5} \times 100 + 32 = 212°F$
$\therefore 212 + 460 = 672°R$

정답 122 ③　123 ④　124 ④　125 ④　126 ①　127 ③　128 ④　129 ④

130 액주 기둥이 10m인 유체의 비중이 0.7이다. 이 액주의 압력은 얼마인가?

① 500mmHg ② 0.5kg/cm²
③ 680mbar ④ 750mbar

해설 $P = \gamma h = 0.7 \times 10 = 7\text{m} \fallingdotseq 686\text{mbar}$
$1\text{kg/cm}^2 = 10\text{mmH}_2\text{O} = 980\text{mbar}$

131 표준상태에서 가스의 체적이 1m³인 것은 몇 몰에 해당하는가?

① 10몰 ② 21몰
③ 40몰 ④ 45몰

해설 기체가 표준상태에서는 $22.4 \times 10^{-3}\text{m}^3$이다.
즉 $1\text{m}^3 = 1,000\text{L}$, $1몰 = 22.4\text{L}$
∴ $\dfrac{1,000}{22.4} = 44.642857$몰이다.

132 체적이 5m³인 유체의 무게가 3,500kgf이었다. 다음 비중량, 밀도, 비중으로 옳은 것은?

① 700N/m³, 700kg/m³, 0.7
② 6,680N/m³, 700kg/m³, 0.7
③ 700N/m³, 6,860kg/m³, 0.7
④ 6,860N/m³, 700kg/m³, 0.7

해설 비중량$(\gamma) = \dfrac{W}{V} = \dfrac{3,500 \times 9.8}{5} = 6,860\text{N/m}^3$
밀도$(\rho) = \dfrac{M}{V} = \dfrac{3,500}{5} = 700\text{kg/m}^3$
비중$(s) = \dfrac{\rho}{\rho_w} = \dfrac{700}{1,000} = 0.7$
※ $1\text{kg}_f = 9.8\text{N} = 9.8\text{kg} \cdot \text{m/sec}^2$

133 이상기체인 공기의 기체상수 R은 몇 kgf · m/kgf · K인가?

① 29.27kgf · m/kgf · K
② 0.082kgf · m/kgf · K
③ 848kgf · m/kgf · K
④ 8.314kJ/kmol · K

해설 $PV = n\bar{R}T$
$\bar{R} = \dfrac{PV}{nT}$
$= \dfrac{1.0336 \times 10^4 \text{kg}_f/\text{m}^2 \times 22.4\text{m}^3}{1\text{kmol} \times 273\text{K}}$
$= 848\text{kg}_f \cdot \text{m/kmol} \cdot \text{K}$
∴ $R = \dfrac{848}{28.97} = 29.27\text{kg}_f \cdot \text{m/kg}_f \cdot \text{K}$
※ 공기의 평균분자량은 28.97이다.

134 어떤 유체의 밀도가 138.63kgf · sec²/m⁴ 일 때 비중량은?

① 136kgf/m³ ② 1,360kgf/m³
③ 13.6kgf/m³ ④ 13,600kgf/m³

해설 $\gamma = \rho g = 138.63 \times 9.8 = 1,360\text{kg}_f/\text{m}^3$

135 동점성계수가 $0.15010 \times 10^{-4}\text{m}^2/\text{sec}$인 건조한 공기의 비중량이 1.22kgf/m³이다. 점성계수는 몇 Poise인가?

① 18.3×10^{-4} ② 10.83×10^{-4}
③ 1.83×10^{-4} ④ 1.22×10^{-4}

해설 $\gamma = \dfrac{u}{\rho}$
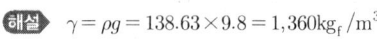
$\mu = \dfrac{r\nu}{g} = \dfrac{1.22 \times 0.15010 \times 10^{-4}}{9.8}$
$= 1.867 \times 10^{-6}\text{kg}_f \cdot \text{s/m}^2$
$= 1.83 \times 10^{-4}\text{dyne} \cdot \text{s/cm}^2$
$= 1.83 \times 10^{-4}\text{Poise}$

136 온도 20℃, 압력 760mmHg의 공기 밀도는 몇 kgf · s²/m⁴인가?(단, Hg의 비중은 13.6, 공기의 기체상수는 29.27kg · m/K이다.)

① 0.123 ② 12.3
③ 1.21 ④ 1.30

해설 $\gamma = \dfrac{P}{RT} = \dfrac{1.033 \times 10^4}{29.27 \times (20+273)} = 1.20$
$\rho = \dfrac{r}{g} = \dfrac{1.20}{9.8} = 0.122\text{kg}_f \cdot \text{s}^2/\text{m}^4$

정답 130 ③ 131 ④ 132 ④ 133 ① 134 ② 135 ③ 136 ①

137 비중이 0.8인 기름의 점성계수가 0.005 kgf·s/m²이다. 이 기름의 동점성계수는 몇 m²/sec인가?

① 5.1×10^4 ② 1.25×10^4
③ 6.1×10^5 ④ 1.25×10^5

해설 $\nu = \dfrac{\mu}{\rho} = \dfrac{g\mu}{\gamma} = \dfrac{9.8 \times 0.005}{0.8 \times 1,000}$
$= 6.1 \times 10^5 \text{m}^2/\text{s}$

138 점성계수가 0.8Poise이고 밀도가 90kgf·s²/m⁴인 기름의 동점성계수는 몇 m²/s인가?

① 0.8×10^{-5} ② 9.07×10^{-5}
③ 10×0.8^{-5} ④ 1.07×10^{-5}

해설 $0.8\text{Poise} = 0.8\text{dyne}\cdot\text{s/cm}^2$
$= 0.08\text{N}\cdot\text{s/m}^2$
$= 8.16 \times 10^{-3}\text{kgf}\cdot\text{s/cm}^2$
∴ $\nu = \dfrac{\mu}{\rho} = \dfrac{8.16 \times 10^{-3}}{90} = 9.07 \times 10^{-5}\text{m}^2/\text{s}$

139 비중이 0.6이고 점성계수 μ가 0.6푸아즈(Poise)인 유체의 동점성계수(ν)는 몇 스토크스(stokes)인가?

① 4 ② 3
③ 2 ④ 1

해설 $\nu = \dfrac{\mu}{\rho} = \dfrac{0.6\text{dyne}\cdot\text{s/cm}^2}{0.6}$
$= 1\text{cm}^2/\text{s} = 1\text{stokes}$

140 어떤 유체의 동점성계수가 1.5스토크스(Stokes)이고 비중량이 0.00085kgf·s/cm³일 때 점성계수는 몇 kgf·s/m²인가?

① 0.013 ② 0.13
③ 0.013×10^{-6} ④ 0.013×10^{-4}

해설 $\mu = \rho\nu = \dfrac{0.00085\text{kgf/cm}^3}{980\text{cm/s}^2} \times 1.5\text{cm}^2/\text{s}$
$= 0.0000013\text{kgf}\cdot\text{s/cm}^2$
$= 0.013\text{kgf}\cdot\text{s/m}^2$

141 온도가 20℃이며 압력이 10kg/cm²(1MPa)인 산소의 밀도는 몇 kgf·s²/m⁴인가?(단, 공기의 기체상수는 29.27kg·m/kg·K이다.)

① 1.189 ② 10.189
③ 0.189 ④ 188.09

해설 $\gamma = \dfrac{P}{RT} = \dfrac{10 \times 10^4}{29.27 \times (20+273)} = 11.66\text{kgf/m}^3$
$\rho = \dfrac{r}{g} = \dfrac{11.66}{9.8} = 1.189\text{kgf}\cdot\text{s}^2/\text{m}^4$

142 1kW의 전력으로 물 1,000kg을 1시간 동안 가열하면 온도는 몇 ℃ 증가하는가?

① 8.6 ② 0.86
③ 0.16 ④ 5.6

해설 $1\text{kWh} = 860\text{kcal}$
$Q = GC\Delta t$
$\Delta t = \dfrac{Q}{GC} = \dfrac{860}{1,000 \times 1} = 0.86\text{℃}$

143 어떤 물질 1kg이 압력 0.1MPa, 체적 0.86m³의 상태에서 압력 0.5MPa 체적 0.2m³로 되었다. 이때 내부에너지의 변화가 없다면 엔탈피의 증가는 몇 kJ/kg인가?

① 10.5 ② 11.4
③ 14 ④ 108

해설 $h = u + APV$, $\Delta u = 0$
$\Delta h = A(P_2 V_2 - P_1 V_1)$
$= 10^3 \times (0.5 \times 0.2 - 0.1 \times 0.86) = 14\text{kJ/kg}$
※ $1\text{kPa} = 10^3\text{Pa}$, $1\text{MPa} = 10^3\text{kPa}$

144 내부에너지가 40kJ, 절대압력이 2bar, 체적이 0.1m³, 절대온도가 300K인 기체계의 엔탈피는 몇 kJ인가?

① 30.5 ② 46
③ 50.1 ④ 60

정답 137 ③ 138 ② 139 ④ 140 ① 141 ① 142 ② 143 ③ 144 ④

해설 $H = u + APV$, $A = 1$(SI 단위)
∴ $H = 40 \times 10^3 \text{N} \cdot \text{m} + 2 \times 10^5 \times 0.1 \text{N} \cdot \text{m}$
  $= 60,000 \text{N} \cdot \text{m} = 60,000 \text{J} = 60 \text{kJ}$
※ $1\text{bar} = 1 \times 10^5 \text{N} \cdot \text{m}^2$

145 온도 28℃일 때 체적이 100L의 실린더 내에 있는 산소의 무게는 몇 kg인가?(단, 산소의 기체상수는 26.49kgf · m/kgf · K이고 실린더 내의 압력은 9,588kPa이다.)

① 5.6kg ② 6.1kg
③ 11.79kg ④ 20.5kg

해설 일반기체상수 $\bar{R} = 8,314.4 \text{J/kmol} \cdot \text{K}$
  $= 8.314 \text{kJ/kmol} \cdot \text{K}$
$PV = GRT$
$G = \dfrac{PV}{RT} = \dfrac{94 \times 10^4 \times 100 \times 10^{-3}}{26.49 \times (28 + 273)} = 11.79 \text{kg}$
※ $9,588 \text{kPa} = 94 \text{ata}$

146 1J는 몇 kcal인가?

① 0.009 ② 0.1986
③ 0.2934 ④ 0.000238

해설 $1\text{J} = \dfrac{1}{4,186} = 0.000238 \text{kcal}$

147 1kcal/kg℃는 몇 kJ/kg · K인가?

① 4.186 ② 6.286
③ 15.5 ④ 50.56

해설 $1\text{kcal/kg℃} = 1\text{BTU/lb}$
℉ $= 4.186 \text{kJ/kg} \cdot \text{K}$

148 500W의 전열기로 0.8L의 물을 15℃에서 100℃까지 가열하는 데 20분이 걸렸다. 몇 kJ이 소비되었는가?

① 200 ② 340
③ 600 ④ 745

해설 $1\text{kW} = 1\text{kJ/s}$
∴ $0.5 \times 1 \times 20 \times 60 = 600 \text{kJ}$

149 어느 가스 1kg이 압력 147kPa, 체적 2.8m³인 상태에서 압력 1,760kPa, 체적 0.3m³인 상태로 변화했다. 만약 유체의 내부에너지에 변화가 없다면 등온상태에서 엔탈피는 몇 kJ/kg인가?

① 106 ② 116.4
③ 206.4 ④ 315.6

해설 $h_1 = U_1 + P_1 V_1$, $h_2 = U_2 + P_2 V_2$
$U_1 = U_2$
$h_2 - h_1 = P_2 V_2 - P_1 V_1$
  $= 1,760 \times 0.3 - 147 \times 2.8$
  $= 528 - 411.6 = 116 \text{kPa}$
$116,400 \text{N} \cdot \text{m} = 116.4 \text{kJ}$
※ $1\text{Pa} = 1\text{N/m}^2$, $1\text{J} = 1\text{N} \cdot \text{m}$
$1\text{kg}_f/\text{cm}^2 = 98.07 \text{kPa}$

150 내부에너지가 불변 시 압력(P_1) 0.5kg/cm², 체적(V_1) 1.8m³에서 압력(P_2) 9.0kg/cm², 체적(V_2) 0.5m³로 변화하였다면 엔탈피의 증가량은 몇 kJ인가?

① 300kJ/kg ② 315.6kJ/kg
③ 330.06kJ/kg ④ 352kJ/kg

해설 $h = u + APU$
$\Delta H = \Delta u + A(P_2 V_2 - P_1 V_1)$
  $= \dfrac{1}{427} \times 10^4 \times (9.0 \times 0.5 - 0.5 \times 1.8)$
  $= 84.31 \text{kcal} = 352 \text{kJ}$

151 25℃의 병진에너지와 같은 에너지량을 가진 1몰의 수증기를 1몰의 물에 가하면 물의 온도는 얼마나 상승하는가?(단, 물의 열용량은 18cal이다.)

① 40℃ ② 45℃
③ 49℃ ④ 55℃

해설 병진에너지($k_{avg}) = \dfrac{3}{2} kT$
$k = \dfrac{R}{\left(\dfrac{M}{m}\right)} = \dfrac{848}{18} = 47.11$

정답 145 ③ 146 ④ 147 ① 148 ③ 149 ② 150 ④ 151 ③

1몰의 수증기 에너지 = 1몰의 물 에너지
$$18 \times \frac{3}{2} \times 47.11 \times \frac{1}{427} \times (273+25) = 18 \times \Delta t$$
$$\Delta t = \frac{3}{2} \times 47.11 \times \frac{1}{427} \times 298 = 49℃$$

152 내부에너지가 30kcal 증가하고 압력의 변화가 1ata에서 4ata로, 체적변화는 3m³에서 1m³로 변화한 계의 엔탈피 증가량(kcal)은?

① 30.5　　② 36.05
③ 40.16　　④ 53.4

해설 $h = u + APU$, $\Delta u = 30$kcal
$\Delta h = A(P_2 V_2 - P_1 V_1)$
$= \frac{1}{427} \times 10^4 (4 \times 1 - 1 \times 3) + 30$
$= 53.41$kcal

※ 1kcal = 4.18kJ, 53.4kcal = 223.25kJ
1kg/cm² = 98kPa, 1.033kg/cm² = 102kPa

153 1atm의 외부압력에 대하여 1mol의 이상기체 온도를 5K만큼 상승시켰다. 이때 외계에 한 최대일량은 몇 cal인가?

① 3.69　　② 4.60
③ 7.79　　④ 9.94

해설 $PV = nRT$, $w = nR(\Delta t)$
$\overline{R} = 8.3143$J/kmol · K
$= 1 \times 8.3143 \times 0.239 \times 5 = 9.94$cal
※ 1J = 0.239cal

154 1kg의 공기가 100℃에서 열량 25kcal를 얻어 등온 팽창시킬 때 엔트로피 변화량은 몇 kcal/kg · K인가?

① 0.01　　② 0.05
③ 0.067　　④ 0.195

해설 $ds = \frac{dQ}{T} = \frac{25}{100+273}$
$= 0.067$kcal/kg · K

155 가스가 65kcal의 열량을 흡수하여 10,000 kg · m의 일을 했다. 가스의 내부에너지 증가는 몇 kcal인가?

① 30　　② 41
③ 55　　④ 57.6

해설 $10,000 \times \frac{1}{427} = 23.41$kcal
$u = 65 - 23.41 = 41.6$kcal

156 정압과정에서의 전달열량은?

① 내부에너지의 변화량과 같다.
② 이루어진 일량과 같다.
③ 엔탈피 변화량과 같다.
④ 체적의 변화량과 같다.

해설 $h = u + APV$
$dh = du + APdV + AVdP = dq$

157 다음 중 이상기체의 정압과정을 식으로 가장 잘 표현한 것은?

① $du = C_v \cdot dT$
② $dH = du + R$
③ $dH = C_p + dT$
④ $du = -P \cdot dV$

해설
• 이상기체의 엔탈피 변화 : $dH = C_p \cdot dT$
• 이상기체의 내부에너지 변화 : $du = C_v \cdot dt$

158 다음 중 승화의 정의로 옳은 것은?

① 고체가 액체를 거쳐 기체로 되는 현상
② 고체가 액체를 거치지 않고 기체로 되는 현상
③ 액체가 고체로 되어 기체로 되는 현상
④ 액체가 고체를 거치지 않고 기체로 되는 현상

해설 승화
기체 → 고체, 고체 → 기체

정답 152 ④　153 ④　154 ③　155 ②　156 ③　157 ①　158 ②

159 다음 중 분자의 운동에너지가 가장 작은 상태는?

① 고체상태 ② 액체상태
③ 기체상태 ④ 용액상태

해설 기체는 분자 운동에너지가 가장 크고 고체는 가장 작다.

160 물질의 상태가 변할 때 변화하는 것은?

① 물질의 조성 ② 운동에너지
③ 원자 핵 변화 ④ 화학변화

해설 운동에너지의 차이로 고체, 액체, 기체가 생긴다.

161 물질의 상태를 변화시키지 못하는 것은?

① 온도
② 압력
③ 분자 운동에너지
④ 농도

해설 농도는 물질의 상태를 변화시키지 못한다.

162 어떤 액체물질을 가열할 때 아래와 같은 그래프를 얻었다. BC에서 필요로 하는 열을 무엇이라 하는가?

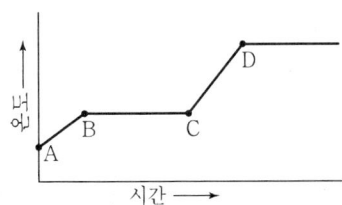

① 융해열 ② 응고열
③ 기화열 ④ 승화열

163 다음 반응 중에서 반응속도가 가장 빠른 것은?

① 고체 – 고체반응
② 고체 – 액체반응
③ 액체 – 액체반응
④ 기체 – 기체반응

해설 분자와 분자 간에 거리가 많이 떨어져 있을수록 활발하게 반응한다.

164 물의 끓는점을 낮출 수 있는 방법은?

① 밀폐한 용기에서 끓인다.
② 비등석을 넣어준다.
③ 압력을 낮추어 준다.
④ 약간의 설탕이나 소금을 넣어준다.

해설 압력이 낮으면 비등점은 낮아진다.

165 공기의 분자량은 29이다. 어떤 기체의 분자량을 결정하려면 측정해야 하는 대상은?

① 부피, 온도, 질량
② 부피, 밀도, 질량
③ 압력, 온도, 밀도
④ 압력, 온도, 부피

해설 표준상태에서 밀도×22.4=분자량
온도와 압력을 알고 밀도를 알아야 한다.

166 질량이 2.69g인 액체가 증발하여 표준상태에서 부피가 0.747L라면 이 물질의 분자량은?

① 30 ② 60
③ 80 ④ 126

해설 $0.747 : 2.69 = 22.4 : x$
∴ $x = 2.69 \times \dfrac{22.4}{0.747} = 80.66$

167 어떤 물질 0.5g을 1기압 0℃에서 증발시켰더니 186.6cc가 되었다. 이 물질의 분자량은?

① 50 ② 60
③ 70 ④ 105

해설 $0.5 : 186.6 = x : 22,400cc$
∴ $x = 0.5 \times \dfrac{22,400}{186.6} = 60.02$
※ 22.4L = 22,400cc

168 표준상태에서 어떤 기체 250mL의 질량이 2.5g이면 이 기체의 분자량은 얼마인가?

① 200　　② 224
③ 305　　④ 408

해설) 1L = 1,000mL, 22.4L = 22,400mL
22,400 : x = 250 : 2.5
∴ $x = 2.5 \times \dfrac{22,400}{250} = 224$

169 어떤 병 1개가 진공에서 100g이다. 여기에 기체를 넣고 달아보니 130g이었다. 다시 이 병 속에 기체를 제거하고 CO_2를 넣은 후 달아보니 122g이었다. 이 기체의 분자량은?

① 20　　② 40
③ 60　　④ 108

해설) 130 - 100 = 30g, 122 - 100 = 22g
30 : 22 = x : 44
∴ $x = 30 \times \dfrac{44}{22} = 60$

170 수소 1g과 산소 16g을 반응시키면 물은 몇 g이 생기겠는가?

① 10g　　② 9g
③ 7g　　④ 5g

해설) $H_2 + \dfrac{1}{2}O_2 \rightarrow H_2O$
2 : 16 → 18g
1 : 8 → 9g

171 다음과 같은 반응식에서 나타내지 못하는 것은?

$$3H_2 + N_2 \rightarrow 2NH_3$$

① 배수비례의 법칙
② 질량불변의 법칙
③ 일정성분비의 법칙
④ 기체반응의 법칙

해설) 배수비례 법칙은 2가지 원소로 2가지 이상의 화합물이 있어야 성립된다.

172 산소는 수소보다 16배가 더 무겁다. 같은 상태에서 수소의 확산속도는 산소보다 몇 배 빠르겠는가?

① 4배　　② 8배
③ 16배　　④ 32배

해설) $\dfrac{U_{H_2}}{U_{O_2}} = \sqrt{\dfrac{M_{O_2}}{M_{H_2}}} = \sqrt{\dfrac{32}{2}} = 4$

173 무게가 2배이면 확산속도는 몇 배인가?

① 2　　② $\dfrac{1}{4}$
③ $\sqrt{2}$　　④ $\dfrac{1}{\sqrt{2}}$

해설) 확산 속도비는 분자량의 제곱근에 반비례한다.

174 온도와 압력이 같은 상태에서 분자량이 64인 가스의 확산속도가 $9cm^3$/sec일 때 어떤 기체의 확산속도는 $18cm^3$/sec라면 이 기체의 분자량은 얼마인가?

① 4　　② 8
③ 16　　④ 44

해설) $\dfrac{U_0}{U_x} = \sqrt{\dfrac{M_x}{M_0}}$
$\dfrac{9}{18} = \sqrt{\dfrac{M_x}{64}}$
∴ $M_x = 16$

175 CO_2 1몰이 48℃에서 용적 1.32L의 부피를 차지할 때 압력은?(단, CO_2의 반데르발스 상수 $a = 3.6L^2atm/mol^2$, $b = 4.28 \times 10^{-2}$L/mol)

① 16.5atm　　② 18.54atm
③ 20.4atm　　④ 30.56atm

정답) 168 ②　169 ③　170 ②　171 ①　172 ①　173 ④　174 ③　175 ②

해설 반데르발스 식

- 1몰의 경우 : $\left(P+\dfrac{a}{V^2}\right)(V-b)=RT$
- n몰의 경우 : $\left(P+\dfrac{n^2a}{V^2}\right)(V-nb)=nRT$

$\left(P+\dfrac{a}{V^2}\right)(V-b)=RT$

$\therefore P=\dfrac{RT}{V-b}-\dfrac{a}{V^2}$

$=\dfrac{0.082\times(273+48)}{1.32-0.0428}-\dfrac{3.6}{1.32^2}$

$=18.54\text{atm}$

176 온도 27℃, 760mmHg에서 산소 3L를 5L 용기에 넣은 후 온도를 87℃로 올렸을 때 그 압력은 몇 mmHg가 되겠는가?

① 347 ② 447
③ 510.5 ④ 547

해설 $\dfrac{PV}{T}=\dfrac{P'V'}{T'}$

$P'=\dfrac{PVT'}{V'T}$

$=\dfrac{760\times3\times(273+87)}{5\times(273+27)}=547\text{mmHg}$

177 $C+O_2 \rightarrow CO_2+94\text{kcal}$이다. 이 94kcal는 C 몇 g이 연소될 때 나온 열인가?

① 5g ② 7g
③ 9g ④ 12g

해설 탄소 1몰은 12g이다.

178 표준상태에서 CH_4 5.6L를 연소시키면 53 kcal의 열이 발생된다. 다음 계산식으로 옳은 것은?

① $CH_4+2O_2 \rightarrow CO_2+2H_2O+26.5\text{kcal}$
② $CH_4+2O_2 \rightarrow CO_2+2H_2O+212\text{kcal}$
③ $CH_4+2O_2 \rightarrow CO_2+2H_2O+120\text{kcal}$
④ $CH_4+2O_2 \rightarrow CO_2+2H_2O+53\text{kcal}$

해설 $53\times\dfrac{22.4\text{L}}{5.6\text{L}}=212\text{kcal}$

179 CO 가스의 생성열은 몇 kcal인가?

$C+O_2 \rightarrow CO_2+94\text{kcal}$
$2CO+O_2 \rightarrow 2CO_2+135.2\text{kcal}$

① 26.4 ② 34.8
③ 50.8 ④ 79.6

해설 $C+O_2 \rightarrow CO_2+94\text{kcal}$
$-)\ CO+\dfrac{1}{2}O_2 \rightarrow CO_2+67.6\text{kcal}$
$\overline{C+\dfrac{1}{2}O_2-CO \rightarrow 26.4\text{kcal}}$

$\therefore C+\dfrac{1}{2}O_2 \rightarrow CO+26.4\text{kcal}$

180 다음 중 흡열반응은 어느 것인가?

① $CO+\dfrac{1}{2}O_2 \rightarrow CO_2+68\text{kcal}$

② $\dfrac{1}{2}N_2(g)+\dfrac{3}{2}H_2(g) \rightarrow NH_3(g)+11.0\text{kcal}$

③ $\dfrac{1}{2}N_2(g)+\dfrac{1}{2}O_2(g) \rightarrow NO(g)$
  $\Delta H=21.6\text{kcal}$

④ $H_2(g)+\dfrac{1}{2}O_2(g) \rightarrow H_2O(g)$
  $\Delta H=-57.8\text{kcal}$

해설 ΔH : 반응 엔탈피(흡열에서는 $\Delta H=+$가 된다.)
$N_2+O_2 \rightarrow 2NO-42\text{kcal}$

181 온도가 10℃ 높아지면 반응속도가 2배 빨라진다. 이때 온도를 30℃로 높이면 반응속도는 몇 배가 빨라지는가?

① 2배 ② 5배
③ 8배 ④ 16배

해설 $2^n=2^3=8$배(30℃는 10℃의 3배)

182 다음 중 1mmAq와 같은 단위는 어느 것인가?

① 10mmHg ② 760mmHg
③ $1\text{kg}_f/\text{cm}^2$ ④ $1\text{kg}_f/\text{m}^2$

정답 176 ④ 177 ④ 178 ② 179 ① 180 ③ 181 ③ 182 ④

183 산소가 27℃에서 100L가 있다. 압력은 불변이고 온도만을 상승시켰더니 150L가 되었다면 변화 후 온도는 몇 ℃인가?

① 100℃ ② 150℃
③ 177℃ ④ 273℃

해설 $\dfrac{V}{T} = \dfrac{V_1}{T_1} = \dfrac{100L}{300K} = \dfrac{150L}{T}$

$T = 300 \times \dfrac{150}{100} = 450K$

∴ $450K - 273 = 177℃$

184 20℃, 5atm에서 메탄의 밀도를 구하면?

① 1.5 ② 3.33
③ 10.5 ④ 14.7

해설 $M = \dfrac{d}{P}RT$

$d = \dfrac{MP}{RT} = \dfrac{16 \times 5}{0.082 \times 293} = 3.33 g/L$

185 어떤 액의 비중이 2.5이다. 이 액주의 높이가 6m라면 압력은 몇 kgf/cm^2인가?

① 1.03 ② 1.13
③ 1.5 ④ 2.67

해설 $P = \gamma h \times \dfrac{1}{10} = 2.5 \times 6 \times \dfrac{1}{10}$

$= 1.5 kgf/cm^2$

186 공기 5kg이 온도 20℃ 게이지 압력 7kgf/cm^2(0.7MPa)로 용기에 충전되어 있었으나 며칠 후 온도 10℃ 게이지 압력 4kgf/cm^2(0.4MPa)로 되었다면 누설된 공기는 몇 kg인가?

① 1.76 ② 2.76
③ 5.76 ④ 10.76

해설 $PV = nRT = \left(\dfrac{G}{M}\right)RT$

$\dfrac{P_1}{P_2} = \dfrac{G_1 T_1}{G_2 T_2}$

$G_2 = G_1 \times \left(\dfrac{P_2}{P_1}\right)\left(\dfrac{T_1}{T_2}\right)$

$= 5 \times \dfrac{4 + 1.033}{7 + 1.033} \times \dfrac{20 + 273}{10 + 273} = 3.24 kg$

∴ $G = G_1 - G_2$

$= 5 - 3.24 = 1.76 kg$ 누설

187 복수기의 진공이 600mmHg일 때 절대압력은 몇 mmHg인가?(단, 대기압은 765mmHg이다.)

① 165 ② 185
③ 215 ④ 760

해설 $765 - 600 = 165 mmHg$

188 내압시험 350kgf/cm^2abs의 Autoclave에 20℃에서 수소를 100kgf/cm^2abs로 충전하였다. 오토클레이브의 온도를 점차 상승시켰더니 내압시험압력의 8/10에서 안전밸브가 작동하였다면 이때의 수소가스 온도는 몇 ℃인가?

① 407 ② 507
③ 527 ④ 547

해설 내압시험 = $350 kg/cm^2$

$350 \times \dfrac{8}{10} = 280 kg/cm^2$ (안전밸브작동압력)

$(20 + 273) \times \dfrac{280}{100} = 820K (547℃)$

189 10g의 O_2는 100℃ 740mmHg에서 몇 L의 용적이 되는가?

① 9.8 ② 10.8
③ 16.8 ④ 50.9

해설 $PV = nRT$

$V = \dfrac{nRT}{P}$

$= \dfrac{\left(\dfrac{10}{32}\right) \times 0.082 \times (273 + 100)}{\left(\dfrac{740}{760}\right)} = 9.8L$

정답 183 ③ 184 ② 185 ③ 186 ① 187 ① 188 ④ 189 ①

190 20℃에서 120kg/cm²(12MPa)의 압력으로 100kg의 산소가스를 충전하려고 한다. 이 용기의 부피는 몇 m³ 이상이어야 하는가?(단, 산소의 정수 R은 26.5이다.)

① 0.5 ② 0.65
③ 1.05 ④ 10.05

해설 $PV = GRT$

$V = \dfrac{GRT}{P} = \dfrac{100 \times 26.5 \times 293}{120 \times 10^4} = 0.65 \text{m}^3$

191 수은을 사용한 U자관 압력계에서 h가 500mm일 때 P_2는 몇 kg/cm²a인가?(단, P_1 = 1kg/cm²a로 한다.)

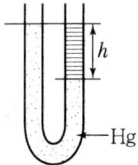

① 1.68 ② 2.6
③ 3.75 ④ 10.33

해설 $P_2 = P_1 + \gamma h$
$= 1 + 0.0136 \times 50 = 1.68 \text{kg/cm}^2$

※ $Hg = 0.0136 \text{g/cm}^3$
500mmHg = 50cmHg

정답 190 ② 191 ①

SECTION 02 가스의 연소 및 폭발

001 겨울 한랭 시에 프로판 용기로부터 가스가 나오는 것이 확인되었다면, 남아 있는 액체는 무엇인가?

① 부탄 ② 에틸렌
③ 물   ④ 경유

해설
㉠ 액화석유가스의 주성분은 프로판과 부탄가스이다. 즉, LP 가스의 주성분이다.
㉡ LP 가스의 비중
 • 프로판가스 = 44/29 = 1.52
 • 부탄가스 = 58/29 = 2
㉢ 비등점(1atm)
 C_3H_8 : $-42.1℃$, C_4H_{10} : $-0.5℃$
 (부탄은 비등점이 높아서 한랭 시에 액체로 존재한다.)

002 다음 중 올바르게 연결되어 있는 것은?

① 아세틸렌 $-C_2H_4-$ 가연성
② 암모니아 $-NH_3-$ 불연성, 독성
③ 일산화탄소 $-CO_2-$ 독성
④ 메탄 $-CH_4-$ 가연성

해설
• 아세틸렌(C_2H_2) : 가연성
• 암모니아(NH_3) : 가연성, 독성
• 일산화탄소(CO) : 가연성, 독성
• 메탄(CH_4) : 가연성

003 다음 세 가지 가스를 폭발범위가 넓은 것으로부터 좁은 것의 순서로 나열한 것은?

| ㉠ H_2 | ㉡ CO | ㉢ C_3H_8 |

① ㉠-㉢-㉡ ② ㉠-㉡-㉢
③ ㉢-㉠-㉡ ④ ㉡-㉢-㉠

해설 가스의 폭발범위
• H_2(수소) : 4~75%
• CO(일산화탄소) : 12.5~74%
• C_3H_8(프로판) : 2.1~9.5%

004 다음 중 가연성 가스가 아닌 것은?

① 암모니아 ② 부탄
③ 벤젠   ④ 염소

해설
• 염소는 가연성 가스가 아니고 다른 물질이 타는 것을 도와주는 조연성 가스이다. ($H_2+Cl_2 \rightarrow 2HCl$, 염소 폭명기)
• 염소는 황록색의 자극성 냄새가 나는 기체이다. (독성 가스이다. 허용농도 1ppm)

005 다음 중 폭발 2등급의 가스는?

① 일산화탄소 ② 암모니아
③ 이황화탄소 ④ 에틸렌

해설
㉠ 폭발 2등급 가스는 안전 간격이 0.6~0.4mm인 가스이다.
 • C_2H_4 가스(에틸렌 가스)
 • 석탄가스(주성분 CO 가스)
 • 에틸렌옥시드
㉡ 암모니아는 1등급, 이황화탄소는 3등급, 일산화탄소는 1등급

006 다음 중 독성이 강한 순서로 나열된 것은 어느 것인가?

| ㉠ CO | ㉡ HCN |
| ㉢ $COCl_2$ | ㉣ Cl_2 |

① ㉣-㉢-㉡-㉠ ② ㉢-㉡-㉣-㉠
③ ㉡-㉠-㉢-㉣ ④ ㉡-㉣-㉢-㉠

정답 01 ① 02 ④ 03 ② 04 ④ 05 ④ 06 ②

해설 공기 중 허용농도
- CO(일산화탄소) : 50ppm
- HCN(시안화수소) : 10ppm
- COCl$_2$(포스겐) : 0.1ppm
- Cl$_2$(염소) : 1ppm

007 공기 중에서 가연성 물질을 가열하여 점화원 없이 스스로 연소할 수 있는 최저온도를 무엇이라 하는가?

① 점화온도 ② 인화점
③ 착화온도 ④ 폭발온도

해설 착화온도는 반응 활성도가 큰 가스일수록, 분자구조가 클수록, 산소의 농도가 높을수록, 탄소수가 증가할수록, 화학적 발열량이 높을수록 낮아진다.

008 다음 중 가연성 가스의 화재종류는?

① A급 ② B급
③ C급 ④ D급

해설 ① A급 : 일반 화재
② B급 : 유류 및 가스화재
③ C급 : 전기화재
④ D급 : 금속화재

009 공기 중 폭발범위가 넓은 순서로 된 것은?

① CO-H$_2$-CH$_4$-C$_3$H$_8$
② C$_3$H$_8$-CH$_4$-H$_2$-CO
③ H$_2$-CH$_4$-CO-C$_3$H$_8$
④ H$_2$-CO-CH$_4$-C$_3$H$_8$

해설 가스의 폭발범위
- CO(일산화탄소) : 12.5~74%
- H$_2$(수소) : 4~75%
- C$_3$H$_8$(프로판) : 2.1~9.5%
- CH$_4$(메탄) : 5~15%

010 다음 가스 중 독성이 강한 순서로 나열된 것은?

㉠ NH$_3$ ㉡ HCN
㉢ COCl$_2$ ㉣ Cl$_2$

① ㉣-㉢-㉡-㉠
② ㉢-㉣-㉡-㉠
③ ㉡-㉠-㉢-㉣
④ ㉡-㉣-㉢-㉠

해설 유독가스의 허용한도
허용농도 수치가 작을수록 독성이 강하다.
- NH$_3$(암모니아) : 50ppm
- HCN(시안화수소) : 10ppm
- COCl$_2$(포스겐, 염화카르보닐) : 0.1ppm
- Cl$_2$(염소) : 1ppm

011 가스에 어느 정도 압력을 가하여도 이미 그 가스를 액화시킬 수 없는 최저의 온도를 그 가스의 임계온도라고 하는데, 프로판가스의 임계온도는?

① 약 2.8℃ ② 약 7.5℃
③ 약 22℃ ④ 약 97℃

해설 프로판가스의 임계온도는 96.8℃이며, 임계압력은 42.01atm이다.

012 다음 중 가연성 가스로만 묶여진 것은?(단, 가연성이며 독성 가스는 제외)

① 아세틸렌, 에탄
② 황화수소, 산소, 포스겐
③ 부탄, 연소, 질소
④ 염화비닐, 시안화수소, 암모니아

해설 C$_2$H$_2$(아세틸렌)+2.5O$_2$ → 2CO$_2$+H$_2$O
C$_2$H$_6$(에탄)+3.5O$_2$ → 2CO$_2$+3H$_2$O
- 가연성 가스 : 수소, 일산화탄소, 암모니아, 아세틸렌, 메탄, 산화에틸렌, 에틸렌, 에탄, 프로판, 부탄, 프로필렌, 부타디엔, 아세트알데히드, 황화수소, 염화에틸, 브롬에틸, 시안화수소, 메틸에테르, 사이클로프로판, 염화비닐 등

정답 07 ③ 08 ② 09 ④ 10 ② 11 ④ 12 ①

• 독성 가스 : 일산화탄소, 암모니아, 산화에틸렌, 아황산, 염소, 시안화수소, 황화수소, 포스겐, 불소, 산화질소, 염화수소 등

013 액화석유가스의 누설로 인하여 연소되고 있을 때 소화제로서 가장 알맞은 것은?

① 레몬산수
② 사염화탄소
③ 클로로포름
④ 중탄산소다

해설 액화석유가스의 누설 시 소화제, 즉 LPG 소화제는 중탄산소다($NaHCO_3$)가 사용된다.

014 기체를 액화하는 데 제일 적절한 방법은?

① 급냉시키면 된다.
② 압축하기만 하면 된다.
③ 냉각시킨 후 압축한다.
④ 임계온도 이하로 냉각시킨 후 임계압력 이상으로 압축한다.

해설 기체를 액화시키려면 임계온도 이하로 냉각시킨 후 임계압력 이상으로 압축시킨다.(압력이 높으면 분자 간의 거리가 좁아진다.)

015 다음 중 불연성 및 불활성, 조연성 가스만으로 되어 있는 것은?

① N_2, Ar, He, H_2, F-12
② O_2, N_2, Ar, He, Kr
③ O_2, He, C_3H_8, NH_3
④ $COCl_2$, F_2, C_2H_2, H_2S, Xe

해설
• 불연성 가스 : N_2, Ar, He, Kr, Xe, Rn, CO_2
• 불활성 가스 : 아르곤, 헬륨, 크립톤, 크세논, 라돈, 네온
• 조연성 가스 : 산소(O_2)
• 가연성 가스 : C_3H_8(프로판), H_2S(황화수소), H_2(수소), C_2H_2(아세틸렌)

016 다음 중 폭굉유도거리(DID)가 짧아지는 원인이라 할 수 없는 것은?

① 관 속에 방해물이 있거나 관경이 클수록 짧아진다.
② 정상연소 속도가 큰 혼합가스일수록 짧아진다.
③ 압력이 높을수록 짧아진다.
④ 점화원의 에너지가 강할수록 짧아진다.

해설
• ②, ③, ④의 설명은 폭굉유도거리가 짧아지는 원인이다.
• 관 속에 방해물이 있거나 관경이 가늘수록 짧아진다.

017 다음 중 가연성 가스로만 묶여진 것은?

① 아세틸렌, 프로필렌, 에탄
② 황화수소, 산소, 포스겐
③ 부탄, 염소, 질소
④ 염화비닐, 시안화수소, 질소

해설 가연성 가스
아세틸렌, 프로필렌, 메탄, 수소, 프로판, 부탄, 염화비닐 등

018 다음 중 휘발성 유류의 취급 시 지켜야 할 안전사항으로 옳지 않은 것은?

① 수시 인화물질의 누설여부를 점검한다.
② 실내의 공기가 외부와 차단되도록 한다.
③ 소화기를 규정에 맞게 준비하고 평상시에 조작방법을 익혀둔다.
④ 정전기가 발생하는 화학섬유 작업복의 착용을 금한다.

해설 휘발성 유류는 폭발성 혼합가스가 형성되지 않도록 통풍시설을 갖추어야 한다. 실내 공기를 외부와 차단되록 하면 질식사한다.(화학섬유보다 100% 면종류의 착용이 정전기 발생을 방지한다.)

정답 13 ④ 14 ④ 15 ② 16 ① 17 ① 18 ②

019 탄소 함유량이 많은 탄화수소 분출화재 시의 상태는?

① 흰 연기가 많고 불빛은 청색이다.
② 검은 연기가 많고 불빛은 적색이다.
③ 검은 연기가 적고 불빛은 청색이다.
④ 흰 연기가 적고 불빛은 흰색이다.

해설 탄화수소의 분출화재 시에는 탄소가 많으면 검은 연기가 많고 불빛은 적색이다.

020 다음 가스 중 독성이 가장 큰 것은?

① 취소
② 일산화질소
③ 황화수소
④ 암모니아

해설 독성 가스의 허용농도
- 취소 : 0.1ppm
- 일산화질소 : 25ppm
- 황화수소 : 10ppm
- 암모니아 : 25ppm

021 프로판을 몇 도에서 열분해하면 프로필렌을 얻을 수 있는가?

① 500~550℃
② 800~900℃
③ 950~1,050℃
④ 1,100~1,200℃

해설 프로판을 800~900℃ 고온에서 열분해하면 프로필렌(C_3H_6)을 얻는다.

022 프로판가스 1kg당의 발열량은 약 몇 kcal인가?

① 25kcal/kg
② 12,000kcal/kg
③ 23,000kcal/kg
④ 53,000kcal/kg

해설
- C_3H_8 : 24,000kcal/m³, 12,000kcal/kg
- C_4H_{10} : 31,000kcal/m³, 11,800kcal/kg

023 다음 설명 중 옳은 것은?

① 에탄의 가스비중은 0.97로서 공기보다 가볍다.
② 메탄, 에탄, 프로필렌은 임계온도가 상온 이하인 것으로 액화하기 어렵다.
③ 프로판의 비점은 부탄의 비점보다 낮다.
④ 프로판과 프로필렌의 밀도는 같다.

해설
- 에탄의 가스비중은 1.0494로 공기보다 무겁다.
- 에탄의 분자량은 30, 공기는 28.8이다.
- 메탄의 임계온도는 −82.1℃, 에탄의 임계온도는 32.2℃, 프로필렌의 임계온도는 91.8℃이다.
- 프로판의 비점은 −42.07℃, 부탄의 비점은 −0.5℃이다.
- 프로판의 밀도는 1.96g/L, 프로필렌의 밀도는 1.87g/L로 차이가 난다.

024 다음은 폭발에 관한 가스의 성질을 설명한 것이다. 이 중 옳은 것은?

㉠ 폭발범위가 넓은 것은 위험하다.
㉡ 안전간격이 큰 것일수록 위험하다.
㉢ 압력이 높아지면 일반적으로 폭발범위가 넓어진다.
㉣ 연소속도가 큰 것일수록 안전하다.
㉤ 가스비중이 큰 것은 낮은 곳에 체류할 위험이 있다.

① ㉠, ㉡, ㉢
② ㉠, ㉢, ㉤
③ ㉡, ㉢, ㉣
④ ㉢, ㉣, ㉤

해설 ㉠, ㉢, ㉤의 내용은 가스의 성질 중 폭발에 관한 설명이다.

025 다음 중 맞게 짝지어진 것은?

① 가연성 가스 – 수소, 암모니아, 산소
② 불활성 가스 – 질소, 아르곤, 수증기
③ 지연성 가스 – 염소, 불소, 황화수소
④ 가연성 가스 – 이산화탄소, 프로판, 헬륨

해설
- 가연성 가스 : 폭발하한이 10% 이하이거나 상한과 하한의 차가 20% 이상인 가스로서 C_2H_2, H_2, NH_3, H_2S, C_3H_8 등
- 지연성 가스 : 연소성은 없으나 연소를 돕는 가스로서 공기, Cl_2, O_2, F_2, O_3 등
- 독성 가스 : 허용농도가 200ppm 이하인 가스로서 Cl_2, SO_2, NH_3, HCN, F_2, H_2S 등
- 불활성 가스(불연성 가스) : 질소, 아르곤, 수증기 등

026 다음 가스 중 독성이 가장 큰 것은?
① 염소 ② 불소
③ 시안화수소 ④ 암모니아

해설 독성가스의 허용농도
- Cl_2(염소) : 1ppm
- F_2(불소) : 0.1ppm
- HCN(시안화수소) : 10ppm
- NH_3(암모니아) : 25ppm

027 다음 가스 중 가장 무거운 것은 어느 것인가?
① 메탄 ② 프로판
③ 암모니아 ④ 헬륨

해설 가스의 비중 = $\dfrac{분자량}{공기\ 평균분자량} = \dfrac{x}{29}$

※ 분자량 : 메탄 16, 프로판 44, 암모니아 17, 헬륨 4

028 다음 중 가연성 가스인 동시에 독성가스가 아닌 것은?
① 일산화탄소, 벤젠
② 시안화수소, 암모니아
③ 황화수소, 불소
④ 염화메탄, 브롬화메탄

해설
- 일산화탄소(CO), 황화수소(H_2S), 벤젠(C_6H_6), 시안화수소(HCN) 등은 가연성이며 독성가스이다.
- 불소(독성가스) : 0.1ppm
- 암모니아, 염화메탄, 브롬화메탄은 가연성이며 독성가스이다.

029 자연발화 열의 발생속도에 관한 설명으로 틀린 것은?
① 초기 온도가 높은 쪽이 일어나기 쉽다.
② 표면적이 작을수록 일어나기 쉽다.
③ 발열량이 큰 쪽이 일어나기 쉽다.
④ 촉매물질이 존재하면 반응속도가 빨라진다.

해설 ㉠ 자연발화의 요인
분해열, 발화열, 산화열, 중합열에 의한 발열
㉡ 자연발화의 원인
- 초기 온도가 높은 쪽이 일어나기 쉽다.
- 표면적이 클수록 일어나기 쉽다.
- 발열량이 큰 쪽이 일어나기 쉽다.
- 촉매물질이 존재하면 반응속도가 빨라진다.

030 CO와 H_2를 주성분으로 하고 있는 기체연료는?
① 수성가스 ② 석탄가스
③ LPG ④ 발생로가스

해설
- 석탄가스 : H_2 51%, CH_4 32%, CO 8%
- 수성가스 : H_2 52%, CO 38%, N 25.3%
- 발생로가스 : N_2 55.8%, CO 25.4%, H_2 13%
- LPG : 프로판, 부탄, 프로필렌, 부틸렌

031 가스연료의 화염 진행속도에 영향을 미치는 것이 아닌 것은?
① 연소 장치의 형상
② 온도
③ 압력
④ 열량

해설 화염 진행속도에 영향을 미치는 요소
연소장치의 형상, 온도, 압력, 가스조성 등

032 다음 중 가연성 가스이면서 독성 가스인 것은 어느 것인가?
① 산화에틸렌 ② 프로판
③ 불소 ④ 염소

정답 26 ② 27 ② 28 ③ 29 ② 30 ① 31 ④ 32 ①

해설 산화에틸렌(C_2H_4O)의 특성
- 독성이 있고(허용농도 50ppm), 가연성 가스이다.
- 폭발범위는 3~80%이다.
- 산화, 분해, 중합폭발성이 있다.

033 일산화탄소의 허용농도는 몇 ppm인가?

① 0.01　　② 50
③ 10　　　④ 5

해설 가스의 허용농도
- Cl_2(염소) : 1ppm
- NH_3(암모니아) : 25ppm
- $COCl_2$(포스겐) : 0.05ppm
- HCN(시안화수소) : 10ppm
- F_2(불소) : 0.1ppm
- CO(일산화탄소) : 50ppm

034 버너의 화염전파 불량 원인은 무엇인가?

① 레귤레이터를 많이 열었다.
② 불완전연소가 일어나고 있다.
③ 가스압력이 너무 높다.
④ 가스압력이 너무 낮다.

해설 버너의 화염전파 불량은 불완전연소 때문이다.

035 다음 중 압축가스가 아닌 것은?

① H_2　　② O_2
③ CH_4　　④ C_2H_2

해설 압축가스란 H_2, O_2, CH_4 등과 같이 상온에서 압축하여도 액화되지 않는 가스를 그대로 압축한 가스이다. 아세틸렌은 C_2H_2 용해가스이다.

036 가연성 가스 저장실에는 소화기를 설치하게 되어 있는데 이때 사용되는 소화제는?

① 생석회　　② 모래
③ 인산소다　　④ 중탄산소다

해설 가스소화제는 중탄산소다를 사용하여 질식과 냉각소화를 행한다.
$2NaHCO \rightarrow Na_2CO_3 + CO_2 + H_2O$

037 폭속은 폭굉이 전하는 속도로서 가스의 경우 몇 m/sec인가?

① 500~850
② 1,000~3,500
③ 4,650~5,000
④ 7,100~8,400

해설
- 폭굉 : 1,000~3,500m/s(연소파)
- 정상연소 : 0.03~10m/s(연소파)

038 다음 가스의 폭발범위 순서가 옳은 것은?

㉠ C_2H_2　　㉡ H_2
㉢ C_3H_8　　㉣ CO

① ㉠-㉡-㉢-㉣
② ㉣-㉢-㉡-㉠
③ ㉡-㉠-㉢-㉣
④ ㉠-㉡-㉣-㉢

해설 가스의 폭발범위
- C_2H_2 : 2.5~81%
- H_2 : 4~75%
- C_3H_8 : 2.2~9.5%
- CO : 12.5~74%

039 가스가 폭발하는 데는 먼저 일부분의 변화가 일어나지 않으면 안 된다. 발화가 발생하는 주된 원인은?

① 용기 재료
② 용기의 크기 및 형태
③ 열량
④ 용기의 무게

해설 용기의 크기 및 형태는 가스의 폭발발화가 발생되는 원인이 된다.(용기의 크기가 작으면 발화되지 않고 발화되어도 화염이 발전되지 못하고 도중에 꺼진다. 그 외에도 발화온도, 가연성 가스와 지연성 가스의 조성 압력이 높으면 발화온도가 낮아진다.)

정답 33 ② 34 ② 35 ④ 36 ④ 37 ② 38 ④ 39 ②

040 다음 두 가지 물질이 공존하는 경우 가장 위험한 것은?

① 암모니아와 질소
② 염소와 아세틸렌
③ 염소와 이산화탄소
④ 수소와 일산화탄소

해설 염소와 아세틸렌의 공존은 폭발의 위험이 따른다. 또한, 염소와 암모니아, 염소와 수소는 같이 적재하지 않는다.

041 공기 중 가스의 폭발범위가 잘못된 것은?

① 메탄 5~15%
② 프로판 2.1~9.5%
③ 수소 4~65%
④ 아세틸렌 2.5~81%

해설 가스의 폭발범위
- 메탄 : 5.3~14%
- 프로판 : 2.1~9.5%
- 수소 : 4~75%
- 아세틸렌 : 2.5~81%

042 탄화수소에서 탄소(C)의 수가 증가할수록 높아지는 것은?

① 증기압 ② 발화점
③ 비등점 ④ 폭발하한계

해설 탄화수소의 비점
탄소의 수가 증가하면 비등점이 높아진다.
- Cl_2(염소) : $-33.7℃$
- CH_4(메탄) : $-161.5℃$
- C_2H_4(에틸렌) : $-103.9℃$
- C_3H_8(프로판) : $-42.1℃$
- C_4H_{10}(부탄) : $-0.5℃$
- C_3H_6(프로필렌) : $-47.7℃$
- C_4H_8(부틸렌) : $-6.26℃$

043 다음 설명 중 맞는 것은?

① 메탄의 연소범위는 온도가 상승함에 따라 넓어진다.
② 메탄의 연소범위는 온도가 상승함에 따라 좁아진다.
③ 메탄의 연소범위는 압력이 높을수록 좁아진다.
④ 일산화탄소의 연소범위는 압력의 영향을 받지 않는다.

해설 연소범위
- 가스압력이 높아지면 넓어진다.
- 온도가 높을수록 넓어진다.
- CO와 공기의 혼합 시 압력이 높아지면 연소범위는 좁아진다.
- H_2와 공기의 혼합은 10atm까지는 좁아지나 그 이상은 다시 넓어진다.

044 다음과 같은 가스 운반 중 서로 접촉하더라도 폭발하지 않는 것은?

① 아세틸렌과 은
② 암모니아와 염소
③ 염소산칼리와 할로겐
④ 인화수소와 나트륨

해설 ㉠ 서로 접촉하면 불이 나면서 폭발하는 물질
  - 아세틸렌 : 은, 동, 수은
  - 암모니아 : 염소, 취소
  - 염소산칼리 : 암모니아, 암모늄, 은염
㉡ 아세틸렌과 은, 수은, 구리와 치환반응으로 금속아세틸라이드 생성
㉢ 암모니아와 염소 : $4NH_3 + 3Cl_2 \rightarrow 3NH_4Cl + NCl_3$
㉣ 인화수소(PH_3) : 0.3ppm 독성가스

045 다음 가스 중 가장 무거운 것은 어느 것인가?

① 메탄   ② 프로판
③ 암모니아 ④ 헬륨

해설 가스의 밀도와 비중
- 메탄(CH_4) : 밀도 0.7167, 비중 0.5544
- 프로판(C_3H_8) : 밀도 2.0200, 비중 1.5503
- 암모니아(NH_3) : 밀도 0.890, 비중 0.5962
- 헬륨(He) : 밀도 0.1785, 비중 0.1381

정답 40 ② 41 ③ 42 ③ 43 ① 44 ④ 45 ②

046 다음 연소에 관한 설명으로 옳지 않은 것은?

① 인화점이 낮을수록 위험성이 크다.
② 인화점보다 착화점의 온도가 낮다.
③ 착화점이 낮을수록 위험성이 크다.
④ 인화점이 너무 높아도 나쁘다.

해설
- 인화점보다 착화온도가 높다
- 인화점이 낮을수록 위험하다.
- 착화점이 낮을수록 위험성이 크다.
- 인화점이 너무 높아도 나쁘다.
  (연소가 잘 되지 않는다.)

047 고온고압하에서 수소의 탈탄작용을 방지하기 위해서 첨가하는 금속이 아닌 것은?

① Cr(크롬)   ② Ti(타이타늄)
③ V(바나듐) ④ Cu(구리)

해설 $Fe_3C + 2H_2 \rightarrow CH_4 + 3Fe$
탄소가 메탄화되어 수소취성을 일으키므로 내수성 강재인 탈탄방지 첨가원소인 Cr, Mo, V, Ti, W 등을 첨가한다.

048 수소취성을 방지하기 위해 강에 첨가하는 원소로서 옳은 것은?

① Cr(크롬)   ② Al(알루미늄)
③ Ag(은)   ④ P(인)

해설 수소의 취성은 $Fe_3C + 2H_2 \rightarrow CH_4 + 3Fe$로 나타내며 고온·고압에서 현저하고 탈탄화반응의 방지용 금속 Cr, Mo, V, Ti, W 등이 첨가된다.

049 액체연료의 연소 시 1차 공기에 대한 설명 중 옳지 않은 것은?

① 노즐에서 연료와 함께 혼합되어 공급되는 공기
② 연료를 무화할 때 사용하는 공기
③ 연소하여 발생한 가스를 완전 연소시킨 후의 계산상 공기
④ 액체연료는 버너에서 공급되는 공기

해설 ③은 2차 공기(완전 연소용)의 설명이다.

050 다음 가스 중 냄새로 쉽게 알 수 있는 것은?

① 프레온 가스(R-12), 질소, 이산화탄소
② 일산화탄소, 아르곤, 수소
③ 염소, 암모니아, 메탄올
④ 아세틸렌, 부탄, 도시가스

해설
- 염소 : 자극성
- 암모니아 : 자극성
- 메탄올(메틸알코올) : 자극성(유독하며 마시면 눈이 멀게 된다. 에탄올과 같은 향기가 난다.)

051 다음 가스 중에서 공기 중에 누설 시 가장 인화 폭발 위험이 큰 것은?

① 프로판   ② 에틸렌
③ 황화수소   ④ 아세틸렌

해설 기체연료 발화온도
- C_3H_8(프로판) : 460℃
- C_2H_8(에탄) : 450℃
- H_2S(황화수소) : 260℃
- C_2H_2(아세틸렌) : 335℃

052 가연성 가스 이동 시 휴대하는 공작용 공구가 아닌 것은?

① 해머   ② 펜치
③ 가위   ④ 소석회

해설 공작용 공구
해머, 펜치, 몽키스패너, 가위, 가죽장갑, 밸브 개폐용 핸들(누설방지용 공구 : 납마개, 철사, 헝겊, 고무시트)
※ 소석회는 독성가스 휴대 시 제독제이다.

053 다음 가스 중 냄새로 쉽게 알 수 있는 것으로 된 것은?

① 프레온 12, 질소, 이산화탄소
② 일산화탄소, 아르곤, 메탄
③ 염소, 암모니아, 메탄올
④ 아세틸렌, 부탄, 프로판

정답 46 ② 47 ④ 48 ① 49 ③ 50 ③ 51 ③ 52 ④ 53 ③

해설
- 염소, 암모니아, 포스겐, 염화수소 : 자극성 냄새
- 에틸렌 : 달콤한 냄새
- 황화수소 : 달걀 썩는 냄새
- 벤젠 : 특유의 냄새
- 시안화수소 : 복숭아 냄새
- 아세틸렌 : 불순물에 의한 냄새
- 메탄올(메틸알코올) : 독성
※ 프레온, 질소, CO_2, 아르곤, 메탄, 부탄 프로판은 무색·무취 가스이다.

054 다음 중 폭발한계의 범위가 가장 좁은 것은?

① 프로판 ② 암모니아
③ 수소 ④ 아세틸렌

해설 가스의 폭발한계범위
- C_3H_8(프로판) : 2.1~9.5%
- NH_3(암모니아) : 15~28%
- H_2(수소) : 4~75%
- C_2H_2(아세틸렌) : 2.5~81%

055 공기 중에서 가연성 물질을 연소시킬 때 공기 중의 산소농도를 증가시키면 연소속도와 발화온도의 관계는?

① 연소속도-크게 됨, 발화온도-크게 됨
② 연소속도-크게 됨, 발화온도-낮게 됨
③ 연소속도-낮게 됨, 발화온도-크게 됨
④ 연소속도-낮게 됨, 발화온도-낮게 됨

해설 O_2 농도 증가는 연소성을 향상시켜 발화에너지 감소, 발열량 증가, 연소속도를 증가시킨다.

056 고압가스라 함은 압축가스인 경우에는 압력이 상용온도 또는 35℃에서 몇 게이지압 이상을 말하는가?

① $10kg/cm^2$ ② $20kg/cm^2$
③ $30kg/cm^2$ ④ $40kg/cm^2$

해설
- 압축가스란 상용온도에서 또는 35℃에서 $10kg/cm^2$ 이상의 게이지 압력에 해당
- 압축가스란 산소, 수소, 질소, 불활성 가스 등이다.

057 다음 내용 중 틀린 것은 어느 것인가?

① 연소란 가연성 물질이 산소와 작용하여 산화물을 생성하는 반응이다.
② 연소범위는 일반적으로 공기 중에서보다 산소 중에서 넓다.
③ 열전도도의 단위는 cal/cm·sec·℃이다.
④ 아세틸렌의 자연발화온도는 수소의 자연발화온도보다 높다.

해설 아세틸렌의 자연발화온도 308℃, 수소의 자연발화온도 530℃

058 가스의 압축에 관한 설명 중 틀린 것은?

① 등온압축 동력은 단열압축 동력보다 크다.
② 압축비가 일정하면 간극 용적비가 클수록 효율은 적다.
③ 동일 가스, 동일 흡입온도에서는 압축비가 클수록 토출온도가 높다.
④ 다단압축에서는 각 단의 압축비가 같을 때 단열압축 동력이 최소이다.

해설 가스압축 시 소비되는 동력
단열압축>폴리트로픽 압축>등온압축

059 다음 중 기체의 용해도가 클 조건은?

① 저온 저압 ② 저온 고압
③ 고온 저압 ④ 고온 고압

해설 기체의 용해도가 크게 되는 조건은 저온 고압 상태이다.(헨리의 기체용해도 법칙)

060 르 샤틀리에 식 $\frac{100}{L} = \frac{V_1}{L_1} + \frac{V_2}{L_2} + \frac{V_3}{L_3}$ 는 폭발성 혼합가스의 폭발한계를 구하는 데 이용한다. 식 중 $V_1, V_2, V_3, \cdots$ 는?

① 혼합가스의 폭발한계치
② 각 성분의 단독 폭발한계치
③ 각 성분의 체적 %
④ 각 성분의 중량 %

정답 54 ① 55 ② 56 ① 57 ④ 58 ① 59 ② 60 ③

해설
- V_1, V_2, V_3 등은 각 성분기체의 체적 %이다.
- L_1, L_2, L_3 등은 각 성분기체의 단독 폭발한계치이다.

061 아세틸렌가스가 공기 중에서 완전 연소하기 위해 약 몇 배의 공기가 필요한가?(단, 공기는 질소가 80%, 산소가 20%이다.)

① 2.5배 ② 5.5배
③ 10.5배 ④ 12.5배

해설 $C_2H_2 + 2.5O_2 \rightarrow 2CO_2 + H_2O$

$2.5 \times \dfrac{1}{0.2} = 12.5 Nm^3/Nm^3$ 연료

∴ 12.5배

062 메탄의 분자식은 CH_4이다. 메탄(비점 −164℃) 4.0g은 0℃, 1기압에서 몇 L의 체적을 차지하는가?(단, 원자량은 C 12.0, H 1.0으로 한다.)

① 5.6 ② 9.4
③ 16.0 ④ 22.8

해설 메탄의 분자량은 12+4=16이다.
(1몰은 16g, 22.4L)

$22.4L \times \dfrac{4.0g}{16g} = 5.6L$

063 고압가스 안전관리법의 적용을 받지 않는 고압가스는?

① 상용의 온도에서 압력 9kg/cm²인 질소가스
② 온도 35℃, 압력 10kg/cm²인 압축공기
③ 35℃에서 1.5kg/cm²인 아세틸렌
④ 35℃에서 1.5kg/cm²인 액화시안화 수소

해설 고압가스의 적용범위
- 압축가스 : 35℃ 또는 상용온도에서 10kg/cm² 이상 압력
- 액화가스 : 35℃ 또는 상용온도에서 2kg/cm² 이상 압력
- C_2H_2가스 : 상용온도에서 0kg/cm² 이상 압력
- 특정 액화가스 : 상용온도에서 0kg/cm² 이상 압력(액화브롬메탄, 액화시안화수소, 액화산화에틸렌)
- 질소는 압축가스이다. (10kg/cm² 이상에서)

064 화학적 폭발과 관계없는 것은?

① 연소
② 산화
③ 분해
④ 파열

해설 파열은 물리적 폭발이다.

065 다음 가스 중 정전기 스파크에 대하여 특히 주의해야 할 가스는?

① CO_2 ② O_2
③ LPG ④ He

해설 ㉠ LPG는 가연성 가스이며 정전기 스파크에 주의해야 한다.
㉡ 정전기란 두 종류의 부도체를 비비면 마찰을 준 쪽과 받는 쪽에서 부호가 다른 음양 전하를 만들어 1,000~10,000V 정도의 전압을 일으켜 불꽃방전이 생기고 폭발발화의 원인이 된다.
㉢ 억제대책
- 재료 선택 시 접촉면 위차를 적게 한다.(억제)
- 접지시킨다.(5.5mm의 구리선)
- 습도를 높인다.
- 100% 순제품을 사용하고, 작업장 바닥은 전기 전도성 물질을 사용하며 고무보다는 가죽제품의 작업화를 사용한다.

066 다음의 가스 중 지연성 가스가 없어도 분해폭발을 하는 가스는 어느 것인가?

① H_2 ② C_3H_8
③ C_2H_4O ④ NH_3

해설
- 산화에틸렌(C_2H_4O) : 중합폭발
- 아세틸렌(C_2H_2) : 분해폭발
- 시안화수소(HCN) : 중합폭발

정답 61 ④ 62 ① 63 ① 64 ④ 65 ③ 66 ③

067 증기나 가연성 가스의 위험등급인 발화도의 분류가 틀린 것은?

① G1 : 450℃ 초과
② G2 : 300~450℃ 이하
③ G3 : 200~300℃ 이하
④ G4 : 135~300℃ 이하

해설
- G4 : 135℃ 초과~300℃ 이하
- G5 : 100~135℃ 이하

068 다음 중 폭발범위가 가장 넓은 것은?

① 황화수소
② 암모니아
③ 산화에틸렌
④ 프로판

해설 가스의 폭발범위
- H_2S(황화수소) : 4.3~45%
- NH_3(암모니아) : 15~28%
- C_2H_4O(산화에틸렌) : 3~80%
- C_3H_8(프로판) : 2.2~9.5%

069 다음 가스 중 폭발범위가 가장 넓은 것부터 좁은 쪽으로 순서대로 나열된 것은?

① H_2, C_2H_2, CH_4, CO
② CH_4, CO, C_2H_2, H_2
③ C_2H_2, H_2, CO, CH_4
④ C_2H_2, CO, H_2, CH_4

해설 가스의 폭발범위
- H_2(수소) : 4~75%
- C_2H_2(아세틸렌) : 2.5~81%
- CH_4(메탄) : 5~15%
- CO(일산화탄소) : 12.5~74%

070 다음 가스 중 폭발범위(상온, 상압, 공기 중)가 올바르게 된 것은?

① 수소 : 4~85%
② 메탄 : 5~25%
③ 프로판 : 1.8~9.5%
④ 일산화탄소 : 12.5~74%

해설
① H_2(수소) : 4~75%
② CH_4(메탄) : 5~15%
③ C_3H_8(프로판) : 2.2~9.5%

071 수소가 산소와 600℃ 이상의 수소폭명기를 일으키는 폭발반응식으로 옳은 것은?

① $H_2 + O_2 \rightarrow H_2O + 136.6 kcal$
② $H_2 + \frac{1}{2}O_2 \rightarrow H_2O + 136.6 kcal$
③ $2H_2 + O_2 \rightarrow 2H_2O + 136.6 kcal$
④ $H_2 + O_2 \rightarrow \frac{1}{2}H_2O + 136.6 kcal$

해설 $2H_2 + O_2 \rightarrow 2H_2O + 136.6 kcal$(수소폭명기)

072 수소가스의 연소열은 몇 kcal인가?

$$2H_2 + O_2 \rightarrow 2H_2O + 136.6 kcal$$

① 136.6kcal
② 68.3kcal
③ 34.15kcal
④ 17.12kcal

해설 $H_2 + \frac{1}{2}O_2 \rightarrow 68 kcal$

073 프로판가스가 공기 중 누설될 경우 냄새를 맡았을 때 폭발위험이 있는 내용은 어느 것인가?

① 공기 중의 농도가 0.5% 이상
② 공기 중의 농도가 1.0% 이상
③ 공기 중의 농도가 1.5%
④ 공기 중의 농도가 2.2%

해설 프로판의 연소범위는 2.1~9.5% 사이이다.

074 다음 액화가스 중 누설사고를 방지하기 위하여 감지를 할 수 있는 향료(부취제)를 가스 제조 시 의무적으로 첨가해야 하는 가스는 어떤 액화가스인가?

① 액화염소
② 액화부탄
③ 액화산소
④ 액화암모니아

정답 67 ④ 68 ③ 69 ③ 70 ④ 71 ③ 72 ② 73 ④ 74 ②

해설 연료로 사용하는 가연성 가스는 반드시 향료를 의무적으로 부가시킨다.(액화부탄가스)

075 다음 중 화학적 폭발과 관계가 없는 것은?

① 분해　　② 연소
③ 산화　　④ 균열

해설 균열은 물리적 파괴현상이다.

076 수소와 산소의 비가 얼마일 때 수소폭명기라 하는가?

① 2 : 1　　② 3 : 1
③ 2 : 2　　④ 3 : 3

해설 $2H_2 + O_2 \xrightarrow{550℃} 2H_2O$(수소폭명기)
　　　2 : 1

077 다음의 가스 중 공기 중에서 가장 폭발하기 쉬운 탄화수소는 어느 것인가?

① 메탄　　② 부탄
③ 에탄　　④ 프로판

해설 부탄의 연소범위는 1.8~8.4%이며 연소범위 하한치가 1.8%로 매우 낮다.

078 다음 가스 중 순수한 단일가스로는 분해 또는 중합폭발을 일으키지 않는 가스는 어느 것인가?

① 산화에틸렌(C_2H_4O)
② 아세틸렌(C_2H_2)
③ 에틸렌(C_2H_4)
④ 시안화수소(HCN)

해설 에틸렌가스는 단일 자체만으로는 분해폭발을 일으키지 않는다.

079 다음 가연성 가스 중 착화온도가 가장 높은 가스는 어느 것인가?

① 메탄　　② 프로판
③ 황화수소　　④ 부탄

해설 발화온도
• 메탄 : 615~682℃　• 프로판 : 460~520℃
• 부탄 : 430~510℃　• 황화수소 : 260℃

080 다음 폭발 2등급 가스는 어느 것인가?

① 메탄　　② 수소
③ CO　　④ 에틸렌

해설 • 2등급 가스는 에틸렌이나 석탄가스이다.
• 메탄, CO는 1등급
• 수소는 3등급

081 1몰의 메탄(CH_4)이 완전 연소하는 데 필요한 산소의 몰수는 얼마인가?

① 1몰　　② 2몰
③ 3몰　　④ 5몰

해설 $CH_4 + 2O_2 \rightarrow CO_2 + 2H_2O$
　　1몰　2몰　1몰　2몰

082 다음 가스 중 착화온도가 가장 높은 것은?

① 프로판　　② 부탄
③ 아세틸렌　　④ 메탄

해설 착화온도
• 프로판 : 466℃　• 부탄 : 405℃
• 아세틸렌 : 299℃　• 메탄 : 537℃

083 극히 독성이 강하고 환원성이 강하고 불완전 연소에 의하여 생성되며 염소와 반응하여 포스겐을 생성하는 가스는?

① CO_2　　② CH_4
③ CO　　④ LPG

해설 CO 가스
• 독성이 강하다.
• 환원성이 강하다.(금속의 산화물을 환원시킨다.)
• 불완전 연소에 의해 생성된다.
• 상온에서 염소와 반응하여 포스겐을 생성한다.
　$CO + Cl_2 \rightarrow COCl_2$(포스겐, 염화카르보닐)

정답　75 ④　76 ①　77 ②　78 ③　79 ①　80 ④　81 ②　82 ④　83 ③

084 다음 가스 중 공기보다 무거운 것은?

① 메탄 ② 부탄
③ 암모니아 ④ 헬륨

해설 가스의 분자량
- 메탄 : 16
- 부탄 : 58
- 암모니아 : 17
- 헬륨 : 2
- 공기 : 29

085 "가연성 가스"라 함은 고압가스 안전관리법 시행규칙에서 정한 가스 및 기타의 가스로서 폭발한계의 상한과 하한의 차가 몇 % 이상의 것을 말하는가?

① 5% ② 10%
③ 15% ④ 20%

해설 가연성 가스란 법규상 폭발하한이 10% 이하, 상한과 하한의 차이가 20% 이상의 것으로 연소가 가능한 가스이다.

086 상온에서 심한 자극취가 있는 황록색의 무거운 기체로 냉각 가압하면 쉽게 액화되어 갈색 액체가 되며 독성이 강한 가스는?(단, 허용농도는 1ppm이다.)

① 질소 ② 아세틸렌
③ 암모니아 ④ 염소

해설 염소 가스
- 황록색의 자극성 냄새가 나는 기체이다.
- 독성 가스이다.(독성 허용농도 : 1ppm)

087 다음 중 독성이 가장 큰 가스는?

① 염소 ② 시안화수소
③ 산화질소 ④ 불소

해설 독성가스의 허용농도
- 염소 : 1ppm
- 시안화수소 : 10ppm
- 산화질소 : 25ppm
- 불소 : 0.1ppm

088 다음 중 압축 또는 액화가스의 종류가 아닌 것은?

① CO_2 ② SO_2
③ CH_3Cl ④ C_2H_2

해설
- C_2H_2(아세틸렌) : 압축가스가 아니라 용해가스이다.
- CO_2(탄산가스), SO_2(아황산가스), CH_3Cl(염화메탄)
- 압축가스 : 헬륨, 수소, 네온, 질소, 공기, 불소, 아르곤, 산소, 산화질소, 메탄, 석탄가스, 수성가스 등

089 다음 중 독성이 강한 순으로 나열된 것은?

① 암모니아 – 일산화탄소 – 황화수소
② 일산화탄소 – 암모니아 – 황화수소
③ 황화수소 – 암모니아 – 일산화탄소
④ 암모니아 – 황화수소 – 일산화탄소

해설 독성 허용농도
- 황화수소 : 10ppm
- 암모니아 : 25ppm
- 일산화탄소 : 50ppm

090 다음 액화가스에 대한 설명 중 내용이 틀린 것은?

① 임계온도가 낮은 기체일수록 액화하기 어렵다.
② 포화압력이 높아짐에 따라 액화가스의 포화온도도 높아진다.
③ 기체는 임계압력 이상에서만 액화한다.
④ 액화가스의 증발잠열은 비등온도가 높아짐에 따라 적게 든다.

해설
- 비등점이나 임계온도가 낮은 가스는 액화가 잘 되지 않는다.
- 임계온도, 비등점이 높은 가스는 쉽게 액화가 된다.
- 기체는 임계압력 이상에서 액화가 잘된다.
- 액화가 잘 되려면 임계온도는 낮고 임계압은 높아야 한다.

정답 84 ② 85 ④ 86 ④ 87 ④ 88 ④ 89 ③ 90 ③

091 다음 중 폭발한계의 범위가 가장 좁은 것은?

① 프로판   ② 암모니아
③ 수소   ④ 아세틸렌

해설 가스의 폭발범위
- 프로판 : 2.1~9.5%
- 암모니아 : 15~28%
- 수소 : 4~75%
- 아세틸렌 : 2.5~81%

092 다음 가스 중 폭발범위가 넓은 것은?

① CH_4 ② NH_3
③ C_2H_2 ④ CO

해설 가스의 폭발범위
- CH_4(메탄) : 5~15%
- NH_4(암모니아) : 15~28%
- C_2H_2(아세틸렌) : 2.5~81%
- CO(일산화탄소) : 12.5~74%

093 부탄가스의 공기 중 폭발범위에 해당되는 것은?

① 1.2~2%   ② 1.8~8.4%
③ 2~10%   ④ 2.5~12%

해설 부탄가스의 공기 중 폭발범위는 1.8~8.5%이다.

094 가스화재 소화 시 재착화가 가능한 퍼지의 경우는?

① 분출하는 가스압력보다 불어 내보내는 유체의 압력이 낮은 경우
② 착화온도 이하로 가스가 유출되는 경우
③ 가스가 유출하는 부분 또는 주변의 가스 당해 부분 가스의 발화온도 이하의 온도가 될 경우
④ 분출하는 가스의 압력보다 차단하는 유체의 압력이 높은 경우

해설 착화란 점화원 없이 가연물의 온도 상승 시 스스로 연소하는 것이므로 발화온도 이상이나 퍼지 시 분출가스압력이 낮으면 소화는 어렵다. ①은 가스화재 소화 시 재착화가 가능한 경우이다.

095 프로판(C_3H_8) 22g을 연소시키려면 표준상태의 산소가 몇 L 소요되는가?

① 22.4L   ② 44.8L
③ 56L   ④ 65L

해설 $C_3H_8 + 5_2 \rightarrow 3CO_2 + 4H_2O$

44g : 5×22.4L
22g : x

$x = 5 \times 22.4 \times \dfrac{22}{44} = 56L$

096 가연성 가스의 위험성이 가장 큰 가스는 어느 것인가?

① 아세틸렌   ② 수소
③ 프로판 가스 ④ 산화에틸렌

해설 ㉠ 가스의 연소범위
- 아세틸렌 : 2.5~81%
- 수소 : 4~75%
- 프로판 : 2.1~9.5%
- 산화에틸렌 : 3~80%

㉡ 아세틸렌의 위험도 $= \dfrac{81-2.5}{2.5} = 34$

097 다음 가스 중 폭발범위가 가장 좁은 것은 어느 것인가?

① 메탄(CH_4)
② 암모니아(NH_3)
③ 에틸렌(C_2H_4)
④ 프로판(C_3H_8)

해설 가스의 폭발범위
- 메탄 5~15%
- 에틸렌 3.1~32%
- 암모니아 15~28%
- 프로판 2.1~9.5%

098 프로판(C_3H_8) 가스가 공기 중에서 연소할 때 완전연소될 수 있는 프로판가스의 최대 농도는 혼합가스의 몇 %인가?(단, 공기 중의 산소 농도는 20%로 한다.)

① 2%   ② 3%
③ 3.3% ④ 3.8%

정답 91 ① 92 ③ 93 ② 94 ① 95 ③ 96 ① 97 ④ 98 ④

해설 $C_3H_8 + 5O_2 \rightarrow 3CO_2 + 4H_2O$
C_3H_8 1m³의 연소 시 공기량은
$5 \times \dfrac{100}{20} = 25m^3$
$\therefore \dfrac{1}{1+25} \times 100 = 3.84615\%$

099 다음의 설명 중 옳은 것은 어느 것인가?

① LPG는 충격에 의해 폭발한다.
② LP 가스는 공기가 적을수록 완전연소한다.
③ 프로판가스는 공기와 혼합되면 폭발한다.
④ 프로판은 2.1~9.5% 연소범위에서만 폭발한다.

해설 C_3H_8의 연소는 연소범위(2.1~9.5%) 이내에서만 폭발한다.

100 프로판가스의 완전연소반응식 중 맞는 것은 어느 것인가?

① $C_3H_8 + 4O_2 \rightarrow 3CO_2 + 4H_2O$
② $C_3H_8 + 5O_2 \rightarrow 3CO_2 + 4H_2O$
③ $C_3H_8 + 5O_2 \rightarrow 4CO_2 + 3H_2O$
④ $C_3H_8 + 2.5O_2 \rightarrow 3CO_2 + 4H_2O$

해설 $C_3H_8 + 5O_2 \rightarrow 3CO_2 + 4H_2O$

101 다음 중 압축할 수 있는 가스는?

① 프로판가스 중 산소용량이 전 용량의 40% 이상인 것
② 산소 중 메탄가스용량이 전 용량의 4% 이상인 것
③ 아세틸렌 중 산소용량이 전 용량의 2% 이상인 것
④ 산소 중의 에탄용량이 전 용량의 2% 이하인 것

해설 • 압축가스 : 상용온도 또는 35℃에서 10kg/cm² 이상인 것 또는 산소, 수소, 질소, 불활성의 가스 등 비등점이나 임계온도가 낮은 가스는 상온에서 가압하여도 액화되지 않는다.
• ④의 경우에는 2% 이상이라면 압축하여서는 안된다.
• ①, ②, ③은 압축할 수 없는 가스이다.

102 다음 안전간격 중 폭발 2등급에 해당하는 것은?

① 0.9mm   ② 0.7mm
③ 0.3mm   ④ 0.5mm

해설 • 1등급 : 안전간격이 0.6mm 이상
• 2등급 : 안전간격이 0.4~0.6mm 이상
• 3등급 : 안전간격이 0.4mm 이상

103 독성가스라 함은 허용농도 (   ) 이하인 것을 말한다. (   ) 안에 맞는 것은?

① 100ppm   ② 200ppm
③ 300ppm   ④ 400ppm

해설 독성가스란 허용농도가 200ppm 이하의 가스이며, 비독성 가스란 허용농도가 200ppm 초과의 가스이다.

104 다음 중 특정 고압가스가 아닌 것은?

① 수소
② 액화시안화수소
③ 액화암모니아
④ 아세틸렌

해설 • 특정 고압가스는 수소, 산소, 액화암모니아, 아세틸렌, 액화염소 등이다.
• 시안화수소는 가연성 가스이며 독성가스이다.

105 다음 중 지연성 가스가 아닌 것은?

① 네온
② 염소
③ 이산화질소
④ 오존

해설 **지연성 가스**
공기, 산소, 오존, 이산화질소, 염소
※ 네온은 불연성 가스이다.

정답 99 ④ 100 ② 101 ④ 102 ④ 103 ② 104 ② 105 ①

106 수성가스의 주성분으로 바르게 이루어진 것은?

① CO, CO_2
② CO_2, N_2
③ $CO + H_2O \rightarrow CO_2 + H_2$
④ CO, H_2

해설 수성가스의 주성분은 CO, H_2
$CO + H_2O \rightarrow CO_2 + H_2$

107 가연성 가스가 밀폐용기 내 또는 폐쇄장소에서 공기나 산소 등과 혼합 착화할 때 몇 기압 정도의 고압가스가 되는가?

① 약 20~21기압
② 약 12~13기압
③ 약 7~8기압
④ 약 1~2기압

해설 가연성 가스는 폐쇄장소에서 공기나 산소 등과 같이 혼합하여 7~8기압 이상이 되면 순간 고압가스가 된다.

108 공기 중에 혼합되어 있는 프로판가스는 다음 어느 범위에서 폭발하는가?(단, 용적=%이다.)

① 2.5~80
② 15.3~27.0
③ 4.1~74.2
④ 2.1~9.5

해설
- 프로판의 연소범위 : 2.1~9.5%
- 아세틸렌의 연소범위 : 2.5~80%
- 수소의 연소범위 : 4.1~74.2%

109 고압가스 적용범위에서 제외되는 고압가스는?

① 상용의 온도에서 압력이 0kg/cm^2를 넘는 아세틸렌
② 상용의 온도에서 압력이 10kg/cm^2 이상 되는 압축가스
③ 섭씨 35도의 온도에서 압력이 10kg/cm^2 이상 되는 압축가스
④ 내용적이 1L 미만의 접합용기 내 고압가스

해설 ①, ②, ③ 외에도 상용의 온도에서 0kg/cm^2 이상의 특정 액화가스 등이 고압가스 적용범위 가스이다.

110 에틸렌(C_2H_4)가스 20kg을 공기 400kg으로 완전연소시키면 생성되는 CO_2는 몇 kg인가?(단, 공기 중 산소는 20wt%, 질소는 80wt%임)

① 63kg
② 73kg
③ 75kg
④ 90.3kg

해설
$C_2H_4 + 3O_2 \rightarrow 2CO_2 + 2H_2O$
28kg : 2×44kg
20kg : $x$kg
$\therefore \dfrac{2 \times 44 \times 20}{28} = 62.857$kg
※ C = 12×2 = 24, H = 1×4 = 4 ∴ 28kg

111 다음 가스 중 폭발 1등급인 것은?

① 수소
② 암모니아
③ 수성가스
④ 에틸렌

해설
- 1등급 : C_2H_6, CH_4, NH_3, C_3H_8
- 2등급 : C_2H_4, 석탄가스
- 3등급 : CS_2, C_2H_2, H_2, 수성가스

112 공기 100kg 중에는 산소가 몇 kg 섞여 있는가?

① 12.3kg
② 23.2kg
③ 31.5kg
④ 43.7kg

해설
- 공기 중 산소의 질량 %는 23.2%이므로
  $100 \times 0.232 = 23.2$kg
- 중량비(N_2 : 76.8%, O_2 : 23.2%)

113 다음 가스 중 공기보다 가벼운 것은?

① C_4H_{10}
② CO_2
③ C_3H_8
④ C_2H_4

해설
- C_4H_{10}(부탄) = 58kg/kmol
- CO_2(탄산가스) = 44kg/kmol
- C_3H_8(프로판) = 44kg/kmol
- C_2H_4(에틸렌) = 28kg/kmol
- 공기 = 29kg/kmol

정답 106 ④ 107 ③ 108 ④ 109 ④ 110 ① 111 ② 112 ② 113 ④

114 일산화탄소와 공기의 혼합가스 폭발범위는 고압일수록 어떻게 변하는가?

① 넓어진다.
② 변하지 않는다.
③ 좁아진다.
④ 일정하지 않다.

해설 폭발의 범위는 고압일수록 넓어지나 그중 H_2는 10atm까지 좁아지다 급격히 넓어지고, 또한 고압일수록 CO(일산화탄소)는 좁아진다.

115 폭발방지장치를 설치한 탱크 외부의 폭발방지장치 글씨 크기는 되도록 가스명 크기 얼마로 폭발방지장치를 설치하였음을 표시하는가?

① 1/5 이상　② 1/4 이상
③ 1/3 이상　④ 1/2 이상

해설 폭발방지장치의 글씨 크기는 가스명 크기의 1/2 이상

116 물질의 연소와 직접 관계가 없는 것은?

① 연소열　② 발화온도
③ 허용농도　④ 최소 점화에너지

해설 ① ③의 허용농도는 독성과 관계한다.
② 연소와 관계되는 것은 연소열, 발화온도, 최소 점화에너지, 발열량, 인화점, 산소 농도, 활성화 물질, 열전도율 등이다.

117 가스를 폭발 등급별로 분류 시 잘못 분류된 것은?

① 1등급 – 메탄, 에탄, 2등급 – 에틸렌
② 1등급 – 메탄, 에탄, 2등급 – 석탄가스
③ 1등급 – 암모니아, 가솔린, 3등급 – 수소, 아세틸렌
④ 1등급 – 암모니아, 일산화탄소, 3등급 – 수성가스, 프로판

해설
- 1등급 : 0.6mm 이상(CO, C_2H_6, CH_4, NH_3, C_3H_8, 아세톤, 가솔린, 벤젠, 메탄올)
- 2등급 : 0.4~0.6mm(C_2H_4, 석탄가스)
- 3등급 : 0.4mm 이하(CS_2, C_2H_2, H_2, 수성가스)

118 다음 설명 중 맞는 것은?

① 폭굉파가 벽에 충돌하면 파면압력은 3.5배로 치솟는다.
② 폭굉속도는 가스인 경우에 1,000m/s 이하이다.
③ 가연성 가스와 공기의 혼합가스에 질소 또는 탄산가스를 첨가시키면 폭발범위의 상한치는 크게 된다.
④ 폭발범위는 온도가 높게 되면 일반적으로 넓어진다.

해설 폭발범위
- 고온 · 고압일수록 폭발범위가 넓어진다.
- 공기 중에 질소나 탄산가스의 양이 많아지면 폭발방지가 된다.
- 폭굉속도는 1,000~3,500m/s이다.
- 탄소수가 많을수록 폭발범위는 좁아진다.
- 가스의 압력이 대기압보다 낮아지면 폭발범위는 좁아진다.
- 질소나 탄산가스 등 불연성 가스가 첨가되면 폭발범위 상한치는 적게 된다.
- 폭굉파가 벽에 충돌하면 파면압력은 2.5배로 치솟는다.

119 다음 폭발의 종류와의 관계가 틀린 것은?

① 화학적 폭발 – 화약의 폭발
② 증기폭발 – 보일러의 폭발
③ 촉매폭발 – C_2H_2의 폭발
④ 중합폭발 – HCN의 폭발

해설 아세틸렌의 폭발
- 산화폭발 : $C_2H_2 + 2.5O_2 \rightarrow 2CO_2 + H_2O$
- 분해폭발 : $C_2H_2 \rightarrow 2C + H_2$ (압력폭발)
- 화합폭발 : $C_2H_2 + 2Cu \rightarrow Cu_2C_2 + H_2$

120 염소와 아황산가스 제해제는?

① 대량의 물
② 연소설비에 의한 연소
③ 가성소다 수용액
④ 산성가스 암모니아와 중화

정답 114 ③　115 ④　116 ③　117 ④　118 ④　119 ③　120 ③

해설 각종 가스의 제해제
- Cl_2 : 가성소다, 탄산소다, 소석회(염소)
- SO_2 : 가성소다, 탄산소다, 물(아황산가스)
- $COCl_2$: 가성소다, 소석회(포스겐)
- H_2S : 가성소다, 탄산소다(황화수소)
- NH_3, C_2H_4O, CH_3Cl : 물(암모니아, 산화에틸렌, 염화메틸)

121 일산화탄소의 허용농도는 몇 ppm인가?

① 50ppm ② 100ppm
③ 150ppm ④ 200ppm

해설 일산화탄소의 허용농도는 50ppm이다.

122 다음 중 LPG의 주성분이 되는 것은?

① CH_4 ② CO
③ C_2H_4 ④ C_2H_2

해설 LPG(액화천연가스)의 주성분은 CH_4(메탄)

123 다음 중 불연성 가스가 아닌 것은?

① 아르곤 ② 탄산가스
③ 질소 ④ 일산화탄소

해설 일산화탄소(CO)는 가연성 독성 가스이다.

124 다음 가스들 중에서 공기 중에 누설되면 낮은 곳으로 고이는 가스로만 된 것은?

① 프로판, 수소, 아세틸렌
② 프로판, 염소, 포스겐
③ 아세틸렌, 염소, 암모니아
④ 아세틸렌, 포스겐, 암모니아

해설
- 공기의 분자량(29)보다 분자량이 큰 가스는 낮은 곳으로 흐른다.
- 분자량 : 프로판(44), 염소(72), 포스겐(101), 수소(2), 아세틸렌(26), 암모니아(17)

125 특정 고압가스에 해당하지 않는 것은?

① 산소 ② LPG
③ 액화암모니아 ④ 아세틸렌

해설
- 수소, 산소, 액화암모니아, 아세틸렌, 액화염소는 특정 고압가스이다.
- LPG는 가연성 가스이나 특정 고압가스에는 해당되지 않는다.

126 자연발화의 열의 발생속도에 관한 설명으로 틀린 것은?

① 초기의 온도가 높은 쪽이 일어나기 쉽다.
② 표면적이 작을수록 일어나기 쉽다.
③ 발열량이 큰 쪽이 일어나기 쉽다.
④ 촉매물질이 존재하면 반응의 속도가 빨라진다.

해설 ①, ③, ④는 자연발화의 발생속도에 관한 설명이다. 표면적이 클수록 자연발화 발생이 빨라진다.

127 다음 가연성 가스 중에서 공기 중에 누설되면 인화폭발 위험성이 가장 큰 물질은 어느 것인가?

① 프로판(Propane)
② 수소(Hydrogen)
③ 아세틸렌(Acetylene)
④ 메탄(Methane)

해설 발화점
- 프로판 : 460~520℃
- 아세틸렌 : 335℃
- 메탄 : 615~682℃
- 수소 : 400℃
- 부탄 : 430~510℃

128 액화가스를 액화하기 위하여 가장 좋은 방법은?

① 임계온도 이상 가열, 임계압력 이상 가압
② 임계온도 이하 냉각, 임계압력 이하 감압
③ 임계온도 이하 냉각, 임계압력 이상 가압
④ 임계온도 이상 가열, 임계압력 이하 감압

해설 액화가스를 액화하기 가장 쉬운 방법은 가스의 임계온도 이하, 냉각 임계압력 이상으로 가압하는 것이다.

정답 121 ① 122 ① 123 ④ 124 ② 125 ② 126 ② 127 ③ 128 ③

129 다음 중 폭발의 형태로 틀린 것은?

① 화학적 – 폭발
② 압력폭발 – 보일러
③ 촉매폭발 – 아세틸렌
④ 중합폭발 – 시안화수소

해설 아세틸렌의 폭발은 크게 아래 3가지로 구분된다.
- 산화폭발 : 산소와의 반응으로 연소가 발전된 폭발 형태
- 분해폭발 : $C_2H_2 \rightarrow 2C + H_2$
  (과산화수소, 과산화벤졸, 염소산칼륨, 뇌산은 등도 분해 폭발한다.)
- 화합폭발 : $C_2H_2 + 2Cu \rightarrow Cu_2C_2 + H_2$
※ 산화열 : 과산화수소, 액체산소, 발열질산, 과산화질소, 농질산, 니트로메탄 등은 산화폭발
※ 중합열 : 시안화수소, 산화에틸렌, 부타디엔, 염화비닐 등은 중합폭발

130 착화의 원인이 아닌 것은?

① 온도 ② 조성
③ 점도 ④ 압력

해설 연료의 착화원인은 온도, 조성, 압력과 관계된다.

131 가연성 물질의 착화점이 낮아질 수 있는 조건이 아닌 것은?

① 화학적으로 발열량이 높을수록
② 반응활성도가 적을수록
③ 분자구조가 복잡할수록
④ 산소농도가 클수록

해설 착화점이 낮아지는 경우
- 공기의 압력이 클 때
- 발열량이 클 때
- 화학적 활성도 클 때
- 분자구조가 클수록
- 접촉가스의 열전도율이 낮을 때
- 습도 및 가스압이 낮을 때

132 다음 중 가연성 가스가 아닌 것은?

① 일산화탄소 ② 질소
③ 에탄 ④ 에틸렌

해설 질소는 불연성 가스이다. 고온·고압에서 철 촉매 등을 사용 수소와 반응시키면 암모니아가 생성된다. 비점 −195.8℃인 극저온의 냉매로 사용한다.

133 다음 중 독성가스 누설 시의 제독제로서 적합하지 않은 것은?

① 염소 – 탄산소다 수용액
② 포스겐 – 소석회
③ 산화에틸렌 – 소석회
④ 황화수소 – 가성소다 수용액

해설 산화에틸렌(C_2H_4O)의 제독제는 물이다.

134 칼슘카바이드(CaC_2) 취급 시 주의사항으로 옳지 않은 것은?

① 드럼통은 정중히 취급할 것
② 저장실은 통풍이 되지 않게 할 것
③ 습기가 있는 곳을 피할 것
④ 인화성, 가연성 물질과 혼합해서 적재하지 말 것

해설 CaC_2(칼슘카바이드)는 물에 작용시키면 1kg에서 348L의 아세틸렌 가스가 생성된다.
$CaC_2 + H_2O \rightarrow C_2H_2 + CaO$(생석회)
①, ③, ④는 카바이드 취급 시 주의사항이다.(저장실은 통풍이 유지되어야 한다.)

135 다음 가스들 중 공기 중에 유출되면 낮은 곳으로 흘러 머무는 가스로만 된 것은?

㉠ 액화석유가스	㉡ 수소
㉢ 아세틸렌	㉣ 포스겐

① ㉠, ㉣ ② ㉡, ㉢
③ ㉢, ㉠ ④ ㉣, ㉡

정답 129 ③ 130 ③ 131 ② 132 ② 133 ③ 134 ② 135 ①

해설 가스의 비중

비중이 1보다 크면 낮은 곳에 가스가 머문다.
- 액화석유가스 : 1.55
- 수소 : 0.07
- 아세틸렌 : 0.9056
- 포스겐 : 3.5
- 공기 : 1

136 다음의 가스 중 가연성이면서 유독한 것은?

① NH_3 ② H_2
③ CH_4 ④ N_2

해설 암모니아는 산소 속에서 연소시키면 질소와 물이 된다. 암모니아 독성 가스는 허용농도가 25ppm이며, 폭발범위는 15~28%(공기 중에서)
$4NH_3 + 3O_2 \rightarrow 2N_2 \uparrow + 6H_2O$

137 다음 가스들이 공기와 혼합했을 때의 폭발범위로 옳은 것은?

① 수소 - 5.0~15.0%
② 메탄 - 4.1~7.4%
③ 메탄올 - 2.7~3.6%
④ 시안화수소 - 6~41%

해설 폭발범위
- 수소 : 4~75%
- 메탄 : 5~15%
- 시안화수소 : 6~41%
- 메탄올(CH_3OH) : 7.3~36%(유독증기로서 허용 한도는 200ppm)

138 가연성 가스 저장실에는 소화기를 설치하게 되어 있다. 여기에 설치해야 할 소화제는?

① 물 ② 모래
③ 사염화탄소 ④ 분말(중탄산소다)

해설
- 가연성 가스 저장실에는 분말소화제인 중탄산소다($NaHCO_3$)가 좋다.
- 공기 액화 분리장치에서 1년에 1회 정도 청소 시 세척제로 사염화탄소(CCl_4)가 사용된다.

139 다음 중 고압가스에 해당되는 것은 어느 것인가?(압력은 게이지 압력이다.)

① 상용의 온도에서 압력이 9kg/cm²인 압축산소
② 상용의 온도에서 압력이 0kg/cm²인 액화시안화수소
③ 상용의 온도에서 압력이 1kg/cm²인 액화가스
④ 상용의 온도에서 압력이 9kg/cm²인 압축공기

해설 액화시안화수소(L·HCN), 액화산화에틸렌(L·C_2H_4O), 브롬메틸(L·CH_3Br) 등의 특정 액화가스는 상용의 온도에서 0kg/cm² 이상의 압력은 고압가스에 해당한다.(압축가스는 10kg/cm²g 이상에서 고압가스이다.)

140 다음 가스들 중 가연성 가스이면서 독성 가스인 것만으로 묶여진 것은?

① 포스겐, 아황산가스, 이황화탄소
② 부타디엔, 산화프로필렌, 에틸아민
③ 황화수소, 암모니아, 트리메틸아민
④ 디메틸아민, 아세트알데히드, 프로필렌

해설 가스의 허용농도
- 황화수소 : 10ppm(가연성, 독성)
- 포스겐 : 0.1ppm(독성 가스)
- 트리메틸아민(가연성, 독성)
- 암모니아(가연성, 독성)

141 다음 가스 중 상온에서 비교적 낮은 압력으로 쉽게 액화되는 것은?

① CH_4 ② C_3H_8
③ O_2 ④ H_2

해설 수소와 산소는 압축가스이며, 프로판가스는 상온에서 비교적 낮은 압력 7kg/cm²에서 쉽게 액화된다. 그리고 메탄가스는 −162℃, 700kg/cm²에서 액화된다.

정답 136 ① 137 ④ 138 ④ 139 ② 140 ③ 141 ②

142 연소한계의 설명 중 옳은 것은?

① 연소하는 가스와 공기의 혼합비율
② 착화온도의 상한과 하한
③ 물질이 탈 수 있는 최저 온도
④ 완전 연소가 될 때의 산소 공급한계

해설 연소한계란 연소하는 가스와 공기의 혼합비율이다.

143 가연성 가스 저장실에는 소화기를 설치하게 되어 있는데 이때 사용되는 소화제는?

① 물
② 모래
③ 질산나트륨
④ 중탄산소다

해설 가연성 가스 저장실 소화제는 중탄산소다(탄산수소나트륨, $NaHCO_3$)가 좋다.

144 다음 가스 중 독성이 가장 큰 것은?

① 일산화탄소
② 산화질소
③ 황화수소
④ 염소

해설 독성가스의 허용농도
- CO(일산화탄소) : 50ppm
- NO(산화질소) : 25ppm
- H_2S(황화수소) : 10ppm
- Cl_2(염소) : 1ppm

145 다음 중 폭발등급에 다른 안전간격이 옳은 것은?

① 1등급 : 안전간격이 0.6mm 이상
② 2등급 : 안전간격이 0.6~10.4mm 이상
③ 3등급 : 안전간격이 10.4mm 이상
④ 4등급 : 안전간격이 10.4~50.6mm 이상

해설
- 1등급 : 안전간격이 0.6mm 이상(C_3H_8, CH_4)
- 2등급 : 안전간격이 0.4~0.6mm 미만(C_2H_4, 석탄 가스 등)
- 3등급 : 안전간격이 0.4mm 미만(CS_2, C_2H_2, 수성가스 등 안전간격이 작을수록 위험하다.)

146 가스의 폭발범위에 영향을 주는 인자가 아닌 것은?

① 비열
② 압력
③ 온도
④ 가스량

해설 폭발에 영향을 주는 인자
- 가스의 비열
- 가스의 압력
- 가스의 온도
- 산소농도

147 다음 가스 중 독성이 가장 강한 것은?

① 이산화탄소
② 산화에틸렌
③ 오존
④ 염소

해설
① 이산화탄소의 허용농도 : 독성이 없음
② 산화에틸렌 : 50ppm
③ 오존 : 0.1ppm
④ 염소 : 1ppm

148 압력이 높을수록 연소범위는 어떻게 변하는가?

① 좁아진다.
② 넓어진다.
③ 변하지 않는다.
④ 일정하지 않다.

해설 폭발범위(가연성 가스)
- 압력이 높을수록 연소범위가 넓어진다.
- 온도가 높을수록 염소범위가 넓어진다.
- CO 가스와 공기의 혼합 시 압력이 높으면 폭발한계는 좁아진다.
- 수소가스와 공기의 혼합가스는 10기압까지 좁아지나 그 이상의 압력이 되면 다시 넓어진다.

149 산소 중 가연성 가스의 혼합가스 폭굉범위가 가장 넓은 것은?

① 암모니아
② 수소
③ 일산화탄소
④ 프로판

해설 산소범위 중에서 폭굉범위
- NH_3 : 25.4~75%
- H_2 : 15~90%
- CO : 38~90%
- C_3H_8 : 3.2~37%

정답 142 ① 143 ④ 144 ④ 145 ① 146 ④ 147 ③ 148 ② 149 ②

150 고압가스를 상태로 보아 분류할 때 용해가스에 해당되는 것은?

① 프로판 ② 액체 염소
③ 암모니아 ④ 아세틸렌가스

해설
- 프로판, 부탄가스 : 가연성 가스
- 암모니아 : 독성, 가연성 가스
- 염소 : 조연성 가스, 독성가스
- 아세틸렌가스 : 용해가스

※ 상태별로 분류한 가스
　압축가스, 액화가스, 용해가스

151 탄산가스(CO_2)와 일산화탄소(CO)의 성질에 대하여 틀린 것은?

① CO_2는 공기보다 무겁고 CO는 가볍다.
② CO_2는 석회수에 작용하나 CO는 작용하지 않는다.
③ CO_2는 타지 않으나 CO는 타서 파란 불꽃을 낸다.
④ CO_2나 CO는 모두 환원제로 쓰인다.

해설
- CO_2의 비중 = $\frac{44}{29}$ = 1.51(공기보다 무겁다.)
- CO의 비중 = $\frac{28}{29}$ = 0.96(공기보다 가볍다.)
- CO_2는 석회수에 반응한다.(석회석 $CaCO_3$에 900℃ 가열로 CO_2를 얻는다.)
- CO는 환원성이 매우 강하다.(상온에서 CO_2는 액화시키거나 고체로 만든다.)

152 보통 가연성 물질의 위험성은 무엇으로 기준 하는가?

① 발화점
② 인화점
③ 연소점
④ 연소범위(폭발범위)

해설 가연성 물질의 연소에서 위험성은 인화점으로 구분하고 연소범위로는 위험도 측정이 가능하다.)

153 가연물에서 착화점이 낮아질 수 있는 다음의 조건 중 맞지 않는 것은?

① 탄소수가 많으면 착화온도가 낮아진다.
② 산소농도가 클수록, 압력이 높을수록 낮아진다.
③ 화학적으로 발열량이 높을수록 낮아진다.
④ 반응활성도가 작을수록 낮아진다.

해설 착화점이 낮아지는 조건은 ①, ②, ③ 외에도 반응활성도가 클수록 낮아진다.

154 가연성 물질이 산소와 급격히 화합할 때 열과 빛을 내는 현상을 무엇이라 하는가?

① 연소 ② 산화열
③ 자연발화 ④ 폭발염

해설 가연성 물질이 산소와 급격히 화합할 때 열과 빛을 내는 현상을 연소라고 한다.

155 고체가 액체로 된 후 다시 기체로 되어 불꽃을 내면서 연소하는 연소를 무슨 연소라 하는가?

① 분해연소 ② 자기연소
③ 표면연소 ④ 증발연소

해설 증발연소 : 액체 → 기체

정답 150 ④　151 ④　152 ②　153 ④　154 ①　155 ④

SECTION 03 화학평형

001 1L들이 그릇 속에 0.3몰의 CO_2와 0.5몰의 H_2를 넣고 1,200K에서 다음의 기체 반응을 일으켰다.

$$CO_2(g) + H_2(g) \rightleftarrows CO(g) + H_2O(g)$$

평형에 도달하였을 때 0.2몰의 CO가 생성되었다고 하면 이 반응의 평형상수는?(단, 기체들은 모두 이상기체처럼 행동한다고 가정한다.)

① $\dfrac{4}{3}$ ② $\dfrac{2}{3}$
③ $\dfrac{4}{15}$ ④ $\dfrac{2}{15}$

해설 $CO_2 + H_2 \rightleftarrows CO + H_2O$

$$\dfrac{0.3}{-0.2} + \dfrac{0.5}{-0.2} \rightleftarrows 0.2 + 0.2$$
$$\dfrac{}{0.1} \quad \dfrac{}{0.3}$$

$\therefore K = \dfrac{[CO][H_2O]}{[CO_2][H_2]} = \dfrac{0.2 \times 0.2}{0.1 \times 0.3} = \dfrac{4}{3}$

002 25℃에서 반응 $2A(g) \rightleftarrows B(g)$의 평형상수는 100이다. 같은 온도에서 이 반응계가 평형상태에 있을 때, B의 농도가 4.0몰/L이면 A의 농도는?

① 0.2몰/L ② 2.0몰/L
③ 20몰/L ④ 200몰/L

해설 $K = \dfrac{[B]}{[A]^2} = 100$, B = 4.0이므로

$A^2 = \dfrac{4}{100} = 0.04$

$\therefore A = 0.2$

003 반응 $N_2O_4 \rightleftarrows 2NO_2$의 평형상수를 옳게 표현한 것은?

① $K = \dfrac{[NO_2]}{[N_2O_4]}$ ② $K = \dfrac{2[NO_2]}{[N_2O_4]}$
③ $K = \dfrac{[NO_2]^2}{[N_2O_4]}$ ④ $K = \dfrac{2[NO_2]^2}{[N_2O_4]}$

해설 평형상태에 있는 반응에서

평형상수 = $\dfrac{\text{생성물의 농도의 곱}}{\text{반응물의 농도의 곱}}$

004 1몰의 N_2와 1몰의 H_2에서 0.4몰의 NH_3가 생긴다면 평형상수 K는?(단, 그릇의 부피 = 1L)

① 8/25 ② 8×25
③ 25+8 ④ 25/8

해설 $N_2 + 3H_2 \rightleftarrows 2NH_3$

계수비 1 : 3 : 2

평형에서 농도 1−0.2 : 1−0.6 : 0.4

$K = \dfrac{[NH_3]^2}{[N_2][H_2]^3} = \dfrac{0.4^2}{0.8 \times 0.4^3} = \dfrac{100}{32} = \dfrac{25}{8}$

005 $N_2 + O_2 \rightleftarrows 2NO$의 반응이 평형을 이루었을 때 N_2와 O_2가 각각 0.2몰/L이며 평형상수 K가 4이면 NO의 농도는 몇 몰/L인가?

① 0.1 ② 2
③ 0.4 ④ 5

해설 $\dfrac{[NO]^2}{[N_2][O_2]} = K$, $\dfrac{(x)^2}{0.2 \times 0.2} = 4$

$x^2 = (0.2 \times 0.2) \times 4 = 0.16$

$\therefore x = 0.4$

정답 01 ① 02 ① 03 ③ 04 ④ 05 ③

006 아래 반응의 평형을 오른쪽으로 이동시키려면 반응계에 어떤 변화를 주어야 하겠는가? (단, g는 기체상태를 나타낸다.)

$$N_2(g) + 3H_2(g) \rightleftarrows 2NH_3(g)$$

① NH_3를 제거한다.
② NH_3를 넣어준다.
③ H_2를 제거한다.
④ N_2를 제거한다.

해설 생성물인 NH_3(암모니아)를 제거하면 암모니아가 생성되는 반응, 즉 정반응으로 평형이 이동된다.

007 $2SO_2 + O_2 \rightleftarrows 2SO_3 + 47\text{kcal}$의 반응이 평형상태에 있을 때 반응을 오른쪽으로 이동시킬 수 있는 조건으로 옳은 것은?

① SO_2 가스의 농도, 반응계의 온도는 낮추고 반응계의 압력을 높인다.
② SO_2 가스의 농도는 증가시키고 반응계의 온도는 낮추며 반응계의 압력을 높인다.
③ SO_2의 농도, 반응계의 온도, 압력 모두 증가시킨다.
④ SO_2의 농도, 반응계의 온도, 압력 모두 감소시킨다.

008 어떤 온도와 압력에서 다음 반응이 평형상태에 있다. 이 반응의 평형을 오른쪽(→) 방향으로 이동시킬 수 있는 방법은?(단, g는 기체상태를 의미한다.)

$$2NO_2(g) \rightleftarrows N_2O_4(g) + 13\text{kcal}$$

① 온도를 높인다.   ② 압력을 높인다.
③ 촉매를 가한다.   ④ N_2O_4를 가한다.

해설 정반응은 몰수가 감소하는 반응이므로 압력을 크게 높이면 정반응으로 이동된다.

009 아래의 반응에서 가역반응은 (ⓐ)이고 비가역반응은 (ⓑ)과 (ⓒ)이다. 빈칸에 들어갈 내용은?

㉠ $AgNO_3 + NaCl \rightarrow AgCl + NaNO_3$
㉡ $KCl + NaNO_3 \rightarrow KNO_3 + NaCl$
㉢ $Zn + H_2SO_4 \rightarrow ZnSO_4 + H_2$

① ⓐ ㉡, ⓑ ㉠, ⓒ ㉢
② ⓐ ㉡, ⓑ ㉢, ⓒ ㉠
③ ⓐ ㉢, ⓑ ㉡, ⓒ ㉠
④ ⓐ ㉠, ⓑ ㉢, ⓒ ㉡

해설 침전($AgCl$), 기체(H_2), 물(H_2O) 등이 생성되는 반응은 일반적으로 불가역반응이다.

010 다음 반응을 속도 순서대로 나열하면?

㉠ $2H_2O_2 \rightarrow 2H_2O + O_2$
㉡ $HCl + NaOH \rightarrow NaCl + H_2O$
㉢ $6CO_2 + 6H_2O \rightarrow C_6H_{12}O_6 + 6O_2$

① ㉠, ㉢, ㉡   ② ㉡, ㉢, ㉠
③ ㉠, ㉡, ㉢   ④ ㉡, ㉠, ㉢

해설 ㉡은 이온 간의 반응, ㉠과 ㉢은 분자 간의 반응이며, ㉢은 ㉠에 비해 복잡한 반응이다.

011 $aA + bB \rightarrow cC + dD$의 반응속도식을 다음과 같이 표시했을 때 옳지 않은 것은?

$$v = k[A]^m[B]^n$$

① m과 n은 각각 a, b이다.
② m과 n은 실험으로 구해지는 값이다.
③ 이 반응은 $(m+n)$차 반응이다.
④ k는 속도 비례상수로 온도가 높아지면 커진다.

해설 m과 n은 보통 a, b를 사용하지만 원칙적으로 실험에 의해 결정되는 값이다.

정답 06 ① 07 ② 08 ② 09 ① 10 ④ 11 ①

012 A와 B를 반응시켜 C를 만드는 반응에서 A농도를 일정하게 하고 B의 농도를 2배로 하면 반응속도는 4배로 되지만, B의 농도를 일정하게 하고 A의 농도를 2배로 했을 때 반응속도에는 영향을 주지 못한다면 반응속도식은?(단, 반응속도 상수를 K라 한다.)

① $V=K[B]^2$ ② $V=B[K]^2$
③ $V=K[B]$ ④ $V=K[C]$

해설 $V=K[B]^2$

013 다음 그림은 440℃에서의 $2HI \rightleftarrows H_2+I_2$ 반응의 시간과 농도에 관한 그래프이다. 그림에서 [HI]가 1.56몰/L인 상태에 대하여 간단히 설명한 내용은?

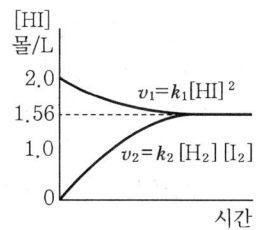

① HI의 분해속도와 생성속도가 다르면 평형상태이다.
② HI의 분해속도와 생성속도가 똑같으면 평형상태이다.
③ HI의 분해속도가 생성속도보다 빠르면 평형상태이다.
④ HI의 생성속도가 분해속도보다 빠르면 평형상태이다.

해설 정반응속도와 역반응속도가 똑같은 상태를 평형상태라 한다.

014 $2NO_2 \rightleftarrows N_2O_4$에서 평형상태를 가장 옳게 기술한 것은?

① NO_2와 N_2O_4의 농도의 비는 2:1이다.
② 정반응속도와 역반응속도는 같다.
③ 정반응속도와 역반응속도는 모두 0이다.
④ N_2O_4가 생성되는 속도는 NO_2가 사라지는 속도의 2배이다.

해설 평형상태란 반응이 정지된 것이 아니라 정반응과 역반응의 속도가 같은 경우이다.

015 아래 반응식을 오른쪽(→) 방향으로 옮기기 위해 보기 중의 어느 것을 택할 것인가?

$CO_2 + C \rightleftarrows 2CO + 40kcal$

A. 온도를 높여 준다.
B. 온도를 낮춘다.
C. 반응기 안의 압력을 높여 준다.
D. 반응기 안의 압력을 낮춘다.

① A, C ② B, C
③ A, D ④ B, D

해설 흡열반응이므로 온도를 높여야 오른쪽으로 반응은 이동될 것이며 C는 고체이므로 압력의 비는 1:2이고 따라서 압력이 낮아야 오른쪽으로 반응이 진행된다.

016 0.2몰의 A와 0.3몰의 B를 1L의 용기 속에 넣어 밀폐한 후 평형에 도달할 때까지 반응시켰더니 A는 0.1몰, B는 0.2몰이 반응하여, 0.1몰의 C와 0.2몰의 D가 생성되었다. 이 반응에서 평형상수 K값은?(단, A, B, C, D는 모두 기체이다.)

① $\dfrac{1}{10}$ ② $\dfrac{2}{9}$
③ $\dfrac{1}{3}$ ④ 4

해설 평형상태에서 [A]=0.1몰/L, [B]=0.1몰/L, [C]=0.2몰/L, [D]=0.2몰/L이므로
$K=\dfrac{[C][D]^2}{[A][B]^2}=\dfrac{0.1\times 0.2^2}{0.1\times 0.1^2}=4$

정답 12 ① 13 ② 14 ② 15 ③ 16 ④

017 16번 문제의 반응을 옳게 나타낸 반응식은?

① $A + 2B \rightleftharpoons C + 2D$
② $2A + B \rightleftharpoons 2C + D$
③ $0.2A + 0.3B \rightleftharpoons 0.1C + 0.2D$
④ $A + B \rightleftharpoons C + D$

해설 반응물의 계수는 반응물의 몰수의 비와 같고 생성물의 계수는 생성물의 몰수의 비와 같다.

018 일정한 온도에서 CH_3COOH와 C_2H_5OH를 각각 1몰씩 1L의 그릇에 넣고 반응시키니 그 결과 $CH_3COOC_2H_6$가 $\frac{2}{3}$몰 생기고 평형이 되었다. 이 온도에서의 평형상수 K값은 얼마가 되겠는가?

$$CH_3COOH + C_2H_5OH \rightleftharpoons CH_3COOC_2H_5 + H_2O$$

① 4 ② 3
③ 2 ④ 1

해설 계수의 비가 모두 같으므로 반응한 몰수나 생성된 몰수는 서로 같다.

생성된 $[CH_3COOC_2H_5] = \frac{2}{3}$ 몰/L

생성된 $[H_2O] = \frac{2}{3}$ 몰/L

반응한 $[CH_3COOH] = \frac{2}{3}$ 몰/L

반응한 $[C_2H_5OH] = \frac{2}{3}$ 몰/L

$CH_3COOH + C_2H_5OH \rightleftharpoons CH_3COOC_2H_5 + H_2O$

최초의 농도(몰수) 1 : 1 : 0 : 0
생성된 농도(몰수) $0 : 0 : \frac{2}{3} : \frac{2}{3}$
반응한 농도(몰수) $\frac{2}{3} : \frac{2}{3} : 0 : 0$
평형상태농도(몰수) $\frac{1}{3} : \frac{1}{3} : \frac{2}{3} : \frac{2}{3}$

$$K = \frac{[CH_3COOC_2H_5][H_2O]}{[CH_3COOH][C_2H_5OH]} = \frac{\frac{2}{3} \times \frac{2}{3}}{\frac{1}{3} \times \frac{1}{3}} = 4$$

019 어떤 온도에서 1몰의 NH_3를 1L의 그릇에 넣으니 0.6몰의 H_2가 생기고 평형이 되었다. 이 온도에서의 평형상수 K값은?

$$2NH_3 \rightleftharpoons N_2 + 3H_2$$

① 1.2 ② 0.12
③ 0.2 ④ 0.1

해설
$2NH_3 \rightleftharpoons N_2 + 3H_2$
최초의 농도   1   0   0
생성된 농도   0   0.2 0.6
반응한 농도   0.4 0   0
평형에서의 농도 0.6 0.2 0.6

$$K = \frac{[N_2][H_2]^3}{[NH_3]^2} = \frac{0.2 \times 0.6^3}{0.6^2} = 0.12$$

020 어떤 온도에서 다음 반응의 평형상수는 50이다. 같은 온도에서 x몰의 $H_2(g)$와 3.5몰의 $I_2(g)$를 반응시켜 평형에 이르게 한 결과, 5몰의 $HI_2(g)$가 생성되었고, 1몰의 $I_2(g)$가 남아 있었다. x는 몇 몰인가?(단, g는 기체를 나타낸다.)

$$H_2(g) + I_2(g) \rightleftharpoons 2HI(g)$$

① 1 ② 2
③ 3 ④ 4

해설 HI가 5몰 생겼으므로 반응한 H_2와 I_2 농도를 x몰이라 하면

$$\frac{5^2}{(x-2.5) \times 1} = 50$$

$$\therefore x = \frac{(5)^2}{50} + 2.5 = 3$$

021 25℃에서 반응 $3A + B \rightleftharpoons 2C + 2D$가 평형상태에 도달하였을 때, A, B, C, D의 농도가 각각 2몰/L, 5몰/L, 2몰/L, 1몰/L이었다. 이 반응의 평형상수 K의 값은?

① 0.1 ② 0.25
③ 0.5 ④ 0.75

정답 17 ① 18 ① 19 ② 20 ③ 21 ①

해설 $K = \dfrac{[C]^2[D]^2}{[A]^3[B]} = \dfrac{[2]^2[1]^2}{[2]^3[5]} = 0.1$

022 아래 그림은 어떤 반응에서 온도, 압력에 대한 반응률의 관계를 나타낸 것이다. 이 반응은 다음 중 어느 반응인가?

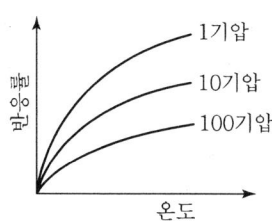

① $2HI(g) \rightleftarrows H_2(g) + I_2(g) - 3kcal$
② $2SO_2(g) + O_2(g) \rightleftarrows 2SO_3(g) + 47kcal$
③ $N_2O_4(g) \rightleftarrows 2NO_2(g) - 20kcal$
④ $N_2(g) + 3H_2(g) \rightleftarrows 2NH_3(g) + 22kcal$

해설 온도가 높아지면 반응률이 증가하므로 흡열반응이며 같은 온도에서는 압력이 낮을 때 반응률이 증가하였으므로 몰수가 커지는 반응이다.

023 다음 반응식 중에서 역반응보다 정반응이 더욱 우세한 반응임을 나타내는 식은?(단, 온도는 일정, K는 정반응의 평형상수)

① $N_2(g) + O_2(g) \rightleftarrows 2NO(g), K = 1 \times 10^{-30}$
② $N_2(g) + 3H_2(g) \rightleftarrows 2NH_3(g), K = 5 \times 10^8$
③ $2HI(g) \rightleftarrows H_2(g) + I_2(g), K = 2 \times 10^{-2}$
④ $CaSO_4 \rightleftarrows Ca^{2+} + SO_4^{2-}, K = 1 \times 10^{-6}$

해설 온도가 높아지면 반응률이 증가하므로 흡열반응이며 같은 온도에서는 압력이 낮을 때 반응률이 증가하였으므로 몰수가 커지는 반응이다.

024 $2SO_2(g) + O_2(g) \rightleftarrows 2SO_3(g)$에서 SO_2 6몰과 O_2 3몰을 1L들이 용기에 넣고 반응시키니 SO_3가 4몰 생기고 평형이 되었다. 이때, 평형상수 K의 값은?

① 1 ② 2
③ 3 ④ 4

해설
$\quad\quad\quad 2SO_2 + O_2 \rightleftarrows 2SO_3$
(계수의 비) 2 : 1 : 2
(평형의 농도) 6−4 : 3−2 : 4
$K = \dfrac{[SO_3]^2}{[SO_2]^2[O_2]} = \dfrac{4^2}{2^2 \times 1} = 4$

025 밀폐된 1L 용기에 $N_2O_4(g)$ 1몰을 넣고 일정 온도로 유지시킨 결과 $N_2O_4(g) \rightleftarrows 2NO_2(g)$의 평형에 도달하였다. 평형 상태에서 $N_2O_4(g)$와 $NO_2(g)$의 혼합기체의 전체몰수는 1.8몰이었다. 이 반응의 평형상수(K)를 구하면?

① 1.8 ② 2.8
③ 8.8 ④ 12.8

해설 평형에서 전체 몰수 $= 1 - x + 2x$
$1 + x = 1.8$ ∴ $x = 1.8 - 1 = 0.8$
$N_2O_4 = 1 - 0.8, NO_2 = 1.6$
$K = \dfrac{[NO_2]^2}{[N_2O_4]} = \dfrac{1.6^2}{0.2} = 12.8$

026 $N_2 + 3H_2 \rightleftarrows 2NH_3 + 22kcal$의 반응이 평형을 이루고 있을 때 평형을 오른쪽으로 이동시키지 못하는 것은?

① 압력을 올린다.
② 온도를 올린다.
③ 염화수소를 가한다.
④ 수소기체를 첨가한다.

해설 발열반응이므로 온도를 올리면 역반응으로 이동된다. NH_3는 염기성 기체이므로 HCl과 반응하여 농도가 감소하므로 정반응으로 이동된다.

027 $2HI \rightleftarrows H_2 + I_2$의 반응이 평형을 이루고 있을 때 정반응속도 $v_1 = k_1[HI]^2$, 역반응속도 $v_2 = k_2[H_2][I_2]$로 나타낼 수 있다. k_1, k_2는 정반응과 역반응의 속도 비례상수이며, $k_1 = 10$, $k_2 = 5$이면 평형상수 K의 값은?

① 2 ② 4
③ 6 ④ 8

정답 22 ③ 23 ② 24 ④ 25 ④ 26 ② 27 ①

해설 평형상태에서는 $v_1 = v_2$이다.
$k_1[\text{HI}]^2 = k_2[\text{H}_2][\text{I}_2]$
$K = \dfrac{[\text{H}_2][\text{I}_2]}{[\text{HI}]^2} = \dfrac{k_1}{k_2} = \dfrac{10}{5} = 2$

028 다음 반응물의 농도를 각각 2배로 했을 때 반응속도는 몇 배가 되는가?

㉠ $2\text{H}_2 + \text{O}_2 \rightarrow 2\text{H}_2\text{O}$
㉡ $\text{N}_2\text{O}_4 \rightarrow 2\text{NO}_2$
㉢ $\text{H}_2 + \text{Cl}_2 \rightarrow 2\text{HCl}$

① ㉠ 8배 ㉡ 2배 ㉢ 4배
② ㉠ 6배 ㉡ 2배 ㉢ 4배
③ ㉠ 8배 ㉡ 4배 ㉢ 2배
④ ㉠ 4배 ㉡ 4배 ㉢ 6배

해설 ㉠ $V = K[\text{H}_2]^2[\text{O}_2] = K \cdot 2^2 \times 2 = 8$배
㉡ $V = K[\text{N}_2\text{O}_4] = K \cdot 2 = 2$배
㉢ $V = K[\text{H}_2][\text{Cl}_2] = K \cdot 2 \times 2 = 4$배

029 $2\text{CrO}_4^{2-} + 2\text{H}^+ \rightleftarrows \text{Cr}_2\text{O}_7^{2-} + \text{H}_2\text{O}$의 반응이 평형을 이루고 있을 때 이 반응계에 HCl을 가하면 (㉠)반응으로, NaOH를 가하면 (㉡)반응으로 평형은 이동한다. 빈칸에 들어갈 내용으로 옳은 것은?

① ㉠ 정역, ㉡ 정
② ㉠ 역정, ㉡ 역
③ ㉠ 정, ㉡ 역
④ ㉠ 역, ㉡ 정

030 $\text{C} + \text{CO}_2 \rightarrow 2\text{CO}$의 반응에서 반응물의 농도를 2배로 해주면 CO의 생성속도는 몇 배가 되는가?

① 0.1배   ② 1배
③ 2배   ④ 4배

해설 반응속도는 반응물의 농도의 곱에 비례한다. 그러나 반응물이 고체인 경우는 그 농도가 반응속도에 거의 영향을 주지 못한다. 반응속도식은 $V = K[\text{CO}_2]$이다.

031 질소와 수소로부터 암모니아가 얻어지는 화학반응식은 다음과 같다. 압력을 2배로 하여 용기의 부피를 반으로 줄였다면 암모니아의 생성속도는 몇 배가 되는가?

$$\text{N}_2(g) + 3\text{H}_2(g) \rightarrow 2\text{NH}_3(g)$$

① 5배   ② 10배
③ 12배   ④ 16배

해설 압력이 2배가 되면 부피는 반으로 줄고 농도는 2배가 된다. (M 농도=몰/L)
$V = K[\text{N}_2][\text{H}_2]^3$에서
$V = K \cdot 2 \times 2^3 = K \cdot 16$

032 $\text{N}_2(g) + 2\text{O}_2(g) \rightleftarrows 2\text{NO}_2(g)$의 반응이 평형에 도달하여 있을 때, 평형상수 K는 100이다. 같은 조건에서 다음 반응이 평형에 있을 때 이 반응의 K값을 구하면?

$$\text{NO}_2(g) \rightleftarrows \dfrac{1}{2}\text{N}_2(g) + \text{O}_2(g)$$

① 0.1   ② 0.6
③ 1.5   ④ 2

해설 $\dfrac{[\text{NO}_2]^2}{[\text{N}_2][\text{O}_2]^2} = 100$

$\dfrac{[\text{N}_2][\text{O}_2]^2}{[\text{NO}_2]^2} = \dfrac{1}{100}$

$\dfrac{[\text{N}_2]^{1/2}[\text{O}_2]}{[\text{NO}_2]} = \dfrac{1}{10} = 0.1$

033 A와 B를 반응시켜 C를 얻는 반응에서 A의 농도를 일정하게 하고 B의 농도를 2배로 하면 반응속도가 4배가 되고 B의 농도를 일정하게 하고 A의 농도를 2배로 하면 반응속도가 2배가 된다. 다음 반응식을 완성하면?(단, A, B, C는 모두 기체이다.)

$$(㉠)\text{A} + (㉡)\text{B} \rightarrow 2\text{C}$$

정답 28 ① 29 ③ 30 ③ 31 ④ 32 ① 33 ①

③ ㉠ 1, ㉡ 2 ② ㉠ 2, ㉡ 3
③ ㉠ 3, ㉡ 4 ④ ㉠ 4, ㉡ 5

해설 반응속도가 B 농도의 제곱에 비례하고 A의 농도에 비례하였으므로 반응속도식은 $V = K[A][B]^2$이다. 즉, A의 계수는 1, B의 계수는 2이다.

034 어떤 일정한 온도에서 수소와 요오드로부터 요오드화수소가 생성되는 반응에서 1몰의 수소와 1몰의 요오드기체를 용기에 밀폐하고 반응을 시키면서 요오드기체의 농도를 조사하였더니 그림과 같은 결과가 나왔다. 요오드화수소가 생성되는 반응의 평형상수는?

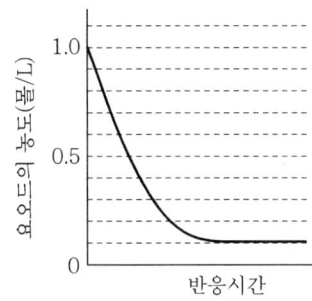

① 45   ② 81
③ 180 ④ 324

해설 $H_2 + I_2 \rightleftarrows 2HI$
I_2의 농도가 0.9몰 감소(1에서 0.1로 변화하였다.)하였으므로 H_2 역시 0.9몰 반응하고 H_1은 그 2배인 1.8몰이 생긴다. 즉, 평형에서의 농도가 H_2와 I_2는 각각 0.1몰/L, HI는 1.8몰/L

$$K = \frac{[HI]^2}{[H_2][I_2]} = \frac{1.8^2}{0.1 \times 0.1} = 324$$

035 어떤 온도에서 어떤 반응의 반응식을 $A + 1/2B \rightleftarrows 1/2C + D$로 표현할 때의 평형상수가 4이면 같은 온도에서 이 반응의 반응식을 $2A + B \rightleftarrows C + 2D$로 표현할 때의 평형상수는?

① 2   ② 4
③ 8   ④ 16

해설 $A + \frac{1}{2}B \rightleftarrows \frac{1}{2}C + D$의 평형상수는

$$K = \frac{[C]^{\frac{1}{2}}[D]}{[A][B]^{\frac{1}{2}}}$$

$2A + B \rightleftarrows C + 2D$의 평형상수는

$$K' = \frac{[C][D]^2}{[A]^2[B]}$$

$K^2 = K'$이므로 $K = 4$이면 $K' = 16$이다.

036 1L의 밀폐된 그릇에 SO_3를 넣고 가열하니 $2SO_3 \rightleftarrows 2SO_2 + O_2$의 반응이 일어났다. 평형상태에서의 $[SO_3]$가 0.6몰/L, $[O_2]$가 1.2몰/L이면 처음에 넣어준 SO_3는 몇 몰인가?

① 1몰   ② 3몰
③ 5몰   ④ 10몰

해설 O_2가 1.2몰 생겼으므로 반응한 SO_3(아황산가스)는 2.4몰이며 남은 SO_3가 0.6몰, 최초의 SO_3는 3몰이다.

037 어떤 온도에서 H_2 1몰, I_2 2몰, HI 8몰을 섞으면 반응은 어느 쪽으로 진행하는가?(단, 이 온도에서 평형상수 $K = 50$이다.)

① 정반응   ② 역반응
③ 부분반응 ④ 화학반응

해설 $K = \frac{[HI]^2}{[H_2][I_2]}$에서

$[H_2] = 1$몰, $[I_2] = 2$몰, $[HI] = 8$몰이므로

$\frac{8^2}{1 \times 2} = 32$가 된다.

그러나 $K = 50$이므로 32가 50이 되기 위해서는 생성물의 농도가 증가하여야 한다. 따라서 정반응이 필요하다.

SECTION 04 가스의 특성, 폭발, 독성 안전관리

001 다음 기체 중 내압시험압력이 가장 높은 기체는 어느 것인가?

① 압축된 질소 용기
② 액화된 탄산가스 용기
③ 석유가스 용기
④ 액화된 암모니아 용기

해설 비점이 낮은 가스는 압축가스의 압력이 높으므로 내압시험도 높다.

002 일산화탄소는 상온에서 활성탄 촉매에 의해 염소와 반응하여 어떤 가스가 되는가?

① 카르보닐　② 포스겐
③ 카르복실산　④ 사염화탄소

해설 $CO + Cl_2 \rightarrow COCl_2$ (포스겐)

003 다음의 가스들 중 가연성으로 분류한 가스가 아닌 것은 어느 것인가?

① 가연성 가스　② 불연성 가스
③ 압축가스　④ 조연성 가스

해설 압축가스는 상태에 따른 분류이다.

004 프레온가스는 몇 ℃ 정도의 불꽃과 접촉하면 포스겐 독가스가 발생하는가?

① 200℃　② 400℃
③ 600℃　④ 800℃

해설 800℃에서 포스겐이 발생한다.

005 가연성 가스가 다량 누설되었다. 다음 중 조치사항으로 맞지 않은 것은?

① 부근의 화기를 제거시킨다.
② 용기의 원 밸브를 차단시킨다.
③ 창문을 열고 긴급히 환기시킨다.
④ 소화기를 사용한다.

해설 ①, ②, ③은 응급조치사항이다.

006 탄화수소의 수가 증가할 때 생기는 현상이 아닌 것은?

① 증기압이 낮아진다.
② 발화점이 낮아진다.
③ 폭발하한계가 낮아진다.
④ 비점이 높았다 낮아졌다 한다.

해설 비등점이 높아진다.

007 고압가스의 설비에서 정전기의 발생은 폭발 화재의 원인이 된다. 정전기발생을 억제 또는 방지하는 방법으로 적당하지 않은 것은?

① 마찰을 적게 한다.
② 가스의 유속을 빠르게 한다.
③ 주위를 이온화하여 중화시킨다.
④ 습도를 높게 한다.

해설 ①, ③, ④는 정전기발생 억제법이다.
특히 가스설비의 수분이 많으면 수막이 형성되어 여기에 탄산가스(CO_2)가 용해되어 도전성이 생기므로 정전기 축적이 방지된다.

정답 01 ①　02 ②　03 ③　04 ④　05 ④　06 ④　07 ②

008 다음의 가스 중 독성이 없는 가스는 어느 것인가?

① 메탄올　　② 프레온
③ 포스겐　　④ 시안화수소

해설 프레온가스는 불연성, 비독성 가스이다.(메탄올, 일명 메틸알코올은 제4류 독성위험물)

009 다음의 가스 중 공기보다 가벼운 가스는 어느 것인가?

① 부탄(C_4H_{10})
② 이산화탄소(CO_2)
③ 프로판(C_3H_8)
④ 에틸렌(C_2H_4)

해설 ① 분자량 58　　② 분자량 44
③ 분자량 44　　④ 분자량 28
※ 공기의 분자량 29

010 사염화탄소와 불화수소(HF)를 서로 작용시키면 어떤 가스가 발생되는가?

① 아세틸렌
② 프레온 13
③ 산화에틸렌
④ 시안화수소

해설 $CCl_4 + 3HF \rightarrow \underset{R-13}{CClF_3} + 3HCl$
(R-13 프레온가스의 발생)

011 다음 중 염소폭명기의 반응식으로 옳은 것은 어느 것인가?

① $H_2 + Cl_2 \rightarrow 2HCl$
② $2H_2 + O_2 \rightarrow 2H_2O$
③ $NH_3 + HCl \rightarrow NH_4Cl$
④ $CO + Cl_2 \rightarrow COCl_2$

해설 염소폭명기 반응식
$H_2 + Cl_2 \rightarrow 2HCl$
수소 + 염소 → 염화수소

012 다음 가스 중 공기와의 혼합 시 폭발성 기체로 되는 가스는 어느 것인가?

① 염소　　② 이산화황
③ 산화질소　　④ 암모니아

해설 NH_3의 연소범위는 15~28%이다.

013 불활성 기체 중 진공 속에 넣으면 방전되어 발광되는 불활성 기체는?

① 네온　　② 헬륨
③ 크립톤　　④ 크세논

해설 네온가스는 진공 속에 넣으면 방전되어 발광된다.

014 공기 중 산소의 분압이 높아지면 가연 물질의 연소성은 증대하는데 연소속도와 발화온도는 어떻게 되는가?

① 증가하고 저하된다.
② 증가하고 상승된다.
③ 감소하고 저하된다.
④ 감소하고 상승한다.

해설 산소의 분압이 높아지면 연소속도가 증가되고 발화온도가 저하된다.

015 다음 내용 중 옳은 것은 어느 것인가?

① LPG는 산소가 적을수록 연소가 잘된다.
② LPG는 충격 폭발한다.
③ 프로판은 연소범위 내에서만 연소된다.
④ 프로판은 공기만 있으면 연소된다.

해설 C_3H_8은 연소범위 내에서만 연소된다.(연소범위 2.1~9.5%)

016 다음 기체 중에서 공기와 혼합해도 폭발성이 없는 기체는 어느 것인가?

① 염소　　② 벤젠
③ 아세톤　　④ 사이클로헥산

해설 염소는 표백제로서 독성 가스이다.(염소와 수소의 혼합은 염소폭명기가 발생)

정답　08 ②　09 ④　10 ②　11 ①　12 ④　13 ①　14 ①　15 ③　16 ①

017 전구에 넣어서 산화방지와 증발을 막는 불활성 기체는 어느 것인가?

① 아르곤
② 네온
③ 헬륨
④ 크립톤

해설 아르곤(Ar) 가스는 전구 봉입용으로 전구의 보호기체로 사용된다.

018 정전기에 관한 설명 중 틀린 것은?

① 습도가 낮을수록 정전기 축적이 용이하다.
② 화학섬유로 된 의류는 흡수성이 높으므로 정전기가 대전되기 어렵다.
③ 액상의 LPG는 전기 절연성이 높으므로 유동 시에는 대전하기 쉽다.
④ 정전기 발생을 억제시키기 어렵고 발생된 정전기를 제거하도록 하는 접지가 보편적인 방법이다.

해설 화학섬유는 정전기의 대전이 용이하다.

019 다음 가스 중 공기 중에서 가장 폭발하기 쉬운 가스는 어느 것인가?

① 메탄
② 에탄
③ 프로판
④ 부탄

해설 부탄가스는 연소범위 1.8~8.4%에서 연소되므로 다른 가스에 비해 폭발이 가장 빠르다.

020 연소한계에 대한 설명 중 옳은 것은?

① 연소하는 가스와 공기의 혼합비율
② 착화온도의 상한과 하한값
③ 인화점
④ 완전연소 시의 산소공급한계

해설 연소한계란 연소하는 가스와 공기의 혼합비율

021 메탄가스의 내용 중 옳은 설명은 어느 것인가?

① 용기는 황색이며 "연"자를 표시한다.
② 발열량이 많아서 가스용접에 이용된다.
③ 무색무취이며 공기보다 무겁다.
④ 연소범위 내에서만 연소된다.

해설 메탄가스의 연소범위는 5~15%이므로 연소범위 내에서만 연소된다.

022 염소의 재해방지용으로 사용되는 흡습제가 될 수 없는 것은 어느 것인가?

① 석회유   ② 탄산칼륨
③ 가성소다   ④ 탄산소다

해설 석회유($Ca(OH)_2$), 탄산소다(Na_2CO_3), 가성소다(NaOH) 등의 알칼리성은 염소의 재해방지용이다.

023 물과 혼합하여 고무나 유리를 부식시키는 가스는 어느 가스인가?

① 프레온가스   ② 암모니아
③ 아황산가스   ④ 클로로메틸

해설 프레온가스는 가수분해 시 HF를 생성하며 HF는 고무류, 유리 등을 부식시킨다.

024 폭발 3등급 가스로서 옳은 것은?

① 프로판   ② 아세틸렌
③ 에틸렌   ④ 아세톤

해설 3등급 가스는 수소, 수성가스, 아세틸렌, 이황화탄소 등

025 다음 중 발화의 원인이 아닌 것은?

① 온도   ② 질량
③ 조성   ④ 압력

해설 발화의 원인
온도, 압력, 조성, 용기 크기, 용기 형태 등

정답 17 ① 18 ② 19 ④ 20 ① 21 ④ 22 ② 23 ① 24 ② 25 ②

026 혼합가스 중 H₂O가 존재하면 연소범위의 변화는 어떻게 되는가?

① 감소한다.
② 증대한다.
③ 변화가 없다.
④ 일정하지 않다.

해설 H₂O(수증기)가 있으면 연소범위가 감소한다.

027 고압가스의 저장능력 산출계산식이다. 잘못된 것은?(단, Q : 저장능력(m³), P : 35℃에서의 최고충전압력(kg/cm²), V_1 : 내용적(m³), W : 저장능력(kg), d : 상용온도에서 액화가스의 비중(kg/L), V_2 : 내용적(L), C : 가스의 종류에 따르는 정수)

① 압축가스의 저장탱크 및 용기
  : $Q = (P+1)V_1$
② 액화가스의 저장탱크 : $W = 0.9dV_2$
③ 액화가스의 용기 및 차량에 고정된 탱크
  : $W = \dfrac{V_2}{C}$
④ 액화가스의 저장탱크 : $W = \dfrac{C}{V_2}$

해설 액화가스 저장탱크(W) $= 0.9dV_2$

028 다음 가스들 중 가연성 가스이면서 독성가스인 것만으로 묶여진 것은?

① 포스겐, 아황산가스, 아황산탄소
② 부타디엔, 산화프로필렌, 에틸아민
③ 황화수소, 암모니아, 트리메틸아민
④ 디메틸아민, 아세트알데히드, 프로필렌

해설 가스의 허용농도
• 황화수소 : 10ppm(가연성, 독성)
• 포스겐 : 0.1~0.05ppm(불연성)
• 트리메틸아민[(CH₃)₂N₃] : 10ppm(가연성, 독성)
• 암모니아 : 25ppm(가연성, 독성)

029 다음 가스 중 독성이 가장 큰 것은?

① 일산화탄소   ② 산화질소
③ 황화수소   ④ 염소

해설 ① CO(일산화탄소) : 50ppm
② NO(산화질소) : 25ppm
③ H₂S(황화수소) : 10ppm
④ Cl₂(염소) : 1ppm

030 산소가스 설비의 수리 및 청소를 위한 저장탱크 내의 산소를 치환할 때 산소의 농도가 몇 % 이하가 될 때까지 계속 치환해야 하는가?

① 22%   ② 28%
③ 31%   ④ 33%

해설
• 공기 중의 산소는 21%이다.
• 산소가스 설비에서 산소측정기 등에 의한 치환결과는 산소의 농도 22% 이하가 정답이다.

031 다음 중 폭발등급에 따른 안전간격이 옳은 것은?

① 1등급 : 안전간격이 0.6mm 이상
② 2등급 : 안전간격이 0.4~0.6mm 이상
③ 3등급 : 안전간격이 10.4mm 이상
④ 4등급 : 안전간격이 10.4~50.6mm 이상

해설
• 1등급(안전간격 0.6mm 이상) : C₃H₈, CH₄ 등
• 2등급(안전간격 0.4~0.6mm 이하) : C₂H₄, 석탄가스 등
• 3등급(안전간격 0.4mm 미만) : CS₂, C₂H₂, 수성가스 등
• 안전간격이 작을수록 위험하다.

032 아세틸렌 다공물질의 구비조건이 아닌 것은?

① 화학적으로 안정할 것
② 기계적인 강도가 있을 것
③ 가스의 이충전이 쉬울 것
④ 다공도가 적을 것

정답 26 ① 27 ④ 28 ③ 29 ④ 30 ① 31 ① 32 ④

해설 ㉠ 다공물질의 종류 : 목탄, 석면, 규조토, 석회석, 탄화마그네슘, 산화철, 다공성 플라스틱
㉡ 구비조건
- 화학적으로 안정할 것
- 기계적인 강도가 있을 것
- 가스의 이충전이 쉬울 것
- 다공도가 클 것(75~92% 이하)

033 다음 두 가지 물질이 공존하는 경우 가장 위험한 것은?

① 암모니아와 질소
② 염소와 아세틸렌
③ 염소와 이산화탄소
④ 수소와 일산화탄소

해설 염소와 아세틸렌의 공존은 폭발의 위험이 따른다.

034 다음과 같은 가스 운반 중 서로 접촉하더라도 폭발하지 않는 것은?

① 아세틸렌과 은
② 암모니아와 염소
③ 염소산칼리와 할로겐
④ 인화수소와 나트륨

해설
- 암모니아와 염소 : $4NH_3 + 3Cl_2 \rightarrow 3NH_4Cl + NCl_3$
- 염소산칼륨($KClO_3$)은 가열하면 산소가 발생하여 염화칼리가 되며, 산화제로서 가연성 물질 등과 혼합하여 마찰하면 폭발한다. 나트륨은 물과 작용하여 폭발적으로 발화할 위험이 크다.
- 아세틸렌과 은, 수은, 구리와 치환반응으로 금속 아세틸라이드 생성
- 인화수소(PH_3)의 독성농도 0.3ppm

035 폭발범위에 대한 설명 중 옳은 것은?

① 폭발한계 내에서만 폭발한다.
② 상한계 이상에서 폭발한다.
③ 하한계 이하에서 폭발한다.
④ 상한계 이상, 하한계 이하에서만 폭발한다.

해설 가연성 가스의 폭발범위는 상한계 이하, 하한계 이상의 폭발한계 내에서 연소된다.

036 산화에틸렌은 금속의 염화물과 무슨 반응이 예견되는가?

① 중합폭발
② 산화폭발
③ 분해폭발
④ 촉매폭발

해설 산화에틸렌은 금속의 염화물과 중합폭발이 예견된다.

037 다음의 기체 중 조연성 가스가 아닌 것은?

① 공기
② 산소
③ 질소
④ 염소

해설 질소 가스는 불연성 가스이다.

038 CO 가스가 철-크롬계 촉매 존재하에서 수증기와 혼합할 때 생성되는 가스는 어느 것인가?

① 산소, 일산화탄소
② 산소, CO_2
③ 수소, CO
④ 수소, CO_2

해설 $CO + H_2O \rightarrow CO_2 + H_2$

039 다음 가연성 가스 중 순수한 단일가스만으로는 분해폭발이 일어나지 않는 것은?

① 에틸렌(C_2H_4)
② 아세틸렌(C_2H_2)
③ 산화에틸렌(C_2H_4O)
④ 시안화수소(HCN)

해설 에틸렌 가스는 2중 결합을 가지므로 여러 가지 부가반응 및 중합폭발 발생

040 다음 가스 중 석유정제과정에서 발생될 수 없는 가스는 어느 가스인가?

① 프로판
② 부탄
③ 메탄
④ 암모니아가스

해설 암모니아 가스는 석유정제과정에서 발생되지 않는다.

정답 33 ② 34 ④ 35 ① 36 ① 37 ③ 38 ④ 39 ① 40 ④

041 LP 가스의 용기에서 가스가 누설될 때 연소 시 소화제로 알맞은 것은?

① 산알칼리
② 사염화탄소
③ 중탄산소다 분말
④ 냉각수

해설 LP 가스의 소화제는 중탄산소다 분말이다. (분자식은 $NaHCO_3$ 분말, 포말소화기 사용)

042 염소의 특성 중 틀린 내용은 어느 것인가?

① 허용농도가 1ppm이다.
② 표백작용을 한다.
③ 독성이 매우 강하다.
④ 가스는 공기보다 매우 가볍다.

해설 염소(Cl_2)는 공기보다 매우 무겁다. (염소의 분자량은 71, 비중은 2.45이다.)

043 다음 가스 중 가스회수장치에 의해 제일 먼저 발생되는 가스는 어느 것인가?

① 수소(H_2)   ② 산소(O_2)
③ 프로판(C_3H_8)   ④ 부탄(C_4H_{10})

해설 수소가 분자량 및 비점이 가장 낮아서 기체의 비중이 가장 적다. (비중은 0.07이다.)

044 수소가스의 용도 중 거리가 먼 내용은 어느 것인가?

① 산소와 수소의 혼합기체 온도가 높아서 용접가스용으로 사용된다.
② 암모니아나 염산의 합성연료로 사용된다.
③ 경화류의 제조에 사용된다.
④ 탄산소다 제조 시 주원료로 사용된다.

해설 ①, ②, ③의 내용은 수소가스의 용도이다. (그 외 금속 제련용, 인조보석제조, 기구의 부양용에 사용)

045 다음 수소용기가 상온에서 파열사고가 일어나는 원인이 아닌 것은?

① 용기 내 과충전
② 용기가 수소취성 발생
③ 용기의 균열
④ 용기취급의 난폭

해설 ①, ③, ④의 내용은 수소용기가 상온에서 파열되는 원인이 된다. (수소는 상온에서는 수소취성발생 불가)

046 다음 중 고압가스의 반응식에 대하여 쓴 것으로 옳지 않은 것은?

① 수소와 염소는 빛의 존재하에서 폭발적으로 반응한다.
② 철분은 염소기체 중에서 연속적으로 연소된다.
③ 아세틸렌은 공기 속에서 폭발하지 않는다.
④ 메탄가스와 염소는 빛의 존재하에서 폭발적인 반응이 일어난다.

해설 아세틸렌가스는 110℃ 이상, 1.5기압하에서 스스로도 분해폭발하고 공기가 없어도 폭발된다.

047 암모니아가스의 건조제로 적당하지 않은 것은 어느 것인가?

① CaO   ② H_2SO_4
③ NaOH   ④ KOH

해설 진한 황산(H_2SO_4)은 알칼리성이 아니므로 암모니아가스의 건조제가 아니다.

048 다음 중 올바르게 연결되어 있는 것은?

① 아세틸렌 - C_2H_4 - 가연성
② 암모니아 - NH_3 - 불연성, 독성
③ 일산화탄소 - CO - 독성 - 가연성
④ 메탄 - CH_2 - 가연성

해설
① 아세틸렌(C_2H_2) : 가연성
② 암모니아(NH_3) : 가연성, 독성
③ 일산화탄소(CO) : 가연성, 독성
④ 메탄(CH_4) : 가연성

정답 41 ③ 42 ④ 43 ① 44 ④ 45 ② 46 ③ 47 ② 48 ③

049 다음 가스들이 공기와 혼합했을 때의 폭발범위로 옳은 것은?

① 수소 : 5.0~15.0%
② 메탄 : 4.1~74.2%
③ 메탄올 : 2.7~36%
④ 시안화수소 : 6~41%

해설 ① 수소 : 4~75%
② 메탄 : 5~15%
③ 메탄올(CH_3OH) : 유독증기로서 허용한도는 200 ppm, 연소범위는 7.3~36%(일명 메틸알코올)
④ 시안화수소 : 6~41%

050 다음 중 고압가스에 해당되는 것은 어느 것인가?(압력은 게이지 압력이다.)

① 상용의 온도에서 $9kg/cm^2$인 압축산소
② 상용의 온도에서 $0kg/cm^2$인 액화시안화수소
③ 상용의 온도에서 $1kg/cm^2$인 액화가스
④ 상용의 온도에서 $9kg/cm^2$인 압축공기

해설 액화시안화수소(L·HCN), 액화산화에틸렌(L·C_2H_4O), 액화브롬메틸(L·CH_3Br) 등의 특정 액화가스는 상용의 온도에서 $0kg/cm^2$ 이상의 압력이며 고압가스에 해당한다.

051 독성 가스라 함은 허용농도 (   ) 이하인 것을 말한다. 빈칸에 들어갈 내용으로 알맞은 것은?

① 100ppm   ② 200ppm
③ 300ppm   ④ 400ppm

해설 • 독성 가스란 허용농도가 200ppm 이하인 가스이다.
• 비독성 가스란 허용농도가 200ppm 초과인 가스이다.

052 다음 중 지연성 가스가 아닌 것은?

① 네온   ② 염소
③ 이산화질소 ④ 오존

해설 • 지연성 가스 : 공기, 산소, 오존, 이산화질소, 염소
• 네온은 불연성 가스이다.

053 공기 중에 혼합되어 있는 프로판가스는 다음 중 어느 범위에서 폭발하는가?(단, 용적 = %이다.)

① 2.5~80   ② 15.3~27.0
③ 4.1~74.2   ④ 2.1~9.5

해설 프로판의 폭발범위 : 2.1~9.5%

054 고압가스를 상태로 보아 분류할 때 용해가스에 해당되는 것은?

① 프로판
② 액체염소
③ 암모니아
④ 아세틸렌가스

해설 • 프로판, 부탄가스 : 액화가스
• 암모니아 : 독성, 가연성 가스
• 염소 : 조연성 가스
• 아세틸렌가스 : 용해가스

055 "가연성 가스"라 함은 고압가스 안전관리법 시행규칙에서 정한 가스 및 기타의 가스로서 폭발한계의 상한과 하한의 차가 몇 % 이상인 것을 말하는가?

① 5%   ② 10%
③ 15%   ④ 20%

해설 가연성 가스란 법규상 폭발하한이 10% 이하, 상한과 하한의 차이가 20% 이상인 것으로 연소가 가능한 가스이다.

056 상온에서 심한 자극취가 있는 황록색의 무거운 기체로 냉각 가압하면 쉽게 액화되어 갈색 액체가 되며 독성이 강한 가스는?(단, 허용농도는 1ppm이다.)

① 질소   ② 아세틸렌
③ 암모니아 ④ 염소

해설 염소는 황록색의 자극성 냄새가 나는 기체이며, 독성 가스이다.(독성 허용농도는 1ppm이다.)

정답 49 ④ 50 ② 51 ② 52 ① 53 ④ 54 ④ 55 ④ 56 ④

057 대형 액화가스 저장탱크의 용접시공 후 용접 검사법으로 옳지 않은 것은?

① 기밀시험
② 수압시험
③ 초음파 X선 검사
④ 방사선 검사

해설 액화가스의 저장탱크 용접시공 후 용접 검사법
- 기밀시험
- 초음파 X선 검사
- 방사선 검사

058 다음 중 상압의 공기 중에서 가연성 가스 폭발범위가 잘못된 것은?

① CO : 12.5~74%
② NH_3 : 15~25%
③ C_2H_4O : 3~80%
④ C_2H_2 : 2.5~81%

해설
① CO(일산화탄소) : 12.5~74%
② NH_3(암모니아) : 15~28%
③ C_2H_4O(산화에틸렌) : 3~80%
④ C_2H_2(아세틸렌) : 2.5~81%

059 다음 중 품질검사대상 가스가 아닌 것은?

① 산소   ② LPG
③ 수소   ④ 아세틸렌

해설
- LPG는 품질검사대상 가스가 아니다.
- 산소(99.5%), 아세틸렌(98%), 수소(98.5%)는 품질검사기준이다.

060 아세틸렌(C_2H_2) 가스의 주원료는?

① 카바이드   ② 탄소
③ 수소   ④ 암모니아

해설
- 아세틸렌의 제조는 카바이드에 물을 넣으면 즉시 아세틸렌이 발생한다.
- 제조방법은 주수식, 접촉식, 투입식이 있다.
  $CaC_2 + 2H_2O \rightarrow C_2H_2 + Ca(OH)_2$

061 아세틸렌가스를 사용하는 장치에 사용할 수 있는 재료는?

① 은   ② 수은
③ 구리   ④ 크롬강

해설 아세틸렌가스는 은, 수은, 구리 등과 치환 반응하여 금속 아세틸라이드를 형성하기 때문에 사용이 불가능하나 크롬강은 상관없다.

062 아세틸렌가스를 용기에 충전 시는 온도에 관계없이 ( )MPa 이하로 하고 충전 후에 압력은 ( )℃에서 1.55MPa 이하가 되도록 한다. ( ) 안에 알맞은 것은?

① 46.5, 35
② 35, 20
③ 2.5, 15
④ 18, 15

해설
- 아세틸렌(C_2H_2)의 분열에 의한 폭발을 방지하기 위함이며, N_2, H_2, CH_4, C_3H_8 등의 희석제를 첨가한다.
- 아세틸렌 충전압력 : 2.5MPa 이하
- 아세틸렌 충전 후의 압력 : 15℃~15.5MPa

063 다음 가스의 폭발범위 순서가 옳은 것은?

㉠ C_2H_2 ㉡ H_2
㉢ C_3H_8 ㉣ CO

① ㉠-㉡-㉢-㉣
② ㉣-㉢-㉡-㉠
③ ㉡-㉠-㉢-㉣
④ ㉠-㉡-㉣-㉢

해설 가스의 폭발범위
- C_2H_2 : 2.5~81%
- H_2 : 4~74%
- C_3H_8 : 2.2~9.5%
- CO : 12.5~74%

정답 57 ② 58 ② 59 ② 60 ① 61 ④ 62 ③ 63 ④

064 아세틸렌의 폭발범위(연소범위)는?(단, 산소기류 중에서)

① 4~75%　　② 2.5~100%
③ 12.5~74%　　④ 5~15%

해설 아세틸렌의 폭발범위는 공기 중 2.5~81%이며, 산소 범위는 100%이다.

065 다음 중 가연성 가스이면서 독성 가스인 것은 어느 것인가?

① 산화에틸렌　　② 프로판
③ 불소　　④ 염소

해설 산화에틸렌(C_2H_4)의 특성
- 독성이 있으며(허용농도 50ppm), 가연성 가스이다.
- 폭발범위는 3~80%이다.
- 산화, 분해, 중합폭발성이 있다.
- 산, 염기, 금속 염화물 등에 의해 쉽게 중합폭발한다.

066 다음 기체의 용해도가 크게 될 조건은 어느 것인가?

① 저온 및 저압
② 저온 및 고압
③ 고온 및 저압
④ 고온 및 고압

해설 기체의 용해도는 헨리의 법칙에 의하며 압력에 비례하므로 저온·고압이면 용해도가 크게 된다.

067 다음 가연성 가스의 폭발범위가 가장 넓은 것은 어느 것인가?

① H_2(수소)
② C_2H_4O(산화에틸렌)
③ C_2H_2(아세틸렌)
④ CS_2(이황화탄소)

해설 $C_2H_2 > C_2H_4O > H_2 > CS_2$

068 가스공급시설에서 안전조작에 필요한 장소의 조도는 어느 것인가?

① 50 lux　　② 80 lux
③ 110 lux　　④ 200 lux

해설 안전조작의 조도는 110럭스이다.

069 아세틸렌가스가 구리, 은, 수은 등과 폭발성의 금속 아세틸라이드를 형성하는 폭발은 무슨 폭발인가?

① 분해폭발　　② 화합폭발
③ 산화폭발　　④ 압력폭발

해설 $C_2H_2 + 2Cu \rightarrow Cu_2C_2 + H_2$ (화합폭발)

070 염소와 아황산가스 제해제는?

① 대량의 물
② 연소설비에 의한 연소
③ 가성소다 수용액
④ 산성가스 암모니아와 중화

해설 각종 가스의 제해제
- Cl_2(염소) : 가성소다, 탄산소다, 소석회
- SO_2(아황산가스) : 가성소다, 탄산소다, 물
- $COCl_2$(포스겐) : 가성소다, 소석회
- H_2S(황화수소) : 가성소다, 탄산소다
- NH_3(암모니아) : 물
- C_2H_4O(산화에틸렌) : 물
- CH_3Cl(염화메틸) : 물

071 특정 고압가스에 해당되지 않는 것은?

① 산소
② LPG
③ 액화 암모니아
④ 아세틸렌

해설 수소, 산소 액화암모니아, 아세틸렌, 액화염소는 특정 고압가스이다. LPG는 가연성 가스이나 특정 고압가스에는 해당되지 않는다.

정답 64 ②　65 ①　66 ②　67 ③　68 ③　69 ②　70 ③　71 ②

072 폭발방지장치를 설치한 탱크 외부의 가스명 밑에는 가스명 크기의 얼마 이상이 되게 폭발방지장치를 설치하였음을 표시하는가?

① $\frac{1}{5}$ 이상 ② $\frac{1}{4}$ 이상
③ $\frac{1}{3}$ 이상 ④ $\frac{1}{2}$ 이상

해설 폭발방지장치의 크기는 가스명 크기의 $\frac{1}{2}$ 이상

073 포스겐의 제조설비에서 제독제인 소석회는 규정상 얼마 이상 보유해야 하는가?

① 870kg ② 360kg
③ 270kg ④ 150kg

해설 포스겐($COCl_2$, 염화카르보닐)
- 분자량 : 98
- 융점 : -118℃
- 비점 : 8℃
- 비중 : 3.38
- 임계온도 : 182℃
- 임계압력 : 56atm
- 유독한 가스
- $CO + Cl_2 \rightarrow COCl_2$ (포스겐)
- 제조 시 제독제 소석회 보유량 : 소석회 360kg, 가성소다 수용액 390kg

074 질소가스를 도관에 의하여 수송할 때 그 도관에 설치하여야 하는 부속기기 및 계기로만 묶여진 것은?

① 온도계, 액면계
② 온도계, 압력계
③ 액면계, 역류방지밸브
④ 압력계, 드레인 세퍼레이터

해설 질소가스를 도관에 의하여 수송할 때에는 그 도관에 온도계나 압력계의 설비가 필요하다.

075 산소의 가연성 가스와 혼합가스의 폭발범위가 가장 넓은 것은?

① 암모니아 ② 수소
③ 일산화탄소 ④ 프로판

해설 ① NH_3(암모니아) : 25.4~75%
② H_2(수소) : 15~90%
③ CO(일산화탄소) : 38~90%
④ C_3H_8(프로판) : 3.2~37%

076 다음 중 폭발범위가 가장 넓은 것은?(단, 공기 중에서)

① 황화수소 ② 암모니아
③ 산화에틸렌 ④ 프로판

해설 ① H_2S(황화수소) : 4.3~45%
② NH_3(암모니아) : 15~28%
③ C_2H_4O(산화에틸렌) : 3~80%
④ C_3H_8(프로판) : 2.2~9.5%

077 다음 가스 중 폭발범위가 가장 넓은 것부터 좁은 순서로 나열된 것은?

① H_2, C_2H_2, CH_4, CO
② CH_4, CO, C_2H_2, H_2
③ C_2H_2, H_2, CO, CH_4
④ C_2H_2, CO, H_2, CH_4

해설 가스의 폭발범위
- H_2 : 4~75%
- CH_4 : 5~15%
- CO : 12.5~74%
- C_2H_2 : 2.5~81%

078 액화가스설비에 정전기를 제거하기 위한 접지 접속선의 단면적은 몇 mm^2 이상인가?

① 2 ② 2.5
③ 5 ④ 5.5

해설 접지선은 5.5mm^2 이상의 구리선으로 하고 저항의 총합은 100Ω 이하

정답 72 ④ 73 ② 74 ② 75 ② 76 ③ 77 ③ 78 ④

079 공기 중 가스의 폭발범위가 잘못된 것은?

① 메탄 5~15%
② 프로판 2.1~9.5%
③ 수소 4~65%
④ 아세틸렌 2.5~81%

해설 ① 메탄 : 5~15%
② 프로판 : 2.1~9.5%
③ 수소 : 4~75%
④ 아세틸렌 : 2.5~81%

080 다음 중 가연성 가스인 동시에 독성 가스가 아닌 것은?

① 일산화탄소, 벤젠
② 시안화수소
③ 황화수소, 불소
④ 염화메탄, 브롬화메탄

해설 가연성이며 독성 가스는 일산화탄소(CO), 황화수소(H_2S), 벤젠(C_6H_6), 아크릴알데히드, 시안화수소(HCN), 브롬화메탄, 산화에틸렌, 암모니아, 트리메틸아민, 이황화탄소, 모노메틸아민, 아크릴로니트릴, 염화메탄 등이며 불소는 독성가스(0.1ppm)이다.

081 다음 가스 중 독성이 가장 큰 것은?

① 염소   ② 불소
③ 시안화수소   ④ 암모니아

해설 ① Cl_2(염소) : 1ppm
② F_2(불소) : 0.1ppm
③ HCN(시안화수소) : 10ppm
④ NH_3(암모니아) : 25ppm

082 다음 중 독성이 강한 순으로 나열된 것은?

① 암모니아 - 이산화탄소 - 황화수소
② 이산화탄소 - 암모니아 - 황화수소
③ 황화수소 - 암모니아 - 이산화탄소
④ 암모니아 - 황화수소 - 이산화탄소

해설 가스의 폭발범위 및 허용농도
• 암모니아 : 폭발범위 15~28%, 허용농도 25ppm
• 일산화탄소 : 폭발범위 12.5~74%, 허용농도 50ppm
• 황화수소 : 폭발범위 4.3~45%, 허용농도 10ppm

083 고압가스라 함은 압축가스인 경우에는 압력이 상용온도 또는 35℃에서 몇 게이지압 이상을 말하는가?

① 1MPa   ② 2MPa
③ 3MPa   ④ 4MPa

해설 • 고압가스란 압축가스인 경우 상용온도에서 35℃ 또는 상용온도 1MPa 이상의 게이지 압력에 해당한다.
• 압축가스란 산소, 수소, 질소, 불활성 가스 등이다.

084 다음 가스들 중 냄새로 쉽게 알 수 있는 것으로 짝지어진 것은?

① 프레온 12, 질소, 이산화탄소
② 일산화탄소, 아르곤, 메탄
③ 염소, 암모니아, 메탄올
④ 아세틸렌, 부탄, 프로판

해설 • 염소, 암모니아, 포스겐, 염화수소 : 자극성 냄새
• 에틸렌 : 달콤한 냄새
• 황화수소 : 달걀 썩은 냄새
• 벤젠 : 특유의 냄새
• 시안화수소 : 복숭아 냄새
• 아세틸렌 : 불순물에 의한 냄새
• 메탄올 : 에틸알코올 냄새
※ 프레온, 질소, CO_2, 아르곤, 메탄, 부탄, 프로판은 무색·무취의 가스이다.

085 가연성 가스를 이동 시 휴대하는 공작용 공구가 아닌 것은?

① 해머   ② 펜치
③ 가위   ④ 소석회

해설 소석회는 독성 가스 이동 시 휴대하는 제독제이다.
• 공작용 공구 : 해머, 펀치, 몽키스패너, 가위, 가죽장갑, 밸브개폐용 핸들
• 누설방지용 공구 : 납마개, 철사, 헝겊, 고무시트

정답 79 ③   80 ③   81 ② 82 ③   83 ①   84 ③   85 ④

086 다음 가스 중 독성이 가장 큰 것은?
① 취소 ② 일산화질소
③ 황화수소 ④ 암모니아

해설 ① 취소 : 허용농도 0.1ppm
② 일산화질소 : 허용농도 25ppm
③ 황화수소 : 허용농도 10ppm
④ 암모니아 : 허용농도 25ppm

087 다음 중 불연성 가스만으로 되어 있는 것은?
① N_2, Ar, He, H_2, F−12
② O_2, N_2, Ar, He, Kr
③ O_2, He, C_3H_8, NH_3
④ $COCl_2$, F_2, C_2H_2, H_2S, Xe

해설 불연성 가스
질소(N_2), 아르곤(Ar), 헬륨(He), 크립톤(Kr), 크세논(Xe), 라돈(Rn), 탄산가스(CO_2)

088 다음 중 가연성 가스로만 묶여진 것은?
① 아세틸렌, 프로필렌, 에탄
② 황화수소, 산소, 포스겐
③ 부탄, 염소, 질소
④ 염화비닐, 시안화수소, 암모니아

해설 가연성 가스
아세틸렌, 프로필렌, 메탄, 수소, 프로판 등(황화수소, 포스겐, 시안화수소, 암모니아, 염소는 독성)

089 다음 중 압축 또는 액화가스의 종류가 아닌 것은?
① CO_2 ② SO_2
③ CH_3Cl ④ H_2O

해설
• H_2O(수증기)는 압축가스가 아니다.(수증기는 가스가 아닌 기체이다.)
• CO_2(탄산가스), SO_2(아황산가스), CH_3Cl(염화메탄)은 액화가스이다.
• 압축가스 : 헬륨, 수소, 네온, 질소, 공기, 메탄 등

090 다음 중 독성이 가장 큰 가스는?
① 염소 ② 시안화수소
③ 산화질소 ④ 불소

해설 ① 염소 : 허용농도 1ppm
② 시안화수소 : 허용농도 10ppm
③ 산화질소 : 허용농도 25ppm
④ 불소 : 허용농도 0.1ppm

091 극히 독성과 환원성이 강하고 불완전연소에 의하여 생성되며 연소와의 반응으로 인해 포스겐을 생성하는 가스는?
① CO_2 ② CH_4
③ CO ④ LPG

해설 CO 가스
• 독성이 강하다.
• 환원성이 강하다.(고로 금속의 산화물을 환원시킨다.)
• 불완전연소에 의해 생성된다.
• 상온에서 염소와 반응하여 포스겐을 생성
$CO + Cl_2 → COCl_2$(포스겐 또는 염화카르보닐)

092 아세틸렌을 온도에 불구하고 2.5MPa의 압력으로 압축할 때는 희석제를 첨가하여야 하는데 다음 중 적당하지 않은 것은?
① 에틸렌(C_2H_4) ② 수소(H_2)
③ 산소(O_2) ④ 질소(N_2)

해설 아세틸렌의 2.5MPa의 압력하에서 압축 시 사용되는 희석제는 N_2, CH_4, CH_4, CO, C_2H_4

093 아세틸렌 용기에 다공성 물질을 고루 채운 후 아세틸렌을 충전하기 전에 침윤시키는 물질은?
① 산소 ② 아르곤
③ 헬리움 ④ 디메틸포름아미드

해설 아세틸렌을 충전하기 전에 침윤시키는 물질로 디메틸포름아미드와 아세톤을 사용한다.

정답 86 ① 87 ② 88 ① 89 ④ 90 ④ 91 ③ 92 ③ 93 ④

094 다음의 공식은 저장능력의 산정기준이다. 이들 중 액화가스 저장탱크의 저장능력 산식은 어느 것인가?(단, Q와 W는 저장능력, P는 최고충전압력(35℃), d는 액화가스의 비중, C는 가스의 정수, V는 내용적이다.)

① $Q = (P+1)V$
② $W = 0.9d \cdot V$
③ $W = \dfrac{V}{C}$
④ $W = d \cdot \dfrac{V}{C}$

해설 ㉠ 단위
- 압축가스의 저장설비(m^3)
- 액화가스의 저장탱크(kg)
- 용기인 저장설비(kg)

㉡ C(가스의 정수) : 프로판은 2.35, 부탄은 2.05, 암모니아는 1.86, 기타는 1.05

095 다음 가스의 조합 중 가연성이며 독성인 것으로 된 것은?

① 아세틸렌 - 프로판
② 수소 - 이산화탄소
③ 암모니아 - 산화에틸렌
④ 아황산가스 - 포스겐

해설
- 암모니아(NH_3) : 허용농도 25ppm, 폭발범위 15~28%
- 산화에틸렌(C_2H_4O) : 허용농도 50ppm, 폭발범위 3~80%

096 다음 가스 중 폭발범위(상온, 상압, 공기 중)가 올바르게 된 것은?

① 수소 : 4~85%
② 메탄 : 5~25%
③ 프로판 : 1.8~9.5%
④ 일산화탄소 : 12.5~74%

해설 ① H_2 : 4~75%
② CH_4 : 5~15%
③ C_3H_8 : 2.2~9.5%
④ CO : 12.5~74%

097 다음 중 압축할 수 있는 가스는?

① 프로판가스 중 산소용량이 전 용량의 4% 이상인 것
② 산소 중 메탄가스용량이 전 용량의 4% 이상인 것
③ 아세틸렌 중 산소용량이 전 용량의 2% 이상인 것
④ 산소 중 에탄용량이 전 용량의 2% 미만인 것

해설
- 압축가스 : 상용온도 또는 35℃에서 1MPa 이상인 것 또는 산소, 수소, 질소, 불활성 가스 등 비등점이나 임계온도가 낮은 가스는 상온에서 가압하여도 액화되지 않는다.
- ④의 경우에는 2% 이상일 경우에는 압축하여서는 안 된다.(2% 이하는 압축이 가능 하다.)
- ①, ②, ③은 압축할 수 없는 가스이다.

098 고압가스 적용범위에서 제외되는 고압가스는?

① 상용의 온도에서 압력이 $0kg/cm^2$를 넘는 아세틸렌
② 상용의 온도에서 압력이 $10kg/cm^2$ 이상
③ 섭씨 35도의 온도에서 압력이 $10kg/cm^2$ 이상되는 압축가스
④ 내용적 1L 미만의 접합용기 내의 고압가스

해설 ①, ②, ③ 외에도 상용의 온도에서 $0kg/cm^2$ 이상의 특정 액화가스 등이 고압가스 적용범위 가스이다.(액화시안화수소, 액화산화에틸렌, 액화브롬화메틸)

099 다음 중 폭발한계의 범위가 가장 좁은 것은?

① 프로판   ② 암모니아
③ 수소   ④ 아세틸렌

해설 ① 프로판 : 2.1~9.5%
② 암모니아 : 15~28%
③ 수소 : 4~75%
④ 아세틸렌 : 2.5~81%

정답 94 ② 95 ③ 96 ④ 97 ④ 98 ④ 99 ①

100 다음 가스 중 폭발범위가 가장 넓은 것은?

① CH_4 ② NH_3
③ C_2H_2 ④ CO

해설 ① CH_4(메탄가스) : 5~15%
② NH_3(암모니아) : 15~28%
③ C_2H_2(아세틸렌) : 2.5~81%
④ CO(일산화탄소) : 12.5~74%

101 부탄가스의 공기 중 폭발범위에 해당되는 것은?

① 1.2~2%   ② 1.8~8.4%
③ 2~10%   ④ 2.5~12%

해설 부탄가스의 공기 중 폭발범위는 1.8~8.4%이다.

102 고압가스설비의 내압 및 기밀시험에 관한 다음 기술 중 올바른 것은?

① 내압시험을 할 경우에 필히 기밀시험을 할 필요는 없다.
② 기체로 내압시험을 하는 것은 위험하므로 어떠한 경우라도 금지된다.
③ 기밀시험은 상용압력 이상으로 하고, 누설의 확인은 규정압력을 10분 이상 유지한다.
④ 내압시험은 상용압력의 1.1배 이상의 압력으로 실시한다.

해설 • 내압시험은 상용압력의 1.5배 이상으로 하며 5~20분을 유지한다.
• 기밀시험은 상용압력 이상에서 10분간 유지

103 품질검사의 합격기준 중 옳은 것은?

① 산소는 99.5% 이상
② 아세틸렌은 99.9% 이상
③ 수소는 99.0% 이상
④ 모든 가스는 99.0% 이상

해설 • 아세틸렌 : 98% 이상
• 수소 : 98.5% 이상
• 산소 : 99.5% 이상

104 아세틸렌가스를 제조하는 설비는 동 또는 동의 함유량이 몇 % 초과할 수 없는가?

① 62%   ② 72%
③ 85%   ④ 90%

해설 $C_2H_2 + 2Cu \rightarrow CuC_2 + H_2$ 반응에서 동의 함량이 62% 이상 시 동아세틸라이드 생성

105 시안화수소를 저장할 때에 1일 1회 이상 충전용기의 가스 누설검사를 해야 하는데 이때 쓰이는 시험지명은?

① 질산 구리벤젠   ② 발열황산
③ 질산은   ④ 브롬

해설 시안화수소(HCN) 충전용기의 누설검사 시험지는 질산구리벤젠지(초산벤젠지)를 사용하며 기타, 작산동 탐지기와 메틸오렌지, 염화 제2수은탐지기와 빙초산동 벤지진 탐지기와 탐지관 등이 시안화수소의 누출탐지법이다.

106 다음 안전간격 중 폭발 2등급에 해당하는 것은?

① 0.9mm   ② 0.7mm
③ 0.3mm   ④ 0.5mm

해설 • 1등급 : 안전간격이 0.6mm 이상
• 2등급 : 안전간격이 0.4~0.6mm
• 3등급 : 안전간격이 0.4mm 이하

107 다음 중 맞게 짝지어진 것은?

① 가연성 가스 - 수소, 암모니아, 산소
② 불활성 가스 - 질소, 아르곤, 헬륨
③ 지연성 가스 - 염소, 불소, 황화수소
④ 가연성 가스 - 이산화탄소, 프로판, 헬륨

해설 • 가연성 : 폭발하한이 10% 이하이거나 상한과 하한의 차가 20% 이상인 가스, C_2H_2, H_2, H_2S, C_3H_8 등
• 지연성 : 연소성은 없으나 연소를 돕는 가스공기, Cl_2, O_2, F_2, O_3
• 독성 : 허용농도가 200ppm 이하인 가스, Cl_2, SO_2, NH_3, HCN, F_2, H_2S

정답 100 ③ 101 ② 102 ③ 103 ① 104 ① 105 ① 106 ④ 107 ②

108 다음 중 폭발한계의 범위가 가장 좁은 것은?

① LP가스 ② 암모니아
③ 수소   ④ 아세틸렌

해설 ① C_3H_8(프로판) : 2.1~9.5%
② NH_3(암모니아) : 15~28%
③ H_2(수소) : 4~75%
④ C_2H_2(아세틸렌) : 2.5~81%

109 고압가스 안전관리법의 적용을 받지 않는 고압가스는?

① 상용의 온도에서 압력 $9kg/cm^2$인 질소 가스
② 온도 35℃, 압력 $10kg/cm^2$인 압축공기
③ 35℃에서 $1.5kg/cm^2$인 아세틸렌
④ 35℃에서 $1.5kg/cm^2$인 액화시안화수소

해설 고압가스의 적용범위
• 압축가스 : 35℃ 또는 상용온도에서 $10kg/cm^2$ 이상 압력
• 액화가스 : 35℃ 또는 상용온도에서 $2kg/cm^2$ 이상 압력
• C_2H_2 가스 : 상용온도에서 $0kg/cm^2$ 이상 압력
• 특정 액화가스 : 상용온도에서 $0kg/cm^2$ 이상 압력(액화시안화수소 등)
• 질소는 압축가스이다.($10kg/cm^2$ 미만은 고압가스가 아니다.)

110 공기 중 폭발범위가 넓은 순서로 된 것은?

① $CO - H_2 - CH_4 - C_3H_8$
② $C_3H_8 - CH_4 - H_2 - CO$
③ $H_2 - CH_4 - CO - C_3H_8$
④ $H_2 - CO - CH_4 - C_3H_8$

해설 가스의 폭발범위
• CO(일산화탄소) : 12.5~74%
• H_2(수소) : 4~75%
• C_3H_8(프로판) : 2.2~9.5%
• CH_4(메탄) : 5~15%

111 다음 가스 중 독성이 강한 순서로 나열된 것은 어느 것인가?

㉠ CO   ㉡ HCN
㉢ $COCl_2$ ㉣ Cl_2

① ㉣ - ㉢ - ㉡ - ㉠
② ㉢ - ㉣ - ㉡ - ㉠
③ ㉡ - ㉠ - ㉢ - ㉣
④ ㉡ - ㉣ - ㉢ - ㉠

해설 공기 중 허용농도
• CO(일산화탄소) : 50ppm
• HCN(시안화수소) : 10ppm
• $COCl_2$(포스겐) : 0.1ppm
• Cl_2(염소) : 1ppm

112 다음 가스 중 독성이 강한 순서대로 나열된 것은?

㉠ NH_3 ㉡ HCN
㉢ $COCl_2$ ㉣ Cl_2

① ㉣ - ㉢ - ㉡ - ㉠
② ㉢ - ㉣ - ㉡ - ㉠
③ ㉡ - ㉠ - ㉢ - ㉣
④ ㉡ - ㉣ - ㉢ - ㉠

해설 유독가스의 허용한도
• NH_3(암모니아) : 25ppm
• HCN(시안화수소) : 10ppm
• $COCl_2$(포스겐, 염화카르보닐) : 0.1ppm
• Cl_2(염소) : 1ppm

113 다음 중 독성가스의 누설 시 제독제로서 적합하지 않은 것은?

① 염소 - 탄산소다 수용액
② 포스겐 - 소석회
③ 산화에틸렌 - 소석회
④ 황화수소 - 가성소다 수용액

해설 산화에틸렌(C_2H_4O)의 제독제는 물이다.

정답 108 ① 109 ① 110 ④ 111 ② 112 ② 113 ③

114 다음의 가스 중 가연성이면서 유독한 것은?

① NH_3　　② H_2
③ CH_4　　④ N_2

해설 암모니아는 산소 속에서 연소시키면 질소와 물이 된다. 암모니아 독성가스의 허용농도는 25ppm이며, 폭발범위는 15~28%(공기 중)이다.
$4NH_3 + 3O_2 \rightarrow 2N_2 \uparrow + 6H_2O$

115 다음은 고압가스 제조장치의 재료에 관한 사항이다. 이 중 틀린 것은?

① 암모니아 합성탑 내용의 재료로는 18-8 스테인리스강을 사용한다.
② 아세틸렌은 아연족, 동족의 금속과 반응하여 금속 아세틸라이드를 생성한다.
③ 상온 건조상태의 염소가스에 대하여는 보통강을 사용한다.
④ 탄소강의 충격값은 -30℃에서 거의 0으로 되며 이 성질은 탄소강의 탄소함유량에 따라 현저하게 변한다.

해설 탄소강의 충격값은 -70℃가 되어 취성이 증대된다.

116 다음 중 압축가스가 아닌 것은?

① H_2　　② O_2
③ CH_4　　④ C_2H_2

해설 압축가스란 H_2, O_2, CH_4 등과 같이 상온에서 압축하여도 액화되지 않는 가스를 그대로 압축한 가스이다. 아세틸렌(C_2H_2)은 용해가스이다.

117 아세틸렌을 용기에 충전 시 미리 용기에 다공질물질을 고루 채운 후 침윤 및 충전을 해야 하는데 이때 다공도는 얼마로 해야 하는가?

① 75% 이상 92% 미만
② 70% 이상 95% 미만
③ 62% 이상 75% 미만
④ 92% 이상

해설 법규상 아세틸렌(C_2H_2)의 다공도는 75~92% 미만의 충전이며 다공물질은 규조토, 석면, 목탄, 석회석, 산화철, 탄산마그네슘, 다공성 플라스틱 등이다.

118 염소가스를 취급하다가 눈이 중독되어 충혈되었을 때 응급처치의 가장 이상적인 방법은?

① 알코올로 소독한다.
② 비누로 세수한다.
③ 붕산수 3% 정도로 세척한다.
④ 눈을 감고 쉰다.

해설 염소 취급 시 눈이 중독되면 응급처치는 2~3%의 붕산수로 세척하고 유동파라핀을 2~3방울 점안한다.

119 용기에 충전하는 시안화수소의 순도는 몇 % 이상이어야 하는가?

① 93%
② 95%
③ 96%
④ 98%

해설 시안화수소(HCN)는 2% 이상의 수분 함유 시 중합폭발의 위험이 있으므로 염산, 염화칼슘, Cu(동망), 황산 등의 안정제를 첨가한다. 순도는 98% 이상이어야 한다.

120 다음 중 가연성 가스가 아닌 것은?

① 암모니아
② 부탄
③ 벤젠
④ 염소

해설 염소 가스
- 염소는 가연성 가스가 아니고 다른 물질이 타는 것을 도와주는 조연성 및 독성 가스이다.(허용농도 1ppm)
- 황록색의 자극성 냄새가 나는 기체이다.
- 염소폭명기 : $H_2 + Cl_2 \rightarrow 2HCl$

정답 114 ① 115 ④ 116 ④ 117 ① 118 ③ 119 ④ 120 ④

121 다음 중 폭발 2등급의 가스는?

① 일산화탄소　② 암모니아
③ 이황화탄소　④ 에틸렌

해설 ㉠ 폭발 2등급 가스는 안전간격이 0.6~0.4mm인 가스이다.
- C_2H_4 가스(에틸렌가스)
- 석탄가스(주성분 CO 가스)
- 에틸렌 옥시드

㉡ 암모니아는 1등급, 이황화탄소는 3등급, 일산화탄소는 1등급

122 복식 정류탑에서 얻어지는 질소의 순도는 대략 몇 %인가?

① 99.8% 이상　② 98.8% 이하
③ 97.8% 이상　④ 96.8% 이상

해설 정류탑의 상부탑 하부에서 순도 99.6~99.8%의 액체산소가 분리되며 하부탑 상부에서 순도 99.8%의 액체질소가 분리된다.

123 액화가스를 충전하는 경우, 용기에 액화가스를 충만시키지 않고 안전공간을 두는 주된 이유는?

① 액체는 압축성이 극히 적으므로 액체의 팽창에 의해 파괴되기 쉽기 때문에
② 안전밸브가 작동했을 때 액이 분출될 염려가 있기 때문에
③ 온도가 상승하면 용기 내의 증기압이 상승하여 위험하기 때문에
④ 액체가 충만되어 있으면 외부로부터의 충격으로 용기가 파괴되기 쉽기 때문에

해설 액화가스의 종류
- 액화에틸렌
- 액화프로판
- 액화부탄
- 액화사이크로프로판
- 액화부타디엔
- 액화메틸에테르
- 액화염화수소
- 액화황화수소
- 액화에탄
- 액화프로필렌
- 액화부틸렌
- 액화암모니아
- 액화트리메틸아민
- 액화모노메틸아민
- 액화시안화수소
- 액화질소
- 액화탄산가스
- 액화산화에틸렌
- 액화염화비닐
- 액화프레온 152a
- 액화프레온 500
- 액화프레온 22
- 액화불화황
- 액화아르곤
- 액화크세논
- 액화취화수소
- 액화프레온 13B
- 액화프레온 C318
- 액화아산화질소
- 액화염화메탄
- 액화 4불화에틸렌
- 액화산소
- 액화프레온 13
- 액화프레온 502
- 액화프레온 115
- 액화프레온 12
- 액화염소
- 액화아황산가스
- 액화프레온 114
- 그 밖의 액화가스

액화가스의 충전 시 용기에 안전공간을 두는 이유는 액체는 압축성이 극히 적어서 액체의 팽창에 의해 파괴되는 것을 예방하기 위해서이다.

124 다음 가스 중 불연성 가스가 아닌 것은?

① 아르곤　② 탄산가스
③ 질소　④ 일산화탄소

해설 일산화탄소(CO)는 가연성, 독성 가스이다.

125 일산화탄소의 허용농도는 몇 ppm인가?

① 50ppm　② 100ppm
③ 150ppm　④ 200ppm

해설 일산화탄소의 허용농도는 50ppm이다.

126 가스를 폭발 등급별로 분류 시 잘못 분류된 것은?

① 1등급 - 메탄, 2등급 - 에틸렌
② 1등급 - 메탄, 에탄, 2등급 - 석탄가스
③ 1등급 - 암모니아, 가솔린, 3등급 - 수소, 아세틸렌
④ 1등급 - 암모니아, 일산화탄소, 3등급 - 수성가스, 프로판

해설
- 1등급(0.6mm 이상) : CO, C_2H_6, CH_4, NH_3(프로판 1등급), 아세톤, 가솔린, 벤젠, 메탄올
- 2등급(0.4~6mm) : C_2H_4, 석탄가스
- 3등급(0.4mm 이하) : CS_2, C_2H_2, H_2, 수성가스

정답 121 ④　122 ①　123 ①　124 ④　125 ①　126 ④

127 다음 가스 중 독성이 가장 강한 것은?

① 이산화탄소   ② 산화에틸렌
③ 오존   ④ 염소

해설 가스의 허용농도
- 이산화탄소 : 5,000ppm
- 산화에틸렌 : 50ppm
- 염소 : 1ppm
- 오존 : 0.1ppm

128 다음 세 가지 가스를 폭발범위가 넓은 것으로부터 좁은 것의 순서로 나열한 것은?

| ㉠ H_2 | ㉡ CO | ㉢ C_3H_8 |

① ㉠ > ㉢ > ㉡   ② ㉠ > ㉡ > ㉢
③ ㉢ > ㉠ > ㉡   ④ ㉡ > ㉢ > ㉠

해설 가스의 폭발범위
- H_2(수소) : 4~75%
- CO(일산화탄소) : 12.5~74%
- C_3H_8(프로판) : 2.2~9.5%

정답 127 ③ 128 ②

SECTION 05 가스분석 및 측정기기

001 대기 중에 장치로부터 미량의 가스가 누설됐을 때 가스의 검지에 사용되는 시험지 및 색변 상태 중 틀린 것은?

① 시안화수소 – 초산벤젠지 – 청색
② 황화수소 – KI 전분지 – 청색
③ 일산화탄소 – 염화파라듐지 – 흑색
④ 암모니아 – 적색 리트머스 시험지 – 청색

해설 황화수소 – 연당지 – 흑색

002 온도 측정용 계기는?

① 벤투리계
② 열전대
③ 마이크로미터
④ U자관

해설
- 열전대는 접촉식 온도계에서 가장 고온 측정용이다.
- 벤투리계는 유량계
- U자관은 압력계

003 유량측정 방법에는 직접법과 간접법이 있다. 다음 중 직접법에 해당되는 것은?

① 습식가스미터
② 피토관
③ 오리피스미터
④ 벤투리미터

해설
- 직접식 유량 측정식 : 습식 가스미터
- 간접식 유량계 : 피토관, 오리피스미터, 벤투리미터, 로터미터

004 고압설비에 압력계를 설치하려고 한다. 사용압력이 20MPa이라면, 게이지의 최고 눈금은 다음의 어떤 것이 가장 좋은가?

① 20~25MPa
② 30~40MPa
③ 45~65MPa
④ 70~80MPa

해설 20MPa×1.5배=30MPa
20MPa×2배=40MPa
∴ 30~40MPa

005 다음 설명 중 틀린 것은?

① 산소용 압력계에는 금유라고 명기한다.
② 아세틸렌용 압력계의 부르동관은 동제이다.
③ 암모니아용 압력계의 부르동관에는 연강제가 안전하다.
④ 부르동관 압력계에서 고압의 경우에는 니켈강이 사용된다.

해설
- $C_2H_2 + 2Cu \rightarrow Cu_2C_2 + H_2$
- 동(구리)을 사용하면 구리아세틸렌라이드 생성(치환반응 생성)
- C_2H_2의 부르동관은 연강을 사용해야 한다.

006 유량을 측정하는 데 사용하는 계기가 아닌 것은?

① 피토관
② 오리피스
③ 아네로이드계
④ 벤투리계

해설
- 압력식 온도계(아네로이드계) : 액체압력식, 고체압력식, 기체압력식, 증기압력식
- 유량계 : 피토관, 오리피스, 벤투리계

정답 01 ② 02 ② 03 ① 04 ② 05 ② 06 ③

007 다음 계측장치 중 벨로스식 압력 측정 장치와 가장 밀접한 관계에 있는 것은?

① 피스톤식
② 전기식
③ 액체봉입식
④ 탄성식

해설 압력측정장치
- 탄성식 : 벨로스식, 부르동관식, 다이어프램식
- 전기식 : 피에조 전기식, 전기 저항식

008 포금제의 부르동관을 사용한 압력계가 있다. 다음 중 이 압력계를 사용할 수 없는 가스는?

① 수소　　　② 산소
③ 질소　　　④ 암모니아

해설
㉠ 암모니아나 아세틸렌, 산화에틸렌 가스의 측정 시, 부르동관 압력계는 구리나 구리의 합금(포금)은 사용을 금지하고 연강재를 사용한다.
㉡ 부르동관 압력계의 재질
  - 저압용 : 황동, 청동(포금), 인청동
  - 고압용 : 니켈강, 특수강
㉢ 부르동관의 사용 시 산소측정용 압력계는 금유라고 표기되어 있는 것을 전용으로 사용하여야 한다.

009 패러데이 전자유도법칙을 이용한 유량계는 어느 것인가?

① 전자식 유량계
② 초음파식 유량계
③ 와류 유량계
④ 열식 유량계

해설 전자식 유량계는 패러데이의 전자유도법칙을 이용한 유량계이다.

010 독성가스의 검지방법 중 암모니아수로 검지하는 가스는?

① 아황산가스　　② 시안화가스
③ 암모니아　　　④ 일산화탄소

해설
- 암모니아수에 네슬러 시약을 넣으면, 소량 누설 시 황색반응, 다량 누설 시 자색반응을 보인다.
- 붉은 리트머스 시험지를 물에 적셔 누설개소에 대면 청색으로 변화한다.
- 유황초에 불을 붙여 누설개소에 대면 흰 연기가 발생한다.

011 일산화탄소의 경우 가스 누설검지 경보장치의 감지에서 발신까지 걸리는 시간은 경보농도의 1.6배에서 몇 초 이내이어야 하는가?

① 10　　　② 20
③ 30　　　④ 60

해설
- 경보농도 : 가연성 가스는 폭발하한의 1/4 이하, 독성 가스는 허용농도 이하
- 경보시간 : 검지 농도의 1.6배에서 30초(단, NH_3, CO는 1분)
- 지시계 눈금 : 가연성 가스는 0~폭발하한계, 독성 가스는 0~허용농도의 3배(단, NH_3는 150ppm)
- 정밀도 : 가연성 가스 ±25%, 독성 가스 ±30%

012 수소의 순도는 피로카롤 또는 하이드로설파이드 시약을 사용한 오르사트법에 의하여 순도가 몇 % 이상이어야 하는가?

① 98.5%　　② 90%
③ 99.9%　　④ 99.5%

해설
- H_2 : 98.5% 피로카롤, 하이드로설파이드
- O_2 : 99.5% 오르사트법으로 동암모니아 시약
- C_2H_2 : 98% 오르사트법으로 발연황산 시약, 뷰렛법으로 브롬 시약, 정성시험으로 질산은 시약

013 독성 가스 검지방법 중 암모니아로 검지하는 가스는?

① SO_2　　　② HCN
③ NH_3　　　④ CO

해설 암모니아, 황을 접촉하면 흰색 연기로 누설검지를 할 수 있으며 이외에 붉은 리트머스 시험지를 접촉, 냄새, 페놀프탈렌 시험지 등이 누설검지에 사용된다.

정답 07 ④　08 ④　09 ①　10 ①　11 ④　12 ①　13 ①

014 LP 가스가 충전된 납붙임 용기 또는 접합용기는 몇 도의 온도에서 가스누설 시험을 할 수 있는 누설 시험장치를 설치하여야 하는가?

① 20~32℃
② 35~45℃
③ 46~50℃
④ 52~60℃

해설 LP 가스의 용기는 46~50℃에서 가스누설시험을 할 수 있는 누설장치를 설치한다.

015 고압가스 설비에 장치하는 압력계의 최고 눈금에 대해서 맞는 것은 어느 것인가?

① 상용압력의 1.0배 이하
② 상용압력의 2.0배 이하
③ 상용압력의 1.5배 이상 2.0배 이하
④ 상용압력의 2.0배 이상 2.5배 이하

해설 고압가스의 압력계는 상용압력의 1.5배 이상, 2.0배 이하의 측정 표시

016 암모니아 냉매의 누설감지법으로 잘못된 것은?

① 불쾌한 냄새로 발견한다.
② 황을 태우면 흰 연기 발생
③ 페놀프탈레인을 홍색으로 변화
④ 적색 리트머스 시험지를 갈색으로 변화

해설 적색 리트머스는 청색으로 변한다. 그 외에도 ①, ②, ③ 등의 방식으로 검지한다.

017 다음 온도계 중 접촉식 방법의 온도측정을 하는 온도계가 아닌 것은?

① 더스트 온도계
② 광고 온도계
③ 압력 온도계
④ 금속저항 온도계

해설
- 접촉식 온도계 : 유리 온도계, 부르동관 온도계, 바이메탈식 저항 온도계, 열전대 온도계
- 비접촉식 온도계 : 광고 온도계, 복사온도계, 광전관 온도계(비접촉식은 고온용 온도계)

018 유량 측정법 중 직접법에 해당하는 것은?

① 피토미터
② 오리피스미터
③ 막식 가스미터
④ 벤투리미터

해설 유량측정
- 직접법 ┌ 건식 – 막식, 루츠식
         └ 습식 가스미터
- 간접법 : 오리피스식, 벤투리식, 터빈식

019 압력계에 관한 설명 중 틀린 것은?

① 정기적으로 점검할 것
② 사용자가 보기 좋도록 앞면에 설치할 것
③ 사용가스에 적합할 것
④ 가스의 흡입과 배재는 서서히 할 것

해설 ①, ②, ③은 압력계 설치 시 주의 사항이다.

020 면적 가변형 유량계의 일종으로 공업용에 많이 쓰이는 측정기는?

① 벤투리미터   ② 압력 천평
③ 오리피스미터   ④ 로터미터

해설
① , ③ 차압식 유량계이다.
② 압력계이다.
④ 면적식 유량계이다.

021 가스 누설 시 검지 경보장치의 검지에서 발신까지 걸리는 시간은 경보 농도의 1.6배 농도에서 몇 초 이내이어야 하는가?

① 30   ② 20
③ 15   ④ 10

해설 NH_3, CO는 1분 이내일 것(기타 가스는 30초 이내)

022 안전사고 발생으로 인한 피해를 방지하고 가스품질을 관리하기 위한 가스 분석방법이 아닌 것은?

① 가스 흡수법
② 가스 연소법
③ 화학 분석법
④ 시험지법

[해설] 혼합기체 중 불순가스의 종류, 농도를 알기 위하여는 연소법, 흡수법 등의 정량법이 필요하다. 시험지법은 가스의 누설 탐지법이다.

023 추치 제어에 속하지 않는 제어계는?

① 프로그램 제어
② 추종제어
③ 비율 제어
④ 수동 제어

[해설] 추치 제어 : 목표치를 측정하면서 제어량을 목표치에 맞추는 제어
- 추종 제어 : 목표치가 임의로 변하는 제어
- 비율 제어 : 목표치가 다른 양과 일정한 비율관계에서 변화되는 제어
- 프로그램 제어 : 목표치의 변화방식이 미리 정해진 제어(수동제어, 제동제어는 제어의 분류)

024 측정에 관한 설명 중 옳지 않은 것은?

① 절삭가공 중에 측정할 때에는 절삭력에 의한 열팽창을 고려한다.
② 측정기와 피측정물은 동일한 온도조건에서 측정한다.
③ 정밀한 측정을 위해서 항온실에서 측정하는 것이 좋다.
④ 체온에 의한 영향은 무시하여도 좋으므로 맨손으로 측정하는 것이 좋다.

[해설] ①, ②, ③은 계측기기의 사용 시 주의 사항이다. (측정 시는 체온에 의한 영향을 무시하면 안 된다.)

025 미소한 압력 및 부식성 유체의 압력측정에 적합한 것은?

① 피에조 전기 압력계
② 자유 피스톤식 압력계
③ 전기 저항 압력계
④ 다이어프램 압력계

[해설] 다이어프램 압력계(격막식)
- 미소한 압력 측정(20~5,000mmH$_2$O)
- 부식성 유체의 측정
- 온도의 영향이 미친다.
- 측정의 응답속도가 빠르다.

026 압력계에 관한 다음 기술 중 옳은 것을 모두 고른 것은?

㉠ 피에조 전기압력계는 수정 등의 결정체의 압력을 가하면 전기량의 변화가 생기는 원리를 이용한 것이다.
㉡ 자유 피스톤식 압력계는 다른 압력계의 교정용으로 쓰인다.
㉢ 유리를 사용한 U자관 압력계는 고압력의 측정에 부적당하다.
㉣ 부르동관식 압력계는 부압의 측정에 사용되지 않는다.

① ㉠, ㉡, ㉢
② ㉡, ㉢, ㉣
③ ㉠, ㉡, ㉣
④ ㉠, ㉢, ㉣

[해설] 부르동관식 압력계는 부압의 측정에 사용된다.

027 산소용기의 가스누설검사에 가장 안전한 것은?

① 비눗물
② 성냥불
③ 아세톤
④ 순수한 물

[해설] 산소가스 누설검사에는 비눗물 검사가 용이하다.

정답 22 ④ 23 ④ 24 ④ 25 ④ 26 ① 27 ①

028 온도계의 사용법에 관한 설명 중 맞는 것은?

㉠ 600℃의 측정에는 알루멜-크로멜 열전대 온도계를 사용한다.
㉡ 1,000℃의 온도측정에는 동-콘스탄탄 열전대 온도계를 사용한다.
㉢ -60℃의 온도측정에는 수은 온도계를 사용한다.
㉣ 900℃의 온도측정에는 백금-백금로듐 열전대를 사용한다.

① ㉠, ㉡, ㉢
② ㉡, ㉢, ㉣
③ ㉠, ㉢
④ ㉠, ㉣

해설
- 크로멜-알루멜 : 0~1,200℃
- 동-콘스탄탄 : -200~350℃
- 백금-백금로듐 : 0~1,600℃
- 수은 온도계 : -30~360℃

029 다음 중 점성계수를 측정할 수 없는 것은?

① 슈리렌 점도계
② 오스트왈트 점도계
③ 세이볼트 점도계
④ 낙구식 점도계

해설
- ②, ③, ④의 점도계는 점성계수를 측정할 수 있다.
- 점성계수의 단위 : kg/m·s, dyne·s/cm²
- 점성계수의 차원 : $ML^{-1}T^{-1}$, $1cm^2/s$를 1stokes라 한다.

030 암모니아 부르동관 압력계의 재질은?

① 황동
② 알루미늄강
③ 청동
④ 연강

해설 부르동관 압력계(2차 압력계)
㉠ 재질
- 저압용 : 황동, 청동, 인청동
- 고압용 : 니켈강, 특수강
㉡ 암모니아용, 아세틸렌용 : 구리나 구리의 합금(황동, 청동)을 금하고 연강을 사용

031 고압가스 설비에 장치하는 압력계에 관한 다음 설명 중 옳은 것은?

㉠ 압력계는 사용압력의 1.5~2배의 최고 눈금인 것을 사용한다.
㉡ 가연성 가스의 압력계는 산소에 사용하더라도 좋다.
㉢ 아세틸렌 압력계의 부르동관은 청동재가 좋다.
㉣ 압력계는 눈의 높이보다 높은 위치에 부착시킨다.

① ㉠, ㉡
② ㉠, ㉣
③ ㉢, ㉣
④ ㉡, ㉢

해설 고압가스의 압력계
- 아세틸렌의 압력계는 부르동관의 경우 연강재가 좋다.
- 부르동관의 압력계는 상용압력의 1.5~2배 이하의 눈금이 좋다.
- 가연성 가스의 압력계는 산소는 제외한다.
- 압력계는 눈의 높이보다 높은 위치에 부착시킨다.

032 부르동관 압력계의 사용방법에 관한 설명 중 틀린 것은?

① 부압도 측정할 수 있다.
② 부르동관이 연강재인 것은 암모니아 및 아세틸렌의 충전압력에 사용한다.
③ 가능한 한 진동이나 충격이 적은 장소에 설치한다.
④ 상용압력 15kg/cm²의 압력측정에는 최고 눈금 100kg/cm²의 것이 적당하다.

해설 부르동관 압력계
- 암모니아 아세틸렌가스의 압력계는 연강재를 사용한다.
- 온도변화나 충격진동이 적은 장소에 설치한다.
- 측정범위는 0.5~3,000kg/cm²까지다. (15kg/cm²의 측정은 22.5~30kg/cm²까지 적당하다.)
- 부압 측정도 가능하다. (대기압 이하)

정답 28 ④ 29 ① 30 ④ 31 ② 32 ④

033 가스미터기의 추량식에 속하지 않는 것은?

① 터빈식　　　　② 오리피스식
③ 로터리 피스톤식　④ 벤투리식

해설
- 추량식 가스미터기 : 오리피스식, 터빈식, 벤투리식
- 로터리 피스톤식은 용적식 유량계(집적식)에 해당한다.

034 다음 온도계 중 측정범위가 가장 높은 것은?

① 수은 온도계
② 바이메탈 온도계
③ 서미스터 전기 온도계
④ 열전대 온도계

해설 온도 측정범위
① 수은 온도계 : $-35 \sim 350℃$
② 바이메탈 온도계 : $-40 \sim 500℃$
③ 서미스터 : $-100 \sim 300℃$
④ 열전대 온도계
 - 철-콘스탄탄 : $-200 \sim 800℃$
 - 크로멜-알루멜 : $0 \sim 1,200℃$
 - 구리-콘스탄탄 : $-200 \sim 350℃$
 - 백금-백금로듐 : $0 \sim 1,600℃$

035 화학공장의 공정에서 새어나온 어떤 유독가스를 신속하게 현장에서 검지정량하는 방법 중의 하나는 어느 것인가?

① 전위적정법　② 검지관법
③ 적정법　　　④ 중량법

해설 화학공장에서 가스가 누설하거나 유독가스가 발생하면 시험지법(약 7가지), 검지관법, 가연성 가스 검출기 등이 있다.

036 산소(O_2) 가스의 흡수에 관한 사항 중 가장 올바른 것은 어느 것인가?

① 활성탄에 의한 흡수
② 수산화칼륨(KOH) 용액
③ 아황산가스에 의한 흡수
④ 티오황산나트륨액의 흡수

해설 ④는 산소가스의 흡수에 해당되는 용액이다. 이동하는 옥소를 이용하여 산소(O_2)를 구한다. 화학분석법의 간접법이다.

037 CO_2(이산화탄소)를 흡수시켰다 다시 회수하는 방법에 해당되지 않는 것은 어느 것인가?

① 암모니아 흡수법
② 탄산소다 흡수법
③ 고압수 세정법
④ 열탄산칼리법

해설 ①, ②, ④의 경우는 CO_2의 회수법이다.

038 다음은 부르동관 압력계의 저압측정용 부르동관 재료를 열거한 것이다. 사용되지 않는 재료는 어느 것인가?

① 청동
② 황동
③ 특수 청동
④ 특수강의 인발관

해설 부르동관 압력계의 재질
- 저압 : 황동, 청동, 인청동
- 고압 : 니켈강, 특수강

039 가스 누설 시 조치방법으로 틀린 것은?

① 발견자는 큰 소리로 사람들에게 알리며 동시에 책임자에게 보고한다.
② 정해진 사내 안전 조직에 의하여 행동하고 먼저 소방서 등에 통보한다.
③ 누설이 그치지 않을 경우에는 될 수 있는 한 일시에 누설량을 크게 하는 대책을 취한다.
④ 긴급차단 밸브 또는 필요한 밸브를 차단한다.

해설 ①, ②, ④는 가스누설 시 긴급대책 사항이다.

정답 33 ③　34 ④　35 ②　36 ④　37 ③　38 ④　39 ③

040 이산화탄소(CO_2)는 무엇으로 흡수시키는 것이 좋은가?

① 10% $Ca(OH)_2$
② 33% KOH
③ 피로카롤 용액
④ 30% NaOH

[해설]
- CO_2는 KOH(수산화칼륨 용액)의 시약으로 흡수시킨다.
- 피로카롤 용액은 O_2(산소)의 흡수 용액으로 쓰인다.

041 품질검사 기준 중 산소의 순도측정에 사용되는 시약은?

① 동암모니아 시약
② 발연황산 시약
③ 피로카롤 시약
④ 하이드로설파이드 시약

[해설]
① 산소 측정
② 아세틸렌 측정
③ 수소 측정
④ 수소 측정

042 다음 설명 중 틀린 것은?

① 산소용 압력계에는 "금유"라고 명기한다.
② 아세틸렌용 압력계의 부르동관은 황동으로 만든다.
③ 암모니아용 압력계의 부르동관은 강으로 만든다.
④ 압력계의 최대 눈금은 측정압력의 약 2배가 적당하다.

[해설]
① 산소용 압력계는 금유라는 표시 명기
③ 암모니아용이나 아세틸렌용 압력계는 구리나 구리의 합금(부르동관)은 금하고 연강재를 사용한다.
④ 압력계의 최대 눈금은 측정압력의 2배가 적당하다.

043 다음 보기에서 가스누설 검지경보 설비에 설정하는 가스의 농도(경보 설정값)에 관한 설명 중 옳은 것은?

> ㉠ 가연성 가스 – 폭발하한계의 1/2 이하의 값
> ㉡ 산소가스 – 14%
> ㉢ 독성 가스 – 허용농도 이하의 값
> ㉣ 산소가스 – 25%

① ㉠, ㉡
② ㉡, ㉢
③ ㉠, ㉢
④ ㉢, ㉣

[해설] 가스누설 검지경보 설정 농도는 가연성 가스는 폭발하한의 1/4 이하의 농도(1/2 이하의 값은 해당 안됨), 독성은 허용농도 이하, 산소는 25% 농도에서 30초 이내에 작동을 해야 한다.

044 가스누설 검지경보 장치의 경보 농도값이 옳은 것은?

① 가연성 가스 – 폭발하한계의 1/2 이하의 값
② 가연성 가스 – 폭발하한계의 1/3 이하의 값
③ 독성 가스 – 허용농도의 1/2 이하의 값
④ 독성 가스 – 허용농도 이하의 값

[해설]
- 독성 가스 : 허용농도 이하
- 가연성 가스 : 폭발하한계의 1/4 이하
- 산소 : 25%

045 질소와 수소의 혼합가스 중 수소를 연속적으로 기록 분석하는 경우의 시험법은?

① 노점 측정법
② 열전도도법
③ 염화칼슘에 흡수시키는 중량 분석법
④ 염화 제1동의 암모니아성 용액에 의한 흡수법

[해설] 열전도도법 가연성 가스 검출기는 질소와 수소의 혼합가스 중 수소를 연속기록 분석한다.

정답 40 ② 41 ① 42 ② 43 ④ 44 ④ 45 ②

046 압력계에 관한 다음 사항 중 옳은 것의 번호로만 된 것은?

> ㉠ 압력계는 측정하고자 하는 압력의 1.5배 이상, 3배 이하의 눈금이 표시된 것이 적당하다.
> ㉡ 부르동관식 압력계는 부압의 측정에는 사용할 수 없다.
> ㉢ 산소용의 부르동관식 압력계는 눈금판에 "산소용, 금유"라 명기할 필요가 있다.
> ㉣ 압력계까지의 도관은 될 수 있는 한 짧은 것이 바람직하다.

① ㉠, ㉡
② ㉢, ㉣
③ ㉠, ㉣
④ ㉡, ㉢

해설 고압가스 압력계
- 최고 압력의 1.5배 이상, 2배 이하의 눈금 표시
- 산소용 압력계는 금유의 표시가 있어야 사용 가능
- 압력계까지의 도관은 될 수 있는 한 짧은 것이 좋다.

047 다음 중에서 유량측정에 사용되지 않는 것은?

① 벤투리에 의한 방법
② 노즐에 의한 방법
③ 위어에 의한 방법
④ U자관에 의한 방법

해설 U자관은 압력측정에 사용한다. 유량측정용에는 사용하지 않는다.

048 다음 가스미터 중 실측식 가스미터가 아닌 것은?

① 루츠식
② 로터리식
③ 독립내기식
④ 터빈식

해설 가스미터

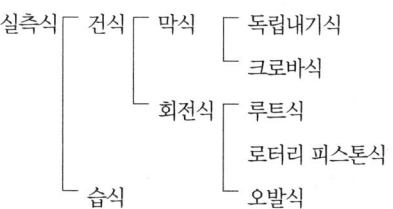

추측식 – 오리피스식, 터빈식, 벤투리식

049 가스미터기의 추량식에 속하지 않는 것은?

① 델타형
② 루트형
③ 벤투리형
④ 터빈형

해설
- 추량식 : 델타형, 터빈형, 벤투리형
- 루트형은 실측식에 속한다.

050 암모니아가스는 검지경보 장치의 검지에서 발신까지 몇 분 이내에 하는가?

① 1분 ② 2분
③ 3분 ④ 4분

해설 검지에 발신까지 걸리는 시간은 경보농도의 1.6배 농도에서 30초이나, 암모니아와 CO는 1분이다.

051 다음 중 가스 분석법에 해당되지 않는 것은?

① 가스 흡수법
② 가스 연소법
③ 크로마토그래피법
④ 가스 비체적법

해설 가스의 분석
- 흡수 분석법 : 헴펠, 오르사트, 게겔법
- 연소법 : 폭발, 완만연소, 분별연소
- 화학 분석법 : 적정법, 중량법, 흡광광도법
- 기기 분석법 : 가스크로마토그래피, 질량분량분석, 적외선 분광법, 전량 적정법, 저온정밀 증류법
- 가스 분석계법 : 밀도식, 열전도율식, 반응열식, 적외선식

정답 46 ② 47 ④ 48 ④ 49 ② 50 ① 51 ④

052 다음 가스 분석법 중 흡수 분석법에 해당되지 않는 것은?

① 헴펠법　　　　② 산화동법
③ 오르사트법　　④ 게겔법

해설 가스흡수 분석법
헴펠법, 오르사트법, 게겔법이 있고 산화동법은 연소 분석법이다.

053 다음 가스 분석법 중 흡수 분석법에 해당되지 않는 것은?

① 헴펠법　　　　② 화학분석법
③ 오르사트법　　④ 게겔법

해설 ㉠ 가스분석기(흡수 분석법)
- 헴펠법 : CO_3, C_mH_n, O_2, CO의 순으로 분석
- 오르사트법 : CO_2, O_2, CO
- 게겔법 : CO_2, C_2H_2, C_3H_6, $n-C_4H_8$, C_2H_4, O_2, CO의 순으로 분석

㉡ 가스 분석법
- 정성 가스분석
- 정량 가스분석
- 흡수 분석법
- 연소 분석법(폭발법, 분별 연소법)
- 화학 분석법(적정법, 중량법, 흡광도법)
- 기기 분석법(가스크로마토그래피, 질량 분석법, 적외선 분광 분석법, 전량 적정법, 정온정밀 증류법)
- 가스 분석계법(밀도식, 열전도율식, 반응열식, 적외선식, 자기식, 용액도전율식)

정답 52 ②　53 ②

CHAPTER 02

가스의 제조 및 용도

제1절 가스의 제조 및 성질

SECTION 01 가스의 제조 및 성질

001 암모니아 합성에 사용되는 원료가스의 일산화탄소 제거법에 해당하는 것은 어느 것인가?

① 동액세정법
② 열탄산칼리법
③ 메탄화법
④ 액체질소세정법

해설
- CO_2의 제거 : 고압수세정법, NH_3 흡수법, 열탄산칼리, 수산화나트륨 흡수, 알킬아민법
- CO의 제거 : 비점이 낮은 일산화탄소는 완전제거가 어려워 린데사가 개발한 질소세정탑으로 대략 완전 제거시킨다.

002 다음 중 중합에 의한 폭발에 해당되지 않는 것은?

① 시안화탄소
② 염소산칼륨
③ 염화비닐
④ 산화에틸렌

해설
- 산화에틸렌 : 산, 알칼리, 금속염화물 등에 의해서 쉽게 중합폭발
- 오래된 시안화수소는 급격한 중합반응을 일으킨다.
- 염소산칼륨($KClO_3$)은 폭발물 제조, 성냥, 산소 제조용
- 염화비닐은 열, 빛, 라디칼 촉매에 의하여 쉽게 중합한다.
- 염화비닐은 가연성 기체
- 염소산칼륨은 자연발화 발생하며 가연성 가스가 섞이면 약한 자극에서 폭발

003 상온에 있어서의 진한 암모니아수는 물 1cc에 대하여 기체로 몇 cc의 암모니아를 용해하는가?

① 100cc
② 300cc
③ 500cc
④ 900cc

해설 진한 암모니아수는 물 1cc에 의하여 기체로 800~900cc의 암모니아를 용해한다.

004 고압가스 제조장치의 재료에 관한 설명 중 틀린 것은?

① 황화수소가 건조된 상태에서는 수은, 은 또는 동과 같은 금속과 반응하지 않는다.
② 암모니아 합성탑 내통의 재료에는 18-8 스테인리스강을 사용한다.
③ 탄소강의 경도는 탄소함유에 따라 변화한다.
④ 아세틸렌은 철, 니켈 등 철족의 금속과 반응하여 금속 카르보닐을 생성한다.

해설
- 아세틸렌은 구리, 은 수은과 반응하여 금속 아세틸라이드를 생성하여 폭발을 일으킨다.
- 일산화탄소는 철, 니켈족과 반응하여 금속 카르보닐을 생성

005 염소는 몇 이상인 고온에서 철과 직접 반응하는가?

① 30℃
② 80℃
③ 100℃
④ 120℃

해설 염소는 철강의 고압용기에서 120℃ 이상이면 부식이 진행되며 고온이 급격히 반응하여 염화물이 된다.

정답 01 ④ 02 ② 03 ④ 04 ④ 05 ④

006 다음의 반응은 질소와 수소가 반응하여 암모니아가 합성되는 것을 나타낸 것이다. 표준상태에서는 수소가 반응하여 암모니아로 변화되면 암모니아는 몇 kg이 생성되는가?

$$N_2 + 3H_2 \rightarrow 2NH_3$$

① 4.1kg ② 4.55kg
③ 5.57kg ④ 7.55kg

해설 $N_2 + 3H_2 \rightarrow 2NH_3$
$3 \times 22.4 \rightarrow 2 \times 17kg$
$9m^3 \rightarrow x\,kg$
$\therefore \dfrac{2 \times 17 \times 9}{3 \times 22.4} = 4.55kg$

007 요소비료[$(NH_2)_2CO$] 중에서 질소의 성분은 몇 %인가?(단, 요소비료의 분자량은 60이다.)

① 32% ② 42%
③ 47% ④ 49%

해설 $\dfrac{28}{60} \times 100 = 46.67\%$

008 사염화탄소(CCl_4)와 불화수소(HF)를 작용시켜 얻을 수 있는 것은 어느 것인가?

① 에탄 ② 산화에틸렌
③ 프레온-13 ④ 시안화수소

해설 $CCl_4 + 3HF \rightarrow CClF_3 + 3HCl$
(프레온-13)

009 LPG 가스의 주성분은 어느 것인가?

① 에탄+프로판
② 프로판+메탄
③ 프로판+부탄
④ 프로판+산소

해설 LP 가스는 프로판과 부탄가스이다.

010 다음은 가스의 용도에 관해서 설명한 것이다. 틀리게 설명한 것은 어느 것인가?

① CO 가스는 메탄올 합성용이다.
② CO_2는 로켓 추진용이다.
③ 수소는 고온에서 금속산화물의 환원제로 사용된다.
④ 염소는 상수도 살균용으로 사용된다.

해설 로켓 추진용은 수소(H_2)가스이다.

011 아세틸렌에 관한 다음 설명 중 틀린 것은?

① 염화 제1동과 염화암모늄의 산성용액 중에 65~80℃로 급속히 통하게 되면 아세틸렌의 2분자 중합반응이 일어나 비닐아세틸렌을 얻을 수 있다.
② 흡열 혼합물이므로 압축하면 분해 폭발을 일으킬 염려가 있다.
③ 메탄 또는 나프타를 고온으로 열분해함으로서 얻을 수 있다.
④ 산소와 혼합 연소시키면 3,000℃의 불꽃을 얻을 수 있어 용접에 이용되며, 임계압력은 1atm 정도이다.

해설 아세틸렌의 성질
• 비점 : -84℃ • 융점 : -82℃
• 임계온도 : 36℃ • 임계압력 : 6.6atm

012 다음 설명 중 옳지 못한 것은 어느 것인가?

① 아세틸렌가스 용기는 구리를 62% 이상 사용하지 못한다.
② 암모니아가스 용기는 일반적으로 탄소강 용기이다.
③ 포스겐가스 제조 시에는 촉매제로 활성탄이 사용된다.
④ 식염수를 전기분해하면 (+)극에서 NaOH, (-)극에서 Cl_2가 발생한다.

해설 식염수(소금물)를 전기분해하면 +극은 Cl_2(염소), -극은 2NaOH(수산화나트륨)

정답 06 ② 07 ③ 08 ③ 09 ③ 10 ② 11 ④ 12 ④

013 공업적으로 유해한 황화수소(H_2S)의 제거법이 아닌 것은?

① 시볼트법　　② 알킬아민법
③ 습식탈황법　　④ 탄산소다법

해설
- CO_2 제거 : 고압수세정, 탄산소다, 알킬아민, NH_3 흡수
- CO 제거 : 구리액세정, 메탄화법, 액체질소세정법
- H_2S 제거 : 탄산소다법, 시볼트법, 습식 탈황, 알카지드법

014 용해 아세틸렌에 대한 설명 중 틀린 것은?

① 카바이드를 압축해서 액화시킨다.
② 아세톤의 존재하에서는 25기압 이하에서도 폭발이 일어나지 않는다.
③ 가열, 충격, 마찰 등의 원인으로 탄소와 수소로 자기 분해한다.
④ 동, 은, 수은 등의 금속과 화합 시 폭발성의 화합물인 아세틸라이드를 생성한다.

해설 용해 아세틸렌은 용기 내에 다공물질(아세톤, 디메틸포름아미드(DMF))을 채우고 위의 두 가지 중의 용제를 침윤시킨 다음 여기에 용해시켜 취급한다. 그 특징은 ②, ③, ④이다.

015 다음은 아세틸렌의 성질이다. 틀린 것은?

① 무색의 기체로서 순수한 것은 에테르와 같은 향기가 있다.
② 고체 아세틸렌은 용해하지 않고 승화한다.
③ 고체 아세틸렌보다 액체 아세틸렌이 안전하다.
④ 압축하면 흡연화합물이므로 분해 폭발을 일으킬 염려가 있다.

해설 아세틸렌의 특징은 ①, ②, ④ 외에도 액체 아세틸렌보다 고체 아세틸렌이 더욱 안전하다.

016 아세틸렌가스를 용기에 충전 시는 온도에 관계없이 ( )kg/cm^2 이하로 하고 충전한 후에 압력은 ( )에서 $15.5kg/cm^2$ 이하가 되도록 한다. ( ) 안에 알맞은 것은?

① 46.5, 35　　② 35, 20
③ 25, 15　　④ 18, 15

해설
- 아세틸렌(C_2H_2)의 분해열에 의한 폭발을 방지하기 위함이며 N_2, H_2, CH_4, C_3H_8 등의 희석제를 첨가한다.
- 아세틸렌 충전압력 : $25kg/cm^2$ 이하
- 아세틸렌 충전 후의 압력은 15℃~$15.5kg/cm^2$ 이하 압력

017 불화수소(HF) 보존용기로 적합하지 않는 용기는?

① 납그릇
② 배크라이트제 용기
③ 폴리에틸렌 병
④ 유리병

해설 불화수소는 유리를 용해시킨다.

018 포스겐의 제조설비에서 제독제인 소석회는 규정상 얼마 이상 보유해야 하는가?

① 870kg　　② 360kg
③ 270kg　　④ 150kg

해설 포스겐($COCl_2$, 염화카르보닐)
- 분자량 : 98
- 융점 : -128
- 비점 : 8.2℃
- 비중 : 1.41
- 임계온도 : 182℃
- 임계압력 : 56atm
- 유독한 가스
- $CO + Cl_2 \rightarrow COCl_2$ (포스겐)
- 제조 시 제독제 소석회 보유량 : 소석회 360kg, 가성소다 수용액 390kg

정답 13 ② 14 ① 15 ③ 16 ③ 17 ④ 18 ②

019 산화에틸렌(C_2H_4O)을 금속 염화물과 반응 시 예견되는 폭발은 어느 것인가?

① 분해폭발
② 산화폭발
③ 중합폭발
④ 촉매폭발

해설
- 산화에틸렌은 산, 알칼리, 금속염화물, 산화철, 산화알루미늄 등과 쉽게 중합폭발을 일으킨다.
- 산화에틸렌은 자기의 기체증기로도 산소 및 열이나 충격에 의해 분해폭발을 일으킨다.

020 다음 중 냉동기의 냉매로 사용될 수 있는 가스로만 짝지어진 것은 어느 것인가?

① 프레온, 암모니아, 탄산가스
② 프로판, 에틸렌, 일산화탄소
③ 수소, 암모니아, 프레온
④ 질소, 암모니아, 탄산가스

해설 프레온, 암모니아, 탄산가스는 냉매용 가스이며, CO_2의 비점은 $-78.5℃$이다.

021 다음은 가스 제조에 관한 설명이다. 잘못 표현된 것은 어느 것인가?

① 염소는 일반적으로 염화수소 분해법이 가장 많이 사용된다.
② 수소의 공업적 제법은 물의 전기분해, 천연가스 분해, 석유분해법이 있다.
③ 산소는 공업적으로 공기 액화분리법, 물의 전기분해에 의해 제조된다.
④ 에틸렌은 공업적으로 탄화수소의 열분해에 의해 제조된다.

해설 수소의 공업적 제법은 물의 전기분해법, 수성가스법, 천연가스의 분해법, 석유의 분해법, 일산화탄소의 전화법이 있다(염소는 염산의 전해로서 많이 얻는다.)

022 동족체가 아닌 것으로 짝지어진 것은?

① C_3H_6, C_4H_8, C_2H_4
② C_2H_2, C_3H_4, C_4H_4
③ C_7H_{16}, C_9H_{20}, $C_{11}H_{24}$
④ C_4H_{10}, C_5H_{12}, CH_4

해설
- 알칸족(파라핀계) C_nH_{2n+2}
  CH_4, C_2H_6, C_3H_8, C_4H_{10}, C_5H_{12}
- 알켄족(올레핀계) C_nH_{2n}
  C_2H_4, C_3H_6, C_4H_8
- 알킨족(아세틸렌계) C_nH_{2n-2}
  C_2H_2, C_3H_4, C_4H_6

023 아세틸렌은 그 폭발범위가 매우 넓다. 15℃에서 아세톤에 충전 용해시키는 데 아세톤 용적의 약 몇 배로 아세틸렌이 용해되는가?

① 5배
② 10배
③ 20배
④ 25배

해설 아세톤 1L에 C_2H_2 25L가 용해된다.

024 수소의 공업적 용도가 아닌 것은?

① 수증기(H_2O) 제조
② 수소첨가 분해
③ 메틸알코올의 합성
④ 암모니아의 합성

해설 ②, ③, ④는 수소의 공업적 용도에 해당된다.

025 다음의 설명 중 옳지 못한 것은 어느 것인가?

① 아세틸렌이나 암모니아는 구리나 구리의 합금은 사용하지 못한다.
② 식염수를 전기분해하면 음극에서 $NaOH$와 H_2가 발생한다.
③ 포스겐 가스제조 시에는 촉매제로 활성탄이 사용된다.
④ 암모니아가스는 구리나 황동용기의 내통에 저장시킨다.

해설 암모니아(NH_3)가스는 구리나 구리의 합금은 사용이 금지된다.

정답 19 ③ 20 ① 21 ① 22 ② 23 ④ 24 ① 25 ④

026 염소에 대한 설명 중 틀린 것은?

① 허용농도가 1ppm이어서 독성이 강하다.
② 표백용으로 사용된다.
③ 독성이 강하다.
④ 기체는 공기보다 2.49배 가볍다.

해설 염소는 공기보다 2.49배 더 무겁다.

027 프레온가스의 특성과 관계가 없는 것은 어느 것인가?

① 불연성
② 액화가 용이하다.
③ 독성이 없다.
④ 불안정하다.

해설 프레온가스는 안정된 가스이다.

028 다음 암모니아의 성질로서 틀린 내용은 어느 것인가?

① 물에 900배 녹는다.
② 가스일 때는 공기보다 10.6배의 비중이다.
③ 수분을 함유하면 구리에 대하여 부식성이 강하다.
④ 자극성, 가연성이 있다.

해설 NH_3 가스는 비중이 0.6이므로 공기비중 1보다 가볍다.

029 아세틸렌가스의 주원료는 어느 것인가?

① 탄소
② 아세톤
③ 카바이드
④ 다공질

해설 $CaC_2 + 2H_2O \rightarrow Ca(OH)_2 + C_2H_2$
(카바이드)

030 다음 가스 중 냄새로 알 수 없는 것은?

① 프레온
② 염소
③ 암모니아
④ 메탄올

해설 ① 프레온 : 무색, 미방향, 무취성
② 염소 : 자극성
③ 암모니아 : 자극성
④ 메탄올(메탄알코올) : 무색의 향기로운 휘발성 액체이다.

031 암모니아와 착이온을 만드는 금속원소는?

① Ni, Cu, Zn, Ag
② Cr, Mo, Cu, Ag
③ Cu, Zn, Ag, Co
④ Cu, Al, Zn, Mo

해설 암모니아(NH_3)는 구리, 아연, 은, 코발트 등의 금속이온과 반응하여 착이온을 만든다.

032 아세틸렌가스를 제조하는 설비는 동 또는 동의 함유량이 몇 % 초과할 수 없는가?

① 62%
② 72%
③ 85%
④ 90%

해설 $C_2H_2 + 2Cu \rightarrow Cu_2C_2 + H_2$ 반응에서 동의 함량이 62% 이상에서 동아세틸라이드 생성

033 질소의 용도가 아닌 것은?

① 비료에 이용
② 질산제조에 사용
③ 연료용에 이용
④ 냉동제

해설 ㉠ 질소는 불연성 가스이므로 연료용으로 사용이 곤란하다.
㉡ 질소의 용도
• 암모니아 합성 원료가스
• 가연성 가스의 퍼지용
• 냉매가스 이용
• 석회질소 제조용
• 전구의 필라멘트 보호용
• 기기의 기밀시험 및 치환용

034 순수 아세틸렌은 $1.5kg/cm^2$ 이상 압축 시 위험하다. 그 이유는?

① 중합폭발
② 분해폭발
③ 화학폭발
④ 촉매폭발

정답 26 ④ 27 ④ 28 ② 29 ③ 30 ① 31 ③ 32 ① 33 ③ 34 ②

해설 › 아세틸렌은 1.5기압 이상이면 위험하고 2기압이면 폭발한다. 가압, 가열, 충격에 의해 분해 폭발한다. 그 외에도 산소와 화합한 산화폭발, 구리, 수은, 은 등의 금속과 화합폭발도 한다.

035 다음의 설명 중 옳지 않은 것은?

① 저압 수액기와 액펌프의 설치위치는 저압 수액기를 높게 한다.
② 지름이 서로 다른 2개의 수액기를 설치할 때는 윗 끝을 일치시킨다.
③ 2개의 암모니아 수액기를 병렬로 사용할 때 수액기의 지름이 다르면 액면계의 지시도가 달라진다.
④ 암모니아 냉동기에서 가스 퍼지의 작용은 분리된 냉매가스를 압축기로 보낸다.

036 아세틸렌의 성질 중 틀린 것은?

① 산소와 연소시키면 3,000℃ 이상의 고열을 낸다.
② 폭발성이 크다.
③ 탄소원자 간에 3중 결합을 갖는 불포화 탄화수소로서 반응성이 크다.
④ 임계온도는 114℃, 임계압력은 76.1atm이다.

해설 › **아세틸렌의 특징**
• ①, ②, ③의 내용은 아세틸렌의 성질이다.
• 임계온도 36℃, 임계압력 66.1atm
• 폭발범위 2.5~81%
• 비점 −84℃, 비중 0.91

037 시안화수소를 저장할 때에 1일 1회 이상 충전용기의 가스 누설검사를 해야 하는데 이때 쓰이는 시험지명은?

① 질산 구리벤젠
② 발열황산
③ 질산은
④ 브롬

해설 › 시안화수소(HCN)의 충전용기 누설검사 시험지명은 질산구리 벤젠지(초산 벤젠지)로 사용하며 기타 알칼리 피크레드 검지기, 작산동탐지기와 메텔오렌지, 염화제2수은 탐지기와 빙초산동벤젠지 탐지기와 검지관 등이 시안화수소의 누출탐지법이다.

038 다음 중 산소가스의 성질로 틀린 것은?

① 잘 탄다.
② 공기보다 무겁다.
③ 유지류에 접촉하면 위험하다.
④ 가연성 가스와 혼합하면 위험하다.

해설 › ① 스스로는 타지 않고 다른 가스의 연소를 도와준다. (조연성 가스)
② 공기보다 무겁다. (1.10배 더 무겁다.)
③ 유지류에 접촉하면 위험하다.
④ 가연성 가스와 혼합하면 위험하다.

039 염소의 성질과 고압장치에 대한 부식성에 관한 설명으로 틀리는 것은?

① 고온에서 염소가스는 철과 직접 심하게 작용한다.
② 염소는 액화가스 상태일 때 건조한 경우에는 심한 부식성을 나타낸다.
③ 염소는 습기를 띠면 강재에 대하여 심한 부식성을 가지고 용기, 밸브 등이 침해된다.
④ 염소는 물과 작용하여 염산을 발생시키기 때문에 용기재료로는 내산도기, 유리, 염화비닐이 가장 우수하다.

해설 › 염소는 액화가스 상태일 때 완전히 건조한 염소는 상온에서 철과 반응하지 않으므로 철강의 고압용기에 넣는다. (120℃ 이상에는 부식)

040 카바이드 취급 시 주의할 점 중 옳지 못한 것은?

① 저장소에 전등을 설치할 경우 방폭 구조로 한다.
② 인화성이 없는 곳에 보관한다.
③ 카바이드는 습기나 물을 만나면 폭발이 방지된다.
④ 밀봉해 보관한다.

정답) 35 ④ 36 ④ 37 ① 38 ① 39 ② 40 ③

해설
- 카바이드(CaC_2)는 습기가 있는 곳은 피할 것
- $CaC_2 + 2H_2O \rightarrow C_2H_2 + Ca(OH)$
  (습기가 있으면) 가연성의 C_2H_2를 생성한다. C_2H_2는 발화온도 335℃, 폭발범위 2.5~81%이다.

041 산소의 성질, 취급방법 등에 대하여 설명한 사항 중에서 폭발, 화재 같은 재해발생의 원인이 되는 것의 번호로만 묶여진 것은?

> ㉠ 산화력을 가지므로 연소에는 불가결한 것이다.
> ㉡ 임계압력이 50atm이다.
> ㉢ 물 1L에 대한 용해도는 49.1cc이다.
> ㉣ 공기 분리기 내에 미량의 아세틸렌이나 탄화수소가스의 축적
> ㉤ 고압에서 산소를 사용하는 경우 유기물과 접촉된다.

① ㉠, ㉡, ㉢ ② ㉡, ㉢, ㉣
③ ㉠, ㉣, ㉤ ④ ㉢, ㉣, ㉤

해설 산소
- 임계압력은 50.1atm이다.
- 물 1L에 49.1cc가 용해된다.
- 산소는 ㉠, ㉣, ㉤ 조건에서 폭발화재가 발생한다.

042 고압가스 중 산소를 취급할 때의 주의사항으로 틀린 것은?

① 산소가스 용기는 가연성 가스나 독성가스 용기와 분리 저장할 것
② 산소용기, 기구류에는 기름, 구리스 등을 절대 사용하지 말 것
③ 조정기, 압력계 호스 및 배관은 고압가스 검사필한 것이면 사용할 수 있다.
④ 각종 기기의 내압시험 또는 시험에 사용할 수 있다.

해설 산소는 조연성 가스이므로 고압가스의 내압 및 기밀시험에는 사용하지 않는 가스이다.

043 질소가스를 도관에 의하여 수송할 때 그 도관에 설치하여야 하는 부속기기 및 계기로만 묶여진 것은?

① 온도계, 액면계
② 온도계, 압력계
③ 액면계, 역류방지밸브
④ 압력계, 드레인 세퍼레이터

해설 질소가스를 도관에 수송할 때 그 도관에는 온도계나 압력계 설비가 필요하다.

044 아세틸렌 용기의 내용적이 6L이고 다공물질의 다공도가 91%일 때 아세톤의 최대 충전량은?

① 34.8% ① 37.1%
② 38.5% ③ 41.8%

해설 아세톤의 최대 충전량은 용기 내용적 10L 이하에서 다공도가 90% 이상, 92% 미만에서 최대 충전량은 41.8%이다.

045 품질검사의 합격기준 중 옳은 것은?

① 산소는 99.5% 이상
② 아세틸렌은 99.9% 이상
③ 수소는 99.0% 이상
④ 모든 가스는 99.0% 이상

해설
- 아세틸렌 98% 이상
- 수소 98.5% 이상
- 산소 99.5 이상

046 염소가스 사용시설에서 누설검사 시 흰 연기를 발생해서 누설검사가 쉬운 것은?

① NaCl ② NH_3
③ NaOH ④ $CaCl_2$

해설
- $8NH_3 + 3Cl_2 \rightarrow 6NH_4Cl + N_2$
- $6NH_4Cl$의 염화암모늄으로 백색 연기 발생(암모니아와 염소의 반응)

정답 41 ③ 42 ④ 43 ② 44 ④ 45 ① 46 ②

047 심한 냄새를 가진 황색의 기체로서 수돗물 하수의 소독용으로 쓰이는 기체는?

① 산소 ② 수소
③ 일산화탄소 ④ 염소

해설 염소의 반응
$Cl_2 + H_2O \rightarrow HCl + HClO$
$HClO \rightarrow HCl + [O]$
발생기 산소의 생성으로 수돗물 등의 살균에 쓰인다.

048 다음 중 물을 가하면 위험한 것은?

㉠ 칼륨 ㉡ 시안화수소
㉢ 적린 ㉣ 카바이드
㉤ 아세틸렌

① ㉠, ㉢, ㉤ ② ㉠, ㉡, ㉣
③ ㉢, ㉣, ㉤ ④ ㉠, ㉢, ㉣

해설
• 칼륨
  $2K + 2H_2O \rightarrow 2KOH + H_2 + 92.8kcal$
• 나트륨
  $2Na + 2H_2O \rightarrow 2NaOH + H_2 + 88.2kcal$
• 칼슘카바이드
  $CaC_2 + 2H_2O \rightarrow Ca(OH)_2 + C_2H_2 + 27.8kcal$
• 시안화수소
  $HCN + 2\%$ 이상 수분 → 중합폭발

049 공업적으로 유해한 불순가스 중 황화수소 제거방법에 해당되지 않는 것은?

① 시볼트법
② 액체질소 세정법
③ 습식 탈황법
④ 탄산소다 흡수법

해설 ① CO_2의 제거 : NH_3 흡수, 알킬아민, 열탄산칼리, NaOH 흡수
② CO의 제거 : 구리액세정, 메탄화법, 액체질소세정
③ 황화수소의 제거법은 ①, ③, ④이다.
④ 습식 탈황법
  $Na_2CO_3 + H_2S \rightarrow NaSH + NaHCO_3$

습식 탈황법에서 탄산소다 흡수법이 대표적이며, 탄산소다법에서는 시볼트법, 카볼트법, 타이록스법, 알카티트법이 있다.

050 다음 희가스 중 공기성분에 가장 많이 함유되어 있는 것은?

① 아르곤 ② 네온
③ 헬륨 ④ 라돈

해설
• 헬륨(He) : 0.0005%(공기 속)
• 네온(Ne) : 0.0015%(공기 속)
• 아르곤(Ar) : 0.93%(공기 속)
• 크립톤(Kr) : 0.00011%(공기 속)
• 라돈(Rn) : 공기 중에 없다.

051 염소폭명기라고 부르는 혼합가스는 염소에 무슨 가스를 혼합한 것인가?

① 산소 ② 수소
③ 질소 ④ 탄소

해설 염소폭명기
$H_2 + Cl_2 \rightarrow 2HCl$(염화수소 발생)

052 복식 정류탑에서 얻어지는 질소의 순도는 대략 몇 %인가?

① 99.8% 이상 ② 98.8% 이하
③ 97.8% 이상 ④ 96.8% 이상

해설 복식 정류탑의 상부탑 하부에서 순도 99.5%의 산소가 분리되며, 하부탑 상부에서 순도 99.8%의 질소가 분리된다.

053 다음 중 물을 가하면 위험한 것은?

㉠ 칼륨 ㉡ 시안화수소
㉢ 산소 ㉣ 카바이드
㉤ 일산화탄소

① ㉠, ㉢, ㉤ ② ㉠, ㉡, ㉣
③ ㉢, ㉣, ㉤ ④ ㉠, ㉢, ㉣

해설 칼륨, 카바이드, 시안화수소는 물과 반응하면 위험하다.

정답 47 ④ 48 ② 49 ② 50 ① 51 ② 52 ① 53 ②

054 인화점이 −30℃로 전구 표면이나 증기 파이프에 닿기만 해도 발화하는 것은?

① CS_2 ② C_2H_2
③ C_2H_4 ④ C_3H_8

해설 • CS_2 : 인화점 −30℃, 발화점 100℃
• 이황화탄소의 연소 반응식
$CS_2 + 3O_2 \rightarrow CO_2 + 2SO_2 + 246.6kcal$

055 다음 염소에 관한 설명으로 틀린 것은?

① 염소의 비등점은 시안화수소보다 높다.
② 암모니아와 반응하여 흰 연기가 발생한다.
③ 공업적으로는 식염의 전기분해에 의해 제조된다.
④ 독성이 매우 강하고 이것을 흡입하면 호흡기가 상한다.

해설 • 염소(Cl_2) : 비등점 −33.6℃
• 시안화수소(HCN) : 비등점 25.7℃

056 다음 물질을 취급하는 장치의 재료로써 구리 및 합금을 사용해도 좋은 것은?

① 황화수소 ② 아세틸렌
③ 암모니아 ④ 아르곤

해설 • 암모니아 : 구리, 아연, 은, 코발트 등을 사용하지 못한다.
• 황화수소와 구리의 반응
$4Cu + 2H_2S + O_2 \rightarrow 2Cu_2S + 2H_2O$
• 아세틸렌과 구리의 반응
$C_2H_2 + 2Cu \rightarrow Cu_2C_2 + H_2$

057 염소(Cl_2)의 화학적 성질로 옳지 않은 것은?

① 염소는 물에 용해하면 염산과 차아염소산을 생성한다.
② 암모니아와 반응하여 염화암모늄을 생성한다.
③ 가성소다 용액이나 소석회에 용이하게 흡수된다.
④ 완전히 건조된 염소는 철과 반응하므로 철강용기에 넣을 수 없다.

해설 상온에서 건조한 염소의 부식성은 없으나 다만 수분함유 시 염산을 생성하여 부식
① $Cl_2 + H_2O \rightarrow HCl + HClO$: 염산 + 차아염소산 발생
② $2HCl + Fe \rightarrow FeCl_2 + H_2$: 철의 부식
③ $HClO \rightarrow HCl + [O]$: 발생기 산소로 살균소독

058 공기 중에 가스가 누설되었을 때 낮은 곳에 체류하지 않는 것은?

① 염소 ② 아세틸렌
③ 부탄 ④ 아황산가스

해설 아세틸렌은 공기에 비해 비중이 작은 기체이다.
• 염소 : 비중 71/29
• 아세틸렌 : 비중 26/29
• 부탄 : 비중 58/29
• 아황산가스 : 비중 64/29
• 공기 : 비중 29/29

059 다음 가스의 일반적인 성질 중 맞는 것은?

① 질소는 안정된 가스로 불활성 가스라고도 하며 고온에서도 금속과 화합하지 않는다.
② 산소는 액체공기를 분류하여 제조하는 반응성이 강한 가스로 그 자신이 잘 연소한다.
③ 염소는 반응성이 강한 가스로 강재에 대하여 상온에서도 건조한 상태로 현저한 부식성을 갖는다.
④ 아세틸렌은 은(Ag), 수은(Hg) 등의 금속과 반응하여 폭발성 물질을 생성한다.

해설 • 염소(Cl_2)는 상온건조상태에서 부식성이 없으나 수분함유 시 산을 생성하여 강재를 부식하고 고온에서는 염소가스가 철과 심하게 작용하기 때문에 내산도기, 유리, 플라스틱 등 비금속 재료를 사용한다.
$Cl_2 + H_2O \rightarrow HCl + HClO$
$2HCl + Fe \rightarrow FeCl_2 + H_2$
• 아세틸렌(C_2H_2)은 은과 반응하여 아세틸라이드(폭발성 물질) 생성
$C_2H_2 + 2Ag \rightarrow Ag_2C_2 + H_2$

정답 54 ① 55 ① 56 ④ 57 ④ 58 ② 59 ④

060 다음 중 LNG와 SNG에 대한 설명으로 맞는 것은?

① 액체 상태의 나프타를 LNG라 한다.
② SNG는 대체 천연가스 또는 합성 천연가스를 말한다.
③ SNG는 순수 천연가스를 말한다.
④ SNG는 각종 도시가스의 총칭이다.

해설 합성천연가스 SNG는 각종 탄화수소에 H_2, O_2, H_2O 등을 이용하여 합성하며 천연가스와 물리적, 화학적 성질이 거의 유사하고 LPG, 나프타 원유, 석탄으로부터 얻는다.

061 아세틸렌을 용기에 충전 시 미리 용기에 다공물질을 고루 채운 후 침윤 및 충전을 해야 하는데 이때 다공도는 얼마로 해야 하는가?

① 75% 이상 92% 미만
② 70% 이상 95% 미만
③ 62% 이상 75% 미만
④ 92% 이상

해설 법규상 아세틸렌(C_2H_2)의 다공도는 75~92% 미만의 충전이며 다공물질은 규조토, 석면, 목탄, 석회석, 산화철, 탄산마그네슘, 다공성 플라스틱 등이 있다.

062 카바이드 취급 시 주의할 점 중 옳지 못한 것은?

① 저장소에 전등을 설치할 경우 방폭 구조로 한다.
② 인화성이 없는 곳에 보관한다.
③ 습기가 약간 있는 곳에 보관한다.
④ 밀봉해 보관한다.

해설 카바이드(CaC_2)의 취급 시 주의할 점
- 전기설비는 방폭 구조일 것
- 화약 등 인화성이 없는 곳에 보관한다.
- 습기가 있는 곳은 피한다.
- 밀봉하여 저장
- $CaC_2 + 2H_2O \rightarrow C_2H_2 + Ca(OH)_2$
- 가연성의 C_2H_2(아세틸렌가스)를 생성

063 다음 중 폭발성이 예민하므로 마찰 타격으로 격렬히 폭발하는 물질에 해당되지 않는 것은?

① 아세틸라이드　② 유화질소
③ 메틸아민　　　④ 염화질소

해설
- C_2H_2는 구리, 수은, 은과 접촉 시 금속 아세틸라이드를 생성하여 폭발의 원인이 된다.
- 메틸아민(CH_3NH_3)은 가연성, 독성 액화가스이다.

064 수소와 산소의 혼합비가 얼마일 때 수소폭명기라 하는가?

① 1 : 4　　　② 2 : 1
③ 1 : 1　　　④ 1.5 : 1

해설 수소폭명기

$$2H_2 + O_2 \xrightarrow{530°C} 2H_2O + 136.6kcal$$

(수소 2몰 : 산소 1몰)

065 염소가스를 취급하다가 눈이 중독되어 충혈되었을 때, 응급처치로 가장 이상적인 방법은?

① 알코올로 소독한다.
② 비누로 세수한다.
③ 붕산수 3% 정도로 세척한다.
④ 눈을 감고 쉰다.

해설 염소 취급 시 눈이 중독되면 2~3%의 붕산수로 세척하고 유동 파라핀을 2~3방울 점안한다.

066 아세틸렌에 관한 다음 사항 중 틀린 것은?

① 아세틸렌은 공기보다 가볍고 무색인 가스이다.
② 아세틸렌은 구리, 은, 수은 및 그 합금과 폭발성의 화합물을 만든다.
③ 폭발범위는 수소보다 좁다.
④ 공기와 혼합되지 아니하여도 폭발하는 수가 있다.

해설 아세틸렌의 폭발범위는 2.5~81%로 수소(4~75%)보다 넓다.

정답 60 ②　61 ①　62 ③　63 ③　64 ②　65 ③　66 ③

067 용해 아세틸렌에 대한 설명 중 틀린 것은?

① 아세틸렌을 압축해서 액화시킨다.
② 아세톤의 존재하에서는 폭발이 일어나지 않는다.
③ 가열, 충격, 마찰 등의 원인으로 탄소와 수소를 자기 분해한다.
④ 동, 은, 수은 또는 그 화합물과 화합하면 폭발하여 착화원으로 된다.

해설
- 아세틸렌은 압축하면 폭발의 염려가 있기 때문에 압축하여 용기 내에 저장하지 않는다.(용해시켜 저장한다.)
- 아세톤에는 약 25배 녹는다.
- 규조토, 석면, 목탄, 석회, 산화철, 탄화마그네슘, 다공성 플라스틱의 다공물질에 충전시켜 저장한다.

068 염소폭명기를 화학반응식으로 맞게 나타낸 것은?

① $2H_2 + O_2 \rightarrow 2H_2O$
② $CO + Cl_2 \rightarrow COCl_2$
③ $H_2 + Cl_2 \rightarrow 2HCl$
④ $NH_3 + HCl \rightarrow NH_4Cl$

해설
- 염소(Cl_2) : $H_2 + Cl_2 \rightarrow 2HCl$
  (염화물) 염소폭명기
- 염화수소(HCl) : $NH_3 + HCl \rightarrow NH_4Cl$
  (흰 에어로졸) 염화암모늄 생성

069 다음의 아세틸렌 취급법에 대하여 틀린 것은?

① 저장소는 화기엄금을 명시한다.
② 가스출구 동결 시 50℃ 이하의 온수로 녹인다.
③ 용기는 산소병과 같이 저장하지 않는다.
④ 저장소는 통풍이 양호한 구조이어야 한다.

해설 아세틸렌가스 출구 동결 시 40℃ 이하의 열습포로 녹인다.

070 아세틸렌에 대한 설명 중 옳지 않은 것은?

① 공기보다 무겁다.
② 무색무취이다.
③ 폭발 위험성이 있다.
④ 액체 아세틸렌은 불안정하다.

해설 C_2H_2의 분자량은 26으로 공기보다 가벼운 불안정한 흡열 화합물이며(순수한 아세틸렌은 무색무취이다.) 염화수소와 결합하여 염화비닐을 얻는다.

071 용기에 충전하는 시안화수소의 순도는 몇 % 이상이어야 하는가?

① 93%   ② 95%
③ 96%   ④ 98%

해설 시안화수소(HCl)는 2% 이상의 수분 함유 시 중합폭발의 위험으로 인산, 염화칼슘, Cu(동망), 황산 등의 안정제를 첨가한다. 순도는 98% 이상이어야 한다.

072 다음 중 같은 저장실에 혼합 저장할 수 있는 것은?

① 수소와 염소가스
② 수소와 산소
③ 아세틸렌가스와 산소
④ 수소와 질소

해설 수소가스는 F_2, Cl_2, Br_2, I_2, 산소, 염소와 폭발적으로 반응하며, 질소와는 반응하여 암모니아를 제조한다.

073 아세틸렌은 온도에 불구하고 $25kg/cm^2$의 압력으로 압축할 때는 희석제를 첨가하여야 하는데 다음 중 적당하지 않은 것은?

① 에틸렌(C_2H_4)   ② 수소(H_2)
③ 염소(Cl_2)   ④ 질소(N_2)

해설 $25kg/cm^2$ 압력하에서 아세틸렌 압축 시 사용되는 희석제는 N_2, CH_4, CO, C_2H_4, C_3H_8 등이다.

정답 67 ① 68 ③ 69 ② 70 ① 71 ④ 72 ④ 73 ③

074 아세틸렌 용기에 다공물질을 고루 채운 후 아세틸렌을 충전하기 전에 침윤시키는 물질은?

① 산소
② 아르곤
③ 헬륨
④ 디메틸포름아미드

해설 아세틸렌을 충전하기 전 침윤시키는 물질로 디메틸포름아미드와 아세톤을 사용한다.

075 아세틸렌(C_2H_2) 가스의 주원료는?

① 카바이드　　② 탄소
③ 수소　　　　④ 암모니아

해설 아세틸렌의 제조는 카바이드에 물을 넣으면 즉시 아세틸렌이 발생된다. 제조방법은 주수식, 접촉식, 투입식이 있다.
$CaC_2 + 2H_2O \rightarrow C_2H_2 + Ca(OH)_2$

076 질소가스에 대한 설명으로 옳은 것은?

① 고온에서 철과 작용하여 강재의 경도를 높인다.
② 활성가스로서 공업재료에 영향을 주는 일이 많다.
③ 고온에서 철과 작용하여 산화물을 생성한다.
④ 경금속 분말을 질소기류 중에서 가열하는 것이 좋다.

해설 질소
- 고온·고압에서 철, 촉매 등을 사용, 수소와 반응시키면 암모니아를 생성
- 상온에서 다른 원소와 반응하지 않는다.
- 고온에서 산소와 반응하여 산화질소가 된다.
- 비점이 −195.8℃이며, 극저온의 냉매로 이용
- 질소는 고온에서 철과 접촉 시에 질화물을 만들어 강재의 경도를 높이는 질화작용을 한다.

077 아세틸렌가스를 사용하는 장치에 사용할 수 있는 재료는?

① 은　　　② 수은
③ 구리　　④ 크롬강

해설 아세틸렌가스는 은, 수은, 구리 등과 치환 반응하여 금속 아세틸라이드를 형성하기 때문에 사용이 불가능하나 크롬강은 상관없다.

078 아세틸렌의 폭발범위(산소범위)는?

① 4~75%　　② 2.5~100%
③ 12.5~74%　　④ 5~15%

해설 아세틸렌의 폭발범위는 2.5~81%이다. (산소 중에는 100%에 가깝다.)

079 산소가스 설비의 수리 및 청소를 위한 저장 탱크 내의 산소를 치환할 때 산소의 농도가 몇 % 이하가 될 때까지 계속 치환해야 하는가?

① 22%　　② 28%
③ 31%　　④ 33%

해설
- 공기 중의 산소는 21%이다. 산소가스 설비에서 산소 측정기 등에 의하여 치환결과는 산소의 농도가 18~22% 이하가 정답이다.
- 가연성 가스는 폭발 하한의 1/4 이하
- 독성 가스는 허용농도 이하가 될 때까지 치환을 한다.

080 다음은 고압가스 배관과 관련된 유체의 사용을 짝지은 것이다. 이 중 맞지 않는 것은?

① 수소 – 탈탄작용
② 일산화탄소 – 금속 카르보닐의 생성
③ 암모니아 – 질화작용
④ 질소 – 탈탄작용

해설 질소 – 고온 질화물 생성(질화작용)

081 아세틸렌 다공물질의 구비조건이 아닌 것은?

① 화학적으로 안정할 것
② 기계적인 강도가 있을 것
③ 가스의 이충전이 쉬울 것
④ 다공도가 적을 것

정답 74 ④　75 ①　76 ①　77 ④　78 ②　79 ①　80 ④　81 ④

[해설] ㉠ 다공물질의 종류
목탄, 석면, 규조토, 석회석, 탄화마그네슘, 산화철, 다공 플라스틱
㉡ 구비조건
- 화학적으로 안정할 것
- 기계적인 강도가 있을 것
- 가스의 이충전이 쉬울 것
- 다공도가 클 것(75~92%)

082 고압가스 중 산소를 취급할 때의 주의 사항 중 틀린 것은?

① 산소가스 용기는 가연성 가스나 독성가스 용기와 분리 저장할 것
② 산소용기, 기구류에는 기름, 구리스 등을 절대 사용하지 말 것
③ 조정기, 압력계, 호스 및 배관은 고압가스 검사필한 것이면 사용할 수 있다.
④ 각종 기기의 내압시험에 사용할 수 있다.

[해설]
- ①, ②, ③은 산소취급 시 주의사항이다.
- 산소는 조연성 가스라서 기밀시험에는 사용이 불가능하다.

083 다음 방정식의 □ 안에 알맞은 계수는?

□Cu + □HNO₃ →
□Cu(NO₃)₂ + □H₂O + □NO

① 3, 8, 3, 4, 2   ② 2, 4, 1, 2, 2
③ 3, 6, 3, 3, 1   ④ 4, 8, 4, 4, 3

[해설] $3Cu + 8HNO_3 \rightarrow 3Cu(NO_3)_2 + 4H_2O + 2NO$

084 에틸렌을 대량으로 제조하기 위한 일반적인 공업적 제조법은?

① 에틸알코올을 알루미늄 등에 의해 탈수소해서 제조한다.
② 탄화수소의 열분해에 의해 제조한다.
③ 석탄을 건류하여 제조한다.
④ 촉매를 사용하여 중유를 열분해하여 제조한다.

[해설] 에틸렌의 실험적 제조법
에탄, 프로판, 나프타 등을 700~900℃의 고온으로 열분해 공정으로 제조한다.
$C_3H_8 \rightarrow C_2H_4 + CH_4$
$C_4H_{10} \rightarrow C_2H_4 + C_2H_6$

085 암모니아 제조법으로 맞는 것은?

① 격막법   ② 수은법
③ 석회질소법   ④ 액분리법

[해설] 암모니아 제조법
- 석회질소법 : 석회질소를 과열수증기와 반응시켜 얻는다.
- 하버-보시법 : 질소와 수소를 직접 반응시키는 방법으로 수소와 질소를 3 : 1 비율로 하여 암모니아(NH₃)를 제조한다.

086 암모니아 합성방법 중 저압합성은?

① I.G법   ② 켈로그법
③ 신파우드법   ④ 클로우드법

[해설] 암모니아 합성법
- 고압법(650~1,000kg/cm²) : 클로우드법, 카자레법
- 중압법(300kg/cm² 전후) : IG법, 뉴데법, 신파우드법
- 저압법(150kg/cm² 전후) : 켈로그법, 구데법

087 산소에 관한 설명 중 옳은 것은?

① 물질을 잘 태우는 불연성 가스이다.
② 유지류에 접촉하면 발화한다.
③ 가스로서 용기에 충전할 때는 250kg/cm²로 충전한다.
④ 폭발범위가 비교적 큰 가연성 가스이다.

[해설]
- 산소는 조연성이라서 자신은 연소되지 않는다.
- 고압에서 산소를 사용할 때 유기물이나 유지류와 접촉하면 산화폭발하며, 방지제는 사염화탄소이다.

정답 82 ④ 83 ① 84 ② 85 ③ 86 ② 87 ②

088 질소 제너레이터의 부속장치로 흡착제를 주는 이유는?

① 습기를 제거하기 위하여
② 오일이나 탄산가스를 제거하기 위하여
③ 액화를 쉽게 하기 위하여
④ 먼지를 제거하기 위하여

해설 질소 제너레이터의 부속장치로 흡착제를 주는 이유는 먼지를 제거하기 위해서이며, 흡착제는 제너레이터 내부의 충진제이다.

089 다음 중 아세틸렌 및 합성용 가스제조에 사용되는 반응장치는?

① 내부 연소식 반응기
② 축열식 반응기
③ 탑식 반응기
④ 유동층식 접촉 반응기

해설 ① 아세틸렌의 제조 및 합성용 가스 제조
② 아세틸렌 제조 및 에틸렌의 제조
③ 에틸벤젠의 제조, 벤졸의 염소화
④ 석유의 개질

090 다음 중 희가스류에 속하지 않는 것은?

① Te   ② Rn
③ Xe   ④ He

해설
• 희가스(불활성 가스)의 종류
He(헬륨), Ne(네온), Ar(아르곤), Kr(크립톤), Xe(크세논), Rn(라돈)
• Te(텔루르) : 원자번호 52, 원자량 127.6

091 암모니아 합성공정은 반응압력에 의해 분류하는데 다음 중 고압합성(600~1,000kg/cm²)방법에 해당하는 것은?

① 클로우드법
② 뉴파우더법
③ 켈로그법
④ 케미크법

해설 암모니아 합성법
• 고압법(650~1,000kg/cm²) : 클로우드법, 카자레법
• 중압법(300kg/cm²) 전후 : IG법, 뉴데법, 신파우드법, 케미크법, JCI법, 동공시법
• 저압법(150kg/cm² 전후) : 켈로그법, 구데법

092 카바이드 제조에 관한 방정식으로 옳은 것은?

① $CaC_2 + H_2O \rightarrow C_2H_2 + Ca(OH)_2$
② $CaCO_3 + CO_2 \rightarrow CaC_2 + 5O_3$
③ $CaO + 3C \rightarrow CaC_2 + CO$
④ $3C + Ca \rightarrow CaC_2 + C$

해설 칼슘카바이드 제조(CaC_2)

$CaCO_3(석회석) \xrightarrow{1,000℃} CaO + CO_2 - 44.7kcal$

$CaO(생석회) + 3C \xrightarrow{2,600℃} CaC_2 + CO - 111.6kcal$

1kg의 순수한 칼슘카바이드는 360L의 아세틸렌을 생성한다.

093 아세틸렌가스를 제조하기 위한 설비를 설치하고자 할 때 아세틸렌가스가 통하는 부분은 동 함유량 몇 % 이하의 동합금을 사용해야 하는가?

① 85   ② 75
③ 72   ④ 62

해설 $C_2H_2 + 2Cu \rightarrow Cu_2C_2 + H_2$
C_2H_2과 Hg, Cu, Ag는 아세틸라이드를 생성하므로 동은 62% 이상 사용해서는 안 된다.

094 다음 중 나프타의 접촉개질반응에 해당하지 않는 것은?

① 불순물의 수소화 정제반응
② 각종 탄화물의 질소화 분해반응
③ 파라핀, 나프텐의 이성화 반응
④ 나프텐의 탈수소 반응

해설 나프타의 접촉개질반응에 해당하는 것은 ①, ③, ④ 및 각종 탄화수소의 수소화 분해반응 등이 있다.

정답 88 ④ 89 ① 90 ① 91 ① 92 ③ 93 ④ 94 ②

095 다음의 기체 중 공기와 혼합하여도 폭발성이 없는 것은 어느 기체인가?
① 염소 ② 아세톤
③ 사이클로헥산 ④ 벤젠

[해설] 염소는 공기와 혼합하여도 폭발성이 없다. (독성 가스이며 조연성 가스)

096 CO_2의 용도와 관계없는 것은?
① 건조제 ② 소다회의 제조용
③ 요소의 제조원료 ④ 소화제

[해설] CO_2 용도
- 암모니아 소다회 제조 및 요소 제조
- 청량음료
- 소화기의 소화제
- 드라이아이스 제조

097 전구에 넣어서 산화방지와 증발을 막는 불활성 기체는 어느 것인가?
① 네온 ② 아르곤
③ 헬륨 ④ 크립톤

[해설] 전구에 넣어서 산화방지와 증발을 막는 불활성 기체는 아르곤이다. (전구용 봉입가스로서 형광등 방전관용이다.)

098 다음 중 고압강제용기에 가스상태로 충전되어 시판되는 것은 어느 것인가?
① 아르곤 ② 아황산가스
③ 염소 ④ 프레온

[해설] 아르곤은 불활성 가스로 산소, 수소, 질소 등과 같은 압축가스이기 때문에 용기에 가스상태로 충전하며, 나머지 가스는 액화가스이다.

099 나프타의 열분해 시 생성되는 부생물이 아닌 것은?
① 케로신 ② 에탄
③ 분해 가솔린 ④ C_3H_6

[해설]
- 케로신은 등유(석유류)이다.
- C_3H_6는 프로필렌가스이다.

100 아세틸렌가스 발생기 중 물과 카바이드를 소량씩 접촉시키는 방법은?
① 주수식 ② 투입식
③ 반해식 ④ 침지식

[해설] $CaC_2 + 2H_2O \rightarrow C_2H_2 + Ca(OH)_2$
침지식은 접촉식이라고도 하며 발생량의 조절이 자유로우나 발생기 내 온도상승이 크다. 물과 카바이드를 소량씩 접촉시켜 발생시킨다.

101 다음 중 같은 저장실에 혼합 저장할 수 있는 것은?
① 수소와 질소
② 아세틸렌가스와 산소
③ 수소와 산소
④ 수소와 염소가스

[해설] 질소는 불연성 가스 또는 압축가스로서 가연성 가스와 혼합하여도 폭발의 위험이 없다.

102 산소에 대한 설명 중 옳은 내용은 어느 것인가?
① 용기의 충전압력은 $200kg/cm^2$이다.
② 폭발범위가 크다.
③ 가연성 가스이다.
④ 유지류에 접촉시키면 발화한다.

[해설] 산소 압축기에 사용되는 윤활유는 유지류 이외의 물을 사용하여야 화재나 폭발을 방지할 수 있다. 조연성 가스이며 최고충전압력은 $150kg/cm^2 g$이다.

103 다음 중 폭발성이 예민하므로 마찰타격으로 격렬히 폭발하는 물질에 해당되지 않는 것은?
① 아세틸라이드 ② 황화질소
③ 메틸아민 ④ 염화질소

정답 95 ① 96 ① 97 ② 98 ① 99 ① 100 ④ 101 ① 102 ④ 103 ③

해설
- 마찰타격으로 격렬한 폭발물질 : 아질화은, 질화수은, 아세틸렌은, 동아세틸라이드, 유화질소, 데토라센, 질화수소산, 할로겐 치환제(N_3H, N_3Cl, N_3I)
- 메틸아민의 연소범위 : 4.9~20.7%

104 아세틸렌에 관한 다음 설명 중 틀린 것은?

① 염화제1동과 염화암모늄의 산성용액 중에 65~80℃로 급속히 통하게 되면 아세틸렌의 2분자 중합반응으로 비닐 아세틸렌을 얻을 수 있다.
② 흡열 혼합물이므로 압축하면 분해폭발을 일으킬 염려가 있다.
③ 메탄 또는 나프타를 고온으로 열분해함으로서 얻을 수 있다.
④ 산소와 혼합 연소시키면 1,500℃의 불꽃을 얻을 수 있어 용접에 이용되며, 임계온도는 26℃ 정도이다.

해설 아세틸렌가스의 특징은 ①, ②, ③과 같다.
$2CH \equiv CH \xrightarrow[65\sim80℃]{염화제1구리} CH_2=CH-C\equiv CH$
2CH : 아세틸렌
- 임계온도 36℃, 비등점 −83.8℃
- 임계압력 6.6atm, 융점 −82℃(연소불꽃은 3,000℃ 전후)

105 아세틸렌의 설명 중 옳지 않은 것은?

① 공기보다 무겁다.
② 무색무취이다.
③ 폭발 위험성이 있다.
④ 액체 아세틸렌은 불안정하다.

해설 아세틸렌(C_2H_2)
- 비중이 0.91로 공기보다 가볍다.
- 불순물이 없으며, 무색무취 가스이다.
- 액체 아세틸렌은 고체 아세틸렌보다 불안정하다.
- 폭발위험성이 있다.

106 분해에서 얻은 수소와 공기분리에서 나온 질소를 반응시켜 만든 가스는?(단, 450℃, 125atm 하에서이다.)

① 질소
② 산소
③ 아세틸렌
④ 암모니아

해설 $3H_2 + N_2 \rightarrow 2NH_3 + 23kcal$(암모니아)

107 아세틸렌은 흡열 화합물로서 그 생성열이 −54.2kcal/mol이다. 이 아세틸렌이 탄소와 수소를 분해하는 폭발반응의 폭발열은 몇 kcal/mol인가?

① +113.6
② +108.4
③ +54.2
④ +27.1

해설 $C_2H_2 \rightarrow 2C + H_2 + 54.2kcal$

108 다음은 수소의 성질을 표시한 것이다. 틀린 것은?

① 환원성이 강하다.
② 산소와 혼합하여 점화하면 폭발하여 물을 생성한다.
③ 물 및 식염수를 전기분해하여 얻을 수 있다.
④ 무색·무미·무취의 기체로 비중이 공기의 약 1/2이다.

해설 수소의 특징
- 환원성이 강하다.
- 산소와 반응하여 물을 생성한다.(수소폭명기)
- 물 및 식염수를 전기분해하여 얻는다.
 ($2H_2O \rightarrow 2H_2 + O_2$, +극 산소, −극 수소)
- 비중이 공기의 1/15 정도이다.

109 고온·고압의 수소와 작용시키면 화합하여 암모니아를 생성하게 하는 가스는?

① 질소
② 탄소
③ 염소
④ 메탄

정답 104 ④ 105 ① 106 ④ 107 ③ 108 ④ 109 ①

해설 질소는 고온, 고압(550℃, 250atm)에서 철이나 촉매 등을 사용하여 수소와 반응시키면 암모니아가 생성된다.

$$N_2 + 3H_2 \xrightarrow[550℃]{철} 2NH_3 (암모니아)$$

110 다음 중 화학적으로 안정하여 화학결합을 잘 하지 않는 것은?

① N_2 ② O_2
③ H_2 ④ F_2

해설
- 질소는 상온에서 다른 원소와 반응하지 않는 불연성 가스이며, 질소의 분자는 안정하다.
- 고온에서는 산소와 반응하여

$$N_2 + O_2 \xrightarrow{3,000℃} 2NO(산화질소가 된다.)$$

$$N_2 + 3H_2 \xrightarrow{550℃} 2NH_3(암모니아가 된다.)$$

111 아세틸렌의 연소범위는 1atm에서 2.5~81% 사이이다. 이 연소범위의 설명 중 맞는 것은 어느 것인가?

① 공기 중에서 아세틸렌의 부피이다.
② 산소 중에서 아세틸렌의 부피이다.
③ 공기와 산소 중에서 아세틸렌의 중량 %이다.
④ 공기 중에서 아세틸렌과 혼합된 공기 중 부피의 %이다.

해설 가연성 가스의 폭발범위란 공기 속에서 가스가 혼합된 공기 중 부피의 %이다.

112 메탄이나 나프타를 열분해하거나 카바이드에 물을 작용시켜 얻어지는 가스는 어떤 가스인가?

① 시안화수소
② 포스겐 독가스
③ 부탄과 프로판
④ 아세틸렌

해설 카바이드는 아세틸렌가스의 원료이다.
$$CaC_2 + 2H_2O \rightarrow Ca(OH)_2 + C_2H_2 \uparrow$$

113 일산화탄소와 염소가 상온에서 반응하여 얻어지는 가스는 어느 것인가?

① 사염화탄소 ② 포스겐
③ 카르복실산 ④ 염화수소

해설 $CO + Cl_2 \rightarrow COCl_2$ (포스겐)
촉매 : 활성탄

114 수소제조법에서 공업적으로 순도를 가장 높게 만드는 방법은?

① 물의 화학분해법
② 물의 전기분해법
③ 천연가스의 분해
④ 석유개질법

해설 수소를 공업적으로 순도를 높게 제조하려면 전기분해법이 우수하나 가격이 비싸지므로 소규모 제조 시에 편리하다.

115 수소제조법 중 공업적인 방법으로 가장 옳은 것은 어느 것인가?

① 철이나 아연에 묽은 염산을 가한다.
② 이온화 경향이 큰 금속과 물을 반응시킨다.
③ 가열된 코크스 연료에 수증기를 투과시킨다.
④ 암모니아수에 수소를 작용시킨다.

해설 가열된 코크스에 수증기를 작용시킨다.

116 산화에틸렌의 성질을 설명한 것 중 맞는 것은 어느 것인가?

① 수화반응에 의해 글리콜을 생성한다.
② 무색·무미·무취의 기체로 가연성이며 독성이 100ppm이다.
③ 가장 간단한 올리핀계 탄화수소 가스로서 황색이며, 독특한 냄새가 있다.
④ 산화에틸렌의 증기는 전기스파크, 화염 분해에도 폭발이 일어나지 않는다.

정답 110 ① 111 ④ 112 ④ 113 ② 114 ② 115 ③ 116 ①

해설
- $C_2H_4O + H_2O \rightarrow HOC_2H_4OH$(글리콜)
- 허용농도 50ppm
- 전기스파크에 폭발 발생

117 수소(H_2)의 공업적 제법이 아닌 것은?

① 물의 전기분해법
② 천연가스에서 만드는 법
③ 석유나 석탄에서 제조
④ 금속에 황산을 투입

해설 수소의 공업적 제법은 ①, ②, ③ 및 실험적인 제법이 있다.

118 구리나 구리의 합금과 접촉하면 심한 반응을 일으켜서 분말상태로 만드는 가스에 해당하는 것은 어느 가스인가?

① 프레온-13
② 프레온-22
③ 암모니아
④ 탄산가스

해설 암모니아 아세틸렌은 구리와 접촉하면
$Cu(OH)_2 + 4NH_3 \rightarrow Cu(NH_3)_4^{2+} + 2OH^-$
금속이온과 반응하여 착이온을 일으킨다.

119 용해 아세틸렌에 대한 설명 중 틀린 것은 어느 것인가?

① 아세틸렌을 25기압으로 압축하여 액화시킨다.
② 디메틸포름아미드의 존재하에서는 폭발이 방지된다.
③ 가압, 충격, 마찰 등에 의하여 탄소와 수소로 자기분해한다.
④ 구리, 은, 수은 또는 그 화합물과 화합하며 금속 착이온에 의해 폭발하여 착화원이 된다.

해설 아세틸렌은 아세톤이나 DMF에 용해시켜 저장하는 용해가스이다.

120 메탄을 원료로 하여 공업적으로 만들어지는 물질이 아닌 것은?

① 메탄올
② 카본 블랙(인쇄 잉크)
③ 염화비닐
④ 이황화탄소

해설 메탄(CH_4)과 이황화탄소(CS_2)와는 별개이다.

121 염화비닐($CH_2 = CHCl$)의 용도가 아닌 것은?

① 필름 제조
② PVC 제조
③ 농약제조의 중간물질
④ 용기나 페인트 원료

해설 ①, ②, ③은 염화비닐의 용도이다.

122 다음 중 탁한 공기의 보급에 해당하는 가스는 어느 것인가?

① 메탄 ② 석탄가스
③ 프로판 ④ 아세틸렌

해설 아세틸렌은 연소범위가 넓어서 탁한 공기의 보급에도 연소가 진행된다.

123 다음 중 암모니아의 설명으로 옳지 않은 것은?

① HCl과 반응하면 흰 연기를 낸다.
② NH_4^+ 이온은 네슬러 시약에 검출된다.
③ 물에는 전연 녹지 않는다.
④ 요소비료, 질소비료, 드라이아이스 제조에 사용된다.

해설
- 물에 녹은 암모니아는 네슬러 시약을 넣으면 소량 누설 시 황색, 다량 누설 시 자색으로 변색되어 암모니아의 누설이 검출된다.
- 물 1cc에 암모니아가 800cc 녹는다.
- 염화수소(HCl)와 만나면 흰 에어로졸이 발생하여 염화수소가 검출된다.
$NH_3 + HCl \rightarrow NH_4Cl$(흰 연기)

정답 117 ④ 118 ③ 119 ① 120 ④ 121 ④ 122 ④ 123 ③

124 에틸렌이 가장 잘 일으킬 수 있는 반응은 어떤 반응인가?

① 치환반응
② 분해반응
③ 중합반응 및 환원반응
④ 부가반응

해설 올레핀계 탄화수소인 에틸렌이 이중결합($H_2C=CH_2$)을 하여 탄소 한 개가 결합 중 끊어지면서 다른 원자나 원자단으로 치환되는 부가반응을 한다.
$C_2H_4 + H_2O \rightarrow C_2H_5OH$(에틸알코올)
$C_2H_4 + Br_2 \rightarrow C_2H_4Br_2$(이브롬화에틸렌)
$CH_2 = CH_2 + H_2 \rightarrow C_2H_6$(에탄)

125 아세틸렌(C_2H_2)의 내용으로 틀린 것은 어느 것인가?

① 무색무취의 기체이다.
② 폭발범위는 2.5~81.0%이다.
③ 공기 속에서 연소시키면 밝게 탄다.
④ 가열된 철(Fe) 촉매하에서 중합되어 메탄이 된다.

해설 $3C_2H_2 \xrightarrow{Fe} C_6H_6$(벤젠 발생)

126 메탄을 제조하는 방법 중 틀린 것은?

① 천연가스(NG)에서 직접 얻는다.
② 석유정제의 분해가스에서 얻는다.
③ 석탄의 고압건류에 의해 얻는다.
④ 석탄의 고온건류 산물인 코크스를 수증기 개질로 얻는다.

해설 코크스의 수증기 개질로 얻은 가스는 수성가스이다.
$C + H_2O \rightarrow CO + H_2$(수성가스)

127 액체산소의 색상으로 옳은 것은?

① 흑색
② 담청색
③ 회색이나 은백색
④ 적색

해설 액체산소의 색상은 담청색이다.

128 다음 중 액화가스가 아닌 것은 어느 것인가?

① LPG(엘피지)
② Cl_2(염소)
③ O_2(산소)
④ NH_3(암모니아)

해설 산소는 150기압으로 저장하는 압축가스이다.

129 이산화탄소(CO_2)를 공업적으로 액화시키려면 어떤 방법이 우수한가?

① 임계온도보다 약간 높은 온도에서 액화
② 임계온도보다 약간 낮은 온도에서 압력을 가함
③ 임계온도보다 매우 높은 온도에서 액화
④ 임계온도보다 매우 낮은 온도에서 압력을 가함

해설
• CO_2의 임계온도 31.0℃
• CO_2의 임계압력 72.9atm
• CO_2는 대리석을 800℃에서 가열분해하여 얻거나 대리석($CaCO_3$)에 염산을 가한다.

130 산소제조장치 중 드라이아이스의 생성을 막기 위하여 사용되는 건조제가 아닌 것은 어느 것인가?

① 실리카겔
② 활성알루미나
③ 염화칼슘
④ 진한 황산

해설
• 소다 건조기의 흡수제 : 입상 가성소다
• 겔 건조기의 흡착제 : 실리카겔, 활성알루미나, 염화칼슘, 소바비드 등이다.

131 다음 중 물질을 반응시켜 수소를 얻을 수 없는 것은 어느 것인가?

① 철에 묽은 염산을 가한다.
② 나트륨을 물속에 넣는다.
③ 양쪽성 원소인 아연, 주석, 알루미늄, 납 등에 알칼리 또는 산을 작용시킨다.
④ 구리에 황산을 가한다.

해설 수소보다 이온화 경향이 작은 구리, 은, 수은, 백금, 금 등은 산에 용해는 되지만, H_2 가스가 발생되지는 않는다.

정답 124 ④ 125 ④ 126 ④ 127 ② 128 ③ 129 ② 130 ④ 131 ④

132 다음 중 석유정제과정에서 발생될 수 없는 가스는?

① 부탄
② 프로판
③ 메탄
④ 암모니아

해설 암모니아(NH_3)는 수소와 질소의 반응으로 얻는다.

133 메탄가스의 제법을 설명한 것이다. 틀린 내용은 어느 것인가?

① 석유정제의 분해가스에서 얻는다.
② 유기물의 발효에서 얻어진다.
③ 천연가스에서 얻는다.
④ 코크스의 고온건류에서 얻는다.

해설 석탄의 고온건류에서 메탄, 수소, 일산화탄소가 얻어진다.

134 아세틸렌의 설명으로 옳은 것은 어느 것인가?

① 연소범위는 5~15%의 메탄과 같다.
② 용기 속에 다공질은 제외시키고 아세톤만 투입한 뒤 가스를 충전한다.
③ 용기밸브는 구리의 함량이 62% 이상 함유된 것은 사용이 불가하다.
④ 가스용접의 편리성을 위하여 산소와 같이 150기압으로 용기에 충전한다.

해설
- 62% 이상의 동의 성분은 사용불가
- 15℃에서 $15.5kg/cm^2$로 충전

135 합성가스로 메탄올을 합성할 때 이전에 대한 설명으로 잘못된 것은?

① 가격이 싸다.
② CO보다는 수소를 더 첨가해야 한다.
③ H_2와 CO의 비율은 임의대로 한다.
④ 일산화탄소의 용도로 쓰인다.

해설 일산화탄소는 1 : 2의 비율로서 메탄올 합성연료로 쓰이며, 일산화탄소와 수소의 비율은 반드시 1 : 2가 되어야 하고 임의대로는 불가하다.

$$CO + 2H_2 \xrightarrow[ZnO]{400℃, 200기압} CH_3OH + 30.5kcal$$

136 다음은 산소의 성질이다. 잘못 표현된 사항은 어느 것인가?

① 폭발하는 가스는 아니지만 연소를 도와주는 조연성 가스이다.
② 산소와 탄소의 반응에서 완전연소 후 일산화탄소만을 만든다.
③ 화학적으로 활성이 강하며 많은 연소와 반응하며 산화물을 만든다.
④ 상온에서는 무색·무취·무미의 기체이며 질소보다 분자량이 크다.

해설 $C + O_2 \rightarrow CO_2$ (완전연소 시)
$C + \frac{1}{2}O_2 \rightarrow CO$ (불완전연소 시)

137 아세틸렌(C_2H_2) 가스에 관한 사항이다. 다음 중 틀린 것은 어느 것인가?

① 공기보다 가볍고 무색의 가스이다.
② 구리, 은, 수은 등과 치환하여 그 합금과 폭발성의 화합물을 만든다.
③ 공기가 없어도 분해 폭발이 일어날 수 있다.
④ 폭발범위는 수소보다 매우 좁다.

해설 연소범위
- 수소 : 4~75%
- 아세틸렌 : 2.5~81%(수소보다 넓다.)

138 다음 설명 중 옳은 것은?

① LPG는 충격에 의해 폭발한다.
② LPG는 공기가 적어야 완전연소된다.
③ 프로판은 공기의 양에 관계없이 연소된다.
④ LPG는 연소범위 안에서는 폭발한다.

해설 LPG는 2.1~9.5%의 공기 중 연소범위 안에서만 폭발한다.

정답 132 ④ 133 ④ 134 ③ 135 ③ 136 ② 137 ④ 138 ④

139 흔히 도시가스로 불리는 것의 설명 중 알맞은 것은 어느 것인가?

① LPG와 같다.
② 부탄가스와 같다.
③ 200℃ 이하의 유분에서 나프타를 분해하여 얻는다.
④ 전혀 다른 방법으로 얻는다.

해설 도시가스의 원료
LPG, LNG, 나프타, 천연가스, 오프가스, 코크스, 석탄

140 다음 중 유기화합물로 이루어진 것은?

① 산소
② 수소
③ N_2, CO_2
④ 아세틸렌

해설
- 유기화합물은 C와 H로 구성된다.
- 아세틸렌 : C_2H_2

141 염소폭명기의 화학반응식으로 옳은 것은 어느 것인가?

① $2H_2 + O_2 \rightarrow 2H_2O$
② $H_2 + Cl_2 \rightarrow 2HCl$
③ $CO + Cl_2 \rightarrow COCl_2$
④ $NH_3 + HCl \rightarrow NH_4Cl$

해설 수소와 염소의 1 : 1 체적비 반응으로 직사광선 등의 촉매에 의해 $H_2 + Cl_2 \rightarrow 2HCl$의 염소폭명기의 폭발적 반응이 일어난다.

142 다음 불활성 기체 중 비등점이 가장 높은 기체는 어느 것인가?

① 헬륨(He)
② 네온(Ne)
③ 크립톤(Kr)
④ 라돈(Rn)

해설 비등점
① 헬륨(He) : $-269℃$
② 네온(Ne) : $-246℃$
③ 크립톤(Kr) : $-152℃$
④ 라돈(Rn) : $-62.1℃$

143 산소기체의 제조 시 정류탑의 상부에서 얻는 물질의 주성분은?

① 산소
② 아르곤
③ 질소
④ CO_2

해설 정류탑에서는 단식 정류탑의 상부에서 질소, 산소 아르곤 등의 가스 중 비점이 가장 낮은 질소가 탑상부로부터 배출된다.(질소 중에 7% 정도의 산소가 혼합된다. 그러나 복식 정류탑이라면 질소의 순도는 99.8%가 된다.)

144 염소와 관계가 없는 것은 어느 것인가?

① 야금작용에 쓰인다.
② 상수도의 살균에 사용된다.
③ 표백에 사용된다.
④ 염화비닐의 합성에 쓰인다.

해설 ②, ③, ④의 내용은 염소와 관계된다.(수소는 금속의 야금에 사용된다.)

145 다음은 암모니아에 대한 설명이다. 틀린 것은?

① 무색무취의 가스이다.
② 암모니아를 가열하면 질소와 수소로 분리된다.
③ 0℃, 1atm에서 물의 약 1,100배만큼 용해한다.
④ 유안 및 요소의 제조에 사용된다.

해설 암모니아의 성질
① 무색 가스이며, 자극성 기체이다.
② $2NH_3 \xrightarrow{1,000℃} N_2 + 3H_2$
(가열하면 질소, 수소로 분리)
③ 표준 대기압에서 물의 약 1,100배만큼 용해한다.
④ 유안이나 요소의 제조에 사용된다.

정답 139 ③ 140 ④ 141 ② 142 ④ 143 ③ 144 ① 145 ①

146 고압가스 용기의 안전점검기준에 해당되지 않는 것은?

① 용기의 부식, 도색 및 표지 확인
② 용기의 캡이 씌워져 있나 프로텍터의 부착 여부 확인
③ 재검사 기간의 도래 여부를 확인
④ 용기의 외면을 성냥불로 확인

해설 고압가스의 용기 안전점검
- 용기의 부식, 도색, 표지 확인
- 용기의 캡, 프로텍터의 부착 여부 확인
- 재검사 기간의 도래 여부 확인

147 반응장치의 종류와 사용이 옳지 않은 것은?

① 연소식 반응기 – 에틸렌의 제조
② 탑식 반응기 – 벤젠의 염소화
③ 관식 반응기 – 염화비닐의 제조
④ 축열식 반응기 – 아세틸렌의 제조

해설
① 연소식 반응기 : 아세틸렌의 제조, 합성용 가스의 제조
② 탑식 반응기 : 에틸벤젠의 제조, 벤젠의 염소화
③ 관식 반응기 : 에틸렌의 제조, 염화비닐의 제조
④ 축열식 반응기 : 아세틸렌 및 에틸렌의 제조

148 C_2H_2 압축기에서 사용하는 희석제가 아닌 것은?

① N_2 ② CH_4
③ O_2 ④ CO

해설
- 산소는 산화력이 커서 폭발의 위험이 있으므로 C_2H_2 중 O_2의 용량이 2% 이상, O_2 중 C_2H_2 용량이 2% 이상은 압축을 금지한다.
- 아세틸렌의 희석제는 N_2, CH_4, CO 등이다.

149 메탄가스에 대한 설명으로 옳은 것은?

① 공기 중의 메탄가스가 30% 함유된 혼합 기체에 점화하면 폭발한다.
② 수분을 함유한 메탄은 금속을 급격히 부식시킨다.
③ 고온도에서 수증기와 작용하면 일산화탄소와 수소를 생성한다.
④ 메탄의 폭발범위는 5~25%이다.

해설 메탄가스의 성질
- 공기 중의 폭발범위는 5~15%이다. (30%에서는 폭발되지 않는다.)
- 고온에서 니켈을 촉매로 하여 수증기와 작용시키면 CO와 H_2의 혼합가스를 생성한다.

150 LP가스의 장점이 아닌 것은?

① 점화 소화가 용이하며 온도조절이 편리하다.
② 발열량이 12,000kcal/kg로 높다.
③ 직화식으로 사용할 수 있다.
④ 열효율이 낮다.

해설 LP가스는 열효율이 높다.

151 일반가스를 액화시키는 데 필요한 조건으로 옳은 내용은 어느 것인가?

① 임계온도 이상 가열 후 압력을 내린다.
② 임계압력 이하로 압축 후 냉각시킨다.
③ 임계온도 이상이라도 고압이면 액화가 된다.
④ 임계온도 이하, 임계압력 이상 압축시킨다.

해설 가스의 액화는 그 가스의 임계온도 이하로 내리고, 임계압력 이상 올린다.

152 다음 중 고압가스의 반응식에 대하여 쓴 것으로 옳지 않은 것은 어느 것인가?

① 수소와 염소는 빛 존재하에서 폭발적으로 반응한다.
② 철분은 염소기체 중에서 연속적으로 탄다.
③ 메탄가스와 염소는 빛의 존재하에서 폭발적으로 반응한다.
④ 아세틸렌이 공기나 산소가 없어도 폭발하는 것을 산화반응이라 한다.

해설 ④의 경우는 분해폭발의 설명이다.

정답 146 ④ 147 ① 148 ③ 149 ③ 150 ④ 151 ④ 152 ④

153 메탄가스의 내용 중 틀린 것은 어느 것인가?

① 고온에서 수증기와 작용하면 CO와 H_2의 혼합가스가 생성된다.
② 연소범위는 5~15%이다.
③ 임계압력은 80atm이다.
④ 무색무취의 가스이고 가연성이며 분자량은 16.04이다.

해설 메탄가스의 임계온도는 −82.1℃이고, 임계압력은 45.8atm이다.

154 임계온도가 높은 순서로 나열된 가스는?

① $C_3H_8 > CH_4 > O_2 > Cl_2$
② $Cl_2 > C_3H_8 > CH_4 > O_2$
③ $CH_4 > O_2 > Cl_2 > C_3H_8$
④ $Cl_2 > O_2 > C_3H_8 > CH_4$

해설 임계온도
- 염소(Cl_2) : 144℃
- 프로판(C_3H_8) : 96.8℃
- 메탄(CH_4) : −82.1℃
- 산소(O_2) : −118.8℃

155 아세틸렌가스의 제조법으로 옳은 것은?

① 탄산칼슘과 물을 작용시킨다.
② 칼슘을 물과 작용시킨다.
③ 석회석과 물을 작용시킨다.
④ 수산화칼슘과 아세톤을 작용시킨다.

해설 $CaC_2 + 2H_2O \rightarrow Ca(OH)_2 + C_2H_2 \uparrow$

156 아세틸렌가스의 산화폭발 반응식으로 옳은 것은 어느 것인가?

① $C_2H_2 \rightarrow C_2 + H_2$
② $C_2H_2 + 2.5O_2 \rightarrow 2CO_2 + H_2O$
③ $C_2H_2 + 2Cu \rightarrow Cu_2C_2 + H_2$
④ $C_2H_2 + 2Ag \rightarrow Ag_2C_2 + H_2$

해설 ① 분해폭발
② 산화폭발
③, ④ 치환반응에 의한 금속 아세틸라이드 생성

157 다음 중 탄산가스(CO_2)의 용도에 해당되는 것들로 짝지어진 것은 어느 것인가?

① 소화제, 청량음료수
② 살균제, 소화제
③ 냉각제, 살균제
④ 알코올 제조, 냉매

해설 CO_2의 용도
요소비료, 소다회 제조, 탄산수, 사이다, 소화제(액체), 냉각용(고체탄산)

158 일산화탄소를 철−크롬계 촉매 존재하에서 수증기와 혼합 처리할 때 생성되는 것은?

① 산소, 일산화탄소
② 산소, 이산화탄소
③ 수소, 이산화탄소
④ 수소, 일산화질소

해설 일산화탄소 전화법
$CO + H_2O \rightarrow CO_2 + H_2$ (이산화탄소+수소)

159 탄화수소에서 탄소의 수가 증가할 때 생기는 현상이 아닌 것은?

① 증기압이 낮아진다.
② 발화점(착화점)이 낮아진다.
③ 폭발하한계가 낮아진다.
④ 비등점이 낮아진다.

해설 비점
탄소수가 증가하면 비등점이 높아진다.
- 메탄(CH_4) : −161.5℃
- 프로판(C_3H_8) : −42.1℃
- 부탄(C_4H_{10}) : −0.5℃

정답 153 ③ 154 ② 155 ① 156 ② 157 ① 158 ③ 159 ④

160 고압가스 제조설비에 누설된 가스의 확산을 적절히 방지할 수 있는 등의 여러 가지 재해조치를 하여야 하는 가스가 아닌 것은 어느 것인가?

① 황화수소　　② 탄산가스
③ 염화메탄　　④ 아황산가스

해설
- 탄산가스(CO_2)는 불연성 무독성의 가스로 위험하지 않은 기체이다.
- 염화메탄은 가연성이며 독성 가스이다. ①, ③, ④의 가스는 누설 시 확산방지용 가스이다.

161 아세틸렌을 고압으로 사용하면 희석제가 없는 한 중합에 의한 폭발위험이 있다. 일반적으로 몇 기압 이하로 사용하면 안전한가?

① 5기압　　② 4기압
③ 3기압　　④ 2기압

해설 아세틸렌은 1.5기압이면 위험하고, 2기압이면 폭발한다.

162 물과 혼합하면 유리나 고무류를 부식시키는 가스는 어느 것인가?

① 프레온가스
② 암모니아가스
③ SO_2 가스
④ 클로로메틸

해설 프레온가스는 HF(불화수소)를 생성하여 유리나 천연고무 등을 부식시킨다.

163 다음의 가스 중 화학적으로 불활성이 크며 액체상태에서는 우수한 냉매가스로서 적당한 가스는 어느 것인가?

① 산소
② 질소
③ 수소
④ 프레온 및 암모니아

해설 질소 가스는 불활성이 매우 크며 비점이 −195.8℃로 액체상태에서는 매우 우수한 냉매가스이다.

164 가스이송 배관에서 염소가스의 누설검사 시 검사하고자 하는 가스로서 적당한 가스는?

① 황산　　② 암모니아
③ 아세톤　　④ 염화수소

해설 염소와 암모니아는 반응하여 염화암모늄의 백색 연기 발생으로 누설이 발견된다.

$8NH_3 + 3Cl_2 \rightarrow \underline{6NH_4Cl} + N_2$
　　　　　　　　염화암모늄(흰 연기)

정답 160 ② 161 ④ 162 ① 163 ② 164 ②

CHAPTER 03

가스설비사항

제1절 고압가스 요소 및 배관재료
제2절 가스설비 및 비파괴 검사
제3절 고압가스 배관 공작
제4절 고압가스 배관의 부식과 방식
제5절 압축기 및 펌프

SECTION 01 고압가스 요소 및 배관재료

001 다음 중 배관나사 맞춤용 패킹이 아닌 것은?

① 합성 고무 ② 흑연
③ 삼 ④ 리서지 시멘트

해설 나사이음 패킹
- 페인트
- 일산화연(리서지)
- 액화합성수지
- 흑연

002 기포성 수지에 대한 설명으로 옳지 않은 것은?

① 열전도율이 극히 크다.
② 가볍고 흡수성이 적다.
③ 굽힘성이 풍부하다.
④ 불연성이다.

해설 기포성 수지
- 저온용 보온재(합성수지, 고무)
- 열전도율이 극히 작다.(0.03kcal/mh℃)

003 불에 잘 타지 않으며 보온성, 보냉성이 좋고, 흡수성은 좋지 않으나 굽힘성이 풍부하여 유기질 보온재로 많이 사용하는 것은?

① 펠트
② 코르크
③ 기포성 수지
④ 탄산마그네슘

해설 ① 양모, 우모로 만들며, 아스팔트 방습 시 −60℃까지 사용
② 탄성은 크나 굽힘성이 없어 곡면 시공 시 균열
④ 염기성 마그네슘 85%, 석면 15%로 만들며 경량이며 열전도율이 가장 작다.

004 무기질 보온재의 장점이 될 수 없는 것은?

① 강도가 크다.
② 안전사용 온도가 높다.
③ 내습, 내수성이 양호하다.
④ 온도 사용 범위가 넓다.

해설 무기질 보온재
- 강도가 크다.
- 안전사용 온도가 높다.
- 온도 사용 범위가 넓다.
- 흡습성이나 흡수성이 없을 것

005 다음 중 플랜지 패킹이 아닌 것은?

① 네오프렌
② 석면 패킹
③ 테프론
④ 몰드 패킹

해설
- 플랜지 패킹 : 천연고무, 네오프렌, 테프론, 오일 실, 석면조인트
- 나사이음 패킹 : 페인트, 일산화연, 액상합성수지
- 그랜드 패킹 : 석면각형, 석면야안, 아마존, 몰드

006 다음 중 플랜지용 패킹이 아닌 것은 어느 것인가?

① 네오프렌
② 테프론
③ 금속패킹
④ 일산화연

해설 일산화연은 나사용 패킹이며, 페인트에 소량의 일산화연을 타서 사용하고, 값이 싸다.

정답 01 ③ 02 ① 03 ③ 04 ③ 05 ④ 06 ④

007 고온 고압의 관플랜지 이음 시 사용되는 패킹의 재료로 가장 적합한 것은?

① 구리
② 테프론
③ 석면
④ 가죽

해설 플랜지 패킹 중 석면 조인트 시트는 광물질 패킹이며 450℃까지 고온에서 사용되며 증기, 온수, 고온의 기름 배관에 적합하며 슈퍼히터 석면이 많이 사용된다.

008 밀착력이 강하고 풍화에 강하며 다른 착색도료의 밑칠에 적합한 것은?

① 알루미늄 도료
② 합성수지 도료
③ 산화철 도료
④ 광명단 도료

해설
① 알루미늄 : 방청성, 내열성 우수로 방열기에 사용
② 합성수지 : 증기관, 보일러, 압축기 등의 도장용으로 사용
③ 산화철 : 도막은 부드러우나 방청효과 불량

009 관의 벽면과 물 사이에 내식성 도막을 형성하여 물과의 접촉을 방지하기 위해 사용하는 도료는?

① 산화철 도료
② 알루미늄 도료
③ 콜타르 및 아스팔트
④ 광명단 도료

해설
① 산화철 : 도막은 부드럽고 방청효과는 나쁘다.
② 알루미늄 : 은분이라고도 하며 방청, 방열 효과가 우수하다.
④ 광명단 : 연단에 아마인유를 배합한 것으로 밀착력이 강하다.

010 다음 설명은 패킹에 대한 것이다. 옳지 않은 것은?

① 석면 패킹은 450℃까지의 고온에 견딘다.
② 나사용 패킹의 일산화연은 냉매 배관에 많이 쓰인다.
③ 고무 패킹은 탄성이 우수하나 흡수성이 없다.
④ 합성수지 패킹은 내열 범위 $-260 \sim 260℃$로 기름에 녹는다.

해설 합성수지 패킹(플랜지 패킹)인 테프론의 내열범위는 $-260 \sim 260℃$로서 기름에 침해되지 않고 탄성은 부족하며 석면 고무, 웨이브형 금속판과 함께 사용

011 배관재료 부식방지를 위하여 사용하는 도료가 아닌 것은?

① 래커
② 아스팔트
③ 페인트
④ 아교

해설 아교는 부식방지용 도료가 아니고 접착제이다.

012 다음 중 보냉용(保冷用) 단열재의 구비조건이 아닌 것은?

① 열전도율이 적을 것
② 가벼울 것
③ 내구성이 좋을 것
④ 흡습성(吸濕性)이 클 것

해설 공기의 열전도율은 30℃에서 $0.23kcal/mh℃$이나 수분은 $0.518kcal/mh℃$이므로 열전도율이 커서 보냉의 효과는 떨어진다.

013 다음 중 무기질 보온재의 탄산마그네슘에 대한 설명 중 틀린 것은?

① 매우 가볍고 크링크 보온재로서 우수한 보온성이 있으나 300~320℃에서 열분해하므로 그 이상의 온도에서 사용할 수 없다.
② 방습 가공한 것은 옥외 배관 또는 습기가 많은 지하 덕트 내의 배관에 적합하다.
③ 250℃ 이하의 파이프, 탱크에 사용된다.
④ 450℃ 이하의 온도에 액체 또는 기체를 취급하는 파이프, 탱크, 노벽 등의 보온재에 적합하다.

해설 ④의 내용은 석면 보온재의 설명이다.

정답 07 ③　08 ④　09 ③　10 ④　11 ④　12 ④　13 ④

014 배관은 시공하기 전 파이프의 길이를 조금 짧게 절단하여 강제 배관하는 신축이음은?

① U밴드
② 루프
③ 상온 스프링
④ 캡 너트

해설 상온 스프링은 배관시공 전 파이프를 조금 짧게 절단하여 강제 배관에 사용된다.

015 다음 보온재의 설명 중 규산칼슘계 보온재의 조건으로 맞는 것은 어느 것인가?

① 유연성이며 유해한 연기를 발생하지 않아야 한다.
② 내한성, 내약품성, 내흡성이 있어야 하고 흡수가 잘 되지 않아야 한다.
③ 중량이며 강도가 있어야 한다.
④ 작업성, 가공성이 좋지 않아야 한다.

해설 규산칼슘 보온재(안전사용 온도 650℃)의 구비조건은 ②이다. 그 재료는 규산질, 석회질, 암면 등의 혼합 수열 반응에 의해 제조된다.

016 다음 중에서 급수, 배수, 공기들의 배관에 쓰이는 패킹은?

① 고무 패킹
② 금속 패킹
③ 석면 조인트 시트
④ 합성수지 패킹

해설
- 고무 패킹 : 급수, 배수, 공기관 등에 사용되는 플랜지 패킹이다.
- ①~④는 모두 플랜지 패킹이다.

017 다음 중 사용 중에 부서지거나 뭉클어지지 않아서 진동이 있는 장치의 보온재로서 적합한 것은?

① 탄산마그네슘
② 규조토
③ 암면
④ 석면

해설 석면은 무기질 보온재이며 400℃ 이하의 파이프, 탱크, 노벽 등의 보온재로 적합하다. 400℃ 이상에서 탈수 분해하고 800℃에서는 강도와 보온성이 상실된다. 사용 중 갈라지지 않으므로 진동을 받는 장치의 보온재이다.

018 다음 밸브의 용도 중에서 유체의 역류를 방지하기 위해 사용되는 밸브는?

① 게이트밸브
② 안전밸브
③ 체크밸브
④ 앵글밸브

해설 체크밸브는 유체의 역류방지용 밸브이다.

019 고온 고압 하에서 수소가스를 사용하는 장치 공장의 재질은 수소취성을 방지하기 위하여 어느 재료가 적당한가?

① 탄소강
② 니켈강
③ 크롬강
④ 연강

해설 크롬강은 수소취성을 방지한다.

취성방지용 금속
크롬, 알루미늄, 몰리브덴, 티타늄 등

020 다음 중 동관, 황동관의 호칭지름은?

① 파이프의 유효지름
② 파이프의 안지름
③ 파이프의 중간지름
④ 파이프의 바깥지름

해설 동관이나 황동관의 호칭지름은 파이프의 바깥지름이 기준이다.

021 앵글밸브를 설명한 것 중 잘못 설명한 것은?

① 앵글밸브는 게이트밸브의 일종이다.
② 주로 관과 기구의 접합에 많이 사용된다.
③ 유체의 입구나 출구의 각이 90°가 되어 있다.
④ 배관 도중에 사용되는 예는 드물다.

해설 게이트 밸브의 종류
- 웨지 게이트 밸브
- 패러렐 슬라이드 밸브
- 더블 디스크 게이트 밸브

022 다음 중 배관재료에서의 열응력 요인이 아닌 것은?

① 열팽창에 의한 응력
② 냉간 가공에 의한 응력
③ 용접에 의한 응력
④ 안전밸브의 분출에 의한 응력

해설 안전밸브의 분출 시에는 진동이 발생된다.

023 동관의 치수기호 방법이 아닌 것은?

① K   ② L
③ M   ④ N

해설 동관의 살 두께(K>L>M)

024 다음과 같은 배관 외면 표시 중 S115는 무엇을 뜻하는가?

2B – S115 – A10 – H₂O

① 관의 호칭지름
② 유체의 종류, 상태
③ 배관계의 시방
④ 관의 보온재료

해설
- S115 : 배관계의 시방
- B : 제조방법
- A : 호칭방법
- H₂O : 급수배관

025 다음은 배관재료에 대한 설명이다. 이 중 틀린 사항은?

① 압력 배관용 탄소강 강관의 기호는 STPG이며, 두께는 스케줄 번호가 클수록 커진다.
② 스케줄 번호 방식이란 사용압력과 재료의 사용응력의 비에 의하여 정해진다.
③ 배관용 스테인리스 강관(STS)은 내식 내열 및 고온용으로서 특히 내식성을 필요로 하는 화학 공업배관에 많이 쓰인다.
④ 인, 탈산 동 이음매 없는 관의 기호는 DUCT이며, 산소용접에 적합하여 송유관 및 온수관 등에 쓰인다.

해설 압력 배관용(SPPS)
350℃ 이하에서 10~100 kg/cm² 까지 사용

026 냉동기, LPG 탱크용 배관 등과 같은 동결점 이하의 온도에서만 사용되는 강관의 KS 표시 기호로 옳은 것은?

① SPLT   ② SPHT
③ SPA   ④ SPP

해설
- LT : 저온용
- HT : 고온용
- SPLT : −350~0℃까지 저온용
- SPHT : 350~450℃까지 고온 배관용
- SPA : 350℃ 이상 배관용 합금강 강관
- SPP : 350℃ 이하 배관용 탄소강 강관

027 다음 중 옥내 수도용 강관으로 가장 적당한 것은?

① SPP   ② SPPW
③ SPPS   ④ SPW

해설
- W : 수도용
- SPW : 배관용 아크용접 탄소강 강관
- SPPW : 10~300A까지 수도용 아연도금 강관

028 비교적 점도(粘度)가 큰 유체 또는 약간의 저항에도 정출(晶出)하는 유체의 흐름에 사용되는 것은?
① 콕(Cock)
② 앵글밸브(Angle Valve)
③ 안전밸브(Safety Valve)
④ 글로브밸브(Glove Valve)

해설 글로브밸브는 비교적 점도가 큰 유체용으로 유량 조절용으로 사용된다.

029 배관 진동의 원인이 아닌 것은?
① 왕복기계 및 고속기계의 불균형
② 관 내의 압력강하
③ 펌프의 서징
④ 카르만 소용돌이

해설 배관 진동의 원인
- 왕복기계 고속기계의 불균형
- 펌프의 서징
- 카르만 소용돌이

030 다음 밸브의 설치에 대한 설명 중 틀린 것은?
① 슬루스 밸브는 배관 도중에 설치하고 수압 및 유량조절, 개폐용으로 사용된다.
② 슬루스 밸브는 일명 게이트 밸브라고도 한다.
③ 스트레이너는 배관 도중에 먼지, 흙, 모래 등을 제거하기 위한 부속품이다.
④ 스트레이너는 밸브류 등의 뒤에 설치한다.

해설 스트레이너(여과기)는 유량계, 순환펌프 밸브류 등의 앞에 설치한다.

031 배관의 전 온수관 지지 시 고려할 사항이 아닌 것은?
① 관 구배   ② 중량
③ 열응력   ④ 신축정도

해설 배관의 전 온수관 지지 시 고려사항
열응력, 관의 중량, 신축 정도

032 증기난방 중에서 설치공간이 가장 작은 신축이음은 어느 것인가?
① 슬리브   ② 벨로스
③ 루프   ④ 스위블

해설 신축이음
- 슬리브(미끄럼형)
- 벨로스(파형관)
- 루프형(곡관형)
- 스위블(스윙타임)
※ 벨로스형의 신축이음이 증기난방에서는 설치공간이 가장 작다.

033 압력탱크 급수방법에서 사용되는 탱크의 부속품이 아닌 것은?
① 안전밸브   ② 수면계
③ 압력계   ④ 트랩

해설 압력탱크 급수방법의 탱크의 부속품
- 압력탱크   • 수면계
- 압력계   • 안전밸브

034 다음 용어 중 증기난방 배관과 관계없는 것은?
① 관말트랩
② 플러스 트랩
③ 감압밸브
④ 팽창 이음쇠

해설 증기난방 배관의 부속품
관말트랩, 팽창 이음쇠, 감압밸브

035 다음 중 주철관의 용도가 아닌 것은?
① 급수관용
② 배수관용
③ 난방코일용
④ 통기관용

해설 주철관의 용도
급수관용, 배수관용, 통기관용
※ 난방코일용은 동관이 유리하다.

정답 28 ④ 29 ② 30 ④ 31 ① 32 ② 33 ④ 34 ② 35 ③

036 신축에 의한 응력을 발생시키지 않고 좁은 장소에도 설치할 수 있는 신축이음은?
① 벨로스형 ② 루프형
③ 슬리브형 ④ 스위블형

해설 벨로스형 신축이음은 신축에 의한 응력을 발생시키지 않고 좁은 장소에도 설치할 수 있다.

037 다음 패킹 시트의 종류 중 고압 위험성이 있을 때 적당한 것은?
① 홈 시트 ② 소평면 시트
③ 대평면 시트 ④ 삽입 시트

해설 홈 시트 플랜지면은 호칭압력 $16kg/cm^2$ 이상에 사용되며 위험성이 있는 유체배관 등 매우 기밀을 요하는 배관에 사용된다.

038 배관의 접속, 수리 시에 배관 내 물을 배수하지 않도록 설치하는 서비스용 밸브로 적합한 것은?
① 글로브밸브 ② 게이트밸브
③ 콕 ④ 체크밸브

해설 역정지밸브는 배관의 접속 수리 시에 배관 내 물을 배수하지 않도록 설치하는 서비스용 밸브이다.

039 다음은 배관 부속기기인 여과기(Strainer)에 관해 기술한 것이다. 옳지 않은 것은?
① 여과기의 종류에는 형상에 따라 Y형, U형, V형이 있다.
② 여과기의 설치목적은 관내 유체의 이물질을 제거함으로써 수량계 Pump 등을 보호하는 데 있다.
③ U형 여과기는 유체의 흐름이 직각이므로 저항이 커서 주로 급수배관용에 사용한다.
④ 여과기의 접속은 일반적으로 50A 이하에서는 나사이음, 65A 이상에서는 플랜지이음으로 접속한다.

해설 U자형 여과기는 주로 오일 배관용이며 유체의 흐름방향은 직각이라 저항이 크나 보수 점검이 용이하다.

040 수직 배관에서 역류방지를 위한 밸브는?
① 콕밸브
② 스윙식 체크밸브
③ 리프트식 체크밸브
④ 버터플라이 밸브

해설 • 스윙식 체크밸브 : 수직 수평배관용
• 리프트식 체크밸브 : 수평배관용

041 강관이 연관이나 주철관에 비하여 좋은 점을 기술한 것 중 맞지 않는 것은?
① 가볍고 인장 강도가 크다.
② 충격에 대하여 강하고 굴곡성이 좋으며 관의 접합도 비교적 좋다.
③ 강도가 크므로 고압이나 유체의 속도가 빠른 곳에 사용된다.
④ 주철관에 비하여 부식이 잘 안 된다.

해설 강관은 주철관에 비하여 부식이 매우 잘된다.

042 다음은 각종 밸브의 종류와 용도와의 관계를 줄로 연결한 것이다. 잘못된 것은?
① 안전밸브 – 이상압력 조정용
② 글로브밸브 – 유량조절용
③ 콕 – 유로의 완만한 개폐
④ 체크밸브 – 역류방지용

해설 콕은 신속한 개폐에 사용되며 저항은 적으나 기밀성이 나빠 고압 대유량에는 부적당하다.

043 최고 사용압력 $P = 65kg/cm^2$ 배관에 SPPS = 38을 사용하는 경우, 인장강도는 $38kg/mm^2$이므로 안전율을 4로 하면 Sch No.(스케줄 번호)는?
① 65 ② 68
③ 48 ④ 85

해설 $SCH = 10 \times \dfrac{P}{S} = 10 \times \dfrac{65}{9.5} = 68.42$

$S(허용응력) = \dfrac{인장강도}{안전율} = \dfrac{38}{4} = 9.5$

정답 36 ① 37 ① 38 ④ 39 ③ 40 ② 41 ④ 42 ③ 43 ②

044 비교적 사용압력이 낮은 증기, 물, 기름, 가스, 공기 등의 수송에 적합하며, 호칭지름이 350~1,500A까지 17종이 있는 관은?

① 고온배관용 탄소강 강관
② 배관용 아크 용접 탄소강 강관
③ 압력배관용 탄소강 강관
④ 배관용 탄소강 강관

해설 배관용 아크 용접 탄소강 강관(SPPY)은 비교적 사용압력이 낮은 증기, 물, 기름, 가스, 공기 등의 수송관으로 350~1,500A까지 있으며 17종이다.

045 SPW에 대한 설명 중 틀린 것은 어느 것인가?

① 비교적 사용압력이 낮은 배관에 사용한다.
② 자동 서브머지드 용접으로 제조한다.
③ 가스, 물 등의 유체수송용이다.
④ 관호칭은 안지름×두께이다.

해설 SPW
• 배관용 아크 용접 탄소강관
• 관호칭은 [호칭지름×Sch(스케줄)]

046 구리관의 플랜지 이음 형식이 아닌 것은?

① 테이퍼 코어형   ② 홈형
③ 끼워맞춤형   ④ 유합 플랜지형

해설 테이퍼 코어형은 합성수지관의 경질 염화비닐관의 이음이다.

047 SPPS-38은 관의 표시방법 중 무엇을 의미하는가?

① 압력배관용 탄소강관으로 최저 인장강도 $38kg/cm^2$ 이상이다.
② 배관용 탄소강관으로 최저 인장강도 $38kg/cm^2$ 이하이다.
③ 압력배관용 탄소강관이며 최고 인장강도 $38kg/cm^2$ 이상이다.
④ 배관용 탄소강관이며 최고 인장강도 $38kg/cm^2$ 이상이다.

해설 SPPS : 압력배관용 탄소강관

048 배관용 주철관의 호칭경은?

① 관의 내경   ② 관의 외경
③ 관의 유효경   ④ 관의 이음경

해설 배관용 주철관은 관의 내경으로 호칭경을 사용한다.

049 비교적 점도가 큰 유체 또는 약간의 저항에도 정출하는 유체의 흐름에 사용되는 것은?

① 콕   ② 안전밸브
③ 글로브밸브   ④ 앵글밸브

해설 글로브 밸브는 비교적 점도가 큰 유체 또는 약간의 저항에도 정출하는 유체의 흐름에 사용된다.

050 다음 중 콕의 장점은?

① 개폐가 빠르다.
② 기밀을 유지하기가 좋다.
③ 고압 대유량에 적합하다.
④ 대유량 수송에 적당하다.

해설 콕의 특징
• 개폐가 빠르다.
• 유체의 저항이 적다.
• 기밀을 유지하기가 어렵다.
• 고압의 유체에는 사용이 불가능하다.

051 도시가스에서는 플라스틱관으로 폴리에틸렌관을 많이 사용하는데 다음 설명 중 틀린 것은 어느 것인가?

① 주로 50A 이하의 중, 저압용이다.
② 관의 접합방법은 융착 또는 기계적 접합을 이용한다.
③ 내열성과 보온성에 있어서도 우수하다.
④ 제조법은 압출성형법 또는 사출성형법으로 제조한다.

해설 플라스틱관(폴리에틸렌관)의 특징
• 관의 접합은 용착 슬리브 접합 및 테이퍼 조인트, 인서트 조인트 접합이 있다.
• 내열성, 보온성, 내한성이 우수하다.
• 압출성형법으로 제조된다.

정답 44 ② 45 ④ 46 ① 47 ① 48 ① 49 ③ 50 ① 51 ④

052 350℃ 이하의 온도에서 압력 10~100kg/cm²까지 작용하는 유압관, 수압관, 보일러 증기관 등에 사용하는 강관은?
① 고온 배관용 탄소강관
② 고압 배관용 탄소강관
③ 아크용접 탄소강관
④ 압력 배관용 탄소강관

해설 ① SPHT=350~450℃ 사용, 과열 증기관
② SPPH=100kg/cm² 이상의 NH₃ 합성용, 화학공업 고압유체 사용
③ SPW=150kg/cm² 이하의 물, 10kg/cm² 이하 가스관 사용

053 다음 각종 배관 중 방로 보온피복을 할 필요가 없는 관은?
① 급수관
② 배수관
③ 증기관
④ 통기관

해설 통기관은 공기 등의 가스체를 제거하는 기구이므로 방로 또는 보온피복이 필요 없다.

054 신축이음에서 온도차를 t℃, 길이를 L, 열팽창계수를 a라 할 때 신축량 λ를 구하는 식은 어느 것인가?(단, 세로탄성계수는 E, 재료의 지름은 d이다.)
① $\lambda = \pi dat$
② $\lambda = \pi Eat$
③ $\lambda = atL$
④ $\lambda = EaL$

해설 신축이음의 신축량(λ)
$\lambda = atL$

055 다음 중 고온, 고압가스 배관재료에 요구되는 사항 중 관계없는 것은?
① 높은 클리프 강도
② 조직의 안정성
③ 내식성
④ 내마멸성

해설 고온 고압가스의 배관재료 구비조건
• 높은 클리프 강도
• 내식성
• 조직의 안정성

056 관의 호칭을 내경의 두께로 표시한 것은?
① 동관
② 황동관
③ 연관
④ 알루미늄관

해설 강관, 주철관은 내경의 치수로 표시하고, 연관은 관의 호칭을 내경의 두께로 표시한다.

057 다음의 신축이음쇠 중에서 신축량이 가장 작은 것은?
① 슬리브형
② 스위블형
③ 루프형
④ 벨로스형

해설 스위블형 신축이음쇠는 두 개 이상의 엘보를 이용하여 나사의 비틀림을 이용한 신축 이음쇠이므로 신축량이 가장 작고 신축량이 가장 큰 것은 루프형(곡관형)이다.

058 다음 자동 급수밸브(절수밸브) 종류에 들지 않는 것은?
① 압력 작동형
② 압력 역작동형
③ 온도 작동형
④ 온도 역작동형

해설 자동 급수 조절밸브는 수냉식 응축기의 냉각수 공급을 조정하는 밸브이며 다이어프램 또는 벨로스가 부착되어 있다.

059 주철관에 대한 재료의 특징으로 적당한 것은?
① 압축강도가 작아 지하매설용으로 부적합하다.
② 관의 제조는 수직법과 원심력법 2가지가 있다.
③ 덕타일 주철관은 가공성이 없다.
④ 충격에는 강하나 내구력에 약하다.

정답 52 ④ 53 ④ 54 ③ 55 ④ 56 ③ 57 ② 58 ④ 59 ②

해설 ① 압축강도가 크고 지하매설용이 용이하다.
③ 덕타일 주철관은 가공성이 크다.
④ 충격에 약하고 내구력이 크다.

060 다음 밸브 중 이상 고압이 생기기 쉬운 곳에 설치하며 압력이 일정한도 이상으로 오르면 자동적으로 발동하는 밸브는?

① 격막밸브
② 자동볼 밸브
③ 체크밸브
④ 안전밸브

해설 안전밸브는 이상고압이 생기기 쉬운 곳에 설치하며 압력이 일정한도 이상 오르면 자동적으로 발동하는 밸브이다.

061 다음 중 배관의 축과 직각방향의 변위를 흡수할 수 있는 이음은?

① 플렉시블 조인트
② 신축곡관
③ 스위블 조인트
④ 벨로스 이음

해설 플렉시블 조인트(Flexible Joint)는 수평, 수직의 변위를 모두 흡수한다.

062 배관의 신축이음 시 허용길이가 가장 큰 순서로 된 것은?

① 슬리브형 > 루프형 > 벨로스형
② 루프형 > 슬리브형 > 벨로스형
③ 벨로스형 > 슬리브형 > 루프형
④ 벨로스형 > 루프형 > 슬리브형

해설 신축이음의 허용길이
루프 > 슬리브 > 벨로스 > 스위블

063 다음 중 배관직경이 다른 관을 연결하는 데 사용하는 것은?

① 리듀서
② 유니언
③ 플랜지
④ 티

해설 이경관 연결 이음쇠
리듀서, 부싱, 줄임 엘보, 줄임 티

064 나사 맞춤부에서 나사의 회전을 이용한 신축 이음은?

① 스위블 이음
② 신축곡관 이음
③ 벨로스형 이음
④ 슬리브형 이음

해설 스위블 이음은 저압증기난방이나 온수난방에서 엘보를 2개 이상 사용하여 나사의 회전을 이용한 스윙 타입형 신축 이음이다.

065 스윙형 체크밸브에 관한 설명이다. 해당되지 않는 것은?

① 호칭치수가 큰 관에 많이 사용한다.
② 유체의 저항이 리프트형보다 작다.
③ 수평배관에만 사용할 수 있다.
④ 핀을 축으로 하여 회전시켜 개폐된다.

해설 체크밸브는 수직배관, 수평배관에서 스윙형을 사용하고, 수평배관에만 사용할 수 있는 것은 리프트식이다.

066 저압증기나 온수의 분기점 등에 가장 적합한 신축 이음은?

① 슬리브형
② 벨로스형
③ 스위블형
④ 루프형

해설 스위블형 신축 이음은 저압증기나 온수난방의 분기점에 사용되는 신축 이음이다.

067 경질 염화비닐관의 특징으로 옳지 않은 것은?

① 내식성이 좋다.
② 전기 절연성이 좋다.
③ 열팽창률이 작다.
④ 가볍고 강도가 비교적 크다.

해설 경질 염화비닐관(합성수지관=플라스틱관)은 열팽창률이 크다.

정답 60 ④ 61 ① 62 ② 63 ① 64 ① 65 ③ 66 ③ 67 ③

068 시멘트관의 종류 중 현재 가스도관으로 사용할 수 있는 관은 다음 중 어느 것인가?

① 철근콘크리트관
② 석면시멘트관
③ 원심력 철근콘크리트관
④ 흄관

해설 석면시멘트관(에터니트관)은 콘크리트관으로 석면과 시멘트를 1:5~1:6 정도로 배합하여 가스관, 수도용관, 배수관 등으로 사용된다.

069 다음은 배관재료의 보관이나 취급 시 유의사항이다. 틀린 것은?

① 관은 구분하여 보관한다.
② 인화물질은 수시로 누설 여부를 점검한다.
③ 염화비닐관은 직사광선을 피하고 온도변화가 많은 곳에 보관한다.
④ 휘발유는 환기가 잘 되는 안전한 장소에 보관한다.

해설 염화비닐관은 온도변화가 적은 곳에 보관한다.

070 스톱밸브라고도 하며 밸브시트는 포금, 본체는 주철제가 주로 사용되고 유량의 가감이 가능하지만 유체의 저항이 큰 밸브는?

① 슬루스밸브   ② 글로브밸브
③ 콕   ④ 체크밸브

해설 스톱밸브(글로브밸브)는 유체의 저항이 큰 S자형 밸브로서 밸브시트는 포금(청동)이고 본체는 주로 주철제이다.

071 배관의 끝을 막을 때 사용하는 것은?

① 캡   ② 유니온
③ 엘보   ④ 부싱

해설 나사 이음 부속
• 배관의 끝을 막을 때 : 캡, 플러그
• 분해할 때 : 플랜지, 유니언
• 관경을 달리할 때 : 부싱, 리듀서
• 분기할 때 : 티, 크로스

072 유체의 흐름 방향과 평행하게 개폐되며 주로 조정용으로 사용되는 밸브는?

① 글로브밸브   ② 슬루스밸브
③ 콕밸브   ④ 체크밸브

해설 ① 유량 조정용 밸브이다.
② 유량 조절은 곤란하나 마찰 손실은 적다.
③ 유체의 저항이 적고 신속한 개폐가 가능하다.
④ 유체의 흐름을 한 방향으로 하여 역류를 방지한다.

073 유체가 새는 것을 방지하는 방법이 아닌 것은?

① 개스킷 사용   ② 캡너트 사용
③ 와셔 사용   ④ 패킹 사용

해설 유체가 새는 것을 방지하는 방법
• 개스킷 사용(패킹 사용)
• 캡너트 사용

074 동관 접착부의 패킹에 대하여 옳은 것은?

① 동관의 재질보다 경도가 높은 패킹
② 동관의 재질보다 경도가 낮은 패킹
③ 패킹을 사용하지 않는다.
④ 패킹을 사용하면 유속을 조정하는 데 유효하다.

해설 동관에 사용되는 패킹은 동관의 재질보다 경도가 낮아야 탄성이 있어 누설이 방지되고 밀착력이 강해진다.

075 니켈 60~70% 정도를 함유한 니켈-구리계의 합금으로 내식성이 좋으며, 내마멸성도 커서 화학공업용 재료로 널리 사용되는 재료는?

① 콘스탄탄
② 모넬 메탈
③ 인코넬
④ 베빗 메탈

해설 • 콘스탄탄＝(니켈＋구리)의 합금
• 열전대 온도계의 (-)측 콘스탄탄은 구리 55%, 니켈 45%의 합금이다.

정답 68 ② 69 ③ 70 ② 71 ① 72 ① 73 ③ 74 ② 75 ①

076 다음 내용의 ( ) 안에 적당한 보온재의 종류를 기입한 것은?

> LP가스 플랜트에서는 일반적으로 보온재는 강도, 내열성, 내수성이 높은 ( ) 보온재가 많이 사용되고, 보냉재로는 단열성이 우수하고 시공상의 경제성을 고려하여 초난연성의 ( )이 사용되고 있다.

① 암면, 탄화코르크
② 규산칼슘, 우레탄폼
③ 석면, 우모펠트
④ 펄라이트, 글라스울

해설 규산칼슘 보온재
- 내수성, 내구성이 크다.
- 압축강도가 크고 곡강도가 높고 반영구적이다.
- 안전사용온도 650℃

077 다음 중 유기질 보온재는?

① 규조토   ② 탄산마그네슘
③ 기포성 수지   ④ 석면

해설 ㉠ 규조토, 탄산마그네슘, 석면은 무기질 고온용 보온재
㉡ 기포성 수지
- 열전도율 : 0.03kcal/mh℃
- 안전사용온도 : −200∼130℃
- 가볍고 흡수성이 적으며, 굽힘성이 풍부하다.
- 난연성이며 보온 보냉성 유기질이다.

078 단열재 중 열전도율이 작은 것에서 큰 순서로 되어 있는 것은?

① 폴리우레탄 > 유리섬유 > 스티로폼 > 탄화코르크
② 유리섬유 > 폴리우레탄 > 탄화코르크 > 스티로폼
③ 스티로폼 > 탄화코르크 > 유리섬유 > 폴리우레탄
④ 탄화코르크 > 스티로폼 > 폴리우레탄 > 유리섬유

해설
- 폴리우레탄 : 0.03kcal/mh℃
- 유리섬유 : 0.03∼0.05kcal/mh℃
- 탄화코르크 : 0.04∼0.45kcal/mh℃

079 다음 도료의 설명 중 틀린 것은?

① 연단 도료는 녹스는 것을 방지하기 위한 목적으로 사용한다.
② 산화철 도료는 도막이 부드럽고 방청효과도 좋아 널리 사용한다.
③ 알루미늄 도료는 수분이나 습기에 강하며 내열성도 우수하다.
④ 합성수지 도료 중 염화비닐계 도료는 내약품성, 내유성, 내산성이 우수하다.

해설 산화철 도료는 도막은 부드러우나 방청효과가 좋지 않아서 가격이 싸다.

080 다음은 석면 보온재에 관한 설명이다. 틀리게 설명된 것은?

① 아스베스트 섬유질로 되어 있다.
② 400℃ 이하의 보온 재료로 적합하다.
③ 진동이 생기면 갈라지기 쉬우므로 탱크, 노벽의 보온에 적합하다.
④ 800℃에서는 강도와 보온성을 잃게 된다.

해설 석면 보온재는 쉽게 부서지지 않으므로 진동이 있는 탱크, 노벽, 선박, 열차 등에 많이 이용된다. ③은 틀린 내용이다.

081 냉동기 배관 L.P.G 탱크용 배관 등의 빙점 이하의 온도에서만 사용되며 두께를 스케줄 번호로 나타내는 강관의 KS기호는?

① SPP
② SPA
③ SPLT
④ SPHT

해설 SPLT(저온 배관용)는 빙점 이하 저온도에 사용하며 두께는 스케줄 번호로 나타낸다.

정답 76 ② 77 ③ 78 ① 79 ② 80 ③ 81 ③

082 배관의 중간이나 밸브 및 각종 기기의 접속 및 보수점검을 위하여 관의 해체 교체 시 필요한 부품은?

① 플랜지 ② 소켓
③ 밴드 ④ 바이패스관

해설 배관 중 분해 가능한 이음에는 플랜지 이음, 유니언 이음, 플레어 이음 등이 있다.

083 배관재료 중 플렉시블 튜브(Flexible Tube)에 대한 설명 중 옳지 않은 것은?

① 얇은 금속관으로 가공 조합한 것이다.
② 신축이음에 사용되며 휠 수 있다.
③ 여러 유체의 수송관용의 진동을 흡수한다.
④ 냉동기나 가스 압축기의 배관용으로는 쓸 수 없다.

해설 플렉시블 튜브의 특징(가요관의 특징)
• 재료 : 강, 동, 동합금, 알루미늄 등 박판의 S자형 이음부에 고무나 석면 등의 패킹을 넣어 만든다.
• 굴요성이 풍부하다.
• 사용압력이 높으면 2중 구조로 만들어 15kg/cm² 의 압력까지 사용한다.
• 저압 증기, 공기, 물, 기름 수송용 또는 압축기 진동 방지에 사용된다.

084 가스관의 호칭법 중 맞는 것은 어느 것인가?

① 12인치 이하는 안지름을 호칭지름으로 한다.
② 안지름을 기준하여 mm는 A, 인치는 B를 추가한다.
③ 호칭지름에다 A 또는 B를 추가하고 두께 번호를 부여하기도 한다.
④ 12인치 이상은 바깥지름을 호칭지름으로 표시한다.

해설 가스관의 호칭은 A 또는 B(인치)로 표시하며 두께 번호도 부여한다.

085 다음에서 냉동배관용 밸브로 쓰이지 않는 것은?

① 팽창밸브 ② 냉매 스톱밸브
③ 지수전 ④ 전자밸브

해설 지수밸브(지수전)는 급수관 도중에 설치해서 급수의 흐름을 조절하거나 개폐하는 밸브이다. 그 종류는 A형 지수밸브, B형 지수밸브가 있다.

086 압력유체가 흐르는 배관의 관로에 직접 연결하여 사용되는 밸브로서 관 속의 압력을 일정하게 조정함과 동시에 경보의 목적에도 사용되는 밸브는?

① 감압밸브 ② 온도조절
③ 팽창밸브 ④ 릴리프밸브

해설 릴리프밸브란 압력 유체가 흐르는 배관의 관로에 직접 연결하여 사용하는 밸브이며 압력을 일정하게 조정함과 동시에 경보의 목적에도 사용된다.

087 밸브는 핸들에 의하여 관에 직각 방향으로 개폐되는 것으로서 전개의 경우 저항이 적으므로 대형관에 주로 사용되는 것은?

① 스톱밸브 ② 안전밸브
③ 슬루스밸브 ④ 체크밸브

해설 슬루스밸브 배관에서는 직각방향으로 개폐된다. 또한 저항이 적다.(대형관용이다.)

088 다음 중 고압 배관용 탄소강관의 스케줄 번호가 아닌 것은?

① 80 ② 100
③ 120 ④ 130

해설 고압 배관용 탄소강관(SPPH)의 Sch는 40, 60, 80, 100, 120, 140, 160 등이 있으며 두께가 다른 강관보다 두껍다.

정답 82 ① 83 ④ 84 ③ 85 ③ 86 ④ 87 ③ 88 ④

089 고압가스 배관에 있어서 다음 설명 중 맞지 않는 것은?

① 고압이므로 조직의 안전성이 있는 재료를 사용
② 고압 고온이므로 크리프 강도는 낮은 재료를 사용
③ 내식성이 높은 재료를 사용
④ 고온에서 변형이 적은 재료를 사용

해설 고압 고온의 고압가스 배관에서 크리프 강도는 높은 재료가 요망된다.

090 강관의 종류와 KS규격 기호 표시가 틀린 것은?

① SPPH : 고압 배관용 탄소강 강관
② SPPY : 배관용 합금강 강관
③ SPPW : 수도용 아연도금 강관
④ STLT : 저온 열교환기용 강관

해설
- SPPY : 일명 SPW로 표시하며 배관용 아크 용접 탄소강관이다.
- SPA : 배관용 합금강 강관

091 배관에 온도의 변화에 대한 길이의 변화에 대비하여 설치하는 장치는?

① 완충장치
② 자동제어장치
③ 역화방화장치
④ 역류방지장치

해설 배관에 온도의 변화에 대한 길이의 변화에 대비하여 설치하는 장치는 완충장치이다.

092 다음 중 무기질 보온재료가 아닌 것은?

① 석면   ② 코르크
③ 규조토 ④ 암면

해설 코르크는 유기질 보온재료이며 보냉 보온재로서 냉매 배관, 냉각기, 펌프 등의 보냉용이다. 재질이 여리고 굽힘성이 없어서 곡면에 사용하면 균열이 생기기 쉽다.
※ ①, ③, ④는 무기질 고온용이다.

093 고압가스 배관용 보온재로 적합한 것은?

① 폴리에틸렌 발포체
② 폴리우레탄 발포체
③ 글라스울
④ 고무 발포체

해설 글라스울 무기질 보온재
- 사용온도 350℃
- 유리를 용융하여 섬유화한 것이다.
- 열전도율은 0.03~0.05kcal/mh℃이다.

094 보온재와 단열재 및 보냉재를 구분한다면 무엇을 기준으로 하는가?

① 안전사용온도 ② 열전도율
③ 내화도   ④ 압력

해설 안전사용온도 범위
- 보냉재 : 100℃ 이하
- 보온재 : 100~800℃
- 단열재 : 850~1,300℃
- 내화 단열재 : 단열효과가 있으면서 SK10(1,300℃) 이상 견디는 물질
- 내화물 : SK(제겔콘) 26(1,580℃) 이상 견디는 물질

095 내약품성, 내유성, 내산성이 우수한 도료는?

① 산화철 도료
② 알루미늄 도료
③ 합성수지 도료
④ 광명단 도료

해설 합성수지 도료
- 요소 멜라민계
- 프탈산계
- 염화비닐계 : 내약품성, 내유성, 내산성이 우수

096 다음에서 보온 피복을 하지 않는 곳은?

① 증기관 ② 급수관
③ 배수관 ④ 에어관

해설 증기관, 급수관, 배수관, 온수관은 보온 피복을 한다.

정답 89 ② 90 ② 91 ① 92 ② 93 ③ 94 ① 95 ③ 96 ④

097 급탕 배관의 호칭경 32mm의 관 보온두께로 적당한 것은?(단, 보온재는 아스베스트이다.)

① 15mm ② 20mm
③ 25mm ④ 40mm

해설) 배관 호칭경에 따른 보온두께
- 40mm 이하 : 20mm
- 50~90mm 이하 : 25mm
- 100~150mm 이하 : 30mm
- 200mm 이상 : 35mm

098 온수난방의 보온재로 부적당한 것은?(단, 관 내 흐르는 온수의 온도는 80℃이다.)

① 유리섬유
② 폼폴리에틸렌
③ 우모펠트
④ 염기성 탄화마그네슘

해설) 폼폴리에틸렌은 보냉재이다.(80℃ 이하용)

099 합성수지 도료와 관계되는 것이 아닌 것은?

① 증기관 보일러 압축기 등의 도장
② 초벌용
③ 상온에서 도막건조
④ 내약품성, 내유성, 내산성

해설)
- 합성수지 도료의 종류 : 프탈산, 요소 멜라민계, 염화비닐계 등 내약품성, 내유성, 내산성이 좋은 염화 비닐계와 요소 멜라민계는 상온으로 도막을 건조시키는 자연 건조성 재료로 사용
- 초벌용은 광명단이 사용된다.

100 다음에 설명한 고온용 무기질 보온재에 관한 설명으로 맞지 않는 것은?

① 규산칼슘 보온재는 규조토 성분이 있어 내수성이 강하다.
② 세라믹 파이버 보온재는 유리 섬유와 같아서 내열성이 가장 낮다.
③ 펄라이트 보온재는 무기질 고온 보온재 중 비교적 가볍다.
④ 고온용 무기질 보온재는 저온용 무기질 보온재보다 일반적으로 조직이 치밀하다.

해설) 안전사용온도
- 세라믹 파이버 : 1,300℃(내열성이 가장 높다.)
- 유리면 보온재 : 300~350℃

101 다음 보온재 중 사용가능 온도가 가장 높은 것은?

① 암면
② 글라스울
③ 경질 우레탄폼
④ 루핑

해설)
① 암면 : 600℃
② 글라스울(유리면) : 300~350℃
③ 경질 우레탄폼 : 80℃ 이하

102 다음 재료기호 중 황동관의 KS기호는?

① BsCl ② PBRl
③ BsST ④ BsPl

해설)
- BsST : 황동관(1종 보통급)
- DCuP : 인탈산 동관
- DCuP : 터프피치 이음매 없는 동관

103 가스를 공급하는 본관의 재료로서 관경이 2B 이하인 관에는 어느 종류의 관을 사용하게 되는가?

① 주철관
② 강관
③ 스테인리스관
④ 동관

해설) 가스관이 2B(2인치) 이하인 관에는 강관의 사용이 적당하다.

정답) 97 ② 98 ② 99 ② 100 ② 101 ① 102 ③ 103 ②

104 길이 50m의 강관을 섭씨 20℃에서 직관으로 설치하였으나 사용할 때 관의 온도가 80℃가 된다. 이때의 관의 팽창량은 얼마인가?(단, 길이 1m당 온도 1℃ 오를 때 0.012mm 늘어났다고 가정한다.)

① 0.36mm   ② 3.6mm
③ 36mm   ④ 360mm

해설 $l = 50\text{m} \times 0.012\text{mm} \times (80-20)℃$
     $= 36\text{mm}$

105 파이프의 냉간 굽힘에서 굽힘 반지름은 소재 파이프 바깥지름의 몇 배까지를 최소한도로 규정하고 있는가?

① 2배   ② 4배
③ 6배   ④ 10배

해설 파이프의 냉간 굽힘에서 굽힘 반지름은 소재 파이프의 바깥지름의 6배까지 규정한다.

106 다음 중 연관의 장점이 아닌 것은?

① 굴곡성이 좋다.
② 신축성이 좋다.
③ 알칼리성이 강하다.
④ 내산성이 강하다.

해설 연관(난관)
- 굴곡성이 좋다.
- 신축성이 좋다.
- 알칼리성에 약하다.
- 내산성이 강하다.

107 강관 신축이음은 직관 몇 m마다 설치하는가?

① 10m   ② 20m
③ 30m   ④ 40m

해설 신축이음
- 강관 : 30m마다
- 동관 : 20m마다
- PVC : 10m마다

108 연관(Lead Pipe)의 특성은?

① 알칼리에 침식   ② 황산에 침식
③ 해수에 침식   ④ 암모니아에 침식

해설 연관의 특징
- 해수나 천연수에는 부식이 방지된다.
- 산에는 강하나 알칼리에는 침식된다.
- 강도가 적고 중량이 무거워(비중 11.37) 가로 배관에는 휘어진다.
- 석회석에 침식된다.

109 가스 파이프 이음의 연결 조인트 부속이 아닌 것은?

① 엘보   ② 유닛
③ 니플   ④ 크로스

해설
- 유닛은 배관 이음쇠가 아니고 공기조화기이다.(즉, 대류 방열기 등에 사용)
- Unit Heater : 팬을 설치한 강제순환식 강제대류식의 온수난방 대류 방열기

110 서로 다른 지름의 관을 이을 때 사용되는 것은?

① 소켓   ② 유니온
③ 플러그   ④ 부싱

해설 부싱, 이경 티, 이경 엘보, 이경 소켓 등은 서로 다른 지름의 관을 이을 때 사용한다.

111 고압배관과 저압배관의 사이에 설치하고 고압 측의 압력변동에 관계없이 또는 저압 측의 사용량에 관계없이 밸브의 리프트를 자동적으로 제어하여 유량을 조정해서 저압 측의 압력을 항상 일정하게 유지시키는 밸브는?

① 게이트밸브
② 체크밸브
③ 감압밸브
④ 온도조절밸브

해설 감압밸브는 고압배관과 저압배관 사이에 설치하고 저압 측의 압력을 항상 일정하게 유지시켜 주는 밸브이다.

정답   104 ③   105 ③   106 ③   107 ③   108 ①   109 ②   110 ④   111 ③

112 다음 중 강관의 특징이 아닌 것은?

① 연관, 주철관에 비해 무겁다.
② 시공이 비교적 용이하다.
③ 항장력이 크다.
④ 충격에 강하고 휘어지는 성질이 크다.

해설 강관의 특징
- 연관이나 주철관에 비하여 가볍다.
- 내충격성, 굴요성이 크다.
- 관의 접합작업이 용이하다.
- 연관이나 주철관보다 가격이 저렴하다.

113 연관에서 가스용으로 쓰이는 것은?

① PbP_1
② PbP_2
③ PbP_3
④ PbP_4

해설 가스용 연관은 3종 연관이 사용된다.

114 다음 도시기호는 무엇을 뜻하는가?

① 파이프 C가 앞으로 구부러져 D에 접속했을 때
② 파이프 C가 뒤로 구부러져 D에 접속했을 때
③ 파이프 C가 위로 구부러져 D에 접속했을 때
④ 파이프 C가 아래로 구부러져 D에 접속했을 때

해설 파이프 C가 뒤쪽으로 구부러져 D에 접속할 때의 관의 입체적 표시이다.

115 배관에 설치되는 밸브, 기기 등의 앞에 설치하여 관 속의 유체에 혼입된 불순물을 제거하는 것은?

① 부싱(Bushing)
② 트랩(Trap)
③ 스트레이너(Strainer)
④ 패킹(Packing)

해설 스트레이너(여과기)는 배관에 설치되는 밸브기기 등의 앞에 설치하여 관 속의 유체에 혼입된 불순물을 제거한다.

116 주철 합금강 파이프 절단 시 사용되는 쇠톱의 1인치당 치수로 가장 알맞은 것은?

① 11산
② 12산
③ 13산
④ 14산

해설 톱날
- 주철합금강 : 1인치당 14산
- 경강, 고속도강 : 1인치당 18산
- 동관, 강관 : 1인치당 24산

117 다음은 동관의 용도에 대하여 쓴 것이다. 틀린 것은?

① 열교환기 튜브
② 압력계
③ 급수관
④ 배수관

해설 배수관은 탄소강관이나 연관을 이용한다.

118 다음 중 용접이음용 콕의 도시기호로 옳은 것은?

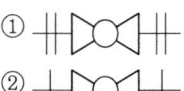

해설 ①은 플랜지 이음, ②는 나사이음, ③은 턱걸이이음을 나타낸다.

정답 112 ① 113 ③ 114 ② 115 ③ 116 ④ 117 ④ 118 ④

119 다음 그림과 같은 배관 기호는?

① 감압밸브 ② 안전밸브
③ 볼밸브   ④ 전동기 구동밸브

해설 볼밸브

120 관작업 공구 사용 시의 사항 중 맞지 않는 것은?

① 파이프 리머(Pipe Reamer)를 사용할 경우 관 안쪽에 생기는 거스러미 제거 시 손가락에 주의해야 한다.
② 스패너 사용 시 볼트에 적합한 것을 사용해야 한다.
③ 쇠톱 절단 시 당기면서 절단한다.
④ 리드형 나사절삭기 사용 시 조(Jaw) 부분을 렌치로 고정시킨 다음 작업에 임한다.

해설 쇠톱 절단 시는 밀면서 절단한다.

121 동관을 열간 벤딩하고자 할 경우 가장 적절한 가열온도는 몇 ℃인가?

① 200~300
② 600~700
③ 900~1,200
④ 1,500~1,800

해설 열간 벤딩
• 강관 : 800~900℃
• 동관 : 600~700℃

122 강관 신축이음은 직관 몇 m마다 설치하는가?

① 10m   ② 20m
③ 30m   ④ 40m

해설 강관은 30m마다, 동관은 20m마다 설치한다.

123 보온재의 구비조건이 아닌 것은?

① 보온 능력이 커야 한다.
② 비중이 적어야 한다.
③ 열전도율이 커야 한다.
④ 기계적 강도가 있어야 한다.

해설 보온재의 구비조건
• 보온재는 열전도율이 적어야 한다.
• 비중이 적어야 한다.
• 보온능력이 커야 한다.
• 기계적 강도가 있어야 한다.
• 흡수성이나 흡습성이 적어야 한다.

124 다음 KS 규정 배관 도시기호 중 유체의 종류에 따른 문자기호가 서로 잘못 짝지어진 것은?

① 공기-A
② 가스-G
③ 유류-O
④ 물-S

해설 공기 : A, 가스 : G, 오일 : O, 물 : W, 스팀 : S

125 가스 용접 시 사용하는 아세틸렌 호스의 색은?

① 흑색   ② 적색
③ 녹색   ④ 백색

해설 가스 용접 시 사용하는 아세틸렌가스의 호스 색깔은 적색, 산소는 녹색이다.

126 배관의 두께 산정 시 고려해야 할 사항이 아닌 것은?

① 사용압력   ② 허용응력
③ 배관외경   ④ 가스의 종류

127 다음 주철관의 이음방법이 아닌 것은?

① 플랜지 이음
② 소켓 이음
③ 타이튼 이음
④ 슬리브 이음

정답 119 ③ 120 ③ 121 ② 122 ③ 123 ③ 124 ④ 125 ② 126 ④ 127 ④

128 다음 배관 도시기호 중 공기를 표시한 것은 어느 것인가?

① ─O─　　② ─W─
③ ─A─　　④ ─G─

129 관의 신축량에 대한 설명으로 옳은 것은?

① 신축량은 관의 길이 온도차에 비례하고 열팽창계수에는 반비례한다.
② 신축량은 관의 열팽창계수에 비례하고 길이나 온도차에는 반비례한다.
③ 신축량은 관의 열팽창계수, 길이, 온도차에 비례한다.
④ 신축량은 관의 열팽창계수, 길이와 온도차에 반비례한다.

130 플랜지 접합방식의 종류가 아닌 것은?

① 나사식　　② 소켓식
③ 반피스톤식　　④ 용접식

131 고압용 신축이음에 부적당한 것은?

① 상온스프링　　② 벨로스
③ U형 밴드　　④ 원형 밴드

132 주동 측의 회전운동을 피동 측에 전달하거나 회전을 단속하는 경우의 이음은 어느 것인가?

① 커플링　　② 클러치
③ 축　　④ 벨트

133 관용나사에서 누설방지를 위하여 얼마의 테이퍼가 필요한가?

① $\frac{1}{10}$　　② $\frac{1}{16}$
③ $\frac{1}{20}$　　④ $\frac{1}{30}$

134 피치 2.5mm의 3중 나사가 1회전하면 리드는 몇 mm가 되는가?

① 7.5　　② 5
③ 4.5　　④ 0.25

해설 피치×3=2.5×3=7.5mm

135 한 곳을 용접하여 90° 곡관을 만들고자 할 경우 절단각은 몇 도가 이상적인가?

① 30°　　② 35°
③ 45°　　④ 90°

136 다음 중 영구이음에 해당되는 것은?

① 나사이음　　② 용접이음
③ 유니온 이음　　④ 플랜지 이음

137 가스배관에서 재료에 대한 허용응력 중 크리프(Creep)의 영향을 고려해야 할 온도는 몇 ℃ 이상인가?

① 350℃　　② 250℃
③ 150℃　　④ 50℃

138 외압이나 지진 등에 대해 가요성이 가장 좋은 주철관의 이음은 어느 것인가?

① 메커니컬 이음
② 소켓 이음
③ 빅토리 이음
④ 플랜지 이음

139 구리관을 경납(은납)으로 접합하려고 한다. 인장강도를 크게 하려면 몇 mm의 간격을 유지해야 하는가?

① 1　　② 0.5
③ 0.1　　④ 0.03

정답 128 ③　129 ③　130 ②　131 ②　132 ②　133 ②　134 ①　135 ③　136 ②　137 ①　138 ①　139 ④

140 길이가 5m, 단면적이 1cm²인 봉을 수직으로 하여 상단을 고정하였을 때 하중에 의하여 생기는 봉의 응력과 신장은 각각 얼마인가?(단, 단위체적당 중량 : 7.85kg/cm³로 하며 탄성계수 E : 2,100,000kg/cm²로 한다.)

① 42kg/cm², 0.935cm
② 3,925kg/cm², 0.467cm
③ 3,925kg/cm², 0.67cm
④ 4,200kg/cm², 9.35cm

해설 5m=500cm
500cm×1cm²=500cm³
500×7.85=3,925kg

141 관을 용접으로 이음하고 용접부를 검사하는데 다음 중 비파괴 검사법에 속하지 않는 것은?

① 외관시찰 검사
② 방사선 검사
③ 인장시험 검사
④ 액체침투 검사

142 다음 중 동관의 종류에 해당되지 않는 것은?

① 이음매 없는 인성동관
② 이음매 없는 인탈산 동관
③ 이음매 없는 황동관
④ 이음매 없는 무질소 동관

143 다음에 나열된 축의 키 이음 중 동력전달이 불확실하고 그 전달 회전력(토크)이 가장 작은 키 이음은?

① 반달 키
② 묻힘 키
③ 스플라인 키
④ 새들 키(안장 키)

144 응력-변형률 선도에 대한 설명으로 ( ) 안에 알맞은 것은 어느 것인가?

> 하중 변형선도에서 세로축의 하중을 시편의 단면적으로 나눈 값을 응력값으로 취하고 가로축에는 변형량을 본래의 ( )로 나눈 변형 값을 취하여 응력과 변형률과의 관계를 그래프로 표시한 것을 응력-변형률 선도라 한다.

① 시편의 단면적
② 하중
③ 재료의 길이
④ 응력

145 특수강에 영향을 주는 원소 중, 크롬 첨가 시에 나타나는 성질과 틀린 것은?

① 취성을 지나치게 증가시키지 않고 인장강도, 항복점을 증가시킬 수 있다.
② 내식성, 내열성, 내마모성을 증가시킨다.
③ 기계적 성질이 향상된다.
④ 단조, 압연을 용이하게 하고 전성이나 침탄효과를 증가시킨다.

146 상용압력 50kg/cm²로 사용하는 안지름 85cm의 용접제원통형 고압설비동판의 두께는 최소한 얼마가 필요한가?(단, 재료는 인장강도 80kg/mm²의 강을 사용하고 용접효율은 0.75, 부식여유는 2mm로 한다.)

① 13.5mm
② 16.5mm
③ 17.5mm
④ 19.5mm

해설 허용응력 $= 80 \times \frac{1}{4} = 20 kg/mm^2$

$$t = \frac{PD}{200s\eta - 1.2P} + C$$
$$= \frac{50 \times (85 \times 10)}{200 \times 20 \times 0.75 - 1.2 \times 50} + 2$$
$$= 16.455mm$$

정답 140 ② 141 ③ 142 ④ 143 ④ 144 ③ 145 ④ 146 ②

147 최고 충전압력 50kg/cm², 내경 65cm인 용접제 원통형 고압설비의 동판 두께는 안전관리상 최소한 얼마나 필요한가?(단, 재료는 재료의 허용응력이 15kg/mm²의 강을 사용하고 용접효율은 0.75, 부식여유는 1mm로 한다.)

① 11.44mm   ② 13.64mm
③ 15.84mm   ④ 18.04mm

해설 $t = \dfrac{PD}{200s\eta - 1.2P} + C$
$= \dfrac{50 \times 650}{200 \times 15 \times 0.75 - 1.2 \times 50} + 1$
$= 15.84mm$

148 맞대기 이음에서 하중은 3,000kg 강판의 두께는 6mm라 하면 용접길이는 몇 mm로 설계하면 좋은가?(단, 용접부의 굽힘 응력은 5kg/mm²이다.)

① 10   ② 100
③ 90   ④ 900

해설 $5 = \dfrac{3,000}{6 \times L}$
$L = \dfrac{3,000}{6 \times 5} = 100mm$

149 용접 시 가접을 하는 이유로 가장 적당한 것은?

① 용접부의 강도를 크게 하기 위하여
② 응력집중을 크게 하기 위하여
③ 용접자세를 일정하게 하기 위하여
④ 용접 중의 변형을 방지하기 위하여

150 가스배관의 접속법 중 용접접합의 특징이 아닌 것은?

① 보온시공이 용이하다.
② 용접부의 강도가 크다.
③ 돌기부가 있으므로 배관상의 공간효율이 나쁘다.
④ 접속부분의 불균일한 부분이 없으며 마찰저항이 적다.

151 가스배관설비에 있어 옥내배관은 주로 강관이 사용된다. 강관접합으로 가장 많이 사용되는 것은?

① 기계적 접합   ② 용융접합
③ 나사접합   ④ 소켓접합

152 신축이음을 설치하는 주된 목적은?

① 진동을 적게 하기 위하여
② 팽창과 수축에 따른 관의 정상적인 운동을 허용하기 위하여
③ 관의 제거를 쉽게 하기 위하여
④ 펌프나 압축기의 운동에 대한 보상을 하기 위하여

153 탄소강에 있어서 펄라이트 조직을 가진 재료의 브리넬경도로서 옳은 것은?

① 80   ② 200
③ 800   ④ 920

154 다음 중 유체의 누설을 방지하고 기밀을 유지할 때 사용하는 나사는?

① 정밀나사
② 너클 나사
③ 관용테이퍼나사
④ 가는 나사

155 인장응력이 10kg/mm²인 연강봉이 3,140 kg의 하중을 받아 늘어났다면 이 봉의 지름은 몇 mm인가?

① 10   ② 20
③ 25   ④ 30

해설 $\dfrac{3,140}{10} = 314mm^2$
$d = \sqrt{\dfrac{4Q}{\pi}} = \sqrt{\dfrac{4 \times 314}{3.14}} = 20mm$

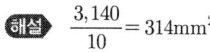

156 다음 응력 변형 률선도에서 인장강도를 나타내는 점은?

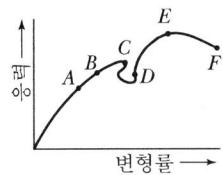

① C ② D
③ E ④ F

157 고압가스배관에 있어서 틀린 것은?

① 고온 고압이므로 크리프강도가 낮은 재료를 사용한다.
② 내식성이 높은 재료를 사용한다.
③ 고압이므로 조직의 안전성이 있는 재료를 사용한다.
④ 고온에서 변형이 적은 재료를 사용한다.

158 다음 중 플랜지이음의 팽창조인트를 나타내는 기호는?

①
②
③
④

159 다음 밸브 중 역류를 방지하기 위해 쓰이는 것은 어느 것인가?

① 스윙체크밸브
② 슬리브밸브
③ 산수전
④ 나비밸브

160 강의 성질로서 강인하고 충격에 대한 저항이 크며 담금질 효과가 크고 내마모성, 내열성이 좋은 것은?

① 니켈강
② 크롬강
③ 크롬-몰리브덴강
④ 니켈-크롬강

161 용접배관 이음에서 피닝을 하는 주된 이유는 어느 것인가?

① 슬래그를 제거하기 위하여
② 잔류응력을 제거하기 위하여
③ 용접이 잘 되게 하기 위하여
④ 용입이 잘 되게 하기 위하여

162 황동관 가공 후 시간이 경과함에 따라 자연히 균열이 발생하는 것을 무엇이라고 하는가?

① 가공경화
② 표면경화
③ 자기균열
④ 시기균열

163 축의 동력전달을 위하여 원판 마찰클러치(단판)를 설계하려 한다. 틀린 것은?

① 마찰차의 면압이 클수록 전달동력은 커진다.
② 마찰부위를 원판마찰차의 중심부에 집중시키는 것이 동력전달에 더 좋다.
③ 마찰반경이 클수록 더 큰 동력전달이 가능하다.
④ 마찰부위를 원판마찰차의 중심에서 멀리 분포시키면 동력전달이 좋아진다.

정답 156 ③ 157 ① 158 ③ 159 ① 160 ④ 161 ② 162 ④ 163 ②

164 다음은 용접이음이 리벳이음에 비하여 우수한 장점들을 나열한 것이다. 이 중 장점에 속하지 않는 것은?

① 기밀성이 좋다.
② 조인트 효율이 높다.
③ 변형하기 어렵고 잔류응력을 남기지 않는다.
④ 리베팅과 같이 소음을 발생시키지 않는다.

165 가스설비 배관의 진동설계 및 시공 시의 주의사항으로 틀린 것은?

① 배관 속을 흐르는 유체가 공진현상을 일으키지 않도록 배관한다.
② 배관의 고유진동수와 배관 내 유체의 맥동수가 일치하도록 한다.
③ 관내 유체의 압력변동을 가능한 적게 한다.
④ 배관 고유진동수와 배관 내 유체의 진동수와의 비는 0.7 이하로 1.3 이상이 되도록 한다.

166 지름 45mm의 축에 보스길이 50mm인 기어를 고정시킬 때 축에 걸리는 최대 토크가 20,000kg·mm일 경우 키(b=12mm, h=8mm)에 발생되는 압축응력은 몇 kg/mm² 인가?

① 2.5   ② 4.5
③ 3.5   ④ 5.5

해설 $\sigma_c = \dfrac{2W}{hl} = \dfrac{4t}{dhl}$

$= \dfrac{4 \times 20{,}000}{45 \times 8 \times 50} = 4.45 \text{kg/mm}^2$

167 배관에서 지름이 다른 관을 연결하는 데 사용하는 것은?

① 소켓   ② 리듀서
③ 플랜지 ④ 크로스

168 고압장치 배관 내를 흐르는 유체가 고온이면 열응력이 발생한다. 이 열응력을 대응하기 위한 이음이 아닌 것은?

① 벨로스 이음   ② 슬리브 이음
③ U벤드   ④ 유니언 이음

169 가스관의 용접접합 시 이점이 아닌 것은?

① 관 단면의 변화가 많다.
② 돌기부가 없어서 시공이 용이하다.
③ 접합부의 강도가 커서 배관용적을 축소할 수 있다.
④ 누출의 염려가 없고 시설유지비가 절감된다.

170 다음 사항 중 배관진동의 원인이 되지 않는 것은?

① 왕복 압축기의 맥동류
② 직관 내의 압력강하
③ 안전밸브 작동
④ 지진

171 스케줄 번호와 응력의 관계는?

① $Sch = 100 \times \dfrac{P}{S}$
② $Sch = 10 \times \dfrac{P}{S}$
③ $Sch = 100 \times \dfrac{S}{P}$
④ $Sch = 10 \times \dfrac{S}{P}$

172 지름 20mm 이하의 동관을 이음할 때 또는 기계의 점검 보수 기타 관을 떼어 내기 쉽게 하기 위한 동관의 이음방법은?

① 플레어 이음   ② 플랜지 이음
③ 서징 이음   ④ 슬리브 이음

정답 164 ③ 165 ② 166 ② 167 ② 168 ④ 169 ① 170 ② 171 ② 172 ①

173 축에 PS의 동력이 전달되는 경우 전달마력 H, 1분간 회전수를 N이라고 할 때 비틀림 모멘트 (kgf·cm)를 구하는 식은?

① $T = 716.2\dfrac{H}{N}$

② $T = 9,740\dfrac{H}{N}$

③ $T = 71,620\dfrac{H}{N}$

④ $T = 97,400\dfrac{H}{N}$

해설 ④는 kW인 경우, ③은 PS인 경우에 해당한다.

174 고정관식 관 이음쇠의 표시법 중 동심리듀서를 나타내는 것은?

① 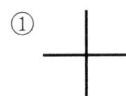   ②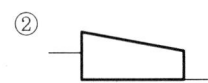

③ 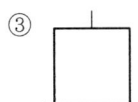   ④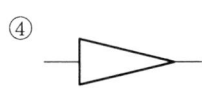

175 지름 3cm의 강봉에 1,000kg의 하중이 안전하게 작용하고 있을 때 이 강봉의 극한강도가 600kg/cm²이면 안전율은 얼마인가?

① 2.67   ② 4.24
③ 6.18   ④ 8.05

해설 $A = \dfrac{\pi}{4}D^2 = \dfrac{3.14}{4} \times 3^2 = 7.065 \text{cm}^2$

$\dfrac{1,000}{600} = 1.6666$

$\therefore \dfrac{7.065}{1.6666} = 4.24$

176 배관용 합금강관의 KS규격 기호는?

① SPA   ② STPA
③ SPP   ④ SPPS

177 허용인장응력 10kgf/mm², 두께 10mm의 강판을 150mm V홈 맞대기 용접이음을 할 때 그 효율이 80%라면 용접 두께 t는 몇 mm인가?(단, 용접부의 허용응력은 8kgf/mm²이다.)

① 10   ② 12
③ 14   ④ 16

해설 $t = 10 \times 0.8 \times \dfrac{10}{8} = 10\text{mm}$

178 지름 $d=100$mm, 허용전단응력 $Z_a=50$MPa인 원형축이 100rpm으로 안전하게 전달할 수 있는 동력의 크기는?

① 1,370   ② 1,470
③ 1,570   ④ 1,670

해설 $50\text{MPa} = 500\text{kg/cm}^2 = 500$

$A = \dfrac{\pi}{4}D^2 = \dfrac{3.14}{4}(0.1)^2 = 0.00785\text{m}^2$

$1\text{PS} = 75\text{kg} \cdot \text{m/sce}$

$T = \dfrac{\pi}{16}\left(\dfrac{D^4-d^4}{D}\right)r$

$= \dfrac{3.14}{16} \times \left(\dfrac{10^4}{10}\right) \times 50 \times 100$

$= 98,125\text{kg} \cdot \text{cm}$

$\therefore H = \dfrac{TN}{71,620} = \dfrac{98,125 \times 100}{71,620} = 1,370\text{PS}$

정답 173 ③ 174 ④ 175 ② 176 ① 177 ① 178 ①

SECTION 02 가스설비 및 비파괴 검사

001 가스공급시설에 있어서 가스차단장치, 침수방지조치 등으로 옳은 것은 어느 것인가?

① 정압기 출구에 가스차단장치를 설치한다.
② 정압기 입구에는 가스압력 측정장치를 설치한다.
③ 정압기에는 침수 및 동결방지장치를 설치한다.
④ 정압기 입구에는 가스압력의 이상상승 방지장치를 설치한다.

해설 도시가스 공급시설 중 정압기에는 침수 및 동결방지장치를 설치하여야 한다.

002 다음 가스의 저장시설 중 양호한 통풍구조로 하여야 하는 저장소는 어느 곳인가?

① 산소 저장소
② 질소 저장소
③ 부탄 저장소
④ 불활성 가스 저장소

해설 부탄은 가연성 가스이므로 반드시 저장소에는 양호한 통풍시설이 필요하다.

003 LPG 가스의 도관의 색으로 적당한 것은 어느 것인가?

① 적색
② 황색
③ 회색
④ 흑색

해설 LPG 가스의 도관의 색으로는 적색이 좋다.

004 고압가스용 호스의 제조설비가 아닌 것은 어느 것인가?

① 압축성형설비
② 고무배합설비
③ 가공설비
④ 가스용접설비

해설 ①, ②, ③의 설비는 고압가스용 호스의 제조설비이다.

005 고압가스 배관설비에서 배관과 배관 사이의 거리는 몇 m 이상 거리가 유지되어야 하는가?

① 0.1m
② 0.2m
③ 0.3m
④ 1.5m

해설 배관과 배관 사이의 거리는 0.3m 이상

006 가스설비에서 가스의 시공자가 반드시 하지 않아도 되는 설비는 어느 것인가?

① 특정가스 사용시설의 설치공사
② 특정가스 사용시설의 변경공사
③ 배관에 고정 설치되는 가스용품의 설치공사 및 그에 따른 부대공사
④ 가스레인지의 3m 이내의 호스 설치나 교체

해설 ④의 설치나 교체는 사용자가 할 수 있다.

007 LPG 가스의 가정 사용시설에서 누설검사가 자주 필요한 곳은 어느 곳인가?

① 가스용기
② 압력 조정기
③ 렌지의 콕
④ 중간밸브와 가스레인지 이음부

해설 LPG 가스의 누설검사가 반드시 필요한 곳은 중간밸브와 가스레인지의 콕, 레인지 이음부이다.

정답 01 ③ 02 ③ 03 ① 04 ④ 05 ③ 06 ④ 07 ④

008 도시가스 설비에서의 내용 중 틀린 것은 어느 것인가?

① 배관은 본관, 공급관, 내관을 말한다.
② 공급관이란 도시가스 제조사업의 부지경계에서 정압기까지에 이르는 배관을 말한다.
③ 공급관은 정압기에서 연소기까지에 이르는 배관을 말한다.
④ 내관이란 가스사용자가 소유하거나 점유하고 있는 토지의 경계에서 연소기까지 이르는 배관을 말한다.

해설 도시가스의 공급관이란 정압기에서 가스사용자가 소유하거나 점유하고 있는 토지의 경계까지에 이르는 배관이다.

009 다음은 특정가스 사용시설 외의 가스사용 시설의 배관에 관한 내용이다. 틀린 것은 어느 것인가?

① 가스배관은 그 외부에 사용가스법 최고사용압력 및 가스의 지름방향을 반드시 표시해야 한다.
② 지상배관은 황색으로 표시한다.
③ 건축물 내의 매몰배관은 부식을 방지하기 위하여 동관 또는 스테인리스 강관 등 내식성 재료로 배관한다.
④ 지하 매몰배관의 도색은 청색이나 흑색으로 표시한다.

해설
• 지상 배관 : 황색
• 지하매몰 배관 : 적색

010 일반 도시가스 사업의 가스공급시설 중에서 수봉기 설치가 필요한 설비는 어떤 설비인가?

① 가스발생설비
② 부대설비
③ 사용설비
④ 저압가스 정제설비

해설 저압가스 정제설비는 수봉기가 필요하다.

011 LPG 저장탱크에 장치된 긴급차단장치가 자동적으로 작동할 수 있는 배관의 외면 온도가 몇 ℃에서 작동되도록 조절하여야 하는가?

① 110℃
② 130℃
③ 140℃
④ 200℃

해설 LPG 저장탱크의 배관 외면 온도가 110℃ 이상이 되면 자동적으로 긴급차단장치가 작동하여야 한다.

012 가스미터의 부착기준 중 틀린 것은?

① 수직 또는 수평으로 부착할 것
② 입구와 출구의 구별을 혼동하지 말 것
③ 나사산을 정밀하게 가공하여 가스미터 또는 배관에 무리한 힘을 가하여 조일 것
④ 가스미터의 입구 배관에는 드레인을 부착할 것

해설 가스미터의 부착기준
• 수직 수평으로 설치할 것
• 1.6~2m 사이에 설치하며, 화기와 2m 이상 우회거리를 둘 것
• 검침, 수리의 편리와 직사광선에 영향이 없을 것
• 진동이 없도록 밴드 등으로 고정할 것(배관에 고정시킬 때는 적당한 힘을 가한다.)

013 배관계에서 생기는 응력의 원인이 아닌 것은?

① 열팽창
② 관 내를 흐르는 유체의 종류 변화
③ 용접
④ 배관 부속물 밸브 플랜지 등의 무게

해설 응력의 원인
• 열팽창
• 용접에 의한 응력
• 배관 부속물 밸브 플랜지 등의 무게

정답 08 ② 09 ④ 10 ④ 11 ① 12 ③ 13 ②

014 가스계량기의 설치 높이는 바닥으로부터 얼마인가?

① 수직수평으로 1m에서 1.5m 이하로 한다.
② 수직수평으로 1.6m에서 2m 이하로 한다.
③ 높이는 2m이고 기울기는 30°이다.
④ 높이는 2m이고 기울기는 45°이다.

해설 가스계량기는 수직 수평으로 1.6~2m 이하로 설치한다.

015 다음 중 고압가스장치의 운전을 정지하고 수리할 때 유의해야 할 사항이 아닌 것은?

① 안전밸브의 작동
② 가스의 치환
③ 장치 내 가스 분석
④ 배관의 차단 확인

해설 고압가스 수리 시 유의사항
  • 가스의 치환
  • 장치 내 가스 분석
  • 배관의 차단 확인

016 가스배관 설비에서 중요한 문제는 진동인데 진동 원인이라 할 수 없는 것은?

① 파이프의 구배
② 안전밸브의 분출
③ 밸브, 플랜지, 개스킷, 배관 부속물
④ 유체의 내부압력

해설 ㉠ 배관에서 생기는 응력의 원인
  • 내압에 의한 응력
  • 열팽창에 의한 응력
  • 배관 및 부속물, 유체 무게에 의한 응력
  • 냉간 가공에 의한 응력
  • 용접에 의한 응력
㉡ 가스배관의 진동원인은 ①, ②, ④이다.

017 온도 0℃, 1.01325bar의 압력에서 도시가스 성분측정 중 유해 성분의 양이 건조한 도시가스 1m³당 초과해서는 안 되는 기준으로 옳은 것은?

① 전황량 0.2g, 황화수소 0.02g, 암모니아 0.25g
② 전황량 0.5g, 황화수소 0.2g, 암모니아 0.2g
③ 전황량 0.2g, 황화수소 0.5g, 암모니아 0.2g
④ 전황량 0.5g, 황화수소 0.02g 암모니아 0.2g

해설 S, H_2S, NH_3는 중독 및 가스기구의 부식 연소 후 유해가스의 생성 때문에 유해가스의 양을 제한한다. (전황량 0.5g 황화수소 0.02g, 암모니아 0.2g을 초과하면 안 된다.)

018 액화가스에 대한 설명 중 올바른 것은?

① 동일온도에서는 증발하기 쉬운 액체일수록 증기압이 낮아진다.
② 액화가스의 비점은 외부 압력이 낮아지면 낮아진다.
③ 대기압에 대한 암모니아 비점은 프로판 비점보다 낮다.
④ 분자량이 큰 기체라면 표준상태에 대한 비중은 작다.

해설 • 압력이 낮을수록 비등점은 낮아지며 증기압은 높아진다.
  • 기체의 비중은 공기 무게에 대한 비이며 분자량이 클수록 비중은 커진다.

019 다음 설명 중 옳은 것은?

① 프로판을 액화하려면 -183℃로 냉각시켜야 한다.
② 프로판의 액화온도는 상온에서 -88.6℃이다.
③ 프로판의 액화온도는 상압에서 -42.1℃이다.
④ 프로판에 10kg/cm²의 압력을 가하면 -48℃에서 액화된다.

해설 프로판의 액화온도는 상압(대기압)에서 -42.1℃이다. 또한 7kg/cm²에서 가압하면 쉽게 액화된다.

정답 14 ② 15 ① 16 ③ 17 ④ 18 ② 19 ③

020 액화석유가스 집단공급 사업의 시설기준이다. 배관을 움직이지 아니하도록 고정 부착하는 조치로서 잘못된 것은?

① 관경이 13mm 미만은 1m마다 고정
② 관경이 13mm 이상 33mm 미만은 2m마다 고정
③ 관경이 33mm 이상은 3m마다 고정
④ 관경이 50mm 이상은 7m마다 고정

해설 배관 고정장치
- 관경이 13mm 미만은 1m마다 고정
- 관경이 13mm 이상 33mm 미만은 2m마다 고정
- 관경이 33mm 이상은 3m마다 고정

021 액화가스의 용기 및 차량에 고정된 탱크의 저장능력 산정식은 어느 것인가?(단, W : 저장능력, V_2 : 내용적, C : 가스의 종류에 따른 정수)

① $W = V_2 \times C$
② $W = \dfrac{V_2}{C}$
③ $W = \dfrac{C}{V_2}$
④ $W = V_2 \times (C+1)$

해설 액화가스 저장용기의 저장설비 능력
$W = \dfrac{V_2}{C}$

022 액화천연가스(LNG)의 주성분인 가스는?

① CH_4　　② C_3H_8
③ C_4H_{10}　　④ C_2H_6

해설
- LNG는 액화천연가스라고 하며 주성분은 CH_4이고 LPG는 액화석유가스로 C_3H_8과 C_4H_{10}을 주성분으로 한다.
- CH_4 : 메탄, C_3H_8 : 프로판, C_4H_{10} : 부탄, C_2H_6 : 에탄

023 조정기의 설치 목적은?

① 가스의 유량 조절
② 가스의 유속 조절
③ 발열량 조절
④ 가스의 유출압 조절

해설 LP가스 조정기는 LP 용기로부터 유출되는 LP가스의 압력을 연소기구에 알맞은 압력으로(약 200~300mmH$_2$O) 감압한다.

024 액체 LPG를 강제 기화시켜 공급할 때 배관을 보온해야 하는 공급방식은?

① 자연 기화방식
② 생가스 공급방식
③ 공기 혼합방식
④ 변성가스 공급방식

해설 LP가스 공급방식의 강제 기화방식 중 생가스 공급방식은 기화기(베이퍼라이저)에서 기화된 가스가 0℃ 이하가 되면 재차 액화되기 쉽다. 그러므로 가스배관은 보온처리가 필요하다.

025 도시가스 사용시설의 기밀시험은?(단, 연소기 제외)

① 840mmH$_2$O 이상 1,000mmH$_2$O 이내
② 500mmH$_2$O 이상 1,000mmH$_2$O 이내
③ 840mmH$_2$O 이상 1,200mmH$_2$O 이내
④ 1,200mmH$_2$O 이상

해설
- 도시가스 사용시설의 기밀시험은 수주 840mmH$_2$O 이상 1,000mmH$_2$O 이내이다
- 조정압력이 330~3,000mmH$_2$O는 기밀시험이 2kg/cm^{2}이다.

026 일반소비자의 가정용 이외의 용도(음식점 등)로 공급하는 고압가스 조정기의 조정압력이 수두 500mm 이상 3,000mm까지인 조정기는?

① 이단 감압식 이차 조정기
② 단단 감압식 준저압 조정기
③ 이단 감압식 일차 조정기
④ 단단 감압식 저압 조정기

정답　20 ④　21 ②　22 ①　23 ④　24 ②　25 ①　26 ②

해설 ① 조정압력 230~330mmH₂O
② 조정압력 500~3,000mmH₂O
③ 조정압력 0.57~0.83kg/cm²
④ 조정압력 230~330mmH₂O

027 LP가스 사용 시 주의하지 않아도 되는 것은?

① 완전 연소되도록 공기조절기를 조절한다.
② 화력조절은 가스레인지 콕으로 한다.
③ 사용 시 조정기 압력은 적당히 조절한다.
④ 중간밸브 개폐는 서서히 한다.

해설 조정압력은 공인검사기관에서 하며 아래와 같다. 적당히는 아니된다.
- 단단감압 저압조정기 : 230~330mmH₂O
- 단단감압 준저압조정기 : 500~3,000mmH₂O
- 2단 1차 조정기 : 0.57~0.83kg/cm²
- 2단 2차 조정기 : 230~330mmH₂O
- 자동절체 분리형 조정기 : 0.32~0.83kg/cm²
- 자동절체 일체형 조정기 : 255~330mmH₂O

028 조정기를 사용하여 공급가스를 감압하는 2단 감압방법의 장점이 아닌 것은?

① 공급압력이 안정하다.
② 중간배관이 가늘어도 된다.
③ 각 연소기구에 알맞은 압력으로 공급이 가능하다.
④ 장치가 간단하다.

해설 가스의 2단 감압방법은 공급의 안정성이 있고 중간배관은 가늘어도 되고 압력이 안정하나 재액화 우려, 누설의 위험과 조정기가 많아지는 단점이 있다.

029 LPG 자동차의 연료장치 부착방법으로 옳지 않은 것은?

① 용기는 차실에 가까운 위치에 부착할 것
② 용기는 이동식으로 부착할 것
③ 누설된 액화석유가스가 차실에 들어오지 않은 구조일 것
④ 용기의 프로텍터의 밸브 사이는 조작을 용이하게 할 수 있는 간격을 둘 것

해설 용기는 고정하여 흔들림이 없어야 하며, 이동식 부착은 위험하다.

030 LG가스의 자동교체식 조정기 설치시의 이점 중 틀린 것은?

① 일체형 조정기의 경우 도관의 압력손실을 적게 해도 된다.
② 용기 숫자가 수동식보다 적어도 된다.
③ 잔액이 거의 없어질 때까지 소비가 가능하다.
④ 용기교환 주기의 폭을 넓힐 수 있다.

해설 자동교체식 분리형의 사용은 2단 감압방식이며 자동교체의 기능과 1차 감압의 기능을 겸한 1차용 조정기이므로 말단에 2차 조정기가 필요하다. ②, ③, ④는 LP가스의 자동교체식 조정기의 이점이다.

031 코크스에 수증기를 작용시켜 원료로 사용하는 가스는?

① 도시가스
② LPG
③ LNG
④ 수성가스

해설 $C + H_2O \rightarrow CO + H_2$ (수성가스)

032 유체가 난류상태로 흐르고 있는 경우 관 내에 흐르는 유체의 압력손실에 대한 설명이다. 틀린 것은 어느 것인가?

① 마찰계수에 비례한다.
② 관의 길이에 비례한다.
③ 관 내 유체속도의 제곱에 비례한다.
④ 관의 지름에 비례한다.

해설 유체의 압력손실에서 관의 지름에는 5승에 반비례하여 압력손실이 생긴다.

정답 27 ③ 28 ④ 29 ② 30 ① 31 ④ 32 ④

033 다음은 액화석유가스 저장설비의 강제통풍시설에 관한 기준이다. 이 기준에 적합하지 않은 것은 어느 것인가?

① 환기구의 면적은 바닥면적의 $1m^2$마다 $300cm^2$의 비율로 계산한 면적 이상이어야 한다.
② 통풍능력은 바닥면적 $1m^2$마다 $0.5m^3$/분 이상으로 한다.
③ 흡입구는 바닥면 가까이에 설치한다.
④ 배기가스 방출구는 지면에서 5m 이상의 높이에 설치한다.

해설 액화가스(LPG) 저장설비의 자연통풍과 강제통풍시설
- 지상의 경우 실의 바닥면적 $1m^2$당 $300cm^2$(3%) 비율로 계산한 면적(자연통풍 기준이다.)
- 흡입구는 바닥면 가까이 설치(강제통풍)
- 배기가스 방출구는 지상 5m 이상의 안전한 위치 (강제통풍)
- 통풍 능력은 바닥면적 $1m^2$당 $0.5m^3$/min 이상(강제통풍)

034 산소배관에서는 종종 연소사고가 발생한다. 다음 중 그 원인이 아닌 것은 어느 것인가?

① 윤활유의 미스트가 산소기류에 동반되어 이음매 밸브 등에 융착하여 연소된다.
② 배관 내부에 철분, 세척제 등의 찌꺼기가 부착된 경우
③ 배관재질 부속품 재료에 구리의 합금을 사용하였을 경우
④ 배관이음쇠에 사용되는 개스킷이나 패킹의 재질이 가연성 재질일 경우

해설 ①, ②, ④는 산소배관에서 연소사고의 경우이다.

035 다음 중 도시가스 제조설비의 상호 간에 차단장치가 필요 없는 기기는 어느 것인가?

① 가스분석기
② 가스발생설비
③ 압송기
④ 가스의 정제설비

해설 가스분석기에는 차단장치가 필요 없다.

036 배관의 온도변화에 의한 길이의 변화에 대비하여 설치하는 장치는 어떤 것이 필요한가?

① 역화방지장치
② 역류방지장치
③ 완충장치
④ 신축스프링 장치

해설 배관의 온도변화에 의한 길이의 변화에 대비하여 완충방지(신축이음)나 상온 스프링 등이 설치된다.

037 도시가스 제조공급시설인 정압기의 분해점검 시기에 대하여 다음 중 맞게 기술된 것은?

① 6개월에 1회 이상
② 1년에 1회 이상
③ 2년에 1회 이상
④ 3년에 1회 이상

해설 도시가스 제조공급시설인 정압기는 2년에 1회 이상의 분해점검이 필요하다.

038 액화석유가스의 용기 보관소에 관한 설명 중 잘못된 것은?

① 용기보관소에는 보기 쉬운 곳에 경계 표시를 할 것
② 용기보관소는 양호한 통풍구조로 할 것
③ 용기보관소의 지붕은 불여성, 난연성 재료를 사용할 것
④ 용기보관소에는 화재경보기를 설치할 것

해설 ①, ②, ③은 액화석유가스(LPG)의 용기보관소에 주의하여야 할 사항이며 보관소의 설치조건이다.(용기보관소는 가스누설 검지경보기가 설치된다.)

정답 33 ① 34 ③ 35 ① 36 ③ 37 ③ 38 ④

039 액화석유가스가 누설된 상태를 설명한 것으로 틀린 것은?

① 액화석유가스의 비중은 1.53이며 공기의 비중은 1이다.
② 누설된 부분의 온도가 급격히 내려가므로 서리가 생겨 누설개소가 발견될 수 있다.
③ 빛의 굴절률이 공기와 다르므로 아지랑이와 같은 현상이 나타나므로 발견될 수 있다.
④ 대량 누설이 되었을 때도 증발잠열이 매우 적어서 대기압하에서는 액체로 존재하는 일이 없다.

해설
- LPG의 기화잠열은 약 106kcal/kg으로 유출 시 흐르게 되므로 1,000kg 이상 탱크는 방류둑을 설치할 필요가 있다.
- 대량 누설 시에는 대기압하에서 액체로 일부가 존재한다.

040 액화가스를 충전하는 용기에 액면 요동을 방지하기 위하여 설치하는 것은?

① 탄성이 있는 물질
② 액면 정지장치
③ 방파판
④ 안전 칸막이 방파판

해설 방파판은 액화가스 충전용기에 액면요동을 방지한다.

041 LPG 가정용 저압 조정기의 출구 압력은?

① 수은주 230±50mm
② 수주 250±50mm
③ 수은주 280±50mm
④ 수주 280±50mm

해설
- LPG 가정용(단단감압식 저압 조정기)의 출구압력(조정압력)은 수주 280±50mm
- 폐쇄압력은 수주 350mm 이하

042 조정압력이 330mmH$_2$O 이하인 조정기의 안전장치의 작동압력으로 적합하지 않은 것은?

① 작동표준압력은 700mmH$_2$O
② 작동개시압력은 560~840mmH$_2$O
③ 작동정지압력은 504~840mmH$_2$O
④ 작동개시 후 압력은 570~980mmH$_2$O

해설 LP가스 조정압력이 330mmH$_2$O 이하인 조정기의 안전장치 작동압력
- 작동개시압력은 560~840mmH$_2$O
- 표준압력 700mmH$_2$O
- 정지압력 504~840mmH$_2$O
※ 저압조정기 안전장치 작동개시압력은 700±140 mmH$_2$O이다.

043 조정기의 종류와 그 성질, 사용 등에 관한 설명으로 옳지 않은 것은?

① 이단감압식, 2차 조정기 – 단단감압식 저압조정기 대신으로도 사용할 수 있다.
② 단단감압식, 저압조정기 – 이차용 조정기를 설치하는 경우에 사용하는 것으로 중압식보다 이점이 많다.
③ 이단감압식, 1차 조정기 – 이단감압방식의 일차용으로 사용되는 것으로 중압조정기라고도 한다.
④ 단단감압식, 준저압조정기 – 일반 소비자의 생활용 이외의 용도로 공급하는 경우에 사용되고 조정압력의 종류가 많다.

해설
- 1단(단단) 감압식 저압조정기의 역할은 일반 소비용(가정용)으로 LP가스를 공급하는 경우에 사용되며 현재 가장 많이 사용된다.
- ①, ③, ④의 조정기 내용은 옳은 내용이다. 단단감압식 조정기는 2차용 조정기가 아니고 가스 압력을 한번에 소요압력까지 감압시킨다.(1차 조정기)

044 겨울철 LP가스 용기에 서릿발이 생겨 가스가 잘 나오지 아니할 경우 가스를 사용하기 위한 조치로 옳은 것은?

① 연탄불을 쪼인다.
② 용기를 힘차게 흔든다.
③ 60℃ 이하의 열습포로 녹인다.
④ 90℃ 정도의 물을 용기에 붓는다.

해설 동절기 LP가스 용기에서 서릿발이 생겨 가스가 잘 나오지 아니하면 40~60℃ 이하의 열습포로 녹인다.

045 액화석유가스 고압설비를 기밀시험하려고 할 때 사용해서는 안 되는 가스는?

① Ar
② CO_2
③ O_2
④ N_2

해설 O_2는 조연성이 크므로 가연성 가스설비의 시험용으로는 부적합하다.

046 버너에서 역화의 원인에 대한 설명으로 옳지 않은 것은?

① 부식에 의해 염공이 커졌을 때
② 연소기의 콕이 충분히 열리지 않았거나 가스 압력이 저하했을 때
③ 연소가스의 배출 불충분이나 환기가 불충분했을 때
④ 버너의 가열로 혼합가스의 온도가 상승했을 경우

해설 ③은 선화의 원인이 되며 그 외에 역화의 원인은 공기조절밸브 과소, 유출압력 과소, 염공이 크게 됨 등이 원인이 된다.

047 다음은 연소기구 조정기의 사용목적 및 역할을 나타냈다. 이 중 적합하지 않은 것은?

① 용기의 압력을 연소기구에 알맞은 압력으로 조정한다.
② 용기에서 공급하는 가스 중의 불순물을 제거하여 대기로 방출하는 데 사용된다.
③ 가스를 소비하는 동안 공급가스 압력을 일정하게 유지하고, 소비가 중단되었을 시에는 가스를 차단시킨다.
④ 역화나 이상 고압 시의 대비로 안전밸브가 내장되어 있다.

048 도시가스 공급시설에 해당되지 않는 것은?

① 가스발생 설비
② 가스홀더
③ 정압기
④ 가스계량기

해설 도시가스의 공급시설은 정압기, 가스홀더, 기화장치, 가스계량기이다.

049 공급시설 중 가스홀더의 종류가 아닌 것은?

① 유수식
② 무수식
③ 차단식
④ 고압식

해설 가스홀더의 종류
• 저압 홀더 : 유수식, 무수식
• 고압 홀더

050 액화석유가스가 공기 중에서 누설 시 그 농도가 몇 %일 때 감지할 수 있도록 부취제를 섞는가?

① 0.1%
② 0.5%
③ 1%
④ 2%

해설 부취제의 농도는 1/1,000 농도이므로 0.1%이다.

부취제
• THT : 테트라 히드로 티오펜(석탄가스 냄새)
• TBM : 터시어리 부틸 메르캅탄(양파 썩는 냄새)
• DMS : 디메틸 설파이드(마늘 냄새)

051 다음 중 충전소의 액화석유가스 저장탱크에 반드시 설치하여야 하는 장치에 해당하지 않는 것은?

① 안전밸브
② 액면계
③ 온도계
④ 긴급차단장치

해설 충전소의 액화석유가스의 저장탱크에는 안전밸브 액면계 긴급차단장치가 설치된다.

정답 44 ③ 45 ③ 46 ③ 47 ② 48 ① 49 ③ 50 ① 51 ③

052 LP가스 용기로서 갖추어야 할 조건으로 틀린 것은?

① 사용 중에 견딜 수 있는 연성, 점성 강도가 있을 것
② 충분한 내식성, 내마모성이 있을 것
③ 완성된 용기는 균열, 뒤틀림 또는 기타 해로운 결함이 없을 것
④ 중량이면서 충분한 경도가 있을 것

해설 LP가스 용기는 이동할 수 있어야 하므로 강도, 내식성, 경량, 내마모성 등이 있어야 한다.

053 LP가스의 자동교체식 조정기 설치 시의 이점 중 틀린 것은?

① 도관의 압력손실을 제거해야 한다.
② 용기의 숫자가 수동식보다 적어도 된다.
③ 잔액이 거의 없어질 때까지 소비가 가능하다.
④ 용기 교환주기의 폭을 넓힐 수 있다.

해설 LP가스 자동교체식 조정기의 이점
• 용기 교환주기의 폭을 넓힐 수 있다.
• 잔액이 거의 없어질 때까지 소비된다.
• 전체 용기수량이 수동교체식의 경우보다 적어도 된다.
• 1단 감압식의 경우에 비해 도관의 압력손실을 크게 해도 된다.

054 공기 중에서 아세틸렌이 존재하면 검지파이프의 가스입구로부터 처음과 뒤는 각각 무슨 착색층이 되는가?

① 갈색, 짙은 적색
② 짙은 청색, 회색
③ 회색, 짙은 갈색
④ 갈색, 짙은 청색

해설 공기 중 아세틸렌(C_2H_2)이 존재하면 검지 파이프의 가스입구로부터 갈색 뒤에 짙은 적색으로 착색된다.

055 가스계량기($30m^3/h$ 미만)의 설치높이는 바닥으로부터 얼마인가?

① 1.2~1.5m
② 1.6~2m
③ 2~2.5m
④ 3~4m

해설 가스계량기의 설치높이는 1.6~2m 이내이다.

056 LPG 용기의 안전점검 기준으로 틀린 것은?

① 용기의 부식 여부를 확인할 것
② 용기의 캡이 씌워져 있거나 프로텍터가 부착되어 있을 것
③ 밸브의 그랜드 너트는 고정핀 등으로 이탈을 방지한 것인가를 확인할 것
④ 완성검사 도래 여부를 확인할 것

해설 LPG 용기의 안전점검 기준은 ①, ②, ③의 내용이다. (또한 재검사 도래 여부 확인)

057 다음 중 품질검사 대상가스가 아닌 것은?

① 산소
② LPG
③ 수소
④ 아세틸렌

해설
• LPG는 품질검사 대상가스가 아니다.
• 산소(99.5%), 수소(98.5%), 아세틸렌(98%)은 품질검사 대상 품목에 해당한다.

058 액화석유가스 사용 시설의 저압부분의 배관은 몇 kg/cm^2 이상의 압력으로 하는 내압시험에 합격한 것이어야 하는가?

① 6
② 8
③ 10
④ 12

해설 LPG의 저압부분의 배관은 $8kg/cm^2$의 내압시험에 합격한 것이어야 한다.

정답 52 ④ 53 ① 54 ① 55 ② 56 ④ 57 ② 58 ②

059 LP가스를 도시가스로 이용하는 방법이 아닌 것은?

① 공기 혼합방식
② 직접 혼입방식
③ 변성 혼입방식
④ 생가스 공급방식

해설 LP가스의 도시가스 이용방법
- 공기 혼합방식 : LPG에 적당량의 공기 투입
- 변성 혼입방식 : LPG를 공급하기 용이한 CH_4 등으로 성질 변경
- 직접 혼입방식 : LP가스를 변성하여 직접 혼입방식으로 도시가스 제조

060 LPG의 연소기 명판에 기재할 사항이 아닌 것은?

① 연소기명
② 가스 소비량
③ 연소기 재질명
④ 제조번호, 코드번호

해설 LPG(프로판 가스) 연소기 명판의 기재사항
- 연소기명
- 가스 소비량
- 제조번호 또는 코드번호 등

061 다음 액화석유가스에 관한 용어 중 맞는 것은 어느 것인가?

① 소형 저장탱크는 LPG를 저장, 사용하기 위한 것으로서 내용적 7,000L 미만의 것을 말한다.
② 가스설비는 충전, 공급하기 위한 설비이며, 사용을 위한 설비는 가스설비가 아니다.
③ 잔가스 용기는 LPG가 2분의 1 미만 남아 있는 용기를 말한다.
④ 방호벽은 높이 5m 이상, 두께 20cm 이상의 철근콘크리트 구조의 벽을 말한다.

해설
- 소형 저장탱크는 3t 미만
- 잔가스 용기는 충전 질량이 1/2 미만 남아 있는 용기
- 방호벽은 높이 2m, 두께 12cm 이상의 철근콘크리트 또는 이와 동등 이상의 강도를 가진 구조벽

062 LPG 용기가 동계에 가스가 나오지 않을 시 가스를 사용하기 위한 조치사항 중 옳은 것은?

① 연탄불에 쪼인다.
② 용기를 힘차게 흔든다.
③ 열습포를 사용한다.
④ 90℃ 정도의 물을 붓는다.

해설 LPG가 동결되면 40℃ 이하 열습포를 사용하여 녹인다.

063 다음 보기에서 고압가스 설비의 운전지침에 기재하여야 할 것 중 적당한 것은 어느 것인가?

㉠ 화재, 누설, 지진 시의 조치방법
㉡ 두께의 계산방법
㉢ 안전밸브의 토출량 계산방법
㉣ 온도, 압력 등의 운전관리 범위값

① ㉠, ㉡
② ㉡, ㉢
③ ㉢, ㉣
④ ㉠, ㉣

해설 고압가스 설비의 운전지침 기재사항은 ㉠, ㉣의 내용이다.

064 LPG 자동차의 연료 공급은 택시 트렁크 내의 LPG 용기에서 나온 LP가스가 어떤 순서를 거쳐 엔진에 공급되는지 맞는 것은?

① 전자밸브 – 여과기 – 증발기 – 기화기
② 증발기 – 여과기 – 전자밸브 – 기화기
③ 여과기 – 전자밸브 – 증발기 – 기화기
④ 여과기 – 증발기 – 전자밸브 – 기화기

해설 LPG 자동차의 연료공급 순서
여과기 – 전자밸브 – 증발기 – 기화기

065 LP가스의 성질이 아닌 것은?

① 액화기화가 용이하다.
② 알코올과 에테르에 용해가 되지 않는다.
③ 상온, 상압에서는 기체이다.
④ 냄새, 독성이 없고 물에 녹지 않는다.

해설 LP가스는 알코올, 에테르, 휘발유 등의 유기용매에 잘 녹으며 석유류, 동·식물류, 천연고무 등을 용해한다.

066 다음 중 액화석유가스 사용시설의 기밀시험 압력으로 옳은 것은 어느 것인가?(단, 사용시설 압력이 330~3,000mmH₂O는 제외)

① 420mmH₂O
② 420~840mmH₂O
③ 840~1,000mmH₂O
④ 1,080mmH₂O

해설 액화석유가스의 소규모 설비에서 기밀시험 압력은 수주 840mm 이상, 1,000mm 이하로 실시

067 LP가스 공급방식 중 부탄을 고온의 촉매로서 분해하여 메탄, 수소, 일산화탄소 등의 연질가스로 공급하는 방식은?

① 생가스 공급방식
② 공기혼합가스 공급방식
③ 변성가스 공급방식
④ 자연기화 공급방식

해설 LP가스 강제 기화방식
- 생가스 공급방식
- 공기 혼합가스 공급방식
- 변성가스 공급방식 : 부탄을 고온의 촉매로 분해한다.

068 고압가스의 저장능력 산출계산식으로 틀린 것은?(단, Q : 저장 능력(m³), P : 35℃에서의 최고충전압력(kg/cm²), V_1 : 내용적(m³), W : 저장능력(kg), d : 상용온도에서 액화가스의 비중(kg/L), V_2 : 내용적(L), C : 가스의 종류에 따르는 정수)

① 압축가스의 저장탱크 및 용기
 : $Q = (P+1)V_1$
② 액화가스의 저장탱크 : $W = 0.9dV_2$
③ 액화가스의 용기 및 차량에 고정된 탱크
 : $W = \dfrac{V_2}{C}$
④ 액화가스의 저장탱크 : $W = \dfrac{C}{V_2}$

해설 고압가스 저장능력
- 압축가스의 저장능력(m³)
  $W = (P+1)V_1$
- 액화가스의 저장탱크(kg)
  $W = 0.9dV_2$
- 액화가스 용기 및 차량에 고정된 탱크(kg)
  $W = V_2/C$

069 액화 프로판 16kg을 -42.6℃에서 기화시키는 데 도시가스 몇 kg이 소요되는가?(단, 도시가스 발열량 : 700kcal/kg, 프로판가스 기화열 : 95cal/g, 효율 80%)

① 13.7kg   ② 25.7kg
③ 1.7kg   ④ 2.7kg

해설
- -42.6℃에서 액화 프로판의 기화잠열 = 101.8kcal/kg
- 액화 프로판의 전체 기화열 = 16×95 = 1,520kcal
- ∴ $\dfrac{1,520}{700 \times 0.8} = 2.7$kg

070 LP가스의 특성이 아닌 것은 어느 것인가?

① 무색, 무취이다.
② 액상의 LP가스는 물보다 가볍다.
③ 연소 속도가 빠르다.
④ 압력을 감소하면 기화하기 쉽다.

해설 LP가스의 특성
- 무색, 무취, 무독성 가스
- 액상의 가스만이 물보다 가볍다.(0.51~0.58)
- 연소 속도가 4.45m/s로 늦다.
- 압력을 감소하면 기화하기 쉽다.

정답 65 ② 66 ③ 67 ③ 68 ④ 69 ④ 70 ③

071 LP가스의 액체 1L는 약 250L의 가스체가 된다. 20kg의 LP가스를 가스체로 고치면 다음의 어느 것에 해당되는가?

① $1m^3$ ② $5m^3$
③ $7.5m^3$ ④ $10m^3$

해설 $20kg \times 0.5kg/m^3 = 10m^3$
※ LP가스의 액비중은 0.5이다.

072 LP가스 완전연소 후의 생성물은 어느 것인가?

① CO_2와 H_2O
② O_2와 CO_2
③ C_2H_2와 CO_2
④ CH_4와 H_2O

해설 $C_3H_8 + 5O_2 \rightarrow 3CO_2 + 4H_2O$

073 온도 -30℃, 압력 20kg/cm²의 액화석유가스의 구형 탱크가 있다. 이 탱크를 퍼지하여 수리 점검할 때의 작업에 대하여 옳지 않은 것은?

① 가스는 공기보다 가벼우므로 상부 맨홀을 열면 자연적으로 퍼지가 가능하다.
② 저온가스 탱크이므로 단시간에 가온하면 (고온으로) 탱크가 균열된다.
③ 질소가스로 충분히 퍼지하여 가연성 성분의 폭발조성 이하로 되었는가를 확인한다.
④ 내부 작업을 위하여는 공기로 재치환하여 산소농도가 18% 이상 되어 있는가를 확인한다.

해설 LPG는 공기에 비해 1.5~2배의 비중을 가진다. 고로 자연 퍼지(치환)가 불가능하다.

074 프로판가스의 위험도는 얼마인가?

① 3.5 ② 3.3
③ 31.4 ④ 17.7

해설 위험도 $= \dfrac{u-L}{L}$

여기서, u : 폭발상한
L : 폭발하한

프로판가스의 폭발한계는 2.1~9.5%이므로

∴ 위험도 $= \dfrac{u-L}{L} = \dfrac{9.5-2.1}{2.1} = 3.52$

075 다음 설명 중 LP가스 충전 시 디스펜서란?

① LP가스 압축기 이송장치의 충전기기 중 소량에 충전하는 기기
② LP가스 자동차 충전소에서 LP가스 자동차의 용기에 용적을 계량하여 충전하는 충전기기
③ LP가스 대형 저장탱크에 역류방지용으로 사용하는 기기
④ LP가스 충전소에서 충전하는 데 사용하는 기기

해설 디스펜서(분배)란 LP가스 자동차 충전소에서 LP가스 자동차의 용기에 용적을 계량하여 충전하는 충전기기

076 액화석유가스 이송용 플런저 펌프의 베이퍼록 방지방법이 아닌 것은?

① 실린더 라이너의 외부를 냉각한다.
② 펌프의 설치 위치를 낮춘다.
③ 토출배관을 크게 하여 유속을 줄인다.
④ 흡입배관을 크게 하고, 단열 처리하여 둔다.

해설
• 펌프의 운전 중 액온도의 상당하는 증기압보다 낮은 부분이 생긴 경우 기화하여 베이퍼록 현상이 나타나므로 토출관은 토출 압력만큼 상승하여 기화된 가스의 소멸로 베이퍼록은 없다.(즉, 흡입관경을 크게 하여야 베이퍼록이 방지된다.)
• 베이퍼록(Vapor Rock)이란 저비등점 액을 이송할 때 펌프 입구 쪽에서 발생하는 현상이며 액체의 끓는 현상에 의한 동요라 하며 액체를 이송하는 펌프는 기체이송이 불가능하며 공동현상, 즉 캐비테이션 현상과 비슷하다.

정답 71 ④ 72 ① 73 ① 74 ① 75 ② 76 ③

077 LPG용 기어 펌프에서 공간부분의 단면적 $2cm^3$, 기어의 폭 10cm, 기어치수 12개, 축 회전수 200rpm, 효율 0.7일 때 실제 유량은 얼마인가?

① $1,180cm^3/sec$
② $1,160cm^3/sec$
③ $1,140cm^3/sec$
④ $1,120cm^3/sec$

해설 기어 펌프 송수량

$$Q = \frac{단면적 \times 기어폭 \times 기어치수 \times 회전수}{효율 \times 60}$$

$$= \frac{2 \times 10 \times 12 \times 200}{0.7 \times 60} = 1,142 cm^3/sec$$

078 최고 사용압력이 저압인 유수식 가스홀더는 다음 기준에 적합해야 한다. 잘못된 것은?

① 원활히 작동하는 것일 것
② 가스방출장치를 설치한 것일 것
③ 수조에 물 공급관과 물 넘쳐 빠지는 구멍을 설치한 것일 것
④ 피스톤이 원활히 작동하도록 설치한 것일 것

해설
- ①, ②, ③은 유수식 가스홀더의 설명이다.
- 무수식 가스홀더의 설명이다.

079 생가스 공급에 대해 설명한 것으로 옳은 것은?

① 기화기에 의해서 기화된 그대로의 가스를 말하지만 부탄의 온도가 0℃ 이하가 되면 재액화되므로 배관은 보온해야 한다.
② 혼합기에 의해서 기화된 부탄에 공기를 혼합해서 만들어지나 부탄을 대량으로 소비하는 경우에 유효한 방법이다.
③ 부탄을 고온의 촉매로서 분해하여 수소, 일산화탄소 등의 경질가스로 변성시켜 공급한다.
④ 메탄을 주성분으로 하는 건성가스와 메탄, 에탄 이외에 LP가스 성분인 프로판, 부탄을 포함한 습성가스이며 가스의 성분은 올레핀계에 속한다.

해설 부탄은 비점이 -0.5℃라서 상온에서만 기화가 순조롭다. 따라서 0℃ 이하가 되면 기체가 재액화되므로 배관은 보온을 한다.
① 생가스 공급방식
② 공기혼합 공급방식
③ 변성가스 공급방식
④ 습성 천연가스의 설명이다.

080 어느 가연성 가스 증류탑의 완성검사가 종료되었기에 원료 가스에 의한 시운전을 하게 되었다. 시운전 개시 전의 작업으로서 다음 기술 중 적합하지 못한 것은?

① 증류탑의 단수를 조사한다.
② 증류탑의 맨홀로부터 내부를 점검하여 이물질이 남아 있지 않는가를 점검한다.
③ 불활성 가스로 내부의 공기를 완전히 치환한다.
④ 안전밸브의 원밸브를 열어 놓는다.

해설 ②, ③, ④의 내용은 가연성 가스의 증류탑의 완성검사 후 시운전 개시 전의 작업상 주의사항이다.

081 중간밸브로 사용하는 LPG용 콕의 기밀시험 압력은 어느 것인가?

① $0.7kg/cm^2$
② $420mmH_2O$
③ $0.35kg/cm^2$
④ $550mmH_2O$

해설 콕의 기밀시험은 $0.35kg/cm^2$ 압력으로 1분간 실시하며 카플러 안전구가 부착된 것은 $420mmH_2O$로 실시한다.

082 TNT는 다음 어느 물질의 유도체인가?

① 페놀　　② 아닐린
③ 톨루엔　④ 크레졸

해설 톨루엔(제1석유류, $C_6H_5CH_3$)은 인화점 4.5℃, 착화점 552℃로 무색, 투명, 독성이 있으며 트리니트로톨루엔(TNT)의 원료이다.

083 주로 비점 200℃까지의 가솔린 증류분을 무엇이라고 하는가?

① 나프타
② 오프가스
③ LPG
④ LNG

해설 나프타 중 가스화 효율의 분해가 양호한 것은 파라핀계이며 카본의 석출이 많고 나프탈렌이 생성되며 효율이 저하되는 올레핀계, 나프탄계, 방향족은 원료로서 양호하지 못하다.
㉠ 나프타의 분류
  • P : 파라핀계
  • O : 올레핀계
  • N : 나프탄계
  • A : 방향족계
㉡ 나프타의 성분
  • 메탄 60%
  • 수소 16%
  • 탄산가스 20%
㉢ 나프타의 발열량 : 6,500kcal/m³
㉣ 나프타의 비중
  • Light 나프타 : 0.67 이하
  • Heavy 나프타 : 0.67 이상
㉤ 용도 : 도시가스용으로 사용

084 정압기의 특성이 아닌 것은 어느 것인가?

① 정특성   ② 동특성
③ 유량특성   ④ 감도특성

해설 ①, ②, ③은 정압기의 특성이다.

085 다음 그림과 같이 LP가스 배관이 설치되어 있다. 그림과 명칭이 잘못된 것은?

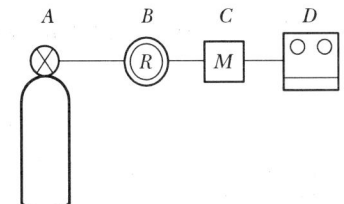

① A : 용기와 밸브
② B : 2단 1차 조정기
③ C : 가스미터
④ D : 가스레인지

해설 • 2단 1차 조정기 표시 : R_1
• 가스미터 : M
• 가스레인지 : ○ ○
• 밸브 : ⊗
• 단단감압식 조정기 : R
• 2단 2차 조정기 : R_2

086 LPG의 연소방식 중 모두 연소용 공기를 2차 공기로만 취하는 방식은?

① 분젠식
② 세미분젠식
③ 적화식
④ 전 1차 공기식

해설 ① 분젠식 : 1차 공기와 2차 공기로 연소되는 온수기, 가스레인지
② 세미분젠식 : 1차 공기량을 30% 정도로 하고 2차 공기에 의해 연소
③ 적화식 : 연소용 공기를 2차 공기로 취한다.

087 LP가스 계량기의 설치기준으로 잘못된 것은?

① LPG 용량 최대소비량의 1.0배 이상이어야 한다.
② 계량기와 화기와는 2m 이상의 우회거리를 두어야 한다.
③ 지면으로부터 1.6∼2m의 높이로 한다.
④ 점멸기, 굴뚝으로부터 30cm의 거리를 두어야 한다.

해설 LPG 계량기의 용량은 최대 소비량의 1.2배이다.

정답 83 ① 84 ④ 85 ② 86 ③ 87 ①

088 액화석유가스의 사용시설 중 관지름이 33mm 이상의 배관은 움직이지 않도록 몇 m마다 고정시켜야 하는가?

① 3m ② 1m
③ 2m ④ 4m

해설
- 관경이 13mm 미만 : 1m
- 관경이 13mm 이상 33mm 미만 : 2m
- 관경이 33mm 이상 : 3m

089 가정에서 사용되는 프로판가스에 대한 설명 중 옳은 것은?

① 분자식은 C_3H_8이다.
② 공기보다 가볍다.
③ 완전 연소가 되면 물과 일산화탄소로 된다.
④ 상압에서 액화시키려면 −200℃로 냉각시켜야 한다.

해설 프로판가스의 특징
- 분자식은 C_3H_8이다.
- 공기보다 1.51배 무겁다.
- $C_3H_8 + 5O_2 \rightarrow 3CO_2 + 4H_2O$
  (탄산가스, 수증기 발생)
- 액화 온도는 −42.1℃이다.

090 주로 LPG용 용기에 많이 쓰이는 안전밸브는?

① 파열판식 안전밸브
② 가용합금식 안전밸브
③ 스프링식 안전밸브
④ 파열판식과 가용합금식 병용 안전밸브

해설
- LPG용 용기의 안전밸브는 스프링식이 많이 사용된다.
- 안전밸브 사용방법에 따른 분류 : 태기방출형, 저압방출형
- 안전밸브의 형식에 따른 분류 : 스프링식, 박판식(파열판식), 가용전식, 중추식

091 조정기를 사용하여 공급가스를 감압하는 2단 감압방법의 장점이 아닌 것은?

① 공급압력이 안정하다.
② 중간배관이 가늘어도 된다.
③ 각 연소기구에 알맞은 압력으로 공급이 가능하다.
④ 장치가 간단하다.

해설 2단 감압방법의 장점
- 공급압력이 안정하다.
- 중간배관이 가늘어도 된다.
- 각 연소기구에 알맞은 압력으로 공급이 가능하다.
※ ④의 내용은 1단 감압방식의 장점이다.

092 LP가스 1L는 약 250L의 가스가 된다. 15kg의 LP가스가 모두 기화하면 약 몇 m^3가 되는가?

① $3.5m^3$ ② $4.5m^3$
③ $7.5m^3$ ④ $9.5m^3$

해설 LPG의 비중이 0.5kg/L이므로
$15 \div 0.5 = 30L$, $1m^3 = 1,000L$
$30 \times 250L = 7,500L$
∴ $30 \times 0.25 = 7.5m^3$ 또는 $\frac{7,500}{1,000} = 7.5m^3$

093 도시가스의 연소속도 측정에서 함유율 분석 성분에 포함되지 않는 것은?

① 수소 ② 메탄
③ 일산화탄소 ④ 염소

해설 ㉠ 염소의 특징
- 액화 가스이다.
- 조연성 가스이다.
- 공기보다 2.5배 무겁다.
- 황녹색의 자극성 가스
- 물의 살균용이다.
㉡ 도시가스의 함유성분은 메탄, 수소, 일산화탄소 등의 가연성 성분에 해당된다.

정답 88 ① 89 ① 90 ③ 91 ④ 92 ③ 93 ④

094 다음 부취제의 구비조건 중 맞지 않는 것은?

① 화학적으로 안정할 것
② 가스배관, 가스미터 등에 흡착되지 않을 것
③ 물에 잘 녹고 독성이 없을 것
④ 가격이 저렴할 것

해설 부취제의 구비조건
- 낮은 농도에서 명확히 구분될 것
- 물에 녹지 않고 가연성, 무독성, 토양 투과성이 양호할 것
- 화학적으로 안정하고 금속 부식성이 없을 것
- 배관 중에서 응축, 흡착되지 않을 것

095 LP가스를 공급하는 곳에 가보니 파이프가 보온되어 있다. 다음 어떤 가스를 공급하는 곳인가?

① 생가스 공급
② 공기혼합가스 공급
③ 변성가스 공급
④ 암모니아가스 공급

해설 LP가스의 공급방식(강제기화방식)
- 생가스 공급 : 0℃ 이하면 액화되므로 파이프에 보온이 필요하다.
- 공기혼합가스 공급 : 기화한 부탄에 공기를 혼합한 가스
- 변성가스 공급 : 다른 가스로 변성시켜 공급(부탄을 메탄, 수소, CO가스로 변성시킨다.)

096 LP가스용 펌프의 취급상 주의점으로서 틀린 것은?

① 과부하 발견은 모터의 전류에 영향을 주므로 평소 운전 시 암페어를 알아두어야 한다.
② 축봉장치에 패킹을 사용하는 경우는 누설에 주의하며 약간 더 조여 두고 가끔 패킹 교환을 한다.
③ 펌프의 축봉에 메커니컬 실을 사용할 때는 파손이 없으므로 정기적으로 교환할 필요는 없다.
④ 펌프가 작동되고 있을 때는 항상 기계의 작동상태를 점검해야 한다.

해설 메커니컬 실(터보형 펌프에 사용) 축봉 장치를 장기간 사용 시에는 정기적으로 교환이 필요하다.

097 다음 그림과 같이 LNG 가스 배관이 설치되어 있다. 그림과 명칭이 잘못 연결된 것은?

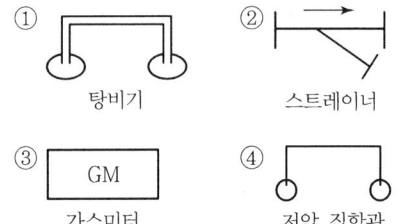

해설 ①은 고압 집합관이다.

098 다음은 압력 조정기에서 요구되는 사항이다. 틀린 것은?

① 동작이 예민할 것
② 빙결되지 않을 것
③ 조정압력과 방출압력의 차이가 클 것
④ 조정압력은 용기 내의 가스량이 변화하여도 항상 일정할 것

해설 압력 조정기의 구비조건
- 동작이 예민할 것(조정압력과 방출압력의 차이가 적을 것)
- 빙결되지 않을 것
- 조정압력은 용기 내의 가스량이 변화하여도 항상 일정할 것

099 LPG나 액화가스와 같이 저비점이고 내압이 4~5kg/cm² 이상인 액체일 때 사용되는 펌프의 메커니컬 실의 형식은?

① 더블 실형
② 인사이드 실형
③ 아웃사이드 실형
④ 밸런스 실형

정답 94 ③ 95 ① 96 ③ 97 ① 98 ③ 99 ④

해설 펌프의 메커니컬 실의 형식
- 실 형식 : 싱글 실, 더블 실
- 세트 형식 : 인사이드, 아웃사이드
- 면압 밸런스 형식 : 밸런스 형식, 언밸런스 형식

100 LPG 자동차의 연료공급은 택시 트렁크 실내의 LPG 용기에서 나온 LP가스는 어떤 순서를 거쳐 엔진에 공급되는가?

① 전자밸브, 여과기, 증발기, 기화기
② 증발기, 여과기, 전자밸브, 기화기
③ 여과기, 전자밸브, 기화기, 카뷰레터
④ 여과기, 증발기, 전자밸브, 기화기

해설 LPG 자동차의 LP가스 공급순서
LPG 탱크 → 필터(여과기) → 전자밸브 → 기화기 → 카뷰레터 → 엔진

101 LP가스 프로판용 조정기 입구의 동절기의 압력변화 범위는 얼마 정도인가?

① 420mm 수주
② 280mm+50mm 수주
③ 10~0.7kg/cm^2
④ 5~0.4kg/cm^2

해설 LP가스 프로판용 조정기 입구의 압력변화는 프로판 10~0.7kg/cm^2, 부탄 5~0.4kg/cm^{2}이다.

102 다음 액화천연가스(LNG) 제조설비 중 보일오프가스(Boil Off Gas)의 처리설비가 아닌 것은?

① 플레어 스택   ② 벤트 스택
③ BOG 압축기   ④ 가스 반송기

해설
- 보일오프가스(BOG)는 LNG 펌프, 탱크 등 설비 내부에서 기화한 가스로 도시가스 원료 및 기타 연소용 가스로 재사용한다.
- 벤트 스택이란, 가스는 연소시키지 않고 대기 중에 그대로 방출시키거나 또는 탑이나 파이프이다.

103 다음 중 액화가스 저장탱크의 저장능력 산식은 어느 것인가?(단, Q와 W는 저장능력, P는 최고충전압력 35℃, d는 액화가스의 비중, C는 가스의 정수, V는 내용적이다.)

① $Q=(P+1)V$
② $W=0.9d \cdot V_2$
③ $W=\dfrac{V}{C}$
④ $W=d \cdot \dfrac{V}{C}$

해설
① 압축가스의 저장설비
② 액화가스의 저장설비
③ 용기인 저장설비
※ C(가스의 정수) : 프로판 2.35, 부탄 2.05, 암모니아 1.86, 기타 1.05

104 가스 중 LNG 지하매설 배관 퍼지용으로 널리 사용되는 가스는?

① Ar   ② CO_2
③ N_2 ④ O_2

해설 질소 가스는 퍼지용(교체용) 가스이다.(지하에서는 공기보다 가벼운 질소가 용이하다.)

105 LP가스 공급에 있어서 공기 혼합가스의 공급 목적이 아닌 것은?

① 압력 조정
② 발열량 조절
③ 재액화 방지
④ 연소효율 증대

해설 LP가스의 공기 혼합가스의 공급 목적
- 재액화 방지
- 발열량 조절
- 누설 시의 손실 감소
- 연소효율의 증대(공기 혼합가스의 공급방식이란 기화한 부탄에 공기를 혼합하여 공급하는 방식이다.)

정답 100 ③ 101 ③ 102 ② 103 ② 104 ③ 105 ①

106 고압가스 설비의 내압 및 기밀시험에 관한 다음 기술 중 올바른 것은?

① 내압시험을 할 경우에는 필히 기밀시험을 할 필요는 없다.
② 기체로 내압시험을 하는 것은 위험하므로 어떠한 경우라도 금지되었다.
③ 기밀시험을 상용압력 이상으로 하고, 누설의 확인은 규정압력을 10분 이상 유지한다.
④ 내압시험은 상용압력의 1.1배 이상의 압력으로 실시한다.

해설
- 내압시험은 상용압력의 1.5배 이상으로 하며 5~20분을 유지한다.
- 기밀시험은 상용압력 이상에서 10분간 유지한다.

107 도시가스의 제조 시 가스화에 필요한 열을 산화반응이나 수첨분해 반응 등의 발열반응을 이용하여 가스를 발생시키는 방식은?

① 외열식
② 자열식
③ 부분연소식
④ 축열식

해설
① 외열식 : 원료가 들어 있는 용기를 외부 가열
② 자열식 : 발열반응을 이용하여 도시가스 제조, 즉 발열반응, 수첨분해 반응 이용
③ 부분연소식 : 원료의 일부를 연소하여 가스화
④ 축열식 : 반응기 내를 가열 후 원료 송입

108 LP가스의 누설을 검사할 때 주로 사용하는 것은?

① 소석회
② 성냥불
③ 온수
④ 비눗물

해설 LP가스의 누설검사는 비눗물 사용이 좋다.

109 액화가스를 충전하는 경우, 용기에 액화가스를 충만시키지 않고 안전 공간을 두는 주된 이유는?

① 액체는 압축성이 극히 적으므로 액체의 팽창에 의해 파괴되기 쉽기 때문에
② 안전밸브가 작동했을 때 액이 분출될 염려가 있기 때문에
③ 온도가 상승하면 용기 내의 증기압이 상승하여 위험하기 때문에
④ 액체가 충만되어 있으면 외부로부터의 충격으로 용기가 파괴되기 쉽기 때문에

해설 액화가스의 충전 시 용기에 안전공간을 두는 이유는 액체는 압축성이 극히 적어서 액체의 팽창에 의해 파괴되는 것을 예방하기 위하여

110 액화석유가스 충전사업의 용기 충전시설 기준이다. 다음 중 잘못된 것은?

① 배관에는 온도의 변화에 의한 길이의 변화에 따른 신축을 흡수하는 조치를 할 것
② 배관에는 그 온도를 항상 50℃ 이하로 유지할 수 있는 조치를 할 것
③ 배관에 적당한 곳에 압력계, 온도계를 설치할 것
④ 배관의 재료는 배관의 안전성을 확보할 수 있는 것일 것

해설 액화석유가스는 그 온도를 항상 40℃ 이하로 유지한다.

111 액화석유가스가 누설된 상태를 설명한 것으로 틀리는 것은?

① 공기보다 무거우므로 바닥에 고이기 쉽다.
② 누설된 부분의 온도가 급격히 내려가므로 서리가 생겨 누설 개소가 발견될 수 있다.
③ 빛의 굴절률이 공기와 다르므로 아지랑이와 같은 현상이 나타나므로 발견될 수 있다.
④ 대량 누설이 되었을 때도 순식간에 기화하므로 대기압하에서는 액체로 존재하는 일이 없다.

정답 106 ③ 107 ② 108 ④ 109 ① 110 ② 111 ④

해설 대기압에서 대량 누설 시 상온에서도 LPG는 순간적으로 액화가스로 존재한다. 20℃에서의 증기압은 7.4kg/cm²(C_3H_8), 1.4kg/cm²(C_4H_{10})이다.

112 도시가스 제조사업에서는 가스홀더 출구에서 연소속도 및 웨버지수를 측정하여야 하는데 다음 중 웨버지수를 구하는 공식은?(단, H_g : 도시가스의 총발열량(kcal/m³), d : 도시가스 비중(공기=1)이다.)

① $WI = \dfrac{H_g}{\sqrt{d}}$

② $WI = \dfrac{\sqrt{H_g}}{d}$

③ $WI = 1 - \dfrac{H_g}{\sqrt{d}}$

④ $WI = 1 + \dfrac{H_g}{\sqrt{d}}$

해설 웨버지수는 가스의 연소성과 가스기구의 호환성을 판정하는 기준이 되며 가스의 공급은 기준 웨버지수의 ±4.5% 이내에서 공급하여야 한다.

정답 112 ①

SECTION 03 고압가스 배관 공작

001 다음 중 밸브 급정지 시 일어나는 현상이 아닌 것은?

① 수격작용이 일어난다.
② 진동이 일어난다.
③ 밸브 파손의 우려가 있다.
④ 압력은 정상을 유지한다.

해설 밸브의 급정지 시 일어나는 현상
- 수격작용 발생
- 진동의 발생
- 밸브의 파손 우려

002 일반배관용 강제 맞대기 용접식 관이음식의 형상 중 롱과 쇼트의 구별이 있는데, 이 중 롱의 이음쇠는 중심선의 반경이 강관 호칭경의 몇 배를 말하는가?

① 1.5배   ② 1.0배
③ 2.0배   ④ 2.5배

003 호칭지름 20A인 강관을 2개의 45°엘보를 사용해서 그림과 같이 연결하고자 한다. 밑변과 높이가 똑같이 150mm라면 빗변 연결부분의 관의 실제소요길이는 얼마인가?(단, 물림나사부의 길이는 15mm로 하고, 엘보 중심에서 단면까지 길이는 25mm이다.)

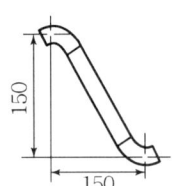

① 178mm   ② 192mm
③ 180mm   ④ 212mm

해설 $C = \sqrt{(a^2+b^2)} - 2(A-a)$
$= \sqrt{150^2 + 150^2} - 2 \times (25-15)$
$= 192\text{mm}$

004 소켓접합 시공상 주의사항이 아닌 것은?

① 코킹할 때는 처음에는 날이 얇은 정을 사용하고 점차로 날이 무딘 것을 사용한다.
② 접합부는 수분이 어느 정도 있어도 시공상 지장이 없다.
③ 표면의 산화막을 제거하고 접합부 1개소의 필요한 양을 1회에 주입한다.
④ 야안의 길이는 급수 파이프의 경우 소켓 길이의 1/3, 배수관 파이프 길이의 경우 2/3로 한다.

해설 주철관의 이음 시 삽입구의 바깥쪽과 소켓의 안쪽을 충분히 청소하고 완전히 건조시킨다. 수분이 있으면 납의 용해분인 용연이 접착부위에 지장을 초래한다.

005 지름이 큰 관의 이음에 사용되며 푸시링과 고무링을 삽입관에 끼운 다음 볼트로 죄어서 이음하는 곳은?

① 빅토리 이음
② 소켓 이음
③ 메커니컬 이음
④ 인서트 이음

해설 메커니컬 이음(기계식 이음)은 주철관의 이음이며 압륜과 고무링을 죄어 볼트로 체결하여 소켓 이음과 플랜지 이음의 특징을 채택한 이음방식이다.

정답 01 ④　02 ①　03 ②　04 ②　05 ③

006 이음부의 내면을 경사지게 깎은 다음 120℃로 가열하여 이음부가 편심이 되지 않도록 힘을 가하는 폴리에틸관 이음방식은?

① 나사이음
② 맞대기 용착이음
③ 인서트 이음
④ 고무링 이음

007 주철관의 접합법 중 수중작업이 가능한 것은?

① 기계적 접합   ② 소켓 접합
③ 빅토리 접합   ④ 플랜지 접합

해설 기계적인 접합(메커니컬 조인트)
• 굽힘성이 풍부하여 누수되지 않는다.
• 접합작업이 간단하여 숙련이 필요 없다.
• 수중작업이 가능하다.
• 고압에도 견디고 기밀성이 좋다.

008 플라스턴이 연관 내부에 흘러들어가는 것을 방지하는 것은?

① 그리스   ② 네오타니쉬
③ 프탈산 암모늄 ④ 벤젠

해설 연관의 플라스턴 접합(주석과 납의 합금)에서 플라스턴이 연관 내부에 흘러들어가는 것을 방지하기 위하여 밀가루에 매연・설탕・아교를 배합한 네오타니쉬를 사용하면 물에 녹아 없어진다.

009 아래 이음방법 중 배관 이음 시 그다지 정확성을 필요로 하지 않는 상수도, 배수, 가스 등의 지하매설관의 이음에 사용되는 납이나 시멘트를 유입시켜 이음하는 방법은?

① 신축이음   ② 턱걸이 이음
③ 가스관 이음 ④ 미끄럼 이음

해설 턱걸이 이음은 상수도, 배수, 가스 등의 지하매설관이나 그다지 정확성을 필요로 하지 않는 곳에서 납이나 시멘트를 유입시켜 이음한다.

010 다음 중 바이패스관을 설치하는 곳이 아닌 것은?

① 가스배관   ② 감압밸브
③ 유량계   ④ 인젝터

해설 감압밸브, 유량계, 인젝터, 순환펌프 등은 바이패스관이 설치된다.

011 그림과 같이 관규격 20A로 이음 중심 간의 길이를 300mm로 할 때 직관길이 L은 얼마로 하면 좋은가?(단, 20A 90°엘보의 중심선에서 단면까지의 거리(A)가 32mm이고, 나사부 물리는 최소 길이(a)가 13mm이다.)

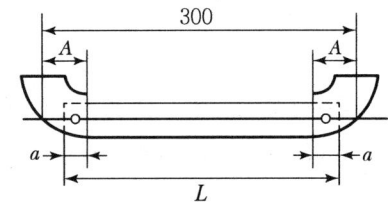

① 282mm   ② 272mm
③ 262mm   ④ 252mm

해설 $L = L - (A - a)$
$= 300 - 2(32 - 13)$
$= 262mm$

012 가스 공급시설의 설치에 관한 사항 중 틀린 것은?

① 가스기구는 연소에 의한 급배기가 가능한 곳
② 가스미터기는 전기 개폐기에서 60cm 이상 떨어진 것
③ 열에 의한 주위의 손상이 없는 곳
④ 가스 공급관 및 가스미터 입구까지의 배관은 원칙적으로 각각의 관경으로 한다.

해설 가스 공급관과 가스미터 입구까지의 배관 관경은 원칙적으로 일치한 관경이 요구된다.

정답 06 ② 07 ① 08 ② 09 ② 10 ① 11 ③ 12 ④

013 공기조화설비 시 1보일러 마력이란?

① 8,435kcal/hr ② 3,320kcal/hr
③ 860kcal/hr ④ 539kcal/hr

해설) 보일러 1마력이란 상당증발량 15.65kg/h이다.
∴ 15.65 × 539 = 8,435kcal/hr이다.

014 통기관을 설치하는 목적은?

① 트랩의 통수를 보호하기 위하여
② 실내의 통기를 위하여
③ 배수량을 조절하기 위하여
④ 오수의 정화를 위하여

해설) 통기관을 설치하는 이유는 트랩의 통수를 보호하기 위하여 설치한다.

015 강관의 특징으로 틀린 것은 어느 것인가?

① 연관 주철관에 비하여 가볍고 인장강도가 크다.
② 내충격성 굴요성이 크다.
③ 관의 접합작업이 용이하다.
④ 연관이나 주철관보다 가격이 비싸다.

해설) 강관은 가격이 싸다.

016 다음 주철관의 특징으로 틀린 것은 어느 것인가?

① 내식성이 크다.
② 내열성이 크다.
③ 수도용, 광산용, 양수관, 화학공업에 사용된다.
④ 위생설비에는 사용이 금지된다.

해설) 위생설비, 건축물의 배수 지하케이블, 가스이송용, 전신, 전화용에도 사용이 가능하다.

017 동관의 특징으로 틀린 내용은 어느 것인가?

① 전기 및 열전도율이 우수하다.
② 내식성이 좋고 수명이 길다.
③ 전연성이 풍부하지 못하다.
④ 알칼리에는 강하나 산에는 침식된다.

해설) 동관은 전연성이 풍부하다.

018 연관의 특징 중 틀린 것은 어느 것인가?

① 가스배관, 수도의 인입분기관용이다.
② 재질이 연하고 전연성이 풍부하다.
③ 상온가공이 어렵다.
④ 해수나 천연수에도 부식이 방지된다.

해설) 연관은 상온가공이 용이하다.

019 경질염화비닐관(PVC)의 특징으로 옳지 않은 것은 어느 것인가?

① 내산성, 내알칼리성, 해수에 내식성이 크다.
② 가볍고 강인하다.
③ 난연성이고 가볍다.
④ 열팽창률이 작다.

해설) PVC는 철에 비해 7~8배 열팽창률이 크다.

020 배관의 접합방법 중 나사이음에서 관의 테이퍼 나사의 테이퍼 기준은 얼마인가?

① 1/16 ② 1/20
③ 1/24 ④ 7/24

해설) 배관의 접합방법 중 나사이음에서 관의 테이퍼의 나사 기준은 1/16이고, 나사산의 각도는 55°이다.

021 다음 그림과 같이 15A 강관을 45°엘보 나사 연결할 때 연결부분의 실제 소요길이는 얼마인가?(단, 엘보 중심길이 21mm, 나사물림길이 13mm)

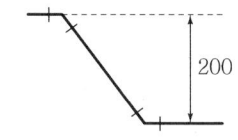

① 255.8mm ② 266.8mm
③ 274.8mm ④ 282.8mm

정답 13 ① 14 ① 15 ④ 16 ④ 17 ③ 18 ③ 19 ④ 20 ① 21 ②

해설
- 사변의 길이
  $200 \times \sqrt{2} = 282.84$mm
- 배관과의 실제길이
  $282.84 - (21-13) \times 2 = 266.84$mm

022 다음 동관 접합방법 중 플레어 접합은 몇 mm 이하의 파이프에 사용하는가?

① 16mm ② 20mm
③ 25mm ④ 12mm

해설 동관의 플레어 접합은 한쪽 동관의 끝을 나팔형으로 넓히고 압축 이음쇠를 이용하여 체결하는 이음방식이다. 관지름 20mm 이하의 동관을 이음할 때 기계의 점검 보수 등의 필요한 장소에 압축이음을 쓴다.

023 대기 중에 길이 6m인 배관을 계속 연결할 때 상온 스프링을 이용하려면 연결부에서의 배관간격은 얼마로 하는 것이 가장 좋은가?(단, 대기의 온도는 최저 -20℃, 최고 30℃이며 배관물질의 팽창계수는 8×10^{-15}/℃이다.)

① 1mm ② 3mm
③ 6mm ④ 10mm

해설 $L = \dfrac{6,000 \times 8 \times 10^{-15} \times (30-(-20))}{2} = 10$mm
- 상온 스프링은 자유팽창 길이의 1/2로 강제 배관한다. 6m = 6,000mm
- 콜드스프링(상온 스프링)은 배관 내의 열의 영향을 받아서 배관의 자유 팽창하는 것을 미리 계산하여 배관시공 시에 관의 길이를 조금 짧게 하여 강제 배관하는 것이다. 절단해 버리는 길이는 자유 팽창량의 1/2 정도가 되는 것이 콜드스프링이다.

024 호칭지름 20A의 강관을 180°로 반경 200mm 관을 구부릴 때 곡선의 길이는?

① 230mm ② 430mm
③ 630mm ④ 1,030mm

해설 $L = 2\pi R \times \dfrac{\theta}{360} = 2 \times 3.14 \times 200 \times \dfrac{180}{360}$
$= 628$mm

025 배관용 탄소강관의 배관은 아연도금을 한 관이다. 아연도금의 목적 중 가장 적합한 것은?

① 인장강도 증대
② 충격치 증대
③ 항복강도 증대
④ 부식방지

해설 배관용 탄소강관 아연도금 강관은 부식을 방지한다. 일명 가스관이라고 한다.

026 가스배관설비에서 중요한 문제는 진동인데 진동원인이라 할 수 없는 것은?

① 파이프의 구배
② 안전밸브의 분출
③ 변, 플랜지, 개스킷, 배관 부속물
④ 유체의 내부압력

해설 가스배관의 진동원인
- 파이프의 구배
- 안전밸브의 분출
- 유체의 내부압력

027 가스배관설비에 잔류응력이 일어나는 원인이 아닌 것은?

① 파이프의 구배
② 냉간 가공의 응력
③ 내부 압력의 응력
④ 지점 간의 무게

해설 배관설비의 응력의 원인은 ②, ③, ④ 외에도 안전밸브 분출에 의한 영향, 바람·지진에 의한 영향, 압축기·펌프에서의 영향, 관 내 유체의 급격한 압력변화 등이 있다.

028 공기 스프링에 대한 설명으로 옳지 않은 것은?

① 방음 효과가 좋다.
② 감쇠 작용이 없다.
③ 절손 등의 사고가 없다.
④ 스프링의 높이를 일정하게 할 수 있다.

정답 22 ② 23 ④ 24 ③ 25 ④ 26 ③ 27 ① 28 ①

029 배관 상당길이에 대한 설명으로 옳지 않은 것은?
① 압력 저항이 있는 압력 손실에서 냉매의 유량은 점도에 따라 달라진다.
② 유동 저항을 갖는 동일 치수의 직관 길이를 정하여 관 상당길이라 한다.
③ 배관 상당길이＝배관길이＋밸브 이음쇠 등의 상당 길이
④ 실제로 배관을 설치할 때는 사용되는 관 이음쇠, 밸브 등의 저항치를 관 상당길이에서 제외한다.

해설 실제로 배관을 설치 시에는 사용되는 관 이음쇠, 밸브 등의 저항치를 관 상당길이에서 합해서 계산해야 한다.

030 배관의 온도의 변화에 의한 길이의 변화에 대비하여 설치하는 장치는?
① 역류방지장치
② 역화방지장치
③ 자동제어장치
④ 완충장치

해설 완충장치는 배관의 온도변화에 의한 길이의 변화에 대비하여 설치한다.

031 다음에서 By－pass관을 설치하는 곳이 아닌 것은?
① 인젝터(Injector)
② 스팀배관
③ 감압변
④ 유량계

해설 스팀배관은 By－pass가 불필요하다.

032 나사이음할 때 파이프 렌치로 보통 접합할 수 있는 최대 배관 관경은?
① 30A   ② 40A
③ 60A   ④ 100A

해설 나사이음 시 파이프 렌치의 접합 최대 배관 관경은 65～100A까지이다.

033 동관접합과 관계가 없는 공구는?
① 플레어 공구
② 익스펜더
③ 오스터
④ 사이징 툴

해설 ① 동관의 압축 접합용 공구
② 동관의 확관용 공구
③ 강관의 나사 절삭용 공구
④ 동관의 끝을 정확한 원형으로 가공하는 공구

034 배관 계통에서 펌프나 압축기의 진동을 배관에 연결시키지 않기 위하여 설치하는 부품은?
① 익스팬션 조인트
② 플렉시블 조인트
③ 플랜지 조인트
④ 턱걸이 이음

해설 플렉시블 조인트는 진동방지용 부품

035 폴리에틸렌관(P.E)의 특징으로 옳지 않은 내용은 어느 것인가?
① 가볍고 유연성이 크다.
② 충격에 강하고 내한성이 우수하다.
③ 석유분해에 의해 만들어진다.
④ LPG 가스의 중합체이다.

해설 P.E는 에틸렌가스의 중합체이다.

036 석면 시멘트관에 대한 설명으로 옳지 않은 것은?
① 가스관, 수도관, 배수관으로 사용된다.
② 석면과 시멘트의 비가 1：5이다.
③ 금속관에 비해 내식성이 적다.
④ 내알칼리성이 우수하다.

해설 석면 시멘트관은 내식성이 풍부하다.

정답 29 ④ 30 ④ 31 ② 32 ④ 33 ③ 34 ② 35 ④ 36 ③

037 다음 내용 중 틀린 것은 어느 것인가?

① 엘보나 밴드는 배관의 방향을 바꾼다.
② 관을 분기할 때는 티, 와이, 크로스가 좋다.
③ 관을 직선으로 연결 시에는 소켓, 유니온이 좋다.
④ 관의 끝을 패쇄시킬 때는 캡이나 테프론이 좋다.

해설
• 테프론은 플랜지용 패킹재이다.
• 관의 끝을 폐쇄시킬 때는 캡, 플러그가 사용된다.

038 증기배관법에서 고압 증기난방법의 구분을 할 때 압력으로 나타낸다면?

① $0.15 \sim 0.35 \text{kg/cm}^2$
② $0.5 \sim 0.7 \text{kg/cm}^2$
③ 1kg/cm^2
④ 1.5kg/cm^2

해설 증기난방
• 고압 : 1kg/cm^2 이상
• 저압 : $0.15 \sim 0.35 \text{kg/cm}^2$

039 다음 중 나사이음에 사용되는 장비가 아닌 것은?

① 파이프 바이스
② 파이프 커터
③ 드레서
④ 리드형 나사절삭기

해설 드레서는 연관작업 중 산화 피막을 제거하는 연관의 공구이다.

040 호칭지름 15A의 강관을 곡률반경 $R = 90$, 90°의 각도로 구부리고자 할 때 필요한 곡선길이는?

① 약 130mm ② 약 141mm
③ 약 182mm ④ 약 280mm

해설 $L = 2\pi R \times \dfrac{\theta}{360} = 2 \times 3.14 \times 90 \times \dfrac{90}{360}$
$= 141.3 \text{mm}$

041 다음 곡률반지름 $R=100$mm일 때 90° 구부림 곡선길이는 얼마인가?

① 630mm
② 280.5mm
③ 330mm
④ 157.5mm

해설 $l = 2\pi R \times \dfrac{\theta}{360} = 2 \times 3.14 \times 100 \times \dfrac{90}{360}$
$= 157 \text{mm}$

042 납관의 끝 부분에 끼워 말렛으로 때려 끝 부분에 원통형으로 만드는 데 사용하는 공구는?

① 드레서   ② 봄볼
③ 터어 핀   ④ 말렛

해설
• 연관을 원통형으로 교정하는 공구는 터어 핀을 사용하고 마지막 말렛(나무해머)으로 정형한다.
• ①~④의 공구는 모두 연관에 해당하는 공구이다.

043 배관 중의 유체의 압력손실을 계산할 때 필요없는 자료는?

① 파이프의 안지름
② 유체의 비열
③ 유체의 속도
④ 파이프의 재질

해설 배관 유체의 압력손실 계산 자료
• 배관의 안지름
• 유체의 속도
• 배관의 재질

044 지름이 같은 연질동관을 이음쇠를 쓰지 않고 90° 확관해 납땜 또는 경납땜하여 접합하는 이음방식은 다음 중 어느 것인가?

① 스웨이징   ② 플레어
③ 플랜지   ④ 용접

해설 스웨이징이란 지름이 같은 연질동관을 이음쇠를 쓰지 않고 90° 확관해 납땜 또는 경납땜하여 접합하는 이음방식이다.

045 높이 5m, 배관길이 20m, 지름 50mm의 배관에 플러시밸브 1개를 설치한 2층 화장실에 급수하려면 수도 본관의 수압은 얼마가 필요한가?(단, 배관 마찰저항 손실은 $0.25kg/cm^2$ 이다.)

① $0.85kg/cm^2$
② $1.05kg/cm^2$
③ $1.25kg/cm^2$
④ $1.45kg/cm^2$

해설
- 5m → $0.5kg/cm^2$
- 플러시밸브의 경우 7m → $0.7kg/cm^2$
∴ $0.5 + 0.7 + 0.25 = 1.45kg/cm^2$

046 동관접합의 종류로 적합하지 못한 것은?

① 납땜접합
② 용접접합
③ 플레어접합
④ 나사접합

해설 동관의 접합방법
납땜접합, 용접접합, 플레어 접합

047 다음의 각 항목은 관을 설계할 때의 방법이다. 올바른 설계순서는?

㉠ 유속을 기초로 하여 파이프의 치수결정
㉡ 재래의 데이터에 의해 유속을 결정
㉢ 저항손실, 열손실, 파이프의 강도를 검토한다.
㉣ 밸브 기타의 부속품을 계획한다.

① ㉠-㉡-㉢-㉣
② ㉡-㉠-㉣-㉢
③ ㉢-㉣-㉠-㉡
④ ㉣-㉢-㉡-㉠

해설 관의 설계순서는 ㉡, ㉠, ㉣, ㉢의 순서이다.

048 파이프 나사부의 길이는 필요 이상 길게 하여서는 안 되는 이유 중 타당하지 않은 것은?

① 아연 도금한 부분이 깎여 부식되기 쉬운 부분이 많아지기 때문에
② 나사부의 강도가 약화되기 때문에
③ 관재료를 절약하기 위하여
④ 관두께가 없어지기 때문에

해설 ①, ②, ④는 파이프 나사부의 길이를 필요이상 길게 하여서는 안 되는 이유다.

049 매설 주철관 파이프를 절단할 때 가장 많이 사용하는 것은?

① 원판 그라인더
② 링크형 파이프 커터
③ 오스터
④ 체인블럭

해설 링크형 파이프 커터는 주철관을 절단한다.

050 중심 간의 길이를 300mm로 하고자 한다. 90°엘보 2개 사용 시 파이프 호칭지름이 20A일 때 파이프의 절단길이 l을 구하면?

호칭지름	중심에서 단면까지 거리(mm)		90°엘보	45°엘보
	$-A$ (90°)	$-A$ (45°)	$A-a$ (mm)	$A-a$ (mm)
15	27	21	16	10
20	32	25	19	12
25	38	29	23	14
32	46	34	29	17

① 162mm
② 281mm
③ 276mm
④ 262mm

해설 $l = L - 2(A-a)$
$= 300 - 2(32-13) = 262mm$
※ $32 - 19 = 13mm$

정답 45 ④ 46 ④ 47 ② 48 ③ 49 ② 50 ④

051 가스 배관의 크기를 결정하는 요소와 관계가 먼 것은?

① 관의 길이
② 가스레인지
③ 가스 비중
④ 가스 압력

해설 가스 배관의 선정에 관한 요건
• 관의 길이
• 가스의 비중
• 가스의 압력

052 두 개의 90°엘보와 직관길이 l = 262mm인 관이 그림처럼 연결되어 있다. L = 300mm 이고 관 규격이 20A이며, 엘보의 중심에서 단면까지의 길이 A = 32mm일 때 물린 부분 B의 길이는 몇 mm인가?

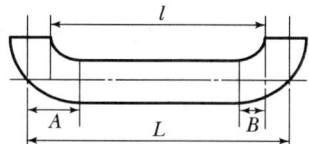

① 12mm ② 13mm
③ 14mm ④ 15mm

해설 $l = L - 2(A - a)$
$262 = 300 - 2(32 - x)$
$B = A - a$, $19 = (32 - x)$
∴ $x = 32 - 19 = 13$mm
(19mm는 90°엘보의 공간길이이다.)

053 저압 압축공기 배관의 접합에는 나사이음 중 유니언을 이용한다. 플랜지 접합법을 사용해야 하는 경우가 아닌 것은?

① 관경이 큰 경우
② 교환이나 분해가 잦은 곳
③ 압력이 높은 경우
④ 열응력에 의해 관이 휘어지기 쉬운 곳

해설 플랜지 접합을 할 경우 플랜지 자체의 중량이 크므로 열응력이 걸리는 곳에는 사용할 수 없다.

054 가스관의 설비에 대한 설명 중 옳지 않은 것은?

① 횡주관은 반드시 $\frac{1}{100} \sim \frac{1}{200}$의 선상구배이어야 한다.
② 가스관은 전선과 교차하는 곳을 피한다.
③ 공급관은 아연도금관을 사용한다.
④ 가스관의 크기는 유량, 가스비중, 가스압력관의 길이 등에 의해 결정된다.

해설 아연도금관은 급수관에서 보통 채택되고 있다.

055 가스관에 의한 가스 수송에 있어서 마찰저항과 관계없는 것은?

① 가스의 속도
② 가스의 압력
③ 가스의 점도
④ 가스관의 내경

해설 가스관에 의한 가스 수송에서 마찰저항의 원인
• 가스의 유속
• 가스의 점성
• 가스관의 내경
• 가스관의 길이
• 가스관의 조도
※ 압력과는 무관하다.

SECTION 04 고압가스 배관의 부식과 방식

001 금속에 대한 부식성을 틀리게 설명한 것은?
① R_{22}의 경우는 알루미늄을 사용해서는 안 된다.
② R_{12}의 경우는 마그네슘 알루미늄 합금을 사용해도 좋다.(단, 2% 이하이다.)
③ R_{12}의 배관에는 강관을 사용해도 좋다.
④ 암모니아의 경우는 동관 또는 동합금을 사용한다.

해설
- 암모니아 냉매는 동 및 동합금을 부식시킨다.(수분 함유 시)
- 프레온은 마그네슘 및 2% 이상 함유하는 알루미늄 합금을 부식시킨다.

002 고온의 수소는 강재 속의 탄소작용에 의해 메탄을 만들고 탈탄작용으로 강철을 연화시킨다. 만약 400℃ 이상이면 수소는 다음 어떤 반응이 일어나겠는가?
① $FeC + 2H_2 \rightarrow CH_4 + Fe$
② $2H_2 + 3Fe_3C \rightarrow CH_4 + 2FeC + 7Fe$
③ $Fe_3C + 2H_2 \rightarrow CH_4 + Fe_3$
④ $Fe_3C + 2H_2 \rightarrow CH_4 + 3Fe$

해설 $Fe_3C + 2H_2 \rightarrow CH_4 + 3Fe$
수소는 고온 고압하에서 강제 중의 탄소와 반응하여 탈탄(수소취성)을 일으킨다.

003 고온 고압하에서 일산화탄소를 사용하는 장치에 철제를 사용할 수 없는 이유는?
① 금속카르보닐을 만든다.
② 탈탄을 일으킨다.
③ 부식을 일으킨다.
④ 일산화탄소가 분해하여 폭발한다.

해설 일산화탄소(CO)는 철족(Fe, CO, Ni) 등과 반응하여 금속카르보닐을 형성하기 때문에 철제의 사용은 고온 고압하에서 불가능하다. 고온 고압하에서는 Ni-Cr계나 스테인리스강이 좋다.

004 황화수소(H_2S)의 용기재료의 성분 중 함량에 따라 내식성이 증대되는 금속은 어떤 것인가?
① 알루미늄(Al) ② 철(Fe)
③ 구리(Cu)   ④ 크롬(Cr)

해설 크롬은 부식방지용 금속이다.

005 암모니아 가스의 저장용 탱크로 적합한 재질은 다음 중 어느 것인가?
① 동의 합금
② 순동
③ 알루미늄합금
④ 탄소강

해설 탄소강은 암모니아 가스의 용기 재료이다.

006 다음 금속에 대한 설명 중 틀린 것은 어느 것인가?
① 수소는 환원성 가스이므로 고온 고압하에서 수소 취성이 있어 강을 취화시킨다.
② 크롬강은 고온도에서 산소의 산화에 견딘다.
③ 고온 고압의 CO 가스는 강과 화합하여 부식시킨다.
④ 아세틸렌이나 암모니아는 구리, 은, 수은, 아연 등에는 영향을 받지 않는다.

해설 아세틸렌이나 암모니아는 구리, 은, 아연, 수은 등에 영향을 많이 받는다.

정답 01 ④ 02 ④ 03 ① 04 ④ 05 ④ 06 ④

007 일산화탄소(CO)를 취급하는 배관 내부에는 일반적으로 금속 라이닝을 한다. 이때 가장 적당한 라이닝 재질은 어느 것인가?

① 은(Ag)　② 크롬(Cr)
③ 니켈(Ni)　④ 알루미늄(Al)

해설 일산화탄소는 금속과 고온 고압하에서 금속카르보닐을 생성하므로 Al으로 라이닝하여 카르보닐 생성을 방지한다.

008 황동의 탈아연 부식은 어느 형태의 부식에 속하는가?

① 입계 부식　② 전면 부식
③ 국부 부식　④ 선택 부식

해설 선택 부식은 합금 중 어느 한 성분만 부식하는 것이다.

009 부식의 원인 중 틀리는 것은 어느 것인가?

① 다른 종류의 금속 간 접촉에 의한 부식
② 국부전지에 의한 부식
③ 농염전지 작용에 의한 부식
④ 외부인자, 내부인자

해설 외부인자, 내부인자는 부식속도에 영향을 끼친다.

010 건식부식에 해당되지 않는 것은 어느 것인가?

① 수소취성　② 산화촉진
③ 질화촉진　④ 방식

해설 건식의 종류
- 수소취성
- 산화촉진
- 질화촉진
- 침탄 및 카르보닐화 촉진
- 암모니아의 탈탄반응 및 질화촉진
- 염화촉진
- 황화촉진

011 가스배관의 부식을 방지하는 방식의 종류가 아닌 것은?

① 부식환경 처리에 의한 방식
② 인히비터에 의한 방식
③ 피복에 의한 방식
④ 비파괴방식

해설 방식은 ①, ②, ③ 외에도 전기적인 방식이 있다.

012 고온 고압의 수소가스의 수송용 강관에서 일어날 수 있는 부식 형식인 것은?

① 탈탄　② 질화
③ 카르보닐화　④ 열화

해설 H_2는 고온 고압하에서 탄소강에 침투하여 탄소를 탈취
$Fe_3C + 2H_2 \rightarrow CH_4 + 3Fe$ (메탄가스 생성)

013 다음 고압가스 배관의 내질화성을 증대시키는 원소는?

① Ni　② Al
③ Cr　④ Mo

해설
- O_2의 내산화성 원소 : Cr, Al, Si
- H_2의 내수소성 강재 : Cr, Mo, V, Tl, W
- H_2S의 황화방지 원소 : Cr, Al, Si
- 질화 원소 : Al, Mg, Mo, Ti
- 내질화 원소 : Ni(니켈)

014 강제배류법에 의한 금속재료 전기방식의 장점이 아닌 것은?

① 효과범위가 넓다.
② 전원을 필요로 하지 않는다.
③ 외부전원법에 비해 염가이다.
④ 양극효과에 의한 간섭은 거의 없다.

해설 금속의 방식
- 전기적인 방식
- 부식 환경의 처리에 의한 방식
- 부식억제인 인히비터 사용방식
- 피복에 의한 방식
- 전압 전류의 조정이 용이하다.

정답 07 ④　08 ④　09 ④　10 ④　11 ④　12 ①　13 ①　14 ②

강제배류법의 전기방식 특성
- 효과 범위가 넓다.
- 전압 전류의 조정이 용이하다.
- 전식에 대해서도 방식이 가능하다.
- 외전에 비해 염가이다.
- 전철의 휴지기간 중에도 방식이 가능하다.
- 양극 효과에 의한 간섭은 거의 없다.

015 배관의 부식방지를 위해 사용되는 도료가 아닌 것은?

① 광명단
② 알루미늄
③ 산화철
④ 석면

해설 석면은 무기질 보온재로 400℃ 이하의 탱크, 노벽 등에 사용되며 부서지지 않으므로 선박, 열차 등 진동이 있는 곳에도 사용이 가능하다.

016 질화법(Nitriding)에서 질화 처리한 것의 특징이 아닌 것은?

① 경화층이 얇고 경도는 침탄한 것보다 크다.
② 마모 및 부식에 대한 저항이 적다.
③ 침탄강은 침탄 후 담금질하나 질화법은 담금질할 필요가 없고 변형이 적다.
④ 600℃ 이하의 온도에서는 경도가 감소되지 않고, 또 산화도 잘 되지 않는다.

해설 질화법(NH_3로 열처리)의 특징은 ①, ③, ④ 외에도 마모 및 부식에 대한 저항이 크다.

017 수소의 취성을 방지하기 위하여 첨가하는 원소가 아닌 것은?

① Mo ② W
③ Ti ④ Mn

해설 수소의 탈탄(수소취성)을 방지하기 위하여 Cr, Mo, Ti, V, Nb 등의 원소를 첨가시킨다.

018 고압장치에 사용되는 금속재료의 부식에 관한 다음 설명 중에서 옳은 것은?

① 수소가스에 의한 탄소강의 탈탄작용은 압력, 온도에 관계없이 현저하다.
② 스테인리스강은 사용 조건에 관계없이 내식성이 우수하다.
③ 고압 탄산가스 중에 응축수가 다량 함유되어 있으면 탄소강의 부식은 심하다.
④ 9% 니켈강은 내수소 부식 재료로 적당하다.

해설 수소는 고온 고압에서 탈탄반응을 일으키므로 Cr, Mo, W, Ti, V을 첨가하여 방지하고 스테인리스강은 450~900℃에서 탄화크롬의 석출로 내식성은 저하된다.

019 강의 취성에 대하여 설명한 것 중 서로 연결이 옳지 않은 것은?

① 적열취성 – 황
② 저온취성 – 인
③ 청열취성 – 몰리브덴
④ 뜨임취성 – 크롬

해설 강의 원소는 Si, Mn, Pi, S, H_2, Cu 등과 C로 구성되며 H_2는 헤어크랙, S는 적열취성, P는 상온 및 저온취성을 일으킨다. 200~300℃에서는 강도 청열취성을 일으키며, Cr–Mo은 뜨임해서 사용한다.

020 다음 중 수소취성을 방지하는 원소로 옳지 않은 것은?

① 텅스텐(W)
② 바나듐(V)
③ 규소(Si)
④ 크롬(Cr)

해설 수소의 취성 방지 원소
텅스텐, 바나듐, 크롬, 몰리브덴, 티타늄 등

021 다음 중 고압장치의 부식 속도에 영향을 주는 인자가 아닌 것은?

① 유량　　　　② 유속
③ 액온　　　　④ pH

해설 부식 속도에 영향을 미치는 인자
- 외부인자 : pH, 농도, 온도, 유동상태, 생물수식, 용존산소
- 내부인자 : 금속재료의 조성, 조직, 구조
- 전기화학적 특성, 표면상태, 응력상태, 온도 등

022 가스용 강관의 방식 금속 피복재로 널리 이용되는 것은 무엇을 도금한 것인가?

① 크롬　　　　② 주석
③ 니켈　　　　④ 아연

해설 배관용 탄소강관(SPP)은 일명 가스관이라 하며 비교적 낮은 압력에서 물, 증기, 공기, 기름, 가스의 송수관으로 사용된다. 사용온도는 350℃ 이하이며 아연도금을 한 백관과, 하지 않은 흑관이 있다.

023 부식의 형태가 아닌 것은 어느 것인가?

① 전면 부식　　② 입계 부식
③ 국부 부식　　④ 에로젼

해설 부식의 형태는 ①, ②, ③ 외에도 선택 부식, 응력 부식 등이 있다.

024 배관 및 밴드 부분 펌프의 회전차 등 유속이 큰 부분에서 마모가 현저하며 황산의 이송배관에서 일어나는 부식을 무엇이라 하는가?

① 에로젼　　　② 황산 부식
③ 국부 부식　　④ 입계 부식

해설 유속이 큰 부분에서 마모가 현저한 곳에서의 부식을 에로젼이라 한다.

025 중유 등의 연료에 회분 중 오산화바나듐(V_2O_5)이 고온에서 용융되어 다량의 산소가 금속표면을 산화시켜 일어나는 부식을 무엇이라 하는가?

① 에로젼　　　② 바나듐어택
③ 응력 부식　　④ 선택 부식

해설 오산화바나듐(V_2O_5)이 일으키는 부식을 바나듐어택이라 한다.

026 전기방식의 종류가 아닌 것은 어느 것인가?

① 전기 양극법
② 외부 전원법
③ 선택 배류법
④ 피복 방식법

해설 전기방식은 전기 양극법, 외부 전원법, 선택 배류법, 강제 배류법 등이 있다.

027 금속재료의 부식을 억제하는 방식법이 아닌 것은?

① 부식환경의 처리에 의한 방식법
② 인히비터(부식 억제제)에 의한 방식법
③ 피복에 의한 방식법
④ 급수처리에 의한 방식법

해설 ④는 전기방식법이어야 한다.

028 고온에서 강의 내산화성을 증대시키는 원소가 아닌 것은?

① 황　　　　　② 알루미늄
③ 크롬　　　　④ 규소

해설 강의 내산화성 원소
- Si(규소) → SiO(산화피막층을 형성하여 산화 방지)
- Al(알루미늄) → Al_2O_3(산화피막층을 형성하여 산화 방지)
- Cr(크롬) → Cr_2O_3(산화피막층을 형성하여 산화 방지)

정답　21 ①　22 ④　23 ④　24 ①　25 ②　26 ④　27 ④　28 ①

029 다음 중 황화를 방지하는 데 도움이 되지 않는 것은?

① Cr ② Al
③ Si ④ Ni

해설 $SO_2 + H_2O \rightarrow H_2SO_3$ (무수황산)
$H_2SO_3 + 1/2O_2 \rightarrow H_2SO_4$ (진한황산)
고온에서 철과 니켈을 심하게 부식시켜서 내황화성 성분인 Al, Cr, Si를 첨가한다.

030 철 속에 녹아 들어가 경도를 증가하지만 상온에서는 취약하여 소위 상온취성의 주요소가 되기 때문에 가급적 적은 편이 좋은 강이 되는 원소는?

① 망간 ② 규소
③ 인   ④ 유황

해설 상온취성을 나타내는 탄소강의 5개 성분 중 인(P)의 성질이다. 경도나 인장강도는 높으나 연신율은 감소한다.

031 금속재료에서 가스에 의한 부식원인 중 맞지 않는 것은?

① 바나듐어택 현상
② CO가 많은 환원가스에 의한 침탄 및 카르보닐화
③ 이산화탄소에 의한 탈탄작용
④ 산소 및 탄산가스에 의한 산화

해설 고온에서의 탈탄작용은 이산화탄소가 아니고 수소가스이다.

032 수소 취성을 방지하기 위해 강에 첨가하는 원소로서 옳은 것은?

① Cr ② Al
③ Ni ④ P

해설 수소의 취성은 고온 고압에서 현저하다. 반응식은 $Fe_3C + 2H_2 \rightarrow CH_4 + 3Fe$로 나타내며 수소취성 방지를 위해 Cr, Mo, V, Ti, W이 첨가된다.

033 고온 고압하에서 수소의 탈탄작용을 방지하기 위해서 첨가하는 금속이 아닌 것은?

① Cr ② Ti
③ V   ④ P

해설 $Fe_3C + 2H_2 \rightarrow CH_4 + 3Fe$
수소가스는 고온 고압하에서 탄소와 메탄화되어 수소취성을 일으키므로 내수성 강재인 Cr, Mo, V, Ti, W 등을 첨가한다.

034 다음 중 관의 부식 방지법으로 옳지 않은 것은?

① 전기절연을 시킨다.
② 아연도금을 한다.
③ 열처리를 한다.
④ 습기의 접촉을 없게 한다.

해설 관의 부식방지법
- 전기절연
- 아연도금 처리
- 습기의 접촉방지

035 급수배관의 부식과 직접적인 관계가 없는 것은?

① 물의 경도
② 물의 산도
③ 물의 온도
④ 물의 수질(불순물)

해설 급수배관의 부식인자
- 물의 경도
- 물의 온도
- 물의 산도

036 강재의 부식 방지를 위하여 쓰이는 방법이 아닌 것은?

① 무기질 또는 유기질 피막을 입힌다.
② 아연도금 피막을 입힌다.
③ pH를 7~8.5의 범위로 유지한다.
④ 금속표면에 탄산칼슘 피막을 입힌다.

정답 29 ④ 30 ③ 31 ③ 32 ① 33 ④ 34 ③ 35 ④ 36 ④

해설 강재의 부식 방지법
- 유기질, 무기질, 피막을 입힌다.
- 아연도금 피막을 입힌다.
- pH를 7~8.5 범위로 유지한다.

037 부식에 의하여 생성된 물질은 배관계의 능력을 감소시키고 마찰손실의 증가로 펌프의 동력소비를 증가시킨다. 이러한 부식현상 중에서 공식현상을 옳게 설명한 것은?

① 탄산, 기타의 산에 의한 부식을 유발한다.
② 용액 내에 다른 금속이 존재할 때 전류를 흐르게 하여 전기 화학적 부식을 유발한다.
③ 이온농도 차이, 산소농도 차이 또는 pH의 차이에 의하여 부식을 유발한다.
④ 가스 기포의 미립자가 금속의 표면에 부착되어 국부전지에 의한 부식을 유발한다.

해설 공식
배관에 구멍이 나면서 일어나는 경우의 부식이다.

038 다음 중 배관 내의 침식에 영향을 크게 미치지 않는 것은?

① 물의 속도
② 사용시간
③ 배관계의 소음
④ 물속의 부유물질

해설 물속의 부유물질은 부식 및 스케일의 성분이다.

039 가스도관의 부식 원인에 대한 설명으로 옳지 않은 것은?

① 누설전류의 전해작용을 받아 부식한다.
② 매설도관을 둘러싼 주위의 토양, 지하수의 화학조성 또는 그 농도의 차에 의해 부식한다.
③ 이종금속의 파이프를 접속하든가 또는 새로운 파이프를 매설하는 경우 단락전지작용을 일으켜서 부식한다.

④ 일반적으로, 공급가스 중에 함유되어 있는 강관의 부식인자가 되는 불순물은 질산화합물이다.

해설 질산화합물은 부식인자가 되지 않는다.

040 강재의 부식 방지를 위하여 쓰이는 방법이 아닌 것은?

① 무기질 또는 유기질 피막을 입힌다.
② 아연도금 피막을 입힌다.
③ pH를 7~12 이하의 범위로 유지한다.
④ 금속표면에 보호 피막인 마그네슘의 피막을 입힌다.

해설 부식 방지용의 피막으로는 고무, 가죽, 유리, 플라스틱, 아연도금 등이 있다.

041 부식량은 크지만 대처하기 쉬운 부식은?

① 선택 부식
② 전면 부식
③ 입계 부식
④ 국부 부식

해설 전면 부식은 부식량은 크나 전면에 파급되므로 그 피해가 적고 비교적 대처하기 쉬운 부식이다.

042 청동제 밸브를 가스 배관에 설치하였을 때 나타나는 부식형태는?

① 다른 금속 사이의 전지작용에 의한 부식
② 금속의 이온화에 의한 부식
③ 누설전류에 의한 부식
④ 산화에 의한 부식

해설 청동(구리+주석) 밸브를 가스배관에 설치하여 부식되었다면 그 원인은 금속의 이온화에 의한 부식이다.

043 가스 배관의 부식원인을 열거한 것으로 틀린 것은?

① 화학현상
② 누전, 전류
③ 전기화학적 현상
④ 질소, 나트륨 등의 불순물

정답 37 ④ 38 ③ 39 ④ 40 ④ 41 ② 42 ② 43 ④

해설 가스배관의 부식원인
- 산화 부식
- 누전, 전류, 전기화학적
- pH, 용존가스 농도, 금속재료의 구성, 응력, 온도

044 염소의 성질과 고압장치에 대한 부식성에 관한 설명으로 틀린 것은?

① 고온에서 염소가스는 철과 직접 심하게 작용한다.
② 염소는 압축가스 상태일 때 건조한 경우에는 심한 부식성을 나타낸다.
③ 염소는 습기를 띠면 강재에 대하여 심한 부식성을 가지고 용기, 밸브 등이 침해된다.
④ 염소는 물과 작용하여 염산을 발생시키기 때문에 장치 재료로는 내산도기, 유리, 염화비닐이 가장 우수하다.

해설
- 염소는 압축가스의 경우 습하면 심하게 부식된다.
- 염소는 수소와 혼합기체가 되면 염소폭명기라 한다.
  $H_2 + Cl_2 \rightarrow 2HCl + 44kcal$
- 염소(Cl_2)는 강한 자극성 냄새와 허용농도 1ppm의 맹독성 기체이다.
- 염소는 수분 존재 시 염산을 생성하여 철을 부식시킨다.

045 공기를 함유하지 않은 할로겐 가스에는 내식성이 크지만 습할로겐 가스에는 부식이 되는 관은?

① 동관　　　② 연관
③ 주철관　　④ 강관

해설 $Cl_2 + H_2O \rightarrow HCl + HClO$
$Fe + 2HCl \rightarrow \underline{FeCl_2}_{부식} + H_2$
- 동관은 염기성에는 내식성이 크나 산성에는 약하다.
- 강관은 부식이 심하다.

정답 44 ② 45 ④

SECTION 05 압축기 및 펌프

001 압축기의 클리어런스가 크면 일어나는 현상으로 옳지 않은 것은?

① 냉동능력이 감소한다.
② 체적 효율이 저하한다.
③ 토출가스 온도가 하강한다.
④ 윤활유가 열화(탄화)한다.

해설 압축기의 클리어런스(통극 체적)가 크면 토출가스 온도가 상승한다.

002 피스톤 압출량이 114.5m³/h의 압축기가 다음 그림의 압력(P) – 엔탈피(h) 선도와 같은 사이클로 운전되고 있을 때 이 압축기의 소요 동력(kcal/h)은 얼마인가?

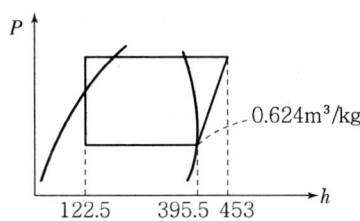

① 50,132
② 20,525
③ 10,551
④ 6,584

해설 $AW = 453 - 395.5 = 57.5$ kcal/kg
$57.5 \times 114.5 = 6,583.75$ kcal/h
∴ $\dfrac{6,583.75}{0.624} = 10,551$ kcal/h

003 $P_1 = 1.5$kg/cm²의 공기를 흡입하여 $P_2 = 6$kg/cm²까지 압축하였을 때 압축기의 체적 효율은 얼마인가?(단, 실린더 간극비 $\varepsilon_n = 0.05$이며, 잔류가스가 등온팽창을 하고 있다. 단, $r = 1.4$)

① 80% ② 85%
③ 87% ④ 95%

해설 압축비 $= \dfrac{6 + 1.033}{1.5 + 1.033} = 2.78$
$\eta_v = 1 - 0.05\left[(2.78)^{\frac{1}{1.4}} - 1\right] = 0.947$

004 암모니아는 압축 후의 온도가 높아서 압축기는 수랭식이다. 그 이유는 암모니아의 어떤 성질 때문인가?

① 압축 시 기계적 마찰이 크다.
② 열전달율(kcal/m²h℃)이 크다.
③ 비열비와 압축비가 크다.
④ 비열이 크다.

해설 암모니아 냉매는 비열비가 1.31로서 크고 압축비가 11.895/2.41 = 4.94이다. 토출가스 온도가 높아서 압축기는 수랭식을 사용해서 실린더 상부에 워터 재킷을 설치한다.

005 폴리트로픽 변화의 상태식 $PV^n = C$에서 n이 무한대로 되면 다음 중 어느 변화로 되겠는가?

① 등적 변화
② 등압 변화
③ 단열 변화
④ 등온 변화

정답 01 ③ 02 ③ 03 ④ 04 ③ 05 ①

해설 ▶ 폴리트로픽 지수(n)
- $n = k$(단열 변화)
- $n = 1$(등온 변화)
- $n = 0$(정압 변화)
- $n = \infty$(정적 변화)

006 원심 압축기의 용량조정법을 틀리게 설명한 것은?

① 회전수 변화
② 안내날개의 경사도 변화
③ 냉매의 유량 조절
④ 흡입구의 댐퍼 조정

해설 ▶ 원심식 압축기의 용량조정법
- 회전수 가감법
- 안내 날개의 경사도 변화
- 바이패스법
- 흡입구의 댐퍼 조절
- 냉각 수량 조절

007 이상기체의 폴리트로픽 과정(Polytropic Process)에 대한 설명으로 틀린 것은?

① 폴리트로픽 지수(n)가 1이면 등온과정이다.
② $0 < n < 1$ 범위에서는 기체를 가열하여도 온도가 내려간다.
③ 공업일($\int vdp$)이 절대일($\int pdp$)의 n배가 된다.
④ n은 $\ln p - \ln v$ 선도($p-v$ 대수선도)에서 직선의 기울기를 나타낸다.

해설 ▶ 폴리트로픽 지수(n)

n의 값	C_n(폴리트로픽 비열)	변화
$n = 0$	C_p	등압 변화
$n = 1$	∞	등온 변화
$n = k$	0	단열 변화
$n = \infty$	C_v	등적 변화
n	C_n	폴리트로픽 변화

008 실린더의 지름이 20cm, 피스톤 행정이 50cm, 실린더 수가 2개, 압축기의 회전수가 1,200 rpm일 때 피스톤의 압출량은 얼마인가?

① $2,261.9 m^3/hr$
② $2,880 m^3/hr$
③ $11,520 m^3/hr$
④ $565.2 m^3/hr$

해설 ▶ $V_g = A \times L \times N \times n \times 60 \times \eta$
$= \dfrac{3.14 \times 0.2^2}{4} \times 0.5 \times 2 \times 1,200 \times 60$
$= 2,260.8 m^3/h$

009 압축기의 V벨트에 관한 설명으로 옳지 않은 것은?

① V벨트의 장력이 너무 강하면 축에 무리한 힘이 걸린다.
② V벨트의 장력이 약하면 마찰에 의한 발열과 소모를 수반한다.
③ 새 벨트의 운전 후 단시일에 늘어나게 되는데 이때는 왁스를 바른다.
④ 벨트의 교환은 1개만 하지 말고 전부 한꺼번에 교환한다.

해설 ▶ 압축기의 V벨트의 사용 시 주의사항은 ①, ②, ④ 등이다.

010 압축기의 직경이 100mm, 행정이 850mm, 회전수 2,000rpm, 기통수 4개일 때 피스톤의 배출량은?

① $3,015 cm^3/hr$
② $3,204 cm^3/hr$
③ $3,016 cm^3/hr$
④ $3,015.6 cm^3/hr$

해설 ▶ 단면적(A) $= \dfrac{\pi d^2}{4} = \dfrac{3.14 \times 0.1^2}{4} = 0.00785 m^2$
∴ $0.00785 \times 0.85 \times 4 \times 2,000 \times 60$
$= 3,202.8 cm^3/hr$
※ 850mm = 0.85m, 1시간 = 60분

정답 06 ③ 07 ② 08 ① 09 ③ 10 ②

011 어떤 왕복동 압축기의 실린더가 내경 300mm, 행정 200mm, 기통수 2, 그리고 회전수가 300rpm이라면 이 압축기의 이론 피스톤 압출량은 얼마인가?

① 348m³/h   ② 479m³/h
③ 509m³/h   ④ 623m³/h

해설 $\dfrac{3.14 \times 0.3^2}{4} \times 0.2 \times 2 \times 300 \times 60 = 508.68 \text{m}^3/\text{h}$

012 다음 재료 중 피스톤 로드의 실에 사용되지 않는 패킹 재료는 어느 것인가?

① 화이트 메탈   ② 테플론
③ 카본   ④ 연질고무

해설 고무 패킹
- 탄성이 우수하고 산, 알칼리에 강하다
- 열과 기름에는 약하다.
- 100℃ 이상에는 사용이 불가
- 급수, 배수, 공기 등에 사용

013 암모니아 압축기의 실린더에는 일반적으로 워터재킷(Water Jacket)을 설치하게 되는데 그 이유로서 적당하지 않은 것은?

① 압축효율의 상승을 도모하기 위해서
② 압축가스를 포화증기상태로 유지하기 위해서
③ 밸브판 및 스프링 수명을 연장시키기 위해서
④ 토출가스의 온도 상승을 억제하여 냉동유의 탄화방지를 위해서

해설 암모니아 압축기의 워터 재킷의 설치 이유
- 압축효율의 상승
- 밸브판 및 스프링 수명 연장
- 토출가스의 온도 상승 억제
- 냉동 기름의 탄화 방지

014 왕복동 압축기의 특징이 아닌 것은?

① 압축이 단속적이다.
② 진동이 작다.
③ 수리가 간단하다.
④ 배기용량이 작다.

해설 왕복동 압축기의 특징
- 압축이 단속적이다.
- 수리가 간단하다.(개방형)
- 배기용량이 작다.
- 소음이 작다.(밀폐형)

015 공기 1kg을 $t_1 = 10℃$, $P_1 = 1.033 \text{kg/cm}^2$, $V_1 = 0.8\text{m}^3$ 상태에서 단열적으로 변화시켜 $t_2 = 167℃$, $P_2 = 7\text{kg/cm}^2$까지 압축시킬 때 압축에 필요한 일은 몇 kgf·m인가?(단, 공기의 $k = 1.4$, $R = 29.27 \text{kgf}\cdot\text{m/kg}\cdot\text{K}$이다.)

① -11,488   ② -16,083
③ -18,088   ④ -22,074

해설 $W = \dfrac{GR}{k-1}(T_2 - T_2)$
$= \dfrac{1 \times 29.27}{1.4-1} \times [(273+10)-(273+167)]$
$= -11,488 \text{kg}_f \cdot \text{m}$

016 압축기의 과열 원인으로서 옳은 것은?

① 흡입밸브 누설
② 토출밸브 누설
③ 냉매량 과다
④ 냉각수량 과다

해설 압축기 과열의 원인
- 고압상승
- 흡입가스 과열
- 윤활불량
- 워터 재킷 기능불량
- 토출밸브의 누설

정답 11 ③ 12 ④ 13 ② 14 ② 15 ① 16 ②

017 NH₃ 압축기에서 압축비를 5, 폴리트로픽 지수 1.3, 극간비 0.05라 하면 극간체적 효율은?

① 0.895 ② 0.887
③ 0.878 ④ 0.859

해설
$$\eta_v = 1 - \varepsilon\left[\left(\frac{P_2}{P_1}\right)^{\frac{1}{n}} - 1\right]$$
$$= 1 - 0.05\left(5^{\frac{1}{1.3}} - 1\right) = 0.859$$

018 원심압축기의 특징이 아닌 것은?

① 회전운동이므로 동적인 밸런스를 잡기 쉽고 진동이 작다.
② 저압냉매를 사용하므로 취급이 간편하고 위험이 작다.
③ 용량제어가 간단하고 제어범위가 넓으면 정밀제어가 가능하다.
④ 소용량일 때는 단위 냉동능력당 설치 면적이 작아도 된다.

해설
- 소용량일 경우 냉동능력당 설치면적이 증가한다.
- 원심식은 소용량 제작이 곤란하고 100RT 이하에서는 가격이 비싸진다.
- 한계치 이하의 유량으로 운전하면 서징 현상이 발생한다.
- 1단의 압축으로 압축비를 크게 할 수 없다.

019 고속 다기통 압축기의 단점으로 옳지 않은 것은?

① 윤활유의 소비량이 많다.
② 토출가스의 온도와 유온도가 높다.
③ 압축비의 증가에 따른 체적 효율의 저하가 크다.
④ 수리가 복잡하며 부품은 호환성이 없다.

해설
- 고속다기통 압축기는 각 부품의 호환성이 있다.
- 윤활유의 소비량이 많다.
- 토출가스의 온도와 기름의 온도가 높다.

020 윤활유 보충방법 중 틀린 것은?

① 저압축으로 인젝터를 사용하여 강제 급유한다.
② 장치로부터 압축기를 분리하여 작동시키면서 고압축으로 급유한다.
③ 크랭크 케이스 내의 압력을 대기압 정도로 내린 다음 압축기를 정지시키고 오일 플러그를 풀어 급유한다.
④ 오일 충전밸브를 이용해 크랭크 케이스 내를 진공으로 한 다음 급유한다.

해설
① 소형 완전밀폐형 압축기에서 사용
③ 소·중형 압축기에서 오일 플러그가 있는 경우
④ 대형 압축기에서 사용

021 다음에 설명한 고속다기통 압축기의 특성 중 옳은 것은?

① 진동이 작고 설치면적이 작다.
② 대부분 횡형이 많고 소음이 크다.
③ 기통수가 많아 용량제어가 곤란하다.
④ 윤활유 소비량이 적다.

해설 고속다기통 압축기는 진동이 작고 설치면적이 작다. (고속다기통은 4, 6, 8, 12, 16 등 밸런스를 유지하기 위해 기통수가 짝수이다.)

022 고속다기통 압축기의 장점으로 옳지 않은 것은?

① 체적 효율이 좋으며 각 부품 교환이 간단하다.
② 고속이므로 냉동능력에 비하여 소형이고 가볍다. 따라서 설치면적이 적게 든다.
③ 기통수가 많으므로 실린더 지름이 작아도 되고 또한 가볍다.
④ 용량제어가 타 기기에 비하여 용이하고 기동 시 경부하 기동이 가능하고 또한 자동운전이 가능하다.

해설 고속다기통은 클리어런스가 크므로 체적 효율이 나쁘다. 그러나 각 부품의 호환성이 있어 수리가 용이하다.

정답 17 ④ 18 ④ 19 ④ 20 ② 21 ① 22 ①

023 다음 중 고속다기통 압축기에서 사용되는 밸브는?

① 포핏밸브 ② 플레이트밸브
③ 리드밸브 ④ 패더밸브

해설
- 플레이트밸브는 주로 고속다기통에 많이 사용된다.
- 밸브의 성능은 유속과 리프트 스프링에 의해 좌우된다.

024 다음 원심식 압축기에 있어서의 용량조절방법에 해당되지 않은 것은?

① 부하경감장치(Unloader System) 이용
② 회전속도 조절
③ 바이패스밸브 조절
④ 흡입 가이드베인 조절

해설 부하경감장치는 고속다기통 압축기의 용량제어법이다. 고속다기통 압축기에서 기동부하를 감소시켜 경부하 기동이 가능하다.

025 원심식 압축기의 서징 현상의 원인이 아닌 것은?

① 응축기의 열교환이 양호
② 냉각수량의 감소
③ 냉각수 온도의 상승
④ 불응축 가스의 혼입

해설 서징은 고압이 높아지거나 저압이 낮아질 경우에 발생한다. 또한 냉각수량의 감소, 냉각수의 온도상승, 불응축 가스의 혼입 시에도 발생한다.

026 원심 압축기에 대한 설명 중 틀린 것은?

① 임펠러 주위에는 고정된 디퓨저가 있어 가스가 그곳에 들어가면 속도가 압력으로 변하게 되어 압축이 된다.
② 서징현상은 운전상 대단히 중요한 현상이므로 흡입온도 토출온도에 주의를 요한다.
③ 원심 압축기가 어떤 한계치 이하의 가스 유량으로 운전되면 운전이 불안전하게 되어 진동, 소음이 발생한다.
④ 원심 압축기는 고속회전을 하기 위하여 증속장치가 필요하다.

해설 원심식 압축기는 흡입가스 유량을 감소시키거나 응축 압력을 점차 상승시켜 가스의 유량을 감소시키면 어떤 일정 유량에 이르러 급격히 압력과 흐름에 격심한 맥동과 진공이 일어나서 운전이 불안전하게 되는데 이것을 서징 현상이라 한다.(서징 현상 시는 토출가스 저항에 주의한다.)

027 증기를 단열압축할 때 엔트로피(Entropy)의 변화는?

① 감소한다.
② 증가한다.
③ 일정하다.
④ 감소하다 증가한다.

해설
- 증기의 가역 단열압축 시 엔트로피는 일정하다.
- 비가역 단열압축 시에는 엔트로피가 증가하다가 감소한다.

028 압축기 중 스카치 요크형 압축기는?

① 원심 압축기 ② 회전 압축기
③ 왕복동 압축기 ④ 스크루 압축기

해설 왕복동 압축기의 크랭크 샤프트(모터의 회전운동을 피스톤의 직선왕복운동으로 바꾸어 주는 동력전달장치)는 크랭크형, 편심형, 스카치 요크형 등이 있다.

029 펌프의 축봉장치(Shaft Seal)에 대한 설명 중 틀린 것은?

① 외부로의 누설을 완전하게 방지하기 위하여 그랜드를 강하게 조여 둔다.
② 그랜드 패킹식 축봉장치는 실링(Seal Ring)을 설치하여 냉각수로 냉각시켜야 한다.
③ 메커니컬 실(Mechanical Seal)식 축봉장치는 냉매액 펌프, 연료유 펌프 등에 쓰인다.
④ 펌프의 그랜드를 너무 강하게 조이면 그랜드 패킹이나 펌프축이 마모되기 쉽다.

정답 23 ② 24 ① 25 ① 26 ② 27 ③ 28 ③ 29 ①

해설 왕복식 압축기에서 축봉장치는 개방형 압축기에서 축상형 축봉장치를 스터핑 박스 안에 패킹을 넣어 여기에 오일을 공급하여 유막을 형성시켜 누설을 방지하며 일명 그랜드 패킹이라 한다. 기동 시는 약간 열어주고 정지 시는 다시 조여준다.

030 피스톤 행정 용량 $\nu_a = 0.00248m^3$, 매분 회전수 170rpm인 압축기의 토출구로 통하는 가스량이 100kg/h, 토출가스 1kg을 흡입상태로 환산한 체적이 $0.189m^3/kg$이라면 토출효율(η)은?

① 71.7% ② 73.7%
③ 74.7% ④ 76.7%

해설 토출효율$(\eta) = \dfrac{Q \cdot V}{L \cdot N} \times 100(\%)$
$Q = 100kg/h,\ V = 0.189m^3/kg$
$L = 0.00248m^3,\ N = 170rpm$
$\therefore \eta = \dfrac{100kg/h \times 0.189m^3/kg}{0.00248m^3 \times 170 \times 60} \times 100 = 74.7\%$

031 기체가 주위와의 열교환이 전혀 없는 상태에서 상태변화를 하는 것은?

① 정압변화
② 등온변화
③ 단열변화
④ 폴리트로픽 변화

해설 단열변화란 가스를 압축시킬 때 또는 팽창시킬 때 그 작용 중 가스의 외부에서 열을 공급하지도 않고 또한 제거하지도 않는 상태변화이며 외부와 열의 출입을 막고 압축 팽창시킨다.

032 피스톤링(Piston Ring)이 마모되었을 때의 영향으로 옳은 것은?

① 실린더 냉각
② 냉동능력 상승
③ 체적효율 감소
④ 크랭크실 압력 감소

해설 피스톤링이 마모되면 동력소비가 증가되고 응축기, 수액기 내로 오일이 넘어간다.(피스톤링의 마모는 체적효율 감소)

033 압축기 통극이 클 때 일어나는 현상이 아닌 것은?

① 토출가스 온도 상승
② 오일탄화 및 열화
③ 체적효율 감소
④ 냉동능력 증대

해설 압축기의 통극(클리어런스)이 크면 냉동능력이 감소하며 토출가스 온도상승 오일 탄화 및 열화 체적효율 감소

034 압축기가 과열되는 원인 중 맞지 않는 것은 어느 것인가?

① 고전압
② 냉매량 부족
③ 압축비 감소
④ 윤활유 부족

해설 압축비가 감소하면 압축기의 과열이 방지된다.

035 실린더의 지름이 15cm, 피스톤 행정이 40cm, 실린더 수가 2개, 압축기의 회전수가 1,500 rpm일 때 피스톤의 압출량은?

① $2,262m^3/hr$
② $1,875m^3/hr$
③ $1,343m^3/hr$
④ $1,272m^3/hr$

해설 피스톤의 압출량
$V = \dfrac{\pi D^2}{4} \cdot L \cdot N \cdot R \cdot 60$
$= \dfrac{\pi}{4} \times 0.15^2 \times 0.4 \times 2 \times 1,500 \times 60$
$= 1,272.34 m^3/hr$

정답 30 ③ 31 ③ 32 ③ 33 ④ 34 ③ 35 ④

036 압축기의 운전상태에 대한 설명으로 가장 옳은 것은?

① 고압이 일정하고 저압이 낮을수록 압축열량은 작아진다.
② 저압이 일정하고 고압이 높을수록 성적계수는 낮아진다.
③ 고압이 일정하고 저압이 낮아질수록 토출온도는 낮아진다.
④ 고압이 일정하고 저압이 높을수록 냉동효과는 감소한다.

해설
- 성적계수는 저온체에서 흡수한 열량과 공급된 일과의 비이다.
- 저압이 일정하고 고압이 높을수록 성적계수가 낮아진다.

037 압축기 운전 중 또는 기동 후 90초 정도에서 전동기가 정지하였을 겨우 대책이 아닌 것은?

① 유압을 조정한다.
② 윤활유를 보급한다.
③ 액흡입을 방지한다.
④ 팽창밸브를 잠근다.

해설 OPS(유압보호 스위치)가 작동된 것을 팽창 밸브를 잠그면 저압이 낮아져 유압은 더욱 낮아진다.

038 다음은 압축기 실린더부의 내부 윤활제에 대해서 설명한 것이다. 이 중 옳은 번호로만 된 것은?

㉠ 수소 압축기에는 광유를 사용한다.
㉡ 염소 압축기에는 농황산을 사용한다.
㉢ 아세틸렌 압축기에는 양질의 광유(鑛油)를 사용한다.
㉣ 공기 압축기에는 10% 이하의 글리세린 수를 사용한다.

① ㉠, ㉡
② ㉠, ㉢
③ ㉠, ㉡, ㉢
④ ㉡, ㉢, ㉣

해설 윤활유
- 수소 압축기 : 광유
- 산소 압축기 : 물 또는 10% 이하의 묽은 글리세린수
- 염소 압축기 : 농황산
- 아세틸렌 압축기 : 점도가 높은 양질의 광유
- 공기 압축기 : 고급 디젤 엔진유(양질의 광유)

039 크랭크축의 재료로 많이 사용되는 것은?

① 배빗메탈
② 주철
③ 니켈-크롬강
④ 스테인리스강

해설 크랭크축의 재료는 고급 주철로 제작한다.

040 왕복식 압축기의 운전 중 점검사항이 아닌 것은?

① 누설이 없는가
② 이상고온이 아닌가
③ 작동음에 이상은 없는가
④ 흡입토출밸브의 개폐상태 확인

해설 운전 중 주의사항
- 냉매 및 윤활유의 누설상태 점검
- 극단적인 과열압축 이상고온 방지
- 작동상태 작동음에 이상 확인
- 액백(리퀴드백) 주의
- 불응축 가스 배출
- 압력계 및 전류계의 지시도 점검 등

041 실린더 수 N, 실린더 지름 D, 실린더 행정 L, 매분 회전수 R이라 하면 이론적 피스톤 압출량 $V(\mathrm{m}^3/\mathrm{h})$의 산출계산식은?

① $V = D^2 \cdot L \cdot N \cdot 60$
② $V = \dfrac{\pi D^2}{4} \cdot N \cdot R \cdot 60$
③ $V = \dfrac{\pi D^2}{4} \cdot L \cdot N \cdot R \cdot 60$
④ $V = \dfrac{\pi D^2}{4} \cdot L \cdot N$

정답 36 ② 37 ④ 38 ③ 39 ② 40 ④ 41 ③

해설 시간당 피스톤 압출량

$$V(\text{m}^3/\text{h}) = \frac{\pi D^2}{4} \cdot L \cdot N \cdot R \cdot 60$$

042 운전 중에 있는 암모니아 압축기의 압력계가 고압은 8kg/cm², 저압은 진공도 100mmHg를 나타내고 있다. 이 압축기의 압축비는 얼마인가?

① 약 7
② 약 8
③ 약 9
④ 약 10

해설 진공 절대압 $= 1.033 \times \left(1 - \frac{10}{76}\right)$
$= 0.8970789 \text{kg/cm}^2$

※ 100mmHg = 10cmHg

압축비(CR) $= \dfrac{\text{고압게이지} + \text{대기압}}{\text{저압게이지} + \text{대기압}}$

$\therefore \dfrac{8 + 1.033}{0.8970789} = \dfrac{9.033}{0.8970789} = 10.06$

043 암모니아 압축기 실린더에 일반적으로 워터재킷을 사용한 이유 중 틀린 것은?

① 압축 효율의 향상을 도모한다.
② 윤활유 탄화를 방지한다.
③ 밸브 스프링 수명을 연장시킨다.
④ 압축 소요일량이 커진다.

해설 압축 소요일량은 감소한다.

044 압축기에 대한 다음 사항 중 옳은 번호로만 된 것은?

㉠ 압축비가 클수록 체적효율은 커진다.
㉡ 압축비가 작을수록 체적효율은 커진다.
㉢ 토출압력이 일정하면 흡입압력이 변하여도 압축비는 변하지 않는다.
㉣ 흡입압력이 일정하면 압축비가 작을수록 냉매 순환량은 커진다.

① ㉠, ㉡
② ㉡, ㉢
③ ㉠, ㉣
④ ㉡, ㉣

해설
- 압축비가 크면 체적효율이 감소한다.
- 흡입압력이 일정하면 압축비가 작을수록 냉매 순환량은 커진다.

045 회전식 압축기에 관한 설명 중 옳지 않은 것은?

① 흡입밸브는 역지밸브이다.
② 압축이 연속적이다.
③ 왕복동에 비해 기동부하가 적다.
④ 토출밸브는 리드밸브를 사용한다.

해설 회전식 압축기는 흡입밸브가 없다.(토출 측에는 역지밸브 사용)

046 회전식 압축기에 대한 설명으로 옳은 것은?

① 고정익형은 회전 피스톤과 2장의 고정 블레이드 및 실린더 내면과의 접촉에 의하여 압축작용을 한다.
② 항상 연속적으로 흡입을 하므로 흡입 밸브가 필요 없다.
③ 왕복동 압축기에 비하여 구조도가 복잡하다.
④ 운동 부분의 동작이 복잡하며 진동도 크다.

해설 회전식 압축기의 특징은 항상 회전자(Rotor)에 의해 가스의 흡입과 배출이 연속적이며 흡입밸브가 필요 없다. 회전자에 따라 회전날개형, 고정날개형이 있다.(고정익형은 회전 피스톤 1개)

047 회전식 압축기에 대한 설명 중 틀린 것은?

① 회전식 압축기는 조립이나 조정에 있어 고도의 공작 및 정밀도가 요구되지 않는다.
② 회전식 압축기는 체적효율에 미치는 압축비의 영향이 왕복식보다 적다.
③ 회전식 압축기는 직결구동이 용이하다.
④ 회전식 압축기는 구조가 간단하다.

해설 회전식 압축기의 단점은 분해나 조립정비에 특수한 기술이 필요하다.

정답 42 ④ 43 ④ 44 ④ 45 ① 46 ② 47 ①

048 회전식 압축기에서 회전식 베인형의 베인은?

① 무게에 의하여 실린더에 부착한다.
② 고압에 의하여 실린더에 부착한다.
③ 스프링 힘에 의하여 실린더에 부착한다.
④ 원심력에 의하여 실린더에 부착한다.

해설 회전식 압축기에서 회전식 베인형의 베인은 원심력에 의하여 실린더에 부착한다.

049 다음 중 원심 압축기의 단점은?

① 왕복동형 압축기에 비해 용량과 형상이 작으며 진동이 크다.
② 내부 윤활유를 사용하지 않는다.
③ 효율이 낮고 압축비가 낮다.
④ 마모나 마찰손실이 크다.

해설 원심식 압축기의 단점
- 소용량에는 제작상 한계가 있고 가격이 비싸다.
- 저온장치에서는 압축단수가 증가한다.
- 효율과 압축비가 낮다.

050 원심 압축기에 대한 다음 설명 중 틀린 것은?

① 가스는 축방향으로 회전자에 흡입되고 반경방향으로 나간다.
② 냉매의 유량을 가이드베인이 조절한다.
③ 정지 중에는 윤활유 히터를 켜둘 필요가 없다.
④ 운전 중 서징 발생은 좋지 않다.

해설 원심식(터보형) 압축기는 오일포밍 방지를 위해 무정전 히터를 사용한다.(회전자는 회전식 압축기용)

051 밀폐형 압축기의 전기배선에 필요 없는 것은 어느 것인가?

① 원심 스위치
② 릴레이
③ 과부하 보호기
④ 기동 축전기

해설 밀폐형 압축기는 주로 가정용 전기냉장고나 룸 쿨러와 같은 소형 냉동기용 압축기와 전동기를 같은 상자 속에 넣고 밀봉한 압축기이다.

052 스크루 압축기의 장점이 아닌 것은?

① 소형 경량이며 진동이 작다.
② 액 해머 현상이 없다.
③ 밸브 및 마찰부가 없다.
④ 운전 소리가 매우 작다.

해설 스크루 압축기의 단점으로 고속회전에서 소음이 큰 것을 들 수 있다.

053 윤활유 선택 시 유의할 점에 대한 다음의 설명 중 틀린 것은?

① 사용 기체와 화학반응을 일으키지 않을 것
② 점도가 적당할 것
③ 인화점이 낮을 것
④ 전기 절연 내력이 클 것

해설 윤활유는 화재예방을 위하여 인화점이 높을 것

054 단별 최대 압축비를 가질 수 있는 압축기는 어떤 종류인가?

① 원심식(Centrifugal)
② 왕복식(Reciprocating)
③ 축류식(Axial)
④ 회전식(Rotary)

해설
- 왕복동식 압축기가 압축비는 단별로는 최대이다.
- 단단 압축기의 압축비
$$\gamma = \frac{토출절대압력}{흡입절대압력}$$
- 다단 압축기의 압축비
$$\gamma = Z\sqrt{\frac{토출절대압력}{흡입절대압력}}$$
여기서, Z : 단수

055 터보형 압축기에서 임펠러의 출구각이 90°일 때의 형식은?

① 터보형
② 송익형
③ 레이디얼형
④ 다익형

해설 ① 터보형 : 90°보다 작을 때
③ 레이디얼형 : 90°일 때
④ 다익형 : 90°보다 클 때

056 클리어런스에 의한 체적효율을 구하면?(단, 압축비 $P_2/P_1 = 5$, 폴리트로픽 지수 $n = 1.25$, 간극비 $V_C/V = 0.05$이다.)

① 92%
② 80.5%
③ 75%
④ 87%

해설 $\eta_v = 1 - C\left[\left(\dfrac{P_2}{P_1}\right)^{\frac{1}{n}} - 1\right]$

$= 1 - 0.05\left(5^{\frac{1}{1.25}}\right) = 0.87 = 87\%$

057 12kW 펌프의 회전수가 800rpm인 경우 토출량 1.5m³/min일 때 펌프의 토출량은 1.8m³/min으로 하기 위하여 회전수를 어떻게 변화시키면 되는가?

① 850rpm
② 960rpm
③ 1,025rpm
④ 1,365rpm

해설 $800 \times \dfrac{1.8}{1.5} = 960$

058 압축기에서 실린더는 압축가스의 압력을 받으므로 강도와 기밀성이 있어야 하며 재질은 압력에 따라 정한다. 30~100kg/cm²라면 다음 어떤 재료가 적당하겠는가?

① 주철
② 고장력 주철
③ 단강
④ 동

해설 실린더의 재질은 특수 주물이며 고속 다기통은 강력한 고급 주물로 만든다.(미하나이트 주철)

059 압축기 실린더부의 내부 윤활제에 대한 설명 중 옳은 것으로만 짝지은 것은?

㉠ 산소 압축기에는 머신유를 사용한다.
㉡ 염소 압축기에는 농황산을 사용한다.
㉢ 아세틸렌 압축기에는 양질의 광유를 사용한다.
㉣ 공기 압축기는 광유를 사용한다.

① ㉠, ㉡
② ㉠, ㉢
③ ㉠, ㉡, ㉢
④ ㉡, ㉢, ㉣

해설 윤활유
• 산소 압축기 : 물 또는 10% 이하의 묽은 글리세린수
• 염소 압축기 : 진한 황산류
• 아세틸렌 압축기 : 양질의 광유
• 공기 압축기 : 양질의 광유(고급 디젤 엔진유)

060 NH₃ 입형 저속 압축기의 운전조작 순서로 옳은 것은?

㉠ 흡입밸브를 열었다 닫는다.
㉡ 토출밸브를 연다.
㉢ 바이패스밸브를 연다.
㉣ 바이패스밸브를 닫는다.
㉤ 흡입밸브를 연다.
㉥ 압축기를 가동한다.

① ㉠-㉥-㉢-㉤-㉣-㉡
② ㉠-㉢-㉥-㉤-㉣-㉡
③ ㉠-㉡-㉢-㉥-㉣-㉤
④ ㉠-㉢-㉥-㉡-㉣-㉤

061 다음 중 스크루 압축기의 특징으로 옳지 않은 것은?

① 용적형이다.
② 맥동이 없고 연속적으로 압축된다.
③ 효율이 일반적으로 낮다.
④ 용량조절이 용이하다.

해설 **스크루 압축기의 특징**
- 용적형이다.
- 맥동이 없고 연속적으로 압축된다.
- 효율이 일반적으로 낮다.
- 용량 조절이 곤란하다.

062 다음 중 산소 압축기의 내부 윤활제로 사용할 수 있는 것은?

① 물
② 유리
③ 석유
④ 글리세린

해설 **산소 압축기의 내부 윤활제**
물 또는 10% 이하의 묽은 글리세린수

063 다음 중 왕복동 압축기의 특징이 아닌 것은?

① 압축기의 효율이 높다.
② 용적식이다.
③ 기체의 맥동이 없고 연속 송출된다.
④ 혼합식 또는 무급유식이다.

해설 왕복동 압축기는 왕복운동이 단속적이고 맥동이 있다.

064 회전식 압축기에서 회전식 베인형의 베인은?

① 무게에 의하여 실린더에 부착한다.
② 고압에 의하여 실린더에 부착한다.
③ 스프링 힘에 의하여 실린더에 부착한다.
④ 원심력에 의하여 실린더에 부착한다.

해설 **회전식 압축기**
- 고정익형
- 회전익형 : 원심력에 의하여 실린더에 부착한다.

065 언로더 밸브(Unloader Valve)의 기능은?

① 압축 시 실린더 내의 압력 감소
② 흡입 압력의 감소
③ 토출 압력의 증가
④ 응축기에서의 압력 증가

해설 언로더는 고속 다기통에서 부하를 경감시키고 압축 효과가 없어지게 한다.

066 공기 압축기의 내부 윤활유 중 잔류 탄소의 질량이 전 질량의 1% 초과, 1.5% 이하일 때 갖추어야 하는 조건으로 적합한 것은 어느 것인가?

① 인화점이 200℃ 이상일 것
② 재생유일 것
③ 170℃에서 12시간 이상 교반하여도 분해되지 않을 것
④ 응고점이 200℃ 이상일 것

해설 공기 압축기의 내부 윤활유는 170℃에서 12시간 교반해도 분해하지 않는 것이어야 한다.(1% 초과, 1.5% 이하일 때)

067 이론 소요동력 20kW, 압축효율 0.814, 기계효율 0.83인 압축기의 소요 축동력은?

① 38.7kW
② 35.4kW
③ 32.3kW
④ 29.6kW

해설
- η_c(압축효율) $= \dfrac{\text{이론적 지시마력}}{\text{실제적 지시마력}} = \dfrac{N_i}{N_{ia}}$
- η_c(기계효율) $= \dfrac{\text{실제 지시마력}}{\text{냉동기운전 소요마력}} = \dfrac{N_{ia}}{N_s}$
- N'(압축기의 실제소요동력)
$= \dfrac{\text{이론소요동력}}{\text{압축효율} \times \text{기계효율}}$
$= \dfrac{20\text{kW}}{0.83 \times 0.814} = 29.6\text{kW}$

068 압축기의 톱클리어런스가 크면 어떤 영향이 있는가?

① 냉동능력이 증대한다.
② 체적효율이 증대한다.
③ 토출가스 온도가 저하한다.
④ 윤활유가 열화하기 쉽다.

해설 톱클리어런스(Top Clearance)가 크면 체적효율이 작아지며, 실린더 과열이 생기고, 소요동력 증대, 냉동능력 저하, 윤활유의 열화 및 탄화, 토출가스의 온도상승 등의 현상이 일어난다.

정답 62 ① 63 ③ 64 ④ 65 ① 66 ③ 67 ④ 68 ④

069 압축기 운전 중 이상음이 발생하였다. 다음 중 그 원인으로 틀린 것은?

① 액해머
② 기초 볼트의 이완
③ 흡입·토출밸브의 파손
④ 피스톤링의 마모

해설 압축기의 운전 중 이상음
기초 볼트의 이완, 액해머 현상, 피스톤핀 연결봉 베어링의 마모, 밸브의 파손 등

070 부하가 감소되면 서징(Surging) 현상이 일어나는 압축기는?

① 터보 압축기
② 왕복동 압축기
③ 회전 압축기
④ 스크루 압축기

해설 서징 현상(맥동)이란 터보 압축기에서 어떤 한계치 이하의 가스유량으로 운전되면 운전이 불안전하게 되어 진동 소음이 발생하는 현상이다.

071 왕복동 압축기의 윤활장치 및 윤활계통에 관한 설명 중 옳지 않은 것은?

① 전 윤활계통의 유압은 조절 가능한 스프링식 유압 조정 밸브로서 조정된다.
② 유압 조정 밸브의 캡(Cap)을 풀어내고 소정의 밸브 키(Valve Key)로 조정봉을 조이면 유압이 상승하고 푸는 방향으로 돌리면 유압이 저하하도록 되어 있다.
③ 윤활유 펌프로는 내접 기어 펌프가 일반적으로 많이 쓰인다.
④ 오일 펌프의 흡입 및 토출 측에는 유 여과기를 설치하는데 토출측 여과기에 큐노필터(Cuno Filter)를 채용하는 경우에는 운전 중 여과면 청소가 불가능하다.

해설 왕복동 압축기의 윤활계통에 오일 펌프의 흡입 및 토출 측에는 유 여과기를 설치하여 큐노필터를 채용하는 경우 운전 중 여과면 청소가 용이하다.

072 다음 압축기에 관한 설명 중 맞는 것은?

① 실린더에 사용하는 윤활유는 경제적이며 인화점이 낮아야 한다.
② 산소 압축기의 실린더 윤활유는 물 또는 20% 이상의 묽은 글리세린을 사용한다.
③ 실린더에 사용하는 윤활유는 점도가 적당하고 항유화성이 큰 것을 선택한다.
④ 실린더 내의 윤활유는 정제도가 높고 잔류 탄소의 양이 많아야 한다.

해설 윤활유 조건
• 인화점, 비등점은 높고 응고점이 낮을 것(산소 압축기 윤활유는 물, 10% 이하 글리세린수)
• 점도가 적당하고 항유화성이 있을 것
• 정제도가 높아 잔류 탄소량은 적을 것

073 왕복식 압축기의 간극용적에 대한 설명 중 옳은 것은?

① 피스톤이 중간지점에 있을 때 가스가 차지하는 체적
② 실린더 전체의 체적
③ 피스톤이 상사점에 있을 때 가스가 차지하는 체적
④ 실린더의 전 체적의 $\frac{1}{2}$

해설 간극용적(톱클리어런스)의 증대는 체적효율의 감소로 냉매 순환량의 감소와 냉동능력을 저하시키므로 간극은 적어야 하나 간극이 없다면 압축 시 기계적 수명은 단축된다.

074 압축기의 용량제어의 목적이 아닌 것은?

① 기동 시 경부하 기동으로 동력을 증대시킬 수 있다.
② 압축기를 보호할 수 있고 기계의 수명이 연장된다.
③ 부하 변동에 대응한 용량제어로 경제적인 운전이 가능하다.
④ 일정한 온도를 유지할 수 있다.

정답 69 ④ 70 ① 71 ④ 72 ③ 73 ③ 74 ①

해설 압축기의 용량제어의 목적은 ②, ③, ④ 외에도 기동 시 경부하 기동으로 동력소비가 절감되기 때문이다.

075 왕복식 압축기에서 피스톤과 크랭크 샤프트를 연결하여 왕복운동을 시키는 역할을 하는 것은?

① 크랭크
② 피스톤 링
③ 커넥팅 로드
④ 크랭크 케이스

해설 커넥팅 로드(연결봉)는 왕복식 압축기에서 피스톤과 크랭크 샤프트를 연결하여 왕복운동을 시킨다.

076 체적 압축식 압축기가 아닌 것은?

① 왕복동식 압축기
② 회전식 압축기
③ 흡수식 냉동기
④ 스크루 압축기

해설 체적식 압축기 및 압축기의 종류
- 용적형은 왕복식(횡형, 입형), 회전식, 스크루식
- 비용적형은 원심식, 축류식, 사류식

077 압축기에 대하여 옳은 설명은?

① 토출가스 온도는 압축기의 흡입가스의 과열도가 클수록 높아진다.
② 프레온-12를 사용하는 압축기에는 토출가스가 낮아 워터재킷을 부착한다.
③ 톱클리어런스가 클수록 체적효율이 커진다.
④ 토출가스 온도가 상승하여도 체적효율은 변하지 않는다.

해설 ① $T_2 = T_1 \times \left(\dfrac{P_2}{P_1}\right)^{\frac{k-1}{k}}$
② 워터재킷은 비열비가 큰 NH_3 냉매에 사용
③ 클리어런스 증대는 체적 효율의 감소로 냉매 순환량 감소
④ 토출가스 온도 상승은 실린더 과열로 체척효율 감소

078 암모니아 압축기의 운전을 시작할 때 다음 중 가장 마지막으로 행하는 것은?

① 수액기 출구밸브를 연다.
② 바이패스 밸브를 닫는다.
③ 전동기 스위치를 넣는다.
④ 흡입압력이 규정압력 이하까지 저하되면 팽창밸브를 연다.

해설 압축기의 운전 시 흡입압력이 규정압력 이하가 되면 팽창밸브를 조정하여 연다.

079 다음 가연성 고압가스 압축기의 정지 시 주의사항이다. 순서를 보아 마지막에 취하여야 할 항목은?

① 최종 스톱밸브를 잠근다.
② 냉각수 주입밸브를 잠근다.
③ 각 단의 압력저하를 확인한 후 주흡입밸브를 닫는다.
④ 전동기 스위치를 내린다.

해설 정지순서
모터 정지 → 흡입밸브 차단 → 토출밸브 차단 → 냉각수 차단

080 왕복동 압축기의 부속품이 아닌 것은?

① 크랭크축
② 연결봉
③ 실린더
④ 노즐

해설 왕복동 압축기의 부속품
실린더 본체, 연결봉, 크랭크 케이스, 피스톤, 축봉장치, 피스톤 링, 안전장치, 크랭크 샤프트

081 산소 압축기의 윤활유로 적합한 것은?

① 물 또는 묽은 글리세린수(10%)
② 진한 황산
③ 양질의 광유
④ 디젤 엔진유

정답 75 ③ 76 ③ 77 ① 78 ④ 79 ② 80 ④ 81 ①

해설 윤활유
- Cl_2 : 진한 황산
- 공기, H_2 : 양질의 광유
- LPG : 식물성 기름
- 산소 : 물 또는 묽은 글리세린수 10%(조연성 가스라서 가연성 기름 사용금지)

082 저압 압축기로서 대용량을 취급할 수 있는 압축기의 형식은?

① 왕복동식
② 원심식
③ 회전식
④ 흡수식

해설 원심식(터보)은 고압을 얻을 수 없어 저압의 공기 조화용으로 사용되며 소용량은 효율이 나쁘며 용량제어가 곤란해진다. 단, 대형은 용량제어가 용이하다.

083 압축기의 톱클리어런스가 클 경우에 대한 설명으로 틀린 것은?

① 냉동능력이 감소한다.
② 체적효율이 저하한다.
③ 압축기가 과열된다.
④ 토출가스 온도가 저하한다.

해설 톱클리어런스의 증가는 압축기의 능력당 소요동력의 증가와 효율의 감소, 압축기 과열로 토출가스 온도는 상승한다.

084 왕복동 압축기의 용량 조절방법 중 단계적으로 조절하는 방법에 해당하는 것은?

① 클리어런스 밸브에 의해 용적효율을 낮추는 방법
② 흡입 주밸브를 폐쇄하는 방법
③ 타임드 밸브의 제어에 의한 방법
④ 회전수를 변경하는 방법

해설 클리어런스 밸브에 의해 용량을 조절하는 것은 왕복동 압축기에서 실시한다.(일명 통극체적방법)

085 원심 압축기의 이점이 아닌 것은?

① 1대로서 대용량이 가능하다.
② 윤활유를 사용하지 않으므로 유체 중에 기름이 혼입되지 않는다.
③ 왕복동 압축기에 비하여 효율이 높고 1단당 압력비가 높다.
④ 응축기에서 가스가 응축되지 않는 경우라도 이상 고압이 되지 않는다.

해설 원심 압축은 속도 에너지를 압력 에너지로 임펠러에서 변환하므로 고압력을 얻지 못하여 저압이며 압축비는 낮다.

086 밀폐형 압축기의 전동기에 대한 소손방지를 위한 적정한 대책이라 할 수 없는 것은?

① 압축기 발정(On – Off 운전)의 빈번한 반복을 꾀한다.
② 냉매 계통 내에 이물질 및 수분이 침입하지 않도록 한다.
③ 냉매 충전량을 적정하게 한다.
④ 응축압력이 지나치게 높아지지 않도록 한다.

해설 압축기의 지나친 발정은 기동부하를 장시간 걸리게 하므로 모터의 수명이 단축된다.

087 다음 중 다단 압축을 하는 목적은?

① 압축일과 체적효율의 증가
② 압축일의 증가와 체적효율의 감소
③ 압축일의 감소와 체적효율의 증가
④ 압축일과 체적효율의 감소

해설 다단 압축의 목적은 소요동력의 절감(압축일의 감소), 이용효율의 증가, 힘의 평형유지, 중간냉각으로 온도 상승 방지이다.

정답 82 ② 83 ④ 84 ① 85 ③ 86 ① 87 ③

088 원심 압축기에 관한 다음 설명 중 틀린 것은?

① 용량에 비해 소형이다.
② 냉매의 유량을 가이드베인이 제어한다.
③ 진동이 크다.
④ 압축일과 체적효율의 감소

해설 원심식 압축기
- 회전차(임펠러)가 필요하다.(냉매가스가 가이드베인에 의해 흡입냉매가스가 조절된다.)
- 유온은 60~70℃ 정도로 항상 유지시킨다(오일포밍 방지).
- 진동이 작다.

089 왕복동 압축기의 용량조절 방법이 아닌 것은 다음 중 어느 것인가?

① 압축기의 회전수를 조절
② 클리어런스 증대법
③ 토출 스톱밸브로 조절
④ 바이패스 방법

해설 왕복동 압축기의 용량조절 방법
언로드 시스템(일부의 실린더를 늘리는 방법) 타임드 밸브에 의한 방법 외에도 ①, ②, ④의 방법이 있다.

090 고속 다기통 압축기의 장점이 아닌 것은?

① 용량 제어가 용이하다.
② 기통수가 많으므로 실린더 직경이 적고 가볍다.
③ 냉동 능력에 비해 소형이므로 설치 면적이 작다.
④ 체적효율이 적으며 각 부품 교환이 간단하다.

해설 고속 다기통 압축기의 장점
- 소형 경량이다.(체적효율이 적은 것이 단점이다.)
- 진동이 작고 압축기의 기초가 간단해도 된다.
- 무부하 기동을 할 수 있어 큰 기동 토크를 필요로 하지 않는다.
- 냉동능력을 자동적으로 용량 제어할 수 있다.
- 각 실린더에 사용하는 부품은 호환성이 있다.

091 터보형 압축기의 장점이 아닌 것은?

① 고속화가 가능하다.
② 토출가스에 맥동이 없다.
③ 취급가스 중에 윤활유가 혼입하지 않는다.
④ 압력-용량의 특성이 안정하다.

해설 터보형(원심식) 압축기의 특징
- 임펠러의 고속화 회전에 의하여 원심력이 이용된다.
- 토출가스에 맥동이 없다.
- 취급가스 중에 윤활유가 혼입하지 않는 무급유식이다.
- 용량제어가 어렵다.
- 보수가 용이하고 마모에 의한 손상이 없다.
- 대형화함에 따라 냉동효과가 좋다.

092 압축기를 오래 유지하기 위해서 1,500~2,000시간마다 점검해야 할 곳으로서 잘못된 것은?

① 프레임 윤활유
② 흡입 토출밸브
③ 실린더 내면
④ 크랭크 샤프트

해설 1,500~2,000시간마다 점검부분
- 흡입 토출밸브
- 흡입 필터
- 실린더 내면
- 프레임 윤활유
- 프레임 윤활유 오일필터
※ 크랭크 샤프트는 8,000~9,000시간마다 점검

093 로터리 압축기에 관한 설명 중 옳지 않은 것은?

① 압축이 연속적이다.
② 왕복동에 비하여 압축기 동력이 적다.
③ 흡입밸브는 체크밸브이다.
④ R.P.M이 적어도 된다.

정답 88 ③ 89 ③ 90 ④ 91 ④ 92 ④ 93 ③

해설
- 로터리식은 흡입밸브가 필요 없다. 다만, 토출밸브는 역지밸브(체크밸브)이다.
- RPM(회전수)은 중속이며 왕복동식은 저속이다. 단, 왕복식은 흡입 및 토출 측에 자동밸브가 필요하다. 스크루 압축기, 원심식은 회전수가 고속이다.

094 압축기의 최종단에 설치된 안전밸브의 작동 조정 시기는?

① 6월에 1회   ② 3월에 1회
③ 1월에 1회   ④ 1년에 1회

해설 압축기 최종단의 안전밸브는 1년에 1회, 기타 안전밸브는 2년에 1회 점검한다.

095 원심펌프를 병렬로 연결하여 운전할 경우에 무엇이 증가되는가?

① 양정   ② 회전수
③ 유량   ④ 효율

해설 원심펌프의 연결운전
- 직렬연결 : 양정의 증가, 유량은 불변
- 병렬연결 : 유량의 증가, 양정은 일정

096 왕복 압축기의 용량제어 방법이 아닌 것은?

① 흡입밸브를 개방한 상태로 운전한다.
② 회전 속도를 바꾼다.
③ 안전두 스프링의 강도를 바꾼다.
④ 토출가스를 흡입 측으로 되돌려 압축작용을 시킨다.

해설 왕복동 압축기의 용량제어 방식
회전수 가감방법, 바이패스 방법, 클리어런스 증대 방법, 일부 실린더를 놀리는 방법, 타임드 밸브에 의한 방법

097 운전상태 점검 시 과히 중요하지 않은 것은?

① 윤활유 순환상태
② 온도, 압력, 전압, 전류상태
③ 리퀴드백으로 인한 액해머링
④ 전원의 주파수 변동

해설 냉동기 운전상태 점검
윤활유 순환상태, 온도 · 압력, 전압, 전류상태, 리퀴드백으로 인한 액해머링

098 터보 압축기의 진동발생의 주요 원인 중 회전체의 언밸러스에 해당되는 것은?

① 베어링 간극이 부적당한 경우
② 설치 또는 센터링 불량상태에서 운전하는 경우
③ 레이턴스와 회전체의 접촉에 의한 것
④ 먼지, 기름, 타르 등의 부착에 의한 것

해설 언밸런스의 원인
- 제작 시의 잔류 언밸런스
- 먼지, 기름, 타르의 부착
- 부식이나 마모

099 터보형 압축기에서 임펠러의 출구각이 90°보다 작을 때의 형식은?

① 터보형
② 송익형
③ 레이디얼형
④ 다익형

해설 터보형 압축기에 임펠러의 출구각
- 터보형 : 90°보다 작을 때
- 레이디얼형 : 90°일 때
- 다익형 : 90°보다 클 때

100 압축기를 가동할 때 흡입밸브는 반드시 서서히 열어야 하는데 그 이유는?

① 오일포밍을 방지하기 위하여
② 불응축 가스 침입을 방지하기 위하여
③ 액압축을 방지하기 위하여
④ 토출온도의 이상 상승을 방지하기 위하여

해설 압축기의 가동 시 흡입밸브를 서서히 열어야 하는 이유는 액압축(리퀴드백)을 방지하기 위해서이다.

정답 94 ④ 95 ③ 96 ③ 97 ④ 98 ④ 99 ① 100 ③

101 다음 중 압축기에 관계없는 효율은?

① 기계효율
② 체적효율
③ 압축효율
④ 슬립효율

해설 ① 기계효율 = $\dfrac{\text{유효한 기계적 일}}{\text{공급받은 에너지}} \times 100$

② 체적효율
  $= \dfrac{\text{실제적인 피스톤 압출량}}{\text{이론적인 피스톤 압출량}} \times 100$

③ 압축효율
  $= \dfrac{\text{이론적 가스의 압출소요동력}}{\text{실제적 가스의 압축소요동력}} \times 100$

④ 슬립효율
  $= \dfrac{\text{동기속도} - \text{전동기의 실제속도}}{\text{동기속도}} \times 100$

102 암모니아 입형 저속 압축기 기동 시 가장 먼저 조작하는 것은?

① 에어퍼지밸브
② 토출정지밸브
③ 바이패스밸브
④ 펌프아웃밸브

해설 압축기의 기동순서
① 바이패스밸브를 연다.
② 흡입밸브를 열었다 닫는다.
③ 모터를 가동한다.
④ 토출밸브를 열면서 바이패스밸브를 닫는다.
⑤ 흡입밸브를 서서히 연다.

103 압축기 운전 중 압력이 이상 저하 시 가장 먼저 점검해야 할 곳은?

① 흡입 및 토출밸브
② 피스톤 링
③ 윤활유
④ 크로스 헤드

해설 압축기의 운전 중 압력이 이상저하 시에는 토출밸브의 누설, 냉매량 부족, 액냉매가 되돌아오거나 냉각수량이 너무 많거나 물의 온도가 너무 낮은 것이 원인이다.

104 다음 가연성 고압가스 압축기의 정지 시 주의사항이다. 순서로 보아 최후에 취하여야 할 항목은?

① 최종 스톱밸브를 잠근다.
② 냉각수 주입밸브를 잠근다.
③ 드레인 밸브, 조정밸브를 열고 각단의 압력저하를 확인한 후 원흡입밸브를 잠근다.
④ 전동기의 스위치를 내린다.

해설 압축기의 정지 시 최후에 취하여야 하는 것은 냉각수 주입 밸브를 잠근다.

105 압축기에서 두압이란 무엇을 말하는가?

① 흡입압력이다.
② 증발기 내의 압력이다.
③ 크랭크 케이스 내의 압력이다.
④ 피스톤상부의 압력이다.

해설 두압이란 압축기 피스톤 상부의 압력이며 정상 압력보다. 3kg/cm^2 이상이면 압축기 파손방지를 위하여 안전두를 설치한다.

106 기어펌프의 특징이 아닌 것은?

① 저압용에 적합하다.
② 토출압력이 변해도 토출량은 변하지 않는다.
③ 고점도액에 적합하다.
④ 흡입양정이 크다.

해설 기어펌프의 특징(회전식 펌프)은 구조가 간단하고 분해, 소제가 용이하며 입자를 함유한 유체 사용 시 마모 촉진된다. (고압용에 사용된다.)

정답 101 ④ 102 ③ 103 ① 104 ② 105 ④ 106 ①

107 왕복동 펌프의 운전정지 순서를 바르게 나타낸 것은 어느 것인가?

　㉠ 모터의 스위치를 차단한다.
　㉡ 송출밸브를 닫는다.
　㉢ 흡입밸브를 닫는다.
　㉣ 잔류액을 배출시킨다.

① ㉠-㉡-㉢-㉣
② ㉡-㉠-㉢-㉣
③ ㉠-㉢-㉡-㉣
④ ㉢-㉠-㉡-㉣

해설
- 왕복동 펌프의 운전정지 순서 : ㉠-㉡-㉢-㉣
- 터보 펌프의 운전정지 순서 : ㉡-㉠-㉢-㉣

108 다음 중 압축기의 토출압력이 지나치게 높아지는 원인으로 맞게 설명된 것은?

① 냉동부하가 감소하였을 때
② 응축기의 냉각수량이 부족할 때
③ 압축기의 토출밸브가 누설되었을 때
④ 팽창밸브가 막혔을 때

해설 압축기의 냉각수의 부족은 응축능력 저하로 고압이 상승하여 압축비 증대, 동력 증대, 압축기 과부하의 원인이 되므로 냉각 수량 및 수온의 점검이 필요하다.

109 왕복식 압축기의 간극용적에 대한 설명 중 옳은 것은?

① 피스톤이 하사점에 있을 때 가스가 차지하는 체적
② 상사점과 하사점 사이의 체적
③ 피스톤이 상사점에 있을 때 가스가 차지하는 체적
④ 실린더의 전 체적

해설
- 간극 용적 = $\dfrac{실린더\ 체적}{압축\ 용적비}$
- 간극 용적 = 피스톤이 상사점에 있을 때 가스가 차지하는 체적

110 가스의 압축에 관한 설명 중 틀린 것은?

① 등온압축 동력은 단열압축 동력보다 크다.
② 압축비가 일정하면 간극 용적비가 클수록 체적효율은 적다.
③ 동일가스, 동일흡입 온도에서는 압축비가 클수록 토출 온도가 높다.
④ 다단 압축에서는 각 단의 압축비가 같을 때 단열압축 동력이 최소이다.

해설 등온압축은 압축 중에 가해지는 열량을 제거함으로써 압축 전후의 온도차가 없도록 하는 압축이나 실제로는 불가능하다. 다른 가스의 압축방식(단열압축, 폴리트로픽 압축)에 비하여 일량 및 온도상승이 최소로 된다. (등온압축은 동력소비가 가장 적다.)

111 스크루 압축기의 특징으로 옳지 않은 것은?

① 용적형이다.
② 맥동이 없고 연속적으로 압축된다.
③ 효율이 일반적으로 낮다.
④ 용량조절이 용이하다.

해설 스크루 압축기
- 용적형(체적형)이다.
- 맥동이 없고 연속적으로 압축된다.
- 효율이 일반적으로 낮다.
- 용량조절이 좋지 않다.

112 실린더 내경 200mm, 피스톤 행정 150mm, 매분 회전수 300rpm의 수평 1단 단동 압축기의 압축 행정에 의한 1분간의 체적은?

① $0.7\text{m}^3/\text{min}$　② $1.4\text{m}^3/\text{min}$
③ $1.8\text{m}^3/\text{min}$　④ $2.8\text{m}^3/\text{min}$

해설 $\theta = \dfrac{\pi d^2}{4} \times L \times M \times n \times 60 = \text{m}^3/\text{h}$(시간당)

여기서, L : 피스톤 행정수
　　　　n : 기통수(단동수)

$\therefore \dfrac{3.14 \times 0.2^2}{4} \times 0.15 \times 300 = 1.413\text{m}^3/\text{min}$(분당)

정답 107 ① 108 ② 109 ③ 110 ① 111 ④ 112 ②

113 다음 $P-V$ 선도에서 단열변화를 나타내는 식은?(단, ㉲는 등온 변화선이다.)

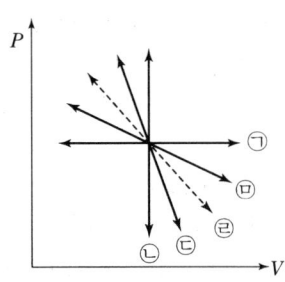

① ㉠ ② ㉡
③ ㉢ ④ ㉣

해설 폴리트로픽 지수(n)
- $n=0$: 정압변화
- $n=1$: 등온변화
- $n=\infty$: 정적변화
- $n=k$: 가역단열변화
- ㉠ 정압선 ㉡ 정적선
- ㉢ 단열선 ㉣ 폴리트로픽 변화선

114 배압에 관한 설명은?
① 배출 압력이다.
② 응축기 압력이다.
③ 흡입가스 압력이다.
④ 피스톤 상부의 압력이다.

해설
- 배압이란 가스의 흡입가스 압력을 말한다.
- 두압이란 가스의 토출가스 압력을 말한다.

115 다단 압축의 목적에 들지 않는 것은?
① 가스의 온도상승을 피하기 위하여
② 힘의 평형을 달리하기 위해서
③ 이용효율을 증가시키기 위하여
④ 압축 일량의 절약을 위하여

해설 다단 압축의 목적
- 가스의 온도상승 방지
- 이용효율의 증가
- 힘의 평형이 양호해진다.
- 압축 일량의 절약

116 수동복귀형 고압차단 스위치를 사용하는 대형 냉동기에서 운전정지 후 압축기를 재기동할 때, 먼저 조치해야 할 사항은?
① 리밋 기구를 조절한다.
② 리셋버튼을 누른다.
③ 바이메탈
④ 온도조절 나사를 우측으로 돌린다.

해설 수동복귀형 고압차단 스위치를 사용하는 대형 냉동기에서 운전 정지 후 압축기 재기동시 가장 먼저 리셋버튼을 조절한다.

117 다음 V벨트 중 벨트의 두께가 가장 큰 것은?
① A15 ② E17
③ $m^2 0$ ④ C24

해설 V벨트(형별 a)
- M10.0   • A12.5
- C22.0   • E38.5

118 메탈릭 패킹(Metalic Packing)의 구성 성분은?
① 고무+목연 ② 배빗+흑연
③ 배빗+고무 ④ 배빗+고무+흑연

해설 개방형 압축기에서 크랭크 케이스와 관통하고 있는 샤프트 부분에 가스의 누설방지로 축봉장치(샤프트 시스템)를 설치한다.
- 소프트 패킹=고무+석면
- 메탈릭 패킹=배빗+흑연

119 다음에서 V-벨트의 단면의 종류 기호가 인장강도의 값이 큰 순서로 표시된 것은?
① C>B>A>E>D
② E>A>B>C>D
③ E>D>C>B>A
④ A>B>C>D>E

해설 V-벨트의 인장강도 및 단면의 크기에 의하여 E(25.5), D(19), C(14), B(11), A(9), M(1.5) 6종의 형식이 있다.

정답 113 ③ 114 ③ 115 ② 116 ② 117 ② 118 ② 119 ③

120 압축기를 오래 보존 유지하기 위해서 1,500～2,000시간마다 점검해야 할 곳으로서 잘못된 것은?

① 흡입 필터
② 흡입 토출밸브
③ 실린더 벽
④ 피스톤 로드

해설 ㉠ 압축기 사용시간을 1,500～2,000시간마다 점검해야 하는 곳
- 흡입 필터
- 흡입 토출밸브
- 실린더 내벽

㉡ 피스톤 로드는 3,500～4,000시간마다 한다.

121 터보 펌프의 정지 시에 있어서의 작업순서가 올바르게 된 것은?

㉠ 흡입밸브 닫음
㉡ 토출밸브를 서서히 닫음
㉢ 모터 정지
㉣ 펌프 속의 액을 뺌

① ㉠－㉡－㉢－㉣
② ㉡－㉢－㉠－㉣
③ ㉡－㉠－㉢－㉣
④ ㉢－㉡－㉠－㉣

해설 터보 펌프의 정지순서
① 송출밸브를 천천히 닫는다.(토출밸브)
② 모터의 스위치를 정지시킨다.
③ 흡입밸브를 닫는다.
④ 잔류액을 드레인시킨다.(펌프 속의 액을 뺀다.)

122 회전식 압축기의 크랭크 케이스 내의 압력은?

① 고압
② 저압
③ 대기압
④ 진공압력

해설 회전식은 크랭크 케이스 내에 압축하므로 고압이며 클리어런스가 없고 연속적인 압축이므로 설비의 진공용으로 널리 사용한다.

123 토출밸브, 흡입밸브의 구비조건이다. 틀린 것은?

① 밸브의 작동이 확실하고 경쾌할 것
② 일정한 온도 이상 상승 시에는 압축기를 보호하기 위하여 되도록 빨리 변형을 가져올 것
③ 누설이 없을 것
④ 마모 및 파손에 강할 것

해설 ①, ③, ④는 왕복동 압축기의 토출밸브, 흡입밸브 구비조건이다.

124 압축기 단수를 결정하는 데 고려해야 할 사항 중 옳지 않은 것은?

① 취급가스량
② 흡입압력
③ 취급가스의 종류
④ 연속운전의 여부

해설 압축기 단수 결정 조건
- 최종 토출 압력
- 연속운전의 여부
- 취급가스량과 취급가스의 종류
- 동력 및 제작의 경제성

125 윤활유 선택 시 주의할 점으로 틀린 것은?

① 사용가스와 화학반응을 일으키지 않을 것
② 열에 대한 안정성이 있을 것
③ 정제도가 높고 잔류탄소의 양이 적을 것
④ 수분 및 산류 등의 불순물이 포함될 것

해설 윤활유의 구비조건
- 사용가스와 화학반응을 일으키지 말 것
- 인화점이 높을 것
- 점도가 적당하고 항유화성이 있을 것
- 정제도가 높고 잔류탄소의 양이 적을 것

정답 120 ④　121 ②　122 ①　123 ②　124 ②　125 ④

126 흡입한 기체를 임펠러로 가속하여 속도를 압력으로 변화시키는 형식의 압축기가 아닌 것은?

① 회전식   ② 원심식
③ 축류식   ④ 혼류식

해설
- 체적 압축식인 회전식은 흡입한 가스가 충만한 공간, 즉 실린더를 압축하여 가스를 압축하는 압축기이다.
- 원심식 압축기는 흡입한 가스를 임펠러로 가속하여 속도를 압력으로 변화시키는 압축기이다.

127 압축기를 취급함에 있어 장기간 정지할 경우의 일반적인 주의점이다. 옳지 않은 것은?

① 분해 소제하여 둔다.
② 마모나 파손 부분은 교환한다.
③ 사용한 윤활유는 먼지가 쌓이지 않게 잘 덮어둔다.
④ 냉각수를 제거한다.

해설 압축기의 장기간 정지 시의 주의사항
- 분해 소제
- 마모나 파손 부분은 교환
- 냉각수 제거
- 급유 중단

128 밸브가 구비하여야 할 조건 중 적당하지 않은 것은?

① 탄성이 좋을 것
② 잘 굽혀질 것
③ 마찰계수가 적을 것
④ 장력에 대하여 강할 것

해설 밸브의 구비조건
- 작동이 확실할 것
- 누설이 없을 것
- 탄성 및 마찰계수가 적고 장력에 강할 것

129 실린더 안지름 220mm, 피스톤 행정 150mm, 매분 회전수 360의 수평 1단 단동 압축기가 있다. 지시평균 유효압력 2kg/cm²로 하면 압축기구 등에 필요한 전동기의 마력으로 가장 옳은 것은?

① 약 5   ② 약 8.5
③ 약 9.5   ④ 약 10.5

해설
$$V_a = \frac{\pi d^2}{4} \times L \times N \times R \times 60$$

$$= \frac{3.14 \times 0.22^2}{4} \times 0.15 \times 360$$

$$= 123 \, m^3/hr$$

$$\therefore \frac{2kg/cm^2 \times 10^4 \times 123}{75kg \cdot m/s \times 3,600} = 9.1 PS$$

130 아세틸렌 압축기의 윤활제로 적당한 것은?

① 물
② 글리세린수(10% 이하)
③ 진한 황산
④ 양질의 광유

해설 압축기의 윤활제
- 산소 압축기 : 물, 10% 이하의 묽은 글리세린수
- 염소 압축기 : 98% 이상의 진한 황산
- 아세틸렌 압축기 : 양질의 광유

131 실린더 내경 200mm, 피스톤 행정 200mm, 기통수 2개, 회전수 300rpm인 압축기의 압출량은?

① 187m³/hr   ② 226m³/hr
③ 292m³/hr   ④ 325m³/hr

해설
$$V_a = \frac{\pi}{4} \times D^2 \times L \times N \times R \times 60 \times \eta_v$$

$$= \frac{3.14}{4} \times 0.2^2 \times 0.2 \times 2 \times 300 \times 60$$

$$= 226.08 \, m^3/hr$$

※ 200mm = 0.2m, 1시간 = 60분

정답 126 ① 127 ③ 128 ② 129 ③ 130 ④ 131 ②

132 원심식 압축기를 사용하는 냉동설비는 당해 압축기의 원동기 정격출력 몇 kW를 1일 냉동능력 1톤으로 보는가?

① 1kW ② 1.2kW
③ 2kW ④ 2.5kW

해설 원심식 압축기는 당해 압축기 원동기의 정격출력 1.2kW를 냉동능력 1RT로 본다.

133 고압가스 압축기의 피스톤 링은 압력에 따라 4~6개 설치하는데 초고압의 압축기에서는 링이 몇 개 정도인가?

① 10~20 ② 4~6
③ 15~25 ④ 25~30

해설
- 피스톤이 오픈 타입이나 플러그 타입이면 피스톤 링이 상부에 2~3개, 하부에 1개
- 피스톤이 트렁크 타입이면 압축 링이 3~4개, 오일 링이 2개
- 초고압의 압축기에는 4~6개의 피스톤 링이 설치된다.

134 다음 압축기 중 크랭크형 압축기는?

① 원심 압축기
② 회전 압축기
③ 왕복동 압축기
④ 스크루 압축기

해설 왕복동 압축기에서 크랭크 샤프트는 모터의 회전운동을 피스톤의 직선 왕복운동으로 바꾸어 주는 동력장치로서 탄소강으로 제작되며 크랭크형, 편심형, 스카치 요크형 3가지가 있다.

135 NH₃ 고속다기통 운전 중 축수부의 온도가 매우 높다면 그 원인으로 적합하지 않은 사항은?

① 유온 하강 ② 과열 운전
③ 이상 고압 ④ 압축비 증대

해설 암모니아용(NH₃) 고속다기통 운전 중 축수부의 온도가 매우 높은 원인
- 과열 운전
- 이상 고압
- 압축비 증대

136 터보 압축기의 진동발생의 주요 원인 중 회전체의 언밸런스에 해당되는 것은?

① 불안정 상태에서 운전하는 경우
② 설치 또는 센터링 불량상태에서 운전하는 경우
③ 라이런스와 회전체의 접촉에 의한 것
④ 부식이나 마모에 의한 것

해설 언밸런스의 원인
- 제작 시의 잔류 언밸런스
- 먼지, 기름, 타르의 부착
- 부식이나 마모

137 왕복형 다단 압축기의 중간단에서 토출압력이 저하된 원인으로 볼 수 없는 것은?

① 앞단의 냉각기 과냉
② 앞단의 피스톤 링 마모
③ 중간단의 흡입 저항 감소
④ 중간단의 흡입토출밸브의 불량

해설 왕복형 다단 압축기의 중간단에서 토출압력 이상 저하의 원인
- 그 단의 흡입밸브의 누설
- 그 단 토출밸브 누설
- 그 단 및 흡입관 저항 증대
- 그 단 및 전단 피스톤 링 마모
- 그 단 및 전단기능 저하
- 앞단의 냉각기 과냉
- 흡입밸브 언로더의 복귀불량
- 흡입축의 바이패스의 순환

정답 132 ② 133 ② 134 ③ 135 ① 136 ④ 137 ③

138 다음은 왕복동식 압축기의 이상적인 $P-V$ 선도이다. 그림에서 압축일에 해당되는 것은 어느 것인가?

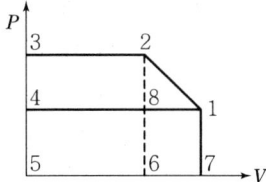

① 1-2-6-7 ② 1-4-5-7
③ 1-2-3-4 ④ 2-3-5-6

해설
- 압축일량 : 1-2-6-7
- 토출일량 : 2-3-5-6
- 흡입일량 : 1-4-5-7
- 정미일량(압축에서 토출해내는 일) : 1-2-3-4

139 회전 펌프의 장점이 아닌 것은?

① 토출압력이 높다.
② 고점도액, 중유에서도 사용된다.
③ 흡입 양정이 적다.
④ 왕복 펌프보다 유체의 흐름이 균일하다.

해설 회전 펌프는 용적형 펌프이며 흡입 양정이 크고 회전수 변화에 의한 압력 변화는 적다. 그 외 특징은 ①, ②, ④ 등이다.

140 펌프라 함은 필요한 양의 액체를 요구하는 높이까지 승합하는 기계이다. 여기서 요구하는 높이란?

① 전양정 ② 송출양정
③ 실양정 ④ 압력계 수두

해설 ① 실양정+속도 수두+손실 수두 높이상당의 에너지 차(실양정=흡입+토출양정)
② 펌프와 토출수면
③ 흡수면과 토출수면차
④ 위치 수두

141 다음 압축기 중 진공 펌프로 사용하기에 가장 적당한 것은 어느 것인가?

① 원심식 ② 왕복동식
③ 회전식 ④ 스크루식

해설 진공식에는 회전식이 이상적이다.

142 LPG를 이송하는 펌프에 베어퍼록 현상을 방지하기 위한 방법 중 가장 옳은 것은?

① 펌프의 설치위치를 크게 높인다.
② 펌프 내의 탱크를 냉각시킨다.
③ 펌프의 회전속도를 증가시킨다.
④ 흡입배관의 관경을 크게 한다.

해설 흡입배관의 관경을 크게 하면 펌프의 베이퍼록(증발현상)이 방지된다.

143 압축기의 체적효율이 나빠지는 요인이 아닌 것은?

① 통극이 클수록
② 압축비가 클수록
③ 기통 체적이 작을수록
④ 회전수가 느릴수록

해설 압축기의 회전수가 느리면 체적효율이 좋아진다.

144 압축기를 냉각시킬 때 얻어지는 효과가 아닌 것은 어느 것인가?

① 체적효율이 증가한다.
② 동력이 감소한다.
③ 윤활유의 열화나 탄화가 방지된다.
④ 윤활기능이 향상되고 점도가 적당히 떨어진다.

해설 압축기의 냉각은 윤활유의 점도가 적당히 유지된다.

정답 138 ① 139 ③ 140 ① 141 ③ 142 ④ 143 ④ 144 ④

145 다단 압축기의 사용 시 장점이 아닌 것은?

① 소요일량의 절감
② 중간냉각으로 온도상승 방지
③ 힘의 평형의 불평형 유지
④ 등온효율, 체적효율 증가

해설 다단 압축기 사용 시는 힘의 평형이 유지된다.

146 회전식 압축기의 특징으로 틀린 것은?

① 흡입밸브가 없다.
② 회전방향이 일정하다.
③ 회전수가 고속이다.
④ 체적효율이 나쁘다.

해설 회전식 압축기는 체적효율이 좋다.

147 다음 고압가스 압축기의 사용 윤활유로서 틀린 것은 어느 것인가?

① 공기 : 디젤 엔진유, SO_2 : 정체된 터빈유(화이트유)
② H_2 : 양질의 광유, O_2 : 글리세린 10% 수용액
③ C_2H_2 : 양질의 광유, LPG : 식물성 기름
④ 스크루 압축기 : 무급유식, 급유식, O_2 : 양질의 광유

해설 O_2는 조연성 가스라서 양질의 광유는 해당되지 않고 물이나 글리세린 10% 수용액이 좋다.

148 압축기의 토출가스의 온도가 높은 원인으로 해당되지 않는 것은?

① 흡입가스의 온도가 높을수록
② 압축비가 클수록
③ 비열비가 클수록
④ 압축일량이 적을수록

해설 압축일량이 적으면 압축비가 높아진다.(토출가스의 온도가 낮아진다.)

149 펌프의 임펠러를 설계할 때의 주의사항에 해당되지 않는 것은?

① 깃의 통로길이를 짧게 할 것
② 깃의 매수는 적게 할 것
③ 깃의 곡선을 완만하게 할 것
④ 마찰손실을 크게 할 것

해설 ①, ②, ③의 내용은 임펠러의 마찰손실을 적게 하기 위한 설계 시의 주의사항이다.

150 압축기의 관리로서 틀린 것은?

① 장기 정지 시는 사용한 오일을 교환한다.
② 냉각관은 6개월에 분해하여 무게를 재어 20% 이상 감소하면 교환한다.
③ 변, 압력계, 조정기, 여과기 등은 자주 점검한다.
④ 가연성 가스, 유독성 가스의 누설에 주의하며, 가스 검출기를 휴대하여 점검한다.

해설 압축기의 관리 요령은 ①, ③, ④의 내용이며 기타 냉각관은 6개월 내지 1년마다 분해하여 수증기로 소재한 뒤 중량을 측정하여 10% 이상 감소하면 교환한다.

151 다음 중 기계효율에 대한 설명으로 맞는 것은?

① 유효한 기계적인 일÷공급받은 에너지
② 공급받은 에너지÷유효한 기계적인 일
③ 공급받은 에너지÷소비된 동력
④ 유효한 기계적인 일÷소비된 동력

해설 기계효율 $= \dfrac{\text{유효한 기계적인 일}}{\text{공급받은 에너지}} \times 100(\%)$

152 피스톤의 행정용량 $V_3 = 0.0024\text{m}^3$, 매분 회전수 160rpm의 압축기로 1시간에 토출구를 통하는 가스량이 90kg/hr, 토출가스 1kg을 흡입상태로 환산한 체적이 189m^3일 때 토출효율은 얼마인가?

① 72.4%   ② 73.8%
③ 75.7%   ④ 78.5%

정답 145 ③ 146 ④ 147 ④ 148 ④ 149 ④ 150 ② 151 ① 152 ②

해설
$\theta_1 = 0.0024 \times 60 \times 160 = 23.04 \text{m}^3$
$\theta_2 = 0.189 \times 90 = 17.01 \text{m}^3$
$\therefore \eta = \frac{17.01}{23.04} \times 100 = 73.8\%$

153 베인형 압축기를 사용하는 곳에서 1일 냉동 능력을 산출할 때 1시간의 피스톤 압축량은 다음 어느 산식을 사용하는가?(단, t : 회전 피스톤의 가스 압축 부분의 두께, n : 회전 피스톤의 1분간의 표준 횟수, d : 기통의 안지름, D : 회전 피스톤의 바깥지름)

① $60 \times 0.785 tn(d^n + D^2)$
② $60 \times 0.785 tn(D^n/d^2)$
③ $60 \times 0.785 tn(d^n/D^2)$
④ $60 \times 0.785 tn(D^2 - d^2)$

해설 회전식 압축기의 피스톤 압출량
$V_2 = \frac{\pi(D^2 - d^2)}{4} \times t \times n \times 60$
$= 60 \times 0.785 tn(D^2 - d^2)$
※ $\frac{3.14}{4} = 0.785$

154 가스 압축에 관하여 다음 사항 중 옳은 것은 어느 것인가?

① 등온압축 동력이 단열압축 동력보다 작다.
② 다단 압축에서는 각 단의 압축비가 같을 때 단열압축 동력은 최대로 된다.
③ 압축비가 일정한 경우 간극 용적비가 작을수록 체적효율이 작다.
④ 동일 가스, 동일 흡입온도에서는 압축비가 클수록 토출온도는 낮다.

해설 가스의 상태변화
• 단열변화는 압축일량이 크고 압축 후 온도가 크게 상승한다.(압축비가 크면 토출가스 온도가 높다.)
• 등온변화는 압축일량이 적고 압축 후 온도상승이 적다.(등온압축 동력이 단열압축 동력보다 작다.)
• 폴리트로픽 동력은 단열변화와 등온변화의 중간이다.

155 다음 중 원심 압축기의 단점은?

① 왕복동형 압축기에 비해 용량과 형상이 작으며 진동이 작다.
② 내부 윤활유를 사용하지 않는다.
③ 효율이 낮고 압력비가 낮다.
④ 마모나 마찰손실이 적다.

해설 원심 압축기의 단점
• 소용량에는 제작 상 한계가 있고 비싸다.
• 저온장치에서는 압축단수가 증가한다.
• 효율이 낮고 압력비가 낮다.

156 압축기 리시버(Receiver)를 설치하는 이유로서 틀리는 것은?

① 일정량의 기체 흐름을 유지하기 위하여
② 일정한 압력을 유지하기 위하여
③ 역압력의 영향 감소를 위하여
④ 수분 등의 응축물을 1차 제거하기 위하여

해설 압축기 리시버의 설치 이유
• 일정량의 기체 흐름을 유지하기 위하여
• 일정한 압력을 유지하기 위하여
• 역압력의 영향감소를 위하여

157 흡입 토출밸브의 기능으로서 부적당하다고 생각되는 것은?

① 개폐에 지연이 있을 것
② 충분한 통과 면적을 갖고 저항이 적을 것
③ 운전 중 분해하는 경우가 없을 것
④ 누출이 없을 것

해설 압축기의 흡입 토출밸브는 개폐에 지연이 없는 것이 적당하다.

158 산소 압축기에 사용하는 윤활 물질은?

① 글리세린
② 광유
③ 화이트유
④ 10% 이하의 묽은 글리세린 수

정답 153 ④ 154 ① 155 ③ 156 ④ 157 ① 158 ④

해설 산소는 산화력이 커서 연소성이 증대하므로 윤활제를 물 또는 10% 이하의 묽은 글리세린을 사용한다.

159 펌프의 특성으로 곡선상 체절운전이란 무엇을 말하는가?

① 유량이 0일 때 양정이 최대가 되는 운전
② 유량이 최대일 때 양정이 최소가 되는 운전
③ 유량이 이론값일 때 양정이 최대가 되는 운전
④ 유량이 평균값일 때 양정이 최소가 되는 운전

해설 체절운전은 유량이 0일 때 양정이 최대가 되는 것이다.

160 다음 펌프 중 터보형 펌프가 아닌 것은?

① 터빈 펌프 ② 사류 펌프
③ 축류 펌프 ④ 워싱턴 펌프

161 회전 펌프의 장점이 아닌 것은?

① 토출압력이 높다.
② 고점도액, 중유에서도 사용된다.
③ 흡입양정이 작다.
④ 왕복동보다 유체의 흐름이 균일하다.

해설 회전 펌프는 기어 펌프, 나사 펌프, 베인 펌프가 있으며 그 특징은 다음과 같다.
- 흡입, 토출밸브가 없고 연속 회전이므로 유체의 맥동이 적다.
- 점성이 있는 액체이송에 좋다.
- 고압의 유압펌프로 사용되며 흡입양정이 크다.

162 다음 중 펌프의 비속도 공식은?(단, N_s : 비속도, N : 회전수, Q : 유량(m^3/min), H : 양정(m), n : 펌프 단수)

① $N_s = \dfrac{Q\sqrt{N}}{(H/n)^{3/4}}$

② $N_s = \dfrac{N\sqrt{Q}}{(n/Q)^{3/4}}$

③ $N_s = \dfrac{(n/H) \times 3/4}{N \times \sqrt{Q}}$

④ $N_s = \dfrac{Q\sqrt{N}}{(H/n)^{4/3}}$

해설 비속도란 유량 $1m^3$, 양정 1m를 가상한 펌프의 매분 회전수를 말하며 양정이 클수록 비속도는 감소한다.

163 원심펌프의 규격은?

① 헤드, 파이프 치수 그리고 무게로서 나타낸다.
② 유량, 무게 그리고 마력으로 나타낸다.
③ 헤드, 유량 그리고 마력으로 나타낸다.
④ 헤드 그리고 이탤릭 지문으로 나타낸다.

해설 원심펌프의 크기는 흡입구경, 송출구경으로 표시하며 그 단위는 mm이다.

164 송수량 12,000L/min, 전양정 45m인 볼류트 펌프의 회전수를 1,000rpm에서 1,100 rpm으로 변화시킨 경우 축동력은?(단, 펌프의 효율은 80%이다.)

① 159.72PS ② 199.65PS
③ 9,583.2PS ④ 11,979PS

해설 $PS_2 = PS_1 \times \left(\dfrac{N_2}{N_1}\right)^3$

$PS = \dfrac{1,000 \times 12 \times 45}{75 \times 60 \times 0.8} = 150PS$

$\therefore \ 150 \times \left(\dfrac{1,100}{1,000}\right)^3 = 199.65PS$

정답 159 ① 160 ④ 161 ③ 162 ① 163 ④ 164 ②

165 펌프의 캐비테이션 발생의 방지법 중 틀린 것은?

① 펌프의 설치위치를 낮추고 흡입양정을 짧게 한다.
② 토출관경을 크게 하고 흡입 측의 저항을 크게 한다.
③ 수직축 펌프를 사용하고 회전차를 수중에 완전히 잠기게 한다.
④ 양흡입 펌프를 사용한다.

해설 캐비테이션(공동현상) 방지법
- ①, ③, ④의 내용 및 양흡입 펌프 사용
- 펌프를 두 대 이상 설치한다.
- 펌프의 회전수를 낮춘다.
- 관경을 크게 하고 흡입 측의 저항을 최소로 줄인다.

166 펌프에서 유체 속도의 일부가 압력 에너지로 변화되는 부분은 어디인가?

① 안내날개(Casing)
② 임펠러(Impeller)
③ 흡입부(Suction)
④ 웨어링(Wearing)

해설 임펠러는 터보 냉동기에서 속도 에너지를 압력 에너지로 바꾸어 가스를 압축한다.

167 다음 펌프 중 저양정이고 양수량이 많을 때 사용되는 펌프는?

① 터빈 펌프
② 축류 펌프
③ 기어 펌프
④ 왕복 펌프

해설 ① 터빈 펌프 : 고양정용
② 축류 펌프 : 비교적 저양정용(터보형 펌프에 속한다.)
③ 기어 펌프 : 회전 펌프
④ 왕복 펌프 : 압력이 높거나 낮은 경우

168 다음 펌프 중 시동하기 전에 프라이밍이 필요한 펌프는?

① 기어 펌프
② 원심 펌프
③ 축류 펌프
④ 왕복 펌프

해설 원심식 펌프는 시동하기 전에 펌프 케이싱 안에 물을 채운 후 시동하는 프라이밍이 반드시 필요하다.

169 회전 펌프의 장점이 아닌 것은?

① 왕복 펌프보다 유체의 흐름이 균일하다.
② 고점도액, 중유에서도 사용된다.
③ 토출압력이 높다.
④ 사용시간이 적다.

해설 회전 펌프의 장점
- 흡입, 토출밸브가 필요 없고 연속회전이며 토출액의 맥동이 적다.
- 점성이 있는 액체에 좋다.
- 고압 유압펌프로서 급속히 사용된다.
- 고점도액에 사용하고 토출압력이 높다.

170 다음 펌프 중 터보형 펌프가 아닌 것은?

① 진공 펌프
② 축류 펌프
③ 사류 펌프
④ 원심 펌프

해설
- 터보형 펌프 : 원심식, 사류식, 축류식
- 왕복형 펌프 : 피스톤, 플런저, 다이어프램
- 회전식 펌프 : 기어, 나사, 베인(고진공을 얻는다.)

171 토출량 Q(L/min), 전양정 H(m)인 볼류트 펌프의 회전수를 2배로 변화시킨 경우 펌프의 축동력은 몇 배로 되는가?

① 2배
② 4배
③ 8배
④ 12배

정답 165 ② 166 ② 167 ② 168 ② 169 ④ 170 ① 171 ③

해설
- $Q' = Q \times \left(\dfrac{N'}{N}\right) \to Q$: 유량
- $H' = H \times \left(\dfrac{N'}{N}\right)^2 \to H$: 전양정
- $kW' = kW \times \left(\dfrac{N'}{N}\right)^3 \to kW$: 동력

여기서, N' : 회전수 증가 후 회전수
N : 회전수 증가 전 회전수

∴ $kW' = kW \times \left(\dfrac{2}{1}\right)^3 \to 8$배

회전 펌프의 장점
- 흡입 및 토출밸브가 없고 연속 회전하므로 토출액의 맥동이 적다.
- 점성이 있는 액체이송에 좋다.
- 고압 유압펌프로서 널리 사용된다.

172 다음 중 기어 펌프의 특징에 대한 설명으로 옳지 않은 것은?

① 저압력에 적합하다.
② 토출압력이 바뀌어도 토출량은 크게 바뀌지 않는다.
③ 고점도액의 이송에 적합하다.
④ 흡입양정이 크다.

해설 기어 펌프(용적형 회전식 펌프)의 특징
- 고압력에 적당하다.
- 토출압의 변동에도 토출량의 변화는 크지 않다.
- 고점도액의 이송에 적합하다.
- 흡입양정이 크다.

173 일반적으로 사용되고 윤활성이 좋은 액으로 약 $7kg/cm^2$ 이하나 나쁜 액으로 약 $2.5 kg/cm^2$ 이하에 사용되는 메커니컬 실 형식은?

① 밸런스 실 ② 더블 실
③ 아웃사이드 실 ④ 언밸런스 실

해설 터보식 펌프에서 축봉장치의 누설용(누설방지용)은 그랜드 패킹형이 있고 메커니컬 실형이 있으며(실 형식, 세트 형식, 면압밸런스식 형식), LPG와 같은 비점이 낮은 액체에서는 밸런스 실을 사용한다. 윤활성이 좋은 액으로 $7kg/cm^2$ 이하에 사용되는 것은 언밸런스 실이다.

174 유량 $16m^3/s$, 평균 유속 $4m/s$일 때 적당한 관의 안지름은?

① 120.5cm ② 140.5cm
③ 169.5cm ④ 226cm

해설 $d = \sqrt{\dfrac{4Q}{\pi V}}$
$= \sqrt{\dfrac{4 \times 16}{3.14 \times 4}} = 2.257m = 226cm$

175 관 내를 흐르는 유체의 압력강하에 관한 설명이 틀린 것은?

① 관의 내면의 조도의 정도에 비례한다.
② 관 길이에 비례한다.
③ 관 내경의 5승에 반비례한다.
④ 압력에 비례한다.

해설 $H = \dfrac{Q^2 r L}{D^5 K^2}$

$\Delta P = \lambda \dfrac{l}{d} \dfrac{V^2}{2g} \gamma$

①, ②, ③은 관 내의 압력강하에 대한 설명이다.(압력강하는 압력과는 무관하다.)

176 수격작용을 방지하기 위한 여러 가지 사항 중 틀린 것은?

① 수격작용이 예상되는 경우에는 토출 관내의 유속을 빠르게 한다.
② 플라이 휠 등을 설치한다.
③ 자동 수압조정밸브를 설치한다.
④ 수주분리가 발생할 염려가 있는 부분에는 공기 밸브를 설치한다.

해설 수격작용 방지법
- 플라이 휠을 설치하여 펌프 속도의 급변화 방지
- 관로에 자동 수압조정밸브(서지탱크)의 설치
- 관경을 크게 하고 유속을 완만하게 한다.
- 수주분리가 발생할 염려가 있는 곳에는 공기밸브를 설치한다.

정답 172 ① 173 ④ 174 ④ 175 ④ 176 ①

177 양정 20m, 송출량 0.25m³/min, 펌프효율은 65%인 터빈 펌프의 축동력은 얼마인가?

① 1.257kW
② 1.372kW
③ 1.572kW
④ 1.723kW

해설 $kW = \dfrac{1,000 \times Q \times H}{102 \times 60 \times \eta}$
$= \dfrac{1,000 \times 0.25 \times 20}{102 \times 60 \times 0.65} = 1.257 kW$
※ 65%=0.65, 1분(min)=60초

178 파이프 내에서의 유체의 마찰손실에 대한 설명으로 옳은 것은?

① 파이프의 안지름과 길이에 비례하고 파이프 내의 유속에 반비례
② 파이프 내의 유속과 파이프 길이의 제곱에 비례하고 파이프의 안지름에 정비례
③ 파이프의 길이와 유속의 제곱에 비례하고 파이프의 안지름에 5승에 반비례
④ 파이프의 길이와 유속에 비례하고 파이프의 안지름에 5승에 반비례

해설 파이프의 마찰손실은 파이프 길이에 비례하고 유속의 제곱에 비례하고 파이프 안지름에 5승에 반비례한다.

179 유압펌프 중 가장 큰 압력을 얻을 수 있는 펌프는?

① 기어 펌프   ② 베인 펌프
③ 원심 펌프   ④ 플런저 펌프

해설 회전 펌프(로터리 펌프)의 종류에는 기어 펌프, 스크루 펌프(나사펌프), 베인 펌프(편심 펌프)가 있으며, 유압 펌프로 사용이 용이하며 베인 펌프는 주로 유압 펌프에서 큰 압력이 필요할 때 사용된다. 그러나 실용상 유압펌프 중 고압에는 플런저 펌프가 사용된다.

180 펌프배관 흡입관 최하부에 장치하는 역지밸브의 일종은?

① 안전밸브   ② 전자밸브
③ 풋밸브   ④ 슬루스밸브

해설 풋밸브는 펌프배관 흡입관 최하부에 장치하는 역지밸브의 일종이다.

181 펌프 중 주로 고압에만 사용하는 펌프는?

① 원심 펌프   ② 왕복 펌프
③ 축류 펌프   ④ 로터리 펌프

해설 왕복동식 펌프에서 워싱턴 펌프는 고압에서 사용하는 펌프이다.

182 다음 펌프에 관한 설명 중에서 틀린 것은?

① 원심 펌프에서는 상사점 이상으로 유량이 증가하면 양정이 낮아지므로 상사점 이상의 유량에서는 과부하로 되지 않는다.
② 사류펌프에서 축동력의 변화는 유량변동에 대하여 비교적 적고 교체기동이 가능하다.
③ 저장탱크 액취출 펌프에서는 저장탱크 액 중에 경질분이 증가하면 캐비테이션을 일으키기 쉽다.
④ 토출관 제어밸브를 폐지할 때의 소요시간이 압력비와 관로 왕복시간보다 짧으면 수격작용이 일어날 가능성이 있다.

183 펌프 중 고압에 사용하기 적합한 펌프는?

① 원심 펌프   ② 워싱턴 펌프
③ 축류 펌프   ④ 사류 펌프

해설 왕복 펌프의 특징
- 회전수 변화에 따른 압력의 변화가 적다.
- 고압을 얻을 수 있다.(워싱턴 펌프, 웨어 펌프, 플런저 펌프가 있다)
- 작용이 단속적이다.

정답 177 ① 178 ③ 179 ④ 180 ③ 181 ② 182 ① 183 ②

184 펌프 축봉장치에서 온도가 상승했을 경우 냉각시키는 방법이 아닌 것은?

① 플러싱   ② 퀜칭
③ 쿨링   ④ 실링

해설
① 플러싱 : 축봉부의 고압 측 액체가 있는 곳에 외부에서 액체를 주입하여 실의 온도를 적당히 유지, 윤활성은 양호
② 퀜칭 : 축봉부의 고압 측 유체가 없는 곳에 실 밑봉 단면에 냉각액이 전해지도록 주입시키는 방법
③ 쿨링 : 실의 밑봉 단면이 아닌 외주를 냉각시키는 방법으로 퀜칭보다 냉각효과는 낮으나 대기 측의 누설방지가 필요 없다.

185 펌프의 캐비테이션 발생에 따라 일어나는 현상이 아닌 것은?

① 소음과 진동이 생긴다.
② 깃에 대한 침식이 생긴다.
③ 토출량, 양정, 효율이 점차 증가한다.
④ 심하면 양수불능의 원인이 된다.

해설 캐비테이션은 펌프의 공동화 현상을 말하며 소음·진동의 발생유량과 양정의 감소, 깃의 침식으로 심하면 양수불능이 된다.

186 펌프의 설치 배관에서 수격작용(Water Hammering)을 방지하기 위한 대책으로 옳지 않은 것은?

① 관경을 크게 하고 유속을 낮춘다.
② 펌프에 관성 모멘트를 부여하여 급격한 유속변화를 막는다.
③ 조압수조(Surge Tank)를 관선에 설치한다.
④ 밸브를 펌프 송출구로부터 먼 곳에 설치하고, 개폐를 급격히 조작한다.

해설
- 수격은 관내 유체의 급격한 유속의 변화로 발생하므로 유체의 운동관성을 적게 해야 한다.
- 관의 직경을 크게 하고, ①, ②, ③ 외에도 밸브는 송출구 가까이 설치하고 밸브는 적당히 제어한다.

187 다음 중 터보식 펌프로서 비교적 저양정에 적합하여, 효율 변화가 비교적 급한 펌프는?

① 원심 펌프   ② 왕복동 펌프
③ 축류 펌프   ④ 기어 펌프

해설
- 터보형 펌프 : 원심 펌프(터빈, 볼류트), 사류 펌프, 축류 펌프
- 축류 펌프는 비교적 저양정에 적합하며 효율 변화가 비교적 급하다.

188 펌프의 토출구 및 흡입구에서 압력계의 바늘이 흔들리는 동시에 유량이 감소되는 현상은?

① 공동현상(Cavitation)
② 맥동현상(Surging)
③ 수격작용(Water Hammering)
④ 베이퍼록(Vaper Lock) 현상

해설 서징(맥동 현상)이란 펌프의 운전 시 송출압력과 송출유량이 주기적으로 변동하여 펌프의 입구 및 출구에 설치된 진공계 압력계의 지침이 흔들리는 현상이다.

189 펌프에서 유량을 Q(m/min), 양정을 H, 회전수를 N(rpm)이라 할 때 비교 회전도 N_s를 구하는 식은?

① $N_s = \dfrac{Q\sqrt{N}}{H^{3/4}}$

② $N_s = \dfrac{N\sqrt{Q}}{H^{3/4}}$

③ $N_s = \dfrac{H\sqrt{Q}}{N^{3/4}}$

④ $N_s = \dfrac{NQ}{H^{3/4}}$

해설 비속도란 유량 1m³/min, 양정 1m를 가상한 임펠러의 매분 회전수로 양정이 클수록 작아진다.

- 1단 $N_s = \dfrac{N\sqrt{Q}}{H^{3/4}}$
- n단 $N_s = \dfrac{N\sqrt{Q}}{\left(\dfrac{H}{n}\right)^{3/4}}$

정답 184 ④ 185 ③ 186 ④ 187 ③ 188 ② 189 ②

190 펌프의 축봉장치에서 메커니컬 실 중 더블 실형이 요구되는 특징으로 옳지 않은 것은?

① 유독액 또는 인화성이 강한 액일 때
② 보냉, 보온이 필요할 때
③ 내부가 고진공일 때
④ 누설되면 응고되지 않는 액일 때

해설 더블 실형의 특징
유독액 또는 인화성 강한 액일 때, 보온, 보냉이 필한 때, 내부가 고진공일 때, 누설 시 응고되는 액일 때, 기체를 실할 때

191 유량 20m³/s, 평균 유속 4m/s일 때 적당한 관의 안지름은?

① 120.5cm   ② 140.5cm
③ 169.5cm   ④ 252cm

해설 $Q = A \times V$, $A = \dfrac{Q}{V}$, $A = \dfrac{\pi d^2}{4}$

$d = \sqrt{\dfrac{4Q}{\pi V}}$

$= \sqrt{\dfrac{4 \times 20}{3.14 \times 4}} = 2.52\text{m} = 252\text{cm}$

192 내압이 4~5kg/cm² 이상이고 LPG나 액화가스와 같이 저비점의 액체일 때 사용되는 터보식 펌프의 메커니컬 실의 형식은?

① 밸런스 실   ② 더블 실
③ 아웃사이드 실   ④ 언밸런스 실

해설 ㉠ 메커니컬 실
• 실 형식 : 싱글 시일형, 더블 실형
• 세트 형식 : 인사이드형, 아웃사이드형
• 면압밸런스식 : 언밸러스 실, 밸런스 실
㉡ 밸런스 실
• LPG 액화가스와 같이 비점이 낮은 액체에 사용
• 내압이 4~5kg/cm² 이상일 때
• 하이드로카본일 때

193 원심 펌프의 양정은 회전속도에 어떻게 변화하는가?(단, N_1 : 처음 회전수, N_2 : 변화된 회전수)

① $\left(\dfrac{N_2}{N_1}\right)$ ② $\left(\dfrac{N_2}{N_1}\right)^2$
③ $\left(\dfrac{N_2}{N_1}\right)^3$ ④ $\left(\dfrac{N_2}{N_1}\right)^4$

해설 원심 펌프의 상사법칙
• 유량 $Q_2 = Q_1 \times \left(\dfrac{N_2}{N_1}\right)\left(\dfrac{D_2}{D_1}\right)^2$
• 양정 $H_2 = H_1 \times \left(\dfrac{N_2}{N_1}\right)^2\left(\dfrac{D_2}{D_1}\right)^2$
• 동력 $kW_2 = kW_1 \times \left(\dfrac{N_2}{N_1}\right)^3\left(\dfrac{D_2}{D_1}\right)^5$

194 펌프의 축봉장치에서 아웃사이드 형식이 쓰이는 경우가 아닌 것은?

① 구조재, 스프링재가 액의 내식성에 문제가 있을 때
② 점성계수가 100cP를 초과하는 고점도 액일 때
③ 스타핑 복스 내가 고진공일 때
④ 고응고점 액일 때

해설 아웃사이드 형식은 저응고점의 액일 때 사용한다.

195 펌프의 캐비테이션 발생의 방지법 중 틀린 것은?

① 펌프의 설치 위치를 낮추고 흡입양정을 짧게 한다.
② 펌프의 회전수를 높이고 흡입 회전도를 높게 한다.
③ 수직 측 펌프를 사용하고 회전차를 수중에 완전히 잠기게 한다.
④ 양흡입 펌프를 사용한다.

해설 펌프의 캐비테이션 방지는 회전수를 느리게 하고 관로상에 있을 수 있는 저항을 없애며 액의 온도는 낮게 유지하면 된다.

정답 190 ④ 191 ④ 192 ① 193 ② 194 ④ 195 ②

196 펌프의 실제 송출유량을 Q, 펌프 내부에서의 누설유량을 $0.6Q$, 임펠러 속을 지나는 유량을 $1.6Q$라 할 때 펌프의 체적효율(η_c)은?

① 37.5%　　② 40%
③ 60%　　　④ 62.5%

해설 $\dfrac{1.6-0.6}{1.6} \times 100 = 62.5\%$

197 피토관과 오리피스미터의 서로 다른 점으로 맞는 것은?

① 피토관은 베르누이 정리를 이용한 반면 오리피스미터는 렌리정리를 이용한 것이다.
② 오리피스미터로는 파이프 내의 평균유속을 알 수 있다.
③ 피토관으로는 파이프 내의 평균유속을 알 수 있다.
④ 피토관은 직접 유량 측정법이며 오리피스미터는 간접법이다.

해설 유량$(Q) = AV(\text{m}^3/\text{s})$

유속$(V) = \dfrac{C}{\sqrt{1-m^2}} \times \sqrt{2g\left(\dfrac{\rho'-\rho}{\rho}\right)H}$

개구비$(m) = \dfrac{d^2}{D^2}$

① 피토관, 오리피스는 베르누이 정리의 이용
② 오리피스미터는 관의 평균유속 측정
③ 피토관으로는 관내 국부유속 측정
④ 피토관(유속식), 오리피스(차압식) 등은 간접식

198 펌프의 체적효율은 η_v, 기계효율을 η_m, 수력효율을 η_h라 할 때 펌프의 전효율 η을 구하는 식은?

① $\eta = \eta_v \times \eta_m \times \eta_h$
② $\eta = \eta_v \times \eta_m \div \eta_h$
③ $\eta = \eta_v \div \eta_m \div \eta_h$
④ $\eta = \eta_v \div \eta_m \times \eta_h$

해설 펌프 전효율(η) = 체적효율 × 기계효율 × 수력효율

199 다음 중 효율을 표시한 것 중 틀린 것은?

① 체적효율 $= \dfrac{\text{이론적으로 흡입되는 냉매량}}{\text{실제로 흡입되는 냉매량}}$

② 압축효율 $= \dfrac{\text{이론상 가스를 압축하는 데 필요한 동력}}{\text{실제로 가스를 압축하는 데 필요한 동력}}$

③ 기계효율 $= \dfrac{\text{실제로 가스를 압축하는 데 필요한 동력}}{\text{압축기를 운전하는 데 필요한 동력}}$

④ 전효율 $= \dfrac{\text{실제적으로 흡입되는 냉매량}}{\text{이론적으로 흡입되는 냉매량}}$

해설 체적효율 $= \dfrac{\text{실제적으로 흡입되는 냉매량}}{\text{이론적으로 흡입되는 냉매량}}$

200 다음 중 체적효율에 영향을 미치지 않는 것은?

① 톱 클리어런스
② 실린더 과열
③ 흡입밸브의 저항
④ 전동기의 슬립 효율

해설 체적효율이 작아지는 경우
• 클리어런스가 클 때
• 압축비가 클 때
• 실린더 체적이 작을 때
• 회전수가 클 때

201 기통수 6개, 직경 150mm, 행정 100mm, 회전수 900rpm의 조건을 갖는 압축기의 피스톤 압출량 $V(\text{m}^3/\text{h})$는?

① 약 495　　② 약 573
③ 약 1,350　④ 약 1,520

해설 $V_n = 0.785 \times 0.15^2 \times 0.1 \times 6 \times 900 \times 60$
$= 572.265 \text{m}^3/\text{h}$

정답 196 ④　197 ②　198 ①　199 ①　200 ④　201 ②

202 1,500rpm으로 회전하고 있는 펌프의 회전수를 3,000으로 하면 펌프의 양정과 소요동력은 각각 몇 배 정도가 되는가?

① 양정 : 2배, 소요동력 : 2배
② 양정 : 2배, 소요동력 : 4배
③ 양정 : 4배, 소요동력 : 2배
④ 양정 : 4배, 소요동력 : 8배

해설
- 유량 : $Q' = Q \times \left(\dfrac{N'}{N}\right)$
  $= \dfrac{3,000}{1,500} = 2$
- 양정 : $H' = H \times \left(\dfrac{N'}{N}\right)^2$
  $= \left(\dfrac{3,000}{1,500}\right)^2 = 4$
- 동력 : $kW' = kW \times \left(\dfrac{N'}{N}\right)^3$
  $= \left(\dfrac{3,000}{1,500}\right)^3 = 8$

203 LPG나 액화가스와 같이 저비점의 액체일 때 사용되는 터보식 펌프의 메커니컬 실 형식은?

① 밸런스 실
② 더블 실
③ 아웃사이드 실
④ 언밸런스 실

해설 메커니컬 실의 형식
㉠ 세트 형식
  - 인사이드형 : 일반형
  - 아웃사이드형 : 100cP 초과 고점도액, 저응고점액, 스타핑, 복스 내가 고진공일 때
㉡ 실 형식
  - 싱글 실형 : 일반형
  - 더블 실형 : 유독성, 인화성액, 고진공운전, 기체를 실할 때
㉢ 면압밸런스 형식
  - 언밸런스 실형 : 일반형
  - 밸런스 실형 : LPG와 같이 저비점 액체, 내압 4~5kg/cm² 이상일 때, 하이드로 카본일 때

204 전양정 30m, 유량 1.5m³/min, 펌프의 효율 60%인 경우 펌프의 축동력(PS)을 구하면?

① 10.5PS ② 12.5PS
③ 13.5PS ④ 15.5PS

해설 $PS = \dfrac{1,000 \times 분당\ 유량 \times 전양정}{75 \times 60초 \times 효율}$
$= \dfrac{1,000 \times 1.5 \times 30}{75 \times 60초 \times 0.8} = 12.5PS$

205 회전 시 둘레에 고정 안내깃이 있는 펌프는?

① 터빈 펌프
② 볼류트 펌프
③ 프로펠러 펌프
④ 축류 펌프

해설 원심 펌프 중 가이드 베인이 있는 것은 터빈 펌프, 가이드 베인이 없는 것은 볼류트 펌프이다.

206 펌프의 전양정이 220m, 유량이 1.5m³/min, 회전수가 2,900rpm인 4단 원심 펌프의 비교회전도는 얼마인가?

① 180 ② 190
③ 200 ④ 210

해설 $N_s = \dfrac{n\sqrt{Q}}{\left(\dfrac{H}{i}\right)^{3/4}} = \dfrac{2,900\sqrt{1.5}}{\left(\dfrac{220}{4}\right)^{3/4}} = 180$

207 다음 펌프 중 터보(Turbo)형 펌프가 아닌 것은?

① 원심 펌프 ② 사류 펌프
③ 축류 펌프 ④ 플런저 펌프

해설
- 터보형 펌프 : 원심식, 사류식, 축류식
- 용적형 : 왕복식, 회전식
- ※ 왕복식 : 피스톤 펌프, 플런저 펌프, 다이어프램 펌프

정답 202 ④ 203 ① 204 ② 205 ① 206 ① 207 ④

208 다음 펌프 중 진공 펌프로 사용하기 가장 적당한 것은?

① 축류 펌프 ② 회전 펌프
③ 왕복 펌프 ④ 스크루 펌프

해설 ㉠ 회전 펌프는 압축이 연속적이며 진공 펌프로 사용하기에 적당하다.
㉡ 회전 펌프
- 기어 펌프
- 나사 펌프(스크루)
- 베인 펌프

209 펌프의 토출량이 감소할 때의 원인이 아닌 것은?

① 공기 흡입 시
② 이물질 혼입 시
③ 장기간 운전에 의한 라이닝부의 간극 과소
④ 캐비테이션 발생 시

해설 펌프의 토출량이 감소할 때 원인
- 공기 흡입 시
- 이물질 혼입 시
- 장기간 운전에 의한 라이닝부의 간극 과대
- 캐비테이션 발생 시

210 송수량 8,000L/min, 전양정 20m의 펌프를 가동하는 데 약 몇 kW의 모터가 필요한가? (이때 펌프의 효율은 30%이다.)

① 26.4kW ② 87.15kW
③ 49kW ④ 52kW

해설 $kW = \dfrac{1,000 \times Q \times H}{102 \times 60 \times \eta}$

$= \dfrac{1,000 \times 8 \times 20}{102 \times 60 \times 0.3} = 87.1459 kW$

※ $8,000L = 8m^3$

211 탱크에 펌프로 물을 압입하여 탱크 속에 압력으로 소정의 장소까지 급수하는 탱크는?

① 지하 탱크식 ② 압력 탱크식
③ 옥상 탱크식 ④ 수도 직결식

해설 압력 탱크식 급수방식은 일단 물받이 탱크에 저수한 다음 급수펌프로 압력탱크에 보내면 압력 탱크에서 공기는 압축가압하여 그 압력에 의해 물을 구조물 내의 소요개소로 급수하는 방식이다.

212 다음 중 양수량이 12m³/min, 압력 10kg/cm³의 원심 펌프이면 관의 안지름(mm)은? (단, 원심 펌프의 평균 유속은 3m/sec이다.)

① 약 184 ② 약 206
③ 약 291 ④ 약 309

해설 $d = \sqrt{\dfrac{4 \times Q}{\pi \times V}} (m)$

$1min = 60sec/min$

$12m^3/min = 0.2m^3/sec$

$\therefore d = \sqrt{\dfrac{4 \times 0.2}{3.14 \times 3}} = 0.291m = 291mm$

213 액화석유가스를 이동하는 펌프에 베이퍼록이 생겼다. 이것을 방지하기 위한 방법으로 옳은 것은 다음 중 어느 것인가?

① 펌프의 설치 위치를 내린다.
② 펌프의 회전수를 증가시킨다.
③ 탱크에 물을 뿌려 충분히 냉각시킨다.
④ 토출 배관을 크게 한다.

해설 펌프의 베이퍼록이란 펌프의 입구에서 유체가 끓는 현상이며 소음, 진동, 부식 등의 원인 및 급유체의 불량이다. 방지법은 펌프의 설치위치를 내린다. 실린더 라이너의 외부 냉각 흡입배관 단열처리, 흡입관로의 청소 등이 베이퍼록의 방지법이다.

214 캐비테이션은 펌프의 성능을 저하시키며 효율도 저하시킨다. 다음 중 이러한 캐비테이션의 방지책은?

① 흡상(吸上)의 경우 펌프의 설치 위치를 수면으로부터 멀리 한다.
② 수직축의 펌프를 선택한다.
③ 흡입관의 지름을 적게 한다.
④ 양흡입을 단흡입으로 고치고 굽힘, 곡률을 적게 한다.

정답 208 ② 209 ③ 210 ② 211 ② 212 ③ 213 ① 214 ②

해설 캐비테이션(공동현상) 방지법
- 흡입 양정을 짧게 한다.
- 수직 펌프를 사용하고, 회전차를 수중에 완전히 잠기게 한다.
- 비교 회전도를 적게 하고 양흡입 펌프를 사용하며 두 대 이상의 펌프를 사용한다.

215 압축기 운전 중 압력이 저하되었을 때 우선 점검해야 하는 것은?

① 흡입 및 토출밸브
② 피스톤 링
③ 윤활유
④ 크로스 헤드

해설 압축기에서 밸브의 역할은 흡입 및 토출밸브로 구분하며 고압과 저압 사이로 냉매가스의 자유이동을 방지하는 역할을 한다. 압력 저하 시는 흡입 및 토출밸브를 우선 점검한다.

216 흡입 및 토출밸브에 대한 설명으로 잘못된 것은?

① 스프링에 의해 작동된다.
② 평판형이 많이 쓰인다.
③ 흡입밸브가 토출밸브보다 크다.
④ 특수 주철로 만들어진다.

해설 ③은 플레이트 밸브에 한해서만 한정해서 이루어진다.

흡입, 토출밸브의 종류
- 포피드 밸브
- 플레이트 밸브
- 리드 밸브
- 와셔 밸브

217 PV^n = 일정일 때 이 압축은 다음 중 어느 것인가?(단, $1 < n < k$)

① 등온 압축
② 등압 압축
③ 폴리트로픽 압축
④ 등적 압축

해설 폴리트로픽 변화
압력과 체적의 관계는 PV^n = 일정의 식이 성립되고, 항상 $k > n > 1$이다.
- $n = 0$ 등압 변화
- $n = 1$ 등온 변화
- $n = k$ 단열 변화
- $n = \infty$ 등적 변화

정답 215 ① 216 ③ 217 ③

CHAPTER 04

가스발생설비의 구조 및 원리

제1절 고압가스 저장탱크, 용기, 저온장치
제2절 고압장치 및 저온장치의 재료
제3절 냉동사이클

SECTION 01 고압가스 저장탱크, 용기, 저온장치

001 공기 액화장치의 운전에 대한 설명 중 틀린 것은?

① 운전압력을 높게 하면 액화율이 높게 된다.
② 동일 장치에서도 팽창기의 팽창률을 적게 한 쪽은 액화율이 낮아진다.
③ 대형의 장치는 수분열침입에 의한 손실이 많다.
④ 공기 중의 수분을 제거하는데 압력이 높은 쪽이 효율이 좋다.

해설 공기액화장치에서 수분의 침입은 CO_2와 함께 드라이아이스를 생성시켜 배관 등의 동결을 일으킨다.

002 저온장치 내부에 수분과 탄산가스가 존재할 때 미치는 영향 중 옳은 것은?

① 얼음 및 드라이아이스가 생성된다.
② 수분은 윤활제로서 역할을 한다.
③ 가연성 가스가 침입될 시 안정제가 된다.
④ 오존이 들어오면 중화시킨다.

해설 저온장치의 내부에 수분과 탄산가스가 존재하면 얼음 및 드라이아이스가 생성된다.

003 500kg의 R-12를 내용적 50L 용기에 충전하려 할 때 최소한의 용기는?(단, 가스정수 C는 0.86이다.)

① 5개 ② 7개
③ 9개 ④ 11개

해설 $\dfrac{500 \times 0.86}{50} = 8.6개 ≒ 9개$

004 공기액화 분리기에 설치된 액화산소 탱크 내의 액화산소는 1일 몇 회 이상 분석해야 하는가?

① 1일 1회
② 주당 3회
③ 2일에 1회
④ 1일 2회 이상

해설 1일 1회 이상 액화산소 5L 중 C_2H_2의 질량 5mg, 탄화수소 중 탄소질량이 500mg을 초과하지 않도록 한다.

005 공기액화 분리장치의 이산화탄소 흡수탑에서 1g의 이산화탄소 제거에 NaOH 몇 g이 필요한가?

① 1.8g ② 2.6g
③ 3.5g ④ 4.7g

해설 $2NaOH + CO_2 \rightarrow Na_2CO_3 + H_2O$
$2 \times 40 : 44 = x : 1$
$x = 80/44$
∴ $x = 1.81g$

006 용기용 밸브 중 "V" 홈이 뜻하는 것은?

① 왼나사 ② 오른나사
③ 수나사 ④ 암나사

해설 모든 가연성 가스 충전구 나사는 왼나사이며 NH_3와 CH_3Br은 제외된다. 즉, 그랜드너트 개폐방향에서 왼나사는 그랜드너트 육각모서리에 "V"자형 홈각인 왼나사가 된다.

정답 01 ③ 02 ① 03 ③ 04 ① 05 ① 06 ①

007 고압화학반응을 일으키는 반응기의 종류에 들지 않는 것은?

① 전화로　　② 합성관
③ 합성버너　④ 합성탑

해설 고압가스 반응기는 합성관, 합성탑, 전화로라고 하며 촉매를 사용하는 경우 촉매관이라고 한다.

008 저온저장탱크에는 그 저장탱크의 내부 압력이 외부압력보다 저하함에 따라서 그 저장탱크가 파괴되는 것을 방지할 수 있는 조치를 강구하여야 한다. 다음 중 옳지 않은 것은?

① 진공안전밸브
② 다른 저장탱크 또는 시설로부터의 가스도입배관(균압관)
③ 압력과 연동하는 긴급차단장치를 설치한 송액설비
④ 안전밸브

해설 부압 시 Back-up 가스, 공기로 압력을 회복하여 파괴를 방지하여야 하므로 진공 안전밸브를 사용한다.

009 가스의 충전용기 밸브는 서서히 개폐하고 밸브 또는 용기를 가열하는 때에는 열습포나 몇 ℃ 이하의 더운물을 사용하는가?

① 20℃　　② 30℃
③ 40℃　　④ 60℃

해설 가스밸브의 개폐는 서서히 하고 밸브나 용기의 가열 시에는 열습포나 40℃ 이하의 더운물을 가지고 사용한다.

010 고압가스 탱크의 제조 및 유지관리에 대한 설명 중 틀린 것은?

① 지진에 대해서는 구형보다 횡형이 안전하다.
② 용접 후는 잔류응력을 제거하기 위해 용접부를 서서히 냉각시킨다.
③ 용접부는 방사선 검사를 실시한다.
④ 정기적으로 내부를 검사하여 부식균열의 유무를 조사한다.

해설 ②, ③, ④는 고압가스 탱크의 유지관리에 해당한다.
구형의 특징
- 강도와 내용적이 크다.
- 유지, 관리가 용이하고 설치면적이 작으며 보존 및 시공이 용이하다.

011 다음은 고압가스 용기의 폭발 및 파열의 원인을 설명한 것이다. 폭발의 직접 원인이 되는 것은 어느 것인가?

① 재료의 불량 및 부식
② 액화가스의 과충전
③ 충전용기가 외부로부터 열을 받았을 때
④ 수소용기에 5%의 산소가 존재할 경우

해설 수소용기에 산소가 2% 이상 존재하면 폭발의 우려가 높다.

012 고압가스 용기에 충전된 액화석유가스의 압력에 대한 내용 중 옳은 것은?

① 가스소비로 인하여 가스량이 용기 내에 반이 되면 압력도 반이 된다.
② 가스의 온도가 높아지면 압력이 상승한다.
③ 가스의 압력은 온도와는 관계가 없고 액화석유가스의 충전량에 비례한다.
④ 액화석유가스의 압력은 용기 내 가스의 규정량을 충전하면 가장 높다.

해설 액화석유가스 저장용기의 가스 온도가 상승하면 압력이 증가한다.

013 다음 중 상온에서의 수소가스 용기 파열사고 원인에 해당되지 않는 내용은?

① 용기 내에 수소가스를 과충전시켰다.
② 용기가 수소취성을 일으켜 탈탄작용이 발생하였다.
③ 용기에 미세한 크랙의 균열이 있었다.
④ 용기의 취급이 난폭하였다.

해설 수소취성(탈탄작용) : $Fe_3C + 2H_2 \rightarrow CH_4 + 3Fe$
수소취성은 상온에서는 발생되지 않고 고온고압에서 강제 중의 탄소와 반응하여 탈탄이 발생하였다.

014 공기를 액화 분리하여 질소를 제조할 때 주로 사용되는 방법 중 옳은 것은 어느 것인가?

① 팽창, 냉각, 증발법
② 압축, 가열, 증발법
③ 압축, 냉각, 증발법
④ 압축, 냉각, 정류법

해설 공기액화분리기는 압축, 냉각, 증발을 이용하여 질소와 산소를 제조한다.

015 고압가스 용기의 비파괴 검사가 아닌 것은 어느 것인가?

① 음향검사   ② 침투검사
③ 자기검사   ④ 부식검사

해설 검사의 종류
①, ②, ③ 외에 방사선 투과검사, 초음파 검사, 와류 검사, 전위차법 검사, 설파프린트 검사(편석검사)

016 다음은 아세틸렌(C_2H_2) 가스의 용기 취급상의 주의사항이다. 옳지 않은 내용은?

① 아세틸렌은 성질상 내용적이 55L 정도로 대형 용기는 제작되지 않는다.
② 가연성 가스이므로 용기밸브 취출구의 나사형은 왼나사이다.
③ 안전밸브는 거의 가용합금 마개가 2개 이상 사용된다.
④ 용기의 도색은 1/2 이상의 표면적을 갈색으로 칠하고 가연성 가스의 "연"의 문자색은 녹색으로 표시한다.

해설 아세틸렌가스의 용기 도색은 황색이고 문자의 색상은 공업용·의료용은 백색이며, 가연성 가스 및 독성 가스의 연자 및 독자의 색은 적색이고 수소만 백색이다.

017 초음파 검사의 장점이 아닌 것은?

① 균열을 검출하기 쉽다.
② 고압장치의 판 두께를 측정할 수 있다.
③ 검사비용이 싸고 결과가 신속하다.
④ 결과의 보존성이 없다.

해설 ④는 비파괴검사 중 초음파 검사의 단점이다.

018 방사선 투과검사의 장점이 아닌 것은 어느 것인가?

① 결과의 기록이 가능하다.
② 내부 결함의 모양, 크기가 쉽게 검출된다.
③ 용접부 검사에 가장 용이하다.
④ 취급상 신체의 방호가 필요하다.

해설 ④의 내용은 단점이다.

019 비파괴 검사 중 침투검사의 장점이 아닌 것은 어떤 내용인가?

① 내부결함의 검출이 힘들다.
② 표면에 나타난 미소한 결함을 검출할 수 있다.
③ 비자성체 등 재료에 별 영향을 받지 않는다.
④ 전원이 없는 곳에서도 측정이 가능하다.

해설 ①의 내용은 단점에 해당된다.

020 강재 중인 황의 편석 분포상태를 검출하는 비파괴 검사법은 어느 것인가?

① 설파프린트 검사   ② 전위차법 검사
③ 방사선 검사   ④ 음향 검사

해설 황의 편석분포를 검출하는 검사는 설파프린트 검사법이다.

021 같은 강도이고, 같은 두께의 재료로써 원통형 용기를 만든 경우 원통 부분의 내압성능에 관하여 다음 중 옳은 것은?

① 직경이 작을수록 강하다.
② 직경이 클수록 강하다.
③ 길이가 길수록 강하다.
④ 길이와 직경에 무관하다.

해설 같은 강도, 같은 두께의 재료 중 원통형 용기는 내압성능이 강할수록, 직경이 작을수록 강하다.

정답 14 ③ 15 ④ 16 ④ 17 ④ 18 ④ 19 ① 20 ① 21 ①

022 상용압력 50kg/cm²로 사용하는 내경 65cm의 용접제 원통형 고압설비 동판의 두께는 최소한 얼마가 필요한가?(단, 재료는 인장강도 60kg/mm²의 강을 사용하고 용접효율은 0.75, 부식 여유는 2mm로 한다.)

① 12mm ② 14mm
③ 15mm ④ 17mm

해설
$$t = \frac{P \cdot D}{200S\eta(E+a) - 1.2P} + C$$
$$= \frac{50 \times 650}{200 \times 15 \times 0.75 - 1.2 \times 50} + 2$$
$$= \frac{32,500}{2,250 - 60} = 16.84mm$$

※ S = 인장강도의 $\frac{1}{4} = 60 \times \frac{1}{4} = 15$

65cm = 650mm

023 압축기의 최종단에 설치된 안전밸브의 작동 조정시기는?

① 6월에 1회
② 3월에 1회
③ 2년에 1회
④ 1년에 1회

해설 압축기 최종단의 안전밸브는 1년에 1회, 기타 안전밸브는 2년에 1회 이상 조정한다.(현재는 법규개정 1년에 1회, 법 개정 전에는 6월에 1회이다.)

024 관 또는 용기 내의 압력이 규정한도를 초과하지 않도록 하기 위해 보일러나 압력용기 등에 설치하는 밸브는?

① 감압밸브
② 온도조정밸브
③ 안전밸브
④ 게이트밸브

해설
① 2차 측 압력을 일정하게 유지하며 벨로스, 다이어프램, 피스톤형이 있다.
② 감온부에 의해 유량을 제어함으로써 기기 내의 유체온도 조정
④ 슬루스밸브

025 열팽창이나 진동을 흡수하여 부분적인 응력이 집중되지 않도록 신축이음 부속품을 사용한다. 특히 고압배관에 적당한 신축이음은?

① 벨로스형 ② 스위블형
③ 슬리브형 ④ 루프형

해설
① 벨로스형은 진동을 흡수하며 응력이 생기지 않는다.
② 저압증기나 온수배관에 사용한다.
③ 최고 사용압력이 10kg/cm² 정도이며 과열 증기 배관은 부적합하다.
④ 고압에 견디나 설치면적이 크고 루프 자체의 신축 응력이 생긴다.

026 큰 고압용기나 탱크라인 등의 퍼지용으로 쓰이는 안전가스는?

① 질소나 아르곤
② 질소나 탄산가스
③ 산소나 수소
④ 탄산가스나 공기

해설 고압용기, 탱크 등의 퍼지용(교환)으로 쓰이는 안전밸브에서 질소나 탄산가스가 사용된다.

027 납붙임 용기 또는 접합 용기는 얼마 이하이어야 하는가?

① 300mL   ② 650mL
③ 700mL   ④ 1,000mL

해설 납붙임 용기나 접합용기는 1,000mL 이하이어야 한다.

028 고압가스설비와 사용재의 조합 중 옳은 것은?

① 액화석유가스 – 천연고무호스
② 암모니아 합성탑 – 6% Cr강
③ 아세틸렌 압축기의 압력계 부르동관 – 황동
④ 일산화탄소 반응조(가스접촉부분) – 니켈강

해설
① LPG는 천연고무를 용해하므로 인조고무 사용
② C_2H_2은 동아세틸라이드 생성으로 연강 사용
④ $Ni + 4CO \rightarrow Ni(CO)_4$ 생성
※ 암모니아 합성탑의 재료는 6% 크롬(Cr)강

정답 22 ④ 23 ④ 24 ③ 25 ④ 26 ② 27 ④ 28 ②

029 다음 중 고압장치의 배관계에 생기는 응력의 종류라고 볼 수 없는 것은?

① 열팽창에 의한 응력
② 내압에 의한 응력
③ 펌프, 압축기 등의 진동에 의한 응력
④ 용접에 의한 응력

해설 배관계에서 발생하는 진동의 원인
- 바람이나 지진의 영향
- 펌프, 압축기 진동에 의한 영향
- 안전밸브 분출에 의한 영향
- 관 내 유체의 급격한 압력 변화

030 산소, 질소, 수소, 아르곤 등의 압축가스 또는 이산화탄소 등의 고압액화가스를 충전하는 데 사용되는 용기는?

① 계목 용기
② 웰딩 용기
③ 이음새 없는 용기
④ 용접이음 용기

해설 용접 용기
내압력이 약하므로 액화가스, 용해가스를 충전하며 Seam 용기, 웰딩 용기, 계목 용기라고도 불린다. (이음새 없는 용기는 산소, 질소 등 압축가스용 용기)

031 고압장치 재료에 관한 설명 중 맞는 것은?

① 일산화탄소를 사용하는 고온, 고압 장치의 재료에는 니켈강을 사용한다.
② 수분을 함유한 이산화탄소의 고압배관 재료로 연강을 사용할 수 있다.
③ 암모니아는 고온, 고압에서는 18Cr-8Ni강이 사용된다.
④ 아세틸렌 수송배관에는 동관을 사용한다.

해설
- 암모니아 용기는 스테인리스강이며(강+크롬 18%+니켈 8%) 내식성, 내산성이 크나 절삭성이 불량하다.
- CO는 Ni과 카르보닐화 반응, CO_2는 H_2O와 탄산 반응, C_2H_2는 Cu와 아세틸라이드 반응, NH_3의 질화반응은 Ni이 감소

032 이음새 없는 용기의 다음 시험항목 중 재료시험에 속하지 않는 것은?

① 인장시험   ② 내압시험
③ 충격시험   ④ 압궤시험

해설 용기의 재료시험은 인장시험, 충격시험, 압궤시험이다.

033 고온고압 장치의 재료로서 일반적으로 구비해야 할 조건 중 틀린 것은?

① 내식성   ② 내열성
③ 내산성   ④ 내충격성

해설 고온고압 장치의 재료 구비조건 – 내식성, 내열성, 내충격성

034 용기 신규검사에 합격된 용기 부속품 기호 중 압축가스를 충전하는 용기 부속품의 각인은?

① AG   ② PG
③ LG   ④ LT

해설
- PG : 압축가스 부속품 기호
- AG : 아세틸렌 용기 부속품
- LG : 액화석유가스를 제외한 액화가스 부속품
- LT : 초저온 용기 부속품 기호
- LPG : 액화석유가스 부속품

035 가스액화 분리장치의 구성 3요소에 해당되지 않는 것은?

① 한랭 발생장치
② 정류장치
③ 불순물 제거장치
④ 기화장치

해설 가스액화 분리장치 구성 3요소
- 한랭 발생장치
- 정류장치(분축, 흡수)
- 불순물 제거장치

036 다음 중 가스용기 재질이 옳지 않은 것은?

① LPG : 탄소강
② 산소 : 크롬강
③ 염소 : 탄소강
④ 아세틸렌 : 구리합금강

해설
- $C_2H_2 + 2Cu \rightarrow Cu_2C_2 + H_2$
  구리아세틸라이드 생성
- C_2H_2 설비에 사용되는 동합금의 동 함유량은 62% 미만이어야 한다.

037 배관용 탄소강 강판의 기호 및 화학성분이 맞는 것은 어느 것인가?

① 기호 SPP, P성분(%) : 0.05 이하, S성분(%) : 0.05 이하
② 기호 SPPS, P성분(%) : 0.04 이하, S성분(%) : 0.04 이하
③ 기호 SPPH, P성분(%) : 0.035 이하, S성분(%) : 0.035 이하
④ 기호 SPHT, P성분(%) : 0.035 이하, S성분(%) : 0.035 이하

해설 배관용 탄소강 강관
- 인(P)은 0.040% 이하
- 황(S)은 0.040% 이하이다.

038 밸브몸체에 200, WOG 등으로 WOG라는 용어가 표시된다. 관계없는 것은?

① 수증기   ② 가스
③ 물   ④ 기름

해설
- W-물   • G-가스
- S-수증기   • O-오일

039 고압가스 설비는 상용압력의 몇 배 이상에서 항복을 일으키지 아니하는 두께를 가져야 하는가?

① 1배   ② 1.2배
③ 1.5배   ④ 2배

해설 고압가스의 설비는 상용압력의 2배 이상에서 항복을 일으키지 아니하는 두께로 한다.

040 산소, 질소, 수소, 아르곤 등의 압축가스 또는 이산화탄소 등의 고압액화가스를 충전하는 데 사용되는 용기는?

① 심교 용기
② 웰딩 용기
③ 무계목 용기
④ 용접이음 용기

해설
- 계목 용기 : 액화가스, 용해가스
- 무계목 용기 : 압축가스, 고압액화가스, 부식성이 큰 액화가스

041 고압가스의 충전용기는 그 온도를 항상 몇 ℃ 이하로 유지해야 하는가?

① 40℃   ② 30℃
③ 20℃   ④ 15℃

해설 고압가스의 충전용기는 항상 40℃ 이하로 유지하여야 한다.

042 저온장치의 단열법에 관한 사항 중 올바른 것은?

① 단열법은 단열재에만 의한다.
② 초저온 가스 중 액체 산소까지는 단열재에 의한 보냉방법을 주로 택한다.
③ 진공 단열방법은 주로 고온장치에 사용된다.
④ 초저온 장치 속에서 액체 산소까지는 진공 단열방법을 주로 택한다.

해설 저온장치의 단열법
㉠ 상압 단열법(일반 단열법) : 산소, 액체산소는 불연성 단열재 사용
㉡ 진공 단열법
  - 고진공 단열법
  - 분말진공 단열법
  - 다층진공 단열법

정답 36 ④ 37 ② 38 ① 39 ④ 40 ③ 41 ① 42 ②

043 고압 화학반응을 일으키는 반응기의 종류에 들지 않는 것은?

① 전화기(전화로)
② 중합탑
③ 합성 믹서
④ 합성탑

해설 고압가스 화학 반응기(합성관, 합성탑, 전화기)
• 합성탑
• 반응탑
• 중합탑

044 용기의 내압시험 시 전증가가 120cc일 때 합격하려면 영구 증가는 얼마 이하여야 하는가?

① 1.2cc   ② 12cc
③ 2.4cc   ④ 24cc

해설 영구 증가(항구 증가율은 10% 이내여야 되므로)

$$10 = \frac{x}{120} \times 100$$

$$\therefore x = \frac{120 \times 10}{100} = 12cc$$

045 다음 내용 중 맞는 것은?

① 납붙임 용기 및 접합용기의 고압가스 시험은 용기에 최고 충전압력의 2.5배 이상 압력으로 실시한다.
② 아세틸렌 용기 내압시험압력은 최고 충전압력의 5/3배이다.
③ 용기의 최고 충전압력은 내압시험압력보다 높다.
④ LPG와 아세틸렌의 용기는 용접용기를 주로 사용한다.

해설 LPG, 암모니아, 아세틸렌은 용접용기를 사용, 아세틸렌 용기의 내압시험은 충전압력의 3배로 한다.

046 최고 충전압력이 20kg/cm²인 초저온 용기의 기밀시험 압력은 얼마인가?

① 22kg/cm²
② 20kg/cm²
③ 36kg/cm²
④ 16kg/cm²

해설 $20kg/cm^2 \times 1.1배 = 22kg/cm^2$

047 교반형 오토클레이브의 특징으로 틀린 것은?

① 교반효과는 특히 횡형교반의 경우가 뛰어나며 진탕식에 비하여 효과가 크다.
② 기-액 반응으로 기체를 계속 유통시키는 실험법을 취할 수 있다.
③ 교반축의 패킹에 사용한 이물질이 내부에 들어갈 수가 없다.
④ 교반축의 스타핑 박스에서 가스누설의 가능성이 많다.

해설 교반형 오토클레이브의 특징
• 교반형은 진탕식에 비하여 효과가 크다.
• 교반축의 패킹에 사용한 이물질이 내부에 들어갈 수가 있다.
• 그 외에도 ②, ④의 특징이 있다.

048 산소용기를 직사광선을 받는 곳에 두어서는 안 되는 이유 중 옳은 것은?

① 산소가 변질해서 내압이 약해진다.
② 압력이 상승해서 용기 내의 압력이 이상 고압이 될 우려가 있다.
③ 산소가 급히 팽창하여 압력이 저하한다.
④ 태양의 직사열로 자외선을 받아 용기가 변형될 우려가 있다.

해설 산소용기는 직사광선을 받으면 압력이 상승해서 용기 내의 압력이 이상고압이 될 우려가 있다.

정답 43 ③ 44 ② 45 ④ 46 ① 47 ③ 48 ②

049 두께 2.4mm의 균일한 강판재로 바깥지름이 160mm인 원통을 만들 때 필요소재의 길이는?

① 495.12mm ② 369.25mm
③ 515.95mm ④ 638.72mm

해설 L = (바깥지름+두께)×π
= (160+2.4)×3.14
= 495.12mm

050 다음 중 액화메탄의 용기재료로 적당한 것은?

① 니켈강, 저탄소강
② 주철, 저탄소강
③ 니켈강, 알루미늄합금
④ 주철, 알루미늄합금

해설 액화메탄은 −162℃의 초저온이므로 초저온 용기인 18-8 스테인리스강(니켈 18%, 크롬 8%) 알루미늄의 합금 등이 사용된다.

051 고압가스설비와 사용재의 조합 중 옳은 것은?

① LP가스 − PVC 호스
② 암모니아 합성탑 − 6% Cr강
③ 아세틸렌 압축기의 압력계 부르동관 − 인청동
④ 일산화탄소 반응조(가스접촉부분) − 철금속

해설
- LPG : 천연고무를 용해(사용 불가)
- C_2H_2 : 구리나 구리의 합금은 아세틸드 생성(사용 불가)
- CO : $Ni(CO)_4$(니켈카르보닐) 생성(사용 불가)
  ※ 철을 사용하면 철카르보닐 생성
- NH_3 : 6% Cr(크롬)강으로 암모니아 합성탑 제조

052 구형저조의 특징에 관한 사항 중 틀린 것은? (단, 동일 용량의 가스를 동일 압력 및 재료하에서 저장하는 경우)

① 형태가 아름답다.
② 기초 구조가 단순하며 공사가 용이하다.
③ 보존이 유리하고 누설을 완전히 방지할 수 있다.
④ 표면적이 크므로 강도가 높다.

해설 구형저조의 특징
- 구형저조는 동일 용량에 대한 표면적이 작다.
- 고압저장탱크로서 건설비가 싸다.
- 기초 및 구조가 단순하며 공사가 용이하다.
- 보존 면에서 유리하고 누설이 완전 방지된다.
- 강도가 높다.
- 형태가 아름답다.

053 대형 초저온 액화가스 저장탱크의 용접 시공 후의 용접검사법으로 적당한 것은?

㉠ 수압시험 ㉡ 기밀시험
㉢ 설파프린트 ㉣ 방사선 검사

① ㉠, ㉡ ② ㉡, ㉣
③ ㉢, ㉣ ④ ㉠, ㉢

054 액화암모니아 50kg을 충전하기 위한 용기의 내용적은?(단, C = 1.86)

① 27L ② 40L
③ 70L ④ 93L

해설 50kg×1.86 = 93L

055 고압저장탱크의 설계제작에 관한 다음 사항 중 올바른 것은?

① 원주이음은 세로이음보다 더욱 엄격한 시공검사를 행할 필요가 있다.
② 설계압력이 동일한 경우, 지름이 클수록 저장탱크의 판 두께도 두껍게 된다.
③ 경판은 곡률 반지름이 크고 가급적 평판으로 한 것이 판 두께가 얇아도 된다.
④ 세로이음은 원주이음보다 더욱 엄격한 시공검사를 행할 필요가 있다.

해설 설계압력이 동일하면 지름이 클수록 저장탱크의 판두께가 더 두껍게 된다.

정답 49 ① 50 ③ 51 ② 52 ④ 53 ② 54 ④ 55 ②

056 연성이 큰 강, 니켈, 알루미늄, 구리 동합금의 얇은 판으로부터 원통형, 각통형 등 이음새가 없는 용기를 정밀하게 만들 수 있는 방법은?

① 폴딩　　　　　② 시밍
③ 세팅다운　　　④ 디프 드로잉

해설 이음새 없는 용기의 제조법
- 디프 드로잉 : 강판을 재료로 하는 방법
- 만네스만식 : 이음새 없는 강판을 재료로 하는 방법
- 에르하르트 : 각 강판을 재료로 하는 방법

057 가스를 사용해서 철판을 절단한 경우 다음 가스의 발생 열량이 제일 큰 것은?

① 수소　　　　　② 부탄
③ 아세틸렌　　　④ 프로판

해설 산소 소비량이 많으면 발생열량이 크다.
- $H_2 + 1/2O_2 \rightarrow H_2O$
- $C_2H_2 + 2.5O_2 \rightarrow 2CO_2 + H_2O$
- $C_3H_8 + 5O_2 \rightarrow 3CO_2 + 4H_2O$
- $C_4H_{10} + 6.5O_2 \rightarrow 4CO_2 + 5H_2O$

058 고압가스 용기재료의 구비조건과 무관한 것은?

① 경량이고 충분한 강도를 가질 것
② 내식성, 내마모성을 가질 것
③ 가공성, 용접성이 좋을 것
④ 저온 및 사용온도에 견디는 연성, 점성강도가 없을 것

해설 고압가스의 용기재료
- 경량이고 충분한 강도를 가질 것
- 내식성, 내마모성을 가질 것
- 가공성, 용접성이 좋고 가공 중 결함이 생기지 않을 것
- 탄소, 인, 유황의 함유량이 적절할 것
- 저온 및 사용온도에 견디는 연성 점성강도가 있을 것

059 강관의 용접접합에 전기용접을 많이 이용하는 이유는 무엇인가?

① 응용범위가 넓다.
② 용접의 속도가 빠르고 변형도 적다.
③ 1mm 이하의 박판용접에 적당하다.
④ 가열조절이 용이하다.

해설 강관의 용접접합은 용접의 속도가 빠르고 변형도 적다.

060 강도와 두께가 같은 재료로써 원통형 용기를 제조하였을 때 내압성능에 관하여 맞는 것은 어느 것인가?

① 지름이 작을수록 강하다.
② 지름이 클수록 강하다.
③ 지름이 같으면 길이가 길수록 강하다.
④ 원통형 용기의 지름과 길이에는 관계없다.

해설 원통형 용기는 지름이 작을수록 강하다.

061 표면결함이 있는 금속재료의 표면에서 결함으로 직류 또는 교류를 흐르게 하면 결함의 주위에서 전류분포가 균일하지 않고 장소에 따라 전위차가 나타난다. 이 전위차를 측정하여 재료의 표면 균열의 깊이를 조사하는 방법은 어느 것인가?

① 전위차법 검사　② 초음파 검사
③ 방사선 검사　　④ 침투 검사

해설 전위차를 이용하는 검사는 전위차법 검사이다.

062 테스트 해머를 이용하여 가볍게 물건을 두들기고 음향에 의해 결함유무를 판단하는 검사는 무슨 검사인가?

① 방사선 검사　　② 와류 검사
③ 음향 검사　　　④ 자분 검사

해설 음향 검사는 테스트 해머를 이용하는 비파괴 검사이다.

정답 56 ④　57 ②　58 ④　59 ②　60 ①　61 ①　62 ③

063 용기의 안전밸브는 몇 도 이상이 되면 밸브의 얇은 금속판이 파열되는가?

① 50℃ ② 70℃
③ 80℃ ④ 100℃

해설 70℃ 이상이 되면 얇은 금속판이 파열된다.

064 고압가스 용기의 용접부 용입불량을 검사하는 방법 중 가장 용이한 것은?

① 인장시험 ② 파괴시험
③ 형광탐상 ④ X선 투과시험

해설 용입불량 검사는 X선 투과시험이 용이하다.

065 이음매 인장시험은 당해 용기의 두 기기의 계산에 사용하는 당해 용기의 재료가 어떠한 점 이상이 되어야 합격한다. 어떤 것을 이용하는가?

① 비례한도
② 탄성한도
③ 임계점
④ 항복점이나 인장강도

해설 항복점 또는 인장강도를 이용한다.

066 다음 중 압력용기가 아닌 것은?

① 압력배관 ② 보일러
③ 산소용기 ④ 암모니아 용기

해설 압력배관은 압력용기가 아니다.

067 고압가스 용기밸브의 취급상 주의할 점으로 틀린 것은?

① 용기를 손으로 움직일 때는 밸브의 핸들을 잡지 않는다.
② 가스가 없는 용기의 밸브는 필히 열어 두어야 한다.
③ 확실한 기밀을 유지하기 위하여 밸브의 핸들을 스패너 등으로 강하게 조여야 한다.
④ 조정기의 호스를 떼어낸 후의 충전구에는 용기 내에 가스가 없으면 플러그를 띄워 두지 않는다.

해설 빈 용기의 밸브는 반드시 닫아둔다.

068 LPG 충전용기에 수분이 다량 존재할 때 어떤 영향이 있는가?

① 사용 중 밸브가 막힌다.
② 폭발위험성이 있다.
③ 연소효과가 증가한다.
④ 비등점이 높아진다.

해설 LPG 충전용기에 수분이 다량 존재하면 부식이나 동절에 밸브가 막힌다.

069 다음 중 고압가스 저장탱크의 부속품에 속하지 않는 것은?

① 체크밸브 ② 정압기 및 조정기
③ 안전밸브 ④ 긴급차단밸브

해설 정압기나 조정기는 LPG나 도시가스의 사용시설에 설치한다.

070 다음 중 용접용기인 것은 어느 것인가?

① 산소용기 ② 질소용기
③ LPG 용기 ④ 아르곤용기

해설 LPG는 액화가스이므로 용접용기이다.

071 중추식과 스프링식 안전밸브의 기능상 요구사항으로 옳지 않은 것은?

① 밸브직경은 작고 밸브시트의 폭은 넓게 할 것
② 작동압력이 설정된 점에서 민감하게 움직일 것
③ 밸브가 작동하여 압력이 규정 이하로 내려가면 밸브시트로 돌아와 누설되지 않을 것
④ 스프링 안전밸브의 작용이 균일하지 않을 경우를 대비하여 장치의 안전상 박판식 안전밸브를 병용할 것

정답 63 ② 64 ④ 65 ④ 66 ① 67 ② 68 ① 69 ② 70 ③ 71 ①

해설 안전밸브는 밸브의 직경과 밸브시트의 폭을 규정에 맞게 제작하여야 한다. 작거나 너무 크면 안 되고 전열면적에 비례하고 압력에 반비례하여야 하며 ②, ③, ④는 옳은 내용이다.

072 아세틸렌을 용기에 충전할 때 충전 중의 최고 압력은 얼마 정도인가?(단, 온도에는 관계없다.)

① 150kg/cm^2
② 100kg/cm^2
③ 50kg/cm^2
④ 2.5MPa

해설 아세틸렌은 2.5MPa의 최고 충전압력

073 다음 중 이음새 없는 용기의 이점이 아닌 것은?

① 용접용기에 비해 값이 싸다.
② 고압에 견디기 쉬운 구조이다.
③ 내압에 대한 응력분포가 균일하다.
④ 맹독성 가스를 충전하는 데 사용한다.

해설 이음새 없는 용기는 용접용기에 비해 가격이 비싸다.

074 공기액화 분리장치의 내부를 세척하고자 한다. 세정액으로 사용할 수 있는 것은?

① 탄산나트륨
② 사염화탄소
③ 염산
④ 가성소다

해설 장치 내부의 저급 탄화수소로부터 폭발을 방지하기 위하여 CCl_4로 1년 1회 이상 세정하여야 한다.(사염화탄소로 세정)

075 온도 27℃에서 120kg/cm^2의 압력으로 100 kg의 산소를 충전하려고 한다. 이 용기의 내용적은 몇 m³ 이상이어야 하겠는가?(단, 가스정수 R : 26)

① 0.65
② 0.55
③ 0.45
④ 0.35

해설 $PV = GR'T$

$$V = \frac{GR'T}{P}$$

$$= \frac{100\text{kg} \times 26\text{kg} \cdot \text{m/kg} \cdot \text{K} \times (273+27)}{120\text{kg/cm}^2 \times 10^4 \text{kg/m}^2}$$

$$= 0.65 \text{m}^3$$

076 압력용기의 충전구가 왼나사로 되어 있는 것은 어느 것인가?

① 탄산가스
② 산소
③ 프로판가스
④ 질소가스

해설 가스 충전구에서 가연성 가스는 왼나사, 기타는 오른나사(단, 가연성이나 브롬화메탄, 암모니아만은 오른나사이다.)

077 다음 가스충전을 위한 용기의 밸브 충전구 나사가 오른나사로 되어 있는 것은?

① 수소
② 암모니아
③ 아세틸렌
④ 프로판

해설 가스 충전구
• 가연성 가스 – 왼나사
• 기타 가스 – 오른나사
• 브롬화메탄, 암모니아 – 오른나사

078 내용적 50L의 용기에 수압 3MPa을 가해 내압시험을 하였다. 이 경우 3MPa의 수압을 걸었을 때 용적이 50.5L로 늘어났고 압력을 제거하여 대기압으로 하니 용기용적은 50.05L로 되었다. 항구 증가율은 얼마인가?

① 0.3%
② 0.5%
③ 3%
④ 10%

해설 항구 증가율 $= \dfrac{\text{항구증가량}}{\text{전증가량}} \times 100$

$$= \frac{50.05-50}{550.5-50} \times 100 = 10\%$$

정답 72 ④ 73 ① 74 ② 75 ① 76 ③ 77 ② 78 ④

079 산화에틸렌의 저장탱크 및 충전용기가 45℃에서 그 내부 가스의 압력이 4kg/cm² 이상 되도록 충전하여야 할 가스를 바르게 짝지은 것은?

① 질소 또는 탄산가스
② 질소 또는 공기
③ 아황산가스 또는 황산
④ 물 또는 수증기

해설 45℃ 산화에틸렌의 충전용기는 그 내부 가스의 압력이 4kg/cm² 이상이 되도록 질소가스 또는 탄산가스를 충전할 것

080 내용적 1,000L 초과 시 초저온 특정 설비의 단열성능시험 합격 기준은 얼마인가?

① 0.05kcal/h · ℃ · L 이하
② 0.02kcal/h · ℃ · L 이하
③ 0.002kcal/h · ℃ · L 이하
④ 0.1kcal/h · ℃ · L 이하

해설 초저온 용기의 단열재 성능시험 합격 기준 0.0005kcal/h · ℃ · L 이하(단, 내용적이 1,000L 초과 시는 0.002kcal/h · ℃ · L 이하)

081 고압가스 충전용기의 운반기준 중 틀린 것은?

① 충전용기를 차량에 적재하여 운반할 때에는 붉은 글씨로 위험고압가스라는 경계표시를 할 것
② 운반 중의 충전용기는 항상 50℃ 이하를 유지할 것
③ 상하차 시에는 고무판, 가마니 등을 사용한다.
④ 충격을 방지하기 위하여 와이어로프로 결속한다.

해설 고압가스 운반 중의 충전용기는 항상 40℃ 이하를 유지할 것

082 압축가스의 저장탱크 및 용기의 저장능력 계산식은?(Q : 저장능력, P : 최고충전압력, V : 내용적)

① $Q=(P+1)V$
② $Q=(P-1)V$
③ $Q=(P+2)V$
④ $Q=(P-2)V$

해설
- 압축가스의 저장능력 $Q=(P+1)V_1$
- 액화가스 용기 $W=\dfrac{V_2}{C}$
- 액화가스 저장탱크 $W=0.9dV_2$

083 용기의 신규검사 항목으로서 이음매가 없는 용기의 강으로 제조한 것에 대한 시험 항목이 아닌 것은?

① 인장시험
② 충격시험
③ 단열성능시험
④ 내압시험

해설 이음매 없는 용기의 신규검사 항목은 인장시험, 충격시험, 압궤시험, 기밀시험, 내압시험이 있으며, 단열성능시험은 초저온용 용기 검사 항목이다.

084 저장탱크에 부착된 안전밸브의 작동압력은 얼마인가?

① 상용압력의 8/10 이하
② 내압시험압력의 8/10 이하
③ 기밀시험압력의 8/10 이하
④ 최고 충전압력의 8/10 이하

해설 고압가스의 저장탱크에 부착된 안전밸브의 작동압력은 내압시험압력(TP)의 8/10배 이하이다.

085 고압가스 용기재료의 검사에서 내부 또는 표면의 손상을 도체의 단면적이 변하면 도체를 흐르는 와전류의 양이 변화하는 것을 이용하여 비파괴 검사를 하는 방법은 어느 것인가?

① 와류 검사
② 방사선 투과 검사
③ 초음파 검사
④ 설파프린트 검사

정답 79 ① 80 ③ 81 ② 82 ① 83 ③ 84 ② 85 ①

해설 교류 자계 중에 도체를 놓으면 도체에는 자계 변화를 방해하는 와전류가 흐른다. 이것을 이용한 비파괴 검사법 중 하나가 와류 검사이다.

086 비파괴 검사법 중 자분 검사(자기 검사)의 단점에 해당되지 않는 것은 어느 것인가?

① 비자성체의 재질에는 적용되지 않는다.
② 깊은 내면의 결함 검출은 불가능하다.
③ 전원이 반드시 필요하며 검사 후 탈자 처리가 필요하다.
④ 표면 균열의 검사는 X선 검사법이나 초음파보다 정밀도가 높다.

해설 ④의 내용은 자분 검사의 장점이다.

087 초저온 용기에 대한 설명으로 옳은 것은?

① 저온 용기와 동일한 것이다.
② 동판과 알루미늄 합금판으로 제조된 용기
③ 섭씨 영하 50도 이하인 액화가스를 충전하기 위한 용기
④ 단열재로 피복하여 용기 내의 가스 온도를 상용의 온도 이하로 유지한 용기

해설
• 초저온 용기는 −50℃ 이하인 액화가스를 충전하기 위한 용기이다.
• ④는 저온 용기의 설명이다.

088 고압가스 제조시설 중 안전밸브를 설치하려고 한다. 이때 도관의 최대 지름이 100mm이고, 최소 지름이 40mm였다면 안전밸브의 분출 면적은 최소 얼마로 해야 하는가?

① 10mm   ② 20mm
③ 30mm   ④ 50mm

해설 압력용기의 안전밸브 구경(mm)

$d = \sqrt{\dfrac{4 \cdot \theta}{\pi}}$

안전밸브의 분출 구경은 배관 최대 단면적의 1/10로 산출한다.

단면적 $= \dfrac{3.14 \times 100^2}{4} \times \dfrac{1}{10} = 785\text{mm}^2$

$\therefore d = \sqrt{\dfrac{4 \times 785}{3.14}} = 31.6\text{mm}$

089 어느 액체에 걸리는 압력이 감소할 때 증발온도는?

① 상승한다.
② 저하한다.
③ 변하지 않는다.
④ 상승했다가 저하한다.

해설 압력이 감소하면 증발온도는 감소하고 증발잠열은 증가한다.

090 다음 고압가스 반응기의 사용이 틀린 것은?

① 탱크식 반응기 – 디클로로에탄의 합성
② 탑식 반응기 – 에틸렌의 제조
③ 관식 반응기 – 염화비닐의 제조
④ 축열식 반응기 – 아세틸렌의 제조

해설
① 탱크식 반응기 – 아크릴 클로라이드 합성, 디클로로에탄의 합성
② 탑식 반응기 – 에틸벤젠의 제조, 벤젠의 염소화
③ 관식 반응기 – 에틸렌의 제조, 합성용 가스의 제조(염화비닐의 제조)
④ 축열식 반응기 – 아세틸렌의 제조, 에틸렌의 제조

091 저온액체 저장에서 열의 침입현상으로 적당하지 않은 것은?

① 보온 보냉재를 직접 통한 열전도
② 외면으로부터의 열복사
③ 연결 파이프를 통한 열전도
④ 밸브 등에 의한 열전도

해설 저온액체 저장에서 열의 침입 현상
• 단열재를 충전한 공간에 남은 가스분자의 열전도
• 외면으로부터 열복사
• 연결파이프를 통한 열전도
• 지지 요크에서의 열전도
• 밸브, 안전밸브 등의 열전도

정답 86 ④ 87 ③ 88 ③ 89 ② 90 ② 91 ①

092 압축가스의 저장탱크에 있어서 저장능력을 산정하는 계산식은?

① $Q=(P+1)V_1$
② $W=0.9dV_2$
③ $W=V_2/C$
④ $R=V \cdot C$

해설
① 압축가스의 저장능력 산정식
② 액화가스 저장탱크의 저장능력 산정식
③ 액화가스 용기의 충전량 산정식

093 공기액화 분리장치에서 액화산소통 내의 액화산소 5L 중에 아세틸렌의 질량이 어느 정도 존재 시 폭발방지를 위하여 운전을 중지하고 액화산소를 방출시켜야 하는가?

① 0.1mg
② 5mg
③ 1.5mg
④ 2mg

해설
- 액화산소 5L에 들어 있는 탄화수소 중 탄소의 질량은 500mg 초과 시 가스를 방출해야 한다.
- 아세틸렌의 질량은 5mg 존재 시 폭발방지를 위하여 액화산소를 방출시킨다.(단, 액화산소 5L 중에서)

094 고온, 고압용 관 재료로서 갖추어야 할 조건 중 틀린 것은?

① 고온에서도 기계적 강도를 유지하고 저온에서도 재질의 여림화를 일으키지 않을 것
② 유체에 대한 내식성이 클 것
③ 가공이 용이하고 가격이 저렴할 것
④ 크리프 강도가 작을 것

해설 크리프 강도
재료에 장시간의 하중으로 소성변형을 일으키면서 파단되는 순간의 최대 하중을 말한다. 고로 고온 고압용 관재료는 크리프 강도가 커야 한다.(350℃ 이상에서 발생)

095 고압가스 용기에서 밸브의 누설이 아닌 것은 어느 것인가?

① 패킹 누설
② 시트 누설
③ 안전밸브 누설
④ 밸브 누설

해설 용기 밸브의 누설은 ①, ②, ③에 해당된다.

096 압력용기의 충전구가 왼쪽나사로 되어 있는 것은 어느 것인가?

① 질소가스
② 메탄가스
③ 산소
④ 탄산가스

해설 충전구 나사가 왼나사인 것은 가연성 가스이다. 메탄(CH_4)은 가연성 가스이다.

097 온도 20℃의 작업장에서 내용적 50L의 용기에 산소가 100atm이 되었다. 이 용기가 영하 7℃의 장소에 방치되면 이 용기 내의 압력은 몇 atm인가?(단, 용기의 수축은 무시한다.)

① 80atm
② 90.78atm
③ 100atm
④ 150atm

해설
$$\frac{P_1}{T_1} = \frac{P_2}{T_2} = \frac{100}{273+20} = \frac{x}{273-7}$$
$$\therefore x = 100 \times \frac{266}{293} = 90.78\text{atm}$$

098 밸브 주위의 온도가 일정온도보다 높아지면 밸브가 용해되어 가스를 방출해 용기를 보호하는 안전밸브는?

① 가용 합금식 안전밸브
② 파열판식 안전밸브
③ 스프링식 안전밸브
④ 중추식 안전밸브

해설 가용 합금식 안전밸브는 밸브 주위의 온도가 일정온도보다 높아지면 밸브가 용해되어 가스를 방출해 용기를 보호하는 안전밸브이다.

정답 92 ① 93 ② 94 ④ 95 ④ 96 ② 97 ② 98 ①

099 공기액화 분리장치에서 산소를 압축하는 왕복동 압축기의 시간당 분출 가스량이 6,000 kg이고 27℃에서의 안전밸브 작동압력은 80kg/cm² · g이라면 안전밸브의 유효 분출 면적은?

① 0.45cm² ② 0.62cm²
③ 0.83cm² ④ 0.99cm²

해설 $d = \dfrac{W}{230P\sqrt{\dfrac{M}{T}}} = \dfrac{6,000}{230 \times 80 \sqrt{\dfrac{32}{273+27}}}$
$= 0.998\text{cm}^2$

100 다음 가스충전을 위한 용기의 밸브 충전구 나사가 오른나사로 되어 있는 것은?

① 수소 ② 산소
③ 아세틸렌 ④ 프로판

해설 가스 충전구는 가연성 가스면 밸브의 나사가 왼나사, 가연성 가스가 아니면 오른나사(산소 등)이다. 단, 브롬화메탄이나 암모니아는 가연성이지만 오른나사이다.

101 용접용기의 특징 중 옳은 것은?

① 용접용기는 제조공정상 두께를 균일하게 하는 것이 곤란하다.
② 용기의 형태 및 치수가 자유롭다.
③ 용접용기는 비교적 고압용에 많이 쓰인다.
④ 이음새 없는 용기에 비해 가격이 비싸다.

해설 용접용기의 장점은 ② 외에도 가격이 싸고 두께 공차가 적다.

102 다음 중 비점이 점차 낮은 냉매를 사용하여 저비점의 기체를 액화하는 사이클은?

① 클로드 액화사이클
② 가스케이드 액화사이클
③ 필립스 액화사이클
④ 린데 액화사이클

해설 ① 클로드식 : 피스톤식 팽창기를 사용하여 린데식보다 효율성 양호
② 가스케이드식 : 저비점의 기체를 액화시킨다.
③ 필립스식 : H₂를 냉매로 하여 열기관으로서 고안된 스티어링 사이클의 저온 응용
④ 린데식 : 줄 · 톰슨 효과 이용

103 프로판 용기의 재료에 사용되는 금속은?

① 주철 ② 탄소강
③ 내산강 ④ 두랄루민

해설 • 두랄루민은 알루미늄의 합금으로 내식성과 경량이므로 항공기의 소재로 널리 사용
• 프로판 용기는 탄소강으로 만든다.

104 고압가스 충전용기 보관실 재료로 맞지 않는 것은?

① 보관실 벽은 불연성 재료로 한다.
② 보관실 천장은 불연성 재료로 한다.
③ 보관실 천장은 난연성 재료로 한다.
④ 보관실 벽은 난연성 재료로 한다.

해설 보관실 벽은 불연성 재질로 높이 2m, 두께 12cm 이상 철근콘크리트 또는 이와 동등 이상의 강도를 가진 방호벽을 설치한다.

105 용기보관 장소에 충전용기를 보관할 때 다음 중 기준에 적합하지 아니한 것은?

① 충전용기는 충격을 방지하는 조치를 할 것
② 가연성 가스와 산소용기는 각각 구분하여 용기보관 장소에 놓을 것
③ 용기보관 장소 8m 이내에는 화기 또는 발화성 물질을 두지 아니할 것
④ 충전용기는 항상 40℃ 이하를 유지하고 직사광선을 받지 않도록 조치할 것

해설 충전용기의 보관기준
• 충격방지 조치
• 가연성 가스와 산소용기는 분리저장
• 충전용기는 40℃ 이하 유지 및 직사광선을 피한다.
• 용기보관 장소 2m 이내에는 화기나 발화성 물질 엄금

정답 99 ④ 100 ② 101 ② 102 ② 103 ② 104 ④ 105 ③

106 초저온 액화가스 취급 시 사고 발생원인 중 틀린 것은?

① 동상
② 액체의 급격한 증발에 의한 압력 상승
③ 증발잠열의 변화
④ 저온에 액화가스 취급 시 사고의 원인

해설 초저온 액화가스 취급 시 사고의 원인
- 동상(또한 화학적 반응 등)
- 액체의 급격한 증발에 의한 압력 상승
- 저온에 의하여 생기는 물리적 변화

107 공기액화 분리장치와 보안에 관한 설명으로 옳은 것을 모두 고른 것은?

㉠ 원료 공기 중에 포함된 미량의 가연성 가스가 장치의 폭발원인이 되는 경우가 많다.
㉡ 공기 압축기의 윤활유는 비점이 낮은 것일수록 좋다.
㉢ 정기적으로 장치 내부를 불연성 세제로 세척할 필요가 있다.

① ㉠, ㉡
② ㉡, ㉢
③ ㉠, ㉢
④ ㉠, ㉡, ㉢

해설
- 공기액화 분리장치 보관
- 원료 공기흡입구에 아세틸렌 취입방지(폭발성 때문에)
- 공기액화 분리장치는 1년에 1회 정도, 세척제는 사염화탄소
- 공기압축기의 윤활유는 양질유가 필요하다.

108 횡형 오토클레이브 전체가 수평 전후 운동을 함으로써 내용물을 교반시키는 진탕형 오토클레이브에 대한 설명 중 올바른 것은?

① 가스누설의 가능성이 있다.
② 전자교반식과 같이 저압력에 사용할 수 있다.
③ 반응물의 오손이 많다.
④ 압력계는 본체에서 떨어져 장치한다.

해설 진탕형 오토클레이브
- 가스누설의 가능성이 없다.
- 고압력에 사용할 수 있고 반응물의 오손이 없다.
- 진동으로 압력계는 본체로부터 떨어져 설치한다.

109 용기밸브 조작에 관하여 옳은 것은?

① 가스 대량 소비 시에는 급격히 열어야 한다.
② 처음에는 서서히 하되 급속도로 전개하여야 한다.
③ 조작의 편리를 위하여 모든 밸브에는 진한 글리세린을 바른다.
④ 모든 밸브는 서서히 개폐한다.

해설 각종 고압가스 용기밸브는 서서히 개폐한다.

110 재료의 저온하에서의 성질에 관한 설명 중 틀린 것은?

① 탄소강은 저온이 될수록 인장강도는 증가하고 충격값은 저하한다.
② 동은 액화분리장치용 금속재료로 적당하다.
③ 강은 암모니아 냉동기용 재료로서 부적당하다.
④ 18-8 스테인리스강, 알루미늄은 우수한 저온장치용 재료이다.

해설
- NH_3의 금속에 대한 반응은 Cu, Zn, Al, Co 등이 착이온화하여 부식을 일으키기 때문에 사용이 금지되며 저온에는 Ni : 2~4% 강을 사용한다.
- 암모니아는 냉동기 장치에서 철과 철합금이 사용되며 내식성이 우수한 18-8 스테인리스강이 좋다.

111 신규검사에 합격된 용기의 각인사항과 그 기호의 연결이 올바르게 된 것은?

① 내용적-L
② 용기의 질량-W
③ 내압시험 압력-FP
④ 최고 충전압력-TP

정답 106 ③ 107 ③ 108 ④ 109 ④ 110 ③ 111 ②

해설 용기의 각인
- W – 용기의 질량
- V – 내용적
- 내압시험압력(TP)
- 최고충전압력(FP)

112 용기의 기밀시험 압력에 관한 설명 중 맞는 것은?

① 아세틸렌 용기에 있어서는 최고 충전압력의 1.1배 압력
② 초저온 용기 및 저온 용기에 있어서는 최고 충전압력의 1.1배 압력
③ 초 저온 용기 및 저온 용기에 있어서는 최고 충전압력의 2배
④ 아세틸렌 용기에 있어서는 최고 충전압력의 1.6배 압력

해설 기밀시험(AP)
- 초저온 용기나 저온 용기는 최고 충전압력(FP)의 1.1배이다.
- 아세틸렌 기밀시험은 1.8배가 정답이다.

113 산소를 제조하기 위한 공기액화 분리장치에서 수유분리기의 역할 설명으로 옳지 않은 것은?

① 압축기 파손 우려가 있으므로 물이나 오일을 제거한다.
② 오일이 장치 내에 들어가면 폭발위험이 있으므로 오일을 제거한다.
③ 수분이 장치 중에 들어가면 동결하여 밸브 및 배관을 폐쇄하므로 수분을 제거한다.
④ 수유분리기에서는 압축된 공기 중의 수분이나 오일을 가스유속을 다르게 하여 분리시킨다.

해설 ①, ②, ③은 공기액화 분리장치에서 수유분리기(물과 기름분리기)의 목적이다.

114 공기액화 분리장치 중에 탄화수소가 얼마일 때 방출해야 하는가?

① 액화산소 500L 중 탄화수소의 탄소 질량이 500mg
② 탄화수소 5L 중 아세틸렌의 질량이 100mg
③ 액화산소 500L 중 탄화수소의 탄소 질량이 50mg
④ 액화산소 5L 중 탄화수소의 탄소 질량이 500mg

해설 공기액화장치는 공기, 질소, 산소, 헬륨 등과 같이 임계온도가 낮은 기체를 액화할 때에는 일반적으로 액화하는 그 자체를 냉매로 한 가스 액화사이클이 이용되며 액화산소 5L 중 탄화수소의 탄소 질량이 500mg이면 방출한다.

115 최고 충전압력이 $150kg/cm^2$인 압축가스 용기의 내압시험압력은?

① $165kg/cm^2$
② $200kg/cm^2$
③ $250kg/cm^2$
④ $300kg/cm^2$

해설 압축가스 용기의 내압시험압력

$P = 충전압력 \times \dfrac{5}{3}$

$= 150 \times \dfrac{5}{3} = 250kg/cm^2$

116 공기액화 분리장치에 있어서 폭발원인이 되지 못하는 것은?

① 원료 공기취입구의 위치
② 압축기의 내부 윤활유의 품질
③ 아세틸렌 필터의 기능
④ 정류판의 효율

해설 공기액화 분리장치 폭발원인
- 공기취입구에서 아세틸렌 침입
- 압축기용 윤활유의 분해에 의한 탄화수소의 생성
- 공기 중의 산화질소(NO), 과산화질소(NO_2) 등의 질소 화합물의 흡입
- 액체공기 중의 오존(O_3) 흡입

정답 112 ② 113 ④ 114 ④ 115 ③ 116 ④

117 용기에 안전밸브를 설치하는 이유는?

① 규정량 이상의 가스를 충전하였을 때 여분의 가스를 분출하기 위하여
② 가스 출구가 막혔을 때 가스 출구로 사용하기 위하여
③ 분석용 가스의 출구로 사용하기 위하여
④ 용기 내 압력의 이상 상승 시 그 압력을 정상화하기 위하여

해설 고압가스 용기에 안전밸브를 설치하는 이유는 용기 내 압력의 이상상승 시 그 압력을 정상화하기 위하여

118 공기 100L를 액화 장치에 의해 압축 200 atm, 팽창 1atm으로 반복하여 액화기에서 액화하였다. 이론상 몇 g의 액체공기를 만들겠는가?(단, 공기 분자량은 29이다.)

① 약 100g
② 약 130g
③ 약 150g
④ 약 290g

해설 1몰=22.4L=29g
100L=4.46몰
∴ 4.46×29=129.46g

119 공기를 냉각하고 압력을 가하여 액체공기를 만드는 과정 및 이것을 분별증류하는 과정으로 맞게 설명한 것은?

① 산소가 먼저 액화하고 기화도 산소가 먼저 한다.
② 산소가 먼저 액화하고 기화는 질소가 먼저 한다.
③ 질소가 먼저 액화하고 기화도 질소가 먼저 한다.
④ 질소가 먼저 액화하고 기화는 산소가 먼저 한다.

해설 공기의 액화 시 액화는 산소가 먼저하고 기화는 질소가 먼저 한다.(산소의 비점이 질소보다 높다.)

120 고압가스 설비 중 상용압력이 1,000kg/cm² 미만인 원통형 저장탱크의 경우 접시형의 강판두께 계산공식은 다음 중 어느 것인가?(단, P는 상용압력, D는 내경, W 및 V는 계수, f는 인장강도의 수치, η는 이음매의 효율, C는 부식여유의 두께)

① $\dfrac{PD}{50f\eta-P}+C$
② $\dfrac{PDW}{100f\eta-P}+C$
③ $\dfrac{PDV}{100f\eta-P}+C$
④ $\dfrac{D}{2}\left[\dfrac{25f\eta+P}{25f\eta-P}-1\right]+C$

해설 ① 동판 두께 계산
② 접시형 두께 계산
③ 반타원형의 두께 계산
④ 동판에서 동체 내경과 외경의 비가 1.2 이상인 것의 계산

121 고압가스 용기의 보수 시 주의사항으로 옳지 않은 것은?

① 가스를 안전한 방법으로 방출할 것
② 가스 방출 후 가연성 가스로 치환할 것
③ 용기 보수 전에 공기로 다시 치환할 것
④ 보수 후 가스 충전 전에 불활성 가스로 치환할 것

해설 용기의 보수 시 주의사항
• 가스를 안전한 방법으로 방출
• 용기의 보수 전에 공기로 치환(가연성 가스 치환은 불가)
• 보수 후 가스 충전 전에 불활성 가스 치환

가스기능장 필기 과년도 기출문제

122 다음 중 용기의 도색이 틀린 것은?

① 산소 : 일반용기는 녹색, 의료용기는 백색
② 액화탄산가스 : 일반용기는 청색, 의료용기는 회색
③ 질소 : 일반용기는 회색, 의료용기는 흑색
④ 헬륨 : 일반용기는 회색, 의료용기는 자주색

해설 헬륨의 의료용기는 갈색이어야 한다.

123 LPG 용기의 내용적이 24L일 때 최고 충전할 수 있는 LPG의 질량은 대략 얼마인가?(단, LPG의 충전상수는 2.35이다.)

① 5kg   ② 10kg
③ 24kg   ④ 55kg

해설 $\frac{24}{2.35} = 10.21\text{kg}$

124 고압가스 용기를 내압시험한 결과 전 증가량은 3,000cc, 영구 증가량은 15cc이다. 항구 증가율은 얼마인가?

① 0.2%   ② 0.5%
③ 20%   ④ 5%

해설 항구 증가율 $= \frac{\text{항구 증가량}}{\text{전 증가량}} \times 100$
$= \frac{15}{3,000} \times 100 = 0.5\%$

125 고압장치의 내압에 의한 파열사고 방지 대책을 서술한 것 중 올바른 것은?

① 부식에 의한 누설방지를 위해 정기적으로 기밀시험을 시행할 것
② 안전밸브의 기능을 사전에 점검하여 정비하여 둘 것
③ 가스누설 검사 경보기를 설치하여 조기 발견에 힘쓸 것
④ 긴급 차단장치 혹은 역지밸브를 취부 정비하여 둘 것

해설 고압장치에서 내압에 의한 사고의 미연방지는 안전장치로서 안전밸브, 가용전, 파열판 등이 있다.

126 고압가스 용기의 재료 구비조건이 아닌 것은?

① 중량이고 충분한 강도를 가질 것
② 내식성, 내마모성을 가질 것
③ 저온 및 사용 중에 견디는 연성 점성 강도를 가질 것
④ 가공성 용접성이 좋고 가공 중 결함이 생기지 않을 것

해설 고압가스의 용기는 중량이 아니고 가벼운 경량일 것

127 고압장치의 재료로서 적합하게 연결된 것은?

① 액화염소 용기 – 화이트메탈
② 압축기의 베어링 – 13% 크롬강
③ LNG 탱크 – 9% 니켈강
④ 고온고압의 수소 반응탑 – 탄소강

해설
- 염소용기 : 탄소강
- 고온고압 수소 : 망간강이나 크롬강
- 초저온용 : 18-8 스테인리스강, Al 합금 등

128 액화산소 등과 같은 극저온 저장조의 액면 측정에 많이 쓰이는 액면계는?

① 크랭크식 액면계
② 햄프슨식 액면계
③ 슬립 튜브식 액면계
④ 마그네틱식 액면계

해설 햄프슨식 액면계(차압식 액면계)는 액화산소 등과 같은 극저온의 저장조에 있는 액면 측정용 액면계이다.

129 고압가스 저장의 기술상 기준에서 틀린 것은?

① 충전용기에는 전락, 전도 및 충격을 방지하는 조치를 취할 것
② 충전용기는 항상 섭씨 15도 이하의 온도를 유지할 것
③ 가연성 가스를 저장하는 곳에는 휴대용 전등 이외의 등화를 휴대하지 말 것
④ 독성 가스 또는 가연성 가스의 저장은 통풍이 잘 되는 곳에 할 것

해설 충전용기는 항상 섭씨 40℃ 이하로 유지할 것

정답 122 ④ 123 ② 124 ② 125 ② 126 ① 127 ③ 128 ② 129 ②

130 내용적이 500L 미만인 용접용기의 방사선 검사는 동일한 제조의 용기를 1조로 하여, 그 조에서 임의로 채취한 몇 개의 용기에 대하여 실시하는가?

① 1개　　② 2개
③ 3개　　④ 4개

해설 500L 이상 용접용기는 용기마다 실시하고 500L 미만 제조용기는 동일 두께, 외경, 형상의 것으로 임의 채취 1개를 한다.

131 공기액화 장치에 들어가는 공기 중에 아세틸렌가스가 혼입되면 안 되는 이유에 관하여 올바르게 설명한 것은?

① 산소의 순도가 나빠지기 때문에
② 분리기 내의 액체산소가 탱크 내에 들어가 폭발하기 때문에
③ 배관 내에 동결되어 막히므로
④ 질소와 산소의 분리에 방해가 되므로

해설 공기액화 장치에 들어가는 공기 중에 아세틸렌가스가 혼입되면 분리기 내의 액체산소와 폭발하기 때문이다.

132 다음 중 고압가스 용기용 밸브에 관한 설명으로 올바르지 않은 것은?

① 질소가스 용기의 충전구 나사는 왼나사를 사용한다.
② 밸브핸들의 나사는 일반적으로 오른나사를 사용한다.
③ 그랜드 너트의 나사는 왼나사, 오른나사 모두 사용하지만 왼나사를 사용할 때는 그 표시를 한다.
④ 아세틸렌 가스용기의 충전구 나사는 왼나사를 사용한다.

해설 질소는 충전구의 나사가 왼나사가 아니고 오른나사이다. 가연성 가스, 충전 가스가 아니기 때문이다. ②, ③, ④는 옳은 내용이다.

133 액화석유가스의 실량 표시 증지에 기재할 사항이 아닌 것은?

① 빈 용기의 무게
② 가스의 무게
③ 발행기관
④ 충전 연월일

해설 ①, ②, ③ 외에 총무게, 충전소명 등

134 내용적 50L의 용기에 수압 30kg/cm²를 가해 내압시험을 하였다. 이 경우 30kg/cm²의 수압을 걸었을 때 용기의 용적이 50.5L로 늘어났고 압력을 제거하여 대기압으로 하니 용기 용적은 50.025L로 되었다. 항구 증가율은 얼마인가?

① 0.3%　　② 0.5%
③ 3%　　④ 5%

해설 영구증가율 $= \dfrac{\text{영구 증가량}}{\text{전 증가량}} \times 100$

$= \dfrac{50.025 - 50}{50.5 - 50} \times 100 = 5\%$

※ 10% 이하의 증가를 합격으로 한다.

135 공기액화 분리장치의 이산화탄소 흡수탑에서 2g의 이산화탄소 제거에 NaOH 몇 g이 필요한가?

① 3.6g　　② 2.6g
③ 3.5g　　④ 4.7g

해설 $2NaOH + CO_2 \rightarrow Na_2CO_3 + H_2O$

$2 \times 40 \ : \ 44$
$\quad x \ \ : \ 1$
$x = \dfrac{80}{44} ≒ 1.8$

∴ $1.8g \times 2g = 3.6g$

136 공기액화 분리기 중 폭발원인이 아닌 것은?

① C_2H_2 혼입
② O_2 혼입
③ 질소산화물 생성
④ 탄화수소 생성

해설 공기액화 분리기 중 폭발원인
- 공기 취입구로부터 C_2H_2 혼입
- 압축기용 윤활유의 분해에 따른 탄화수소의 생성
- 공기 중에 있는 산화질소(NO), 과산화질소(NO_2) 등 질소산화물의 흡입
- 액체공기 중의 오존(O_3) 혼입

137 용기의 파열사고 원인이 아닌 것은?

① 용기의 내압력 부족
② 용기 내압의 상승
③ 용기 내에서 폭발성 혼합가스에 의한 발화
④ 안전밸브의 작동

해설 용기의 파열사고 원인
- 용기의 내압력 부족
- 용기의 내압상승
- 용기 내의 폭발성 혼합가스에 의한 발화

138 다음 중 저온 재료로 부적당한 것은?

① 주철
② 황동
③ 9% 니켈
④ 18-8 스테인리스강

해설 저온용 재료는 저온에서 연신율, 교축률, 충격값의 변화가 적은 비철금속을 사용하며 Ni, Cu, Al 등이 있고 Sn은 제외된다. 주철은 저온용 재료로는 부적합하다.

139 금속재료 중 저온재료로 적당하지 않은 것은?

① 탄소강
② 황동
③ 9% 니켈
④ 18-8 스테인리스강

해설 저온용 금속
9% 니켈강, Al 합금, Cu 합금, 18-8 스테인리스강

140 고압가스 용기용 밸브에 관하여 다음 기술 중 옳지 않은 것은?

① 수소용 밸브 본체의 재질은 단조용 황동이다.
② 염소용 밸브 스핀들의 재질은 18-8 스테인리스강이다.
③ 암모니아용 밸브 본체의 재질은 단조용 황동이다.
④ 아세틸렌용 밸브 본체의 재질은 탄소강 단강품이다.

해설 암모니아와 아세틸렌은 단조강(연강) 및 스테인리스강을 사용하며 구리의 합금인 황동이나 구리와는 착이온 반응을 일으킨다.

141 원통형 용기를 만들 때 디프드로잉 작업을 한다. 이때 주름을 방지하는 가장 적당한 방법은 다음 중 어느 것인가?

① 블랭크의 두께를 크게 한다.
② 클리어런스를 작게 한다.
③ 블랭크 홀더를 사용한다.
④ 오무리기비 한계 내에서 작업한다.

해설 디프드로잉식 이음새 없는 용기 제조법에서 강판을 재료로 하는 방법

142 고압가스를 용기에 충전할 경우에 그 충전방법이 잘못된 것은?

① 염소는 압축 또는 저장할 경우에 안정제를 첨가하지 않는다.
② 아르곤은 질소를 희석제로 하여 첨가한다.
③ 시안화수소는 안정제로 황산, 인산 등을 첨가한다.
④ 베릴륨은 특히 안정제나 첨가제를 필요로 하지 않는다.

정답 136 ② 137 ④ 138 ① 139 ① 140 ③ 141 ③ 142 ②

해설
- 시안화수소의 안정제는 황산, 인산 등이다.
- 아르곤가스는 희석제가 필요 없다.
- 염소의 제독제는 소석회나 가성소다 수용액이다. (보관이 용이한 곳에 저장)

143 다음 중 용접용기인 것은?

① 산소용기　② LPG 용기
③ 질소용기　④ 아르곤용기

해설 용접용기는 제작의 편의성, 경제성은 있으나 내식성과 내압력이 없으므로 액화가스(LPG 등), 용해가스를 주로 충전한다.

144 저온 액화저장에서 단열현상으로서 가장 적당하지 않은 것은?

① 단열재를 직접 통한 열전도
② 외면으로부터의 열복사
③ 연결 파이프를 통한 열전도
④ 펌프 등에 의한 열전도

해설 저온 액화저장에서 열전도 현상
- 외면으로부터의 열전도
- 연결파이프의 열전도
- 펌프 등에 의한 열전도

145 다음 중 저온장치를 구성하는 재료로서 적당하지 않은 것은?

① LPG 저장탱크의 내조 : 18−8 스테인리스강
② −15℃로 되는 열교환기 : 강관
③ 액체산소 저장탱크의 내조 : 18−8 스테인리스강
④ 액체질소 저장탱크의 단열재 : 양모

해설
- 저온 저장탱크 단열은 진공 단열이며 고진공 단열, 분말진공 단열, 다층진공 단열이 있다.
- 액체질소의 비점은 −196℃로서 양모의 단열재는 부족하다. (양모는 보냉재이다)

146 금속재료 중 저온 재료로 적당하지 않은 것은?

① 경강, 연강
② 황동
③ 9% 니켈강
④ 18−8 스테인리스강

해설 저온에서의 탄소강은 충격치의 연신율, 교축률의 감소로 강도가 저하되므로 비철금속이 주로 저온용으로 사용된다.

147 액체공기의 분류법으로 얻는 가스는?

① 수소　② 염소
③ 질소　④ 암모니아

해설 공기액화 분리장치에서 얻을 수 있는 것을 말하며 공기 중 질소, 산소, 아르곤을 회수한다.

148 500kg의 R−12를 내용적 50L 용기에 충전하려면 최소한의 용기는?(단, 가스정수 C는 0.88이다.)

① 5개　② 7개
③ 9개　④ 11개

해설 $50 \div 0.88 = 56.818181$
∴ $500 \div 56.818181 = 8.80$개 ≒ 9개

149 상용압력이 30kg/cm²인 고압설비의 기밀시험 압력은 몇 kg/cm²인가?(단, 가스는 산소이다.)

① 30kg/cm² 이상
② 18kg/cm² 이상
③ 24kg/cm² 이상
④ 33kg/cm² 이상

해설 고압설비는 상용압력 이상으로 기밀시험을 하며 저온 및 초저온 용기는 최고충전압력×1.1배로 한다.

정답 143 ② 144 ① 145 ④ 146 ① 147 ③ 148 ③ 149 ①

150 다음 고압장치에 사용되는 밸브의 특징 중 틀린 것은?

① 주조품보다 단조품이 많다.
② 밸브시트는 내식성과 강도가 높은 재료를 많이 사용한다.
③ 안전을 위하여 밸브시트는 교체할 수 없도록 되어 있는 것이 대부분이다.
④ 기밀유지를 위해 스핀들에 패킹이 들어 있다.

해설 밸브는 속도와 압력이 커서 침식이 많으므로 밸브시트는 밸브 본체와 교체할 수 있도록 한다.

151 초저온 용기에 대한 정의 중 옳은 것은?

① 임계온도가 50℃ 이하인 액화가스 충전용기
② 강판과 동판으로 제조된 용기
③ −50℃ 이하인 액화가스 충전용기
④ 단열재로 피복하여 용기 내의 온도가 사용의 온도를 초과 못하도록 조치한 용기

해설 ③ 초저온 용기에 대한 설명이다.
④ 저온 용기에 대한 설명이다.

152 내부 용적이 40,000L인 액화산소 저장탱크의 저장능력은?(단, 비중은 1.04로 하고 차량에 고정된 탱크는 제외)

① 40,000kg ② 38,640kg
③ 37,440kg ④ 36,630kg

해설 $W = 0.9dV = 0.9 \times 1.04 \times 40,000 = 37,440$kg

153 용기 종류별 부속품의 기호 표시가 틀린 것은?

① AG : 아세틸렌가스를 충전하는 용기의 부속품
② PG : 압축가스를 충전하는 용기의 부속품
③ LG : 액화석유가스를 충전하는 용기의 부속품
④ LT : 초저온 용기 및 저온 용기의 부속품

해설
- LG : LPG를 제외한 액화가스 충전용기 부속품
- LPG : 액화석유가스 용기 부속품

154 다음 가스용기 밸브 중 충전구 나사를 왼나사로 정한 것은 어느 것인가?

① N_2O ② C_2H_2
③ CO_2 ④ O_2

해설 용기 충전구 나사
- 수나사 − A형
- 암나사 − B형
- 나사가 없는 것 − C형
- 가연성 가스 용기 충전구 나사는 NH_3, CH_3Br을 제외하고 모두 왼나사이다.

155 아세틸렌의 충전 시 다공물질이 고형인 경우에 용제를 침윤시킨 후 용기 벽을 따라 얼마까지의 틈을 허용하는가?

① 용기 직경의 1/100 또는 6mm 이하
② 용기 직경의 1/50 또는 5mm 이하
③ 용기 직경의 1/200 또는 3mm 이하
④ 용기 직경의 1/150 또는 3mm 이하

해설 아세틸렌 충전 시 다공물질이 고형인 경우 용제의 침윤 후 용기 벽을 따라 용기 직경의 1/200 또는 3mm를 초과하지 않는 틈이 있는 것은 무방하다.

156 횡형 오토클레이브 전체가 수평 전후 운동을 함으로써 내용물을 교반시키는 형식은?

① 교반형   ② 회전형
③ 진탕형   ④ 정치형

해설
- 액화가스를 고온하에서 반응할 수 있는 반응가마를 오토클레이브라고 한다.
- 종류 : 교반형, 진탕형, 회전형, 가스 교반형이 있다.
- 진탕형은 횡형 오토클레이브 전체가 수평 전후 운동을 함으로써 내용물을 교반시키는 형식으로 가장 일반적이다.

정답 150 ③ 151 ③ 152 ③ 153 ③ 154 ② 155 ③ 156 ③

SECTION 02 고압장치 및 저온장치의 재료

001 금속재료 중 저온장치의 구비조건으로 틀린 것은?

① 저온에서도 기계적 성질이 우수할 것
② 내식성이 클 것
③ 저온에서 취성이 클 것
④ 저온에서 충격값이 클 것

해설 저온재료는 저온에서 취성이 적어야 한다.

002 알루미늄(Al)의 특징으로 옳지 않은 것은?

① 수축률이 좋고 유동성이 불량하다.
② 주조하기가 어렵다.
③ 구리 및 아연의 합금으로 많이 사용된다.
④ 합금을 하면 기계적 성질 및 경도를 감소시킨다.

해설 합금을 하면 기계적 성질이 우수하고 경도가 증가하여 실린더 헤드, 크랭크케이스, 피스톤 등의 압축기로 사용된다.

003 다음 설명 중 틀린 것은?

① 니켈강은 조직이 치밀하고 강도가 크며 내식성, 내마멸성이 크다.
② 크롬강은 경도가 크고 인성이 양호하며 내마모성, 내식성, 내열성이 증가된다.
③ 크롬-몰리브덴강은 고온강도가 적으나, 용접성은 좋고 담금질 열처리는 나쁘다.
④ 니켈-크롬강은 강인하고 충격에 대한 저항이 크며 담금질 효과가 크고 내마모성, 내열성이 좋다.

해설 크롬-몰리브덴 특수강은 고온강도가 크며 담금질이 잘 된다.

004 다음 열처리의 내용 중 틀린 것은?

① 담금질은 910℃보다 30~50℃ 높게 가열시킨 후 급속히 냉각시키는 열처리다.
② 뜨임이란 담금질한 강을 변태점 910℃ (A_3) 이하의 적당한 온도로 가열한 후 알맞은 속도로 냉각시켜 인성을 증가시킨다.
③ 풀림이란 상온가공을 용이하게 하기 위하여 뜨임보다는 약간 높은 온도로 가열하여 가열로 속에서 천천히 냉각시켜 가공경화나 내부응력을 고착시킨다.
④ 불림이란 단조작업 압연 등의 소성 가공 중 거칠어진 조직이나 조직을 미세화하고 편석이나 잔류응력을 제거하기 위하여 A_3~A_1(910~723℃) 변태점보다 약 30~60℃ 높게 가열하여 공기 속에서 냉각시킨다.

해설 풀림 열처리는 가공경화나 내부응력을 제거시킨다.

005 고온 고압장치의 재료 구비조건으로 틀린 내용은?

① 조직의 균일화로 점성강도가 클 것
② 크리프 강도가 적을 것
③ 고온강도 및 점성강도가 클 것
④ 장시간 가열해도 조직이 안정하고 내구성이 클 것

해설 크리프 강도가 커야 한다.

정답 01 ③ 02 ④ 03 ③ 04 ③ 05 ②

006 다음 특수강의 성질 중 옳지 않은 것은?
① 망간강은 강도 및 경도가 커서 고압용 재료로 널리 사용된다.
② 스테인리스강은 기계적 성질이 우수하고 고온이나 저온용으로 사용되며 페라이트계와 오스테나이트계로 구분한다.
③ 오스테나이트계 스테인리스강이란 크롬과 니켈의 합금이다.
④ 코발트는 니켈과 성질이 유사하며 고온에 대한 강도를 분석함에 니켈보다는 효과가 적다.

해설 코발트는 고온에서 강도가 증가하면 니켈보다는 효과가 더 크다.

007 탄소강의 성질 중 옳지 않은 것은?
① 탄소는 0.77%까지는 강도·경도가 증가하나 그 이상이 되면 연신율이 감소한다.
② 탄소강의 망간은 황과 화합하여 MnS이 되어서 적열메짐을 방지한다.
③ 탄소강의 규소는 유동성, 탄성한도, 강도, 경도가 감소되며 연신율 충격치가 증가한다.
④ 탄소강의 황은 망간과 결합하여 절삭성이 개선된다.

해설 탄소강의 규소는 탄성한도, 강도, 경도가 증가하며 연신율 충격치가 감소한다.

008 아래의 내용 중 옳지 않은 것은?
① 탄소강의 인은 결정립이 거칠게 되고 상온취성이 나타난다. 그러나 인장강도, 경도는 높이고 연신율이 감소하면서 인화철(Fe_3P)이 편석되어 고스트라인의 원인이 된다.
② 탄소강 중의 질소가스는 페라이트 중의 석출 경화현상이 생기며 산소는 산화물을 발생시킨다.

③ 탄소강 중의 가스인 수소는 백점이나 헤어크랙의 생성을 방지한다.
④ 니켈은 인성이 증가하고 특히 저온에서 충격저항이 증가한다.

해설 수소가스는 백점이나 헤어크랙(Hair Crack)의 원인이 된다.

009 다음 중 금속침투법에 의한 표면 경화법이 아닌 것은?
① 세라다이징   ② 칼로라이징
③ 크로마이징   ④ 쇼트피닝

해설 강의 열처리(표면 경화법)
• 침탄법(크로마이징)
• 질화법
• 청화법
• 고주파 경화법
• 쇼트피닝법은 강재의 화학조성은 변화시키지 않고 표면을 경화한다.

010 고압가스 용기의 재료에 탄소, 인, 유황의 함유량이 제한되어 있는데 그 이유 중 틀린 것은?
① 탄소의 양이 많으면 충격치가 감소한다.
② 인이 많으면 상온취성이 생기므로 적어야 한다.
③ 유황이 수분을 함유하면 강이 부식된다.
④ 유황은 유화철이 되어 강이 약해진다.

해설 유황은 800℃ 이상에서 용기 재료 내에 적열취성을 일으켜 편석을 생성시키며 부식된다.

011 다음 중 고온 고압가스의 배관재료에서 요구되는 사항과 관계없는 것은?
① 높은 크리프 강도
② 내마멸성
③ 재료 조직의 안정성
④ 내식성

해설 고온고압에서 관의 재료는 ①, ③, ④의 성질이 요구된다.

정답 06 ④ 07 ③ 08 ③ 09 ④ 10 ③ 11 ②

012 고온고압하에서 일산화탄소를 사용하는 장치에는 철재를 사용할 수 없다. 그 이유로서 옳은 것은?

① 금속 카르보닐을 만든다.
② CO_2(이산화탄소)가 발생되기 때문이다.
③ 수소취성(탈탄작용)이 일어난다.
④ 니켈카르보닐이 방지되기 때문이다.

해설 CO가스의 금속 카르보닐 생성
- 니켈카르보닐 : $4CO + Ni \rightarrow Ni(CO)_4$
- 철카르보닐 : $5CO + Fe \rightarrow Fe(CO)_5$

013 강재의 크리프에 관하여 다음 기술 중 틀린 것은?

① 크리프 속도는 증가하면 커진다.
② 강재의 크리프는 350℃ 이상의 경우 고려할 필요가 있다.
③ 강재에서 일정 하중을 받는 크리프의 속도는 고온도가 될수록 커진다.
④ 고온으로 되어도 탄성한계 내의 하중을 걸어 놓으면 크리프는 생기지 않는다.

해설 고온에서는 탄성한계 내의 하중을 걸어 놓으면 크리프 강도가 상실된다.

014 가스의 성질과 금속에 관한 내용 중 옳은 것은?

① 질소는 안정한 가스이므로 고온에서도 금속과 화합하지 않는다.
② 염소(Cl_2)는 부식성이 커서 건조한 상태에서도 강재에 부식성을 갖는다.
③ 암모니아나 아세틸렌은 구리를 부식시키고 고온고압에서 강재를 침식시킨다.
④ 산소는 공기액화에서 분류하여 제조하며 반응성이 강하여 가연성 가스로서 그 자신이 잘 연소한다.

해설 암모니아, 아세틸렌은 구리나 구리의 합금을 침식시킨다.

015 강의 표준조직에 대한 설명으로 옳지 않은 것은?

① 오스테나이트는 γ철에 탄소를 고용한 γ고용체이다.
② 페라이트는 α철에 탄소를 고용한 α고용체이다.
③ 펄라이트란 오스테나이트와 시멘타이트(Fe_3C)의 공석결정의 현상이며 페라이트와 시멘타이트가 층으로 나타난다.
④ 시멘타이트는 탄화철(Fe_3C)이며 탄소의 함량이 2% 이하 철의 금속 간 화합물이다.

해설
- 시멘타이트는 탄소가 6.67%이다.
- A_1 변태점은 723℃이다.

016 재료가 350℃ 이상에서 일정한 응력이 작용할 때 시간이 경과함에 따라 변형이 증대되고 때로는 파괴되는 현상을 무엇이라 하는가?

① 크리프
② 취성
③ 가단성
④ 전연성

해설 크리프 현상은 변형증대, 때로는 파괴되는 현상이다.(350℃ 이상)

017 고온 고압장치에 사용되는 특수강의 성질 중 옳지 않은 것은?

① 내식성이 클 것
② 크리프 강도가 작을 것
③ 저온에서 재질의 변형이 적을 것
④ 가공이 쉽고 가격이 쌀 것

해설 고온이나 또는 고압에서 특수강은 크리프 강도가 커야 한다.

정답 12 ① 13 ④ 14 ③ 15 ④ 16 ① 17 ②

018 고압가스의 폭발범위에 대한 설명 중 틀린 것은?

① 일반적으로 고압일수록 폭발범위는 넓어진다.
② 일산화탄소와 공기의 혼합가스는 고압일수록 폭발범위가 좁아진다.
③ 수소와 공기의 혼합가스는 10atm 정도까지는 폭발범위가 넓어진다.
④ 대기압 이하로 낮아질 때 어느 압력 이하에서는 갑자기 발화하지 않는다.

해설 ① 고압일수록 폭발범위는 넓어진다.(일반적인 사항)
② 일산화탄소와 공기의 혼합가스는 고압일수록 폭발범위가 좁아진다.
③ 수소와 공기의 혼합 가스는 10atm 정도까지는 폭발범위가 좁아진다.
④ 대기압 이하에서 어느 압력 이하에서는 갑자기 발화되지 않는다.

019 철강재의 수소취성에 대한 설명 중 틀린 것은?

① 수소는 환원성이 강하므로 상온에서는 부식 문제를 고려할 필요가 없다.
② 수소는 고온, 고압하에서 철과 화합하여 수소취성을 일으킨다.
③ 스테인리스강은 수소취성을 일으키기 어렵다.
④ 수소는 고온, 고압하에서 탄소와 화합하여 메탄을 만든다.

해설 수소 취성(고온 고압에서)
$Fe_3C + 2H_2 \rightarrow CH_4 + 3Fe$
철이 아닌 탄소와 화합 · 메탄화하여 취성을 일으키며 Cr, Mo, V, Ti, W을 첨가하여 방지한다.

020 탄소강에 C, S, P, Si 함유 시 강재에 미치는 영향 중 틀린 것은?

① 탄소량이 많을 때 인장강도는 증가하고 충격값은 감소한다.
② S은 적열취성의 원인이 된다.
③ P은 상온취성의 원인이 된다.
④ Si가 증가하면 충격값이 증가한다.

해설 규소(Si)는 인장강도, 경도를 증가시키지만 연신율, 충격치, 가단성, 전성을 감소시킨다.

021 일반 탄소강의 성질에 관한 설명 중 맞는 것은?

① 강도는 탄소 0.6%에서 최고로 된다.
② 인장응력은 탄소 함유량이 많으면 많을수록 크게 된다.
③ 신축은 탄소량이 많을수록 크게 된다.
④ 경도는 표준상태에서 탄소 함유량이 증가하면 따라서 증가한다.

해설 탄소강에서 탄소량이 증가하면
• 인장강도, 항복점, 경도는 증가한다.
• 연신율, 단면 수축률, 충격치는 감소한다.

022 탄소강에 포함된 성분이 미치는 성질 중 틀린 것은?

① P : 냉간취성
② S : 고온취성
③ Mn : 내부균열
④ Si : 유동성

해설 ① P(인) : 냉간취성 원인
② S(유황) : 적열취성 원인, 고온 가소성 저하
③ Mn(망간) : 내부균열 원인
④ Si(규소) : 유동성 증가

023 배관용 스테인리스 강관의 화학성분으로 들어 있지 않은 원소는?

① 탄소(C)
② 몰리브덴(Mo)
③ 크롬(Cr)
④ 텅스텐(W)

해설 배관용 스테인리스 강관(STS)
C, Si, Mn, P, S, Ni, Cr, Mo, 급수, 급탕, 배수, 냉 · 온수 배관의 내식용, 내열용, 고온용에서 저온까지 광범위하게 사용된다.

정답 18 ③ 19 ② 20 ④ 21 ④ 22 ② 23 ④

024 다음 중 제강작업 시 편석을 가장 크게 일으키는 원소는?

① 망간(Mn)
② 크롬(Cr)
③ 알루미늄(Al)
④ 황(S)

해설 제강 작업 시 황은 편석을 크게 일으킨다.

025 다음 중 알루미늄 합금이 아닌 것은?

① 두랄루민
② 포금
③ 실루민
④ Y합금

해설
① 두랄루민 : Cu, Al, Mg, Mn 합금
② 포금 : Cu+Sn(구리+주석) 합금
③ 실루민 : Al, Si 합금
④ Y합금 : Cu, Al, Mg, Ni 합금

026 다음 중 아세틸렌가스 공급용의 도관 이음부에 사용할 수 있는 재료는?

① 구리
② 은
③ 62% 이상의 동합금
④ 철

해설 아세틸렌은 은, 수은, 62% 이상의 동합금과 치환반응이 가능하여 금속 아세틸라이드가 형성되므로 가스공급 도관 이음부에서는 사용이 불가능하다.

027 스테인리스(18Cr-8Ni)강은 다음 금속조직 중 어디에 해당하는가?

① 페라이트
② 마텐자이트
③ 펄라이트
④ 오스테나이트

해설 오스테나이트 조직은 γ고용체이며 비자성체이고 경도는 낮으나 인장강도에 비해 연신율이 크며 18-8 스테인리스강이 있다.

028 다음 항목 중 비파괴 검사법이 아닌 것은?

① 방사선 검사
② 초음파 탐상
③ 인장시험
④ 자기 탐상법

해설 금속의 비파괴 검사법
- 방사선 검사
- 초음파 검사
- 자기 탐상법
- 타진법
- 유중 침지식
- 형광 탐상법

※ 인장시험은 금속의 기계적 시험이다.

029 직경 2.5cm의 연강봉을 상온에서 30℃로 가열하고 양끝을 강성벽에 고정시킨 후 이것을 상온까지 냉각시킬 때 봉에 생기는 응력은? (단, 강의 선팽창계수 α = 0.000012/℃, E = 2,100,000kg/cm²)

① 700kg/cm²
② 756kg/cm²
③ 800kg/cm²
④ 965kg/cm²

해설 $\sigma = \alpha E(t_2 - t_1)$
$= 0.000012 \times 2,100,000 \times (30-0)$
$= 756$kg/cm²

030 다음 중 프로판 용기의 재료에 사용되는 금속은?

① 주철
② 탄소강
③ 연강
④ 니켈강

해설 프로판가스의 용기재료 금속
- 용기의 종류 : 용접 용기
- 용기의 재질 : 탄소강

정답 24 ④ 25 ② 26 ④ 27 ④ 28 ③ 29 ② 30 ②

031 고압가스 용기의 재질로 옳은 것은?
① 합성수지 ② 주철강
③ 탄소강   ④ 연강

해설 고압가스 용기의 재질
탄소강, 망간강, 크롬강, 18-8 스테인리스강, 알루미늄 합금

032 한 개의 봉 양단을 1,000kg의 힘으로 인장하면 봉 내부에 생기는 응력은 얼마인가?(단, 봉의 지름은 40mm이다.)
① 68.4kg/cm²   ② 73.8kg/cm²
③ 79.6kg/cm²   ④ 86.4kg/cm²

해설 $A = \dfrac{\pi d^2}{4} = \dfrac{3.14 \times 4^2}{4} = 12.56 \text{cm}^2$

∴ $\dfrac{1,000}{12.56} = 79.62 \text{kg/cm}^2$

033 고체상태에서 두 금속의 각 성분을 기계적인 방법으로 구분할 수 없는 합금의 상태는?
① 공정 상태 ② 혼합 상태
③ 화합 상태 ④ 고용체 상태

해설 공정이란 2개의 성분 금속이 용융되어 있는 상태에서는 서로 융합되어 균일한 액체를 형성하고 응고 후에는 성분 금속이 각각 결정으로 되어 분리되며 2개의 성분 금속이 기계적으로 혼합된 조직이다.

034 금속재료의 크리프에 관한 설명 중 옳은 것은?
① 일정 하중에 의한 크리프 속도는 온도에 관계없이 일정하다.
② 재료에 하중을 가한 순간에 생긴 변형이 시간과 같이 증대하고 때로는 파괴되며, 이 현상을 크리프라고 한다.
③ 재료에 항복점 이상의 응력이 생기면 영구변형을 일으킨다. 이 현상을 크리프라고 한다.
④ 탄성한도 이내의 하중에서는 고온에서도 크리프는 생기지 않는다.

해설 금속의 크리프란 결정입계에 있어서 점성의 흐름, 결정 내의 미끄럼에 의한 것으로 300℃ 정도에서 시작해서 400℃에서 활발하며 응력을 가하면 고온에서 연속적인 소성변형을 말한다.

035 강을 인화하고, 결정조직을 조정하여 가공경화나 내부응력 및 잔류응력을 제거하고, 냉간가공을 용이하게 하기 위한 열처리 방법은?
① 담금질 ② 뜨임
③ 불림   ④ 풀림

해설 ① 담금질 : 재료의 경도 증가를 위해 물, 기름으로 급냉(고온으로 가열 후 급냉)
② 뜨임 : 인성 증가를 위해 변태점 이하의 온도로 가열 후 냉각
③ 불림 : 조직을 미세화하기 위해 가열 후 공기 중에서 냉각
④ 풀림 : 가공 경화 시 내부응력 및 잔류응력 제거

036 다음 강관의 질화작용을 일으키는 것을 방지하는 원소는?
① Ni   ② Cr
③ Mo   ④ Ti

해설 질화작용은 질소가 고온에서 철과 접촉 시 질화물을 생성하여 경도를 높이는 현상으로 Al, Cr, Mo, Mg, Ti과는 반응성이 크며 내질화성 원소는 Ni(니켈)이다.

037 다음 가스의 조합 중 가연성이며 독성인 것으로 된 것은?
① 아세틸렌-프로판
② 수소-이산화탄소
③ 암모니아-산화에틸렌
④ 아황산가스-포스겐

해설 • 암모니아(NH₃) : 25ppm, 15~28%(폭발범위)
• 산화에틸렌(C₂H₄O) : 50ppm, 3~80%(폭발범위)
※ ③의 가스는 가연성 독성 가스이다.

정답 31 ③ 32 ③ 33 ① 34 ② 35 ④ 36 ① 37 ③

038 강재의 굵기나 두께가 커지면 담금질하기가 힘들게 된다. 이와 같은 현상을 무엇이라 하는가?

① 시효 경화 ② 노치 효과
③ 질량 효과 ④ 표면 경화

해설 질량 효과(담금질 효과)는 강재의 굵기나 두께가 커지면 담금질하기가 힘들며 강의 크기가 크면 냉각속도가 느려서 담금질 효과가 적다.

039 주철에 함유된 원소 중 흑연의 구상화를 촉진하는 것은?

① Pb ② Mg
③ S   ④ Ni

해설 구상 흑연 주철은 용탕에 Ce(세륨)을 첨가한 것으로 강도는 크나 연성이 나쁘다. 실린더 라이너, 피스톤, 기어 등에 사용하며 또한 Mg(마그네슘)을 가한 것은 노두랄 구상 흑연 주철이다. 구상 흑연 주철의 인장강도나 저항력은 보통 주철의 2~3배이다.

040 다음 설명 중 옳은 것은?

① 탄소강은 탄소 함유량이 증가함으로써 경도, 인장강도, 연신, 충격치는 저하한다.
② 탄소강은 크롬, 니켈을 적당히 첨가하면 내식성이 증가한다.
③ 인은 탄소강에 함유되면 침식성을 증가시키므로 많은 쪽이 좋다.
④ 주철은 탄소의 함유량이 2.0~4.5% 정도 되며 압축하중에는 약하나 충격에는 강하다.

해설 ① 탄소강은 탄소가 0.035~1.7% 이하의 혼합물이다.
② 탄소강은 크롬, 니켈을 적당히 첨가하면 내식성, 내마멸성, 내열성이 증가한다.
③ 탄소강에 인은 유동성을 개선하지만 너무 많으면 편석된다.
④ 주철은 탄소함량이 2.0~6.8%이며 압축에는 강하나 충격에는 약하다.

041 금속재료의 열처리에서 소열이란?

① 금속재료를 가열한 후 노 속에서 서서히 냉각하는 조작
② 금속재료를 가열한 후 공기 중에서 자연히 냉각하는 조작
③ 금속재료를 낮은 온도로 가열 후 냉각하는 조작
④ 금속재료를 가열한 후 물이나 기름 속에 넣어서 급냉하는 조작

해설 • 소열(담금질)이란 금속재료를 가열한 후 물이나 기름 속에 넣어서 급냉하는 열처리이다.
• 뜨임(템퍼링) → 소려
• 풀림(어닐링) → 소둔
• 불림(노멀라이징) → 소준

042 탄소 함유량이 몇 % 이하인 강을 연강이라고 하는가?

① 6%   ② 3%
③ 1.5% ④ 0.3%

해설 탄소강 중 탄소함량이 0.3% 이하면 연강이라 한다.

043 다음 중 상압의 공기 중에서 가연성 가스의 폭발범위가 잘못된 것은?

① CO : 12.5~74vol%
② NH_3 : 15~25vol%
③ C_2H_4O : 3~80vol%
④ C_2H_2 : 2.5~81vol%

해설 가스의 폭발범위
• NH_3(암모니아) : 15~28vol%
• CO(일산화탄소) : 12.5~74vol%
• C_2H_4O(산화에틸렌) : 3~80vol%
• C_2H_2(아세틸렌) : 2.5~81vol%

정답 38 ③ 39 ② 40 ② 41 ④ 42 ④ 43 ②

044 철에 고용되어 담금질성을 향상시키고 인성을 증가시키며, 충격값의 천이 원소를 낮게 하는 저온용 강재의 합금원소는?
① Ni ② Mn
③ Cu ④ W

해설 ① 니켈(Ni) : 인성 증가, 저온에서 충격저항 증가
② 망간(Mn) : 적열 취성을 방지하나 소성가공을 저하
③ 구리(Cu) : 대기 중 내산화성 증가
④ 텅스텐(W) : 고온에서 인장강도, 경도 증가

045 적당한 온도로 가열하고 급랭시켜 재질의 경도를 크게 하는 열처리는?
① 담금질 ② 풀림
③ 뜨임 ④ 불림

해설 담금질(퀜칭)이란 적당한 온도로 가열하고 급랭시켜 재질의 경도를 증가시키는 열처리이다.

046 다음 조직 중에서 가장 경도가 높은 것은?
① 시멘타이트 ② 펄라이트
③ 소르바이트 ④ 트루스타이트

해설 열처리 준조직의 경도 순서
시멘타이트 > 마텐자이트 > 트루스타이트 > 소르바이트 > 펄라이트 > 오스테나이트 > 페라이트

047 크롬 12~16%를 함유한 스테인리스강 중에 1~3% 정도 첨가하면 담금질에 의하여 마텐자이트로 변화시킬 수 있는 원소는?
① 니켈 ② 망간
③ 몰리브덴 ④ 탄소

해설 크롬-몰리브덴강은 높은 온도에서 강도가 크고 용접성이 좋으며 담금질에 의해 마텐자이트로 변한다.

048 다음 중 단조용 강재에서 적열 취성을 일으키는 원소는?
① Ni ② S
③ Mn ④ Cu

해설 유황(S)은 900℃ 정도의 고온에서 적열취성을 일으킨다.

049 탄소강에서 탄소 함유량(0.9% 이하에서)의 증가와 더불어 감소하는 것은?
① 인장강도 ② 항복점
③ 경도 ④ 연신율

해설 탄소가 많아지면 강도가 증가하며 연신율이 감소한다.

050 바탕이 펄라이트이고, 흑연이 균일하고 미세하게 분포되어 있어 인장강도가 35~45kg/mm^2 정도에 달하여, 담금질할 수 있어 내마멸성 등이 요구되는 부분에 쓰이는 주철은?
① 미하나이트 주철
② 회주철
③ 칠드 주철
④ 흑심가단 주철

해설 미하나이트 주철은 강제 탈산효과에 의하여 미세한 흑연화를 일으킨 주철이다.

051 풀림작업을 하는 목적이 아닌 것은?
① 응력 제거
② 성분 분포의 균일화
③ 재결정 및 입도 조정
④ 탄소 제거

해설
• 풀림(어닐링)의 목적 : 가공경화 제거, 내부응력 제거, 탄소 제거
• 불림(노멀라이징) : 거칠어진 조직을 미세화하여 재결정 및 입도 조정

052 다음 중 풀림 열처리의 목적이 아닌 것은?
① 재료의 인성을 부여하기 위하여
② 내부응력을 제거하기 위하여
③ 경화된 재료를 연화하기 위하여
④ 금속 결정입자의 조절을 위하여

정답 44 ① 45 ① 46 ① 47 ③ 48 ② 49 ④ 50 ① 51 ③ 52 ④

해설 풀림 열처리(어닐링, 소둔)는 금속의 가공경화 내부응력을 제거함으로써 재료의 연화 및 상온가공을 용이하게 하고 뜨임 열처리(템퍼링, 소려)보다 약간 높은 온도로 가열한다.

053 황동에 대한 설명으로 옳지 않은 것은?

① 황동은 고온이 될수록 인장강도는 감소한다.
② 수은, 암모니아와 접촉할 때 입계부식이 일어난다.
③ 6 : 4 황동은 600℃까지는 연신율이 저하한다.
④ 7 : 3 황동은 600℃ 이상에서 인장강도가 강해져서 고온가공이 적당하다.

해설 동은 암모니아나 아세틸렌가스에서는 침식이나 폭발의 위험이 있다.

054 다음 중 저온 재료로 부적당한 것은?

① 주철
② 황동
③ 9% 니켈
④ 18 - 8 스테인리스강

해설 저온에서 연신율, 교축률, 충격치값의 변화가 없는 재료는 비철금속이며 탄소 함유강(주철 등)은 저온 취성으로 강도 및 연성이 감소된다.

055 고압가스 용기의 재료에 사용되는 강의 성분 중 탄소, 인, 황의 함유량은 제한되어 있다. 그 이유로서 옳은 것은?

① 황은 적열취성의 원인이 된다.
② 탄소량이 증가하면 인장강도는 감소하나 충격치는 내려간다.
③ 탄소량이 많으면 인장강도는 감소하고 충격치는 증가한다.
④ 인은 될수록 많은 것이 좋다.

해설 ① 황은 900℃ 부근에서 적열취성을 일으킨다.
② 탄소량이 많으면 인장강도가 크다.(1.2%일 때 최대)

③ 탄소량이 많아지면 충격치가 증가한다.
④ 인이 많으면 상온취성이 있고 경도, 강도는 증가하나, 결정립이 거칠다.

056 용기의 제조, 수리의 기술상 기준에 대한 설명으로 틀린 것은?

① 용기동판의 최대 두께와 최소 두께와의 차이는 평균 두께의 20% 이하로 하여야 한다.
② 용기의 재료에는 스테인리스강 또는 알루미늄합금 등을 사용한다.
③ 초저온 용기는 오스테나이트계의 스테인리스강으로 제조하여야 한다.
④ 이음새 없는 용기의 탄소 함유량은 0.33% 이하라야 한다.

해설 • 이음새 없는 용기의 탄소 함량은 0.55% 이하가 정답이다.
• ①, ②, ③은 가스용기의 제조 수리 기술상의 기준이다.

057 프로판 용기의 재료에 사용되는 금속은 어느 것인가?

① 주철   ② 탄소강
③ 내산강   ④ 두랄루민

해설 • 두랄루민 : Al, Cu, Mg의 합금으로 경량이며 내열성이 우수하여 항공기의 소재로 널리 사용된다.
• 프로판의 용기는 탄소강이다.

058 대형 액화가스 저장탱크의 용접시공 후 용접부 검사법으로 옳지 않은 것은?

① 기밀시험
② 수압시험
③ 초음파 X선 검사
④ 방사선 검사

해설 액화가스의 저장탱크 용접시공 후 용접검사법
• 기밀시험
• 초음파 X선 검사
• 방사선 검사

정답 53 ② 54 ① 55 ① 56 ④ 57 ② 58 ②

059 강중에 함유한 원소가 강의 성질에 미치는 영향에 관한 설명 중 틀린 것은?

① Ni은 저온에 대한 취성을 개선한다.
② S는 적열취성의 원인이 된다.
③ P는 상온에 대한 취성을 증가시킨다.
④ Mn는 P에 의한 취성을 감소시킨다.

해설 망간(Mn)은 적열취성을 방지하나 소성가공을 저하한다.

060 일반 탄소강의 성질에 관한 다음 설명 중 옳은 것은?

① 경도는 탄소 0.6%에서 최고로 한다.
② 인장응력은 탄소 함유량이 많게 되면 될 수록 크게 된다.
③ 연신율은 탄소량이 많을수록 크게 된다.
④ 경도는 표준상태에서 탄소 함유량이 증가하면 따라서 증가한다.

해설 탄소강의 C의 증가가 많아질 때 나타나는 현상은 경도, 취성, 내식성, 항복점 증가 그 반면에 인장강도(0.9% 이상), 연신율, 용융점 감소가 나타난다.

061 재료의 저온하에서의 성질에 관한 설명 중 틀린 것은?

① 탄소강은 저온도가 될수록 인장강도는 증가하고 충격값은 저하한다.
② 동은 액화 분리장치용 금속재료로 적당하다.
③ 강은 암모니아 냉동기용 재료로 부적당하다.
④ 18-8 스테인리스강, 알루미늄은 우수한 저온장치용 재료이다.

해설
• 초저온 가스의 용기는 크롬 18%, 니켈 8%의 오스테나이트계 스테인리스강이다.
• 탄소강은 염소 및 암모니아 등의 저압 이음매 없는 용기에 사용할 수 있다.

062 다음 재료 중 상온에서 취약성이 가장 큰 것은?

① 알루미늄   ② 구리
③ 강   ④ 주철

해설 주철의 특징
• 마찰저항과 절삭성 양호
• 용융점이 낮아 주조성 양호
• 내식성과 압축강도는 크나 인장강도는 적다.
• C 함량이 많아 취성(부서지는 성질)이 있다.

063 다음 중 담금질에 해당하는 것은?

① 불림   ② 뜨임
③ 소입   ④ 소둔

해설
• 불림 : 소둔이라고 하며 강의 조직을 표준화시킴
• 소임 : 인성의 증가(뜨임)
• 소입 : 담금질(경도 증가)
• 풀림 : 소둔이라고 하며 잔류응력 제거

064 강중의 펄라이트 조직이란 무엇을 말하는가?

① α고용체와 Fe_3C의 혼합물
② γ고용체와 Fe_3C의 혼합물
③ α고용체와 γ고용체의 혼합물
④ δ고용체와 α고용체의 혼합물

해설 펄라이트란 시멘타이트(Fe_3C)와 오스테나이트의(감마 고용체) 공석정을 말한다.

065 길이 1m의 연강봉에 인장하중이 작용하여 $800kg/cm^2$의 인장응력이 생겼다. 이때 늘어난 길이는 얼마인가?(단, 재료의 세로 탄성률은 $2 \times 10^6 kg/cm^2$이다.)

① 0.4cm   ② 0.004cm
③ 0.04cm   ④ 0.0004cm

해설 1m = 100cm

$$\therefore \frac{100 \times 800}{2 \times 10^6} = 0.04cm$$

정답 59 ④ 60 ④ 61 ③ 62 ④ 63 ③ 64 ② 65 ③

066 지름 20mm의 연강봉에 생긴 인장 변형률이 0.7×10^{-3}일 때 이 봉에 작용하는 인장하중은 약 얼마(kg)인가?(단, 세로 탄성계수 $E = 2.1 \times 10^6 \text{kg/cm}^2$이다.)

① 2,820 ② 3,840
③ 4,616 ④ 5,160

해설 $\frac{3.14}{4} \times 2^2 \times (0.7 \times 10^{-3}) = 0.002198$
$E = 2.1 \times 10^6 = 2,100,000$
∴ $2,100,000 \times 0.002198 = 4,615.8 \text{kg}$

067 9,420kg의 인장하중을 받는 연강봉의 인장강도가 3,600kg/cm²일 때 지름은 얼마인가?(단, 안전율은 6이다.)

① 5.5cm ② 4.5cm
③ 3.5cm ④ 1.8cm

해설 $6 = \frac{3,600}{허용응력}$, 응력 $= \frac{3,600}{6} = 600 \text{kg/cm}^2$
응력 $= \frac{하중}{단면적} = \frac{9,420}{x}$, $600 = \frac{9,420}{x}$
단면적$(x) = \frac{9,420}{600} = 15.7 \text{cm}^2$
∴ $d = \sqrt{\frac{4Q}{\pi}} = \sqrt{\frac{4 \times 15.7}{3.14}} = 4.47 \text{cm}$

068 저온장치 재료로서 우수한 것은?

① 13% 크롬강 ② 9% 니켈강
③ 탄소강 ④ 주철

해설 초저온 장치 재료는 내식성이 커야 하므로 크롬이나 니켈강이 우수하다. 특히 크롬 18%, 니켈 8%가 좋다.

069 표면 경화법에서 질화처리한 것은 다음과 같은 특징이 있다. 이 중 틀린 것은?

① 경화층도 얇으며, 경도도 침탄한 것보다 작다.
② 마모 및 부식에 대한 저항이 크다.
③ 침탄강은 침탄 후 담금질하나, 질화법은 담금질할 필요가 없어 변형이 적다.
④ 600℃ 이하의 온도에서는 경도가 감소되지 않고, 산화도 잘 되지 않는다.

해설 질화법은 경화층이 얇으나 경도가 감소되지 않고, 산화도 잘 되지 않는다.

070 직경이 2cm인 연강환봉에 3,140kg의 하중이 걸려 있다. 이 재료에 걸리는 응력은 얼마나 되는가?(단, 환봉의 하중은 무시함)

① 1,570kg/cm²
② 1,000kg/cm²
③ 2,100kg/cm²
④ 500kg/cm²

해설 단면적$(A) = \frac{\pi d^2}{4} = \frac{3.14 \times 2^2}{4} = 3.14 \text{cm}^2$
∴ $\frac{3,140}{3.14} = 1,000 \text{kg/cm}^2$

071 상압에서 액화 프로판가스를 저장하는 저온탱크에 적당한 금속재료는?

① 납 ② 주철
③ 탄소강 ④ 알루미늄

해설
- 저압충전용 : 탄소강, 망간강, 크롬강 등
- 초저온용 : 18-8 스테인리스강, Al 합금 등
- 산소, 질소, 탄산가스, 가스의 저온가스 용기는 알루미늄 합금이 좋다.

072 재료의 용도로서 적당하지 않은 것은?

① 액체 산소 탱크 : 알루미늄
② 수분이 없는 액화염소 탱크 : 탄소강
③ 아세틸렌 배관 : 동
④ 상온, 상압의 수소 용기 : 탄소강

해설 아세틸렌은 120℃ 이상의 온도와 빛, 충격에 폭발하는 금속 아세틸라이드가 발생되며 금속의 화합폭발인 구리(Cu_2C_2), 수은(Hg_2C_2), 은(Ag_2C_2)은 재료의 용도로서 적당하지 못하다.

정답 66 ③ 67 ② 68 ② 69 ① 70 ② 71 ③ 72 ③

073 용접용기의 동판두께를 산정하는 계산식은?(단, t : 두께, P : 최고 충전압력, D : 동체의 내경, S : 재료의 허용응력, η : 용접효율, C : 부식여유 두께)

① $t = \dfrac{PD}{200s\eta - 1.2P} + C$

② $t = \dfrac{P}{200s\eta - 0.2P} + C$

③ $t = \dfrac{PD}{200s\eta - 0.2P} + C$

④ $t = \dfrac{P}{200s\eta - 1.2P} + C$

해설 ① 용접제 원통형 고압설비 동판의 두께 계산식이다.

$t = \dfrac{충전압력 \times 안지름}{200 \times 용접효율 \times 인장강도 - 1.2 \times 충전압력} + 부식여유\ 두께$

- 충전압력(kg/cm²)
- 안지름(mm)
- 용접효율(%)
- 인장강도(kg/mm²)
- 부식여유(mm)

074 판의 두께 12mm, 리벳의 직경 20mm, 피치 50mm의 일렬겹침 리벳이음이다. 1피치당 하중을 1,200kg으로 하면 판의 인장응력은 얼마인가?

① 3.3kg/mm^2
② 3.7kg/mm^2
③ 3.9kg/mm^2
④ 4.1kg/mm^2

해설 $W = t(p-d)\sigma_t$

$1,200 = 12(50-20)\sigma_t$

$\therefore \sigma_t = \dfrac{1,200}{(50-20) \times 12} = 3.33\text{kg/mm}^2$

075 구상 흑연 주철에 대한 설명으로 옳지 않은 것은?

① 열처리하면 강도는 감소하나 연신율이 증가한다.
② 백선철을 풀림 처리하여 강인하게 만든 것으로 인장강도가 35~40kg/mm²이다.
③ 보통 주철보다 내열성 및 내마모성이 좋다.
④ 강인성이 요구되는 부분품에 많이 사용된다.

해설 구상 흑연 주철(노듈러 주철, 연성 주철)의 특징은 ①, ③, ④ 등이다. 주철 용탕에 마그네슘을 가하면 흑연이 잘 구상화되고 강에 해당하는 인성이 높은 주물을 얻을 수 있다.

076 산소용기의 충전압력이 210kg/cm²고 내경이 326mm이며 인장강도가 50kg/mm²일 때 산소용기의 일반적인 두께를 계산하면? (단, 안전율은 3으로 한다.)

① 0.282mm
② 1.280mm
③ 2.282mm
④ 3.282mm

해설 산소용기 두께(mm)

$t = \dfrac{P \cdot D}{200S \times 안전율}$

$= \dfrac{210 \times 326}{200 \times 50 \times 3} = 2.282\text{mm}$

077 강으로 제조된 이음매 없는 용기의 재료시험의 검사항목으로 틀린 것은?

① 인장시험
② 충격시험
③ 단열성능시험
④ 내압시험

해설 단열성능시험은 액화질소, 액화산소, 액화아르곤 등 초저온 용기의 단열상태 시험이다.

078 직경 1.8m의 보일러가 있다. 이 강판의 두께가 17mm이고 증기의 압력은 14atm이다. 강판의 극한강도는 4,250kg/cm²이고, 접합효율이 85%이다. 이 강판의 안전율을 구하면?

① 3 ② 4
③ 5 ④ 6

해설 안전율= $\dfrac{인장강도}{허용응력}$, 17mm=1.7cm

단면적= $\dfrac{3.14 \times 1.7^2}{4} = 2.26865 \text{cm}^2$

허용응력= $\dfrac{4,250}{2.26865} = 1873.3608$

∴ $\dfrac{4,250}{1873.3608 \times 0.85} = 2.669 ≒ 3$

079 단면적 1cm², 길이 1m인 연강봉에 2,100 kg의 인장하중이 작용하면 변형률은?(단, 세로탄성계수는 2.1×10^6 kg/cm²)

① 0.05 ② 0.1
③ 0.15 ④ 0.2

해설 $\lambda = \dfrac{WL}{AE}$, $A = 1\text{cm}^2$

$\lambda = \dfrac{2,100 \times 100}{2.1 \times 10^6} = 0.1$

※ 1m=100cm

080 다음 금속재료 중 저온 재료로 알맞은 것을 모두 고른 것은?

㉠ 탄소강
㉡ 황동
㉢ 9% 니켈강
㉣ 18-8 스테인리스강
㉤ 규소

① ㉠, ㉡, ㉢
② ㉠, ㉣, ㉤
③ ㉡, ㉢, ㉣
④ ㉠, ㉢

해설 탄소강은 저온에서 경도, 인장강도, 항복점이 증가하고 연신율, 충격치, 교축률은 감소하므로 저온용으로 사용하면 저온취성이 문제되므로 저온용 재료는 불리하고 비철금속이 주로 사용된다. 즉, 황동이나 9% 니켈강, 18-8 스테인리스강 등이다.

081 염화메틸을 사용하는 배관에 사용해서는 안 되는 금속은?

① 철
② 강
③ 동합금
④ 마그네슘 합금

해설
㉠ 염화메틸(CH_3Cl)은 클로로메틸이라 한다.(프레온 냉매 R-40이다.)
㉡ 냉매의 종류와 사용해서는 안 되는 금속
 • NH_3 : 동, 동합금
 • CH_3Cl : Al, Al합금, 마그네슘, 아연, 아연합금을 침식시킨다.
 • 프레온 : 2% 이상의 Mg을 함유한 Al합금
 • 염화메틸의 연소범위는 10.7~17.4%이고, 가연성이며 독성가스이다.

082 다음 중 구리의 합금이 아닌 것은?

① 황동, 청동
② 포금, 인청동
③ 알루미늄, 청동
④ 실루민

해설 실루민은 알루미늄의 합금이다.

083 알루미늄의 성질이 아닌 것은?

① 전연성이 좋다.
② 전기 및 열의 전도성이 좋다.
③ 색깔이 아름답다.
④ 내식성이 우수하다.

해설 ③은 구리의 특성이다.

정답 78 ① 79 ② 80 ③ 81 ④ 82 ④ 83 ③

084 조직이 변태된 것이나 거칠어진 것을 정상상태로 하거나 조직을 균일하게 미세화하기 위한 조작으로 가열 후 공기 냉각하는 열처리 방법은?

① 담금질   ② 뜨임
③ 불림   ④ 풀림

해설
- Ni-Cr강, Cr강을 급냉으로 뜨임을 한다.
- 불림(노멀라이징)은 단조, 가공, 소성가공, 압연 등의 가공 또는 주조로 거칠어진 조직을 미세화하고 잔류응력 제거로 A_3(910℃) 온도에서 가열하여 공기 중에서 냉각시킨다.

085 고압가스 제조장치의 재료에 관한 설명으로 옳지 않은 것은?

① 암모니아 합성탑 내용의 재료로는 18-8 스테인리스강을 사용한다.
② 아세틸렌은 아연족, 동족의 금속과 반응하여 금속 아세틸라이드를 생성한다.
③ 상온건조 상태의 염소가스에 대하여는 보통 강을 사용한다.
④ 탄소강의 충격값은 -30℃에서 거의 0으로 되며 이 성질은 탄소강의 탄소함유량에 따라 현저하게 변한다.

해설 탄소강의 충격값은 -70℃에서 0이 되어 취성이 증대된다.

086 니켈 60~70% 정도를 함유한 니켈-구리계의 합금으로 내식성이 좋으며, 내마멸성도 커서 화학공업용 재료로 널리 사용되는 재료는?

① 콘스탄탄   ② 모넬메탈
③ 인코넬   ④ 베네딕트메탈

해설
① 콘스탄탄 : Ni 40~50% 정도의 Ni-구리 합금 기전력이 커서 저온도 측정용 열전대로 사용한다.
③ 인코넬 : Ni-Cr-Fe합금으로 내산성이 커서 900℃에서 산화되지 않는다.
④ 베네딕트메탈 : Cu, Ni, Fe, Mn 합금, 복수기관, 건축공구에 사용되는 내식성 백색 합금이다.

087 황동의 성질로 옳지 않은 것은?

① 내식성이 동보다 우수하다.
② 높은 온도에서는 해수에 침식하기 쉽다.
③ 고압장치의 밸브나 콕, 계기류 등에는 사용이 불가하다.
④ 구리 아연 합금의 놋쇠이다.

해설 황동은 고압장치의 밸브, 콕, 계기류 등에서 많이 사용된다.

정답 84 ③ 85 ④ 86 ② 87 ③

SECTION 03 냉동사이클

001 냉동능력이 29,980kcal/h인 냉동장치에서 응축기의 냉각수 온도를 측정한 바 입구온도 32℃, 출구온도 37℃이고, 이때 냉각수 수량을 120L/min이라고 하면 이 냉동기의 축동력은 몇 kW가 되는가?(단, 열손실은 없는 것으로 한다.)

① 5kW   ② 6kW
③ 7kW   ④ 8kW

해설 $Q_1 = Q_2 + AW$
$AW = Q_1 - Q_2$
$Q_1 = WC\Delta t$
$\quad = 120 \times 1 \times (37-32) \times 60$
$\quad = 36,000 \text{kcal/h}$
$AW = 36,000 - 29,980$
$\quad\quad = 6,020 \text{kcal/h}$
$\therefore \text{kW} = \dfrac{6,020}{860} = 7\text{kW}$

002 정상적으로 운전되고 있는 증발기에 있어서, 냉매상태의 변화에 관한 사항 중 옳은 것은? (단, 증발기는 건식 증발기이다.)

① 증기의 건도가 감소한다.
② 증기의 건도가 증대한다.
③ 포화액이 과냉각액으로 된다.
④ 과냉각액이 포화액으로 된다.

해설 건식 증발기는 증발기 내에 냉매액이 25%, 냉매가스가 75% 정도의 비율로 순환한다. 냉매가스가 많아 전열이 불량하고 정상상태의 운전에서는 증기의 건도가 증대한다.

003 원심 압축기에 관한 다음 설명 중 틀린 것은?

① 가스의 축방향으로 회전차(Impeller)에 흡입되고 반지름 방향으로 나간다.
② 냉매의 유량을 가이드 베인이 제어한다.
③ 정지 중에는 윤활유 히터를 켜둘 필요가 없다.
④ 서징은 운전상 좋지 않은 현상이다.

해설 원심식 압축기(터보형)는 프레온 냉매 사용 시 오일 포밍을 방지하기 위해 히터를 설치하는데 무정전용의 히터가 연중무휴로 히터에 통전하여 유온을 일정하게 하기 위하여 윤활유 히터를 켜둘 필요가 있다.

004 어느 열기관이 45PS를 발생할 때 1시간마다의 일을 열량으로 환산하면 얼마인가?

① 20,000kcal   ② 23,650kcal
③ 25,000kcal   ④ 28,440kcal

해설 $1\text{PS} = 75\text{kg} \cdot \text{m/sec}$
$75\text{kg} \cdot \text{m/sec} \times \dfrac{1}{427}\text{kcal/kg} \cdot \text{m} \times 1\text{h}$
$\times 60\text{min/h} \times 60\text{sec/min} = 632\text{kcal}$
$\therefore 45 \times 632 = 28,440\text{kcal}$

005 암모니아 냉매 누설검사법으로 잘못된 것은?

① 불쾌한 냄새로 발견
② 황을 태우면 흰 연기 발생
③ 페놀프탈레인이 홍색으로 변화
④ 적색 리트머스 시험지는 갈색으로 변화

해설 암모니아 냉매 누설검사 시 적색 리트머스 시험지는 청색으로 변화한다.

정답 01 ③   02 ②   03 ③   04 ④   05 ④

006 대기압하에서 비등점이 가장 높은 냉매는?
① R-12
② R-11
③ R-113
④ R-22

해설 비등점
① R-12 : -29.8℃
② R-11 : 23.7℃
③ R-113 : 47.6℃
④ R-22 : -40.8℃

007 왕복동 압축기에서 가스를 위로 흡입하여 위로 배출하는 피스톤의 형은?
① 연결형
② 개방형
③ 트렁크형
④ 플러그형

해설
- 압축기의 피스톤에서 플러그형(평두형)은 냉매가스를 위에서 흡입 배출하며 주로 소형의 프레온용에 사용한다.
- 압축기 피스톤은 플러그형 외에도 싱글 트렁크형, 더블트렁크형이 있다.

008 압축기의 상부간격(Top Clearance)이 크면 냉동장치에 어떤 영향을 주는가?
① 토출가스 온도가 낮아진다.
② 윤활유가 열화되기 쉽다.
③ 체적효율이 상승한다.
④ 냉동능력이 증가한다.

해설 압축기의 상부간격(톱 클리어런스)이 클 때의 현상
- 소요동력 증대
- 윤활유의 열화, 탄화
- 체적효율 감소
- 토출가스 온도상승
- 실린더 과열
- 냉동능력 저하

009 프레온 냉동장치에서 유분리기를 설치하는 경우가 틀린 것은?
① 만액식, 증발기를 사용하는 장치의 경우
② 증발온도가 높은 저온장치의 경우
③ 토출가스 배관이 길어진다고 생각되는 경우
④ 토출가스에 다량의 오일이 섞여나간다고 생각되는 경우

해설 유(기름)분리기를 설치하는 경우
- 만액식 증발기를 사용하는 경우
- 다량의 기름이 토출가스에 혼입되는 경우
- 토출가스 배관이 9m 이상 긴 경우
- 증발온도가 낮은 저온장치인 경우

010 다음 내용의 (   ) 안에 알맞은 말을 옳게 짝지은 것은?

체적효율은 클리어런스의 증대에 의하여 (   )한다. 또한 압축비가 클수록 (   )하게 되며 C_p/C_v가 작은 냉매일수록 그 정도가 (   ). 단, 여기서 C_p는 (   )비열, C_v는 (   )비열이다.

① 감소, 감소, 크다, 정압, 정적
② 증가, 감소, 적다, 정압, 정적
③ 감소, 증가, 크다, 정압, 정적
④ 증가, 증가, 적다, 정압, 정적

해설 감소, 감소, 크다, 정압, 정적

011 암모니아 가스는 저장능력이 몇 톤 이상인 경우 방류둑을 설치하는가?
① 500
② 300
③ 40
④ 5

해설
- 독성 가스는 5톤 이상이면 방류둑이 필요하다.
- 냉동기의 수액기 냉매가 독성인 경우 10,000L 이상이면 방류둑이 필요하다.
- 10,000/1.86=5,376kg=5.376톤이면 방류둑을 설치한다.

012 팽창밸브 선정 시 고려할 사항 중 관계없는 것은?

① 응축기, 증발기 종류
② 냉동능력
③ 사용냉매 종류
④ 고·저압의 압력차

해설 팽창밸브(교축밸브) 선정 시 주의사항
• 냉동능력
• 사용냉매의 종류
• 응축기, 증발기의 종류

013 회전 날개형 압축기에서 회전 날개의 부착은?

① 스프링 힘에 의하여 실린더에 부착한다.
② 원심력에 의하여 실린더에 부착한다.
③ 고압에 의하여 실린더에 부착한다.
④ 무게에 의하여 실린더에 부착한다.

해설 회전식 압축기는 고정익형과 회전익형이 있으며 회전익형의 블레이드는 원심력에 의하여 실린더에 접촉하게 된다.

014 횡형 셸 앤드 튜브식 응축기에 부착하지 않는 것은?

① 역지밸브
② 에어벤트
③ 물 드레인밸브
④ 냉각수 배관 출입구

해설 횡형 셸 앤드 튜브식 응축기는 수액기를 변용할 수 있으며 수액기를 설치하지 않아도 된다. 드레인밸브, 냉각수 배관 출입구, 에어벤트, 안전밸브, 수면계용 소켓, 오일 배유용 소켓 등이 필요하다.

015 냉동장치의 능력을 나타내는 단위로서 1냉동톤(RT)이란 무엇을 말하는가?

① 0℃의 물 1kg을 1시간에 0℃의 얼음으로 만드는 능력
② 0℃의 냉매 1kg을 24시간에 −15℃까지 내리는 능력
③ 0℃의 물 1ton을 24시간에 0℃의 얼음으로 만드는 능력
④ 0℃의 냉매 1ton을 1시간에 −15℃까지 내리는 능력

해설 • 1냉동톤이란 0℃의 물 1톤(1,000kg)을 24시간에 0℃의 얼음으로 만드는 능력이다.
• 1제빙톤=1.65RT
• 1제빙톤이란 원료수 25℃ 1톤을 24시간 동안에 −9℃의 얼음으로 만드는 데 제거해야 할 열량이다.(단, 열손실이 20%)

016 다음 브라인(Brine)에 관한 설명 중 옳은 것은?

① 식염수 브라인 공정점보다 염화칼슘 브라인의 공정점이 높다.
② 브라인의 부식성을 없애기 위해 되도록 공기와 접촉시키지 않는 것이 좋다.
③ 무기질 브라인보다 유기질 브라인의 부식성이 더 크다.
④ 브라인은 약한 산성이 좋다.

해설 • 식염수 브라인의 공정점은 −21℃로 염화칼슘의 공정점(−55℃)보다 높다.
• 유기질 브라인이 무기질 브라인보다 부식성이 적다.
• 브라인은 pH 7.5~8.2의 약알칼리이다.
• 브라인이 공기와 접촉하면 부식력이 강해진다.

017 적당한 배기구를 가지고 급기 송풍기만을 사용하는 환기방식은?

① 제1종 환기   ② 제2종 환기
③ 제3종 환기   ④ 제5종 환기

해설 • 배기구는 자연
• 급기구는 기계(급기용 송풍기 설치)

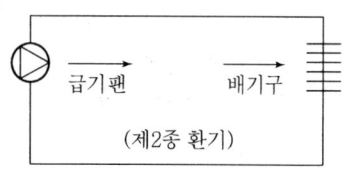

(제2종 환기)

정답 12 ④ 13 ② 14 ① 15 ③ 16 ② 17 ②

018 다음의 몰리에르 선도에 나타난 곡선에 대한 설명 중 옳게 설명된 것은?

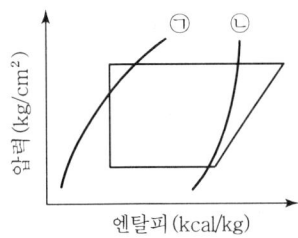

① ㉠ 과냉각액선　㉡ 과열증기선
② ㉠ 등엔트로피선　㉡ 포화증기선
③ ㉠ 등엔탈피선　㉡ 등온도선
④ ㉠ 포화액선　㉡ 포화증기선

해설 ㉠ 포화액선, ㉡ 포화증기선

019 다음 중 압축기와 관계없는 효율은?

① 체적효율
② 기계효율
③ 압축효율
④ 슬립효율

해설
- 슬립이란 전동기의 회전속도가 동기속도보다 약간 늦으며 그 늦는 비율을 슬립(Slip)이라 한다.
- 동기속도란 회전자계가 돌아가는 속도로 전류의 변화 정도, 즉 주파수와 전자식(고정자)의 N, S 극수에 의해 결정된다.

020 다음 중 암모니아 냉매의 단점에 속하지 않는 것은?

① 폭발 및 가연성이 있다.
② 독성이 있다.
③ 사용되는 냉매 중 증발잠열이 가장 적다.
④ 공기조화용으로 사용하지 않는다.

해설 비등점에서 증발잠열
- 암모니아 : 327kcal/kg
- R-11 : 43.5kcal/kg
- R-12 : 39.97kcal/kg
- R-22 : 55.92kcal/kg
- SO_2 : 93.1kcal/kg

021 엔탈피(Enthalpy)에 대한 설명 중 잘못된 것은?

① 엔탈피는 kcal/kg으로 표시하며, 물질 1kg이 갖는 열량의 출입을 나타낸 것이다.
② 냉동에 있어서는 0℃ 포화액의 열량비를 100 kcal/kg으로 한다.
③ 공기에 대해선 0℃ 건조공기의 열량비를 10 kcal/kg으로 정한다.
④ 엔탈피란 액체나 기체가 갖는 모든 에너지를 열량 단위로 나타낸 것이며 전열량이다.

해설 엔탈피는 ①, ④ 외에도 다음과 같다.
- 0℃ 냉매의 포화액 엔탈피는 100kcal/kg
- 0℃ 건조공기의 엔탈피는 0kcal/kg

022 냉동설비의 설치공사 완료 후에는 시운전 또는 기밀시험을 실시하여 정상인 것을 확인한 후 고압가스를 제조하여야 한다. 시운전이나 기밀시험에 사용할 수 없는 것은?

① 공기
② 산소
③ 질소
④ 탄산가스

해설 냉동설비의 시운전이나 기밀시험에서 조연성 가스인 산소는 금물이다.

023 모세관의 압력강하가 가장 큰 것은?

① 지름이 가늘고 길이가 길수록
② 지름이 굵고 길이가 짧을수록
③ 지름은 상관없고 길이가 길수록
④ 지름은 상관없고 길이가 짧을수록

해설 팽창밸브에서 모세관을 이용하는 경우 압력이 내려가는 가장 큰 이유는 관의 길이가 길 때 굵기는 가늘수록, 굵기가 같을 때는 길이가 길수록이다.

정답 18 ④ 19 ④ 20 ③ 21 ③ 22 ② 23 ①

024 다음은 증발식 응축기에 관한 설명이다. 이 중에서 옳은 것은?

① 수랭응축기보다 일반적으로 물의 소비량이 현저하게 적다.
② 대기의 습기온도가 낮아지면 응축온도가 높아진다.
③ 송풍량이 적어지면 응축능력이 증가한다.
④ 상부의 살포수온보다 하부 물탱크의 수온이 3~4℃ 높다.

해설 증발식 응축기는 물의 증발잠열을 이용하기 때문에 냉각수 소비량이 적으나 냉각수 회수율은 95% 정도이다. 습도가 높으면 물의 증발이 어려워 의기의 습구온도 영향을 많이 받는다.

025 다음 중 대기압하에서 비등점이 가장 낮은 냉매는?

① R-500　　② R-22
③ NH₃　　　④ R-12

해설 대기압하에서 냉매의 비등점
① R-500 : -33.3℃
② R-22 : -40.8℃
③ NH₃ : -33.3℃
④ R-12 : -29.8℃

026 제빙용으로 적당한 증발기는?

① 관코일 증발기
② 헤링본식 증발기
③ 원통다관식 증발기
④ 멀티피드 멀티석션식 증발기

해설 헤링본식(탱크식) 증발기는 주로 암모니아 만액식 증발기 제빙장치의 브라인 냉각용 증발기로 사용된다. 탱크 내 교반기에 의해 브라인이 0.75m/s 정도로 순환한다.

027 암모니아 냉동장치의 $P-i$ 선도에서 압축기 피스톤 토출량을 100m³/h라고 하면 냉동능력은 얼마인가?(단, 체적효율은 0.75이다.)

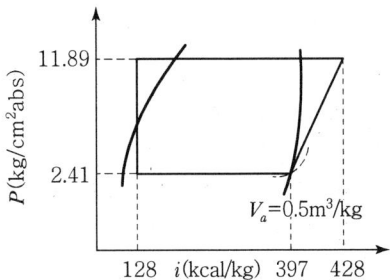

① 36,260kcal/h　② 36,380kcal/h
③ 40,350kcal/h　④ 43,560kcal/h

해설
$$Q = \frac{V(i_a - i_e) \times \eta_v}{V_a}$$
$$= \frac{100 \times (397 - 128) \times 0.75}{0.5}$$
$$= 40,350 \text{kcal/h}$$

028 냉매의 누설검사 방법 중 옳은 것은?

① 암모니아는 핼라이드 토치 등의 불꽃색으로 조사한다.
② R-12는 페놀프탈렌지를 사용하여 조사한다.
③ R-22는 유황초를 태워 백색 연기로 조사한다.
④ 암모니아는 적색 리트머스 시험지를 사용하여 조사한다.

해설 ㉠ 암모니아 냉매의 누설검사
• 냄새로 한다.
• 붉은 리트머스 시험지를 이용한다.(누설 시 청색변화)
• 유황초에 불을 붙여 사용한다.(누설 시 흰 연기 발생)
• 페놀프탈렌지를 사용한다.(누설되면 홍색 변화)
㉡ 핼라이드 토치는 프레온가스의 누설검사용이다.

정답 24 ① 25 ② 26 ② 27 ③ 28 ④

029 냉동장치의 누설시험에 사용하는 것으로 적합한 것은?

① 물　　② 질소
③ 오일　④ 산소

[해설] 냉동장치의 누설검사용 기체는 불연성 가스인 질소나 탄산가스 등이다.

030 냉동장치에 사용하는 냉매가 갖추어야 할 성질이 아닌 것은?

① 임계온도가 높아야 한다.
② 비열비가 작아야 한다.
③ 응고온도가 낮아야 한다.
④ 윤활유와 잘 작용해야 한다.

[해설]
- 냉매의 구비조건은 ①, ②, ③ 외에도 증발잠열이 크고 전기절연 내력이 크고 전열이 양호하며 표면장력이 작아야 한다.
- 윤활유와 냉매가 작용하여 냉동장치에 나쁜 영향을 미치지 않아야 한다.

031 에바콘(EVA-CON) 내부에 설치된 엘리미네이터의 역할은?

① 물의 증발을 양호하게 한다.
② 공기를 제거해준다.
③ 바람으로 인한 수분의 비산을 방지한다.
④ 물의 과냉각을 방지한다.

[해설] 증발식 응축기는 응축기 냉각관 코일에 냉각수를 분무노즐에 의해 분무하여 응축시키는 응축기이며 엘리미네이터를 설치하여 냉각관에 분사되는 냉각수의 일부가 배기와 함께 밖으로 비산되는 것을 방지하여 냉각수의 소비를 절약시킨다.

032 건포화 증기를 흡입하는 압축기가 있다. 고압이 일정한 상태에서 저압이 내려가면 이 압축기의 냉동능력은?

① 증대한다.
② 변하지 않는다.
③ 감소한다.
④ 감소하다가 점차 증대한다.

[해설] 압축기에서 고압이 일정한 가운데 저압이 내려가면 압축비가 커지며 냉동기의 냉동능력이 감소한다.

033 다음 중 왕복 압축기와 회전식 압축기의 특징 중 틀린 것은?

① 회전식 압축기는 가공 정밀성을 요한다.
② 회전식 압축기는 1단 압축비가 높아 진공펌프로 사용한다.
③ 회전식 압축기는 왕복동식에 비해 마모가 크다.
④ 왕복동 압축기가 회전식보다 체적효율이 높다.

[해설] 회전식의 특징
- 왕복동에 비해 부품수가 적고 구조가 간단하다.
- 압축이 연속적이라 고진공을 얻을 수 있다.
- 잔류가스의 재팽창이 없기 때문에 체적효율이 크다.
- 진동이 적은 용적식 압축기이다.

034 다음 그림 A, B의 증발기에 관한 설명 중 맞는 것은?

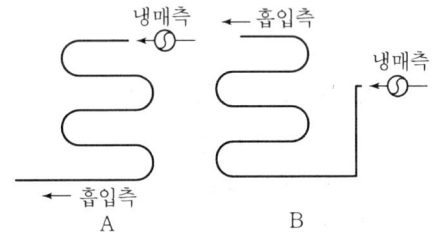

① A 건식, B 만액식, A가 열 통과율이 크다.
② A 건식, B 만액식, B가 열 통과율이 크다.
③ A 건식, B 반만액식, B가 열 통과율이 크다.
④ A, B 모두 만액식, 열 통과율이 크다.

[해설] A : 건식 증발기, B : 반만액식 증발기
반만액식 증발기는 증발기 내에 냉매액이 50%, 냉매증기가 50%로 건식보다는 냉매량이 많으며 전열이 양호하다.

정답 29 ② 30 ④ 31 ③ 32 ③ 33 ④ 34 ③

035 다음의 증발기 중 용량이 크고 액관 중에 플래시 가스의 발생이 많은 곳에 설치되어야 좋은 증발기는?

① 건식 증발기
② 냉매액 강제순환식 증발기
③ 반만액식 증발기
④ 만액식 증발기

[해설] 액순환식(냉매액 강제순환식) 증발기
• 증발 용량이 큰 곳에 사용한다.(4~6배)
• 대용량의 냉동기용이다.
• 플래시 가스 발생의 영향이 없다.
• 액펌프에 의해 강제 순환시킨다.(20% 정도 전열이 양호하다.)

036 기존 냉동사이클에서 토출가스 온도가 높은 냉매의 순서는?

① 암모니아, R-12, R-22
② R-22, 암모니아, R-12
③ 암모니아, R-22, R-12
④ R-12, 암모니아, R-22

[해설] 냉매의 증발압력(-15℃에서) 및 토출가스 온도
• 암모니아 : $2.41 kgf/cm^2$, 98℃
• R-12 : $1.862 kgf/cm^2$, 37.8℃
• R-22 : $3.03 kgf/cm^2$, 55℃

037 냉매에 대한 것 중 틀린 것은?

① 암모니아는 동 또는 동합금을 사용해도 좋다.
② R-12, R-22에는 강관을 사용해도 좋다.
③ 암모니아는 물에 잘 용해된다.
④ 암모니아액은 냉동기유보다 가볍다.

[해설] • 암모니아는 동이나 은, 아연, 코발트, 알루미늄의 금속과는 사용이 금지된다.
• R-12, R-22는 강관사용이 용이하다.

038 다음 몰리에르 선도에서 압축일량은?

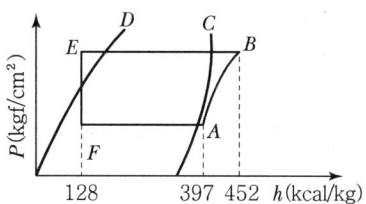

① 1,863kg·m/kg
② 19,863kg·m/kg
③ 2,1485kg·m/kg
④ 2,3485kg·m/kg

[해설] AW(압축기의 일량) $= i_b - i_a = 452 - 397$
$= 55 kcal/kg$
$1 kcal = 427 kg·m/kcal$
$\therefore 55 kcal/kg \times 427 kg·m/kcal$
$= 23,485 kg·m/kg$

039 다음 설명 중 옳은 것은?

① 브라인은 항상 잠열의 형태로 냉력(冷力)을 운반한다.
② 염화칼슘 브라인은 -40℃ 정도까지 사용된다.
③ 브라인 중에 산소의 용해량이 많을수록 부식은 작아진다.
④ 염화칼슘의 방청제로 중크롬산나트륨을 사용할 수 있다.

[해설] ① 브라인 간접냉매는 항상 현열상태로 냉력을 운반한다.
② 염화칼슘 브라인의 사용온도는 -55℃이다.
③ 산소가 많아지면 부식이 커진다.
④ 염화칼슘 브라인 냉매 방청제는 중크롬산나트륨이다.

040 온도식 자동팽창밸브(TEV) 동력부에 압력을 공급하는 것은?

① 고압 측 압력
② TEV 감온통
③ 외부 균압관
④ 팽창밸브 직전의 압력

해설: TEV(온도식 자동팽창밸브)에서 감온통은 동력부에 압력을 공급한다. 증발기의 압력강하가 클 때 외부 균압관의 설치가 필요하다.

041 출력이 5kW인 전동기의 효율이 80%이다. 이 전동기의 손실은 몇 W인가?

① 500 ② 750
③ 1,000 ④ 1,250

해설: 5kW = 5,000W

$$\frac{5,000W}{80\%} = \frac{x}{20\%}$$

$$\therefore x = \frac{5,000W \times 20\%}{80\%} = 1,250W$$

042 냉동능력 산정식인 $R = v/c$ 식에서 R은 냉동능력, v는 시간당 피스톤 압출량이다. c는 다음 중 어느 식에 해당되는가?(단, v_a = 흡입가스 비체적(m³/kg), q = 냉동력(kcal/kg), η = 체적효율이다.)

① $c = \dfrac{v \times q}{3,320 \times v_a}$ ② $c = \dfrac{v \times q \times \eta}{3,320 \times v_a}$

③ $c = \dfrac{v \times q \times \eta}{v_a}$ ④ $c = \dfrac{3,320 \times v_a}{q \times \eta}$

해설: $R = \dfrac{v}{c}$

여기서, c : 냉매가스상수

$$\therefore c = \frac{3,320 \times v_a}{(i_a - i_e) \times \eta} = \frac{3,320 \times v_a}{q \times \eta}$$

043 스크루 압축기의 장점이 아닌 것은?

① 흡입 및 토출밸브가 없다.
② 크랭크 샤프트, 피스톤링 등의 마모부분이 없어 고장이 적다.
③ 냉매의 압력손실이 없어 체적효율이 향상된다.
④ 고속회전으로 인하여 소음이 적다.

해설: 스크루 압축기는 3,500rpm 이상에서 고속회전을 하므로 소음이 크다.

044 다음 중 압축기 보호장치에 해당되는 것은?

① 냉각수 조절밸브
② 유압보호 스위치
③ 증발압력 조절밸브
④ 응축기용 팬 컨트롤

해설: 유압보호 스위치(OPS)
강제 윤활압축기에서 유압이 규정압력 이하가 되어 60~90초 이내에 정상압력으로 도달하지 못하면 전기회로를 차단하여 압축기를 정지시켜 압축기 소손을 방지한다.

045 증발식 응축기(EVA-CON) 설계 시 1RT당 전열면적은?

① $1.3 \sim 1.5 m^2/RT$
② $3.5 \sim 4 m^2/RT$
③ $5 \sim 6.5 m^2/RT$
④ $7.5 \sim 9 m^2/RT$

해설: 증발식 응축기
대기의 습구온도에 의해 능력이 좌우된다.
• 풍량 : 500~600m³/h
• 풍속 : 2~3m/sec
• 순환수량 500kg/h · RT
• 보급수량 6~10kg/h · RT
• 전열면적(냉각면적) : 1.3~1.5m²/RT

046 다음의 사항 중에서 잘못된 것은 어느 것인가?

① 1BTU란 물 1lb를 1°F 높이는 데 필요한 열량이다.
② 1kcal란 물 1kg을 1℃ 높이는 데 필요한 열량이다.
③ 1BTU는 3.968kcal에 해당된다.
④ 기체에서 정압비열은 정적비열보다 크다.

해설: 1kcal=3.968BTU
1BTU=0.252 kcal

정답 41 ④ 42 ④ 43 ④ 44 ② 45 ① 46 ③

047 2단압축 냉동 사이클에서 저압이 0kgf/cm², 고압이 16kgf/cm²이면 가장 적당한 중간압력은 얼마나 되겠는가?

① $1.033 + \dfrac{16}{2}$

② $\sqrt{1.033 \times 17.033}$

③ $\dfrac{0+16}{2}$

④ $\dfrac{1.033 \times 17.033}{2}$

해설 $P_2 = \sqrt{P_1 \times P_3}$

$0 + 1.033 = 1.033 \text{kg}_f/\text{cm}^2$

$16 + 1.033 = 17.033 \text{kg}_f/\text{cm}^2$

$P_2 = \sqrt{1.033 \times 17.033} = 4.19 \text{kg}_f/\text{cm}^2$

048 프레온 응축기(수냉식)에서 냉각수량이 시간당 18,000L, 응축기 냉각관의 전열면적이 20m², 냉각수 입구온도 30℃, 출구온도 34℃인 응축기의 열 통과율이 900kcal/m²·h·℃라고 할 때 응축온도는 몇 ℃인가?(단, 냉매와 냉각수의 평균 온도차는 산술 평균값으로 하고 열손실은 없는 것으로 한다.)

① 32℃ ② 34℃
③ 36℃ ④ 38℃

해설 응축부하 $= 18,000 \times 1(34-30)$
$= 72,000 \text{kcal/h}$

$Q = KF\Delta t_m$

$\therefore t_2 = \dfrac{Q}{KF} + \dfrac{t_{u1}+t_{u2}}{2}$

$= \dfrac{72,000}{900 \times 20} + \dfrac{30+34}{2} = 36℃$

049 1제빙톤은 몇 냉동톤인가?

① 1.25RT ② 1.45RT
③ 1.65RT ④ 1.85RT

해설 1제빙톤이란 25℃ 원료수 1,000kg을 24시간 동안 -9℃의 얼음을 만드는 데 제거하는 열량이다.(단 제조과정에서 열손실은 20%로 본다.)

- $1,000 \times 1 \times 25 = 25,000 \text{kcal/day}$
- $1,000 \times 79.68 = 79,680 \text{kcal/day}$
- $1,000 \times 0.5(0-(-9)) = 4,500 \text{kcal/day}$

$\therefore \dfrac{(25,000+79,680+4,500)}{79,680}$
$+ \dfrac{(25,000+79,680+4,500) \times 0.2}{79,680}$

$\fallingdotseq 1.65\text{RT}$

050 공비 혼합냉매는 어느 것인가?

① R-11 ② C_2H_4
③ NH_3 ④ R-500

해설
- R-500(R-152+R-12) = -33.3℃
- R-502(R-115+R-22) = -46℃
- R-503(R-23+R-13) = -89.1℃
- R-501(R-12+R-22) = -41℃

051 냉동기 운전 중 수냉식 응축기의 파열을 방지하기 위한 조치로서 해당이 되지 않는 것은?

① 냉각수 플로 스위치(온도)
② 냉각수 플로 스위치(압력)
③ 차압 스위치(Differential Switch)
④ 유압보호 차단장치

해설 유압보호 스위치(OPS)는 압축기에서 유압이 규정압력 이하가 되어 60~90초 이내에 정상압력에 도달하지 못하면 전기회로의 차단으로 압축기의 가동을 중지시켜 압축기의 소손을 방지한다.

052 프레온-12, 프레온-22, 암모니아 냉매의 윤활유, 물에 대한 용해도에 관한 것 중 옳은 것은?

① 윤활유에 대한 용해도는 R-12가 암모니아보다 크다.
② 윤활유에 대한 용해도는 암모니아가 R-22보다 크다.
③ 물에 대한 용해도는 R-22가 가장 크다.
④ 물에 대한 용해도는 모두 똑같다.

정답 47 ② 48 ③ 49 ③ 50 ④ 51 ④ 52 ①

[해설]
- R-12 프레온 냉매는 암모니아보다 윤활유에 용해가 용이하다.
- 암모니아는 물에는 용해가 수월하나 기름에는 어렵다.
- 프레온(R-22 등) 냉매는 물에는 용해가 어렵다.

053 압력이 일정한 조건하에서 냉매가 가열, 냉각에 의해 일어나는 상태변화에 대해 다음 설명 중 틀린 것은?

① 과냉각액을 냉각하면 액체의 상태에서 온도만 내려간다.
② 건포화증기를 가열하면 온도가 상승하고 과열증기로 된다.
③ 포화액체를 가열하면 온도가 변하고 일부가 증발하여 습증기로 된다.
④ 습증기를 냉각하면 온도가 변하지 않고 건조도가 감소한다.

[해설] 포화액체를 가열하면 온도는 변하지 않고 일부가 증발하여 습증기가 된다.

054 엔탈피에 대한 설명 중 틀린 것은?

① 단위는 kcal/kg이다.
② 모든 냉매의 0℃ 포화액 엔탈피는 100 kcal/kg이다.
③ 온도가 상승하면 엔탈피는 증가한다.
④ 유체가 가진 열에너지와 일에너지를 곱한 총 에너지를 말한다.

[해설] 엔탈피 = 내부에너지 + 외부에너지
       = 열에너지 + 일에너지

055 밸브를 지나는 유체의 흐름방향을 직각으로 바꿔주는 밸브는?

① 체크밸브
② 앵글밸브
③ 슬루스밸브
④ 조정밸브

[해설] 앵글밸브는 유체의 흐름방향을 직각으로 바꿔준다.

056 압력이 상승하면 냉매의 증발잠열은 어떻게 되는가?

① 커지고 증기의 비체적은 작아진다.
② 작아지고 증기의 비체적은 커진다.
③ 작아지고 증기의 비체적도 작아진다.
④ 커지고 증기의 비체적도 커진다.

[해설]
- 압력이 상승하면 냉매의 증발잠열은 작아지고 증기의 비체적도 작아진다.
- 비체적은 단위질량당 부피이다.

057 헤링본(Herring Bone)식 증발기를 설명한 것 중 잘못된 것은?

① 만액식에 속한다.
② 브라인의 유동속도가 늦어도 능력에는 변화가 없다.
③ 상부에는 가스 헤더, 하부에는 액 헤더가 존재한다.
④ 주로 NH_3용이며, 제빙용 브라인 또는 물의 냉각용에 사용된다.

[해설]
- 헤링본형 증발기는 브라인 냉매가 동결해도 파손되지 않지만 브라인 냉매의 유속이 감소하면 냉동능력이 떨어진다.
- 일반적으로 많이 쓴다.

058 고속 다기통 압축기에서 정상운전 상태로서의 유압은 저압보다 얼마나 높아야 하는가?

① $0 \sim 1.5 kg_f/cm^2$
② $1.5 \sim 3.0 kg_f/cm^2$
③ $2.5 \sim 4.0 kg_f/cm^2$
④ $3.5 \sim 5.0 kg_f/cm^2$

[해설] 유압
- 입형 저속 압축기 = 저압 + $0.5 \sim 1.5 kg_f/cm^2$
- 고속 다기통 압축기 = 저압 + $1.5 \sim 3 kg_f/cm^2$
- 터보 압축기 = 저압 + $6 \sim 7 kg_f/cm^2$
- 소형 압축기 = 저압 + $0.5 kg_f/cm^2$
- 스크루 압축기 = 고압 + $2 \sim 3 kg_f/cm^2$

정답 53 ③ 54 ④ 55 ② 56 ③ 57 ② 58 ②

059 바깥지름 54mm, 관길이 2.66m, 관의 수 28개인 응축기의 입구수온 22℃, 출구수온 28℃, 응축온도 30℃, 열통과율 $K = 900\text{kcal}/\text{m}^2 \cdot \text{h} \cdot ℃$일 때 응축부하 $Q(\text{kcal/h})$는?

① 45,300
② 53,700
③ 56,835
④ 79,682

해설 산술평균 온도차 $= 30 - \left(\dfrac{22+28}{2}\right) = 5℃$

전열면적$(F) = \pi dln$
$= 3.14 \times 0.054 \times 2.66 \times 28$
$= 12.63\text{m}^2$

$Q = K \cdot F \cdot \Delta t$
$= 900 \times 12.63 \times 5 = 56,835 \text{kcal/h}$

060 액순환식 증발기에서 냉매액 펌프의 설치위치로 적당한 것은?

① 저압수액기와 고압수액기의 사이
② 증발기 출구와 압축기 사이
③ 팽창밸브와 수액기 사이
④ 저압수액기와 증발기 입구 사이

해설
• 저압수액기 → 액순환펌프 → 증발기
• 액펌프보다 저압수액기의 높이가 높아야 한다.

061 냉동장치 내에 불응축 가스가 침입되었을 때 미치는 영향으로 틀린 것은?

① 압축비 증대
② 응축압력 상승
③ 소요동력 증대
④ 토출가스 온도저하

해설 불응축 가스의 영향
• 압축비 증대
• 응축압력 상승
• 소요동력 증대
• 공기량이 많으면 폭발우려
• 냉동능력 감소
• 윤활유 열화
• 피스톤 마모
• 실린더 과열
• 응축기 열교환 불량

062 차광안경의 렌즈 색으로 적당한 것은?

① 적색
② 자색
③ 갈색
④ 청색

해설 차광안경의 렌즈 색 : 청색(투명색)

063 다음 $P-h$ 선도 중 등온과정은?

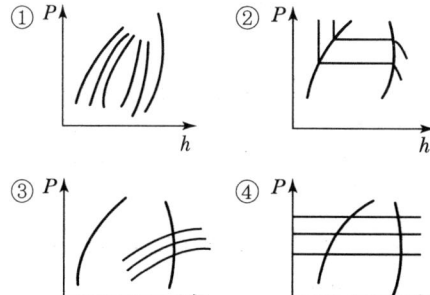

해설 ①은 등건조도선, ②는 등온선, ③은 등비체적선, ④는 등압선이다.

064 20℃ 원수 2ton을 24시간 동안 −12℃ 얼음으로 만드는 데 필요한 열량은 몇 RT인가? (단, 열손실은 20%이다.)

① 2.82RT
② 3.19RT
③ 3.74RT
④ 4.14RT

해설
• 물의 현열 $= 2,000 \times 1 \times 20$
$= 40,000\text{kcal}$
• 얼음의 빙각열 $= 2,000 \times 80$
$= 160,000\text{kcal/day}$
• 얼음의 현열 $= 2,000 \times 0.5 \times (0-(-12))$
$= 12,000\text{kcal/day}$

∴ $(40,000+160,000+12,000) \times 1.2$
$= 254,400\text{kcal/day}$

$\dfrac{254,400}{79,680} = 3.19\text{RT}$

※ $1\text{RT} = 1,000\text{kg} \times 79.68\text{kcal/kg}$
$= 79,680\text{kcal/day} = 3,320\text{kcal/h}$

065 열통과율이 가장 좋은 응축기는?

① 증발식
② 입형 셸 앤드 튜브식
③ 공랭식
④ 7통로식

해설 응축기의 열통과율
- 입형 셸 앤드 튜브식 응축기 : 750kcal/m²h℃
- 횡형 셸 앤드 튜브식 응축기 : 900kcal/m²h℃
- 7통로식 응축기 : 1,000kcal/m²h℃
- 이중관식 응축기 : 900kcal/m²h℃
- 셸 앤드 코일식 응축기 : 500~900kcal/m²h℃
- 증발식 응축기 : 200~280kcal/m²h℃

066 고속 다기통 압축기의 정상유압은?

① 저압+0.5kg_f/cm²
② 저압+2kg_f/cm²
③ 저압+6kg_f/cm²
④ 저압+8kg_f/cm²

해설 고속 다기통 압축기의 정상유압
정상저압+1.5~3kgf/cm²

067 증발기 냉각관에서 냉매 측의 열전달을 좋게 하기 위한 방법으로 볼 수 없는 것은?

① 냉각관이 냉매액에 잠겨 있거나 접촉해 있을 것
② 적상이나 유막이 존재하지 않을 것
③ 관면이 매끄럽고 핀(Fin)이 부착되지 않을 것
④ 평균온도차가 크고 유속이 적당할 것

해설 만액식 증발기는 냉매 측의 전열을 좋게 하기 위하여 관면이 거칠거나 핀의 부착을 장착하여야 한다.

068 포핏(Poppet) 밸브의 사용처에 관한 설명으로 가장 옳은 것은?

① 저속 압축기의 흡입밸브에 사용한다.
② 압축기의 흡입 및 토출밸브에 공용으로 사용한다.
③ 고속 압축기의 흡입밸브에 사용한다.
④ 고속 압축기의 토출밸브에 사용한다.

해설
- 포핏 밸브는 저속 압축기의 흡입밸브용이다.
- ③, ④는 플레이트 밸브에 해당한다.

069 −15℃에서 건조도 0인 암모니아가스를 교축팽창시켰을 때 변화가 없는 것은?

① 비체적   ② 압력
③ 엔탈피   ④ 온도

해설
- 단열팽창에서 냉매의 엔탈피는 변하지 않는다.
- 단열압축에서는 엔트로피가 일정하다.

070 터보 압축기의 능력조정 방법으로 옳지 못한 방법은?

① 흡입댐퍼(Damper)에 의한 조정
② 흡입베인(Vane)에 의한 조정
③ 바이패스(By-pass)에 의한 조정
④ 클리어런스 체적에 의한 조정

해설 터보 압축기의 용량제어방법
- 흡입댐퍼에 의한 조정
- 바이패스법에 의한 조정
- 베인 조정법
- 회전수 조정법

④는 왕복동식 압축기의 용량조정법이다.

071 냉각수 입구온도 32℃, 냉각수량 1,000L/min, 응축면적 100m², 전열계수가 720 kcal/m²·h·℃라고 할 때 응축온도와 냉각수 온도의 평균온도차가 6.5℃라면 냉각수 출구수온은 얼마인가?

① 36.8℃   ② 38.5℃
③ 39.8℃   ④ 40.6℃

해설
$Q = KF\Delta t$
$= 720 \times 100 \times 6.5$
$= 468,000$ kcal/h
$t_o = \dfrac{468,000 \text{kcal/h}}{1,000 \text{L/min} \times 60 \text{min}} + 32 = 39.8℃$

정답 65 ④ 66 ② 67 ③ 68 ① 69 ③ 70 ④ 71 ③

072 증발식 응축기에 대하여 틀리게 설명한 것은?

① NH₃ 장치에 주로 사용한다.
② 냉각탑을 사용하는 것보다 응축압력이 높다.
③ 물의 증발열을 이용한다.
④ 소비 냉각수의 양이 적다.

해설 증발식 응축기의 특징은 ①, ③, ④이며 그 외에도 응축압력이 낮다.

073 다음 응축기 중 열통과율이 가장 좋은 것은?

① 공랭식
② 횡형 셸 앤드 튜브식
③ 입형 셸 앤드 튜브식
④ 증발식

해설 열통과율
㉠ 횡형 셸 앤드 튜브식 : 900kcal/m² · h · ℃
㉡ 입형 셸 앤드 튜브식 : 750kcal/m² · h · ℃
㉢ 증발식
  • 암모니아 220~280kcal/m² · h · ℃
  • 프레온 200~250kcal/m² · h · ℃

074 팽창밸브와 관련이 있는 것끼리 짝지은 것은?

① 등온팽창, 부압작용
② 단열팽창, 부압작용
③ 등온팽창, 교축작용
④ 단열팽창, 교축작용

해설 압축에는 단열팽창과 단열압축이 있으며 팽창밸브와 관계된다.

075 다음 암모니아 불응축 가스 분리기의 작용에 대한 설명 중 맞는 것은?

① 분리된 암모니아는 장치 밖으로 방출된다.
② 암모니아가스는 냉각되어 응축액으로 되어 유분리기로 되돌아간다.
③ 분리기 내에서 분리된 공기는 온도가 상승한다.
④ 분리된 NH₃ 가스는 압축기로 흡입된다.

해설 ① 불응축 가스가 모이는 곳 : 응축기 상부, 수액기 상부, 액 헤더(증발식 응축기)
② 불응축 가스의 처리방법
  ㉠ 암모니아(NH₃) 냉동기는 불응축 가스를 물탱크에 방출
  ㉡ 프레온가스는 대기 중에 방출
③ 분리된 액냉매는 팽창밸브에서 냉각관에 공급되어 증발된 후 압축기로 되돌아간다.

076 다음의 내용 중 잘못 설명된 것은 어느 것인가?

① 프레온 냉매는 안전하므로 누설되어도 큰 문제는 없다.
② 물을 냉매로 하면 증발온도를 0℃ 이하로 운전하는 것은 불가능하다.
③ 응축기 내에 들어있는 불응축 가스는 전열 효과를 저하시킨다.
④ 2원 냉동장치는 초저온냉각에 사용되는 것이다.

해설 프레온 냉매는 산화성이나 독성 및 취기는 없으나 통풍이 나쁜 실내에 다량 누설되면 질식사할 수 있다.

077 물과 브롬화리튬(LiBr)을 사용하는 장치는?

① 증기 압축식 냉동장치
② 흡수식 냉동장치
③ 열전 냉동장치
④ 보르텍스 튜브

해설 흡수식 냉동기의 흡수제
• 암모니아 냉매 : 물
• 물냉매 : 취화리튬(브롬화리튬)
• 염화메틸 냉매 : 사염화메탄
• 톨루엔 냉매 : 파라핀유

정답 72 ② 73 ② 74 ④ 75 ④ 76 ① 77 ②

078 저압 수액기와 액펌프의 설치위치로 가장 적당한 것은?

① 저압 수액기 위치를 액펌프보다 약 1.2m 정도 높게 한다.
② 응축기 높이와 일정하게 한다.
③ 액펌프와 저압수액기의 위치를 같게 한다.
④ 저압수액기를 액펌프보다 최소한 5m 낮게 한다.

해설 저압수액기는 액펌프보다 약 1.2m 정도 높게 설치한다.

079 냉동기의 성적계수를 구하는 공식 중 맞는 것은?(단, T_1 : 고온도 물체의 온도, T_2 : 저온도 물체의 온도)

① $\dfrac{T_1 - T_2}{T_2}$ ② $\dfrac{T_1 - T_2}{T_1}$
③ $\dfrac{T_1}{T_1 - T_2}$ ④ $\dfrac{T_2}{T_1 - T_2}$

해설 성적계수 $= \dfrac{T_2}{T_1 - T_2} = \dfrac{Q_2}{Q_1 - Q_2}$

080 만액식과 건식 증발기를 비교할 때 건식 증발기의 장점이 아닌 것은?

① 윤활유가 증발기 내에 괼 우려가 적다.
② 소요 냉매량이 적다.
③ 전열효과가 크다.
④ 설치가 용이하고 비용이 적다.

해설 건식 증발기는 열통과율이 나빠 이너 핀 튜브(Inner Finned Tube)를 사용한다.

081 냉동장치에서는 자동제어를 위하여 전자밸브가 많이 쓰이고 있는데 그 사용 예가 아닌 것은?

① 액압축 방지를 위한 액관 전자밸브
② 제상용 전자밸브
③ 용량제어의 전자밸브
④ 고수위 경보용 전자밸브

해설 전자밸브(솔레노이드 밸브)의 용도
• 액압축 방지용 액관 전자밸브
• 제상용 전자밸브
• 용량제어의 전자밸브

082 고속 다기통 압축기 유압계의 유압으로 옳은 것은?

① 정상저압+2~4kg_f/cm²
② 정상고압+1.5~3kg_f/cm²
③ 정상고압+2~4kg_f/cm²
④ 정상저압+1.5~3kg_f/cm²

해설 고속 다기통 압축기 유압
정상저압+1.5~3kg_f/cm²

083 다음은 흡수식 냉동기의 기본회로를 골격만으로 표시한 도표이다. "A" 위치에 있는 장치의 명칭과 기능상의 설명이 옳은 것은?

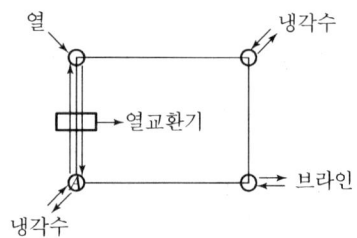

① 응축기로서 동체 상부에 위치해 있으며 약간 진공상태를 유지한다.
② 증발기이며, 냉각수로부터 열을 흡수하여 냉매가 증발한다.
③ 흡수기로서 이곳에서 냉매를 흡수하는 과정에서 진공을 유지한다.
④ 발생기이며, 용액 중의 냉매 일부를 증발시키는 작용을 말한다.

해설 흡수식 냉동기의 구조
흡수식 → 순환펌프 → 열교환기 → 발생기 → 정류기 → 응축기 → 수액기 → 팽창밸브 → 냉각기

084 냉동용 압축기의 안전헤드(Safety Head)는?

① 액체 흡입으로 압축기가 파손되는 것을 막기 위한 것이다.
② 워터재킷을 설치한 실린더 헤드(Cylinder Head)를 말한다.
③ 토출가스의 고압을 막아주므로 안전밸브를 따로 둘 필요가 없다.
④ 흡입압력의 저하를 방지한다.

해설 냉동용 압축기의 안전헤드는 액체 흡입으로 압축기가 파손되는 것을 막아주기 위한 안전장치이다. 작동압력은 정상고압에서 $3kg_f/cm^2$ 정도의 압력이 걸리면 분출된다.

085 다음의 몰리에르 선도에 대한 설명 중 틀린 것은?

① 과열구역에서 등엔탈피선은 등온선과 직교한다.
② 습증기 구역에서 등온선과 등압선은 평행한다.
③ 습증기 구역에서만 등건조도선이 존재한다.
④ 비체적선은 과열증기구역에서도 존재한다.

해설
- 등엔탈피선은 등압선과 직교하며 세로축과 평행한다.
- 등압선은 가로축과 평행하며 등엔탈피선과 직교한다.
- 등온선은 과냉각 구역에서는 등엔탈피선, 습증기 구역에서는 등압선과 일치하며 과열증기 구역에서는 우측 하단으로 급격한 하향구배로 그려진다.
- 등비체적선은 습증기구역에서 과열증기 구역으로 상향구배로 그려진다. 과냉각액 구역에서는 존재하지 않는다.
- 등건조도선은 습증기 구역에서만 존재한다.
- 등엔트로피선은 습증기 구역과 과열증기 구역에서만 존재한다.

086 다음 냉매 중 증발비등점이 저온이면 냉매 순환량이 가장 큰 것은?

① R-11　② R-13
③ NH_3　④ R-22

해설
㉠ 증발온도가 저온이면
- RT당 냉매순환량 : 증가
- 시간당 냉매순환량 : 감소

㉡ 증발온도가 고온이면
- RT당 냉매순환량 : 감소
- 시간당 냉매순환량 : 증가

㉢ 비등점
- R-11 : 23.7℃
- R-13 : -81.5℃
- NH_3 : -33.3℃
- R-22 : -40.8℃

087 냉동장치에 사용하는 브라인(Brine)의 산성도(pH)로 가장 적당한 것은?

① 7.5~8.2　② 8.2~9.5
③ 6.5~7.0　④ 5.5~6.5

해설 간접냉매인 브라인의 산성도는 pH 7.5~8.2 정도의 약알칼리성이 좋다.

088 고속 다기통 압축기의 흡입·토출밸브로 사용하는 것은?

① 포핏 밸브
② 링 플레이트 밸브
③ 리드 밸브
④ 와셔 밸브

해설 압축기의 밸브는 흡입·토출밸브로 구분하고 고압과 저압 사이로 냉매가스의 자유이동을 방지하는 역할을 하며 고속 다기통에는 링 플레이트 밸브를 많이 사용한다.

089 냉매 R-11의 화학식은?

① CCl_2F_2
② CCl_3F
③ $CHClF_3$
④ $CHClF_2$

해설
- R-11 : CCl_3F
- R-12 : CCl_2F_2
- R-13 : $CClF_3$
- R-22 : $CHClF_2$

정답 84 ①　85 ①　86 ②　87 ①　88 ②　89 ②

090 응축기 입구의 냉매가스 엔탈피 480kcal/kg, 응축기 출구의 냉매액 엔탈피 220kcal/kg, 응축냉매량(냉매순환량) 200kg/h, 응축온도 40℃, 냉각수 평균온도 30.5℃, 응축기의 전열면적 10m²일 때, 응축기와 열통과율 K는 몇 kcal/m² · h · ℃ 정도인가?

① 956　② 800
③ 547　④ 258

해설 냉매와 냉각수 간의 평균온도차
$$\Delta t = \frac{(40-t_{w1})+(40-t_{w2})}{2}$$
$Q = (480-220) \times 200 = 52{,}000 \text{kcal/h}$
$52{,}000 = K \times 10 \times (40-30.5)$
$\therefore K = \dfrac{52{,}000}{10 \times 9.5} = 547$

091 다음 중 응축압력이 높을 때의 대책이 아닌 것은?

① 가스 퍼지를 점검하고 공기를 안전하게 배출시킬 것
② 설계수량을 검토하고 막힌 곳이 없는가를 조사 후 수리할 것
③ 설계에 의한 냉각면적보다 추가하여 설치할 것
④ 소음이 발생하면 냉각수량을 보충할 것

해설 응축기에서 응축압력이 상승할 때 조치사항은 ①, ②, ④ 외에도 냉각수 배관의 점검, 설계수량 검토, 냉매 충전량과 부하 정도의 점검, 균압관의 점검 등이다. 즉 액봉사고를 막을 수 있다.

092 독성가스 위험표지에 대하여 바르게 설명한 것은?

독성가스 누설(주의)부분

① 문자는 가로로만 쓸 수 있다.
② 위험표지에는 다른 법령에 의한 지시사항 등을 적을 수 없다.
③ 문자는 30m 떨어진 위치에서도 알 수 있어야 한다.
④ 위험표지의 바탕색은 백색, 글씨는 흑색, 주의는 적색으로 한다.

해설 위험표지
• 글씨크기 : 가로×세로 5cm 이상
• 바탕색 : 백색
• 글씨 : 흑색
• 주의 : 적색
• 식별거리 : 10m 이상

093 증기압축식 냉동장치에서 증발기로부터의 흡입가스를 압축기로서 압축하는 근본 이유는?

① 엔탈피를 증가시키고 비체적을 감소시키기 위하여
② 압축함으로서 압력을 상승시키면 대응하는 포화온도가 상승하여 상온에서 액화시키기 쉽기 때문이다.
③ 수냉식 또는 공랭식 응축기를 사용할 수 있도록 하기 위하여
④ 압축함으로써 압력을 상승시키면 임계온도가 상승되어 상온에서 액화시키기 쉽기 때문이다.

해설 증기압축기에서 압축을 하는 목적은 압력이 상승되면 포화온도가 상승하고 액화는 상온에서 용이하기 때문이다.

094 방독마스크를 사용해서는 안 되는 산소 농도는 몇 % 이하인가?

① 16　② 18
③ 20　④ 21

해설 산소는 18% 이하이면 산소결핍을 일으키기 때문에 18%에서는 방독마스크를 사용하면 안 된다.

정답　90 ③　91 ③　92 ④　93 ②　94 ①

095 다음의 도표는 2단압축 냉동 사이클을 몰리에르 선도로서 표시한 것이다. 맞는 것은 어느 것인가?

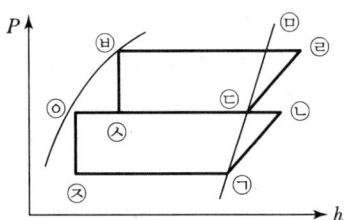

① 중간 냉각기의 냉동효과 : ㉢-㉠
② 증발기의 냉동효과 : ㉡-㉣
③ 팽창밸브 통과 직후의 냉매위치 : ㉣-㉠
④ 응축기의 방출열량 : ㉤-㉡

해설 ㉠ 압축기 흡입
㉡ 압축기 토출
㉢ 고단 압축기 흡입
㉣ 고단 압축기 토출
㉤ 응축기 입구
㉥ 팽창밸브(제1팽창밸브) 입구
㉧ 제1팽창밸브 출구
㉨ 제2팽창밸브 입구
㉩ 제2팽창밸브 출구(증발기입구)

096 다음은 핀튜브식 증발기에 대한 설명이다. 옳은 것은?

① 냉동, 냉장, 냉방용으로 주로 액순환식이다.
② 소형 냉장고나 공기조화용으로 주로 건식이다.
③ 브라인 냉각용, 제빙용으로 주로 만액식이다.
④ 주로 암모니아용에 사용되며 냉장고 냉각용으로 만액식과 건식의 중간이다.

해설 핀튜브식 증발기는 주로 프레온용으로 건식을 채용하고 있으며 소형 냉장고나 냉장용 진열장 공기조화 등 광범위하게 사용한다. $\frac{3}{8} \sim \frac{3}{4}$ 인치 동관에 동 또는 알루미늄 판재의 핀을 이용한 강제 대류형이다.

097 기계효율에 대한 설명으로 옳은 것은?

① 실제로 가스를 압축하는 데 필요한 동력을 압축기를 운전하는 데 필요한 동력으로 나눈 값이다.
② 이론상 가스를 압축하는 데 필요한 동력을 실제로 가스를 압축하는 데 필요한 동력으로 나눈 값이다.
③ 압축기를 운전하는 데 필요한 동력으로 실제로 가스를 압축하는 데 필요한 동력을 나눈 값이다.
④ 이론상 가스를 압축하는 데 필요한 동력을 압축기로 운전하는 데 필요한 동력으로 나눈 값이다.

해설 • 압축기의 기계효율
$= \dfrac{\text{실제로 가스를 압축하는 데 필요한 지시동력}}{\text{실제 압축기를 운전하는 데 필요한 축동력}}$

• 압축효율
$= \dfrac{\text{가스를 압축하는 데 필요한 이론상의 동력}}{\text{실제로 가스를 압축하는 데 필요한 동력}}$

098 다단 압축 시 중간 냉각기를 사용하는 가장 큰 이유는?

① 냉각 효과를 낮춘다.
② 압축기의 크기 및 중량을 크게 한다.
③ 압축일을 감소시킨다.
④ 압축비를 증가시킨다.

해설 -30℃ 이하의 저온을 얻으려면 증발압력 저하로 압축비의 상승, 실린더의 과열, 체적효율 저하, 냉동능력 감소, 성적계수 저하가 오는 것을 방지하기 위하여 중간 냉각기를 이용한 다단 압축기의 사용으로 압축일을 감소시킨다.

정답 95 ① 96 ② 97 ① 98 ③

099 아래와 같은 조건하에서 1RT당 횡형 응축기의 전열면적은 얼마인가?(단, 방열계수 1.3, 응축온도 35℃, 냉각수 입구온도 28℃, 냉각수 출구온도 32℃, 응축온도와 냉각수 평균온도의 차 5℃, K = 900kcal/m² · h · ℃이다.)

① 약 $0.42m^2$　② 약 $0.62m^2$
③ 약 $0.92m^2$　④ 약 $1.25m^2$

해설 $F = \dfrac{Q_e \times C}{K \cdot \Delta t_m}$

$= \dfrac{1 \times 3{,}320 \times 1.3}{900 \times 5} = 0.959m^2$

방열계수는 냉동에서 1.3, 공기조화에서 1.2이다.

100 냉동기에 사용하는 윤활유로서 적당하지 않은 것은?

① 점도가 낮을 것
② 응고점이 낮을 것
③ 인화점이 상당히 높을 것
④ 불순물을 함유하지 않을 것

해설 냉동기의 윤활유는 점도가 적당해야 한다. 응고점이나 유동점은 낮고 인화점은 높아야 하며 불순물 혼입이 없어야 한다.

101 다음 중 가장 낮은 온도를 얻을 수 있는 냉동기는?

① 암모니아를 사용한 흡수식 냉동기
② R-13을 사용한 2원 냉동기
③ 암모니아를 사용한 2단압축 냉동기
④ R-113을 사용한 터보 냉동기

해설 냉매의 비등점(저온용)
- R-13 : -81.5℃
- R-22 : -408℃
- R-12 : -29.8℃
- NH₃ : -33.3℃

102 냉매(브라인과 같은 간접냉매는 제외)에 대한 설명 중 옳은 것은?

① 원심냉동기용 냉매에 압력이 높은 NH₃는 사용할 수 없다.
② 왕복동 냉동기에는 R-502를 사용할 수 없다.
③ 흡수식 냉동기에는 물을 냉매로 사용할 수 있다.
④ 일반적으로 냉동기용에 사용되는 냉매는 R-22, R-113, 암모니아이다.

해설
- NH₃ 냉동기 : 왕복동식, 원심식에 사용한다.
- R-502 : 왕복동식, 회전식에 사용한다.
- 물냉매 : 흡수식에 사용한다.

103 다음은 R-22를 냉매로 하는 냉동장치의 운전상태를 $P-h$ 선도에 나타낸 것이다. 이 선도에 대하여 기술한 내용 중 틀린 것은?

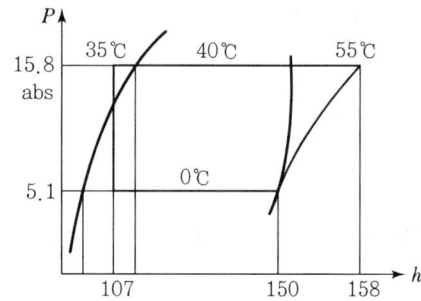

① 냉동효과는 43kcal/kg이다.
② 0℃에서 압축기로 흡입되는 냉매의 압축 후 온도는 40℃이다.
③ 압축비는 15.8/5.1로서 구할 수 있다.
④ 성적계수는 약 5.6이다.

해설
- R-22 압축기 토출가스 온도는 55℃이다.
- 압축비 = 15.8/5.1이다.

정답 99 ③　100 ①　101 ②　102 ③　103 ②

104 다음의 몰리에르(Moillier) 선도를 참고로 했을 때 5냉동톤의 냉동기 냉매 순환량은?

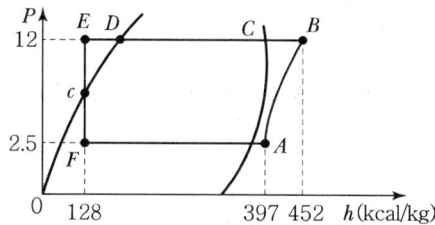

① 301.8kg/h   ② 51.3kg/h
③ 61.7kg/h   ④ 67.7kg/h

해설 $\dfrac{5RT \times 3,320\text{kcal/h}}{397\text{kcal/kg} - 128\text{kcal/kg}} = 61.7\text{kg/h}$

105 냉동 제조시설 중 압축기 최종단에 설치한 안전장치의 작동 점검기준으로 옳은 것은?

① 3월에 1회 이상
② 6월에 1회 이상
③ 1년에 1회 이상
④ 2년에 1회 이상

해설 냉동기 최종단(압축기 최종단)의 안전밸브는 1년에 1회 이상 점검이 필요하며, 기타는 2년에 1회 점검한다.

106 1HP는 몇 W인가?

① 535   ② 620
③ 710   ④ 746

해설 1HP = 76kg$_f$ · m/s × 9.81
    = 745.56 ≒ 746W

107 암모니아 수랭식 응축기에서 다음과 같은 조건일 때 열관류율은?(단, 냉각관 두께 = 3.0mm, 재질의 열전도율 = 40kcal/m · h · ℃, 표면 열전달률 = 3,000kcal/m² · h · ℃(양측 같음), 부차물 물때 두께 = 0.2mm, 물때의 열전도율 = 0.8kcal/m² · h · ℃인 경우이다.)

① 1,008kcal/m² · h · ℃
② 988kcal/m² · h · ℃
③ 998kcal/m² · h · ℃
④ 978kcal/m² · h · ℃

해설 $K = \dfrac{1}{\dfrac{0.003}{40} + \dfrac{0.0002}{0.8} + \dfrac{1}{3,000} + \dfrac{1}{3,000}}$
= 1,008.4711kcal/m² · h · ℃

108 핼라이드 토치(Halide Torch)를 사용하여 프레온 누설검사를 할 때 불꽃변화 상태 중 맞는 것은?

① 누설이 없을 때 - 자색
② 소량 누설할 때 - 녹색
③ 다량 누설할 때 - 청색
④ 대량 누설할 때 - 황색

해설 핼라이드 토치를 이용한 프레온가스 누설 시 불꽃검지 색깔 비교
• 정상 : 청색
• 소량 누설 : 녹색
• 다량 누설 : 자색
• 대단히 많이 누설하면 : 꺼진다.

109 NH₃ 냉동기 운전에 관한 설명 중 가장 위험한 사항은?

① 액 해머가 일어났을 때
② 냉각수 출구온도가 상승하였을 때
③ 응축압력이 상승했을 때
④ 증발기에 성상이 끼었을 때

해설 암모니아 냉동기 운전에서 위험한 사항은 액 해머(리퀴드 해머)가 일어날 때이다.

110 응축기에서 응축된 냉매가 수액기 측으로 원활히 회수되지 않는 이유로 적당한 것은?

① 액유입 관지름이 크다.
② 액유출 관지름이 크다.
③ 안전밸브의 구경이 작다.
④ 균압 관지름이 작다.

정답 104 ③ 105 ③ 106 ④ 107 ① 108 ② 109 ① 110 ④

해설 수액기의 설치 위치
응축기 하부로서 응축액화 냉매가 순조롭게 유입이 가능하도록 수액기 상부와 응축기 상부 사이에 균압관을 적당한 크기로 설치한다. 작으면 불리하다.

111 온도 자동 팽창밸브에서 감온통의 부착위치는?

① 팽창밸브 출구
② 증발기 입구
③ 증발기 출구
④ 수액기 출구

해설 온도 자동 팽창밸브의 감온통의 설치는 증발기의 출구측 압축기의 흡입관 수평부에 설치한다.

112 NH_3(암모니아)와 접촉 시 흰 연기가 발생하는 것은?

① 아세트산 ② 수산화나트륨
③ 염산   ④ 염화나트륨

해설 $NH_3 + HCl$(염산) → NH_4Cl(흰 연기)

113 암모니아(NH_3) 건포화증기를 압축하면 어떻게 되는가?

① 건포화증기가 된다.
② 과열증기가 된다.
③ 습포화증기가 된다.
④ 포화액이 된다.

해설 암모니아의 건포화증기를 압축하면 과열증기가 된다.

114 압축기의 운전 중 이상음이 발생하고 있다. 그 원인에 대한 설명으로 옳은 것은?

① 과열증기를 흡입하고 있다.
② 기름이 더럽게 오염되고 있다.
③ 팽창밸브 직전의 액냉매가 과냉각되어 있다.
④ 피스톤 상부에 다량의 기름이 고여 있다.

해설 압축기 운전 중 이상음이 발생하는 것은 피스톤 상부에 액 해머링(리퀴드백)을 일으키는 다량의 기름이나 냉매 액체가 고여서 압축 중 소음이 발생한다.

115 수액기를 설치할 때 두 개의 수액기 지름이 서로 다를 경우 어떻게 설치해야 안정성이 있는가?

① 상단을 일치시킨다.
② 하단을 일치시킨다.
③ 중간단을 일치시킨다.
④ 어느 쪽이든 관계없다.

해설 수액기(응축기에서 액화된 냉매의 일시저장 탱크)가 지름이 다른 두 개의 수액기를 병렬로 설치할 때에는 상단끼리 일치시켜야 운전상 효과적이다.

116 외기온도가 −5℃일 때 공급공기를 18℃로 유지하는 히트펌프로 난방을 한다. 방의 총 열손실이 50,000kcal/h일 때 외기로부터 얻은 열량은 몇 kcal/h인가?

① 43,500
② 46,047
③ 50,000
④ 53,255

해설 $COP = \dfrac{T_1}{T_1 - T_2} = \dfrac{273 + 18}{18 - (-5)} = 12.65$

$COP = \dfrac{Q_1}{Q_1 - Q_2}$

$12.65 = \dfrac{50,000}{50,000 - Q_2}$

∴ $Q_2 = 46,047 \text{kcal/h}$

117 흡수식 냉동장치에서 암모니아가 냉매로 사용될 때 흡수제는 어떤 것인가?

① LiBr   ② $CaCl_2$
③ NH_3 ④ H_2O

해설 냉매 암모니아의 흡수제는 H_2O이다.

118 팽창밸브 용량을 표시하는 것은?

① 팽창밸브 입구의 지름
② 팽창밸브 출구의 지름
③ 침변좌의 오리피스 지름
④ 침변의 크기

해설 팽창밸브의 용량 표시는 밸브시트(침변좌)의 오리피스 지름으로 나타낸다.

119 압축기의 실린더를 냉각수로 냉각시키는 이유 중 해당되지 않는 것은?

① 윤활작용이 양호해진다.
② 체적효율이 증대한다.
③ 실린더 마모를 방지한다.
④ 응축능력이 향상된다.

해설 왕복동식 압축기의 실린더를 워터재킷(냉각수통)으로 냉각시키는 이유는 실린더 과열을 방지하여 윤활작용 체적효율 증대 및 실린더의 마모가 방지되기 때문이다.

120 NH_3 냉동장치에서 열교환기를 설치하지 않는 이유는?

① 비열비가 높기 때문에
② 응축압력이 낮기 때문에
③ 증발압력이 낮기 때문에
④ 토출온도가 낮기 때문에

해설
- 암모니아 냉동장치는 비열비가 높아서(토출가스의 온도가 높아) 열교환기가 필요 없다.
- $R-12$, $R-500$ 등의 프레온 냉매는 열교환기의 설치 시 5℃ 과열일 때가 가장 효과가 크다.

121 냉매의 구비조건 중 틀린 것은?

① 응축압력이 낮을 것
② 증발압력이 저온에서 대기압보다 높을 것
③ 비열이 클 것
④ 비체적이 적을 것

해설 냉매는 비열이 크면 비열비가 커질 우려가 있으며 비열비가 크면 토출가스의 온도가 높아진다. 즉 압축기의 과열이 온다.

122 초저온 냉동기의 냉동유로서 적당한 것은?

① 90번
② 150번
③ 300번
④ 250번

해설 냉동기유
- 90번 : 초저온용
- 300번 : 입형 저속용
- 150번 : 고속 다기통

정답 118 ③ 119 ④ 120 ① 121 ③ 122 ①

CHAPTER 05

고압가스 관계법규

제1절 고압가스 안전관리
제2절 LP가스 안전관리
제3절 도시가스 안전관리

※ 고압가스 관계법규는 수시로 일부 변경이 가능하며 또한 사용압력은 kgf/cm² 에서 MPa, kPa, Pa 단위로 변경하여 많이 사용하고 있음을 유념하여 주시기 바랍니다.

SECTION 01 고압가스 안전관리

001 고압가스가 충전되어 있는 용기는 몇 도 이하에서 보관해야 하는가?

① 35℃   ② 40℃
③ 30℃   ④ 45℃

해설 고압가스의 충전용기는 40℃ 이하에서 보관한다.

002 저장탱크 내 액화가스가 액체상태로 누설되는 경우에 대비하여 설치하는 방류둑을 설명한 것 중 틀린 것은?

① 방류둑의 재료는 콘크리트, 철골, 철골콘크리트를 사용하여 설치할 것
② 성토는 수평에 대하여 45° 이하의 기울기로 하며 윗부분의 폭은 15cm 이상인 것
③ 방류둑은 액밀한 것일 것
④ 배관 관통부의 틈새로부터의 누설방지 및 부식방지를 위한 조치를 할 것

해설 성토의 정상부 폭은 30cm 이상이다.

003 고압가스를 용기에 충전할 경우에 그 충전방법이 잘못된 것은?

① 염소는 압축 또는 저장할 경우에는 안정제를 첨가하지 않는다.
② 불활성 가스는 질소를 희석제로 하여 첨가한다.
③ 시안화수소는 안정제로 황산, 인산 등을 첨가한다.
④ 헬륨은 특히 안정제나 첨가제를 필요로 하지 않는다.

해설
- 염소의 흡수제 및 중화제 : 소석회, 가성 소다(염소는 액화가스), 안정제는 필요 없다.
- 시안화수소의 안정제 : 황산, 인산, 오산화인, 염화칼슘, 동망
- 불활성 가스는 희귀 가스로서 다른 물질과 혼합물을 만들지 않는다.

004 다음 중 재해설비가 아닌 것은?

① 살수장치
② 가스를 흡인 접촉시키는 장치
③ 재해제 살포장치
④ 공기호흡기

해설 공기호흡기는 제독에 필요한 보호구이다.

005 고압가스의 분출에 대하여 정전기가 발생되기 쉬운 경우는?

① 가스가 충분히 건조되어 있을 경우
② 습도가 매우 낮은 가스
③ 가스 분자량이 작은 경우
④ 가스비중이 큰 경우

해설 ㉠ 정전기의 방지 방법
- 습도를 높인다.
- 접지를 한다.
- 전기 전도율이 큰 재료를 사용한다.

㉡ 가스는 습도가 매우 낮으면 정전기 발생의 우려가 있다.

006 충전용기를 차량에 적재, 운반할 때 차량에 기재할 경계 표시의 내용은?

① "위험"   ② "고압가스"
③ "요주의"   ④ "위험 고압가스"

해설 충전용기 가스 차량의 표시내용 : 위험, 고압가스

정답 01 ② 02 ② 03 ② 04 ④ 05 ② 06 ④

007 고압가스 운반기준으로 적합하지 않는 것은?

① 산소를 운반하는 차량에는 소화설비를 갖춘다.
② 프로판 3톤이면 운반책임자를 동승시킨다.
③ 독성 가스 운반차량에는 방독면, 고무장갑을 휴대한다.
④ 고압가스 운반차량은 대형 건축물에서만 주차가 가능하다.

해설 1종 보호시설에는 주차 불가

008 큰 고압용기나 탱크라인 등의 퍼지용으로 쓰이는 가스는?

① 질소와 산소
② 질소와 탄산가스
③ 탄산가스와 아르곤
④ 산소와 수소

해설 고압용기나 탱크에서 퍼지용(환기용) 가스는 질소와 탄산가스로 한다.

009 독성 가스 제조시설 식별표지의 글씨 색상은?

① 백색   ② 적색
③ 노란색   ④ 흑색

해설 독성 가스 식별표시는 백색바탕 흑색 글씨, 가스 명칭은 적색이며 식별거리는 10m

010 가연성 가스의 내화구조 저장탱크가 상호 인접하여 있을 때 규정거리를 유지하지 못했을 경우 분무장치의 방사능력은?

① 8L/min · m²
② 6L/min · m²
③ 4L/min · m²
④ 2L/min · m²

해설

시설\내화구조상 구분	노출	준내화구조	내화구조
규정거리 미유지	8L/분	6.5L/분	4L/분
규정거리 유지	7L/분	4.5L/분	2L/분

011 액화산소의 저장탱크 방류둑은 저장 능력 상당 용적의 몇 %인가?

① 40   ② 60
③ 80   ④ 100

해설 방류둑의 저장능력은 액화산소 저장탱크의 상당 용적 이상의 60% 이상으로 한다.

012 내용적이 1,000L를 초과하는 염소용기의 부식여유 두께 중 옳은 것은?

① 2mm   ② 3mm
③ 4mm   ④ 5mm

해설 용기의 부식여유 값

가스명	내용적	부식여유치
NH₃	1,000L 이하	1mm
	1,000L 초과	2mm
Cl₂	1,000L 이하	3mm
	1,000L 초과	5mm

※ NH₃(암모니아가스), Cl₂(염소가스)

013 리벳이음에서 세로이음의 경우와 원주이음의 경우를 비교할 때 인장응력은 어떤 관계가 있는가?

① 세로이음이 원주이음에 비해 그 값이 2배이다.
② 세로이음이 원주이음에 비해 그 값이 1/2배이다.
③ 원주이음과 세로이음이 서로 같다.
④ 원주이음과 세로이음은 관계가 없다.

해설 세로이음은 원주이음에 비해 인장응력 값이 1/2배가 된다.

정답 07 ④ 08 ② 09 ④ 10 ③ 11 ② 12 ④ 13 ②

014 안전구역 내의 고압설비(배관을 제외한다)는 그 외면으로부터 당해 안전구역에 인접하는 다른 안전구역 내에 있는 고압설비와의 안전거리는 얼마인가?

① 20,000mm 이상
② 30,000mm 이상
③ 35,000mm 이상
④ 40,000mm 이상

해설 안전구역 내의 고압설비는 그 외면에서 당해 안전구역에 인접하는 다른 안전구역 내의 고압설비와는 안전거리가 30,000mm(30m) 이상이다.

015 가스계량기는 저압전선과 몇 cm 이상 거리를 두는가?

① 150cm
② 30cm
③ 15cm
④ 5cm

해설 가스계량기는 저압전선과 15cm 이상의 거리에 부착한다.

016 고압가스 제조장치의 취급방법에 관한 설명 중 틀린 것은?

① 역류방지 밸브는 천천히 작동시킨다.
② 압력계의 지변은 천천히 연다.
③ 액화가스를 탱크에 최초로 통과할 때는 천천히 넣는다.
④ 제조장치의 압력을 상승시키는 경우에는 천천히 상승시킨다.

해설 역류방지 밸브의 목적은 사고발생 시 신속히 작동시킨다.

017 고압가스 제조장치의 일상점검 항목으로 옳지 않은 것은?

① 회전기계, 고압밸브, 관 접속구 등에 의한 가스의 누설을 점검한다.
② 안전밸브의 작동시험을 매일 실시한다.
③ 압력계, 온도계, 유량계 등의 이상 유무를 조사한다.
④ 압축기의 진동, 음향 등에 주의한다.

해설 안전밸브의 작동상태 점검
• 압축기 최종단 : 1년에 1회(법규개정 전은 6개월에 1회)
• 압축기 최종단 외의 것 : 2년에 1회 점검

018 다음 중 배관을 해저에 설치하는 경우의 기준에 적합하지 않은 것은?

① 배관은 매설할 것
② 배관은 원칙적으로 다른 배관과 교차하지 아니할 것
③ 배관은 원칙적으로 다른 배관과 수평거리로 20m 이상을 유지할 것
④ 배관의 입상부에는 보호시설물을 설치할 것

해설 30m 이상 유지

019 수소, 산소, 질소가스는 충전 시 대개 얼마의 압력으로 하는가?

① 약 150kg/cm^2
② 약 120kg/cm^2
③ 약 180kg/cm^2
④ 약 200kg/cm^2

해설 35℃에서 120kg/cm^2 이상으로 충전하며 150kg/cm^{2}가 넘지 않도록 한다.

020 고압가스 설비는 사용압력의 몇 배 이상의 압력으로 실시하는 내압시험에 합격한 것이어야 하는가?

① 1배
② 1.5배
③ 2.5배
④ 3배

해설 기밀시험은 사용압력 이상 설비는 사용압력×1.5배의 내압시험이 요구된다.

021 압력용기 운반 시 안전관리상 잘못된 것은?
① 밸브의 손상방지를 위하여 프로텍터, 캡을 부착한다.
② 충격을 방지하기 위하여 와이어로프로 결속한다.
③ 승·하차 시에는 고무판, 가마니 등을 사용한다.
④ 충전용기를 차량에 적재하여 운반할 때는 황색 글씨로 '고압가스'라는 경계표시를 할 것

해설 황색 바탕에 적색으로 "위험 고압가스"라고 표기

022 가스 누설 검지경보장치의 설계기준 중 틀린 것은?
① 통풍이 잘되는 곳에 설치할 것
② 설치 수는 가스의 누설을 신속하게 검지하고 경보하기에 충분한 수일 것
③ 그 기능은 가스 종류에 적절한 것일 것
④ 체류할 우려가 있는 장소에 적절하게 설치할 것

해설 누설 시 체류할 우려가 있는 곳에 설치할 것(통풍이 잘 되지 않는 곳에 설치)

023 다음은 고압가스 제조장치의 정기점검 항목을 기술한 것이다. 중요 검사항목이 아닌 것은?
① 상용압력 이상의 압력으로 기밀시험을 한다.
② 압축기를 분해, 주요 부품의 치수를 확인한다.
③ 압축기의 이상, 진동여부를 조사한다.
④ 반응탑의 내부 부식상황을 조사한다.

해설 압축기의 주요 부품의 치수 확인은 필요 없다.

024 차량에 고정된 용기의 내용적은 독성 가스에 있어서는 ( )를 초과하지 아니하여야 한다. ( ) 안에 알맞은 것은?
① 18,000L   ② 15,000L
③ 12,000L   ④ 10,000L

해설 가연성 가스는 18,000L 초과 금지, 독성 가스는 12,000L 이하, NH_3는 제외

025 다음 물질 중 고압강제용기에 가스상태로 충전되어 시판되는 것은?
① 프레온   ② 염소
③ 아황산가스   ④ 아르곤

해설 불활성 가스는 압축가스이다. 보기 중 아르곤은 불활성 가스이다.

026 특정 고압가스 사용시설의 배관 중 호스의 길이는 몇 m 이내로 설치하여야 하는가?
① 5m   ② 4m
③ 3m   ④ 2m

027 아세틸렌 용기의 재검사 시 검사하지 않아도 되는 것은?
① 외관검사   ② 기밀시험
③ 내압시험   ④ 가압시험

028 수소의 품질검사기준은 하이드로설파이드 시약을 사용한 오르사트법에 의한 시험에서 순도 (A) 이상이고, 용기 내의 가스충전압력은 섭씨 35°에서 (B) 이상이어야 한다. ( ) 안에 알맞은 것은?
① A : 98.5%, B : 100kg/cm^2
② A : 98.5%, B : 120kg/cm^2
③ A : 99.5%, B : 100kg/cm^2
④ A : 99.5%, B : 120kg/cm^2

정답 21 ④ 22 ① 23 ② 24 ③ 25 ④ 26 ③ 27 ④ 28 ②

해설 품질검사 대상(1일 1회 이상)
- O_2(산소) : 99.5%
- H_2(수소) : 98.5%
- C_2H_2(아세틸렌) : 98% 이상

029 용기의 검사기준에 관한 사항 중 옳지 않은 것은?

① 인장시험은 용기에서 채취한 시험편에 대하여 행한다.
② 압궤시험이 부적당한 용기는 시험편에 대한 굴곡시험으로 대신할 수 있다.
③ 파열시험을 한 용기에 대하여는 인장시험 및 압궤시험을 하여야 한다.
④ 수입용기에 대하여는 재검사기준을 준용한다.

해설 파열시험을 한 용기는 인장, 압궤시험을 생략한다.

030 고압가스 관계법에서 규정하는 고압가스는 35℃에서 압력이 (   ) 이상이 되는 압축가스를 말한다. (   ) 안에 알맞은 것은?

① $0kg/cm^2$
② $1kg/cm^2$(0.1MPa)
③ $2kg/cm^2$(0.2MPa)
④ $10kg/cm^2$(1MPa)

해설 고압가스 기준
- 압축가스 : $10kg/cm^2$(1MPa) 이상
- 액화가스 : $2kg/cm^2$(0.2MPa) 이상

031 액화석유 제조시설 기준 중 지상에 설치하는 저장탱크 및 그 지주에는 외면으로부터 (   ) 이상 떨어진 위치에서 조작할 수 있는 냉각용 살수장치를 설치하여야 한다. (   ) 안에 알맞은 것은?

① 2m   ② 3m
③ 5m   ④ 10m

032 암모니아 용기에 표시하는 문자로 옳은 것은?

① 독
② 연
③ 독, 연
④ 독성 가스

해설 암모니아(NH_3) 가스는 가연성이며 독성 가스이다.

033 아세틸렌가스 용기의 재검사 시 검사하지 않아도 되는 검사는?

① 외관검사
② 용접검사
③ 내압시험
④ 기밀시험

해설 C_2H_2 가스의 용기 재검사에서는 ①, ③, ④이다.

034 LP가스 제조설비에는 압력계를 부착하여야 하는데 이 압력계의 눈금 범위는?

① 상용압력의 1배 이상 2배 이하
② 상용압력의 1.5배 이상 2배 이하
③ 기밀시험 압력의 1배 이상 2배 이하
④ 기밀시험 압력의 1.5배 이상 2배 이하

해설 LP가스의 제조설비에서 압력계는 상용압력의 1.5배 이상 2배 이하를 원칙으로 한다.

035 고압가스 공급자의 안전점검기준에 속하지 않는 것은?

① 충전용기 및 부속품, 가스레인지의 합격 표시 유무
② 충전용기와 화기와의 거리
③ 충전용기 및 배관설치 상태
④ 독성 가스의 경우 흡수장치, 보호구 등에 대한 적합 여부

해설 ②, ③, ④의 기준은 가스 공급자의 안전점검기준이다.

036 배관을 지상에 설치하는 경우 불활성 가스 이외의 가스 배관으로 압력이 2kg/cm²(0.2MPa) 이상 10kg/cm²(1MPa) 미만인 경우 배관 양측에 유지할 공지 폭은?

① 3m ② 5m
③ 9m ④ 15m

해설

상용압력	공지의 폭
2kg/cm² 미만	5m
2kg/cm² 이상 10kg/cm² 미만	9m
10kg/cm² 이상	15m

037 고압가스를 차량에 적재 운반 시 운반자 외에 운반 책임자를 동승시켜야 하는 경우가 아닌 것은?

① 압축가스 – 독성 가스 – 100m³ 이상
② 액화가스 – 독성 가스 – 1,000kg 이상
③ 액화가스 – 조연성 가스 – 3,000kg 이상
④ 압축가스 – 가연성 가스 – 300m³ 이상

해설 운반책임자 동승 기준
 • 가연성 가스 : 3t 이상(300m³)
 • 독성 가스 : 1t 이상(100m³)
 • 조연성 가스 : 6t 이상(600m³)

038 습식 아세틸렌 발생기의 표면온도는?

① 110℃ 이하
② 100℃ 이하
③ 90℃ 이하
④ 70℃ 이하

해설
 • 습식 아세틸렌 발생기는 표면온도를 70℃ 이하 유지
 • 아세틸렌 발생기의 가스 발생기의 적당한 온도는 50~60℃

039 차량에 고정된 탱크의 조작상자와 차량의 뒤범퍼와의 수평거리는 규정상 얼마인가?

① 20cm 이상   ② 30cm 이상
③ 40cm 이상   ④ 60cm 이상

해설
 • 후부취출식 탱크는 탱크의 후면과 차량의 뒤범퍼와의 수평거리가 40cm 이상일 것
 • 차량고정 탱크 조작상자와 뒤범퍼의 수평거리는 20cm

040 아세틸렌 용기의 내용적이 10L 이하이고, 다공물질의 다공도가 90%일 때 디메틸포름아미드의 최대 충전량은 얼마인가?

① 43.5% 이하   ② 41.8% 이하
③ 38.7% 이하   ④ 36.3% 이하

해설 DMF(디메틸포름아미드)의 충전량

다공물질 다공도(%)	용기구분 내용적 10L 이하	내용적 10L 초과
90 이상~92 이하	43.5% 이하	43.7% 이하
85 이상~90 이하	41.1% 이하	42.8% 이하
80 이상~85 이하	38.7% 이하	40.3% 이하
75 이상~80 이하	36.3% 이하	37.8% 이하

※ ②의 41.8% 이하는 아세톤의 최대 충전량이다.(90% 이상~92% 이하에서 내용적이 10L 이하 시)

041 가스배관을 할 때의 요점 중 잘못된 것은?

① 배관은 될 수 있는 대로 최단 거리로 시공한다.
② 건물 내에서는 될 수 있는 대로 노출 배관으로 한다.
③ 굴뚝과는 상당한 간격을 유지해야 한다.
④ 가스관과 전선은 8cm 이상의 거리를 두고 8cm 이내로 접근하는 경우에는 절연 시공한다.

해설 가스배관과 전선과의 거리는 15cm 이상의 거리 확보

정답 36 ③ 37 ③ 38 ④ 39 ① 40 ① 41 ④

042 다음의 고압가스의 양을 차량에 적재하여 운반할 때 운반책임자를 동승시키지 않아도 되는 것은?

① 아세틸렌가스 500m³
② 일산화탄소 700m³
③ 액화석유가스 2,000kg
④ 액화염소 1,500kg

해설 운반책임자 동승 기준

가스의 종류		운반동승자 기준
압축 가스	가연성 가스	300m³ 이상
	독성 가스	100m³ 이상
	조연성 가스	600m³ 이상
액화 가스	가연성 가스	3,000kg 이상 (납붙임 용기 및 접합 용기의 경우는 2,000kg 이상)
	독성가스	1,000kg 이상
	조연성 가스	6,000kg 이상

043 고압가스 특정 제조시설 기준 중 시가지의 도로 노면 밑에 매설하는 경우에는 배관의 외면과 노면과의 거리는 몇 m 이상인가?

① 1m
② 1.2m
③ 1.5m
④ 3m

해설
• 배관은 그 외면으로부터 도로의 경계 : 수평거리 1m 이상
• 배관은 그 외면으로부터 다른 시설물 : 0.3m 이상
• 시가지의 도로 노면 밑에 매설하는 경우에는 배관(방호구조물 내에 설치하는 것은 제외)의 외면과 노면과의 거리 : 1.5m 이상
• 방호구조물에 의하여 방호되어진 경우에는 그 방호구조물의 외면과 노면과의 거리 : 1.2m 이상
• 시가지 외 도로의 노면 밑에 매설하는 경우에는 배관의 외면과 노면과의 거리 : 1.2m 이상
• 포장되어 있는 차도에 매설하는 경우에는 그 포장부분의 노반 밑에 매설하고 배관의 외면과 노반의 최하부와의 거리 : 0.5m 이상
• 노면 밑 외의 도로 밑에 매설하는 경우에는 배관의 외면과 지면과의 거리 : 1.2m 이상
• 방호구조물에 의하여 방호된 배관 : 0.6m 이상
• 시가지의 도로 밑에 매설하는 경우 : 0.9m 이상

044 프로판 용기의 재료에 사용되는 금속은?

① 주철
② 탄소강
③ 내산강
④ 두랄루민

해설
• 두랄루민 : Al, Cu, Mg의 합금으로, 경량이며 내열성이 우수하여 항공기의 소재로 널리 사용된다.(알루미늄, 구리, 마그네슘의 합금)
• 프로판의 용기는 탄소강이다.

045 다음은 용기의 제조, 수리의 기술상 기준을 설명한 것이다. 틀린 것은?

① 용기 동판의 최대 두께와 최소 두께와의 차이는 평균 두께의 20% 이하로 하여야 한다.
② 용기의 재료에는 스테인리스강 또는 알루미늄합금 등을 사용한다.
③ 초저온 용기는 오스테나이트계의 스테인리스강으로 제조하여야 한다.
④ 이음새 없는 용기의 탄소의 함유량은 0.33% 이하라야 한다.

해설
• 이음새 없는 용기의 탄소 함량은 0.55% 이하가 정답이다.
• ①, ②, ③은 가스 용기의 제조수리 기술상의 기준이다.

046 고압가스 용기의 재료에 사용되는 강의 성분 중 탄소, 인, 황의 함유량은 제한되어 있다. 그 이유로서 옳은 것은?

① 황은 적열취성의 원인이 된다.
② 탄소량이 증가하면 인장강도는 감소하나 충격치는 내려간다.
③ 탄소량이 많으면 인장강도는 감소하고 충격치는 증가한다.
④ 인은 될수록 많은 것이 좋다.

해설 강의 성분에 따른 특성
- 황은 900℃ 부근에서 적열취성을 일으킨다.
- 탄소량이 많아지면 인장강도가 크다.(1.2%일 때 최대)
- 탄소량이 많아지면 충격치가 증가한다.
- 인이 많으면 상온취성 경도, 강도는 증가, 결정립이 거칠다.(상온취성은 나쁜 현상이다.)

047 다음 항목 중 비파괴 검사방법이 아닌 것은?

① 방사선 검사 ② 초음파 탐상
③ 인장시험   ④ 자기 탐상법

해설 금속의 비파괴 검사법
- 방사선 검사
- 초음파 탐상
- 자기 탐상법
- 타진법
- 유중 침지식
- 형광 탐상법

048 고압가스 용기의 재질 중 옳은 것은?

① 합성수지   ② 주철강
③ 탄소강   ④ 연강

해설 고압가스 용기 재질
탄소강, 망간강, 크롬강, 18-8 스테인리스강, 알루미늄 합금

049 합격용기의 각인표시에서 ㉓자의 크기로 틀린 것은?

① 용기 : ㉓ → 원의 바깥지름 10mm
② 납붙임 또는 접합용기 :
   ㉓ → 15×15mm 크기
③ 냉동기 : ㉓ → 원의 바깥지름 10mm
④ 용기 부속품 :
   ㉓ → 원의 바깥지름 20mm

해설 용기 부속품의 ㉓자는 원의 바깥지름이 5mm이다.

050 고압가스 운반기준에서 운반책임자인 안전관리 책임자 또는 안전관리원을 동승시키지 않아도 되는 사항은?

① 압축가스인 가연성 가스로서 300m³ 이상
② 압축가스인 조연성 가스로서 600m³ 이상
③ 액화가스로서 가연성 가스인 3,000kg 이상
④ 액화가스로서 조연성 가스인 경우 5,000kg 이상

해설 고압가스 운반기준

가스의 종류		기준
압축 가스	가연성 가스	300m³ 이상
	조연성 가스	600m³ 이상
액화 가스	가연성 가스	3,000kg 이상 (납붙임 용기 및 접합용기의 경우는 2,000kg 이상)
	조연성 가스	6,000kg 이상

051 가스의 용기 도색구분으로 옳은 것은?

① 산소 : 청색
② 액화탄산가스 : 청색
③ 질소 : 흰색
④ 그 밖의 가스 : 녹색

해설 가스 용기 도색

가스의 종류	도색의 구분
산소	녹색
액화탄산가스	청색
질소	회색
소방용 용기	소방법에 의한 도색
그 밖의 가스	회색

정답 47 ③ 48 ③ 49 ④ 50 ④ 51 ②

052 독성 가스의 운전기준에서 운반책임자인 안전관리 책임자 또는 안전관리원을 동승시키지 않아도 되는 것은?

① 압축가스로서 허용농도가 100만분의 1 이상 : 100m³ 이상
② 압축가스로서 허용농도가 100만분의 1 미만 : 10m³ 이상
③ 액화가스로서 허용농도가 100만분의 1 이상 : 100kg 이상
④ 액화가스로서 허용농도가 100만분의 1 미만 : 100kg 이상

해설 독성가스 운전기준

가스의 종류		기준
압축가스	허용농도가 100만분의 1 이상	100m³ 이상
	허용농도가 100만분의 1 미만	10m³ 이상
액화가스	허용농도가 100만분의 1 이상	1,000kg 이상
	허용농도가 100만분의 1 미만	100kg 이상

053 산업통상자원부령으로 정하는 일정량에 해당되는 가스량은?

① 액화가스 : 5톤
② 독성 액화가스 : 1.5톤
③ 압축가스 : 500m³ 미만
④ 독성 압축가스 : 100m³ 미만

해설 법 제3조 제1호에서 "산업통상자원부령이 정하는 일정량"이라 함은 다음 각 호에 규정된 양을 말한다.
1. 액화가스의 경우에는 5톤. 다만, 독성 가스인 액화가스의 경우에는 1톤(허용농도가 100만 분의 1 미만인 독성 가스인 경우에는 100kg)을 말한다.
2. 압축가스의 경우에는 500m³. 다만, 독성 가스인 압축가스의 경우에는 100m³(허용농도가 100만분의 1 미만인 독성 가스인 경우에는 10m³)를 말한다.

054 고압가스 용기의 보관장소에 대한 내용 중 옳지 않은 것은?

① 가연성 가스 및 산소의 충전용기 보관실은 불연 재료를 사용한다.
② 가연성 가스의 용기 보관실은 그 가스가 누출된 때에 체류하지 아니하도록 통풍구를 갖추고, 통풍이 잘 되지 아니하는 곳에는 강제통풍시설을 설치한다.
③ 용기의 보관장소는 그 경계를 명시하고 외부에서 보기 쉬운 곳에 경계표지를 설치한다.
④ 독성 가스 및 공기보다 무거운 가연성 가스의 용기 보관실에는 가스누출 검시경보장치를 설치해야 하며 독성 가스의 용기 보관실은 누출하는 가스의 확산을 원활하게 하도록 한다.

해설 독성 가스나 공기보다 무거운 가연성 가스의 경우에는 가스의 확산을 적절하게 방지하여야 한다.

055 다음 중 저온 재료로 부적당한 것은?

① 주철
② 황동
③ 9% 니켈
④ 18-8 스테인리스강

해설 저온에서 연신율, 교축율, 충격치 값의 변화가 없는 재료는 비철금속이며 탄소함유강(주철 등)은 저온 취성으로 강도 및 연성이 감소된다.

056 상압에서 액화 프로판가스를 저장하는 저온 탱크에 적당한 금속 재료는?

① 납
② 주철
③ 탄소강
④ 알루미늄

해설
- 저압 충전용 : 탄소강, 망간강, 크롬강 등
- 초저온용 : 18-8 스테인리스강, Al합금 등
- 산소, 질소, 탄산가스, 프로판 가스의 저온가스 용기는 알루미늄 합금이 좋다.

057 재료의 용도로서 적당하지 않은 것은?

① 액체 산소 탱크 : 알루미늄
② 수분이 없는 액화염소 탱크 : 탄소강
③ 아세틸렌 배관 : 동
④ 상온, 상압의 수소용기 : 탄소강

해설 아세틸렌은 120℃ 이상의 온도와 빛, 충격에 폭발하는 금속 아세틸라이드가 발생되며 금속의 화합폭발인 구리(Cu_2C_2), 수은(Hg_2C_2), 은(Ag_2C_2)은 재료의 용도로서 적당하지 못하다.

058 용접 용기의 동판 두께를 산정하는 계산식은?(단, t : 두께, P : 최고충전압력, D : 동체의 내경, S : 재료의 허용 응력, η : 용접효율, C : 부식여유 두께)

① $t = \dfrac{PD}{200S\eta - 1.2P} + C$

② $t = \dfrac{P}{200S\eta - 0.2P} + C$

③ $t = \dfrac{PD}{200S\eta - 0.2P} + C$

④ $t = \dfrac{P}{200S\eta - 1.2P} + C$

해설 용접제 원통형 고압설비 동판의 두께

$t = \dfrac{상용압력 \times 안지름}{200 \times 용접효율 \times 인장강도 - 1.2 \times 상용압력} + 부식여유 두께$

- 용접효율 : %
- 충전압력 : kg/cm^2
- 인장강도 : kg/mm^2
- 안지름 : mm
- 부식여유 : mm

059 판의 두께 12mm, 리벳의 직경 20mm, 피치 50mm의 일렬겹침 리벳이음이다. 1피치당 하중을 1,200kg으로 하면 판의 인장 응력은 얼마인가?

① $3.3kg/mm^2$
② $3.7kg/mm^2$
③ $3.9kg/mm^2$
④ $4.1kg/mm^2$

해설 $W = t(p-d)\sigma_t$

$1,200 = 12(50-20)\sigma_t$

$\therefore \sigma_t = \dfrac{1,200}{(50-20)12} = 3.33 kg/mm^2$

060 산소 용기의 충전압력이 $210kg/cm^2$고 내경이 326mm, 인장강도가 $50kg/mm^2$일 때 산소용기의 일반적인 두께를 계산하면?(단, 안전율은 3으로 한다.)

① 0.282mm
② 1.280mm
③ 2.282mm
④ 3.282mm

해설 산소용기 두께(mm)

$t = \dfrac{P \cdot D}{200S \times 안전율}$

$= \dfrac{210 \times 326}{200 \times 50 \times 3} = 2.282 mm$

061 강으로 제조된 이음매 없는 용기의 재료시험에 검사 항목으로 틀린 것은?

① 인장시험
② 충격시험
③ 단열성능시험
④ 내압시험

해설 단열성능시험은 액화질소, 액화산소, 액화아르곤 등 초저온 용기의 단열상태의 시험이다.

062 직경 1.8m의 보일러가 있다. 이 강판의 두께가 17mm이고 증기의 압력은 14atm이다. 강판의 극한강도는 $4,250kg/cm^2$이고, 접합 효율이 85%이다. 이 강판의 안전율을 구하면?

① 2.7
② 4
③ 5
④ 6

해설 안전율 $= \dfrac{인장강도}{허용압력}$, $17mm = 1.7cm$

허용응력 $= \dfrac{인장강도(kg/cm^2)}{단면적(cm^2)}$

$= \dfrac{3.14 \times 1.7^2}{4}$

$= 2.26865 cm^2$

$\therefore \dfrac{4,250}{2.26865 \times 0.85} = 2.668$

가스기능장 필기 과년도 기출문제

063 다음 금속재료 중 저온 재료로서 적당한 것을 모두 고른 것은?

㉠ 탄소강
㉡ 황동
㉢ 9% 니켈강
㉣ 18-8 스테인리스강
㉤ 규소

① ㉠, ㉡, ㉢
② ㉠, ㉣, ㉤
③ ㉡, ㉢, ㉣
④ ㉠, ㉢

해설 탄소강은 저온에서 경도, 인장강도, 항복점이 증가하고 연신율, 충격치, 교축율은 감소하므로 저온용으로 사용하면 저온취성이 문제되므로 저온용 재료는 불리하고 비철금속이 주로 사용된다. 즉, 황동이나 9% 니켈강이나 18-8 스테인리스강 등이다.

064 공기액화 분리기에 설치된 액화산소 탱크 내의 액화산소는 1일 몇 회 이상 분석해야 하는가?

① 1일 1회
② 주당 3회
③ 2일에 1회
④ 1일 2회 이상

해설 1일 1회 이상, 액화산소 5L 중 C_2H_2의 질량 5mg, 탄화수소 중 탄소질량이 500mg을 초과하지 않도록 한다.

065 용기용 밸브 중 "V" 홈이 뜻하는 것은?

① 왼나사
② 오른나사
③ 수나사
④ 암나사

해설 모든 가연성 가스 충전구 나사는 왼나사이며 NH_3와 CH_3Br은 제외된다. 즉, 그랜드 너트 개폐방향에서 왼나사는 그랜드너트 육각모서리에 "V"자형 홈각인은 왼나사가 된다.

066 공기액화 분리장치의 이산화탄소 흡수탑에서 1g의 이산화탄소 제어에 NaOH 몇 g이 필요한가?

① 1.8g
② 2.6g
③ 3.5g
④ 4.7g

해설 $2NaOH + CO_2 \rightarrow Na_2CO_3 + H_2O$
$x = 2 \times 40 : 44$
$\therefore \dfrac{2 \times 40}{44} = 1.81g$

067 저온 저장탱크에는 그 저장탱크의 내부 압력이 외부압력보다 저하함에 따라서 그 저장탱크가 파괴되는 것을 방지할 수 있는 조치를 강구하여야 한다. 다음 중 옳지 않은 것은?

① 진공 안전밸브
② 다른 저장탱크 또는 시설로부터의 가스도입배관(균압관)
③ 압력과 연동하는 긴급차단장치를 설치한 송액설비
④ 안전밸브

해설 부압 시 Back-up 가스, 공기로 압력을 회복하여 파괴를 방지하여야 하므로 진공 안전밸브를 사용한다.

068 내용적이 500L 미만인 용접용기의 방사선 검사는 동일한 제조의 용기를 1조로 하여 그 조에서 임의로 채취한 몇 개의 용기에 대하여 실시하는가?

① 1개
② 2개
③ 3개
④ 4개

해설 500L 이상 용접용기는 용기마다 실시하고 500L 미만 제조용기의 동일 두께, 외경, 형상의 것은 임의 채취 1개를 검사한다.

정답 63 ③ 64 ① 65 ① 66 ① 67 ④ 68 ①

069 다음 중 고압가스 용기용 밸브에 관한 설명으로 올바르지 않은 것은?

① 질소가스 용기의 충전구 나사는 왼나사를 이용한다.
② 밸브핸들의 나사는 일반적으로 오른나사를 사용한다.
③ 그랜드 너트의 나사는 왼나사, 오른나사 모두 사용하지만 왼나사를 사용할 때는 그 표시를 한다.
④ 아세틸렌 가스용기의 충전구 나사는 왼나사를 사용한다.

해설 질소는 충전구의 나사가 왼나사가 아니고 오른나사이다. 가연성 가스가 아니기 때문이다.

070 상용 압력이 $30kg/cm^2$인 고압설비의 기밀시험 압력은 몇 kg/cm^2인가?(단, 가스는 산소이다.)

① $30kg/cm^2$ 이상
② $18kg/cm^2$ 이상
③ $24kg/cm^2$ 이상
④ $33kg/cm^2$ 이상

해설 고압설비는 상용압력 이상으로 기밀시험을 하며 저온 및 초저온 용기는 최고 충전압력×1.1배로 한다.

071 내용적 50L의 용기에 수압 $30kg/cm^2$를 가해 내압시험을 하였다. 이 경우 $30kg/cm^2$의 수압을 걸었을 때 용기의 용적이 50.5L로 늘어났고 압력을 제거하여 대기압으로 하니 용기 용적은 50.025L로 되었다. 항구증가율은 얼마인가?

① 0.3%
② 0.5%
③ 3%
④ 5%

해설 영구 증가율 = $\frac{영구증가량}{전증가량} \times 100$으로 나타내며 10% 이하의 증가를 합격으로 한다.
$$\frac{50.025-50}{50.5-50} \times 100 = 5\%$$

072 공기액화 분리기 중의 폭발원인이 아닌 것은?

① C_2H_2 혼입
② O_2 혼입
③ 질소산화물 생성
④ 탄화수소 생성

해설 공기액화 분리기 중의 폭발원인
- 공기취입구로부터 C_2H_2 혼입
- 압축기용 윤활유의 분해에 따른 탄화수소의 생성
- 공기 중에 있는 산화질소(NO), 과산화질소(NO_2) 등 질소산화물의 흡입
- 액체공기 중의 오존(O_3) 혼입

073 초저온 용기에 대한 정의 중 옳은 것은?

① 임계온도가 50℃ 이하인 액화가스 충전용기
② 강판과 동판으로 제조된 용기
③ 섭씨온도가 -50℃ 이하인 액화가스 충전용기
④ 단열재로 피복하여 용기 내의 온도가 상용의 온도를 초과하지 않도록 조치한 용기

해설 ③ 초저온 용기에 대한 설명이다.(현재 법규개정으로 -50℃ 이하 액화가스 용기)
④ 저온 용기에 대한 설명이다.

074 밸브몸체에 200, WOG 등으로 WOG라는 용어가 표시된다. 관계없는 것은?

① 수증기
② 가스
③ 물
④ 기름

해설 W : 물, G : 가스, O : 기름, S : 수증기

075 압축가스용 충전량은 어디에 표준을 두는가?

① 용기의 두께
② 용기의 크기
③ 질량
④ 압력

해설 압축가스의 충전량은 그 가스의 압력에 표준을 둔다. 압축가스는 영구가스이며 비등점, 임계 온도가 낮은 가스는 상온에서 가압하여도 액화되지 않으므로 보통용기에 압축된 상태에서 취급된다. 산소, 수소, 질소, 불활성 가스 등이다.

정답 69 ① 70 ① 71 ④ 72 ② 73 ③ 74 ① 75 ④

076 산소를 수송하는 도관과 이에 접촉하는 압축기와의 사이에 설치하는 것은?

① 압력계
② 유량계
③ 속도계
④ 드레인 세퍼레이터

해설 압축기 윤활제로 물을 사용하기 때문에 드레인 세퍼레이터(수분 분리기)가 필요하다.

077 가스 공급시설의 안전 조작에 필요한 장소의 조도는?

① 10lux
② 60lux
③ 110lux
④ 150lux

해설 가스 공급시설의 안전조작에 필요한 장소의 조도는 150lux이다.

078 고압가스 특정 제조시설 중 철도부지 밑에 매설하는 배관에 대하여 설명한 것이다. 틀린 것은?

① 배관은 그 외면으로부터 다른 시설물과 30cm 이상의 거리를 유지한다.
② 배관의 외면과 지면과의 거리는 1m 이상으로 한다.
③ 배관은 그 외면으로부터 궤도중심과 4m 이상 유지한다.
④ 배관은 그 외면으로부터 수평거리로 건축물까지 1.5m 이상을 유지한다.

해설 배관 외면과 지면과는 산이나 들에서는 1m, 그 밖의 지역은 1.2m이다. 철도부지 매설 시에는 궤도 중심과 4m 건축물까지는 1.5m이다.

079 고압가스 충전용기에 대한 운반 기준으로서 적합하지 않은 것은?

① 염소, 아세틸렌, 수소 등은 동일차량에 적재 운반하지 않는다.
② 질량 300kg 이상의 암모니아 운반 시는 운반 책임자를 동승시킨다.
③ 독성 가스 충전용기 운반 시에는 용기 사이에 목재 칸막이를 한다.
④ 충전용기와 위험물과는 동일 차량에 적재 운반하지 않는다.

해설 운반 책임자 동승기준
- 가연성 가스 3ton(300m^3)
- 독성 가스 1ton(100m^3) : 암모니아는 제외된다.
- 지연성 가스 6ton(600m^3) 이상

080 시안화수소를 저장할 때는 1일 1회 이상 충전용기의 가스 누설검사를 해야 하는데 이때 쓰이는 시험지명은?

① 질산구리벤젠
② 발연황산
③ 질산은
④ 브롬

해설 시안화수소(HCN) 누설검사 시 시험지는 초산벤젠지(질산구리벤젠지)가 사용된다. 그 반응은 청색이 나타나면 누설이 되고 있는 것이다.

081 가연성 가스를 제조할 때에는 1일 1회 이상 가스를 채취하여 지체없이 분석하여야 한다. 채취하는 곳으로 틀린 것은?

① 액화분리기
② 발생장치
③ 정제장치
④ 저장탱크

해설 가연성 가스의 제조 시 가스채취 장소는 발생장치, 정제장치, 저장탱크이다.

082 특정 고압가스 사용시설 중 화기취급 장소와 사이에 8m 이상의 우회거리를 유지하지 않아도 되는 것은?

① 내화벽
② 저장설비
③ 기화장치
④ 배관

해설 ①을 제외한 ②, ③, ④는 8m 이상의 우회거리 유지가 반드시 필요하다.

정답 76 ④ 77 ④ 78 ② 79 ② 80 ① 81 ① 82 ①

083 고압가스 일반제조 시 저장탱크를 지하에 묻는 경우의 기준으로 맞지 않는 것은?

① 지하에 묻는 저장탱크의 외면에는 부식방지 코팅을 할 것
② 저장탱크의 정상부와 지면과의 거리는 1m 이상으로 할 것
③ 저장탱크의 주위에 마른 모래를 채울 것
④ 저장탱크를 묻은 곳의 주위에는 지상에 경계를 표시할 것

해설
- 저장탱크 정상부와 지면거리 60cm 이상
- 지하탱크실 내에 설치할 경우에는 탱크 정상부와 천장 높이까지 60cm로 한다.

084 가스기기의 보온에 관해 잘 설명한 것은?

① 피시공체에는 스터드 볼트, 와이어 철망 등으로 느슨하게 고정한다.
② 시공 후 보온재의 무게진동으로 인한 피시공체로부터의 이탈은 생각하지 않아도 무방하다.
③ 보냉재는 가능하면 금속성인 것을 사용한다.
④ 보냉공사의 외장에는 모르타르, 플라스터를 사용하며 특히 외장재의 크랙에 주의해야 한다.

해설 ④는 가스기기의 보온에 관한 설명이다.

085 다음 특정 고압가스 사용시설 및 기술상 기준을 설명한 것 중 옳은 것은?

① 산소의 저장설비 주위 8m 이내에서는 화기를 취급하여서는 안 된다.
② 액화석유가스 사용 시설 중 배관과 전선과의 사이는 15cm 이상의 간격을 유지할 것
③ 가연성 가스를 사용할 때 시설 중 저장설비, 감압설비 및 도관의 외면으로부터 화기취급 장소까지 5m 이상의 우회 거리를 두어야 한다.
④ 고압가스 설비에는 저장능력에 상관없이 안전밸브를 설치하여 설치 내의 압력이 상승할 때의 위험을 방지할 수 있도록 조치할 것

해설 액화석유가스 사용시설에서 배관과 전선과의 사이에 절연조치를 하지 않은 전선과의 거리는 15cm 이상의 간격을 유지하며 전기계량기, 전기개폐기와는 60cm 이상, 굴뚝 전기점멸기 및 전기접속기와의 거리는 30cm 이상이다.
① 우회거리 5m
③ 우회거리 8m

086 다음 가스를 저장 또는 판매·사용할 때의 주의사항으로 옳은 것은?

① 가스사용 후 공병은 "공"이라고 백묵으로 써두며 밸브는 항상 열어둔다.
② 밸브에 얼음이 붙었을 때는 40℃ 이상의 더운 물수건으로 녹이면 된다.
③ 가스를 사용한 후에는 5psig($\frac{1}{3}$기압) 정도 압력을 남기고 밸브를 잠근다.
④ 밸브를 열 때 핸들이 없으면 파이프렌치, 펜치, 플라이어 등으로 연다.

해설
- 고압가스는 가스 사용 후 1/3기압 정도 압력을 남기고 밸브를 잠그며 가스의 온도는 40℃ 이하로 유지할 것
- 공병은 백묵으로 표시하며 밸브는 항상 닫을 것
- 가스사용 시 인화물질이 없을 것
- 산소의 조정기는 기름을 치지 말고 밸브 개폐기 충전구는 반대방향에 둘 것

087 다음 이음매 없는 용기의 제조시설 기준 중 틀린 것은?

① 단조설비
② 성형설비
③ 네크링 가공설비
④ 세척설비

정답 83 ② 84 ④ 85 ② 86 ③ 87 ③

해설 고압가스 용기제조의 시설기준 및 기술기준에서 이음매 없는 용기의 제조시설 기준
- 단조설비 또는 성형설비
- 아랫부분 접합설비
- 열처리로 및 그 노내의 온도를 측정하는 자동기록장치
- 세척설비
- 숏블라스팅 및 도장설비
※ 네크링 가공설비는 용접용기의 제조시설기준

088 에어졸의 누설 여부를 조사하는 온수시험 탱크에서의 온도는?

① 40℃ 이하
② 46~50℃
③ 52~60℃
④ 70℃ 이상

해설 에어졸의 누설여부 조사 시 온수시험 탱크에서 온도는 46~50℃ 미만이다.

089 특정 고압가스 사용시설 중 화기취급 장소와의 사이에 8m 이상의 우회거리를 유지하지 않아도 되는 것은?

① 방호벽   ② 저장설비
③ 기화장치   ④ 배관

해설 방호벽은 충전시설, 저장시설 등의 재해 확대를 방지하기 위하여 설치한 보안벽으로 우회거리가 제외된다.

090 가스의 탱크 운반 중 다음과 같은 물질이 서로 반응하여 위험물질이 생성되지 않는 것은?

① 아세틸렌과 은
② 암모니아와 염소
③ 액체 암모니아와 할로겐
④ 인화수소와 나트륨

해설 반응물질
- 아세틸렌 : 은
- 암모니아 : 염소
- 액체 암모니아 : 할로겐

091 아래 사항 중 고압 제조설비의 대상이 되는 것은?

① 알코올, 가솔린 등과 같이 항시 액체인 것
② 압력을 가하거나 또는 온도를 낮추면 비교적 쉽게 액화되는 것
③ 상온에서 가압하면 쉽게 액화되나 초저온일수록 액화시키기 어려운 것
④ 항시 기체 상태나 상온에서의 가압이 쉽고 저온으로서야 비로소 액체로 되는 것

해설 고압 제조설비에 해당하는 가스의 성질은 압력을 가하거나 또는 온도를 낮추면 비교적 쉽게 액화되는 가스이어야 한다.

092 다음 중 휘발성 유류의 취급 시 지켜야 할 안전사항으로 옳지 않은 것은?

① 수시로 인화물질의 누설 여부를 점검한다.
② 실내의 공기가 외부와 차단되도록 한다.
③ 소화기를 규정에 맞게 준비하고, 평상 시에 조작방법을 익혀둔다.
④ 정전기가 발생하는 화학섬유 작업복의 착용을 금한다.

해설 휘발성 유류의 취급 시 실내는 통풍을 양호하게 하고 정전기, 전기불꽃, 화염 등의 점화원이 발생하지 않도록 한다.

093 지반강에 설치된 원통형 LPG 탱크(바깥지름 2,000mm, 길이 20,000mm, 강판 두께 15mm)의 냉각용 살수장치 수원으로서 저장탱크를 설치한다면 필요한 저수량은 적어도 어느 정도인가?

① 5.8톤   ② 8.2톤
③ 10.3톤   ④ 11.9톤

해설 $F = (3.14 \times 2 \times 20) + \frac{1}{4}\pi \times 2^2 + \frac{1}{4}\pi \times 2^2$
$= 131.88 m^2$
$131.88 \times 3L/min \times 30분 = 11,869.2L = 11.9톤$
※ 2,000mm = 2m, 20,000mm = 20m

정답 88 ② 89 ① 90 ④ 91 ② 92 ② 93 ④

094 다음 가스 중 독성 가스에 해당하는 가스는?

① 에틸벤젠 ② 모노메틸아민
③ 염화비닐 ④ 사이클로프로판

해설 독성 가스의 종류
"독성 가스"라 함은 아크릴로니트릴·아크릴알데히드·암모니아·일산화탄소·이황화탄소·불소·염소·브롬화메탄·염화메탄·염화프렌·산화에틸렌·시안화수소·황화수소·모노메틸아민·벤젠·포스겐·요오드화수소·브롬화수소·염화수소·불화수소·겨자가스 그밖에 공기 중에 일정량 이상 존재하는 경우 인체에 유해한 독성을 가진 가스로서 허용농도(공기 중에 노출되더라도 통상적인 사람에게 건강상 나쁜 영향을 미치지 아니하는 정도의 공기 중의 가스)가 100만 분의 200 이하

095 액화가스라 함은 가압 냉각에 의하여 액체상태로 되어 있는 것으로 대기압하에서 비점이 섭씨 ( )도 이하 또는 ( )의 온도 이하인 것을 말한다. ( ) 안에 알맞은 내용은?

① 30, 상용 ② 40, 상용
③ 50, 비점 ④ 60, 증발

해설 40℃ 이하 또는 상용의 온도 이하

096 압축가스에 대한 설명으로 옳은 것은?

① 상온에서 압력을 가하여도 액화되지 아니하는 가스
② 상온에서 압력을 가하여도 연소되지 아니하는 가스
③ 상온에서 압력을 가하여도 압축되지 아니하는 가스
④ 상온에서 압력을 가하여도 응축되지 아니하는 가스

해설 압축가스라 함은 상온에서 압력을 가하여도 액화되지 않는 가스로서 일정한 압력에 의하여 압축되어 있는 가스이다.

097 산업통상자원부령이 정하는 고압가스 관련 설비에 해당되지 않는 것은?

① 안전밸브, 긴급차단장치, 역화방지장치
② 기화장치, 압력용기
③ 자동차용 가스 자동주입기
④ 독성가스용 배관용 이음쇠

해설 고압가스 관련 설비
- 안전밸브·긴급차단장치·역화방지장치
- 기화장치
- 압력용기
- 자동차용 가스 자동주입기
- 독성 가스 배관용 밸브

098 고압가스 특정 제조허가의 대상에 해당되지 않는 것은?

① 석유정제업자의 석유정제시설 또는 그 부대시설에서 고압가스를 제조하는 것으로서 그 저장능력이 100톤 이상인 것
② 석유화학공업시설 또는 그 부대시설에서 고압가스를 제조하는 것으로서 그 저장능력이 100톤 이상이거나 처리능력이 1만 m^3 이상인 것
③ 철강공업시설 또는 그 부대시설에서 고압가스를 제조하는 것으로서 그 처리능력이 5만 m^3 이상인 것
④ 비료제조시설 또는 그 부대시설에서 고압가스를 제조하는 것으로서 그 저장능력이 100톤 이상이거나 그 처리능력이 10만 m^3 이상인 것

해설 고압가스 특정허가 대상
- 석유정제업자의 석유정제시설 또는 그 부대시설에서 고압가스를 제조하는 것으로서 그 저장능력이 100톤 이상인 것
- 석유화학공업자(석유화학공업 관련사업자를 포함한다)의 석유화학공업시설(석유화학 관련시설을 포함한다.) 또는 그 부대시설에서 고압가스를 제조하는 것으로서 그 저장능력이 100톤 이상이거나 처리능력이 1만m^3 이상인 것

정답 94 ② 95 ② 96 ① 97 ④ 98 ③

- 철강공업자의 철강공업시설 또는 그 부대시설에서 고압가스를 제조하는 것으로서 그 처리능력이 10만m³ 이상인 것
- 비료생산업자의 비료제조시설 또는 그 부대시설에서 고압가스를 제조하는 것으로서 그 저장능력이 100톤 이상이거나 처리능력이 10만m³ 이상인 것
- 그 밖에 산업통상자원부장관이 정하는 시설에서 고압가스를 제조하는 것으로서 그 저장능력 또는 처리능력이 산업통상자원부장관이 정하는 규모 이상인 것

099 고압가스 제조자 또는 판매자는 그 수요자에게 대하여 1년에 1회 이상 가스의 사용방법 및 취급요령 등 위해예방을 위한 계도물을 작성배포하고 그 실시 기록을 보관하여야 한다. 몇 년간 보존하여야 하는가?

① 1년　　② 2년
③ 3년　　④ 5년

해설 2년간 보존한다.

100 고압가스 용기, 냉동기 또는 특정설비에 관한 변경허가를 받아야 하는 사항이 아닌 것은?

① 사업소의 위치 변경
② 용기 등의 종류 변경
③ 용기 등의 용접방법 변경
④ 용기 등의 제조공정 변경

해설 특정설비 변경허가 사항
- 사업소의 위치 변경
- 용기 등의 종류 변경
- 용기 등의 제조공정 변경

101 흡수식 냉동설비는 발생기를 가열하는 1시간의 입열량 몇 kcal를 1일의 냉동능력 1톤으로 보는가?

① 6,000　　② 6,060
③ 6,640　　④ 66,640

해설 원심식 압축기는 정격출력 1.2kW를 1일의 냉동능력 1톤으로 보며 흡수식은 발생기를 가열하는 1시간의 입열량 6,640kcal이다.

102 저장능력 산정기준에서 틀린 내용은?

① P : 35℃에서 최고충전압력(kg/cm²)
② V_1 : 내용적(L)
③ W : 저장능력(kg)
④ d : 상용온도에서 액화가스의 비중(kg/L)

해설 저장능력 산정식
$$Q = (P+1)V_1$$
$$W = 0.9dV_2$$
$$W = \frac{V_2}{C}$$

여기서, Q : 저장능력(m³)
P : 35℃(아세틸렌가스의 경우에는 15℃)에서의 최고충전압력(kg/cm²)
V_1 : 내용적(m³)
W : 저장능력(kg)
d : 상용온도에서의 액화가스의 비중(kg/L)
V : 내용적(L)
C : 저온 용기 및 차량에 고정된 저온 탱크와 초저온 용기 및 차량에 고정된 초저온 탱크에 충전하는 액화가스에 있어서는 그 용기 및 탱크의 상용온도 중 최고의 온도에 있어서의 그 가스의 비중(kg/L)의 수치에 10분의 9를 곱한 수치의 역수

103 고압가스 특정 제조시설의 기준 및 기술기준에서 제조시설의 구조 및 설비에 해당되지 않는 내용은?

① 내부반응 감시 장치
② 인터록 기구
③ 긴급 이송설비
④ 안전용 가연성 가스

해설 구조 및 설비
- 내부반응 감시장치
- 위험사태 발생 방지장치
- 인터록 기구

정답 99 ②　100 ③　101 ③　102 ②　103 ④

- 가스누출 경보검지장치
- 긴급 차단장치
- 긴급 이송설비
- 벤트스택
- 플레어 스택
- 저장탱크
- 계기실
- 안전용 불활성 가스

104 고압가스 특정 제조시설의 기준에서 설비 사이의 거리인 시설의 위치로 옳지 않은 것은?

① 안전구역 내의 고압가스 설비는 그 외면으로부터 다른 안전구역 안에 있는 고압가스 설비의 외면까지는 30m 이상
② 제조설비는 그 외면으로부터 그 제조소의 경계까지 20m 이상
③ 가연성 가스의 저장탱크는 그 외면으로부터 처리능력이 20만m^3 이상인 압축기까지는 30m 이상
④ 저장능력이 300m^3 또는 3톤 이상의 가연성 가스의 저장탱크는 다른 가연성 가스 또는 산소의 저장탱크와의 사이에는 두 저장탱크의 최대지름을 합산한 길이의 1/5 이상에 해당하는 거리

해설 ④의 거리는 두 저장탱크의 최대지름을 합산한 길이의 1/4 이상에 해당되는 거리이다.

105 다음의 가스 중 품질검사기준에서 순도로서 맞는 것은?

① 산소 99.5% 이상, 아세틸렌 98% 이상, 수소 98.5% 이상
② 산소 99.5% 이상, 아세틸렌 89% 이상, 수소 59.8% 이상
③ 산소 59.9% 이상, 아세틸렌 98% 이상, 수소 88% 이상
④ 산소 90% 이하, 아세틸렌 90% 이상, 수소 98.5% 이하

해설 산소 99.5% 이상, 아세틸렌 98% 이상, 수소 98.5% 이상

106 품질검사에서 시약으로서 틀린 내용은?

① 산소 : 동 암모니아 시약
② 아세틸렌 : 발연 황산시약 또는 브롬 시약
③ 수소 : 피로카롤 또는 하이드로설파이드 시약
④ 산소 : 질산은 시약

해설 질산은 시약은 아세틸렌용이다.

107 고압가스 충전시설에서 가연성 가스 충전시설의 고압가스설비는 그 외면으로부터 다른 가연성 가스 충전시설의 고압가스 설비와 ( )m 이상, 산소충전시설의 고압가스 설비와는 ( )m 이상의 거리를 유지해야 한다. ( ) 안에 알맞은 내용은?

① 5, 10
② 5, 6
③ 10, 5
④ 5, 5

해설 5m, 10m

108 습식 아세틸렌 발생기의 표면은 몇 ℃ 이하의 온도로 유지하여야 하는가?

① 50℃
② 60℃
③ 70℃
④ 100℃

해설 70℃ 이하의 온도를 유지한다.

109 용기의 각인 표시 중 틀린 것은?

① 내용적 : V(L)
② 내압시험압력 : TP(kg/cm^2)
③ 최고충전압력 : FP(kg/cm^2)
④ 용기동판의 두께 : t(cm)

해설 두께(t)는 mm로 표시한다.

110 다음은 고압가스 용기의 도색 및 표시에 관한 내용이다. 이 중 틀린 내용은?

① 액화석유가스를 제외한 가연성 가스는 "연"자, 독성 가스는 "독"자를 표시하여야 한다.
② 내용적 2L 미만의 용기는 제조자가 정하는 바에 의한다.
③ 액화석유가스 용기 중 부탄가스를 충전하는 용기는 부탄가스임을 표시하여야 한다.
④ 그 밖의 가스에는 가스 명칭하단에 가로 세로 10cm 크기의 백색 글자로 용도를 표시할 것

해설 가연성 가스 및 독성 가스의 용기

가스	도색	가스	도색
액화석유가스	회색	액화암모니아	백색
수소	주황색	액화염소	갈색
아세틸렌	황색	그 밖의 가스	회색

〈비고〉
1. 가연성 가스(액화석유가스를 제외한다)는 "연"자, 독성 가스는 "독"자를 표시하여야 한다.
2. 내용적 2L 미만의 용기는 제조자가 정하는 바에 의한다.
3. 액화석유가스 용기 중 부탄가스를 충전하는 용기는 부탄가스임을 표시하여야 한다.
4. 선박용 액화석유가스 용기의 표시방법
  가. 용기의 상단부에 폭 2cm의 백색띠를 두 줄로 표시한다.
  나. 백색띠의 하단과 가스 명칭 사이에 백색글자로 가로·세로 5cm의 크기로 "선박용"이라고 표시한다.
5. 겨울철용으로 제조된 이동식 부탄연소기용 용기에는 가로·세로 1cm의 크기로 "겨울용"이라는 표시를 하여야 한다.
6. 그 밖의 가스에는 가스 명칭 하단에 가로·세로 5cm 크기의 백색글자로 용도("절단용" 등)를 표시할 것

111 의료용 가스의 용기 도색 및 표시설명으로 틀린 내용은?

① 사이클로프로판의 도색은 주황색이다.
② 용기의 상단부에 폭 2cm의 백색의 띠를 두 줄로 표시한다.
③ 산소는 녹색으로 용기의 상단부에 폭 2cm의 띠를 한 줄로 표시한다.
④ 각 글자마다 백색으로 가로 세로 5cm의 띠와 가스 명칭 사이에 의료용이라고 용도표시를 한다.

해설 의료용 가스 용기

가스의 종류	도색의 구분	가스의 종류	도색의 구분
산소	백색	질소	흑색
액화탄산가스	회색	이산화질소	청색
헬륨	갈색	사이클로프로판	주황색
에틸렌	자색	그 밖의 가스	회색

〈비고〉
1. 용기의 상단부에 폭 2cm의 백색(산소는 녹색)의 띠를 두 줄로 표시하여야 한다.
2. 용도의 표시
  의료용
각 글자마다 백색(산소는 녹색)으로 가로·세로 5cm로 띠와 가스 명칭 사이에 표시하여야 한다.

112 고압가스 운반기준에서 200km를 초과하는 거리에서는 운반책임자를 차량에 동승시켜서 운반을 감독하여야 하나 이에 해당되지 않는 것은?

① 가연성 가스 : 압축가스 300m^3 이상 액화가스 3,000kg 이상
② 조연성 가스 : 압축가스 600m^3 이상 액화가스 6,000kg 이상
③ 독성 가스 : 압축가스 100m^3
④ 독성 가스 : 액화가스 1,000kg 이하

정답 110 ④ 111 ③ 112 ④

해설

가스의 종류		기준
압축 가스	가연성 가스	300m³ 이상
	독성 가스	100m³ 이상
	조연성 가스	600m³ 이상
액화 가스	가연성 가스	3,000m³ 이상
	독성 가스	1,000m³ 이상
	조연성 가스	6,000m³ 이상

113 고압가스 용기의 충전시설에서 아세틸렌가스 또는 압력이 몇 MPa인 압축가스를 용기에 충전하는 경우 방호벽이 필요한가?

① 5MPa   ② 7MPa
③ 10MPa ④ 15MPa

해설 10MPa 이상의 압축가스는 방호벽이 필요하다.

114 가연성 가스 중 방폭구조가 충전시설에서 필요하지 않는 가스로서 옳은 것은?

① 암모니아, 브롬화메탄
② 암모니아, LPG
③ 브롬화메탄, 도시가스
④ 수소, 아세틸렌

해설 암모니아 브롬화메탄은 고압가스 충전시설에서 방폭구조가 불필요하다.

115 특정설비의 재검사기간으로 옳은 내용은?

① 15년 미만의 차량에 고정된 탱크 : 5년마다
② 저장탱크 : 4년마다
③ 저장탱크가 없는 곳에 설치된 기화장치 : 2년마다
④ 설치되지 않은 기화장치 : 3년마다

해설 특정설비의 재검사기간

특정설비의 종류		재검사주기		
		신규검사 후 경과연수		
		15년 미만	15년 이상 20년 미만	20년 이상
차량에 고정된 탱크		5년마다	2년마다	1년마다
		해당 탱크를 다른 차량으로 이동하여 고정할 경우에는 이동하여 고정한 때마다		
저장탱크		1) 5년(재검사에 불합격되어 수리한 것은 3년, 다만, 음향방출시험에 의하여 안전성이 확인된 경우에는 5년으로 한다)마다. 다만, 검사주기가 속하는 해에 음향방출시험 등의 신뢰성이 있다고 인정하는 방법에 의하여 안전성이 확인된 경우에는 검사주기를 2년간 연장할 수 있다. 2) 다른 장소로 이동하여 설치한 저장탱크(「액화석유가스의 안전관리 및 사업관리법 시행규칙」 제2조제1항제3호에 따른 소형 저장탱크는 제외한다)는 이동하여 설치한 때마다		
안전밸브 및 긴급차단장치		검사 후 2년을 경과하여 해당 안전밸브 또는 긴급차단장치가 설치된 저장탱크 또는 차량에 고정된 탱크의 재검사 시마다		
기화장치	저장탱크와 함께 설치된 것	검사 후 2년을 경과하여 해당 탱크의 재검사 시마다		
	저장탱크가 없는 곳에 설치된 것	3년마다		
	설치되지 아니한 것	설치되기 전(검사 후 2년이 지난 것만 해당한다)		
압력용기		4년마다. 다만, 산업통상자원부장관이 정하여 고시하는 기법에 따라 산정하여 그 적합성을 인정받는 경우 그 주기로 할 수 있다.		

116 고압가스 충전에서 산소 또는 천연메탄을 용기에 충전하는 때에는 압축기와 충전용 지관 사이에 무엇을 설치하여 그 가스 중의 수분을 제거하는가?

① 흡수기
② 수취기
③ 액면계
④ 흡수제

해설 수분 제거기는 수취기이다.

117 고압가스의 용기 중 재검사기간으로 틀린 것은?(단, 15년 미만용)

① 500L 이상의 용접용기 : 5년마다
② 500L 미만의 용접용기 : 3년마다
③ 500L 이상의 이음매 없는 용기 : 3년마다
④ 125L 이하의 용기 부속품은 재검사에서 제외한다.

해설 용기의 재검사기간

용기의 종류		신규검사 후 경과연수		
		15년 미만	15년 이상 20년 미만	20년 이상
		재검사주기		
용접용기 (액화석유 가스용 용접용기는 제외한다)	500L 이상	5년마다	2년마다	1년마다
	500L 미만	3년마다	2년마다	1년마다
액화석유가스 용 용접용기	500L 이상	5년마다	2년마다	1년마다
	500L 미만	5년마다		2년마다
이음매 없는 용기 또는 복합재료용기	500L 이상	5년마다		
	500L 미만	신규검사 후 경과연수가 10년 이하인 것은 5년마다, 10년을 초과한 것은 3년마다		
액화석유가스용 복합재료용기		5년마다(설계조건에 반영되고, 산업통상자원부장관으로부터 안전한 것으로 인정을 받은 경우에는 10년마다)		

용기의 종류		신규검사 후 경과연수		
		15년 미만	15년 이상 20년 미만	20년 이상
		재검사주기		
용기 부속품	용기에 부착되지 아니한 것	용기에 부착되기 전(검사 후 2년이 지난 것만 해당한다)		
	용기에 부착된 것	검사 후 2년이 지나 용기부속품을 부착한 해당 용기의 재검사를 받을 때마다		

118 고압가스 충전시설 중 용기의 충전시설기준에서 안전장치에 속하지 않는 것은?

① 압력계, 안전장치, 안전밸브
② 긴급차단장치, 역류방지밸브, 역화방지장치
③ 이송설비, 경보장치, 압력계
④ 압력계, 유량계, 액면계

해설 유량계, 액면계는 안전장치가 아니다.

119 독성 가스를 냉매가스로 하는 냉매설비 중 수액기의 내용적이 얼마 이상일 때 가스유출을 방지할 수 있는 방류둑을 설치해야 하는가?

① 10,000L
② 5,000L
③ 2,000L
④ 1,000L

해설 수액기 방류둑 용량
• 수액기 내 압력이 7kg/cm² 이상 21kg/cm² 미만 : 90%
• 수액기 내의 압력이 21kg/cm² 이상 : 80%
• 독성 가스냉매는 10,000L 이상이면 방류둑을 설치한다.

120 저장탱크 온도 상승방지를 위하여 방류둑 외면에서 몇 m에 온도상승방지를 설치하는가?

① 5
② 10
③ 15
④ 20

정답 116 ② 117 ③ 118 ④ 119 ① 120 ②

해설
- 방류둑을 설치한 가연성 가스 저장 탱크는 방류둑 외면으로부터 10m
- 방류둑을 설치하지 않는 경우 20m
- 가연성 물질을 취급하는 설비는 20m

121 압축 또는 액화 그 밖의 방법으로 처리할 수 있는 가스와 용적이 1일 100m³ 이상인 사업소는 표준압력계를 몇 개 이상 비치해야 하는가?

① 1 ② 2
③ 3 ④ 4

해설 계측기 중 100m³ 이상의 압축가스, 액화가스 기타에 해당되는 장소에서 표준압력계는 2개 이상 비치한다.

122 고압가스 충전용기의 운반기준에 대한 설명 중 틀린 것은?

① 염소와 아세틸렌가스는 동일차량에 적재하여 운반해서는 안 된다.
② 충전용기와 소방법이 정하는 위험물과는 동일차량에 적재하여 운반해서는 안 된다.
③ 가연성 가스와 산소는 동일차량에 적재하여 서로 마주보지 않게 운반할 수 있다.
④ 염소와 수소는 동일차량에 적재하여 운반할 수 있다.

해설 염소와 수소, 암모니아, 아세틸렌은 동일차량에 적재할 수 없다.

123 저장능력 300m³ 이상인 두 가스 홀더 A, B 간에 유지해야 할 거리는?(단, A, B의 최대 지름은 각 8m, 4m이다.)

① 1m ② 2m
③ 3m ④ 4m

해설 저장능력 300m³ 이상의 두 저장탱크 간의 안전거리는 두 탱크의 최대 지름을 합산해서 1/4이 1보다 적으면 1m, 1m 이상 시는 그 길이의 간격을 유지
∴ 8+4=12m, 12/4=3, 1/4이 1보다 큰 3이니까 그 길이인 3m가 홀더의 유지거리가 된다.

124 2개 이상의 탱크를 동일한 차량에 고정 운반 시의 기준에 적합하지 않은 것은?

① 탱크마다 주 밸브를 설치할 것
② 탱크 상호 간 또는 탱크와 차량을 견고히 결속할 것
③ 충전관에는 안전밸브 압력계 및 긴급 탈압밸브를 설치할 것
④ 독성 가스 운반 시 소화설비를 휴대할 것

해설
- 독성 가스 운반 시 보호구, 자재, 약제, 공구 등을 휴대한다.
- 소화설비는 가연성 가스 운반 시 사용된다.

125 내용의 100L인 염소용기 제조 시 부식여유는 법으로 몇 mm 이상이어야 하는가?

① 1 ② 2
③ 3 ④ 5

해설

가스명	내용적	부식여유치
NH₃	1,000L 이하	1mm
	1,000L 초과	2mm
C₂	1,000L 이하	3mm
	1,000L 초과	4mm

126 가스 도매사업의 가스 공급시설에서 배관을 지하에 매설할 경우 기준이 틀린 것은?

① 배관은 그 외면으로부터 수평거리로 건축물까지 1.5m 이상을 유지할 것
② 배관은 그 외면으로부터 다른 시설물과 0.3m 이상을 유지할 것
③ 배관의 깊이는 산과 들 이외의 지역에서는 1.2m 이상으로 할 것
④ 배관의 깊이는 산과 들에서는 0.6m 이상으로 할 것

해설 ㉠ 배관의 매설깊이
- 산·들 : 1m 이상
- 산·들 이외 철로부지, 시가지 도로폭 8m 이상 : 1.2m 이상

정답 121 ② 122 ④ 123 ③ 124 ④ 125 ③ 126 ④

ⓒ이격거리
- 다른 시설물 0.3m, 건축물 1.5m, 지하가나 터널 10m, 우물 : 300m
- 전선과는 15cm, 굴뚝, 콘센트 전기 개폐기 : 30cm, 전기계량기, 안전기 60cm(가스미터기의 이격거리)

127 고압가스 제조시설에 안전밸브를 설치하는 곳과의 관계가 잘못된 것은?

① 압축기 토출 측
② 감압밸브 앞의 배관
③ 반응탑
④ 저장탱크

해설 감압밸브의 고장 시 저압 속에 고압이 형성되므로 이상압력 상승으로 사고를 방지하기 위해 감압밸브를 출구 배관에 설치한다.

128 가연성 고압가스 사용 시설에서 LP가스 저장량 몇 kg 이상을 보관하는 용기 보관실 벽의 경우 보안벽으로 하여야 하는가?

① 200kg 이상
② 300kg 이상
③ 400kg 이상
④ 500kg 이상

해설 가연성 고압가스 사용시설의 보안벽은 액화가스는 300kg 이상, 압축가스는 60m³ 이상이다.

129 가스사용시설이 아닌 것은?

① 가스공급시설
② 내관
③ 가스계량기
④ 연소기

해설 가스공급시설은 본관과 공급관 사이의 설비를 말하며 저장탱크, 가스홀더, 본관, 공급관, 압송기, 배송기 등이 있다.

130 다음의 차량에 고정된 탱크 중 폭발방지장치를 설치하여야 하는 것은?

① 액화 탄산가스용 차량에 고정된 탱크
② 액화 산소용 차량에 고정된 탱크
③ 액화 질소용 차량에 고정된 탱크
④ 액화 석유가스용 차량에 고정된 탱크

해설 폭발방지장치는 10t 이상의 가연성 차량고정용 탱크에 적용된다.

131 고압가스 일반제조시설의 기준이다. 에어졸 제조 기준에 맞지 않는 것은?

① 에어졸의 분사제는 독성 가스를 사용하지 말 것
② 에어졸 제조는 35℃에서 그 용기의 내압을 8kg/cm² 이하로 할 것
③ 에어졸 제조설비의 주위 4m 이내에는 인화성 물질을 두지 아니할 것
④ 에어졸을 충전하기 위한 충전 용기를 가열할 때에는 열습포 또는 40℃ 이하의 더운물을 사용할 것

해설 에어졸 제조기준은 인화성 물질과는 8m 이상의 우회거리를 둔다.

132 고압가스 일반 제조시설 기준 중 처리 및 저장 능력 10,000kg 이하인 저장설비 및 처리설비를 지하에 설치하는 경우의 안전거리로 옳은 것은?(단, 제1종 보호시설인 경우)

① 독성 가스인 경우 : 17m
② 산소인 경우 : 12m
③ 가연성 가스인 경우 : 12m
④ 기타의 가스인 경우 : 4m

해설 지하설치 시 안전거리의 1/2이므로 기타 불연성 무독성은 8m이나 지하이므로 4m이다.

정답 127 ② 128 ② 129 ① 130 ④ 131 ③ 132 ④

133 가연성 가스 제조시설의 고압가스설비는 그 외면과 산소 제조시설의 고압가스 설비와 얼마 이상 이격시켜야 하는가?

① 5m ② 8m
③ 10m ④ 15m

해설 가연성 가스 제조설비와 고압가스설비는 이격거리가 5m 이상

134 다음 설명 중 틀린 것은?(액화석유가스의 집단 공급시설 중)

① 압력계는 3월에 1회 이상 표준 압력계로 비교 검사한다.
② 안전밸브는 내압 시험 압력의 10분의 6 이하 압력에서 작동하도록 한다.
③ 저장설비는 그 이상 유무를 1일 1회 이상 점검한다.
④ 가스설비의 기밀시험은 불활성 가스를 사용한다.

해설 안전밸브의 작동은 내압시험 압력의 10분의 8 이하에서 작동하도록 하여야 한다.

135 다음 중 제1종 보호시설이 아닌 것은?

① 수용정원 300인 이상의 공연장, 공회당, 교회
② 수용정원 20인 이상의 아동복리시설 또는 심신 장애자 복지시설
③ 문화재 보호법에 의하여 지정된 유형 문화재
④ 사람을 수용하는 건축물로서 사실상 독립된 단일 건물의 면적이 700m²인 것

해설 ④는 건물의 연면적이 1,000m² 이상이어야 한다.

136 다음은 고압가스설비의 점검 요령이다. 다음 중 제조설비 등의 사용 개시 전 점검사항이 아닌 것은?

① 제조설비 등에 있는 내용물의 상황 점검
② 긴급차단 및 통신설비, 제어설비 등의 기능
③ 안전용 불활성 가스 등의 준비 상황
④ 개방하는 제조설비와 다른 제조설비 등과의 차단 상황

해설 ②, ③, ④는 제조설비의 사용 개시 전 점검사항이다.

137 고압가스 저장실(가연성 가스 및 산소저장이 아님) 주위 몇 m 이내에 화기 또는 인화성이나 발화성 물질을 두어서는 안 되는가?

① 5m ② 3m
③ 2m ④ 1m

해설
- 가연성 가스 및 산소 저장실의 화기와 우회거리는 8m 이다.
- 고압가스 저장실에서 가연성이나 산소가 아니면 2m 이내에는 인화성이나 발화성 물질을 두어서는 안 된다.

138 내용적이 2,500L인 암모니아 충전 용기를 만들 때 부식여유수치로 적당한 것은?

① 2mm ② 3mm
③ 4mm ④ 5mm

해설

가스명	내용적	부식여유치
NH₃	1,000L 이하	1mm
	1,000L 초과	2mm
Cl₂	1,000L 이하	3mm
	1,000L 초과	5mm

139 다음 자동차 충전용 액화석유가스 제조시설 및 기술상 기준을 설명한 것 중 틀린 것은?

① 주입기는 투터치형으로 할 것
② 자동차용 가스 충전기를 설치할 것
③ 주입기와 가스 충전기 사이의 호스 배관에는 안전장치를 설치할 것
④ 가스를 충전 받은 자동차는 자동차의 연료용기와 가스 충전기의 접속부를 완전히 뗀 후 발차할 것

해설 ①의 주입기는 원터치형일 것

정답 133 ① 134 ② 135 ④ 136 ① 137 ③ 138 ① 139 ①

140 독성 가스의 가스 배관 중 2중관으로 하여야 하는 대상가스를 열거한 것이다. 다음 중 2중관을 사용하지 않아도 되는 것은?
① 암모니아
② 트리메틸아민
③ 염소
④ 포스겐

해설
- 2중관 대상가스 : SO_2, C_2H_4O, NH_3, Cl_2, CH_3Cl, HCN, $COCl_2$, H_2S
- 암모니아 허용한도 : 25ppm, 염소의 허용한도 : 1ppm(트리메틸아민은 제외)
- 포스겐 허용한도 : 0.1ppm

141 가스 홀더에 설치한 배관에는 가스 홀더와 배관과의 접속부 부근에 무엇을 설치해야 하는가?
① 역류방지장치
② 자동조종장치
③ 가스차단장치
④ 냉각수 확인장치

해설 가스 홀더에 설치한 배관에는 가스홀더와 배관과의 접속부 부근에 가스차단장치를 설치한다.

142 가스 용기인 원통의 강도에서 얇은 것과 두꺼운 것으로 나누어지고 판의 두께가 안지름의 몇 %까지를 얇은 원통이라 하는가?
① 10% ② 15%
③ 20% ④ 25%

해설 가스 용기에서 판의 두께가 원통의 안지름의 10%까지를 얇은 원통이라 한다.

143 특정 고압가스 사용시설 중 액화가스의 저장량이 몇 kg인 용기 보관실의 벽은 보안벽으로 설치해야 되는가?
① 5kg   ② 200kg
③ 300kg   ④ 100kg

해설 특정 고압가스 사용시설 중 액화가스의 저장량이 300kg 이상인 용기보관실의 벽은 방호벽이어야 한다.

144 사업소 전체에 긴급사태가 발생하였을 경우에 이를 신속히 통보할 수 있도록 사업소의 규모, 구조에 적합한 통신시설을 갖추어야 하는데 해당되지 않는 것은?
① 구내 방송설비
② 페이징 설비
③ 인터폰
④ 메가폰

해설 인터폰은 사업소 간의 통신시설이다.

통신시설
㉠ 적용시설
 - 일반고압가스 제조시설 사업소 내
 - 액화석유가스 제조시설 사업소 내
 - 저장시설의 사업소 내
㉡ 통신시설의 기준 : 긴급사태 발생 시 신속한 연락을 취하기 위해 구비해야 한다.

통보범위	통보설비
• 안전관리자가 상주하는 사무소와 현장 사무소 사이 • 현장사무소 상호 간	• 구내전화 • 구내방송설비 • 인터폰 • 페이징 설비
사업소 내 전체	• 구내방송설비 • 사이렌 • 휴대용 확성기 • 페이징 설비 • 메가폰
종업원 상호 간	• 페이징 설비 • 휴대용 확성기 • 트랜시버 • 메가폰

〈비고〉
1. 메가폰은 당해 사업소 내 면적이 1,500m² 이하인 경우에 한함
2. 사업소 규모에 적합하도록 1가지 이상 구비
3. 트랜시버는 계기 등에 영향이 없는 경우에 한함

정답 140 ② 141 ③ 142 ① 143 ③ 144 ③

145 스테이를 부착하지 않는 판의 두께는?
① 8mm 미만 ② 10mm 미만
③ 13mm 미만 ④ 15mm 미만

해설 특정설비 제조의 기술기준에서 8mm 미만의 판 두께는 스테이 부착이 필요 없다.

146 고압가스 제조장치의 일상점검 사항이 아닌 것은?
① 회전기계, 고압밸브, 관 접속구 등에 의한 가스의 누설을 점검한다.
② 안전밸브의 작동시험을 실시한다.
③ 압력계, 온도계, 유량계 등의 이상 유무를 점검한다.
④ 압축기의 진동, 음향 등에 주의한다.

해설 안전밸브는 압축기 최종단을 12개월, 그 밖의 것은 2년에 1회 이상 점검한다.

147 방폭구조의 종류가 아닌 것은?
① 내압(耐壓) 방폭구조
② 압력(壓力) 방폭구조
③ 접지(接地) 방폭구조
④ 유입(油入) 방폭구조

해설 가연성 가스(NH_3, CH_3Br 제외) 전기설비는 방폭설비를 하여야 하며 종류는 아래와 같다. 압력방폭구조, 내압(耐壓) 방폭구조, 안전증방폭구조, 본질안전증 방폭구조, 유입 방폭구조

148 고압가스 판매의 시설기준으로 옳지 않은 것은?
① 충전용기의 보관실은 불연재료를 사용할 것
② 판매시설에는 압력계 또는 계량기를 갖출 것
③ 용기보관실은 그 경계를 명시하고 외부의 눈에 안 띄는 곳에 경계표시를 할 것
④ 가연성 가스의 충전용기 보관실의 전기설비는 방폭성을 가진 것일 것

해설 고압가스의 용기보관실은 눈에 잘 띄는 곳에 경계표시가 필요하다.

149 가연성 물질을 취급하는 설비는 그 외면으로부터 몇 m 이내에 온도상승 방지조치를 하는가?
① 10m ② 15m
③ 20m ④ 30m

해설 가연성 물질의 설비는 그 외면으로부터 20m 이내에 온도상승 방지조치를 한다.

150 의료용 산소용기에 공업용과 구별하기 위하여 용기 몸체에 두 줄로 두르고 있는 폭 2cm의 "띠"는 어떠한 색상인가?
① 녹색 ② 백색
③ 적색 ④ 회색

해설 ㉠ 의료용기 도색
• 산소 : 백색
• 액화탄소가스 : 회색
• 질소 : 흑색
• 아산화질소 : 청색
• 헬륨 : 갈색
• 에틸렌 : 자색
※ 폭 2cm인 띠는 백색(산소는 녹색)

㉡ 표시방법
용기제조자는 용기검사에 합격한 용기에 다음 표에 의한 색을 용기의 외면에 칠하고 충전가스의 명칭을 표시할 것

㉢ 가연성 가스 및 독성 가스 용기

가스의 종류	도색의 구분	가스의 종류	도색의 구분
액화석유가스	회색	액화암모니아	백색
수소	주황색	액화염소	갈색
아세틸렌	황색	그 밖의 가스	회색

〈비고〉
1. 가연성 가스(액화석유가스를 제외한다)는 "연"자, 독성 가스는 "독"자를 표시하여야 한다.
2. 내용적 2L 미만의 용기는 제조자가 정하는 바에 의한다.
3. 액화석유가스 용기 중 부탄가스를 충전하는 용기는 부탄가스임을 표시하여야 한다.
4. 선박용 액화석유가스 용기의 표시방법
　(1) 용기의 상단부에 폭 2cm의 백색띠를 두 줄로 표시한다.

정답 145 ① 146 ② 147 ③ 148 ③ 149 ③ 150 ①

(2) 백색띠의 하단과 가스 명칭 사이에 백색글자로 가로·세로 5cm의 크기로 "선박용"이라고 표시한다.

[참고]
가연성 및 독성 가스에 각각 표시하는 "연"과 "독"자는 적색으로 한다. 다만, 수고는 백색으로 한다.

ⓔ 의료용 가스 용기

가스의 종류	도색의 구분	가스의 종류	도색의 구분
산소	백색	헬륨	갈색
액화석유가스	회색	에틸렌	자색
수소	흑색	사이클로프로판	주황색
아세틸렌	청색	그 밖의 가스	회색

〈비고〉
1. 용기의 상단부에 폭 2cm의 백색(산소는 녹색)의 띠를 두 줄로 표시하여야 한다.
2. 용도의 표시
   의료용
   각 글자마다 백색(산소는 녹색)으로 가로·세로 5cm로 띠와 가스 명칭 사이에 표시하여야 한다.

ⓜ 그 밖의 가스용기

가스의 종류	도색의 구분	가스의 종류	도색의 구분
산소	녹색	소방용 용기	소방법에 의한 도색
액화탄산가스	청색		
질소	회색	그 밖의 가스	회색

151 다음 용접 용기의 특징 중 옳은 것은?

① 용접 용기는 제조공정상 두께를 균일하게 하는 것이 곤란하다.
② 용기의 형태 및 치수가 자유롭다.
③ 용접 용기는 비교적 고압용에 많이 쓰인다.
④ 이음새 없는 용기에 비해 가격이 비싸다.

해설 용접 용기의 장점은 ② 외에도 가격이 싸고 두께 공차가 적다.

152 다음 가스충전을 위한 용기의 밸브 충전구나사가 오른나사로 되어 있는 것은?

① 수소 ② 산소
③ 아세틸렌 ④ 프로판

해설 가스 충전구는 가연성 가스이면 밸브의 나사가 왼나사, 가연성 가스가 아니면 오른나사(산소 등)이다. 단, 브롬화메탄이나 암모니아는 가연성이지만 오른나사이다.

153 공기액화 분리장치의 이산화탄소 흡수탑에서 2g의 이산화탄소 제거에 NaOH 몇 g이 필요한가?

① 1.8g ② 2.6g
③ 3.6g ④ 4.7g

해설 $2NaOH + CO_2 \rightarrow Na_2CO_3 + H_2O$
$2 \times 40 \ : \ 44$
$x \ : \ 1$
$\therefore x = \dfrac{80}{44} = 1.8g, \ 1.8 \times 2 = 3.6g$

154 고압가스 충전용기 보관실의 재료로 맞지 않은 것은?

① 보관실 벽은 불연성 재료로 한다.
② 보관실 천장은 불연성 재료로 한다.
③ 보관실 천장은 난연성 재료로 한다.
④ 보관실 벽은 난연성 재료로 한다.

해설 보관실의 벽은 불연성의 재질로 높이 2m, 두께 12cm 이상 철근콘크리트 또는 이와 동등 이상의 강도를 가진 방호벽을 설치한다.

155 신규검사에 합격된 용기의 각인 사항과 그 기호의 연결이 올바르게 된 것은?

① 내용적 : L
② 용기의 질량 : W
③ 내압시험압력 : FP
④ 최고충전압력 : TP

해설 용기의 각인
- 내용적 : V
- 용기의 질량(kg) : W
- 내압시험압력 : TP
- 최고충전압력 : FP

156 용기 신규검사에 합격된 용기 부속품 기호 중 압축가스를 충전하는 용기 부속품의 각인은?

① AG ② PG
③ LG ④ LT

해설
- PG : 압축가스 부속품 기호
- AG : 아세틸렌 용기 부속품
- LG : 액화석유가스를 제외한 액화가스 부속품
- LT : 초저온 용기
- LPG : 액화석유가스 부속품

157 배관용 탄소강 강관의 기호 및 화학성분이 맞는 것은 어느 것인가?

① 기호 SPP, P성분(%) : 0.05 이하, S성분(%) : 0.05 이하
② 기호 SPPS, P성분(%) : 0.04 이하, S성분(%) : 0.04 이하
③ 기호 SPPH, P성분(%) : 0.035 이하, S성분(%) : 0.035 이하
④ 기호 SPHT, P성분(%) : 0.035 이하, S성분(%) : 0.035 이하

해설 배관용 탄소강 강관
- 인(P) : 0.04% 이하
- 황(S) : 0.040% 이하

158 저장탱크에 부착된 안전밸브의 작동압력은 얼마인가?

① 상용압력의 8/10 이하
② 내압시험압력의 8/10 이하
③ 기밀시험압력의 8/10 이하
④ 최고충전압력의 8/10 이하

해설 고압가스의 저장탱크에 부착된 안전밸브의 작동압력은 내압시험압력(TP)의 8/10배 이하이다.

159 고압가스설비는 상용압력의 몇 배 이상에서 항복을 일으키지 아니하는 두께를 가져야 하는가?

① 1배 ② 1.2배
③ 1.5배 ④ 2배

해설 고압가스의 설비는 상용압력의 2배 이상에서 항복을 일으키지 아니하는 두께로 한다.

160 산소, 질소, 수소, 아르곤 등의 압축가스 또는 이산화탄소 등의 고압액화가스를 충전하는 데 사용되는 용기는?

① 심교 용기
② 웰딩 용기
③ 무계목 용기
④ 용접이음 용기

해설
- 계목 용기 : 액화가스, 용해가스
- 무계목 용기 : 압축가스, 고압 액화가스, 부식성이 큰 액화가스

161 고압가스설비와 사용재의 조합 중 옳은 것은?

① LP가스 – 천연고무 호스
② 암모니아 합성탑 – 6% Cr강
③ 아세틸렌 압축기의 압력계 부르동관 – 인청동
④ 일산화탄소 반응조(가스접촉부분) – 니켈강

해설
- LPG : 천연고무는 용해한다.(사용 불가)
- C_2H_2 : 구리와 아세틸드 생성(사용 불가)
- CO : $Ni(CO)_4$ 니켈카르보닐 생성(사용 불가)
- NH_3 : 6% Cr(크롬)강으로 암모니아 합성탑 제조

162 상용압력 $50kg/cm^2$로 사용하는 내경 65cm의 용접제 원통형 고압설비 동판의 두께는 최소한 얼마가 필요한가?(단, 재료는 인장강도 $60kg/cm^2$의 강을 사용하고 용접효율은 0.75, 부식여유는 2mm로 한다.)

① 12mm ② 14mm
③ 15mm ④ 17mm

정답 156 ② 157 ② 158 ② 159 ④ 160 ③ 161 ② 162 ③

해설)
$$t = \frac{P \cdot D}{200S\eta - 1.2P} + C$$
$$= \frac{50 \times 650}{200 \times 15 \times 0.75 - 1.2 \times 50} + 2$$
$$= \frac{32,500}{2,250 - 60} + 2 = 16.84mm$$
$$\therefore S = 인장강도 \times \frac{1}{4} = 60 \times \frac{1}{4} = 15$$

163 납붙임 용기 또는 접합용기는 얼마 이하여야 하는가?

① 300mL ② 650mL
③ 700mL ④ 1,000mL

해설) 납붙임 용기나 접합용기는 1,000mL 이하이어야 한다.

164 압축기의 최종단에 설치된 안전밸브의 작동 조정 시기는?

① 6월에 1회 ② 3월에 1회
③ 1월에 1회 ④ 1년에 1회

해설) 압축기 최종단의 안전밸브는 6개월에 1회, 기타 안전밸브는 1년에 1회 이상 조정한다. (현재는 1년에 1회)

165 내부용적이 40,000L인 액화산소 저장탱크의 저장 능력은?(단, 비중은 1.04로 하고 차량에 고정된 탱크는 제외)

① 40,000kg ② 38,640kg
③ 37,440kg ④ 36,630kg

해설) $W = 0.9dV = 0.9 \times 1.04 \times 40,000 = 37,400kg$

166 다음 가스 용기 밸브 중 충전구 나사를 왼나사로 정한 것은?

① N_2O ② C_2H_2
③ CO_2 ④ O_2

해설) 용기 충전구 나사
- 수나사 : A형
- 암나사 : B형
- 나사가 없는 것 : C형

가연성 가스 용기의 충전구 나사는 NH_3, CH_3Br을 제외하고 C_2H_2 가스 등은 왼나사이다.

167 용기 종류별 부속품의 기호 표시가 틀린 것은?

① AG : 아세틸렌가스를 충전하는 용기의 부속품
② PG : 압축가스를 충전하는 용기의 부속품
③ LG : 액화석유가스를 충전하는 용기의 부속품
④ LT : 초저온 용기 및 저온 용기의 부속품

해설)
- LG : LPG를 제외한 액화가스 충전용기 부속품
- LPG : 액화석유가스 용기 부속품

168 아세틸렌의 충전 시 다공물질이 고형인 경우에 용제를 침윤시킨 후 용기벽을 따라 얼마까지의 틈을 허용하는가?

① 용기 직경의 1/100 또는 6mm 이하
② 용기 직경의 1/50 또는 5mm 이하
③ 용기 직경의 1/200 또는 3mm 이하
④ 용기 직경의 1/150 또는 3mm 이하

해설) 아세틸렌의 충전 시 다공물질이 고형인 경우에 용제를 침윤시킨 후 용기벽을 따라 용기 직경의 1/200 또는 3mm를 초과하지 않는 틈이 있는 것은 무방하다.

169 고압가스설비 중 상용압력이 $1,000kg/cm^2$ 미만인 원통형의 저장탱크의 경우 접시형의 경판두께 계산 공식은 다음 중 어느 것인가? (단, P는 상용압력, D는 내경, W 및 V는 계수, f는 인장강도의 수치, η는 이음매의 효율, C는 부식여유의 두께이다.)

① $\frac{PD}{50f\eta - P} + C$
② $\frac{PDW}{100f\eta - P} + C$
③ $\frac{PDV}{100f\eta - P} + C$
④ $\frac{D}{2}\left(\frac{25f\eta + P}{25f\eta - P}\right) + C$

정답) 163 ④ 164 ④ 165 ③ 166 ② 167 ③ 168 ③ 169 ②

해설
① 동판두께 계산식
② 접시형 두께 계산식
③ 반타원형의 두께 계산식
④ 동판에서 동체 내경과 외경의 비가 1.2 이상인 것의 계산식

170 저온장치의 단열법에 관한 사항 중 올바른 것은?

① 단열법에는 단열재에만 의한다.
② 초저온장치 속에는 액체 산소까지는 단열재에 의한 보냉방법을 주로 택한다.
③ 진공단열방법은 주로 고온장치에 사용된다.
④ 초저온장치 속에서 액체 산소까지는 진공단열방법을 주로 택한다.

해설 저온장치의 단열법
- 상압 단열법(일반 단열법) : 산소, 액체산소는 불연성 단열재 사용
- 진공 단열법 : 고진공 단열법, 분말진공 단열법, 다층진공 단열법

171 초저온 특정 설비의 단열성능 시험합격은 얼마인가?(1,000L 초과)

① 0.5kcal/h · ℃ · L 이하
② 0.02kcal/h · ℃ · L 이하
③ 0.002kcal/h · ℃ · L 이하
④ 0.1kcal/h · ℃ · L 이하

해설 초저온 용기의 단열재의 성능시험(1,000L 이하)
0.0005kcal/h · ℃ · L 이하(단, 내용적 1,000L 초과 시는 0.002kcal/h · ℃ · L 이하)

172 최고충전압력이 2MPa인 초저온 용기의 기밀시험 압력은 얼마인가?

① 2.2MPa   ② 2MPa
③ 3.6MPa   ④ 1.6MPa

해설 20kg/cm² × 1.1배 = 22kg/cm²(2.2MPa)

173 다음 내용 중 맞는 것은?

① 납붙임 용기 및 접합 용기의 고압가스 시험은 용기에 최고충전압력의 2.5배 이상의 압력으로 실시한다.
② 아세틸렌 용기의 내압시험압력은 최고충전압력의 5/3배이다.
③ 용기의 최고충전압력은 내압시험압력보다 높다.
④ LPG와 아세틸렌의 용기는 용접 용기를 주로 사용한다.

해설 LPG, 암모니아, 아세틸렌은 용접 용기를 사용하며, 아세틸렌 용기의 내압시험은 최고충전압력의 3배로 한다.

174 일산화탄소의 경우 가스누설 검지경보장치의 검지에서 발신까지 걸리는 시간은 경보농도의 1.6배에서 몇 초 이내이어야 하는가?

① 10   ② 20
③ 30   ④ 60

해설
- 경보농도 : 가연성 가스, 폭발하한의 1/4 이하, 독성 가스는 허용농도 이하
- 경보시간 : 검지농도 1.6배에서 30초
  단, NH_3, CO는 60초
- 지시계눈금 : 가연성 가스는 0~폭발하한계, 독성 가스는 0~허용농도 3배
  단, NH_3는 150ppm
- 정밀도 : 가연성 가스 ±25%, 독성 가스 ±30%

175 수소의 순도는 피로카롤 또는 하이드로설파이드 시약을 사용한 오르사트법에 의하여 순도가 몇 % 이상이어야 하는가?

① 98.5%   ② 90%
③ 99.9%   ④ 99.5%

해설
- H_2 : 피로카롤, 하이드로설파이드(98.5%)
- O_2 : 99.5% 오르사트법으로 동암모니아 시약
- C_2H_2 : 98% 오르사트법으로 발연황산 시약, 뷰렛법으로 브롬시약, 정성시험으로 질산은 시약 사용

정답 170 ② 171 ③ 172 ① 173 ④ 174 ④ 175 ①

176 독성 가스 검지방법 암모니아수로 검지하는 가스는?

① SO_2
② HCN
③ NH_3
④ CO

해설 NH_3는 황을 접촉하면 흰색 연기로 누설검사를 할 수 있으며 이외에 붉은 리트머스 시험지를 접촉, 냄새, 페놀프탈레인 시험지 등이 누설검지에 사용된다.(SO_2는 암모니아수 검지)

177 고압가스설비에 장치하는 압력계의 최고눈금에 대해서 맞는 것은?

① 상용압력 1.0배 이하
② 상용압력 2.0배 이하
③ 상용압력 1.5배 이상 2.0배 이하
④ 상용압력 2.0배 이상 2.5배 이하

해설 고압가스의 압력계는 상용압력의 1.5배 이상, 2.0배 이하의 측정표시

178 암모니아 냉매의 누설 검지법으로 잘못된 것은?

① 불쾌한 냄새로 발견한다.
② 황을 태우면 흰 연기 발생
③ 페놀프탈레인을 홍색으로 변화
④ 적색리트머스 시험지를 갈색으로 변화

해설 적색리트머스는 청색으로 변한다. 그 외에도 ①, ②, ③ 등의 방식으로 검지한다.

179 다음 보기에서 가스누설 검지경보설비에 설정하는 가스의 농도(경보 설정값)에 관한 설명 중 옳은 것은?

㉠ 가연성 가스 : 폭발하한계의 1/2 이하의 값
㉡ 산소 가스 : 14%
㉢ 독성 가스 : 허용농도 이하의 값
㉣ 산소 가스 : 25%

① ㉠, ㉡
② ㉡, ㉢
③ ㉠, ㉢
④ ㉢, ㉣

해설
- 가연성 가스는 폭발하한의 1/4 이하의 농도(1/2 이하의 값은 해당 안 됨)
- 독성은 허용농도 이하, 산소는 25% 농도에서 30초 이내에 작동을 해야 한다.

180 고압가스를 용기에 충전할 경우 그 충전방법이 잘못된 것은?

① 염소는 압축 또는 저장할 경우에 안정제를 첨가하지 않는다.
② 아르곤은 질소를 희석제로 하여 첨가한다.
③ 시안화수소는 안정제로 황산, 인산 등을 첨가한다.
④ 베릴륨은 특히 안정세나 첨가제를 필요로 하지 않는다.

해설
- 시안화수소의 안정제는 황산, 인산 등이다.(질소는 희석제가 불필요)
- 염소의 제독제는 소석회나 가성소다 수용액(염소 제독제는 별도로 보관)

181 고압가스 용기용 밸브에 관하여 다음 기술 중 옳지 않은 것은?

① 수소용 밸브 본체의 재질은 단조용 황동이다.
② 염소용 밸브 스핀들의 재질은 18-8 스테인리스강이다.
③ 암모니아용 밸브 본체의 재질은 단조용 황동이다.
④ 아세틸렌용 밸브 본체의 재질은 탄소강 단강품이다.

해설 암모니아와 아세틸렌은 탄소강(연강) 및 스테인리스강을 사용하며 구리와는 착이온 반응을 일으킨다.

182 500kg의 R-12를 내용적 50 용기에 충전하려면 최소한의 용기는?(단, 가스정수 C는 0.88이다.)

① 5개
② 7개
③ 9개
④ 11개

정답 176 ① 177 ③ 178 ④ 179 ④ 180 ② 181 ③ 182 ③

해설 $\frac{50}{0.88} = 56.81818$ kg

∴ $\frac{500}{56.81818} = 8.80$개 ≒ 9개

183 다음 중 용기의 도색이 틀린 것은?

① 산소 : 일반용기는 녹색, 의료용기는 백색
② 액화탄산가스 : 일반용기는 청색, 의료용기는 회색
③ 질소 : 일반용기는 회색, 의료용기는 흑색
④ 헬륨 : 일반용기는 회색, 의료용기는 자주색

해설 의료용의 헬륨은 갈색이어야 한다.

184 고압가스 용기를 내압시험한 결과 전 증가량은 3,000cc, 영구 증가량은 15cc이다. 항구 증가율은 얼마인가?

① 0.2% ② 0.5%
③ 20% ④ 5%

해설 항구 증가율 = $\frac{항구증가량}{전\ 증가량} \times 100$
= $\frac{15}{3,000} \times 100 = 0.5\%$

185 고압장치의 내압에 의한 파열사고방지의 대책을 서술한 것 중 올바른 것은?

① 부식에 의한 누설방지를 위해 정기적으로 기밀시험을 시행할 것
② 안전밸브의 기능을 사전에 점검하여 정비하여 둘 것
③ 가스누설검사 경보기를 설치하여 조기 발견에 힘쓸 것
④ 긴급 차단장치 혹은 역지밸브를 취부 정비하여 둘 것

해설 고압장치에 내압에 의한 사고의 미연방지는 안전장치로서 안전밸브, 가용 전, 파열판 등이 있다.

186 고압가스 제조시설 중 안전밸브를 설치하려고 한다. 이때 도관의 최대지름이 100mm이고, 최소지름이 40mm였다면 안전밸브의 분출면적은 최소 얼마로 해야 하는가?

① 10mm ② 20mm
③ 32mm ④ 50mm

해설 압력용기 안전밸브 구경(mm)
$d = \sqrt{\frac{4 \cdot \theta}{\pi}}$

안전밸브의 분출구경은 배관 최대 단면적의 1/10로 산출한다.

단면적 = $\frac{3.14 \times 100^2}{4} \times \frac{1}{10} = 785$mm²

∴ $d = \sqrt{\frac{4 \times 785}{3.14}} = 31.6$mm

187 대형 초저온 액화가스 저장탱크의 용접 시공 후의 용접검사법으로 적당한 것은?

㉠ 수압시험   ㉡ 기밀시험
㉢ 설파 프린트 ㉣ 방사선 검사

① ㉠, ㉡ ② ㉡, ㉣
③ ㉢, ㉣ ④ ㉠, ㉢

해설
• 용접검사는 방사선 검사 등이 대표적이다.
• 설파 프린트법은 강재 중의 유황성분의 편석조직 검사법이다.(인의 성분도 파악)

188 용기의 기밀시험 압력에 관한 설명 중 맞는 것은?

① 아세틸렌 용기에 있어서는 최고충전압력 1.1배의 압력
② 초저온 용기 및 저온 용기에 있어서는 최고충전압력의 1.1배의 압력
③ 초저온 용기 및 저온 용기에 있어섯는 최고충전압력의 2배
④ 아세틸렌 용기에 있어서는 최고충전압력의 1.6배

해설 용기의 기밀시험에서 초저온 용기나 저온 용기는 최고충전압력×1.1배

정답 183 ④ 184 ② 185 ② 186 ③ 187 ② 188 ②

189 가스누설 검지경보장치의 경보 농도값이 옳은 것은?

① 가연성 가스 – 폭발하한계의 1/2 이하의 값
② 가연성 가스 – 폭발하한계의 1/3 이하의 값
③ 독성 가스 – 허용농도의 1/2 이하의 값
④ 독성 가스 – 허용농도의 이하의 값

해설
- 독성 가스 : 허용농도 이하
- 가연성 가스 : 폭발하한의 1/4 이하
- 산소 : 25%

190 품질검사 기준 중 산소의 순도 측정에 사용되는 시약은?

① 동암모니아 시약
② 발연황산 시약
③ 피로카롤 시약
④ 하이드로 설파이드 시약

해설
① 산소 측정
② 아세틸렌 측정
③, ④ 수소 측정

191 다음 설명 중 틀린 것은?

① 산소용 압력계에는 "금유"라고 명기한다.
② 아세틸렌용 압력계의 부르동관은 황동으로 만든다.
③ 암모니아용 압력계의 부르동관은 강으로 만든다.
④ 압력계의 최대 눈금은 측정 압력의 약 2배가 적당하다.

해설
- 산소용 압력계는 금유라는 표기 명기
- 암모니아용이나 아세틸렌용 압력계는 구리나 구리의 합금(부르동관)은 금하고 연강재를 사용한다.
- 압력계의 최대눈금은 측정압력의 2배가 적당하다.

192 고압가스 저장의 기술상 기준에 대한 설명으로 틀린 것은?

① 충전 용기에는 전락, 전도 및 충격을 방지하는 조치를 할 것
② 시안화수소의 저장은 용기에 충전한 후 30일 초과하지 말 것(단, 시안화수소 순도는 98% 미만임)
③ 산소를 저장하는 곳의 주위에는 연소되기 쉬운 물질을 두지 아니할 것
④ 독성 가스의 저장은 통풍이 잘 되는 곳에 할 것

해설 시안화수소(HCN)의 저장 시에는 1일 1회 이상 질산구리 벤젠지로 누설검사하고 충전 후 60일이 경과하지 않도록(단, 순도가 98% 이상이고 착색되지 않은 것은 제외됨)할 것

193 대기 중에 장치로부터 미량의 가스가 누설될 때 가스의 검지에 사용되는 시험지 및 색변상태 중 틀린 것은?

① 시안화수소 – 초산벤질지 – 청색
② 황화수소 – KI전분지 – 청색
③ 일산화탄소 – 염화팔라듐지 – 흑색
④ 암모니아 – 적색 리트머스 시험지 – 청색

해설 황화수소 – 연당지 – 흑색

194 고압설비에 압력계를 설치하려고 한다. 사용압력이 200kg/cm²이라면, 게이지의 최고 눈금은 다음의 어떤 것이 가장 좋은가?

① 200~250kg/cm²
② 300~400kg/cm²
③ 450~650kg/cm²
④ 700~800kg/cm²

해설 200×1.5배 $= 300$kg/cm²
200×2배 $= 400$kg/cm²
∴ $300 \sim 400$kg/cm²

195 의료용 가스 용기의 도색 구분 표시로 틀린 것은?

① 산소 – 백색
② 질소 – 청색
③ 헬륨 – 갈색
④ 에틸렌 – 자색

정답 189 ④ 190 ① 191 ② 192 ② 193 ② 194 ② 195 ②

해설
- 산소 : 백색
- 헬륨 : 갈색
- 아산화질소 : 청색
- 질소 : 흑색
- 에틸렌 : 자색
- 액화탄산가스 : 회색
- 사이클로프로판 : 주황색

196 암모니아 가스는 검지경보장치의 검지에서 발신까지 몇 분 이내에 하는가?

① 1분 ② 2분
③ 3분 ④ 4분

해설 검지에서 발신까지 걸리는 시간은 경보농도의 1.6배 농도에서 30초이나, 암모니아와 CO가스는 1분이다.

197 가연성 가스의 제조설비 중 전기설비는 방폭 성능을 가지는 구조로 해야 하는데 이로부터 제외된 가스는?

① 브롬화메탄 ② 프로판
③ 수소 ④ 메탄

해설
- 가연성 가스 저장설비의 전기설비는 방폭 성능을 가지는 구조일 것
- 가연성 가스이면서 방폭 구조로 하지 않는 가스 : 암모니아, 브롬화메탄

198 고압가스 안전관리법상 액화가스를 충전하는 용기에 액면요동을 방지하기 위하여 설치하는 것은?

① 안전 칸막이
② 방파판
③ 액면 정지장치
④ 탄성이 있는 물질

해설 방파판은 액화가스를 충전하는 차량고정용 탱크의 액면 요동을 방지한다.

199 저장탱크 내 가스 용량은 상용의 온도에서 그 내용적이 (　)%를 초과하지 아니하여야 한다. (　) 안에 알맞은 것은?

① 95 ② 90
③ 85 ④ 80

해설 저장탱크 내에 액화석유가스의 충전 시 가스의 용량이 상용온도에서 저장탱크 내용적의 90%를 넘지 않아야 된다.

200 다음 보기 중 가스시설 중에서 가스가 누설되고 있을 때 가장 적절한 조치 순서로 나열한 것은?

> ㉠ 용기밸브를 잠근다.
> ㉡ 중간밸브를 잠근다.
> ㉢ 창문을 열어 통풍시킨다.
> ㉣ 판매점에 연락한다.

① ㉠-㉡-㉢-㉣
② ㉡-㉣-㉠-㉢
③ ㉠-㉢-㉡-㉣
④ ㉡-㉢-㉣-㉠

해설 가스 누설 시 조치 순서
① 용기밸브의 차단 ② 중간밸브 차단
③ 창문 열고 환기 ④ 판매점에 연락

201 고압가스의 재해에 대한 설명 중 틀린 것은?

① 아세틸렌은 공기 또는 산소와 같은 지연성 가스와 공존하지 않아도 폭발이 일어날 수 있다.
② 일산화탄소는 가연성 가스이므로 공기와 공존하면 폭발될 수 있다.
③ 액화석유가스와 같이 공기보다 무거운 가스라도 누설되면 급격히 확산되어 낮은 곳에는 고이지 않는다.
④ 가연성의 고체기류가 공기 속에서 부유하다가 공기 속의 산소분자와 접촉하여 폭발할 수 있다.

해설 공기보다 무거운 액화가스가 누설되면 낮은 곳에 고인다.

정답 196 ① 197 ① 198 ② 199 ② 200 ① 201 ③

202 공업용 수소 용기에 표시하는 "연"자의 색깔은?

① 적색   ② 백색
③ 황색   ④ 흑색

해설
- 충전가스의 가연성 연자표시, 독성 가스에는 독자의 문자색이 필요하다. ⑳ ⑭은 적색, 수소만은 ⑭자는 백색)
- 문자색 : 수소 – 백색, 아세틸렌 – 흑색, 산소 – 백색, LPG – 적색

203 가연성 가스를 압축하는 압축기와 충전용 주관 사이에는 무엇을 설치하는가?

① 역류방지밸브   ② 역화방지장치
③ 유분리기   ④ 설치할 수 없다.

해설
① 역류방지밸브
 - 가연성 가스를 압축하는 압축기와 충전용 주관 사이
 - C_2H_2를 압축하는 압축기의 유분리기와 고압건조기 사이
 - NH_3, CH_3OH의 합성탑이나 정제탑과 압축기 사이
② 역화방지장치
 - 가연성 가스를 압축하는 압축기와 오토클레이브 사이 배관
 - C_2H_2 고압 건조기와 충전용 교체밸브 사이 배관 및 C_2H_2 충전용 지관
③ 유분리기 : 압축기 토출 배관상에 설치

204 다음 기술 중 고압가스설비의 운전방법에 대하여 틀린 것은?

① 볼트의 이완으로 플랜지부에서 상당량이 누설하여 운전을 정지한 후 볼트를 조였다.
② 왕복동 압축기에 이상음이 발생하여 운전을 긴급히 정지하였다.
③ 용기에 충전할 경우의 정수가 2.35인 액화가스를 내용적 1,800L인 탱크로리에 760kg 충전하였다.
④ 운전 중 안전밸브의 밸브 시트에서 누설하여 메인 밸브를 잠그고 운전을 계속한 후 3개월 후 정기검사 시 수리하였다.

해설 메인밸브의 차단은 설비 내의 이상 상승 압력을 처리하지 못하므로 안전에 위험이 있다. ④만 틀린 내용이다.

205 의료용 용기의 도색 중 틀린 것은?

① 산소 : 백색
② 질소 : 흑색
③ 아산화질소 : 청색
④ 헬륨 : 회색

해설 의료용 용기 도색
- 산소 : 백색
- 액화탄산가스 : 회색
- 아산화질소 : 청색
- 질소 : 흑색
- 헬륨 : 갈색
- 에틸렌 : 자색
- 사이클로프로판 : 주황색(헬륨의 공업용은 회색)

206 산소가스 설비의 수리 및 청소를 위한 저장탱크 내의 산소를 치환할 때 산소의 농도가 몇 % 이하가 될 때까지 치환해야 하는가?

① 22%
② 28%
③ 31%
④ 33%

해설
- 가연성 가스 : 폭발 하한의 1/4 이하
- 독성 가스 : 허용농도 이하
- 조연성 가스 : 산소농도 18~22%

207 아세틸렌을 용기에 충전할 때에는 미리 용기에 다공물질을 채우는데 그 용기에 고루 채운 때의 다공도의 범위는?

① 68% 이상 82% 미만
② 70% 이상 90% 미만
③ 75% 이상 92% 미만
④ 84% 이상 99% 미만

정답 202 ② 203 ① 204 ④ 205 ④ 206 ① 207 ③

해설
- 아세틸렌을 용기에 충전할 때 다공질 물질의 다공도는 75% 이상, 92% 미만이다.
- 다공질의 종류 : 규조토, 석면, 목탄, 석회석, 산화철, 탄산마그네슘, 다공성 플라스틱
- 아세틸렌의 용해도는 15℃ 상태의 물에는 1.1배 용해되고 아세톤 1L에는 25배가 용해된다.

208 확관에 의하여 관을 부착하는 관판의 관구멍 중심 간의 거리는 관 외경의 몇 배 이상으로 하는가?

① 1.25배
② 1.5배
③ 1.75배
④ 2배

해설 확관에 의해 관을 부착하는 관판의 관구멍 중심 간의 거리는 관 외경의 1.25배 이상이다.

209 지상에 설치하는 저장탱크 및 그 지주에는 외면으로부터 몇 m 이상 떨어진 위치에서 조작할 수 있는 냉각용 살수장치를 설치하도록 되어 있는가?

① 2m
② 3m
③ 5m
④ 10m

해설 고압가스의 저장탱크가 지상설치 시 냉각용 살수장치는 5m 이상 떨어진 위치에 설치한다.

210 암모니아를 충전하는 용기의 부식 여유 수치로 옳은 것은?

① 내용적이 1,000L 이하 : 3mm
② 내용적이 1,000L 초과 : 2mm
③ 내용적이 1,000L 초과 : 3mm
④ 내용적이 1,000L 이하 : 5mm

해설
㉠ 암모니아 충전용기의 부식 여유
  - 내용적 1,000L 이하 : 1mm
  - 내용적 1,000L 초과 : 2mm
㉡ 염소를 충전하는 용기
  - 내용적 1,000L 이하 : 3mm
  - 내용적 1,000L 초과 : 5mm

211 법규에 의한 냉동능력의 산출식은 $R = V/C$로 나타낸다. 암모니아 압축기의 기통 1개의 체적이 5,000cm³ 초과인 경우의 C의 값은?

① 13.9
② 12.0
③ 8.4
④ 7.9

해설 암모니아 냉동기의 냉매정수 C는 압축기의 기통 1개의 체적 5,000cm³ 이하는 8.4, 5,000cm³ 초과는 7.9이다.

212 최대 지름이 8m인 2개의 저장탱크에 있어서 물분무 장치가 없을 때 유지되어야 할 거리는?

① 0.6m
② 1m
③ 2m
④ 4m

해설 $\frac{8+8}{4} = 4$

213 고압가스 특정 제조시설 중 철도부지 밑에 매설하는 배관에 대하여 설명한 것으로 옳지 않은 것은?

① 배관은 그 외면으로부터 다른 시설물과 30cm 이상의 거리를 유지한다.
② 배관의 외면과 지면과의 거리는 1m 이상으로 유지한다.
③ 배관은 그 외면으로부터 궤도 중심의 4m 이상으로 한다.
④ 배관은 그 외면으로부터 수평거리로 건축물까지 1.5m 이상 유지한다.

해설 철로 부지 밑에 설치되는 배관의 매설 길이는 1.2m이다.

214 차량에 고정된 탱크에 독성 가스는 얼마나 적재할 수 있는가?

① 12,000L 이하
② 18,000L 이하
③ 15,000L 이하
④ 16,000L 이하

정답 208 ① 209 ③ 210 ② 211 ④ 212 ④ 213 ② 214 ①

해설
- 가연성은 18,000L 이하
- 독성은 암모니아가스(NH_3)를 제외하고 12,000L 이하

215 특정 설비는 특정 설비 종류에 따라 내압시험에 합격해야 한다. 잘못된 것은?

① 설계 압력이 $5kg/cm^2$ 이하인 특정 설비로서 탄소강을 사용한 것은 설계압력의 1.5배의 압력
② 설계 압력이 $15kg/cm^2$를 초과하는 특정 설비로서 탄소강을 사용한 것은 설계압력의 1.5배의 압력
③ 고합금강을 사용한 특정 설비는 설계 압력의 1.5배의 압력
④ 주철재료를 사용한 특정 설비는 설계 압력의 2배의 압력

해설 고압가스 내압시험에서 설계압력이 $4.3kg/cm^2$ 이하인 특정 설비로서 탄소강 또는 저합금강재료를 사용한 것은 설계압력의 2배 압력 $4.3kg/cm^2$ 초과 $15kg/cm^2$ 이하는 설계압력×1.3배+$3kg/cm^2$ 이다.

216 고압가스 특정 제조설비는 그 외면으로부터 당해 제조소의 경계(제조소에 인접하는 제조소에 한한다)와 몇 m 이상의 거리를 유지하여야 하는가?

① 8m 이상 ② 12m 이상
③ 20m 이상 ④ 30m 이상

해설 안전구역 내 설비는 외면으로부터 다른 설비와 20m 저장탱크와 처리능력 $200,000m^3$ 압축기와는 30m

217 일반도시가스사업의 가스공급 시설 중에서 수봉기를 설치하여야 한다. 다음 중 수봉기를 설치하여야 할 설비는?

① 일반 안전설비
② 가스발생설비
③ 저압 가스 정제설비
④ 부대설비

해설 최고 사용압력이 저압인 가스 정제설비 압력의 이상 상승을 방지하기 위해 수봉기를 설치하며 방출가스의 압력은 200~500mmH_2O 정도이다.

218 방류둑에는 승강을 위한 계단 사다리를 출입구 둘레 몇 m마다 1개 이상을 두어야 하는가?

① 60 ② 50
③ 40 ④ 30

해설 고압가스법에서 방류둑 둘레 50m마다 1개 이상의 계단이나 사다리 등을 설치한다. 다만, 그 둘레가 50m 미만일 경우는 2개 이상 분산 설치

219 고압가스 특정 제조 시설기준 및 기술기준에서 설비와 설비 사이의 거리가 옳은 것은?

① 안전구역 내의 고압가스 설비(배관을 제외한다)는 그 외면으로부터 당해 안전구역에 인접하는 다른 안전구역 내에 있는 고압설비와 30m 이상의 거리를 유지
② 다른 저장탱크와 사이에 두 저장탱크의 바깥지름을 합한 길이의 1/4인 1m 이상인 경우 1m 이하로 유지
③ 가연성 가스의 저장탱크는 그 외면으로부터 처리능력이 $200,000m^3$ 이상인 압축기와 20m의 거리를 유지
④ 제조설비는 그 외면으로부터 당해 제조소의 경계와 15m 이상 유지

해설
② 1/4 합산이 1m 이상일 때로 그 길이를 유지한다.
③ 30m 이상 유지
④ 20m 이상 유지

220 고압가스의 긴급차단 장치의 작동 온도는?

① 100℃ ② 110℃
③ 150℃ ④ 200℃

해설 차량에 고정된 탱크 및 $5m^3$ 이상 액화가스 탱크에는 긴급차단장치가 필요하며 차량에 고정된 탱크 또는 이에 접속하는 배관 외면의 온도가 110℃일 때에 자동적으로 작동할 수 있는 것일 것

정답 215 ① 216 ③ 217 ③ 218 ② 219 ① 220 ②

221 두께 8mm 미만의 판에 펀칭, 가공으로 구멍을 뚫은 경우에는 그 가장자리를 몇 mm 이상 깎아야 하는가?

① 0.7mm   ② 0.9mm
③ 1.5mm   ④ 2mm

해설
- 두께 8mm 이상의 판에 구멍을 뚫을 때에는 펀칭가공으로 하지 말 것
- 가스로 구멍을 뚫을 경우에는 그 가장자리를 3mm 이상 깎을 것
- 두께 8mm 미만의 판에 펀칭가공으로 구멍을 뚫을 때에는 그 가장자리를 1.5mm 이상 깎아낼 것

222 고압가스 저장실 주위 몇 m 이내에 화기나 인화물질을 두면 안 되는가?

① 2m   ② 4m
③ 6m   ④ 8m

해설 고압가스 저장실 주위 2m 이내에는 화기 또는 인화성 물질 또는 발화성 물질을 두지 말 것(단, 가연성 가스 및 산소저장실은 우회거리 8m)

223 산소 저장능력이 25,000m³인 저장설비와 제2종 보호시설과의 안전거리는 몇 m 이상을 유지하여야 하는가?

① 9m   ② 11m
③ 14m   ④ 16m

해설 산소 저장능력이 2만 초과 3만 이하의 저장설비 중 제2종 보호시설과의 안전거리는 11m 이상 유지

224 다음은 고압가스 제조설비의 안전 상 조치에 대하여 기술한 것이다. 틀린 것은?

① 고압가스 배관의 감압밸브 상류 측 및 하류 측에 각각 안전밸브를 설치하였다.
② 저장탱크의 액이송 전용배관에 긴급차단밸브 대신에 역류방지 밸브를 설치하였다.
③ 일산화탄소 재해제로서 방출가스 연소설비를 설치하였다.
④ 가연성 가스 압축기에 내압 방폭식 전동기를 설치하였다.

해설 안전밸브의 설치장소
- 저장탱크 기상부에 설치
- 감압밸브를 지난 배관에 설치하며 상류 측, 하류 측에는 압력계 부착
- 고압가스 배관에 설치
- 압축기 각단 토출구에 설치

225 긴급사태가 발생하였을 경우 이를 사업소 내 전역에 신속히 통보할 수 있도록 구비하여야 할 통신시설로 적합하지 않은 것은?

① 구내방송 설비   ② 페이징 설비
③ 인터폰   ④ 메가폰

해설 인터폰은 사업소의 현장사무소 간의 통신시설로 구내전화, 방송설비, 페이징 설비 등도 포함된다. (①, ③, ④의 통신시설은 사업소 내 전역에 구비하는 통신시설)

226 고압가스 공급자의 안전점검 항목 중 맞지 않은 것은?

① 충전용기의 설치위치
② 충전용기의 운반방법 및 상태
③ 충전용기와 화기와의 거리
④ 독성 가스의 경우 흡수장치, 제해장치 및 보호구 등에 대한 접합 여부

해설 ②는 감독관청의 업무에 해당하며, ①, ③, ④는 고압가스 공급자의 안전점검 항목이다.

227 고압가스의 운반기준으로 적합하지 않은 것은?

① 산소를 운반하는 차량은 소화설비를 갖춘다.
② 프로판 3톤 이상은 운반 책임자를 동승시킨다.
③ 독성 가스 운반차량은 방독면, 고무장갑 등을 휴대한다.
④ 고압가스 운반차량은 제1종 보호시설에서만 주차할 수 있다.

정답 221 ③ 222 ① 223 ② 224 ① 225 ③ 226 ② 227 ④

해설 ①, ②, ③의 내용은 고압가스의 운반기준이다.(제1종과는 멀리 떨어져 주차한다.)

228 2개 이상의 탱크를 동일한 차량에 고정하여 운반할 때 충전관에 설치하는 것이 아닌 것은?

① 긴급 탈압밸브
② 안전밸브
③ 압력계
④ 온도계

해설 차량에 고정된 탱크의 운반기준에서 2개 이상의 탱크를 동일한 차량에 고정하여 운반하는 경우 충전관에는 안전밸브, 압력계, 긴급 탈압밸브를 설치한다.

229 냉동제조의 시설기준 및 기술기준이다. 잘못된 것은?

① 압축기 최종단에 설치한 안전장치는 3년에 1회 이상 압력시험을 할 것
② 제조설비는 진동, 충격, 부식 등으로 냉매가스가 누설되지 아니할 것
③ 냉동제조시설 중 냉매설비에는 자동제어장치를 설치할 것
④ 냉동제조시설 중 특정 설비는 검사에 합격한 것일 것

해설 압축기 최종단의 안전밸브는 1년에 1회 이상, 기타 안전밸브는 2년에 1회 이상 점검해야 한다.

230 다음 중 방호벽을 설치하지 아니하여도 되는 시설은?

① 액화석유가스 영업소의 용기저장실(저장능력 50톤)
② 액화석유가스 판매업소의 용기저장실
③ 아세틸렌 압축기와 충전장소 사이
④ 아세틸렌 압축기와 충전용기 보관장소

해설 방호벽 적용시설
㉠ 일반제조시설
• C_2H_2 압축기와 충전장소 또는 충전용기 보관장소와의 사이
• 압력 100kg/cm² 이상의 압축가스 압축기와 충전장소
㉡ 특정 고압가스 사용시설 : 액화가스 300kg (압축가스 60m³) 이상 용기 보관실 벽
㉢ 고압가스 판매시설의 용기 보관실 벽(영업소는 해당 없음)

231 다음은 용기각인 순서에 관한 것이다. 순서가 바르게 된 것은?

① 제조자 명칭 – 가스 명칭 – 용기 번호 – 내용적
② 제조자 명칭 – 용기 기호 – 가스 명칭 – 내용적
③ 제조자 명칭 – 내용적 – 용기 번호 – 가스 명칭
④ 제조자 명칭 – 용기 기호 – 내용적 – 가스 명칭

해설 고압가스 용기 합격용기의 각인 순서
① 제조자 명칭
② 가스 명칭
③ 용기의 번호
④ 내용적 등 12개의 순서로 표시한다.

232 저장탱크에 액화석유가스를 충전하는 때에는 가스의 용량이 상용의 온도에서 저장탱크 내용적의 몇 %를 넘지 아니하여야 하는가?

① 95　　② 90
③ 85　　④ 80

해설 소형 저장탱크(250kg 이상)는 85%로 한다. 단, 소형이 아니면 90%로 한다.

233 고압가스 특정 제조시설에 설치된 플레어 스택의 설치 위치 및 높이는 플레어 스택 바로 밑의 지표면에 미치는 복사열이 몇 kcal/m² · h 이하로 되도록 하여야 하는가?

① 4,000　　② 5,000
③ 8,000　　④ 12,000

정답　228 ④　229 ①　230 ①　231 ①　232 ②　233 ①

해설 플레어 스택은 제조설비에서 발생하는 가연성의 폐가스를 연소시켜 방출함으로써 혼합가스에 의한 폭발의 위험을 없애며 지표면 도달의 복사열은 4,000kcal/$m^2 \cdot h$ 이하가 되도록 한다.

234 유해가스 허용 농도라 함은 1일 몇 시간 작업을 기준으로 하는가?

① 1시간　　② 2시간
③ 5시간　　④ 8시간

해설 허용농도란 중년의 남자가 1일 8시간을 중간 작업 정도 해도 건강에 임상학적으로 지장을 초래하지 않는 정도로서 독성 가스는 200ppm 이하의 허용농도를 말한다.(미국 기준)

235 암모니아 냉매 설비의 고압 측 및 저압 측의 누설시험 압력이 바르게 나열된 항목은?(단, 단위는 킬로그램 매 제곱센티미터이다.)

① 13.2, 8.0
② 16.0, 8.0
③ 14.4, 8.0
④ 4.0, 2.4

해설

냉매명	고압부 누설시험	저압부 누설시험
암모니아	16.0	8.0(14.4)
R-12	13.2	8.0
R-500	14.4	8
R-22	16	8(14.4)

236 물 분무장치는 저장탱크의 외면 몇 m 이상 떨어진 위치에서 조작되어야 하는가?

① 27　　② 22
③ 20　　④ 15

해설 고압가스 제조소의 위치에서 물분무장치의 조작은 당해 저장탱크 외면으로부터 15m 이상 떨어진 위치에서 조작

237 가스계량기의 설치높이는 바닥으로부터 얼마인가?

① 1.2~1.5m　　② 1.6~2m
③ 2~2.5m　　④ 3~4m

해설 가스계량기는 파손방지 및 유지관리, 검침 및 수리를 용이하도록 1.6~2m 높이를 두며 격납 상자 내의 것은 높이의 제한이 없다.

238 도시가스의 가스발생설비, 가스홀더 등의 설치장소 주위에서는 철책 또는 철망 등의 경계책을 설치하여야 하는데 그 높이는 몇 m 이상으로 하여야 하는가?

① 1m 이상　　② 1.5 이상
③ 2.0m 이상　　④ 3.0m 이상

해설 도시가스 가스발생설비 설치장소의 철책은 1.5m 이상으로 하여야 한다.

239 차량에 고정된 탱크를 운행도중 노상에 주차할 필요가 있을 경우 1종 보호시설로부터 얼마 이상 떨어져야 하는가?

① 12m　　② 13m
③ 14m　　④ 15m

해설 고압가스 차량탱크는 1종 보호시설로부터 15m 이상 떨어져 주차한다.

240 다음 중 방류둑의 설치대상인 저장탱크는?

① 저장능력이 200톤 이상인 액화석유가스 저장탱크
② 저장능력이 300톤 이상인 액화석유가스 저장탱크
③ 저장능력이 500톤 이상인 액화석유가스 저장탱크
④ 저장능력이 1,000톤 이상인 액화석유가스 저장탱크

정답 234 ④　235 ②　236 ④　237 ②　238 ②　239 ④　240 ④

해설 독성 가스는 5ton, 산소는 1,000ton, 가연성의 특정 제조설비는 500ton 일반설비는 1,000ton 이상의 액화가스 저장탱크에 설치(LPG는 1,000ton 이상)

241 고압가스 설비의 내압시험 압력은?

① 항복점의 1.6배 이상
② 상용압력의 1.5배 이상
③ 기밀시험압력의 1.8배 이상
④ 최고충전압력의 2배 이상

해설 내압시험(TP 시험)
- 압축가스 및 액화가스
  최고충전압력(FP) $\times \frac{5}{3}$ 배
- 고압가스 설비 : 상용압력 $\times$ 1.5배
- 아세틸렌 용기 : 최고충전압력(FP) $\times$ 3배

242 고압가스 특정설비 검사 시 자유 굽힘 시험에서 가스로 절단한 경우 절단한 끝면을 얼마 이상 깎아야 하는가?

① 2mm   ② 3mm
③ 10mm   ④ 7mm

해설 자유 굽힘 시험 시 가스절단의 경우 절단한 끝면을 3mm 이상 깎아야 한다.

243 고압가스 판매시설의 용기 보관실에 대한 기준으로 맞지 않는 것은?

① 충전용기의 넘어짐 및 충격을 방지하는 조치를 할 것
② 가연성 가스와 산소의 용기 보관실은 각각 구분하여 설치할 것
③ 가연성 가스 충전용기 보관실 8m 이내에는 화기 또는 발화성 물질을 두지 아니할 것
④ 충전용기는 항상 40℃ 이하를 유지할 것

해설 판매시설 충전용기 보관실과 화기는 2m 이내로 금지하고 있다.

244 다음 일반 공업용기의 도색이 틀린 것은?

① 액화염소 – 갈색
② 액화암모니아 – 백색
③ 아세틸렌 – 황색
④ 수소 – 회색

해설 수소(H_2)의 공업용기의 도색은 주황색이다.

245 가연성 가스의 제조설비에서 오조작되거나 정상적인 제조를 할 수 없는 경우에 자동적으로 원재료의 공급을 차단시키는 등 제조설비 내의 제조를 제어할 수 있는 장치는?

① 인터록 기구
② 가스누설 자동차단기
③ 벤트 스택
④ 플레어 스택

해설 인터록은 가연성 가스의 제조설비에서 정상적인 제조가 되지 않을 때 재료의 공급을 차단하여 제어한다.

246 다음 중 산소(일반용기)의 도색은?

① 백색   ② 청색
③ 녹색   ④ 흑색

해설 의료용 용기의 도색
- 산소의 일반용기 : 백색
- 액화탄산가스 : 회색
- 질소가스 : 흑색
- 아산화질소 : 청색
- 에틸렌 : 자색

공업용 용기의 도색
- 수소 : 주황색
- 조연성 가스로서 산소 : 녹색

정답 241 ② 242 ② 243 ③ 244 ④ 245 ① 246 ③

247 다음 중 옳은 것은?

① 액화가스의 압력은 충전량에 정비례한다.
② 가연성 가스 용기밸브의 충전구 나사는 일반적으로 왼쪽 나사이다.
③ 용기 각인 중 FP 표시는 내압시험압력의 표시이다.
④ 산소용기 표시로서 도장은 청색으로 한다.

해설
- 가연성 가스 용기밸브의 충전구 나사는 왼쪽 나사이다(단, 브롬화메탄, 암모니아는 가연성이나 오른나사이다).
- 내압시험 용기 각인 중 표시는 TP이며, FP는 최고 충전압력 표시이다.
- 산소용기 표시 도장은 녹색이다.

248 차량에 고정된 탱크의 운반 중 가연성 가스의 탱크 내용적은 얼마 이상을 초과할 수 없는가?

① 12,000L
② 18,000L
③ 20,000L
④ 38,000L

해설
- 가연성 가스(LPG 제외) 및 산소 : 18,000L
- 독성 가스(NH_3 제외) : 12,000L

249 도로에 매몰되어 있는 배관으로서 최고 사용압력이 고압인 것은 매몰한 날 이후 1년에 몇 회 이상 누설검사를 실시하는가?

① 1
② 2
③ 3
④ 4

해설 고압은 연 1회, 중압과 저압은 3년에 1회

250 충전용기를 차량에 의하여 적재하여 운반 시 차량의 앞 뒤 보기 쉬운 곳에 표시하는 경계표시의 글씨 색깔 및 내용으로 적합한 것은?

① 검정 글씨 – 위험 고압가스
② 붉은 글씨 – 위험 고압가스
③ 검정 글씨 – 주의 고압가스
④ 붉은 글씨 – 주의 고압가스

해설 고압가스 충전용기의 운반기준
경계표시 : 당해 차량 앞 뒤 보기 쉬운 곳에 붉은 글자로 "위험 고압가스"라고 표기

251 고압가스 용기의 도색을 나타낸 것으로 틀린 것은?

① 산소가스 – 녹색
② 탄산가스 – 청색
③ 수소가스 – 주황색
④ 아세틸렌가스 – 갈색

해설
① 산소 : 녹색 ② 탄산가스 : 청색
③ 수소 : 주황색 ④ 아세틸렌 : 황색

252 고압가스 도관에 대한 다음 설명 중 틀린 것은?

① 도관에는 그 온도를 항상 40℃ 이하로 유지할 수 있는 조치를 할 것
② 도관에는 온도의 변화에 의한 길이의 변화에 대비하는 완충장치를 할 것
③ 도관은 상용압력의 2배 이상 압력에 항복을 일으키지 아니하는 두께 이상이어야 한다.
④ 도관은 적색으로 도색하되 지하에 설치하는 경우에는 주황색의 비닐 등으로 피복할 것

해설 지하에 설치하는 경우는 적색 또는 황색으로 한다.

253 도시가스사업별 시행규칙에서 사용하는 용어의 정의이다. 잘못된 것은?

① "배관"이란 본관, 공급관, 내관을 말한다.
② "본관"이란 도시가스 제조 사업소의 부지 경계에서 정압기까지 이르는 배관
③ "내관"이란 가스 사용자가 소유하거나 점유하고 있는 토지의 경계에서 연소기까지 이르는 배관
④ "도시가스"란 상용의 온도에서 압력이 $1cm^2$당 5kg 이상이 되는 것

정답 247 ② 248 ② 249 ① 250 ② 251 ④ 252 ④ 253 ④

해설 도시가스란 배관을 통하여 공급된 가스를 말하며 나프타, 천연가스, 석유가스, 석탄가스 원유, LPG 등이 쓰인다.

도시가스
- 고압 : 10kg/cm² 이상
- 중압 : 1~10kg/cm² 미만
- 저압 : 1kg/cm² 미만

254 방류둑의 구조기준을 설명한 것 중 옳은 것은?

① 방류둑은 그 높이에 상당하는 당해 가스의 액두압에 견딜 수 있는 것일 것
② 방류둑은 계단 사다리 등의 출입구를 둘레 30m마나 2개 이상 둘 것
③ 성토는 수평에 대하여 45° 이상의 구배로서 허물어지지 아니하도록 충분히 다질 것
④ 가연성 가스의 저장탱크에 관한 방류둑 높이는 방류둑 내에 체류한 액의 표면적을 크게 할 것

해설
- 출입구 및 계단 사다리는 50m마다 1개소 설치할 것
- 성토의 구배는 수평에 대하여 45° 이하일 것
- 방류둑 내 체류액의 표면적은 가능한 작게 할 것

255 내용적이 47L인 용기에 프로판가스를 충전할 때 다음 어느 질량 이하를 충전하여야 하는가?(단, $C=2.35$이다.)

① 940kg　② 110kg
③ 49.5kg　④ 20kg

해설 $\frac{47}{2.35}=20kg$

256 고압가스 특정시설에서 배관을 해면 위에 설치하는 기준으로 맞지 않는 것은?

① 배관은 지진, 풍압, 파도압 등에 대하여 안전한 구조의 지지물로 지지할 것
② 배관은 다른 시설물(지지물 제외)과 배관의 유지관리에 필요한 간격을 유지할 것
③ 배관의 설치는 닻내림 등에 의하여 배관이 손상을 받을 우려가 없을 것
④ 배관은 선박에 의한 손상을 받지 아니하도록 해면과의 사이에 필요한 공간을 확보하여 설치할 것

해설 ③은 해저 설치기준이다.

257 다음 고압가스의 양을 차량에 적재하여 운반할 때 운반 책임자를 동승시키지 않아도 되는 것은?

① 아세틸렌가스 400m³
② 산소가스 700m³
③ 액화석유가스 2,000kg
④ 액화염소 1,500kg

해설 동승기준
- 가연성 가스 : 액화가스 3t, 압축가스 300m³
  (③은 3,000kg 이상의 경우에만)
- 독성 가스 : 액화가스 1t, 압축가스 100m³
- 산소 : 액화가스 6t, 압축가스 600m³

258 다음의 두 가지 물질이 공존하는 경우 가장 위험한 것은?

① 암모니아와 질소
② 염소와 아세틸렌
③ 염소와 이산화탄소
④ 수소와 일산화탄소

해설 혼합적재 금지 가스
- 염소-아세틸렌
- 염소-암모니아
- 염소-수소

259 용기의 최고 충전압력이 150kg/cm²이고, 내용적이 40L인 수소용기의 저장능력은 얼마인가?

① 11m³　② 8m³
③ 6m³　④ 4m³

해설 $150 \times 40 = 6,000L = 6m^3$

정답 254 ①　255 ④　256 ③　257 ③　258 ②　259 ③

260 (　　)와 아세틸렌, 암모니아 또는 수소는 동일 차량에 적재하여 운반하지 아니하여야 한다. (　　) 안에 알맞은 것은?

① 염소
② 액화석유가스
③ 질소
④ 일산화탄소

해설 혼합적재 금지 가스
- 염소–아세틸렌
- 염소–암모니아
- 염소–수소

261 인체용 에어졸 제품의 용기에 기재할 사항 중 틀린 것은?

① 특정 부위에 계속하여 장시간 사용하지 말 것
② 가능한 한 인체에서 30cm 이상 떨어져서 사용할 것
③ 온도 40℃ 이상의 장소에 보관하지 말 것
④ 사용 후 불 속에 버리지 말 것

해설 가능한 인체에서 20cm 이상 떨어져서 사용한다.

262 법규에 의한 냉동능력의 산출식은 $R = V/C$로 나타낸다. 암모니아 압축기의 기통 1개의 체적이 5,000cm^3 이하인 경우 C의 값은?

① 13.9
② 12.0
③ 8.4
④ 7.9

해설 암모니아 냉매 상수 C의 값
- 압축기 기통 5,000cm^3 이하 시 8.4
- 압축기 기통 5,000cm^3 초과 시 7.9

263 다음 시설의 경우 법규정상 불연재료를 사용하지 않으면 안 되는 것으로만 묶여진 것은?

㉠ 질소를 충전한 용기의 보관실
㉡ LPG의 충전용기 저장소
㉢ 탄산가스의 압축기 설치실
㉣ 아세틸렌, 충전용기 저장소

① ㉠, ㉡, ㉢
② ㉡, ㉢, ㉣
③ ㉠, ㉢
④ ㉡, ㉣

해설 LPG와 아세틸렌은 가연성 가스로서 용기의 저장소는 불연재료만 사용된다.

264 신규 검사에 합격된 용기의 각인 사항과 그 기호의 연결이 올바르게 된 것은?

① 최고충전압력 : FP
② 내용적 : TW
③ 내압시험압력 : FP
④ 용기의 질량 : T

해설 용기의 각인
- 최고충전압력 : FP
- 아세틸렌 충전용기 질량 : TW
- 초저온 용기 외의 용기 질량 : W
- 내압시험압력 : TP

265 정전기 대전이 발생하지 않는 것은?

① 마찰에 의한 대전
② 접착면의 분리에 의한 박리대전
③ 도전성(導電性) 부여에 의한 대전
④ 정전기 유도에 의한 유도 대전

해설 정전기는 절연성이 큰 유체, 부도체일수록 건조한 유체에서 많이 나타난다. 따라서 습도를 높이거나 도전성을 부여하거나 접지를 하므로 정전기에 대비할 수 있다.

266 고압가스 특정 제조설비는 그 외면으로부터 다른 시설물과 몇 m 이상의 거리를 유지하는가?

① 0.2m
② 0.3m
③ 0.5m
④ 1m

267 독성가스배관을 2중관으로 해야 하는 대상가스에 해당되지 않는 가스는?

① 암모니아
② 포스겐
③ 황화수소
④ 일산화탄소

해설 2중관으로 해야 하는 독성 가스의 종류
- 암모니아
- 아황산가스
- 염소
- 염화메탄
- 산화에틸렌
- 시안화수소
- 포스겐
- 황화수소

268 특정 고압가스에 해당되지 않는 가스는?

① 산소
② 압축모노실란
③ 액화알진
④ 아세톤

해설 특정 고압가스
- 산소
- 수소
- 아세틸렌
- 액화암모니아
- 액화염소
- 압축모노실란
- 압축디보레인
- 액화알진
- 포스핀
- 세렌화수소
- 모노게르마늄
- 디실란

269 초저온 저장탱크란 섭씨 영하 몇 ℃ 이하의 액화가스 저장탱크를 말하는가?

① -50℃
② -40℃
③ -30℃
④ -20℃

해설 초저온 저장탱크는 -50℃ 이하의 액화가스 저장탱크 이다.

270 다음 가스 중 가연성 가스가 아닌 것은?

① 부타디엔
② 모노메틸아민
③ 디메틸아민
④ 탄산가스

해설 가연성 가스의 종류
아크릴로니트릴 · 아크릴알데히드 · 아세트알데히드 · 아세틸렌 · 암모니아 · 수소 · 황화수소 · 시안화수소 · 일산화탄소 · 이황화탄소 · 메탄 · 염화메탄 · 브롬화메탄 · 에탄 · 염화에탄 · 염화비닐 · 에틸렌 · 산화프로필렌 · 부탄 · 부타디엔 · 부틸렌 · 메틸에테르 · 모노메틸아민 · 디메틸아민 · 트리메틸아민 · 에틸아민 · 벤젠 · 에틸벤젠 그 밖에 공기 중에서 연소하는 가스로서 폭발한계(공기와 혼합된 경우 연소를 일으킬 수 있는 공기 중의 가스 농도의 한계를 말한다.)의 하한이 10% 이하인 것과 폭발한계의 상한과 하한의 차가 20% 이상인 것을 말한다.

271 가스미터의 호수는 무엇을 의미하는가?

① 최대 압력
② 최대 유속
③ 최대 유량
④ 가스미터의 최대 중량

해설 호수는 시간당 최대 소비유량을 말하며 3호 미만은 최대 유량(m^3/h)을 표기하지 않는다.

272 합격한 용기의 도색구분이 백색인 가스는? (단, 의료용 가스용기는 제외한다.)

① 염소
② 질소
③ 산소
④ 액화암모니아

해설 용기의 도색 구분
- Cl_2 : 갈색
- N_2 : 회색
- O_2 : 녹색
- NH_3 : 백색

273 공기보다 비중이 가벼운 도시가스의 공급시설로서 공급시설이 지하에 설치된 경우 통풍구조는 흡입구 및 배기구의 관경을 몇 mm 이상으로 하는가?

① 50
② 75
③ 100
④ 150

해설 도시가스 중 공기보다 가벼운 경우, 지하의 통풍구는 흡입구나 배기구의 관경을 100mm 이상으로 한다.

정답 268 ④ 269 ① 270 ④ 271 ③ 272 ④ 273 ③

274 압축기, 유분리기 등의 냉동제조시설에 있어서 법규에 의한 안전거리를 유지하지 않아도 되는 경우가 아닌 것은?

① 방호벽 설치
② 자동 제어장치 설치
③ 흡수장치 설치
④ 압력계 설치

해설) ④는 안전거리를 유지해야 하는 경우이다.

275 일반 도시가스 사업의 가스공급 시설기준에서 배관을 지상에 설치할 경우 배관에 도색할 색깔은?

① 녹색   ② 황색
③ 적색   ④ 회색

해설) 도시가스의 배관 도색 표시
• 지상 : 황색, 단 바닥으로부터 1m 높이에 폭 3cm의 띠를 2중으로 표시한 것은 제외
• 지하 : 적색, 황색

276 독성 가스 저장탱크에 과충전 방지장치를 설치하고자 한다. 과충전 방지장치는 가스 충전량이 저장탱크 내용적의 몇 %를 초과하는 경우에 가스충전이 되지 않도록 하여야 하는가?

① 80%   ② 85%
③ 90%   ④ 95%

해설) 과충전 방지장치는 저장탱크에 가스 충전량이 90%를 초과하지 않도록 작동한다.

277 최대 지름이 6m인 2개의 가연성 가스 저장탱크에 있어서 물분무장치가 없을 때 유지하여야 할 거리는?(단, 저장능력은 3톤 이상이다.)

① 0.6m   ② 1m
③ 2m   ④ 3m

해설) 두 저장탱크의 최대 지름을 합산하여 1/4을 하였을 때 1보다 적으면 1m, 1보다 크면 그 길이를 유지한다.
$\frac{6+6}{4} = 3m$

278 고압가스 제조설비에 설치한 가스누설 검지 경보설비에 대하여 틀리게 설명한 것은?

① 계기실 내부에도 1개 이상 설치한다.
② 수소의 경우 경보설정치를 1% 이하로 한다.
③ 경보부는 붉은 램프가 점멸함과 동시에 경보가 울리는 방식으로 한다.
④ 가연성 가스의 제조설비에 격막갈바니 접지방식을 설치한다.

해설) 가연성 : 안전등형, 간섭계형, 열선형을 설치

279 고압가스 제조장치의 설계에 관한 사항 중 옳은 번호로만 된 것은?

㉠ 저장탱크의 온도 상승을 방지하는 방법으로서 살수장치(撒水裝置)를 설치한다.
㉡ 가연성 가스의 압축기를 설치하는 건물은 기밀(機密)한 구조로 한다.
㉢ 가연성 가스를 탱크로리차에 충전하는 설비에는 접지선(接地線)을 설치한다.
㉣ 제조장치로부터 배출되는 가스는 플레어 스택 또는 벤트 스택을 통하여 대기중에 배출하도록 한다.
㉤ 안전밸브는 내압시험 압력의 1.5배의 압력이 작동되도록 한다.

① ㉠, ㉡, ㉢   ② ㉡, ㉣, ㉤
③ ㉠, ㉢, ㉣   ④ ㉢, ㉣, ㉤

해설) • 안전밸브는 내압시험(TP)의 8/10배 이하
• 상용압력의 1.2배로 작동압력을 시험한다.

280 LP가스의 용기보관실 바닥면적이 3m²라면 통풍구의 크기는 얼마로 하여야 하겠는가?

① 300cm²   ② 600cm²
③ 900cm²   ④ 1,200cm²

해설) 통풍구의 크기는 바닥면적의 3%이므로
$3 \times 0.03 \times 10^4 = 900 cm^2$

정답 274 ④ 275 ② 276 ③ 277 ④ 278 ④ 279 ③ 280 ③

281 검사생략 업체가 갖추어야 할 검사시설 중 고압가스 판매업소가 갖추어야 하는 기기로서 옳은 것은?

① 누설검지기, 표준온도계 및 압력계
② 제관설비, 용접설비, 프레스설비
③ 두께측정기, 누전탐지기, 표준온도계
④ 내압시험설비, 기밀시험설비, 압력계

해설 가스누설검지기, 표준온도계, 표준압력계는 판매업소에서 갖추어야 한다.

282 가스의 저장시설 중 양호한 통풍구조로 하여야 하는 가스는?

① 산소나 질소 저장소
② 헬륨 저장소
③ 부탄가스 저장소
④ 액화탄산가스 저장소

해설 부탄가스는 가연성 가스이므로 양호한 통풍구조로 하여야 한다.

283 고압가스의 혼합비가 다음과 같을 때 압축해서는 안 되는 것은?

① 부탄가스 98%, 산소 2%
② C_2H_2 가스 98%, O_2 2%
③ 프로판가스 98%, 산소 2%
④ 암모니아가스 98%, 산소 2%

해설 수소, 아세틸렌, 에틸렌 가스는 산소가 2% 이상이면 압축해서는 안 되고, 나머지 가연성 가스는 4% 이상이면 압축이 금지된다.

284 다음 가스 중 정전기 스파크에 대하여 특히 주의가 요망되는 가스는?

㉠ 프로판가스　㉡ 탄산가스
㉢ 네온　　　　㉣ 아세틸렌
㉤ 헬륨

① ㉠, ㉣
② ㉣, ㉤
③ ㉡, ㉢
④ ㉠, ㉡

해설 가연성 가스는 정전기 스파크에 주의가 요망된다.

285 에어졸 제조설비는 주위 몇 m 이내에 인화성 물질을 두지 말아야 하는가?

① 10m
② 8m
③ 6m
④ 4m

해설 8m 이내에는 인화성 물질 엄금

286 특정 고압가스의 사용시설 중 배관의 호스의 길이는 몇 m 이내이어야 하는가?

① 5m
② 6m
③ 3m
④ 1m

해설 3m 이내이어야 한다.

287 다음 물질 중 고압강제용기에 가스 상태로 충전한 후 시판되는 가스는?

① 프레온
② 아황산가스
③ 아르곤가스
④ 염소

해설 아르곤가스는 불활성 가스이므로 기체상태로 압축시켜 판매하는 가스이다.

288 대형탱크에 사용되는 안전밸브는?

① 스프링식
② 중추식
③ 파열판
④ 가용전

해설 중추식 안전밸브는 대형탱크에 사용된다.

289 고압가스의 상태에 따른 분류 중 틀린 것은?

① 액화가스
② 압축가스
③ 충전가스
④ 용해가스

해설 충전가스는 용기에 충전한다는 뜻이다.

정답 281 ① 282 ③ 283 ② 284 ① 285 ② 286 ③ 287 ③ 288 ② 289 ③

290 용기 부속품의 기밀시험 시 기밀시험 압력에 도달한 후 몇 초 이상 유지하여야 하는가?

① 30초 ② 40초
③ 50초 ④ 60초

해설 60초 이상 유지하여야 한다.

291 다음 중 충전용기에 해당하는 것은?

① 고압가스의 충전질량 또는 충전압력의 $\frac{1}{2}$ 이상인 충전용기
② 고압가스의 충전질량 또는 충전압력의 $\frac{1}{3}$ 이상인 충전용기
③ 고압가스의 충전질량 또는 충전압력의 20% 이상인 용기
④ 고압가스의 충전질량 또는 충전압력의 50% 이하인 용기

해설 ①은 충전용기이고, 충전질량이 $\frac{1}{2}$ 미만인 용기는 잔가스 용기라고 한다.

292 가스도매사업의 가스공급 시설기준에서 액화천연가스의 저장탱크는 그 외면으로부터 처리능력이 20만 m³ 이상인 압축기와 안전거리가 얼마나 되는가?

① 10m 이상 ② 20m 이상
③ 30m 이상 ④ 50m 이상

해설 액화천연가스의 저장탱크는 20만m³의 설비는(배관 제외) 외면으로부터 다른 설비와 30m, 제조소 경계와 제조설비는 20m의 안전거리를 유지

293 아세틸렌가스를 용기에 충전 시는 온도에 관계없이 (   )kg/cm² 이하로 하고, 충전한 후에 압력은 (   )℃에서 15.5kg/cm² 이하가 되도록 한다. (   ) 안에 알맞은 것은?

① 46.5, 35 ② 35, 20
③ 25, 15 ④ 18, 15

해설 아세틸렌의 충전압은 25kg/cm² 이하이며 충전한 후는 15℃에서 15.5kg/cm² 이하

294 다음과 같은 가스를 저장실에 저장할 때 통풍시설을 해야 하는 것은?

① 아세틸렌가스
② 산소
③ 아르곤가스
④ 질소

해설 가연성 가스인 아세틸렌가스의 저장 시에는 반드시 통풍시설을 해야 한다.

295 후부 취출식 탱크에서 탱크 주밸브 및 긴급차단장치에 속하는 밸브와 차량의 뒤범퍼와의 수평거리는 규정상 얼마인가?

① 20cm 이상
② 30cm 이상
③ 40cm 이상
④ 50cm 이상

해설
- 탱크 주밸브와 차량 뒤범퍼와 수평거리 40cm
- 후부 취출식 외 탱크와는 탱크 후면과 뒤범퍼의 수평거리 30cm
- 조작상자와 차량의 뒤범퍼와 수평거리 20cm

296 고압가스 일반 제조시설의 충전용 주관 압력계는 매월 (㉠)회 이상, 기타의 압력계는 3월에 (㉡)회 이상 표준압력계로 그 기능을 검사하여야 하는가?

① ㉠ : 1, ㉡ : 1
② ㉠ : 1, ㉡ : 2
③ ㉠ : 2, ㉡ : 6
④ ㉠ : 1, ㉡ : 6

해설 고압가스 충전용 압력계
- 주관 압력계의 기능검사 : 매월 1회 이상
- 기타 압력계의 기능검사 : 3월에 1회 이상

정답 290 ④ 291 ① 292 ③ 293 ③ 294 ① 295 ③ 296 ①

297 고압가스의 일반 제조시설에서 다음 중 방호벽 설치조건이 아닌 것은?

① 압축기와 당해 가스충전용기 보관소와의 사이
② 아세틸렌가스 충전장과 당해 압축기 사이
③ 압축기와 100kg/cm² 이상의 수소 압축가스를 용기에 충전하는 장소와의 사이
④ 가연성 가스의 저장탱크 출구

해설 ①, ②, ③의 경우 방호벽이 설치된다.

298 고압가스 안전관리법에서 사용하는 용어의 정의가 잘못된 것은?

① "냉동기"라 함은 냉동 능력이 1.3톤 이상일 것
② "특정설비"라 함은 저장탱크 및 산업자원부령이 정하는 고압가스 설비를 말한다.
③ "저장탱크"라 함은 고압가스를 저장하기 위한 것으로서 일정한 위치에 고정 설치된 것
④ "용기"라 함은 고압가스를 충전하기 위한 것으로서 이동할 수 있는 것

해설 냉동기의 냉동능력은 3톤 이상이다.

299 다음 설명 중 옳은 것은?

① 용기에 충전한 가스의 압력은 대체로 충전가스의 질량에 비례한다.
② 용기의 내압시험압력이 200kg/cm²일 때, 안전밸브의 작동압력은 100kg/cm²이다.
③ 가연성 가스 용기밸브의 충전구 나사는 왼나사이다.
④ 용기각인 사항 중 W50은 액화가스는 50kg, 압축가스는 50L의 충전 표시이다.

해설 ㉠ 안전밸브 작동압력 : $TP \times \frac{8}{10}$ 이하

$200 \times \frac{8}{10} = 160$

㉡ 용기의 각인 중
- W : 용기의 질량(kg)
- V_1 : 용기의 체적(m³)
- FP : 최고 충전압력(kg/cm²)
- TP : 내압시험압력(kg/cm²)

③ 가연성 가스 용기밸브의 충전구 나사는 왼나사이다.

300 다음의 사항 중 변경하거나 변경신고를 받아야 하는 내용에 해당되지 않는 것은?

① 사업소의 위치 변경, 저장설비 및 처리설비의 변경
② 제조 저장 또는 판매하는 고압가스의 종류 및 압력의 변경
③ 배관의 변경(배관 연장 300m 이상) 또는 설치장소의 변경
④ 가연성 가스 또는 독성 가스를 냉매를 사용하는 냉동설비 중 압축기, 응축기, 증발기, 수액기 등의 폐기처분

해설 변경허가 사항
- 사업소의 위치변경
- 제조ㆍ저장 또는 판매하는 고압가스의 종류 및 압력의 변경
- 저장설비 및 처리시설의 변경
- 배관의 변경 또는 설치장소의 변경(변경하고자 하는 부분의 배관의 연장이 300m 이상인 경우에 한한다.)
- 가연성 가스 또는 독성 가스를 냉매로 사용하는 냉동설비 중 압축기ㆍ응축기ㆍ증발기 및 수액기의 교체설치 및 위치변경

301 중간검사를 받아야 하는 공정에 해당되지 않는 사항은?

① 가스설비 또는 배관의 설치가 완료되어 기밀시험 또는 내압시험을 할 수 있는 상태의 공정
② 저장탱크를 지하에 매설하기 직전의 공정
③ 배관을 지하에 설치하는 경우 공사가 지정하는 부분을 매몰하기 직전의 공정
④ 공사가 지정하는 부분의 용접검사를 하는 공정

정답 297 ④ 298 ① 299 ③ 300 ④ 301 ④

해설 중간검사가 필요한 공정
- 가스설비 또는 배관의 설치가 완료되어 기밀시험 또는 내압시험을 할 수 있는 상태의 공정
- 저장탱크를 지하에 매설하기 직전의 공정
- 배관을 지하에 설치하는 경우 공사가 지정하는 부분을 매몰하기 직전의 공정
- 공사가 지정하는 부분의 비파괴 시험을 하는 공정

302 고압가스의 제조, 저장 또는 판매의 시설에 대한 최초의 자체검사를 실시한 날을 기준으로 매 (㉠)월이 되는 날의 전후 (㉡)일 이내에 자체 검사기준에 따라 실시한다. 이 경우 최초 자체검사는 그 시설의 설치에 대한 최초의 완성검사필증을 교부받은 날을 기준으로 (㉢)월이 되는 날의 전후 (㉣)일 이내에 실시한다. ( ) 안에 알맞은 것은?

① ㉠ 6, ㉡ 15, ㉢ 3, ㉣ 15
② ㉠ 6, ㉡ 15, ㉢ 6, ㉣ 15
③ ㉠ 3, ㉡ 15, ㉢ 6, ㉣ 15
④ ㉠ 6, ㉡ 20, ㉢ 3, ㉣ 15

해설 고압가스의 제조, 저장 또는 판매의 시설에 대한 최초의 자체검사를 실시한 날을 기준으로 매 6월이 되는 날의 전후 15일 이내에 자체 검사기준에 따라 실시한다. 이 경우 최초 자체검사는 그 시설의 설치에 대한 최초의 완성검사필증을 교부받은 날을 기준으로 3월이 되는 날의 전후 15일 이내에 실시한다.

303 고압가스의 제조, 저장, 판매시설의 경우 안전유지에 관한 안전관리 규정을 실시하는 기록을 보존하여야 한다. 몇 년간 보존하여야 하는가?

① 1년
② 3년
③ 5년
④ 7년

해설 5년간 보존

304 독성 가스나 가연성 가스의 처리설비 및 저장설비에서 처리능력 및 저장능력이 4만 초과 5만 이하에서 제1종 보호시설과의 안전거리는 몇 m인가?

① 10m
② 30m
③ 33m
④ 35m

해설 안전거리

구분	처리능력 및 저장능력	제1종 보호시설	제2종 보호시설
산소의 처리시설 및 저장설비	1만 이하	12m	8m
	1만 초과 2만 이하	14m	9m
	2만 초과 3만 이하	16m	11m
	3만 초과 4만 이하	18m	13m
	4만 초과	20m	14m
독성가스 또는 가연성가스의 처리설비 및 저장설비	1만 이하	17m	12m
	1만 초과 2만 이하	21m	14m
	2만 초과 3만 이하	24m	16m
	3만 초과 4만 이하	27m	18m
	4만 초과 5만 이하	30m	20m
	5만 초과 99만 이하	30m 가연성 가스 저온 저장탱크는 $\frac{3}{25}\sqrt{x+10,000}$m	20m 가연성 가스 저온 저장탱크는 $\frac{2}{25}\sqrt{x+10,000}$m
	99만 초과	30m (가연성 가스 저온 저장탱크는 120m)	20m (가연성 가스 저온 저장탱크는 80m)

정답 302 ① 303 ③ 304 ②

305 고압가스가 충전되어 수입되는 용기는 무슨 검사를 실시하는가?

① 수압검사
② 외관검사
③ 기밀검사
④ 중간검사

해설 수입되는 충전된 고압가스의 용기는 외관검사 실시

306 고압가스 용기의 내용연한이 옳지 않은 것은?

① 내용적 20L 미만의 용접 용기는 10년
② 자동차용 용기는 그 자동차를 폐지할 때까지 기간
③ 내용적 125L 미만인 용기에 부착된 용기 부속품은 그 부속품의 제조 또는 수입 시의 검사를 받은 날로부터 1년이 경과된 후의 당해 기기의 첫 번째 재검사를 받을 때까지의 기간
④ 이음매 없는 용기와 접합 용기·납붙임 용기로서 내용적이 1L 미만인 용기는 가스를 2회 충전하여 그 가스를 소비할 때까지의 기간

해설 용기의 내용연한
1. 내용적 20L 미만인 용접용기는 10년
2. 자동차용 용기는 그 자동차를 폐차할 때까지의 기간. 다만, 자동차 운수사업에 사용되는 자동차용 용기는 자동차 운수사업법에 규정된 그 자동차의 차령기간으로 한다.
3. 내용적 125L 미만인 용기에 부착된 용기부속품(통상산업부 장관이 정하는 것을 제외한다.)은 그 부속품의 제조 또는 수입 시의 검사를 받은 날부터 1년이 경과된 후의 당해 용기의 첫 번째 재검사를 받을 때까지의 기간
4. 이음매 없는 용기와 접합 또는 납붙임 용기로서 내용적 1L 미만의 용기는 가스를 1회 충전하여 그 가스를 소비할 때까지의 기간
5. 제1호 내지 제4호 외의 것은 재검사에 불합격한 때까지의 기간

307 특정 고압가스의 사용자는 사용개시 20일 전까지 특정 고압가스 사용신고서를 시장, 군수, 구청장에게 신고하여야 한다. 신고를 하지 않아도 되는 자는?

① 저장능력 250kg 이상인 액화가스 저장설비를 갖추고 특정 고압가스를 사용하고자 하는 자
② 저장능력 50m^3 이상인 압축가스 저장설비를 갖추고 특정 고압가스를 사용하고자 하는 자
③ 배관에 의하여 특정 고압가스를 공급받아 사용하고자 하는 자
④ 압축 모노실란, 압축 디보레인, 액화알진, 포스핀, 셀렌화수소, 게르만, 디실란, 액화염소, 액화암모니아, 아황산가스, 이황화탄소를 사용하고자 하는 자

해설 ㉠ 특정 고압가스 사용신고를 하여야 하는 자
- 저장능력 250kg 이상인 액화가스 저장설비를 갖추고 특정 고압가스를 사용하고자 하는 자
- 저장능력 50m^3 이상인 압축가스 저장설비를 갖추고 특정 고압가스를 사용하고자 하는 자
- 배관에 의하여 특정 고압가스(천연가스를 제외한다.)를 공급받아 사용하고자 하는 자
- 압축 모노실란·압축 디보레인·액화알진·포스핀·셀렌화수소·게르만·디실란·액화염소 또는 액화암모니아를 사용하고자 하는 자. 다만, 시험용으로 사용하고자 하거나 시장·군수 또는 구청장이 지정하는 지역에서 사용으로 볏짚 등을 발효하기 위하여 액화암모니아를 사용하고자 하는 경우를 제외한다.(이황산가스, 이황화탄소는 제외)
㉡ 법 제20조 제1항의 규정에 의하여 특정 고압가스 사용신고를 하고자 하는 자는 사용개시 20일 전까지 별지 제33호 서식의 특정 고압가스 사용신고서를 시장·군수 또는 구청장에게 제출하여야 한다.

정답 305 ② 306 ③ 307 ④

308 정기검사는 최초의 완성검사필증을 교부받은 날을 기준으로 기간이 경과한 날의 전후 15일 이내에 받아야 하는데, 다음 중 틀린 내용은?

① 가연성 가스, 독성 가스, 산소의 제조자나 저장자 또는 고압가스 수입업 등록자의 경우 : 1년
② 독성 가스를 제외한 불연성 가스의 제조자 또는 저장자의 경우 : 2년
③ 2개 이상의 정기검사 대상 시설의 경우 정기검사 시기가 각각 다르면 가장 먼저 정기검사를 받아야 하는 시설의 검사기간에 따른 시설의 정기검사는 함께 받을 수 없다.
④ 탄산가스의 제조 또는 저장자의 경우 : 2년

해설 정기검사 기간
- 가연성 가스·독성 가스 및 산소의 제조자, 저장자 또는 고압가스 수입업 등록자의 경우 : 1년
- 불연성 가스(독성 가스를 제외한다)의 제조자 또는 저장자의 경우 : 2년(탄산가스는 불연성)
- ③의 경우에는 다른 시설의 정기검사와 함께 받을 수 있다.

정답 308 ③

SECTION 02 LP가스 안전관리

001 LP가스 공급방식 중 부탄을 고온의 촉매로서 분해하여 메탄, 수소, 일산화탄소 등의 연질 가스로 공급하는 방식은?

① 생가스 공급방식
② 공기혼합가스 공급방식
③ 변성가스 공급방식
④ 자연기화 공급방식

해설 LP가스 강제기화 방식
- 생가스 공급방식
- 공기혼합가스 공급방식
- 변성가스 공급방식(부탄을 고온의 촉매로 분해한다.)

002 프로판 용기의 재료에 사용되는 금속은?

① 주철
② 탄소강
③ 순철
④ 니켈강

해설 프로판 가스의 용기 재료 금속
- 용기의 종류 : 용접용기
- 용기의 재질 : 탄소강

003 액화석유가스의 실량 표시 중지에 기재할 사항이 아닌 것은?

① 빈 용기의 무게
② 가스의 무게
③ 발행기관
④ 충전 연월일

해설

LPG	실량 표시 중지
빈용기 무게	kg
가스무게	kg
총 무게	kg
충전소명	000(전화 :)
발행기관	0000

004 LPG용기의 내용적이 24L일 때 최고로 충전할 수 있는 LPG의 질량은 대략 얼마인가?(단, LPG의 충전상수는 2.35이다.)

① 5kg
② 10kg
③ 24kg
④ 55kg

해설 $\dfrac{24}{2.35} = 10.21\text{kg}$

005 LP가스가 충전된 납 붙임 용기 또는 접합 용기는 몇 도의 온도에서 가스누설 시험을 할 수 있는 누설시험 장치를 설치하여야 하는가?

① 20~32℃
② 35~45℃
③ 46~50℃
④ 52~60℃

해설 LP가스의 용기는 46~50℃에서 가스누설시험을 할 수 있는 누설장치를 설치한다.

006 액화석유가스 사용 시설 중 배관과 다른 시설물과의 안전거리에 대한 설명 중 옳은 것은?

① 안전기와의 사이에는 30cm 이상
② 전기메타와의 사이에는 30cm 이상
③ 굴뚝과의 사이에는 30cm 이상
④ 전기 개폐기와의 사이에는 30cm 이상

해설
- 가스계량기, 전기계량기, 전기개폐기 : 60cm 이상
- 굴뚝, 전기접속기, 점멸기 : 30cm 이상
- 절연조치가 안 된 전선 : 15cm 이상

정답 01 ③ 02 ② 03 ④ 04 ② 05 ③ 06 ③

007 LP가스 저장탱크 외부에는 도료를 바르고 주위에서 보기 쉽도록 "액화석유가스" 또는 "LPG"라고 주서로 표시하여야 하는데 이 저장탱크의 외부 도료 색깔은?

① 녹색   ② 청색
③ 황색   ④ 은백색

해설
- LPG의 용기색 : 회색(은백색)
- LPG의 문자색 : 적색

008 액화석유가스의 충전사업에서 용기충전 시설 중 저장능력이 40톤 초과 시에 지하 저장설비는 사업소 경계와의 거리를 몇 m 이상의 거리에 일정거리를 더하여야 하는가?

① 20m
② 30m
③ 35m
④ 50m

해설 40톤 초과 시에는 30m

009 액화석유가스의 저장탱크는 지하에 묻은 저장탱크의 외면에는 부식방지 코팅 및 전기부식방지 조치를 하고 벽 및 바닥의 두께가 각각 몇 cm 이상의 방수조치를 한 철근콘크리트로 만든 곳에 설치해야 하는가?

① 10cm
② 30cm
③ 50cm
④ 1m

해설 바닥은 30cm 이상의 두께가 필요

010 액화석유가스의 안전장치 중 안전밸브에 가스방출관이 설치되나 저장탱크에 설치한 것은 지면에서 (　)m 이상 또는 그 저장탱크의 정상부로부터 (　)m 이상의 높이 중 높은 위치에 설치해야 한다. (　) 안에 알맞은 내용은?

① 5m, 2m   ② 3m, 1m
③ 10m, 5m ④ 10m, 15m

해설 5m, 2m 이상이 필요하다.

011 LP가스의 자동교체식 조정기 설치 시의 이점 중 틀린 것은?

① 일체형 조정기의 경우 도관의 압력손실을 적게 해도 된다.
② 용기 숫자가 수동식보다 적어도 된다.
③ 잔액이 거의 없어질 때까지 소비가 가능하다.
④ 용기교환 주기의 폭을 넓힐 수 있다.

해설 자동교체식 분리형의 사용은 이단 감압방식이며 자동교체의 기능과 1차 감압의 기능을 겸한 1차용 조정기이므로 말단에 2차 조정기가 필요하다. ②, ③, ④는 LP가스의 자동교체식 조정기의 이점이다.

012 LP가스 압력조정기 중에서 자동교체식 조정기의 도시기호는?

① 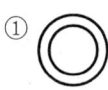   ②
③ 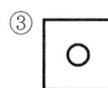   ④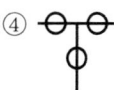

해설 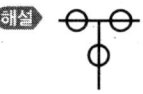 : 자동절환식 조정기

□○ : 곤로

정답 07 ④ 08 ② 09 ② 10 ① 11 ① 12 ④

013 LP가스 계량기의 설치기준으로 잘못된 것은?

① LPG 계량기의 용량은 최대소비량의 1.0배 이상이어야 한다.
② 계량기와 2m 이상의 우회거리를 두어야 한다.
③ 지면으로부터 1.6~2m의 높이로 한다.
④ 점멸기, 굴뚝으로부터 30cm의 거리를 두어야 한다.

해설 LPG 계량기의 용량은 최대소비량의 1.2배이다.

014 다음 중 액화석유가스 사용시설의 기밀시험 압력으로 옳은 것은?(단, 사용시설 압력이 330~3,000mmH₂O는 제외)

① 420mmH₂O
② 420~840mmH₂O
③ 840~1,000mmH₂O
④ 1,080mmH₂O

해설 액화석유가스의 소규모 설비에서 기밀시험압력은 수주 840mm 이상 1,000mm 이하로 실시하며 고압부에서는 18kg/cm² 이상

015 중간밸브로 사용하는 LPG용 콕의 기밀시험 압력은?

① 0.7kg/cm²
② 420mmH₂O
③ 0.35kg/cm²
④ 550mmH₂O

해설 콕의 기밀시험은 0.35kg/cm² 압력으로 1분간 실시하며 카플러 안전구가 부착된 것은 420mmH₂O로 실시한다.

016 액화석유가스 집단공급 사업의 시설 기준이다. 배관을 움직이지 아니하도록 고정 부착하는 조치로서 잘못된 것은?

① 관경이 13mm 미만은 1m마다 고정
② 관경이 13mm 이상 33mm 미만은 2m마다 고정
③ 관경이 33mm 이상은 3m마다 고정
④ 관경이 50mm 이상은 7m마다 고정

해설 배관 고정장치
• 관경이 13mm 미만은 1m마다 고정
• 관경이 13mm 이상 33mm 미만은 2m마다
• 관경이 33mm 이상은 3m마다 고정

017 액화가스의 용기 및 차량에 고정된 탱크의 저장능력 산정식은?(단, W : 저장능력, V_2 : 내용적, C : 가스의 종류에 따른 정수)

① $W = V_2 \times C$
② $W = V_2 \times (C+1)$
③ $W = \dfrac{V_2}{C}$
④ $W = \dfrac{C}{V_2}$

해설 액화가스 저장용기의 저장설비 능력
$$W = \dfrac{V_2}{C}$$

018 LP가스 프로판용 조정기 입구의 동절기의 압력변화 범위는 얼마 정도인가?

① 420mm 수주
② 280 ± 50mm 수주
③ 10~0.7kg/cm²
④ 5~0.4kg/cm²

해설 LP가스 프로판용 조정기 입구의 압력변화
• 프로판 : 10~0.7kg/cm²
• 부탄 : 5~0.4kg/cm²

019 다음 설명 중 LP가스 충전 시 디스펜서란?

① LP가스 압축기 이송장치의 충전기기 중 소량에 충전하는 기기
② LP가스 자동차 충전소에서 LP가스 자동차의 용기에 용적을 계량하여 충전하는 충전기기
③ LP가스 대형 저장탱크에 역류방지용으로 사용하는 기기
④ LP가스 충전소에서 청소하는 데 사용하는 기기

해설 디스펜서(분배)란 LP가스 자동차 충전소에서 LP가스 자동차의 용기에 용적을 계량하여 충전하는 충전기기

정답 13 ① 14 ③ 15 ③ 16 ④ 17 ③ 18 ③ 19 ②

020 액화석유가스의 설비에서 중간검사를 받지 않아도 되는 것은?

① 가스설비 또는 배관의 설치가 완료되어 기밀시험 또는 내압시험을 할 수 있는 상태의 공정
② 저장탱크를 지하에 매설하기 직전의 공정
③ 배관을 지하에 설치하는 경우 공사가 지정하는 부분을 매몰하기 직전의 공정
④ 공사가 지정하는 부분의 인장시험을 하는 공정

해설 ▶ 인장시험이 아닌 비파괴 시험을 하는 공정에서는 중간검사가 필요하다.

021 액화석유가스의 허가대상에서 가스용품 제조허가가 필요하지 않은 내용은?

① 압력 조정기
② 볼밸브 및 글로브밸브
③ 강제혼합식 가스버너
④ 300,000kcal/h 이하의 연소기

해설 ▶ 가스용품 허가대상가스 제조허가 용품의 범위
㉠ 압력 조정기 : 연소기의 부품으로 사용하는 것을 제외한다. 또는 가스 누출 자동 차단장치
㉡ 호스로서 다음 각 목의 것
 • 고압고무 호스
 • 염화비닐 호스
 • 금속 플렉시블 호스
㉢ 배관용 밸브(볼밸브 및 글로브밸브에 한한다) 및 콕
㉣ 배관이음관으로서 다음 각 목의 것
 • 전기절연 이음관
 • 전기 융착 폴리에틸렌 이음관
 • 이형질 이음관(금속관과 폴리에틸렌관을 연결하기 위한 것)
 • 퀵 카플러
㉤ 강제혼합 가스버너 : 제6호에 의한 온수보일러 및 냉난방기에 부착하는 것을 제외한다.
㉥ 연소기 : 연소장치 중 가스버너를 사용할 수 있는 구조의 것으로서 시간당 가스 소비량이 200,000 kcal 이하인 것에 한하되 통상산업부 장관이 정하는 것은 제외한다.

022 액화석유가스 사용시설의 저압부분의 배관은 몇 kg/cm² 이상의 압력으로 하는 내압시험에 합격한 것이어야 하는가?

① 6 ② 8
③ 10 ④ 12

해설 ▶ LP가스 사용시설의 저압부분 배관은 8kg/cm² 이상 용기와 압력조정기 입구 측까지의 고압부분의 배관은 그 충전용기의 내압시험 압력 이상

023 LP가스를 사용할 때 주의하지 않아도 되는 것은?

① 완전 연소되도록 공기 조절기를 조절한다.
② 화력조절은 가스레인지 콕으로 한다.
③ 사용할 때 조정기 압력은 적당히 조절한다.
④ 중간밸브 개폐는 서서히 한다.

해설 ▶ 조정압력은 공인검사기관에서 하며 아래와 같이 조정하며 적당히 하면 안 된다.
• 단단감압 저압조정기 : 230~330mmH₂O
• 단단감압 준저압조정기 : 500~3,000mmH₂O
• 2단감압식 1차 조정기 : 0.57~0.83kg/cm²
• 2단 2차 조정기 : 230~330mmH₂O
• 자동절체 분리형 조정기 : 0.32~0.83kg/cm
• 자동절체 일체형 조정기 : 255~330mmH₂O

024 다음 액화석유가스에 관한 용어 중 맞는 것은?

① 소형 저장탱크는 LPG를 저장, 사용하기 위한 것으로서 내용적 7,000L 미만의 것을 말한다.
② 가스설비는 충전, 공급하기 위한 설비이며, 사용을 위한 설비는 가스설비가 아니다.
③ 잔가스 용기는 LPG가 2분의 1 미만 남아있는 용기를 말한다.
④ 방호벽는 높이 5m 이상, 두께 20cm 이상의 철근콘크리트 구조의 벽을 말한다.

정답 ▶ 20 ④ 21 ④ 22 ② 23 ③ 24 ③

해설 ① 소형 저장탱크는 3톤 미만
③ 잔가스 용기는 충전 질량이 1/2 미만 남아 있는 용기
④ 방호벽은 높이 2m 두께 12cm 이상의 철근콘크리트 또는 이와 동등 이상의 강도를 가진 구조벽

025 액화석유가스가 누설된 상태를 설명한 것으로 틀린 것은?

① 공기보다 무거우므로 바닥에 고이기 쉽다.
② 누설된 부분의 온도가 급격히 내려가므로 서리가 생겨 누설개소가 발견될 수 있다.
③ 빛의 굴절률이 공기와 다르므로 아지랑이와 같은 현상이 나타나므로 발견될 수 있다.
④ 대량 누설이 되었을 때도 순식간에 기화하므로 대기압하에서는 액체로 존재하는 일이 없다.

해설 대기압 상온에서도 LPG는 액화가스로 존재한다.
20℃에서의 증기압은 7.4kg/cm²(C_3H_8), 1.4kg/cm² (C_4H_{10})이다.
※ 대량누설 시에는 다량의 잠열이 필요하여 잠시 액체 존재가 가능하다.

026 액화석유가스 충전사업의 용기사업의 용기충전시설 기준이다. 다음 중 잘못된 것은?

① 배관에는 온도의 변화에 의한 길이의 변화에 따른 신축을 흡수하는 조치를 할 것
② 배관에는 그 온도를 항상 50℃ 이하로 유지할 수 있는 조치를 할 것
③ 배관의 적당한 곳에 압력계, 온도계를 설치할 것
④ 배관의 재료는 배관의 안전성을 확보할 수 있는 것일 것

해설 액화석유가스는 그 온도를 항상 40℃ 이하로 유지한다.

027 LP가스의 누설을 검사할 때 주로 사용하는 것은?

① 소석회   ② 성냥불
③ 온수   ④ 비눗물

해설 LP가스의 누설검사는 비눗물 사용이 좋다.

028 LPG 용기의 안전점검 기준으로 틀린 것은?

① 용기의 부식 여부를 확인할 것
② 용기의 캡이 씌어져 있거나 프로텍트가 부착되어 있을 것
③ 밸브의 그랜드 너트는 고정 핀 등으로 이탈을 방지한 것인가를 확인할 것
④ 완성검사 도래여부를 확인할 것

해설 완성검사는 용기가 아닌 LPG 제조설비 배관설비에서 실시한다.

029 일반 소비자의 가정용 이외의 용도(음식점 등)로 공급하는 고압가스 조정기의 조정압력이 수두 500mm 이상 3,000mm까지인 조정기는?

① 이단 감압식 이차 조정기
② 단단 감압식 준저압 조정기
③ 이단 감압식 일차 조정기
④ 단단 감압식 저압 조정기

해설 ① 조정압력 230~330mmH₂O
② 조정압력 500~3,000mmH₂O
③ 조정압력 0.57~0.83kg/cm²
④ 조정압력 230~330mmH₂O

030 LP가스를 도시가스로 이용하는 방법이 아닌 것은?

① 공기 혼합방식
② 직접 혼입방식
③ 변성 흡입방식
④ 생가스 공급방식

해설 LP가스의 도시가스 이용방법
- 공기 혼합방식 : LPG에 적당량의 공기투입
- 변성 혼입방식 : LPG를 공급하기 용이한 CH_4 등으로 성질 변경
- 직접 혼입방식 : LP가스를 직접 도시가스로 이용

031 LPG의 연소기 명판에 기재할 사항이 아닌 것은?

① 연소기명
② 가스 소비량
③ 연소기 재질명
④ 제조번호, 코드번호

해설 LPG(프로판 가스) 연소기 명판의 기재사항
- 연소기명
- 가스 소비량
- 제조번호 또는 코드번호

032 LPG 용기가 동계에 가스가 나오지 않을 시 가스를 사용하기 위한 조치사항 중 옳은 것은?

① 연탄불을 쪼인다.
② 용기를 힘차게 흔든다.
③ 열 습포를 사용한다.
④ 90℃ 정도의 물을 붓는다.

해설 LPG가 동결되면 40℃ 이하 열 습포를 사용하여 녹인다.

033 액화석유가스 용기보관소에 관한 설명 중 잘못된 것은?

① 용기보관소에는 보기 쉬운 곳에 경계 표시를 할 것
② 용기보관소는 양호한 통풍구조로 할 것
③ 용기보관소의 지붕은 불연성, 난연성 재료를 사용할 것
④ 용기보관소에는 화재경보기를 설치할 것

해설 ①, ②, ③은 액화석유가스(LPG)의 용기보관소에 주의하여야 할 사항이며 가스누설 경보기가 필요하다.

034 액화석유가스가 누설된 상태를 설명한 것으로 틀린 것은?

① 공기보다 무거우므로 바닥에 고이기 쉽다.
② 누설된 부분의 온도가 급격히 내려가므로 서리가 생겨 누설개소가 발견될 수 있다.
③ 빛의 굴절률이 공기와 다르므로 아지랑이와 같은 현상이 나타나므로 발견될 수 있다.
④ 대량 누설하면 부탄가스가 기화열이 106 kcal/kg이라서 액체로 환원된다.

해설 LPG의 기화잠열은 약 106kcal/kg으로 유출 시 흐르게 되므로 방류둑을 설치할 필요가 있다. 대량누설 시에는 대기압하에서 일부 액체로 존재한다.

035 액화가스를 충전하는 용기에 액면 요동을 방지하기 위하여 설치하는 것은?

① 탄성이 있는 물질
② 액면 정지장치
③ 방파판
④ 안전 칸막이 방파판

해설 방파판은 액화가스 충전용기에 액면요동을 방지한다.

036 액화석유가스 사용시설의 시설기준에서 배관의 설치방법으로 옳지 않은 것은?

① 전기계량기, 전기 개폐기와의 거리 : 60cm 이상
② 굴뚝, 전기점멸기, 전기접속기와의 거리 : 50cm 이상
③ 절연조치를 하지 아니한 전선과의 거리 : 15cm 이상
④ 절연조치를 한 전선과 배관의 거리는 규제가 없다.

해설 ②의 경우는 30cm 이상 배관거리 유지가 필요하다.

정답 31 ③ 32 ③ 33 ④ 34 ④ 35 ③ 36 ②

037 액화석유가스법에서 액화석유가스의 정의로 옳은 것은?

① 프로판, 부탄을 주성분으로 한 가스를 액화한 것
② 프로판, 에틸렌을 주성분으로 한 가스를 액화한 것
③ 에틸렌, 프로필렌을 주성분으로 한 가스를 액화한 것
④ 부탄, 에틸렌을 주성분으로 한 가스를 액화한 것

해설 액화가스
C_3H_8, C_4H_{10}, NH_3, Cl_2 프레온 등이며 비등점이나 임계온도 등이 높은 가스는 상온에서 가압하면 쉽게 액화된다.(프로판, 부탄, 암모니아, 염소 등은 액화가스)

038 액화석유가스의 안전 및 관리법 시행규칙에 있어서 가스용품의 합격표시로 연소기 및 자동차용 기화기의 검사필증은 황색바탕에 흑색문자로 표시한다. 크기는 얼마로 하는가?

① 15×15mm
② 20×20mm
③ 20×16mm
④ 30×30mm

해설
- 15×15mm : 압력조정기, 콕, 가스누설 자동차단기, 자동차용 전자식 밸브
- 30×30mm : 연소기, 자동차용 기화기
- 20×16mm : 호스
- 200×200mm : 이동식 부탄연소기

039 LPG 저장탱크를 지하에 묻을 경우 저장탱크의 정상부와 지면과의 거리는 몇 cm 이상으로 하여야 하는가?

① 10cm
② 20cm
③ 40cm
④ 60cm

해설 탱크실의 규격
- 두께 30cm 이상 방수 처리된 철근콘크리트
- 저장탱크가 인접한 경우 1m 이상 이격할 것
- 지상에 경계표지 설치
- 저장탱크 정상부와 지면과의 거리로 60cm 이상

040 액화석유가스의 안전 및 사업법에서 액화석유가스 집단 공급사업의 저장탱크를 지하에 묻을 경우 정상부와 지면과의 거리는?

① 20cm 이상
② 40cm 이상
③ 60cm 이상
④ 80cm 이상

해설 탱크실 내 설치 시 지면과의 거리가 60cm이다.

041 액화석유가스 사용 시설 중 저장량이 얼마 이상이면 소형 저장탱크를 설치해야 하는가?

① 2.5ton
② 5.0ton
③ 250kg
④ 500kg

해설 액화석유가스 저장량이 250kg 이상이면 소형저장탱크를 설치한다.(단, 3,000kg 이하)

042 LP가스의 용기 보관실 바닥면적이 $30m^2$라면 통풍구의 크기는 얼마로 하여야 하겠는가?

① $3,000cm^2$
② $6,000cm^2$
③ $9,000cm^2$
④ $12,000cm^2$

해설
- 자연통풍시설의 통풍구는 바닥면적의 3% 이상
- 강제통풍장치의 통풍능력은 바닥면적 $1m^2$당 $0.5m^3/min$ 이상일 것
- ※ $30cm^2$의 3%는 $9,000cm^2$이다.

정답 37 ① 38 ④ 39 ④ 40 ③ 41 ③ 42 ③

043 액화석유가스 저장탱크 주위에 방류둑을 설치해야 하는 저장능력은 얼마인가?

① 300kg
② 1,000kg
③ 300ton
④ 1,000ton

해설 액화석유가스(LPG) 저장탱크가 1,000ton 이상이면 방류둑을 설치해야 한다.

044 액화석유가스 충전사업시설 중 저장탱크와 다른 저장탱크와의 사이에는 두 저장탱크의 최대직경을 합산한 길이 4분의 1이 1m 이상일 경우에 얼마의 길이를 유지해야 하는가?

① 2m
② 그 길이의 간격
③ 그 길이의 1/2 간격
④ 3m 이내

해설 두 저장탱크의 최대 직경을 합산한 길이의 1/4이 1m 이하인 경우는 1m 이상, 물분무 장치를 설치한 경우에는 그러지 아니하다.

045 액화석유가스 사용시설의 시설기준에서 압력조정기 출구에서 연소기입구까지의 배관 및 호스의 기밀시험압력으로 옳은 것은?

① 840~1,000mmH$_2$O 이내
② 840~1,100mmH$_2$O 이내
③ 900~1,000mmH$_2$O 이내
④ 1,100~1,200mmH$_2$O 이내

해설 배관 및 호스의 기밀시험압력
840~1,000mmH$_2$O 이내

046 액화석유가스 사용시설에서 가스누출 자동차단기를 설치하지 않아도 되는 경우가 아닌 것은?

① 연소기가 연결된 각 배관의 퓨즈나 콕 등이 설치되어 있는 것
② 각 연소기에 소화안전장치가 부착되지 않은 곳
③ 각 연소기에 퓨즈 콕 등이 설치되고 연소기에 소화안전장치가 부착된 곳
④ 가스의 공급이 불시에 차단될 경우 재해 및 손실이 막대하게 발생될 우려가 있다고 통상산업부 장관이 정하여 고시하는 시설의 경우

해설 각 연소기에 소화안전장치가 부착되지 않은 곳은 가스누출 자동차단기가 설치되어야 한다.

047 액화석유가스 연소기의 설치방법에서 틀린 내용은?

① 가스온수기나 가스보일러는 목욕탕 또는 환기가 되지 않는 곳에는 설치하지 않는다.
② 반밀폐형 연소기는 급기구 및 배기통을 설치할 것
③ 밀폐형 연소기는 급기구 배기통과 벽과의 사이에 배기가스가 실내로 들어올 수 있도록 개방할 것
④ 배기팬이 있는 밀폐형 또는 반밀폐형 연소기를 설치한 경우에는 그 배기팬의 배기가스와 접촉하는 부분의 재료를 불연성 재료로 할 것

해설 ③의 경우 배기가스가 실내에 들어오지 못하게 할 것

048 액화석유가스 용기충전시설 방류둑의 내측과 그 외면으로부터 몇 m 이내에는 저장탱크 부속설비 외의 것을 설치하지 않는가?

① 5m
② 7m
③ 10m
④ 5m

해설 방류둑은 1,000t 이상 설치하여 액상의 가스가 일정범위를 벗어나는 것을 방지한다. 방류둑의 내측과 그 외면으로부터 10m 이내에는 부속 설비 외의 것을 설치하지 않는다.

정답 43 ④ 44 ② 45 ① 46 ② 47 ③ 48 ③

049 LP가스 시설 중 저장능력이 15,000kg 이하의 저장설비가 주택과 유지하여야 할 안전거리는?

① 10m ② 12m
③ 14m ④ 20m

해설 주택은 제2종 보호시설이므로 유지하여야 할 안전거리는 14m 이상 이격거리 유지

저장능력	제1종 보호시설	제2종 보호시설
10톤 이하	17m	12m
10톤 초과 20톤 이하	21m	14m
20톤 초과 30톤 이하	24m	16m
30톤 초과 40톤 이하	27m	18m
40톤 초과	30m	20m

050 압력 조정기의 입구압력이 규정한 상한의 압력일 때 최대 폐쇄압력으로 틀린 것은?

① 1단 감압식 정압 조정기 : 350mmH₂O 이하
② 자동절체식 일체형 조정기 : 450mmH₂O 이하
③ 2단 감압식 1차용 조정기 : 0.95kg/cm² 이하
④ 1단 감압식 준저압 조정기 : 조정 압력의 1.25배 이하

해설 압력 조정기의 입구압력이 상한의 압력일 때 최대 폐쇄압력
- 1단 감압식 저압 조정기 · 2단 감압식 2차용 조정기 및 자동절체식 일체형 조정기는 350mmH₂O 이하
- 2단 감압식 1차용 조정기 및 자동절체식 분리형 조정기는 0.95kg/cm² 이하
- 1단 감압식 준저압 조정기는 조정압력의 1.25배 이하

051 액화석유가스의 저장설비에서 통풍구조를 설치할 수 없을 경우에는 강제 통풍 장치를 설치하여야 한다. 다음 중 그 기준에 적합한 것은?

① 통풍능력이 바닥면적 1m²당 0.5m³/분 이상
② 통풍능력이 바닥면적 1m²당 0.5m³/시간 이상
③ 배기가스의 방출구는 지면에서 0.5m 이상의 높이에 설치
④ 배기가스의 방출구는 지면에서 0.2m 이상의 높이에 설치

해설 자연통풍시설의 기준
- 통풍능력은 바닥면적 1m²당 0.5m³/min 이상일 것
- 방출구는 지면으로부터 5m 이상일 것
- 흡입구는 바닥면 가까이에 설치할 것

052 액화충전가스 사업시설기준에서 자동차용 액화석유가스 충전시설 · 안전거리 중 제1종 보호시설과의 거리가 옳은 것은?

① 10톤 이하 : 17m
② 10톤 초과~20톤 이하 : 25m
③ 20톤 초과~30톤 이하 : 30m
④ 40톤 초과 : 35m

해설 안전거리

저장능력	제1종 보호시설	제2종 보호시설
10톤 이하	17m	12m
10톤 초과 20톤 이하	21m	14m
20톤 초과 30톤 이하	24m	16m
30톤 초과 40톤 이하	27m	18m
40톤 초과	30m	20m

〈비고〉
1. 이 표의 저장능력 산정은 다음의 계산식에 의한다.
   $W = 0.9dV$
   W : 저장탱크의 저장능력(단위 : kg)
   d : 상용온도에 있어서의 액화석유가스 비중 (단위 : kg/L)
   V : 저장탱크의 내용적(단위 : L)
2. 동일사업소에 두 개 이상의 저장설비가 있는 경우에는 그 저장 능력별로 각각 안전거리를 유지하여야 한다.

정답 49 ③ 50 ② 51 ① 52 ①

053 액화석유가스 충전사업의 기술기준에서 저장기준 및 용기보관장소에 관한 내용 중 옳지 않은 내용은?

① 용기보관 장소에는 계량기 등 작업에 필요한 물건 외에는 두지 아니할 것
② 용기보관장소의 주위 8m 우회거리 이내에는 화기 또는 인화성 물질이나 발화성 물질을 두지 아니할 것
③ 충전용기 내용적 5L 이하에서는 넘어짐 등에 의한 충격이나 밸브의 손상을 방지하는 조치를 한다.
④ 용기보관장소에는 방폭형 휴대용 손전등 외의 등화를 휴대하고 들어가지 아니할 것

해설 ③의 경우에는 5L 이상의 충전용기에 해당된다.

054 액화석유가스 충전사업의 기술기준으로 틀린 것은?

① 저장탱크에 가스충전 시 저장탱크 내용적의 90%를 넘지 아니할 것
② 차량에 고정된 탱크는 저장탱크 외면으로부터 5m 이상 떨어져서 정지할 것
③ 배관에는 항상 40℃ 이하로 유지하는 조치를 취할 것
④ 액화석유가스는 공기 중의 혼합비율의 용량이 1/1,000의 상태에서 감지할 수 있도록 냄새가 나는 물질을 섞어 차량에 고정된 탱크 및 용기에 충전할 것

해설 차량에 고정된 탱크는 저장탱크 외면으로부터 3m 이상 떨어져서 정지한다.

055 액화석유가스 충전사업에서 기술기준 중 옳지 않은 내용은?

① 가스설비의 기밀시험이나 시운전을 할 때에는 불활성 가스를 사용할 것
② 공기를 사용하며 기밀시험 시에는 그 설비 중에 있는 가스를 방출한 후에 실시하며 온도를 그 설비에 사용하는 윤활유의 인화점 이하로 유지할 것
③ 충전용 주관의 압력계는 매월 1회 이상 그 밖의 압력계는 6월에 1회 이상 표준이 되는 압력계로 그 기능을 검사할 것
④ 안전밸브는 1년에 1회 이상 당해 설비의 설계압력 이상 내압시험 압력의 8/10 이하의 압력에서 작동하도록 조정할 것

해설 ③의 경우 그 밖의 압력계는 3월에 1회 이상이다.

056 액화석유가스 집단공급시설 기준으로 해당되지 않는 내용은?

① 지상배관은 방청도장 후 황색으로 한다.
② 지상배관의 경우 건물의 외벽에 노출된 것으로 바닥에서 1m의 높이에 폭 3cm의 황색 띠를 이중으로 표시한 경우에는 황색으로 표시하지 않아도 된다.
③ 배관의 지면에 의한 매설깊이는 공동주택의 부지 내에서는 0.6m 이상, 도로에 장애물이 많아서 1m 이상의 매설깊이가 곤란한 경우에는 0.6m 이상이다.
④ 매설깊이를 확보하기 어려운 암반 등의 구조물에는 보호관을 설치하고 보호판의 경우 외면과 지면 또는 노면 사이에는 0.5m 이상의 거리를 유지할 것

해설 ④의 경우 보호관과 지면 또는 노면 사이에는 0.3m 이상의 거리를 유지한다.

057 액화석유가스의 콕에서 볼 또는 플러그의 구멍지름으로 옳은 것은?

① 0.6mm 이상
② 1mm 이상
③ 1.5mm 이상
④ 5mm 이상

해설 콕의 볼 또는 플러그의 구멍지름은 0.6mm 이상의 기술기준이다.

정답 53 ③ 54 ② 55 ③ 56 ④ 57 ①

058 액화석유가스 판매사업 및 영업소의 용기 저장소 기술기준에서 용기보관실의 안전유지에 대한 내용 중 옳지 않은 것은?

① 용기보관실 주위의 2m 우회거리 이내에는 화기취급을 하거나 인화성 물질 및 가연성 물질을 두지 아니한다.
② 용기보관실 내에서 사용하는 휴대용 손전등은 방폭형일 것
③ 용기보관실에는 계량기 등 작업에 필요한 물건 외에는 두지 아니할 것
④ 용기는 3단 이상 쌓지 아니할 것. 다만, 내용적이 30L 미만의 용접 용기는 2단 쌓기가 가능하다.

해설 ④의 경우 2단 이상 용기를 쌓지 아니한다.

059 액화석유가스용품 제조산업의 시설 기술기준에서 압력 조정기의 입구압력 조정압력에서 옳지 않은 내용은?

① 1단 감압식 조정기
  입구압력 : 0.07~1.56MPa
  조정압력 : 2.3~3.3kPa
② 2단 감압식 1차용 조정기
  입구압력 : 0.1~1.56MPa
  조정압력 : 0.057~0.083MPa
③ 2단 감압식 2차용 조정기
  입구압력 : 0.025~0.1MPa
  조정압력 : 2.3~3.3kPa
④ 자동절체식 일체형 조정기
  입구압력 : 0.1~1.56MPa
  조정압력 : 2~3kPa

해설 압력 조정기(LP가스용)
압력 조정기의 종류에 따른 입구압력·조정압력은 다음과 같다.

종류	입구압력	조정압력
1단 감압식 저압조정기	0.07~1.56MPa	2.3~3.3kPa
1단 감압식 준저압조정기	0.1~1.56MPa	5~30kPa
2단 감압식 1차용조정기	0.1~1.56MPa	0.057~0.083kPa
2단 감압식 2차용조정기	0.025~0.1MPa	2.3~3.3kPa
자동절체식 일체형조정기	0.1~1.56MPa	2.55~3.3kPa
자동절체식 분리형조정기	0.1~1.56MPa	0.032~0.083MPa

060 액화석유가스 압력조정기의 표시사항에 해당되지 않는 내용은?

① 입구압력 : kg/cm^2(MPa)
② 용량 : kg/h
③ 조정압력 : mmHg
④ 권장 사용기간 : 5년

해설 조정기에는 다음 사항을 표시할 것. 다만, 권장 사용기간은 1단 감압식 저장조정기에 한한다.
• 품명
• 제조자명 또는 그 약호
• 제조번호 또는 로트번호
• 제조 연월
• 품질보증기간
• 입구압력(기호 : P, 단위 : kg/cm^2)
• 용량(기호 : Q, 단위 : kg/h)
• 조정압력(기호 : R, 단위 : mmH_2O 또는 kPa)
• 가스흐름방향
• 핸들의 조임 및 풀림방향(핸들연결식에 한한다)
• 권장사용기간 : 5년

061 액화석유가스 콕의 구분으로 옳지 않은 것은?

① 호스콕
② 주물콕
③ 퓨즈콕
④ 상자콕

해설 콕
호스콕, 주물연소기용 노즐콕, 퓨즈콕, 상장콕

062 액화석유가스 판매사업 및 영업소의 용기저장의 시설기준에 해당되지 않는 것은?

① 용기보관실은 면적 19m², 사무실 면적은 9m² 이상으로 한다.
② 가스누출 경보기는 용기보관실에 설치하되 분리형으로 설치한다.
③ 용기보관실 내에는 방폭 등 외의 조명등을 2개 이상 설치한다.
④ 용기보관실의 전기설비는 방폭구조이어야 하며 전기스위치를 용기보관실의 외부에 설치한다.

해설 용기보관실 내에는 조명등을 설치하지 않는다.

063 액화석유가스의 연소기 중 난방기의 안전장치에 해당되지 않는 것은?

① 불완전 연소방지 방치
② 안전밸브
③ 산소결핍 안전장치
④ 전도 안전장치와 소화 안전장치

해설 액화석유가스의 연소기에서 난방기 안전장치에 안전밸브는 해당되지 않는다.

064 자동차 LPG 용기 충전시설에서 충전기 상부에는 닫집 모양의 차양을 설치하여야 하는데 그 면적은?

① 공지면적의 1/2 이하
② 공공면적의 1/3 이하
③ 공지면적의 2배 이하
④ 공지면적의 3배 이하

해설 LPG 용기 충전시설에서 닫집 모양의 차양은 공지면적의 $\frac{1}{2}$ 이하

065 LP가스 사용시설 중 배관과 전기미터, 전기개폐기, 안전기의 사이는 몇 cm 이상의 간격을 유지하여야 하는가?

① 30cm   ② 50cm
③ 60cm   ④ 100cm

해설
• 전선 : 15cm
• 굴뚝, 콘센트 : 30cm
• 계량기, 안전기, 개폐기 : 60cm

066 액화석유가스의 저장탱크와 가스 충전소와의 사이에는 반드시 무엇을 설치해야 하는가?

① 경계표시   ② 방호벽
③ 물분무장치   ④ 안전거리

해설 액화석유가스 저장탱크와 가스 충전소 사이에는 반드시 방호벽을 설치한다.

067 액화석유가스에서 변경허가를 받지 않아도 되는 내용은?

① 사업소의 위치 변경
② 저장설비의 교체설치
③ 공급능력의 변경
④ 변경하고자 하는 배관의 총연장이 20m 미만

해설 변경하고자 하는 배관의 총연장이 20m 이상인 배관의 설치장소 및 길이의 변경은 변경허가를 받아야 된다.

068 액화석유사업자 등의 지위승계 신고에 대한 내용 중 틀린 것은?

① 사업자 등의 지위승계 신고는 승계 후 15일 이내에 하여야 한다.
② 상속자는 상속 개시일로부터 30일 이내에 한다.
③ 지위승계 신고서에는 허가증을 필요로 하지 않는다.
④ 지위승계 신고서에는 계약서 사본 상속증명서 등이 필요하다.

해설 액화석유가스 사업자 등의 지위승계 신고에 대한 지위승계 신고서에는 허가증의 첨부서류가 필요하다.

정답 62 ③ 63 ② 64 ① 65 ③ 66 ② 67 ④ 68 ③

069 액화석유가스에 변경허가를 받지 않아도 되는 내용은?

① 사업소의 위치변경
② 가스설비의 위치변경
③ 저장설비 또는 가스설비의 능력변경
④ 변경하고자 하는 배관의 총연장이 20m 미만

해설 배관의 총연장이 20m 미만인 경우에는 변경허가가 필요하지 않다.

070 액화석유사업자 등의 지위승계 신고에 대한 내용 중 틀린 것은?

① 사업지 등의 지위승계 신고는 승계 후 15일 이내에 하여야 한다.
② 상속자는 상속 개시일로부터 30일 이내에 한다.
③ 지위승계 신고서에는 허가증 및 상속증명서는 필요로 하지 않는다.
④ 상속 시에는 지위승계 신고서에는 허가증 및 상속을 증명하는 서류, 합병등기부 등본 등이 필요하다.

해설 지위승계 신고서의 첨부서류에는 허가증이나 ④의 서류가 필요하다.

071 액화석유가스의 공급자의 의무에서 옳지 않은 내용은?

① 6월에 1회 이상 가스 사용시설의 안전관리에 관한 계도물의 작성 배포
② 가스를 공급하는 때마다 가스사용시설에 대한 가스 누출검사의 실시 및 가스용품의 상태점검
③ 주거 취사용을 제외한 가스 사용시설 및 액화석유가스를 사용한 자동차는 3년에 1회 이상 정기 안전점검 실시
④ 가스보일러가 설치된 후 가스를 처음 공급할 때에는 가스보일러의 시공내용 확인

해설 자동차는 2년에 1회 이상 정기 안전점검 실시

072 액화석유가스의 저장시설에 대한 자체검사는 최초 자체검사를 실시한 날을 기준으로 매 6월이 되는 날의 전후 15일 이내에 실시하고 그 검사기록을 몇 년간 보존하여야 하는가?

① 1년 ② 2년
③ 5년 ④ 10년

해설 2년간 보존

073 액화석유가스의 당해시설의 설치에 대한 정기검사는 최초 완성검사 필증을 교부받은 날을 기준으로 하여 매 1년이 되는 날의 전후 며칠 이내에 받아야 하는가?

① 15일 ② 20일
③ 25일 ④ 30일

해설 15일 이내

074 액화석유가스 시공자의 시공기록 등의 보존방법에 관한 내용 중 옳지 않은 것은?

① 시공자는 자체검사기록을 포함한 공사시공기록을 배관도면과 함께 보존한다.
② 시공기록 및 자체검사기록 중 완공도면은 5년간 이를 보존하되 액화석유가스 충전사업자 액화석유가스 집단공급사업자 및 액화석유가스 저장자는 완공도면사본을 영구히 보존하여야 한다.
③ 시공자는 그가 사용한 시설에 시공자의 명칭, 연락처 및 시공 연월일을 표시한 시공표지판을 붙여야 한다.
④ 제4종 시공자의 경우에는 온수보일러의 시공확인서로는 시공기록 보존이 불가능하다.

해설 제4종 온수보일러 시공자의 경우에는 시공기록 보존을 확인서로 할 수 있다.

정답 69 ④ 70 ③ 71 ③ 72 ② 73 ① 74 ④

075 자체 안전교육 내용에 포함되지 않아도 되는 것은?

① 교육체제에 관한 사항
② 교육방법 및 시기에 관한 사항
③ 교육평가 및 기록에 관한 사항
④ 교육강사의 교육내용에 관한 보고 사항

해설 자체 안전교육 내용
- 교육체제에 관한 사항
- 교육방법 및 시기에 관한 사항
- 교육대상자 및 교육내용에 관한 사항
- 교육평가 및 기록에 관한 사항
- 그 밖에 안전교육에 관하여 필요한 사항

076 액화석유가스의 시설 중 정기검사를 면제받고자 하는 자는 허가관청에 첨부서류를 제출하여야 한다. 그 첨부서류가 아닌 것은?

① 최근 2년간의 안전관리규정에 대한 실시 기록
② 최근 2년간에 행한 자체검사 실적
③ 안전성에 관한 공사의 검토 의견서
④ 완성검사 검토 의견서

해설 정기검사의 면제 신청서류
- 최근 2년간의 안전관리규정에 대한 실시기록
- 최근 2년간에 행한 자체검사 실적
- 안전성에 관한 공사의 검토 의견서

077 수입가스용품 검사를 생략할 수 있는 경우에 해당되지 않는 것은?

① 검사를 실시함으로써 가스용품의 성능을 떨어뜨릴 우려가 있는 경우
② 검사를 실시함으로써 가스용품에 손상을 입힐 우려가 있는 경우
③ 행정안전부장관이 인정하는 외국의 검사기관으로부터 검사를 받았음이 증명되는 경우
④ 산업통상자원부장관이 인정하는 외국의 검사기관으로부터 검사를 받았음이 증명되는 경우

해설 검사의 생략은 행정안전부장관과는 관련이 없다.

078 액화석유가스 충전사업자가 액화석유가스의 충전량을 표시하는 증지를 붙여야 하는 용기의 종류는 액화석유가스를 질량단위로 판매하는 경우에 내용적 몇 L 이상 몇 L 미만의 용기로 하는가?

① 10L, 125L
② 10L, 150L
③ 50L, 200L
④ 100L, 200L

해설 액화석유가스(LPG) 충전사업자는 충전량 표시증지는 가스를 질량 단위로 판매하는 경우 내용적 10L 이상 125L 미만의 용기에서 붙여야 한다.

079 액화석유가스의 사용신고에 해당되지 않는 내용은?

① 제1종 보호시설 또는 지하실 내에서 액화석유가스를 사용하고자 하는 자
② 식품접객업소에서 그 영업장 면적이 100m² 이상, 집단 급식소의 경우에는 수용인원 50인 이상인 곳을 운영하는 자
③ 자동차의 연료용으로 액화석유가스를 사용하고자 하는 자
④ 저장능력이 150kg 이상 5톤 미만인 저장설비를 갖추고 이를 사용하는 자

해설 액화석유가스의 사용신고에 해당되는 사항
㉠ 제1종 보호시설 또는 지하실 내에서 액화석유가스를 사용(주거용으로 액화석유가스를 사용하는 경우를 제외한다)하고자 하는 자
㉡ 제1호의 장소에서 액화석유가스를 사용하고자 하는 자로서 다음 각 목의 1에 해당하는 자
  - 식품위생법에 대한 식품접객업소 또는 집단급식소로서 식품접객업소의 경우에는 그 영업장 면적이 100m² 이상, 집단 급식소의 경우에는 수용인원이 50인 이상인 곳을 운영하는 자
  - 공동으로 저장능력 250kg 이상의 저장설비를 갖추고 액화석유를 사용하는 공동주택의 관리주체

정답 75 ④ 76 ④ 77 ③ 78 ① 79 ④

- 저장능력이 250kg 이상 5톤 미만인 저장설비를 갖추고 이를 사용(도로의 정비 또는 보수차량에 붙여 사용하는 경우는 제외한다)하는 자
- 시장·군수 또는 구청장이 가목 내지 다목에 준하는 경우로서 안전관리상 필요하다고 지정하는 자

ⓒ 자동차의 연료용으로 액화석유가스를 사용하고자 하는 자

080 LPG 가정용 저압조정기의 출구압력은?

① 수은주 230±50mm
② 수주 250±50mm
③ 수은주 280±50mm
④ 수주 280±50mm

해설 LPG 가정용(단단감압식 저압조정기)
- 출구압력(조정압력) : 수주 280±50mm
- 폐쇄압력 : 수주 350mm 이하

081 조정압력이 330mmH$_2$O 이하인 조정기의 안전장치의 작동압력으로 적합하지 않은 것은?

① 작동표준압력은 700mmH$_2$O
② 작동개시압력은 560~840mmH$_2$O
③ 작동정지압력은 504~840mmH$_2$O
④ 작동개시 후 압력은 570~980mmH$_2$O

해설 조정압력이 330mmH$_2$O 이하인 조정기의 안전장치
- 작동개시압력 : 560~840mmH$_2$O
- 표준압력 : 700mmH$_2$O
- 정지압력 : 504~840mmH$_2$O
- 안전장치 작동개시압력 : 700±140mmH$_2$O

082 조정기의 종류와 그 설정, 사용 등에 관한 설명으로 틀린 것은?

① 이단감압식 2차 조정기 : 단단감압식 저압 조정기 대신으로도 사용할 수 있다.
② 단단감압식 저압 조정기 : 2차용 조정기를 설치하는 경우에 사용하는 것으로 중압식보다 이점이 많다.
③ 이단감압식 1차 조정기 : 이단감압방식의 1차용으로 사용되는 것으로 중압 조정기라고도 한다.
④ 단단감압식 준저압 조정기 : 일반소비자의 생활용 이외의 용도에 공급하는 경우에 사용되고 조정압력의 종류가 많다.

해설 1단(단단)감압식 저압 조정기의 역할은 일반소비용(가정용)으로 LP가스를 공급하는 경우에 사용되며 현재 가장 많이 사용된다.
①, ③, ④의 조정기 내용은 옳은 내용이다. 단단감압식 조정기는 2차용 조정기가 아니고 가스압력을 한 번에 감압시키는 1차 조정기이다.

083 액화석유가스의 고압설비를 기밀시험하려고 할 때 사용해서는 안 되는 가스는?

① Ar
② CO$_2$
③ O$_2$
④ N$_2$

해설 O$_2$는 산화력이 크므로 가연성 가스 설비의 시험용으로 부적합하다.

084 공급시설 중 가스 홀더의 종류가 아닌 것은?

① 유수식
② 무수식
③ 차단식
④ 고압식

해설 가스 홀더의 종류
- 저압 홀더 : 유수식, 무수식
- 고압 홀더

085 다음 중 충전소의 액화석유가스 저장탱크에 반드시 설치하여야 하는 장치에 해당하지 않는 것은?

① 안전밸브
② 액면계
③ 온도계
④ 긴급차단장치

해설 충전소의 액화석유가스의 저장탱크에는 안전밸브 액면계 긴급차단장치가 설치된다.

086 액화석유가스가 공기 중에서 누설 시 그 농도가 몇 %일 때 감지할 수 있도록 부취제를 섞는가?

① 0.1%
② 0.5%
③ 1%
④ 2%

해설 부취제의 농도는 1/1,000 농도이므로 0.1%이다. (부취제는 THT, TBM, DMS 등이 있다.)
- THT : 테트라 히드로 티오펜(석탄가스 냄새)
- TBM : 터시어리 부틸 메르캅탄(양파 썩는 냄새)
- DMS : 디메틸 설파이드(마늘 냄새)

087 LP가스 용기로서 갖추어야 할 조건으로 틀린 것은?

① 사용 중에 견딜 수 있는 연성, 점성강도가 있을 것
② 충분한 내식성, 내마모성이 있을 것
③ 완성된 용기는 균열, 뒤틀림 또는 기타 해로운 결함이 없을 것
④ 중량이면서 충분한 경도가 있을 것

해설 LP가스 용기는 이동할 수 있어야 하므로 강도, 내식성, 경량, 내마모성 등이 있어야 한다.

088 가스계량기의 설치 높이는 바닥으로부터 얼마인가?

① 수직수평으로 1m에서 1.5m 이하로 한다.
② 수직수평으로 1.6m에서 2m 이하로 한다.
③ 높이는 2m이고 기울기는 30°이다.
④ 높이는 2m이고 기울기는 40°이다.

해설 가스계량기는 수직 수평면으로 1.6~2m 이하로 설치한다.

089 다음 중 가스미터의 부착기준으로 틀린 것은?

① 수직으로 부착할 것
② 입구와 출구의 구별을 혼동하지 말 것
③ 나사산을 정밀하게 가공하여 가스미터 또는 배관에 무리한 힘을 가하여 조일 것
④ 가스미터의 입구 배관에는 드레인을 부착할 것

해설 가스미터의 부착기준
- 수직 수평으로 설치할 것
- 1.6~2m 높이에서 화기와 2m 이상 우회거리를 둘 것
- 검침, 수리의 편리와 직사광선에 의해 영향을 받지 않을 것
- 진동이 없도록 밴드 등으로 고정할 것
- 무리한 힘을 가하지 말 것

090 LP가스의 자동 교체식 조정기 설치 시 이점 중 틀린 것은?

① 도관의 압력손실을 제거해야 한다.
② 용기의 숫자가 수동식보다 적어도 된다.
③ 잔액이 거의 없어질 때까지 소비가 가능하다.
④ 용기 교환주기의 폭을 넓힐 수 있다.

해설 LP가스 자동 교체식 조정기의 이점
- 용기 교환주기의 폭을 넓힐 수 있다.
- 잔액이 거의 없어질 때까지 소비된다.
- 전체 용기수량이 수동교체식의 경우보다 적어도 된다.
- 1단 감압식의 경우에 비해 도관의 압력손실을 크게 해도 된다.

091 가스배관설비에서 중요한 문제는 진동인데 진동 원인이라 할 수 없는 것은?

① 파이프의 구배
② 안전밸브의 분출
③ 밸브, 플랜지, 개스킷, 배관 부속물
④ 유체의 내부압력

해설 ㉠ 배관에서 생기는 응력의 원인
- 내압에 의한 응력
- 열팽창에 의한 응력
- 배관 및 부속물, 유체 무게에 의한 응력
- 냉간 가공에 의한 응력

㉡ 가스배관의 진동원인은 ②, ③, ④이다.

정답 86 ① 87 ④ 88 ② 89 ③ 90 ① 91 ③

092 조정기를 사용하여 공급가스를 감압하는 2단 감압방법의 장점이 아닌 것은?

① 공급압력이 안정하다.
② 중간 배관이 가늘어도 된다.
③ 각 연소기구에 알맞은 압력으로 공급이 가능하다.
④ 장치가 간단하다.

해설 가스의 2단 감압방법은 공급의 안전성이 있으나 중간배관의 압력이 중압이므로 재액화 우려와 누설의 위험과 조정기가 많아지는 단점이 있다.

093 LPG 자동차 연료장치의 용기부착 방법으로 옳지 않은 것은?

① 용기는 차실에 가까운 위치에 부착할 것
② 용기는 이동식으로 부착할 것
③ 누설된 액화석유가스가 차실에 들어오지 않는 구조일 것
④ 용기의 프로텍터의 밸브 사이는 조작을 용이하게 할 수 있는 간격을 둘 것

해설 용기는 고정하여 흔들림이 없어야 한다. 이동식 부착은 위험하다.

094 액화석유가스의 사용시설 중 관지름이 33mm 이상의 배관은 움직이지 않도록 몇 m마다 고정하여야 하는가?

① 3m   ② 1m
③ 2m   ④ 4m

해설
① 관경이 13mm 미만 : 1m
② 관경이 13mm 이상~33mm 미만 : 2m
③ 관경이 33mm 이상 : 3m

095 다음은 액화석유가스 저장설비의 강제통풍시설에 관한 기준이다. 이 기준에 적합하지 아니한 항은 어느 것인가?

① 환기구의 면적은 바닥면적의 $1m^2$마다 $300cm^2$의 비율로 계산한 면적 이상이어야 한다.
② 통풍능력은 바닥면적 $1m^2$마다 $0.5m^3$/분 이상으로 한다.
③ 흡입구는 바닥면 가까이에 설치한다.
④ 배기가스 방출구는 지면에서 5m 이상의 높이에 설치한다.

해설 액화가스(LPG) 저장설비의 강제통풍시설
• 자연통풍의 경우, 지상의 경우에는 실의 바닥면적 $1m^2$당 $300cm^2$(3%) 비율로 계산한 면적(강제통풍시설에서는 제외된다.)
• 흡입구는 바닥면 가까이 설치
• 배기가스 방출구는 지상 5m 이상의 안전한 위치
• 통풍능력은 바닥면적 $1m^2$당 $0.5m^3$/min 이상
• ①의 경우는 자연통풍의 조건

096 액화석유가스 연소기의 명판에 기재할 사항으로 옳지 않은 것은?

① 연소기명
② 사용가스 모델
③ 가스 소비량
④ 열효율

해설 명판의 기재사항
• 연소기명
• 모델번호
• 사용가스명
• 가스 소비량
• 제조번호
• 품질보증 기간 및 용도
• 제조자명
• 열효율 등

097 액화석유가스 연소기의 가스 소비량인 전가스 소비량으로 옳은 것은?

① 레인지 : 14,400kcal/h 이하
② 오븐 : 6,000kcal/h 이하
③ 그릴 : 7,000kcal/h 이하
④ 온수보일러 : 300,000kcal/h 이하

해설 연소기의 종류와 가스 소비량별 사용압력

종류	가스 소비량(kcal/h) 전 가스 소비량	가스 소비량(kcal/h) 버너 1개의 소비량	사용압력 (mmH₂O)
레인지	14,400 이하	5,000 이하	330 이하 (다만, 이동식 부탄 연소기는 제외한다.)
오븐	5,000 이하	5,000 이하	
그릴	6,000 이하	3,600 이하	
오븐 레인지	19,400 이하 (오븐부는 5,000 이하)	3,600 이하 (오븐부는 5,000 이하)	330 이하 (다만, 이동식 부탄 연소기는 제외한다.)
밥솥	4,800 이하	4,800 이하	
온수기·온수보일러·냉방기 및 냉난방기	200,000 이하		330 이하 (다만, 이동식 부탄 연소기는 제외한다.)
업무용 대형 연소기	위 종류마다의 전 가스 소비량 또는 버너 1개의 소비량을 초과하는 것		3,000 이하
	튀김기기, 국솥, 그리돌, 브로일러, 소독조, 다단식 취반기 등		
그 밖의 연소기류	200,000 이하		

098 액화석유가스 저장소의 시설기준에 해당되지 않는 것은?

① 용기 보관실 외의 용기저장소에서 용기를 집적하여 저장하는 경우에는 실외 저장소의 경계로부터 보호시설까지 안전거리를 유지할 것
② 실외 저장소 주위에는 경계책을 설치하고 경계책과 용기 보관장소 사이에는 30m 이상 거리를 유지할 것
③ 충전용기와 잔 가스 용기의 보관장소는 1.5m 이상의 간격을 두어 구분할 것
④ 용기 보관장소 바닥으로부터 3m 이내의 도랑이나 배수시설이 있을 경우 방수재료로 이중 복개한 것

해설 경계책과 용기 보관장소 사이에는 20m 이상의 거리를 유지한다.

099 액화석유가스 사용시설의 시설기준에서 저장설비의 설치방법 중 틀린 것은?

① 저장설비는 화기를 취급하는 장소에 설치할 것
② 용기에 의해 가스를 공급하는 경우 저장능력이 50kg 이상인 경우에는 용기 보관실을 설치한다.
③ 저장능력이 50kg 미만인 경우에는 직사광선, 눈 또는 빗물에 노출되지 아니하도록 한다.
④ 저장능력이 500kg 이상인 경우에는 저장탱크나 소형 저장탱크를 별표에 의한 기준대로 설치한다.

해설 액화석유가스의 저장설비는 화기를 취하는 곳은 피하며 옥외에 둘 것

100 냄새를 낼 수 있는 부취제의 구비조건 중 틀린 것은?

① 독성이 없을 것
② 극히 낮은 농도에서도 냄새가 확인될 수 있을 것
③ 가스관이나 가스미터에 흡착되어야 한다.
④ 도관 내의 사용온도에서는 응축하지 않을 것

해설 부취제의 구비조건
- 보통 존재하는 냄새와 명확히 식별될 것
- 가스관이나 가스미터에 흡착되지 않을 것
- 완전히 연소하고 연소 후에 유해한 혹은 냄새를 갖는 성질을 남기지 않을 것
- 도관을 부식시키지 않을 것

정답 97 ① 98 ② 99 ① 100 ③

- 물에 잘 녹지 않는 물질일 것
- 화학적으로 안정될 것
- 토양에 대한 투과성이 클 것
- 구입이 쉽고 가격이 쌀 것

101 액화석유가스 용기의 충전시설 중 저장설비 및 충전설비의 그 외면으로부터 사업소 경계까지의 거리 중 옳지 않은 것은?

① 10톤 이하 : 17m
② 20톤 초과 30톤 이하 : 24m
③ 30톤 초과 40톤 이하 : 30m
④ 40톤 초과 : 30m

해설

저장 능력	사업소 경계와의 거리
10톤 이하	17m
10톤 초과 20톤 이하	21m
20톤 초과 30톤 이하	24m
30톤 초과 40톤 이하	27m
40톤 초과	30m

비고 : 나목 (1)의 표에서 정한 비고란을 적용한다.

102 액화석유가스의 충전사업 시설기준에서 저장설비 및 가스설비는 그 외면으로부터 화기를 취급하는 장소까지 몇 m 이상의 우회거리가 필요한가?

① 5m   ② 6m
③ 8m   ④ 10m

해설 우회거리 8m 이상

103 액화석유가스의 충전사업 시설기준에서 배관의 시설로 옳지 않은 내용은?

① 배관은 상용압력의 2배 이상의 압력에 항복을 일으키지 아니하는 두께로 한다.
② 배관을 매설하는 경우에는 전기부식방지 조치 후 지면으로부터 1m 이상의 깊이에 매설한다.
③ 배관에는 그 온도를 항상 50℃ 이하로 유지한다.
④ 배관의 적당한 곳에 안전밸브를 설치하고 그 분출면적은 배관 최대지름부의 단면적 1/10 이하이고 배관의 설계 압력 이상일 것

해설 배관에는 40℃ 이하로 유지하는 조치가 필요하다.

104 액화석유가스사업의 충전사업의 시설기준에서 저장탱크를 지상에 설치하는 경우 이들의 저장능력이 얼마 이상이면 방류둑이 필요한가?

① 1,000t 이상
② 2,000t 이상
③ 5,000t 이상
④ 10,000t 이상

해설 LPG 액화가스는 저장탱크 능력이 1,000t 이상이면 방류둑이 필요하다.

105 액화석유가스 충전사업 기술기준에서 가스설비를 상용압력의 몇 배에서 가스설비의 내압능력시험을 실시하는가?(단, 수압으로 시험한다.)

① 1.25배
② 1.5배
③ 2배
④ 2.5배

해설 수압시험의 경우 1.5배 이상이며 물론 시험이 어려워서 공기나 질소 등의 기체시험인 경우에는 1.25배 이상에서 내압시험을 한다.

106 액화석유가스의 충전시설 기준에서 안전장치에 해당되지 않는 것은?

① 압력계
② 액면계
③ 안전장치
④ 긴급차단장치

해설 액면계는 충전시설에서 사용되며 안전장치가 아니다.

정답 101 ③ 102 ③ 103 ③ 104 ① 105 ② 106 ②

107 액화석유가스의 시설기준에서 저장탱크의 설치방법으로 옳지 않은 내용은?

① 천장, 벽 및 바닥의 두께가 30cm 이상의 방수조치를 한 철근콘크리트로 만든 곳에 저장한다.
② 지면으로부터 저장탱크와의 정상부까지의 깊이는 60cm 이상으로 할 것
③ 저장탱크를 2개 이상 인접하여 설치하는 경우에는 상호 간에 2m 이상의 거리를 유지할 것
④ 저장탱크를 묻는 곳의 주위에는 지상에 경계표시를 할 것

해설 저장탱크의 설치방법
㉠ 시·도지사가 위해방지를 위하여 필요하다고 지정하는 지역의 저장탱크는 다음의 기준에 의하여 지하에 묻을 것. 다만, 소형 저장탱크의 경우에는 그러하지 아니한다.
• 지하에 묻은 저장탱크의 외면에는 부식방지 코팅 및 전기부식 방지조치를 하고, 저장탱크는 천장·벽 및 바닥의 두께가 각각 30cm 이상의 방수조치를 한 철근콘크리트로 만든 곳(이하 "저장탱크실"이라 한다.)에 설치할 것
• 저장탱크의 주위에 마른 모래를 채울 것
• 지면으로부터 저장탱크의 정상부까지의 깊이는 60cm 이상으로 할 것
• 저장탱크를 2개 이상 인접하여 설치하는 경우에는 상호 간에 1m 이상의 거리를 유지할 것
• 저장탱크를 묻는 곳의 주위에는 지상에 경계표시를 할 것
• 저장탱크에 설치한 안전밸브에는 지면으로부터 5m 이상의 높이에 방출구가 있는 가스 방출관을 설치할 것
㉡ 저장탱크의 일부를 지하에 설치한 경우에는 지하에 묻힌 부분이 부식되지 아니하도록 조치할 것

108 액화석유가스의 자동차 용기충전시설 중 안전거리에서 충전 호스의(충전기에서) 길이는 몇 m 이내로 하는가?

① 1m
② 3m
③ 5m
④ 10m

해설 충전기의 충전 호스의 길이는 5m 이내

109 액화석유가스에서 판매사업 및 영업소 용기 저장소의 가스누출 경보기는 어떤 형이 필요한가?

① 압축형
② 복합형
③ 개별형
④ 분리형

해설 가스누출 경보기는 용기보관실에는 분리형이 설치된다.

110 액화석유가스의 압력조정기에서 조정기의 그 최대 폐쇄압력 중 틀린 것은?

① 1단 감압식 저압조정기, 2단 감압식 2차용 조정기 및 자동절체식 일체형 조정기 : 350mmH₂O 이하
② 2단 감압식 1차용 조정기 및 자동절체식 분리형 조정기 : 0.95kg/cm² 이하
③ 1단 감압식 준저압 조정기는 조정압력의 1.25배 이하
④ 1단 감압식 준저압 조정기는 조정압력의 2배 이상

해설 ①, ②, ③은 압력조정기의 최대 폐쇄압력이다.

111 LP가스의 가정용 및 업무용의 개방형 난방기에서는 가스소비량이 몇 kcal/h 이하에서 불완전 연소방지장치 또는 산소결핍 안전장치가 필요한가?

① 50,000
② 40,000
③ 30,000
④ 10,000

해설 10,000kcal/h 이하는 난방기에서 산소결핍안전장치가 필요하다.

정답 107 ③ 108 ③ 109 ④ 110 ④ 111 ④

112 액화석유가스 사용시설에서 저장설비, 감압설비, 배관은 화기와 몇 m 이상의 우회거리가 유지되어야 하는가?(단, 주거시설의 경우이다.)

① 2m ② 5m
③ 8m ④ 10m

해설 화기취급장소와는 8m 이상의 우회거리가 유지되어야 하나 주거시설의 경우에는 2m 이상의 우회거리가 필요하다.

113 LP가스에서 일정량이라는 것은 얼마인가?

① 200kg ② 250kg
③ 300kg ④ 500kg

해설 산업통상자원부장관이 지정하는 일정량은 250kg이다.

정답 112 ① 113 ②

SECTION 03 도시가스 안전관리

001 일반도시가스사업의 가스공급시설에서 가스홀더에 대한 내용 중 틀린 것은?
① 저장능력이 300m³ 이상의 가스홀더와 다른 가스홀더와의 사이는 두 가스 홀더의 최대지름을 합산한 길이 1/4 이상에 해당하는 거리를 유지할 것
② 저장능력이 300m³ 이상의 가스홀더와 다른 가스홀더와의 사이에 두 가스홀더의 최대지름을 합산한 길이의 1/4이 1m 미만인 경우에는 1m 이상 거리를 유지할 것
③ 최고사용압력이 저압인 유수식 가스홀더에서 가스방출장치를 설치하지 말 것
④ 최고사용압력이 저압인 무수식 가스홀더는 봉액을 사용하는 것은 봉액공급용 예비펌프를 설치한 것일 것

해설 유수식 가스홀더는 가스방출장치를 설치하여야 한다.

002 일반도시가스사업의 가스공급시설에서 제조소 및 공급소의 안전설비에서 기화 장치의 내용 중 옳지 않은 것은?
① 기화장치는 직화식 가열구조가 아닐 것
② 기화장치로서 온수로 가열하는 구조는 온수부에 동결방지를 위하여 부동액을 첨가하거나 불연성 단열재로 피복할 것
③ 공기를 흡입하는 구조의 기화장치는 가스의 역류에 의하여 공기흡입공으로부터 가스가 누설되는 구조일 것
④ 기화장치에는 액화가스의 넘쳐흐름을 방지하는 장치를 설치할 것. 다만, 기화장치의 가스발생설비와 병용되는 것은 그러하지 아니하다.

해설 공기흡입공으로부터 가스가 누설되지 아니하는 구조일 것

003 일반도시가스사업의 가스공급시설의 시설기준에서 액화석유가스 부대설비에 대한 내용으로 옳지 않은 것은?
① 액화석유가스의 저장탱크에서 저장탱크와 다른 저장탱크와의 사이에는 두 저장탱크의 최대지름과, 다른 저장탱크와의 사이에는 두 저장탱크의 최대지름을 합산한 길이의 1/4 이상의 해당거리가 필요하나 다만 저장탱크 상호간에 물분무 장치를 설치하면 그러하지 아니하다.
② 저장탱크는 그 외면으로부터 가스홀더와 그 저장탱크의 최대직경의 1/2의 길이 중 큰 것과 동등한 길이 이상의 거리를 유지할 것
③ 지하저장탱크는 그 외면으로부터 가스홀더와 그 저장탱크의 최대직경의 1/3 또는 그 가스홀더의 최대직경의 1/3의 길이 이상을 유지할 것
④ 지상에 설치하는 저장탱크는 외부에는 은백색 도료를 바르고 주위에서 보기 쉽도록 가스의 명칭을 붉은 글씨로 표시한다.

해설 지하의 저장탱크나 홀더와의 거리는 1/4 이상의 거리가 필요하다.

정답 01 ③ 02 ③ 03 ③

004 일반도시가스의 가스공급시설에서 저장탱크의 설치방법에 관한 내용으로 틀린 것은?

① 저장탱크의 외면에는 부식방지코팅을 하고 저장탱크를 천장, 벽 및 바닥의 두께가 30cm 이상인 방수조치를 한 철근콘크리트로 만든 곳에 설치한다.
② 지면으로부터 저장탱크의 정상부까지의 깊이는 60cm 이상으로 하고 저장탱크 주위에는 건조모래로 채울 것
③ 저장탱크를 2개 이상 인접하여 설치하는 경우에는 상호 간에 1m 이상의 거리를 유지할 것
④ 저장탱크에 설치한 안전밸브에는 지면으로부터 10m 이상 높이에 방출구가 있는 가스 방출관을 설치할 것

해설 가스방출관은 지면으로부터 5m 이상의 높이

005 일반도시가스의 가스공급시설 중 주거구역 또는 상업지역에 설치된 액화석유가스의 저장탱크는 저장능력이 몇 톤 이상이면 폭발방지장치가 필요한가?

① 5톤　　② 10톤
③ 15톤　　④ 50톤

해설 10톤 이상이면 폭발방지장치가 필요하다.

006 다음 설명 중 옳지 않은 것은?

① 저장탱크 내용적 500L 이상에서 저장탱크에 부착된 배관에는 그 저장탱크의 외면으로부터 5m 이상 떨어진 위치에서 조작이 가능한 긴급차단장치를 할 것
② 긴급차단장치에는 2개 이상의 밸브를 설치하고 그중 1개는 그 배관 속에 속하는 저장탱크의 가장 가까운 부근에 설치할 것
③ 저장탱크에 장치하는 압력계는 상용압력의 1.5배 이상, 2배 이하의 최고눈금이 있을 것
④ 안전밸브나 파열판에는 가스방출관을 설치할 것. 이 경우 가스방출관의 방출구는 화기 등이 없는 안전한 위치에 설치하며 지면으로부터 3m 이상 또는 그 저장탱크의 정상부로부터 1m 이상의 높이 중 높은 위치에 설치할 것

해설 지면으로부터 5m, 저장탱크의 정상부로부터 2m 이상

007 액화천연가스의 저장설비 및 처리설비의 그 외면으로부터 사업소경계까지의 거리에 필요한 계산식으로 알맞은 것은?

① $L = C^3\sqrt{143{,}000W}$ (m)
② $L = C^2\sqrt{14{,}300W}$ (m)
③ $L = C\sqrt{1{,}430{,}000W}$ (m)
④ $L = C\sqrt{143{,}000W}$ (m)

해설 $L = C^3\sqrt{143{,}000W}$ (m)

008 일반도시가스사업의 가스공급시설 시설기준 중 부대설비인 플레어 스택에 관한 내용으로 옳지 않은 것은?

① 연소능력은 이송되는 가스를 안전하게 연소시킬 수 있는 것일 것
② 플레어 스택에서 발생하는 열(복사열)이 다른 가스공급시설에 영향을 미치지 아니하도록 안전한 높이 및 위치에 설치할 것
③ 플레어 스택에서 발생하는 복사열의 최대열량에 장시간 견딜 수 없는 재료를 사용한다.
④ 파일럿 버너를 항상 점화하여 두는 등 플레어 스택에 관련된 폭발을 방지하기 위한 조치가 되어 있을 것

해설 플레어 스택에서 발생하는 복사열의 최대열량에 장시간 견딜 수 있는 재료로 플레어 스택을 만들어야 한다.

정답 04 ④　05 ②　06 ④　07 ①　08 ③

009 일반도시가스의 공급시설에서 액화저장탱크의 내압시험 및 기밀시험에 대한 내용으로 틀린 것은?

① 저장탱크나 배관을 최고사용압력의 1.5배 이상의 압력으로 내압시험을 실시하여 이상이 없어야 한다.
② 저장탱크는 최고사용압력의 1.1배 이상의 기밀시험에 이상이 없어야 한다.
③ 배관은 1.5배 이상의 기밀시험에 이상이 없어야 한다.
④ 배관은 최고사용압력의 1.1배 이상의 기밀시험에 이상이 없어야 한다.

해설 배관은 1.1배 이상 기밀시험하며, 1.5배의 내압시험에 이상이 없을 것

010 도시가스의 가스도매사업의 가스공급시설 시설기준에서 설비 사이의 거리로서 옳지 않은 것은?

① 고압인 가스공급시설은 통로 공지 등으로 구획된 안전구역 안에 설치하되 그 안전구역의 면적은 20,000m^2 미만일 것
② 안전구역 안의 고압인 가스공급시설은 그 외면으로부터 다른 안전구역 안에 있는 고압인 가스공급시설의 외면까지 30m 이상의 거리를 유지할 것
③ 2개 이상의 제조소가 인접하여 있는 경우의 가스공급시설은 그 외면으로부터 그 제조소와 다른 제조소의 경계까지 20m 이상의 거리를 유지할 것
④ 저장탱크와 다른 저장탱크와의 사이에는 두 저장탱크의 최대지름을 합산한 길이의 1/3 이상에 해당하는 거리를 유지할 것

해설 ④의 경우는 1/4 이상의 해당거리가 필요하다.

011 액화천연가스의 저장탱크는 그 외면으로부터 처리능력이 200,000m^3 이상인 압축기까지는 몇 m 이상의 거리가 유지되어야 하는가?

① 5m
② 15m
③ 30m
④ 45m

해설 30m 이상의 거리가 유지되어야 한다.

012 도시가스의 도매사업에서 저장탱크의 기준에 적합하지 않은 것은?

① 액화가스 저장탱크의 저장능력이 500톤 이상의 주위에는 가스의 유출을 방지하는 방류둑을 설치할 것
② 방류둑 내측 및 그 외면으로부터 10m 이내에는 그 저장탱크의 부속설비 및 배관 외의 것을 설치하지 아니할 것
③ 액화가스 저장탱크로서 내용적 5,000L 이상의 것에 설치한 배관에는 그 저장탱크의 외면으로부터 10m 이상 떨어진 위치에서 조작할 수 있는 긴급차단장치를 설치할 것
④ 액화석유가스의 저장탱크에는 폭발방지장치가 필요 없다.

해설 ④의 경우에는 폭발방지장치가 반드시 필요하다.

013 도시가스 사용 시 연소기의 설치방법으로 틀린 것은?

① 가스보일러나 가스온수기는 목욕탕 또는 환기가 잘 되지 아니하는 곳에는 설치하지 말 것
② 개방형 연소기를 설치한 실에는 환풍기 또는 환기구를 설치할 것
③ 반밀폐형 연소기는 급기구 및 배기통을 설치할 것
④ 반밀폐형 연소기는 급기구 및 배기통을 설치하되 가연성 물질로 된 벽이나 천장 등을 통과하는 때에는 금속재료로 단열 처리할 것

정답 09 ③ 10 ④ 11 ③ 12 ④ 13 ④

해설 가연성 물질로 된 벽이나 천장 등을 통과하는 배기통이나 급기구는 금속재료 이외의 불연성 물질로 단열조치를 할 것

014 도시가스 가스도매사업의 가스공급시설 기준에서 제조소의 안전거리 중 틀린 것은?

① 액화석유가스의 저장설비 및 처리설비는 그 외면으로부터 보호시설까지 30m 이상 거리를 유지한다.
② 고압인 가스공급시설은 통로 공지 등으로 구획된 안전구역 안에 설치하되 그 안전구역의 면적은 20,000m² 미만일 것
③ 고압인 가스공급시설이 안전구역 안에서 그 외면으로부터 다른 안전구역 안에 있는 고압인 가스공급시설의 외면까지 30m 이상의 거리를 유지할 것
④ 2개 이상의 제조소가 인접하여 있는 경우의 가스공급시설은 그 외면으로부터 그 제조소와 다른 제조소와의 경계까지 30m 이상의 거리를 유지할 것

해설 ④의 경우는 20m 이상의 거리 유지

015 다음의 내용 중 옳지 않은 것은?

① 정압기의 입구 및 출구 측은 최고사용압력의 1.1배 이상의 압력으로 기밀시험을 실시한다.
② 정압기는 설치 후 2년에 1회 이상 분해점검이 필요하다.
③ 정압기의 입구에는 가스의 압력을 측정 기록할 수 있는 장치를 설치한다.
④ 정압기의 입구 출구에는 가스차단장치를 설치하며 입구에는 수분, 불순물 제거장치를 설치한다.

해설 가스의 압력측정 기록장치는 정압기의 출구에 설치한다.

016 도시가스 제조소 및 공급소의 안전설비에 대한 내용 중 틀린 것은?

① 가스 발생기 및 가스홀더는 그 외면으로부터 사업장의 경계까지의 거리가 최고사용압력이 고압인 것은 20m 이상, 최고사용압력이 중압인 것은 10m 이상, 저압인 것은 5m 이상 되도록 할 것
② 가스혼합기, 가스정제설비, 배송기, 압송기 그 밖에 가스공급시설의 부대설비는 그 외면으로부터 사업장의 경계까지 거리가 3m 이상이 되도록 할 것. 다만, 최고사용압력이 고압인 것은 그 외면으로부터 사업장의 경계까지의 거리가 20m 이상 제1종 보호시설까지의 거리가 30m 이상이 되도록 할 것
③ 제조소 및 공급소에 설치하는 가스가 통하는 공급시설을 외면으로부터 화기를 취급하는 장소까지 10m 이상의 우회거리가 필요하다.
④ 제조소나 공급소에 무단출입을 방지하기 위하여 경계표시가 필요하다.

해설 화기와의 우회거리는 8m 이상의 거리가 필요하다.

017 가스발생설비, 가스정제설비, 가스홀더 및 그 부대설비로서 제조설비에 속하는 도시가스에서 최고사용압력이 고압 또는 중압인 것은 설계압력 이상 내압시험압력의 얼마 이하의 압력에서 작동하는 안전밸브 및 가스방출관을 설치하는가?

① 5/10
② 8/10
③ 3/10
④ 6/10

해설 8/10 이하에서 작동

정답 14 ④ 15 ③ 16 ③ 17 ②

018 도시가스의 제조소 및 공급소의 비상공급시설 기준으로 옳지 않은 것은?

① 고압 또는 중압의 비상공급시설은 최고사용압력의 1.5배 이상의 압력으로 실시하는 내압시험에 합격한 것일 것
② 비상공급시설 중 가스가 통하는 부분은 최고사용압력의 1.1배 이상의 압력으로 기밀시험 또는 누출검사를 실시하여 이상이 없을 것
③ 비상공급시설은 그 외면으로부터 제1종 보호시설까지의 거리는 15m 이상, 제2종 보호시설까지의 거리는 5m 이상이 되도록 할 것
④ 비상공급시설의 원동기에는 불씨가 방출되지 아니하도록 하는 조치를 할 것

해설 제2종 보호시설은 10m 이상이 되도록 할 것

019 도시가스의 제조소 및 공급소의 가스발생설비에 관한 내용으로 틀린 것은?

① 가스발생설비의 재료 및 구조는 가스발생설비의 안전성을 확보할 수 있는 것일 것
② 가스가 통하는 부분에 직접 액체를 이입하는 장치가 있는 가스발생설비에는 액체의 역류를 방지하기 위한 장치를 설치할 것
③ 최고사용압력이 저압인 가스발생 설비에는 가스의 역류방지장치를 설치할 것
④ 사이클릭식의 가스발생설비에는 자동조정장치를 설치하지 말 것

해설 사이클릭식에는 자동조정장치를 설치해야 한다.

020 일반도시가스사업의 가스공급시설의 시설기준에서 최고사용압력이 고압 또는 중압인 가스홀더에 설치된 배관에는 가스홀더에 외면으로부터 몇 m 이상 떨어진 위치에서 조작할 수 있는 긴급차단장치가 설치되어야 하는가?

① 5m ② 7m
③ 10m ④ 15m

해설 5m 이상

021 다음 중 액화가스의 용기 및 차량에 고정된 탱크의 저장능력 산정식은?(단, W : 저장능력, V_2 : 내용적, C : 가스의 종류에 따른 정수)

① $W = V_2 \times C$
② $W = \dfrac{V_2}{C}$
③ $W = \dfrac{C}{V_2}$
④ $W = V_2 \times (C+1)$

해설 액화가스 저장용기의 저장설비 능력
$$W = \dfrac{V_2}{C}$$

022 액화천연가스(LNG) 제조설비 중 보일 오프가스(Boil Off Gas)의 처리설비가 아닌 것은?

① 플레어 스택
② 벤트 스택
③ BOG 압축기
④ 가스 반송기

해설 보일오프가스(BOG)는 LNG 펌프, 탱커 등 설비 내부에서 기화한 가스로 도시가스 원료 및 기타 연소용 가스로 재사용한다. 벤트 스택은 공기 중으로 가스를 방출하는 설비이다.

정답 18 ③ 19 ④ 20 ① 21 ② 22 ②

023 도시가스 배관의 접합은 용접 시공하는 것을 원칙으로 한다. 이 경우 비파괴시험을 실시해야 하는 용접부는?

① 저압 이상의 배관 용접부 모두
② 내경이 80A 이상인 저압배관 용접부는 10% 이상
③ 내경이 80A 이상인 중압배관 용접부는 10% 이상
④ 내경이 80A 이상인 고압배관 용접부는 10% 이상

해설 배관의 접합은 용접으로 하며 비파괴시험은 중압 이상 배관의 용접부는 100% 모두 실시하고 내경이 80mm 이상인 저압배관 용접부는 10% 이상에 대하여 실시한다.

024 도시가스 공급배관에서 입상관의 밸브는 바닥으로부터 몇 m 이내인가?

① 1m 이상 1.5m 이내
② 1.6m 이상 2m 이내
③ 1m 이상 2m 이내
④ 1.5m 이상 2m 이내

해설 입상관의 밸브는 점검 및 수리의 용기, 파손으로부터 보호하기 위함이며 화기와의 우회거리는 2m 이상이다.(그 설치는 1.6m 이상 2m 이내이다.)

025 도시가스 배관 중 외경 15mm인 배관의 고정장치는 몇 m마다 설치하는가?

① 1   ② 2
③ 3   ④ 4

해설 배관의 진동 흔들림으로부터 보호를 위해 13mm 미만의 관은 1m마다, 13mm 이상 33mm 미만은 2m마다, 33mm 이상은 3m마다 고정장치를 필요로 한다.

026 도시가스 사용시설 중 호스의 길이는 몇 m 이내로 하여야 하는가?

① 1   ② 2
③ 3   ④ 4

해설 도시가스의 호스길이는 3m 이내이다.

027 도시가스에 대한 설명으로 옳지 않은 것은?

① 고압이란 1MPa 이상의 게이지 압력을 말한다.
② 중압이란 0.1MPa 이상 1MPa 미만을 말한다.
③ 저압이란 0.1MPa 이상의 압력을 말한다.
④ 액화가스란 상용의 온도나 35℃의 온도에서 $2kg/cm^2$ 이상의 압력을 말한다.

해설 저압이란 1MPa 미만의 압력이 도시가스 압력의 저압이다.

028 도시가스 제조소의 공사계획의 승인대상에서 제외되는 것은?

① 가스발생설비
② 배송기 또는 압송기
③ 가스압축기, 공기압축기, 송풍기
④ 냉동설비의 증발기

해설 냉동기의 증발기 설치는 승인대상이 아니다. 유분리기, 응축기, 수액기만 승인 대상이다.

029 도시가스 공급소의 공사계획의 신고대상에서 설비의 위치변경공사 신고대상이 아닌 것은?

① 가스홀더   ② 압송기
③ 정압기   ④ 조정기

해설 조정기는 도시가스용이 아니고 액화석유가스용이다.

정답 23 ② 24 ② 25 ② 26 ③ 27 ③ 28 ④ 29 ④

030 도시가스 중 액화천연가스의 저장설비에서 처리설비의 그 외면으로부터 사업소 경계까지의 안전거리를 계산하는 식 중 맞는 것은?

① $L = C^3\sqrt{143,000\,W}$
② $L = C^2\sqrt{143,000\,W}$
③ $L = C^4\sqrt{123,000\,W}$
④ $L = C^3\sqrt{134,000\,W}$

해설 안전거리$(L) = C^3\sqrt{143,000\,W}$(m)

031 도시가스 제조시설의 구조 및 설비에서 안전시설이 아닌 것은?

① 인터록 기구
② 가스누출검지 통보설비
③ 벤트 스택
④ 긴급 압력장치

해설 안전설비
인터록 기구, 가스누출검지 통보설비, 긴급차단장치, 긴급이송설비, 벤트 스택, 플레어 스택, 물분무 시설, 안전용 불활성 가스

032 가스사용시설의 시설기준 및 기술기준에서 옳지 않은 것은?

① 가스사용시설에는 연소기 각각에 대하여 퓨즈콕 등을 설치할 것
② 가스소비량이 14,400kcal/h 이상인 연소기가 연결된 배관에는 호스콕 또는 배관밸브를 설치할 수 있다.
③ 호스의 길이는 연소기까지 3m 이내로 하되 호스는 "T"형으로 연결되지 않아야 한다.
④ 최고사용압력이 중압 이상인 배관을 최고사용압력의 1.5배 이상의 압력으로 내압시험을 실시하고 연소기를 제외한 가스사용시설을 최고사용압력의 1.5배 또는 840mmH₂O 이내를 유지한다.

해설 내압시험은 최고사용압력의 1.5배 기밀시험을 1.1배 또는 840mmH$_2$O 중 높은 압력 이상

033 도시가스에 대한 설명으로 틀린 것은?

① 열량측정은 매일 6시 30분부터 9시 사이와 17시부터 20시 30분 사이에서 자동열량 측정기로 측정한다.
② 압력측정은 정압기 출구 및 가스공급시설의 끝부분의 배관에서 측정한 가스압력은 일반가정용의 취사용 및 난방용에서 200 mmH$_2$O 이상 250 mmH$_2$O 이내를 유지한다.
③ 연소성 측정은 매일 6시 30분부터 9시 사이에, 17시부터 20시 30분 사이에 각각 1회씩 가스홀더 또는 압송기 출구에서 연소속도 및 웨베지수를 계산식에 의해 측정한다.
④ 웨베지수가 표준 웨베지수의 ±4.5% 이내를 유지할 것

해설 압력측정은 150mmH$_2$O 이상 250mmH$_2$O 이내이다.

034 도시가스의 도로매설에 관한 사항 중 옳지 않은 것은?

① 배관은 그 외면으로부터 도로 밑의 다른 시설물과 0.3m 이상의 거리를 유지할 것
② 시가지의 도로 노면 밑에 매설하는 경우에는 노면으로부터 배관의 외면까지의 깊이를 1.5m 이상으로 할 것
③ 시가지 외의 도로 밑면에 매설하는 경우 노면으로부터 배관의 외면까지는 깊이를 2m 이상 할 것
④ 인도, 보도 등 노면 외의 도로 밑에 매설하는 경우에는 지표면으로부터 배관의 외면까지의 깊이는 1.2m 이상의 깊이일 것

해설 ③의 경우는 1.2m 이상에 해당

035 도시가스의 연소속도를 측정하는 데 해당되지 않는 가스는?

① 수소
② 메탄 외 탄화수소
③ 메탄
④ 프레온가스

해설 도시가스 중 수소, 일산화탄소, 메탄, 메탄 외의 탄화수소 및 산소의 함유율 및 도시가스 비중을 측정하고 다음의 산식에 의하여 계산한다.

$$C_p = k\frac{1.0H_2 + 0.6(CO + C_mH_n) + 0.3CH_4}{\sqrt{d}}$$

여기서, C_p : 연소속도
H_2 : 도시가스 중의 수소함유율(용량%)
CO : 도시가스 중의 메탄 외의 탄화수소 함유율(용량%)
CH_4 : 도시가스 중의 메탄 함유율(용량%)
d : 도시가스의 공기에 대한 비중
k : 정수

036 도시가스 배관의 손상방지를 위한 작업기준으로 틀린 것은?

① 가스배관과의 수평거리가 1m 이내에서 파일박기를 하고자 하면 도시가스사업자의 입회하에 실시한다.
② 가스배관과의 수평거리 30cm 이내에서 파일박기를 금지한다.
③ 항타기를 가스배관과의 수평거리가 2m 이상 되는 곳에 설치할 것
④ 수평거리 2m 이내에 항타기를 설치하는 경우에는 하중진동을 완화할 수 있는 조치가 필요 없다.

해설 수평거리 2m 이내에 항타기 설치 시는 하중 진동을 완화할 수 있는 조치가 반드시 필요하다.

037 도시가스 배관의 설치에서 지하매설에 관한 사항 중 옳지 않은 것은?

① 배관은 그 외면으로부터 수평거리로 건축물까지 1.5m 이상 유지할 것
② 지표면으로부터 배관의 외면까지의 매설 깊이는 산이나 들에서는 1m 이상 그 밖의 지역에서는 1.2m 이상으로 할 것
③ 배관은 그 외면으로부터 지하의 다른 시설물과의 거리는 0.3m 이상 거리를 유지할 것
④ 배관의 외면으로부터 도로의 경계까지 1m 이상의 수평거리를 유지할 것

해설 ④는 도로매설에 관한 사항이다.

038 일반도시가스사업의 공급시설에서 지하매설 배관의 설치에 관한 시설기준 및 기술기준으로 틀린 것은?

① 지하매설배관은 공동주택의 부지 내에서는 0.6m 이상
② 차량이 통행하는 폭 8m 이상의 도로에서는 1.2m 이상
③ 도로에 매설된 최고사용압력이 저압인 배관에서는 횡으로 분기하여 수요가에게 직접 연결되는 배관의 경우에는 1m 이상
④ 기타의 경우에는 1m 이상, 다만 도로에 매설된 최고사용압력이 저압인 배관에서 횡으로 분기하여 수요가에게 직접 연결되는 배관의 경우에는 0.8m 이상

해설 저압인 배관에서 횡으로 분기하여 수요가에게 직접 연결되는 경우에는 0.8m 이상이다.

039 일반도시가스의 공급시설에서 입상관에 화기가 있을 가능성이 있는 주위를 통과할 경우에는 불연재료로 차단조치를 하고 입상관의 밸브를 분리 가능한 것으로서 바닥으로부터 몇 m 이내에 설치하는가?

① 1.6~2m 이내
② 1.6~2.5m 이내
③ 1.6~3m 이내
④ 2~4m 이내

해설 1.6~2m 이내에 설치한다.

정답 35 ④ 36 ④ 37 ④ 38 ③ 39 ①

040 일반 도시가스사업의 공급시설에 설치되는 배관에 관한 내용으로 틀린 것은?
① 지상배관의 표면색상은 황색이다.
② 매설배관은 최고사용압력이 저압인 것은 황색, 중압인 것은 적색이다.
③ 지상배관 중 건축물의 내, 외벽에 노출된 것으로 바닥으로부터 1m 높이에 폭 5cm의 황색띠를 2중으로 표시하는 경우에는 표면색상을 황색으로 하지 않을 수 있다.
④ 지하매설 또는 수중에 설치하는 강관에는 고시령에 따라 전기부식 방지조치가 필요하다.

해설 ③의 경우에는 폭 3cm의 황색 띠가 필요하다.

041 일반도시가스사업의 가스공급시설의 시설기준 및 기술기준에서 도로와 평행하게 매설되어 있는 배관으로부터 가스의 사용자가 소유 또는 점유한 토지에 이르는 배관으로서 관경이 몇 mm 이상의 것에는 위급한 때에 가스를 신속히 차단시킬 수 있는 장치가 필요한가?
① 30mm ② 50mm
③ 100mm ④ 120mm

해설 50mm 이상에서는 가스차단장치가 필요하다.

042 일반 도시가스의 공급시설 시설기준에서 배관에 물이 체류할 우려가 있는 배관에는 무엇을 설치하는가?
① 수취기 ② 신축흡수장치
③ 방호조치 ④ 플러그, 캡

해설 물이 체류하는 배관에는 수취기가 필요하다.

043 가스 사용시설의 시설기준 및 기술기준에서 배관에 관한 내용 중 옳지 않은 것은?
① 건축물 내의 매설배관은 동관 또는 스테인리스강관 등 내식성 재료를 사용할 것
② 배관의 설치를 지하에 매설하는 경우에는 지면으로부터 0.6m 이상의 거리를 유지할 것
③ 배관을 지하 매설 시에는 배관의 외면과 상수도관 통신케이블 등 다른 시설물과는 0.3m 이상의 간격을 유지할 것
④ 입상관은 화기와 3m 이상의 우회거리를 유지하고 입상관의 밸브는 분리가 가능한 것으로서 바닥으로부터 1.6m 이상 2m 이내에 설치한다.

해설 입상관은 화기와 2m 이상의 우회거리 유지

044 가스 사용시설의 기준에서 가스누출 자동차단장치에 관한 내용으로 옳지 않은 것은?
① 특정가스 사용시설 식품위생업에 의한 식품접객업소로서 영업장의 면적이 $100m^2$ 이상인 가스 사용시설 또는 지하에 있는 가스 사용시설의 경우에는 가스누출경보 차단장치 또는 가스누출 자동차단기의 설치가 필요하다.
② 월사용 예정량이 $2,000m^3$ 미만으로서 연소기가 연결된 각 배관에 퓨즈콕, 상자콕 등의 성능을 가진 경우에는 각 연소기에 소화안전장치가 부착되면 가스누출차단장치가 필요 없다.
③ 식품접객업소로서 영업장의 면적이 $100m^2$ 이상인 가스 사용시설 또는 지하에 있는 가정용 가스 사용시설의 경우, 가스누출 자동차단기 또는 가스누출경보 차단장치가 필요하다.
④ 가스의 공급이 불시에 차단될 경우에는 재해 및 손실이 막대하게 발생될 우려가 있는 가스누출경보 차단장치가 필요 없다.

해설 가정용 가스 사용시설의 경우에는 가스누출 자동차단장치가 불필요하다.

정답 40 ③ 41 ② 42 ① 43 ④ 44 ③

045 도시가스 정압기지에 설치하는 안전밸브는 지면으로부터 몇 m 이상의 높이로 설치하여야 하는가?

① 3m ② 5m
③ 7m ④ 10m

해설 안전밸브는 지면으로부터 5m 이상 높이에 설치한다.

046 LP가스를 도시가스로 이용하는 방법이 아닌 것은?

① 공기 혼합방식
② 직접 혼입방식
③ 변성 혼입방식
④ 생가스 공급방식

해설 LP가스의 도시가스 이용방법
- 공기 혼합방식 : LPG에 적당량의 공기투입
- 변성 혼입방식 : LPG를 공급하기 용이한 CH_4 등으로 성질 변경
- 직접 혼입방식 : LP가스를 도시가스로 이용한다. (④는 강제기화방식)

047 도시가스 제조공급시설의 정압기에 대한 분해점검 시기로 옳은 것은?

① 6개월에 1회 이상
② 1년에 1회 이상
③ 2년에 1회 이상
④ 3년에 1회 이상

해설 도시가스 제조공급시설의 정압기는 2년에 1회 이상 분해점검이 필요하다.

048 공급 시설 중 가스 홀더의 종류가 아닌 것은?

① 유수식 ② 무수식
③ 차단식 ④ 고압식

해설 가스 홀더의 종류
- 저압 홀더 : 유수식, 무수식
- 고압 홀더

049 도시가스 가스공급 시설에 해당되지 않는 것은?

① 가스 발생설비
② 가스홀더
③ 정압기
④ 가스계량기

해설 가스의 공급시설은 정압기, 가스홀더, 기화장치, 가스계량기이다.

050 가스계량기($30m^3/h$ 미만)의 설치높이는 바닥으로부터 얼마인가?

① 1.2~1.5m
② 1.6~2m
③ 2~2.5m
④ 3~4m

해설 가스계량기의 설치높이는 1.6~2m 이내이다.

051 가스계량기의 설치 높이는 바닥으로부터 얼마인가?

① 수직수평으로 1m에서 1.5m 이하로 한다.
② 수직수평으로 1.6m에서 2m 이하로 한다.
③ 높이는 2m이고 기울기는 30°이다.
④ 높이는 2m이고 기울기는 40°이다.

해설 가스계량기는 수직수평으로 1.6~2m 이하로 설치한다.

052 다음 중 고압가스장치의 운전을 정지하고 수리할 때 유의해야 할 사항이 아닌 것은?

① 안전밸브의 작동
② 가스의 치환
③ 장치 내 가스분석
④ 배관의 차단확인

해설 고압가스 수리 시 유의사항
- 가스의 치환
- 장치 내 가스분석
- 배관의 차단확인

정답 45 ② 46 ④ 47 ③ 48 ③ 49 ① 50 ② 51 ② 52 ①

053 가스배관설비에서 중요한 문제는 진동인데 진동 원인이라 할 수 없는 것은?

① 파이프의 구배
② 안전밸브의 분출
③ 밸브, 플랜지, 개스킷, 배관 부속물
④ 유체의 내부압력

해설 ㉠ 배관에서 생기는 응력의 원인
- 내압에 의한 응력
- 열팽창에 의한 응력
- 배관 및 부속물, 유체 무게에 의한 응력
- 냉간가공에 의한 응력
- 용접에 의한 응력

㉡ 가스배관의 진동원인은 ①, ②, ④이다.

054 온도 0℃, 1.01325bar의 압력에서 도시가스 성분측정 중 유해성분의 양이 건조한 도시가스 $1m^3$당 초과해서는 안 되는 기준으로 옳은 것은?

① 전황량 0.2g, 황화수소 0.02g, 암모니아 0.25g
② 전황량 0.5g, 황화수소 0.2g, 암모니아 0.2g
③ 전황량 0.2g, 황화수소 0.5g, 암모니아 0.2g
④ 전황량 0.5g, 황화수소 0.02g, 암모니아 0.2g

해설 S, H_2S, NH_3는 중독 및 가스기구의 부식 연소 후 유해가스의 생성 때문에 유해가스의 양을 제한한다.(전화량 0.5g, 황화수소 0.02g, 암모니아 0.2g을 초과하면 안 된다.)

055 일반 도시가스사업에서 최고사용압력이 고압 또는 중압인 가스홀더의 기준에 적합하지 않은 것은?

① 관의 입구 및 출구에는 온도 또는 압력의 변환에 의한 신축을 흡수하는 조치를 할 것
② 응축액을 외부로 뽑을 수 있는 장치를 설치할 것
③ 응축액의 동결을 방지하는 조치를 할 것
④ 가스발생장치를 설치하지 아니할 것

해설 최고사용압력이 고압 또는 중압인 가스홀더
- 관의 입구 및 출구에는 온도 또는 압력의 변화에 의한 신축을 흡수하는 조치를 할 것
- 응축액을 외부로 뽑을 수 있는 장치를 설치할 것
- 응축액의 동결을 방지하는 조치를 할 것
- 맨홀 또는 검사구를 설치할 것
- 고압가스 안전관리법의 규정에 의한 특정설비의 검사를 받은 것일 것
- 저장능력이 $300m^3$ 이상의 가스홀더와 다른 가스홀더와의 사이에는 두 가스홀더의 최대지름을 합산한 길이의 1/4이 1m 미만인 경우에는 1m를, 1m 이상일 경우에는 그 길이의 간격을 유지할 것

056 도시가스의 시설에서 배관의 철도부지 매설에 관한 내용 중 옳지 않은 것은?

① 배관의 외면으로부터 궤도 중심까지 4m 이상, 철도부지 경계까지는 1m 이상의 거리를 유지할 것
② 지표면으로부터 배관의 외면까지의 깊이는 1.2m 이상으로 할 것
③ 배관을 철도와 병행하여 매설하는 경우에는 50m 간격으로 배관매설 표지판을 설치할 것
④ 배관이 열차하중의 영향을 받는 곳에 설치할 것

해설 철도부지에 배관을 매설하는 경우에는 열차하중을 받지 않는 곳에 설치한다.

057 도시가스 배관을 지상설치 시 공지의 폭으로 옳은 것은?

① 0.2MPa 미만 : 5~9m
② 0.2MPa 이상 1MPa 미만 : 10~15m
③ 1MPa 이상 : 20~30m
④ 10MPa 이상 : 30~50m

해설
- 0.1MPa 이상 1MPa 미만 : 9~15m
- 1MPa 이상 : 15~30m

058 도시가스의 배관을 하천을 횡단하여 교량에 매설하는 경우에 대한 설명으로 옳지 않은 것은?
① 배관의 외면과 계획하상 높이와의 거리는 원칙적으로 4m 이상으로 한다.
② 소하천 수로를 횡단하여 배관매설 시에는 배관의 외면과 계획하상 높이와의 거리는 원칙적으로 2.5m 이상으로 한다.
③ 좁은 수로를 횡단하여 배관을 매설할 때에는 원칙적으로 1.2m 이상으로 한다.
④ 교량에 설치가 불가능하면 하천 밑으로는 횡단하여 설치하지 못한다.

해설 교량에 설치하여야 하나 설치가 불가능하면 하천 밑을 횡단하여 설치한다.

059 도시가스 배관을 해저에 설치하는 경우에 대한 설명으로 옳지 않은 것은?
① 배관은 원칙적으로 다른 배관과 30m 이상의 수평거리를 유지할 것
② 배관을 매설하는 해저에 대하여 준설계획이 있는 경우에는 그 준설 후의 해저면 밑 0.6m를 해저면으로 본다.
③ 배관은 원칙적으로 다른 배관과 교차할 것
④ 배관은 해저면 밑에 매설할 것

해설 배관은 원칙적으로 다른 배관과는 교차하지 말 것

060 도시가스 배관장치의 안전제어장치 설치에서 압력안전장치, 가스누출 검지경보장치, 긴급차단장치 등의 제어회로가 정상상태로 작동되지 아니하면 (   ) 또는 (   )가 작동되지 아니하는 제어기능이 있어야 한다. (   ) 안에 들어갈 내용으로 옳은 것은?
① 압축기, 안전밸브
② 압축기, 펌프
③ 압축기, 응축기
④ 펌프, 전동기

해설 압축기, 펌프

061 도시가스의 정압기지 경계책에 대한 내용 중 옳지 않은 것은?
① 정압기지 주위에는 높이 1.5m 이상의 경계책 등을 설치하여 외부인의 출입을 방지할 수 있는 조치를 할 것
② 지하에 설치하는 정압기실은 천장바닥 및 벽의 두께가 각각 30cm 이상의 방수조치를 한 콘크리트일 것
③ 정압기실을 지하에 설치할 경우에는 침수방지조치를 할 것
④ 정압기지에는 시설의 조작을 안전하고 확실하게 하기 위하여 조명도가 200럭스 이상이 되도록 할 것

해설 정압기지의 조명도는 150럭스 이상이다.

062 일반 도시가스사업의 가스공급시설의 시설기준 및 기술기준에서 정압기에 대한 내용으로 틀린 것은?
① 정압기의 입구 측은 최고 사용압력의 1.1배 출구 측은 최고사용압력의 1.1배 또는 840mmH$_2$O 중 높은 압력 이상으로 기밀시험을 실시하여 이상이 없어야 한다.
② 정압기는 2년에 1회 이상 분해점검을 실시하되 1주일에 1회 이상 작동상황을 점검할 것
③ 정압기에 바이패스관을 설치하는 경우에는 밸브를 설치하고 그 밸브에 사전조치를 할 것
④ 정압기에 안전밸브나 가스방출관을 동시에 설치하고 가스방출관에는 방출구를 주위의 화기 등이 없는 안전한 위치로서 지면으로부터 10m 이상 높이에 설치할 것

정답 58 ④ 59 ③ 60 ② 61 ④ 62 ④

063 일반도시가스사업의 가스공급시설에 대한 설명으로 틀린 것은?

① 배관의 이음매와 전기계량기 전기 개폐기와의 거리는 60cm 이상, 굴뚝 전기점멸기 및 전기 전속기와의 거리는 30cm 이상, 절연조치를 하지 아니한 전선과의 거리를 15cm 이상의 거리를 유지한다.
② 굽힘각도가 30°를 넘는 곡관부분기부 또는 관끝부에는 배관을 고정하는 장치가 필요하다.
③ 노출부분의 길이가 50m를 넘는 경우에 그 부분에 대하여는 온도변화에 의한 배관길이의 변화를 흡수 또는 분산조치를 취해야 한다.
④ 배관 관경이 100mm 미만의 저압배관은 노출된 부분의 길이가 100m 이상의 것은 위급한 때에 그 부분에 유입되는 도시가스를 신속히 차단할 수 있는 조치를 할 것

해설 배관관경이 100mm 미만은 도시가스의 차단장치가 불필요하고, 관경 100mm 이상 배관의 길이가 100m 이상의 것에만 유입되는 도시가스를 신속히 차단하는 장치가 필요하다.

정답 63 ④

CHAPTER 06 공업경영

제1절 공업경영

SECTION 01 공업경영

001 생산의 3요소에 해당하지 않는 것은?

① 사람 ② 자재
③ 방법 ④ 기계

해설
- 3요소 : 사람, 자재, 기계
- 4요소 : 사람, 자재, 기계, 방법
- 5요소 : 사람, 자재, 기계, 방법, 정보
- 7요소 : 사람, 자재, 기계, 방법, 정보, 판매, 자본

002 생산합리화의 기본 목표에 해당하지 않는 것은?

① 품질관리
② 인격관리
③ 원가관리
④ 공정관리

해설 기본 목표 : 품질관리, 원가관리, 공정관리

003 생산관리의 일반적인 3S 원칙이 아닌 것은?

① 단순화
② 표준화
③ 신속화
④ 전문화

해설 3S의 원칙 : 단순화, 표준화, 전문화

004 계획 공정도 작성원칙에 해당되지 않는 것은?

① 공정원칙
② 단계원칙
③ 활동원칙
④ 작업원칙

해설 계획 공정도 작성원칙 4가지
공정원칙, 단계원칙, 활동원칙, 연결원칙

005 품질관리의 기능이 아닌 것은?

① 품질설계
② 신제품관리
③ 공정관리
④ 품질보증

해설 품질관리의 기능
품질설계, 공정관리, 품질보증, 품질조사

006 품질관리의 업무에 속하지 않는 것은?

① 특별공정조사
② 신제품관리
③ 수입자재관리
④ 원가관리

해설 품질관리 업무
특별공정조사, 신제품관리, 수입자재관리, 제품관리

007 품질 코스트의 종류가 아닌 것은?

① 예방 코스트
② 실패 코스트
③ 불량 코스트
④ 평가 코스트

해설 품질 코스트 : 예방 코스트, 실패 코스트, 평가 코스트

008 도수 분포의 수량적 표시법이 아닌 것은?

① 중심적 경향
② 흩어짐(산포)
③ 분포의 종류
④ 분포의 모양

해설 도수 분포의 수량적 표시법
중심적 경향, 흩어짐 또는 산포, 분포의 모양

정답 01 ③ 02 ② 03 ③ 04 ④ 05 ② 06 ④ 07 ③ 08 ③

009 검사가 행해지는 장소에 의한 분류가 아닌 것은?
① 정위치검사
② 정기검사
③ 순회검사
④ 출장검사

해설) 검사가 행해지는 장소에 의한 분류
정위치검사, 순회검사, 출장검사

010 검사가 행해지는 공정에 의한 분류가 아닌 것은?
① 정위치검사
② 수입검사
③ 최종검사
④ 출하검사

해설) 검사가 행해지는 공정에 의한 분류
수입검사, 최종검사, 공정검사, 출하검사, 기타 검사

011 검사성질에 의한 분류가 아닌 것은?
① 전수검사
② 파괴검사
③ 비파괴검사
④ 관능검사

해설) 검사의 성질에 의한 분류
파괴검사, 비파괴검사, 관능검사

012 판정의 대상에 의한 분류에 해당하지 않는 것은?
① 전수검사
② 코트별 샘플링 검사
③ 관리 샘플링 검사
④ 치수검사

해설) 판정의 대상에 의한 분류
• 전수검사   • 코트별 샘플링 검사
• 관리 샘플링 검사   • 무검사
• 자주검사

013 검사 항목에 의한 분류에 해당되지 않는 것은?
① 수량검사
② 중량검사
③ 치수검사
④ 비파괴검사

해설) 검사항목에 의한 분류
수량검사, 외관검사, 중량검사, 치수검사, 성능검사

014 샘플링 검사의 목적에 따른 분류에 해당되지 않는 것은?
① 기본형
② 표준형
③ 조정형
④ 연속 생산형

해설) 샘플링 검사의 목적에 따른 분류
표준형, 선별형, 조정형, 연속 생산형

015 샘플검사의 계획수립 시 고려사항이 아닌 것은?
① 검사 품목
② 검사 항목
③ 검사 방식
④ 검사 순서

해설) 샘플검사의 계획수립 시 고려사항
검사 품목, 검사 항목, 검사 방식, 검사 시기와 장소

016 설비투자안의 선택법이 아닌 것은?
① 투자법
② 연가법
③ 종가법
④ 현가법

해설) 설비투자안의 선택법
연가법, 종가법, 현가법

정답) 09 ② 10 ① 11 ① 12 ④ 13 ④ 14 ① 15 ④ 16 ①

017 작업 분배의 방법이 아닌 것은?

① 분산식 작업 분배
② 집중식 작업 분배
③ 작업 분배판 작업 분배
④ 적중식 작업 분배

해설 작업 분배방법
분산식, 집중식, 작업 분배판 작업 분배

018 설비 보전의 내용에 해당되지 않는 것은?

① 보전 예방
② 수선 보전
③ 예방 보전
④ 개량 보존

해설 설비 보전의 내용
보전 예방, 예방 보전, 개량 보존, 사후 보존

019 생산 보전에 관한 내용에 해당되지 않는 것은?

① 신뢰성 향상
② 보존성 향상
③ 저장성 향상
④ 경제성 향상

해설 생산 보전 3대 원칙
신뢰성 향상, 보전성 향상, 경제성 향상

020 설비열화의 종류에 해당되지 않는 것은?

① 물리적 열화
② 기능적 열화
③ 화학적 열화
④ 화폐적 열화

해설 설비열화
물리적 열화, 기능적 열화, 기술적 열화, 화폐적 열화

021 계획 공정도 작성원칙 4가지에 해당되지 않는 것은?

① 공정 원칙
② 단계 원칙
③ 활동 원칙
④ 계획 원칙

해설 계획 공정도 4원칙
공정 원칙, 단계 원칙, 활동 원칙, 연결 원칙

022 품질관리의 기능에 해당되지 않는 것은?

① 품질확보
② 품질설계
③ 공정관리
④ 품질보증

해설 품질관리의 기능
품질설계, 공정관리, 품질보증

023 품질관리의 업무가 아닌 것은?

① 특별공정조사
② 신제품관리
③ 수입단가관리
④ 제품관리

해설 품질관리 업무
특별공정조사, 신제품관리, 수입자재관리, 제품관리

024 시간측정수법과 구성으로 맞지 않는 것은?

① 공정 : 10분
② 단위작업 : 1분
③ 요소작업 : 0.1분
④ 동작 : 0.1초

해설
• 동작 : 0.01분
• 동소(Therblig) : 0.001분

025 작업측정의 목적이 아닌 것은?

① 작업시스템의 개선
② 작업시스템의 설계
③ 정밀도 개선
④ 과업관리

해설 정밀도 개선은 작업측정의 목적과 관계가 없다.

정답 17 ④ 18 ② 19 ③ 20 ③ 21 ④ 22 ① 23 ③ 24 ④ 25 ③

026 작업 평정의 종류가 아닌 것은?

① 속도 평정
② 노력 평정
③ 근무 평정
④ 평준화법

해설 ①, ②, ④ 외에 오브젝트 평정, 페이스 평정이 있다.

027 평준계수, 즉 작업속도와 변동요인에 해당되지 않는 것은?

① 숙련도
② 노력도
③ 환경조건
④ 기능도

해설 작업속도와 변동요인에는 ①, ②, ③ 외에 일치성이 있다.

028 여유시간의 특수여유에 해당되는 구성요인이 아닌 것은?

① 관리 여유
② 여가 여유
③ 조 여유
④ 소로트 여유 또는 기계간섭 여유

해설 여유시간 특수여유 구성요인은 ①, ③, ④이다.

029 표준자료의 결정단위가 아닌 것은?

① 요소작업단위
② 단위작업단위
③ 제품단위
④ 원가단위

해설 표준자료의 결정단위
①, ②, ③ 외에도 공정단위가 있다.

030 공정 분석도의 공정 분석 기호로서 옳지 않은 것은?

① 작업(가공, 조작) : ∩
② 운반 : ⇒
③ 검사 : □
④ 저장(보관) : D

해설 ① D : 지연(정체)
② □ : 양의 검사
③ ◇ : 질의 검사
④ ⊠ : 양과 질의 검사
⑤ ▽ : 공정 간의 대기
⑥ ✡ : 작업 중의 일시 대기
⑦ ∿ : 소관 구분
⑧ ╪ : 공정도 생략
⑨ ✻ : 폐기
⑩ ○ : 작업
⑪ ⇒ : 운반
⑫ ▽ : 저장

031 Therblig(미동작분석) 기호에 맞지 않는 것은?

① 찾는다(SH) : ⊙
② 잡는다(G) : ∩
③ 조사하다(I) : ○
④ 생각하다(PN) : ♀ ♀

정답 26 ③ 27 ④ 28 ② 29 ④ 30 ④ 31 ④

해설
① 생각하다(PN)
② 휴식(R)
③ 피할 수 있는 지연(AD)
④ 피할 수 없는 지연(UD)
⑤ 사용하다(U)
⑥ 분해(DA)
⑦ 조합(A)
⑧ 조사하다(I)
⑨ 전치(PP)
⑩ 정치(P)
⑪ 놓는다(RL)
⑫ 쥐고 있다(H)
⑬ 운반하다(TL)
⑭ 빈손 이동(TE)
⑮ 잡는다(G)
⑯ 선택하다(ST)
⑰ 찾는다(SH)

032 QC의 기능이 아닌 것은?
① 품질설계 ② 공정관리
③ 품질만족 ④ 품질조사

해설 QC의 기능
조사, 설계, 보증, 관리

033 QC의 4대 업무가 아닌 것은?
① 신제품관리
② 자재구입
③ 제품관리
④ 특별공정검사

해설 QC의 4대 업무는 ①, ③, ④ 외에 수입자재관리가 있다.

034 결점에 해당되지 않는 것은?
① 치명적 결점
② 중 결점
③ 경 결점
④ 대 결점

해설 결점의 종류
치명적 결점, 중 결점, 경 결점

035 샘플링의 종류에 해당되지 않는 것은?
① 단순 샘플링
② 2단 샘플링
③ 계단 샘플링
④ 취락 샘플링

해설 샘플링의 종류
단순 샘플링, 2단 샘플링, 층별 샘플링, 취락 샘플링

036 단순 샘플링에 해당되지 않는 것은?
① 단순 랜덤 샘플링
② 계통 샘플링
③ 층별 샘플링
④ 지그재그 샘플링

해설 층별 샘플링은 샘플링의 종류이다.

정답 32 ③ 33 ② 34 ④ 35 ③ 36 ③

037 관리도에 쓰이는 용도가 아닌 것은?

① X-R 관리도 : 평균치와 범위
② C 관리도 : 불량품
③ Pn 관리도 : 불량 개수
④ $\tilde{X}$-R 관리도 : 메디안 범위

해설 ㉠ 계량치
- X-R 관리도 : 평균치와 범위
- X 관리도 : 개개의 측정치
- $\tilde{X}$-R 관리도 : 메디안 범위

㉡ 계수치
- Pn 관리도 : 불량 개수 ※ $\tilde{X}$-P 관리도
- P 관리도 : 불량률, $\tilde{X}$: 엑스틸드(tilde)
- C 관리도 : 결점 수
- U 관리도 : 단위당 결점 수

038 사내 표준화의 추진 순서는?

① 계획 → 운영 → 평가 → 조치
② 운영 → 계획 → 평가 → 조치
③ 조치 → 평가 → 운영 → 계획
④ 평가 → 계획 → 조치 → 운영

해설 사내 표준화의 추진 순서
계획 → 운영 → 평가 → 조치

039 KS 제정의 4가지 원칙이 아닌 것은?

① 공업규격의 통일성 유지
② 공업표준 조사심의 과정의 민주적 운영
③ 공업표준의 공중성 유지
④ 공업표준의 주관적 타당성 및 합리성 유지

해설 ④의 경우는 객관적 타당성 및 합리성 유지이다.

040 도수 분포의 제작 목적이 아닌 것은?

① 데이터의 흩어진 모양을 알고 싶을 때
② 데이터 성질 및 통계적 취급의 차이에 관하여 알고 싶을 때
③ 원 데이터를 규격과 대조하고 싶을 때
④ 많은 데이터로부터 평균치와 표준차를 구할 때

해설 ①, ③, ④의 내용은 도수 분포의 제작 목적이다.

041 신뢰성 있는 데이터의 확보를 위한 필요사항이 아닌 것은?

① 검사원의 정확도가 높을 것
② 측정기기의 정확도가 높을 것
③ 측정량의 종류가 많을 것
④ 샘플의 조사나 측정이 합리적일 것

해설 신뢰성 있는 데이터의 확보를 위하여 ①, ②, ④ 외에도 샘플링이 랜덤하고 합리적일 것
㉠ 품질 향상 시 나타나는 효과
- 품질 검사비와 시험비가 적게 든다.
- 제조 시 손실이 적어진다.
- 불만 처리비가 적어진다.

㉡ 품질관리를 하였을 때 나타나는 효과
- 제품의 품질이 균일해진다.
- 회사 및 각 조직 사이의 관계가 좋아진다.
- 사내의 평판이 좋아지고 신용이 두터워진다.

042 품질관리의 4대 기능 사이클에 해당되는 것은 어느 것인가?

① 품질의 설계 → 표준설정 → 공정관리 → 품질보증
② 품질의 설계 → 공정의 관리 → 품질의 보증 → 품질의 조사
③ 품질조사 → 공정관리 → 품질조사 → 표준설정
④ 표준설정 → 품질의 설계 → 공정관리 → 품질조사

해설 품질관리 4대 기능 사이클
품질의 설계 → 공정관리 → 품질보증 → 품질조사

정답 37 ② 38 ① 39 ④ 40 ② 41 ③ 42 ②

043 다음 중에서 샘플링 검사의 형태가 옳게 된 것은?

① 규준형, 선별형, 조정형, 연속생산형
② 축자형, 규준형, 선별형, 연속생산형
③ 선별형, 연속생산형, 축자형, 조정형
④ 선별형, 부분생산형, 조립생산형, 조정형

해설 샘플링 검사의 형태
규준형, 선별형, 연속생산형, 조정형

044 관리도란 내용의 설명으로 옳은 것은?

① 공정의 안정상태를 판단하기 위한 그림이다.
② 공정하게 품질을 조사하기 위하여 쓰이는 그림이다.
③ 공정의 안정상태를 유지하기 위해서 사용되는 그림이다.
④ 공정을 안전상태로 유지하기 위해서 만든 그림이다.

해설 관리도란 공정의 안정상태를 유지하기 위해서 사용되는 그림이다.

045 다음 중 공정 관리용 관리도의 효과가 아닌 것은?

① 공정을 안정시켜 불량품이 감소된다.
② 경험에 의한 잘못된 판단을 방지할 수 있다.
③ 관리 한계를 벗어난 상태를 차단한다.
④ 공정상 발생하는 문제점을 조기에 발견이 가능하다.

해설 공정 관리용 관리도의 효과는 ①, ②, ④이다.

046 용접작업시 4M에서 틀린 것은 어느 것인가?

① 사람(Man)
② 원자재(Material)
③ 방법(Method)
④ 기계

해설 4M
사람, 설비(Machine), 원자재, 방법

047 작업, 검사, 이동, 지연 등을 나타내는 것으로 옳은 것은?

① 공정 분석도
② 공업표준 분석도
③ 특별공정조사
④ 공정에 대한 관리항목

해설 작업, 검사, 이동, 지연 등을 나타내는 것은 공정 분석도이다.

048 모집단을 몇 개의 층으로 나누고 각 층으로부터 각각 랜덤하게 시료를 뽑는 샘플링 방법으로 맞는 것은?

① 2단계 샘플링
② 층별 샘플링
③ 랜덤 샘플링
④ 취락 샘플링

해설 층별 샘플링은 모집단을 몇 개의 층으로 나누고 각 층으로부터 각각 랜덤하게 시료를 뽑는 샘플링이다.

049 모집단의 특성에 일정 간격마다 주기적으로 변동이 있고 이것이 샘플링 간격과 일치할 때는 치우침이 생기는데 이때 해야 하는 샘플링으로 올바른 것은 어느 것인가?

① 지그재그 샘플링
② 계통 샘플링
③ 네이만 샘플링
④ 취락 샘플링

해설 지그재그 샘플링(단순 샘플링)은 계통 샘플링에서 주기성에 의한 편기가 들어갈 위험성을 방지하도록 한 샘플링이다.

정답 43 ① 44 ③ 45 ③ 46 ④ 47 ① 48 ② 49 ①

050 모집단으로부터 시간적 공간적으로 일정한 간격으로 시료를 뽑는 것은 어떤 샘플링인가?

① 취락 샘플링
② 계통 샘플링
③ 2단계 샘플링
④ 단순 랜덤 샘플링

해설 계통 샘플링은 시료를 일정한 간격으로 채취하는 샘플링이다.

051 샘플링 검사의 목적에 따른 분류에 해당하지 않는 것은?

① 규준형
② 선별법
③ 조정형
④ 단순 생산형

해설 ①, ②, ③ 외에도 연속 생산형, 축차형이 있다.

052 생산의 3요소가 아닌 것은?

① 기계　　② 사람
③ 재료　　④ 공급

해설 생산의 3요소 : 기계, 사람, 재료

053 생산합리화의 기본원칙이 아닌 것은?

① 싸게 만들 것
② 좋은 물건을 만들 것
③ 빨리 만들 것
④ 불량품을 줄일 것

해설 생산합리화의 기본원칙은 ①, ②, ③이다.

054 생산관리의 일반적인 원칙이 아닌 것은?

① 단순화　　② 표준화
③ 신속화　　④ 전문화

해설 생산관리의 일반적인 원칙
단순화, 표준화, 전문화

055 다음 중 표준화가 아닌 것은?

① 물적 표준화
② 방법 표준화
③ 관리 표준화
④ 능률 표준화

해설 표준화
물적, 관리, 방법 표준화가 있다.

056 시스템(System)의 공통적 성질이 아닌 것은?

① 집합성
② 관련성
③ 환경 적응성
④ 목적 달성

해설 시스템에는 목적 추구성이 있다.

057 다음 중 생산계획의 단계로서 적절하지 못한 것은?

① 불량품 방지계획
② 기본계획
③ 소일정계획
④ 실행계획

해설 생산계획 단계는 ②, ③, ④이다.

058 공수계획의 기본방침이 아닌 것은?

① 가동률의 향상
② 적성 배치와 단순화의 촉진
③ 부하와 능력의 균형화
④ 여유성

해설 공수계획의 기본방침은 ①, ②, ④ 외에도 적성 배치와 전문화의 촉진, 일정별 부하의 변동방지 등이 있다.

정답 50 ② 51 ④ 52 ④ 53 ④ 54 ③ 55 ④ 56 ④ 57 ① 58 ②

059 공장 자동화 및 간이 자동화의 필요성에 해당되지 않는 것은?
① 생산량 증대
② 원가 절감
③ 품질수준 저하
④ 인건비 절감

해설 공장 자동화의 필요성은 ①, ②, ④ 외에도 품질수준 향상, 인간성 회복 등이 있다.

060 시스템의 구조에 적절치 않은 것은?
① 블랙박스(미지상자)
② 호환성
③ 시스템의 경계
④ 시스템의 구성

해설 호환성이 아닌 상관관계이다.

061 시스템의 구성이 아닌 것은?
① 미지상자
② 투입
③ 변환과정
④ 산출

해설 미지상자는 시스템의 구조이다.

062 시스템의 공통적 성질이 아닌 것은?
① 집합성
② 관련성
③ 로트
④ 환경 적응성

해설 시스템에는 목적 추구성이 있다.

063 로트의 크기(Lot Size)로서 맞는 것은?
① $\dfrac{예정생산목표량}{로트수}$
② $\dfrac{로트넘버}{예정생산목표량}$
③ $\dfrac{로트수}{실제생산목표량}$
④ 예정생산목표량 × 로트수(Lot Number)

해설 로트의 크기(Lot Size) = $\dfrac{예정생산목표량}{Lot\ Number}$

064 수요예측방법의 분류에 해당하지 않는 것은?
① 구조 분석
② 최소 자승법
③ 의견 분석
④ 회귀 분석

해설 최소 자승법은 수요예측기법이다.

065 수요예측기법에 적절치 못한 내용은?
① 이동 평균법
② 지수 평활법
③ 최소 자승법
④ 소비 예측

해설 ①, ②, ④는 수요예측법이다.

066 로트의 종류가 아닌 것은?
① 생산 로트
② 가공 로트
③ 이동 로트
④ 제조명령 로트

해설 로트의 종류
제조명령 로트, 가공 로트, 이동 로트

067 다음 중 절차계획의 목적이 아닌 것은?
① 작업 활동을 적정화한다.
② 작업방법의 표준화를 도모한다.
③ 최적의 작업방법을 결정한다.
④ 신속히 처리하는 작업방법을 꾀한다.

해설 절차계획의 목적은 ①, ②, ③이다.

정답 59 ③ 60 ② 61 ① 62 ③ 63 ① 64 ② 65 ④ 66 ① 67 ④

068 절차계획상의 중점 파악 요소가 아닌 것은?

① 원가　　② 품질
③ 납기　　④ 자재

해설 자재가 아닌 기타 요소이다.

069 생산관리에서 인공수의 종류에 해당되지 않는 것은?

① 인일(개략적)
② 인시(보편적)
③ 인분(세부적)
④ 인달(각론적)

해설 생산관리 인공수
- 인일(Man Day)
- 인시(Man Hour)
- 인분(Man Minute)

070 생산관리에서 일정계획에서 일정의 구성으로 옳지 않은 것은?

① 가공
② 가공 인부
③ 검사
④ 로트 대기

해설 일정의 구성
가동, 운반, 검사, 정체, 로트 대기가 있다.

071 생산관리에서 일정계획의 방침으로 적당하지 못한 것은?

① 생산활동의 동기화
② 휴가계획의 단축
③ 생산기간의 단축
④ 납기의 확실화

해설 생산관리의 일정계획 방침은 ①, ③, ④ 외에도 작업량의 안정화와 가동률의 향상이 있다.

072 자재 원단위의 산정으로 맞는 것은 어느 것인가?

① $\dfrac{제품생산량}{원자재투입량} \times 100$

② $\dfrac{원자재투입량}{제품생산량} \times 100$

③ $\dfrac{원자재단가}{제품손실량} \times 100$

④ $\dfrac{불량품총계}{제품생산량} \times 100$

해설 자재의 원단위 $= \dfrac{원자재투입량}{제품생산량} \times 100$

073 생산관리에서 설비투자안의 선택법이 아닌 것은?

① 연가법
② 종가법
③ 현가법
④ 구매법

해설 선택법 : 연가법, 현가법, 종가법

074 생산관리에서 생산통제의 기능으로 적당치 않은 것은?

① 사전계획
② 절차계획
③ 공수계획
④ 일정계획

해설 생산통제 기능은 ②, ③, ④이다.

075 생산관리의 발주방식이 아닌 것은?

① 정량발주방식
② 수시발주방식
③ 정기발주방식
④ 매일발주방식

해설 생산관리의 발주방식은 ①, ②, ③이다.

076 생산보전으로 틀린 것은?

① 신뢰성 향상
② 능률 향상
③ 보전성 향상
④ 경제성 향상

해설 생산보전
신뢰성 향상, 보전성 향상, 경제성 향상

077 감가상각의 종류에서 옳지 않은 것은?

① 정액법
② 비례법
③ 연수합계법
④ 비자금법

해설 감가상각의 종류
정액법, 정률법, 비례법, 연수합계법, 감채기금법이 있다.

078 생산관리에서 보전 조직의 종류가 아닌 것은?

① 집중 보전
② 생산 보전
③ 절충 보전
④ 지역 보전

해설 생산관리의 보전 조직에는 ①, ③, ④ 외에도 부문 보전이 있다.

079 자원배당의 목적으로 옳지 않은 것은?

① 자원의 고정수준 유지
② 인력의 변동방지
③ 자원의 효과적 일정계획 수립
④ 소속된 자원의 선용

해설 한정된 자원의 선용이다.

080 품질관리의 추진순서로 맞는 것은?

① 방침 → 조직 → 제도설명 → 교육 → 감사
② 방침 → 감사 → 조직 → 제도설명 → 교육
③ 제도설명 → 조직 → 방침 → 교육 → 감사
④ 교육 → 방침 → 조직 → 감사 → 제도설명

해설 품질관리의 추진 순서
방침 → 조직 → 제도설명 → 교육 → 감사

081 생산관리에서 작업 측정의 목적으로 옳지 않은 내용은?

① 작업 시스템의 개선
② 작업 시스템의 설계
③ 작업 시스템의 방법
④ 과업관리

해설 ①, ②, ④는 작업 측정의 목적이다.

082 관측대상의 결정으로 옳지 않은 것은?

① 기계
② 설비
③ 사람
④ 제품

해설 관측대상 : 기계, 사람, 제품

083 공정관리 절차와 관계가 없는 내용은?

① 공정계획
② 작업분배
③ 직무평정
④ 일정계획

해설 ③의 직무평정은 인사관리의 분야에 해당된다.

정답 76 ② 77 ④ 78 ② 79 ④ 80 ① 81 ③ 82 ② 83 ③

084 공정분석 기호에서 ○ → □ → D → ▽의 순서로서 올바른 것은 어느 것인가?

① 운반 → 작업 → 지연 → 저장
② 작업 → 운반 → 검사 → 지연 → 저장
③ 지연 → 저장 → 운반 → 검사
④ 작업 → 지연 → 저장 → 운반

[해설] ○ : 작업　　□ : 검사
D : 지연(정체)　▽ : 저장(보관)

085 스톱워치에 의한 표준시간 결정의 단계로서 옳은 것은?

① 측정시간 → 평준화 → 정상시간 → 여유시간 → 표준시간
② 측정시간 → 정상시간 → 여유시간 → 표준시간
③ 표준시간 → 측정시간 → 정상시간
④ 여유시간 → 표준시간 → 평준화 → 측정시간

[해설] 스톱워치 표준시간 결정 : 측정시간 → 평준화 → 정상시간 → 여유시간 → 표준시간

086 QC의 설명으로 가장 합리적인 사항은?

① 자재관리
② 품질관리
③ 원가관리
④ 통제관리

[해설] QC : 품질관리(Quality Control)

087 품질관리와 가장 관계가 있는 것은?

① 생산통제
② 작업통제
③ 실행계획
④ 제품관리

[해설] 품질관리 : 생산통제

088 다음 중 활동 여유의 종류가 아닌 것은?

① 자유 여유
② 간섭 여유
③ 한가한 여유
④ 총 여유

[해설] 활동 여유의 종류
자유 여유, 총 여유, 간섭 여유

089 다음 중 공정대기란 어떤 것을 말하는가?

① 정체
② 신속
③ 검사
④ 일정

[해설] 공정대기 : 정체

090 다음 중 정체의 내용으로 합당하지 않은 것은?

① 재공품의 정체 현상
② 공정별 작업시간의 불균형
③ 불량제품의 증가
④ 작업분할의 비합리성

[해설] 정체란 ①, ②, ④를 말한다.

091 부하란 무엇인가?

① 최소량 작업량
② 최대의 작업량
③ 할당된 작업량
④ 소량 생산량

[해설] 부하 : 할당된 작업량

092 일정 계획수립에 필요하지 않은 내용은?

① 요일별 작성하는 것
② 생산기간을 아는 것
③ 일정표를 작성하는 것
④ 납기일을 고려하는 것

[해설] ②, ③, ④의 내용은 일정계획 수립에 필요한 사항이다.

정답　84 ②　85 ①　86 ②　87 ①　88 ③　89 ①　90 ③　91 ③　92 ①

093 제조 로트(Lot)란 어떤 것인가?

① 시간당 제조수량
② 1회 제조수량
③ 한정범위의 제조수량
④ 제조일수 통계

해설 제조 로트 : 1회 제조수량

094 생산관리에서 고객이 요구하는 3가지 조건이 아닌 것은?

① 납기 ② 가격
③ 신속 ④ 품질

해설 고객의 3가지 요구사항 : 납기, 가격, 품질

095 설비의 성능 열화원인과 관계가 먼 것은?

① 자연적인 열화
② 재해에 의한 열화
③ 사용상의 열화
④ 단기 사용에 의한 열화

해설 설비의 성능 열화원인은 ①, ②, ③의 내용이다.

096 고장이 없는 설비나 조기 수리가 가능한 설비의 설계 및 선택 시 적용하는 설비의 보존방식으로 맞는 것은?

① 보전 예방
② 사후 보전
③ 수리 한계
④ 개량 보전

해설 보전 예방은 고장이 없는 설비나 조기 수리가 가능한 설비의 설계 및 선택시 적용하는 설비 보존방식이다.

097 설비의 열화 시 부품교체의 교체방식으로 결정할 때 비용과 관계가 가장 먼 것은?

① 휴지 손실비
② 교체 시의 비용
③ 상품가치
④ 부품의 비용

해설 설비의 열화 시에는 상품가치의 능력은 이미 상실한다.

098 생산관리 보전에 관한 경제성을 고려한 설비 관리방식으로 가장 적당한 것은?

① 개량 보전
② 생산 보전
③ 예방 보전
④ 사후 보전

해설 경제성의 보전에 관한 설비관리방식은 생산 보전이다.

099 로트(Lot) 산출 시 필요로 하지 않는 것은?

① 재고유지 비율
② 예측 소비량
③ 연간 구매비
④ 구입단가 가격

해설 로트 산출시 필요한 내용은 ①, ②, ④이다.

100 생산관리에서 수요 예측방법의 종류와 관계가 먼 것은?

① 의견 분석
② 시계열 분석
③ 회귀 분석
④ 생산 분석

해설 수요 예측방법
의견 분석, 회귀 분석, 시계열 분석

101 네트워크(Network) 작성상의 기본원칙이 아닌 것은?

① 공정원칙
② 연결원칙
③ 단계원칙
④ 결합원칙

해설 ①, ②, ③의 내용은 네트워크 작성상의 기본원칙이다.

정답 93 ② 94 ③ 95 ④ 96 ① 97 ③ 98 ② 99 ③ 100 ④ 101 ④

102 다음 네트워크(Network)에서 E 작업을 시작하려면 어떤 작업들이 완료되어야 하는가?

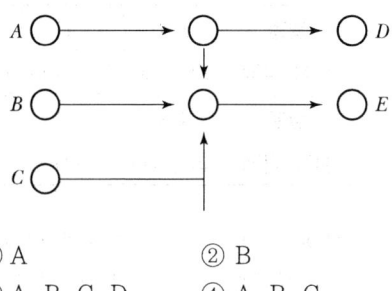

① A
② B
③ A, B, C, D
④ A, B, C

103 설비가 노후하여 갱신이 요구되는 열화로서 맞는 것은?

① 절대적 열화
② 물리적 열화
③ 기능적 열화
④ 화학적 열화

해설 절대적 열화는 설비가 노후하여 갱신이 요구되는 열화이다.

104 같은 샘플링 방법으로 같은 모집단의 동일 시료를 측정한 데이터의 분포크기는 어떤 것을 말하는가?

① 정밀도
② 정확도
③ 계통도
④ 샘플링 검사

105 동일인이 다른 날 측정한 경우의 정밀도를 무슨 정밀도라 하는가?

① 정확도
② 재현 정밀도
③ 정밀도
④ 가상 정밀도

해설 동일인이 다른 날 측정한 경우의 정밀도는 재현 정밀도이다.

106 공급자에 대한 보호와 구입자에 대한 보증의 정도를 규정해 두고 공급자의 요구와 구입자의 요구 양쪽을 만족하도록 하는 샘플링 검사 방식은?

① 규준형 샘플링 검사
② 조정형 샘플링 검사
③ 선별형 샘플링 검사
④ 연속생산형 샘플링 검사

107 품질에 대한 요건들을 충족시키기 위하여 사용되는 운용기법이나 활동을 무엇이라 하는가?

① 공정관리
② 품질관리
③ 생산관리
④ 저장관리

108 제품 또는 서비스가 갖추어야 할 요건을 기술한 문서를 무엇이라 하는가?

① 시방서
② 계획서
③ 통계서
④ 지침서

109 제품 납품직전 불량품이 발견되어 이것을 재가공한 경우 이때 소요되는 비용을 무엇이라 하는가?

① 생산 코스트
② PM 코스트
③ 실패 코스트
④ 평가 코스트

110 수입검사비, 정기검사비, 검정시험비, 보전비 등 평가 코스트를 세분하였을 때 이것을 무슨 코스트라 하는가?

① 예방 코스트
② 평가 코스트
③ 실패 코스트
④ PM 코스트

정답 102 ④ 103 ① 104 ① 105 ② 106 ① 107 ② 108 ① 109 ③ 110 ④

111 데이터를 군으로 나누지 않고 하나하나의 측정치를 그대로 사용하여 공정을 관리하는 데 사용되는 관리도는 어떤 관리도인가?

① X 관리도
② 단위당 결점수 관리도
③ C 관리도
④ P 관리도

112 코스트(Cost) 3가지 중 옳은 것은?

① 예방 코스트 5%, 평가 코스트 25%, 실패 코스트 70%
② 예방 코스트 10%, 평가 코스트 10%, 실패 코스트 80%
③ 예방 코스트 15%, 평가 코스트 15%, 실패 코스트 70%
④ 예방 코스트 30%, 평가 코스트 30%, 실패 코스트 60%

113 다음 샘플링 검사의 형식이 아닌 것은 어느 것인가?

① 1회 샘플링 검사
② 2회 샘플링 검사
③ 다회 샘플링 검사
④ 다수 샘플링 검사

해설 ①, ②, ③ 외에도 축차 샘플링 검사가 있다.

114 다음 중 샘플링 검사의 정의로서 옳은 것은?

① 전수검사가 좋은가 무 검사가 좋은가 의논을 거친 후의 검사
② 전수검사가 좋은가 무 검사가 좋은가 분명하지 않을 때 사용되는 검사방법
③ Lot에서 몇 회 시료를 샘플링 할 수 있는가 하는 조사
④ 생산 불량품을 줄이고자 할 때 하는 검사

115 아래의 표를 보고 5개월 단순이동 평균법으로 6월달의 수요를 예측하면?

월별	1월	2월	3월
실적 금액	500,000	520,000	610,000
월별	4월	5월	6월
실적 금액	650,000	670,000	

① 500,000
② 520,000
③ 590,000
④ 650,000

해설 $\dfrac{500,000+520,000+610,000+650,000+670,000}{5}=590,000$원

116 어느 회사의 판매실적이다. 지수평활법에 의하여 2월의 예측치를 산출하면?(단, $a=0.2$ 이다.)

월별	실적치	예측치
1	40,000	35,000
2	45,000	?

① 30,000
② 35,000
③ 36,000
④ 45,000

해설 $45,000-40,000=5,000$
$5,000 \times 0.2 = 1,000$
∴ $35,000+1,000=36,000$

117 제품의 원단위를 100%라 할 때 원료 80kg과 원료 85kg을 투입하여 제품 90kg을 만들었다면 원료 80kg의 제품에 대한 원단위는 몇 %인가?

① 80%
② 85%
③ 86%
④ 89%

해설 $\dfrac{80}{90} \times 100 = 88.88\% \fallingdotseq 89\%$

정답 111 ① 112 ① 113 ④ 114 ② 115 ③ 116 ③ 117 ④

118 고장 난 후 그 부품만을 새 것으로 교체하는 방식은 어떤 방식에 속하는가?

① 개별 교체
② 완전 교체
③ 사전 교체
④ 부분 교체

119 인원능력 계산식 중 맞는 것은?

① 인원능력 = 실제가동시간 × 인원수 × 결근율
② 인원능력 = 취업시간 × 환산인원 × 가동률
③ 인원능력 = 환산인원 × 인원수 × 취업시간
④ 인원능력 = 가동률 × 결근율 × 인원수 × 환산인원

해설 인원능력 = 취업시간 × 환산인원 × 가동률

120 동작연구 표준법(MTS)과 관계되는 것은?

① 작업요소법
② 촬영법
③ 개요공정법
④ 가치분석법

121 통계적 품질관리에 있어서 P관리도는 주로 어떠한 관리도인가?

① 불량개수에 의한 관리도이다.
② 손익분배에 관한 관리도이다.
③ 불량률에 대한 관리도이다.
④ 평균치에 대한 관리도이다.

해설 P관리도란 제품의 속성검사나 합격 또는 불합격과 같은 판정검사의 경우에 사용되는 품질관리도로서 불량률 즉 불량 개수의 백분율로 하고 있다.

122 품질의 특성 중 계량치를 통제 대상으로 하는 관리도는?

① C 관리도
② $\overline{X}-R$ 관리도
③ P 관리도
④ U 관리도

123 품질 관리에 있어 허용한계($\overline{X} \pm 3r$) 중 r은 무엇을 나타내고 있는가?

① 표준화 운동
② 표준 편차
③ 표준 단위
④ 평균 표본

124 일명 2D 운동이란?

① 저축운동
② 소비자 보호운동
③ 소액주주 보호운동
④ 무결점운동

125 다음 중 KS와 관계가 없는 것은?

① 대량생산
② 규격품
③ 표준화 운동
④ 제품의 다원화

126 불합격으로 된 로트는 전수 검사를 해서 불량품을 양호품과 대체하여 검사 후의 평균 품질을 일정한 수준 이하로 억제하고자 할 때 어떤 샘플링 검사를 사용해야 하는가?

① 네이만 샘플링 검사
② 선별형 샘플링 검사
③ 층별 샘플링 검사
④ 취락 샘플링 검사

정답 118 ① 119 ② 120 ① 121 ③ 122 ② 123 ② 124 ④ 125 ④ 126 ②

127 생산라인 A에서 제품 500개, 생산라인 B에서 제품 400개, 생산라인 C에서 제품 100개로 이루어진 로트가 있다. 이 로트에서 시료 100개를 채취할 때 B 생산라인에서 시료 몇 개를 채취해야 하는가?

① 25개　　② 30개
③ 40개　　④ 100개

해설 총계 = 500 + 400 + 100 = 1,000개
$100 \times \frac{400}{1,000} = 40$개

128 샘플링 검사의 형태 중 생산자와 소비자의 요구를 동시에 만족하도록 짜여진 검사는?

① 규준형 축자 샘플링
② 규준형 샘플링
③ 층별 샘플링
④ 선별형 샘플링

129 공차가 A부품의 경우 5±0.5, B부품의 경우 4±0.4, C부품의 경우 3±0.3이라 하면 A, B, C 3개 부품으로 조립되는 조립품의 공차는 몇 mm인가?

① 0.707　　② 0.807
③ 1.00　　④ 1.500

해설 공차 = $\sqrt{(0.5)^2 + (0.4)^2 + (0.3)^2} = 0.707$mm

130 연간 생산예정 목표량이 2,000개일 때 1회에 40개씩 생산하는 것이 가장 경제적이라면 경제적 로트수는?

① 100개　　② 200개
③ 50개　　④ 30개

해설 $\frac{2,000}{40} = 50$개

131 어떤 작업 중 준비시간이 100분이고 정미작업시간이 25분이며 로트수가 500이라면 총 작업시간과 1로트당 작업시간으로 맞는 것은?

① 12,600, 25.2　　② 13,000, 30
③ 13,500, 25.2　　④ 15,000, 30

해설 총 작업시간 = 25분 × 500로트 + 100분 = 12,600분
1로트당 시간 = $\frac{12,600}{500} = 25.2$분

132 다음은 어느 회사의 각 연도별 판매량이 아래 표와 같다고 할 때 최소자승법을 사용하여 차년도 수요를 예측하고 표준편차 S는 얼마인가?

연도	1999	2000	2001
판매량	55만 개	60만 개	65만 개
연도	2002	2003	2004
판매량	70만 개	75만 개	?

① 50만 개　　② 60만 개
③ 75만 개　　④ 80만 개

해설 해마다 5만 개가 판매 증가하였으므로 80만 개가 된다.

133 불합격으로 된 로트는 전수 검사를 해서 불량품은 양호품과 대체하여 검사 후의 평균 품질을 일정한 수준 이하로 억제하고자 할 때 어떤 샘플링 검사가 필요하겠는가?

① 층별 샘플링 검사
② 네이만 샘플링 검사
③ 선별형 샘플링 검사
④ 규준형 샘플링 검사

134 공정의 상태를 나타내는 특성치의 산포를 관리하기 위하여 합리적으로 정한 선이 있는 그래프로서 공정을 안정상태로 관리해 나가는 데 그 목적이 있는 Shewhart(슈하르트)가 고안한 그래프를 무엇이라 하는가?

① 계통도
② 샘플링
③ 우연 원인
④ 관리도

135 생산조건이 엄격하게 관리된 상태에서 발생되는 어느 정도의 불가피한 변동을 주는 원인으로 맞는 것은?

① 우연 원인
② 직접 원인
③ 이상 원인
④ 우발적 원인

해설
• 우연 원인 : 불가피 원인, 만성적 원인
• 이상 원인 : 우발적 원인, 가피 원인

136 다음 중 데이터를 군으로 나누지 않고 하나하나의 측정치를 그대로 사용하여 공정을 관리하는 데 사용되는 관리도는 어떤 관리도인가?

① C 관리도
② $\bar{X} - R$ 관리도
③ X 관리도
④ C 관리도

137 관리도의 중심선의 어느 한 쪽에 연속해서 나타나는 점의 군을 무엇이라 하는가?

① RUN(런)
② 런의 길이
③ 제2종 과오
④ 관리도

138 품질 특성이 정규분포를 한다고 가정할 때 평균치와 표준 편차를 관리하는 관리도구로서 길이나 무게 등 연속적인 계량치의 경우 기어축의 지름, 인장강도, 전구의 소비 전력 등의 특성치를 관리하는 데 이상적인 관리도는?

① R 관리도
② C 관리도
③ P 관리도
④ $\bar{X} - R$ 관리도

139 자재의 공정별 원단위 산출 공식으로 맞는 것은?

① X의 원단위 $= \dfrac{X \text{의 소비량}}{Y \text{의 생산량}} \times Y$의 원단위

② X의 원단위 $= \dfrac{X \text{의 생산량}}{Y \text{의 소비량}} \times Y$의 원단위

③ X의 원단위 $= \dfrac{X \text{의 생산량}}{Y \text{의 소비량}} \times Y$의 원단위

④ X의 원단위 $= \dfrac{X \text{의 소비량}}{Y \text{의 생산량}} \times Y$의 원단위

140 어느 회사의 8월의 판매예측치가 10,000개이고 판매실적이 11,000개이다. 지수평활계수 $a = 0.2$이라면 9월의 판매예측량은 몇 개인가?

① 10,200개
② 10,500개
③ 11,000개
④ 15,000개

해설
$t = a \times D + (1-a)F$
$= 0.2 \times 11,000 + (1-0.2) \times 10,000$
$= 10,200$개

141 작업분석 Therbling 기호 등 조립하다의 기호는 어느 것인가?

① #A
② #B
③ #C
④ #E

142 기계소유대수가 10대 제품 1개당 기계가공시간 6시간, 원생산량이 200개일 때 소요기계대수를 구하면?(단, 월간 유효가동시간은 대당 50시간이다.)

① 4대
② 5대
③ 6대
④ 10대

해설 총 가동시간=6시간×200=1,200시간
소요대수=1,200시간/200개=6대

143 모집단(공정이나 로트)을 몇 개의 층으로 나누고, 각 층으로부터 각각 랜덤하게 시료를 뽑는 방법의 샘플링은?

① 층별 샘플링
② 랜덤 샘플링
③ 계통 샘플링
④ 지그재그 샘플링

144 MTM에 있어서 단위시간은 TMU를 사용한다. 이때 1TMU는 몇 초인가?(단, MTM은 Methods-Time Measurement이고, TMU는 Time Measurement Unit이다.)

① 0.016초
② 0.017초
③ 0.031초
④ 0.036초

해설 $1TMU = \frac{1}{10만}$ 시간 × 3,600초
$= \frac{1}{10만} × 3,600 = 0.036$초

145 소재가 제품화되는 과정을 분석 기록하기 위하여 가공, 운반, 검사, 정체 등 4종류의 기호를 사용하여 표시하는 분석표로 맞는 것은?

① 개요 공정표
② 유동 공정표
③ 공정 분석표
④ 간트도표

146 다음 중 Man-Hour의 일반적인 표현방법을 무엇이라 하는가?

① 기계수
② 계단수
③ 인공수
④ 구역수

147 RTS법에서 시간관측법이 아닌 것은?

① MTM법
② WF법
③ MODAPTS법
④ 통계법

해설 RTS 시간관측법
양수법, 신체부위별 운동시간표, MTA, WF, DMT, BMT, MODAPTS 등

148 난수표, 주사위, 숫자를 써 넣은 룰렛, 제비뽑기식 칩 등을 써서 크기 N의 모집단으로부터 크기 n의 시료를 랜덤하게 뽑는 방법은 어떤 것인가?

① 데밍 샘플링
② 단순 랜덤 샘플링
③ 네이만 샘플링
④ 층별 비례 샘플링

정답 141 ① 142 ③ 143 ① 144 ④ 145 ③ 146 ③ 147 ④ 148 ②

149 다음은 품질관리 분임조활동의 활동순서이다. ( ) 안에 알맞은 내용을 보기에서 옳게 고른 것은?

〈보기〉
a. 효과파악   b. 원인분석
c. 사후관리   d. 표준화

과제 및 테마 선정 → 현상 파악 → (㉠) → 목표 수립 → (㉡) → 실시 → (㉢) → (㉣) → 대책방안 설정 → 반성 및 향후 계획

① ㉠ b, ㉡ d, ㉢ a, ㉣ c
② ㉠ a, ㉡ b, ㉢ c, ㉣ d
③ ㉠ b, ㉡ c, ㉢ d, ㉣ a
④ ㉠ d, ㉡ c, ㉢ b, ㉣ a

150 OC(Operating Characteristic Curves)에 대한 설명 중 옳은 것은?

① 불량률이 커지면 로트가 합격할 확률이 커진다.
② 불량률이 커지면 로트가 합격할 확률이 적어진다.
③ 불량률이 커지면 로트의 합격률이 증가 또는 감소된다.
④ 불량률이 커지면 로트의 합격률이 감소된 다음 차츰 커진다.

151 표준 중 주로 물건에 직접 또는 간접으로 관계되는 기술적 사항에 관하여 규정된 기준을 무엇이라 하는가?

① 규격
② 품질
③ 관리
④ 통계

152 수입 검사비, 정기 검사비, 검정 검사비, 보전비 등을 평가 코스트를 세분하였을 때는 무엇이라 하는가?

① 평가 코스트
② 예방 코스트
③ PM 코스트
④ 실패 코스트

153 품질 코스트에서 품질수준을 유지하기 위하여 소요되는 비용의 코스트를 무엇이라 하는가?

① 선별형 샘플링 검사
② 예방 코스트
③ 평가 코스트
④ PM 코스트

154 MTM법에서 1 Time Measurement Unit은 어떤 시간을 말하는가?

① $\frac{1}{10,000}$ 시간
② $\frac{1}{1,000}$ 시간
③ $\frac{1}{100,000}$ 시간
④ $\frac{1}{10}$ 시간

155 다음 중 관측시간 + Rating 계수 + 여유시간을 적절하게 표현한 것은?

① 작업시간
② 정미시간
③ 준비시간
④ 표준시간

정답 149 ① 150 ② 151 ① 152 ③ 153 ③ 154 ③ 155 ④

156 다음 도표에서 불량률은 몇 %인가?

Lot	Sample 수	불량 개수
100	150	2
150	100	4
400	300	6
800	50	1
500	150	3
800	50	1

① 2.13%   ② 2.5%
③ 3.5%   ④ 4.0%

해설 총 샘플수 = 150 + 100 + 300 + 50 + 150 + 50
　　　　　 = 800개
불량 총수 = 2 + 4 + 6 + 1 + 3 + 1 = 17개
∴ (17/800) × 100 = 2.125%

157 상시 500명의 근로자를 두고 있는 사업장에서 1년간 25건의 재해가 발생하였다. 도수율은 얼마인가?(단, 1일 8시간 300일 근무)

① 10.62   ② 15.43
③ 20.83   ④ 30.25

해설 도수율 = $\dfrac{\text{재해발생건수}}{\text{총 근로시간수}} \times 10^6$

$= \dfrac{25}{500\text{명} \times 8\text{시간} \times 300\text{일}} \times 10^6$

$= 20.83$

APPENDIX

01

과년도 기출문제

2008년 3월 30일 시행
2008년 7월 13일 시행
2009년 3월 28일 시행
2009년 7월 13일 시행
2010년 3월 29일 시행
2010년 7월 10일 시행
2011년 4월 17일 시행
2011년 8월 1일 시행
2012년 4월 9일 시행
2012년 7월 23일 시행
2013년 4월 14일 시행
2013년 7월 21일 시행

2014년 4월 6일 시행
2014년 7월 20일 시행
2015년 4월 4일 시행
2015년 7월 19일 시행
2016년 4월 2일 시행
2016년 7월 10일 시행
2017년 3월 6일 시행
2017년 7월 8일 시행
2018년 3월 31일 시행

2008년 3월 30일 과년도 기출문제

01 도시가스사업자가 관계법에서 정하는 규모 이상의 가스공급시설의 설치공사를 할 때 신청서에 첨부할 서류항목이 아닌 것은?

① 공사계획서
② 공사공정표
③ 시공관리자의 자격을 증명할 수 있는 사본
④ 공급조건에 관한 설명서

해설 신청서 서류
- 공사계획서
- 공사공정표
- 시공관리자의 자격증명서 사본

02 옥탄(C_8H_{18})이 완전연소하는 경우의 공기-연료비는 약 몇 kg 공기/kg 연료인가?(단, 공기의 평균분자량은 28.97로 한다.)

① 15.1　　② 22.6
③ 59.5　　④ 70.5

해설 $C_8H_{18} + 12.5O_2 \rightarrow 8CO_2 + 9H_2O$

$\therefore A_o = \dfrac{32 \times 12.5}{114} \times \dfrac{1}{0.232} = 15.1\,\text{kg/kg}$

03 물의 전기분해로 수소를 얻고자 할 때에 대한 설명으로 옳은 것은?

① 황산을 전해액으로 사용하면 수소는 (+)극, 산소는 (−)극에서 발생한다.
② 수산화나트륨을 전해액으로 사용하면 수소는 (−)극, 산소는 (+)극에서 발생한다.
③ 물에 염화나트륨 용액을 넣고 교류전류를 통하면 수소만 발생한다.
④ 전해조를 이용하여 수소와 산소의 혼합가스로 발생한 것을 분리시킨다.

해설
- $2H_2O \rightarrow \underbrace{2H_2}_{(-)\text{극}} + \underbrace{O_2}_{(+)\text{극}}$
- $2NaCl + 2H_2O \rightarrow \underbrace{2NaOH + H_2}_{(-)\text{극}} + \underbrace{Cl_2}_{(+)\text{극}}$

04 1kg의 공기가 90℃에서 열량 300kcal를 얻어 등온팽창시킬 때 엔트로피 변화량은 약 몇 kcal/kg · K인가?

① 0.643
② 0.723
③ 0.826
④ 0.917

해설 $ds = \dfrac{dQ}{T} = \dfrac{300}{273+90} = 0.826\,\text{kcal/kg}\cdot K$

05 가스용품제조사업이 기술기준으로 조정압력이 3.3kPa 이하인 조정기 안전장치의 작동표준압력은 몇 kPa로 되어 있는가?

① 2.8
② 3.5
③ 4.6
④ 7.0

해설 3.3kPa(330mmH₂O) 이하 조정기
- 작동표준압력
  7.0kPa(700mmH₂O)
- 작동개시압력
  5.6~8.4kPa(560~840mmH₂O)
- 작동정지압력
  5.04~8.4kPa(504~840mmH₂O)

정답 01 ④　02 ①　03 ②　04 ③　05 ④

06 다음 관의 신축량에 대한 설명으로 옳은 것은?

① 신축량은 관의 열팽창계수, 길이, 온도차에 비례한다.
② 신축량은 관의 열팽창계수, 길이, 온도차에 반비례한다.
③ 신축량은 관의 열팽창계수에 비례하고 온도차, 길이에 반비례한다.
④ 신축량은 관의 길이, 온도차에는 비례하고 열팽창계수에 반비례한다.

해설 관의 신축량은 관의 열팽창계수, 길이, 온도차에 비례한다.

07 허가를 받지 않고 LPG 충전사업, LPG 집단공급사업, 가스용품 제조사업을 영위한 자에 대한 벌칙으로 옳은 것은?

① 1년 이하의 징역, 1,000만 원 이하의 벌금
② 2년 이하의 징역, 2,000만 원 이하의 벌금
③ 1년 이하의 징역, 3,000만 원 이하의 벌금
④ 2년 이하의 징역, 5,000만 원 이하의 벌금

해설 허가미필자 벌칙
2년 이하의 징역 또는 2,000만 원 이하의 벌금에 처한다.

08 다음 [보기]에서 독성이 강한 순서대로 나열된 것은?

| ㉠ 염소 | ㉡ 이황화탄소 |
| ㉢ 포스겐 | ㉣ 암모니아 |

① ㉠>㉢>㉣>㉡
② ㉢>㉠>㉡>㉣
③ ㉢>㉠>㉣>㉡
④ ㉠>㉢>㉡>㉣

해설 독성 허용농도
㉠ 염소 : 1ppm
㉡ 이황화탄소 : 10ppm
㉢ 포스겐 : 0.1ppm
㉣ 암모니아 : 25ppm

09 액화탄산가스 100kg을 용적 50L의 용기에 충전시키기 위해서는 몇 개의 용기가 필요한가? (단, 가스충전계수는 1.47이다.)

① 1 ② 3
③ 5 ④ 7

해설 $G = \dfrac{V^2}{C} = \dfrac{50}{1.47} = 34\text{kg}$

∴ $\dfrac{100}{34} = 3$개

10 $PV^n = C$ 에서 이상기체의 등온변화의 폴리트로픽 지수(n)는?(단, k는 비열비이다.)

① k ② ∞
③ 0 ④ 1

해설
• 정압변화 : $n=0$ • 등온변화 : $n=1$
• 단열변화 : $n=k$ • 정적변화 : $n=\infty$

11 비중량이 1.22kgf/m³, 동점성계수가 0.15×10^{-4}mm²/s인 건조공기의 점성계수는 약 몇 Poise인가?

① 1.83×10^{-4}
② 1.23×10^{-6}
③ 1.23×10^{-4}
④ 1.83×10^{-6}

해설 $\nu = \dfrac{\mu}{\rho}$

$\mu = \dfrac{r\nu}{g} = \dfrac{1.22 \times 0.15 \times 10^{-4}}{9.81}$

$= 1.867 \times 10^{-6} \text{kgf} \cdot \text{sec/m}^2$

$≒ 1.83 \times 10^{-4} \text{dyne} \cdot \text{s/cm}^2$

12 관의 절단, 나사 절삭, 거스러미(Burr) 제거 등의 일을 연속적으로 할 수 있으며 관을 물린 척(Chuck)을 저속회전시키면서 나사를 가공하는 동력나사절삭기의 종류는?

① 다이헤드식 ② 호브식
③ 오스터식   ④ 피스톤식

정답 06 ① 07 ② 08 ② 09 ② 10 ④ 11 ① 12 ①

해설 다이헤드식 나사절삭기
- 관의 절단
- 나사 절삭
- 거스러미 제거

13 다음 중 에틸렌의 공업적 제법으로 가장 적당한 방법은?

① 나프타의 수첨분해 반응
② 나프타의 고리화 반응
③ 나프타의 열분해 반응
④ 나프타의 이성화 반응

해설 C_2H_4 제법
- 탄화수소의 열분해
- 나프타의 열분해
- 아세틸렌의 수소화
- 에틸알코올 350℃로 알루미나 촉매상에서 탈수

14 다음 중 고압가스 제조설비의 사용개시 전 점검사항이 아닌 것은?

① 제조설비 등에 있는 내용물의 상황
② 비상전력 등의 준비사항
③ 개방하는 제조설비와 다른 제조설비 등과의 차단사항
④ 제조설비 등 당해 설비의 전반적인 누출 유무

해설 제조설비 등의 사용종료 시 점검사항
개방하는 제조설비와 다른 제조설비 등과의 차단사항

15 다음 중 가장 고압의 측정에 사용되는 압력계는?

① 벨로스식
② 침종식
③ 다이어프램식
④ 부르동관식

해설
① 벨로스식 : $0.01 \sim 10 \text{kg}_f/\text{cm}^2$
② 침종식
③ 다이어프램식 : $0.1 \sim 20 \text{kg}_f/\text{cm}^2$
④ 부르동관식 : $2.5 \sim 3,000 \text{kg}_f/\text{cm}^2$

16 내용적 40L의 용기에 20℃에서 게이지압력으로 139기압까지 충전된 수소가 공기 중에서 연소했다고 하면 약 몇 kg의 물이 생성되겠는가? (단, 이상기체로 간주하고, 표준상태에서 연소하는 것으로 한다.)

① 2.1
② 4.2
③ 116.5
④ 233

해설
$V = 40 \times 139 = 5,560 \text{L}$

$5,560 \times \dfrac{273}{293} = 5,180 \text{L}$

$\dfrac{5,180}{22.4} \times 2 = 462.5 \text{g}$

$H_2 + \dfrac{1}{2}O_2 \rightarrow H_2O$

$2 : 18 = 462.5 : x$

$\therefore x = 462.5 \times \dfrac{18}{2} = 4,162.5 \text{g} ≒ 4.2 \text{kg}$

17 다음 아세틸렌의 성질에 대한 설명 중 틀린 것은?

① 아세틸렌을 수소첨가반응시키면 벤젠이 얻어진다.
② 비점과 융점의 차가 적으므로 고체 아세틸렌은 승화한다.
③ 물에는 녹지 않으나 아세톤에는 잘 녹는다.
④ 공기 중에서 연소시키면 3,500℃ 이상의 고온을 얻을 수 있다.

해설 아세틸렌을 중합하면 벤젠(C_6H_6)이 얻어진다.
$3CH \equiv CH \xrightarrow[\text{중합}]{Fe} C_6H_6$

18 나사압축기의 특징에 대한 설명으로 옳은 것은?

① 용량의 조정이 용이하다.
② 소음방지 장치가 필요하다.
③ 저속회전이므로 소용량에 적합하다.
④ 토출압력의 변화에 의한 용량 변화가 적다.

정답 13 ③ 14 ③ 15 ④ 16 ② 17 ① 18 ④

해설 스크루 나사압축기
- 바이-패스를 이용하여 용량을 조절(곤란)
- 소음 발생이 크다.
- 연속회전이다.
- 중, 대용량
- 토출압력의 변화에 의한 용량 변화가 적다.

19 도시가스의 부취제에 대한 설명으로 옳은 것은?

① TBM(Teriary Buthyl Mercaptan)은 보통 충격의 석탄가스냄새가 난다.
② DMS(Dimethyl Sulfide)는 공기 중에서 일부 산화되며, 내산화성이 약한 단점이 있다.
③ THT(Tetra Hydro Thiophen)는 화학적으로 안정한 물질이므로 산화, 중합 등이 일어나지 않는다.
④ DMS(Dimethyl Sulfide)는 토양투과성이 낮아 흡착되기가 쉽다.

해설 부취제
- TBM : 양파 썩는 냄새
- DMS : 토양 투과성이 크다.
- THT : 석탄가스 냄새
※ THT은 화학적 안정, 산화, 중합은 일어나지 않는다.

20 증기압축 냉동기에서 등엔탈피 과정인 곳은?

① 팽창밸브 ② 응축기
③ 증발기   ④ 압축기

해설 팽창밸브 : 등엔탈피 과정

21 강의 결정조직을 미세화하고, 냉각가공, 단조 등에 의한 내부응력을 제거하며 결정조직, 기계적·물리적 성질 등을 표준화시키는 열처리는?

① 어닐링   ② 노멀라이징
③ 퀜칭   ④ 템퍼링

해설
- 담금질(소입) : Quenching(강의 경도강도 증가)
- 뜨임(소려) : Tempering(인성 증가)
- 풀림(소둔) : Annealing(재료의 연화)
- 불림(소준) : Normalizing(강의 조직 표준)

22 액화석유가스 충전사업의 용기충전 시설기준으로 옳지 않은 것은?

① 주거지역 또는 상업지역에 설치하는 저장능력 10톤 이상의 저장탱크에는 폭발방지장치를 설치할 것
② 방류둑의 내측과 그 외면으로부터 10m 이내에는 그 저장탱크의 부속설비 외의 것을 설치하지 말 것
③ 충전장소 및 저장설비에는 불연성의 재료 또는 난연성의 재료를 사용한 무거운 지붕으로 하여 멀리 비산되는 것을 방지한다.
④ 저장설비에 통풍이 잘 되지 않을 경우에는 강제통풍시설을 설치할 것

해설 LPG 충전장소 및 저장설비에는 불연성의 재료 또는 난연성의 재료를 사용한 가벼운 지붕으로 하여 사용할 것

23 비철금속 중 구리관 및 구리합금관의 특징에 대한 설명으로 틀린 것은?

① 초산, 황산 등의 산화성 산에 의해 부식된다.
② 알칼리의 수용액과 유기화합물에 내식성이 강하다.
③ 산화제를 함유한 암모니아수에 의해 부식된다.
④ 연수에 대하여 내식성은 크나 담수에는 부식된다.

해설 동관은 담수에 크게 부식되나 연수에는 다소 부식된다.

24 다음 중 용기부속품의 기호표시로 틀린 것은?

① AG : 아세틸렌가스를 충전하는 용기의 부속품
② PG : 압축가스를 충전하는 용기의 부속품
③ LT : 초저온기 및 저온용기의 부속품
④ LG : 액화석유가스를 충전하는 용기의 부속품

해설 LG
액화석유가스 외의 액화가스를 충전하는 용기의 부속품

정답 19 ③ 20 ① 21 ② 22 ③ 23 ④ 24 ④

25 다음 중 암모니아의 공업적 제조법에 해당하는 것은?

① 오스트발트(Ostwald)법
② 하버 – 보시(Haber – Bosch)법
③ 피셔 트롭시(Fisher – Tropsh)법
④ 프리델 크라프트(Friedel – Kraft)법

해설 NH₃ 공업적 제법
• 하버 – 보시법
• 석회질소법
• 석탄 건류법

26 압력조정기의 제조기준에 대한 설명 중 틀린 것은?

① 사용상태에서의 충격에 견디고 빗물이 들어가지 아니하는 구조일 것
② 입구 측에 황동선망 또는 스테인리스강선망을 사용한 스트레이너를 내장 또는 조립할 수 있는 구조일 것
③ 용량 10kg/h 이상의 1단감압식 저압조정기인 경우에 몸통과 덮개를 몽키렌치, 드라이버 등 일반공구로 불릴 수 없는 구조일 것
④ 자동절체식 조정기는 가스공급 방향을 알 수 있는 표시기를 구비할 것

해설 ①, ②, ④의 내용은 압력용기 제조기술 기준이다.

27 길이 4m, 지름 3.5cm의 연강봉에 4,200kgf의 인장하중이 갑자기 작용하였을 때 충격하중에 의하여 늘어나는 인장길이는 약 몇 mm인가? (단, $E=2.1\times10^6$ kgf/cm²이다.)

① 0.83   ② 1.66
③ 3.32   ④ 6.65

해설 응력 = $\dfrac{(4,200)^2}{\dfrac{\pi}{4}\times(3.5)^2}$ = 873.52 kgf/cm²

∴ $L = \dfrac{400\text{cm}\times 873.52}{2.1\times 10^6}$

= 0.166cm = 1.66mm

※ E : 탄성에너지

28 다음 중 암모니아의 누출식별 방법이 아닌 것은?

① 석회수에 통과시키면 유안의 백색침전이 생긴다.
② HCl과 반응하여 백색의 연기를 낸다.
③ 리트머스시험지를 새는 곳에 대면 청색이 된다.
④ 네슬러시약을 시료에 떨어뜨리면 암모니아량이 적을 때 황색, 많을 때 다갈색이 된다.

해설 ②, ③, ④는 NH₃ 누출 식별방법이다.

29 다음 [보기]에서 설명하는 신축이음 방법은?

• 신축량이 크고 신축으로 인한 응력이 생기지 않는다.
• 직선으로 이음하므로 설치공간이 비교적 적다.
• 배관에 곡선부분이 있으면 비틀림이 생긴다.
• 장기간 사용 시 패킹재의 마모가 생길 수 있다.

① 슬리브형   ② 벨로스형
③ 루프형   ④ 스위블형

해설 보기에 해당되는 신축이음은 슬리브형이다.

30 고압가스 용기제조의 기술수준에 있어서 용기의 재료로서 스테인리스강, 알루미늄합금, 탄소·인 및 황의 함유량을 옳게 나타낸 것은? (단, 이음매 없는 용기는 제외한다.)

① 스테인리스강 : 0.33% 이하, 알루미늄합금 : 0.04% 이하, 탄소·인 및 황 : 0.05% 이하
② 스테인리스강 : 0.35% 이하, 알루미늄합금 : 0.4% 이하, 탄소·인 및 황 : 0.02% 이하
③ 스테인리스강 : 0.55% 이하, 알루미늄합금 : 0.04% 이하, 탄소·인 및 황 : 0.05% 이하
④ 스테인리스강 : 0.33% 이하, 알루미늄합금 : 0.04% 이하, 탄소·인 및 황 : 5% 이하

정답 25 ② 26 ③ 27 ② 28 ① 29 ① 30 ①

해설 용기의 재료
스테인리스강, 알루미늄 합금, 탄소 및 인·황의 함량이 0.33% 이하, 0.04% 이하 및 0.05% 이하인 강

31 가연성가스 검출기에 대한 설명으로 옳은 것은?

① 안전등형은 황색불꽃의 길이로서 C_2H_2의 농도를 알 수 있다.
② 간섭계형은 주로 CH_4의 측정에 사용되나 가연성가스에도 사용이 가능하다.
③ 간섭계형은 가스 전도도의 차를 이용하여 농도를 측정하는 방법이다.
④ 열선형은 라액턴스 회로의 정전전류에 의하여 가스의 농도를 측정하는 방법이다.

해설
• 안전등형 : CH_4 농도 측정
• 간섭계형 : CH_4 또는 CH_4 외의 가연성가스(가스의 굴절률 차 이용)
• 열선형 : 브리지 회로의 편위전류 이용

32 가연성가스의 발화도 135℃ 초과 200℃ 이하에 대한 방폭전기기기의 온도등급은?

① T3 ② T4
③ T5 ④ T6

해설
① T3 : 200℃ 초과~300℃ 이하
② T4 : 135℃ 초과~200℃ 이하
③ T5 : 100℃ 초과~135℃ 이하
④ T6 : 85℃ 초과~100℃ 이하

33 다음 시안화수소에 대한 설명 중 틀린 것은?

① 액체는 무색·투명하며 복숭아 냄새가 난다.
② 액체는 끓는점이 낮아 휘발하기 쉽고 물에 잘 용해되며 이 수용액은 약산성을 나타낸다.
③ 자체의 열로 인하여 오래된 시안화수소는 중합폭발의 위험성이 있기 때문에 옮겨 충전하여야 한다.
④ 염화제일구리, 염화암모늄의 염산산성용액 중에서 아세틸렌과 반응하여 메틸아민이 된다.

해설 $C_2H_2 + HCN \rightarrow CH_2=CHCN$(아크릴로니트릴)

34 지하철 주변에 도시가스 배관을 매설하려고 한다. 이때 다음 중 어느 것이 가장 문제가 되는가?

① 대기부식 ② 미주전류부식
③ 고온부식 ④ 응력부식균열

해설 지하철 주변에 도시가스 배관 매설 시 미주전류부식에 유의한다.

35 10kW는 약 몇 HP인가?

① 5.13 ② 13.4
③ 22.5 ④ 31/6

해설 $1kW = 102 kg \cdot m/s$
$1HP = 76 kg \cdot m/s$
$\therefore 10 \times \dfrac{102}{76} = 13.42 HP$

36 다음 [보기] 중 공기 중에서 폭발하한계 값이 작은 것에서 큰 순서대로 옳게 나열된 것은?

| ㉠ 아세틸렌 | ㉡ 수소 |
| ㉢ 프로판 | ㉣ 일산화탄소 |

① ㉠-㉡-㉢-㉣
② ㉠-㉡-㉣-㉢
③ ㉡-㉠-㉢-㉣
④ ㉢-㉠-㉡-㉣

해설 폭발범위
㉠ C_2H_2 : 2.5%~81%
㉡ H_2 : 4%~75%
㉢ C_3H_8 : 2.2%~9.5%
㉣ CO : 12.5%~74%

37 가스액화분리장치의 구성기기 중 왕복동식 팽창기에 대한 설명으로 틀린 것은?

① 팽창기의 흡입압력 범위가 좁다.
② 팽창비는 크지만 효율은 낮다.
③ 가스처리량이 크게 되면 다기통이 된다.
④ 기통 내의 윤활에 오일이 사용된다.

정답 31 ② 32 ② 33 ④ 34 ② 35 ② 36 ④ 37 ①

해설) 왕복동식 팽창기
- 팽창비는 크지만 효율은 낮다.
- 가스처리량이 크게 되면 다기통이 된다.
- 기통 내의 윤활에 오일이 사용된다.

38 아세틸렌을 용기에 충전할 때 충전 중의 압력은 얼마 이하로 하여야 하는가?

① 1.5MPa ② 2.5MPa
③ 3.5MPa ④ 4.5MPa

해설) C_2H_2 충전압력 : 2.5MPa 이하(25kg$_f$/cm^2)

39 다음 중 특정고압가스로만 짝지어진 것은?

① 수소, 산소, 아세틸렌
② 액화염소, 액화암모니아, 액화프로판
③ 수소, 산소, 시안화수소
④ 수소, 에틸렌, 포스겐

해설) 특정고압가스
산소, 수소, 아세틸렌, 액화암모니아, 액화염소, 압축모노실란, 압축디보레인, 액화알진, 포스핀, 세렌화수소, 모노게르마뉴, 디실란

40 TNT 1,000kg이 폭발했을 때 그 폭발중심에서 100m 떨어진 위치에서 나타나는 폭풍효과(피크압력)는 같은 TNT 125kg이 폭발했을 때 폭발 중심에서 몇 m 떨어진 위치에서 동일하게 나타나는가?(단, 폭풍효과에 관한 3승근 법칙이 적용되는 것으로 한다.)

① 30 ② 50
③ 70 ④ 80

해설) TNT(트리니트로톨루엔)
폭발성 물질로서 니트로화합물이다.(제5류 위험물)

41 도시가스의 유해성분 측정 시 도시가스 1m^{3}당 황화수소는 얼마를 초과해서는 안 되는가?

① 0.02g ② 0.2g
③ 0.5g   ④ 1.0g

해설)
- 황 전량 : 0.5g
- 황화수소 : 0.02g
- 암모니아 : 0.2g

42 가스가 65kcal의 열량을 흡수하여 10,000 kg·m의 일을 했다. 이때 가스의 내부에너지 증가는 약 몇 kcal인가?

① 32.4 ② 38.7
③ 41.6 ④ 57.2

해설) $10{,}000 \times \dfrac{1}{427} = 23.42$ kcal
∴ $65 - 23.42 = 41.58$ kcal

43 다음 중 압력에 대한 Pa(Pascal)의 단위로서 옳은 것은?

① N/m^2
② N^2/m
③ $N \cdot bar/m^3$
④ N/m

해설) $1\text{Pa} = 1\text{N}/\text{m}^2$

44 다음 LP가스의 특성에 대한 설명 중 틀린 것은?

① 상온에서 기체로 존재하지만 가압시키면 쉽게 액화가 가능하다.
② 연소 시 다량의 공기가 필요하다.
③ 액체 상태의 LP가스는 물보다 무겁다.
④ 연소속도는 늦고 발화온도는 높다.

해설) 액체상태의 LP가스는 물보다 가볍다.

45 다음 중 초저온 액화가스 취급 시 생기기 쉬운 사고발생의 원인으로 가장 거리가 먼 것은?

① 가스에 의한 질식사고
② 화학적 변화에 따른 사고
③ 저온 때문에 생기는 물리적 변화에 의한 사고
④ 가스의 증발에 따른 압력의 이상 상승에 의한 사고

정답) 38 ② 39 ① 40 ② 41 ① 42 ③ 43 ① 44 ③ 45 ④

해설 초저온 액화가스
- 액화 산소
- 액화 아르곤
- LPG
- 액화 질소
- 액화 수소
- 액화 헬륨

46 다음 정압기의 유량특성에 대한 설명 중 틀린 것은?

① 유량특성이라 함은 메인밸브의 열량과 유량과의 관계를 말한다.
② 직선형은 메인밸브 개구부의 모양이 장방형의 슬릿(Slit)으로 되어 있을 경우에 생긴다.
③ 2차형은 개구부의 모양이 접시형의 메인밸브로 되어 있을 경우에 생긴다.
④ 평방근형은 신속하게 열(開) 필요가 있을 경우에 사용하며, 따라서 다른 것에 비하여 안전성이 좋지 않다.

해설 2차형은 $k \times (열림)^2$의 관계에 있는 것으로서 접시형의 메인밸브의 경우에 생기며 신속하게 열 필요가 있을 경우에 사용한다. 따라서 다른 것에 비하여 안정성이 나쁘다.

47 도시가스사업법에서 정의하는 보호시설 중 제2종 보호시설은?

① 문화재보호법에 의하여 지정문화재로 지정된 건축물
② 사람을 수용하는 건축물로서 사실상 독립된 부분의 연면적이 $100m^2$ 이상 $1,000m^2$ 미만인 것
③ 아동·노인·모자·장애인 기타 사회복지사업을 위한 시설로서 수용능력이 20인 이상인 건축물
④ 극장·교회 및 교회당 그 밖의 유사한 시설로서 수용능력이 300인 이상인 건축물

해설 제2종 보호시설
- 주택
- 사람을 수용하는 건축물로서 사실상 독립된 부분의 연면적이 $100m^2$ 이상 $1,000m^2$ 미만

48 다음 독성가스와 제독제가 옳지 않게 짝지어진 것은?

① 염소 - 가성소다 및 탄산소다 수용액
② 암모니아 - 염산 및 질산 수용액
③ 시안화수소 - 가성소다 수용액
④ 아황산가스 - 가성소다 수용액

해설 독성가스의 제독제
- 염소 : 가성소다 수용액, 탄산소다 수용액, 소석회
- 암모니아 : 다량의 물
- 시안화수소 : 가성소다 수용액
- 아황산가스 : 물, 가성소다 수용액, 탄산소다 수용액

49 고압가스 일반제조시설의 저장탱크에 설치하는 긴급차단 장치의 설치기준으로 옳은 것은?

① 특수반응설비 또는 고압가스설비에 설치할 경우 상용압력의 1.1배 이상의 압력에 견디어야 한다.
② 액상의 가연성 가스 또는 독성가스를 이입하기 위해 설치된 배관에는 역류방지밸브로 대신할 수 있다.
③ 긴급차단장치에 속하는 밸브 외 1개의 밸브를 배관에 설치하고 항상 개방시켜 둔다.
④ 가연성가스 저장탱크의 외면으로부터 10m 이상 떨어진 위치에 설치해야 한다.

해설 긴급차단장치는(액상 가연성가스 또는 독성가스를 이입하기 위하여 설치된 배관에는) 역류방지 밸브로 갈음할 수 있다.

50 이상기체의 상태변화에서 내부에너지 변화가 없는 것은?

① 등압변화
② 등적변화
③ 등온변화
④ 단열변화

해설 이상기체는 등온변화 시 내부에너지 변화가 없다.

정답 46 ③ 47 ② 48 ② 49 ② 50 ③

51 다음 중 공기를 분리하여 얻을 수 없는 가스는?

① 산소 ② 질소
③ 암모니아 ④ 아르곤

해설 • 공기를 분리하여 NH_3는 얻을 수 없다.
• $3H_2 + N_2 \rightarrow 2NH_3$(암모니아 제조)
• $CaCN_2 + 3H_2O \rightarrow CaCO_3 + 2NH_3$(암모니아 제조)

52 용기의 검사기준에서 내압시험압력이 2.5MPa 인 용기에 압축가스를 충전할 때 그 최고충전압력은?(단, 아세틸렌가스 외의 압축가스이다.)

① 1.5MPa
② 2.0MPa
③ 3.13MPa
④ 4.17MPa

해설 $FP = TP \times \frac{3}{5}$배 $= 2.5 \times \frac{3}{5} = 1.5$MPa

53 $3 \times 10^4 N \cdot mm$의 비틀림 모멘트와 $2 \times 10^4 N \cdot mm$의 굽힘모멘트를 동시에 받는 축의 상당 굽힘모멘트는 약 몇 $N \cdot mm$인가?

① 25,000
② 28,028
③ 50,000
④ 56,056

해설 $3 \times 10^4 = 30,000$
$2 \times 10^4 = 20,000$
$M_e = \frac{1}{2}\left(20,000 + \sqrt{30,000^2 + 20,000^2}\right)$
$= 28,028 N \cdot mm$

54 다음 중 가장 낮은 온도에서 사용이 가능한 보냉재는?

① 폴리우레탄
② 탄산마그네슘
③ 펠트
④ 폴리스티렌

해설 ① 폴리우레탄 폼 : 80℃ 이하
② 탄산마그네슘 : 250℃ 이하
③ 펠트 : 100℃ 이하
④ 폴리스티렌 폼 : 80℃ 이하

55 로트로부터 시료를 샘플링해서 조사하고, 그 결과를 로트의 판정기준과 대조하여 그 로트의 합격, 불합격을 판정하는 검사를 무엇이라 하는가?

① 샘플링검사
② 전수검사
③ 공정검사
④ 품질검사

해설 샘플링검사
로트로부터 시료를 샘플링해서 조사하고 그 결과를 로트의 판정기준과 대조하여 그 로트의 합격, 불합격을 판정하는 검사이다.

56 일반적으로 품질코스트 가운데 가장 큰 비율을 차지하는 코스트는?

① 평가코스트
② 실패코스트
③ 예방코스트
④ 검사코스트

해설 품질코스트
• 예방코스트
• 평가코스트
• 실패코스트(불량제품, 불량원료에 의한 손실비용)

57 일정 통제를 할 때 1일당 그 작업을 단축하는 데 소요되는 비용의 증가를 의미하는 것은?

① 비용구배(Cost Slope)
② 정상소요시간(Normal Duration Time)
③ 비용견적(Cost Estimation)
④ 총비용(Total Cost)

해설 비용구배
일정통제를 할 때 1일당 그 작업을 단축하는 데 소요되는 비용의 증가

정답 51 ③ 52 ① 53 ② 54 ① 55 ① 56 ② 57 ①

58 다음 중 데이터를 그 내용이나 원인 등 분류 항목별로 나누어 크기의 순서대로 나열하여 나타낸 그림을 무엇이라 하는가?

① 히스토그램(Histogram)
② 파레토도(Pareto Diagram)
③ 특성요인도(Causes And Effects Diagram)
④ 체크시트(Check Sheet)

해설 파레토도
데이터를 그 내용이나 원인 등 분류 항목별로 나누어 크기의 순서대로 나열하여 나타낸 그림

59 c 관리도에서 $k = 20$인 군의 총부적합(결점)수 합계는 58이었다. 이 관리도의 UCL을 구하면 약 얼마인가?

① UCL = 6.92, LCL = 0
② UCL = 4.90, LCL = 고려하지 않음
③ UCL = 6.92, LCL = 고려하지 않음
④ UCL = 8.01, LCL = 고려하지 않음

해설 c 관리도(결점수의 관리도)
$$UCL, LCL = \bar{\bar{x}} \pm E_2 \bar{R}$$

중심선(CL) = $\bar{c} = \dfrac{58}{20} = 2.9$

관리한계선
- UCL = $\bar{c} + 3\sqrt{\bar{c}}$
  $= 2.9 + 3\sqrt{2.9} = 8.01$
- LCL = $\bar{c} - 3\sqrt{\bar{c}}$
  $= 2.9 - 3\sqrt{2.9} = -2.21$ (고려하지 않음)

60 모든 작업을 기본동작으로 분해하고, 각 기본동작에 대하여 성질과 조건에 따라 미리 정해 놓은 시간치를 적용하여 정미시간을 산정하는 방법은?

① PTS법
② WS법
③ 스톱워치법
④ 실적자료법

해설 PTS법
모든 작업을 기본동작으로 분해하고 각 기본 동작에 대하여 성질과 조건에 따라 미리 정해 놓은 시간치를 적용하여 정미시간을 산정하는 방법

정답 58 ② 59 ④ 60 ①

2008년 7월 13일 과년도 기출문제

01 다음 가스폭발에 대한 설명 중 틀린 것은?
① 압력과 폭발범위는 서로 관계가 없다.
② 관지름이 가늘수록 폭굉유도거리는 짧아진다.
③ 혼합가스의 폭발범위는 르샤틀리에 법칙을 적용한다.
④ 이황화탄소, 아세틸렌, 수소는 위험도가 커서 위험하다.

해설 가연성 가스는 압력과 폭발범위에 서로 관계가 성립된다.

02 배관용 합금 강관의 KS 규격 표시 기호는?
① SPA
② STPA
③ SPP
④ SPPS

해설 SPA : 배관용 합금강 강관

03 다음 고압밸브에 대한 설명으로 옳은 것은?
① 주로 주조품을 깎아서 만든다.
② 슬루스 밸브는 기밀도가 좋다.
③ 글로브 밸브는 기밀도가 나쁘다.
④ 콕(Cock)은 통로의 개폐가 신속히 이루어진다.

해설 고압밸브는 단조품이며 슬루스 밸브는 기밀도가 나쁘고 글로브 밸브는 기밀도가 좋다. 또한 콕은 통로의 개폐가 신속하다.

04 용접 시 가접을 하는 이유로 가장 적당한 것은?
① 응력 집중을 크게 하기 위하여
② 용접부의 강도를 크게 하기 위하여
③ 용접 자세를 일정하게 하기 위하여
④ 용접 중의 변형을 방지하기 위하여

해설 용접 시 가접의 목적은 용접 중의 변형을 방지하기 위해서이다.

05 다음 [보기]의 특징을 가진 신축이음재의 종류는?

- 배관이 직선부분일 경우에 유효하다.
- 직선으로 이음하므로 설치공간이 비교적 작다.
- 신축량이 크고 신축으로 인한 응력이 생기지 않는다.
- 장시간 사용 시 패킹재가 마모되어 누수의 원인이 된다.

① 슬리브형
② 벨로스형
③ 루프형
④ 스위블형

해설 슬리브형 신축이음재는 응력이 생기지는 않으나 장시간 사용 시 패킹재가 마모되어 누수의 원인이 된다.

06 액화천연가스 180ton을 저장하는 저압지하식 저장탱크는 그 외면으로부터 사업소 경계까지 몇 m 이상의 안전거리를 유지하여야 하는가?
① 17
② 27
③ 34
④ 71

정답 01 ① 02 ① 03 ④ 04 ④ 05 ① 06 ④

07 공기액화분리장치에서 공기 중에 아세틸렌 가스가 혼합되면 안 되는 이유에 관하여 옳게 설명한 것은?

① 산소의 순도가 나빠지기 때문에
② 질소와 산소의 분리가 방해되므로
③ 배관 내에서 동결하여 관을 막을 수 있으므로
④ 분리기 내의 액체 산소 탱크 내에 들어가 폭발하기 때문에

해설 공기액화분리장치에서 아세틸렌 가스가 혼입되면 분리기 내의 액체 산소 탱크 내에 들어가 폭발하기 때문이다.

08 산소의 공업적 제조법에 해당하는 것은?

① 공기를 액화 분리하여 얻는다.
② 석유의 부분 산화법으로 얻는다.
③ 과산화수소와 이산화망간을 반응시켜 얻는다.
④ 염소산칼륨과 이산화망간을 혼합하여 열분해시켜 얻는다.

해설 산소의 공업적 제조법은 공기를 액화 분리하여 얻는다.

09 다음 중 아세틸렌과 접촉반응하여 폭발성 물질을 생성하지 않는 금속은?

① 금   ② 은
③ 구리   ④ 수은

해설 아세틸렌가스(C_2H_2)와 금은 접촉하여도 치환반응이 일어나지 않는다.

10 다음 중 가연성이면서 독성가스로 분류되는 것은?

① 산화에틸렌   ② 아세틸렌
③ 부타디엔   ④ 프로판

해설 산화에틸렌(C_2H_4O) 가스
• 독성 허용농도 : 50ppm
• 폭발범위 : 3~80%

11 공기 중에 누출되었을 때 낮은 곳에 체류하는 가스로만 짝지어진 것은?

① 프로판, 염소, 포스겐
② 프로판, 수소, 아세틸렌
③ 아세틸렌, 염소, 암모니아
④ 아세틸렌, 포스겐, 암모니아

해설 공기의 분자량보다 큰 프로판, 염소, 포스겐 가스는 누설되면 낮은 곳에 체류한다.

12 다음 중 차량에 고정된 용기의 운반기준에 있어 고압가스 운반 시 운반책임자를 반드시 동승시켜야 하는 경우는?

① 압축가스 중 용적이 400m^3인 산소
② 압축가스 중 용적이 50m^3인 독성가스
③ 액화가스 중 질량이 2,000kg인 프로판가스
④ 액화가스 중 질량이 2,000kg인 독성가스

해설
• 산소 : 600m^3 이상
• 독성가스 : 100m^3 이상
• 가연성가스 : 3,000kg 이상
• 독성가스 : 1,000kg 이상

13 일산화탄소와 공기의 혼합가스는 압력이 높아지면 폭발범위는 어떻게 되는가?

① 넓어진다.
② 좁아진다.
③ 변화없다.
④ 0.5MPa까지는 좁아지다가, 0.5MPa 이상에서는 넓어진다.

해설 CO 가스는 압력이 높아지면 폭발범위가 좁아진다.

14 다음 중 가스분석 시 이산화탄소(CO_2)의 흡수제로 사용되는 것은?

① 수산화칼륨 수용액
② 요오드화수은칼륨 용액
③ 알칼리성 피로갈롤 용액
④ 암모니아성 염화 제1구리 용액

해설 CO_2 흡수제 : 수산화칼륨용액(KOH)

정답 07 ④ 08 ① 09 ① 10 ① 11 ① 12 ④ 13 ② 14 ①

15 폴리트로픽 공정은 다음 식과 같이 표현된다. 이때 n이 0인 경우 다음 중 어느 변화에 해당하는가?(단, C는 임의의 주어진 공정에 대한 상수이다.)

$$PV^n = C$$

① 등압변화 ② 등적변화
③ 등온변화 ④ 단열변화

해설
- $n=0$: 등압변화
- $n=1$: 등온변화
- $n=k$: 단열변화
- $n=\infty$: 정적변화

16 가스배관장치에서 주로 사용되고 있는 부르동관 압력계 사용 시의 주의사항에 대한 설명 중 틀린 것은?

① 안전장치가 되어 있는 것을 사용할 것
② 압력계의 가스 유입이나 폐지 시에는 조용히 조작할 것
③ 정기적으로 검사를 하여 지시의 정확성을 미리 확인하여 둘 것
④ 압력계는 온도나 진동, 충격 등의 변화에 관계없이 선택할 것

해설 부르동관 압력계(탄성식)는 온도나 진동 충격을 고려하여 설치한다.

17 배관의 이음방법 중 플랜지를 접합하는 방법이 아닌 것은?

① 나사식
② 노허브식
③ 블라인드식
④ 소켓용접식

해설 노허브식 이음
주철관이음이며 소켓이음의 개량형 이음

18 다음 중 고압가스 특정제조의 허가대상시설에 해당하지 않는 것은?

① 철강공업자의 철강공업시설 또는 그 부대시설에서 고압가스를 제조하는 것으로 그 처리능력이 10만m³ 이상인 것
② 석유화학공업자 또는 지원사업을 하는 자의 시설에서 고압가스 처리능력이 1,000m³ 이상 또는 그 저장능력이 50ton 이상인 것
③ 석유정제업자의 석유정제시설 또는 그 부대시설에서 고압가스를 제조하는 것으로서 그 저장능력이 100ton 이상인 것
④ 비료생산업자의 비료제조시설 또는 그 부대시설에서 고압가스를 제조하는 것으로서 그 처리능력이 10만m³ 이상이거나 저장능력이 100ton 이상인 것

19 암모니아용 냉동기에서 팽창밸브 직전 액냉매의 엔탈피가 110kcal/kg, 흡입증기 냉매의 엔탈피가 360kcal/kg일 때 10RT의 냉동능력을 얻기 위한 냉매 순환량은 약 몇 kg/h인가?(단, 1RT는 3,320kcal/h이다.)

① 132.8 ② 218.3
③ 263.6 ④ 312.8

해설 $360-110=250$ kcal/kg(기화열)
$$\therefore \frac{3,320 \times 10}{250} = 132.8 \text{kg/h}$$

20 고압가스 제조자는 용기에 가스를 충전하기 전에 용기에 대한 안전점검을 실시하여야 하는데 다음 중 점검기준이 아닌 것은?

① 용기는 도색이 되어 있는지 확인
② 재검사 기간의 도래 여부 확인
③ 용기 밸브로부터의 누출 여부 확인
④ 밸브의 그랜드너트는 고정핀 등으로 이탈방지 조치되어 있는가 확인

해설 고압가스 제조자의 안전점검은 ①, ②, ④의 점검이 반드시 필요하다.

정답 15 ① 16 ④ 17 ② 18 ② 19 ① 20 ③

21 용기에는 폭발사고와 파열사고가 있을 수 있다. 다음 중 파열사고의 원인이 아닌 것은?

① 재료의 불량이나 부식이 되었을 때
② 용기가 외부로부터 과열(過熱)될 때
③ 액화가스가 과충전(過充塡)되었을 때
④ 수소용기 내에 5% 이상의 산소가 존재할 때

해설 수소용기 내에 산소용량이 전용량의 2% 이상일 때 압축하면 폭발사고 발생

22 차량에 고정된 탱크로 고압가스를 운반할 때 가스를 송출 또는 이입하는 데 사용되는 밸브를 후면에 설치한 탱크에서 탱크 주밸브와 차량의 뒷범퍼와의 수평거리는 몇 cm 이상 떨어져 있어야 하는가?

① 20　　② 30
③ 40　　④ 50

해설 탱크 주밸브 후면 ↔ 차량의 뒷범퍼

23 다음 터보형 압축기의 특징에 대한 설명 중 틀린 것은?

① 압축비가 크고, 용량조정범위가 넓다.
② 비교적 소형이며, 대용량에 적합하다.
③ 연속토출이 되므로 맥동현상이 적다.
④ 전동기의 회전축에 직결하여 구동할 수 있다.

해설 터보 압축기는 압축비가 작고 용량조절은 가능하나 비교적 어렵고 조정범위가 70~100%로 좁다.

24 다음 압력계 중 탄성식 압력계에 해당되지 않는 것은?

① 부르동관 압력계
② 벨로스 압력계
③ 피에조 압력계
④ 다이어프램 압력계

해설 피에조 압력계 : 전기식 압력계

25 다음 중 액화석유가스 충전, 판매사업소의 변경허가를 받지 않아도 되는 경우는?(단, 판매시설과 영업소의 저장설비는 제외한다.)

① 사업소의 이전
② 사업소 대표자의 주소변경
③ 저장설비의 교체설치
④ 저장설비의 용량증가

해설 사업소 대표자의 주소변경은 변경허가가 불필요하다.

26 질화 표면경화법은 강에 대하여 내마모성, 열적 안정성 등을 주기 위한 방법이다. 이때 사용되는 질화제는?

① 산소　　② 수소
③ 아세틸렌　　④ 암모니아

해설 질화 표면경화법 질화제 : NH_3 가스

27 특정고압가스 사용시설에서 독성가스의 감압설비와 그 가스의 반응설비 간의 배관에 반드시 설치하여야 하는 장치는?

① 역류방지장치
② 화염방지장치
③ 독성가스 흡수장치
④ 안전밸브

해설 독성가스 감압설비 ↔ 독성가스 반응설비

28 대기압(0℃, 101.3kPa)에서 비점(끓는점)이 높은 것에서 낮은 순으로 옳게 나열된 것은?

① CH_4, C_3H_8, C_4H_{10}, Cl_2
② C_4H_{10}, Cl_2, C_3H_8, CH_4
③ Cl_2, C_4H_{10}, C_3H_8, CH_4
④ C_3H_8, Cl_2, CH_4, C_4H_{10}

해설 비점
- 부탄(C_4H_{10}) : −0.5℃
- 염소(Cl_2) : −33.7℃
- 프로판(C_3H_8) : −41.2℃
- 메탄(CH_4) : −161.5℃

정답　21 ④　22 ③　23 ①　24 ③　25 ②　26 ④　27 ①　28 ②

29 액화석유가스의 안전관리 및 사업법에서 정의하는 용어에 대한 설명으로 옳은 것은?

① 액화석유가스란 에탄, 프로판을 주성분으로 한 가스를 기화한 것을 말한다.
② 액화석유가스 충전사업이란 저장시설에 저장된 액화석유가스를 용기에 충전하거나 자동차에 고정된 탱크에 충전하여 공급하는 사업을 말한다.
③ 액화석유가스 집단공급사업이란 용기에 충전된 액화석유가스를 공급하는 것을 말한다.
④ 액화석유가스 저장소란 지식경제부령이 정하는 1,000L 이상의 연료용 가스를 용기 또는 저장탱크에 의하여 저장하는 시설을 말한다.

해설 액화석유가스 : 부탄, 프로판가스

30 고압가스 일반제조의 기술기준에 대한 내용 중 틀린 것은?

① 석유류 · 유지류 또는 글리세린은 산소압축기의 내부윤활제로 사용하지 아니할 것
② 산화에틸렌의 저장탱크는 그 내부의 질소가스 · 탄산가스 및 산화에틸렌가스의 분위기가스를 질소가스 또는 탄산가스로 치환하고 5℃ 이하로 유지할 것
③ 충전용 주관의 압력계는 매월 1회 이상, 그 밖의 압력계는 3월에 1회 이상 표준이 되는 압력계로 그 기능을 검사할 것
④ 산소 중의 가연성가스(아세틸렌 · 에틸렌 및 수소를 제외한다.)의 용량이 전용량의 2% 이상의 것은 압축을 금지할 것

해설 산소 중의 가연성가스의 용량이 전용량의 4% 이상에서는 압축금지(단, 아세틸렌, 에틸렌, 수소의 경우는 2% 이상에서 압축금지)

31 3kg의 산소가 일정 압력하에서 체적이 $0.5m^3$에서 $2.0m^3$으로 변하였을 때 엔트로피의 증가는 약 몇 kcal/K인가?(단, 산소의 정압비열 C_p는 0.22 kcal/kg · K이고, 이상기체로 가정한다.)

① 0.31 ② 0.55
③ 0.70 ④ 0.91

해설 $\Delta S = G \cdot C_p \cdot \ln \dfrac{V_2}{V_1}$

$= 3 \times 0.22 \times \ln \dfrac{2.0}{0.5}$

$= 0.9149 \text{kcal/kg} \cdot K$

32 저온장치에 사용되는 냉매의 구비조건으로 틀린 것은?

① 증발잠열이 클 것
② 임계온도가 낮을 것
③ 액체의 비열이 작을 것
④ 가스의 비체적이 작을 것

해설 냉매는 임계온도가 높아야 한다.

33 고압가스 운반 시 가스누출사고가 발생되었다. 이 부분의 수리가 불가능한 경우, 재해 발생 또는 확대를 방지하기 위한 조치사항으로 볼 수 없는 것은?

① 상황에 따라 안전한 장소로 운반한다.
② 상황에 따라 안전한 장소로 대피한다.
③ 비상 연락망에 따라 관계업소에 원조를 의뢰한다.
④ 펜스를 설치하고 다른 운반차량에 가스를 옮긴다.

해설 고압가스 운반 시 가스누출사고 발생이 나면 ①, ②, ③의 조치사항이 필요하다.

정답 29 ② 30 ④ 31 ④ 32 ② 33 ④

34 고압가스 안전관리법에서 규정한 공급자의 의무사항에 대한 설명으로 옳은 것은?

① 안전점검을 실시한 결과 수요자의 시설 중 개선할 사항이 있을 경우 그 수요자로 하여금 당해 시설을 개선하도록 한다.
② 고압가스 수요자의 사용시설 중 개선명령을 할 수 있는 자는 시·도지사이다.
③ 고압가스를 수요자에게 공급할 때는 수요자에게 그 사용시설을 안전점검하도록 한다.
④ 고압가스 판매자는 고압가스의 수요자가 그 시설을 개선하지 아니할 때는 고압가스의 공급을 중단하고, 그 사실을 시·도지사에게 신고한다.

[해설] ①은 고압가스 안전관리법에서 규정한 공급자의 의무사항이다.

35 SI단위에서 압력의 단위는 Pa(Pascal)을 사용한다. 공학단위 1kgf/cm²은 약 몇 MPa인가?

① 0.01013 ② 0.01033
③ 0.07601 ④ 0.09806

[해설] 1kgf/cm² = 98.6kPa = 0.09806MPa

36 다음 중 역화방지장치 내부의 재료로 사용되는 소염소자가 아닌 것은?

① 물   ② 금망
③ 소결금속 ④ 탄화칼슘

[해설] 역화방지장치 내부의 재료 소염소자
- 물
- 금망
- 소결금속

37 프로판가스 10kg을 완전 연소하는 데 필요한 공기량은 약 몇 Nm³인가?(단, 공기 중 산소와 질소의 체적비는 21 : 79이다.)

① 76   ② 95
③ 110 ④ 122

[해설] $C_3H_8 + 5O_2 \rightarrow 3CO_2 + 4H_2O$
44kg   5×22.4m³

$\therefore A_o = \left(5 \times 22.4 \times \dfrac{100}{21}\right) \times \dfrac{10}{44}$

$= 121.21 \text{Nm}^3$

38 지름 30mm의 강봉에 40kN의 하중이 안전하게 작용하고 있을 때 이 강봉의 인장강도가 350MPa이면 안전율은 약 얼마인가?

① 2.7 ② 4.2
③ 6.2 ④ 8.1

[해설] $A = \dfrac{\pi}{4}D^2 = \dfrac{3.14}{4} \times 30^2 = 706.5 \text{mm}^2$

$40 \times 1,000 = 40,000 \text{N}$

$\dfrac{40,000}{706.5} = 56.617 \text{N/mm}^2$

$\therefore \dfrac{350}{56.617} = 6.181$

39 표준상태(0℃, 101.3kPa)에서 기체상수 R을 옳게 나타낸 것은?

① 0.082erg/mol·K
② 1.987J/mol·K
③ 8.314×10⁷cal/mol·K
④ 8.314J/mol·K

[해설] $R = 8.314 \times 10^3 \text{J/kmol} \cdot \text{K}$
$= 8.314 \text{J/mol} \cdot \text{K}$

40 압축기에 사용하는 윤활유의 구비조건으로 틀린 것은?

① 인화점이 낮고, 분해되지 않을 것
② 점도가 적당하고, 항유화성이 클 것
③ 수분 및 산류 등의 불순물이 적을 것
④ 화학적으로 안정하여 사용가스와 반응을 일으키지 않을 것

[해설] 압축기의 윤활유는 인화점이 높아야 한다.

정답 34 ① 35 ④ 36 ④ 37 ④ 38 ③ 39 ④ 40 ①

41 다음 중 고압가스 관련 설비에 해당하지 않는 것은?

① 냉각살수설비
② 기화장치
③ 긴급차단장치
④ 독성가스 배관용 밸브

해설 냉각살수설비는 고압가스 저장탱크에 설치한다.

42 지식경제부장관은 가스의 수급상 필요하다고 인정되면 도시가스사업자에게 조정을 명령할 수 있다. "조정명령"사항이 아닌 것은?

① 가스공급 계획의 조정
② 가스요금 등 공급조건의 조정
③ 가스공급시설 공사계획의 조정
④ 가스사업의 휴지, 폐지, 허가에 대한 조정

해설 가스사업의 휴지, 폐지, 허가는 조정명령사항에서 제외된다.

43 LPG 1L는 기체상태로 변하면 250L가 된다. 20kg의 LPG가 기체상태로 변하면 부피는 약 몇 m³이 되는가?(단, 표준상태이며, 액체의 비중은 0.5이다.)

① 1
② 5
③ 7.5
④ 10

해설 $V' = \frac{20}{0.5} = 40L$

$V = (40 \times 250) \times \frac{1}{1,000} = 10m^3$

44 다음의 반응에서 A와 B의 농도를 모두 2배로 해주면 반응속도는 이론적으로 몇 배가 되겠는가?

$$A + 3B \rightarrow 3C + 5D$$

① 2
② 4
③ 8
④ 16

해설 $V = K[A] \cdot [B]^3 = K \times 2 \times 2^3 = 16 \cdot K$

45 다음 이상기체에 대한 설명 중 틀린 것은?

① 완전탄성체로 간주한다.
② 반데르발스 힘에 의하여 분자가 운동한다.
③ 분자 사이에는 아무런 인력도 반발력도 작용하지 않는다.
④ 분자 자체가 차지하는 부피는 전체 계에 대하여 무시한다.

해설 반데르발스 힘에 의하여 분자가 운동하는 것은 이상기체가 아니라 실제기체이다.

46 액화산소 저장탱크 방류둑의 용량은 저장능력 상당용적의 얼마 이상으로 하여야 하는가?

① 30%
② 40%
③ 50%
④ 60%

해설 방류둑 용량
- 가연성, 독성가스 : 저장능력 상당용적 이상
- 산소 : 저장능력 상당용적의 60% 이상

47 액화석유가스의 안전관리 및 사업법에서 규정하고 있는 안전관리자의 직무범위가 아닌 것은?

① 회사의 가스영업 활동
② 가스용품의 제조공정 관리
③ 사업소의 종업원에 대하여 안전관리를 위한 필요사항의 지휘·감독
④ 정기검사 또는 수시검사 결과 부적합 판정을 받은 시설의 개선

해설 가스영업 활동은 안전관리자의 직무범위에서 제외된다.

48 흡수식 냉동기에서 암모니아 냉매의 흡수제는 무엇인가?

① 파라핀유
② 물
③ 취화리튬
④ 사염화에탄

해설 흡수식 냉동기
- 냉매 : 물
- 흡수제 : 취화리튬(냉매가 암모니아인 경우 흡수제는 물)

정답 41 ① 42 ④ 43 ④ 44 ④ 45 ② 46 ④ 47 ① 48 ②

49 다음 중 품질 코스트(Cost)의 구성이 아닌 것은?

① 예방코스트　　② 평가코스트
③ 실패코스트　　④ 판매코스트

해설 품질코스트
예방 코스트, 평가 코스트, 실패 코스트

50 산소 1.5mol, 질소 2mol, 수소 1mol, 일산화탄소 0.5mol을 섞은 혼합기체의 전압이 4기압일 때, 분압이 0.4기압이 되는 기체는 어느 것인가?

① 산소　　② 질소
③ 수소　　④ 일산화탄소

해설 1.5+2+1+0.5=5L
$O_2 = 4 \times \frac{1.5}{5} = 1.2$　　$N_2 = 4 \times \frac{2}{5} = 1.6$
$H_2 = 4 \times \frac{1}{5} = 0.8$　　$CO = 4 \times \frac{0.5}{5} = 0.4$

51 가스사용시설(연소기는 제외)의 기술기준에서 기밀시험의 압력 기준으로 옳은 것은?

① 상용압력의 1.1배 또는 1kPa 중 높은 압력 이상
② 상용압력의 1.0배 또는 8.4kPa 중 높은 압력 이상
③ 최고사용압력의 1.1배 또는 8.4kPa 중 높은 압력 이상
④ 최고사용압력의 1.5배 또는 10kPa 중 높은 압력 이상

해설 가스사용시설의 기밀시험 압력은 최고사용압력의 1.1배 또는 8.4kPa 중 높은 압력 이상

52 다음 중 염소의 용도에 해당하지 않는 것은?

① 수돗물의 살균
② 염화비닐의 원료
③ 섬유의 표백
④ 수소의 제조원료

해설 염소의 용도는 ①, ②, ③ 외에 염화비닐, 클로로포름, 사염화탄소의 원료로 사용된다.

53 가스용품을 수입하고자 하는 자는 시·도지사의 검사를 받아야 하는데 검사의 전부를 생략할 수 없는 경우는?

① 수출을 목적으로 수입하는 것
② 시험연구 개발용으로 수입하는 것
③ 산업기계설비 등에 부착되어 수입하는 것
④ 주한 외국기관에서 사용하기 위하여 수입하는 것으로 외국의 검사를 받지 아니한 것

해설 ④의 가스용품에 해당되면 검사가 필요하다.

54 다음 중 수소가스가 발생되기 가장 어려운 경우에 해당되는 반응은?

① 알루미늄과 염산의 반응
② 아연과 수산화나트륨의 반응
③ 구리와 황산의 반응
④ 알루미늄과 수산화나트륨과 물의 반응

해설 구리와 황산의 반응으로는 수소가스 발생 반응이 나타나지 않는다.

55 어떤 공장에서 작업을 하는 데 있어서 소요되는 기간과 비용이 다음 표와 같을 때 비용구배는 얼마인가?(단, 활동시간의 단위는 일(日)로 계산한다.)

정상작업		특급작업	
기간	비용	기간	비용
15일	150만 원	10일	200만 원

① 50,000원　　② 100,000원
③ 200,000원　　④ 300,000원

해설 비용구배 = $\frac{1,500,000}{15일}$
= 100,000원/일

정답 49 ④ 50 ④ 51 ③ 52 ④ 53 ④ 54 ③ 55 ②

56 공정에서 만성적으로 존재하는 것은 아니고 산발적으로 발생하며, 품질의 변동에 크게 영향을 끼치는 요주의 원인으로 우발적 원인인 것을 무엇이라 하는가?

① 우연원인
② 이상원인
③ 불가피 원인
④ 억제할 수 없는 원인

해설 이상원인
공장에서 산발적으로 발생하며 품질의 변동에 크게 영향을 끼치는 우발적 원인

57 방법시간측정법(MTM ; Method Time Measurement)에서 사용되는 1TMU(Time Measurement Unit)는 몇 시간인가?

① $\dfrac{1}{100,000}$ 시간
② $\dfrac{1}{10,000}$ 시간
③ $\dfrac{6}{10,000}$ 시간
④ $\dfrac{36}{1,000}$ 시간

해설 MTM에서 1TMU = $\dfrac{1}{100,000}$ 시간

58 다음 중 품질관리시스템에 있어서 4M에 해당하지 않는 것은?

① Man
② Machine
③ Material
④ Money

해설 4M
- Man(사람)
- Method(방법)
- Material(자재)
- Machine(기계)
※ Money(자본)은 7M에 해당

59 계수 규준형 1회 샘플링 검사(KS A 3102)에 관한 설명 중 가장 거리가 먼 내용은?

① 검사에 제출된 로트의 제조공정에 관한 사전 정보가 없어도 샘플링 검사를 적용할 수 있다.
② 생산자 측과 구매자 측이 요구하는 품질보호를 동시에 만족시키도록 샘플링 검사방식을 선정한다.
③ 파괴검사의 경우와 같이 전수검사가 불가능한 때에는 사용할 수 없다.
④ 1회만의 거래 시에도 사용할 수 있다.

해설 계수 규준형 1회 샘플링 검사에서는 ①, ②, ④의 적용이 가능하다.

60 품질특성을 나타내는 데이터 중 계수치 데이터에 속하는 것은?

① 무게
② 길이
③ 인장강도
④ 부적합품의 수

해설 계수치 데이터
품질특성에서 부적합품의 수

정답 56 ② 57 ① 58 ④ 59 ③ 60 ④

2009년 3월 28일 과년도 기출문제

01 용접배관 이음에서 피닝을 하는 주된 이유는?

① 슬래그를 제거하기 위하여
② 잔류 응력을 제거하기 위하여
③ 용접이 잘 되게 하기 위하여
④ 용입이 잘 되게 하기 위하여

해설 피닝 목적
용접 시 잔류응력 제거

02 어느 이상기체가 압력 10kgf/cm²에서 체적이 0.1m³이었다. 등온과정을 통해 체적이 3배로 될 때 기체가 외부로부터 받은 열량은 몇 kcal인가?

① 35.7   ② 30.9
③ 25.7   ④ 10.9

해설 $Q = APV \ln\left(\dfrac{V_2}{V_1}\right)$

$= \dfrac{1}{427} \times 10 \times 10^4 \times 0.1 \times \ln\left(\dfrac{0.3}{0.1}\right)$

$= 25.7 \text{kcal}$

※ 0.1×3배＝0.3m³

03 물체에 압력을 가하면 발생한 전기량은 압력에 비례하는 원리를 이용하여 압력을 측정하는 것으로서 응답이 빠르고 급격한 압력 변화를 측정하는 데 적합한 압력계는?

① 다이어프램(Diaphram) 압력계
② 벨로즈(Bellows) 압력계
③ 부르동관(Bourdon Tube) 압력계
④ 피에조(Plezo) 압력계

해설 피에조 압력계
전기량이 압력에 비례한다는 원리를 이용하여 압력을 측정하며 응답이 빠르고 급격한 압력변화를 측정한다.

04 고압가스 안전관리법에서 정한 500리터 이상의 이음매 없는 용기의 재검사는 몇 년마다 하여야 하는가?

① 1   ② 2
③ 3   ④ 5

해설 이음매 없는 용기 재검사
• 500L 이상 : 5년마다
• 500L 미만 : 10년 이하는 5년, 10년 초과는 3년마다

05 공정 및 설비의 고장 형태 및 영향, 고장형태별 위험도 순위 등을 결정하는 위험성 평가기법은 무엇인가?

① HAZOP   ② FMECA
③ FTA   ④ ETA

해설 FMECA(Failure Modes Effects and Criticality Analysis)
공정설비의 고장형태 및 영향, 고장형태별 위험도 순위 결정 안전성 평가기법

06 일반적으로 가스의 용해도의 일정온도하에서는 그 압력에 비례한다. 이는 무슨 법칙인가?

① 헨리의 법칙
② 돌턴의 분압법칙
③ 르 샤틀리에의 법칙
④ 보일의 법칙

해설 헨리의 법칙
일반적으로 가스의 용해도의 일정온도하에서는 그 압력에 비례한다.

정답 01 ② 02 ③ 03 ④ 04 ④ 05 ② 06 ①

07 내부용적이 25,000L인 액화산소 저장탱크의 저장능력은 몇 kg인가?(단, 비중은 1.14로 한다.)

① 24,460 ② 24,780
③ 25,650 ④ 27,520

해설) $G = W \times 0.9$
$W = 25,000 \times 1.14 = 28,500 kg$
∴ $G = 28,500 \times 0.9 = 25,650 kg$

08 아세틸렌 제조 시 청정제로 사용되지 않는 것은?

① 리가솔 ② 카타리솔
③ 에퓨렌 ④ 진타론

해설) 청정제
- 리가솔
- 카타리솔
- 에퓨렌

09 아세틸렌은 용기에 충전한 후 온도 15℃에서 압력이 몇 MPa 이하로 될 때까지 정치하여야 하는가?

① 1.5 ② 2.5
③ 3.5 ④ 4.5

해설) 아세틸렌 정치압력 : 1.5MPa 이하

10 고압가스 특정제조시설 중 장치분야의 정밀안전검진항목이 아닌 것은?

① 두께 측정
② 경도 측정
③ 누설 측정
④ 보온·보냉상태

해설) 고압가스 특정제조시설 중 장치분야의 정밀안전검진항목
- 두께 측정
- 경도 측정
- 보온·보냉상태

11 고압가스 제조 시 안전관리에 대한 설명으로 옳은 것은?

① 산소를 용기에 충전할 때에는 용기 내부에 유지류를 제거하고 충전한다.
② 시안화수소의 안정제로 물을 사용한다.
③ 산화에틸렌을 충전 시에는 산 및 알칼리로 세척한 후 충전한다.
④ 아세틸렌을 3.5MPa로 압축하여 충전할 때에는 희석제로 이산화탄소를 사용한다.

해설) 산소는 조연성 가스라서 용기내부에 유지류를 제거하고 충전하여야 한다.

12 기체의 분출속도와 분자량과의 관계를 설명한 법칙은?

① Dalton의 법칙
② Van Der Waals의 법칙
③ Boyle의 법칙
④ Graham의 법칙

해설) 그레이엄의 법칙
기체의 분출속도와 분자량과의 관계를 설명한 법칙

13 이상기체의 상태변화에서 등온변화에 대한 설명 중 틀린 것은?

① 내부에너지 변화량은 0이다.
② 압력은 체적에 반비례한다.
③ 엔탈피는 온도만의 함수이므로 일정하다.
④ 등온변화에서 가해진 열량은 모두 일로 변환되지 않는다.

해설) 등온변화
$dq = dut$
$APdv = dh - AvdP$
$dq = C_p dT + ASw = C_p dT + ASwt$
가열량(q_2) = 절대일($A_1 W_2$) = 공업일(AWt)
즉, 가열량은 전부 일로 변한다.

정답) 07 ③ 08 ④ 09 ① 10 ③ 11 ① 12 ④ 13 ④

14 메탄가스에 대한 설명으로 옳은 것은?

① 공기보다 무거워 낮은 곳에 체류한다.
② 비점은 약 −42°이다.
③ 공기 중 메탄가스가 3% 함유된 혼합기체에 점화하면 폭발한다.
④ 고온에서 니켈촉매를 사용하여 수증기와 작용하면 일산화탄소와 수소를 생성한다.

해설
- 메탄가스는 공기보다 가볍다.(분자량 16)
- 비점은 −161.5℃이다.
- 공기 중 5% 함유하면 점화폭발한다.
- $CH_4 + 2H_2O \xrightarrow{Ni} CO + 3H_2 - 49.3 kcal$

15 에틸렌의 제법으로 다음 중 공업적으로 가장 많이 사용되고 있는 것은?

① 공기의 액화분리
② 에탄올의 진한 황산에 의한 분해
③ 중질유의 수소첨가 분해
④ 나프타의 열 분해

해설 에틸렌(Ethylene : C_2H_4)
- 폭발범위 : 2.7~36%
- 탄화수소의 열분해에 의해 제조
- 나프타를 열분해하여 제조
- 아세틸렌을 수소화하여 제조
- 에틸알코올을 350℃로 알루미나 촉매상에서 탈수함으로써 얻어진다.

16 가스의 탈황방법 중 흡수액으로 탄산소다 또는 탄산칼리수용액을 사용, 고압하에서 황화수소를 흡수하여 흡수액을 감압 · 가열하여 황화수소를 분리, 방출하는 방법은?

① 진공카보네이트법
② 사이록스법
③ 후막스법
④ 다카학스법

해설 진공카보네이트법
가스의 탈황방법 중 황화수소를 분리 방출하는 방법이다.

17 비리얼전개(Virial Expansion)는 $Z = PV/RT = 1 + B'P + C'P^2 + D'P^3 + \cdots$로 표현된다. 기체의 압력이 0에 가까워지면 Z의 값은?

① ∞가 된다.
② 0에 가까워지다.
③ 1에 가까워진다.
④ 아무 영향을 받지 않는다.

해설 비리얼전개에서 기체의 압력이 0에 가까워지면 Z값은 1에 가까워진다.

18 1몰의 실제기체에 대한 반데르발스 식은 다음과 같다. 이 식에서 P의 단위가 atm, V의 단위가 L일 때 상수 a와 b의 단위로서 각각 옳은 것은?

$$\left(P + \frac{an^2}{V^2}\right)(V - nb) = nRT$$

① a : atm · L^2/mol^2, b : L/mol
② a : L · atm^2/mol, b : L^2/mol
③ a : atm · L^2/mol, b : atm · L/mol
④ a : L/mol, b : atm · L^2/mol^2

해설 P의 단위가 atm, V의 단위가 L일 때
- 상수 a단위 : atm · L^2/mol^2
- 상수 b단위 : L/mol

19 고압가스 제조 시 가연성 가스 중 산소 또는 산소 중 가연성 가스가 몇 % 이상 함유될 때 압축을 금지하는가?

① 1.5
② 2.0
③ 2.5
④ 4.0

해설 아세틸렌, 에틸렌, 수소를 제외한 가연성 가스 중 산소용량이 전용량의 4% 이상이면 압축이 금지된다.

정답 14 ④ 15 ④ 16 ① 17 ③ 18 ① 19 ④

20 고압가스 안전관리법상 고압가스의 적용범위에 해당되는 고압가스는?

① 선박안전법의 적용을 받는 선박 내의 고압가스
② 원자력법의 적용을 받는 원자로 및 그 부속설비 안의 고압가스
③ 냉동능력이 3톤 미만인 냉동설비 내의 고압가스
④ 오토클레이브 안의 수소가스

해설 고압반 증기인 오토클레이브 안의 압축가스인 수소가스는 고압가스 안전관리법상에 적용을 받는다.

21 액화석유가스 충전사업자별 공급자의 의무사항이 아닌 것은?

① 6개월에 1회 이상 가스사용시설의 안전관리에 관한 계도물 작성, 배포
② 수요자의 가스사용시설에 대하여 6개월에 1회 이상 안전점검을 실시
③ 수요자에게 위해 예방에 필요한 사항을 계도
④ 가스보일러가 설치된 후 매 1년에 1회 이상 보일러 성능 확인

해설 가정용 온수보일러는 성능검사가 제외된다.

22 다음은 응력-변형률 선도에 대한 설명이다. ( ) 안에 알맞은 것은?

> 하중 변형선도에서 세로축은 하중을 시편의 단면적으로 나눈 값을 응력값으로 취하고, 가로축에는 변형량을 본래의 ( )(으)로 나눈 변형률 값을 취하여 응력과 변형률과의 관계를 그래프로 표시한 것을 응력-변형률 선도(Stress-Strain Diagram)라 한다.

① 시편의 단면적   ② 하중
③ 재료의 길이   ④ 응력

해설 가로축에는 변형량을 본래 재료의 길이로 나눈 변형값을 취한다.

23 탄화수소에서 탄소수 증가 시에 대한 설명으로 틀린 것은?

① 발화점이 낮아진다.
② 발열량($kcal/m^3$)이 커진다.
③ 폭발하한계가 낮아진다.
④ 증기압이 높아진다.

해설 탄화수소에서 탄소수 증가 시에 증기압이 낮아진다.

24 염소의 성질에 대한 설명으로 옳은 것은?

① 염소는 암모니아로 검출할 수 있다.
② 염소는 물의 존재 없이 표백작용을 한다.
③ 완전히 건조된 염소는 철과 잘 반응한다.
④ 염소 폭명기는 냉암소에서도 폭발하여 염화수소가 된다.

해설 $8NH_3 + 3Cl_2 \rightarrow 6NH_4Cl$(흰 연기 발생) $+ N_2$

25 도시가스 사용시설 중 배관에 표기하는 내용으로 틀린 것은?

① 사용가스명   ② 가스의 흐름방향
③ 최소사용압력   ④ 유량

해설 도시가스 배관 표기내용
- 사용가스명
- 가스의 흐름방향
- 최고사용압력

26 특정고압가스를 사용하고자 한다. 신고대상이 아닌 것은?

① 저장능력 $10m^3$의 압축가스 저장능력을 갖추고 디실란을 사용하고자 하는 자
② 저장능력 200kg의 액화가스 저장능력을 갖추고 액화암모니아를 사용하고자 하는 자
③ 저장능력을 250kg의 액화가스 저장능력을 갖추고 액화산소를 사용하고자 하는 가스
④ 배관으로 천연가스를 공급받아 사용하려는 자

해설 천연가스 사용자는 특정고압가스 신고대상에서 제외된다.

정답 20 ④ 21 ④ 22 ③ 23 ④ 24 ① 25 ④ 26 ④

27 다음 중 완전연소 시 공기량이 가장 적게 소요되는 가스는?

① 메탄
② 에탄
③ 프로판
④ 부탄

해설
① $CH_4 + 2O_2 \to CO_2 + 2H_2O$
② $C_2H_6 + 3.5O_2 \to 2CO_2 + 3H_2O$
③ $C_3H_8 + 5O_2 \to 3CO_2 + 4H_2O$
④ $C_4H_{10} + 6.5O_2 \to 4CO_2 + 5H_2O$

28 수소의 성질에 대한 것으로서 폭발, 화재 등의 재해발생의 원인으로 가장 거리가 먼 것은?

① 임계압력이 12.8atm 정도이다.
② 공기와 혼합될 경우 염소범위가 4~75%이다.
③ 고온, 고압에서 강에 대하여 수소취성을 일으킨다.
④ 가장 가벼운 기체이므로 미세한 간격으로 퍼져 확산하기가 쉽다.

해설 수소의 임계압력은 12.8atm, 임계온도는 -239.9℃이다.

29 다음 그림은 공기의 분리장치로 쓰이고 있는 복식정류탑의 구조도이다. 흐름 A의 액이 성분과 장치 B의 명칭을 옳게 나타낸 것은?

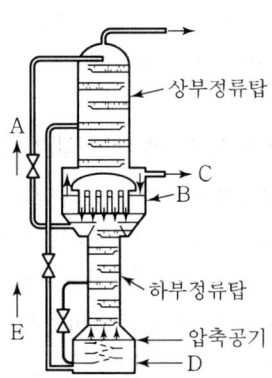

① A : O_2가 풍부한 액, B : 증류드럼
② A : N_2가 풍부한 액, B : 응축기
③ A : O_2가 풍부한 액, B : 응축기
④ A : N_2가 풍부한 액, B : 증류드럼

해설
- A : 질소가 풍부한 액 흐름
- B : 응축기
- E : 산소가 많은 액

30 가스엔진 구동 열펌프(GHP)의 특징에 대한 설명으로 옳은 것은?

① 난방 시 GHP 기동과 동시에 난방이 불가능하다.
② 정기적인 유지관리가 불필요하다.
③ 부분 부하, 특성이 매우 우수하다.
④ 외기온도 변동에 영향이 크다.

해설 GHP
- 난방 시 난방, 냉방이 용이하다.
- 유지관리가 어렵다.
- 외기온도 변동에 영향이 다소 적다.
- 부분부하 특성이 우수하다.

31 고열원 400℃, 저열원 40℃에서 카르노(Carnot) 사이클을 행하는 열기관의 열효율은 약 몇 %인가?

① 46.5
② 53.5
③ 58.8
④ 62.5

해설
$400 + 273 = 673K$
$40 + 273 = 313K$
$\therefore \eta = 1 - \dfrac{Q_2}{Q_1} = 1 - \dfrac{T_2}{T_1}$
$= 1 - \dfrac{313}{673} = 0.535$

32 1,000rpm으로 회전하는 펌프를 2,000rpm으로 변경하였다. 이 경우 펌프의 양정은 몇 배가 되겠는가?

① 1
② 2
③ 4
④ 8

해설 $H' = H \times \left(\dfrac{N_2}{N_1}\right)^2 = 1 \times \left(\dfrac{2,000}{1,000}\right)^2 = 4$배

33 압축기와 그 가스 충전용기 보관장소 사이에 반드시 설치하여야 하는 것은?(단, 압력이 10.0 MPa인 경우이다.)
  ① 가스방출장치 ② 방호벽
  ③ 안전밸브   ④ 액면계

해설) 아세틸렌가스나 압력이 10MPa 이상인 압축가스를 용기에 충전하는 경우 압축기와 그 충전장소 사이에는 방호벽을 설치한다.

34 다음 보기의 특징을 가지는 구리 및 구리합금강의 종류는?

  - 압광성·굽힘성·드로잉성·용접성이 좋다.
  - 내식성·열전도성이 좋다.
  - 열교환기, 화학공업, 급수·급탕, 가스관 등에 사용된다.
  - 종류로는 C1201, C1220이 있다.

  ① 인탈산구리   ② 타프피치구리
  ③ 압연강동   ④ 무산소구리

해설) 인탈산구리
  • 용접성이 좋다.
  • 내식성이 좋다.
  • 열전도율이 좋다.
  • 열교환기에 사용된다.

35 주철관 이음방법으로서 이음에 필요한 부품이 고무링 하나뿐이며 온도변화에 따른 신축이 자유롭고 이음 접합과정이 간편하여 관부설을 신속하게 할 수 있는 특징을 가진 이음방법은?
  ① 벨로즈 이음   ② 소켓 이음
  ③ 노허브 이음   ④ 타이론 이음

해설) 타이론 이음
  • 주철관 이음이다.
  • 고무링이 필요하다.
  • 신축이 자유롭다.
  • 접합과정이 간편하다.
  • 관부설이 신속하다.

36 코크스의 반응성은 가스화율에 영향을 미친다. 다음 중 반응성이 가장 높은 것은?(단, 900℃, 40s, CO_2로부터 CO 생성 %이다.)
  ① 목탄   ② 주물용 코크스
  ③ 제련용 코크스 ④ 가스 코크스

해설) 목탄의 반응성이 가장 높다.

37 LP가스를 펌프로 이송할 때의 단점에 대한 설명으로 틀린 것은?
  ① 충전시간이 길다.
  ② 잔가스 회수가 불가능하다.
  ③ 부탄의 경우 저온에서 재액화 현상이 있다.
  ④ 베이퍼록 현상이 일어날 수 있다.

해설) 압축기의 이송 시 저온액화 현상이 발생한다.

38 메탄의 임계온도는 약 몇 ℃인가?
  ① -162   ② -83
  ③ 97   ④ 152

해설) 메탄의 임계온도 : -83℃

39 천연가스의 주원료인 메탄의 공기 중 폭발범위 값(A%)을 옳게 나타낸 것은?
  ① 2.1~9.5   ② 3~12.5
  ③ 4~75   ④ 5~14

해설) 천연가스 CH_4의 폭발범위 : 5~14%

40 기체의 열용량에 대한 설명으로 틀린 것은?
  ① 열용량이 크면 온도를 변화시키기 어렵다.
  ② 이상기체의 정압열용량(C_p)과 정적열용량(C_v)의 차는 기체상수 R과 같다.
  ③ 공기에 대한 정압비열과 정적비열의 비(C_p/C_v)는 1.40이다.
  ④ 정압 몰 열용량은 정압비열을 몰질량으로 나눈 값이다.

정답) 33 ② 34 ① 35 ④ 36 ① 37 ③ 38 ② 39 ④ 40 ④

해설
- 열용량의 단위 : kcal/℃
- 비열의 단위 : kcal/kg℃
- 비열비 = $\frac{정압비열}{정적비열}$ (1보다 크다.)

41 이상기체의 상태변화에서
$Q = \Delta H = \int C_p dT$ 로 나타낼 수 있는 것은?

① 등압변화
② 등적변화
③ 등온변화
④ 단열변화

해설 이상기체 등압변화
엔탈피 변화 $Q = \Delta H = \int C_p dT$

42 다음 분해 반응은 몇 차 반응에 해당되는가?

$$2HI \rightarrow H_2 + I_2$$

① $\frac{1}{2}$차
② 1차
③ $\frac{3}{2}$차
④ 2차

해설 2차 반응 : $2HI \rightarrow H_2 + I_2$

43 표준상태에서 어떤 가스의 부피가 $1m^3$인 것은 약 몇 몰인가?

① 11.2
② 22.4
③ 44.6
④ 55.6

해설 1몰=22.4L, $1m^3$=1,000L
∴ $\frac{1,000}{22.4} = 44.6$ mol

44 시안화수소에 안정제를 첨가하는 주된 이유는?

① 분해폭발을 하므로
② 산화폭발을 일으킬 염려가 있으므로
③ 강한 인화성 액체이므로
④ 소량의 수분으로 중합하여 그 열로 인해 폭발할 위험이 있으므로

해설 시안화수소의 안정제 첨가 이유
소량의 수분으로 중합하여 그 열로 인해 폭발의 위험이 있기 때문이다.(중합폭발 방지)

45 지식경제부장관은 도시가스사업법에 의하여 도시가스사업자에게 조정명령을 내릴 수 있다. 다음 중 조정명령 사항이 아닌 것은?

① 가스공급시설 공사계획의 조정
② 가스요금 등 공급보건의 조정
③ 가스의 열량·압력의 조정
④ 가스검사 기관의 조정

해설 가스검사 기관의 조정은 도시가스 사업법과는 관련성이 없다.

46 밀폐된 용기 중에서 공기의 압력이 10atm일 때 N_2의 분압은 몇 atm인가?(단, 공기 중 질소는 79%, 산소는 21% 존재한다.)

① 7.9
② 9.1
③ 11.8
④ 12.7

해설 $10 \times 0.79 = 7.9$ atm

47 고압가스 안전관리법상 당해 가스시설의 안전을 직접 관리하는 사람은?

① 안전관리 부총괄자
② 안전관리 책임자
③ 안전관리원
④ 특정설비 제조자

해설 안전관리 부총괄자
당해 가스시설의 안전을 직접 관리하는 책임자이다.

정답 41 ① 42 ④ 43 ③ 44 ④ 45 ④ 46 ① 47 ①

48 각종 가스의 분석에 있어서 팔라듐 블랙에 의한 흡수 폭발법, 산화동에 의한 연소 및 열전도도법 등으로 분석할 수 있는 가스는?

① 산소
② 이산화탄소
③ 암모니아
④ 수소

해설 수소가스 검출은 팔라듐 블랙에 의한 흡수폭발법, 산화동법에 의한 연소 및 열전도도법으로 분석이 가능하다.

49 부식이 특정한 부분에 집중하는 형식으로 부식속도가 크므로 위험성이 높고 장치에 중대한 손상을 미치는 부식의 형태는?

① 국부부식
② 전면부식
③ 선택부식
④ 입계부식

해설 국부부식
부식이 특정한 부분에 집중하는 형식으로 부식속도가 크고 위험성이 높다.

50 다음 독성가스와 그 제독제를 잘못 연결한 것은?

① 염소 - 가성소다 수용액, 탄산소다 수용액, 소석회
② 포스겐 - 가성소다 수용액, 소석회
③ 황화수소 - 가성소다 수용액, 탄산소다 수용액
④ 아황산가스 - 가성소다 수용액, 소석회, 암모니아

해설 아황산가스 제독제
- 가성소다 수용액 530kg
- 탄산소다 수용액 700kg
- 다량의 물

51 고온의 물체로부터 방사되는 에너지 중의 특정한 파장의 방사에너지, 즉 휘도를 표준온도의 고온물체와 비교하여 온도를 측정하는 온도계는?

① 열전대 온도계
② 광고온계
③ 색온도계
④ 제겔콘 온도계

해설 광고온계
방사되는 특정한 파장의 방사에너지 즉 휘도를 이용한 온도계

52 황동판 가공 후 시간이 경과함에 따라 자연히 균열이 발생하는 것을 무엇이라고 하는가?

① 가공경화
② 표면경화
③ 자기균열
④ 시기균열

해설 시기균열
시간이 경과함에 따라 자연히 균열이 발생하는 것

53 가스도매사업의 가스공급시설에서 고압의 가스공급시설은 안전구획을 설치하고 그 안전구역의 면적은 몇 m^2 미만이어야 하는가?

① 10,000
② 20,000
③ 30,000
④ 50,000

해설 가스도매업에서 그 안전구역의 면적은 20,000m^2 미만이어야 한다.

54 암모니아의 공업적 제법 중 하버 - 보시법에 해당하는 것은?

① 석탄의 고온건류
② 석회질소를 과열 수증기로 분해
③ 수소와 질소를 직접 반응
④ 염화암모니아 용액에 소석회액을 넣어 반응

해설 하버 - 보시법(암모니아 제조)
$3H_2 + N_2 \rightarrow 2NH_3 + 24kcal$

정답 48 ④ 49 ① 50 ④ 51 ② 52 ④ 53 ② 54 ③

55 다음 표는 A자동차 영업소의 월별 판매실적을 나타낸 것이다. 5개월 단순이동평균법으로 6월의 수요를 예측하면 몇 대인가?

(단위 : 대)

월	1	2	3	4	5
판매량	100	110	120	130	140

① 120　　② 130
③ 140　　④ 150

해설 $EA = \dfrac{100+110+120+130+140}{5} = 120$

56 다음 중 계수치 관리도가 아닌 것은?

① c 관리도　　② p 관리도
③ u 관리도　　④ x 관리도

해설 계수치 관리도
- c 관리도
- p 관리도
- u 관리도

57 다음 검사의 종류 중 검사공정에 의한 분류에 해당되지 않는 것은?

① 수입검사　　② 출하검사
③ 출장검사　　④ 공정검사

해설 검사공정
- 수입검사
- 출하검사
- 공정검사

58 다음 중 반즈(Ralph M. Barnes)가 제시한 동작경제의 원칙에 해당되지 않는 것은?

① 표준작업의 원칙
② 신체의 사용에 관한 원칙
③ 작업장의 배치에 관한 원칙
④ 공구 및 설비의 디자인에 관한 원칙

해설 반즈의 동작경제 원칙
- 신체 사용에 관한 원칙
- 작업장의 배치에 관한 원칙
- 공구 및 설비의 디자인에 관한 원칙

59 품질관리 기능의 사이클을 표현한 것으로 옳은 것은?

① 품질개선 – 품질설계 – 품질보증 – 공정관리
② 품질설계 – 공정관리 – 품질보증 – 품질개선
③ 품질개선 – 품질보증 – 품질설계 – 공정관리
④ 품질설계 – 품질개선 – 공정관리 – 품질보증

해설 품질관리 기능사이클
품질설계 – 공정관리 – 품질보증 – 품질개선

60 부적합품률이 1%인 모집단에서 5개의 시료를 랜덤하게 샘플링할 때, 부적합품수가 1개일 확률은 약 얼마인가?(단, 이항분포를 이용하여 개선한다.)

① 0.048　　② 0.058
③ 0.48　　④ 0.58

해설 이항분포 $P(X) = {}_nC_x P^x(1-P)^{n-x}$
불량률 1% = 0.01
$(1-P) = 0.09$
$x = 0$
$\therefore \dfrac{5}{0-(5-0)}(0.01)^0(0.09)^5 = 0.048$

정답　55 ①　56 ④　57 ③　58 ①　59 ②　60 ①

2009년 7월 13일 과년도 기출문제

01 흡수식 냉동기에 냉매와 흡수제로 사용되는 것을 옳게 나타낸 것은?

① 물 - 취화리듐
② 물 - 염화메틸
③ 물 - 프레온22
④ 물 - 메틸클로라이드

해설
- 냉매 : 물(H_2O)
- 흡수제 : 취화리듐(LiBr)

02 다음 반응식의 평형상수(K)를 올바르게 나타낸 것은?

$$N_2 + 3H_2 \rightarrow 2NH_3$$

① $K = \dfrac{2[NH_3]}{[N_2] \cdot 3[H_2]}$

② $K = \dfrac{[H_2]^3}{[N_2] \cdot [NH_3]^2}$

③ $K = \dfrac{[NH_3]^2}{[N_2] \cdot [H_2]^3}$

④ $K = \dfrac{[N_2]^2}{[H_2] \cdot [NH_3]}$

해설 평형상수(K) $= \dfrac{[C]^c[D]^d}{[A]^a[B]^b}$ (온도 일정)

∴ $K = \dfrac{[NH_3]^2}{[N_2] \cdot [H_2]^3}$

03 정압과정에서의 전달열량은?

① 내부에너지의 변화량과 같다.
② 이루어진 일량과 같다.
③ 엔탈피 변화량과 같다.
④ 체적의 변화량과 같다.

해설 정압과정
크기조절은 엔탈피 변화량과 같다.

04 어떤 기체가 10℃, 750mmHg에서 100mL의 무게가 0.2g이라면 표준상태에서 이 기체의 밀도는 약 몇 g/L인가?

① 1.8   ② 2.1
③ 2.4   ④ 2.7

해설 현재 밀도 $= \dfrac{0.2g}{100mL} = \dfrac{0.2g}{100 \times 10^{-3}} = 2g/L$

표준상태 $= 100 \times \dfrac{273}{273+10} \times \dfrac{750}{760} = 95.197mL$

∴ $\dfrac{0.2}{95.197 \times 10^{-3}} = 2.10g/L$

※ $1mL = 0.001cm^3$

05 혼합가스 중의 아세틸렌가스를 헴펠법으로 정량분석하고자 한다. 이때 사용되는 흡수제는?

① 파라듐블랙
② 황산제1철 용액
③ KI 수용액
④ 발연황산

해설 헴펠법에서 아세틸렌가스 등 탄화수소 분석 시 발연황산을 이용한다.

06 20℃, 760mmHg에서 상대습도 70%인 공기의 mol 습도는 약 몇 kgmol H_2O/kgmol 건조공기인가?(단, 물의 증기압은 17.5mmHg이다.)

① 0.0164   ② 0.0257
③ 12.25   ④ 747.75

해설 $\dfrac{17.5}{760} \times 0.7 = 0.0161$ kgmol H_2O/kgmol 건조공기

정답 01 ① 02 ③ 03 ③ 04 ② 05 ④ 06 ①

07 수소의 일반적인 성질에 대한 설명으로 옳은 것은?

① 열전도도가 대단히 크다.
② 확산속도가 아주 느려 공기 중에 확산되기 어렵다.
③ 폭발한계 이내의 경우 단독으로 분해 폭발한다.
④ 폭굉속도는 400~500m/s로서 아주 빠르다.

해설 수소는 열전도도가 대단히 크고 확산속도가 매우 크며 폭발한계 내에서 산소와 반응 시 폭발하며 폭굉 시 1,000~3,500m/s이다.

08 다음 중 암모니아의 완전연소반응식을 옳게 나타낸 것은?

① $2NH_3 + 2O_2 \rightarrow N_2O + 3H_2O$
② $4NH_3 + 3O_2 \rightarrow 2N_2 + 6H_2O$
③ $NH_3 + 2O_2 \rightarrow HNO_3 + H_2O$
④ $4NH_3 + 5O_2 \rightarrow 4NO + 6H_2O$

해설 $4NH_3 + 3O_2 \rightarrow 2N_2 + 6H_2O$

09 양단이 고정된 20cm 길이의 환봉을 20℃에서 80℃로 가열하였을 때 재료 내부에서 발생하는 열응력은 약 몇 MPa인가?(단, 재료의 선팽창계수는 $11.05 \times 10^{-6}/℃$이며, 탄성계수 E는 210GPa이다.)

① 69.62
② 139.23
③ 696.15
④ 2,784.60

해설 $\sigma = (80-20) \times 11.05 \times 10^{-6} \times 210 \times 10^9$
     $= 139.23$MPa

10 금속재료의 가스에 의한 침식에 대한 설명으로 틀린 것은?

① 고온고압의 암모니아는 강재에 대해서 질화작용과 수소취성의 2가지 작용을 미친다.
② 일산화탄소는 Fe, Ni 등 철족의 금속과 작용하여 금속카르보닐을 생성한다.
③ 고온고압의 질소는 강재의 내부까지 침입하여 강재를 취화시키므로 고온·고압의 질소를 취급하는 기기에는 강재를 사용할 수 없다.
④ 중유나 연료유 속에 포함되는 바나듐산화물이 금속표면에 부착하면 급격한 고온부식을 일으킨다.

해설 고온·고압의 질소는 질화작용을 일으켜서 강재를 단단하게 한다.(경도 증가)

11 암모니아 합성가스 분리장치에 대한 설명으로 옳은 것은?

① 메탄은 제1열교환기에서 액화하여 분리된다.
② 질소는 상압으로 공급된다.
③ 에틸렌은 제3열교환기에서 액화한다.
④ 일산화질소는 정촉매로 작용한다.

해설 암모니아 합성가스 분리장치에서 에틸렌(C_2H_4) 가스는 제3열교환기에서 액화분리된다.

12 액화염소가스 1,250kg을 용량이 25L인 용기에 충전하려면 몇 개의 용기가 필요한가?(단, 가스정수는 0.8이다.)

① 20
② 40
③ 60
④ 80

해설 $1,250 \times 0.8 = 1,000$L
∴ $\frac{1,000}{25} = 40$개

13 패클리스(Packless) 신축이음재라고도 하며 설치공간을 적게 차지하나 고압배관에는 부적당한 신축이음재는?

① 슬리브형 신축이음재
② 벨로스형 신축이음재
③ 루프형 신축이음재
④ 스위블형 신축이음재

해설 패클리스 신축이음 : 벨로스형 신축이음

정답 07 ① 08 ② 09 ② 10 ③ 11 ③ 12 ② 13 ②

14 다음 [보기]에서 설명하는 응축기의 종류는?

- 암모니아, 프레온계 등 대, 중, 소 냉동기에 사용된다.
- 수량이 충분하지 않은 경우에 적당하다.
- 설치공간이 적다.
- 냉각관이 부식되기 쉽다.
- 냉각수량이 적어도 된다.

① 입형 셸 앤드 튜브식 응축기
② 횡형 셸 앤드 튜브식 응축기
③ 7통로식 응축기
④ 대기식 브리다형 응축기

해설 보기에 해당하는 냉동기 응축기는 횡형 셸 앤드 튜브식 응축기(수랭식 응축기)의 특징이다.

15 재검사용기 및 특정설비의 파기방법에 대한 설명으로 틀린 것은?

① 잔가스를 전부 제거한 후 절단할 것
② 검사신청인에게 파기의 사유, 일시, 장소 및 인수시한 등을 통지하고 파기할 것
③ 절단 등의 방법으로 파기하여 원형으로 재가공이 가능하게 하여 재활용할 수 있도록 할 것
④ 파기하는 때에는 검사장소에서 검사원으로 하여금 직접 실시하게 하거나 검사원 입회하에 특정설비의 사용자로 하여금 실시하게 할 것

해설 재가공이 불가능하게 파기하여 다시 사용을 하지 못하게 한다.

16 가스 도매사업의 가스공급시설인 배관을 지하에 매설하는 경우의 기준에 대한 설명으로 옳은 것은?

① 지표면으로부터 배관 외면까지의 매설깊이는 산이나 들의 경우에는 1.2m 이상으로 한다.
② PE배관의 굴곡허용반경은 외경의 50배 이상으로 한다.
③ 배관은 그 외면으로부터 수평거리로 건축물까지 1.2m 이상을 유지한다.
④ 도로가 평탄할 경우 배관의 기울기는 1/500 ~1/1,000 정도의 기울기로 설치한다.

17 액화석유가스의 안전관리 및 사업법상 액화석유가스라 함은 무엇을 주성분으로 한 가스를 말하는가?

① 프로판, 부탄
② 프로판, 메탄
③ 부탄, 메탄
④ 천연가스

해설 액화석유가스(LPG) 주성분 : 프로판, 부탄

18 산화에틸렌의 저장탱크 및 충전 용기에는 45℃에서 그 내부 가스의 압력이 얼마 이상이 되도록 질소가스 등을 충전하여야 하는가?

① 0.2MPa
② 0.4MPa
③ 1MPa
④ 2MPa

해설 산화에틸렌(C_2H_4O) 가스는 45℃에서 질소 또는 CO_2 가스를 0.4MPa 이상이 되도록 충전한다.

19 C_2H_2을 2.5MPa의 압력으로 압축하려고 한다. 이때 사용하는 희석제로 옳은 것은?

① Na_2CO_3
② H_2SO_4
③ C_2H_4
④ $CaCl_2$

해설 아세틸렌가스 희석제
에틸렌(C_2H_4), 메탄, CO, 질소 등

20 공기액화 분리장치 액화 산소통 내의 액화산소 30L 중에 메탄이 1,000mg, 아세틸렌 50mg이 섞여 있을 때의 조치로서 옳은 것은?

① 안전하므로 계속 운전한다.
② 운전을 계속하면서 액화산소를 방출한다.
③ 극히 위험한 상태이므로 즉시 희석제를 첨가한다.
④ 즉시 운전을 중지하고, 액화산소를 방출한다.

정답 14 ② 15 ③ 16 ④ 17 ① 18 ② 19 ③ 20 ④

해설) $CH_4 = 12 + 4 = 16$
$C_2H_2 = 12 \times 2 + 2 = 26$
$\therefore \left(\dfrac{12}{16} \times 1,000\right) + \left(\dfrac{12 \times 2}{26} \times 50\right)$
$= 750 + 46 = 796 \text{mg}$
탄화수소가 5L 액화산소통 내 500mg을 넘거나 아세틸렌이 5mg을 넘으면 운전을 정지한다.
$C = \dfrac{750}{\left(\dfrac{30}{5}\right)} = 125 \text{mg}$

$C_2H_2 = \dfrac{46}{\left(\dfrac{30}{5}\right)} = 7.7 \text{mg}$

21 고압가스를 취급하였을 때 다음 중 위험하지 않은 경우는?

① 산소 5%를 함유한 CH_4를 100kg/cm^2까지 압축하였다.
② 산소제조장치를 공기로 치환하지 않고 용접수리하였다.
③ 수분을 함유한 염소를 진한 황산으로 세척하여 고압용기에 충전하였다.
④ 시안화수소를 고압용기에 충전하는 경우 수분을 안정제로 첨가하였다.

해설) 염소(Cl_2) 가스의 수분건조제는 진한 황산(H_2SO_4)을 이용한다.

22 안전밸브(Safety Valve)에 대한 설명으로 옳은 것은?

① 안전장치에서 가장 많이 사용되는 것은 중추식이다.
② 안전밸브 전에는 스톱밸브를 설치하지 않아도 된다.
③ 안전밸브의 수리시 스톱밸브는 닫아준다.
④ 안전밸브와 스톱밸브는 항상 닫아둔다.

해설) 안전밸브 수리 시에는 스톱밸브를 닫고 한다.

23 펠티어(Peltier)의 효과를 이용하는 열전 냉동법은?

① 전자 냉동기
② 증기분사식 냉동기
③ 흡수식 냉동기
④ 증기압축식 냉동기

해설)
- 전자냉동기(펠티어 효과 이용 열전냉동법)
- 열전반도체 : 비스무트텔구르, 안티몬텔구르, 비스무트셀렌 등

24 $-40°C$는 몇 $°F$인가?

① -40 ② -32
③ 40 ④ 44

해설) $°F = \dfrac{9}{5} \times °C + 32$
$= \dfrac{9}{5} \times (-40) + 32 = -40°F$

25 부유피스톤형 압력계에서 실린더 직경 20mm 추와 피스톤의 무게가 20kg일 때 이 압력계에 접속된 부르동관의 압력계 눈금이 7kg/cm^2를 나타내었다. 부르동관 압력계의 오차는 약 몇 %인가?

① 4   ② 5
③ 8   ④ 10

해설) $20 \text{mm} = 2 \text{cm}$
$A = \dfrac{\pi}{4} D^2 = \dfrac{3.14}{4} \times 2^2 = 3.14 \text{cm}^2$

$\dfrac{20}{3.14} = 6.369 \text{kg/cm}^2$

$\therefore \dfrac{7 - 6.369}{6.369} \times 100 = 10\%$

26 다음 [보기]의 특징을 가지는 물질은?

> • 무색투명하나 시판품은 흑회색의 고체이다.
> • 물, 습기, 수증기와 직접 반응한다.
> • 고온에서 질소와 반응하여 석회질소로 된다.

① CaC_2
② P_4S_3
③ P_4
④ KH

해설 CaC_2(칼슘카바이드)의 특성은 보기의 내용과 같다.

27 CO와 Cl_2를 원료로 하여 포스겐을 제조할 때 주로 사용되는 촉매는?

① 염화제1구리
② 백금, 로듐
③ 니켈, 바나듐
④ 활성탄

해설 $Cl_2 + CO \xrightarrow{활성탄} COCl_2$(포스겐)

28 특정고압가스 사용신고를 하여야 하는 자는 저장능력이 몇 kg 이상인 액화가스 저장설비를 갖추고 특정고압가스를 사용하여야 하는가?

① 100
② 250
③ 500
④ 1,000

해설 특정고압가스 사용신고자는 그 저장능력이 250kg 이상의 액화가스 설비라면 신고하여야 한다.

29 다음 중 고압가스 안전관리법의 적용범위에서 제외되는 고압가스가 아닌 것은?

① 오토클레이브 안의 수소가스
② 철도차량의 에어컨디셔너 안의 고압가스
③ 등화용의 아세틸렌가스
④ 냉동능력이 3톤 미만인 냉동설비 안의 고압가스

해설 오토클레이브는 반응기(고압가스 반응기)이다. 반응기 내 가스는 고압가스 안전관리법이 적용된다.

30 도시가스 안전관리자의 직무로서 가장 거리가 먼 것은?

① 가스공급시설의 안전유지
② 위해예방조치의 이행
③ 안전관리원의 교육
④ 정기검사 결과 부적합 판정을 받은 시설의 개선

해설 사업자는 종사자들의 안전의식 함양과 안전기술 습득을 위하여 교육강사의 구성, 교육과목 및 내용 교육시기, 교육대상자, 교육의 종류, 교육방법 및 교육실시 후의 평가 등의 교육계획을 수립하여 시행할 것

31 단열압축에 대한 설명으로 틀린 것은?

① 공급되는 열량은 0이다.
② 공급되는 일은 기체의 엔탈피 증가로 보존된다.
③ 단열 압축전보다 압력이 증가한다.
④ 단열 압축전보다 온도, 비체적이 증가한다.

해설 단열압축 시는 비체적(m^3/kg)이 감소한다.

32 천연가스를 원료로 하는 도시가스의 연소 폐가스 성분으로 가장 거리가 먼 것은?

① 공기 중의 질소와 과잉산소
② 이산화탄소와 수증기
③ 가스 중의 불연성 성분
④ 메탄과 수소

해설 메탄, 수소는 가연성 가스이다.

33 프로판가스 2.2kg을 완전연소시키는 데 필요한 이론 공기량은 25℃, 750mmHg에서 약 몇 m^3인가?

① 29.50
② 34.66
③ 44.51
④ 57.25

정답 26 ① 27 ④ 28 ② 29 ① 30 ③ 31 ④ 32 ④ 33 ①

해설 $C_3H_8 + 5O_2 \rightarrow 3CO_2 + 4H_2O$
44kg $5 \times 22.4m^3$
$44 : (5 \times 22.4) = 2.2 : x$
$x = 112 \times \dfrac{2.2}{44} = 5.6m^3$(산소량)
∴ 공기량 $= \left(5.6 \times \dfrac{1}{0.21}\right) \times \dfrac{273+25}{273} \times \dfrac{760}{750}$
$= 29.496m^3$

34 염화암모늄과 아질산나트륨의 혼합물을 가열하였을 때 주로 얻을 수 있는 기체는?

① 염소 ② 암모니아
③ 산화질소 ④ 질소

해설 $NaNO_2$(아질산나트륨) + NH_4Cl(염화암모늄)
$\xrightarrow{가열} NaCl + NH_4NO_2$
$NH_4NO_2 \xrightarrow{가열} 2H_2O + N_2$(질소 제조)

35 가스안전관리에서 사용되는 다음 위험성 평가 기법 중 정량적 기법에 해당되는 것은?

① 위험과 운전분석(HAZOP)
② 사고예상질문 분석(What-if)
③ 체크리스트법(Check List)
④ 작업자 실수분석(HEA)

해설 HEA(작업자 실수분석기법)
실수의 원인을 파악하고 추적하여 정량적으로 실수의 상대적 순위를 결정한다.

36 다음의 각 가스와 그 가스의 제조법을 연결한 것 중 틀린 것은?

① 수소 – 수성가스법, CO전화법
② 염소 – 합성법, 석회질소법
③ 시안화수소 – 앤드류소오법, 폼아미드법
④ 산소 – 전기분해법, 공기액화분리법

해설 염소제조
• 염산에 산화제 작용
• 소금물 전기분해
• 표백분에 진한 염산 첨가
• 수은법에 의한 식염의 전기분해
• 격막법에 의함 소금의 전기분해
• 염산의 전해

37 결정입자가 선택적으로 부식하는 것으로 열영향에 의해 Cr을 석출하는 부식현상은?

① 국부부식 ② 선택부식
③ 입계부식 ④ 응력부식

해설 입계부식
탄화크롬(Cr_4C)의 탄화물 석출로 Cr양이 감소되어 내식성 저하 부식

38 도시가스 배관의 굴착으로 인하여 몇 m 이상 노출된 배관에 대하여 누출된 가스가 체류하기 쉬운 장소에 가스누출경보기를 설치하여야 하는가?

① 10 ② 20
③ 30 ④ 50

해설 노출된 가스배관 길이가 20m 이상인 경우에는 다음 각 호와 같이 누출된 가스가 체류하기 쉬운 장소에 가스누출경보기를 설치한다.

39 다음 [보기]의 가연성 가스 중 위험성 크기의 순서가 옳게 나열된 것은?

프로판, 아세틸렌, 수소, 산화에틸렌

① 프로판 < 수소 < 산화에틸렌 < 아세틸렌
② 수소 < 프로판 < 산화에틸렌 < 아세틸렌
③ 산화에틸렌 < 프로판 < 수소 < 아세틸렌
④ 프로판 < 산화에틸렌 < 수소 < 아세틸렌

해설 위험성(폭발범위)
$C_2H_2 > C_2H_4O > H_2 > C_3H_8$

정답 34 ④ 35 ④ 36 ② 37 ③ 38 ② 39 ①

40 부취제 주입방법에 대한 설명으로 틀린 것은?

① 펌프 주입방식은 부취제 첨가율의 조절이 용이하며 주로 대규모 공급용으로 적합하다.
② 바이패스 증발식은 온도, 압력 등의 변동에 따라 부취제의 첨가율이 변동하며 주로 중·소규모용으로 적합하다.
③ 적하 주입방식은 부취제 첨가율을 일정하게 하기 위해 수동조절이 필요 없고 주로 대규모용으로 적합하다.
④ 워크 증발식은 부취제 첨가량의 조절이 어렵고 주로 소규모용으로 적합하다.

해설 적하 주입방식
가장 간단한 주입액체방식이며 주로 유량변동이 적은 소규모 부취설비용 부취제 주입방법이다.

41 다음 중 특정고압가스가 아닌 것은?

① 압축디보레인 ② 액화알진
③ 에틸렌 ④ 아세틸렌

해설 특정고압가스
수소, 산소, 액화암모니아, 아세틸렌, 액화염소, 천연가스, 압축모노실란, 압축디보레인, 액화알진, 포스핀, 셀렌화수소, 게르만, 디실란 등

42 도시가스 배관 중 전기방식을 반드시 유지해야 할 장소가 아닌 것은?

① 다른 금속 구조물과 근접교차 부분
② 배관 절연부의 양측
③ 교량, 하천, 배관의 양단부 및 아파트 입상배관 노출부
④ 강재 보호관 부분의 배관과 강재 보호관

해설 교량, 하천 횡단배관의 양단부에 전기방식은 제외한다.

43 폭굉유도거리(DID)가 짧아질 수 있는 조건으로 옳은 것은?

① 관 속에 방해물이 있거나 관경이 가늘수록
② 압력이 낮을수록
③ 점화원의 에너지가 작을수록
④ 정상연소속도가 느린 혼합가스일수록

해설 폭굉유도거리가 짧아지는 조건
관 속에 방해물이 있거나 관경이 가늘수록, 압력이 높을수록, 점화에너지가 클수록, 정상연소속도가 빠른 혼합가스일수록 짧아진다.

44 LPG 충전소 용기의 잔가스 제거장치의 설치 기준으로 틀린 것은?

① 용기에 잔류하는 액화석유가스를 회수할 수 있는 용기전도대를 갖춘다.
② 회수가 잔가스를 저장하는 전용탱크의 내용적은 1,000L 이상으로 한다.
③ 잔가스연소장치는 잔가스 회수 또는 배출하는 설비로부터 8m 이상의 거리를 유지하는 장소에 설치하는 것으로 한다.
④ 압축기에는 유분리기 및 응축기가 부착되어 있고 1MPa 이상 0.05MPa 이하의 압력에서 자동으로 정지하도록 한다.

해설 압축기는 유분리기 및 응축기가 부착되어 있고 0kg/cm² 이상 0.5kg/cm² 이하의 압력범위에서 자동으로 정지할 것

45 도시가스시설에 대한 줄파기 작업의 기준에 대한 설명으로 틀린 것은?

① 가스배관이 있을 것으로 예상되는 지점으로부터 2m 이내에서 줄파기를 할 때에는 안전관리전담자의 입회하에 시행한다.
② 줄파기 1일 시공량 결정은 시공속도가 가장 빠른 천공작업에 맞추어 결정한다.
③ 줄파기심도는 최소한 1.5m 이상으로 하며 지장물의 유무가 확인되지 않는 곳은 안전관리전담자와 협의 후 공사의 진척여부를 결정한다.
④ 줄파기공사 후 가스배관으로부터 1m 이내에 파일을 설치할 경우에는 유도관을 먼저 설치한 후 되메우기를 실시한다.

정답 40 ③ 41 ③ 42 ③ 43 ① 44 ④ 45 ②

해설 줄파기 1일 시공량 결정을 시공속도가 가장 느린 천공작업에 맞추어 결정하여야 한다.

46 고압가스 배관의 용접에서 용접이음매의 위치 기준에 대한 설명으로 틀린 것은?

① 배관의 용접은 지그(Jig)를 사용하여 가장자리부터 정확하게 위치를 맞춘다.
② 관의 두께가 다른 배관의 맞대기 이음에서는 관두께가 완만하게 변화되도록 길이방향의 기울기를 1/3 이하로 한다.
③ 배관을 맞대기 용접하는 경우 평행한 용접이음매의 간격은 원칙적으로 관지름 이상으로 한다.
④ 배관 상호의 길이 이음매는 원주방향에서 원칙적으로 50mm 이상 떨어지게 한다.

해설 용접에서 배관의 용접은 지그를 사용하여 가운데서부터 정확하게 위치를 맞춘다.

47 굴착공사에 의한 도시가스배관 손상방지 기준 중 굴착공사자가 공사 중에 시행하여야 할 기준에 대한 설명으로 틀린 것은?

① 가스안전 영향평가 대상 굴착공사 중 가스배관의 수직·수평변위 및 지반침하의 우려가 있는 경우에는 가스배관 변형 및 지반침하 여부를 확인한다.
② 가스배관 주위에서는 중장비의 배치 및 작업을 제한하여야 한다.
③ 계절 온도변화에 따라 와이어로프 등의 느슨해짐을 수정하고 가설구조물의 변형유무를 확인하여야 한다.
④ 굴착공사에 의해 노출된 가스배관과 가스안전영향평가 대상범위 내의 가스배관은 월간 안전점검을 실시하고 점검표에 기록한다.

해설 굴착공사에 의해 노출된 가스배관은 일일안전점검을 실시한다.

48 도시가스 특정가스사용시설의 배관 고정(지지)간격의 설치기준에 대한 설명으로 옳은 것은?

① 호칭지름이 12mm 미만인 배관은 1m마다 고정장치를 설치하여야 한다.
② 호칭지름이 12mm 이상 33mm 미만인 배관은 2m마다 고정장치를 설치하여야 한다.
③ 호칭지름이 33mm 이상인 배관은 3m마다 고정장치를 설치하여야 한다.
④ 배관과 고정장치 사이에는 절연조치를 하지 않아도 된다.

해설
• 13mm 미만 : 1m마다
• 13 이상~33mm 미만 : 2m마다
• 33mm 이상 : 3m마다

49 액화석유가스 용기충전시설의 저장탱크에 폭발방지장치를 의무적으로 설치하여야 하는 경우는?(단, 저장탱크는 저온저장탱크가 아니며, 물분무장치 설치기준을 충족하지 못하는 것으로 가정한다.)

① 상업지역에 저장능력 15톤 저장탱크를 지상에 설치하는 경우
② 녹지지역에 저장능력 20톤 저장탱크를 지상에 설치하는 경우
③ 주거지역에 저장능력 5톤 저장탱크를 지상에 설치하는 경우
④ 녹지지역에 저장능력 30톤 저장탱크를 지상에 설치하는 경우

해설 주거지역 또는 상업지역에 설치하는 저장능력 10톤 이상의 저장탱크에는 폭발방지장치를 설치할 것

정답 46 ① 47 ④ 48 ③ 49 ①

50 액화석유가스의 안전관리 및 사업법에서 안전관리규정을 제출한 자와 그 종사자는 안전관리규정을 준수하고 그 실시기록을 작성하여 몇 년간 보존하도록 규정하고 있는가?

① 2
② 3
③ 4
④ 5

해설 실시기록은 3년간 보존하도록 규정한다.

51 냉동능력 25RT인 냉매설비와 화기설비의 이격거리의 기준으로 틀린 것은?(단, 냉매는 불연성 가스이다.)

① 내화방열벽을 설치하지 않은 경우 제1종 화기설비와 5m 이상 이격거리를 두어야 한다.
② 내화방열벽을 설치하지 않은 경우 제2종 화기설비와 4m 이상 이격거리를 두어야 한다.
③ 내화방열벽을 설치한 경우 제2종 화기설비와 1m 이상 이격거리를 두어야 한다.
④ 내화방열벽을 설치한 경우 제1종 화기설비와 2m 이상 이격거리를 두어야 한다.

52 도시가스 본관 중 중압 배관의 내용적이 9m³일 경우, 자기압력기록계를 이용한 기밀시험 유지시간은?

① 24분 이상
② 40분 이상
③ 216분 이상
④ 240분 이상

해설 1m³ 이상~10m³ 미만 : 240분 이상

53 일반도시가스사업자는 공급권역을 구역별로 분할하고 원격조작에 의한 긴급차단장치를 설치하여 대형가스누출, 지진발생 등 비상시 가스차단을 할 수 있도록 하는 구역의 설정기준으로 옳은 것은?

① 수요자수가 20만 이하가 되도록 설정
② 수요자수가 25만 이하가 되도록 설정
③ 배관의 길이가 20km 이하가 되도록 설정
④ 배관의 길이가 25km 이하가 되도록 설정

54 공기보다 비중이 가벼운 도시가스의 정압기실로서 지하에 설치되는 경우의 통풍구조에 대한 설명으로 틀린 것은?

① 통풍구조는 환기구를 2방향 이상 분산·설치한다.
② 배기구는 천장면으로부터 30cm 이내에 설치한다.
③ 흡입구 및 배기구의 관경은 80mm 이상으로 한다.
④ 배기가스의 방출구는 지면에서 3m 이상의 높이에 설치한다.

해설 공기보다 비중이 가벼운 가스의 경우 흡입구 및 배기구 통풍구조는 그 관경이 100mm 이상 양호하도록 한다.

55 $\bar{x}$ 관리도에서 관리상한이 22.15, 관리하한이 6.85, $\bar{R}$ = 7.5일 때 시료군의 크기(n)는 얼마인가?(단, $n=2$일 때 $A_2 = 1.88$, $n=3$일 때 $A_2 = 1.02$, $n=4$일 때 $A_2 = 0.73$, $n=5$일 때 $A_2 = 0.58$이다.)

① 2
② 3
③ 4
④ 5

해설 관리상한과 관리하한의 차
UCL − LCL = 22.15 − 6.85 = 15.3
UCL − LCL = $(\bar{x}+A_2\bar{R}) - (\bar{x}-A_2\bar{R}) = 2A_2\bar{R}$
즉, $2A_2\bar{R} = 15.3$이 된다.
∴ $A_2 = \dfrac{15.3}{2\bar{R}} = \dfrac{15.3}{2 \times 7.5} = 1.02$
(문제에서 $n=3$일 때 $A_2 = 1.02$이다.)

56 200개 들이 상자가 15개 있다. 각 상자로부터 제품을 랜덤하게 10개씩 샘플링할 경우, 이러한 샘플링 방법을 무엇이라 하는가?

① 계통 샘플링
② 취락 샘플링
③ 층별 샘플링
④ 2단계 샘플링

정답 50 ② 51 ③ 52 ④ 53 ① 54 ③ 55 ② 56 ③

해설 층별 샘플링
모집단을 몇 개의 층으로 나누고 각 층으로부터 각각 랜덤하게 시료를 뽑는 방법의 샘플링이다.

57 어떤 측정법으로 동일 시료를 무한횟수 측정하였을 때 데이터 분포의 평균치와 모집단 참값과의 차를 무엇이라 하는가?

① 편차
② 신뢰성
③ 정확성
④ 정밀도

해설 정확성
어떤 측정법으로 동일 시료를 무한횟수로 측정하였을 때 데이터 분포의 평균치와 모집단 참값과의 차이다.

58 다음 중 신제품에 대한 수요예측방법으로 가장 적절한 것은?

① 시장조사법
② 이동평균법
③ 지수평활법
④ 최소자승법

해설 시장조사법
신제품에 대한 수요예측방법으로 가장 적절하다.

59 ASME(American Society of Mechanical Engineers)에서 정의하고 있는 제품공정 분석표에 사용되는 기호 중 "저장(Storage)"을 표현한 것은?

① ○
② D
③ □
④ ▽

해설
- ○ : 작업
- ⇨ : 운반
- ▽ : 보관
- □ : 검사
- D : 대기

60 다음 중 사내표준을 작성할 때 갖추어야 할 요건으로 옳지 않은 것은?

① 내용이 구체적이고 주관적일 것
② 장기적 방침 및 체계 하에서 추진할 것
③ 작업표준에는 수단 및 행동을 직접 제시할 것
④ 당사자에게 의견을 말하는 기회를 부여하는 절차로 정할 것

해설 사내표준요건은 기록내용이 구체적이고 객관적일 것

정답 57 ③ 58 ① 59 ④ 60 ①

2010년 3월 29일 과년도 기출문제

01 액화가스를 가열하여 기화시키는 기화장치의 성능기준으로 틀린 것은?

① 가연성 가스용 기화장치의 접지 저항치는 10Ω 이하로 한다.
② 안전장치는 내압시험의 8/10 이하의 압력에서 작동하는 것으로 한다.
③ 온수가열방식의 온수는 80℃ 이하로 한다.
④ 증기가열방식의 온도는 100℃ 이하로 한다.

해설 증기가열방식
증기의 온도가 120℃ 이하일 것

02 도시가스의 공급계획을 가장 적절히 설명한 항목은?

① 어떤 지역 내의 피크(Peak) 시 가스소비량과 그 지역 내 전체 수요가의 가스기구 소비량의 총합계의 비를 추정하는 것이다.
② 해마다 증가하는 수요, 공급구역의 확대를 예측하여 항상 안정된 압력으로 양질의 가스를 원활하게 공급할 수 있도록 공급시설의 증강 또는 개폐를 계획하는 것이다.
③ 배관의 구경결정과 압력해석을 수행하는 것이다.
④ 시시각각 변화하는 가스 수요량을 예측하여 가스제조설비, 가스홀더, 압송기, 정압기 등을 안전하고 효율적으로 운용하여, 수요가에게 안정된 공급압력으로 가스를 공급하는 것이다.

해설 도시가스 공급계획은 해마다 증가하는 수요, 공급구역의 확대를 예측하여 항상 안정된 압력으로 양질의 가스를 원활하게 공급할 수 있도록 공급시설의 증강 또는 개폐를 계획하는 것이다.

03 염소가스는 수은법에 의한 식염의 전기분해로 얻을 수 있다. 이때 염소가스는 어느 곳에서 주로 발생하는가?

① 수은
② 소금물
③ 나트륨
④ 인조흑연(탄소판)

해설 $2NaCl + Hg \rightarrow Cl_2 + 2NaHg$
양극에 탄소판, 음극에 수은을 사용한다.

04 다음 중 이상기체의 법칙에 가장 가까운 것은?

① 저압, 고온에서 이상기체의 법칙에 접근한다.
② 고압, 저온에서 이상기체의 법칙에 접근한다.
③ 저압, 저온에서 이상기체의 법칙에 접근한다.
④ 고압, 고온에서 이상기체의 법칙에 접근한다.

해설 기체가 저압, 고온에서 이상기체의 법칙에 접근한다.

05 Dalton의 법칙에 대한 설명으로 옳지 않은 것은?

① 모든 기체에 대해 정확히 성립한다.
② 혼합기체의 전압은 각 기체의 분압의 합과 같다.
③ 실제기체의 경우 낮은 압력에서 적용할 수 있다.
④ 한 기체의 분압과 전압의 비는 그 기체의 몰수와 전체 몰수의 비와 같다

해설 돌턴의 분압법칙
• 혼합기체의 전압은 각 기체의 분압의 합과 같다.
• 실제기체의 경우 낮은 압력에서 적용할 수 있다.
• 한 기체의 분압과 전압의 비는 그 기체의 몰수와 전체 몰수의 비와 같다.

정답 01 ④ 02 ② 03 ④ 04 ① 05 ①

06 일반도시가스사업자의 정압기의 이상압력 상승 시 다음 안전장치의 작동순서로 적합한 것은?

> ㉠ 이상압력 통보설비
> ㉡ 주정압기의 긴급차단장치
> ㉢ 안전밸브
> ㉣ 예비정압기의 긴급차단장치

① ㉠-㉡-㉢-㉣
② ㉡-㉢-㉣-㉠
③ ㉢-㉣-㉠-㉡
④ ㉣-㉠-㉡-㉢

해설 일반도시가스사업자의 정압기 이상압력 상승 시 안전장치의 작동순서는 ㉠→㉡→㉢→㉣이다.

07 액화산소 5L를 기준했을 때 다음 중 어느 경우에 공기액화 분리기의 운전을 중지하고 액화산소를 방출해야 하는가?

① 탄화수소의 탄소의 질량이 500mg을 넘을 때
② 탄화수소의 탄소의 질량이 50mg을 넘을 때
③ 아세틸렌이 2mg을 넘을 때
④ 아세틸렌이 0.2mg을 넘을 때

해설 탄화수소의 탄소질량이 500mg을 넘을 때 액화산소를 방출한다.

08 가스액화분리장치용 구성기기 중 왕복동식 팽창기에 대한 설명으로 옳은 것은?

① 팽창비가 작다.
② 효율이 60~65% 정도로서 높지 않다.
③ 흡입압력의 범위가 좁다.
④ 기통 내의 윤활에 오일을 사용하지 않으므로 깨끗하다.

해설 왕복동식 팽창기
- 팽창비가 커서 40정도도 있다.
- 흡입압력은 저압에서 200atm 고압까지 있다.
- 기통 내의 윤활에 오일이 사용된다.

09 케이싱 내에 암로터 및 수로터의 회전운동에 의해 압축되어 진동이나, 맥동이 없고 연속송출이 가능한 용적형 압축기는?

① 콤파운드 압축기
② 축류 압축기
③ 터보식 압축기
④ 스크루 압축기

해설 스크루 압축기
케이싱 내에 암로터, 수로터의 회전운동에 의해 압축된다.

10 배관 설계도면 작성관련 설계 시 종단면도에 기입할 사항이 아닌 것은?

① 설계가스배관 및 설치된 가스배관의 위치
② 교차하는 타 매설물, 구조물
③ 설계 가스배관 계획 정상높이 및 깊이
④ 기울기 및 포장종류

해설 배관 설계도면 작성관련 설계 시 종단면의 기입사항은 ②, ③, ④이다.

11 도시가스공급시설 중 정압기(지)의 기준에 대한 설명으로 옳지 않은 것은?

① 정압기를 설치한 장소는 계기실·전기실 등과 구분하고 누출된 가스가 계기실 등으로 유입되지 아니하도록 한다.
② 정압기의 입구 측·출구 측 및 밸브기지는 최고사용압력의 1.25배 이상에서 기밀성능을 가지는 것으로 한다.
③ 지하에 설치하는 정압기실은 천장, 바닥 및 벽의 두께가 각각 30cm 이상의 방수조치를 한 콘크리트로 한다.
④ 정압기의 입구에는 수분 및 불순물제거장치를 설치한다.

해설 도시가스 정압기 기준 설명은 ①, ③, ④이다.

정답 06 ① 07 ① 08 ② 09 ④ 10 ① 11 ②

12 용기 제조자의 수리범위에 해당하는 것은?

① 저온 또는 초저온 용기의 단열재 교체
② 특정 설비 몸체의 용접
③ 냉동기 용접 부분의 용접
④ 냉동설비의 부품교체 및 용접

해설 ② 고압가스제조자 범위
③ 특정설비제조자 범위
④ 검사기관의 범위

13 용기에 액체질소 56kg이 충전되어 있다. 외부에서의 열이 매시간 10kcal씩 액체질소에 공급될 때 액체질소가 28kg으로 감소되는 데 걸리는 시간은?(단, N_2의 증발잠열은 1,600cal/mol이다.)

① 16시간 ② 32시간
③ 160시간 ④ 320시간

해설 질소 1몰=28g, 28kg=28,000g=1,000mol
10kcal=10,000cal
∴ $\frac{1,000 \times 1,600}{10,000}$ = 160시간

14 그레이엄(Graham)의 확산속도 법칙을 옳게 표시한 것은?

① 기체분자의 확산속도는 일정한 온도에서 기체분자량의 제곱근에 반비례한다.
② 기체분자의 확산속도는 일정한 온도에서 기체분자량의 제곱근에 비례한다.
③ 기체분자의 확산속도는 일정한 압력에서 기체분자량에 반비례한다.
④ 기체분자의 확산속도는 일정한 압력에서 기체분자량에 비례한다.

해설 그레이엄의 확산속도 범위
기체분자의 확산속도는 일정한 온도에서 기체분자량의 제곱근에 반비례한다.

15 탄소강의 표준 조직에 대한 설명으로 옳은 것은?

① 탄소강의 주조직을 레데뷰라이트라 한다.
② 아공석광은 α페라이트와 펄라이트의 혼합 조직이다.
③ C 0.8~2.0%를 공석강이라 한다.
④ 공석강은 100% 시멘타이트 조직이다.

해설 탄소강
• 공석광 : 탄소함량이 0.85%
• 아공석광(α페라이트와 펄라이트 혼합조직) : 탄소함량이 0.85% 이하
• 과공석광 : 탄소함량이 0.85% 초과

16 가스크로마토그래피(Gas Chromatography)의 구성요소가 아닌 것은?

① 분리관(칼럼) ② 검출기
③ 기록계 ④ 팔라듐관

해설 가스크로마토그래피 구성
• 칼럼
• 검출기
• 기록계

17 가스도매사업의 가스공급시설로서 배관을 지하에 매설하는 경우의 기준에 대한 설명 중 틀린 것은?

① 가스배관 외부에 콘크리트를 타설하는 경우에는 고무판 등을 사용하여 배관의 피복부위와 콘크리트가 직접 접촉하지 아니하도록 한다.
② 배관은 그 외면으로부터 지하의 다른 시설물과 0.3m 이상의 거리를 유지한다.
③ 지표면으로부터 배관의 외면까지의 매설깊이는 산이나 들에서는 1.2m 이상 그 밖의 지역에서는 1.5m 이상으로 한다.
④ 철도의 횡단부 지하에는 지면으로부터 1.2m 이상인 깊이에 매설하고 또한 강제의 케이스를 사용하여 보호한다.

정답 12 ① 13 ③ 14 ① 15 ② 16 ④ 17 ③

[해설]
- 산, 들 : 1m 이상
- 기타 : 1.2m 이상
- 방호구조물 외면 : 0.6m 이상

18 다음 중 흡수식 냉동기에 사용되는 냉매는? (단, 흡수제는 파라핀유이다.)

① 톨루엔 ② 염화메틸
③ 물   ④ 암모니아

[해설]

냉매	흡수제
NH_3	H_2O
물	LiBr
염화메틸	사염화에탄
톨루엔	파라핀유

19 암모니아를 사용하여 질산제조의 원료를 얻는 반응식으로 가장 옳은 것은?

① $2NH_3 + CO \rightarrow (NH_2)_2CO + H_2O$
② $NH_3 + HNO_3 \rightarrow NH_4NO_3$
③ $2NH_3 + H_2SO_4 \rightarrow (NH_4)_2SO_4$
④ $4NH_3 + 5O_2 \rightarrow 4NO + 6H_2O$

[해설] $4NH_3 + 5O_2 \rightarrow 4NO + 6H_2O$

20 배관의 보호포 설치에 적용되는 재질 및 규격과 설치기준에 대한 설명으로 틀린 것은?

① 두께는 0.2mm 이상으로 한다.
② 보호포의 폭은 15cm 이상으로 한다.
③ 보호포의 바탕색은 최고사용압력이 저압인 관은 적색으로 한다.
④ 일반형 보호포와 탐지형 보호포로 구분한다.

[해설] 보호포 재질, 규격, 설치기준은 ①, ②, ④이다.

21 아세틸렌 충전작업의 기준에 대한 설명 중 틀린 것은?

① 아세틸렌을 2.5MPa의 압력으로 압축하는 때에는 질소·메탄·일산화탄소 또는 에틸렌 등의 희석제를 첨가한다.
② 습식아세틸렌발생기의 표면은 70℃ 이하의 온도로 유지하고, 그 부근에서는 불꽃이 튀는 작업을 하지 아니한다.
③ 아세틸렌을 용기에 충전하는 때에는 미리 용기에 다공질물을 고루 채워 다공도가 75% 이상 92% 미만이 되도록 한 후 아세톤 또는 디메틸포름아미드를 고루 침윤시키고 충전한다.
④ 아세틸렌을 용기에 충전하는 때의 충전 중의 압력은 1.5MPa 이하로 하고, 충전 후에는 압력이 15℃에서 1.0MPa 이하로 될 때까지 정치하여 둔다.

[해설] 15℃에서는 1.55MPa 이하로 한다.

22 허용인장응력 10kgf/mm², 두께 10mm의 강판을 150mm V홈 맞대기 용접이음을 할 때 그 효율이 80%라면 용접 두께 t는 얼마로 하면 되는가?(단, 용접부의 허용응력은 8kgf/mm²이다.)

① 10mm ② 12mm
③ 14mm ④ 16mm

[해설] $t = \dfrac{10 \times 8}{10 \times 0.8} = 10mm$

23 비상공급시설 설치신고서에 첨부하여 시장, 군수, 구청장에게 제출해야 하는 서류가 아닌 것은?

① 안전관리자의 배치현황
② 설치위치 및 주위상황도
③ 비상공급시설의 설치사유서
④ 가스사용 예정시기 및 사용예정량

정답 18 ① 19 ④ 20 ③ 21 ④ 22 ① 23 ④

해설 비상공급시설 설치신고서에 첨부하여 제출하는 서류는 ①, ②, ③의 서류이다.

24 다음 중 비점이 낮은 것에서 높은 순서로 옳게 나열된 것은?

① $H_2 - O_2 - N_2$
② $H_2 - N_2 - O_2$
③ $O_2 - N_2 - H_2$
④ $N_2 - O_2 - H_2$

해설 비점
- H_2 : $-252℃$
- N_2 : $-196℃$
- O_2 : $-183℃$

25 열전대 온도계의 특징에 대한 설명 중 틀린 것은?

① 접촉식 온도계 중 고온 측정에 적합하다.
② 정밀측정에는 회로의 저항에 영향을 받지 않는 전위차계를 사용한다.
③ 계기를 동작시키는 데 별도의 전원이 필요하다.
④ 열기전력 지시에는 밀리볼트계를 사용한다.

해설 열전대는 자체의 열기전력을 생산한다.

26 일반 기체상수 R이 모든 가스에 대하여 같음을 증명하는 데 적용되는 법칙은?

① 줄(Joule)의 법칙
② 아보가드로(Avogadro)의 법칙
③ 라울(Raoult)의 법칙
④ 보일-샤를(Boyle-Charle)의 법칙

해설 $PV = nRT$

$R = \dfrac{PV}{nT}$

$= \dfrac{1.0332 \times 10^4 \times 22.4}{1 \times 273}$

$= 848 kg \cdot m/kg \cdot K$

27 크리프(Creep)는 재료가 어떤 온도하에서는 시간과 더불어 변형이 증가되는 현상인데, 일반적으로 철강재료 중 크리프 영향을 고려해야 할 온도는 몇 ℃ 이상일 때인가?

① 50℃
② 150℃
③ 250℃
④ 350℃

해설 350℃에서 철강재는 Creep의 영향을 고려해야 한다.

28 산소 100L가 용기의 구멍을 통해 새어나가는 데 20분이 소요되었다면 같은 조건에서 이산화탄소 100L가 새어나가는 데 걸리는 시간은 약 얼마인가?

① 20.0분
② 23.5분
③ 27.0분
④ 30.5분

29 안전성평가기법 중 결함수분석에 대한 설명으로 옳은 것은?

① 연역적 분석이 가능한 기법이다.
② 귀납적 분석이 가능한 기법이다.
③ 잠재적인 사고결과를 평가하는 기법이다.
④ 위험에 대한 상대위험순위를 비교하는 기법이다.

해설 결함수분석(FTA)기법
사고를 일으키는 장치의 이상이나 운전자 실수의 조합을 연역적으로 분석하는 정량적 안정성 평가기법이다.

30 저장능력이 10톤인 액화석유가스저장소 시설에서 선임하여야 할 안전관리자의 기준은?

① 안전관리총괄자 1명, 안전관리부총괄자 1명, 안전관리원 1명 이상
② 안전관리총괄자 1명, 안전관리책임자 1명, 안전관리원 1명 이상
③ 안전관리총괄자 1명, 안전관리책임자 1명
④ 안전관리총괄자 1명, 안전관리원 1명

해설 10톤 : 안전관리총괄자 1명, 안전관리책임자 1명

정답 24 ② 25 ③ 26 ② 27 ④ 28 ② 29 ① 30 ③

31 냉동장치의 점검·수리 등을 위하여 냉매계통을 개방하고자 할 때는 펌프다운(Pump Down)을 하여 계통 내의 냉매를 어디에 회수하는가?

① 수액기　② 압축기
③ 증발기　④ 유분리기

해설) 냉매점검·수리 시 펌프다운 후 냉매는 수액기로 회수한다.

32 저압식 공기 액화분리장치에 탄산가스 흡착기를 설치하는 주된 목적은?

① 공기량 증가
② 축열기 효율 증대
③ 팽창 터빈 보호
④ 정제산소 및 질소의 순도 증가

해설) CO_2를 제거하면(드라이아이스의 배관을 폐쇄시키거나 팽창터빈 등 배관 동결 파열의 원인이 된다.) 이것을 방지할 수 있다.

33 시안화수소(HCN) 가스를 장기간 저장하지 못하는 이유로 옳은 것은?

① 분해폭발하기 때문에
② 중합폭발하기 때문에
③ 산화폭발하기 때문에
④ 촉매폭발하기 때문에

해설) 시안화수소에 2%의 수분은 중합이 촉진되어 중합폭발을 일으킨다.

34 도시가스배관의 지하매설 시 다짐공정 및 방법에 대한 설명으로 틀린 것은?

① 배관에 작용하는 하중을 지지하기 위하여 배관하단에서 배관상단 30cm까지에는 침상재료를 포설한다.
② 되메움공정에서는 배관상단으로부터 50cm의 높이로 되메움재료를 포설한 후마다 다짐작업을 한다.
③ 흙의 함수량이 다짐에 부적당할 때는 다짐작업을 해서는 안 된다.
④ 콤팩터, 래머 등 현장 상황에 맞는 다짐기계를 사용하여야 하나 폭 4m 이하의 도로 등은 인력 다짐으로 할 수 있다.

35 제조가스 중에 포함된 불순물과 그로 인한 장해에 대한 설명으로 가장 옳은 것은?

① 황, 질소화합물은 배관, 정압기 기구의 노즐에 부착하여 그 기능을 저하시키거나 저해하게 된다.
② 물은 가스의 승압, 냉각에 의한 물, 얼음, 물과 탄화수소와의 수화물을 생성하여 배관 등의 부식을 조장하고 배관, 밸브 등을 폐쇄시킨다.
③ 나프탈렌, 타르, 먼지는 가스 중의 산소와 반응하여 NO_2로 되며, NO_2는 불포화 탄화수소와 반응하여 고무가 생성된다. 이 고무는 배관, 정압기, 기구의 노즐에 부착하여 그 기능을 저하시키고 저해하게 된다.
④ 산화질소(NO), 고무는 연소에 의하여 아황산가스, 아초산, 초산이 발생하여 인체나 가축에 피해를 주며 가스기구, 배관, 정압기 등의 기물을 부식시킨다.

해설) 물은 얼음, 탄화수소와의 수화물 생성으로 배관의 부식, 관, 밸브 등을 폐쇄시킨다.

36 아세틸렌(C_2H_2) 가스는 다음 중 무엇으로 주로 제조하는가?

① 탄화칼슘
② 탄소
③ 카타리솔
④ 암모니아

해설) $CaO + 3C \rightarrow CaC_2 + CO$
$CaC_2 + 2H_2O \rightarrow Ca(OH)_2 + C_2H_2$(아세틸렌)

정답) 31 ①　32 ③　33 ②　34 ②　35 ②　36 ①

37 상용압력 200kg/cm²인 고압설비의 안전밸브 작동압력은 몇 kg/cm²인가?

① 160　② 200
③ 240　④ 300

해설 안전밸브＝내압시험× $\frac{8}{10}$

내압시험＝상용압력×1.5배

∴ 200×1.5×0.8＝240kg/cm²

38 NH₃의 냉매번호는 R-717이다. 백단위의 7은 무기물질을 뜻하는데 그 뒤 숫자 17은 냉매의 무엇을 뜻하는가?

① 냉동계수　② 증발잠열
③ 분자량　④ 폭발성

해설 NH₃(암모니아) : 분자량 17

39 다음 중 공식(孔蝕)의 특징에 대한 설명으로 옳은 것은?

① 양극반응의 독특한 형태이다.
② 부식속도가 느리다.
③ 균일부식의 조건과 동반하여 발생한다.
④ 발견하기가 쉽다.

해설 공식은 양극반응의 형태이다.

40 피셔(Fisher)식 정압기의 2차압 이상상승의 원인에 해당하는 것은?

① 정압기 능력부족
② 필터의 먼지류의 막힘
③ Pilot Supply Valve에서의 누설
④ 파일럿의 오리피스의 녹 막힘

해설 ③은 2차 압력 이상 상승의 원인 및 조치사항이다.

41 이상기체에 대한 설명으로 옳은 것은?

① 이상기체의 내부에너지는 온도만의 함수이다.
② 이상기체의 내부에너지는 압력만의 함수이다.
③ 이상기체의 내부에너지는 부피만의 함수이다.
④ 비열비 k는 압력에 관계 없이 1의 값을 가져야 한다.

해설 이상기체의 내부에너지는 온도만의 함수이다.
- 비엔탈피 : $h = u + APV$ (kcal/kg)
- 엔탈피 : $H = u + APV$ (kcal)

42 아세틸렌을 압축하는 Reppe 반응장치의 구분에 해당하지 않는 것은?

① 비닐화　② 에티닐화
③ 환중합　④ 니트릴화

해설 아세틸렌 압축레페 반응장치 구분
- 비닐화
- 에티닐화
- 환중합

43 국제표준규격 ISO 5167에서 다루고 있는 차압 1차 장치(Primary Device) 중 오리피스 판(Orifive Plate)의 압력 Tapping 방법이 아닌 것은?

① D 및 D/2 Tapping
② Corner Tapping
③ Flange Tapping
④ Screw Tapping

해설 오리피스 판의 압력 1차 압력 Tapping 방법
- D 및 D/2 Tapping
- Corner Tapping
- Flange Tapping

정답 37 ③　38 ③　39 ①　40 ③　41 ①　42 ④　43 ④

44 L·atm과 단위가 같은 것은?

① 힘　　② 에너지
③ 질량　　④ 밀도

해설 L·atm은 에너지와 같은 단위이다.
※ $R=0.082$ L·atm/mol·K

45 질소의 정압 몰열용량 C_p(J/mol·K)가 다음과 같고 1mol의 질소를 1atm하에서 600℃로부터 20℃로 냉각하였을 때 발생하는 열량은 약 몇 kJ인가?(단, R는 이상기체상수이다.)

$$\frac{C_p}{R}=3.3+0.6\times 10^{-3}T$$

① 16.6　　② 17.6
③ 18.6　　④ 19.6

46 밀폐된 용기 내에 1atm, 27℃로 프로판과 산소가 2 : 8의 비율로 혼합되어 있으며 이것이 연소하여 다음과 같은 반응을 하고 화염온도는 3,000K이 되었다고 한다. 이 용기 내에 발생하는 압력은 몇 atm인가?(단, 내용적의 변화는 없다.)

$$2C_3H_8 + 8O_2 \rightarrow 6H_2O + 4CO_2 + 2H_2$$

① 2　　② 6
③ 12　　④ 14

해설 $\dfrac{P_2}{P_1}=\dfrac{N_2}{N_1}\times\dfrac{T_2}{T_1}$

$P_2=\dfrac{N_2}{N_1}\times\dfrac{T_2}{T_1}\times P_1$

∴ $P=\dfrac{(6+4+2+2)}{2+8}\times\dfrac{3,000}{(273+27)}\times 1$

$=14$ atm

47 온도 200℃, 부피 400L의 용기에 질소 140kg을 저장할 때 필요한 압력을 Van der Waals 식을 이용하여 계산하면 약 몇 atm인가?(단, $a=1.351$ atm·L²/mol², $b=0.0386$ L/mol이다.)

① 36.3　　② 363
③ 72.6　　④ 726

해설 $P=\dfrac{RT}{V-b}-\dfrac{a}{V^2}$

$=\dfrac{0.082\times(200+273)}{400-0.0386}-\dfrac{1.351}{400^2}$

$=726$ atm

48 다음 중 산화폭발의 종류가 아닌 것은?

① 가스폭발
② 분진폭발
③ 화약폭발
④ 증기폭발

해설 증기폭발은 물리적 폭발에 해당한다.

49 다음 물질의 제조(공업적) 시 최고압력이 높은 것부터 순서대로 나열된 것은?

㉠ 암모니아 제조
㉡ 폴리에틸렌의 제조
㉢ 일산화탄소와 물에 의한 수소 제조

① ㉠-㉡-㉢
② ㉡-㉠-㉢
③ ㉢-㉡-㉠
④ ㉠-㉢-㉡

해설 폴리에틸렌>암모니아>일산화탄소와 물에 의한 수소 제조

정답 44 ②　45 ②　46 ④　47 ④　48 ④　49 ②

50 동력으로 관을 저속으로 회전시켜 나사절삭기를 밀어 넣는 방법으로 나사가 절삭되며 장치가 간단하여 운반이 쉽고 주로 관경이 작은 것에 사용되는 것은?

① 다이헤드식 나사절삭기
② 호브식 나사절삭기
③ 오스터식 나사절삭기
④ 램식 나사절삭기

해설 오스터식 나사절삭기
동력으로 주로 관경이 작은 것에 회전으로 나사를 저속절삭한다.

51 식품접객업소로서 영업장의 면적이 몇 m² 이상인 가스사용시설에 대하여 가스누출자동차단장치를 설치하여야 하는가?

① 33   ② 50
③ 100 ④ 200

해설 식품접객업소 영업장의 면적이 100m² 이상인 가스사용시설에는 가스누출차단장치를 설치하여야 한다.

52 동일한 부피를 가진 수소와 산소의 무게를 같은 온도에서 측정하였더니 같은 값이었다. 수소의 압력이 2atm이라면 산소의 압력은 몇 atm인가?

① 0.0625   ② 0.125
③ 0.25   ④ 0.5

해설 수소 분자량 = 2
산소 분자량 = 32
$2\text{atm} \times \dfrac{2}{32} = 0.125\text{atm}$

53 플레어스택 설치기준에 대한 설명 중 틀린 것은?

① 파일럿버너를 항상 꺼두는 등 플레어스택에 관련된 폭발을 방지하기 위한 조치가 되어 있는 것으로 한다.
② 긴급이송설비로 이송되는 가스를 안전하게 연소시킬 수 있는 것으로 한다.
③ 플레어스택에서 발생하는 복사열이 다른 제조시설에 나쁜 영향을 미치지 않도록 안전한 높이 및 위치에 설치한다.
④ 플레어스택에 발생하는 최대열량에 장시간 견딜 수 있는 재료 및 구조로 되어 있는 것으로 한다.

해설 플레어스택을 사용하려면 파일럿버너는 항상 켜둔다.

54 압력 80kPa, 체적 0.37m³을 차지하고 있는 이상기체를 등온팽창시켰더니 체적이 2.5배로 팽창하였다. 이때 외부에 대해서 한 일은 몇 N·m인가?

① 2.71
② 2.71×10²
③ 2.71×10³
④ 2.71×10⁴

해설 1J = 1N·m
$W = P_1 V_1 \ln \dfrac{V_2}{V_1}$
$= 80 \times 0.37 \times \ln 2.5 \times 10^3$
$= 27,122 \text{N·m}$
$\fallingdotseq 2.71 \times 10^4$

55 u관리도의 관리한계선을 구하는 식으로 옳은 것은?

① $\bar{u} \pm \sqrt{u}$
② $\bar{u} \pm 3\sqrt{u}$
③ $\bar{u} \pm 3\sqrt{n\bar{u}}$
④ $\bar{u} \pm 3\sqrt{\dfrac{u}{n}}$

해설 UCL & LCL = $\bar{u} \pm 3\sqrt{\dfrac{u}{n}}$
- CL : 한 개의 중심선
- UCL, LCL : 두 개의 관리한계선

정답 50 ③ 51 ③ 52 ② 53 ① 54 ④ 55 ④

56 어떤 회사의 매출액이 80,000원, 고정비가 15,000원, 변동비가 40,000원일 때 손익분기점 매출액은 얼마인가?

① 25,000원
② 30,000원
③ 40,000원
④ 55,000원

해설 $80,000 - (15,000 + 40,000) = 25,000$
$40,000 - 25,000 = 15,000$
$\therefore 15,000 + 15,000 = 30,000$

57 계수 규준형 샘플링 검사의 OC곡선에서 좋은 로트를 합격시키는 확률을 뜻하는 것은?(단, α는 제1종 과오, β는 제2종 과오이다.)

① α
② β
③ $1-\alpha$
④ $1-\beta$

해설 $1-\alpha$: 계수규준형 샘플링 검사의 OC곡선에서 좋은 로트를 합격시키는 확률

58 다음 중 통계량의 기호에 속하지 않는 것은?

① σ
② R
③ s
④ $\bar{x}$

해설 σ : 로트의 표준편차

59 예방보전(Preventive Maintenance)의 효과로 보기에 가장 거리가 먼 것은?

① 기계의 수리비용이 감소한다.
② 생산시스템의 신뢰도가 향상된다.
③ 고장으로 인한 중단시간이 감소한다.
④ 예비기계를 보유해야 할 필요성이 증가한다.

해설 예방보전은 예비기계를 보유해야 할 필요성이 감소한다.

60 다음 중 인위적 조절이 필요한 상황에 사용될 수 있는 워크팩터(Work Factor)의 기호가 아닌 것은?

① D
② K
③ P
④ S

해설
- D : 일정한 정지
- S : 방향의 조절
- P : 주의
- u : 방향변경

정답 56 ② 57 ③ 58 ① 59 ④ 60 ②

2010년 7월 10일 과년도 기출문제

01 고압가스 일반제조 시설기준 중 가연성가스 제조설비의 전기설비는 방폭성능을 가지는 구조이어야 한다. 다음 중 제외대상이 되는 가스는?

① 에탄
② 브롬화메탄
③ 에틸아민
④ 수소

해설 전기설비 방폭성능 제외대상가스
암모니아, 브롬화메탄

02 SI 단위인 Joule에 대한 설명으로 옳지 않은 것은?

① 1Newton의 힘의 방향으로 1m 움직이는 데 필요한 일이다.
② 1Ω의 저항에 1A의 전류가 흐를 때 1초간 발생하는 열량이다.
③ 1kg의 질량을 $1m/sec^2$ 가속시키는 데 필요한 힘이다.
④ 1Joule은 약 0.24cal에 해당한다.

해설 1J
1뉴턴의 힘을 작용하여 힘의 방향으로 1m만큼의 변위를 일으켰을 때의 일의 정의
$1J = 1N \times 1m = 1kg\, m^2/s^2$

03 사업자 등은 그의 시설이나 제품과 관련하여 가스사고가 발생한 때에는 한국가스안전공사에 통보하여야 한다. 사고의 통보 시에 통보내용에 포함되어야 하는 사항으로 규정하고 있지 않은 사항은?

① 피해현황(인명 및 재산)
② 시설현황
③ 사고내용
④ 사고원인

해설 사고원인에 대한 통보는 한국가스안전공사 등의 전문기관에서 직접 한다.

04 가스압축에 대한 설명으로 옳은 것은?

① 등온압축 동력이 단열압축 동력보다 크다.
② 동일가스, 동일 흡입 온도에서는 압축비가 클수록 토출온도는 낮다.
③ 압축비가 일정한 경우 간극 용적비가 작아질수록 체적효율은 좋아진다.
④ 압축비가 일정한 경우 간극 용적비가 작아질수록 체적효율은 나빠진다.

해설 압축비가 일정하면 간극 용적비가 작을수록 체적효율 증가

05 흡수식 냉동설비의 냉동능력 정의로 옳은 것은?

① 발생기를 가열하는 24시간의 입열량 6천 640kcal를 1일의 냉동능력 1톤으로 본다.
② 발생기를 가열하는 1시간의 입열량 3천 320kcal를 1일의 냉동능력 1톤으로 본다.
③ 발생기를 가열하는 1시간의 입열량 6천 640kcal를 1일의 냉동능력 1톤으로 본다.
④ 발생기를 가열하는 24시간의 입열량 3천 320kcal를 1일의 냉동능력 1톤으로 본다.

해설 흡수식 냉동설비의 냉동능력
$1RT = 6,640 kcal/h$(1냉동톤)

06 어떤 용기에 액체염소 25kg이 들어 있다. 이 염소를 표준상태인 바깥으로 내놓으면 몇 m^3의 부피를 차지하는가?

① 7.9
② 11.0
③ 15.4
④ 22.4

정답 01 ② 02 ③ 03 ④ 04 ③ 05 ③ 06 ①

해설 Cl_2 1kmol = 22.4Nm³ = 70kg
∴ $22.4 \times \dfrac{25}{70} ≒ 8m^3$

07 독성가스 배관 설치 시 반드시 2중 배관으로 하지 않아도 되는 가스는?

① 에틸렌   ② 시안화수소
③ 염화메탄 ④ 암모니아

해설 폴리에틸렌 제조용 가스
에틸렌 C_2H_4 가스는 가연성가스이며 폭발범위는 2.7~36%이다.

08 반데르발스(Van der Waals) 상태식 중 보정항에 대하여 옳게 표현한 것은?

① 실제기체에서 분자 간 상호 인력의 작용과 분자 자체의 크기(부피)를 고려하여 보정한 식이다.
② 실제기체에서 원자 간의 공유결합에 의한 압력 감소를 고려하여 보정한 식이다.
③ 실제기체에서 양이온과 음이온의 작용에 의한 이온결합을 고려하여 보정한 식이다.
④ 실제기체에서 이상기체보다 높은 압력과 낮은 온도를 고려하여 보정한 식이다.

해설 반데르발스 식
$\left(P + \dfrac{n^2 a}{V^2}\right)(V - nb) = nRT$

09 가스안전영향평가 대상 등에서 지식경제부령이 정하는 가스배관이 통과하는 지점에 해당하지 않는 것은?

① 해당 건설공사와 관련된 굴착공사로 인하여 도시가스 배관이 노출될 것이 예상되는 부분
② 해당 건설공사에 의한 굴착바닥면의 양끝으로부터 굴착심도의 0.6배 이내의 수평거리에 도시가스배관이 매설된 부분
③ 해당 공사에 의하여 건설될 지하시설물 바닥의 직하부에 관경 500mm인 저압의 가스배관이 통과하는 경우 그 건설공사에 해당하는 부분
④ 해당 공사에 의하여 건설될 지하시설물 바닥의 직하부에 최고사용압력이 중압 이상인 가스배관이 통과하는 경우 그 건설공사에 해당하는 부분

해설 ①, ②, ④는 가스배관이 통과하는 지점의 가스안전영향평가 대상이다.

10 고압가스 운반 시 가스누출사고가 발생하였다. 이 부분의 수리가 불가능한 경우 재해발생 또는 확대를 방지하기 위한 조치사항으로 볼 수 없는 것은?

① 상황에 따라 안전한 장소로 운반한다.
② 상황에 따라 안전한 장소로 대피한다.
③ 비상 연락망에 따라 관계업소에 원조를 의뢰한다.
④ 펜스를 설치하고 다른 운반차량에 가스를 옮긴다.

해설 고압가스 운반 시 가스누출사고 발생 시에 다른 운반차량으로 가스이동은 금지된다.

11 가스공급시설 중 최고사용압력이 고압인 가스홀더 2개가 있다. 2개의 가스홀더의 지름이 각각 30m, 50m일 경우 두 가스홀더의 간격은 몇 m 이상을 유지하여야 하는가?

① 15m   ② 20m
③ 30m   ④ 50m

해설 간격 = $(T_{1D} + T_{2D}) \times \dfrac{1}{4}$
= $(30 + 50) \times \dfrac{1}{4}$
= 20m 이상

정답 07 ① 08 ① 09 ③ 10 ④ 11 ②

12 고온, 고압하에서 일산화탄소를 사용하는 장치에 철재를 사용할 수 없는 주된 원인은?

① 철카르보닐을 만들기 때문에
② 탈탄산작용을 하기 때문에
③ 중합부식을 일으키기 때문에
④ 가수분해하여 폭발하기 때문에

해설 $Ni + 4CO \rightarrow Ni(CO)_4$: 니켈카르보닐
$Fe + 5CO \rightarrow Fe(CO)_5$: 철카르보닐

13 도시가스사업법에서 정의하는 용어에 대한 설명 중 틀린 것은?

① 배관이라 함은 본관, 공급관, 내관을 말한다.
② 본관이라 함은 공급관, 옥외배관을 말한다.
③ 내관이라 함은 가스사용자가 소유하고 있는 토지의 경계에서 연소기에 이르는 배관을 말한다.
④ 액화가스라 함은 상용의 온도에서 압력이 0.2MPa 이상이 되는 것을 말한다.

해설 본관
도시가스 제조사업소의 부지경계에서 정압기까지에 이르는 배관

14 몰조성으로 프로판 50%, n-부탄 50%인 LP 가스가 있다. 이 가스 1kg 중 프로판의 중량은 약 몇 kg인가?

① 0.32 ② 0.38
③ 0.43 ④ 0.52

해설 부탄의 구조식 2개 중 긴 사슬 모양인 것은 n-부탄, 가지가 달린 사슬 모양인 것은 이소부탄이다.
프로판(C_3H_8) 분자량 = 44
부탄(C_4H_{10}) 분자량 = 58
$C_3H_8 = 44 \times 0.5 = 22kg$
$C_4H_{10} = 58 \times 0.5 = 29kg$
$\therefore \frac{22}{22+29} = 0.43kg$

15 가스 정압기에서 메인밸브의 열림과 유량과의 관계를 의미하는 것은?

① 정특성 ② 동특성
③ 유량특성 ④ 오프셋

해설 유량특성
메인(주밸브) 밸브의 열림과 유량의 관계를 말한다.

16 수소(H_2) 가스의 공업적 제조법이 아닌 것은?

① 물의 전기분해법
② 공기액화분리법
③ 수성가스법
④ 석유의 분해법

해설 공기액화분리법은 산소 제조법이다.

17 다음 중 풍압대와 관계없이 설치할 수 있는 방식의 가스보일러는?

① 자연배기식(CF) 단독배기통 방식
② 자연배기식(CF) 복합배기통 방식
③ 강제배기식(FE) 단독배기통 방식
④ 강제배기식(FE) 공동배기구 방식

해설 풍압대

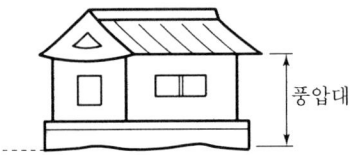

18 이상기체의 내부에너지(Internal Energy)에 대하여 가장 바르게 설명한 것은?

① 온도 및 부피의 함수이다.
② 온도 및 압력의 함수이다.
③ 온도만의 함수이다.
④ 압력만의 함수이다.

해설 이상기체의 내부에너지는 온도만의 함수로 표현된다.

19 아세틸렌을 용기에 충전할 때 충전 중의 압력은 얼마 이하로 하여야 하는가?

① 1.5MPa   ② 2.5MPa
③ 3.5MPa   ④ 4.5MPa

해설 C_2H_2 가스는 온도에도 불구하고 2.5MPa 초과 상태로 충전하지 말 것

20 지하철 주변에 도시가스 배관을 매설하려고 한다. 이때 다음 중 무엇이 가장 문제가 되는가?

① 대기부식
② 미주전류부식
③ 고온부식
④ 응력부식균열

해설 지하철 주변에 도시가스 배관을 매설하려면 미주전류 부식에 주의하는 조치를 하여야 한다.

21 다음 중 염소의 주된 용도에 해당하지 않는 것은?

① 수돗물의 살균
② 염화비닐의 원료
③ 섬유의 표백
④ 수소의 제조원료

해설 수소는 수전해법, 수성가스법, 석탄완전가스화법, 수성가스 전화법, 석유분해법, 천연가스 분해법, NH_3 분해법으로 제조한다.

22 다음 응력변형률선도에서 최대인장강도를 나타내는 점은?

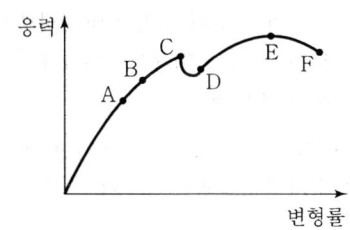

① C   ② D
③ E   ④ F

해설
- A : 비례한계
- B : 탄성한계
- C : 상항복점
- D : 하항복점
- E : 인장강도
- F : 파괴점

23 다음 중 독성가스와 그 제독제를 잘못 연결한 것은?

① 염소 : 가성소다 수용액, 탄산소다 수용액, 소석회
② 포스겐 : 가성소다 수용액, 소석회
③ 황화수소 : 가성소다 수용액, 탄산소다 수용액
④ 시안화수소 : 탄산소다 수용액, 소석회

해설 시안화수소(HCl)
가성소다수용액 250kg 보유

24 다음 중 피스톤식 팽창기를 사용한 공기액화사이클은?

① 클라우드(Claude) 공기액화사이클
② 린데(Linde) 공기액화사이클
③ 필립스(Philips) 공기액화사이클
④ 캐스케이드(Cascade) 공기액화사이클

해설 클라우드식 공기액화사이클
피스톤식 팽창기를 사용한다.

25 섭씨온도(℃)와 화씨온도(℉)가 같은 값을 나타내는 온도는?

① -20℃   ② -40℃
③ -50℃   ④ -60℃

해설
- $°F = \frac{9}{5} × ℃ + 32 = \frac{9}{5} × (-40) + 32$
  $= -40°F$
- $℃ = \frac{5}{9}(°F - 32) = \frac{5}{9}(-40 - 32)$
  $= -40℃$

정답 19 ②　20 ②　21 ④　22 ③　23 ④　24 ①　25 ②

26 수소의 품질검사 시 흡수제로 사용되는 용액은?

① 암모니아성 가성소다 용액
② 하이드로설파이드 시약
③ 동·암모니아 시약
④ 발연황산 시약

해설 수소가스 품질검사 흡수제
- 피로갈롤
- 하이드로설파이드 시약

27 다음 중 법령상 독성가스가 아닌 것은?

① 불화수소
② 불소
③ 염화비닐
④ 모노실란

해설 염화비닐($CH_2 = CHCl$)
가연성(폭발범위 4~21.7%)이며, 중합반응하여 PVC(염화비닐수지) 제조에 사용된다.

28 물체가 열을 받고 변화할 경우에 대한 설명으로 틀린 것은?

① 물체 간의 인력에 저항하여 집합상태가 변화한다.
② 위치에너지를 증가시킨다.
③ 외부에 저항하여 체적변화를 일으킨다.
④ 분자 운동에너지를 증가시킨다.

해설 물체가 열을 받으면 현열상태는 내부에너지가 증가한다.

29 고압차단 스위치에 대한 설명으로 틀린 것은?

① 작동압력은 정상고압보다 $4kg/cm^2$ 정도 높다.
② 전자밸브와 조합하여 고속다기통 압축기의 용량제어용으로 주로 이용된다.
③ 압축기 1대마다 설치 시에는 토출 스톱밸브 직전에 설치한다.
④ 작동 후 복귀상태에 따라 자동복귀형과 수동복귀형이 있다.

해설 고속다기통은 용량제어가 용이하여 고압차단 스위치에 의한 용량제어는 불필요하다.

30 다음 내진설계 관련 용어에 대한 설명으로 옳은 것은?

① 가속도 시간이력이란 지진의 지반운동가속도를 시간별로 측정하여 기록한 이력을 말한다.
② 기능수행수준이란 설계지진 작용 시 구조물이나 시설물에 변형이나 손상이 발생할 수 있으나 그 수준과 범위는 구조물이나 시설물이 붕괴되거나 또는 이들의 손상으로 인하여 대규모 피해가 초래되는 것이 방지될 수 있는 성능수준을 말한다.
③ 하중계수 설계법이란 구조물의 관성력은 무시하고, 작용하는 하중의 시간별 크기에 대하여 해석하는 방법을 말한다.
④ 가속도계수란 지반운동으로 구조물에서 발생한 최대지진 가속도를 말한다.

해설 내진설계
가속도 시간이력이란 지진의 지반운동 가속도를 시간별로 측정하여 기록한 이력을 말한다.

31 공기액화분리장치에 아세틸렌가스가 혼입되면 안 되는 이유로 옳은 것은?

① 배관 내에서 동결되어 막히므로
② 산소의 순도가 나빠지기 때문에
③ 질소와 산소의 분리가 방해되므로
④ 분리기 내의 액체산소탱크에 들어가 폭발하기 때문에

해설 공기액화분리장치에 C_2H_2 가스가 혼입되면 분리기 내의 액체산소탱크에서 폭발한다.

정답 26 ② 27 ③ 28 ② 29 ② 30 ① 31 ④

32 진탕형 오토클레이브(Auto Clave)의 특성에 대한 설명으로 옳은 것은?

① 고압력에 사용할 수 없다.
② 가스누설의 가능성이 없다.
③ 반응물의 오손이 많다.
④ 뚜껑판의 뚫어진 구멍에 촉매가 들어갈 염려가 없다.

해설 진탕형은 가스누설의 우려가 없다. 고압에 적당하고 반응물의 오손이 없다.

33 가스도매사업자의 가스공급시설의 시설기준으로 옳지 않은 것은?

① 액화석유가스의 저장설비와 처리설비는 그 외면으로부터 보호시설까지 20m 이상의 거리를 유지한다.
② 고압인 가스공급시설은 통로, 공지 등으로 구획된 안전구역 안에 설치하되, 그 면적은 2만m² 미만으로 한다.
③ 2개 이상의 제조소가 인접하여 있는 경우의 가스공급시설은 그 외면으로부터 그 제조소와 다른 제조소의 경계까지 20m 이상의 거리를 유지한다.
④ 액화천연가스의 저장탱크는 그 외면으로부터 처리능력이 20만m³ 이상인 압축기와 30m 이상의 거리를 유지한다.

해설 ①에서는 30m 이상의 거리를 유지한다.

34 저온장치의 운전 중 CO_2와 수분이 존재할 때 장치에 미치는 영향에 대한 설명으로 가장 적절한 것은?

① CO_2는 저온에서 탄소와 수소로 분해되어 영향이 없다.
② 얼음이 되어 배관밸브를 막아 흐름을 저해한다.
③ CO_2는 저장장치의 촉매 기능을 하므로 효율을 상승시킨다.
④ CO_2는 가스로 순도를 저하시킨다.

해설 저온장치에서 CO_2와 수분존재 시 얼음발생으로 배관의 흐름 폐쇄

35 가연성가스가 폭발할 위험이 있는 농도에 도달할 우려가 있는 장소의 등급에 대한 설명으로 틀린 것은?

① 1종 장소는 상용상태에서 가연성가스가 체류하여 위험하게 될 우려가 있는 장소, 정비 보수 또는 누출 등으로 인하여 종종 가연성가스가 체류하여 위험하게 될 우려가 있는 장소를 말한다.
② 2종 장소는 밀폐된 용기 또는 설비 내에 밀봉된 가연성가스가 그 용기 또는 설비의 사고로 인해 파손되거나 오조작의 경우에만 누출할 위험이 있는 장소를 말한다.
③ 0종 장소는 상용의 상태에서 가연성가스의 농도가 연속해서 폭발하한계 이상으로 되는 장소(폭발상한계를 넘는 경우에는 폭발한계 내로 들어갈 우려가 있는 경우를 포함한다.)를 말한다.
④ 4종 장소는 확실한 기계적 환기조치에 의하여 가연성가스가 체류하지 않도록 되어 있으나 환기장치에 이상이나 사고가 발생한 경우에는 가연성가스가 체류하여 위험하게 될 우려가 있는 장소를 말한다.

해설 ④는 제2종 위험장소 등급에 대한 설명이다.

36 산소 16kg과 질소 56kg인 혼합기체의 전압이 506.5kPa이다. 이때 질소의 분압은 몇 kPa인가?

① 202.6
② 303.9
③ 405.2
④ 506.5

해설 산소=0.5몰, 질소=2몰

$$분압 = 전압 \times \frac{성분몰수}{전몰수}$$
$$= 406.5 \times \frac{2}{0.5+2} = 405.2 kPa$$

정답 32 ② 33 ① 34 ② 35 ④ 36 ③

37 아세틸렌의 주된 제법으로 옳은 것은?

① 메탄과 같은 탄화수소를 고온(1,200~2,000℃)에서 열분해시켜서 만든다.
② 메탄과 같은 탄화수소를 수증기 개질법에 의하여 만든다.
③ 메탄과 같은 탄화수소를 부분산화법에 의하여 만든다.
④ 메탄과 같은 탄화수소를 연소시켜서 얻는다.

해설 $C_3H_8 \rightarrow C_2H_2 + CH_4 + H_2$(고온 열분해)
$C_2H_4 \rightarrow C_2H_2 + H_2$(고온 열분해)

38 파이핑 레이아웃(Piping Layout)의 실시 시 주의사항으로 가장 거리가 먼 것은?

① 항상 일관된 사고(思考)에 의해 행하도록 하며 장치 전체의 미관을 고려한다.
② 장치가 운전하기 쉽도록 고려한다.
③ 유지관리에 대한 충분한 고려를 한다.
④ 배관은 되도록 굴곡(屈曲)을 많게 하여 최단거리로 한다.

해설
- Piping : 집합관
- Layout : 배치 배열배관은 되도록 굴곡이 없게 배치한다.

39 강한 자성을 가지고 있어 자장에 대해 흡인되는 성질을 이용하여 분석이 가능한 가스는?

① CH_4 ② CO
③ O_2 ④ H_2

해설 산소(O_2)는 강한 상자성체 가스이다.

40 평면배관도면의 배관선에는 각각 반드시 관의 높이 치수로서 B.O.P EL(Bottom Of Pipe Elevation) 또는 C.L EL(Center Line Of Pipe Elevation)의 약자(略字)의 기호를 붙인 숫자를 기입하여야 한다. 다음 중 B.O.P EL을 기입하여야 하는 경우는?

① 두 개 이상의 배관이 공통 가대상(架台上)에 병렬 배관되는 경우와 보온, 보냉 시공되는 배관의 경우
② 펌프 흡입측 배관, 기기노즐에 직접 접속시키는 배관 등에서 그 접속대상이 이미 관 중심에서 규정되어 있는 경우
③ 증기배관 등에서 단독으로 적철구(吊鐵具)로 매달려 있는 경우
④ 기타 단독 배관의 경우

해설
- BOP : 관 외경의 아랫면까지 높이 기준
- EL : 배관의 높이가 관의 중심
- BOP EL : 두 개 이상의 배관이 공통 가대상에 병렬 배관되는 경우와 보온, 보냉 시공되는 배관의 경우 표시

41 액화프로판 50kg을 충전할 수 있는 용기의 내용적(L)은?(단, 액화프로판의 정수는 2.35이다.)

① 50.0 ② 58.8
③ 102.5 ④ 117.5

해설 $V = W \times C = 50 \times 2.35 = 117.5L$

42 프로판가스 10kg을 완전연소하는 데 필요한 공기량은 약 몇 Nm^3인가?(단, 공기 중 산소와 질소의 체적비는 21 : 79이다.)

① 76 ② 95
③ 110 ④ 122

해설 $C_3H_8 + 5O_2 \rightarrow 3CO_2 + 4H_2O$

이론공기량 = (이론산소량 × $\frac{100}{21}$) × 비체적

$5 \times \frac{100}{21} = 24Nm^3/Nm^3$

$\therefore \left(5 \times \frac{1}{0.21}\right) \times \frac{22.4}{44} \times 10 = 122Nm^3$

43 다음 중 분해폭발을 일으키는 가스는?

① 산소 ② 질소
③ 아세틸렌 ④ 프로판

해설 $2C + H_2 \rightarrow C_2H_2 - 54.2kcal$(분해폭발)

정답 37 ① 38 ④ 39 ③ 40 ① 41 ④ 42 ④ 43 ③

44 고압가스 시설의 가스누출검지경보장치 중 검지부 설치수량의 기준으로 틀린 것은?

① 건축물 안에 설치되어 있는 압축기, 펌프 등 가스가 누출하기 쉬운 고압가스 설비 등이 설치되어 있는 장소의 주위에는 고압가스 설비군의 바닥면 둘레가 22m인 시설에 검지부 2개 설치
② 에틸렌제조시설의 아세틸렌수첨탑으로서 그 주위에 누출한 가스가 체류하기 쉬운 장소의 바닥면 둘레가 30m인 경우에 검지부 3개 설치
③ 가열로가 있는 제조설비의 주위에 가스가 체류하기 쉬운 장소의 바닥면 둘레가 18m인 경우에 검지부 1개 설치
④ 염소충전용 접속구 군의 주위에 검지부 2개 설치

해설) 바닥면 둘레 10m에 대하여 가스누출검지 경보장치는 1개 이상의 비율이므로 ①에서는 3개 이상이 필요하다.

45 판두께 12mm, 용접길이 30cm인 판을 맞대기 용접했을 때 4,500kgf의 인장하중이 작용한다면 인장응력은 약 몇 kgf/cm^2인가?

① 8 ② 45
③ 125 ④ 250

해설) $\sigma = \dfrac{P}{tl} = \dfrac{4,500}{12 \times 300}$
$= 1.25 kg/mm^2$
$= 125 kg/cm^2$

46 고압가스취급소 등에서 폭발 및 화재의 원인이 되는 발화원으로 가장 거리가 먼 것은?

① 충격 ② 마찰
③ 방전 ④ 접지

해설) 접지는 정전기발생 방지로 발화를 방지한다.

47 다음 가스 중 허용농도가 작은 것부터 올바르게 나열된 것은?

㉠ HCN ㉡ Cl_2
㉢ $COCl_2$ ㉣ NH_3

① ㉡-㉢-㉠-㉣
② ㉡-㉢-㉣-㉠
③ ㉢-㉡-㉠-㉣
④ ㉢-㉡-㉣-㉠

해설) ㉠ 시안화수소(HCN) : 10ppm
㉡ 염소(Cl_2) : 1ppm
㉢ 포스겐($COCl_2$) : 0.1ppm
㉣ 암모니아(NH_3) : 25ppm

48 가스의 압력을 사용기구에 맞는 압력으로 감압하여 공급하는 데 사용하는 정압기의 기본구조로서 옳은 것은?

① 다이어프램, 스프링(또는 분동) 및 메인밸브로 구성되어 있다.
② 팽창밸브, 회전날개, 케이싱(Casing)으로 구성되어 있다.
③ 흡입밸브와 토출밸브로 구성되어 있다.
④ 액송펌프와 메인밸브로 구성되어 있다.

해설) 정압기 구성
다이어프램, 스프링, 메인밸브 등

49 다음 중 암모니아의 용도가 아닌 것은?

① 황산암모늄의 제조
② 요소비료의 제조
③ 냉동기의 냉매
④ 금속 산화제

해설) NH_3 용도
①, ②, ③ 외에도 나일론 및 소다회 제조, 드라이아이스 제조용으로 사용된다.

정답) 44 ① 45 ③ 46 ④ 47 ③ 48 ① 49 ④

50 다음 중 지진감지장치를 반드시 설치하여야 하는 도시가스 시설은?

① 가스도매사업자 인수기지
② 가스도매사업자 정압기지
③ 일반도시가스사업자 제조소
④ 일반도시가스사업자 정압기

해설 가스도매사업자 정압기지에는 지진감지장치를 반드시 설치한다.

51 다음 가스폭발에 대한 설명으로 틀린 것은?

① 압력과 폭발범위는 서로 관계가 없다.
② 관지름이 가늘수록 폭굉유도거리는 짧아진다.
③ 혼합가스의 폭발범위는 르샤틀리에 법칙을 적용한다.
④ 이황화탄소, 아세틸렌, 수소는 위험도가 커서 위험하다.

해설 고온, 고압일수록 폭발범위는 넓어진다.

52 부르동관(Bourdon) 압력계 사용 시의 주의사항으로 가장 거리가 먼 것은?

① 안전장치를 한 것을 사용할 것
② 압력계에 가스를 유입시키거나 또는 빼낼 때는 신속하게 조작할 것
③ 정기적으로 검사를 행하고 지시의 정확성을 확인할 것
④ 압력계는 가급적 온도변화나 진동, 충격이 적은 장소에 설치할 것

해설 부르동관 압력계에 가스 유입 시나 빼낼 때는 신속하게 하지 말고 천천히 할 것

53 독성가스 운반 시 응급조치를 위하여 반드시 필요한 것이 아닌 것은?

① 방독면   ② 소화기
③ 고무장갑 ④ 제독제

해설 독성가스 운반 시 소화기는 응급조치사항에서 제외된다.

54 압축가스를 단열 팽창시키면 온도와 압력이 강하하는 현상을 무엇이라고 하는가?

① 펠티에 효과
② 제백효과
③ 줄-톰슨 효과
④ 패러데이 효과

해설 줄-톰슨 효과
압축가스를 단열팽창시키면 온도와 압력이 강하하는 효과

55 로트의 크기 30, 부적합품률이 10%인 로트에서 시료의 크기를 5로 하여 랜덤 샘플링할 때, 시료 중 부적합품수가 1개 이상일 확률은 약 얼마인가?(단, 초기하분포를 이용하여 계산한다.)

① 0.3695
② 0.4335
③ 0.5665
④ 0.6305

해설 랜덤 샘플링
$_5C_1 \times 0.1^1 \times (1-0.1)^{5-4} = 0.4335$

56 관리도에서 점이 관리한계 내에 있으나 중심선 한쪽에 연속해서 나타나는 점의 배열현상을 무엇이라 하는가?

① 연   ② 경향
③ 산포   ④ 주기

해설 연(Run)
관리도에서 점이 관리한계 내에 있으나 중심선 한쪽에 연속해서 나타나는 점의 배열현상

57 과거의 자료를 수리적으로 분석하여 일정한 경향을 도출한 후 가까운 장래의 매출액, 생산량 등을 예측하는 방법을 무엇이라 하는가?

① 델파이법
② 전문가패널법
③ 시장조사법
④ 시계열분석법

해설 시계열분석
과거의 자료를 수리적으로 분석하여 일정한 경향을 도출한 후 가까운 장래에 배출액, 생산량 등을 예측

58 작업개선을 위한 공정분석에 포함되지 않는 것은?

① 제품공정분석
② 사무공정분석
③ 직장공정분석
④ 작업자공정분석

해설 공정분석
㉠ 단순공정분석
㉡ 세밀공정분석
  • 제품공정분석 : 단일형, 조립형, 분해형
  • 작업자공정분석
  • 연합공정분석

59 로트의 크기가 시료의 크기에 비해 10배 이상 클 때, 시료의 크기와 합격판정개수를 일정하게 하고 로트의 크기를 증가시키면 검사특성곡선의 모양 변화에 대한 설명으로 가장 적절한 것은?

① 무한대로 커진다.
② 거의 변화하지 않는다.
③ 검사특성곡선의 기울기가 완만해진다.
④ 검사특성곡선의 기울기 경사가 급해진다.

해설 로트(Lot)
재료부품 또는 제품 등의 단위체 또는 단위량을 어떤 목적으로 모은 것

60 다음 중 브레인스토밍(Brainstorming)과 가장 관계가 깊은 것은?

① 파레토도
② 히스토그램
③ 회귀분석
④ 특성요인도

해설 브레인스토밍(Brainstorming)
회의에서 모두가 차례로 아이디어를 제출하여 그 중에서 최선책으로 결정하는 것

정답 57 ④ 58 ③ 59 ② 60 ④

2011년 4월 17일 과년도 기출문제

01 가스장치에서 발생할 수 있는 정전기에 대한 설명으로 옳은 것은?

① 가스의 이·충전 작업 시 가장 많이 발생한다.
② 정전기 제거를 위한 접지 저항치는 총합 50Ω 이하로 하여야 한다.
③ 최소 착화에너지가 큰 아세트니트릴은 정전기 발생에 더욱 주의하여야 한다.
④ 접지를 위한 접속선의 단면적은 8mm² 이상이어야 한다.

해설 가스의 이·충전 작업 시 정전기가 가장 많이 발생한다.

02 산소, 수소, 아세틸렌을 제조하는 경우에는 품질검사를 실시하여야 한다. 다음 설명 중 틀린 것은?

① 검사는 안전관리원이 실시한다.
② 검사는 1일 1회 이상 가스제조장에서 실시한다.
③ 액체산소를 기화시켜 용기에 충전하는 경우에는 품질검사를 생략할 수 있다.
④ 산소는 용기 안의 가스충전압력이 35℃에서 11.8MPa 이상으로 한다.

해설 검사는 안전관리 책임자가 실시한다.

03 촉매를 사용하여 Ethylene을 수증기와 반응시켜 제조하는 것은?

① Acetic Acid
② Aldehyde
③ Methanol
④ Ethanol

해설 에탄은 에틸렌을 열분해하여 얻으며 에틸렌의 제조원료이다.

04 외국에서 국내로 수출하기 위한 용기 등(용기·냉동기 또는 특정설비)의 제조등록 대상범위가 아닌 것은?

① 고압가스를 충전하기 위한 용기(내용적 3데시리터 미만 용기는 제외한다.)
② 에어졸용 용기
③ 고압가스를 충전하기 위한 용기의 용기용 밸브
④ 고압가스 특정설비 중 저장탱크

해설 에어졸용 용기는 제조등록 대상범위가 아니다.

05 다음 그림과 같은 2개의 연강재 환봉이 같은 인장하중을 받을 때 두 봉의 탄성에너지의 비 $U_1 : U_2$는 얼마인가?

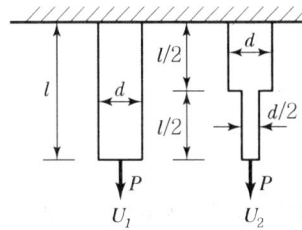

① 2 : 5
② 4 : 5
③ 5 : 2
④ 6 : 4

해설 에너지
- 운동에너지 $\left(\dfrac{GV^2}{2g}\right)$: kgf · m
- 위치 에너지 (Gh) : kgf · m
- 소성에너지
- 파괴에너지
- 탄성에너지 : 인장에너지, 압축에너지, 전달에너지, 비틀림에너지

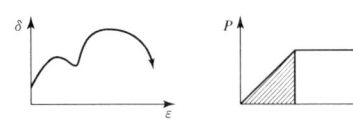

정답 01 ① 02 ① 03 ④ 04 ② 05 ①

- 탄성에너지(빗금 친 부분)

  $U = \dfrac{P\delta}{2}$

- 인장에너지, 압축에너지

  $U = \dfrac{\sigma^2}{2E} = \dfrac{2P^2 l}{\pi d^2 E}$

  여기서, E : 탄성계수

06 다음 [보기]에서 독성이 강한 순서대로 나열된 것은?

㉠ 염소	㉡ 이황화탄소
㉢ 포스겐	㉣ 암모니아

① ㉠ > ㉢ > ㉣ > ㉡
② ㉢ > ㉠ > ㉡ > ㉣
③ ㉢ > ㉠ > ㉣ > ㉡
④ ㉠ > ㉢ > ㉡ > ㉣

해설 독성농도
㉠ 염소 : 1ppm
㉡ 이황화탄소 : 20ppm
㉢ 포스겐 : 0.1ppm
㉣ 암모니아 : 25ppm

07 내용적이 5L인 고압 용기에 에탄 1,650g을 충전하였더니 용기의 온도가 100℃일 때 210 atm을 나타내었다. 에탄의 압축계수는 약 얼마인가?(단, $PV = ZnRT$의 식을 적용한다.)

① 0.43 ② 0.62
③ 0.83 ④ 1.12

해설 $PV = ZnRT = Z\dfrac{W}{M}RT$

$\therefore Z = \dfrac{PV}{\left(\dfrac{W}{M}\right)RT}$

$= \dfrac{210 \times 5}{\left(\dfrac{1,650}{16}\right) \times 0.082 \times (100+273)}$

$= 0.62$

08 고압가스 냉동제조의 시설 및 기술기준에 대한 설명 중 틀린 것은?

① 냉동제조시설 중 냉매설비에는 자동제어장치를 설치한다.
② 가연성가스를 냉매로 사용하는 수액기의 경우에는 환형유리관 액면계를 사용한다.
③ 냉매설비의 안전을 확보하기 위하여 압력계를 설치한다.
④ 압축기 최종단에 설치된 안전밸브는 1년에 1회 이상 점검을 실시한다.

해설 가연성 가스나 독성가스 냉매를 사용하는 냉동기는 수액기 액면계는 환형 유리관 액면계 외의 것을 사용한다.

09 다음 [보기]에서 설명하는 금속의 종류는?

- 약 2~6.7%의 탄소를 함유한다.
- 압축력이 요구되는 부품의 재료에 적합하다.
- 감쇠능(減衰能)이 아주 우수하여 진동에너지를 효율적으로 흡수한다.

① 황동 ② 선철
③ 주강 ④ 주철

해설 주철은 탄소함량이 2~6.7% 함유

10 이상기체에서 정적비열(C_v)과 정압비열(C_p)과의 관계식으로 옳은 것은?(단, R은 기체상수이다.)

① $C_p = R - C_v$
② $C_p = R + C_v$
③ $C_p = C_v - R$
④ $C_p = -C_v - R$

해설 $C_p = R + C_v$, $K(비열비) = \dfrac{C_p}{C_v}$

$C_p - C_v = AR$, $C_v = \dfrac{AR}{K-1}$

$C_p = KC_v = \dfrac{KAR}{K-1}$

정답 06 ② 07 ② 08 ② 09 ④ 10 ②

11 도시가스사업자는 매일 가스의 연소성을 측정 기록 하여야 한다. 이때 연료가스 분석방법으로 사용하는 것은?

① 헴펠식 분석법
② 분별 연소법
③ 적외선 분광분석법
④ 흡광광도법

해설 도시가스사업자는 연료가스 분석법으로 헴펠식 분석법을 사용한다.

12 도시가스 배관을 지하에 매설할 때 배관의 기울기는 도로의 기울기에 따르고 도로가 평탄할 경우에는 얼마 정도의 기울기로 하여야 하는가?

① $\frac{1}{50} \sim \frac{1}{100}$
② $\frac{1}{100} \sim \frac{1}{200}$
③ $\frac{1}{500} \sim \frac{1}{1,000}$
④ $\frac{1}{1,000} \sim \frac{1}{2,000}$

해설 지하 도시가스 배관의 기울기
$\frac{1}{500} \sim \frac{1}{1,000}$

13 고압가스 안전관리법의 적용을 받지 않는 가스는?

① 상용의 온도에서 압력 0.9MPa인 질소가스
② 온도 35℃에서 압력 1MPa인 압축산소가스
③ 온도 15℃에서 0.15MPa인 아세틸렌가스
④ 온도 35℃에서 0.15MPa인 액화 시안화수소가스

해설 상용의 온도에서 게이지 압력 1MPa 이상이 되는 압축가스가 고압가스이다.

14 액화산소 용기에 액화산소가 50kg 충전되어 있다. 용기의 외부에서 액화산소에 대해 매시 5kcal의 열량이 주어진다면 액화산소량이 $\frac{1}{2}$로 감소되는 데는 몇 시간이 필요한가?(단, 비점에서의 O_2의 증발잠열은 1,600cal/mol이다.)

① 100시간
② 125시간
③ 175시간
④ 250시간

해설 $\frac{50 \times 1,000}{32\text{g/mol}} \times \frac{1}{2} = 781.25$몰

∴ $\frac{781.25 \times 1.6\text{kcal/mol}}{5\text{kcal/h}} = 250$시간

15 가스누출 자동차단기 고압부의 기밀시험 압력의 기준은?

① 4.6~7.0kPa
② 8.4~10kPa
③ 1.2MPa 이상
④ 1.8MPa 이상

해설
㉠ 고압용 : 1.8MPa 이상
㉡ 중압용 : 0.15MPa 이상
㉢ 저압용
  • 외부누출 : 0.35kg/cm² 이상
  • 내부누출 : 840mmH₂O 이상

16 차량에 부착된 탱크의 내용적은 1,800L이다. 이 용기에 액화 부틸렌을 완전히 충전하였다. 이때 액화 부틸렌의 질량은 몇 kg인가?(단, 액화 부틸렌가스의 정수는 2.00이다.)

① 766
② 780
③ 878
④ 900

해설 $W = \frac{V}{C} = \frac{1,800}{2} = 900$kg

정답 11 ① 12 ③ 13 ① 14 ④ 15 ④ 16 ④

17 밀폐식 보일러의 급·배기 설비 중 밀폐형 자연 급·배기식 가스보일러의 설치방식이 아닌 것은?

① 단독배기통 방식
② 챔버(Chamber)식
③ U덕트(Duct)식
④ SE덕트(Duct)식

해설 밀폐식 보일러 자연 급배기식
- 외벽식
- 챔버식
- 덕트식(U덕트식, SE덕트식)

18 강의 결정조직을 미세하고 냉간가공, 단조 등에 의해 내부응력을 제거하며, 결정조직, 기계적·물리적 성질 등을 표준화시키는 열처리는?

① 어닐링
② 노멀라이징
③ 퀜칭
④ 템퍼링

해설 노멀라이징(불림)
거칠어진 조직을 미세화하고 편석이나 잔류응력을 제거한다.(연신율이나 단면수축률이 좋아진다.)

19 $PV=nRT$에서 기체상수(R)값을 J/gmol·K의 단위로 나타내었을 때의 값으로 옳은 것은?

① 8.314
② 0.082
③ 1.987
④ 848

해설 $1kmol=22.4m^3$, $1mol=22.4L$
$R=\dfrac{101.325\times22.4}{273.15}=8.314 J/mol\cdot K$
※ 1atm=101,325Pa

20 대응상태 원리에 대한 설명으로 틀린 것은?

① 복잡한 유체에 대하여 정확하게 적용하기 위한 이론이다.
② 흔히 사용되는 매개변수는 이심인자 w이다.
③ 암모니아, 탄산가스 등의 기체에도 적용할 수 있다.
④ 압력, 온도 및 부피는 모두 환산량으로 나눈 값을 쓴다.

해설 대응상태 원리
물질의 상태를 규정하는 압력(P), 절대온도(T), 임계압력(P_c), 절대온도를 표현한 임계온도(T_c)의 기준상태 $\dfrac{P}{P_c}$, $\dfrac{T}{T_c}$로 나타내면 이들 환원량의 값이 같은 유체(액체, 또는 기체)에서는 물리적 성질 또는 그 적당한 함수가 서로 같게 된다는 법칙

21 1시간의 공기 압축량이 2,000m³인 공기액화분리기에 설치된 액화산소통 내의 액화산소 5L 중 아세틸렌 또는 탄화수소의 탄소의 질량이 얼마를 넘을 때 운전을 중지하고 액화산소를 방출하여야 하는가?

① 탄화수소의 탄소의 질량이 500mg을 넘을 때
② 탄화수소의 탄소의 질량이 5mg을 넘을 때
③ 아세틸렌의 질량이 4mg을 넘을 때
④ 아세틸렌의 질량이 1mg을 넘을 때

해설 액화산소통 내 운전정지 요건
액화산소 5L 중 탄화수소의 탄소질량이 500mg을 넘거나 아세틸렌의 질량이 5mg을 넘을 때

22 가스의 종류에 따른 보편적인 제조방법으로 옳지 않은 것은?

① Ar은 액체, 공기에서 분리한다.
② He는 천연가스에서 분리한다.
③ NH_3는 N_2와 H_2를 촉매를 사용하여 상온, 상압에서 합성한다.
④ Cl_2는 소금물을 전기분해하여 제조한다.

해설 암모니아(NH_3) 제조방법
$3H_2 + N_2 \rightarrow 2NH_3 + 24kcal$
200~1,000atm 고온고압에서 반응시킨다.

23 다음 중 반드시 역화방지장치를 설치하여야 할 위치가 아닌 것은?

① 가연성가스를 압축하는 압축기와 오토클레이브와의 사이의 배관
② 아세틸렌을 압축하는 압축기의 유분리기와 고압건조기와의 사이
③ 아세틸렌의 고압건조기와 충전용 교체밸브 사이의 배관
④ 아세틸렌 충전용 지관

해설 ②의 경우에는 역류방지밸브가 필요하다.

24 압력 2atm, 부피 1,000L의 기체가 정압하에서 부피가 반으로 줄었다. 이때 작용한 일의 크기는 약 몇 kcal인가?

① 12.1   ② 24.2
③ 48.4   ④ 96.8

해설 $_1W_2 = \int_1^2 Pdv$
$= P(V_2 - V_1)$
$= 2 \times 1.0332 \times 10^4 (1,000 - 500)$
$\times \frac{1}{427} kcal/kg \cdot m$
$= 24.2 kcal$

※ 일의 열당량 $= \frac{1}{427} kcal/kg \cdot m$

25 다음은 고정식 압축도시가스 자동차 충전시설의 가스누출 검지경보장치 설치상태를 확인한 것이다. 이 중 잘못 설치된 것은?

① 충전설비 내부에 1개가 설치되어 있었다.
② 압축가스설비 주변에 1개가 설치되어 있었다.
③ 배관접속부 8m마다 1개가 설치되어 있었다.
④ 펌프 주변에 1개가 설치되어 있었다.

해설
• 건축물 내 : 바닥면 둘레 10m마다 1개 이상
• 건축물 밖에 설치 : 그 설비군의 주위 20m에 대하여 1개 이상

26 다음 중 특정고압가스가 아닌 것은?

① 산소
② 액화염소
③ 액화섬유가스
④ 아세틸렌

해설 특정고압가스
수소, 산소, 액화암모니아, 아세틸렌, 액화염소, 천연가스, 압축모노실란, 압축디보레인, 액화알진, 기타

27 내경이 10cm인 관에 비중이 0.9, 점도가 1.5cP인 액체가 흐르고 있다. 임계속도는 약 몇 m/s인가?(단, 임계 레이놀즈수는 2,100이다.)

① 0.025   ② 0.035
③ 0.045   ④ 0.055

해설 $2,100 = \frac{V_c(0.1) \times 0.9}{1.5}$

$V_c = \frac{2,100 \times 1.5 \times 10^{-6}}{0.1 \times 0.9} = 0.035 m/s$

※ $1P = 1g/cm \cdot s = 1dyn \cdot s/cm^2$

28 87℃에서 열을 흡수하여 127℃에서 방열되는 냉동기의 성능계수는?

① 1.45   ② 2.18
③ 9.0   ④ 10.0

해설 $T_1 = 87 + 273 = 360K$
$T_2 = 127 + 273 = 400K$
$\therefore COP = \frac{T_1}{T_2 - T_1} = \frac{360}{400 - 360} = 9$

정답 23 ② 24 ② 25 ② 26 ③ 27 ② 28 ③

29 암모니아 배관에 대한 설명으로 옳은 것은?

① 액백(Liquid Back)을 방지하기 위하여 흡입 배관 도중에 액 분리기를 설치한다.
② 냉매액의 수분을 제거하기 위하여 액배관 도중에 건조제를 넣는다.
③ 배관재료는 이음매 없는(Seamless) 동관을 사용한다.
④ 액배관의 전후에 스톱밸브를 폐쇄하여도 위험하지 않다.

해설 암모니아 냉매는 액백(리퀴드백)을 방지하기 위하여 흡입배관 도중에 액분리기를 설치한다.

30 가스크로마토그래피(Gas Chromatography)의 구성장치가 아닌 것은?

① 검출기(Detector)
② 유량계(Flowmeter)
③ 컬럼(Column)
④ 반응기(Reactor)

해설
• 소형의 고압가스 반응기 : 합성관
• 고압가스의 반응기 : 합성탑, 전화로, 합성로
※ 가스크로마토그래피 : 가스분석기

31 용기에 의한 액화석유가스 사용시설에서 저장능력이 2톤인 경우 화기를 취급하는 장소와 유지하여야 하는 우회거리는 몇 m 이상인가?

① 2   ② 3
③ 5   ④ 8

해설
• 1톤 이상 : 2m 우회거리
• 1톤 이상 : 3톤 미만 5m 우회거리
• 3톤 이상 : 8m 우회거리

32 다음 중 고압가스 관련 설비에 해당하지 않는 것은?

① 냉각살수설비
② 기화장치
③ 긴급차단장치
④ 독성가스 배관용 밸브

해설 고압가스 관련 설비
안전밸브, 긴급차단장치, 역화방지장치, 기화장치, 압력용기, 자동차용 가스자동주입기, 독성가스용 배관용 밸브, 냉동설비, 특정고압가스용 실린더캐비닛, 자동차용 압축천연가스 완속충전설비, 액화석유가스용 용기잔류가스 회수장치

33 다음과 같은 조건의 냉동용 압축기 소요동력은 약 몇 kW인가?

• 냉동능력 : 27,000kcal/h
• 팽창밸브 직전 냉매액의 엔탈피 : 128kcal/kg
• 압축기 흡입가스의 엔탈피 : 398kcal/kg
• 압축기 토출가스의 엔탈피 : 454kcal/kg
• 압축효율 : 0.8
• 압축기 마찰부분에 의하여 소모되는 동력 : 0.8kW

① 7.3   ② 8.1
③ 8.9   ④ 9.1

해설 $\dfrac{27,000}{3,320} = 8.13RT$

동력 $= \left(\dfrac{27,000}{398-128} \times \dfrac{(454-398)}{0.8}\right) + 0.8$
     $= 8.93kW$

※ $398 - 128 = 270kcal/kg$
$\dfrac{27,000}{270} = 100kg/h$ (냉매 순환량)

34 가스취급 시 빈번히 발생하는 정전기를 제거하기 위한 대책이 아닌 것은?

① 접지를 한다.
② 대전량을 증가시킨다.
③ 공기 중의 습도를 높인다.
④ 공기를 이온화한다.

해설 대전량을 감소시키면 정전기 발생이 감소된다.

35 고압가스 장치의 운전을 정지하고 수리할 때 유의하여야 할 사항으로 가장 거리가 먼 것은?

① 안전밸브 분해 확인
② 가스치환 작업
③ 장치 내부 가스분석
④ 배관의 차단 확인

해설 고압가스 장치 운전 정지수리 시 유의사항
• 장치 내부 가스분석
• 가스치환 작업
• 배관 차단 확인

36 배관의 마찰저항에 의한 압력손실의 관계를 잘못 설명한 것은?

① 배관의 길이에 비례한다.
② 가스 비중에 반비례한다.
③ 유량의 제곱에 비례한다.
④ 배관 안지름의 5승에 반비례한다.

해설 가스의 입상관에 의한 압력손실은 가스비중이 클수록 비례한다.

37 반응식 $2A + 3B \rightleftarrows C + 4D$의 반응에서 다른 조건은 일정하게 하고 A와 B의 농도를 각각 2배로 더해 주면 정반응의 속도는 몇 배로 빨라지는가?(단, 정반응 속도식은 $v = k[A]^2[B]^3$이다.)

① 4배
② 6배
③ 24배
④ 32배

해설 $A + B \rightleftarrows C + D$
정반응 속도 $v_1 = k_1[A][B]$
역반응 속도 $v_2 = k_2[C][D]$
∴ $v_1 = k_1[A] \cdot [B]^2 = 2 \times 4^2 = 32$

38 한 물체의 가역적인 단열 변화에 대한 엔트로피(Entropy)의 변화 ΔS는?

① $\Delta S > 0$
② $\Delta S < 0$
③ $\Delta S = 0$
④ $\Delta S = \infty$

해설 단열변화에서 엔트로피 변화는 없다. ∴ $\Delta S = 0$

39 액화석유가스시설에서의 사고 발생 시 사고의 통보방법에 대한 설명으로 틀린 것은?

① 사람이 부상당하거나 중독된 사고에 대한 상보는 사고 발생 후 15일 이내에 통보하여야 한다.
② 사람이 사망한 사고에 대한 상보는 사고 발생 후 20일 이내에 통보하여야 한다.
③ 한국가스안전공사가 사고조사를 실시한 때에는 상보를 하지 않을 수 있다.
④ 가스누출에 의한 폭발 또는 화재사고에 대한 속보는 즉시 하여야 한다.

해설 ①의 경우 사고 시 30일 이내에 상보하여야 한다.

40 버드(Frank Bird, Jr)의 신도미노 이론의 재해 발생단계에 해당하지 않는 것은?

① 제어부족
② 기본원인
③ 사고
④ 간접적인 징후

해설 신도미노 이론의 재해발생단계
• 제어부족
• 기본원인
• 사고
※ 사고방지를 위한 중점관리대상 : 1단계 통계부족

41 고정식 압축도시가스 자동차 충전시설의 설비와 관련한 안전거리 기준에 대한 설명 중 틀린 것은?

① 저장설비, 압축가스설비 및 충전설비는 그 외면으로부터 사업소경계까지 원칙적으로 5m 이상의 안전거리를 유지한다.
② 저장설비·충전설비는 가연성 물질의 저장소로부터 8m 이상의 거리를 유지한다.
③ 충전설비는「도로법」에 의한 도로경계로부터 5m 이상의 거리를 유지한다.
④ 처리설비·압축가스설비 및 충전설비는 철도에서부터 30m 이상의 거리를 유지한다.

해설 ①의 경우는 10m 이상의 안전거리를 확보한다.

정답 35 ① 36 ② 37 ④ 38 ③ 39 ① 40 ④ 41 ①

42 다음 [보기] 중 폭발범위가 넓은 순서로 나열된 것은?

ㄱ 아세틸렌   ㄴ 산화에틸렌
ㄷ 아세트알데히드   ㄹ 염화비닐
ㅁ 이황화탄소

① ㄱ > ㄴ > ㄷ > ㅁ > ㄹ
② ㄱ > ㄴ > ㄷ > ㄹ > ㅁ
③ ㄱ > ㄴ > ㅁ > ㄷ > ㄹ
④ ㄱ > ㄴ > ㄹ > ㄷ > ㅁ

해설 폭발범위
- ㄱ 아세틸렌: 2.5~81%
- ㄴ 산화에틸렌: 3~80%
- ㄷ 아세트알데히드: 4.1~57%
- ㄹ 염화비닐: 4~21.7%
- ㅁ 이황화탄소: 1.25~44%

43 압축기 실린더의 용량은 무엇으로 나타내는가?
① 피스톤의 배출량
② 냉매의 순환량
③ 냉동능력
④ 제빙능력

해설 압축기 실린더의 용량은 피스톤의 배출량으로 결정한다.

44 아세틸렌을 용기에 충전할 때 충전 중의 압력은 2.5MPa 이하로 하고 충전 후에는 압력이 15℃에서 몇 MPa 이하로 될 때까지 정치하여야 하는가?
① 0.5
② 1
③ 1.5
④ 2.0

해설 아세틸렌 가스는 2.5MPa 이하로 충전하고, 충전 후 압력을 15℃에서 1.5MPa 이하로 유지한다.

45 지름 20mm 표점거리 200mm인 인장시험편을 인장시켰더니 240mm가 되었다. 연신율은 몇 %인가?
① 1.2%
② 10%
③ 12%
④ 20%

해설 $\eta = \dfrac{240-200}{200} \times 100 = 20\%$

46 자동제어의 종류 중 목표값이 시간에 따라 변화하는 값을 제어하는 추치제어가 아닌 것은?
① 추종제어
② 비율제어
③ 캐스케이드 제어
④ 프로그램 제어

해설 추치제어
- 추종제어
- 비율제어
- 프로그램 제어

47 가스안전관리에서 사용되는 다음 위험성 평가기법 중 정량적 기법에 해당되는 것은?
① 위험과 운전분석(HAZOP)
② 사고예상질문 분석(What-if)
③ 체크리스트법(Check List)
④ 사건수 분석(ETA)

해설 ETA
원인의 사건수 분석(잠재적인 사고 결과를 평가하는 정량적 안전성 평가기법)

48 용기의 재검사 기간의 기준으로 옳은 것은?
① 내용적 500L 미만의 용접 용기는 신규검사 후 경과 연수가 20년 이상의 것은 2년마다
② 내용적 500L 미만의 용접 용기는 신규검사 후 경과 연수가 20년 이상의 것은 1년마다
③ 내용적 500L 이상인 이음매 없는 용기는 3년마다
④ 내용적 500L 이상인 이음매 없는 용기는 4년마다

정답 42 ① 43 ① 44 ③ 45 ④ 46 ③ 47 ④ 48 ②

해설 ① 1년마다 검사
② 5년마다 검사
④ 10년 이하는 5년, 10년 초과는 3년마다 검사

49 프로판 : 4v%, 메탄 : 16v%, 공기 : 80v%의 조성을 가지는 혼합기체의 폭발하한 값은 얼마인가?(단, 프로판과 메탄의 폭발하한값은 각각 2.2, 5.0v%이다.)

① 3.79v% ② 3.99v%
③ 4.19v% ④ 4.39v%

해설 $\dfrac{100}{l} = \dfrac{100}{\dfrac{4}{2.2}+\dfrac{16}{5.0}}$

$= \dfrac{100-80}{1.8181+3.2} = \dfrac{20}{5.0181} = 3.99\%$

50 도시가스 사용시설에서 배관을 건축물에 고정 부착할 때 관 지름이 33mm 이상의 것에는 몇 m마다 고정장치를 설치하여야 하는가?

① 1m ② 2m
③ 3m ④ 4m

해설 • 13mm 미만 : 1m
• 13mm 이상~33mm 미만 : 2m
• 33mm 이상 : 3m

51 고압가스특정제조시설의 사업소 외의 배관에 설치된 배관장치에는 비상전력설비를 하여야 한다. 다음 중 반드시 갖추어야 할 설비가 아닌 것은?

① 운전상태 감시장치
② 안전제어장치
③ 가스누출검지 경보장치
④ 폭발방지장치

해설 폭발방지장치 대신 방폭전기기기가 필요하다.

52 포스겐($COCl_2$) 가스를 검지할 수 있는 시험지는?

① 리트머스 시험지
② 염화파라듐지
③ 하리슨 시험지
④ 연당지

해설 ① 적색 리트머스 시험지 : 암모니아
② 염화파라듐지 : CO 가스
④ 연당지(초산납 시험지) : 황화수소

53 용접이음의 특징에 대한 설명으로 옳은 것은?

① 조인트 효율이 낮다.
② 기밀성 및 수밀성이 좋다.
③ 진동을 감쇠시키기 쉽다.
④ 응력집중에 둔감하다.

해설 용접이음 특성은 기밀성 및 수밀성이 좋다.

54 독성가스에 대한 제독제를 연결한 것 중 틀린 것은?

① 시안화수소 – 물
② 아황산가스 – 물
③ 암모니아 – 물
④ 산화에틸렌 – 물

해설 시안화수소(HCN) 제독제 : 가성소다 수용액

55 Ralph M. Barnes 교수가 제시한 동작경제의 원칙 중 작업장 배치에 관한 원칙(Arrangement of the Workplace)에 해당되지 않는 것은?

① 가급적이면 낙하식 운반방법을 이용한다.
② 모든 공구나 재료는 지정된 위치에 있도록 한다.
③ 충분한 조명을 하여 작업자가 잘 볼 수 있도록 한다.
④ 가급적 용이하고 자연스런 리듬을 타고 일할 수 있도록 작업을 구성하여야 한다.

정답 49 ② 50 ③ 51 ④ 52 ③ 53 ② 54 ① 55 ④

해설 Ralph M. Barnes 교수의 작업장 배치에 관한 원칙
- 가급적이면 낙하식 운반방법을 이용한다.
- 모든 공구나 재료는 지정된 위치에 있도록 한다.
- 충분한 조명을 하여 작업자가 잘 볼 수 있게 한다.

56 다음 중 계량값 관리도에 해당되는 것은?

① c관리도 ② nP관리도
③ R관리도 ④ u관리도

해설 관리도
- $\bar{x}-R$ 관리도 : 평균치와 범위의 관리도
- x 관리도 : 개개 측정치의 관리도
- $\tilde{x}-R$ 관리도 : 메디안과 범위의 관리도

57 다음 검사의 종류 중 검사공정에 의한 분류에 해당되지 않는 것은?

① 수입검사 ② 출하검사
③ 출장검사 ④ 공정검사

해설 검사의 분류
- 수입검사 또는 구입검사
- 공정검사 또는 중간검사
- 최종검사 · 출하검사
- 입고검사 · 출고검사
- 인수인계검사

58 그림과 같은 계획공정도(Network)에서 주공정은?(단, 화살표 아래의 숫자는 활동시간을 나타낸 것이다.)

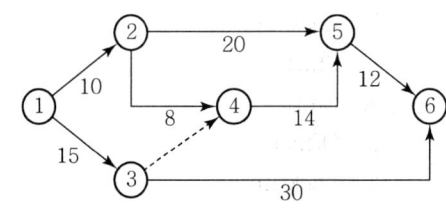

① ①-③-⑥
② ①-②-⑤-⑥
③ ①-②-④-⑤-⑥
④ ①-③-④-⑤-⑥

해설 ① 45주 ② 42주
③ 44주 ④ 41주

- 빠른 시간(ES, EF)을 구하는 방법은 만약 활동 a가 시작활동이면, 즉 직전선행활동이 없으면 0이고 선행활동이 있으면 max(활동 a의 모든 직전 선행활동)이다.
- 주공정은 가장 긴 작업시간이 예상되는 공정을 말한다.

59 로트 크기 1,000, 부적합품률이 15%인 로트에서 5개의 랜덤 시료 중에서 발견된 부적합품수가 1개일 확률을 이항분포로 계산하면 약 얼마인가?

① 0.1648 ② 0.3915
③ 0.6085 ④ 0.8352

해설 로트 크기 $N=1,000$
부적합품수$(x)=$1개 이상 나올 확률
불량품의 개수 $D=1,000\times0.15=150$개
$$P(x)=\frac{\binom{D}{x}\binom{N-D}{n-x}}{\binom{N}{n}}$$
$P(x\geq1)=P(1)+P(2)+P(3)+P(4)+P(5)$
$$=\frac{{}_{150}C_1\times{}_{985}C_4}{{}_{1,000}C_5}+\frac{{}_{150}C_2\times{}_{985}C_3}{{}_{1,000}C_5}$$
$$+\frac{{}_{150}C_3\times{}_{985}C_2}{{}_{1,000}C_5}$$
$≒0.3915$

60 품질코스트(Quality Cost)를 예방코스트, 실패코스트, 평가코스트로 분류할 때 실패코스트(Failure Cost)에 속하는 것이 아닌 것은?

① 시험 코스트 ② 불량대책 코스트
③ 재가공 코스트 ④ 설계변경 코스트

해설 실패코스트
- 폐각 코스트 · 재가공 코스트
- 외주 불량 코스트 · 설계변경 코스트
- 현지서비스 코스트 · 지참서비스 코스트
- 대품 서비스 코스트 · 불량대책 코스트
- 재심 코스트

정답 56 ③ 57 ③ 58 ① 59 ② 60 ①

2011년 8월 1일 과년도 기출문제

01 염소압축기의 윤활유로 적당한 것은?
① 양질의 물
② 진한 황산
③ 양질의 광유
④ 10% 이하의 묽은 글리세린

해설 염소압축기의 윤활유로 진한 황산을 사용한다.

02 액화석유가스용 콕의 내열성능의 기준에 대한 설명으로 옳은 것은?
① 콕을 연 상태로 (40±2)℃에서 각각 30분간 방치한 후 지체 없이 기밀시험을 실시하여 누출이 없고 회전력은 0.588N·m 이하인 것으로 한다.
② 콕을 연 상태로 (40±2)℃에서 각각 60분간 방치한 후 지체 없이 기밀시험을 실시하여 누출이 없고 회전력은 0.688N·m 이하인 것으로 한다.
③ 콕을 연 상태로 (60±2)℃에서 각각 30분간 방치한 후 지체 없이 기밀시험을 실시하여 누출이 없고 회전력은 0.588N·m 이하인 것으로 한다.
④ 콕을 연 상태로 (60±2)℃에서 각각 60분간 방치한 후 지체 없이 기밀시험을 실시하여 누출이 없고 회전력은 0.688N·m 이하인 것으로 한다.

03 기체의 압력(P)이 감소하여 압력(P)이 0인 한계상황에서 기체 분자의 상태는 어떻게 되는가?
① 분자들은 점점 더 넓게 분산된다.
② 분자들은 점점 더 조밀하게 응집된다.
③ 분자들은 아무런 영향을 받지 않는다.
④ 분자들은 분산과 응집의 균형을 유지한다.

해설 기체압력이 0이 되면 기체 분자들은 점점 더 넓게 분산된다.

04 다음 그림은 정압기의 정상상태에서 유량과 2차 압력과의 관계를 나타낸 것이다. A, B, C에 해당되는 용어를 순서대로 옳게 나타낸 것은?

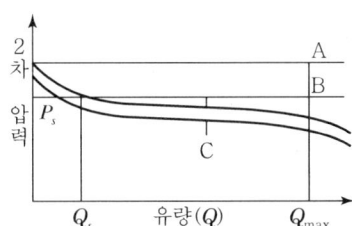

① A : Loc
  B : Offset
  C : Shift
② A : Offset
  B : Lock up
  C : Shift
③ A : Shift
  B : Offset
  C : Lock up
④ A : Shift
  B : Lock up
  C : Offset

해설 정압기 정특성
A(로크업), B(오프셋), C(시프트)

정답 01 ② 02 ③ 03 ① 04 ①

05 용기에 의한 가스운반의 기준에 대한 설명 중 틀린 것은?

① 적재함에는 리프트를 설치하여야 하며, 적재할 충전용기 최대 높이의 2/3 이상까지 적재함을 보강하여야 한다.
② 운행 중에는 직사광선을 받으므로 충전용기 등이 40℃ 이하가 되도록 온도의 상승을 방지하는 조치를 하여야 한다.
③ 충전용기를 용기보관소로 운반할 때는 사람이 직접 운반하되, 이때 용기의 중간 부분을 이용하여 운반한다.
④ 충전용기 등을 적재한 차량은 제1종 보호시설에서 15m 이상 떨어진 안전한 장소에 주정차하여야 한다.

해설 ①, ②, ④는 용기에 의한 가스운반 기준이다.

06 암모니아를 사용하는 공장에서 저장능력 25톤의 저장탱크를 지상에 설치하고자 한다. 저장설비 외면으로부터 사업소 외의 주택까지 몇 미터 이상의 안전거리를 유지하여야 하는가?(단, A공장의 지역은 전용공업지역이 아님)

① 7m　　② 10m
③ 14m　　④ 16m

해설 암모니아(독성가스) 25톤(25,000kg)은 2만 초과~3만 이하에서 1종은 24m, 주택 등 2종은 16m

07 고압가스 냉동제조시설의 검사기준 중 내압 및 기밀시험에 대한 설명으로 틀린 것은?

① 내압시험은 설계압력의 1.5배 이상의 압력으로 한다.
② 내압시험에 사용하는 압력계는 문자판의 크기가 75mm 이상으로서 그 최고눈금은 내압시험압력의 1.5배 이상 2배 이하로 한다.
③ 기밀시험압력은 상용압력 이상의 압력으로 한다.
④ 시험할 부분의 용적이 5m³인 것의 기밀시험의 유지시간은 480분이다.

해설 기밀시험에 사용하는 압력계는 문자판의 크기가 75mm 이상으로서 그 최고눈금은 기밀시험 압력의 1.5배 이상 2배 이하일 것

08 다음 중 100kPa과 같은 압력은?

① 1atm　　② 1bar
③ 1kg/cm²　　④ 100N/cm²

해설 100kPa＝1bar＝1.019kg/cm²
＝101N/cm²＝0.99atm

09 소형용접용기에의 액화석유가스 충전의 기준에 대한 설명으로 틀린 것은?

① 제조 후 10년이 경과하지 않은 용접용기인 것이어야 한다.
② 캔밸브는 부착한지 3년이 경과하지 않아야 하며, 부착 연월이 각인되어 있는 것이어야 한다.
③ 소형용접용기의 상태가 관련법에서 정하고 있는 4급에 해당하는 찍힌 흠, 부식, 우그러짐 및 화염에 의한 흠이 없는 것이어야 한다.
④ 충전사업자는 소형용접용기의 표시사항을 확인하고 표시사항이 훼손된 것은 다시 표시한다.

해설 캔밸브는 부착한 지 2년이 지나지 않아야 한다.

10 고압가스 취급 장치로부터 미량의 가스가 누출되는 것을 검지하기 위하여 시험지를 사용한다. 검지가스에 대한 시험지 종류와 반응색이 옳게 짝지어진 것은?

① 아세틸렌－염화제1구리착염지－적색
② 포스겐－연당지－흑색
③ 암모니아－KI전분지－적색
④ 일산화탄소－초산벤지딘지－청색

해설 ② 포스겐－하리슨 시험지－오렌지색
③ 암모니아－적색 리트머스 시험지－청색
④ 일산화탄소－염화파라듐지－흑색

11 다음 중 용기부속품의 기호표시로 틀린 것은?

① AG : 아세틸렌가스를 충전하는 용기의 부속품
② PG : 압축가스를 충전하는 용기의 부속품
③ LT : 초저온용기 및 저온용기의 부속품
④ LG : 액화석유가스를 충전하는 용기의 부속품

[해설] LPG : 액화석유가스를 충전하는 용기부속품

12 다음 중 자유도가 가장 작은 것은?

① 승화곡선   ② 증발곡선
③ 삼중점   ④ 용융곡선

[해설]
- 자유도 : 상평형에 있는 하나의 계의 상태를 완전히 규정하기 위해 필요한 독립변수(온도, 압력, 각성분의 농도)의 수를 말한다.
- 삼중점 : 하나의 물질에 평형상태에서 세 개의 상이 공존하는 온도와 압력조건이다.

13 암모니아의 물리적 성질에 대한 설명 중 틀린 것은?

① 쉽게 액화한다.
② 증발잠열이 크다.
③ 자극성의 냄새가 난다.
④ 물에 녹지 않는다.

[해설] 암모니아는 물에 800배가 녹는다.

14 가스의 성질에 대한 설명 중 옳지 않은 것은?

① 암모니아는 산이나 할로겐과 잘 화합하고 고온, 고압에서는 강재를 침식한다.
② 산소는 반응성이 강한 가스로서 가연성 물질을 연소시키는 조연성이 있다.
③ 질소는 안정한 가스로서 불활성 가스라고도 하는데 고온하에서도 금속과 화합하지 않는다.
④ 일산화탄소는 독성 가스이고, 또한 가연성 가스이다.

[해설] 암모니아 가스는 고온에서 Mg, Ca, Li 등의 금속과 화합하여 질화마그네슘, 질화칼슘, 질화리튬(Mg_3N_2, Ca_3N_2, Li_2N_2) 등의 질화물을 만든다.

15 다음 가스 중 폭발 위험도가 가장 큰 물질은?

① CO   ② NH_3
③ C_2H_4O ④ H_2

[해설]
㉠ 가연성 가스는 폭발 범위가 크면 위험도가 크다.
㉡ 위험도(H) = $\dfrac{폭발상한계 - 폭발하한계}{폭발하한계}$
㉢ 폭발범위
- CO : 12.5~74%
- NH_3 : 15~28%
- C_2H_4O : 3~80%
- H_2 : 4~75%

16 재해용 약제로서 가성소다($NaOH$)나 탄산소다(Na_2CO_3)의 수용액을 사용할 수 없는 것은?

① 염소(Cl_2)
② 아황산가스(SO_2)
③ 황화수소(H_2S)
④ 암모니아(NH_3)

[해설] 암모니아 제독제 : 다량의 물

17 암모니아 제조법 중 Haber-bosch법은 수소와 질소를 혼합하여 몇 도의 온도와 몇 기압의 압력으로 합성시키며 촉매는 무엇을 사용하는가?

① 450~500℃, 300atm, Fe, Al_2O_3
② 150~300℃, 10atm, 백금
③ 1,000℃, 800atm, NaCl
④ 150~200℃, 450atm, 알루미늄과 은

[해설] 하버-보시법
- 압력 : 200~1,000atm
- 온도 : 500~600℃
- 촉매 : Al_2O_3, CaO, K_2O

정답 11 ④　12 ③　13 ④　14 ③　15 ③　16 ④　17 ①

18 비중이 1인 물과 비중이 13.6인 수은으로 구성된 U자형 마노미터의 압력차가 0.2기압일 때 마노미터에서 수은의 높이차는 약 몇 cm인가?

① 13　　② 16
③ 19　　④ 22

해설 $(13.6 \times 0.2) + 13.6 = 16.32$ cm

19 용기에 의한 가스의 운반기준에 대한 설명으로 틀린 것은?

① 충전용기는 자전거나 오토바이로 적재하여 운반하지 아니한다.
② 독성가스 중 가연성가스와 조연성가스는 동일차량 적재함에 운반하지 아니한다.
③ 밸브가 돌출한 충전용기는 고정식 프로텍터나 캡을 부착시켜 밸브의 손상을 방지하는 조치를 한다.
④ 충전용기와 휘발유를 동일 차량에 적재하여 운반할 경우에는 시, 도지사의 허가를 받는다.

해설 휘발유는 고압가스에서 제외된다.

20 순수한 수소와 질소를 고온, 고압에서 다음의 반응에 의해 암모니아를 제조한다. 반응기에서의 수소의 전화율은 10%이고, 수소는 30 kmol/s, 질소는 20kmol/s로 도입될 때 반응기에서 배출되는 질소의 양은 몇 kmol/s인가?

$$3H_2 + N_2 \rightarrow 2NH_3$$

① 3　　② 19
③ 27　　④ 37

해설 $3H_2 + N_2 \rightarrow 2NH_3$
　3 : 1 : 2
전화율은 10%(0.1)
암모니아 반응=수소 30kmol : 질소 10kmol
∴ 질소 10kmol×0.1=1kmol
　　20−1=19kmol

21 가연성 가스 저온저장탱크에서 내부의 압력이 외부의 압력보다 낮아져 저장탱크가 파괴되는 것을 방지하기 위한 조치로서 적당하지 않은 것은?

① 압력계를 설치한다.
② 압력경보설비를 설치한다.
③ 진공안전밸브를 설치한다.
④ 압력방출밸브를 설치한다.

해설 압력방출장치는 내압이 외압보다 클 때 사용하는 안전장치이다.

22 다음 [보기]에서 설명하는 신축이음 방법은?

- 신축량이 크고 신축으로 인한 응력이 생기지 않는다.
- 직선으로 이음하므로 설치공간이 비교적 작다.
- 배관에 곡선부분이 있으면 비틀림이 생긴다.
- 장기간 사용 시 패킹재의 마모가 생길 수 있다.

① 슬리브형　　② 벨로스형
③ 루프형　　　④ 스위블형

해설 슬리브형 신축이음쇠는 직선이음한다.
(배관에 곡선부분이 있으면 비틀림이 생긴다.)

23 다음 중 액상의 액화석유가스가 통하는 배관에 사용할 수 있는 재료는?

① KS D 3507
② KS D 3562
③ KS D 3583
④ KS D 4301

해설 ① KS D 3507 : 배관용 탄소강관
② KS D 3562 : 압력배관용 탄소강관
③ KS D 3583 : 배관용 아크용접 탄소강관
④ KS D 4301 : 회주철 품

정답 18 ②　19 ④　20 ②　21 ④　22 ①　23 ②

24 비가역 단열변화에서 엔트로피 변화는 어떻게 되는가?

① 변화는 가역 및 비가역과 무관하다.
② 변화가 없다.
③ 감소한다.
④ 반드시 증가한다.

해설 비가역 단열변화 시에는 엔트로피가 반드시 증가한다.

25 질소의 용도로서 가장 거리가 먼 것은?

① 암모니아 합성원료 ② 냉매
③ 개미산 제조 ④ 치환용 가스

해설 $CO + H_2O \rightarrow HCOOH$(개미산)

26 1몰의 CO_2가 321K에서 1.32L를 차지할 때의 압력은?(단, 이산화탄소는 반데르발스 식에 따른다고 할 때 상수 $a = 3.60 L^2 \cdot atm/mol^2$, $b = 0.0482 L/mol$이고, 기체상수 $R = 0.082$ $atm \cdot L/K \cdot mol$이다.)

① 18.63atm ② 26.60atm
③ 35.94atm ④ 42.78atm

해설 $\left(P + \dfrac{a}{v^2}\right)(v - b) = RT$

$P = \dfrac{RT}{V-b} - \dfrac{a}{V^2}$

$= \dfrac{0.082 \times 321}{1.32 - 0.0482} - \dfrac{3.60}{(1.32)^2} = 18.63 atm$

27 가스엔진 구동 열펌프(GHP)에 대한 설명 중 옳지 않은 것은?

① 부분부하 특성이 우수하다.
② 난방 시 GHP의 기동과 동시에 난방이 가능하다.
③ 외기온도 변동에 영향이 많다.
④ 구조가 복잡하고 유지관리가 어렵다.

해설 GHP(가스용 히트펌프)는 외기온도 변동에 그다지 영향이 크지 않다.

28 도시가스배관 지하매설의 기준에 대한 설명으로 옳은 것은?

① 연약지반에 설치하는 배관은 잔자갈기초 또는 단단한 기초공사 등으로 지반침하를 방지하는 조치를 한다.
② 배관의 기울기는 도로의 기울기에 따르고 도로가 평탄한 경우에는 1/1,000~1/5,000 정도의 기울기로 설치한다.
③ 기초재료와 침상재료를 포설한 후 다짐작업을 하고, 그 이후 되메움 공정에서는 배관상단으로부터 30cm 높이로 되메움 재료를 포설한 후마다 다짐작업을 한다.
④ PE배관의 매몰설치 시 곡률허용반경은 외경의 50배 이상으로 한다.

해설 30cm마다 다짐을 한다. 되메움(Backfill)에는 해당되지 않는다.

29 LP가스의 일반적인 연소 특성이 아닌 것은?

① 발열량이 크다.
② 연소속도가 느리다.
③ 착화온도가 낮다.
④ 폭발범위가 좁다.

해설 LP가스는 착화온도가 450℃ 초과이다.

30 소형저장탱크는 LPG를 저장하기 위하여 지상 또는 지하에 고정 설치된 탱크로서 저장능력이 몇 톤 미만인 탱크를 말하는가?

① 1 ② 3
③ 5 ④ 10

해설 LPG 소형저장탱크 : 3톤 미만 탱크

31 배관이 막히거나 고장이 생겼을 때 쉽게 수리할 수 있게 하기 위하여 사용하는 배관 부속은?

① 티이 ② 소켓
③ 엘보 ④ 유니언

해설 유니언 이음 : 수리가 가능한 배관 부속

정답 24 ④ 25 ③ 26 ① 27 ③ 28 ③ 29 ③ 30 ② 31 ④

32 다음 그림과 같이 동판이 2개의 강판 사이에 납땜되어 있어 한 물체처럼 변형한다. 이것을 가열하면 동판과 강판에는 각각 어떠한 응력이 생기는가?

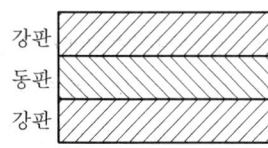

① 동판 : 압축응력, 강판 : 인장응력
② 동판 : 인장응력, 강판 : 압축응력
③ 동판 : 인장응력, 강판 : 인장응력
④ 동판 : 압축응력, 강판 : 압축응력

해설 납땜 시 응력
• 동판 : 압축응력 발생
• 강판 : 인장응력 발생

33 의료용 가스의 종류에 따른 도색의 구분으로 옳은 것은?

① 헬륨 – 회색
② 질소 – 흑색
③ 에틸렌 – 백색
④ 사이클로프로판 – 갈색

해설 의료용 질소가스 용기 도색 : 흑색

34 가스발생기 및 가스홀더는 그 외면으로부터 사업장의 경계까지의 안전거리가 최고사용압력이 고압인 것은 몇 m 이상이 되어야 하는가?

① 5   ② 10
③ 15   ④ 20

해설 가스발생기 및 가스홀더는 그 외면으로부터 사업장의 경계까지 고압의 경우는 20m 이상의 이격거리가 필요하다.

35 일산화탄소를 저장하는 탱크에 사용이 불가능한 재료는?

① Ni – Cr강   ② 스테인리스강
③ 구리   ④ 철 및 니켈

해설 CO가스는 철 속의 금속과 반응하여 금속카보닐을 생성한다.

$Fe + 5CO \xrightarrow{200℃} Fe(CO)_5$: 철카보닐

$NI + 4CO \xrightarrow{150℃} Ni(CO)_4$: 니켈카보닐

36 가스보일러 설치기준에 따라 반밀폐식 가스보일러의 공동 배기방식에 대한 기준 중 틀린 것은?

① 공동배기구의 정상부에서 최상층 보일러의 역풍방지장치 개구부 하단까지의 거리가 5m일 경우 공동배기구에 연결시킬 수 있다.
② 공동배기구 유효단면적 계산식($A = Q \times 0.6 \times K \times F + P$)에서 P는 배기통의 수평투영면적(mm^2)을 의미한다.
③ 공동배기구는 굴곡 없이 수직으로 설치하여야 한다.
④ 공동배기구는 화재에 의한 피해확산 방지를 위하여 방화댐퍼(Damper)를 설치하여야 한다.

해설 가스보일러는 공동배기구 및 공동배기통에는 방화댐퍼를 설치하지 않는다.(연도댐퍼 설치)

37 내경이 10cm인 액체 수송용 파이프 속에 구경이 5cm인 오리피스미터가 설치되어 있고 이 오리피스에 부착된 수은 마노미터의 눈금차가 12cm이다. 만일 5cm 오리피스 대신에 구경이 2.5cm인 오리피스미터를 설치했다면 수은 마노미터의 눈금차는 약 몇 cm가 되겠는가?

① 172   ② 182
③ 192   ④ 202

해설 $A = \dfrac{3.14}{4} \times (0.05)^2 = 0.0019625$

$A' = \dfrac{3.14}{4}(0.025)^2 = 0.000490625$

$\dfrac{0.0019625}{0.000490625} = 4$배

∴ $H = 12 \times 4^2 = 192$cm

정답 32 ① 33 ② 34 ④ 35 ④ 36 ④ 37 ③

38 다음 폭굉(Detonation)에 대한 설명 중 옳은 것은?

① 폭굉속도는 보통 연소속도의 20배 정도이다.
② 폭굉속도는 가스인 경우에는 1,000m/s 이하이다.
③ 폭굉속도가 클수록 반사에 의한 충격효과는 감소한다.
④ 일반적으로 혼합가스의 폭굉범위는 폭발범위보다 좁다.

해설 일반적으로 혼합가스의 폭굉범위는 폭발범위보다 좁다.

39 액화석유가스 소형저장탱크를 설치할 경우 안전거리에 대한 설명으로 틀린 것은?

① 충전질량이 2,500kg인 소형저장탱크의 가스충전구로부터 토지경계선에 대한 수평거리는 5.5m 이상이어야 한다.
② 충전질량이 1,000kg 이상 2,000kg 미만인 소형저장탱크의 탱크 간 거리는 0.5m 이상이어야 한다.
③ 충전질량이 2,500kg인 소형저장탱크의 가스충전구로부터 건축물개구부에 대한 거리는 3.5m 이상이어야 한다.
④ 충전질량이 1,000kg 미만인 소형저장탱크의 가스충전구로부터 토지경계선에 대한 수평거리는 1.0m 이상이어야 한다.

해설 ④에서는 0.5m 이상이어야 한다.

40 정압기의 구조에 따른 분류 중 일반 소비기기용이나 지구 정압기에 널리 사용되고 사용압력은 중압용이며, 구조와 기능이 우수하고 정특성은 좋지만, 안전성이 부족하고 크기가 대형인 정압기는?

① 레이놀즈(Reynolds)식 정압기
② 피셔(Fisher)식 정압기
③ Axial Flow Valve(AFV)식 정압기
④ 루트(Roots)식 정압기

해설 레이놀즈식 정압기
정특성은 우수하나 안정성이 부족하고 크기가 대형이다.

41 고압가스 안전관리법령에서 정한 고압가스의 범위에 대한 설명으로 옳은 것은?

① 상용의 온도에서 게이지 압력이 0MPa이 되는 압축가스
② 섭씨 35℃의 온도에서 게이지 압력이 0Pa을 초과하는 아세틸렌 가스
③ 상용의 온도에서 게이지 압력이 0.2MPa 이상이 되는 액화가스
④ 섭씨 15℃의 온도에서 게이지 압력이 0.2MPa을 초과하는 액화가스 중 액화시안화수소

해설 ㉠ 압축가스 : 일정한 압력에 의해 압축된 가스
㉡ 고압가스
- 아세틸렌가스 : 15℃에서 0Pa 초과가스
- 35℃에서 압력이 0Pa 초과하는 액화시안화수소
- 상용의 온도에서 게이지 압력이 0.2MPa 이상이 되는 액화가스

42 이상기체가 갖추어야 할 성질에 대한 설명으로 가장 올바른 것은?

① 보일-샤를의 법칙이 완전하게 적용된다고 여겨지는 가상의 기체로서 고온, 저압상태에서 분자 상호 간의 작용이 전혀 없는 상태
② 보일-샤를의 법칙이 완전하게 적용된다고 여겨지는 가상의 기체로서 저온, 고압상태에서 분자 상호 간의 작용이 전혀 없는 상태
③ 보일-샤를의 법칙이 완전하게 적용된다고 여겨지는 가상의 기체로서 고온, 저압상태에서 분자 상호 간의 작용이 무한히 큰 상태
④ 보일-샤를의 법칙이 완전하게 적용된다고 여겨지는 가상의 기체로서 저온, 고압상태에서 분자 상호 간의 작용이 무한히 큰 상태

해설 ①의 설명은 이상기체의 성질이다.

43 질소 1.36kg이 압력 600kPa하에서 팽창하여 체적이 0.01m³ 증가하였다. 팽창과정에서 20kJ의 열이 공급되었고 최종 온도가 93℃이었다면 초기 온도는 약 몇 ℃인가?(단, 정적비열은 0.74kJ/kg·℃이다.)

① 59
② 69
③ 79
④ 89

해설 $P_1 V_1 = GRT_1$

$T_1 = \dfrac{P_1 V_1}{GR}$

$\therefore 93 - \left(\dfrac{600 \times 0.01}{1.36 \times \dfrac{8.314}{28}}\right) = 79℃$

44 다단 압축기에서 실린더 냉각의 목적으로 가장 거리가 먼 것은?

① 흡입 시에 가스에 주어진 열을 가급적 줄여서 흡입효율을 적게 한다.
② 온도가 냉각됨에 따라 단위 능력당 소요 동력이 일반적으로 감소되고, 압축효율도 좋게 한다.
③ 활동면을 냉각시켜 윤활이 원활하게 되어 피스톤링에 탄소화물이 발생하는 것을 막는다.
④ 밸브 및 밸브 스프링에서 열을 제거하여 오손을 줄이고 그 수명을 길게 한다.

해설 실린더 냉각목적은 ②, ③, ④ 외에도 열을 가급적 줄여서 흡입효율을 크게 한다.

45 외기온도가 20℃일 때 표면온도 70℃인 관표면에서의 복사에 의한 열전달률은 약 몇 kcal/m²·h·K인가?(단, 복사율은 0.8이다.)

① 0.2
② 5
③ 10
④ 15

해설 $a = \dfrac{4.88 \times \epsilon \times \left[\left(\dfrac{T_1}{100}\right)^4 - \left(\dfrac{T_2}{100}\right)^4\right]}{T_1 - T_2}$

$= \dfrac{4.88 \times 0.8 \left[\left(\dfrac{273+70}{100}\right)^4 - \left(\dfrac{273+20}{100}\right)^4\right]}{(273+70) - (273+20)}$

$= 5.0 \text{kcal/m}^2 \cdot \text{h} \cdot \text{K}$

46 일명 팩리스(Packless) 이음재라고도 하며 재료로서 인청동제 또는 스테인리스제를 사용하고 구조상 고압용 신축이음 방법으로는 적합하지 않은 것은?

① 상온스프링
② U형 밴드
③ 벨로스이음
④ 원형밴드

해설 벨로스이음
Packless(다발꾸러미)는 고압용 신축이음으로는 부적당하다.

47 다음 중 고압가스 제조허가의 종류에 해당하지 않는 것은?

① 고압가스 특정제조
② 고압가스 일반제조
③ 냉동제조
④ 가스용품제조

해설 ①, ②, ③은 고압가스 제조허가 종류에 해당한다.

48 이상기체의 폴리트로픽(Polytropic) 변화에서 P, v, T 관계를 틀리게 표현한 것은?(단, n은 폴리트로픽 지수를 나타낸다.)

① $Pv^n = C(P_1 v_1^n = P_2 v_2^{n-1} = $일정$)$
② $Tv^{n-1} = C(T_1 v_1^{n-1} = T_2 v_2^{n-1} = $일정$)$
③ $TP^{n-1} = C(T_1 P_1^{n-1} = T_2 P_2^{n-1} = $일정$)$
④ $T^m P^{n-1} = C(T_1^m P_1^{1-n} = T_2^m P_2^{1-n} = $일정$)$

해설 폴리트로픽 지수

$\dfrac{T_2}{T_1} = \left(\dfrac{V_1}{V_2}\right)^{n-1} = \left(\dfrac{P_2}{P_1}\right)^{\frac{n-1}{n}}$

정답 43 ③ 44 ① 45 ② 46 ③ 47 ④ 48 ③

49 산소(O_2)의 성질에 대한 설명으로 옳은 것은?

① 비점은 약 -183℃이다.
② 임계압력은 약 33.5atm이다.
③ 임계온도는 약 -144℃이다.
④ 분자량은 약 16이다.

해설 산소의 임계압력은 50.1atm, 임계온도는 -118.4℃, 분자량은 32이다.

50 고압가스 장치에 사용되는 압력계 중 탄성식 압력계가 아닌 것은?

① 링밸런스식 압력계
② 부르동관식 압력계
③ 벨로스 압력계
④ 다이어프램식 압력계

해설 링밸런스식은 환산천평식 수은 액주 압력계이다.

51 가스제조소에서 정제된 가스를 저장하여 가스의 질을 균일하게 유지하며, 제조량과 수요량을 조절하는 것은?

① 정압기
② 압송기
③ 배송기
④ 가스홀더

해설 가스홀더(고압식, 저압식)는 가스질 및 제조량과 수요량을 조절한다.

52 에탄 1mol을 완전연소시켰을 때 발열량(Q)은 몇 kcal/mol인가?(단, $CO_2(g)$, $H_2O(g)$, $C_2H_6(g)$의 생성열은 1mol당 각각 94.1kcal, 57.8kcal, 20.2kcal이다.)

$$C_2H_6(g) + \frac{7}{2}O_2 \rightarrow CO_2(g) + 3H_2O(g) + Q$$

① 214.4
② 259.4
③ 301.4
④ 341.4

해설 $CO_2 = 94.1 \times 2 = 188.2$
$H_2O = 57.8 \times 3 = 173.4$
∴ 생성열 = (188.2 - 173.4) - 20.2
       = 341.4kcal/mol

53 A+B → C+D의 반응에 대한 에너지 분포를 그림과 같이 나타냈다. 그림의 설명 중 틀린 것은?

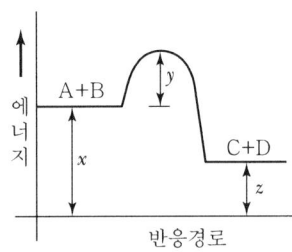

① x는 반응계의 에너지이다.
② 발열반응이다.
③ y는 활성화 에너지이다.
④ 엔트로피가 감소하는 반응이다.

해설 에너지가 (A+B)에서 (C+D)로 반감되므로 에너지는 감소한다.

54 스크루 압축기에 대한 설명으로 틀린 것은?

① 무급유식 또는 급유식 방식의 용적형이다.
② 흡입, 압축, 토출의 3행정을 갖는다.
③ 효율이 아주 높고 용량조정이 쉽다.
④ 기체에는 맥동이 적고 연속적으로 압축한다.

해설 스크루 압축기는 일반적으로 용량조정이 70~100%로 곤란하고 소음이 크며 용적형 회전식이다.

55 관리도에서 측정한 값을 차례로 타점했을 때 점이 순차적으로 상승하거나 하강하는 것을 무엇이라 하는가?

① 연(Run)
② 주기(Cycle)
③ 경향(Trend)
④ 산포(Dispersion)

해설 경향
관리도에서 측정한 값을 차례로 타점했을 때 점이 순차적으로 상승하거나 하강하는 현상

56 어떤 측정법으로 동일 시료를 무한 회 측정하였을 때 데이터 분포의 평균치와 참값과의 차를 무엇이라 하는가?

① 재현성
② 안정성
③ 반복성
④ 정확성

해설 정확성
데이터 분포의 평균치와 참값과의 차이

57 컨베이어 작업과 같이 단조로운 작업은 작업자에게 무력감과 구속감을 주고 생산량에 대한 책임감을 저하시키는 등 폐단이 있다. 다음 중 이러한 단조로운 작업의 결함을 제거하기 위해 채택되는 직무설계방법으로서 가장 거리가 먼 것은?

① 자율경영팀 활동을 권장한다.
② 하나의 연속작업시간을 길게 한다.
③ 작업자 스스로가 직무를 설계하도록 한다.
④ 직무확대, 직무충실화 등의 방법을 활용한다.

해설 하나의 연속 작업시간을 길게 하면 작업자에게 무력감과 구속감을 주어 작업의 결함을 증가시키는 요인이 된다.

58 도수분포표를 작성하는 목적으로 볼 수 없는 것은?

① 로트의 분포를 알고 싶을 때
② 로트의 평균치와 표준편차를 알고 싶을 때
③ 규격과 비교하여 부적합품률을 알고 싶을 때
④ 주요 품질항목 중 개선의 우선순위를 알고 싶을 때

해설 도수분포[Frequency Distribution]의 목적은 ①, ②, ③이다. 생산공장에서 모든 통계분포를 이해하는 기초가 도수분포이다.

59 "무결점 운동"으로 불리는 것으로 미국의 항공사인 마틴사에서 시작된 품질개선을 위한 동기부여 프로그램은 무엇인가?

① ZD
② 6시그마
③ TPM
④ ISO 9001

해설 ZD
무결점 ++운동(품질개선을 위한 동기부여 프로그램)

60 정상소요기간이 5일이고, 이때의 비용이 20,000원이며 특급소요기간이 3일이고, 이때의 비용이 30,000원이라면 비용구배는 얼마인가?

① 4,000원/일
② 5,000원/일
③ 7,000원/일
④ 10,000원/일

해설 추가비용 = 30,000 − 20,000 = 10,000원
단축시간 = 5 − 3 = 2일
∴ 비용구배 = $\frac{10,000원}{2일}$ = 5,000원/일

2012년 4월 9일 과년도 기출문제

01 도시가스 누출 시 냄새에 의한 감지를 위하여 냄새나는 물질을 첨가하는 올바른 방법은?

① 1/100의 상태에서 감지 가능할 것
② 1/500의 상태에서 감지 가능할 것
③ 1/1,000의 상태에서 감지 가능할 것
④ 1/2,000의 상태에서 감지 가능할 것

해설 도시가스 부취제 첨가량
도시가스량의 $\frac{1}{1,000}$ 상태에서 감지가 가능한 양

02 지상에 설치하는 액화석유가스의 저장탱크 안전밸브에 가스 방출관을 설치하고자 한다. 저장탱크의 정상부가 지상에서 8m일 경우 방출관의 높이는 지상에서 몇 미터 이상이어야 하는가?

① 2m   ② 5m
③ 8m   ④ 10m

해설 지상용 LPG 저장탱크 안전밸브 방출관은 지면에서 5m 이상 저장탱크의 정상부로부터 2m 이상이므로
∴ 5+(8−5)+2 = 10m 이상

03 도시가스사업 구분에 따라 선임하여야 할 안전관리자별 선임 인원과 선임 가능한 자격이 잘못 짝지어진 것은?(단, 안전관리자의 자격은 선임 가능한 자격 중 1개만이 제시되어 있다.)

① 가스도매사업 : 안전관리책임자 − 사업장마다 1인 − 가스기술사
② 가스도매사업 : 안전관리원 − 사업장마다 10인 이상 − 가스기능사
③ 일반도시가스사업 : 안전관리책임자 − 사업장마다 1인 − 가스기능사
④ 일반도시가스사업 : 안전관리원 − 5인 이상 (배관 길이가 200km 이하인 경우) − 가스기능사

04 표준기압 1atm은 몇 kgf/cm²인가?(단, Hg의 밀도는 13,595.1kg/m³, 중력가속도는 9.80665 m/s²이다.)

① 0.9806   ② 1.0332
③ 1,013.25 ④ 10,332

해설 표준기압
$1\text{atm} = 1.0332 \text{kg/cm}^2$
$= 760\text{mmHg} = 10.33\text{mH}_2\text{O}$
$= 14.7\text{psi} = 101,325\text{Pa}$

05 다음 중 와류의 규칙성과 안전성을 이용하는 유량계는?

① 델타미터
② 로터미터
③ 전자식 유량계
④ 열선식 유량계

해설
• 델타미터 : 와류의 규칙성과 안전성을 이용하는 유량계이다.
• 와류식 유량계 : 델타미터, 스와르미터, 카르만

06 도시가스 성분 중 일산화탄소의 함유율은 몇 vol%를 초과하지 아니하여야 하는가?

① 1   ② 3
③ 5   ④ 7

해설 도시가스 성분 중 일산화탄소의 함유율은 7%를 초과하지 못한다(용적당).

정답 01 ③ 02 ④ 03 ③ 04 ② 05 ① 06 ④

07 가스가 체류된 작업장에서의 허용농도가 가장 낮은 것은?

① 시안화수소 ② 황화수소
③ 산화에틸렌 ④ 포스겐

해설 독성가스 허용농도(ppm)
① 시안화수소(HCl) : 5
② 황화수소(H_2S) : 10
③ 산화에틸렌(C_2H_4O) : 50
④ 포스겐($COCl_2$) : 0.1

08 가연성가스(LPG 제외) 및 산소의 차량에 고정된 저장탱크 내용적의 기준으로 옳은 것은?

① 저장탱크의 내용적은 10,000L를 초과할 수 없다.
② 저장탱크의 내용적은 12,000L를 초과할 수 없다.
③ 저장탱크의 내용적은 15,000L를 초과할 수 없다.
④ 저장탱크의 내용적은 18,000L를 초과할 수 없다.

해설
• 가연성 가스 및 산소의 차량에 고정된 저장탱크의 내용적은 18,000L를 초과할 수 없다.
• ②의 내용은 독성가스에 해당한다.

09 어떤 용기에 액체질소 56kg이 충전되어 있다. 외부에서의 열이 매시간 10kcal씩 액체질소에 공급될 때 액체질소가 28kg으로 감소되는 데 걸리는 시간은?(단, N_2의 증발잠열은 1,600 cal/mol이다.)

① 16시간 ② 32시간
③ 160시간 ④ 320시간

해설 1kcal=1,000cal
1몰=22.4L=28g(질소), 1kg=1,000g
액체질소 총 증발열 = $56 \times \left(\dfrac{1,000}{28}\right)$ = 2,000몰
증발열 = 2,000 × 1,600 = 3,200,000cal/총몰수
28kg × $\left(\dfrac{1,000}{28}\right)$ = 1,000몰

$1,000 \times 1,600 = 1,600,000$ cal
∴ $\dfrac{1,600,000}{10 \times 1,000}$ = 160시간

10 가연성 가스 검출기에 대한 설명으로 옳은 것은?

① 안전등형은 황색불꽃의 길이로서 C_2H_2의 농도를 알 수 있다.
② 간섭계형은 주로 CH_4의 측정에 사용되나 가연성 가스에도 사용이 가능하다.
③ 간섭계형은 가스 전도도의 차를 이용하여 농도를 측정하는 방법이다.
④ 열선형은 리액턴스회로의 정전전류에 의하여 가스의 농도를 측정하는 방법이다.

해설
• 안전등형 : 메탄(CH_4)가스 농도측정용
• 간섭계형 : 가스의 굴절률 차를 이용
• 열선형 : 브리지 회로의 편위전류로 농도측정

11 LPG 1L는 기체 상태로 변하면 250L가 된다. 20kg의 LPG가 기체 상태로 변하면 부피는 약 몇 m^3가 되는가?(단, 표준상태이며, 액체의 비중은 0.5이다.)

① 1 ② 5
③ 7.5 ④ 10

해설 용량 = $\dfrac{20\text{kg}}{0.5\text{kg/L}}$ = 40L
기화량 = 40L × 250L = 10,000L(10m^3)

12 가스가 65kcal의 열량을 흡수하여 10,000 kgf·m의 일을 하였다. 이때 가스의 내부에너지 증가는 약 몇 kcal인가?

① 32.4 ② 38.7
③ 41.6 ④ 57.2

해설 일량 = 10,000kg·m × $\dfrac{1}{427}$ kcal/kg·m
= 23.42kcal
∴ 내부에너지 증가 = 65 − 23.42 = 41.6kcal
※ 일의 열당량 = $\dfrac{1}{427}$ kcal/kg·m

정답 07 ④ 08 ④ 09 ③ 10 ② 11 ④ 12 ③

13 고압가스 냉동제조시설의 냉매설비와 이격거리를 두어야 할 화기설비의 분류기준으로 맞지 않는 것은?

① 제1종 화기설비 : 전열면적이 $14m^2$를 초과하는 온수보일러
② 제2종 화기설비 : 전열면적이 $8m^2$ 초과, $14m^2$ 이하인 온수보일러
③ 제3종 화기설비 : 전열면적이 $10m^2$ 이하인 온수보일러
④ 제1종 화기설비 : 정격 열출력이 500,000 kcal/h를 초과하는 화기설비

해설 제3종 화기설비
- 전열면적 $8m^2$ 초과 온수보일러
- 정격출력 30만 kcal/h 이하 화기설비

14 고압가스 냉동제조의 시설 및 기술기준에 대한 설명으로 틀린 것은?

① 냉매설비에는 긴급사태가 발생하는 것을 방지하기 위하여 자동제어장치를 설치할 것
② 독성가스를 사용하는 내용적이 1만L 이상인 수액기 주위에는 액상의 가스가 누출될 경우에 그 유출을 방지하기 위한 조치를 마련할 것
③ 안전밸브 또는 방출밸브에 설치된 스톱밸브는 그 밸브의 수리 등을 위하여 특별히 필요한 때를 제외하고는 항상 닫아둘 것
④ 냉매설비에는 그 설비 안의 압력이 상용압력을 초과하는 경우 즉시 그 압력을 상용압력 이하로 되돌릴 수 있는 안전장치를 설치할 것

해설 ③에서 스톱밸브는 항상 열어 놓아야 한다.

15 다음 가스 중 공기와 혼합하였을 때 폭발성 혼합가스를 형성할 수 있는 것은?

① 산화질소   ② 염소
③ 암모니아   ④ 질소

해설
- 암모니아 가연성 가스 폭발범위 : 15~28%
- 산화질소, 염소 : 독성가스
- 질소 : 불연성가스

16 지구 온실효과를 일으키는 주된 원인이 되는 가스는?

① CO_2 ② O_2
③ NO_2 ④ N_2

해설 온실효과 촉진가스 : 탄산가스(CO_2)

17 저장능력이 30톤인 저장탱크를 지하에 설치하였다. 점검구의 설치기준에 대한 설명으로 틀린 것은?

① 점검구는 2개소를 설치하였다.
② 점검구는 저장탱크 측면 상부의 지상에 설치하였다.
③ 점검구는 저장탱크실 상부 콘크리트 타설 부분에 맨홀 형태로 설치하였다.
④ 사각형 모양의 점검구로서 0.6m×0.6m의 크기로 하였다.

18 도시가스 사업허가의 세부기준이 아닌 것은?

① 도시가스가 공급권역 안에서 안정적으로 공급될 수 있도록 할 것
② 도시가스 사업계획이 확실히 수행될 수 있을 것
③ 도시가스를 공급하는 권역이 중복되지 않을 것
④ 도시가스 공급이 특정지역에 집중되어 있어야 할 것

해설 도시가스 사업허가의 세부기준은 ①, ②, ③에 따른다.

19 배관의 수직상향에 의한 압력손실을 계산하려고 할 때 반드시 고려되어야 하는 것은?

① 입상 높이, 가스 비중
② 가스 유량, 가스 비중
③ 가스 유량, 입상 높이
④ 관 길이, 입상 높이

해설 배관 입상관에 의한 압력손실(H)
$H(\text{mmH}_2\text{O}) = 1.293(S-1)h$
여기서, S : 가스비중
h : 입상 수직배관 높이
1.293kg/m^3 : 공기밀도

20 이상기체를 일정한 온도 조건하에서 상태 1에서 상태 2로 변화시켰을 때 최종 부피는 얼마인가?(단, 상태 1에서의 부피 및 압력은 V_1과 P_1이며, 상태 2에서의 부피와 압력은 각각 V_2와 P_2이다.)

① $V_2 = V_1 \times \dfrac{P_2}{P_1}$

② $V_2 = V_1 \times \dfrac{P_1}{P_2}$

③ $V_2 = V_1 \times \dfrac{T_2}{T_1} \times \dfrac{P_2}{P_1}$

④ $V_2 = V_1 \times \dfrac{T_1}{T_2}$

해설 $V_2 = V_1 \times \dfrac{P_1}{P_2}$, $V_2 = V_1 \times \dfrac{T_2}{T_1}$

21 대기압 750mmHg하에서 게이지 압력이 2.5kgf/cm²이다. 이때 절대압력은 약 몇 kgf/cm²인가?

① 2.6　　② 2.7
③ 3.1　　④ 3.5

해설 abs(절대압력) = 대기압 + 게이지 압력
대기압 $= 1.033 \times \dfrac{750}{760} = 1\text{kg/cm}^2$
∴ $1 + 2.5 = 3.5\text{kg/cm}^2\text{abs}$

22 양단이 고정된 20cm 길이의 환봉을 10℃에서 80℃로 가열하였을 때 재료 내부에서 발생하는 열응력은 약 몇 MPa인가?(단, 재료의 선팽창 계수는 $11.05 \times 10^{-6}/℃$이며, 탄성계수는 E는 210GPa이다.)

① 69.62　　② 162.44
③ 696.15　　④ 2,784.60

해설 210GPa = 210,000MPa
열응력 $= 210,000 \times (11.05 \times 10^{-6}) \times (80-10)$
$= 162.44\text{MPa}$

23 비소모성 텅스텐 용접봉과 모재 간의 아크열에 의해 모재를 용접하는 방법으로 용접부의 기계적 성질이 우수하나 용접속도가 느린 용접은?

① TIG 용접
② 아크 용접
③ 산소 용접
④ 서브머지드 아크 용접

해설 티그(TIG) 용접
비소모성 텅스텐(W) 용접봉과 모재 간의 아크열에 의해 모재를 용접한다. 용접부 기계적 성질은 우수하나 용접속도가 느리다.

24 고압가스 제조설비의 가스설비 점검 중 사용개시 전 점검사항이 아닌 것은?

① 가스설비의 전반에 대한 부식, 마모, 손상 유무
② 독성가스가 체류하기 쉬운 곳의 해당 가스 농도
③ 각 배관계통에 부착된 밸브 등의 개폐상황
④ 가스설비의 전반적인 누출 유무

해설 고압가스 제조설비의 가스설비 점검 중 사용개시 전에는 ②, ③, ④를 점검한다.

정답 19 ① 20 ② 21 ④ 22 ② 23 ① 24 ①

25 크리프(Creep)는 재료가 어떤 온도하에서는 시간과 더불어 변형이 증가되는 현상인데, 일반적으로 철강재료 중 크리프 영향을 고려해야 할 온도는 몇 ℃ 이상일 때인가?

① 50℃ ② 150℃
③ 250℃ ④ 350℃

해설 철강재료는 350℃를 초과하면 크리프 현상이 발생될 우려가 크다.

26 다음 중 외압이나 지진 등에 대하여 가요성이 가장 우수한 주철관 이음은?

① 메커니컬 이음 ② 소켓 이음
③ 빅토릭 이음 ④ 플랜지 이음

해설 메커니컬 주철관 이음
외압이나 지진 등에 대하여 가요성(신축)이 우수하다.

27 모노게르만 가스의 특징이 아닌 것은?

① 가연성, 독성가스이다.
② 자극적인 냄새가 난다.
③ 전자산업의 도핑용액으로 주로 사용된다.
④ 공기보다 가벼워 대기 중으로 확산한다.

해설 모노게르만(GeH_4) 가스
- 모노게르만 가스의 특성은 ①, ②, ③이다.
- 분자량은 76.6(비중 2.64)으로 공기보다 무거워서 누설 시 바닥에 가라앉는다.
- 폭발범위 : 2.8~98%

28 다음 ( ) 안의 온도와 압력으로 맞는 것은?

> 아세틸렌을 용기에 충전할 때 충전 중의 압력은 2.5MPa 이하로 하고, 충전 후의 압력이 (㉠)℃에서 (㉡)MPa 이하로 될 때까지 정치하여 둔다.

① ㉠ 5, ㉡ 1.0
② ㉠ 15, ㉡ 1.5
③ ㉠ 20, ㉡ 1.0
④ ㉠ 20, ㉡ 1.5

해설 ㉠ 15, ㉡ 1.5

29 다음 수소의 성질 중 화재, 폭발 등의 재해발생 원인이 아닌 것은?

① 임계압력이 12.8atm이다.
② 가벼운 기체로 미세한 간격으로 퍼져 확산하기 쉽다.
③ 고온, 고압에서 강철에 대하여 수소취성을 일으킨다.
④ 공기와 혼합할 경우 연소범위가 4~75%이다.

해설 수소가스
- 임계압력 : 12.8atm
- 임계온도 : -239.9℃
- 융점 : -259.1℃
- 비중 : 0.069

30 가스 정압기에서 메인밸브의 열림과 유량과의 관계를 의미하는 것은?

① 정특성
② 동특성
③ 유량특성
④ 사용압력공차

해설 정압기 유량 특성
가스 정압기에서 메인밸브와 열림, 유량과의 관계를 의미한다.

31 독성가스 사용설비에서 가스누출에 대비하여 반드시 설치하여야 하는 장치는?

① 살수장치
② 액화방지장치
③ 흡수장치
④ 액회수장치

해설 독성가스 사용설비에서 가스누출 피해 방지를 위해 흡수장치(제독제)가 설치된다.

정답 25 ④ 26 ① 27 ④ 28 ② 29 ① 30 ③ 31 ③

32 내용적 5L인 용기에 에탄 1,500g을 충전하였다. 용기의 온도가 100℃일 때 압력은 220atm을 표시하였다. 이때 에탄의 압축계수는 얼마인가?

① 0.03 ② 0.60
③ 0.72 ④ 2.68

해설 압축계수$(Z) = \dfrac{PV}{nRT}$

$n(몰수) = \dfrac{질량}{분자량}$

에탄(C_2H_6)의 몰수 $= \dfrac{1,500}{30} = 50$

$\therefore Z = \dfrac{220 \times 5}{50 \times 0.082 \times (273+100)} = 0.72$

33 내용적이 1,800L인 저장탱크에 LPG를 저장하려고 한다. 이 탱크의 저장능력(kg)은?(단, LPG의 비중은 0.5이다.)

① 790 ② 810
③ 820 ④ 900

해설 비중 = 0.5kg/L
총용기저장량$(V) = 1,800 \times 0.5 = 900$kg
실용기저장량$(V_1) = V \times 0.9$
$= 900 \times 0.9 = 810$kg

34 1,000rpm으로 회전하는 펌프를 2,000rpm으로 변경하였다. 이 경우 펌프 동력은 몇 배가 되겠는가?

① 1 ② 2
③ 4 ④ 8

해설 펌프동력 $= \left(\dfrac{N_2}{N_1}\right)^3$

$\therefore 1 \times \left(\dfrac{2,000}{1,000}\right)^3 = 8$배

35 다음 중 품질 코스트(Cost)의 구성이 아닌 것은?

① 예방 코스트 ② 평가 코스트
③ 실패 코스트 ④ 설계 코스트

해설 품질코스트
- 예방코스트
- 평가코스트
- 실패코스트(설계변경코스트)

36 일반도시가스사업자의 가스공급시설 중 정압기의 시설 및 기술기준에 대한 설명으로 틀린 것은?

① 단독사용자의 정압기에는 경계책을 설치하지 아니할 수 있다.
② 단독사용자의 정압기실에는 이상압력통보설비를 설치하지 아니할 수 있다.
③ 단독사용자의 정압기에는 예비정압기를 설치하지 아니할 수 있다.
④ 단독사용자의 정압기에는 비상전력을 갖추지 아니할 수 있다.

해설 정압기 단독사용자의 정압기 실에도 이상압력 통보설비를 설치하여야 한다.

37 도시가스 배관의 전기방식에 대한 내용 중 틀린 것은?

① 직류전철 등에 의한 누출전류의 영향을 받지 않는 배관에는 배류법으로 한다.
② 배류법에 의한 배관에는 300m 이내의 간격으로 T/B를 설치한다.
③ 배관 등과 철근콘크리트구조물 사이에는 절연조치를 한다.
④ 전기방식이란 배관의 외면에 전류를 유입시켜 양극반응을 저지하는 것이다.

해설 ①의 경우 외부전원법 또는 희생양극법으로 한다.

정답 32 ③ 33 ② 34 ④ 35 ④ 36 ② 37 ①

38 공기 중에서 프로판가스의 폭발범위값으로 옳은 것은?

① 1.8~8.4% ② 2.2~9.5%
③ 3.0~12.5% ④ 5.3~14%

해설
- 부탄가스 폭발범위 : 1.8~8.4
- 프로판가스 폭발범위 : 2.2~9.5

39 아세틸렌 제조 시 청정제로 사용되지 않는 것은?

① 리가솔 ② 카타리솔
③ 에퓨렌 ④ 카보퓨란

해설 청정제 종류
리가솔, 카타리솔, 에퓨렌

40 외경 15cm, 내경 8cm의 중공원통(中空圓筒)에 축방향으로 60ton의 압축하중이 작용할 때 생기는 응력은?

① 327kg/cm² ② 474kg/cm²
③ 547kg/cm² ④ 1,560kg/cm²

해설 중공원통 면적

$$압축응력 = \frac{압축하중}{압축을\ 받는\ 부분의\ 단면적}$$

$$= \frac{60 \times 1,000}{\frac{\pi}{4}(d_1^2 - d_2^2)}$$

$$= \frac{60 \times 1,000}{\frac{3.14}{4}(15^2 - 8^2)}$$

$$= 474 kg/cm^2$$

41 압축비가 클 때 압축기에 미치는 영향으로 틀린 것은?

① 체적효율 증대
② 소요동력 증대
③ 토출가스 온도 상승
④ 윤활유 열화

해설
- 압축비$\left(\frac{출구압력}{입구압력}\right)$가 6 이상이면 2단 압축 채택
- 압축비가 클 때는 체적효율 및 토출가스량이 감소한다.

42 액화산소를 저장하는 저장능력 10톤인 저장탱크를 2기 설치하려고 한다. 각각의 저장탱크 최대지름이 3m일 경우 저장탱크 간의 최소거리는 몇 m 이상 유지하여야 하는가?

① 1 ② 1.5
③ 2 ④ 3

해설 저장탱크 간의 최소거리 $= (A+B) \times \frac{1}{4}$

$$= (3+3) \times \frac{1}{4}$$

$$= 1.5m\ 이상$$

43 굴착공사로 인하여 15m 이상 노출된 도시가스 배관 주위 조명은 최소 얼마 이상으로 하여야 하는가?

① 70 lx 이상 ② 80 lx 이상
③ 90 lx 이상 ④ 100 lx 이상

해설 15m 이상 노출된 도시가스 배관 굴착공사 시 주위 조명은 최소 70 lx 이상이어야 한다.

44 일반도시가스사업자 정압기 입구 측의 압력이 0.6MPa일 경우 안전밸브 분출부의 크기는 얼마 이상으로 하여야 하는가?

① 30A 이상
② 50A 이상
③ 80A 이상
④ 100A 이상

해설 0.5MPa 이상 정압기 안전밸브 분출부 크기는 50A 이상이어야 한다.

정답 38 ② 39 ④ 40 ② 41 ① 42 ② 43 ① 44 ②

45 이상기체의 상태방정식 $PV=nRT$에서 R의 단위가 J/mol·K이면 기체상수(R) 값은 얼마인가?

① 0.082
② 1.987
③ 8.314
④ 848

해설 $R = 8.314$J/mol·K
   $= 8.314$kJ/kmol·K
   $= 0.08205$L·atm/mol·K
   $= 848$kg·m/kg·K

46 처리능력 25톤인 액화석유가스 탱크 2개가 있다. 제2종 보호시설과의 거리는 얼마 이상 유지하여야 하는가?

① 14m
② 16m
③ 18m
④ 20m

해설 LPG 20톤 초과~30톤 이하
  • 제1종 : 24m 이상
  • 제2종 : 16m 이상

47 고압가스 운반 시 가스누출사고가 발생하였다. 이 부분의 수리가 불가능한 경우 재해발생 또는 확대를 방지하기 위한 조치사항으로 볼 수 없는 것은?

① 착화된 경우 소화작업을 실시한다.
② 상황에 따라 안전한 장소로 운반한다.
③ 비상연락망에 따라 관계업소에 원조를 의뢰한다.
④ 부근의 화기를 없앤다.

해설 재해발생 방지를 위하여 착화 전에 부근의 화기를 없앤다.

48 N_2 70mol, O_2 50mol로 구성된 혼합가스가 용기에 7kgf/cm²의 압력으로 충전되어 있다. N_2의 분압은?

① 3kgf/cm²
② 4kgf/cm²
③ 5kgf/cm²
④ 6kgf/cm²

해설 전압=70+50=120몰
∴ 분압 $= 7 \times \dfrac{70}{120} = 4.08$kg/cm²

49 기체의 열용량에 대한 설명으로 맞는 것은?

① 열용량이 작으면 온도를 변화시키기 어렵다.
② 이상기체의 정압열용량(C_p)과 정적열용량(C_v)의 차는 기체상수 R과 같다.
③ 공기에 대한 정압비열과 정적비열의 비(C_p/C_v)는 2.4이다.
④ 정압 몰열용량은 정압비열을 물질량으로 나눈 값이다.

해설 ① 열용량이 크면 온도를 변화시키기 어렵다.
③ 공기의 비열비는 약 1.4이다.
④ 열용량이란 어떤 물질을 1℃ 변화시키는 데 필요한 열량(kcal/℃)이다.

50 30℃, 2atm에서 산소 1mol이 차지하는 부피는 얼마인가?(단, 이상기체의 상태방정식에 따른다고 가정한다.)

① 6.2L
② 8.4L
③ 12.4L
④ 24.8L

해설 1atm(표준상태)에서 산소 1몰=22.4L
$V_2 = V_1 \times \dfrac{T_2}{T_1} \times \dfrac{P_1}{P_2}$
$= 22.4 \times \dfrac{303}{273} \times \dfrac{1}{2}$
$= 12.4$L

51 표준상태에서 질소 5.6L 중에 있는 질소 분자수는 다음의 어느 것과 같은가?

① 0.5g의 수소분자
② 16g의 산소분자
③ 1g의 산소원자
④ 4g의 수소분자

해설 표준상태 질소(N_2) 1몰(28g) = 22.4L
표준상태 수소(H_2) 1몰(2g) = 22.4L

$N_2 = 5.6 \times \dfrac{28}{22.4} = 7g$

$H_2 = 22.4 \times \dfrac{0.5}{2} = 5.6L$

52 초저온 용기의 단열성능시험에 대한 설명으로 옳은 것은?

① 기화량은 저울 또는 유량계를 사용하여 측정한다.
② 100개의 용기기준으로 10개를 샘플링하여 검사한다.
③ 검사에 부적합된 용기는 전량 폐기한다.
④ 시험용 가스는 액화 프로판을 사용하여 실시한다.

해설 초저온 용기의 단열성능시험에서 기화된 양은 저울 또는 유량계를 사용하여 측정한다.

53 독성가스 검지법에 의한 가스별 착색반응지와 색깔의 연결이 잘못된 것은?

① 일산화탄소 : 염화파라듐지 – 흑색
② 이산화질소 : KI전분지 – 청색
③ 황화수소 : 연당지 – 황갈색
④ 아세틸렌 : 리트머스 시험지 – 청색

해설 아세틸렌 가스분석 시험지는 염화제1동 착염지로 가스 누설 시 적색으로 변화한다.

54 완전가스의 상태변화에서 가열량 변화가 내부에너지 변화와 같은 것은?

① 등압변화(等壓變化)
② 등적변화(等積變化)
③ 등온변화(等溫變化)
④ 단열변화(斷熱變化)

해설 등적변화
완전가스 상태변화 시 가열량 변화가 내부에너지 변화와 같고 체적 변화는 없다.

55 여유시간이 5분 정미시간이 40분일 경우 내경법으로 여유율을 구하면 약 몇 %인가?

① 6.33%
② 9.05%
③ 11.11%
④ 12.50%

해설
• 외경법 = $\dfrac{여유시간}{정미시간} \times 100$
$= \dfrac{5}{40} \times 100 = 12.5\%$

• 내경법 = $\dfrac{여유시간}{정미시간 + 여유시간} \times 100$
$= \dfrac{5}{40+5} \times 100 = 11.11\%$

56 로트에서 랜덤하게 시료를 추출하여 검사한 후 그 결과에 따라 로트의 합격, 불합격을 판정하는 검사방법을 무엇이라 하는가?

① 자주검사
② 간접검사
③ 전수검사
④ 샘플링 검사

해설 샘플링 검사
로트에서 랜덤하게 시료를 추출하여 검사한 후 그 결과에 따라 로트의 합격 불합격을 판정하는 검사방법

정답 51 ① 52 ① 53 ④ 54 ② 55 ③ 56 ④

57 다음과 같은 데이터에서 5개월 이동평균법에 의하여 8월의 수요를 예측한 값은 얼마인가?

월	1	2	3	4	5	6	7
판매실적	100	90	110	100	115	110	100

① 103　　② 105
③ 107　　④ 109

해설 3~7월까지 총 판매실적은
110+100+115+110+100=535
∴ 8월 예측값 = $\frac{535}{5}$ = 107

58 관리 사이클의 순서를 가장 적절하게 표시한 것은?(단, A는 조치(Act), C는 체크(Check), D는 실시(Do), P는 계획(Plan)이다.)

① P → D → C → A
② A → D → C → P
③ P → A → C → D
④ P → C → A → D

해설 관리사이클 순서
계획 → 실시 → 체크 → 조치
(P → D → C → A)

59 다음 중 계량값 관리도만으로 짝지어진 것은?

① c 관리도, U 관리도
② $x - R_s$ 관리도, P 관리도
③ $\bar{x} - R$ 관리도, nP 관리도
④ $Me - R$ 관리도, $\bar{x} - R$ 관리도

해설
• 계량치 관리도 : $\bar{X} - R$, $X - R$, X, $X - Rs$, $\tilde{x} - R$
• 계수치 관리도 : P, P_n, u, c
※ $\tilde{x} - R$(메디안 관리도 $Me - R$)

60 다음 중 모집단의 중심적 경향을 나타낸 측도에 해당하는 것은?

① 범위(Range)
② 최빈값(Mode)
③ 분산(Variance)
④ 변동계수(Coefficient of Variation)

해설
• 모집단 : 몇 개의 시료(샘플)를 뽑아 공정이나 로트를 한 것
• 최빈값 : 모집단의 중심적 경향을 나타낸 측도

정답 57 ③　58 ①　59 ④　60 ②

2012년 7월 23일 과년도 기출문제

01 가스 배관의 관경을 구하는 식으로 옳은 것은?

① $d=\dfrac{\sqrt{4r}}{\pi Q}$ ② $d=\sqrt{\dfrac{4\pi}{VQ}}$

③ $d=\sqrt{\dfrac{4Q}{\pi V}}$ ④ $d=\sqrt{\dfrac{4VQ}{\pi}}$

[해설] 가스배관 관경 계산식
$d=\sqrt{\dfrac{4\times Q}{\pi V}}$

02 PV/T가 일정하게 유지되는 어떤 기체가 0℃, 1atm에서 $2.5\text{m}^3 \cdot \text{mol}^{-1}$의 체적을 가지고 있다. 이 기체의 초기조건 0℃, 1atm에서 25℃, 5atm으로 압축될 때 최종 부피는 약 몇 m³이 되는가?(단, 절대온도는 273.15K이다.)

① 0.24m³   ② 0.55m³
③ 0.83m³   ④ 1.10m³

[해설] $V_2 = V_1 \times \dfrac{P_1}{P_2} \times \dfrac{T_2}{T_1}$
$= 2.5 \times \dfrac{1}{5} \times \dfrac{273+25}{273}$
$= 0.55\text{m}^3$

03 다음 중 내부결함 검사에 사용하는 비파괴 검사 방법으로 가장 적합한 것은?

① 초음파탐상검사
② 자기(자분)탐상검사
③ 침투탐상검사
④ 육안검사

[해설] 내부결함 비파괴검사법 : 초음파탐상검사

04 가스보일러의 설치기준에 따라 반드시 내열 실리콘으로 마감조치를 하여 기밀이 유지되도록 하여야 하는 부분은?

① 배기통과 가스보일러의 접속부
② 배기통과 배기통의 접속부
③ 급기통과 배기통의 접속부
④ 가스보일러와 급기통의 접속부

[해설] 배기통 ─ 내열실리콘 마감 ─ 가스보일러
　　　　　　　기밀유지　　　　접속부

05 질소의 정압 몰열용량 C_p(J/mol·K)가 다음과 같고 1mol의 질소를 1atm하에서 600℃로부터 20℃로 냉각하였을 때 발생하는 열량은 약 몇 kJ인가?(단, R은 이상기체상수이다.)

$$\dfrac{C_p}{R} = 3.3 + 0.6 \times 10^{-3} T$$

① 15.6   ② 16.6
③ 17.6   ④ 18.6

[해설] 평균비열 $= \dfrac{1}{580}\left\{3.3 + 600 \times \dfrac{1}{2} \times 10^{-3}(873-293)\right\}$
$= 0.305\text{kJ}$
∴ $(600-20) \times 0.305 = 176$

정답 01 ③　02 ②　03 ①　04 ①　05 ③

06 비리얼 전개(Virial Expansion)는 다음 식으로 표현된다. 차수가 높을수록 Z는 어떻게 되는가?

$$Z = 1 + \frac{B}{V} + \frac{C}{V^2} + \frac{D}{V^3} + \cdots$$

① 비례적으로 증가한다.
② 지수함수로 증가한다.
③ 차수와 무관하다.
④ 급격히 감소한다.

해설 비리얼 방정식
기체의 상태를 고압 혹은 응축온도 부근까지 정밀하게 표시하기 위해 쓰이는 상태식의 하나로서 기체의 압력 및 몰 체적을 각각 P 및 V로 했을 때 파라미터 A, B, C, D 등을 이용하여 $PV = A + BP + CP^2 + DP^3$로 나타낸다. 카마링-오네스의 상태식이라고도 한다.

07 동일한 부피를 가진 수소와 산소의 무게를 같은 온도에서 측정하였더니 같은 값이었다. 수소의 압력이 2atm이라면 산소의 압력은 몇 atm인가?

① 0.0625
② 0.125
③ 0.25
④ 0.5

해설 수소(H) = 분자량 2(22.4Nm³)
산소(O₂) = 분자량 32(22.4Nm³)
$(2 \times 0.5) : (32 \times 0.5) = 1 : 16$
산소 = $2 \times \frac{1}{16} = 0.125$atm

08 온도 200℃, 부피 400L의 용기에 질소 140kg을 저장할 때 필요한 압력을 Van der Waals 식을 이용하여 계산하면 약 몇 atm인가?(단, $a = 1.351$atm · L²/mol², $b = 0.0386$ L/mol 이다.)

① 36.3
② 363
③ 72.6
④ 726

해설 반데르발스 방정식
압력$(P) = \frac{nRT}{V-nb} - \frac{n^2 a}{V^2}$

$$P = \frac{5,000 \times 0.082 \times (200+273)}{400 - 0.0386 \times 5,000} - \frac{1.351 \times 5,000^2}{400^2}$$
$= 726$atm
여기서, 기체상수(R) : 0.082L · atm/mol · K

09 공기를 압축하여 냉각시키면 액체공기로 된다. 다음 설명 중 옳은 것은?

① 산소가 먼저 액화된다.
② 질소가 먼저 액화된다.
③ 산소와 질소가 동시에 액화된다.
④ 산소와 질소의 액화온도 차이가 매우 크다.

해설 공기 액화 시 비점이 높은 기체가 먼저 액화된다.
• 질소 비점 : -196℃
• 아르곤 비점 : -186℃
• 산소 비점 : -183℃

10 온도 32℃의 외기 1,000kg/h와 온도 26℃의 환기 3,000kg/h를 혼합할 때 혼합공기의 온도는 얼마인가?

① 26℃
② 27.5℃
③ 29.0℃
④ 30.2℃

해설 공기의 비열 = 0.24kcal/kg℃
$Q_1 = 0.24 \times 32 \times 1,000 = 7,680$kcal/h
$Q_2 = 0.24 \times 26 \times 3,000 = 18,720$kcal/h
$\therefore t_m = \frac{7,680 + 18,720}{(1,000 \times 0.24) + (3,000 \times 0.24)}$
$= 27.5$℃

11 다음 중 고압가스 제조설비의 사용개시 전 점검 사항이 아닌 것은?

① 가스설비에 있는 내용물의 상황
② 비상전력 등의 준비상황
③ 개방하는 가스설비와 다른 가스설비와의 차단상황
④ 가스설비의 전반적인 누출 유무

해설 ③은 제조설비 등의 사용 종료 시 점검사항이다.

정답 06 ③ 07 ② 08 ④ 09 ① 10 ② 11 ③

12 다음 중 고압가스 충전용기에 대한 정의로서 옳은 것은?

① 고압가스의 충전질량 또는 충전압력의 1/2 미만이 충전되어 있는 상태의 용기
② 고압가스의 충전질량 또는 충전압력의 1/2 이상이 충전되어 있는 상태의 용기
③ 고압가스의 충전무게 또는 충전부피의 1/2 미만이 충전되어 있는 상태의 용기
④ 고압가스의 충전무게 또는 충전부피의 1/2 이상이 충전되어 있는 상태의 용기

해설 ①은 잔가스용기, ②는 충전용기의 정의이다.

13 Methane 80%, Ethane 15%, Propane 4%, Butane 1%의 혼합가스의 공기 중 폭발하한계 값은?(단, 폭발하한계 값은 Methane 5.0%, Ethane 3.0%, Propane 2.1%, Butane 1.8%이다.)

① 2.15%   ② 4.26%
③ 5.67%   ④ 10.28%

해설 폭발하한계 $= \dfrac{100}{L}$

$= \dfrac{100}{\dfrac{80}{5} + \dfrac{15}{3.0} + \dfrac{4}{2.1} + \dfrac{1}{1.8}}$

$= \dfrac{100}{16 + 5 + 1.90 + 0.555}$

$= \dfrac{100}{23.455} = 4.26\%$

14 전기방식 중 효과범위가 넓고, 전압 및 전류의 조정이 쉬우나, 초기 투자비가 많은 단점이 있는 방법은?

① 전류양극법   ② 외부전원법
③ 선택배류법   ④ 강제배류법

해설 전기방식 외부전원법
효과범위가 넓고 전압 및 전류의 조정이 쉬우나 초기 투자비가 많은 단점이 있다.

15 가스는 최초의 완만한 연소에서 격렬한 폭굉으로 발전될 때까지의 거리가 짧은 가연성 가스일수록 위험하다. 유도거리가 짧아질 수 있는 조건이 아닌 것은?

① 압력이 높을수록
② 점화원의 에너지가 강할수록
③ 관 속에 방해물이 있을 때
④ 정상 연소속도가 낮을수록

해설 정상연소속도가 큰 혼합가스일수록 폭굉유도거리(DID ; Detonation Induction Distance)가 짧아지고 위험하다.

16 고압가스 저장소를 설치하려는 자 또는 고압가스를 판매하려는 자의 허가 및 등록사항에 대한 설명으로 옳은 것은?

① 시장 · 군수 또는 구청장의 허가를 받아야 한다.
② 시장 · 군수 또는 구청장에게 등록하여야 한다.
③ 관할 소방서장의 허가를 받아야 한다.
④ 산업통상자원부장관에게 등록하여야 한다.

해설 고압가스 저장소를 설치하려는 자 또는 고압가스를 판매하려는 자의 허가 및 등록사항은 시장 · 군수 또는 구청장의 허가가 필요하다.

17 압축기에서 윤활의 목적이 아닌 것은?

① 마찰 시 생기는 열을 제거한다.
② 소요동력을 감소시킨다.
③ 실린더의 벽과 피스톤의 마찰로 인한 마모를 방지한다.
④ 기계효율을 감소시킨다.

해설 압축기의 윤활유 공급은 그 목적이 기계효율 증가 및 ①, ②, ③의 장점이 있기 때문이다.

정답 12 ② 13 ② 14 ② 15 ④ 16 ① 17 ④

18 다음 가스 중 임계온도가 높은 것부터 나열된 것은?

① $O_2 > Cl_2 > N_2 > H_2$
② $Cl_2 > O_2 > N_2 > H_2$
③ $N_2 > O_2 > Cl_2 > H_2$
④ $H_2 > N_2 > Cl_2 > O_2$

해설 가스의 임계온도
- Cl_2(염소) : 144℃
- O_2(산소) : -118.4℃
- N_2(질소) : -195.8℃
- H_2(수소) : -239.9℃

19 다음 독성가스와 제독제가 옳지 않게 짝지어진 것은?

① 염소 - 가성소다 및 탄산소다 수용액
② 암모니아 - 염산 및 질산 수용액
③ 시안화수소 - 가성소다 수용액
④ 아황산가스 - 가성소다 수용액

해설 암모니아(독성가스) 제독제 : 다량의 물(H_2O)

20 LP가스의 일반적인 성질로서 옳지 않은 것은?

① 물에는 녹지 않으나, 알코올과 에테르에는 용해한다.
② 액체는 물보다 가볍고, 기체는 공기보다 무겁다.
③ 기화는 용이하나, 기화하면 체적의 팽창률은 적다.
④ 증발잠열이 커서 냉매로도 사용할 수 있다.

해설 LP가스(프로판+부탄)
- LP가스는 기화하면 체적이 팽창한다.
- 프로판은 기화하면 250배 부피 증가
- 부탄은 기화하면 230배 부피 증가

21 독성가스배관의 접합은 용접으로 하는 것이 원칙이나 다음의 경우에는 플랜지 접합으로 할 수 있다. 다음 중 잘못된 것은?

① 부식되기 쉬운 곳으로써 수시로 점검이 필요한 부분
② 정기적으로 분해하여 청소·점검·수리를 하여야 하는 반응기, 탑, 저장탱크, 열교환기 또는 회전기계 전·후의 첫 번째 접합 부분
③ 호칭지름이 50mm 이하인 배관 접합 부분
④ 신축이음매의 접합 부분

해설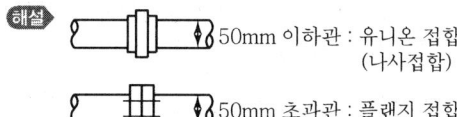
50mm 이하관 : 유니온 접합 (나사접합)
50mm 초과관 : 플랜지 접합

22 가스의 폭발에 대한 설명으로 틀린 것은?

① 이황화탄소, 아세틸렌, 수소는 위험도가 커서 위험하다.
② 혼합가스의 폭발범위는 르샤틀리에 법칙을 적용한다.
③ 발열량이 높을수록 발화온도는 낮아진다.
④ 압력이 높아지면 일반적으로 폭발범위가 좁아진다.

해설 압력이 높아지면 일반적으로 폭발범위가 증가한다.

23 용기·냉동기 또는 특정설비(이하 '용기 등') 검사의 일부를 생략할 수 있는 경우는?

① 시험·연구개발용으로 수입하는 것
② 수출용으로 제조하는 것
③ 용기 등의 제조자 또는 수입업자가 견본으로 수입하는 것
④ 검사를 실시함으로써 용기 등에 손상을 입힐 우려가 있는 것

해설 검사 도중에 용기 등에 손상을 입힐 우려가 있는 용기나 냉동기 또는 특정설비 경우 검사의 일부를 생략할 수 있다.

24 냉매의 구비조건 중 화학적 성질에 대한 설명으로 옳은 것은?

① 불활성이 아니고 부식성이 있을 것
② 윤활유에 용해할 것
③ 인화 및 폭발의 위험성이 없을 것
④ 증기 및 액체의 점성이 클 것

해설
- 냉매는 인화 및 폭발의 위험성이 없어야 한다.
- 냉매 : 프레온, 암모니아, 브라인, SO_2, CO_2 등

25 굴착공사에 의한 도시가스배관 손상방지 기준 중 굴착공사자가 공사 중에 시행하여야 할 기준에 대한 설명으로 틀린 것은?

① 가스안전 영향평가 대상 굴착공사 중 가스배관의 수직, 수평변위 및 지반침하의 우려가 있는 경우에는 가스배관 변형 및 지반침하 여부를 확인한다.
② 가스배관 주위에서는 중장비의 배치 및 작업을 제한하여야 한다.
③ 계절 온도변화에 따라 와이어 로프 등의 느슨해짐을 수정하고 가설구조물의 변형유무를 확인하여야 한다.
④ 굴착공사에 의해 노출된 가스배관과 가스안전영향평가 대상범위 내의 가스배관은 주간 안전점검을 실시하고 점검표에 기록한다.

26 가연성가스 또는 독성가스 설비 등의 수리를 할 때에는 그 내부의 가스를 불활성가스 등으로 치환하여야 한다. 가스설비의 내용적이 몇 m³ 이하인 것에 대하여는 가스 치환작업을 아니할 수 있는가?

① 0.5   ② 1
③ 3   ④ 5

해설 가스설비 내용적이 1m³ 이하(1,000L 이하)인 설비 수리 시에는 치환작업을 하지 않고 수리가 가능하다.

27 어떤 기체 100mL를 취해서 가스분석기에서 CO_2를 흡수시킨 후 남은 기체는 88mL이며, 다시 O_2를 흡수시켰더니 54mL가 되었다. 여기서 다시 CO를 흡수시키니 50mL가 남았다. 잔존 기체가 질소일 때 이 시료기체 중 O_2의 용적 백분율(%)은?

① 34%
② 38%
③ 46%
④ 50%

해설
$CO_2 = 100 - 88 = 12mL$
$O_2 = 88 - 54 = 34mL$
∴ 산소(O_2) = $\frac{34}{100} \times 100 = 34\%$

28 다음 중 배관 진동의 원인으로 가장 거리가 먼 것은?

① 왕복 압축기의 맥동류
② 직관 내의 압력 강하
③ 안전밸브 작동
④ 지진

해설 직관 내 압력이 상승하면 배관의 진동이 발생한다.

29 $Q = (U_2 - U_1) + AW$는 열역학 제1법칙의 식이다. 다음 중 틀린 것은?

① A : 열의 일당량
② Q : 물질에 주어진 열량
③ $(U_2 - U_1)$: 내부 에너지의 변화
④ W : 물질계가 외부로 한 일

해설
- A : 일의 열당량 $\left(\frac{1}{427} kcal/kg \cdot m\right)$
- J : 열의 일당량 $(427 kg \cdot m/kcal)$

정답 24 ③ 25 ④ 26 ② 27 ① 28 ② 29 ①

30 다음 [보기]의 특징을 가지는 물질은?

- 무색투명하나 시판품은 흑회색의 고체이다.
- 물, 습기, 수증기와 직접 반응한다.
- 고온에서 질소와 반응하여 석회질소로 된다.

① CaC_2 ② P_4S_3
③ $NaOCl$ ④ KH

해설 카바이드(CaC_2) + $2H_2O$ → $Ca(OH) + C_2H_2$

31 다음 그림과 같이 수직하방향의 하중 Q(kg)을 받고 있는 사각나사의 너트를 그림과 같은 방향의 회전력 P(kg)을 주어 풀고자 한다. 필요한 힘 P를 구하는 식은?(단, 나사는 1줄 나사이며, 나사의 경사각 a, 마찰각은 ρ이다.)

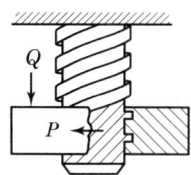

① $P = Q \cdot \tan(\alpha - \rho)$
② $P = Q \cdot \tan(\alpha + \rho)$
③ $P = Q \cdot \tan(\rho - \alpha)$
④ $P = Q \cdot \tan\left(1 - \dfrac{\rho}{\alpha}\right)$

해설 나사에 필요한 힘(P) = $Q \cdot \tan(\rho - \alpha)$

32 염소가스는 수은법에 의한 식염의 전기분해로 얻을 수 있다. 이때 염소가스는 어느 곳에서 주로 발생하는가?

① 수은
② 소금물
③ 나트륨
④ 인조흑연(탄소판)

해설 염소가스 제조
- 격막법에 의한 소금물의 전기분해법
- 수은법에 의한 소금의 전기분해법(양극에 탄소 흑연봉, 음극에 수은 사용) 양극에서 염소 발생

33 액화석유가스 저장탱크를 지상에 설치하는 경우 냉각살수장치를 설치하여야 한다. 구형 저장탱크에 설치하여야 하는 살수장치는?

① 살수관식
② 확산관식
③ 노즐식
④ 분무관식

해설 LPG(액화석유가스 저장탱크) 냉각살수장치는 구형저장 탱크에 설치한다.(확산관식 사용)

34 밸브봉을 돌려 열 때 밸브 좌면과 직선적으로 미끄럼운동을 하는 밸브로서 고압에 견디고 유체의 마찰저항이 적은 특징을 가지는 밸브는?

① 앵글 밸브(Angle Valve)
② 글로브 밸브(Glove Valve)
③ 슬루스 밸브(Sluice Valve)
④ 스톱 밸브(Stop Valve)

해설 슬루스 밸브(게이트 밸브)
고압에 견디고 유체의 마찰저항이 적으나 유량조절은 부적당하다.

35 액화석유가스 저장탱크를 지하에 설치할 경우에는 집수구를 설치하여야 한다. 이에 대한 설명으로 옳은 것은?

① 집수구는 가로, 세로, 깊이가 각각 50cm 이상의 크기로 한다.
② 집수관은 직경을 80A 이상으로 하고, 집수구 바닥에 고정한다.
③ 검지관은 직경 30A 이상으로 3개소 이상 설치한다.
④ 집수구는 저장탱크 바닥면보다 높게 설치한다.

해설 지하 액화석유가스 저장탱크 집수구
- 집수관 관경 : 80A 이상
- 고정 : 집수구 바닥에 고정

정답 30 ① 31 ③ 32 ④ 33 ② 34 ③ 35 ②

36 고압가스 특정제조시설에서 산소의 저장능력이 4만m³를 초과한 경우 제2종 보호시설까지의 안전거리는 몇 m 이상을 유지하여야 하는가?

① 8   ② 12
③ 14 ④ 16

해설

처리능력 및 저장능력	제1종 보호시설	제2종 보호시설
3만 초과~4만 이하	18m	13m
4만 초과	20m	14m

37 지하에 설치하는 고압가스 저장탱크의 설치기준에 대한 설명으로 틀린 것은?

① 저장탱크실은 일정규격을 가진 수밀콘크리트로 시공한다.
② 지면으로부터 저장탱크의 정상부까지의 깊이는 60cm 이상으로 한다.
③ 저장탱크를 2개 이상 인접하여 설치하는 경우에는 상호 간에 1m 이상의 거리를 유지한다.
④ 저장탱크의 외면에는 부식방지코팅 등 화학적 부식방지를 위한 조치를 한다.

해설 저장탱크 외면에는 부식방지코팅 및 전기적 부식 방지를 위한 조치를 하고 저장탱크는 천장, 벽, 바닥의 두께가 30cm 이상 방수조치를 한 철근콘크리트로 만든 곳이어야 한다.

38 암모니아 제법 중 공업적 제법이 아닌 것은?

① 클로우드법
② 석회질소법
③ 뉴데법
④ 파우서법

해설 암모니아의 공업적 제법
- 하버-보시법(합성법)
- 클로우드법
- 뉴데법
- 석회질소법
- 석탄건류법

39 아세틸렌 제조를 위한 설비 중 아세틸렌에 접촉하는 부분의 충전용지관에는 탄소의 함유량이 얼마 이하인 강을 사용하여야 하는가?

① 0.01 ② 0.1
③ 0.3   ④ 3

해설 아세틸렌 제조설비에서 아세틸렌에 접촉하는 부분의 충전용 지관에는 탄소 함유량이 0.1% 이하인 강을 사용한다.

40 게이지 압력으로 30cmHg는 절대압력으로 몇 mbar에 해당하는가?

① 1,096mbar
② 1,205mbar
③ 1,359mbar
④ 1,413mbar

해설 절대압력(abs)=대기압-게이지 진공압
절대압력(abs)=대기압+게이지압
표준대기압(1atm)=1,013mbar=76cmHg
게이지압력(a+g) = $1.013 \times \frac{30}{76} = 399.868$
∴ abs=1,013+399.868=1,413mbar

41 용접이음의 리벳이음과 비교한 장점이 아닌 것은?

① 기밀성이 좋다.
② 조인트 효율이 높다.
③ 변형하기 어렵고 잔류응력을 남기지 않는다.
④ 리벳팅과 같이 소음을 발생시키지는 않는다.

해설 용접이음 중에 잔류응력이 발생한다.(단점)

42 다음 중 Energy의 형태가 아닌 것은?

① 일   ② 열
③ 엔트로피 ④ 전기

해설 엔트로피(Δs) = $\frac{열량증가}{절대온도}$ (kcal/kg·K)

정답 36 ③ 37 ④ 38 ④ 39 ② 40 ④ 41 ③ 42 ③

43 다음 중 가스저장 용기 내에서 폭발성 혼합가스가 생성하는 주된 원인이 되는 경우는?

① 물 전해조의 고장에 의한 산소 및 수소의 혼합 충전
② 잔류 산소가 있는 용기 내에 아르곤의 충전
③ 잔류 천연가스 용기 내에 메탄의 충전
④ 유기액체를 혼입한 용기 내에 탄산가스의 충전

해설 물 전해조의 고장으로 산소(가연성의 연소성을 도와주는 조연성가스) 및 수소(H_2)가 혼입되면 용기 내에서 폭발성 혼합가스 발생

44 다음 가스의 비열에 관한 설명 중 틀린 것은?

① 정압비열(C_p)은 일정압력 조건에서 측정한다.
② 정적비열(C_v)과 정압비열(C_p)의 단위는 같다.
③ C_p/C_v를 비열비라고 한다.
④ 정압비열(C_p)은 정적비열(C_v)보다 항상 작다.

해설 비열비(k) = $\dfrac{\text{정압비열}}{\text{정적비열}}$ (항상 1보다 크다.)

45 아세틸렌에 대한 설명으로 옳은 것은?

① 아세틸렌에 접촉하는 부분에 사용되는 재료 중 동 또는 동 함유량이 52%를 초과하는 동합금을 사용하지 아니한다.
② 아세틸렌의 충전용 교체밸브는 충전하는 장소에서 격리하여 설치한다.
③ 아세틸렌을 1.5MPa의 압력으로 압축하는 때에는 아황산가스를 희석제로 첨가한다.
④ 아세틸렌 중의 산소용량이 전체 용량의 4% 이상인 경우에는 압축하지 아니한다.

해설 ① 62% 초과
③ 희석제 : C_2H_4, CO, N_2 등
④ 2% 이상

46 CH_4, CO_2 및 수증기(H_2O)의 생성열을 각각 17.9, 94.1, 57.8kcal/mol이라 할 때 메탄의 연소열은 몇 kcal/mol인가?

① 39.4   ② 54.2
③ 191.8 ④ 234.7

해설 $CH_4 + 2O_2 \rightarrow CO_2 + 2H_2O$
연소열 = 94.1 + (57.8 × 2) − 17.9
      = 191.8kcal/mol

47 다음의 각 가스와 제조법을 연결한 것 중 틀린 것은?

① 수소 − 수성가스법, CO전화법
② 시안화수소 − 앤드류소오법, 폼아미드법
③ 염소 − 합성법, 석회질소법
④ 산소 − 전기분해법, 공기액화분리법

해설 ㉠ 염소의 제법
• 실험적 제법
• 공업적 제법
㉡ 암모니아 제법
• 합성법(고압, 중압, 저압)
• 석회질소법

48 이동식 부탄연소기용 용접용기에의 액화석유가스 충전기준으로 틀린 것은?

① 제조 후 15년이 지나지 않은 용접용기일 것
② 용기의 상태가 4급에 해당하고 흠이 없을 것
③ 캔 밸브는 부착한 지 2년이 지나지 않을 것
④ 사용상 지장이 있는 흠, 우그러짐, 부식 등이 없을 것

해설 제조 후 10년이 지나지 않은 용접용기에 충전하여야 한다.

정답 43 ① 44 ④ 45 ② 46 ③ 47 ③ 48 ①

49 압력의 단위인 torr에 대하여 바르게 나타낸 것은?

① 표준중력장에서 25℃의 수은 1mm에 해당하는 압력
② 표준중력장에서 0℃의 수은 1mm에 해당하는 압력
③ 표준중력장에서 25℃의 수은 760mm에 해당하는 압력
④ 표준중력장에서 0℃의 수은 760mm에 해당하는 압력

해설 1torr(토르)
표준중력장에서 0℃의 수은 1mmHg에 해당하는 압력(진공압력 측정에서 많이 사용)

50 산업통상자원부장관이 도시가스 사업자에게 조정명령을 할 수 없는 사항은?

① 가스공급계획의 조정
② 도시가스요금 등 공급조건의 조정
③ 도시가스의 열량·압력 및 연소성의 조정
④ 대표자 변경의 조정

해설 도시가스사업자 대표자 변경은 회사 주주 총회에서 조정이 가능하다.

51 아세틸렌(C_2H_2) 가스는 다음 중 무엇으로 주로 제조하는가?

① 탄화칼슘　　② 탄소
③ 카타리솔　　④ 암모니아

해설 아세틸렌 제조
카바이드(CaC_2)를 물에 넣어 제조
$CaO + 3C \rightarrow CaC_2 + CO$
$CaC_2 + 2H_2O \rightarrow Ca(OH)_2 + C_2H_2$(가스 제조)

52 카르노(Carnot) 사이클의 과정 순서로 옳은 것은?

① 등온팽창 → 등온압축 → 단열팽창 → 단열압축
② 등온팽창 → 단열팽창 → 등온압축 → 단열압축
③ 등온팽창 → 단열압축 → 단열팽창 → 등온압축
④ 등온팽창 → 등온압축 → 단열압축 → 단열팽창

해설 카르노 사이클 과정
등온팽창 → 단열팽창 → 등온압축 → 단열압축

53 다음은 분젠식 연소방식의 가스(제조가스, 천연가스, LP가스)에 따른 연소특성에 대한 그림이다. 이 중 LP가스에 해당하는 것은?

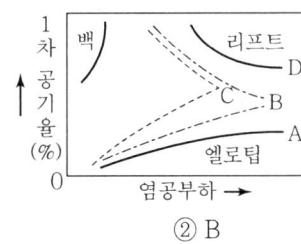

① A　　② B
③ C　　④ D

해설 C : LP가스

54 다음 기체 중 금속과 결합하여 착이온을 만드는 것은?

① CH_4　　② CO_2
③ NH_3　　④ O_2

해설 암모니아(NH_3) 가스는 구리(Cu), 아연(Zn), 은(Ag), 알루미늄(Al), 코발트(CO) 등과 반응하여 착이온을 만든다.

55 소비자가 요구하는 품질로서 설계와 판매정책에 반영되는 품질을 의미하는 것은?

① 시장품질　　② 설계품질
③ 제조품질　　④ 규격품질

해설 시장품질
소비자가 요구하는 품질로서 설계와 판매정책에 반영되는 품질을 의미하는 것이다.

정답 49 ②　50 ④　51 ①　52 ②　53 ③　54 ③　55 ①

56 작업시간 측정방법 중 직접측정법은?

① PTS법　　② 경험견적법
③ 표준자료법　④ 스톱워치법

해설
- 스톱워치에 의한 표준시간 결정단계
  측정시간 → 평준화 → 정상시간 → 여유시간 → 표준시간
- 스톱워치(Stop Watch) : 직접 작업시간을 측정한다.
- 1DM : $\frac{1}{100}$ 값이다.

57 준비작업시간 100분, 개당 정미작업시간 15분, 로트 크기 20일 때 1개당 소요작업시간은 얼마인가?(단, 여유시간은 없다고 가정한다.)

① 15분　　② 20분
③ 35분　　④ 45분

해설　15분×로트 크기 20=300분
총시간=100분+300분=400시간
∴ 개당 소요시간 = $\frac{400}{20}$ = 20분/개당

58 다음 중 샘플링 검사보다 전수검사를 실시하는 것이 유리한 경우는?

① 검사항목이 많은 경우
② 파괴검사를 해야 하는 경우
③ 품질특성치가 치명적인 결점을 포함하는 경우
④ 다수 다량의 것으로 어느 정도 부적합품이 섞여도 괜찮을 경우

해설　품질특성치가 치명적인 결점을 포함하는 경우에는 샘플링 검사보다 전체를 전수검사하는 것이 유리하다.

59 축의 완성지름, 철사의 인장강도, 아스피린 순도와 같은 데이터를 관리하는 가장 대표적인 관리도는?

① c 관리도
② nP 관리도
③ U 관리도
④ $\bar{x}-R$ 관리도

해설　관리도 설명
- $\bar{x}-R$ 관리도 : 평균치와 범위의 관리도
- C 관리도 : 결점수의 관리도
- U 관리도 : 단위당 결점수 관리도
- $\tilde{x}-R$ 관리도 : 메디안과 범위의 관리도
- $\bar{x}-R$ 관리도 : 축의 완성지름, 철사의 인장강도, 아스피린 순도와 같은 데이터를 관리한다.

60 로트의 크기가 시료의 크기에 비해 10배 이상 클 때, 시료의 크기와 합격판정 개수를 일정하게 하고 로트의 크기를 증가시킬 경우 검사특성곡선의 모양 변화에 대한 설명으로 가장 적절한 것은?

① 무한대로 커진다.
② 별로 영향을 미치지 않는다.
③ 샘플링 검사의 판별능력이 매우 좋아진다.
④ 검사특성곡선의 기울기 경사가 급해진다.

해설
- 로트의 크기 = $\frac{예정생산\ 목표량}{로트\ 수(Lot\ Number)}$ (개)
- 시료(샘플) : 어떤 목적을 가지고 샘플링한 것

정답　56 ④　57 ②　58 ③　59 ④　60 ②

2013년 4월 14일 과년도 기출문제

01 암모니아 가스의 공기 중 폭발범위(vol%)에 해당하는 것은?

① 15~28 ② 2.5~81
③ 4.1~57 ④ 1.2~44

해설
- 암모니아 : 15~28%
- 아세틸렌 : 2.5~81%
- 아세트알데히드 : 4.1~57%
- 이황화탄소 : 1.2~44%

02 도시가스사업의 변경허가대상이 아닌 것은?

① 가스발생설비의 종류 변경
② 비상공급시설의 종류·설치장소·수 변경
③ 가스홀더의 수 변경
④ 액화가스 저장탱크의 설치장소 변경

해설 비상공급시설의 종류, 설치장소, 수 변경은 허가대상이 아니다.

03 가스용 콕에 대한 설명 중 틀린 것은?

① 콕은 1개의 핸들로 1개의 유로를 개폐하는 구조로 한다.
② 완전히 열었을 때의 핸들의 방향은 유로의 방향과 직각인 것으로 한다.
③ 과류차단안전기구가 부착된 콕의 작동유량은 입구압이 1±0.1kPa인 상태에서 측정하였을 때 표시유량의 ±10% 이내인 것으로 한다.
④ 콕의 핸들 회전력은 0.588N·m 이하인 것으로 한다.

해설 가스용 콕은 완전히 열었을 때 핸들의 방향이 유로 방향과 수평이다.

04 가스배관장치에서 주로 사용되고 있는 부르동관 압력계 사용 시의 주의사항에 대한 설명 중 틀린 것은?

① 안전장치가 되어 있는 것을 사용할 것
② 압력계의 폐지 시에는 조용히 조작할 것
③ 정기적으로 검사를 하여 지시의 정확성을 미리 확인하여 둘 것
④ 압력계는 온도나 진동, 충격 등의 변화에 관계없이 선택할 것

해설 부르동관 압력계는 진동·충격 등의 변화가 없는 곳에서 설치한다.

05 초저온 용기의 단열시험용으로 사용하지 않는 가스는?

① 액화아르곤
② 액화산소
③ 액화질소
④ 액화천연가스

해설 초저온 용기 단열성능시험용 가스는 액화산소 및 불활성 가스인 액화아르곤, 액화질소 등이 이용된다.

06 독성가스란 공기 중에 일정량 이상 존재하는 경우 인체에 유독한 독성을 지닌 가스로서 허용농도(해당 가스를 성숙된 흰쥐 집단에게 대기 중에서 1시간 동안 계속하여 노출시킨 경우 14일 이내에 그 흰쥐의 2분의 1 이상이 죽게 되는 농도)가 백만분의 얼마 이하인 것을 말하는가?

① 200 ② 500
③ 2,000 ④ 5,000

해설
- 독성가스의 허용농도는 5,000ppm 이하이다.
- TLV 기준은 200ppm 이하이다.

정답 01 ① 02 ② 03 ② 04 ④ 05 ④ 06 ④

07 총발열량이 10,400kcal/m³, 비중이 0.64인 가스의 웨버 지수는 얼마인가?

① 6,656
② 9,000
③ 13,000
④ 16,250

해설 웨버 지수(WI) $= \dfrac{Q}{\sqrt{d}} = \dfrac{10,400}{\sqrt{0.64}} = 13,000$

08 고압가스 탱크의 수리를 위하여 내부 가스를 배출하고, 불활성 가스로 치환한 후 다시 공기로 치환하여 분석하였더니 분석결과가 보기와 같았다. 다음 중 안전작업 조건에 해당하는 것은?

① 산소 30%
② 수소 10%
③ 일산화탄소 200ppm
④ 질소 80%, 나머지 산소

해설 탱크 내부 수리 시 작업인원이 작업할 수 있는 정상적인 산소 농도는 18~22%이다.
공기(100%) − 질소(80%) = 산소(20%)

09 코크스와 수증기를 원료로 하여 얻을 수 있는 가스는?

① $CO_2 + H_2$
② $CH_4 + O_2$
③ $CH_4 + CO$
④ $H_2 + CO$

해설 수성가스화법은 코크스를 1,000℃ 가열 후 수증기를 작용하여 일산화탄소와 수소를 얻는다.
$C + H_2O \rightarrow H_2 + CO - 31.2\text{kcal}$

10 질소 14g과 수소 4g을 혼합하여 내용적이 4,000mL인 용기에 충전하였더니 용기 내의 온도가 100℃로 상승하였다. 용기 내 수소의 부분압력은 약 몇 atm인가? (단, 이 혼합기체는 이상기체로 간주한다.)

① 4.4
② 12.6
③ 15.3
④ 19.9

해설
• 용기 내의 압력을 구하면
$PV = nRT$에서 $P = \dfrac{nRT}{V}$

$P = \dfrac{\left(\dfrac{14}{28} + \dfrac{4}{2}\right) \times 0.082 \times (273 + 100)}{4L}$

$= 19.1 \text{atm}$

• 전체 압력 19.1atm에서 수소의 분압을 구하면

$19.1 \text{atm} \times \dfrac{\dfrac{4}{2}}{\left(\dfrac{14}{28} + \dfrac{4}{2}\right)} = 15.293 = 15.3 \text{atm}$

11 다음 독성가스 배관용 밸브 중 검사대상이 아닌 것은?

① 볼밸브
② 니들밸브
③ 게이트밸브
④ 글로브밸브

해설 니들밸브는 노즐 또는 관 속에 장치되어 물의 유량을 조절하는 밸브로 독성가스 배관용 밸브가 아니다.

12 액화석유가스 집단공급시설에서 배관을 지하에 매설할 때 차량이 통행하는 도로는 몇 m 이상의 깊이로 하여야 하는가?

① 0.6m
② 1.0m
③ 1.2m
④ 1.5m

해설 액화석유가스 집단공급시설의 배관을 매설할 때는 도로에서 1.2m 이상의 깊이에 매설한다.

13 다음 중 액화석유가스 공급자의 의무사항이 아닌 것은?

① 6개월에 1회 이상 가스사용시설의 안전관리에 관한 계도물 작성, 배포
② 수요자의 가스사용시설에 대하여 6개월에 1회 이상 안전점검을 실시
③ 수요자에게 위해예방에 필요한 사항을 계도
④ 가스보일러가 설치된 후 매 1년에 1회 이상 보일러 성능 확인

해설 가스보일러 성능 확인 점검은 사용자가 한다.

정답 07 ③ 08 ④ 09 ④ 10 ③ 11 ② 12 ③ 13 ④

14 LP가스의 저장설비실 바닥면적이 15m²이라면 외기에 면하여 설치된 환기구의 통풍 가능 면적의 합계는 몇 cm² 이상이어야 하는가?

① 3,000 ② 3,500
③ 4,000 ④ 4,500

해설 환기구의 크기는 1m²당 300cm² 이상이어야 한다.
환기구 통풍 면적 = 15m² × 300cm²/m²
= 4,500cm²

15 왕복동 압축기의 용량제어방법이 아닌 것은?

① 클리어런스(Clearance) 포켓을 설치하여 클리어런스를 증대시키는 방법
② 안내 깃(Vane)의 경사도를 변화시키는 방법
③ 바이패스(By-pass) 밸브에 의해 압축가스를 흡입 쪽에 복귀시키는 방법
④ 언로더(Unloader) 장치에 의해 흡입밸브를 개방하는 방법

해설 왕복동 압축기의 용량제어방법
- 클리어런스 밸브에 의한 방법
- 바이패스 밸브에 의한 방법
- 흡입밸브 개방에 의한 방법
- 타임드 밸브 제어에 의한 방법
- 회전수 변경에 의한 방법

16 인장응력이 10kgf/mm²인 연강봉이 3,140 kgf의 하중을 받아 늘어났다면 이 봉의 지름은 몇 mm인가?

① 10 ② 20
③ 25 ④ 30

해설 연강 면적(mm²) = $\frac{하중}{인장응력}$ = $\frac{3,140}{10}$ = 314mm²

$314 = \frac{\pi D^2}{4}$

∴ $D = \sqrt{\frac{314 \times 4}{3.14}}$ = 20mm

17 1kcal에 대한 정의로서 가장 적절한 것은?(단, 표준기압하에서의 기준이다.)

① 순수한 물 1kg을 100℃만큼 변화시키는 데 필요한 열량
② 순수한 물 1 lb를 32°F에서 212°F까지 높이는 데 필요한 열량
③ 순수한 물 1 lb를 1℃만큼 변화시키는 데 필요한 열량
④ 순수한 물 1kg을 14.5℃에서 15.5℃까지 높이는 데 필요한 열량

해설 ④는 1kcal 열량의 정의이다.

18 가스 중의 황화수소 제거법 중 알칼리 물질로 암모니아 또는 탄산소다를 사용하며, 촉매는 티오비산염을 사용하는 방법은?

① 사이록스법 ② 진공카보네이트법
③ 후막스법   ④ 타카학스법

해설 티오비산염과 황화수소가 작용하는 제거법으로 사이록스법이 있다.
$Na_4As_2S_5O_2 + H_2S \rightarrow Na_4As_2S_6O + H_2O$

19 다음 중 가연성이면서 독성가스로 분류되는 것은?

① 산화에틸렌 ② 아세틸렌
③ 부타디엔   ④ 프로판

해설 산화에틸렌
- 연소범위 : 3~80%
- 허용농도 : 50ppm

20 공기 중에 누출되었을 때 낮은 곳에 체류하는 가스로만 짝지어진 것은?

① 프로판, 염소, 포스겐
② 프로판, 수소, 아세틸렌
③ 아세틸렌, 염소, 암모니아
④ 아세틸렌, 포스겐, 암모니아

정답 14 ④ 15 ② 16 ② 17 ④ 18 ① 19 ① 20 ①

해설 공기 분자량(29)보다 무거운 가스는 낮은 곳에 체류한다.

가스명	분자량
프로판(C_3H_8)	44
염소(Cl_2)	72
포스겐($COCl_2$)	100
수소(H_2)	2
아세틸렌(C_2H_2)	26
암모니아(NH_3)	17

21 관을 용접으로 이음하고 용접부를 검사하는데 다음 중 비파괴 검사법에 속하지 않는 것은?

① 음향검사
② 침투탐상검사
③ 인장시험검사
④ 자분탐상검사

해설 비파괴 검사법
①, ②, ④ 외에 방사선투과 검사, 초음파탐상검사, 와류검사 등

22 1kg의 공기가 일정온도 200℃에서 팽창하여 처음 체적의 6배가 되었다. 이때 소비된 열량은 약 몇 kJ인가?

① 128
② 143
③ 187
④ 243

해설 등온팽창 $= GRT\ln\left(\dfrac{V_2}{V_1}\right) = GRT\ln\left(\dfrac{P_1}{P_2}\right)$

$= 1 \times \left(\dfrac{8.314}{29}\right) \times (273+200) \times \ln\left(\dfrac{6}{1}\right)$

$= 243 kJ$

※ 기체상수(R) = 8.314kJ/kmol·K
공기 분자량(29)

23 도시가스사업자가 관계법에서 정하는 규모 이상의 가스공급시설의 설치공사를 할 때 신청서에 첨부할 서류항목이 아닌 것은?

① 공사계획서
② 공사공정표
③ 시공관리자의 자격을 증명할 수 있는 사본
④ 공급조건에 관한 설명서

해설 공사계획의 승인 신청서나 신고서 항목
• 공사계획서
• 공사공정표
• 공사계획을 변경하는 경우에는 변경사유서
• 기술검토서
• 시공관리자의 자격을 증명할 수 있는 사본
• 공사 예정금액 명세서 등 해당 공사의 공사 예정금액을 증명할 수 있는 서류 사본

24 이상기체(Perfect Gas)의 비열비(k) 관계식을 옳게 표시한 것은?(단, C_p는 정압비열, C_v는 정적비열을 나타낸다.)

① $k = \dfrac{C_p}{C_v}$
② $k = \dfrac{C_v}{C_p}$
③ $k = C_p \times C_v$
④ $k = \dfrac{1}{C_p \times C_v}$

해설 비열비(k) = $\dfrac{C_p(정압비열)}{C_v(정적비열)} > 1$

25 다음은 이동식 압축천연가스 자동차충전시설을 점검한 내용이다. 기준에 부적합한 경우는?

① 이동충전차량과 가스배관구를 연결하는 호스 길이가 6m였다.
② 가스배관구 주위에는 가스배관구를 보호하기 위하여 높이 40cm, 두께 13cm인 철근콘크리트 구조물이 설치되어 있었다.
③ 이동충전차량과 충전설비 사이의 거리는 7m였고, 이동충전차량과 충전설비 사이에 강판제 방호벽이 설치되어 있었다.
④ 충전설비 근처 및 충전설비에서 6m 떨어진 장소에 수동 긴급차단장치가 각각 설치되어 있었으며 눈에 잘 띄었다.

해설 가스배관구와 가스배관구 사이 또는 이동충전차량과 충전설비 사이에는 8m 이상의 거리를 유지할 것

정답 21 ③ 22 ④ 23 ④ 24 ① 25 ①

26 철근콘크리트제 방호벽의 설치기준 중 틀린 것은?

① 방호벽의 두께는 120mm 이상, 높이는 2,000mm 이상일 것
② 방호벽은 직경 6mm 이상의 철근을 가로·세로 500mm 이하의 간격으로 배근할 것
③ 기초는 일체로 된 철근콘크리트 기초일 것
④ 기초의 높이는 350mm 이상, 되메우기 깊이는 300mm 이상일 것

해설 ②의 경우에는 직경 9mm 이상의 철근으로 가로·세로 400mm 이하의 간격으로 배근한다.

27 다음 중 동관의 종류에 해당되지 않는 것은?

① 이음매 없는 단동관
② 이음매 없는 인탈산동관
③ 이음매 없는 황동관
④ 이음매 없는 무질소동관

해설 이음매 없는 동관의 종류
- 단동관
- 황동관
- 백동관
- 동관(인탈산동, 함인동)
- 알브라스관

28 다음 중 전기방식(防蝕)의 기준으로 틀린 것은?

① 직류 전철 등에 의한 영향이 없는 경우에는 외부전원법 또는 희생양극법으로 할 것
② 직류 전철 등의 영향을 받는 배관에는 배류법으로 할 것
③ 전위 측정용 터미널은 희생양극법에 의한 배관에는 300m 이내의 간격으로 설치할 것
④ 전위 측정용 터미널은 외부전원법에 의한 배관에는 300m 이내의 간격으로 설치할 것

해설 전기방식 시설의 유지관리를 위하여 전위 측정용 터미널을 설치하되, 희생양극법·배류법은 배관길이 300m 이내의 간격, 외부전원법은 배관길이 500m 이내의 간격으로 설치한다.

29 다음 [보기]에서 설명하는 소화약제의 명칭은?

- 상온, 상압에서 액체로 존재한다.
- 분해성이 적고 화학적으로 안정하다.
- 독성이 있으므로 한시적으로 사용된다.
- 액체상태로 방사되므로 방사거리가 비교적 길다.

① Halon 1301
② Halon 1211
③ Halon 2402
④ Halon 104

해설 보기 내용은 Halon 2402(이취화사불화에탄, $CBrF_2CBrF_2$)에 대한 설명이다.

30 이상기체 n몰에 대한 상태방정식으로 가장 옳은 식은?

① $PV = RT$
② $PV = nRT$
③ $PV = R$
④ $\dfrac{V}{T} = R$

해설 이상기체 상태방정식
$PV = nRT$

31 초저온 용기란 얼마 이하의 온도에서 액화가스를 충전하기 위한 용기를 말하는가?

① 상용의 온도
② $-30°C$
③ $-50°C$
④ $-100°C$

해설 초저온 저장탱크는 영하 50°C 이하의 액화가스를 저장하기 위한 저장탱크이다.

정답 26 ② 27 ④ 28 ④ 29 ③ 30 ② 31 ③

32 포화증기를 단열압축하면 어떻게 되는가?

① 포화액체가 된다.
② 과열증기가 된다.
③ 압축액체가 된다.
④ 증기의 일부가 액화한다.

해설 포화증기를 단열압축하면 내부에너지 증가로 과열증기가 된다.

33 1torr는 약 몇 Pa인가?

① 14.5
② 133.3
③ 750.0
④ 760.0

해설 1torr=1mmHg(760torr=760mmHg)
1atm=760mmHg=101,325Pa
∴ $1torr = \frac{101,325}{760} = 133.3Pa$

34 가스배관의 누출 방지대책은 누출의 발생을 사전에 방지하는 대책과 발생한 누출을 조기에 발견하여 수리하는 대책으로 대별할 수 있다. 다음 중 누출 발생을 사전에 방지하는 방법이 아닌 것은?

① 노후관의 조사 및 교체
② 매설위치가 불량한 배관에 대한 조사 및 교체
③ 타 공사(굴착공사)에 대한 입회, 순회와 시공 전 안전 조치
④ 누출부를 굴착, 노출시켜서 보수

해설 누출부를 굴착, 노출하여 보수하는 것은 누출 후 시행하는 것이다.

35 NH_4OH, NH_4Cl, $CuCl_2$로 가스흡수제를 조제하였다. 어떤 가스가 가장 잘 흡수되겠는가?

① CO
② CO_2
③ CH_4
④ C_2H_6

해설 CO는 독성가스로 누출 시 위험하므로 염기성 물질인 NH_4OH, HN_4Cl, $CuCl_2$ 등으로 만든 가스흡수제에 가장 잘 흡수된다.

36 허가를 받지 않고 LPG 충전사업, LPG 집단공급사업, 가스용품 제조사업을 영위한 자에 대한 벌칙으로 옳은 것은?

① 1년 이하의 징역, 1,000만 원 이하의 벌금
② 2년 이하의 징역, 2,000만 원 이하의 벌금
③ 1년 이하의 징역, 3,000만 원 이하의 벌금
④ 2년 이하의 징역, 5,000만 원 이하의 벌금

해설 허가를 받지 아니하고 액화석유가스 충전사업, 액화석유가스 집단공급사업 또는 가스용품 제조사업을 영위한 자는 2년 이하의 징역 또는 2천만 원 이하의 벌금에 처한다.

37 어떤 계측기기의 진공압력이 57cmHg이었을 때 이를 절대압력으로 환산하면 약 몇 $kgf/cm^2 abs$가 되는가?

① $0.258 kgf/cm^2 abs$
② $0.516 kgf/cm^2 abs$
③ $1.033 kgf/cm^2 abs$
④ $2.066 kgf/cm^2 abs$

해설 • 절대압력=표준대기압－진공압력
=76cmHg－57cmHg
=19cmHg
• 표준대기압=1atm
=760mmHg
=$1.0332 kg_f/cm^2$
=101,325Pa
∴ $\frac{190mmHg \times 1.0332 kg_f/cm^2}{760mmHg} = 0.258 kg_f/cm^2$

38 공기액화 분리장치의 밸브에서 열손실을 줄이는 방법으로 가장 거리가 먼 내용은?

① 단축밸브로 하여 열의 전도를 방지한다.
② 열전도율이 적은 재료를 밸브봉으로 사용한다.
③ 밸브 본체의 열용량을 가급적 적게 한다.
④ 누출이 적은 밸브를 사용한다.

해설 단축밸브는 가스 흐름 차단장치로 열손실 방지와는 거리가 멀다.

정답 32 ② 33 ② 34 ④ 35 ① 36 ② 37 ① 38 ①

39 고압가스 안전관리법에서 정한 용기제조자의 수리범위에 해당되는 것은?

① 냉동기 용접부분의 용접
② 냉동기 부속품의 교체, 가공
③ 특정설비의 부속품 교체
④ 아세틸렌 용기 내의 다공질물 교체

해설 > 용기 등의 수리자격과 범위

수리자격자	수리범위
용기 제조자	• 용기몸체의 용접 • 아세틸렌 용기 내의 다공질물 교체 • 용기의 스커트 · 프로텍터 및 넥크링의 교체 및 가공 • 용기부속품의 부품 교체 • 저온 또는 초저온용기의 단열재 교체 • 초저온용기 부속품의 탈 · 부착
특정설비 제조자	• 특정설비몸체의 용접 • 특정설비 부속품의 교체 및 가공 • 단열재 교체
냉동기 제조자	• 냉동기 용접부분의 용접 • 냉동기 부속품의 교체 및 가공 • 냉동기의 단열재 교체
고압가스 제조자	• 초저온용기 부속품의 탈 · 부착 및 용기 부속품의 부품 교체 • 특정설비의 부품 교체 • 냉동기의 부품 교체 • 단열재 교체(고압가스특정제조자만을 말한다.) • 용접가공
검사기관	• 특정설비의 부품 교체 및 용접 • 냉동설비의 부품 교체 및 용접 • 단열재 교체 • 용기의 프로텍터 · 스커트 교체 및 용접 • 초저온용기 부속품의 탈 · 부착 및 용기 부속품의 부품 교체 • 액화석유가스를 액체상태로 사용하기 위한 액화석유가스용기 액출구의 나사 사용 막음조치
액화석유 가스 충전 사업자	액화석유가스 용기용 밸브의 부품 교체
자동차관리 사업자	자동차의 액화석유가스 용기에 부착된 용기 부속품의 수리

40 줄-톰슨 계수는 이상기체의 경우 어떤 값을 가지는가?

① 0이다. ② +값을 갖는다.
③ -값을 갖는다. ④ 1이 된다.

해설 > 이상기체는 완전기체로 줄-톰슨 계수는 "0"이다.

온도강하$(\Delta T) = \mu \left(\dfrac{T_1}{T_2} \right) \Delta P$

여기서, ΔP : 압력강하
T_1, T_2 : 팽창 전 · 후의 절대온도(K)

41 일반용 액화석유가스 압력조정기의 제조 기술기준에 대한 설명 중 틀린 것은?

① 사용 상태에서 충격에 견디고 빗물이 들어가지 아니하는 구조로 한다.
② 용량 100kg/h 이하의 압력조정기는 입구쪽에 황동선망 또는 스테인리스강선망을 사용한 스트레이너를 내장하는 구조로 한다.
③ 용량 10kg/h 이상의 1단 감압식 저압조정기인 경우에 몸통과 덮개를 몽키렌치, 드라이버 등 일반공구로 분리할 수 없는 구조로 한다.
④ 자동절체식 조정기는 가스공급 방향을 알 수 있는 표시기를 갖춘다.

해설 > 조정기의 몸통과 덮개는 분리할 수 있는 구조가 아니다.

42 시안화수소(HCN)에 대한 설명으로 옳은 것은?

① 허용 농도는 10ppb이다.
② 충전 시 수분이 존재하면 안정하다.
③ 충전한 후 90일을 정치한 후 사용한다.
④ 누출 검지는 질산구리벤젠지로 한다.

해설 > 시안화수소 기준
• 충전 시 순도를 98% 이상 유지하여야 하며 안정제로 황산, 아황산가스를 사용함
• 충전 후 24시간 정치함
• 저장 시 1일 1회 이상 질산구리벤젠지로 누설검사 실시
• 용기에 충전된 시안화수소는 60일이 경과 되기 전에 다른 용기에 이충전 실시

정답 39 ④ 40 ① 41 ③ 42 ④

43 3×10^4N·mm의 비틀림 모멘트와 2×10^4 N·mm의 굽힘모멘트를 동시에 받는 축의 상당 굽힘모멘트는 약 몇 N·mm인가?

① 25,000 ② 28,028
③ 50,000 ④ 56,056

44 다음 중 도시가스시설의 설치공사 또는 변경공사를 하는 때에 이루어지는 전공정시공감리 대상으로 적합한 것은?

① 도시가스사업자 외의 가스공급시설 설치자의 배관 설치공사
② 가스도매사업자의 가스공급시설 설치공사
③ 일반도시가스사업자의 정압기 설치공사
④ 일반도시가스사업자의 제조소 설치공사

해설 시공감리 구분
㉠ 전 공정 시공감리 대상
일반도시가스사업자 및 도시가스사업자 외의 가스공급시설 설치자의 배관
㉡ 일부공정 시공감리 대상
- 가스도매사업자의 가스공급시설
- 일반도시가스사업자 및 도시가스사업자 외의 가스공급시설 설치자의 가스공급시설 중 가스도매사업자의 가스공급시설을 제외한 가스공급시설
- 시공감리의 대상이 되는 사용자공급관

45 냉매는 암모니아를 사용하고, 증발 −15℃, 응축 30℃인 사이클에서 1냉동톤의 능력을 발휘하기 위하여 냉매의 순환량은 얼마로 하여야 하는가?(단, 응축온도와 포화액선의 교점 엔탈피는 134kcal/kg이고, 증발온도와 포화증기선의 교점 엔탈피는 397kcal/kg이다.)

① 5.6kg/h ② 5.6kg/day
③ 12.6kg/h ④ 12.6kg/day

해설 1RT = 3,320kcal/hr
$\Delta H = h_2 - h_1$
$= (397 - 134)$kcal/kg
$= 263$kcal/kg
순환량 $= \dfrac{3,320}{263} = 12.6$kg/hr

46 축에 동력(PS)이 전달되는 경우 전달마력을 H(kgf·m/sec), 1분간 회전수를 N(rpm)이라고 할 때 비틀림 모멘트 T(kgf·cm)를 구하는 식은?

① $T = 716.2 \dfrac{H}{N}$ ② $T = 9,740 \dfrac{H}{N}$
③ $T = 71,620 \dfrac{H}{N}$ ④ $T = 97,400 \dfrac{H}{N}$

해설 비틀림 모멘트(T)
$T = 71,620 \times \dfrac{H}{N}$(kg$_f$·cm)

47 다음은 용어의 정의를 설명한 것이다. 틀린 것은?

① 액화석유가스란 프로판, 부탄을 주성분으로 한 가스를 액화한 것을 말한다.
② 액화석유가스 충전사업은 저장시설에 저장된 액화석유가스를 용기에 충전하여 공급하는 사업을 뜻한다.
③ 액화석유가스판매사업은 용기에 충전된 액화석유가스를 판매하는 것을 뜻한다.
④ 가스용품제조사업이란 일반고압가스를 사용하기 위한 기기를 제조하는 사업을 뜻한다.

해설 가스용품제조사업
액화석유가스 또는 도시가스를 사용하기 위한 연소기·강제혼합식 가스버너 등 가스용품을 제조하는 사업

정답 43 ② 44 ① 45 ③ 46 ③ 47 ④

48 배관재료에 대한 설명으로 옳은 것은?

① 배관용 탄소강 강관은 암모니아 배관에서 10kg/cm² 이상의 고압배관에 사용된다.
② 배관용 탄소강 강관은 프레온 배관에서 −10℃에서는 10kg/cm² 이하의 압력배관에 사용할 수 있다.
③ 압력배관용 탄소강 강관은 저온배관용 강관이 아니므로 −30℃의 암모니아 배관에 사용할 수 없다.
④ 저온배관용 강관은 저온 제한이 없다.

해설 탄소강이나 저합금강은 저온에서 취화하는 현상이 있으므로 사용하지 않는다.
① 10kg/cm² 이하용
② −10℃ 이하의 저온배관용
③ −30℃는 저온배관용
④ 1종 저온배관용 : −50℃까지 사용
2종 저온배관용 : −100℃까지 사용

49 기체의 유속은 마하(Mach)수로 나타내며 압축성 유체의 유속 계산에 사용된다. 마하수에 대한 표현으로 옳은 것은?(단, 마하수는 M, 유체 속도는 V, 음속은 C이다.)

① $M = V \times C$
② $M = \dfrac{V}{C}$
③ $M = \dfrac{C}{V}$
④ $M = V + C$

해설 마하수는 유체속도를 그때의 음속으로 나눈 것이다.
$M = \dfrac{V}{C}$

50 어떤 물질 1kgf가 압력 1kgf/cm², 체적 0.86 m³의 상태에서 압력 5kgf/cm², 체적 0.4m³의 상태로 변화하였다. 이 변화에서 내부에너지에는 변화가 없다고 하면 엔탈피의 증가는 몇 kcal/kg인가?

① 3.28
② 6.84
③ 26.7
④ 32.6

해설 $\Delta H = U + PV$
$\dfrac{1}{427}(5 \times 0.4 - 1 \times 0.86) \times 10^4 = 26.7\text{kcal/kg}$

51 다음 용매 중 아세틸렌가스에 대한 용해도가 가장 큰 것은?

① 아세톤
② 벤젠
③ 이황화탄소
④ 사염화탄소

해설
• 아세틸렌의 용제는 아세톤 또는 DMF(디메틸포름아미드)이다.
• 아세톤[$(CH_3)_2CO$]에는 25배 용해, 물에는 1.1배 용해된다.

52 지름 d인 중심축이 비틀림 모멘트 T를 받을 때 생기는 최대 전단응력을 1이라 하면 비틀림 모멘트 T와 동일한 굽힘 모멘트 M을 받을 때 생기는 최대 전단응력은 얼마인가?

① 1.2
② $\sqrt{2}$
③ $\sqrt{3}$
④ 2

53 가스액화분리장치의 구성기기 중 왕복동식 팽창기에 대한 설명으로 틀린 것은?

① 팽창기의 흡입압력 범위가 좁다.
② 팽창비는 크지만 효율은 낮다.
③ 가스처리량이 크게 되면 다기통이 된다.
④ 기통 내의 윤활에 오일이 사용된다.

해설 왕복동식 팽창기는 흡입압력 범위가 넓다.

54 같은 조건에서 수소의 확산속도는 산소의 확산속도보다 몇 배가 빠른가?

① 2
② 4
③ 8
④ 16

해설 기체의 확산속도는 분자량의 제곱근에 반비례한다.
수소분자량 : 산소분자량 = 2 : 32 = 1 : 16
∴ $\sqrt{\dfrac{2}{32}} = 1 : 4$(제곱근에 반비례)

정답 48 ③ 49 ② 50 ③ 51 ① 52 ② 53 ① 54 ②

55 다음 중 브레인스토밍(Brainstorming)과 가장 관계가 깊은 것은?

① 파레토도 ② 히스토그램
③ 회귀분석 ④ 특성요인도

해설 브레인스토밍(Brainstoming)
특성요인도에 의해 한 가지 문제를 집단적으로 토의해 제각기 자유롭게 의견을 말하는 가운데 정상적인 사고방식으로는 도저히 생각할 수 없는 독창적인 아이디어가 튀어나온다는 내용이다.

56 c 관리도에서 k = 20인 군의 총 부적합수 합계는 58이었다. 이 관리도의 UCL, LCL을 계산하면 약 얼마인가?

① UCL=2.90, LCL=고려하지 않음
② UCL=5.90, LCL=고려하지 않음
③ UCL=6.92, LCL=고려하지 않음
④ UCL=8.01, LCL=고려하지 않음

해설
- UCL=$c+3\sqrt{c}$, $c=\dfrac{58}{20}=2.9$
  ∴ $2.9+3\sqrt{2.9}=8.01$
- LCL=고려하지 않음

57 공정 중에 발생하는 모든 작업, 검사, 운반, 저장, 정체 등이 도식화된 것이며 또한 분석에 필요하다고 생각되는 소요시간, 운반거리 등의 정보가 기재된 것은?

① 작업분석(Operation Analysis)
② 다중활동분석표(Multiple Activity Chart)
③ 사무공정분석(Form Process Chart)
④ 유통공정도(Flow Process Chart)

해설 유통공정도
대상공정에 포함되어 있는 모든 작업, 운반, 검사, 지연 및 저장의 계열을 기호로 표시하고 분석에 필요한 소요시간, 이동거리 등의 정보를 기술한 도표이다.

58 테일러(F. W. Taylor)에 의해 처음 도입된 방법으로 작업 시간을 직접 관측하여 표준시간을 설정하는 표준시간 설정기법은?

① PTS법 ② 실적자료법
③ 표준자료법 ④ 스톱워치법

해설 스톱워치(Stop Watch)법
작업요소가 반복하여 나타나는 작업, 특히 사이클 작업에 적용하며 테일러에 의해 처음 도입되었다.

59 단계여유(Slack)의 표시로 옳은 것은?(단, TE는 가장 이른 예정일, TL은 가장 늦은 예정일, TF는 총 여유시간, FF는 자유여유시간이다.)

① $TE-TL$ ② $TL-TE$
③ $FF-TF$ ④ $TE-TF$

해설
- 단계여유시간=가장 늦은 예정일−가장 이른 예정일
  =TL−TE
- 표준시간=정미시간+여유시간

60 검사의 분류방법 중 검사가 행해지는 공정에 의한 분류에 속하는 것은?

① 관리 샘플링검사
② 로트별 샘플링검사
③ 전수검사
④ 출하검사

해설 검사의 분류방법
- 검사가 행해지는 공정에 의한 분류 : 수입검사, 구입검사, 공정검사, 최종검사, 출하검사 등
- 검사가 행해지는 장소에 의한 분류 : 정위치검사, 순회검사, 출장검사 등
- 검사가 행해지는 성질에 의한 분류 : 파괴검사, 비파괴검사, 관능검사 등
- 판정 대상에 의한 분류 : 전수검사, 로트별 샘플링검사, 관리샘플링검사, 무검사, 자주검사 등
- 검사항목에 의한 분류 : 수량검사, 외관검사, 중량검사, 치수검사, 성능검사 등

정답 55 ④ 56 ④ 57 ④ 58 ④ 59 ② 60 ④

2013년 7월 21일 과년도 기출문제

01 다음은 비파괴검사에 대한 내용이다. ( ) 안에 들어갈 내용으로 가장 알맞은 것은?

> 검사할 재료의 한쪽 면의 발진장치에서 연속적으로 ( )을(를) 보내고, 수신장치에서 신호를 받을 때 결함에 의한 ( )의 도착에 이상이 생기므로 이것으로부터 결함의 위치와 크기 등을 판정하는 검사방법으로서 용입부족 및 용입결함을 검출할 수 있으며 검사비용이 저렴하나, 검사결과의 보존성이 없다.

① X선　　② γ선
③ 초음파　　④ 형광

해설
- 비파괴검사 : 음향검사, 침투검사, 자분검사, 방사선투과검사, 초음파검사, 설파프린트 검사
- 초음파검사 : 투상 반향법, 공진법 등(0.5~15μm의 초음파 이용)이 있으며 내부결함, 불균일 층의 존재여부 검사

02 고압가스사업자는 안전관리규정을 언제 허가관청·신고관청 또는 등록관청에 제출하여야 하는가?

① 완성검사 시
② 정기검사 시
③ 허가신청 시
④ 사업개시 시

해설 고압가스사업자의 안전관리규정은 사업개시 시 허가관청, 신고관청, 등록관청에 제출하여야 한다.

03 고압식 공기액화분리장치에 대한 설명으로 옳은 것은?

① 원료공기는 압축기에 흡입되어 150~200 atm으로 압축된다.
② 탈습된 원료공기는 전부 팽창기로 이송되어 하부탑에서 압력이 5atm으로 단열팽창되어 -50℃의 저온이 된다.
③ 상부탑에는 다수의 정류판이 있어서 약 5atm의 압력으로 정류된다.
④ 하부탑에서는 약 0.5atm의 압력으로 정류된다.

해설 고압식 공기액화분리장치(고압식 액체산소 분리장치) 압축기에 150~200atm으로 압축, 15atm 중간단에서 탄산가스 흡수기에 이송, -150℃의 저온을 얻는다. 하부탑에는 5atm으로 정류된다. 상부탑에서는 0.5 atm 압력에서 정제된다.

04 수소 제조의 석유분해법에서 수증기 개질법의 원료로 가장 적당한 것은?

① 원유　　② 중유
③ 경유　　④ 나프타

해설 석유분해법
나프타, 중유, 원유 등을 수증기로 분해하여 수소를 얻는다(탄화수소 이용).
- $C_3H_8 + 3H_2O \rightarrow 3CO + 7H_2$(수소)
- $C_2H_4 + 2H_2O \rightarrow 2CO + 4H_2$(수소)

05 암모니아 1톤을 내용적 50L의 용기에 충전하고자 한다. 필요한 용기는 몇 개인가?(단, 암모니아의 충전정수는 1.86이다.)

① 11　　② 38
③ 47　　④ 20

해설 NH_3(암모니아) 1톤=1,000kg
1,000kg × 1.86L/kg = 1,860L(용적량)
∴ 충전용기 = $\frac{1,860}{50}$ = 38개

정답 01 ③　02 ④　03 ①　04 ④　05 ②

06 공기액화분리장치의 폭발 원인으로 가장 거리가 먼 것은?

① 액체 공기 중의 오존(O_3)의 흡입
② 공기 취입구에서 사염화탄소(CCl_4)의 흡입
③ 압축기용 윤활유의 분해에 의한 탄화수소의 생성
④ 공기 중에 있는 산화질소(NO), 과산화질소(NO_2) 등 질화물의 흡입

해설 공기액화분리장치(O_2 가스 제조) 장치 내부를 1년에 1회 정도 세척제인 사염화탄소(CCl_4)로 세척한다.

07 부탄용 가스설비에 부착되어 있는 안전밸브의 설정압력은 몇 MPa 이하로 하여야 하는가?

① 1.8   ② 2.0
③ 2.2   ④ 2.5

해설 부탄용 가스설비 안전밸브 설정압력
$18kg_f/cm^2$(1.8MPa) 이하

08 폴리트로픽 지수의 크기가 비열비의 크기와 동일할 때의 변화를 무슨 변화라고 하는가?

① 등적변화   ② 단열변화
③ 등온변화   ④ 등압변화

해설 단열변화 : 폴리트로픽 지수의 크기가 비열비의 크기와 동일할 때의 변화
$PV^n = C$
여기서, n(폴리트로픽 지수)$= k$

09 다음 각 가스의 제조에 대한 설명으로 틀린 것은?

① 암모니아(Ammonia)는 산소와 수소로 제조한다.
② 아세틸렌은 탄화칼슘을 물에 반응시켜 제조한다.
③ 산소는 공기를 액화 분리하여 제조한다.
④ 수소는 석유를 분해하여 제조한다.

해설 암모니아 제조 합성법(하버 – 보시법)
$3H_2$(수소)$+N_2$(질소)$\rightarrow 2NH_3$(암모니아)$+24kcal$

10 안전관리자의 직무범위가 아닌 것은?

① 사업소 또는 사용 신고시설의 종사자에 대한 안전관리를 위하여 필요한 지휘·감독
② 공급자의 의무이행 확인
③ 용기 등의 제조공정 관리
④ 용기기기, 기구의 입·출고 관리

해설 용기기기, 기구의 입·출고 관리는 자재부 또는 구매부의 역할에 해당한다.

11 도시가스가 누출될 경우 조기에 발견하여 중독과 폭발을 방지하려고 공급가스를 부취시킨다. 이때 부취제의 성질과 무관한 것은?

① 독성이 없을 것
② 낮은 농도에서도 냄새가 확인될 것
③ 완전연소 후에 냄새를 남길 것
④ 화학적으로 안정될 것

해설 ㉠ 부취제는 완전연소하고 연소 후 유해물질을 남기지 말 것
㉡ 도시가스 부취제
 • THT : 석탄가스 냄새
 • TBM : 양파 썩는 냄새
 • DMS : 마늘 냄새

12 어떤 냉동기에서 0℃의 물로 얼음 2ton을 만드는 데 50kWh의 일이 소요되었다면 이 냉동기의 성적계수는?(단, 물의 융해잠열은 80kcal/kg이다.)

① 2.32   ② 2.67
③ 3.72   ④ 105

해설 얼음의 응고잠열
$2 \times 1,000 \times 80 = 160,000$kcal/h
압축기 발생열$= 50 \times 860$kcal/h
$= 43,000$kcal/h
∴ 성적계수(COP) $= \dfrac{160,000}{43,000} = 3.72$

정답 06 ② 07 ① 08 ② 09 ① 10 ④ 11 ③ 12 ③

13 긴급이송설비에 부속된 처리설비는 이송되는 설비 안의 내용물을 다음 중 한 가지 방법으로 처리할 수 있어야 한다. 이에 대한 설명으로 틀린 것은?

① 플레어스텍에서 안전하게 연소시킨다.
② 벤트스텍에서 안전하게 방출시킨다.
③ 액화가스는 용기로 이송한 후 소분시킨다.
④ 독성가스는 제독 조치 후 안전하게 폐기시킨다.

해설 긴급이송설비에 부속된 처리설비는 이송되는 설비 안의 내용물 중 액화가스는 탱크로 이송한 후 소분(플레어스텍)에서 안전하게 연소시킨다(또는 벤트스텍 사용).

14 이상기체(Perfect Gas)의 열역학적 성질 중 온도에 따라서만 변화하는 것이 아닌 것은?

① 내부 에너지   ② 엔탈피
③ 엔트로피   ④ 비열

해설 이상기체에서 엔트로피는 물체에 열을 가하면 증가하고 냉각시키면 감소한다.

$$엔트로피(\Delta S) = S_2 - S_1 = \int_1^2 dS = \int_1^2 \frac{\delta Q}{T}$$

(단열과정에서는 $S_1 - S_2 = 0$ ∴ $S_1 = S_2$)

15 액화석유가스의 사용시설에 대한 설명으로 틀린 것은?

① 밸브 또는 배관을 가열하는 때에는 열습포나 40℃ 이하의 더운물을 사용할 것
② 용접작업 중인 장소로부터 5m 이내에서는 불꽃을 발생시킬 우려가 있는 행위를 금할 것
③ 내용적 20L 이상의 충전용기를 옥외로 이동하면서 사용할 때에는 용기운반전용 장비에 견고하게 묶어서 사용할 것
④ 사이폰 용기는 보온장치가 설치되어 있는 시설에서만 사용할 것

해설 사이폰 용기는 보온장치가 필요 없다.

16 L · atm과 단위가 같은 것은?

① 힘   ② 에너지
③ 동력   ④ 밀도

해설
- 에너지 : 일을 할 수 있는 능력(Energy)이며 일의 단위를 사용한다.
- 역학적 에너지 : 위치에너지, 운동에너지(기계적 에너지)이다.

17 안전관리자는 해당 분야의 상위 자격자로 할 수 있다. 다음 중 가장 상위인 자격은?

① 가스기능사
② 가스기사
③ 가스산업기사
④ 가스기능장

해설 가스기능사 < 가스산업기사 < 가스기사 < 가스기능장

18 왕복동식 압축기에서 흡입온도의 상승 원인이 아닌 것은?

① 전단의 쿨러 과냉
② 관로에 수열이 있을 경우
③ 전단 냉각기의 능력 저하
④ 흡입밸브 불량에 의한 역화

해설 압축기전단 쿨러가 과냉되면 흡입온도가 저하된다.

19 열선형 흡인식 가스 검지기로 LP가스의 누출을 검사하였더니 L.E.L(Limit Explosion Low) 검지 농도가 0.03%를 가리켰다. 이 가스 검지기의 공기 흡입량이 1초에 4cm³이라면 이때의 가스 누출량(cm³/s)은?

① 1.2×10^{-3} ② 2×10^{-3}
③ 2.4×10^{-3} ④ 5×10^{-3}

해설 $4 \times 0.03 = 0.12$

$0.12 \times \frac{1}{100} = 0.0012 = 1.2 \times 10^{-3} \text{cm}^3/s$

※ %=100분율

20 냉동용 압축기를 분해, 수리할 때 주의사항에 대한 설명으로 틀린 것은?

① 부품을 분해할 때에는 흠이 나지 않도록 다룰 것
② 볼트의 조임 토크는 취급설명서에 지시된 값에 준할 것
③ 조임 볼트는 사용부분을 변경하지 않도록 할 것
④ 패킹을 붙일 때에는 우선 모든 기계 가공면에 광명단을 바른 다음에 패킹을 올려 놓을 것

해설 • 패킹을 붙일 때는 후일 제거가 용이하도록 그리스 등을 바르도록 한다.
• 광명단 : 방청용 Paint(착색도료의 초벽, 즉 밑칠에 사용)로서 연단에 아마인유 배합이며 녹스는 것을 방지한다. 풍화에 강하며 내수성이 강하고 흡수성이 작은 대단히 우수한 방청 도료이다.

21 도시가스배관의 이음부(용접이음매 제외)와 절연전선은 얼마 이상 떨어져야 하는가?

① 30cm   ② 20cm
③ 15cm   ④ 10cm

해설
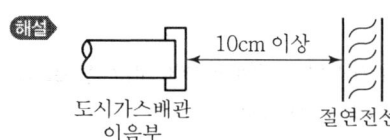

22 고압차단 스위치에 대한 설명으로 맞는 것은?

① 작동압력은 정상고압보다 10kgf/cm² 정도 높다.
② 전자밸브와 조합하여 고속다기통 압축기의 용량제어용으로 주로 이용된다.
③ 압축기 1대마다 설치 시에는 토출 스톱밸브 후단에 설치한다.
④ 작동 후 복귀 상태에 따라 자동복귀형과 수동복귀형이 있다.

해설 고압차단 스위치(HPS)
응축압력(고압)이 일정압력(정상고압보다 0.4MPa) 이상 상승하면 압축기용 전원을 차단하여 압축기를 정지시키는 안전장치
• 압축기 1대일 경우 : 토출밸브 직후 설치
• 압축기가 여러 대일 경우 : 공동 토출가스 헤더에 설치

23 폭굉이 전하는 연소속도를 폭속(폭굉속도)이라 하는데 폭굉파의 속도(m/s)는 약 얼마인가?

① 0.03~10
② 20~100
③ 150~200
④ 1,000~3,500

해설 폭굉(DID : Detonation Induction Distance)
최초의 완만한 연소에서 격렬한 폭굉으로 발전할 때까지의 거리 또는 시간을 말하며 폭굉유도거리가 짧을수록 위험하다. (폭속도 : 1,000~3,500m/s)

24 상용압력 5MPa로 사용하는 내경 65cm의 용접제 원통형 고압가스 설비 동판의 두께는 최소한 얼마가 필요한가?(단, 재료는 인장강도 600N/mm²의 강을 사용하고, 용접 효율은 0.75, 부식여유는 2mm로 한다.)

① 11mm
② 14mm
③ 17mm
④ 20mm

해설 $t = \dfrac{P \cdot D}{50s \cdot \eta - 1.2P} + C$

$= \dfrac{5 \times 650}{50 \times 6 \times 0.75 - 1.2 \times 5} + 2 = 17$

※ 600N/mm² = 6N/cm²

정답 20 ④ 21 ④ 22 ④ 23 ④ 24 ③

25 특정고압가스에 대한 설명으로 옳은 것은?
① 특정고압가스를 사용하고자 하는 자는 산업통상자원부령이 정하는 기준에 맞도록 사용시설을 갖추어야 한다.
② 특정고압가스를 사용하고자 하는 자는 대통령령이 정하는 바에 의하여 미리 도지사에게 신고하여야 한다.
③ 특정고압가스 사용신고를 받은 도지사는 그 신고를 받은 날로부터 10일 내에 관할 소방서장에게 그 신고 사항을 통보하여야 한다.
④ 수소, 산소, 염소, 포스겐, 시안화수소 등이 특정고압가스이다.

해설 특정고압가스
수소, 산소, 액화암모니아, 아세틸렌, 액화염소, 천연가스, 압축모노실란, 압축디보레인, 액화알진 등(사용 전 대통령이 정하는 바에 따라 미리 시장, 군수 또는 구청장에게 신고하고 신고를 받은 시장, 군수 또는 구청장은 7일 이내에 신고사항을 관할 소방서장에게 알린다.)

26 100kW는 약 몇 HP인가?
① 51.3   ② 134
③ 225   ④ 316

해설 1kW = 860kcal/h
1HP = 641kcal/h
∴ $100 \times \dfrac{860}{641} = 134$ HP

27 강(鋼)의 부식 특성에 대한 설명으로 틀린 것은?
① 강 부식의 양극반응은 $Fe \rightarrow Fe^{2+} + 2e^-$이다.
② 양극반응은 대부분의 부식용액에서 빠르게 진행된다.
③ 강이 부식될 때의 속도는 양극반응에 의해서 지배를 받는다.
④ 공기와 접촉하고 있지 않은 용액에서 음극반응은 산(酸)에서 빠르게 진행된다.

해설 강이 부식될 때의 속도는 음극반응에 많은 영향을 받는다.

28 고압가스 저장의 기준으로 틀린 것은?
① 충전용기는 항상 40℃ 이하의 온도를 유지할 것
② 가연성 가스를 저장하는 곳에는 방폭형 휴대용 손전등 외의 등화를 휴대하지 아니할 것
③ 시안화수소를 용기에 충전한 후 60일을 초과하지 아니할 것
④ 시안화수소를 저장하는 때에는 1일 1회 이상 피로카롤 등으로 누출시험을 할 것

해설 시안화수소(HCN)는 1일 1회 이상 질산구리벤젠 등의 시험지로 가스의 가스 누출검사를 하여야 한다.

29 가스홀더의 내용적이 1,800L, 가스홀더의 최고사용압력이 3MPa로 압축가스를 충전 및 저장할 때에 이 설비의 저장능력은 몇 m^3인가?
① 10.8   ② 30.6
③ 55.8   ④ 76.6

해설 3MPa = 30kg/cm^2(30.99kg/cm^2)
저장능력 = 1,800 × 30 = 54,000L = 54m^3
또는 54,000 × 1.033 = 55,800L = 55.8m^3
※ 1atm = 760mmHg = 1.033kg/cm^2

30 한 물체의 가역적인 단열 변화에 대한 엔트로피(Entropy)의 변화 ΔS는?
① $\Delta S > 0$ ② $\Delta S < 0$
③ $\Delta S = 0$ ④ $\Delta S = \infty$

해설 단열변화에서는 열의 출입이 단절되므로 엔트로피 변화가 없는 등엔트로피 과정
ΔS(엔트로피 변화) = 0
$\Delta S = \dfrac{dQ}{T}$ (kcal/K)

31 특정설비 재검사 면제대상이 아닌 것은?
① 차량에 고정된 탱크
② 초저온 압력용기
③ 역화방지장치
④ 독성가스배관용 밸브

정답 25 ① 26 ② 27 ③ 28 ④ 29 ③ 30 ③ 31 ①

해설) 차량에 고정된 탱크는 재검사 면제대상이 아니고 반드시 재검사가 필요하다.

32 암모니아용 냉동기에서 팽창밸브 직전 액냉매의 엔탈피가 110kcal/kg, 흡입증기 냉매의 엔탈피가 360kcal/kg일 때 10RT의 냉동능력을 얻기 위한 냉매 순환량은 약 몇 kg/h인가?(단, 1RT는 3,320kcal/h이다.)

① 65.7   ② 132.8
③ 263.6   ④ 312.8

해설) 냉매의 잠열 = 360 - 110 = 250kcal/kg

∴ 냉매순환량 = $\frac{10RT \times 3,320\text{kcal/h}}{250\text{kcal/kg}}$ = 132.8kg/h

33 설치가 완료된 배관의 내압시험 방법에 대한 설명으로 틀린 것은?

① 내압시험은 원칙적으로 기체의 압력으로 실시한다.
② 내압시험은 상용압력의 1.5배 이상으로 한다.
③ 규정압력을 유지하는 시간은 5분에서 20분간을 표준으로 한다.
④ 내압시험은 해당 설비가 취성파괴를 일으킬 우려가 없는 온도에서 실시한다.

해설) 내압시험(가스배관)
원칙적으로 불연성 가스 등으로 하며 상용압력의 1.5배 이상을 요한다.

34 TNT 1,000kg이 폭발했을 때 그 폭발중심에서 100m 떨어진 위치에서 나타나는 폭풍효과(피크압력)는 같은 TNT 125kg이 폭발했을 때 폭발 중심에서 몇 m 떨어진 위치에서 동일하게 나타나는가?(단, 폭풍효과에 관한 3승근 법칙이 적용되는 것으로 한다.)

① 30   ② 50
③ 70   ④ 80

해설) TNT(트리니트로톨루엔)
• 제5류 위험물이며 니트로 화합물이다.
• 지정수량은 200kg이다.
• TNT 반응식
  $2C_6H_2CH_3(NO_2)_3 \rightarrow 12CO + 2C + 3N_2 + 5H_2$

35 반데르발스 식은 $\left(P + \frac{n^2a}{V_2}\right)(V - nb) = nRT$로 나타낸다. 메탄가스를 150atm, 40L, 30℃의 고압용기에 충전할 때 들어갈 수 있는 가스의 양은?(단, $a = 2.26L^2 \text{atm/mol}$, $b = 4.30 \times 10^{-2}L/mol$이다.)

① 29mol   ② 32mol
③ 45mol   ④ 304mol

해설) CH_4 1몰 = 22.4L = 16g(메탄)
273 + 30 = 303K
$40L \times \frac{303}{273} = 45L$
가스충전량(V) = 45 × 150 = 6,750L
∴ 충전가스양 = $\frac{6,750}{22.4}$ = 302mol

36 정제, 증류제조 설비를 자동으로 제어하는 시설에는 정전 등으로 인하여 그 설비의 기능이 상실되지 않도록 비상전력설비를 설치하여야 한다. 다음 중 비상전력설비를 설치하지 아니할 수 있는 제조시설은?

① 산소 제조시설
② 아세틸렌 제조시설
③ 수소 제조시설
④ 불소 제조시설

해설) • C_2H_2(아세틸렌)은 카바이드(CaC_2)에 물을 반응시켜 제조하므로 비상전력설비가 필요 없다.
• 아세틸렌 제조방법
  $CaO + 3C \rightarrow CaC_2 + CO$
  $CaC_2 + 2H_2O \rightarrow Ca(OH) + C_2H_2$

정답) 32 ②   33 ①   34 ②   35 ④   36 ②

37 섭씨온도(℃)의 정의로 옳은 것은?

① 표준대기압(1atm)하에서 순수한 물의 빙점을 0℃로, 비점을 100℃로 정한 다음 이 사이를 100등분한 것이다.
② 표준대기압(1atm)하에서 알코올의 빙점을 0℃로, 비점을 100℃로 정한 다음 이 사이를 100등분한 것이다.
③ 압력을 1.0kgf/cm²로 하고, 순수한 물의 빙점을 0℃로, 비점을 100℃로 정한 다음 이 사이를 100등분한 것이다.
④ 압력 1bar하에서 순수한 물의 빙점을 0℃로, 비점을 100℃로 정한 다음 이 사이를 100등분한 것이다.

해설 섭씨온도
1atm에서 순수한 물의 빙점을 0℃로 하고 비점을 100℃로 정한 다음 이 사이를 100등분한 것이다.

38 유전양극법에 대한 설명으로 옳은 것은?

① Zn 합금 양극에서 가장 나쁜 불순물은 Fe이다.
② 순 Al은 부동태화가 안 되므로 그대로 유전양극으로 사용이 가능하다.
③ Mg 합금 양극은 전극단위가 1.5V(SCE) 정도로 고전위이므로 지중 등 비저항이 큰 환경에는 부적합하다
④ Mg 합금 양극은 1,500Ω·cm 이하의 부식성이 강한 환경에 적합하다.

해설 유전양극법
지중 또는 수중에 설치된 양극금속과 매설배관 등을 전선으로 연결하여 양극금속과 매설배관 사이의 전지작용에 의해 전기적 부식이 방지되며, 매설배관은 마그네슘(Mg)이고 만약 아연(Zn) 합금 양극이라면 가장 나쁜 불순물은 철(Fe)이다.

39 용기·냉동기 또는 특정설비를 제조하는 자는 시장·군수 또는 구청장에게 등록하여야 한다. 등록한 사항 중 중요 사항을 변경하고자 할 때에도 변경등록을 하도록 규정하고 있다. 다음 중 변경등록 대상범위의 항목이 아닌 것은?

① 저장설비의 교체 설치
② 사업소의 위치 변경
③ 용기 등의 제조공정의 변경
④ 용기 등의 종류 변경

해설 특정설비 변경등록 사항
②, ③, ④ 외에 상호변경, 대표자 변경 등이 변경등록 사항이다.

40 압축계수 Z는 이상기체 법칙 $PV = ZnRT$로 정의된 계수이다. 다음 중 맞는 것은?

① 이상기체의 경우 $Z = 1$이다.
② 실제기체의 경우 $Z = 1$이다.
③ Z는 그 단위가 R의 역수이다.
④ 일반화시킨 환산변수로는 정의할 수 없으며 이상기체의 경우 $Z = 0$이다.

해설 $PV = ZnRT$, $PV = Z\dfrac{W}{M}RT$

- 이상기체에서 압축계수 Z는 1이다.
- 이상기체를 실제기체에 가깝게 하기 위해 사용한다.

41 열기관에서 1사이클당 효율을 높이는 방법으로 가장 적절한 것은?

① 급열 온도를 낮게 한다.
② 동작 유체의 양을 증가시킨다.
③ 카르노 사이클에 가깝게 한다.
④ 동작 유체의 양을 감소시킨다.

정답 37 ① 38 ① 39 ① 40 ① 41 ③

42 LP가스를 자동차용 연료로 사용할 때의 장점이 아닌 것은?

① 배기가스가 깨끗하여 독성이 적다.
② 균일하게 연소하므로 열효율이 좋다.
③ 완전연소에 의해 탄소의 퇴적이 적어 엔진의 수명이 연장된다.
④ 유류탱크보다 연료의 중량 및 체적이 적으므로 차량의 무게가 가벼워진다.

해설 LPG 자동차의 단점은 용기 부착으로 장소와 중량이 많아진다.

43 작동하고 있는 펌프에서 소음과 진동이 발생하였다. 점검을 위해 고려할 사항으로 가장 거리가 먼 것은?

① 서징의 발생
② 캐비테이션의 발생
③ 액비중의 증대
④ 임펠러에 이물질 혼입

해설 펌프에서 액비중이 증대하면 전동기의 과부하 원인이 된다.

44 혼합가스 중의 아세틸렌가스를 헴펠법으로 정량분석하고자 한다. 이때 사용되는 흡수제는?

① KOH 수용액
② $NH_4Cl + CuCl_2$ 수용액
③ KOH + 피로카롤 수용액
④ 발연황산

해설 흡수분석에서 헴펠(Hempel)법에서 아세틸렌가스 등 중탄화수소(C_mH_n)의 성분은 발연황산으로 흡수한다.

45 LPG 저장탱크를 지하에 설치 시 저장탱크실 재료의 규격으로 틀린 것은?

① 굵은 골재의 최대치수 – 25mm
② 설계 강도 – 21MPa 이상
③ 슬럼프(Slump) – 120~150mm
④ 공기량 – 1% 미만

해설 LPG 저장탱크 설치기준 항목은 ①, ②, ③ 외에도 공기량 4%, 물-시멘트비 53% 이하, 기타 KS F 4009(레디믹스드 콘크리트)에 의한 규정

46 다음 중 액화석유가스 용기충전시설의 저장탱크에 폭발방지장치를 의무적으로 설치하여야 하는 경우는?(단, 저장탱크는 저온저장탱크가 아니며, 물분무장치 설치기준을 충족하지 못하는 것으로 가정한다.)

① 상업지역에 저장능력 15톤 저장탱크를 지상에 설치하는 경우
② 녹지지역에 저장능력 20톤 저장탱크를 지상에 설치하는 경우
③ 주거지역에 저장능력 5톤 저장탱크를 지상에 설치하는 경우
④ 녹지지역에 저장능력 30톤 저장탱크를 지상에 설치하는 경우

해설 LPG(액화석유가스) 저장탱크는 15톤이 넘는 저장탱크를 주거지역이나, 상업지역에 지상에 설치하는 경우 폭발방지장치를 의무적으로 설치한다.

47 재료의 세로탄성계수가 $2 \times 10^6 kgf/cm^2$, 가로탄성계수가 $8 \times 10^5 kgf/cm^2$라고 하면 이 재료의 푸아송비는 얼마인가?

① 0.11
② 0.25
③ 0.38
④ 1.25

해설 푸아송비(μ)
재료의 탄성한도 이내에서 세로 방향으로 하중을 가했을 때 세로변경 ε과 가로변경 ε'와의 비율 $\left(\nu = \dfrac{1}{m}\right)$

전단탄성계수$(G) = \dfrac{mE}{2(m+1)}$

$\qquad = \dfrac{E}{2(1+\mu)}$ (GPa)

$\therefore \mu = \dfrac{2,000,000}{800,000 \times 2} - 1 = 0.25$

정답 42 ④ 43 ③ 44 ④ 45 ④ 46 ① 47 ②

48 액화석유가스 집단공급사업자 등 액화석유가스 공급자의 공급자 의무에 대한 설명으로 틀린 것은?

① 6월에 1회 이상 가스사용시설의 안전관리에 관한 계도물을 작성, 배포한다.
② 6개월에 1회 이상 가스사용시설에 대한 안전점검을 실시한다.
③ 다기능가스계량기가 설치된 시설에 공급하는 경우에는 2년에 1회 이상 안전점검을 실시한다.
④ 액화석유가스 자동차 안전점검표는 안전점검결과 이상이 있는 경우에만 작성한다.

해설 다기능가스계량기가 설치된 경우에는 3년에 1회 이상 안전점검을 실시해야 한다.

49 산소 용기에 산소를 충전하고 용기 내의 온도와 밀도를 측정하였더니 각각 20℃, 0.1kg/L이었다. 용기 내의 압력은 약 얼마인가?(단, 산소는 이상기체로 가정한다.)

① 0.075기압　② 0.75기압
③ 7.5기압　　④ 75기압

해설 산소 0.1kg/L=100g/L(표준상태)
산소 1L=1.42857g(표준상태)
$1L \times \dfrac{273+20}{273} = 1.07326L(20℃에서)$

용기 내 압력$(P) = \dfrac{100 \times 1.07326}{1.42857} = 75$기압

50 다음 중 소석회에 의해 제독이 가능한 가스는?

① 염소　　　② 황화수소
③ 암모니아　④ 시안화수소

해설 제독제
- 염소 : 가성소다 수용액, 탄산소다 수용액, 소석회
- 황화수소 : 가성소다 수용액, 탄산소다 수용액
- 암모니아 : 물
- 시안화수소 : 가성소다 수용액

51 냉동장치의 배관에서 증발압력 조정밸브를 설치하는 주된 목적은?

① 증발압력이 설정된 최소치 이상을 유지하도록
② 증발압력이 설정된 최소치 이하를 유지하도록
③ 증발압력이 설정된 최고치 이상을 유지하도록
④ 증발압력이 설정된 최고치 이하를 유지하도록

해설 증발압력 조정밸브의 설치목적
증발기 증발압력이 설정된 최소압력 이상을 유지하기 위하여 설치한다.

52 특정고압가스를 사용하고자 하는 자로서 일정 규모 이상의 저장능력을 가진 자 등 산업통상자원부령이 정하는 자는 사용신고를 언제 하여야 하는가?

① 사용개시 7일 전까지
② 사용개시 15일 전까지
③ 사용개시 20일 전까지
④ 사용개시 1개월 전까지

해설 특정고압가스 사용자는 시장, 군수, 구청장에게 사용개시 7일 전까지 신고하여야 한다.

53 일산화탄소(CO)의 허용농도는 50ppm이다. 이것을 퍼센트(%)로 나타내면 얼마인가?

① 0.5
② 0.05
③ 0.005
④ 0.0005

해설 $1ppm = \dfrac{1}{10^6(백만)}$

$\therefore \dfrac{50}{1,000,000} \times 100 = 0.005\%$

54 다음 중 중합폭발을 일으키는 가스는?

① 오존　　② 시안화수소
③ 아세틸렌　④ 히드라진

해설 시안화수소(HCN)
- 폭발범위 : 6~41%
- 독성 허용농도 : 10ppm
- 2% 이상의 수분과 중합폭발
- 안정제는 황산, 동망, 염화칼슘 등
- 특유의 복숭아 향이 난다.

55 예방보전(Preventive Maintenance)의 효과가 아닌 것은?

① 기계의 수리비용이 감소한다.
② 생산시스템의 신뢰도가 향상된다.
③ 고장으로 인한 중단시간이 감소한다.
④ 잦은 정비로 인해 제조원단위가 증가한다.

해설 설비보전
- 보전예방(MP)
- 예방보전(PM)
- 계량보전(CM)
- 사후보전(BM)
※ ④는 예방보전의 단점에 해당한다.

56 부적합수 관리도를 작성하기 위해 $\Sigma c = 559$, $\Sigma n = 222$를 구하였다. 시료의 크기가 부분군마다 일정하지 않기 때문에 u관리도를 사용하기로 하였다. $n = 10$일 경우 u관리도의 UCL 값은 약 얼마인가?

① 4.023　② 2.518
③ 0.502　④ 0.252

해설 u관리도

$UCL = \bar{u} + 3\sqrt{\dfrac{u}{n}}$

CL(중심선) $\bar{u} = \dfrac{\Sigma c}{\Sigma n} = \dfrac{559}{222} = 2.52$

∴ $UCL = 2.52 + 3\sqrt{\dfrac{2.52}{10}} = 4.023$

57 이항분포(Binomial Distribution)의 특징에 대한 설명으로 옳은 것은?

① $P = 0.01$일 때는 평균치에 대하여 좌·우 대칭이다.
② $P \leq 0.1$이고, $nP = 0.1 \sim 10$일 때는 푸아송 분포에 근사한다.
③ 부적합품의 출현 개수에 대한 표준편차는 $D(x) = nP$이다.
④ $P \leq 0.5$이고, $nP \leq 5$일 때는 정규 분포에 근사한다.

해설 모집단
㉠ 정규분포(연속변량)
㉡ 이항분포(이산변량)
- 이항분포 $B(nP)$로 나타내면 평균값 m은 $m = nP$
- n(시행횟수), P(성공확률), $1 - P =$ 실패확률이며, $nP > 5$이고, $n(1-P) > 5$일 때는 정규분포에 가깝다. n이 클수록 정규분포에 근사한다.
- 푸아송 분포의 특징은 람다(λ)가 커질수록 분포의 모양이 오른쪽으로 이동하며 정규분포 같은 형태가 되며 평균과 분산은 동일하다. 또한 푸아송 분포는 이산확률분포이다.
- 이항분포에서 시행횟수 n이 매우 크고 성공확률 P가 아주 작은 경우 푸아송 분포로도 근사할 수 있다.

58 모집단으로부터 공간적·시간적으로 간격을 일정하게 하여 샘플링하는 방식은?

① 단순랜덤 샘플링(Simple Random Sampling)
② 2단계 샘플링(Two-Stage Sampling)
③ 취락 샘플링(Cluster Sampling)
④ 계통 샘플링(Systematic Sampling)

해설 랜덤 샘플링
- 단순랜덤 샘플링
- 2단계 샘플링
- 집락 샘플링
- 층별 샘플링
- 계통 샘플링 : 모집단으로부터 공간적·시간적으로 일정하게 하여 샘플링하는 방식

정답 54 ② 55 ④ 56 ① 57 ② 58 ④

59 작업방법 개선의 기본 4원칙을 표현한 것은?

① 층별 – 랜덤 – 재배열 – 표준화
② 배제 – 결합 – 랜덤 – 표준화
③ 층별 – 랜덤 – 표준화 – 단순화
④ 배제 – 결합 – 재배열 – 단순화

해설 작업방법 개선의 기본 4원칙
- 배제
- 결합
- 재배열
- 단순화

60 제품공정도를 작성할 때 사용되는 요소(명칭)가 아닌 것은?

① 가공
② 검사
③ 정체
④ 여유

해설 작업관리 공정분석 공정기호
- 가공 : ○
- 운반 : →
- 정체 : D
- 저장 : ▽
- 검사 : □
- 흐름선 : |
- 구분 : ᴠᴠᴠᴠ
- 생략 : ⊥
- 질중심의 양검사 : ◇(사각형 안)
- 가공하면서 양검사 : ⊡
- 가공하면서 운반 : ⊖

정답 59 ④ 60 ④

2014년 4월 6일 과년도 기출문제

01 Orifice 유량계는 어떤 원리를 이용한 것인가?

① 베르누이 정리
② 토리첼리 정리
③ 플랑크의 법칙
④ 보일-샤를의 원리

해설 오리피스 차압식 유량계
- 베르누이 정리를 이용한 차압식 유량계
- 유량계수의 신뢰도가 크나 유체의 압력손실도 크다.
- 구조가 간단하고 제작 및 장착이 용이하다.
- 좁은 장소의 설치가 가능하지만 침전물 생성 우려가 있다.

02 밀폐된 용기 중에서 공기의 압력이 15atm일 때 N_2의 분압은 약 몇 atm인가?(단, 공기 중 질소는 79%, 산소는 21% 존재한다.)

① 7.9
② 9.1
③ 11.8
④ 12.7

해설
- 질소의 분압 = 15×0.79 = 11.85atm
- 산소의 분압 = 15×0.21 = 3.15atm

03 다음 중 특정고압가스가 아닌 것은?

① 수소
② 산소
③ 프로판
④ 아세틸렌

해설
- 특정고압가스 : 수소, 산소, 액화암모니아, 아세틸렌, 액화염소, 천연가스, 압축모노실란, 압축디보레인, 액화알진 등
- 프로판(C_3H_8) : 일반 가연성 가스로 폭발범위는 2.1~9.5%

04 지름이 다른 강관을 직선으로 이음하는 데 주로 사용되는 것은?

① 부싱
② 티
③ 크로스
④ 엘보

해설 부싱 : 지름이 다른 강관을 직선으로 이음하는 데 주로 사용된다.

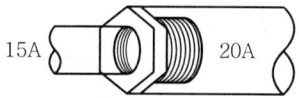

05 다음 [보기]에서 설명하는 강(鋼)으로 가장 옳은 것은?

- 인성·연성·내식성이 우수하다.
- 결정구조는 FCC이고 비자성이다.
- 대표 강으로는 18-8 스테인리스강이 있다.

① 구리-아연강(Cu-Zn Steel)
② 구리-주석강(Cu-Sn Steel)
③ 몰리브덴-크롬강(Mo-Cr Steel)
④ 크롬-니켈강(Cr-Ni Steel)

해설 크롬(Cr)-니켈(Ni)강
- 인성·연성·내식성이 우수하다.
- 결정구조가 FCC이고 비자성체이다.
- 대표강으로는 18-8성분의 스테인리스강이 있다.

06 공기액화분리장치의 폭발 원인과 대책으로 틀린 것은?

① 공기 취입구에서 아세틸렌이 혼입된다.
② 압축기용 윤활유의 분해에 따라 탄화수소가 생성된다.
③ 흡입구 부근에서는 아세틸렌 용접을 금지한다.
④ 분리장치는 연 1회 정도 내부를 세척하고 세정액으로는 양질의 광유를 사용한다.

정답 01 ① 02 ③ 03 ③ 04 ① 05 ④ 06 ④

해설 공기액화분리장치는 1년에 1회 정도 CCl₄(사염화탄소)로 세척한다.
공기액화분리장치의 종류
- 전 저압식 공기분리장치
- 중압식 공기분리장치
- 저압식 액산 플랜트

07 일산화탄소의 제법에 대한 설명으로 옳은 것은?

① 수소가스 제조 시의 부산물로 제조된다.
② 코크스에 산소를 사용하여 불완전연소시켜 제조한다.
③ 알코올 발효 시의 부산물로 제조된다.
④ 석회석의 연소에 의해 생성된 가스를 압축하여 제조한다.

해설 목탄, 코크스로 CO 가스 제조
$C + O_2 \rightarrow CO_2 + 94.1kcal$
$C + CO_2 \rightarrow 2CO - 41.3kcal$
※ $CO + 2H_2 \rightarrow CH_3OH(메탄올) + 24kcal$

08 재충전 금지용기는 그 용기의 안전을 확보하기 위하여 기준에 적합하여야 한다. 그 기준으로 틀린 것은?

① 용기와 용기부속품을 분리할 수 없는 구조일 것
② 최고충전압력(MPa)의 수치와 내용적(L)의 수치를 곱한 값이 100 이하일 것
③ 최고충전압력이 22.5MPa 이하이고 내용적이 15L 이하일 것
④ 최고충전압력이 3.5MPa 이상인 경우에는 내용적이 5L 이하일 것

해설 ③ 내용적이 25L 이하일 것

09 냉동배관에서 압축기 다음에 설치하는 유분리기의 분리방법에 따른 종류가 아닌 것은?

① 전기식   ② 원심식
③ 가스 충돌식   ④ 유속 감소식

해설 오일 유분리기의 종류
- 원심식
- 가스 충돌식
- 유속 감소식

10 공기 중에서 폭발하한계 값이 작은 것부터 큰 순서로 옳게 나열된 것은?

㉠ 아세틸렌   ㉡ 수소
㉢ 프로판   ㉣ 일산화탄소

① ㉠-㉡-㉢-㉣
② ㉠-㉡-㉣-㉢
③ ㉡-㉠-㉢-㉣
④ ㉢-㉠-㉡-㉣

해설 1atm 상온에서의 폭발한계(하한계-상한계)
㉠ 아세틸렌 : 2.5~81%
㉡ 수소 : 4~75%
㉢ 프로판 : 2.1~9.5%
㉣ 일산화탄소 : 12.5~74%

11 다음 용어의 정의 중 틀린 것은?

① 저장소라 함은 산업통상자원부령이 정하는 일정량 이상의 고압가스를 용기 또는 저장탱크에 의하여 저장하는 일정한 장소를 말한다.
② 용기라 함은 고압가스를 충전하기 위한 것으로서 이동할 수 없는 것을 말한다.
③ 저장탱크라 함은 고압가스를 저장하기 위한 것으로서 일정한 위치에 고정설치된 것을 말한다.
④ 냉동기라 함은 고압가스를 사용하여 냉동을 하기 위한 기기로서 산업통상자원부령이 정하는 냉동능력 이상인 것을 말한다.

해설
- 용기는 가스 충전 시 이동이 가능하여야 한다.
- 지상, 지하의 고정식 가스탱크는 이동이 불가능하다.
- 자동차용 가스탱크는 이동이 가능하다.

정답 07 ② 08 ③ 09 ① 10 ④ 11 ②

12 교축과정에서 일어나는 현상으로 틀린 것은?

① 엔탈피가 증가한다.
② 엔트로피가 증가한다.
③ 압력이 감소한다.
④ 난류현상이 일어난다.

해설 • 기체 교축과정은 비가역변화로서 엔탈피가 일정하다.
• 교축과정 : 증기나 가스가 밸브나 오리피스 등의 작은 단면을 통과할 때 외부에 대해 일은 하지 않고 압력이 강하하는 현상(속도감소, 엔트로피 증가)

13 암모니아 가스 누출시험에 사용할 수 없는 것은?

① 염화수소
② 네슬러 시약
③ 리트머스 시험지
④ 핼라이드 토치

해설 핼라이드 토치 : 프레온가스 누설 검지장치
• 누설이 없는 경우 : 청색
• 소량 누설 : 녹색
• 다량 누설 : 자색(너무 많은 프레온이 누설하면 토치 불꽃이 꺼진다.)

14 정전기 재해 방지조치는 정전기 발생 억제, 정전기 완화 촉진, 폭발성 가스의 형성 방지로 나눌 수 있다. 이 중 정전기 완화를 촉진시켜 정전기를 방지하는 방법이 아닌 것은?

① 접지, 본딩
② 공기 이온화
③ 습도 부여
④ 유속 제한

해설 정전기 방지법
• 접지, 본딩
• 공기 이온화
• 습도 부여

15 온도 298K, 부피 0.248L의 용기에 메탄 1mol을 저장할 때 Van Der Waals 식을 이용하여 계산한 압력(bar)은?(단, $a = 2.29L^2 \cdot bar/mol^2$, $b = 0.0428L/mol$, $R = 0.08314L \cdot bar/K \cdot mol$이다.)

① 8.35   ② 83.5
③ 835   ④ 8,350

해설 1몰의 Van der Waals 상태방정식
$$\left(P + \frac{a}{V^2}\right)(V-b) = RT$$
$$P = \frac{RT}{V-b} - \frac{a}{V^2}$$
$$= \frac{0.08314 \times 298}{0.248 - 0.0428} - \frac{2.29L}{(0.248)^2}$$
$$= 83.5 atm$$

16 다음 중 압력이 가장 높은 것은?

① $2,000kgf/m^2$ ② 20psi
③ 20,000Pa   ④ $20mH_2O$

해설
① $2,000kg/m^2 = 0.2kg/cm^2$
② $20psi = 1.0332 \times \frac{20}{14.7} = 1.405kg/cm^2$
③ $20,000Pa = 1.0332 \times \frac{20,000}{101,320}$
   $= 0.203kg/cm^2$
④ $20mH_2O = 1.0332 \times \frac{20}{10.332} = 2kg/cm^2$

※ $1atm = 1.0332kg/cm^2 = 10.332mH_2O$
   $= 101,320Pa = 14.7psi$

17 산업통상자원부장관은 가스의 수급상 필요하다고 인정되면 도시가스사업자에게 조정을 명령할 수 있다. "조정명령" 사항이 아닌 것은?

① 가스공급 계획의 조정
② 가스요금 등 공급조건의 조정
③ 가스공급시설 공사계획의 조정
④ 가스사업의 휴지·폐지·허가에 대한 조정

해설 • 가스사업자의 휴지·폐지 : 신고사항
• 가스사업자의 허가 : 신고허가사항

정답 12 ①   13 ④   14 ④   15 ②   16 ④   17 ④

18 도시가스공급시설 중 정압기(지)의 기준에 대한 설명으로 옳지 않은 것은?

① 정압기를 설치한 장소는 계기실·전기실 등과 구분하고 누출된 가스가 계기실 등으로 유입되지 아니하도록 한다.
② 정압기의 입구 측·출구 측 및 밸브지는 최고사용압력의 1.25배 이상에서 기밀성능을 가지는 것으로 한다.
③ 지하에 설치하는 정압기실은 천장, 바닥 및 벽의 두께가 각각 30cm 이상의 방수조치를 한 콘크리트로 한다.
④ 정압기의 입구에는 수분 및 불순물 제거장치를 설치한다.

해설
- 도시가스 정압기(거버너)의 설치기준에 부합하는 내용은 ①, ③, ④이다.
- 기밀시험압력은 최고사용압력 이하에서 실시한다.

19 액화석유가스 충전사업자는 수요자의 시설에 대하여 안전점검을 실시하고 안전관리 실시 대장을 작성하여 몇 년간 보존하여야 하는가?

① 1년　　② 2년
③ 3년　　④ 5년

해설 액화석유가스(LPG) 충전사업자는 수요자 시설 안전점검 후 안전관리 실시 대장을 작성하여 2년간 보존하여야 한다.

20 초저온가스용 용기 제조 시 기밀시험 압력이란?

① 최고충전압력의 1.1배의 압력을 말한다.
② 최고충전압력의 1.5배의 압력을 말한다.
③ 상용압력의 1.1배의 압력을 말한다.
④ 상용압력의 1.5배의 압력을 말한다.

해설 초저온가스용 용기 제조 시 용기 내 기밀시험 압력이란 최고충전압력의 1.1배 압력을 말한다.

21 독성가스를 사용하는 냉매설비를 설치한 곳에는 냉동능력 얼마 이상의 면적을 갖는 환기구를 직접 외기에 닿도록 설치하여야 하는가?

① $0.05m^2/ton$
② $0.01m^2/ton$
③ $0.5m^2/ton$
④ $1.0m^2/ton$

해설 독성가스 냉매 사용 냉매설비 환기구면적은 냉동능력 IRT(톤당) $0.05m^2$가 기준이 된다.

22 동일 장소에 설치하는 소형 저장탱크는 충전 질량의 합계가 얼마 미만이 되어야 하는가?

① 2,500kg
② 5,000kg
③ 10,000kg
④ 30,000kg

해설 동일 장소에 설치하는 소형 저장탱크는 충전질량의 합계가 총 5,000kg 미만이어야 소형 저장탱크라고 한다.

23 어떤 온도의 다음 반응에서 A, B 각각 1몰을 반응시켜 평형에 도달했을 때 C가 $\frac{2}{3}$ 몰 생성되었다. 이 반응의 평형상수는 얼마인가?

$$A(g) + B(g) \rightarrow C(g) + D(g)$$

① 2　　② 4
③ 6　　④ 8

해설

A	$+$	B	$\rightarrow$	C	$+$	D
$1-\frac{2}{3}$		$1-\frac{2}{3}$		$\frac{2}{3}$		$\frac{2}{3}$

∴ 평형상수$(K_c) = \frac{[C][D]}{[A][B]}$

$$= \frac{\frac{2}{3} \times \frac{2}{3}}{\left(1-\frac{2}{3}\right) \times \left(1-\frac{2}{3}\right)} = 4$$

정답 18 ② 19 ② 20 ① 21 ① 22 ② 23 ②

24 고압가스 특정제조허가의 대상이 아닌 것은?

① 석유정제업자의 석유정제시설에서 고압가스를 제조하는 것으로서 저장능력이 100 ton 이상인 것
② 석유화학공업자의 석유화학공업시설에서 고압가스를 제조하는 것으로서 처리능력이 1만m^3 이상인 것
③ 비료생산업자의 비료제조시설에서 고압가스를 제조하는 것으로서 그 처리능력이 1만m^3 이상인 것
④ 철강공업자의 철강공업시설에서 고압가스를 제조하는 것으로서 그 처리능력이 10만m^3 이상인 것

<u>해설</u> 특정제조허가 대상이 되려면 비료생산업자의 비료제조시설에서 고압가스를 제조하는 것으로서 그 저장능력이 100톤 이상이거나 처리능력이 10만m^3 이상인 것이어야 한다.

25 이상기체(완전가스)의 성질이 아닌 것은?

① 보일-샤를의 법칙을 만족한다.
② 아보가드로의 법칙을 따른다.
③ 내부에너지는 체적과 무관하며 압력에 의해서만 결정된다.
④ 기체 분자 간 충돌은 완전 탄성체로 이루어진다.

<u>해설</u> 이상기체에서 내부에너지는 체적(부피)에 관계없이 온도에 의해서만 결정된다. 즉, 내부에너지는 줄(Joule)의 법칙이 성립된다.(기체분자 상호 간에 작용하는 인력과 분자의 크기도 무시되며 분자 간의 충돌은 완전 탄성체로 이루어진다.)

26 코리올리스(Coriolis) 유량계의 특징이 아닌 것은?

① 유체의 종류에 따라 보정이 필요하다.
② 유체의 질량을 직접 측정한다.
③ 고압의 기체유량 측정이 가능하다.
④ 측정방식이 물리적인 유체의 속성과 무관하다.

<u>해설</u> **코리올리스 질량유량계**
- 석유화학분야에서 정확한 유량을 측정하는 유량계
- 지구의 자력을 이용하여 유량을 측정한다.
- 유체밀도 측정도 가능하며 정확도는 ±0.2%로 매우 높고 검출센서는 유체와 접촉하지 않는 비접촉식이다.
- 침전물, 불순물, 부유물 등 다양한 유체의 측정이 가능하다.

27 특정고압가스를 사용하고자 한다. 신고대상이 아닌 것은?

① 저장능력 10m^3의 압축가스 저장능력을 갖추고 디실란을 사용하고자 하는 자
② 저장능력 200kg의 액화가스 저장능력을 갖추고 액화암모니아를 사용하고자 하는 자
③ 저장능력 250kg의 액화가스 저장능력을 갖추고 액화산소를 사용하고자 하는 자
④ 저장능력 10m^3의 압축가스 저장능력을 갖추고 수소를 사용하고자 하는 자

<u>해설</u> 수소는 특정고압가스이나 특정고압가스는 저장능력이 50m^3 이상인 압축가스저장설비를 갖추고 특정고압가스를 사용하는 경우에만 신고대상이다.

28 용기 부속품의 종류별 기호의 표시 중 압축가스를 충전하는 용기의 부속품을 나타내는 것은?

① LG   ② PG
③ LT   ④ AG

<u>해설</u>
- LG : LPG 이외의 액화가스
- PG : 압축가스
- LT : 초저온 및 저온가스
- AG : 아세틸렌가스

29 다음 [보기]에서 압력을 낮추면 평형이 왼쪽으로 이동하는 것으로만 짝지어진 것은?

  ㉠ $C(s) + H_2O \rightleftarrows CO + H_2$
  ㉡ $2CO + O_2 \rightleftarrows 2CO_2$
  ㉢ $N_2 + 3H_2 \rightleftarrows 2NH_3$
  ㉣ $H_2O(l) \rightleftarrows H_2O(g)$

① ㉠, ㉣ ② ㉠, ㉢
③ ㉠, ㉡ ④ ㉡, ㉢

해설 화학평형
- 평형상태(화학평형)에서 정반응속도 = 역반응속도
- 압력을 높이면 체적(몰수, 분자수)이 감소하는 반응 발생
- 압력을 낮추면 체적(몰수, 분자수)이 증가하는 반응 발생

30 등엔트로피 과정이란?

① 가역 단열과정이다.
② 가역 등온과정이다.
③ 마찰이 없는 비가역과정이다.
④ 마찰이 없는 등온과정이다.

해설
- 등엔트로피 과정 : 가역 단열과정
- 엔트로피 변화
$$\Delta S = \frac{d\theta}{T} = \frac{\text{변화된 열량}}{\text{절대온도}}$$

31 고압가스 안전관리법의 적용 대상이 되는 가스는?

① 철도차량의 에어컨디셔너 안의 고압가스
② 항공법의 적용을 받는 항공기 안의 고압가스
③ 등화용의 아세틸렌가스
④ 오토클레이브 안의 수소가스

해설 오토클레이브(Auto Clave)
고압반응가스이며 교반형, 진탕형, 회전형, 가스교반형 4가지가 있다.

32 어떤 기체가 20℃, 700mmHg에서 100mL의 무게가 0.5g이라면 표준상태에서 이 기체의 밀도는 약 몇 g/L인가?

① 2.8 ② 3.8
③ 4.8 ④ 5.8

해설
$$V_2 = V_1 \times \frac{T_2}{T_1} \times \frac{P_1}{P_2}$$

밀도$(\rho) = \frac{\text{질량}}{\text{체적}}$

표준상태용적 $= 100 \times \frac{273}{273+20} \times \frac{700}{760}$
$= 85.82\text{mL}(0.08582\text{L})$

밀도$(\rho) = \frac{0.5}{0.08582} = 5.8\text{g/L}$

33 정압기실 주위에는 경계책을 설치하여야 한다. 이때 경계책을 설치한 것으로 보는 경우가 아닌 것은?

① 철근콘크리트로 지상에 설치된 정압기실
② 도로의 지하에 설치되어 사람과 차량의 통행에 영향을 주는 장소에 있어 경계책 설치가 부득이한 정압기실
③ 정압기가 건축물 안에 설치되어 있어 경계책을 설치할 수 있는 공간이 없는 정압기실
④ 매몰형 정압기

해설 매몰형 정압기
가스용품 제조허가 품목(매몰형은 경계책의 설치가 필요하다.)

34 20℃에서 600mL의 기체를 압력의 변화 없이 온도를 40℃로 변화시키면 부피는 약 얼마가 되는가?

① 621mL ② 631mL
③ 641mL ④ 651mL

해설
$$V_2 = V_1 \times \frac{T_2}{T_1} = 600 \times \frac{273+40}{273+20} = 641\text{mL}$$

※ 1L = 1,000mL

정답 29 ④ 30 ① 31 ④ 32 ④ 33 ④ 34 ③

35 고압가스용 이음매 없는 용기 제조 시 부식방지 도장을 실시하기 전에 도장효과를 향상시키기 위하여 실시하는 처리가 아닌 것은?

① 피막화성 처리
② 숏블라스팅
③ 포토에칭
④ 에칭프라이머

해설 이음매 없는 용기(무계목용기) 제조 시 부식방지도장 실시 전 도장효과 향상처리
- 피막화성 처리
- 숏블라스팅 처리
- 에칭프라이머 처리

36 유체의 부피나 질량을 직접 측정하는 기구로서, 유체의 성질에 영향을 적게 받지만 구조가 복잡하고 취급이 어려운 단점이 있는 유량측정장치는?

① 오리피스미터
② 습식 가스미터
③ 벤투리미터
④ 로터미터

해설 습식 가스미터(실측식)
- 유체 성질에 영향을 적게 받는다.
- 구조가 복잡하다.
- 취급이 어렵다.

37 산소 압축기의 내부 윤활유로 주로 사용되는 것은?

① 석유류
② 화이트유
③ 물
④ 진한 황산

해설 ② 화이트유 : 아황산가스 압축기용
③ 물 : 산소가스 압축기용
④ 진한 황산 : 염소가스 압축기용

38 가열된 열량이 전부 내부에너지의 증가로 사용되는 가스의 상태변화는?

① 정적 변화
② 정압변화
③ 등온변화
④ 단열변화

해설 정적 변화
용적이 일정한 변화로서 가열된 열량 전부가 내부에너지 증가로 나타난다.

39 전기 방식(防蝕) 중 외부전원법에 사용되는 정류기가 아닌 것은?

① 정전류형
② 정전압형
③ 정저항형
④ 정전위형

해설 외부전원법 전기부식 방지법의 정류기 종류
정전류형, 정전압형, 정전위형

40 배관의 용접이음 시 특징에 대한 설명 중 틀린 것은?

① 보온피복 시 시공이 쉽다.
② 이음부의 강도가 크고 누출 우려가 적다.
③ 가공시간이 단축되며 재료비가 절약된다.
④ 관 단면의 변화가 없어 손실수두가 크다.

해설 용접배관은 관 내 단면의 변화가 없어서 손실수두(mmH_2O)가 적다.

41 고압가스 탱크의 수리를 위하여 내부 가스를 배출하고 불활성 가스로 치환하여 다시 공기로 치환하였다. 분석결과는 각각의 가스에 대해 다음과 같았다. 사람이 들어가 화기를 사용하여도 무방한 경우는?

① 산소-30%
② 수소-10%
③ 프로판-5%
④ 질소 80, 나머지 산소

해설
- 치환 후 내부 수리 시 필요한 산소요구량은 18% 이상 ~21% 이내
- 공기 100%-질소 80%=산소 20%

정답 35 ③ 36 ② 37 ③ 38 ① 39 ③ 40 ④ 41 ④

42 카르노(Carnot) 사이클로 작동하는 열기관에서 사이클마다 250kg·m의 일을 얻기 위해서는 사이클마다 공급열량이 1kcal, 저열원의 온도가 27℃이면 고열원의 온도는 약 몇 ℃가 되어야 하는가?

① 351℃ ② 451℃
③ 624℃ ④ 724℃

해설 $250\text{kg} \cdot \text{m} \times A = 250 \times \dfrac{1}{427} \text{kcal/kg} \cdot \text{m}$
$= 0.585\text{kcal}$
$27 + 273 = 300\text{K}, \ \dfrac{0.585}{1} = 0.585(58.5\%)$
$0.585 = 1 - \dfrac{300}{T_1}, \ T_1 = 724\text{K}(451℃)$

43 가스 관련법에서 규정하고 있는 안전관리자의 종류에 해당하지 않는 것은?

① 안전관리 부총괄자
② 안전관리 책임자
③ 안전관리 부책임자
④ 안전점검원

해설 안전관리자의 종류 및 자격 등
- 안전관리 총괄자(해당 사업자의 최상급자)
- 안전관리 부총괄자(해당 사업자의 시설을 직접 관리하는 최고 책임자)
- 안전관리 책임자
- 안전점검원

44 이상기체의 부피를 현재의 $\dfrac{1}{2}$로 하고 절대온도(K)를 현재의 2배로 했을 경우 압력은 얼마가 되겠는가?

① 1배 ② 2배
③ 4배 ④ 8배

해설 부피$(V_2) = \dfrac{1}{2} = 0.5$
절대온도$(K) = 2$배
압력$(P) = \dfrac{2}{0.5} = 4$배

45 내용적이 47L인 프로판 용기 안에 프로판이 20kg 충전되어 있을 때 프로판의 가스 상수는?

① 0.86 ② 1.25
③ 2.09 ④ 2.35

해설 $W(\text{질량}) = \dfrac{\text{용적}}{\text{가스상수}}$
$20 = \dfrac{47}{x}$
$\therefore x(\text{가스상수}) = \dfrac{47}{20} = 2.35$

46 섭씨온도(℃)와 화씨온도(℉)가 같은 값을 나타내는 온도는?

① -20 ② -40
③ -50 ④ -60

해설 $℉ = \dfrac{9}{5} \times ℃ + 32$
$= \dfrac{9}{5} \times (-40) + 32$
$= -40℉$

47 도시가스 품질검사를 위한 시료채취방법에 대한 설명으로 옳은 것은?

① 5L 이하의 시료용기에 0.1MPa 이하의 압력으로 채취한다.
② 5L 이하의 시료용기에 1.0MPa 이하의 압력으로 채취한다.
③ 10L 이하의 시료용기에 0.1MPa 이하의 압력으로 채취한다.
④ 10L 이하의 시료용기에 1.0MPa 이하의 압력으로 채취한다.

해설 도시가스 품질검사 시 시료채취방법은 가스 10L 이하의 시료용기에 1.0MPa(10kg/cm²) 이하의 압력으로 채취한다.

정답 42 ② 43 ③ 44 ③ 45 ④ 46 ② 47 ④

48 내용적 40L의 용기에 아세틸렌가스 10kg(액비중 0.613)을 충전할 때 다공성 물질의 다공도를 90%라고 하면 안전공간은 표준상태에서는 약 얼마 정도인가?(단, 아세톤의 비중은 0.8이고, 주입된 아세톤양은 14kg이다.)

① 3.5% ② 4.5%
③ 5.5% ④ 6.5%

해설
- 아세톤 주입용량 = $\frac{14}{0.8}$ = 17.5L
- 다공물질의 다공도 용량
  = $40L \times \frac{100-90}{100}$ = 4L
- 아세틸렌 용량 = $\frac{10}{0.613}$ = 16.32L

전체 용량 = 17.5 + 4 + 16.32 = 37.82L

∴ 안전공간 = $\frac{40L - 37.82L}{40L} \times 100$ = 5.5%

49 판 두께 12mm, 용접길이 50cm인 판을 맞대기 용접했을 때 4,500kgf의 인장하중이 작용한다면 인장응력은 약 몇 kgf/cm²인가?

① 45 ② 75
③ 125 ④ 145

해설 용접길이 안전율 = $50 \times \frac{1}{4}$ = 12.5cm

인장응력 = $\frac{4,500}{12 \times 12.5}$ = 75kg/cm²

50 도시가스를 사용하는 공동주택 등에 압력조정기를 설치할 수 있는 경우의 기준으로 옳은 것은?

① 공동주택 등에 공급되는 가스압력이 중압 이상으로서 전체 세대수가 150세대 미만인 경우
② 공동주택 등에 공급되는 가스압력이 중압 이상으로서 전체 세대수가 200세대 미만인 경우
③ 공동주택 등에 공급되는 가스압력이 저압으로서 전체 세대수가 200세대 미만인 경우
④ 공동주택 등에 공급되는 가스압력이 저압으로서 전체 세대수가 300세대 미만인 경우

해설 공동주택 도시가스 압력조정기 설치기준
공동주택 등에 공급되는 가스압력이 중압 이상(0.1~1MPa)으로서 세대수가 150세대 미만

51 가연성 가스 중 산소의 농도가 증가할수록 발화온도와 폭발한계는 각각 어떻게 변하는가?

① 발화온도 : 높아진다./폭발한계 : 넓어진다.
② 발화온도 : 높아진다./폭발한계 : 좁아진다.
③ 발화온도 : 낮아진다./폭발한계 : 넓어진다.
④ 발화온도 : 낮아진다./폭발한계 : 좁아진다.

해설 가연성 가스의 산소농도 증가 시 반응
- 발화온도(착화온도)가 낮아진다.
- 폭발한계가 넓어진다.

52 직경 20mm 이하의 구리관을 이음할 때 기계의 점검·보수, 기타 관을 쉽게 분리하기 위한 구리관의 이음방법으로서 가장 적절한 것은?

① 플렌지 이음
② 슬리브 이음
③ 용접 이음
④ 플레어 이음

해설 동관 플레어 이음(압축이음)
관경 20mm 이하의 구리관 점검·보수, 관의 분리에 용이한 이음

53 고압가스 특정제조시설에서 안전구역의 설정 시 고압가스설비의 연소열량 수치(Q)는 얼마 이하로 하여야 하는가?

① 6×10^7 ② 6×10^8
③ 7×10^7 ④ 7×10^8

해설 고압가스 특정제조시설 안전구역 설정 시 고압 가스설비의 연소열량수치는 6×10^8 이하로 하여야 한다.

정답 48 ③ 49 ② 50 ① 51 ③ 52 ④ 53 ②

54 이음에 필요한 부품이 고무링 하나뿐이며 온도 변화에 대한 신축이 자유롭고 이음 접합과정이 간단한 이음은?

① 노허브 이음
② 소켓 이음
③ 타이톤 이음
④ 플랜지 이음

해설 타이톤 이음(Tyton Joint)
주철관의 접합이며 원형의 고무링 하나만으로 접합하는 방법이다. 온도 변화에 대한 신축이 자유롭고 이음의 접합과정이 간단하다.

55 다음 중 두 관리도가 모두 포아송 분포를 따르는 것은?

① $\bar{x}$ 관리도, R 관리도
② c 관리도, u 관리도
③ np 관리도, p 관리도
④ c 관리도, p 관리도

해설 관리도
㉠ 계량치
  • $\bar{x}-R$(평균치와 범위의) 관리도
  • x(개개 측정치의) 관리도
  • $\tilde{x}-R$(메디안과 범위의) 관리도
㉡ 계수치
  • P_n(불량개수의) 관리도
  • P(불량률의) 관리도
  • C(결점 수의) 관리도
  • u(단위당 결점 수) 관리도
  ※ C, u 관리도 : 포아송 분포를 따른다.
㉢ 포아송비 = $\dfrac{횡스트레인}{종스트레인}$ (한 방향의 수직응력을 받는 경우)
㉣ 포아송 분포 : 많은 사건 중에서 특정한 사건이 발생할 가능성이 매우 적은 확률변수가 갖는 분포이다.

56 다음 중 반즈(Ralph M. Barnes)가 제시한 동작경제원칙에 해당되지 않는 것은?

① 표준작업의 원칙
② 신체의 사용에 관한 원칙
③ 작업장의 배치에 관한 원칙
④ 공구 및 설비의 디자인에 관한 원칙

해설 표준작업의 원칙은 반즈가 제시한 동작경제원칙에 해당되지 않는다.

57 전수검사와 샘플링 검사에 관한 설명으로 가장 올바른 것은?

① 파괴검사의 경우에는 전수검사를 적용한다.
② 전수검사가 일반적으로 샘플링 검사보다 품질 향상에 자극을 더 준다.
③ 검사항목이 많을 경우 전수검사보다 샘플링 검사가 유리하다.
④ 샘플링 검사는 부적합품이 섞여 들어가서는 안 되는 경우에 적용한다.

해설 ㉠ 검사항목이 많으면 전수검사보다 샘플링검사가 유리하다.
㉡ 검사항목
  • 구입검사
  • 공정검사 및 중간검사
  • 최종검사
  • 출하검사
  • 입고, 출고, 인수인계검사
㉢ 판정대상 : 전수검사, 로트별 샘플링 검사, 관리샘플링 검사, 무검사, 자주검사

58 다음 표를 참조하여 5개월 단순이동평균법으로 7월의 수요를 예측하면 몇 개인가?

[단위 : 개]

월	1	2	3	4	5	6
실적	48	50	53	60	64	68

① 55개
② 57개
③ 58개
④ 59개

정답 54 ③ 55 ② 56 ① 57 ③ 58 ④

해설 실적＝50＋53＋60＋64＋68＝295개
단순이동평균법에 의해 7월의 수요를 예측하면,
$\dfrac{295개}{5개월} = 59개$

59 도수분포표에서 도수가 최대인 계급의 대표값을 정확히 표현한 통계량은?

① 중위수
② 시료평균
③ 최빈수
④ 미드－레인지(Mid－range)

해설 최빈수
도수분포표에서 도수가 최대인 계급의 대표값을 정확히 표현한 통계량

60 근래 인간공학이 여러 분야에서 크게 기여하고 있다. 다음 중 어느 단계에서 인간공학적 지식이 고려됨으로써 기업에 가장 큰 이익을 줄 수 있는가?

① 제품의 개발단계
② 제품의 구매단계
③ 제품의 사용단계
④ 작업자의 채용단계

해설 제품의 개발단계
인간공학적 지식이 고려됨으로써 기업에 가장 큰 이익을 줄 수 있다.

2014년 7월 20일 과년도 기출문제

01 다음 비파괴검사 중 내부 결함의 검출에 가장 적합한 방법은?

① 자분탐상시험
② 방사선투과시험
③ 침투탐상시험
④ 전자유도시험

해설 비파괴검사법
- 음향검사
- 침투검사
- 자분탐상검사
- 방사선투과검사(가장 많이 사용)
- 초음파검사
- 와류검사
- 전위차법검사
- 설파프린트검사

02 도시가스사업의 범위에 해당되지 않는 경우는?

① 가스도매사업
② 일반도시가스사업
③ 도시가스충전사업
④ 석유정제사업

해설 석유정제사업은 소방안전법에 속한다.

03 접합 또는 납붙임용기란 동판 및 경판을 각각 성형하여 심(Seam)용접 등의 방법으로 접합하거나 납붙임하여 만든 내용적 얼마의 용기를 말하는가?

① 1L 이하　　② 3L 이하
③ 1L 이상　　④ 3L 이상

해설 접합, 납붙임용기
동판 및 경판을 성형하고 내용적 1L 이하의 접합용기

04 일산화탄소(CO)가 인체에 영향을 미쳤을 때 바로 자각증상이 있고 1~3분 만에 의식불명이 되어 사망의 위험이 있는 가스의 농도는?

① 128ppm
② 1,280ppm
③ 12,800ppm
④ 128,000ppm

해설 CO 가스의 농도가 12,800ppm일 경우 이에 노출된 인간은 1~3분 만에 의식불명상태가 된다.

05 액화석유가스 소형저장탱크를 설치할 경우 안전거리에 대한 설명으로 틀린 것은?

① 충전질량이 2,500kg인 소형저장탱크의 가스충전구로부터 토지경계선에 대한 수평거리는 5.5m 이상이어야 한다.
② 충전질량이 1,000kg 이상 2,000kg 미만인 소형저장탱크의 탱크 간 거리는 0.5m 이상이어야 한다.
③ 충전질량이 2,500kg인 소형저장탱크의 가스충전구로부터 건축물 개구부에 대한 거리는 3.5m 이상이어야 한다.
④ 충전질량이 1,000kg 미만인 소형저장탱크의 가스충전구로부터 토지경계선에 대한 수평거리는 1.0m 이상이어야 한다.

해설 충전질량 1,000kg 미만의 경우
- 토지경계선에 대한 수평거리 : 0.5m 이상
- 탱크 간 거리 : 0.3m 이상
- 건축물 개구부에 대한 거리 : 0.5m 이상

정답 01 ② 02 ④ 03 ① 04 ③ 05 ④

06 길이 100m, 내경 30cm인 배관에서 기밀시험을 위하여 질소가스로 내부압력을 10atm·g까지 채우려고 한다. 필요한 질소량(m^3)은 약 얼마인가?

① 70.7
② 90.7
③ 110.7
④ 130.7

해설 내용적 = 단면적 × 길이(m^3)

1atm하 용적 = $\frac{3.14}{4} \times (0.3)^2 \times 100$

= $7.065 m^3$

∴ 10atm하 용적 = $7.065 \times 10 = 70.7 m^3$

07 고압가스 안전관리법상 저온용기의 경우에 적용되는 최고충전압력은 다음 중 어느 압력에 해당하는가?

① 35℃의 온도에서 그 용기에 충전할 수 있는 가스의 압력 중 최고압력
② 상용압력 중 최고압력
③ 내압시험압력의 $\frac{3}{5}$의 압력
④ 기밀시험압력의 1.1배의 압력

해설 저온용기 최고충전압력 : 상용압력 중 최고압력

08 표준상태에서 1L의 A가스의 무게는 1.429g, B가스의 무게는 1.964g이다. 이 두 기체의 확산속도비 $\frac{V_A}{V_B}$는 약 얼마인가?

① 0.73
② 0.85
③ 1.17
④ 1.37

해설 확산속도비 = $\frac{U_B}{U_A} = \sqrt{\frac{M_A}{M_B}}$

= $\sqrt{\frac{1.964}{1.429}} = 1.17$

09 다음 가연성 가스 중 위험도가 가장 큰 것은?

① 염화비닐
② 산화에틸렌
③ 수소
④ 프로판

해설 ㉠ 가연성 가스의 위험도(H)

$H = \frac{U-L}{L}$

㉡ 가스의 폭발범위(하한~상한)
- 염화비닐 : 4~22%
- 산화에틸렌 : 3~80%
- 수소 : 4~75%
- 프로판 : 2.1~9.5%

㉢ 산화에틸렌 위험도 = $\frac{80-3}{3} = 26$

10 고압가스 판매소에서 보관할 수 있는 고압가스 용적이 몇 m^3 이상이면 보관실의 외면으로부터 보호시설까지 안전거리를 유지하여야 하는가?

① 30
② 50
③ 100
④ 300

해설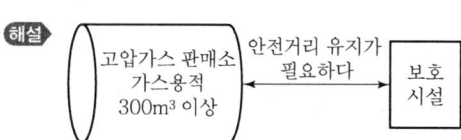

11 부피가 25m^3인 LPG 저장탱크의 저장능력은 몇 톤인가?(단, LPG의 비중은 0.52이다.)

① 10.4
② 11.7
③ 12.4
④ 13.0

해설 액화석유가스(LPG) = 0.52톤/m^3

$(25 \times 0.52) \times 0.9 = 11.7$톤

※ 액화가스는 저장탱크에 90%만 저장시킨다.

정답 06 ① 07 ② 08 ③ 09 ② 10 ④ 11 ②

12 차량에 고정된 탱크로 고압가스를 운반할 때 가스를 이송 또는 이입하는 데 사용되는 밸브를 후면에 설치한 탱크에서 탱크 주 밸브와 차량의 뒷범퍼의 수평거리는 몇 cm 이상 떨어져 있어야 하는가?

① 20
② 30
③ 40
④ 50

해설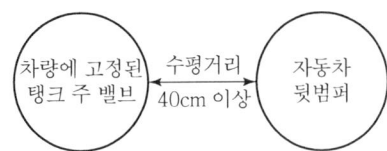

13 용해 아세틸렌 저장 시 주의사항에 대한 설명 중 틀린 것은?

① 저장소에는 화기엄금하며 방폭형 휴대용 전등 이외의 등화는 갖지 말 것
② 용기는 전락, 전도, 충격을 가하지 말고 신중히 취급할 것
③ 저장장소는 통풍구조가 양호할 것
④ 용기저장 시 온도는 40℃ 이하로 유지하고 저장실 지붕은 무거운 재료로 할 것

해설 가스저장실의 지붕 재료는 항상 가벼운 것을 사용한다.

14 300A 강관을 B(inch) 호칭으로 지름을 나타낸 것은?

① 4B
② 6B
③ 10B
④ 12B

해설 1B=2.54cm(1인치)
300A=300mm=30cm
∴ B = $\frac{30}{2.54}$ = 12B

15 특정고압가스 사용시설에서 독성가스의 감압설비와 그 가스의 반응설비 간의 배관에 반드시 설치하여야 하는 장치는?

① 역류방지장치
② 화염방지장치
③ 독성가스 흡수장치
④ 안전밸브

해설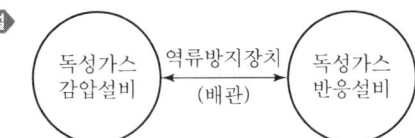

16 뜨거운 가스와 차가운 가스 사이에서 밀도(비중)차에 의해 가장 큰 영향을 받는 것은?

① 전도
② 대류
③ 복사
④ 냉각

해설 가스대류작용
뜨거운 가스(상승), 차가운 가스(하강) 간에는 자연대류현상 발생

17 액체산소 용기나 저온용 금속재료로서 가장 부적당한 것은?

① 탄소강
② 9% 니켈강
③ 18-8 스테인리스강
④ 황동

해설 탄소강
저온이 되면 인장강도, 항복점, 경도는 증가하나 연신율, 단면수축률, 충격값이 하강한다.

18 식품접객업소로서 영업장의 면적이 몇 m² 이상인 가스사용시설에 대하여 가스누출 자동차단장치를 설치하여야 하는가?

① 33
② 50
③ 100
④ 200

정답 12 ③ 13 ④ 14 ④ 15 ① 16 ② 17 ① 18 ③

해설) 가스누출 자동차단장치 설치가 필요하다.

식품접객업소
영업장 100m² 이상

19 그림과 같은 냉동기의 가스퍼저(Gas Purger)의 작동순서에서 가장 먼저 하는 조작은?

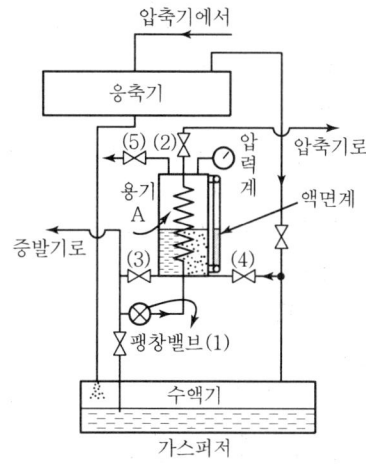

① 밸브 (3)을 열어 용기 내에 냉매액을 일정 높이로 한다.
② 팽창밸브 (1)과 밸브 (2)를 열어 용기 A를 냉각시킨다.
③ 밸브 (4)를 열어 불응축가스를 보낸다.
④ 불응축가스의 배출밸브 (5)를 개방하여 대기로 방출시킨다.

해설) 가스퍼저
공기 등 불응축가스 제거
• 종류 : 요크식, 암스트롱식
• 불응축가스 : 공기, 연기, 염산, 불화수소산

20 염소의 제법에 대한 설명으로 옳지 않은 것은?

① 염산을 전기분해한다.
② 표백분에 진한 염산을 가한다.
③ 소금물을 전기분해한다.
④ 염화암모늄 용액에 소석회를 가한다.

해설) 염화나트륨에 진한 황산을 넣어 가열한다.
$2NaCl + 2H_2SO_4 + MnO_2 \rightarrow Na_2SO_4 + MnSO_4 + 2H_2O + Cl_2$(염소 제조)

21 다음 중 이상기체의 법칙에 가장 가까운 것은?

① 저압, 고온에서 이상기체의 법칙에 접근한다.
② 고압, 저온에서 이상기체의 법칙에 접근한다.
③ 저압, 저온에서 이상기체의 법칙에 접근한다.
④ 고압, 고온에서 이상기체의 법칙에 접근한다.

해설) 실제 기체가 저압, 고온이 되면 이상기체의 법칙에 접근한다.

22 가스누출 자동차단기를 설치하여도 설치목적을 달성할 수 없는 시설이 아닌 것은?

① 개방된 공장의 국부난방시설
② 경기장의 성화대
③ 상·하 방향, 전·후 방향, 좌·우 방향 중에 2방향 이상이 외기에 개방된 가스사용시설
④ 개방된 작업장에 설치된 용접 또는 절단시설

해설) ①, ②, ④는 가스누출 자동차단기 설치 시 목적 달성이 어려우나 ③은 일부만 개방되어 있어서 목적 달성이 가능하다.

23 다음 반응식의 평형상수(K)를 올바르게 나타낸 것은?(단, A : CH_4, B : O_2, C : CO_2, D : H_2O)

$$A + 2B \rightarrow C + 2D$$

① $K = \dfrac{[CO_2] \cdot 2[H_2O]}{[CH_4] \cdot 2[O_2]}$

② $K = \dfrac{2[O_2]^2 \cdot 2[H_2O]}{[CH_4] \cdot [CO_2]}$

③ $K = \dfrac{[CO_2] \cdot [H_2O]^2}{[CH_4] \cdot [O_2]^2}$

④ $K = \dfrac{[O_2]^2 \cdot [H_2O]^2}{[CH_4] \cdot [CO_2]}$

정답) 19 ② 20 ④ 21 ① 22 ③ 23 ③

해설 ㉠ A+B ⇌ C+D
- 정반응속도 $V_1 = K_1[A][B]$
- 역반응속도 $V_2 = K_2[C][D]$

㉡ 평형상수(K)
$$K = \frac{[C]^c[D]^d}{[A]^a[B]^b}$$
- 평형상수값이 매우 크면 정반응이 우세하다.
- 평형상수값이 매우 작으면 역반응이 우세하다.

㉢ 메탄가스 $CH_4 + 2O_2 \rightarrow CO_2 + 2H_2O$
$$K = \frac{[CO_2]\cdot[H_2O]^2}{[CH_4]\cdot[O_2]^2}$$

24 차량에 부착된 탱크의 내용적은 1,800L이다. 이 용기에 액화 부틸렌을 완전히 충전하였다. 이때 액화 부틸렌의 질량은 몇 kg인가?(단, 액화 부틸렌가스의 정수는 2.00이다.)

① 766　　② 780
③ 878　　④ 900

해설 질량(W) $= \dfrac{V}{C} = \dfrac{1,800}{2.00} = 900kg$

25 도시가스사업법에서 사용하는 용어의 정의를 설명한 것 중 틀린 것은?

① 도시가스사업은 수요자에게 연료용 가스를 공급하는 사업이다.
② 가스도매사업은 일반도시가스사업자 외의 자가 일반도시가스사업자 또는 산업통상자원부령이 정하는 대량수요자에게 천연가스를 공급하는 사업을 말한다.
③ 도시가스사업자는 가스를 제조하여 일반 수요자에게 용기로 공급하는 사업자를 말한다.
④ 가스사용시설은 가스공급시설 외의 가스사용자의 시설로서 산업통상자원부령으로 정하는 것을 말한다.

해설 도시가스사업
수요자에게 연료용 가스를 공급하는 사업에 따른 가스도매사업 및 일반도시가스사업 중 배관을 이용한 사업을 말한다.

26 도시가스의 공급계획을 가장 적절히 설명한 항목은?

① 어떤 지역 내의 피크(Peak) 시 가스소비량과 그 지역 내 전체 수요가의 가스기구 소비량의 총합계의 비를 추정하는 것이다.
② 해마다 증가하는 수요, 공급구역의 확대를 예측하여 항상 안정된 압력으로 양질의 가스를 원활하게 공급할 수 있도록 공급시설의 증가 등을 계획하는 것이다.
③ 배관의 구경결정과 압력해석을 수행하는 것이다.
④ 시시각각 변화하는 가스수요량을 예측하여 가스제조설비, 가스홀더, 압송기, 정압기 등을 안전하고 효율적으로 운용하여 수요가에게 안정된 공급압력으로 가스를 공급하는 것이다.

해설 도시가스 공급계획
해마다 증가하는 수요, 공급구역의 확대를 예측하여 항상 안정된 압력으로 양질의 가스를 원활하게 공급하기 위하여 공급시설의 증가 등을 계획하는 것

27 다음 중 용적형 압축기는?

① 원심식　　② 터보식
③ 축류식　　④ 왕복식

해설 용적형 압축기의 종류
왕복식, 회전식

28 고압가스를 취급하였을 때 다음 중 위험하지 않은 경우는?

① 산소 10%를 함유한 CH_4를 10.0MPa까지 압축하였다.
② 산소제조장치를 공기로 치환하지 않고 용접 수리하였다.
③ 수분을 함유한 염소를 진한 황산으로 세척하여 고압용기에 충전하였다.
④ 시안화수소를 고압용기에 충전하는 경우 수분을 안정제로 첨가하였다.

정답 24 ④　25 ③　26 ②　27 ④　28 ③

해설
- 염소는 수분과 반응하여 염산(HClO)을 생성 후 강철제를 부식시킨다.
- 용기가 탄소강일 경우 염소 속에 포함된 수분을 진한 황산(건조제)을 이용하여 제거한 후 염산을 충전한다.

29 가연성 가스의 가스설비 또는 사용시설에 관련된 저장설비, 기화장치 및 이들 사이의 배관에서 누출된 가연성 가스가 화기를 취급하는 장소로 유동하는 것을 방지하기 위하여 유동방지시설을 설치하여야 한다. 다음 기준 중 옳지 않은 것은?

① 유동방지시설은 높이 2m 이상의 내화성 벽으로 한다.
② 가스설비 등과 화기를 취급하는 장소의 사이는 수평거리로 5m 이상을 유지한다.
③ 화기를 사용하는 장소가 불연성 건축물 내에 있는 경우 가스설비 등으로부터 수평거리 8m 이내에 있는 그 건축물의 개구부는 방화문 또는 망입유리를 사용하여 폐쇄한다.
④ 화기를 사용하는 장소가 불연성 건축물 내에 있는 경우 가스설비 등으로부터 수평거리 8m 이내에 있는 그 건축물의 사람이 출입하는 출입문은 2중문으로 한다.

해설 가연성 가스 저장실은 화기나 인화성 물질과는 8m 이상의 우회거리를 유지한다.

30 다음 고압가스 중 용해가스에 해당하는 것은?

① 암모니아 ② 질소
③ 프로판   ④ 아세틸렌

해설 아세틸렌가스(용해가스) 폭발
㉠ 분해폭발
- 분해폭발 $C_2H_2 \rightarrow 2C + H_2 + 54.2kcal$
- 분해폭발 방지 : 다공질에 용제(아세톤 등)를 넣고 용해시켜 저장한다.

㉡ 산화폭발
㉢ 화합폭발

31 다음 독성가스 중 제독제로서 탄산소다 수용액을 사용할 수 없는 것은?

① 염소   ② 황화수소
③ 포스겐 ④ 아황산가스

해설 포스겐 제독제
가스누설 시 하리슨 시험지를 대면 오렌지색으로 변화한다.

32 고압가스 제조 시 안전관리에 대한 설명으로 틀린 것은?

① 산소를 용기에 충전할 때에는 용기 내부에 유지류를 제거하고 충전한다.
② 시안화수소의 안정제로 아황산을 사용한다.
③ 산화에틸렌을 충전 시에는 산 및 알칼리로 세척한 후 충전한다.
④ 아세틸렌 중 산소의 용량이 전체 용량의 2% 이상인 경우에는 압축하지 아니한다.

해설 산화에틸렌은 용기 충전 시 그 내부를 질소, 탄소가스로 바꾼 후 충전한다. (45℃에서 0.4MPa 이상)

33 아세틸렌을 용기에 충전할 때의 충전 중 압력은 (㉠) 이하로 하고, 충전 후에는 압력이 15℃에서 (㉡) 이하로 될 때까지 정치해야 한다. 다음 ( ) 안에 알맞은 수치는?

① ㉠ 1.5MPa, ㉡ 2.5MPa
② ㉠ 4.6MPa, ㉡ 1.5MPa
③ ㉠ 2.5MPa, ㉡ 1.5MPa
④ ㉠ 4.5MPa, ㉡ 2.5MPa

해설 ㉠ 2.5MPa(25kgf/cm²)
㉡ 1.5MPa(15kgf/cm²)

정답 29 ② 30 ④ 31 ③ 32 ③ 33 ③

34 도시가스정압기의 특성에 대한 설명 중 틀린 것은?

① 정특성 : 정상상태에 있어서의 유량과 1차 압력의 관계
② 동특성 : 부하변동에 대한 응답의 신속성과 안전성
③ 유량특성 : 메인밸브의 열림과 유량의 관계
④ 사용최대차압 : 메인밸브에 1차 압력과 2차 압력의 차압이 작용하여 실용적으로 사용할 수 있는 범위에서 최대로 되었을 때의 차압

해설 정압기 정특성
정상상태에서 있어서 유량과 2차 압력의 관계를 말한다.

35 펌프에서 발생하는 공동현상(Cavitation)의 방지방법이 아닌 것은?

① 펌프를 두 대 이상 설치한다.
② 펌프의 회전 수를 늦추고 흡입회전도를 적게 한다.
③ 펌프의 설치 위치를 낮추고 흡입양정을 길게 한다.
④ 수직축 펌프를 사용하고 회전차를 수중에 완전히 잠기게 한다.

해설
- 펌프의 공동현상(캐비테이션) 방지를 위하여 펌프의 설치위치를 낮추고 흡입양정을 짧게 한다.
- 캐비테이션(Cavitaion) : 물의 흐름 중 어느 부분의 정압이 그때 물의 온도에 해당하는 증기압 이하로 저하되어 물이 증발을 일으키고 수중에 유입된 공기가 저압에서 기포로 발생되는 현상

36 고압가스 적용범위에서 제외되지 않는 고압가스는?

① 오토클레이브 안의 아세틸렌
② 액화브롬화메탄 제조설비 외에 있는 액화브롬화메탄
③ 냉동능력이 3톤 미만인 냉동설비 안의 고압가스
④ 항공법의 적용을 받는 항공기 안의 고압가스

해설
- 아세틸렌가스 : 15℃ 온도에서 0Pa을 초과하는 아세틸렌은 고압가스이다.
- 오토클레이브 : 고압반응기

37 다음 중 수소의 공업적 제법이 아닌 것은?

① 석유의 분해법
② 수성가스법
③ 석회질소법
④ 물의 전기분해법

해설 석회질소법(암모니아 제법)
$CaCN_2 + 3H_2O \rightarrow CaCl_3 + 2NH_3$

38 20℃, 760mmHg에서 상대습도가 75%인 공기의 mol 습도는 약 몇 kmol H_2O/kmol 건조공기인가?(단, 물의 증기압은 17.5mmHg이다.)

① 0.0176
② 0.0257
③ 12.25
④ 747.75

해설 $\frac{17.5}{760} \times 0.75 = 0.017 \text{kmol } H_2O/\text{kmol 건조공기}$

39 가스 관련 용어의 정의에 대한 설명으로 틀린 것은?

① 저장소란 산업통상자원부령으로 정하는 일정량 이상의 고압가스를 용기나 저장탱크로 저장하는 일정한 장소를 말한다.
② 용기란 고압가스를 충전하기 위한 것(부속품 제외)으로서 고정 설치된 것을 말한다.
③ 저장탱크란 고압가스를 충전·저장하기 위하여 지상 또는 지하에 고정 설치된 것을 말한다.
④ 특정설비란 저장탱크와 산업통상자원부령이 정하는 고압가스 관련 설비를 말한다.

해설 고압가스 용기
고압가스를 충전하기 위한 것이며 고정이 아닌 이동이 가능하다.

정답 34 ① 35 ③ 36 ① 37 ③ 38 ① 39 ②

40 지상에 설치된 액화석유가스 저장탱크의 저장능력이 35톤인 충전시설에서 용기충전설비가 사업소경계까지 이격해야 하는 안전거리의 기준은?

① 21m 이상 ② 24m 이상
③ 27m 이상 ④ 30m 이상

해설 액화석유가스법 별표 3에 의해 저장설비가 지상에 설치된 저장능력이 30톤을 초과하는 용기충전시설의 충전설비는 사업소경계까지 24m 이상의 안전거리가 필요하다.

41 상용압력 5MPa로 사용하는 안지름 85cm의 용접제 원통형 고압설비 동판의 두께는 최소한 얼마가 필요한가?(단, 재료는 인장강도 800N/mm²의 강을 사용하고 용접효율은 0.75, 부식여유는 2mm이며, 동체 외경과 내경의 비가 1.2 미만이다.)

① 5.2mm ② 9.2mm
③ 12.4mm ④ 16.4mm

해설 동판 최소두께(t)

$$t = \frac{P \cdot D}{200S\eta - 1.2P} + C$$

$$= \frac{50 \times 850}{200 \times \left(80 \times \frac{1}{4}\right) \times 0.75 - 1.2 \times 50} + 2$$

$$= \frac{42,500}{2,940 - 60} + 2 = 16.4$$

여기서, 5MPa = 50kPa
85cm = 850mm
800N/mm² = 80kN/cm²
허용응력(S) = 인장강도 × $\frac{1}{4}$

※ 1N/m² = 0.101325kg/mm²
1atm = 1.03325kg/cm²
      = 0.103325kg/mm²
      = 101,325N/m²
      = 101,325Pa
      = 101.325kPa

42 동관의 종류로서 옳지 않은 것은?

① 타프치동 ② 인산탈동
③ 두랄루민 ④ 무산소동

해설 ㉠ 동관의 종류
  • 타프치동
  • 인산탈동
  • 무산소동
㉡ 두랄루민 : 알루미늄의 합금

43 고압가스 안전관리법상 고압가스 제조허가의 종류에 해당되지 않는 것은?

① 냉동제조
② 특정설비제조
③ 고압가스특정제조
④ 고압가스일반제조

해설 특정설비는 저장탱크와 산업통상자원부령이 정하는 고압가스 관련 설비(저장탱크 및 그 부속품, 차량에 고정된 탱크 및 그 부속품, 기화장치, 냉동용 특정설비 등)로 고압가스 제조허가와는 관련성이 없다.

44 유체를 한쪽 방향으로만 흐르게 하기 위한 역류방지용 밸브(Valve)는?

① 글로브 밸브(Globe Valve)
② 게이트 밸브(Gate Valve)
③ 니들 밸브(Needle Valve)
④ 체크 밸브(Check Valve)

해설 체크 밸브(스윙식, 리프트식, 디스크식, 판형, 서모렌스키형)
유체를 한쪽 방향으로만 흐르게 하며 역류 시 차단시키는 밸브

45 가스가 250kJ의 열량을 흡수하여 100kJ의 일을 하였다. 이때 가스의 내부 에너지 증가량은 약 몇 kJ인가?

① 2.5 ② 150
③ 350 ④ 25,000

정답 40 ② 41 ④ 42 ③ 43 ② 44 ④ 45 ②

해설) 흡수열량=250kJ
방출열량=100kJ
∴ 내부에너지 증가량=250−100=150kJ

46 메탄가스가 완전연소할 때의 화학반응식은 다음과 같다. 2g의 메탄이 연소하면 111.3kJ의 열량이 발생할 때 다음 반응식에서 x는 약 얼마인가?

$$CH_4 + 2O_2 \rightarrow CO_2 + 2H_2O + x$$

① 14kJ ② 890kJ
③ 1,113kJ ④ 1,336kJ

해설) 메탄 분자량=16g=22.4L
∴ $111.3 \times \frac{16}{2} = 890kJ$

47 액화석유가스 집단공급사업자로서 가스 사용자의 사용시설을 점검하게 할 때는 수용가 몇 개소마다 1명의 점검원이 있어야 하는가?

① 3,000가구
② 4,000가구
③ 5,000가구
④ 6,000가구

해설) 액화석유가스(LPG) 집단공급사업자는 가스수용가 3,000가구 개소마다 점검원 1명이 필요하다.

48 배관규격 SPHT는 무엇을 의미하는가?

① 고압배관용 탄소강관
② 고온배관용 탄소강관
③ 고온상업용 탄소강관
④ 상온고압용 탄소강관

해설) • 고압배관용 : SPPH(100kg/cm² 이상용)
• 고온배관용 : SPHT(350~450℃용)
• 압력배관용 : SPPS(10~100kg/cm²용)

49 도시가스사업 허가기준으로 옳지 않은 것은?

① 도시가스의 안정적 공급을 위하여 적합한 공급시설을 설치, 유지할 능력이 있을 것
② 도시가스사업이 공공의 이익과 일반 수요에 적합한 경제규모일 것
③ 도시가스사업을 적정하게 수행하는 데 필요한 재원과 기술적 능력이 있을 것
④ 다른 가스사업자의 공급지역과 공용으로 공급할 것

해설) 도시가스사업법 제3조에 의거 도시가스사업의 허가에 적합한 기준은 ①, ②, ③에 해당한다.

50 다음은 $P-i$ 선도이다. 2의 영역은 어떤 상태인가?

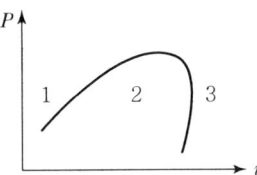

① 습증기 ② 과냉각액
③ 과열증기 ④ 건포화증기

해설) • 1 : 과냉각 구역
• 2 : 습증기 구역
• 3 : 과열증기 구역

51 액화천연가스의 저장설비 및 처리설비는 그 외면으로부터 사업 경계까지 일정 규모 이상의 안전거리를 유지하여야 한다. 이때 사업소 경계가 ( )의 경우에는 이들의 반대편 끝을 경계로 보고 있다. ( ) 안에 들어갈 수 있는 경우로 적합하지 않은 것은?

① 산 ② 호수
③ 하천 ④ 바다

정답 46 ② 47 ① 48 ② 49 ④ 50 ① 51 ①

52 어떤 용기에 수소 1g, 산소 32g, 질소 56g을 넣었더니 1atm이 되었다. 이때 수소의 분압은 약 몇 atm인가?

① $\dfrac{1}{9}$ ② $\dfrac{1}{7}$

③ $\dfrac{1}{3}$ ④ 1

해설
- 분자량 : 수소 2, 산소 32, 질소 28
- 1몰=22.4L(분자량 질량의 부피)
- 수소 1g=11.2L, 산소 32g=22.4L, 질소 56g=44.8L
- 총 부피=11.2+22.4+44.8=78.4L

$$\therefore \dfrac{11.2L}{78.4L}=0.142857142=\dfrac{1}{7}\text{atm}$$

53 지름이 4m인 가연성 가스 저장탱크 2대를 설치할 때 탱크 사이의 거리는 최소 몇 m 이상으로 하여야 하는가?

① 1m ② 1.5m
③ 2m ④ 2.5m

해설

 +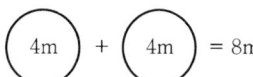

탱크이격거리 = 탱크지름 × $\dfrac{1}{4}$ = 8 × $\dfrac{1}{4}$ = 2m

∴ 2m 이상 거리 유지

54 암모니아에 대한 설명으로 틀린 것은?

① 임계온도가 약 32℃이다.
② 공기 중 폭발하한값과 산소 중 폭발하한값이 거의 같다.
③ 구리 및 구리합금을 부식시키지만 상온에서 강재를 침입하지는 않는다.
④ 상온에서 비교적 낮은 압력으로도 액화가 가능하다.

해설 암모니아(NH_3) 가스
- 임계온도 : 132.3℃
- 임계압력 : 111.3atm
- 공기 중 폭발범위 : 15~28%
- 독성 허용농도 : 25ppm

55 다음 중 단속생산 시스템과 비교한 연속생산 시스템의 특징으로 옳은 것은?

① 단위당 생산원가가 낮다.
② 다품종 소량생산에 적합하다.
③ 생산방식은 주문생산방식이다.
④ 생산설비는 범용설비를 사용한다.

해설 연속생산 시스템의 특징은 단위당 생산원가가 낮다는 것이다.

56 MTM(Method Time Measurement)법에서 사용되는 1TMU(Time Measurement Unit)는 몇 시간인가?

① $\dfrac{1}{100,000}$ 시간

② $\dfrac{1}{10,000}$ 시간

③ $\dfrac{6}{10,000}$ 시간

④ $\dfrac{36}{1,000}$ 시간

해설 MTM법의 1TMU = $\dfrac{1}{100,000}$ 시간을 의미한다.

57 np 관리도에서 시료군마다 시료 수(n)는 100이고, 시료군의 수(k)는 20, Σnp = 77이다. 이때 np 관리도의 관리상한선(UCL)을 구하면 약 얼마인가?

① 8.94 ② 3.85
③ 5.77 ④ 9.62

해설 $UCL = \overline{C} + 3\sqrt{\overline{C}}$

중심선($\overline{C}$) = $\dfrac{\Sigma C}{K} = \dfrac{77}{20} = 3.85$

∴ $UCL = 3.85 + 3\sqrt{3.85} \fallingdotseq 9.62$

정답 52 ② 53 ③ 54 ① 55 ① 56 ① 57 ④

58 미국의 마리에타사(Martin Marietta Corp.)에서 시작된 품질개선을 위한 동기부여 프로그램으로, 모든 작업자가 무결점을 목표로 설정하고, 처음부터 작업을 올바르게 수행함으로써 품질비용을 줄이기 위한 프로그램은 무엇인가?

① TPM 활동
② 6시그마 운동
③ ZD 운동
④ ISO 9001 인증

해설 ZD 운동
품질개선을 위한 동기부여 프로그램으로서, 작업자가 무결점을 목표로 설정한다.(처음부터 작업을 올바르게 수행하여 품질비용을 줄이기 위한 프로그램)

해설 샘플링 검사에서 불량률 $p(\%)$인 로트가 검사에서 합격되는 확률을 $L(p)$라고 한다. 여기서 $L(p)$는 엘오브피(L of p)라고 읽는다.
• N : 크기 N의 로트
• n : 크기 n의 시료
• 시료 중에 포함된 불량품의 수(x)가 합격판정 개수 (c) 이하이면 로트가 합격

59 일정 통제를 할 때 1일당 그 작업을 단축하는 데 소요되는 비용의 증가를 의미하는 것은?

① 정상소요시간(Normal Duration Time)
② 비용견적(Cost Estimation)
③ 비용구배(Cost Slope)
④ 총비용(Total Cost)

해설 비용구배
일정 통제를 할 때 1일당 그 작업을 단축하는 데 소요되는 비용의 증가를 의미한다.

60 그림의 OC곡선을 보고 가장 올바른 내용을 나타낸 것은?

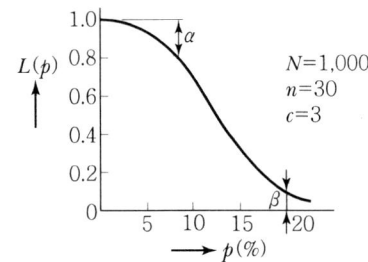

① α : 소비자 위험
② $L(p)$: 로트가 합격할 확률
③ β : 생산자 위험
④ 부적합품률 : 0.03

2015년 4월 4일 과년도 기출문제

01 어느 이상기체가 압력 10kgf/cm²에서 체적이 0.1m³이었다. 등온과정을 통해 체적이 3배로 될 때 기체가 외부로부터 받은 열량은 약 몇 kcal 인가?

① 35.7   ② 30.9
③ 25.7   ④ 10.9

해설 등온과정 : $T = C$ 일정

일량($_1W_2$) $= RT \ln \dfrac{V_2}{V_1}$

$= P_1 V_1 \ln \left(\dfrac{V_2}{V_1} \right)$

$= 10 \times 10^4 \times 0.1 \times \ln \left(\dfrac{0.3}{0.1} \right)$

$= 10,986 \, \text{kg} \cdot \text{m}$

일의 열당량(A) $= \dfrac{1}{427} \text{kcal/kg} \cdot \text{m}$

∴ 열량(Q) $= \dfrac{10,986}{427} = 25.7 \, \text{kcal}$

02 액화석유가스 집단공급사업자로부터 가스를 공급받는 수요자의 가스사용시설에 대한 안전점검의 항목이 아닌 것은?

① 배기통의 막힘 여부
② 가스계량기 출구에서의 마감조치 여부
③ 연소기마다 퓨즈콕 등 안전장치 설치 여부
④ 연소기의 입구압력을 측정하고 그 이상 유무

해설 ④의 연소기는 연소기마다 퓨즈콕, 상자콕 또는 이와 같은 수준 이상의 안전장치 설치 여부를 점검한다.

03 에어졸 제조기준에 대한 설명으로 틀린 것은?

① 내용적이 100cm³를 초과하는 용기는 그 용기제조자의 명칭 또는 기호가 표시되어 있어야 한다.
② 에어졸 충전용기 저장소는 인화성 물질과 8m 이상의 우회거리를 유지한다.
③ 내용적이 30cm³ 이상인 용기는 에어졸 제조에 재사용하지 아니한다.
④ 40℃에서 용기 안의 가스압력의 1.5배의 압력을 가할 때 파열되지 아니하여야 한다.

해설 ④에서는 40℃가 아닌 50℃이다.

04 황화수소의 저장탱크에는 그 가스의 용량이 저장탱크 내용적의 몇 %를 초과하는 것을 방지하기 위하여 과충전 방지조치를 강구하여야 하는가?

① 95%   ② 90%
③ 85%   ④ 80%

해설

저장탱크 | 황화수소(H_2S) 90% 초과 방지를 위해 과충전방지조치 강구

05 LP가스의 제법이 아닌 것은?

① 원유에서 액화가스를 회수
② 석유정제공정에서 분리
③ 나프타 분해생성물에서 제조
④ 메탄의 부분산화법으로 제조

해설 LP(액화석유가스) 제법은 ①, ②, ③ 외에도 습성천연가스 및 원유에서의 제조, 나프타의 수소화 분해, 생성물의 제조 등이 있다.

정답 01 ③ 02 ④ 03 ④ 04 ② 05 ④

06 가스설비에서 정전기에 의한 폭발 및 화재를 방지하기 위한 대책으로 틀린 것은?

① 설비 및 배관을 접지한다.
② 가연성 물질의 유속을 제한한다.
③ 가능한 한 습도가 낮고 건조한 장소에 설치한다.
④ 용기 및 배관은 전기 전도성이 좋은 것을 사용한다.

해설 가스의 정전기 방지법은 ①, ②, ④ 외에도 가능한 습도가 높은 곳에 설치한다.

07 $PV = nRT$에서 기체상수(R) 값을 J/gmol · K의 단위로 나타낸 것은?

① 0.082 ② 1.987
③ 8.314 ④ 848

해설
• 일반기체상수(SI 단위)
$$R = \frac{101,325 \times 22.4}{273.15} = 8.314 \text{kJ/kmol} \cdot \text{K}$$
• 일반기체상수(MKS 단위)
$$R = \frac{1.03323 \times 10^4 \times 22.4}{273.15} = 848 \text{kg} \cdot \text{m/kmol} \cdot \text{K}$$
• 가스상수
$$R = \frac{8.314}{M} (\text{kJ/kg} \cdot \text{K}) = \frac{848}{M} (\text{kg} \cdot \text{m/kg} \cdot \text{K})$$

08 고정식 압축도시가스 자동차충전시설에서 가스누출검지경보장치를 설치하여야 하는 기준으로 틀린 것은?

① 압축설비 주변 1개 이상
② 충전설비 내부 1개 이상
③ 압축가스설비 주변 1개 이상
④ 배관접속부마다 10m 이내에 1개 이상

09 게이지 압력으로 30cmHg는 절대압력으로 약 몇 mbar에 해당하는가?

① 1,096mbar ② 1,205mbar
③ 1,359mbar ④ 1,413mbar

해설 절대압(abs) = 게이지압 + 대기압(76cmHg)
1atm = 1,013mbar
$$\therefore \left(1,013 \times \frac{30}{76}\right) + 1,013 = 1,413 \text{mbar}$$

10 가스안전영향평가 대상 등에서 산업통상자원부령이 정하는 도시가스배관이 통과하는 지점에 해당하지 않는 것은?

① 해당 건설공사와 관련된 굴착공사로 인하여 도시가스배관이 노출될 것으로 예상되는 부분
② 해당 건설공사에 의한 굴착바닥면의 양끝으로부터 굴착심도의 0.6배 이내의 수평거리에 도시가스배관이 매설된 부분
③ 해당 공사에 의하여 건설될 지하시설물 바닥의 직하부에 관경 500mm인 저압의 가스배관이 통과하는 경우 그 건설공사에 해당하는 부분
④ 해당 공사에 의하여 건설될 지하시설물 바닥의 직하부에 최고사용압력이 중압 이상인 가스배관이 통과하는 경우 그 건설공사에 해당하는 부분

11 액화석유가스 충전사업을 하고 있는 자로서 시설의 일부를 변경하고자 한다. 다음 중 변경허가를 받지 않아도 되는 항목은?

① 사업소의 이전
② 충전설비의 교체설치
③ 사업소 부지의 축소
④ 저장설비의 위치변경

해설 시행규칙 제6조에 의거하여 ②의 충전설비는 교체가 아닌 위치변경 시 변경허가 사항이다.

12 프레온(R-12) 냉동장치에 사용하기에 가장 부적당한 금속은?

① 구리 ② 마그네슘
③ 황동 ④ 강

정답 06 ③ 07 ③ 08 ③ 09 ④ 10 ③ 11 ② 12 ②

해설 프레온(Freon) 냉매는 마그네슘(Mg) 및 마그네슘을 2% 이상 함유하는 알루미늄(Al) 합금 또는 천연고무나 수지를 부식시킨다.

13 내용적이 20m³인 LP가스(밀도 0.50kg/L) 저장탱크는 인근 단독주택과 규정된 안전거리 이상을 유지하여야 한다. 유지해야 할 안전거리는?

① 12m ② 14m
③ 17m ④ 21m

해설 20m³ × 1,000L/m³ = 20,000L
20,000 × 0.5 = 10,000kg(10톤)

단독주택(제2종 보호시설)
가연성 가스 중 액화가스는 1만 kg 이하는 안전거리 12m 이상(제1종 보호시설은 17m 이상)

14 압축계수(Z)는 이상기체 상태방정식 $PV = ZnRT$로 정의한다. 압축계수에 대한 설명으로 옳은 것은?

① Z는 온도에 영향을 받지 않는다.
② Z는 압력에 영향을 받지 않는다.
③ 이상기체의 경우 $Z = 1$이다.
④ 실제기체의 경우 $Z = 1$이다.

해설 압축계수(Z)
$$PV = ZnRT = Z\frac{W}{M}RT$$
여기서, P : 압력(atm), V : 부피(L)
n : 가스몰수, W : 가스질량(g), M : 분자량
R : 기체상수(0.082L·atm/mol·K)

15 액화석유가스 충전시설을 주거지역 또는 상업지역에 설치할 경우 저장탱크에 폭발방지장치를 설치하는 기준은?

① 저장능력 10톤 이상
② 저장능력 50톤 이상
③ 저장능력 100톤 이상
④ 저장능력 500톤 이상

해설 액화석유가스를 주거지역, 상업지역에 설치하는 저장능력 10톤 이상의 저장탱크에는 폭발방지장치를 설치한다.

16 차량에 고정된 탱크에 부착되는 긴급차단장치는 차량에 고정된 탱크, 이에 접속하는 배관 외면의 온도가 몇 ℃일 때 자동적으로 작동할 수 있어야 하는가?

① 40℃ ② 65℃
③ 100℃ ④ 110℃

해설 가스 배관 외면의 온도가 110℃일 때 자동적으로 작동하는 긴급차단장치가 설비되어야 한다.

17 특수강에 영향을 주는 원소 중 Cr을 첨가하는 주된 목적은?

① 취성을 주기 위하여
② 결정입도를 조정하기 위하여
③ 전성, 침탄효과를 증가시키기 위하여
④ 내식성, 내마모성을 증가시키기 위하여

해설 크롬(Cr)
• 내식성, 내열성 증가
• 내마모성 증가
• 담금질성 증가

18 액화석유가스 저장탱크를 지하에 설치하는 방법의 기준에 대한 설명으로 틀린 것은?

① 저장탱크실의 시공은 수밀 콘크리트로 한다.
② 저장탱크실 상부 윗면으로부터 저장탱크 상부까지의 깊이는 60cm 이상으로 한다.
③ 검지관은 직경을 40A 이상으로 4개소 이상 설치한다.
④ 저장탱크를 2개 이상 인접하여 설치하는 경우에는 상호 간 2m 이상의 거리를 유지한다.

해설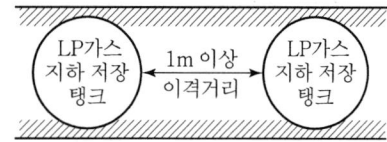

19 다음 가스 중 허용농도값이 가장 낮은 것은?

① 암모니아 ② 일산화탄소
③ 이산화탄소 ④ 염소

해설 독성가스 허용농도
- 암모니아 : 25ppm
- 일산화탄소 : 50ppm
- 이산화탄소 : 5,000ppm
- 염소 : 1ppm

20 표준상태에서 어떤 가스의 부피가 $0.5m^3$이었다. 이것은 약 몇 몰인가?

① 11.2 ② 22.3
③ 44.6 ④ 55.6

해설 1몰=22.4L
$0.5m^3 = 500L$
∴ 몰수 $= \dfrac{500}{22.4} = 22.3 mol$

21 용기에 각인할 사항의 기호와 단위로서 틀린 것은?

① 내압시험압력 : TP(MPa)
② 500L 초과 용기의 동판두께 : t(mm)
③ 내용적 : V(L)
④ 최고충전압력 : HP(MPa)

해설 최고충전압력 : FP(단위 MPa)

22 방류둑을 반드시 설치하여야 하는 시설이 아닌 것은?

① 합산 저장능력이 1,000톤 이상인 가연성가스 저장탱크
② 합산 저장능력이 5톤 이상인 독성가스 저장탱크
③ 독성가스 사용 내용적 1,000L 이상인 수액기
④ 저장능력이 1,000톤 이상인 LPG 저장탱크

해설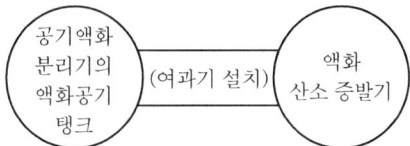
독성가스 저장탱크(5톤 이상의 액화가스는 방류둑 설치가 필요, 단, 수액기는 10,000L 이상

23 공기액화분리기의 액화공기탱크와 액화산소 증발기 사이에 반드시 설치하여야 하는 것은?

① 여과기 ② 플레어스택
③ 역화방지장치 ④ 역류방지장치

해설 공기액화분리기의 액화공기탱크

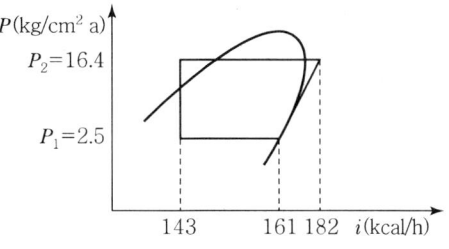

24 압축기의 압축효율을 바르게 표시한 것은?

① $\dfrac{실제\ 냉매\ 흡입량}{이론\ 냉매\ 흡입량}$

② $\dfrac{이론\ 소요동력}{실제\ 소요동력}$

③ $\dfrac{실제\ 압축동력}{축마력}$

④ $\dfrac{실제\ 지시동력}{이론\ 마력}$

해설 압축기의 압축효율 $= \dfrac{이론\ 소요동력}{실제\ 소요동력}$

25 $P-i$ 선도에 나타난 그림과 같은 운전상태에서 냉동능력이 20RT인 냉동기의 압축비는?

$P(kg/cm^2\ a)$
$P_2 = 16.4$
$P_1 = 2.5$
143   161 182 i(kcal/h)

① 6.56 ② 8.00
③ 10.11 ④ 22.15

해설) 압축비 = $\dfrac{응축압력}{증발압력} = \dfrac{16.4}{2.5} = 6.56$

압축비가 6 이상이면 2단 압축이 필요하다.

26 회전축의 전달동력이 20kW, 회전수가 200 rpm이라면 전동축의 지름은 약 몇 mm인가? (단, 축의 허용전단응력 $\tau_a = 30\text{MPa}$이다.)

① 25　　② 35
③ 45　　④ 55

해설) $T = 9.55 \times \dfrac{kW}{N} = 9.55 \times \dfrac{20}{200} = 0.955\text{kJ}$

$T = \tau_a Z_p = \tau \dfrac{\pi d^3}{16}$

$30\text{MPa} = 30{,}000\text{kPa}$

$d = \sqrt{\dfrac{16T}{\pi kPa}} = \sqrt[3]{\dfrac{16 \times 0.955}{\pi \times 30{,}000}}$

$= 0.055\text{m} = 55\text{mm}$

27 지구 온실효과를 일으키는 주된 원인이 되는 가스는?

① CO_2　　② O_2
③ NO_2　　④ N_2

해설) 주요 온실가스 배출 순위
- CO_2(이산화탄소) 77%
- CH_4(메탄) 14%
- N_2O(아산화질소) 8%
- HFCs(수소불화탄소) 1%
- PFCs(과불화탄소) 1%
- SF_6(육불화황) 1%

28 순수한 CH_4 1Nm^3을 완전연소하는 데 필요한 이론공기량과 이론건조 연소가스의 양은?(단, 공기 중 산소와 질소의 용량비는 21:79이다.)

① 공기량 : 9.52Nm^3, 연소가스양 : 8.52Nm^3
② 공기량 : 9.52Nm^3, 연소가스양 : 7Nm^3
③ 공기량 : 8.52Nm^3, 연소가스양 : 9.52Nm^3
④ 공기량 : 7Nm^3, 연소가스양 : 9.52Nm^3

해설) CH_4(메탄)의 연소반응식
$CH_4 + 2O_2 \rightarrow CO_2 + 2H_2O$

- 이론공기량 $= 2 \times \dfrac{1}{0.21}$
  $= 9.52\text{Nm}^3/\text{Nm}^3$
- 건연소가스양 $= (1 - 0.21)A_0 + CO_2$
  $= 0.79 \times 9.52 + 1$
  $= 8.52\text{Nm}^3/\text{Nm}^3$
- 습연소가스양 $= (1 - 0.21)A_0 + CO_2 + H_2O$
  $= 0.79 \times 9.52 + (1 + 2)$
  $= 9.52\text{Nm}^3/\text{Nm}^3$

29 부탄과 프로판의 분리방법으로 가장 적정한 것은?

① 증류수로 세정하여 생긴 침전물을 각각 분리한다.
② 온도를 내려 탱크에 두면 두 층으로 분리된다.
③ 압력을 가하여 액화시킨 후 증류법으로 분리한다.
④ 대량의 물로 세정하면 부탄은 물에 용해되고 프로판만 남는다.

해설)
- 부탄의 비점 : $-0.5℃$
- 프로판의 비점 : $-42.1℃$
- 분리방법 : 압력을 가하여 액화시킨 후 증류법으로 분리 가능

30 폭굉(Detonation)에 대한 설명으로 옳은 것은?

① 폭굉속도는 보통 연소속도의 20배 정도이다.
② 폭굉속도는 가스인 경우에는 1,000m/s 이하이다.
③ 폭굉속도가 클수록 반사에 의한 충격효과는 감소한다.
④ 일반적으로 혼합가스의 폭굉범위는 폭발범위보다 좁다.

해설) 정상연소속도가 큰 혼합가스일수록 폭굉유도거리가 짧아진다. 혼합가스는 폭굉범위가 폭발범위보다 좁다.

정답 26 ④　27 ①　28 ①　29 ③　30 ④

31 가스안전관리에서 사용되는 다음 위험성 평가 기법 중 정량적 기법에 해당되는 것은?

① 위험과 운전분석(HAZOP)
② 사고예상질문 분석(What-if)
③ 체크리스트(Check List)
④ 사건수 분석(ETA)

해설
- ①, ②, ③은 정성적 안전성 평가기법이다.
- ④는 정량적 평가기법이다.

32 일정한 유량의 물이 원관 내를 흐를 때 직경을 2배로 하면 손실수두는 얼마가 되는가?(단, 층류로 가정한다.)

① $\frac{1}{4}$ ② $\frac{1}{8}$
③ $\frac{1}{16}$ ④ $\frac{1}{32}$

해설 마찰손실수두(H) = $f\frac{L}{d} \cdot \frac{V^2}{2g}$

관 내의 경우 마찰저항은 관 내경의 5승에 반비례한다.(내경이 $\frac{1}{2}$로 되면 압력손실은 32배이다.)

$\frac{1}{32} = 0.03125$

∴ $0.03125 \times 2 = 0.0625 = \frac{1}{16}$

33 어떤 고압가스설비의 상용압력은 10MPa이다. 이 경우 내압시험압력은 최소 얼마의 압력으로 하여야 하는가?

① 10MPa
② 12MPa
③ 15Mpa
④ 25MPa

해설 내압시험(TP) = 상용압력 × 1.5배
= 10 × 1.5 = 15MPa(15,000kPa)

34 고압가스용 용접용기 제조 시 사용되는 용기의 재료로서 탄소·인 및 황의 함유량을 옳게 나타낸 것은?

① 0.33% 이하, 0.04% 이하, 0.05% 이하
② 0.35% 이하, 0.4% 이하, 0.02% 이하
③ 0.55% 이하, 0.04% 이하, 0.05% 이하
④ 0.03% 이하, 0.05% 이하, 0.04% 이하

해설 고압가스용 용접용기(계목용기) 제조 시 재료함유량
- 탄소(C) : 0.33% 이하
- 인(P) : 0.04% 이하
- 황(S) : 0.05% 이하

35 LPG 자동차 충전소 내 설치 가능한 건축물 또는 시설이 아닌 것은?

① 현금자동지급기
② 충전소 관계자 대기실
③ 연면적 200m²인 충전소 종사자 식당
④ 자동차의 세정을 위한 자동세차시설

36 도시가스 온압보정장치 설치를 위한 배관 설치 후 기밀시험의 압력기준으로 옳은 것은?

① 상용압력의 1.1배 또는 1kPa 중 높은 압력 이상
② 상용압력의 1.0배 또는 8.4kPa 중 높은 압력 이상
③ 최고사용압력의 1.1배 또는 8.4kPa 중 높은 압력 이상
④ 최고사용압력의 1.5배 또는 10kPa 중 높은 압력 이상

해설 도시가스 온압보정기(온도·압력보정기) 기밀시험 압력기준
최고사용압력의 1.1배 또는 8.4kPa 중 높은 압력

정답 31 ④ 32 ③ 33 ③ 34 ① 35 ③ 36 ③

37 액화산소 5L를 기준으로 하였을 때 다음 중 어느 경우에 공기액화분리기의 운전을 중지하고 액화산소를 방출해야 하는가?

① 탄화수소의 탄소의 질량이 500mg을 넘을 때
② 탄화수소의 탄소의 질량이 50mg을 넘을 때
③ 아세틸렌이 2mg을 넘을 때
④ 아세틸렌이 0.2mg을 넘을 때

해설 액화산소 5L 기준(공기액화분리기의 운전 중지) 위험성 방지를 위한 액화산소 방출 요건
- 아세틸렌 질량 : 5mg을 넘을 때
- 탄화수소 질량 : 500mg을 넘을 때

38 가스배관의 설계에 있어서 고려하여야 할 하중 중 주하중(主荷重)에 해당하지 않는 것은?

① 내압(內壓)
② 토압(土壓)
③ 온도변화의 영향
④ 자동차 하중

해설 가스배관 설계의 주하중 고려사항에서 온도변화의 영향과는 관련성이 없다.

39 서로 어긋나서 각을 이루며 만나는 두 축을 유니버설 조인트(훅 조인트)하였을 경우에 일어나는 현상에 대한 설명으로 틀린 것은?

① 종동축의 각속도는 원동축의 각속도와 일치하지 않는다.
② 중간축을 이용하여 양쪽에 유니버설 조인트를 하면 각속도는 일치하게 된다.
③ 각속도는 서로 불일치하지만 전달토크에는 아무 이상이 없다.
④ 두 축이 어긋난 정도가 너무 크면(약 30° 이상) 사용이 곤란하다.

해설 서로 어긋나서 각을 이루는 훅 조인트는 전달토크에 불일치하는 경우가 생긴다.

40 도시가스사업자 전기방식시설의 유지관리기준에 대한 설명으로 틀린 것은?

① 전기방식시설의 관대지전위(官對地電位) 등을 1년에 1회 이상 점검한다.
② 외부전원법에 따른 전기방식시설은 외부전원점 관대지전위, 정류기의 출력, 전압, 전류, 배선의 접속상태 및 계기류 확인 등 3개월에 1회 이상 점검한다.
③ 배류법에 따른 전기방식시설은 배류점 관대지전위, 배류기의 출력, 전압, 전류, 배선의 접속상태 및 계기류 확인 등을 3개월에 1회 이상 점검한다.
④ 절연부속품, 역전류방지장치, 결선(Bond) 및 보호절연체의 효과는 3개월에 1회 이상 점검한다.

41 포스겐($COCl_2$)의 성질에 대한 설명으로 틀린 것은?

① 독성가스이다.
② 소량의 수분과 반응하여 중합폭발을 일으킬 수 있다.
③ 일산화탄소와 염소를 활성탄 촉매를 사용하여 얻을 수 있다.
④ 제해제로는 알칼리성인 가성소다 또는 소석회가 있다.

해설 소량의 수분과 반응하여 중합 폭발을 발생하는 가스는 시안화수소(HCN)로서 10ppm의 독성가스이자 폭발범위 6~41%의 가연성 가스이다.

42 일반도시가스공급소에서 중압 이하의 배관과 고압배관을 매설하는 경우 서로 간의 거리를 최소 몇 m 이상으로 하여야 하는가?

① 1m
② 2m
③ 3m
④ 5m

정답 37 ① 38 ③ 39 ③ 40 ④ 41 ② 42 ②

해설 일반도시가스 중압(0.1~1MPa 이하) 배관 고압 매설배관의 이격거리

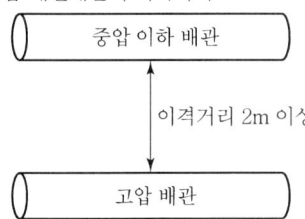

43 어떤 기체 A, B, C를 동일 고압가스 용기에 압력을 각각 P_A, P_B, P_C로 충전할 때 이 혼합기체의 전체압력(P_r)은 어떻게 표시되는가?

① $P_r = P_A + P_B + P_C$
② $P_r = P_A \times P_B \times P_C$
③ $P_r = \dfrac{1}{P_A} + \dfrac{1}{P_B} + \dfrac{1}{P_C}$
④ $P_r = \dfrac{1}{P_A} \times \dfrac{1}{P_B} \times \dfrac{1}{P_C}$

해설 혼합가스의 전체압력(P_r) = 분압의 총합
$= P_a + P_b + P_c$

44 액화석유가스의 안전관리 및 사업법에서 정의한 액화석유가스 충전사업에 대한 가장 적정한 설명은?

① 액화석유가스를 일반수요자에게 배관을 통하여 공급하는 사업을 말한다.
② 저장시설에 저장된 액화석유가스를 용기에 충전하여 공급하는 사업을 말한다.
③ 액화석유가스를 사업용으로 공급하는 사업을 말한다.
④ 액화석유가스를 연료가스로 사용하기 위하여 공급하는 사업을 말한다.

해설 액화석유가스(LPG) 충전사업
저장시설에 저장된 액화석유 가스를 용기에 충전하여 공급하는 사업

45 다음 원심펌프의 배관에 대한 설명 중 가장 적절한 것은?

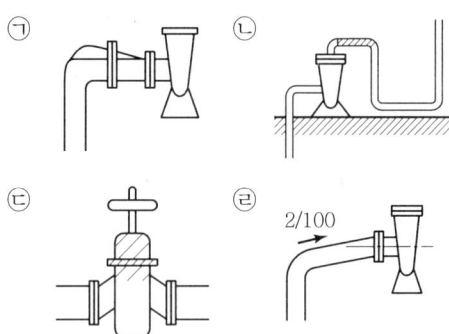

① 흡입관은 펌프구멍보다 굵은 것이 좋으므로 ㉠과 같이 배관하였다.
② 토출관을 ㉡과 같이 설치하였다.
③ 흡입관에 부득이 밸브를 부착할 경우 ㉢과 같이 손잡이가 위로 가도록 하였다.
④ 흡입관을 ㉣과 같이 구배를 주어 배관하였다.

해설 원심펌프 배관의 구배 : $\dfrac{2}{100}$ 상향 기울기

46 내용적 40L의 고압용기를 100atm의 압력으로 산소를 충전한 후 2kg에 해당하는 가스를 사용하였다면 용기의 압력은 약 몇 atm이 되는가?(단, 온도의 변화는 없는 것으로 가정한다.)

① 50　　② 55
③ 60　　④ 65

해설 총저장량 = 40L × 100atm = 4,000L
산소 1몰 = 22.4L = 22.4m³ = 32kg
저장량 = $\dfrac{4,000L}{1,000L}$ = 4m³

$4 \times \dfrac{32}{22.4} = 5.71\,kg$

$100 \times \dfrac{2}{5.71} = 35\,atm$ 사용

잔류가스량 = 100 − 35 = 65atm

정답 43 ①　44 ②　45 ④　46 ④

47 고압용 밸브에 대한 설명으로 틀린 것은?

① 주조품을 깎아서 만든다.
② 글로브밸브는 기밀도가 크다.
③ 슬루스밸브는 난방배관용으로 적합하다.
④ 밸브시트는 내식성이 좋은 재료를 사용한다.

해설 고압용 밸브는 단조품으로 제작한다.

48 도시가스사업법상 보호시설에 대한 구분이 잘못된 것은?

① 학교 – 제1종
② 공동주택 – 제2종
③ 문화재로 지정된 건축물 – 제1종
④ 연면적이 500m²인 사람을 수용하는 건축물 – 제1종

해설 연면적 100m² 이상~1,000m² 미만 : 제2종 보호시설

49 배관 설계도면 작성 시 종단면도에 기입할 사항이 아닌 것은?

① 기울기 및 포장종류
② 교차하는 타매설물, 구조물
③ 설계 가스배관 계획 정상높이 및 깊이
④ 설계가스배관 및 기 설치된 가스배관의 위치

해설 배관 설계도면 작성 시 종단면(세로면)에 기입할 사항은 ①, ②, ③에 해당된다.

50 다음 응력 – 변형률 선도에서 하부항복점을 나타내는 점은?

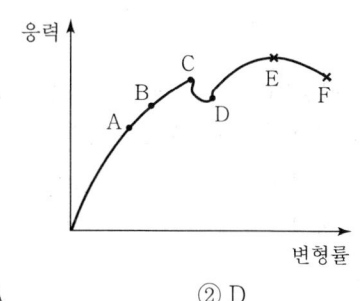

① A
② D
③ E
④ F

해설
- A : 비례한도점
- B : 탄성항복점
- C : 상부항복점
- D : 하부항복점
- E : 인장강도점
- F : 파괴점

51 섭씨온도 –40℃는 화씨온도로 몇 °F인가?

① –20
② –40
③ –50
④ –60

해설 $°F = \frac{9}{5}℃ + 32 = 1.8 \times ℃ + 32$
$= \frac{9}{5} \times (-40) + 32 = -40°F$

52 액화석유가스 소형 용기 충전의 기준에 대한 설명으로 틀린 것은?

① 제조 후 10년이 경과하지 않은 용접용기인 것이어야 한다.
② 캔밸브는 부착한 지 3년이 경과하지 않아야 하며, 부착연월이 각인되어 있는 것이어야 한다.
③ 소형용접용기의 상태가 관련법에서 정하고 있는 4급에 해당하는 찍힌 흠, 부식, 우그러짐 및 화염에 의한 흠이 없는 것이어야 한다.
④ 충전사업자는 소형용접용기의 표시사항을 확인하고 표시사항이 훼손된 것은 다시 표시한다.

53 고압가스 제조허가의 종류가 아닌 것은?

① 고압가스 충전
② 고압가스 일반제조
③ 냉동제조
④ 공조제조

해설 ①, ②, ③은 고압가스 제조허가 사항이다.

54 저온취성(메짐)을 일으키는 원소는?

① Cr
② Si
③ S
④ P

정답 47 ① 48 ④ 49 ④ 50 ② 51 ② 52 ② 53 ④ 54 ④

해설
- 크롬(Cr) : 내식성, 내열성 증가
- 규소(Si) : 탄성, 유동성, 강도, 경도 증가
- 황(S) : 적열취성의 원인
- 인(P) : 인장강도 증가, 연산율 감소, 상온 및 저온 취성 원인

55 품질특성을 나타내는 데이터 중 계수치 데이터에 속하는 것은?

① 무게　　　　② 길이
③ 인장강도　　④ 부적합품률

해설 계수치 데이터
- nP(불량 개수)　　• P(불량률)
- C(결점 수)　　　• V(단위당 결점 수)

56 모든 작업을 기본동작으로 분해하고, 각 기본동작에 대하여 성질과 조건에 따라 미리 정해놓은 시간치를 적용하여 정미시간을 산정하는 방법은?

① PTS법
② Work Sampling법
③ 스톱워치법
④ 실적자료법

해설 작업측정(PTS)법
- MTM : 작업을 몇 개의 기본동작으로 분석하여 기본동작 간의 관계나 그것에 필요로 하는 시간치를 밝히는 것
- WF : 표준시간 설정을 위해 정밀계측시계를 이용하여 극소동작에 대한 상세데이터를 분석한 결과를 기초적인 동작시간 공식을 작성하여 분석하는 것

57 200개 들이 상자가 15개 있을 때 각 상자로부터 제품을 랜덤하게 10개씩 샘플링할 경우, 이러한 샘플링 방법을 무엇이라 하는가?

① 층별 샘플링
② 계통 샘플링
③ 취락 샘플링
④ 2단계 샘플링

해설 층별 샘플링
각 상자로부터 제품을 랜덤하게 채취하여 샘플링하는 방법으로, 로트를 몇 개의 층으로 나누어 로트 전체를 모아서 단순히 랜덤(무작위)으로 추출하는 것보다 간편하다.

58 어떤 공장에서 작업을 하는데 있어서 소요되는 기간과 비용이 다음 표와 같을 때 비용구배는? (단, 활동시간의 단위는 일(日)로 계산한다.)

정상작업		특급작업	
기간	비용	기간	비용
15일	150만 원	10일	200만 원

① 50,000원　　　② 100,000원
③ 200,000원　　④ 500,000원

해설 비용구배 = $\dfrac{특급비용 - 정상비용}{정상시간 - 특급시간}$

$= \dfrac{200 - 150}{15 - 10} = 10$

∴ 10만 원/일일당(100,000원/일일당)

59 관리도에서 측정한 값을 차례로 타점했을 때 점이 순차적으로 상승하거나 하강하는 것을 무엇이라 하는가?

① 연(Run)　　　　② 주기(Cycle)
③ 경향(Trend)　　④ 산포(Dispersion)

해설
㉠ 경향 : 관리도에서 측정한 값을 차례로 타점하였을 때 점이 순차적으로 상승 또는 하강하는 것
㉡ 관리도
- 계량치 관리도($\tilde{X}-R$, X, $X-R$, R)
- 계수치 관리도(nP, P, C, U)

60 생산보전(PM ; Productive Maintenance)의 내용에 속하지 않는 것은?

① 보전예방　　② 안전보전
③ 예방보전　　④ 개량보전

해설 생산보전
- 보전예방(MP)　　• 예방보전(PM)
- 개량보전(CM)　　• 사후보전(BM)

2015년 7월 19일 과년도 기출문제

01 냉동 사이클에서 응축기가 열을 제거하는 과정을 나타내는 선은?

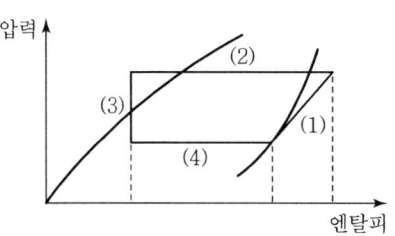

① (1) ② (2)
③ (3) ④ (4)

해설
(1) 압축기
(2) 응축기(쿨링타워와 냉각수 연결)
(3) 팽창밸브
(4) 증발기

02 다음 중 가스설비에 주로 사용되는 안전장치가 아닌 것은?

① 플레어 스택(Flare Stack)
② 스팀 트랩(Steam Trap)
③ 파열판(Rupture Disk)
④ 가용전(Fusible Plug)

해설 스팀 트랩(증기이송장치)
증기관 내 응축수 제거용

03 30℃, 2atm에서 산소 1mol이 차지하는 부피는 얼마인가?(단, 이상기체의 상태방정식에 따른다고 가정한다.)

① 6.2L
② 8.4L
③ 12.4L
④ 24.8L

해설 산소(O_2) 분자량 = 32g = 22.4L(1mol)
273 + ℃ = 273 + 30 = 303K
$$V_2 = V_1 \times \frac{T_2}{T_1} \times \frac{P_1}{P_2}$$
$$= 22.4 \times \frac{303}{273} \times \frac{1}{2} = 12.4L$$

04 $\frac{PV}{T}$가 일정하게 유지되면서 변화하는 어떤 기체가 0℃, 1atm에서 2.5m³·mol⁻¹의 체적을 가지고 있다. 이 기체가 0℃, 1atm에서 25℃, 10atm으로 압축될 때 변화 후의 부피는 약 몇 m³가 되는가?

① 0.13m³
② 0.27m³
③ 0.48m³
④ 1.17m³

해설
$$V_2 = V_1 \times \frac{T_2}{T_1} \times \frac{P_1}{P_2}$$
$$= 2.5 \times \frac{273+25}{273} \times \frac{1}{10} = 0.27 m^3$$

05 다음 배관 도시 기호 중 관 내의 유체가 가스인 것을 나타내는 것은?

① ─O─   ② ─G─
③ ─S─   ④ ─A─

해설
• O : 오일
• G : 가스
• S : 스팀
• A : 공기
• W : 물

정답 01 ② 02 ② 03 ③ 04 ② 05 ②

06 특정 고압가스 사용 신고의 기준에 대한 설명으로 옳지 않은 것은?

① 저장능력 250kg 이상의 액화가스 저장설비를 갖추고 특정 고압가스를 사용하고자 하는 자
② 저장능력 30m³ 이상의 압축가스 저장설비를 갖추고 특정 고압가스를 사용하고자 하는 자
③ 배관으로 특정 고압가스를 공급받아 사용하려는 자
④ 액화염소를 사용하고자 하는 자

해설 ②에서는 저장능력이 50m³ 이상이어야 신고기준에 해당된다.

특정 고압가스
수소, 산소, 액화암모니아, 아세틸렌, 액화염소, 천연가스, 압축모노실란, 압축디보란, 액화알진

07 복합재료용기는 그 용기의 안전을 확보하기 위하여 최고 충전압력이 얼마 이하이어야 하는가?

① 15MPa　　② 20MPa
③ 30MPa　　④ 35MPa

해설 복합재료용기
최고충전압력 35MPa(350kg/cm²) 이하로 충전한다.

08 가스배관에 사용되는 금속재료의 성질에 대한 설명으로 틀린 것은?

① 강재 중 인(P) 함유량이 많으면 연신율과 충격치가 증가된다.
② 압력 배관용 강관의 탄소 함유량은 0.25% 이하를 사용한다.
③ 황동은 구리와 아연의 합금이다.
④ 황은 고온에서 적열취성을 일으킬 수 있다.

해설 P(인)
인장강도 증가, 연신율 감소, 상온 및 저온취성의 원인

09 발열량 8,000kcal/Nm³, 비중이 0.61, 공급압력이 160mmH₂O인 가스에서 발열량 10,000kcal/Nm³, 비중 0.62, 공급압력 200mmH₂O인 LPG로 가스를 변경할 경우의 노즐구경 변경률은 약 얼마인가?

① 0.75　　② 0.85
③ 1.18　　④ 1.28

해설 웨버지수 $(WI) = \dfrac{H_g}{\sqrt{d}}$

노즐구경 변경률 $= \dfrac{\dfrac{8,000}{\sqrt{0.61}}}{\dfrac{10,000}{\sqrt{0.62}}} = \dfrac{\dfrac{8,000}{0.781}}{\dfrac{10,000}{0.787}}$

$= \dfrac{10,243}{12,706} = 0.806$

10 가스분석 시 이산화탄소(CO₂)의 흡수제로 주로 사용되는 것은?

① 수산화칼륨 수용액
② 요오드화수은칼륨 용액
③ 알칼리성 피로갈롤 용액
④ 암모니아성 염화제1구리 용액

해설 CO₂ 가스분석 흡수제 : KOH 30%(수산화칼륨 용액)

11 왕복형 다단 압축기의 중간 단에서 토출압력이 낮아지는 원인이 아닌 것은?

① 중간 단의 흡입저항 감소
② 앞단의 피스톤링 마모
③ 앞단의 냉각기 과냉
④ 흡입밸브 언로드의 복귀불량

해설 중간 단의 토출관 저항 증대나 냉각기 기능 저하는 중간 단의 토출압력 이상 상승의 원인이 된다.

정답　06 ②　07 ④　08 ①　09 ②　10 ①　11 ①

12 이상기체를 일정한 온도 조건하의 상태 1에서 상태 2로 변화시켰을 때 최종 부피는 얼마인가?(단, 상태 1에서의 부피 및 압력은 V_1과 P_1이며, 상태 2에서의 부피와 압력은 각각 V_2와 P_2이다.)

① $V_2 = V_1 \times \dfrac{P_2}{P_1}$

② $V_2 = V_1 \times \dfrac{P_1}{P_2}$

③ $V_2 = V_1 \times \dfrac{T_2}{T_1} \times \dfrac{P_2}{P_1}$

④ $V_2 = V_1 \times \dfrac{T_1}{T_2}$

해설 부피(용적) 변화 : V_2

$V_2 = V_1 \times \dfrac{T_2}{T_1} \times \dfrac{P_1}{P_2}$ (m³)

13 가스 중의 황화수소 제거법 중 알칼리 물질로 암모니아 또는 탄산소다를 사용하며, 촉매는 티오비산염을 사용하는 방법은?

① 사이록스법
② 진공카보네이트법
③ 후막스법
④ 타카학스법

해설 사이록스법 : 가스 중의 황화수소 제거법
• 암모니아, 탄산소다 등 알칼리 물질로 사용(촉매 : 티오비산염 사용)
• 황화수소(H_2S) : 폭발범위 4.3~45%, 독성 허용농도 10ppm

14 다음 중 가장 낮은 온도에서 사용이 가능한 보냉재는?

① 폴리우레탄
② 탄산마그네슘
③ 펠트
④ 폴리스티렌

해설 사용온도
• 경질 폴리우레탄 유기질 보온재 : -190~100℃ 이하(열전도율 : 0.023~0.024kcal)
• 펠트 : 100℃ 이하(아스팔트 방습용은 -60℃ 보냉용 사용)
• 폴리스티렌폼 : 70℃ 이하 사용
• 탄산마그네슘 : 250℃ 이하 사용(무기질 보온재)

15 액화산소를 저장하는 저장능력 10톤인 저장탱크 2기를 설치하려고 한다. 각각의 저장탱크 최대지름이 3m일 경우 저장탱크 간의 최소거리는 몇 m 이상 유지하여야 하는가?

① 1 ② 1.5
③ 2 ④ 3

해설

이격거리 = (탱크 지름 합산 × $\dfrac{1}{4}$)

∴ 3 + 3 = 6m

$6 \times \dfrac{1}{4} = 1.5$m 이상

16 가스화재 시 가장 효과가 높은 소화방법은?

① 제거소화
② 질식소화
③ 냉각소화
④ 희석소화

해설 가스화재 시에는 가스를 제거하는 제거소화가 가장 효과가 높다.

17 발열량 24,000kcal/m³, 비중이 1.52인 프로판가스와 발열량 10,000kcal/m³, 비중 0.61인 천연가스의 웨버지수는 각각 약 얼마인가?

① 18,500, 11,800
② 19,500, 12,800
③ 20,500, 13,800
④ 21,500, 14,800

정답 12 ② 13 ① 14 ① 15 ② 16 ① 17 ②

해설 도시가스의 웨버지수(WI)
- 프로판(WI) $= \dfrac{H_g}{\sqrt{d}} = \dfrac{24,000}{\sqrt{1.52}}$
  $= \dfrac{24,000}{1.2328} = 19,468$
- 천연가스(WI) $= \dfrac{H_g}{\sqrt{d}} = \dfrac{10,000}{\sqrt{0.61}}$
  $= \dfrac{10,000}{0.781} = 12,804$

18 액화천연가스 180ton을 저장하는 저압지하식 저장탱크는 그 외면으로부터 사업소 경계까지 몇 m 이상의 안전거리를 유지하여야 하는가?

① 17   ② 27
③ 34   ④ 71

해설
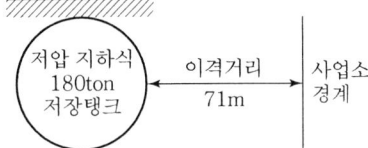

19 다음 중 가연성 가스이면서 독성 가스로만 되어 있는 것은?

① 브롬화메탄, 산화에틸렌, 벤젠, 트리메틸아민
② 트리메틸아민, 부탄, 석탄가스, 아황산가스
③ 황화수소, 염소, 포스겐, 일산화탄소
④ 이황화탄소, 포스겐, 모노메틸아민, 프로판

해설
- 가연성+독성 : 브롬화메탄, 산화에틸렌, 벤젠, 트리메틸아민, 황화수소 등
- 가연성 : 부탄, 석탄가스, 일산화탄소, 황화수소, 프로판
- 독성 : 염소, 황화수소, 포스겐, 아황산가스 등

20 다음 중 암모니아의 완전연소 반응식을 옳게 나타낸 것은?

① $2NH_3 + 2O_2 \rightarrow N_2O + 3H_2O$
② $2NH_3 + 1.5O_2 \rightarrow N_2 + 3H_2O$
③ $NH_3 + 2O_2 \rightarrow HNO_3 + H_2O$
④ $4NH_3 + 5O_2 \rightarrow 4NO + 6H_2O$

해설 암모니아(NH_3) 반응식
$2NH_3 + 1.5O_2 \rightarrow N_2 + 3H_2O$

21 액화석유가스 집단공급사업자가 갖추어야 할 수요자시설 점검원의 인원 기준은?

① 수용가 2,000개소마다 1명
② 수용가 3,000개소마다 1명
③ 수용가 5,000개소마다 1명
④ 수용가 10,000개소마다 1명

해설 LPG(액화석유가스 집단공급사업자) 수용가 3,000개소마다 점검원의 인원기준 1명 필요

22 초저온장치의 단열법에 대한 설명으로 틀린 것은?

① 단열재는 습기가 없어야 한다.
② 온도가 낮은 기기일수록 전열에 의한 침입열이 크다.
③ 단열재는 균등하게 충전하여 공동이 없도록 해야 한다.
④ 단열재는 산소 또는 가연성의 것을 취급하는 장치 이외에는 불연성이 아니라도 좋다.

해설 초저온 용기(액화질소, 액화산소, 액화아르곤), 충전용기
- 단열법 : 고진공단열법, 분말진공단열법, 다층진공단열법
- 단열재 : 불연성이며 난연성일 것

23 CH_4, CO_2 및 수증기(H_2O)의 생성열이 각각 17.9, 94.1, 57.8kcal/mol이라 할 때 메탄의 연소열은 약 몇 kcal/mol인가?

① 39.4   ② 54.2
③ 191.8   ④ 234.7

해설 $CH_4 + O_2 \rightarrow CO_2 + 2H_2O$
CH_4 17.9, CO_2 94.1, H_2O 57.8
$H_2O = 57.8 \times 2 = 115.6$ kcal
∴ 연소열 $= (94.1 + 115.6) - 17.9 = 191.8$ kcal

정답 18 ④ 19 ① 20 ② 21 ② 22 ④ 23 ③

※ 연소열 : 1몰(22.4L)의 물질이 공기 중에서 완전연소 시 발생하는 열량
※ 생성열 : 화합물 1몰이 그 성분단체 원소로부터 생성될 때 발생 또는 흡수되는 열

24 다음 중 제1종 보호시설에 속하지 않는 것은?

① 학교
② 「문화재 보호법」에 따라 지정 문화재로 지정된 건축물
③ 장애인 복지시설로서 10명 이상 수용할 수 있는 건축물
④ 어린이 놀이터

해설 극장, 교회 및 공회당, 그 밖에 이와 유사한 시설로서 수용능력이 300인 이상인 건축물, 아동복지시설 또는 장애인 복지시설로서 수용능력 20인 이상인 건축물은 제1종 보호시설이다.

25 내부용적이 24,000L인 액화산소 저장탱크의 저장능력은 몇 kg인가?(단, 비중은 1.14로 한다.)

① 24,624
② 24,780
③ 25,650
④ 27,520

해설 비중 1.14 = 1L의 저장능력(kg)
∴ 탱크에는 90%만 저장
저장능력 = 내부용적 × 저장가스비중 × 0.9
= 24,000 × 1.14 × 0.9
= 24,624kg

26 산소 가스압축기의 윤활제로 기름 사용을 금하고 있는 가장 큰 이유는?

① 한번도 사용한 적이 없으므로
② 산소가스의 순도가 낮아지므로
③ 식품과 접촉하면 위험하기 때문에
④ 마찰로 실린더 내의 온도가 상승하여 연소폭발하므로

해설 산소가스(O_2) 압축기의 윤활제는 물이다.(기름 사용을 금하고 있는 가장 큰 이유는 마찰로 인해 실린더 내의 온도가 상승하여 연소폭발하기 때문이다.)

27 일반기체상수 R이 모든 가스에 대하여 같음을 증명하는 데 적용되는 법칙은?

① 줄(Joule)의 법칙
② 아보가드로(Avogadro)의 법칙
③ 라울(Raoult)의 법칙
④ 보일-샤를(Boyle-Charle)의 법칙

해설 • 일반기체상수(R)
$PV = nRT$에서
$R = \dfrac{1.0332 \times 10^4 \times 22.4}{1 \times 273} = 848 \text{kg} \cdot \text{m/kmol} \cdot \text{K}$

• 아보가드로 법칙
1mol = 22.4L = 6.02×10^{23}개 분자

28 암모니아의 합성법 중 고압합성이라 함은 약 몇 kg/cm² 정도인가?

① 150kg/cm² 전후
② 300kg/cm² 전후
③ 450kg/cm² 전후
④ 600~1,000kg/cm² 전후

해설 • 저압합성법 : 150kg/cm² 전후(구데법, 켈로그법)
• 중압합성법 : 300kg/cm² 전후(IG법, 뉴파우더법, 케미크법, 동공시법, JCI법)
• 고압합성법 : 600~1,000kg/cm² 전후(클로우드법, 카자레법)

29 안전관리수준 평가기준에서 정한 평가분야 항목이 아닌 것은?

① 재정상태
② 안전관리 리더십
③ 안전교육훈련
④ 가스사고

해설 ②, ③, ④는 안전관리수준 평가기준에서 정한 평가분야 항목이다.

30 가연성 가스의 설비실 벽은 불연재료를 사용하고, 그 지붕은 가벼운 재료를 사용하여야 한다. 다음 중 가벼운 재료를 사용하지 않아도 되는 것은?

① 수소가스
② 염소가스
③ 프로판가스
④ 암모니아가스

정답 24 ③ 25 ① 26 ④ 27 ② 28 ④ 29 ① 30 ④

해설 가스설비 지붕재의 암모니아 가스 폭발력은 15~28% 수준이다. 폭발력이 미약하여 그 지붕은 가벼운 재료를 사용하지 않아도 된다.

해설 고압가스설비 이음쇠 접속 시 잔류응력이 남지 않도록 상용압력이 19.6MPa(196kg/cm²) 이상이면 나사부는 나사게이지로 검사하여야 한다.

31 동일한 부피를 가진 수소와 산소의 무게를 같은 온도에서 측정하였더니 같은 값이었다. 수소의 압력이 2atm이라면 산소의 압력은 약 몇 atm 인가?

① 0.0625 ② 0.125
③ 0.25   ④ 0.5

해설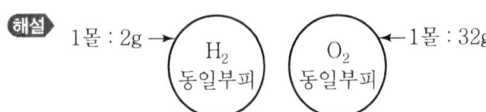

1몰 : 2g → H₂ 동일부피   O₂ 동일부피 ← 1몰 : 32g

수소 2atm(2g) : 32g 산소
수소 분자량 2 : 산소 분자량 32
∴ $2atm \times \frac{2}{32} = 0.125atm$

32 프로판 4vol%, 메탄 16vol%, 공기 80vol%의 조성을 가지는 혼합기체의 폭발하한값은 얼마인가?(단, 프로판과 메탄의 폭발하한값은 각각 2.2, 5.0vol%이다.)

① 3.79v% ② 3.99v%
③ 4.19v% ④ 4.39v%

해설 르 샤틀리에 공식(폭발범위 하한값)

$\frac{100}{L} = \frac{100-80}{\frac{4}{2.2} + \frac{16}{5.0}} = \frac{20}{5.01} = 3.99vol\%$

33 고압가스설비를 이음쇠로 접속할 때에는 그 이음쇠와 접속되는 부분에 잔류응력이 남지 않도록 조립하여야 한다. 이때 상용압력이 얼마 이상인 곳의 나사를 나사게이지로 검사하여야 하는가?

① 9.6MPa   ② 19.6MPa
③ 29.6MPa ④ 39.6MPa

34 액화염소가스 1,250kg을 용량이 47L인 용기에 충전하려면 몇 개의 용기가 필요한가?(단, 가스정수는 0.8이다.)

① 12 ② 22
③ 32 ④ 42

해설 질량(W) = $\frac{4.7}{0.8}$ = 58.75kg 용기

∴ 용기 소요 수 = $\frac{1,250}{58.75}$ = 22개

35 고압가스 공급자의 의무에 대한 설명으로 틀린 것은?

① 고압가스 제조자, 판매자는 가스를 수요자에게 공급 시, 그 수요자의 시설에 대하여 안전점검을 실시하여야 하나, 위해예방에 필요한 사항을 계도할 의무는 없다.
② 고압가스 공급자는 안전점검 실시 결과 개선되어야 할 사항이 있을 때 수요자에게 개선을 명령할 수 있다.
③ 고압가스 공급자는 수요자가 그 시설을 개선하지 아니한 때에는 가스공급을 중지하고 지체 없이 그 사실을 시장, 군수, 구청장에게 신고한다.
④ 신고받는 군수는 수요자에게 그 시설에 대한 개선 명령을 한다.

해설 공급자는 수요자에게 위해예방에 필요한 사항을 계도할 의무가 있다.

정답 31 ② 32 ② 33 ② 34 ② 35 ①

36 고압가스 장치로부터 미량의 가스가 대기 중에 누출될 경우 가스의 검지에 사용되는 시험지와 색의 변화상태가 옳게 연결된 것은?

① 암모니아 – KI 전분지 – 청색
② 염소 – 적색 리트머스지 – 청색
③ 아세틸렌 – 염화제1구리 – 적갈색
④ 일산화탄소 – 초산연시험지 – 갈색

해설
- 암모니아 가스 : 적색 리트머스 시험지
- 염소 : KI 전분지(요오드칼륨 시험지)
- 일산화탄소 : 염화파라듐지
- 황화수소 : 초산납 시험지(연당지)

37 냉동기에서 냉동이 이루어지는 부분은?

① 응축기   ② 압축기
③ 팽창밸브   ④ 증발기

해설 증발기에서 냉매가 기화하여 증발한다.

38 다음 중 풍압대와 관계없이 설치할 수 있는 방식의 가스보일러는?

① 자연배기식(CF) 단독배기통 방식
② 자연배기식(CF) 복합배기통 방식
③ 강제배기식(FE) 단독배기통 방식
④ 강제배기식(FE) 공통배기구 방식

해설
- 강제배기식(배풍기 사용) 단독배기통 방식은 풍압대와 관계없이 설치 가능하다.
- 풍압대 내에 연통이 설치되면 일반 배기통은 배가스가 역류된다.

39 산화에틸렌의 저장탱크 및 충전 용기에는 45℃에서 그 내부 가스의 압력이 얼마 이상이 되도록 질소가스 등을 충전하여야 하는가?

① 0.2MPa   ② 0.4MPa
③ 2MPa   ④ 4MPa

해설 산화에틸렌(C_2H_4O) 가스는 45℃에서 그 내부 가스의 압력이 0.4MPa(4kg/cm^2) 이상이 되도록 질소가스 등으로 충전한다.

40 하천의 바닥이 경암으로 이루어져 도시가스배관의 매설깊이를 유지하기 곤란하여 배관을 보호조치한 경우에는 배관의 외면과 하천 바닥면의 경암 상부와의 최소거리는 얼마이어야 하는가?

① 4m   ② 2.5m
③ 1.2m   ④ 1.0m

해설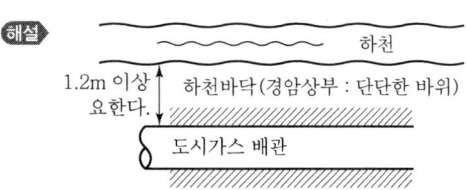

41 일반도시가스사업자의 가스공급시설 중 정압기의 시설 및 기술기준에 대한 설명으로 틀린 것은?

① 단독사용자의 정압기에는 경계책을 설치하지 아니할 수 있다.
② 단독사용자의 정압기실에는 이상압력통보설비를 설치하지 아니할 수 있다.
③ 단독사용자의 정압기에는 예비정압기를 설치하지 아니할 수 있다.
④ 단독사용자의 정압기에는 비상전력을 갖추지 아니할 수 있다.

해설 단독사용자 정압기실에도 정압기 출구 압력의 이상 상승이나 이상 저하 시 이상압력 통보장치가 필요하다.

42 화학공업용 원료가스 중에 포함된 불순물을 제거하기 위해 정제할 필요가 있다. 다음 중 회수 대상 가스로서 가장 거리가 먼 것은?

① CO   ② CO_2
③ Cl_2 ④ H_2S

해설 염소가스(Cl_2)
허용농도 1ppm의 맹독성 가스이므로 정제용 회수대상 가스에서 제외한다.

정답 36 ③ 37 ④ 38 ③ 39 ② 40 ③ 41 ② 42 ③

43 고압가스의 종류 및 범위에 대한 설명으로 맞는 것은?

① 섭씨 35도의 온도에서 압력이 1메가파스칼을 초과하는 아세틸렌가스
② 섭씨 35도의 온도에서 압력이 0파스칼을 초과하는 암모니아
③ 섭씨 15도의 온도에서 압력이 0파스칼을 초과하는 아세틸렌가스
④ 섭씨 15도의 온도에서 압력이 0파스칼을 초과하는 액화시안화수소

해설 ① 1MPa 이상의 압축가스가 해당된다.
② 액화시안화수소, 액화산화에틸렌, 액화브롬화 메탄이어야 한다.
③ 15℃ 온도에서 압력이 0Pa 초과되는 아세틸렌가스는 고압가스이다.
④ 아세틸렌가스이어야 한다.

44 고압가스용 가스히트펌프에서 항상 물에 접촉되는 부분에 사용할 수 없는 재료는?

① 순도 95.5% 미만의 알루미늄
② 순도 99.7% 미만의 알루미늄
③ 2%를 넘는 마그네슘을 함유한 알루미늄
④ 5%를 넘는 마그네슘을 함유한 알루미늄

해설 알루미늄(Aluminium)
은백색의 금속(전성, 연성이 풍부하다.), 순도 98~99.85%로 전기의 양도체이다. 순도 99.7% 미만의 알루미늄은 물에 접촉하면 사용이 불가능하다.

45 관의 절단, 나사절삭, 거스러미(Burr) 제거 등의 일을 연속적으로 할 수 있으며, 관을 물린 척(Chuck)을 저속회전시키면서 나사를 가공하는 동력나사절삭기의 종류는?

① 다이헤드식   ② 호브식
③ 오스터식   ④ 피스톤식

해설 다이헤드식 동력나사절삭기의 기능
• 관의 절단 기능
• 관의 나사절삭 기능
• 관의 거스러미 제거 기능

46 산소 1.5mol, 질소 2mol, 수소 1mol, 일산화탄소 0.5mol을 섞은 혼합기체의 전압이 4기압일 때, 분압이 0.4기압이 되는 기체는 어느 것인가?

① 산소   ② 질소
③ 수소   ④ 일산화탄소

해설 혼합물 = 1.5+2+1+0.5 = 5몰
분자량 : 산소(32), 질소(28), 수소(2), 일산화탄소(28)
① 산소 $= 4 \times \frac{1.5}{5} = 1.2$기압
② 질소 $= 4 \times \frac{2}{5} = 1.6$기압
③ 수소 $= 4 \times \frac{1}{5} = 0.8$기압
④ 일산화탄소 $= 4 \times \frac{0.5}{5} = 0.4$기압

47 고압가스를 제조할 때 압축하면 안 되는 가스는?

① 가연성 가스(아세틸렌, 에틸렌, 수소 제외) 중 산소용량이 전 용량의 5%인 것
② 산소 중 가연성 가스의 용량이 전 용량의 3%인 것
③ 아세틸렌, 에틸렌 또는 수소 중의 산소용량이 전 용량의 1%인 것
④ 산소 중의 아세틸렌, 에틸렌 및 수소의 용량 합계가 전 용량의 1%인 것

해설 가스 압축 불가 기준
① 4% 이상
② 4% 이상
③ 2% 이상
④ 2% 이상

48 고압가스배관을 지하에 매설할 때에 독성 가스의 배관은 그 가스가 혼입될 우려가 있는 수도시설과는 몇 m 이상 거리를 유지해야 하는가?

① 1.8   ② 100
③ 300   ④ 400

정답 43 ③ 44 ② 45 ① 46 ④ 47 ① 48 ③

해설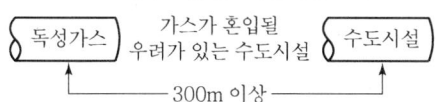

49 외국에서 국내로 수출하기 위한 용기 등(용기·냉동기 또는 특정설비)의 제조등록 대상범위가 아닌 것은?

① 고압가스를 충전하기 위한 용기(내용적 3데시리터 미만 용기는 제외한다.)
② 에어졸용 용기
③ 고압가스를 충전하기 위한 용기의 용기용 밸브
④ 고압가스 특정설비 중 저장탱크

해설 에어졸 용기는 외국에서 국내로 수출하기 위해 제조등록을 하지 않아도 된다.

50 배관 내에 가스가 흐를 때 마찰저항에 의해 압력손실이 발생한다. 만약 관경이 1/2로 축소된다면 압력손실은 어떻게 변화하는가?

① 4배   ② 8배
③ 16배   ④ 32배

해설
• 배관마찰저항은 관 내경의 5승에 반비례
• 유속이 2배이면 압력손실은 4배
• 관 길이에 비례
∴ 내경 $\frac{1}{2}$ 이면 압력손실은 32배

51 가스공급설비 중 가스 필터(Filter)의 구성요소가 아닌 것은?

① Filter Door   ② O-Ring
③ Filter Element   ④ Valve

해설 ㉠ 가스 필터 : 불순물 제거용
㉡ 밸브의 종류
• 글로브 밸브   • 게이트 밸브
• 볼 밸브   • 체크 밸브
• 버터플라이 밸브

52 공정 및 설비의 고장 형태 및 영향, 고장형태별 위험도 순위 등을 결정하는 위험성 평가기법은 무엇인가?

① 위험과 운전분석기법
② 이상위험도 분석기법
③ 결함수 분석기법
④ 사건수 분석기법

해설 이상위험도 분석기법(FMECA)
공정 및 설비의 고장형태 및 영향, 고장형태별 위험도 순위 등을 결정하는 위험성 평가기법

53 용기에 의한 가스의 운반기준에 대한 설명으로 틀린 것은?

① 충전용기는 이륜차로 적재하여 운반하지 아니한다.
② 독성 가스 중 가연성 가스와 조연성 가스는 동일 차량 적재함에 운반하지 아니한다.
③ 밸브가 돌출한 충전용기는 고정식 프로텍터나 캡을 부착시켜 밸브의 손상을 방지하는 조치를 한다.
④ 충전용기와 휘발유를 동일 차량에 적재하여 운반할 경우에는 시·도지사의 허가를 받는다.

해설 충전용기와 휘발유 등 소방기본법이 정하는 위험물은 용기 운반 시 동일 차량에 혼합적재가 금지된다.(허가대상이 아님)

54 다음 중 스케줄 번호와 응력의 관계는?(단, P는 kg/cm², S는 kg/mm²이다.)

① $SCH = 100 \times \frac{P}{S}$
② $SCH = 10 \times \frac{P}{S}$
③ $SCH = 100 \times \frac{S}{P}$
④ $SCH = 10 \times \frac{S}{P}$

정답 49 ② 50 ④ 51 ④ 52 ② 53 ④ 54 ②

해설 스케줄 번호(관의 두께 기준)

$$SCH = 10 \times \frac{P}{S}$$

여기서, S : 허용응력, P : 압력

55 TPM 활동체제 구축을 위한 5가지 기둥과 가장 거리가 먼 것은?

① 설비초기 관리체제 구축활동
② 설비효율화의 개별 개선활동
③ 운전과 보전의 스킬 업 훈련활동
④ 설비 경제성 검토를 위한 설비투자분석 활동

해설 TPM(Total Productive Maintenance, 전사적 생산보전)
• 3정 : 정위치, 정품, 정량
• 5S : 정리, 정돈, 청소, 청결, 습관화

56 도수분포표에서 알 수 있는 정보로 가장 거리가 먼 것은?

① 로트 분포의 모양
② 100단위당 부적합 수
③ 로트의 평균 및 표준편차
④ 규격과의 비교를 통한 부적합품률의 추정

해설 도수분포표
품질 변동을 분포형상 또는 수량적으로 파악하는 통계적 기법(평균치와 표준편차를 구할 때 사용)으로 그 정보는 ①, ③, ④이다.

57 자전거를 셀 방식으로 생산하는 공장에서, 자전거 1대당 소요공 수가 14.5H이며, 1일 8H, 월 15일 작업을 한다면 작업자 1명당 월 생산 가능 대수는 몇 대인가?(단, 작업자의 생산종합효율은 80%이다.)

① 10대   ② 11대
③ 13대   ④ 14대

해설 8H × 25일 = 200H

월 생산 가능 대수 = $\frac{200}{14.5} \times 0.8 = 11$대

58 ASME(American Society of Mechanical Engineers)에서 정의하고 있는 제품공정 분석표에 사용되는 기호 중 "저장(Storage)"을 표현한 것은?

① ○   ② □
③ ▽   ④ ⇨

해설
• ○, ⇨, → : 운반
• □ : 검사
• ▽, △ : 저장
• D : 정체

59 미리 정해진 일정단위 중에 포함된 부적합수에 의거하여 공정을 관리할 때 사용되는 관리도는?

① C 관리도   ② P 관리도
③ x 관리도   ④ nP 관리도

해설 관리도
㉠ 계량치 관리도
  • $\bar{x} - R$(평균치 범위)
  • x(개수 측정치)
  • $\tilde{x} - R$(메디안 범위)
㉡ 계수치 관리도
  • P_n(불량 개수)   • P(불량률)
  • C(결점 수)   • U(단위당 결점 수)

60 로트에서 랜덤하게 시료를 추출하여 검사한 후 그 결과에 따라 로트의 합격, 불합격을 판정하는 검사방법을 무엇이라 하는가?

① 자주검사   ② 간접검사
③ 전수검사   ④ 샘플링 검사

해설 샘플링 검사
로트에서 랜덤(무작위 시료 추출)하게 시료를 추출하여 검사한 후 그 결과에 따라 로트의 합격, 불합격을 판정하는 검사방법(로트 : 1회의 준비로서 만드는 물품의 집단)

정답 55 ④ 56 ② 57 ② 58 ③ 59 ① 60 ④

2016년 4월 2일 과년도 기출문제

01 1시간의 공기 압축량이 2,000m³인 공기액화분리기에 설치된 액화산소통 내의 액화산소 5L 중 아세틸렌 또는 탄화수소의 탄소의 질량이 얼마를 넘을 때 운전을 중지하고 액화산소를 방출하여야 하는가?

① 아세틸렌의 질량이 1mg을 넘을 때
② 아세틸렌의 질량이 3mg을 넘을 때
③ 탄화수소의 탄소의 질량이 5mg을 넘을 때
④ 탄화수소의 탄소의 질량이 500mg을 넘을 때

해설 액화산소 방출조건(액화산소 5L 중)
- 아세틸렌 질량이 5mg이 넘을 경우
- 탄화수소의 탄소 질량이 500mg을 넘을 경우

02 1kg의 공기가 일정 온도 200℃에서 팽창하여 처음 체적의 6배가 되었다. 이때 소비된 열량은 약 kJ인가?

① 128 ② 143
③ 187 ④ 243

해설
- 정압과정이므로
$$T_2 = T_1 \times \frac{V_2}{V_1} K$$
$$= (200+273) \times \frac{6}{1} = 2,838$$
- 공기의 기체상수
$$R = \frac{8.314}{분자량} = \frac{8.314}{29} = 0.287$$
- 등온과정 소비열량
$$= RT \ln\left(\frac{V_2}{V_1}\right)$$
$$= \frac{8.314}{29} \times (200+273) \times \ln\left(\frac{6}{1}\right)$$
$$= 243 kJ$$

03 용접 후 피닝을 하는 주된 이유는?

① 슬래그를 제거하기 위하여
② 용입이 잘 되게 하기 위하여
③ 용접을 잘 되게 하기 위하여
④ 잔류 응력을 제거하기 위하여

해설 용접 후 피닝(Peening)을 하는 주된 이유는 해머로 두들겨서 잔류 응력을 제거하기 위함이다.

04 배관 내의 압력 손실에 대한 설명으로 틀린 것은?

① 관의 길이에 비례한다.
② 관 내벽 상태와 관련이 있다.
③ 관 안지름의 4승에 반비례한다.
④ 유체의 점도 및 속도와 관련이 있다.

해설 배관 내 압력손실(마찰저항)은 관 안지름의 5승에 반비례한다.(내경이 $\frac{1}{2}$로 감소하면 압력손실은 32배. 단, 압력과는 무관하다.)

05 독성가스배관의 접합은 용접으로 하는 것이 원칙이나 다음의 경우에는 플랜지 접합으로 할 수 있다. 다음 중 잘못된 것은?

① 신축이음매의 접합 부분
② 호칭지름이 50mm 이하인 배관 접합 부분
③ 부식되기 쉬운 곳으로서 수시로 점검이 필요한 부분
④ 정기적으로 분해하여 청소·점검·수리를 하여야 하는 반응기, 탑, 저장탱크, 열교환기 또는 회전기계 전후의 첫 번째 접합 부분

해설 호칭지름이 50mm 이하인 배관 접합부분은 유니언 이음(╫)으로 가능하다. 50mm 초과 시 플랜지 이음(╫)이 적당하다.

정답 01 ④ 02 ④ 03 ④ 04 ③ 05 ②

06 아세틸렌은 용기에 충전한 후 온도 15℃에서 압력이 몇 MPa 이하로 될 때까지 정치하여야 하는가?

① 1.5　　② 2.5
③ 3.5　　④ 4.5

해설 아세틸렌(C_2H_2) 가스는 충전 후 온도 15℃에서 압력이 1.5MPa(15kg/cm²) 이하로 될 때까지 정치하여야 한다.

07 재검사 용기 및 특정 설비의 파기방법에 대한 설명으로 틀린 것은?

① 잔가스를 전부 제거한 후 절단할 것
② 검사신청인에게 파기의 사유, 일시, 장소 및 인수시한 등을 통지하고 파기할 것
③ 절단 등의 방법으로 파기하여 원형으로 재가공이 가능하게 하여 재활용할 수 있도록 할 것
④ 파기하는 때에는 검사장소에서 검사원으로 하여금 직접 실시하게 하거나 검사원 입회 하에 용기 및 특정 설비의 사용자로 하여금 실시하게 할 것

해설 재검사 용기 및 특정 설비가 파기되는 경우에는 원형으로 재가공할 수 없도록 한다.

08 고압가스 저장탱크를 수리하기 위하여 탱크안의 가스를 배출하고 불활성 가스로 치환한 다음 다시 공기로 치환하였다. 탱크 안의 기체를 분석한 결과가 다음과 같을 때 작업자가 저장탱크 안에 들어가 작업이 가능한 경우는?

① 산소 15%, 질소 85%
② 산소 8%, 질소 72%, Ar 20%
③ 질소 80%, 산소 19%, 수소 1%
④ 일산화탄소 70ppm, 산소 17%, 나머지 질소

해설 산소(O_2)가 18~21% 사이일 경우 저장탱크 안에서 작업이 가능하다.

09 액화석유가스법 시행규칙에서 정한 다중이용시설이란 시·도지사가 안전관리를 위하여 필요하다고 지정하는 시설 중 그 저장능력이 얼마를 초과하는 시설을 말하는가?

① 100kg　　② 300kg
③ 500kg　　④ 1,000kg

해설 액화석유가스의 다중이용시설이란 저장능력이 100kg을 초과하는 시설이다.

10 Dalton의 법칙을 가장 바르게 설명한 것은?

① 혼합기체의 온도는 일정하다.
② 혼합기체의 압력은 각 성분의 분압의 합과 같다.
③ 혼합기체의 체적은 각 성분의 체적의 합과 같다.
④ 혼합기체의 상수는 각 성분의 상수의 합과 같다.

해설 돌턴의 법칙
혼합기체의 압력은 각 성분의 분압의 합과 같다.

11 고압가스 안전관리법에서 규정한 공급자의 의무사항에 대한 설명으로 옳은 것은?

① 안전점검을 실시한 결과 수요자의 시설 중 개선할 사항이 있을 경우 그 수요자로 하여금 당해 시설을 개선하도록 한다.
② 고압가스 수요자의 사용시설 중 개선명령을 할 수 있는 자는 시·도지사이다.
③ 고압가스를 수요자에게 공급할 때는 수요자에게 그 사용시설을 안전점검하도록 한다.
④ 고압가스 판매자는 고압가스의 수요자가 그 시설을 개선하지 아니할 때는 고압가스의 공급을 중단하고, 그 사실을 시·도지사에게 신고한다.

해설 고압가스 공급자의 의무사항은 ①의 설명과 같다.
② 개선명령은 시장, 군수가 한다.
④ 시장·군수·구청장에게 신고한다.

정답 06 ① 07 ③ 08 ③ 09 ① 10 ② 11 ①

12 고압가스 안전관리법상 당해 가스시설의 안전을 직접 관리하는 사람은?

① 안전관리 부총괄자
② 안전관리 책임자
③ 안전관리원
④ 특정설비 제조자

해설 고압가스 안전관리법 시행령 제12조
안전관리 부총괄자 : 해당사업자의 시설을 직접 관리하는 최고 책임자

13 단열압축에 대한 설명으로 맞는 것은?

① 공급되는 열량은 0이다.
② 공급되는 일은 기체의 엔탈피 감소로 보존된다.
③ 단열압축 전보다 압력이 감소한다.
④ 단열압축 전보다 온도, 비체적이 증가한다.

해설 단열압축
상태변화를 하는 동안 외부와 전혀 열의 출입이 없는 상태변화(절대일 $_1W_2$, 공업일 W_t에서 $\delta q = 0$이다. 다만, 내부에너지 변화량은 절대일량과 같고 엔탈피 변화량은 공업일량과 같다. 열의 이동은 없다.)

14 LP가스의 일반적인 성질에 대한 설명으로 틀린 것은?

① LP가스의 밀도는 공기보다 적다.
② 순수한 LP가스는 맛과 냄새가 없다.
③ LP가스는 기화 및 액화가 용이하다.
④ 발열량이 크고 연소 시 많은 공기가 필요하다.

해설 LP가스(액화석유가스)의 성분은 프로판, 부탄 등이므로
밀도(ρ) = $\frac{분자량}{22.4}$
∴ 공기 = $\frac{29}{22.4}$
프로판 = $\frac{44}{22.4}$
부탄 = $\frac{58}{22.4}$

15 열역학 제2법칙에 대한 설명으로 틀린 것은?

① 밀폐계에서는 어떠한 열현상에 있어서도 그 계 전체의 전 엔트로피는 적어도 보존되거나 증대하는 방향으로 진행한다.
② 작동유체가 사이클에 의해서 연속적으로 일을 발생하기 위해서는 고온 물체와 이보다 낮은 저온물체가 필요하다.
③ 열은 그 자신만으로 저온도의 물체로부터 고온도의 물체로 이동할 수 없다.
④ 제2종의 영구기관의 실현성을 인정하는 법칙이다.

해설 제2종 영구기관
열역학 제2법칙에 위배되는 기관(입력과 출력이 같은 기관, 즉 열효율이 100%인 기관)

16 허용 인장응력 10kgf/mm², 두께 10mm의 강판을 150mm V홈 맞대기 용접이음을 할 때 그 효율이 80%라면 용접 두께 t는 얼마로 하면 되는가?(단, 용접부의 허용응력은 8kgf/mm²이다.)

① 10mm ② 12mm
③ 14mm ④ 16mm

해설 응력차이 = $\frac{8}{10} = 0.8$
10mm × 0.8 = 8mm
∴ 용접 두께(t) = $\frac{8}{0.8}$ = 10mm

17 수소는 고온·고압하에서 강제 중의 탄소와 반응하여 수소취화를 일으키는데 이것을 방지하기 위하여 첨가시키는 금속원소로서 부적당한 것은?

① 몰리브덴 ② 구리
③ 텅스텐   ④ 바나듐

해설 수소취성(고온, 고압에서 발생)
$Fe_3C + 2H_2 \rightarrow CH_4 + 3Fe$
수소취성 방지용으로 첨가 : Cr, Ti, V, W, Mo, Nb

정답 12 ① 13 ① 14 ① 15 ④ 16 ① 17 ②

18 암모니아를 사용하여 질산 제조의 원료를 얻는 반응식으로 가장 옳은 것은?

① $2NH_3+CO \rightarrow (NH_2)_2CO+H_2O$
② $NH_3+HNO_3 \rightarrow NH_4NO_3$
③ $2NH_3+H_2SO_4 \rightarrow (NH_4)_2SO_4$
④ $4NH_3+5O_2 \rightarrow 4NO+6H_2O$

해설
- 질소비료 원료 : 요소, 황산암모늄, 질산암모늄
- 질산 제조 : $4NH_3+5O_2 \rightarrow 4NO+6H_2O$

19 지름 30mm의 강봉에 40kN의 하중이 안전하게 작용하고 있을 때 이 강봉의 인장강도가 350MPa이면 안전율은 약 얼마인가?

① 2.7 ② 4.2
③ 6.2 ④ 8.1

해설 단면적$(A) = \frac{3.14}{4} \times 30^2 = 706.5 \text{mm}^2 = 707 \text{mm}^2$

단위면적당 하중 $= \frac{40 \times 10^3}{707} = 57 \text{N/mm}^2$

$\therefore$ 안전율 $= \frac{350}{57} = 6.2$

20 공기액화 분리장치 중 왕복동식 팽창기에 대한 설명으로 틀린 것은?

① 팽창비가 약 40 정도로 크다.
② 처리가스에 윤활유가 혼입될 우려가 없다.
③ 흡입압력이 저압부터 고압까지 범위가 넓다.
④ 팽창기의 효율이 약 60~65% 정도로서 낮은 편이다.

해설 공기액화 분리장치 중 왕복동식 팽창기에는 오일이 사용되므로 처리가스에 오일액이 혼입될 우려가 발생한다.

21 어떤 산소용기에 산소를 충전하고 온도 35℃에서 20MPa로 되도록 하려면 0℃에서는 약 몇 MPa의 압력까지 충전해야 하는가?

① 13.5 ② 17.7
③ 22.6 ④ 26.3

해설 $35+273=308K$, $0+273=273K$

0℃ 충전압력$(P) = 20 \times \left(\frac{273}{308}\right) = 17.7\text{MPa}$

22 액화프로판 20kg을 충전할 수 있는 용기의 내용적(L)은?(단, 액화프로판의 정수는 2.35)

① 8.5 ② 20
③ 47   ④ 65

해설 질량$(W) = \frac{V}{C}$

내용적$(V) = W \times C = 20 \times 2.35 = 47L$

23 반데르발스 식은 $\left(P+\frac{n^2 a}{V^2}\right)(V-nb) = nRT$로 나타낸다. 메탄가스를 150atm, 40L, 30℃의 고압용기에 충전할 때 들어갈 수 있는 가스의 양은 약 얼마인가?(단, $a = 2.26 \text{L}^2\text{atm/mol}$, $b = 4.30 \times 10^{-2} \text{L/mol}$이다.)

① 30mol   ② 154mol
③ 304mol ④ 504mol

해설 $150 \times 1.033 + 1.033 = 155.9 \text{kg/cm}^2$(절대압)

$155.9 \times 40 = 6,236L$

$\therefore$ 가스의 양$(V) = 6,236 \times \frac{30+273}{273} \times \frac{1}{22.4}$

$= 308 \text{mol}$

※ $1\text{mol} = 22.4L$, 표준대기압(1.033kg/cm^2)

24 액화석유가스 용기충전시설의 저장탱크에서 폭발방지장치를 의무적으로 설치하여야 하는 경우는?

① 상업지역에 저장능력 10톤의 저장탱크를 지상에 설치하는 경우
② 녹지지역에 저장능력 20톤의 저장탱크를 지상에 설치하는 경우
③ 주거지역에 저장능력 5톤의 저장탱크를 지상에 설치하는 경우
④ 녹지지역에 저장능력 30톤의 저장탱크를 지상에 설치하는 경우

정답 18 ④ 19 ③ 20 ② 21 ② 22 ③ 23 ③ 24 ①

해설 액화석유가스 폭발방지장치의 설치기준
주거지역 또는 상업지역에 설치하는 저장능력 10톤 이상의 저장탱크

25 CO_2의 기체상수 값은 약 몇 N·m/kg·K인가?

① 132　　② 164
③ 189　　④ 225

해설 $1kgf = 9.8m/s^2 = 9.8N (1kJ = 10^3 J)$
$1J = 1N \times 1m = 1kg \cdot m^2/s^2$
$1kg \cdot m = 9.8N \cdot m = 9.8J$

기체상수$(R) = \dfrac{8.314kJ}{분자량} = \dfrac{8.314 \times 10^3}{44}$
$= 189J = 189N \cdot m/kg \cdot K$

※ $8.314kJ = \dfrac{101,325Pa \times 22.4kmol}{273.15K}$

26 이상기체(Ideal Gas)의 성질이 아닌 것은?

① 아보가드로의 법칙에 따른다.
② 보일-샤를의 법칙을 만족한다.
③ 비열비$\left(k = \dfrac{C_p}{C_v}\right)$는 온도에 관계없이 일정하다.
④ 내부에너지는 체적에 무관하며 압력에 의해서만 결정된다.

해설 이상기체
내부에너지는 온도만의 함수로서 압력과 체적에는 무관하다.(줄의 법칙)

27 고압배관용 탄소강 강관의 기호는?

① SPPS　　② SPPH
③ SPLT　　④ SPHT

해설 ① SPPS : 압력배관용
② SPPH : 고압배관용
③ SPLT : 저온배관용
④ SPHT : 고온배관용

28 일반도시가스사업자 정압기의 이상압력 상승 시 다음 안전장치의 작동순서로 적합한 것은?

㉠ 이상압력통보설비
㉡ 주정압기의 긴급차단장치
㉢ 안전밸브
㉣ 예비정압기의 긴급차단장치

① ㉠-㉡-㉢-㉣
② ㉡-㉢-㉣-㉠
③ ㉢-㉣-㉠-㉡
④ ㉣-㉠-㉡-㉢

해설 도시가스사업자에 대한 정압기(거버너)의 이상압력 상승 시 안전장치 작동순서는 ㉠-㉡-㉢-㉣을 따른다.

29 다음 가스 중 색이나 냄새로 가스의 존재유무를 확인할 수 없는 것은?

① 산소　　② 암모니아
③ 염소　　④ 황화수소

해설 산소(O_2)는 무색, 무취의 가스이다.

30 가스도매사업의 가스공급시설에서 고압의 가스공급시설은 안전구획 안에 설치하여야 하는데 그 안전구역의 면적은 몇 m^2 미만이어야 하는가?

① 1만　　② 2만
③ 3만　　④ 5만

해설 가스도매사업 가스공급시설에서 고압의 경우 안전구획 안 안전구역 면적은 20,000m^2 미만이어야 한다.

정답 25 ③　26 ④　27 ②　28 ①　29 ①　30 ②

31 흡수식 냉동기에서 냉매와 흡수제로 사용되는 것을 옳게 나타낸 것은?

① 암모니아 – 물
② 물 – 염화메틸
③ 물 – 프레온22
④ 물 – 메틸클로라이드

해설 흡수식 냉동기의 냉매와 흡수제
- 암모니아(냉매) → 물(흡수제)
- 물(냉매) → 취화리튬(LiBr)(흡수제)

32 도시가스의 품질검사 시 주로 사용되는 방법은?

① GC　　　② 연소법
③ 중량법　　④ 흡광광도법

해설 GC(Gas Chromatography)
도시가스 품질검사 방법 중 가장 선호하는 방법

33 저장능력이 10톤인 액화석유가스 저장소 시설에서 선임하여야 할 안전관리자의 기준은?

① 안전관리총괄자 1명, 안전관리부총괄자 1명, 안전관리원 1명 이상
② 안전관리총괄자 1명, 안전관리책임자 1명, 안전관리원 1명 이상
③ 안전관리총괄자 1명, 안전관리책임자 1명 이상
④ 안전관리총괄자 1명, 안전관리원 1명 이상

해설 고압가스 안전관리법 시행령 별표 1(액화석유가스 저장소 저장능력 30톤 이하)
- 안전관리 총괄자 : 1명
- 안전관리 책임자 : 1명 이상

34 고압가스 안전관리법에 적용을 받는 가스 종류 및 범위의 기준으로 옳지 않은 것은?

① 15℃에서 압력이 0Pa을 초과하는 아세틸렌가스
② 35℃에서 압력이 0Pa을 초과하는 액화시안화수소
③ 상용의 온도에서 압력이 1MPa 이상이 되는 압축가스
④ 상용의 온도에서 압력이 0.1MPa 이상이 되는 액화가스

해설 ④에서 액화가스의 경우 0.2MPa 이상이 되는 가스가 고압가스에 해당된다.

35 일반도시가스사업의 가스공급시설의 시설기준에 대한 설명으로 틀린 것은?

① 가스정제설비는 그 외면으로부터 제1종 보호시설까지 30m 이상을 유지해야 한다.
② 가스홀더는 그 외면으로부터 사업장의 경계까지의 최고사용압력이 저압인 경우 5m 이상을 유지해야 한다.
③ 가스혼합기는 그 외면으로부터 사업장의 경계까지의 최고사용압력이 고압인 경우 30m 이상을 유지해야 한다.
④ 압송기는 그 외면으로부터 사업장의 경계까지의 최고사용압력이 고압인 경우 20m 이상을 유지해야 한다.

해설 ③에서 가스혼합기는 최고사용압력이 고압인 경우 20m 이상을 유지해야 한다.(별표 6)

36 고압가스 취급장치로부터 미량의 가스가 대기 중에 누출된 것을 검지하기 위하여 사용되는 시험지와 변색이 옳게 짝지어진 것은?

① 암모니아 – KI 전분지 – 적색으로 변화
② 일산화탄소 – 염화파라듐지 – 청색으로 변화
③ 아세틸렌 – 염화제1동 착염지 – 적색으로 변화
④ 염소 – 적색 리트머스 – 청색으로 변화

해설 ① 암모니아 – KI 전분지 – 청색으로 변화
② 일산화탄소 – 염화파라듐지 – 흑색으로 변화
④ 염소 – KI 전분지(요오드칼륨 시험지) – 청색으로 변화

정답　31 ①　32 ①　33 ③　34 ④　35 ③　36 ③

37 긴급차단장치는 차량에 고정된 탱크 또는 이에 접속하는 배관 외면의 온도가 몇 ℃일 때 자동으로 작동하는가?

① 70 ② 92
③ 110 ④ 140

해설) 110℃ 이상이면(탱크, 배관 외면) 긴급차단장치 작동

38 액화석유가스용 압력조정기에 대한 제품검사 항목이 아닌 것은?

① 구조검사 ② 기밀검사
③ 외관검사 ④ 치수검사

해설) LPG 압력조정기(R)의 제품검사
• 구조검사
• 기밀검사
• 치수검사

39 지름이 d인 중심축이 비틀림 모멘트 T를 받을 때 생기는 최대전단응력을 1이라 하면 비틀림 모멘트 T와 동일한 굽힘 모멘트 M을 받을 때 생기는 최대전단응력은 얼마인가?

① 1.2 ② $\sqrt{2}$
③ $\sqrt{3}$ ④ 2

해설) • 비틀림 모멘트 T와 동일한 굽힘 모멘트 M을 받을 때, 최대전단응력 = $\sqrt{2}$
• 전단응력 : 물체 내 하나의 단면상에 단면에 따라 크기가 같고 방향이 반대인 한 쌍의 힘이 작용하여 물체를 그 단면에서 절단하도록 하는 하중

40 부식이 특정한 부분에 집중하는 형식으로 부식 속도가 크므로 위험성이 높고 장치에 중대한 손상을 미치는 부식의 형태는?

① 국부부식 ② 전면부식
③ 선택부식 ④ 입계부식

해설) 국부부식
특정한 부분에 집중하는 부식

41 N_2 70mol, O_2 50mol로 구성된 혼합가스가 용기에 7kgf/cm²의 압력으로 충전되어 있다. N_2의 분압은 약 얼마인가?

① 3kgf/cm² ② 4kgf/cm²
③ 5kgf/cm² ④ 6kgf/cm²

해설) 혼합물 = 70+50 = 120mol
∴ 질소(N_2) 분압 = $7 \times \dfrac{70}{120} = 4.08$ kg/cm²

42 아세틸렌(C_2H_2) 가스는 다음 중 무엇으로 주로 제조할 수 있는가?

① 탄화칼슘 ② 탄소
③ 카타리솔 ④ 암모니아

해설) 탄화칼슘(CaO) + 3C → CaC_2 + CO
카바이드(CaC_2) + $2H_2O$ → $Ca(OH)_2$ + C_2H_2

43 아세틸렌가스 충전용기의 도색과 아세틸렌 가스명의 문자 색상으로 옳은 것은?

① 용기 : 녹색, 글자 : 흑색
② 용기 : 황색, 글자 : 적색
③ 용기 : 회색, 글자 : 황색
④ 용기 : 황색, 글자 : 흑색

해설) 아세틸렌(C_2H_2) 가스 충전용기(공업용)
• 용기 도색 : 황색
• 글자 색상 : 흑색

44 수소가스가 발생되기 가장 어려운 경우에 해당되는 반응은?

① 구리와 황산의 반응
② 알루미늄과 염산의 반응
③ 아연과 수산화나트륨의 반응
④ 알루미늄과 수산화나트륨과 물의 반응

해설) 아연, 알루미늄, 철, 마그네슘, 주석, 납, 칼륨, 칼슘, 나트륨 등으로 수소가스를 제조한다.

정답 37 ③ 38 ③ 39 ② 40 ① 41 ② 42 ① 43 ④ 44 ①

45 다음 중 암모니아의 용도가 아닌 것은?

① 황산암모늄의 제조
② 요소비료의 제조
③ 냉동제조의 냉매
④ 금속의 산화제

해설 암모니아(NH_3) 가스의 용도는 ①, ②, ③ 외에 나일론 및 소다회 제조원료, 드라이아이스(고체탄산) 제조용에 사용된다.

46 가스엔진구동 열펌프(GHP)에 대한 설명 중 옳지 않은 것은?

① 부분부하 특성이 우수하다.
② 외기온도 변동에 영향이 크다.
③ 구조가 복잡하고 유지관리가 어렵다.
④ 난방 시 GHP의 기동과 동시에 난방이 가능하다.

해설 가스엔진구동 열펌프(GHP)는 메탄을 이용하며 메탄은 비점이 -161.5℃이므로 냉·난방이 용이하여 외기온도 변동에 영향이 적다.

47 다음 시설 또는 그 부대시설에서 고압가스 특정제조 허가의 대상이 아닌 것은?

① 석유정제업자의 석유정제시설로서 그 저장능력이 100톤 이상인 것
② 비료생산업자의 비료제조시설로서 그 저장능력이 100톤 이상인 것
③ 석유화학공업자의 석유화학공업시설로서 그 처리능력이 1만 세제곱미터 이상인 것
④ 철강공업자의 철강공업시설로서 그 처리 능력이 1만 세제곱미터 이상인 것

해설 ④의 경우는 10만 세제곱미터 이상이어야 특정제조 허가대상이다.

48 고압가스 안전관리법의 적용범위에서 제외되는 고압가스가 아닌 것은?

① 등화용의 아세틸렌가스
② 오토클레이브 안의 아세틸렌가스
③ 냉동능력이 3톤 미만인 냉동설비 안의 고압가스
④ 철도차량의 에어컨디셔너 안의 고압가스

해설 고압반응기 오토클레이브 안의 고압가스는 고압가스 안전관리법의 적용범위에서 제외된다.(단, 수소, 아세틸렌, 염화비닐은 제외한다.)

49 고압가스 냉동제조의 시설 및 기술기준에 대한 설명 중 틀린 것은?

① 냉동제조시설 중 냉매설비에는 자동제어장치를 설치한다.
② 가연성 가스를 냉매로 사용하는 수액기의 경우에는 환형 유리관 액면계를 사용한다.
③ 압축기 최종단에 설치된 안전밸브는 1년에 1회 이상 점검을 실시한다.
④ 냉매설비의 안전을 확보하기 위하여 압력계를 설치한다.

해설 고압가스 냉동제조시설 및 기술기준에서 수액기는 냉매가스의 누출 시 조치가 필요하다.

50 내경이 10cm인 관에 비중이 0.9, 점도가 1.5cP인 액체가 흐르고 있다. 임계속도는 약 몇 m/s인가?(단, 임계 레이놀즈수는 2,100이다.)

① 0.025   ② 0.035
③ 0.045   ④ 0.055

해설 단면적$(A) = \dfrac{\pi}{4}d^2$
$= \dfrac{3.14}{4} \times (0.1)^2$
$= 0.00785m^2$

동점성계수$(\nu) = \dfrac{점성계수(\mu)}{밀도} = $ (stokes)

정답 45 ④ 46 ② 47 ④ 48 ② 49 ② 50 ②

$$\therefore \text{임계속도}(V) = \frac{R_e \nu}{d}$$
$$= \frac{2,100 \times (1.5/0.9) \times 10^{-6}}{0.1}$$
$$= 0.035 \text{m/s}$$

※ 동점성계수 $= 1\text{m}^2/\text{s} = 10^4 \text{cm}^2/\text{s} = 10^6 \text{cst}$
　동점성계수 = 점성계수$(\mu) \times 10^{-6}$

51 도시가스사업법 시행규칙에서 정한 용어의 정의가 잘못된 것은?

① 본관이라 함은 도시가스제조사업소의 부지 경계에서 정압기까지 이르는 배관을 말한다.
② 중압이란 0.1MPa 이상, 1MPa 미만의 압력을 말한다.
③ 처리능력이란 압축, 액화나 그 밖의 방법으로 1일 처리할 수 있는 도시가스의 양을 말한다.
④ 밸브기지란 도시가스의 흐름을 원활하게 하기 위한 시설로서 가스흐름장치, 방산탑, 배관 등이 설치된 기지를 말한다.

해설 밸브기지
도시가스의 흐름을 차단하기 위한 시설로서 가스차단장치, 방산탑, 배관 또는 그 부대설비가 설치된 기지

52 다음 [보기]에서 설명하는 금속의 종류는?

- 약 2~6.7%의 탄소를 함유한다.
- 압축력이 요구되는 부품의 재료에 적합하다.
- 감쇠능(減衰能)이 아주 우수하여 진동에너지를 효율적으로 흡수한다.

① 황동　　　　　② 선철
③ 주강　　　　　④ 주철

해설 주철(Castiron)
- 선철(탄소를 1.7~4.5% 함유하며, 파단면이 회색이면 회주철, 파단면이 백색이면 백주철)에 파쇠 외에 여러 가지 원소를 가해서 용융한 것
- 일반적으로 탄소 함량이 2.5~6.7% 정도이다.

53 도시가스 배관의 굴착으로 인하여 몇 m 이상 노출된 배관에 대하여 누출된 가스가 체류하기 쉬운 장소에 가스누출 경보기를 설치하여야 하는가?

① 15　　　　　② 20
③ 25　　　　　④ 30

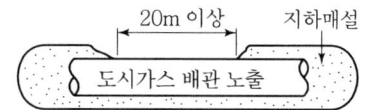

도시가스 체류가 쉬운 장소는 노출 배관의 경우 가스누출 경보기를 설치하여야 한다.

54 프로판가스 5kg을 완전연소하는 데 필요한 공기량은 약 몇 Nm³인가?(단, 공기 중 산소와 질소의 체적비는 21 : 79이다.)

① 61　　　　　② 81
③ 110　　　　④ 121

해설 $C_3H_8(\text{프로판}) + 5O_2 \rightarrow 3CO_2 + 4H_2O$
　　　44kg　　　$5 \times 22.4 \text{Nm}^3$

$$\therefore \text{이론공기량} = \text{이론산소량} \times \frac{1}{0.21}$$
$$= \left(5 \times 22.4 \times \frac{5}{44}\right) \times \frac{1}{0.21}$$
$$= 61 \text{Nm}^3$$

55 작업측정의 목적 중 틀린 것은?

① 작업 개선　　　② 표준시간 설정
③ 과업관리　　　④ 요소작업 분할

해설 작업측정의 목적
- 작업 개선
- 표준시간 설정
- 과업관리

56 일반적으로 품질코스트 가운데 가장 큰 비율을 차지하는 것은?

① 평가코스트　　② 실패코스트
③ 예방코스트　　④ 검사코스트

정답 51 ④　52 ④　53 ②　54 ①　55 ④　56 ②

해설 실패코스트
품질코스트에서 가장 큰 비율을 차지하며 내부실패비율, 외부실패비율 초기 단계에서 실패코스트가 50~75%로 그 비율이 크다.

57 계량값 관리도에 해당되는 것은?

① c 관리도 ② u 관리도
③ R 관리도 ④ np 관리도

해설
- 계량값 관리도(길이, 무게, 강도, 전압, 전류 등의 연속변량 측정) : $\tilde{X}-R$ 관리도, X 관리도, $X-R$ 관리도, R 관리도
- 계수치 관리도(직물의 얼룩, 홈 등 불량률 측정) : np 관리도, p 관리도, c 관리도, u 관리도

58 계수 규준형 샘플링 검사의 OC곡선에서 좋은 로트를 합격시키는 확률을 뜻하는 것은?(단, α는 제1종 과오, β는 제2종 과오이다.)

① α 관리도 ② u 관리도
③ R 관리도 ④ np 관리도

해설
- 불량률 $P\%$인 로트가 검사에서 합격될 확률 $L(P)$
- $1-\alpha$: OC 곡선에서 좋은 로트를 합격시킬 확률이다.
- OC 곡선에서 좋은 Lot의 과오에 의한 불합격 확률과 임의의 품질을 가진 로트의 합격 또는 불합격되는 확률을 알 수 있다.
- 제1종 과오(생산자 위험) : 시료가 불량하기 때문에 Lot가 불합격되는 확률(실제로는 진실인데 거짓으로 판단되는 과오로서 α로 표시한다.)
- 제2종 과오(소비자 위험) : 당연히 불합격되어야 할 Lot가 합격되는 확률(실제로는 거짓인데 진실로 판단되는 과오로서 β로 표시한다.)

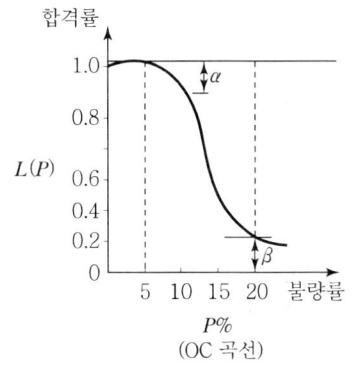

59 어떤 작업을 수행하는 데 작업소요시간이 빠른 경우 5시간, 보통이면 8시간, 늦으면 12시간 걸린다고 예측되었다면 3점 견적법에 의한 기대 시간치와 분산을 계산하면 약 얼마인가?

① $t_e = 8.0$, $\sigma^2 = 1.17$
② $t_e = 8.2$, $\sigma^2 = 1.36$
③ $t_e = 8.3$, $\sigma^2 = 1.17$
④ $t_e = 8.3$, $\sigma^2 = 1.36$

해설 기대 시간
- $t_e = \dfrac{T_0 + 4T_m + T_p}{6}$
  $= \dfrac{5 + 4 \times 8 + 12}{6} = 8.2$
- 분산 $= \dfrac{8.2}{6} = 1.36$

60 정규분포에 관한 설명 중 틀린 것은?

① 일반적으로 평균치가 중앙값보다 크다.
② 평균을 중심으로 좌우대칭의 분포이다.
③ 대체로 표준편차가 클수록 산포가 나쁘다고 본다.
④ 평균치가 0이고 표준편차가 1인 정규분포를 표준정규분포라 한다.

해설 정규분포(Normal Distribution)
일명 Gauss의 오차분포라고 하며, 평균치에 대한 좌우대칭 종 모양을 하고 있는 분포로서 계량치는 원칙적으로 이 분포에 따른다.

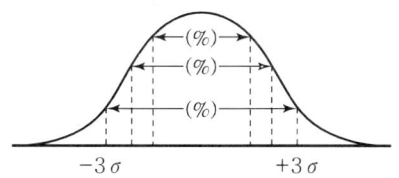

정규분포의 성질은 분포의 평균과 표준오차로 결정된다.

정답 57 ③ 58 ③ 59 ② 60 ①

2016년 7월 10일 과년도 기출문제

01 가스도매사업의 가스공급시설로서 배관을 지하에 매설하는 경우의 기준에 대한 설명 중 틀린 것은?

① 가스배관 외부에 콘크리트를 타설하는 경우에는 고무판 등을 사용하여 배관의 피복부위와 콘크리트가 직접 접촉하지 아니하도록 한다.
② 배관은 그 외면으로부터 지하의 다른 시설물과 0.3m 이상의 거리를 유지한다.
③ 지표면으로부터 배관의 외면까지의 매설깊이는 산이나 들에서는 1.2m 이상 그 밖의 지역에서는 1.5m 이상으로 한다.
④ 철도의 횡단부 지하에는 지면으로부터 1.2m 이상인 깊이에 매설하고 또한 강제의 케이스를 사용하여 보호한다.

해설
지표면 (산이나 들)
매설 깊이 1m 이상
(그 밖의 지역은 1.2m 이상)
(가스배관)

02 개스킷 재료가 갖추어야 할 구비조건으로 가장 거리가 먼 것은?

① 충분한 강도를 가질 것
② 유체에 의해 변질되지 않을 것
③ 유연성을 유지할 수 있을 것
④ 내유성, 내후성, 내마모성이 적을 것

해설

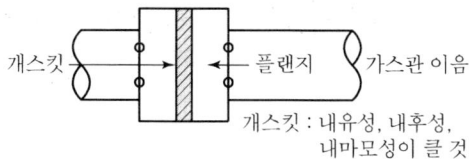

개스킷: 내유성, 내후성, 내마모성이 클 것

03 프로판가스 2.5kg을 완전연소시키는 데 필요한 이론 공기량은 25℃, 750mmHg에서 약 몇 m³인가?

① 33.45
② 34.66
③ 44.51
④ 57.25

해설 프로판(C_3H_8) + $5O_2$ → $3CO_2$ + $4H_2O$

이론공기량(A_o) = 이론산소량 × $\dfrac{1}{0.21}$

프로판 1kmol = 44kg = 22.4m³

∴ $V_1 = 5 \times 22.4 \times \dfrac{2.5}{44} \times \dfrac{1}{0.21} = 30.30 Nm^3$

∴ $V_2 = 30.30 \times \dfrac{273+25}{273} \times \dfrac{760}{750} = 33.5 m^3$

(중량당 이론공기량)

04 독성가스를 수용하는 압력용기 용접부의 전 길이에 대하여 실시하여야 하는 비파괴시험법은?

① 침투탐상시험
② 초음파탐상시험
③ 자분탐상시험
④ 방사선투과시험

해설 독성가스 압력용기 전 길이에 대하여 실시하는 비파괴시험법은 방사선투과시험이다.

05 피셔(Fisher)식 정압기의 2차압 이상상승의 원인에 해당하는 것은?

① 정압기의 능력 부족
② 필터의 먼지류의 막힘
③ Pilot Supply Valve에서의 누설
④ 파일럿의 오리피스의 녹 막힘

해설 도시가스 압력을 일정하게 하는 피셔식 정압기 2차압 이상상승 원인은 ③이며, 그 조치사항은 밸브를 교체하는 것이다.

정답 01 ③ 02 ④ 03 ① 04 ④ 05 ③

06 기체연료를 미리 공기와 혼합시켜 놓고 점화해서 연소하는 것은?

① 확산연소
② 혼합기연소
③ 증발연소
④ 분무연소

해설 혼합기연소
(기체연료＋소요공기) 상태에서 점화연소시키는 것

07 이상기체의 상태변화에서 $Q=\Delta H = \int C_p dT$ 로 나타낼 수 있는 것은?

① 등온변화
② 등적변화
③ 등압변화
④ 단열변화

해설 이상기체의 정압변화(등압)

열량(Q) = $\int PdV = h_2 - h_1$
= $\int C_p dT = C_p(T_2 - T_1)$

08 고열원 400℃, 저열원 40℃에서 카르노(Carnot) 사이클을 행하는 열기관의 열효율은 약 몇 %인가?

① 40.5
② 53.5
③ 59.5
④ 62.5

해설 $400+273=673K$
$40+273=313K$
∴ 효율(η) = $1 - \frac{T_2}{T_1} = 1 - \frac{313}{673}$
$= 0.535(53.5\%)$

09 가스설비 배관의 진동설계 및 시공 시의 주의사항으로 틀린 것은?

① 관 내 유체가 공진현상을 일으키지 않도록 설계한다.
② 배관의 고유진동수와 배관 내 유체의 맥동수가 일치하도록 한다.
③ 관 내 유체의 압력 변동을 가능한 한 적게 한다.
④ 배관의 고유진동수와 관내 유체의 진동수의 비는 약 0.7 이하, 1.3 이상이 되도록 한다.

해설 $\frac{배관의\ 고유진동수}{배관\ 내\ 유체의\ 진동수}=0.7$ 이하 또는 1.3 미만이 되도록 한다.

10 내용적 40L의 용기에 20℃에서 게이지 압력으로 139기압까지 충전된 수소가 공기 중에서 연소했다고 하면 약 몇 kg의 물이 생성되겠는가? (단, 이상기체로 간주하고, 표준상태에서 연소하는 것으로 한다.)

① 2.1
② 4.2
③ 13
④ 23

해설 수소(H_2) + $\frac{1}{2}O_2 \to H_2O$
2kg + 16kg → 18kg
(H_2O 1kmol=22.4m³=18kg)
용기 40L=0.04m³
H_2O 용적 = $0.04 \times 139 \times \frac{273}{273+20} \times \frac{1}{22.4}$
= 0.2313kmol
∴ $0.2313 \times 18 = 4.2kg$

11 흡수식 냉동기에서 암모니아 냉매의 흡수제는 무엇인가?

① 파라핀유
② 물
③ 취화리튬
④ 사염화에탄

해설

냉매(암모니아) = 흡수제(물)
냉매(H_2O) = 흡수제(취화리튬)

정답 06 ② 07 ③ 08 ② 09 ② 10 ② 11 ②

12 고압가스 안전관리법령에서 정한 고압가스의 범위에 대한 설명으로 옳은 것은?

① 상용의 온도에서 게이지 압력이 0MPa 이 되는 압축가스
② 섭씨 35℃의 온도에서 게이지 압력이 0Pa 을 초과하는 아세틸렌 가스
③ 상용의 온도에서 게이지 압력이 0.2MPa 이상이 되는 액화가스
④ 섭씨 15℃의 온도에서 게이지 압력이 0.2MPa 을 초과하는 액화가스 중 액화시안화수소

해설 ① 1MPa 이상이어야 한다.
② 15℃의 온도이어야 한다.
④ 35℃에서 0Pa을 초과하여야 한다.

13 액화석유가스 공급자의 의무사항이 아닌 것은?

① 6개월에 1회 이상 가스사용시설의 안전관리에 관한 계도물 작성, 배포
② 수요자의 가스사용시설에 대하여 6개월에 1회 이상 안전점검 실시
③ 수요자에게 위해예방에 필요한 사항을 계도
④ 가스보일러가 설치된 후 매 1년에 1회 이상 보일러 성능 확인

해설 가스보일러, 가스온수기가 설치, 교체된 후 액화석유가스를 처음 공급하는 경우에는 가스보일러 및 가스온수기의 시공내용을 확인하고 배관과의 연결부에서의 가스 누출 여부를 확인한다.

14 다음 중 액화석유가스 용기충전시설의 저장탱크에 폭발장치를 의무적으로 설치하여야 하는 경우는?(단, 저장탱크는 저온저장탱크가 아니며, 물분무장치 설치기준을 충족하지 못하는 것으로 가정한다.)

① 상업지역에 저장능력 15톤 저장탱크를 지상에 설치하는 경우
② 녹지지역에 저장능력 20톤 저장탱크를 지상에 설치하는 경우
③ 주거지역에 저장능력 5톤 저장탱크를 지상에 설치하는 경우
④ 녹지지역에 저장능력 30톤 저장탱크를 지상에 설치하는 경우

해설 상업지역, 주거지역에 저장능력 15톤 이상의 저장탱크를 지상에 설치하는 경우 저장탱크에 의무적으로 폭발방지장치를 설치하여야 한다.

15 대기압(0℃, 101.3kPa)에서 비점(끓는점)이 높은 것에서 낮은 순으로 옳게 나열된 것은?

① CH_4, C_3H_8, C_4H_{10}, Cl_2
② C_4H_{10}, Cl_2, C_3H_8, CH_4
③ Cl_2, C_4H_{10}, C_3H_8, CH_4
④ C_3H_8, Cl_2, CH_4, C_4H_{10}

해설 가스의 비점
• 염소(Cl_2) : -33.7℃
• 메탄(CH_4) : -161.5℃(가장 낮다.)
• 프로판(C_3H_8) : -41.5℃
• 부탄(C_4H_{10}) : -0.5℃(가장 높다.)

16 줄(Joule)의 법칙에 의한 이상기체의 내부에너지는?

① 압력과 온도에만 의존한다.
② 체적과 온도에만 의존한다.
③ 압력과 체적에만 의존한다.
④ 온도에만 의존한다.

해설 줄의 법칙에 의한 이상기체 내부에너지는 온도만의 함수에 의존한다.

17 코크스의 반응성은 가스화율에 영향을 미친다. 다음 중 반응성이 가장 낮은 것은?(단, 900℃, 40s, CO_2로부터 CO 생성 %이다.)

① 목탄 ② 주물용 코크스
③ 제련용 코크스 ④ 가스코크스

해설 • 코크스(Cokes)의 용도 : 제철용, 주물용, 가스화용(주물용은 제품 가공용)
• 주물용은 가스화율이 낮다.(강점결성으로 제조)

정답 12 ③ 13 ④ 14 ① 15 ② 16 ④ 17 ②

18 다음의 반응에서 A와 B의 농도를 모두 2배로 해주면 반응속도는 이론적으로 몇 배가 되겠는가?

$$A + 3B \rightarrow 3C + 5D$$

① 4
② 8
③ 16
④ 32

해설
- 반응속도에 영향을 미치는 요인 : 촉매, 압력, 온도, 농도
- 반응식 : $A + 3B \rightleftharpoons 3C + 5D$
- 반응속도 $(v) = K[A][B]^3$
  여기서, K : 비례상수
  A, B 농도가 2배 증가하면, $v = 2 \times 2^3 = 16$

19 사업자 등은 그의 시설이나 제품과 관련하여 가스사고가 발생한 때에는 한국가스안전공사에 통보하여야 한다. 사고의 통보 시에 통보내용에 포함되어야 하는 사항으로 규정하고 있지 않은 사항은?

① 피해현황(인명과 재산)
② 시설현황
③ 사고내용
④ 사고원인

해설 사고원인은 사고조사 후에 판명되는 사항이다.(가스사고 통보 시에는 통보내용이 아니다.)

20 압력용기의 적용범위에 해당하기 위해 설계압력(MPa)과 내용적(m^3)을 곱한 값이 얼마를 초과하여야 하는가?

① 0.004
② 0.04
③ 0.002
④ 0.02

해설
- 제1종 압력용기는 최고사용압력(MPa) × 내용적(m^3) = 0.004 초과
- 제2종 압력용기는 최고사용압력이 0.2MPa을 초과하는 기체를 그 안에 보유하는 용기로서 내용적이 0.04m^3 이상인 것

21 독성가스와 제독제를 옳지 않게 짝지은 것은?

① 시안화수소 – 가성소다 수용액
② 아황산가스 – 가성소다 수용액
③ 암모니아 – 염산 및 질산 수용액
④ 염소 – 가성소다 및 탄산소다 수용액

해설 제독제
① 시안화수소(HCN) : 가성소다 수용액
② 아황산가스(SO_2) : 가성소다 수용액, 탄산소다 수용액, 물
③ 암모니아 : 다량의 물
④ 염소(Cl_2) : 소석회, 가성소다 수용액, 탄산소다 수용액

22 기체상수(Universal Gas Constant) R의 단위는?

① kg · m/kg · K
② kcal/kg · ℃
③ kcal/cm^2 · ℃
④ kg · K/cm^2

해설 일반기체상수(R)
- $R = 0.082$ atm · L/mol · K
- $R = \dfrac{1.03323 \times 10^4 \times 22.4}{273.15}$
  $= 848$ kg · m/kmol · K (kg · m/kg · K)
- $\dfrac{101{,}300 \times 22.4}{273} = 8.312$ kcal/kmol · K
- $\dfrac{848}{\text{kmol} \cdot \text{K}} \times \dfrac{1}{427} = 1.987$ kcal/kmol · K

23 긴급이송설비에 부속된 처리설비는 이송되는 설비 안의 내용물을 다음 중 한 가지 방법으로 처리할 수 있어야 한다. 이에 대한 설명으로 틀린 것은?

① 독성가스는 제독 조치 후 안전하게 폐기시킨다.
② 벤트스텍에서 안전하게 방출시킨다.
③ 플레어스텍에서 안전하게 연소시킨다.
④ 액화가스는 용기로 이송한 후 소분시킨다.

정답 18 ③ 19 ④ 20 ① 21 ③ 22 ① 23 ④

해설 긴급이송설비에 부속된 처리설비 안의 내용물 처리방법은 ①, ②, ③의 조치에 따른다.(액화가스는 재사용한다.)

24 고온의 물체로부터 방사되는 에너지 중의 특정한 파장의 방사에너지, 즉 휘도를 표준온도의 고온물체와 비교하여 온도를 측정하는 온도계는?

① 열전대 온도계
② 제겔콘 온도계
③ 색온도계
④ 광고온계

해설 광고온도계
비접촉식 온도계이며 700~3,000℃까지 측정이 가능하다. 방사에너지(휘도)를 표준 온도의 고온물체와 비교하여 온도를 측정한다. $0.65\mu m$의 복사에너지를 이용한다.

25 스크루 압축기에 대한 설명으로 틀린 것은?

① 효율이 아주 높고, 용량 조정이 쉽다.
② 흡입, 압축, 토출의 3행정을 갖는다.
③ 무급유식 또는 급유식 방식의 용적형이다.
④ 기체에는 맥동이 적고 연속적으로 압축한다.

해설 스크루 압축기
캐이싱 내 암로터와 수로터의 맞물림에 의해서 서로 역회전하면서 가스를 연속압축시킨다. 회전용적식으로, 일반적으로 효율이 나쁘고 용량의 조절이 곤란하다(70~100%).

26 가스보일러 설치기준에 따라 반밀폐식 가스보일러의 공동 배기방식에 대한 기준 중 틀린 것은?

① 공동배기구의 정상부에서 최상층 보일러의 역풍방지장치 개구부 하단까지의 거리가 5m일 경우 공동배기구에 연결시킬 수 있다.
② 공동배기구 유효단면적 계산식($A = Q \times 0.6 \times K \times F + P$)에서 P는 배기통의 수평투영면적(mm^2)을 의미한다.
③ 공동배기구는 굴곡 없이 수직으로 설치하여야 한다.
④ 공동배기구는 화재에 의한 피해 확산 방지를 위하여 방화 댐퍼(Damper)를 설치하여야 한다.

해설
• 공동배기구 최하위에 청소구, 수취기를 설치할 것
• 공동배기구 및 배기통에는 방화댐퍼를 설치하지 않을 것

27 펌프의 공동현상(Cavitation)에 대하여 설명한 것은?

① 펌프의 토출구 및 흡입구에서 압력계의 바늘이 흔들리는 동시에 유량이 감소되는 현상
② 유수 중에 그 수온의 증기압력보다 낮은 부분이 생기면 물이 증발을 일으키고 수중에 용해하고 있는 증기가 토출하여 작은 기포를 발생하는 현상
③ 저비점 액체를 이송할 때 펌프의 입구 쪽에서 액체에 증발현상이 나타나는 현상
④ 펌프에서 물을 압송하고 있을 때 정전 등으로 급히 펌프가 멈춘 경우 또는 수량조절밸브를 급히 개폐한 경우 관 내의 유속이 급변하면 물에 심한 압력변화가 생기는 현상

해설 펌프의 캐비테이션(공동현상) 발생은 ②에 관계된다.

28 허가를 받지 않고 LPG 충전사업, LP 집단공급사업, 가스용품 제조사업을 영위한 자에 대한 벌칙으로 옳은 것은?

① 1년 이하의 징역, 1,000만 원 이하의 벌금
② 2년 이하의 징역, 2,000만 원 이하의 벌금
③ 1년 이하의 징역, 3,000만 원 이하의 벌금
④ 2년 이하의 징역, 5,000만 원 이하의 벌금

해설 고압가스법 제39조에 의해 허가를 받지 않고 고압가스를 제조한 자에게는 ②의 벌칙을 가한다.

정답 24 ④ 25 ① 26 ④ 27 ② 28 ②

29 고압가스 탱크의 수리를 위하여 내부 가스를 배출하고, 불활성 가스로 치환한 후 다시 공기로 치환하여 분석하였더니 분석결과가 보기와 같았다. 다음 중 안전작업 조건에 해당하는 것은?

① 산소 30%
② 수소 10%
③ 일산화탄소 200ppm
④ 질소 80%, 나머지 산소

해설 질소가 80%이면 나머지 산소는 20%이다(산소를 18~21%까지 치환시킨다).

30 탄소강의 표준 조직에 대한 설명으로 옳은 것은?

① 탄소강의 주조직을 레데뷰라이트라 한다.
② 아공석강은 α페라이트와 펄라이트의 혼합 조직이다.
③ C 0.8~2.0%를 공석강이라 한다.
④ 공석강은 100% 시멘타이트 조직이다.

해설
- 공석강 : 탄소 함량 0.77%
- 레데뷰라이트(γ고용체+Fe_3C) : 탄소 함량 4.3%의 공정철
- 아공석강 : 페라이트+펄라이트 조직(탄소 함량 0.85% 이하)

31 고정식 압축도시가스 자동차 충전시설의 설비와 관련한 안전거리 기준에 대한 설명 중 틀린 것은?

① 저장설비, 압축가스설비 및 충전설비는 그 외면으로부터 사업소경계까지 원칙적으로 5m 이상의 안전거리를 유지한다.
② 저장설비·충전설비는 가연성 물질의 저장소로부터 8m 이상의 거리를 유지한다.
③ 충전설비는 「도로법」에 따른 도로경계까지 5m 이상의 거리를 유지한다.
④ 처리설비·압축가스설비 및 충전설비는 철도까지 30m 이상의 거리를 유지한다.

해설 ①은 10m 이상의 (사업소 경계까지) 안전거리를 확보하여야 한다.

32 독성가스 사용설비에서 가스누출에 대비하여 반드시 설치하여야 하는 장치는?

① 살수장치
② 액화방지장치
③ 흡수장치
④ 액회수장치

해설 독성가스 사용설비에는 가스누출 흡수장치가 반드시 필요하다.

33 밀폐식 보일러의 급·배기설비 중 밀폐형 자연 급·배기식 가스보일러의 설치방식이 아닌 것은?

① 단독배기통 방식
② 챔버(Chamber)식
③ U덕트(Duct)식
④ SE덕트(Duct)식

해설 단독배기통 방식은 반밀폐식 보일러의 급배기방식이다.

34 액화석유가스 충전사업자의 안전관리현황기록부의 보고기한은?

① 매월 다음 달 15일
② 매분기 다음 달 15일
③ 매반기 다음 달 15일
④ 매년 다음 해 1월 15일

해설 액화석유가스(LPG)의 충전사업자 안전관리현황 기록부의 보고기한은 매분기 다음 달 15일까지이다.

35 어떤 냉동기에서 0℃의 물로 얼음 2ton을 만드는 데 50kWh의 일이 소요되었다면 이 냉동기의 성적계수는?(단, 물의 융해잠열은 80kcal/kg이다.)

① 2.32
② 2.67
③ 3.72
④ 105

해설
- 얼음 제조 소비열량 = 2,000×80 = 160,000kcal
- 동력 1kWh = 860kcal
  50×860 = 43,000kcal

∴ 성적계수(COP) = $\frac{160,000}{43,000}$ = 3.72

36 일산화탄소(CO)의 허용농도가 50ppm이라면 이것을 퍼센트(%)로 나타내면 얼마인가?

① 0.5
② 0.05
③ 0.005
④ 0.0005

해설 $1\text{ppm} = \dfrac{1}{10^6} = \dfrac{1}{1,000,000}$

$\therefore \dfrac{50}{10^6} \times 100 = 0.005\%$

37 2kg의 산소가 327℃에서 $PV^{1.2}=C$에 따라 785,200J의 일을 하였다. 변화 후의 온도는 약 몇 ℃인가?(단, $R=260\text{N}\cdot\text{m/kg}\cdot\text{K}$이다.)

① 20℃
② 25℃
③ 30℃
④ 35℃

해설 폴리트로픽 변화

$\dfrac{T_2}{T_1} = \left(\dfrac{V_1}{V_2}\right)^{n-1} = \left(\dfrac{P_2}{P_1}\right)^{\frac{n-1}{n}}$

$T_2 = T_1 \times \left(\dfrac{P_2}{P_1}\right)^{\frac{n-1}{n}}$

일량($_1W_2$) $= \dfrac{m}{n-1} R(T_1 - T_2)$

$= \dfrac{2}{1.2-1} \times 0.26 \times (600 - T_2)$

$= 785.2\text{kJ}$

$\therefore T_2 = 600 - \left(\dfrac{785.2}{\dfrac{2}{0.2} \times 0.26}\right) = 298\text{K}$

$298 - 273 = 25℃$

※ $\dfrac{785,200}{1,000} = 785.2\text{kJ}$

$260\text{N} = 0.26\text{kN}$

$T_1 = 327 + 273 = 600\text{K}$

38 고압가스 특정제조시설의 사업소 외의 배관에 설치된 배관장치에는 비상전력설비를 하여야 한다. 다음 중 반드시 갖추어야 할 설비가 아닌 것은?

① 폭발방지장치
② 안전제어장치
③ 운전상태 감시장치
④ 가스누출검지 경보설비

해설 사업소 외 배관의 비상전력설비에 필요한 설비는 ②, ③, ④이다.

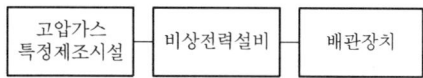

39 1kg의 공기가 100℃에서 열량 1,200kJ을 얻어 등온팽창시킬 때 엔트로피 변화량은 약 몇 kJ/kg·K인가?

① 3.2
② 4.4
③ 12.0
④ 24.0

해설 엔트로피 변화(ΔS) $= \dfrac{\delta Q}{T} = \dfrac{1,200}{273+100}$

$= 3.2\text{kJ/kg}\cdot\text{K}$

40 용기에 의한 액화석유가스 사용시설에서 저장능력이 2톤인 경우 화기를 취급하는 장소와 유지하여야 하는 우회거리는 몇 m 이상인가?

① 2
② 3
③ 5
④ 8

해설
- 용기보관실 주위의 2m 이내에는 화기를 취급하거나 인화성 물질과 가연성 물질을 두지 아니할 것
- 사용시설(액화석유가스)(별표 15)

저장능력	화기와의 우회거리
1톤 미만	2m
1톤 이상~3톤 미만	5m
3톤 이상	8m

41 메탄가스에 대한 설명으로 옳은 것은?

① 비점은 약 -162℃이다.
② 공기보다 무거워 낮은 곳에 체류한다.
③ 공기 중 메탄가스가 3% 함유된 혼합기체에 점화하면 폭발한다.
④ 저온에서 니켈촉매를 사용하여 수증기와 작용하면 일산화탄소와 수소를 생성한다.

정답 36 ③ 37 ② 38 ① 39 ① 40 ③ 41 ①

해설 메탄가스
- CH₄ 22.4L = 16g
- 비중 = $\frac{16}{29}$ = 0.53
- 비점 : -162℃
- 폭발하한치 : 5%
- 니켈 촉매하에 일산화탄소를 수소(H_2)로 환원시킨다.

42 냉동장치의 점검·수리 등을 위하여 냉매계통을 개방하고자 할 때는 펌프다운(Pump Down)을 하여 계통 내의 냉매를 어디에 회수하는가?

① 수액기 ② 압축기
③ 증발기 ④ 유분리기

해설 냉매는 냉동장치 수리 시 냉매계통 펌프다운 → 수액기로 회수

43 가스용품을 수입하고자 하는 자는 관련 기관의 검사를 받아야 하는데 검사의 전부를 생략할 수 없는 경우는?

① 수출을 목적으로 수입하는 것
② 시험용 또는 연구개발용으로 수입하는 것
③ 산업기계설비 등에 부착되어 수입하는 것
④ 주한 외국기관에서 사용하기 위하여 수입하는 것으로 외국의 검사를 받지 아니한 것

해설 ④에서는 외국의 검사를 받은 가스용품만 검사가 면제된다.

44 전기방식 중 효과범위가 넓고, 전압 및 전류의 조정이 쉬우나, 초기 투자비가 많은 단점이 있는 방법은?

① 외부전원법
② 전류양극법
③ 선택배류법
④ 강제배류법

해설 외부전원법
전기방식 중 효과범위가 넓고 전압 및 전류의 조정이 수월하다. 초기 투자비가 많이 든다.

45 주철관 이음방법으로서 이음에 필요한 부품이 고무링 하나뿐이며, 온도변화에 따른 신축이 자유롭고, 이음 접합과정이 간편하여 관 부설을 신속하게 할 수 있는 특징을 가진 이음방법은?

① 벨로스 이음
② 소켓 이음
③ 노허브 이음
④ 타이톤 이음

해설 타이톤 주철관 이음(Tyton Joint)
원형의 고무링 하나만으로 접합하는 이음이다. 소켓 안쪽은 홈이 있고 고무링을 고정시키도록 되어 있고 삽입구의 끝은 고무링을 쉽게 끼울 수 있도록 경사져 있다.

46 다음 [보기]에서 독성이 강한 순서대로 나열된 것은?

㉠ 염소   ㉡ 이황화탄소
㉢ 포스겐 ㉣ 암모니아

① ㉠ > ㉢ > ㉣ > ㉡
② ㉢ > ㉠ > ㉡ > ㉣
③ ㉢ > ㉠ > ㉣ > ㉡
④ ㉠ > ㉢ > ㉡ > ㉣

해설 독성가스 허용농도(ppm) : TLV-TWA 기준
㉠ 염소 : 1ppm
㉡ 이황화탄소 : 20ppm
㉢ 포스겐 : 0.1ppm
㉣ 암모니아 : 25ppm

47 내경이 10cm인 액체 수송용 파이프 속에 구경이 5cm인 오리피스 미터가 설치되어 있고 이 오리피스에 부착된 수은 마노미터의 눈금차가 12cm이었다. 만일 5cm 오리피스 대신에 구경이 2.5cm인 오리피스 미터를 설치했다면 수은 마노미터의 눈금차는 약 몇 cm가 되겠는가?

① 172   ② 182
③ 192   ④ 202

정답 42 ① 43 ④ 44 ① 45 ④ 46 ② 47 ③

해설

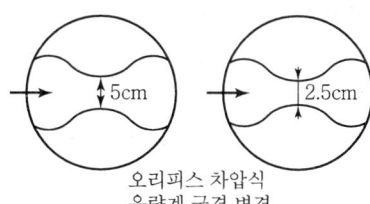
오리피스 차압식
유량계 구경 변경

$$눈금차(h) = \left(\frac{A'}{A}\right)^2 \times h'$$
$$= \left(\frac{\frac{3.14}{4} \times 5^2}{\frac{3.14}{4} \times 2.5^2}\right) \times 12$$
$$= 192 \, cm$$

48 가스제조소에서 정제된 가스를 저장하여 가스의 질을 균일하게 유지하며, 제조량과 수요량을 조절하는 것은?

① 정압기 ② 압송기
③ 배송기 ④ 가스홀더

해설 가스홀더
가스제조소에서 정제된 가스를 저장하여 가스의 질을 균일하게 유지하며 제조량과 수요량을 조절하는 것

49 고압가스 일반제조시설기준 중 가연성 가스 제조설비의 전기설비는 방폭성능을 가지는 구조이어야 한다. 다음 중 제외대상이 되는 가스는?

① 에탄 ② 브롬화메탄
③ 에틸아민 ④ 수소

해설 암모니아, 브롬화메탄은 전기설비에서 방폭성능 제외대상 가스이다.

50 다음 ( ) 안의 온도와 압력으로 맞는 것은?

> 아세틸렌을 용기에 충전할 때 충전 중의 압력은 2.5MPa 이하로 하고, 충전 후의 압력이 ( )℃에서 ( )MPa 이하로 될 때까지 정치하여 둔다.

① 5, 1.0 ② 15, 1.5
③ 20, 1.0 ④ 20, 1.5

해설 아세틸렌가스
15℃에서 1.5MPa 이하로 될 때까지 용기 충전 후에 정치하여 둔다.

51 신축이음(Expansion Joint)을 하는 주된 목적은?

① 진동을 적게 하기 위하여
② 관의 제거를 쉽게 하기 위하여
③ 팽창과 수축에 따른 관의 정상적인 운동을 허용하기 위하여
④ 펌프나 압축기의 운동에 대한 보상을 하기 위하여

해설
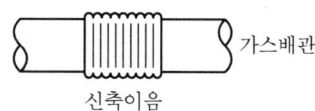
신축이음
(팽창과 수축에 따른
관의 정상적인 운동 허용)

52 용기에 충전하는 작업을 할 때 작업자가 행하는 조작으로 직접적인 위험이 발생할 수 있는 경우는?

① 잔가스용기에 마개를 했다.
② 고압가스 충전용기에 저압가스를 충전했다.
③ 충전밸브 닫는 것을 잊고 용기밸브에서 충전밸브를 분리했다.
④ 충전용기에 충전할 때 저울의 눈금이 틀려 10kg 용기에 9.5kg을 충전했다.

해설 가스용기에서 충전 후 충전밸브를 닫지 않고 분리하는 경우 가스폭발의 직접적인 원인이 된다.

53 불연성 고압가스(독성가스는 제외)의 제조저장자가 정기검사를 받는 주기로서 옳은 것은?

① 1년
② 2년
③ 4년
④ 산업통상자원부장관이 지정하는 시기

해설 고압가스법 별표 19에 의거 검사주기는 2년이다.

정답 48 ④ 49 ② 50 ② 51 ③ 52 ③ 53 ②

54 발열량이 20,000kcal/Nm³이고, 비중이 1.6, 공급압력이 300mmH₂O인 LPG로부터 발열량이 5,000kcal/Nm³, 비중이 0.6, 공급압력이 150mmH₂O인 도시가스로 변경할 경우의 LPG 노즐 대비 노즐구경 변경률은 얼마인가?

① 0.54
② 1.54
③ 1.86
④ 2.43

해설 노즐구경 변경률(웨베지수 가스압력에 따른다.)

$$\frac{\phi_2}{\phi_1} = \frac{\sqrt{WI_1}\sqrt{P_1}}{\sqrt{WI_2}\sqrt{P_2}}$$

$$WI_1 = \frac{H_g}{\sqrt{d}} = \frac{20,000}{\sqrt{1.6}} = 15,811$$

$$WI_2 = \frac{H_g}{\sqrt{d}} = \frac{5,000}{\sqrt{0.6}} = 6,455$$

∴ 노즐 변경률$(\phi) = \frac{\sqrt{15,811}\sqrt{300}}{\sqrt{6,455}\sqrt{150}}$

$$= \frac{524}{282} = 1.86$$

55 다음은 관리도의 사용 절차를 나타낸 것이다. 관리도의 사용 절차를 순서대로 나열한 것은?

㉠ 관리하여야 할 항목의 선정
㉡ 관리도의 선정
㉢ 관리하려는 제품이나 종류 선정
㉣ 시료를 채취하고 측정하여 관리도 작성

① ㉠ → ㉡ → ㉢ → ㉣
② ㉠ → ㉢ → ㉣ → ㉡
③ ㉢ → ㉠ → ㉡ → ㉣
④ ㉢ → ㉣ → ㉠ → ㉡

해설 품질 관리도의 사용절차
㉢ → ㉠ → ㉡ → ㉣

56 이항분포(Binomial Distribution)에서 매회 A가 일어나는 확률이 일정한 값 P일 때, n회의 독립시행 중 사상 A가 x회 일어날 확률 $P(x)$를 구하는 식은?(단, N은 로트의 크기, n은 시료의 크기, P는 로트의 모부적합품률이다.)

① $P(x) = \frac{n!}{x!(n-x)!}$

② $P(x) = e^{-x} \cdot \frac{(nP)^x}{x!}$

③ $P(x) = \frac{\binom{NP}{x}\binom{N-NP}{n-x}}{\binom{N}{n}}$

④ $P(x) = \binom{n}{x}P^x(1-P)^{n-x}$

해설
• 이항분포 확률
$$P(x) = \binom{n}{x}P^x(1-P)^{n-x}$$

• 통계학에서 정규분포와 마찬가지로 모집단이 가지는 이상적인 분포형으로 정규분포가 연소변량인 데 대하여 이항분포는 이산변량이다.

• A가 일어날 확률식은 계수치분포이다(계수치분포 : 이항분포, 푸아송 분포, 초기화 분포 등).

57 다음 내용은 설비보전조직에 대한 설명이다. 어떤 조직의 형태에 대한 설명인가?

> 보전작업자는 조직상 각 제조부문의 감독자 밑에 둔다.
> • 단점 : 생산우선에 의한 보전작업 경시, 보전기술 향상의 곤란성
> • 장점 : 운전자와 일체감 및 현장감독의 용이성

① 집중보전
② 지역보전
③ 부문보전
④ 절충보전

해설 설비보전 중 부문보전
보전작업자는 조직상 각 제조부문의 감독자 밑에 두며 그 단점은 생산 우선에 의한 보전작업 경시, 보전기술 향상의 곤란성이 있으나 그 장점은 운전자와 일체감 및 현장감독의 용이성이 있다.

정답 54 ③ 55 ③ 56 ④ 57 ③

58 다음 표는 어느 자동차 영업소의 월별 판매실적을 나타낸 것이다. 5개월 단순이동평균법으로 6월의 수요를 예측하면 몇 대인가?

월	1	2	3	4	5
판매량(대)	100	110	120	130	140

① 120대
② 130대
③ 140대
④ 150대

해설 판매월별
- 5개월, 총 판매수량 : 600대
- 6월의 수요예측 : $\frac{600}{5}=120$대

59 샘플링에 관한 설명으로 틀린 것은?

① 취락 샘플링에서는 취락 간의 차는 작게, 취락 내의 차는 크게 한다.
② 제조공정의 품질특성에 주기적인 변동이 있는 경우 계통 샘플링을 적용하는 것이 좋다.
③ 시간적 또는 공간적으로 일정 간격을 두고 샘플링하는 방법을 계통 샘플링이라고 한다.
④ 모집단을 몇 개의 층으로 나누어 각 층마다 랜덤하게 시료를 추출하는 것을 층별 샘플링이라고 한다.

해설 지그재그 샘플링(Zigzag Sampling)
제조공정에서 주기적인 변동이 있는 경우에 시료를 샘플링한다.(계통 샘플링에서 주기성에 의한 치우침의 발생위험을 방지하기 위한 방법으로 하나씩 걸러서 일정한 간격으로 시료를 뽑는다.)

60 표준시간 설정 시 미리 정해진 표를 활용하여 작업자의 동작에 대해 시간을 산정하는 시간연구법에 해당되는 것은?

① PTS법
② 스톱워치법
③ 워크샘플링법
④ 실적자료법

해설 PTS법
표준시간 설정 시 미리 정해진 표를 활용하여 작업자의 동작에 대해 시간을 산정하는 시간연구법

2017년 3월 6일 과년도 기출문제

01 38cmHg 진공은 절대 압력으로 약 몇 kg/cm² · abs인가?

① 0.26
② 0.52
③ 3.8
④ 7.6

해설 절대압력(abs) = 대기압 − 진공압
     = 76 − 38 = 38cmHg
대기압 = 1.033kg/cm²
∴ $1.033 \times \frac{38}{76} = 0.52$ kg/cm² · abs

02 액화석유가스 저장탱크를 지하에 설치할 경우에는 집수구를 설치하여야 한다. 이에 대한 설명으로 옳은 것은?

① 집수구는 가로, 세로 깊이를 각각 50cm 이상의 크기로 한다.
② 집수관은 직경을 80A 이상으로 하고, 집수구 바닥에 고정한다.
③ 검지관은 직경 30A 이상으로 3개소 이상 설치한다.
④ 집수구는 저장탱크실 바닥면보다 높게 설치한다.

해설 LPG 저장탱크 집수관
• 직경 : 80A 이상
• 집수관은 집수구 바닥에 설치한다.

03 압력 80kPa, 체적 0.37m³를 차지하고 있는 이상기체를 등온팽창시켰더니 체적이 2.5배로 팽창하였다. 이때 외부에 대해서 한 일은 약 몇 N · m인가?

① 2.71
② 2.71×10^2
③ 2.71×10^3
④ 2.71×10^4

해설 체적 팽창 후 = 0.37 × 2.5 = 0.925m³
1atm = 1.033kg/cm² = 101,325N/m²

등온팽창 일 $(_1W_2) = P_1 V_1 \ln \frac{V_2}{V_1}$

$= 80 \times 0.37 \times \ln\left(\frac{0.925}{0.37}\right)$

$= 27.1 \text{kPa} = 2.71 \times 10^4 \text{Pa}$

※ 1Pa = 1N/m²

04 냉매의 구비조건 중 화학적 성질에 대한 설명으로 옳은 것은?

① 부식성이 있을 것
② 윤활유에 용해될 것
③ 증기 및 액체의 점성이 클 것
④ 인화 및 폭발의 위험성이 없을 것

해설 냉매(프레온, 암모니아)는 인화성, 독성, 폭발의 위험성이 없을 것

05 가연성 가스(LPG 제외) 및 산소의 차량에 고정된 저장탱크의 내용적 기준으로 옳은 것은?

① 저장탱크의 내용적은 10,000L를 초과할 수 없다.
② 저장탱크의 내용적은 12,000L를 초과할 수 없다.
③ 저장탱크의 내용적은 15,000L를 초과할 수 없다.
④ 저장탱크의 내용적은 18,000L를 초과할 수 없다.

해설
• 가연성 가스(액화석유가스는 제외) 및 산소탱크의 내용적은 18,000L를 초과하지 않아야 한다.
• 액화암모니아를 제외한 독성가스 탱크의 내용적은 12,000L를 초과하지 않아야 한다.

정답 01 ② 02 ② 03 ④ 04 ④ 05 ④

06 고압가스 냉동제조시설의 검사기준 중 내압 및 기밀시험에 대한 설명으로 틀린 것은?

① 내압시험은 설계압력의 1.5배 이상의 압력으로 한다.
② 내압시험에 사용하는 압력계는 문자판의 크기가 75mm 이상으로서 그 최고눈금은 내압시험 압력의 1.5배 이상 2배 이하로 한다.
③ 기밀시험압력은 상용압력 이상의 압력으로 한다.
④ 시험할 부분의 용적이 5m³인 것의 기밀시험 유지시간은 480분이다.

해설
- 냉매설비 기밀시험 : 설계압력 이상
- 냉매배관 외의 부분 : 설계압력의 1.5배 이상

07 아세틸렌을 압축하는 Reppe 반응장치의 구분에 해당하지 않는 것은?

① 비닐화
② 에티닐화
③ 환중합
④ 니트릴화

해설
- 아세틸렌 압축 레페(Reppe) 반응장치 : 비닐화, 에티닐화, 환중합, 카보닐화의 4가지 반응
- Reppe : 반응장치(각종 유기화합물에 특수한 촉매를 사용하여 가압하에 C_2H_2 가스를 반응시킨다.)

08 LPG 공급 시 강제 기화기를 사용할 경우의 특징으로 틀린 것은?

① 설치장소가 많이 필요하다.
② 공급가스의 조성이 일정하다.
③ 한랭 시에도 충분히 기화된다.
④ 설비비 및 인건비가 절감된다.

해설 액화석유가스 사용 시 강제 기화기를 사용하면 설치 장소를 적게 차지한다.(자연기화는 용기의 수가 많아서 기화장소가 많이 필요하다.)

09 다음 그림과 같이 수직하방향의 하중 Q(kg)을 받고 있는 사각나사의 너트를 그림과 같은 방향의 회전력 P(kg)을 주어 풀고자 한다. 필요한 힘 P를 구하는 식은?(단, 나사는 1줄 나사이며, 나사의 경사각은 α, 마찰각은 ρ이다.)

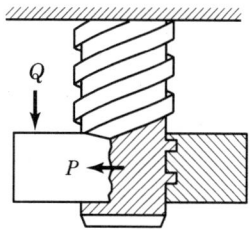

① $P = Q \cdot \tan(\alpha - \rho)$
② $P = Q \cdot \tan(\alpha + \rho)$
③ $P = Q \cdot \tan(\rho - \alpha)$
④ $P = Q \cdot \tan\left(1 - \dfrac{\rho}{\alpha}\right)$

해설 사각나사 너트 방향의 회전력을 풀어주는 힘
$P = Q \cdot \tan(\rho - \alpha)$

10 산소 용기에 산소를 충전하고 용기 내의 온도와 밀도를 측정하였더니 각각 20℃, 0.1kg/L이었다. 용기 내의 압력은 약 얼마인가?

① 0.075기압
② 0.75기압
③ 7.5기압
④ 75기압

해설 산소분자량 32, 0.1kg=100g
$PV = nRT$
$P = \dfrac{nRT}{V}$
몰수$(n) = \dfrac{100}{32} = 3.125$mol
기체상수$(R) = 0.08205$L·atm/mol·K
∴ 압력$(P) = \dfrac{3.125 \times 0.082 \times (273+20)}{1}$
$= 75$기압

11 고압가스 관련 설비에 해당하지 않는 것은?

① 냉각살수설비
② 기화장치
③ 긴급차단장치
④ 독성가스 배관용 밸브

해설 고압가스 관련 설비
보기의 ②, ③, ④ 외 안전밸브, 역화방지장치, 압력용기, 자동차용 가스 자동주입기, 냉동설비 중 압축기, 응축기, 증발기, 압력용기, 특정고압가스용 실린더캐비닛, 자동차용 압축천연가스 완속충전설비, LPG용 용기 잔류가스 회수장치 등

12 산업통상자원부장관은 도시가스사업법에 의하여 도시가스사업자에게 조정명령을 내릴 수 있다. 다음 중 조정명령 사항이 아닌 것은?

① 가스검사기관의 조정
② 도시가스의 열량·압력의 조정
③ 가스공급시설 공사계획의 조정
④ 도시가스요금 등 공급조건의 조정

해설 가스검사기관은 도시가스사업자가 아니다.

13 역화방지장치를 반드시 설치하여야 할 위치가 아닌 것은?

① 아세틸렌 충전용 지관
② 아세틸렌의 고압건조기와 충전용 교체밸브 사이의 배관
③ 가연성 가스를 압축하는 압축기와 오토클레이브 사이의 배관
④ 아세틸렌을 압축하는 압축기의 유분리기와 고압건조기 사이

해설 ④에서는 역류방지밸브가 필요하다.

14 고압수소용기가 파열사고를 일으켰을 때 사고의 원인으로서 가장 거리가 먼 것은?

① 용기 가열
② 과잉 충전
③ 압력계 타격
④ 폭발성 가스 혼입

해설 압력계가 타격당하여 파손되면 수소용기 내의 파열보다는 가스압력 측정이 곤란하다.

15 외압이나 지진 등에 대하여 가요성이 가장 우수한 주철관 이음은?

① 메커니컬 이음
② 소켓 이음
③ 빅토리 이음
④ 플랜지 이음

해설
• 메커니컬 주철관 이음 : 외압이나 지진 등에 대하여 가요성이 우수한 이음이다. 기계적 이음이며 고무링을 이음 부분에 박고 압윤을 이용하여 눌러서 체결한다.
• 메커니컬(축봉장치 : 펌프용) 실 : 펌프나 압축기에 사용

16 다음 그림은 공기의 분리장치로 쓰이고 있는 복식 정류탑의 구조도이다. 흐름 C의 액의 성분과 장치 D의 명칭을 옳게 나타낸 것은?

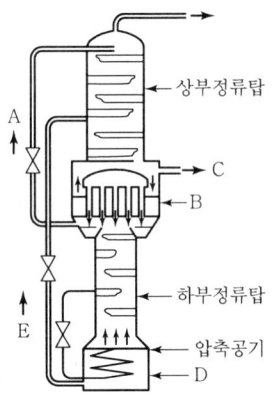

① C : O_2가 풍부한 액 D : 증류드럼
② C : 산소 D : 증류드럼
③ C : N_2가 풍부한 액 D : 응축기
④ C : N_2 D : 증류드럼

해설
• A : 질소가 많은 액
• B : 응축기
• C : 산소
• D : 증류드럼
• E : O_2가 많은 액

정답 11 ① 12 ① 13 ④ 14 ③ 15 ① 16 ②

17 기체의 압력(P)이 감소하여 0인 한계상황에서 기체 분자의 상태는 어떻게 되는가?

① 분자들은 점점 더 넓게 분산된다.
② 분자들은 점점 더 조밀하게 응집된다.
③ 분자들은 아무런 영향을 받지 않는다.
④ 분자들은 분산과 응집의 균형을 유지한다.

해설 기체의 압력이 감소하면 분자들은 점점 더 넓게 분산된다.

18 시간당 10m³의 LP가스를 길이 100m 떨어진 곳에 저압으로 공급하고자 한다. 압력손실이 30mmH₂O이면 필요한 최소 배관 지름은 약 몇 mm인가?(단, Pole 상수는 0.7, 가스비중은 1.5이다.)

① 20mm ② 30mm
③ 40mm ④ 50mm

해설 압력손실$(h) = \dfrac{Q^2 \cdot S \cdot L}{K^2 \cdot D^5}$

$30 = \dfrac{10^2 \times 1.5 \times 100}{0.7^2 \times D^5}$

$D^5 = \dfrac{Q^2 \times S \times L}{K^2 \cdot h} = \dfrac{10^3 \times 1.5 \times 100}{0.7^2 \times 30}$

$D = \sqrt[5]{\dfrac{10^2 \times 1.5 \times 100}{(0.7)^2 \times 30}} = 4cm(40mm)$

19 고압가스 안전관리법에서 신규검사 후 경과연수가 15년 미만된 500리터 이상의 이음매 없는 용기의 재검사 주기는 몇 년마다 하여야 하는가?

① 1 ② 2
③ 3 ④ 5

해설 이음매 없는 용기의 재검사 기간
- 500L 이상 : 5년마다
- 500L 미만 : 신규검사 후 10년 이하 시 5년마다, 10년 초과 시 3년마다

20 공식(孔蝕)의 특징에 대한 설명으로 옳은 것은?

① 발견하기가 쉽다.
② 부식속도가 느리다.
③ 양극반응의 독특한 형태이다.
④ 균일부식의 조건과 동반하여 발생한다.

해설 공식부식
양극반응의 독특한 형태(Pitting Corrosion)로서 패이는 부식으로, 국부 카소드 면적이 국부 아노드 면적보다 현저히 클 때 발생한다.

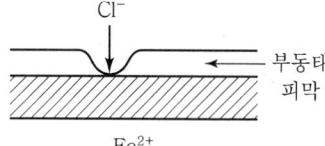

21 수소(H₂) 가스의 공업적 제조법이 아닌 것은?

① 물의 전기분해법
② 공기액화 분리법
③ 수성가스법
④ 석유의 분해법

해설 공기액화 분리법 가스제조
산소의 제조, 질소의 제조

22 이상기체 상태방정식과 관련 없는 법칙은?

① Raoult의 법칙
② Charles의 법칙
③ Avogadro의 법칙
④ Gay-Lusaac의 법칙

해설 Raoult의 법칙
비휘발성 물질의 묽은 용액에 대하여 그 농도와 증기압 내림의 관계를 보인다.

정답 17 ① 18 ③ 19 ④ 20 ③ 21 ② 22 ①

23 가스배관 경로 선정 시 고려할 사항으로 가장 거리가 먼 것은?

① 가능한 한 옥외에 설치한다.
② 가능한 한 최단 거리로 한다.
③ 구부러지거나 오르내림을 적게 한다.
④ 건축물 내의 배관은 가능한 한 은폐하거나 매설한다.

해설 건축물 내의 가스배관은 누설검사를 용이하게 하기 위하여 노출배관을 설치한다.

24 표준기압 1atm은 몇 kgf/cm²인가?(단, Hg의 밀도는 13,595.1kg/m³, 중력가속도는 9.80665 m/s²이다.)

① 0.9806
② 1.0332
③ 1,013.25
④ 10,332

해설 1atm=1.0332kgf/cm²=76cmHg
=10.332mAq=101,325Pa
=101,325N/m²=14.7psi

25 가스 도매사업의 가스공급시설인 배관을 지하에 매설하는 경우의 기준에 대한 설명으로 옳은 것은?

① 배관은 그 외면으로부터 수평거리로 건축물까지 1.2m 이상을 유지한다.
② PE 배관의 굴곡허용반경은 외경의 30배 이상으로 한다.
③ 지표면으로부터 배관 외면까지의 매설깊이는 산이나 들의 경우에는 1.2m 이상으로 한다.
④ 도로가 평탄할 경우의 배관 기울기는 1/500~1/1,000 정도의 기울기로 설치한다.

해설 배관설비 기준
- 건축물 : 0.3m 이상
- 도로가 평탄할 경우 배관 기울기 : $\frac{1}{500} \sim \frac{1}{1,000}$ 정도
- 산이나 들의 경우 : 1m 이상

26 플레어스택 설치기준에 대한 설명 중 틀린 것은?

① 파이로트버너를 항상 꺼두는 등 플레어스택에 관련된 폭발을 방지하기 위한 조치가 되어 있는 것으로 한다.
② 긴급이송설비로 이송되는 가스를 안전하게 연소시킬 수 있는 것으로 한다.
③ 플레어스택에서 발생하는 복사열이 다른 제조시설에 나쁜 영향을 미치지 않도록 안전한 높이 및 위치에 설치한다.
④ 플레어스택에 발생하는 최대열량에 장시간 견딜 수 있는 재료 및 구조로 되어 있는 것으로 한다.

해설 플레어스택은 이송되는 가스의 연소를 위해 파이로트 점화버너를 항상 켜두어서 연소시켜 제거함으로써 가스폭발을 방지한다.

27 고압가스 운반 시 가스누출사고가 발생하였다. 이 분분의 수리가 불가능한 경우 재해 발생 또는 확대를 방지하기 위한 조치사항으로 가장 거리가 먼 것은?

① 착화된 경우 소화작업을 실시한다.
② 상황에 따라 안전한 장소로 운반한다.
③ 비상 연락망에 따라 관계업소에 원조를 의뢰한다.
④ 부근의 화기를 없앤다.

해설 가스 운반 중 가스누출사고 발생으로 착화되어 수리가 불가능한 경우 재해 발생 방지 또는 확대를 위해 소방서에 알린다.

28 LPG의 일반적 특징에 대한 설명으로 틀린 것은?

① 연소속도가 늦고 발화온도는 높다.
② 연소 시 다량의 공기가 필요하다.
③ 액체 상태의 LP 가스는 물보다 무겁다.
④ 상온에서 기체로 존재하지만 가압시키면 쉽게 액화 가능하다.

정답 23 ④ 24 ② 25 ④ 26 ① 27 ① 28 ③

해설) ㉠ LPG 액비중
- C_3H_8 : 0.509kg/L
- C_4H_{10} : 0.582kg/L

㉡ 물의 비중 : 1kg/L

29 비상공급시설 설치신고서에 첨부하여 시장, 군수, 구청장에게 제출해야 하는 서류가 아닌 것은?

① 안전관리자의 배치현황
② 설치위치 및 주위상황도
③ 비상공급시설의 설치 사유서
④ 가스 사용 예정시기 및 사용예정량

해설) 도시가스 비상공급시설의 설치신고서에는 ①, ②, ③ 외에 비상공급시설에 의한 공급권역을 명시한 도면 등을 제출해야 한다.

30 안전관리자는 해당분야의 상위자격자로 할 수 있다. 다음 중 가장 상위인 자격은?

① 가스기능사
② 가스기사
③ 가스산업기사
④ 가스기능장

해설) 가스기능사 < 가스산업기사 < 가스기사 < 가스기능장

31 안전밸브에 설치하는 가스방출관의 방출구 설치위치로서 옳은 것은?

① LPG 저장탱크의 정상부에서 1.5m 또는 지면에서 5m 중 높은 위치 이상
② LPG 저장탱크의 정상부에서 2m 또는 지면에서 5m 중 높은 위치 이상
③ LPG 저장탱크의 정상부에서 2m 또는 지면에서 10m 중 높은 위치 이상
④ LPG 저장탱크의 정상부에서 5m 또는 지면에서 10m 중 높은 위치 이상

해설) LPG 저장탱크에서 가스방출관의 방출구 위치

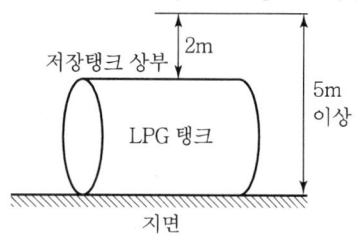

32 도시가스사업법에서 정의하는 액화가스를 옳게 나타낸 것은?

① 상용의 온도 또는 35℃의 온도에서 압력이 0.1MPa 이상이 되는 것
② 상용의 온도 또는 35℃의 온도에서 압력이 0.2MPa 이상이 되는 것
③ 상용의 온도 또는 35℃의 온도에서 압력이 1MPa 이상이 되는 것
④ 상용의 온도 또는 35℃의 온도에서 압력이 2MPa 이상이 되는 것

해설) 도시가스사업법에 따른 액화가스의 정의
상용의 온도 또는 35℃의 온도에서 압력이 0.2MPa 이상 되는 것

33 다음 [보기]의 특징을 가지는 물질은?

- 무색투명하나 시판품은 흑회색의 고체이다.
- 물, 습기, 수증기와 직접 반응한다.
- 고온에서 질소와 반응하여 석회질소로 된다.

① CaC_2
② P_4S_3
③ NaOCl
④ KH

해설) 탄화칼슘(카바이드, CaC_2)은 물, 습기, 수증기와 직접 반응하여 아세틸렌가스를 생성한다.
- $CaO + 3C \rightarrow CaC_2 + CO$
- $CaC_2 + 2H_2O \rightarrow Ca(OH)_2 + C_2H_2$

정답 29 ④ 30 ④ 31 ② 32 ② 33 ①

34 가스 압력 게이지가 12atm·g을 가리키고 있을 때 절대압력으로는 약 얼마인가?(단, 이 때의 대기압은 750mmHg이다.)

① 1.1MPa ② 1.2MPa
③ 1.3MPa ④ 1.4MPa

해설 $1MPa = 10kg/cm^2$
1atm의 대기압은 0.1033MPa
$\left(0.1033 \times \dfrac{750}{760} = 0.101 MPa\right)$
∴ 절대압(abs) = $(12 \times 0.1033) + 0.101$
     = 1.3MPa

35 암모니아 1톤을 내용적 50L의 용기에 충전하고자 한다. 필요한 용기는 몇 개인가?(단, 암모니아의 충전정수는 1.86이다.)

① 11 ② 38
③ 47 ④ 20

해설 암모니아(NH_3) 1톤 = 1,000kg
용기 1개의 질량 = $\dfrac{50}{1.86}$
∴ 필요 용기 = $\dfrac{1,000}{\left(\dfrac{50}{1.86}\right)}$ = 38개

36 암모니아의 성상에 대한 설명으로 틀린 것은?

① 끓는점은 −33.4℃이다.
② 녹는점은 −77.7℃이다.
③ 임계온도는 132.5℃이다.
④ 임계압력은 52.5atm이다.

해설 암모니아(NH_3) 임계압력: 111.3atm

37 폭굉유도거리(DID)가 길어질 수 있는 조건으로 옳은 것은?

① 압력이 높을수록
② 점화원의 에너지가 클수록
③ 정상연소속도가 느린 혼합가스일수록
④ 관 속에 방해물이 있거나 관경이 가늘수록

해설 폭굉(Detomation): 격렬한 폭발
- 화염 전파속도: 1,000~3,500m/s
- 연소 시보다 압력은 2배 상승
- 정상연소속도가 느린 혼합가스는 폭굉유도거리가 길어져서 안정해진다.

38 50kg의 C_3H_8을 기화시키면 약 몇 m^3가 되는가?(단, STP 상태이고, C, H의 원자량은 각각 12, 1이다.)

① 25.45 ② 50.56
③ 75.63 ④ 90.72

해설 C_3H_8(프로판의) 연소반응식(분자량 44)
$C_3H_8 + 5O_2 \rightarrow 3CO_2 + 4H_2O$
44kg $5 \times 22.4m^3 \rightarrow 3 \times 22.4m^3 + 4 \times 22.4m^3$
C_3H_8 1kmol = $22.4m^3$
∴ 기화 가스량 = $22.4 \times \dfrac{50}{44}$
       = $25.45m^3 (25,450L)$

39 제조가스 중에 포함된 불순물과 그로 인한 장해에 대한 설명으로 가장 옳은 것은?

① 황, 질소화합물은 배관, 정압기 기구의 노즐에 부착하여 그 기능을 저하시키거나 저해하게 된다.
② 물은 가스의 승압, 냉각에 의한 물, 얼음물과 탄화수소와의 수화물을 생성하여 배관 등의 부식을 조장하고 배관, 밸브 등을 폐쇄시킨다.
③ 나프탈렌, 타르, 먼지는 가스 중의 산소와 반응하여 NO_2로 되며, NO_2는 불포화 탄화수소와 반응하여 고무가 생성된다. 이 고무는 배관, 정압기, 기구의 노즐에 부착되어 그 기능을 저하시키고 저해하게 된다.
④ 산화질소(NO), 고무는 연소에 의하여 아황산가스, 아초산, 초산이 발생하여 인체나 가축에 피해를 주며 가스기구, 배관, 정압기 등의 기물을 부식시킨다.

정답 34 ③ 35 ② 36 ④ 37 ③ 38 ① 39 ②

해설 물은 가스의 승압, 냉각에 의한 물, 얼음물과 탄화수소 가스와의 수화물 생성으로 배관이 부식되거나 얼면 배관이나 밸브 등을 폐쇄시킨다.

40 길이 4m, 지름 3.5cm 의 연강봉에 4,200kgf 의 인장하중이 갑자기 작용하였을 때 충격하중에 의하여 늘어나는 인장길이는 약 몇 mm인가?(단, $E = 2.1 \times 10^6 \text{kgf/cm}^2$ 이다.)

① 0.83 ② 1.66
③ 3.32 ④ 6.65

해설
- 배관길이 면적 $(A) = \pi DL$
  $= 3.14 \times (3.5/100) \times 4$
  $= 0.4396 \text{m}^2 (4,396 \text{cm}^2)$
- 압력 $= \dfrac{4,200}{4,396} = 0.955 \text{kg/cm}^2$
- 1kgf = 9.81N

  ∴ 인장길이 (δ)
  $= \dfrac{Pl}{A \cdot E}$
  $= \dfrac{4,200 \times 9.81 \times 4}{\dfrac{3.14 \times (0.035)^2}{4} \times (2.1 \times 10^6) \times 98,000}$
  $= 1.66 \text{mm}$

41 고압가스의 제조방법에 대한 설명으로 옳은 것은?

① 아세틸렌을 3.0MPa의 압력으로 압축하여 고압용기에 충전시켰다.
② 산소를 용기에 충전하는 때에는 용기와 밸브 사이에 가연성 패킹을 사용하지 아니하였다.
③ 시안화수소의 안정제로 물을 사용하였다.
④ 충전용 지관에는 탄소 함유량이 0.33% 이하인 강을 사용하였다.

해설
- 산소(조연성 가스)용기에는 가연성 패킹재의 사용이 금물이다.
- 시안화수소 안정제에는 황산, 동망, 염화칼슘이 있다.

42 표준상태에서 질소 5.6L 중에 있는 질소 분자 수는 다음의 어느 것과 같은가?

① 0.5g의 수소분자
② 16g의 산소분자
③ 1g의 산소원자
④ 4g의 수소분자

해설 질소(N₂) 가스 1몰 = 28g = 22.4L
수소(H₂) 가스 1몰 = 2g = 22.4L
질소 $= 28 \times \dfrac{5.6}{22.4} = 7\text{g}$(질량)
수소 $= 0.5 \times \dfrac{22.4}{2} = 5.6\text{L}$(용적)

43 저압식 공기 액화분리장치에 탄산가스 흡착기를 설치하는 주된 목적은?

① 공기량 증가
② 축열기 효율 증대
③ 팽창 터빈 보호
④ 정제산소 및 질소 순도 증가

해설
- CO₂ 1g 제거 시 NaOH 1.8g 소요
- CO₂는 저온장치에서 고체탄산(드라이아이스)이 발생되어 배관이나 팽창터빈을 폐쇄시킨다.
  $2\text{NaOH} + \text{CO}_2 \rightarrow \text{NaCO}_3 + \text{H}_2\text{O}$(수분 제거)

44 액화탄산가스 100kg을 용적 50L의 용기에 충전시키기 위해서는 몇 개의 용기가 필요한가? (단, 가스충전계수는 1.47이다.)

① 1 ② 3
③ 5 ④ 7

해설 가스용량$(V) = W \times C = 100 \times 1.47 = 147\text{L}$
용기 개수 $= \dfrac{147}{50} = 2.94$(3개)

정답 40 ② 41 ② 42 ① 43 ③ 44 ②

45 도시가스사업자가 관계법에서 정하는 규모 이상의 가스공급시설의 설치공사를 할 때 신청서에 첨부할 서류항목이 아닌 것은?

① 공사계획서
② 공사공정표
③ 공급조건에 관한 설명서
④ 시공관리자의 자격을 증명할 수 있는 사본

해설 도시가스 가스공급시설의 설치공사 신청서에는 ①, ②, ④ 외에 공사계획을 변경하는 경우에는 변경사유서 및 공사예정금액 명세서 등 해당 공사예정금액을 증명할 수 있는 서류사본 및 기술검토서를 첨부서류로 제출하여야 한다.

46 고압가스사업자는 안전관리규정을 언제 허가관청·신고관청 또는 등록관청에 제출하여야 하는가?

① 완성 검사 시
② 정기 검사 시
③ 허가 신청 시
④ 사업 개시 시

해설 고압가스 안전관리규정의 등록관청 제출기간
사업 개시 시

47 이상기체에 대한 설명으로 틀린 것은?

① 완전탄성체로 간주한다.
② 반데르발스 힘에 의하여 분자가 운동한다.
③ 분자 사이에는 아무런 인력도, 반발력도 작용하지 않는다.
④ 분자 자체가 차지하는 부피는 전체 계에 대하여 무시한다.

해설
• 이상기체 : 보일-샤를의 법칙, 아보가드로 법칙을 따른다.(분자의 크기는 무시하고 질량은 있다.)
• 실제기체 상태식(반데르발스식)
$$\left(P + \frac{n^2 \cdot a}{V^2}\right)(V - nb) = nRT \,(n\text{mol의 경우})$$

48 도시가스사업 구분에 따라 선임하여야 할 안전관리자별 선임 인원과 선임 가능한 자격의 연결이 틀린 것은?(단, 안전관리자의 자격은 선임 가능한 자격 중 1개만이 제시되어 있다.)

① 가스도매사업 : 안전관리책임자-사업장마다 1인-가스기술사
② 가스도매사업 : 안전관리원-사업장마다 10인 이상-가스기능사
③ 일반도시가스사업 : 안전관리책임자-사업장마다 1인-가스기능사
④ 일반도시가스사업 : 안전관리원-5인 이상(배관길이가 200km 이하인 경우)-가스기능사

해설 ③에서는 사업장마다 가스산업기사 이상의 자격증을 가진 사람

49 가스크로마토그래피(Gas Chromatography)의 구성요소가 아닌 것은?

① 분리관(컬럼)
② 검출기
③ 기록계
④ 파라듐관

해설 가스크로마토그래피의 구성
• 유량조정기 및 압력계
• 기록계
• 분리관
• 검출기
※ 분별연소법 가스분석기 : 파라듐관 연소법, 산화동법

50 액화석유가스 특정 사용자 중 보험 가입대상이 되는 자는?

① 전통시장에서 최고 50kg 이상의 LPG를 저장하는 자
② 지하실에서 영업장의 면적이 50m² 미만인 영업소 경영자
③ 집단급식소로서 상시 1회 30명 이상을 수용할 수 있는 급식소를 운영하는 자
④ 저장능력이 250kg 이상인 저장시설을 갖춘 자

정답 45 ③ 46 ④ 47 ② 48 ③ 49 ④ 50 ④

해설 보험 가입대상
- 식품접객업소 : 영업장면적 $100m^2$ 이상
- 집단급식소 : 상시 1회 50명 이상을 급식하는 경우
- 전통시장 : 100kg 이상의 저장설비를 갖춘 경우
- 액화 석유가스 : 250kg 이상의 저장시설을 갖춘 경우

51 대량의 LPG를 얻는 방법이 아닌 것은?

① 유정가스에서 얻는다.
② 개질가스에서 얻는다.
③ 석탄광가스에서 얻는다.
④ 접촉개질장치에서 발생되는 분해가스에서 얻는다.

해설 석탄광에서 얻는 가스는 메탄(CH_4)의 천연가스이다.

52 고압가스 특정제조시설에서 산소의 저장능력이 4만m^3를 초과한 경우 제2종 보호시설까지의 안전거리는 몇 m 이상을 유지하여야 하는가?

① 8   ② 12
③ 14   ④ 16

해설 산소 저장설비(4만m^3 초과)와 보호시설의 안전거리
- 제1종 보호시설 : 20m 이상
- 제2종 보호시설 : 14m 이상

53 긴급차단장치의 조작 동력원은 차단밸브의 구조에 따라 다음과 같이 분류된다. 다음 중 이에 속하지 않는 것은?

① 액위   ② 전기
③ 기압   ④ 스프링

해설 차단밸브 동력원 구조에 따른 분류
- 액압   · 기압
- 전기   · 스프링

54 용기부속품의 기호표시로 틀린 것은?

① LG : 액화석유가스를 충전하는 용기의 부속품
② AG : 아세틸렌가스를 충전하는 용기의 부속품
③ PG : 압축가스를 충전하는 용기의 부속품
④ LT : 초저온용기 및 저온용기의 부속품

해설
- LG : 그 밖의 가스용
- LPG : 액화석유가스용

55 설비배치 및 개선의 목적을 설명한 내용으로 가장 관계가 먼 것은?

① 재공품의 증가
② 설비투자 최소화
③ 이동거리의 감소
④ 작업자 부하 평준화

해설 설비배치 및 개선의 목적은 ②, ③, ④ 외에 재공품의 감소가 있다.

56 검사의 종류 중 검사공정에 의한 분류에 해당되지 않는 것은?

① 수입검사   ② 출하검사
③ 출장검사   ④ 공정검사

해설 공정에 의한 공사의 분류
- 수입검사   · 출하검사
- 최종검사   · 공정검사

57 3σ법의 $\overline{X}$ 관리도에서 공정이 관리상태에 있는데도 불구하고 관리상태가 아니라고 판정하는 제1종 과오는 약 몇 %인가?

① 0.27   ② 0.54
③ 1.0   ④ 1.2

해설 3σ법의 $\overline{X}$ 관리도
- 제1종 과오 : 공정의 변화가 없음에도 불구하고 점이 한계선을 벗어나는 비율, 즉 0.27%
- 제2종 과오 : 공정의 변화가 있음에도 불구하고 점이 관리한계선 내에 있으므로 공정의 변화를 검출하지 못하는 비율, 즉 10~13%

정답 51 ③ 52 ③ 53 ① 54 ① 55 ① 56 ③ 57 ①

58 부적합품률이 20%인 공정에서 생산되는 제품을 매시간 10개씩 샘플링 검사하여 공정을 관리하려고 한다. 이때 측정되는 시료의 부적합품 수에 대한 기댓값과 분산은 약 얼마인가?

① 기댓값 : 1.6, 분산 : 1.3
② 기댓값 : 1.6, 분산 : 1.6
③ 기댓값 : 2.0, 분산 : 1.3
④ 기댓값 : 2.0, 분산 : 1.6

해설 기댓값 $= 10 \times 0.2 = 2.0$
분산 $= \sum x^2 \times P(x) - (기댓값)^2$
∴ $(10-2) = 8$, $8 \times 0.2 = 1.6$

- 기댓값 : 확률의 결과가 수 값으로 나타날 경우 1회의 시행결과로 기대되는 수 값의 크기(예 : 20개 제품 중 3개의 불량 등)
- 분산 : 모집단에 대한 분산을 모분산이라 하고 구해진 값은 불편분산이라고 한다.

59 워크 샘플링에 관한 설명 중 틀린 것은?

① 워크 샘플링은 일명 스냅리딩(Snap Reading)이라 불린다.
② 워크 샘플링은 스톱워치를 사용하여 관측대상을 순간적으로 관측하는 것이다.
③ 워크 샘플링은 영국의 통계학자 L. H. C. Tippet가 가동률 조사를 위해 창안한 것이다.
④ 워크 샘플링은 사람의 상태나 기계의 가동상태 및 작업의 종류 등을 순간적으로 관측하는 것이다.

해설
- 워크 샘플링의 특징은 ①, ③, ④ 외에도 관측대상의 작업을 모집단으로 하고 임의의 시점에서 작업내용을 샘플링하는 것이다.
- 스톱워치(Stopwatch)는 어떤 상황의 소요시간을 측정하는 용도의 시계로 초보다 더 작은 단위의 경과 시간을 잴 수 있는 시계이다.

60 설비보전조직 중 지역보전(Area Maintenance)의 장단점에 해당하지 않는 것은?

① 현장 왕복 시간이 증가한다.
② 조업요원과 지역보전요원과의 관계가 밀접해진다.
③ 보전요원이 현장에 있으므로 생산 본위가 되며 생산의욕을 가진다.
④ 같은 사람이 같은 설비를 담당하므로 설비를 잘 알며 충분한 서비스를 할 수 있다.

해설
- 설비보전조직 : 집중보전, 지역보전, 절충보전
- 지역보전은 보전요원이 제조부의 작업자에게 접근 가능하며, 현장 왕복시간이 단축된다.

정답 58 ④ 59 ② 60 ①

2017년 7월 8일 과년도 기출문제

01 고압가스 저장의 기준으로 틀린 것은?

① 충전용기는 항상 40℃ 이하의 온도를 유지할 것
② 가연성 가스를 저장하는 곳에는 방폭형 휴대용 손전등 외의 등화는 휴대하지 아니할 것
③ 상하의 통으로 구성된 아세틸렌 발생장치로 아세틸렌을 제조하는 때에는 사용 후 그 통을 분리하거나 잔류가스가 없도록 조치할 것
④ 시안화수소를 저장하는 때에는 1일 1회 이상 피로카롤 등으로 누출시험을 할 것

[해설] 시안화수소(HCN) 저장 시 누출시험지는 질산구리벤젠지로 가스누출검사는 1일 1회 이상

02 시안화수소에 대한 설명 중 틀린 것은?

① 액체는 무색·투명하며 복숭아 냄새가 난다.
② 자체의 열로 인하여 오래된 시안화수소는 중합폭발의 위험성이 있기 때문에 충전한 후 60일이 경과되기 전에 다른 용기에 옮겨 충전하여야 한다.
③ 액체는 끓는점이 낮아 휘발하기 쉽고, 물에 잘 용해되며 수용액은 산성을 나타낸다.
④ 염화제일구리, 염화암모늄의 염산 산성 용액 중에서 아세틸렌과 반응하여 메틸아민이 된다.

[해설] 시안화수소(HCN)
염화제1구리, 염화암모늄(NH_4Cl)의 염산 산성용액이 C_2H_2 가스와 반응하여 아크릴로니트릴(C_3H_3N)로 된다.
$C_2H_2 + HCN \rightarrow CH_2=CHCN$

03 아세틸렌 충전작업의 기준으로 옳은 것은?

① 아세틸렌을 2.5MPa의 압력으로 압축할 때에는 질소, 메탄, 일산화탄소 또는 에틸렌 등의 희석제를 첨가한다.
② 아세틸렌을 2.5MPa의 압력으로 압축할 때에는 산소와 메탄, 일산화탄소 등을 첨가한다.
③ 아세틸렌을 2.5MPa의 압력으로 압축할 때에는 오존, 일산화탄소, 이황화탄소 등의 희석제를 첨가한다.
④ 아세틸렌을 2.5MPa의 압력으로 압축할 때에는 산화에틸렌, 염소, 염화수소가스 등을 첨가한다.

[해설] 아세틸렌가스 희석제 : 에틸렌, 질소, 메탄, CO 등
• 가스온도에도 불구하고 2.5MPa 이상 압축 시에는 희석제를 사용한다.(충전 중)
• 충전이 끝난 후의 압력은 15℃에서 15.5kg/cm² (1.55MPa) 이하로 유지한다.

04 NH_4OH, NH_4Cl, $CuCl_2$을 가지고 가스흡수제를 조제하였다. 어떤 가스가 가장 잘 흡수되겠는가?

① CO
② CO_2
③ CH_4
④ C_2H_6

[해설] CO 가스 + $2H_2$ → CH_3OH(메탄올 제조)

CO 가스 흡수제
• NH_4OH(수산화암모늄)
• NH_4Cl(염화암모니아)
• $CuCl_2$(염화구리)

정답 01 ④ 02 ④ 03 ① 04 ①

05 산업통상자원부장관은 가스의 수급상 필요하다고 인정되면 도시가스사업자에게 조정을 명령할 수 있다. "조정명령" 사항이 아닌 것은?

① 가스공급계획의 조정
② 도시가스 요금 등 공급조건의 조정
③ 가스공급시설 공사계획의 조정
④ 가스사업의 휴지, 폐지, 허가에 대한 조정

해설 가스사업의 휴지, 폐지, 허가에 관한 내용은 조정명령 사항이 아니다.

06 원형 단면의 연강봉에 3,140kgf의 인장하중이 작용할 때 나타나는 인장응력이 10kgf/mm^2일 때 이 봉의 지름은 약 몇 mm인가?

① 10 ② 20
③ 25 ④ 30

해설 $10 = \dfrac{3,140\text{kgf}}{\text{봉의 면적}(A)}$, $A = \dfrac{\pi}{4}d^2$

∴ 봉의 지름$(d) = \sqrt{\dfrac{4\theta}{\pi S}} = \sqrt{\dfrac{4 \times 3,140}{3.14 \times 10}}$

$= 20\text{mm}$

07 이상기체에서 정압비열과 정적비열의 차는 $C_P - C_V = R$이 된다. R은 무엇을 의미하는가?

① 온도 1℃ 변화 시 기체 1mol의 팽창에 필요한 에너지
② 온도 1℃ 변화 시 기체분자의 회전속도
③ 온도 1℃ 변화 시 기체분자의 운동에너지
④ 온도 1℃ 변화 시 기체분자의 진동에너지의 상승

해설 $\overline{R}$(가스상수) : 기체 1몰(22.4L)이 온도 1℃ 팽창 변화 시 필요한 에너지

- $\overline{R} = \dfrac{1.0332 \times 10^4 \times 22.4}{273.15}$
  $= 848\text{kg}_f \cdot \text{m/kmol} \cdot \text{K(MKS 단위)}$
- $\overline{R} = \dfrac{101,325 \times 22.4}{273.15}$
  $= 8.314\text{kJ/kmol} \cdot \text{K(SI 단위)}$

08 산소, 수소, 아세틸렌을 제조하는 경우에는 품질검사를 실시하여야 한다. 다음 설명 중 틀린 것은?

① 검사는 안전관리원이 실시한다.
② 검사는 1일 1회 이상 가스제조장에서 실시한다.
③ 액체산소를 기화시켜 용기에 충전하는 경우에는 품질검사를 생략할 수 있다.
④ 산소는 용기 안의 가스충전압력이 35℃에서 11.8MPa 이상으로 한다.

해설 품질검사
검사는 안전관리책임자가 1일 1회 이상 가스제조장에서 실시할 것

09 상용압력 5MPa로 사용하는 내경 65cm의 용접제 원통형 고압가스 설비 동판의 두께는 최소한 얼마가 필요한가?(단, 재료는 인장강도 600N/mm^2의 강을 사용하고, 용접효율은 0.75, 부식 여유는 2mm로 한다.)

① 7mm ② 12mm
③ 17mm ④ 22mm

해설 용접용 용기 두께 계산식(동판의 경우)

$t = \dfrac{P \cdot D}{200S\eta - 1.2P} + C$

$= \dfrac{50 \times (65 \times 10)}{200 \times \left(\dfrac{600}{9.8 \times 4}\right)0.75 - 1.2 \times 50} + 2$

$≒ 17\text{mm}$

※ $1\text{kgf} = 9.8\text{N}$, $S = $허용응력(인장강도$\times \dfrac{1}{4}$)

10 액화산소 용기에 액화산소가 50kg 충전되어 있다. 용기의 외부에서 액화산소에 대해 매시 5kcal의 열량이 주어진다면 액화산소량이 1/2로 감소되는 데는 몇 시간이 필요한가?(단, 비점에서의 O_2의 증발잠열은 1,600cal/mol이다.)

① 100시간 ② 125시간
③ 175시간 ④ 250시간

정답 05 ④ 06 ② 07 ① 08 ① 09 ③ 10 ④

해설 $50\text{kg} \times \dfrac{1}{2}$ 감소 $= 25\text{kg}(25{,}000\text{g})$

산소 1몰(mol) $= 22.4\text{L} = 32\text{g}$

5kcal $= 5{,}000$cal

전체 몰수 $= \dfrac{25{,}000\text{g}}{32\text{g}} = 781.25\text{mol}$

∴ 소요시간 $= \dfrac{781.25 \times 1{,}600}{5{,}000} = 250$시간

11 고압가스 냉동제조시설의 냉매설비와 이격거리를 두어야 할 화기설비의 분류기준으로 맞지 않는 것은?

① 제1종 화기설비 : 전열면적이 14m^2를 초과하는 온수보일러
② 제2종 화기설비 : 전열면적이 8m^2 초과, 14m^2 이하인 온수보일러
③ 제3종 화기설비 : 전열면적이 10m^2 이하인 온수보일러
④ 제1종 화기설비 : 정격 열출력이 500,000 kcal/h를 초과하는 화기설비

해설 제3종 화기설비 기준
- 전열면적이 8m^2를 초과하는 온수보일러
- 정격 열출력이 30만kcal/h 초과~50만kcal/h 이하인 화기설비

12 지하에 설치하는 고압가스 저장탱크의 설치기준에 대한 설명으로 틀린 것은?

① 저장탱크실은 일정 규격을 가진 수밀콘크리트로 시공한다.
② 지면으로부터 저장탱크 정상부까지의 깊이는 60cm 이상으로 한다.
③ 저장탱크를 2개 이상 인접하여 설치하는 경우에는 상호 간에 1m 이상의 거리를 유지한다.
④ 저장탱크의 내면에는 부식방지코팅 등 화학적 부식방지를 위한 조치를 한다.

해설 저장탱크 외면에는 부식방지코팅 등 화학적 부식방지를 위한 조치를 한다.

13 위험성 평가기법 중 결함수분석(FTA)에 대한 설명으로 가장 거리가 먼 것은?

① 귀납적 해석방법이다.
② 정성적 분석이 가능하다.
③ 정량적 해석이 가능하다.
④ 재해현상과 재해원인의 관련성 해석이 가능하다.

해설 결함수분석(FTA)
사고를 일으키는 장치의 이상이나 운전자 실수의 조합을 연역적으로 분석하는 정량적 안정성 평가기법이다.
㉠ 귀납적 해석 : 이론적 견지에서의 해석
㉡ 프로그램 해석방법
- 정성적 해석
- 정량적 해석
㉢ 이론적 해석
- 귀납적 해석(Recursive Analysis)
- 연역적 해석(Deductive Analysis)

14 1기압에서 100L를 차지하는 공기를 부피 5L의 용기에 채우면 용기 내의 압력은 몇 기압이 되겠는가?(단, 온도는 일정하다.)

① 10기압 ② 20기압
③ 30기압 ④ 50기압

해설 $P = \dfrac{V'}{V} = \dfrac{100\text{L}}{5\text{L}} = 20$기압

15 다음 중 가장 느리게 진행될 것으로 예상되는 반응은?

① $2H_2(g) + O_2(g) \rightleftarrows 2H_2O(g)$
② $H^+(aq) + OH^-(aq) \rightleftarrows H_2O(l)$
③ $Fe^{2+}(aq) + Zn(s) \rightleftarrows Fe(s) + Zn^{2+}(aq)$
④ $2H^+(aq) + Mg(s) \rightleftarrows H_2(g) + Mg^{2+}(aq)$

해설 기체 1몰(22.4L) = 분자량 값

$H_2 + \dfrac{1}{2}O_2 \rightarrow H_2O$

수소 2분자 반응 : $2H_2 + O_2 \rightarrow 2H_2O$

정답 11 ③ 12 ④ 13 ① 14 ② 15 ①

16 전성 및 비중이 크고, 부식에 강하고 유연하여 친화성이 좋아 가스켓으로는 양호한 재질이지만 200℃ 이상에서는 크리프가 큰 단점을 가지는 가스켓 재질은?

① 스테인리스　② 납
③ 크롬강　④ 모넬메탈

해설 납은 전성 및 비중이 크고, 부식에 강하다. 유연하고 친화성이 좋아서 가스켓으로는 양호하다. 그러나 200℃ 이상에서 크리프 현상이 일어난다.

17 지름 45mm의 축에 보스 길이 50mm인 기어를 고정시킬 때 축에 걸리는 최대 토크가 20,000 kgf · mm일 경우 키(폭 = 12mm, 높이 = 8mm)에 발생되는 압축응력은 약 몇 kgf/mm²인가?(단, 키 홈의 높이는 키 높이의 1/2이고, 키의 길이는 보스의 길이와 같다.)

① 2.4　② 3.4
③ 4.4　④ 5.4

해설 압축응력 $= \dfrac{20,000}{45 \times 50} \times \dfrac{1}{2} = 4.4 \text{kgf/mm}^2$

18 수소의 성질 중 화재, 폭발 등의 재해발생 원인이 아닌 것은?

① 임계압력이 12.8atm이다.
② 가벼운 기체로 미세한 간격으로 퍼져 확산하기 쉽다.
③ 고온, 고압에서 강재에 대하여 수소취성을 일으킨다.
④ 공기와 혼합할 경우 연소범위가 4~75%로 넓다.

해설 수소(H_2)
- 임계압력 12.8atm, 임계온도 −239.9℃
- 임계온도 이상, 임계압력 이하에서는 액화가스를 만들 수 없다.
- 임계점과 화재, 폭발 과정과는 관련성이 없다.

19 LP가스의 일반적인 연소 특성이 아닌 것은?

① 발열량이 크다.
② 연소속도가 느리다.
③ 착화온도가 낮다.
④ 폭발범위가 좁다.

해설 LP가스(C_3H_8, C_4H_{10})의 착화온도는 일반적으로 발화등급 G1으로(450℃ 초과) 높다.

20 고압가스 안전관리법의 적용 대상이 되는 가스는?

① 철도차량의 에어컨디셔너 안의 고압가스
② 항공법의 적용을 받는 항공기 안의 고압가스
③ 등화용의 아세틸렌가스
④ 오토클레이브 안의 수소가스

해설 ①, ②, ③의 내용은 고압가스법에서 제외한다. 오토클레이브(고압가스 반응기)는 고압가스 안전관리법의 적용을 받는다.

21 고압가스 일반제조의 시설, 기술기준 등에 대한 설명으로 틀린 것은?

① 산화에틸렌의 저장탱크는 그 내부의 질소가스 · 탄산가스 및 산화에틸렌가스의 분위기가스를 질소가스 또는 탄산가스로 치환하고 5℃ 이하로 유지한다.
② 충전용 주관의 압력계는 매월 1회 이상, 그 밖의 압력계는 3월에 1회 이상 표준이 되는 압력계로 그 기능을 검사한다.
③ 산소 중의 가연성 가스(아세틸렌 · 에틸렌 및 수소를 제외한다.)의 용량이 전 용량의 2% 이상인 것은 압축을 금지한다.
④ 석유류 · 유지류 또는 글리세린은 산소압축기의 내부윤활제로 사용하지 아니한다.

해설 ③에서 압축금지는 가연성의 경우 2%가 아닌 4% 이상에서만 고압가스 제조 시 압축이 금지된다.

정답　16 ②　17 ③　18 ①　19 ③　20 ④　21 ③

22 가스는 최초의 완만한 연소에서 격렬한 폭굉으로 발전될 때까지의 거리가 짧은 가연성 가스일수록 위험하다. 유도거리가 짧아질 수 있는 조건으로 틀린 것은?

① 압력이 높을수록
② 관 속에 방해물이 있을 때
③ 정상 연소속도가 낮을수록
④ 점화원의 에너지가 강할수록

해설 가스폭발에서 정상연소속도가 클수록(혼합가스) 폭굉유도거리(DID)는 짧아진다.

23 유체의 부피나 질량을 직접 측정하는 기구로서, 유체의 성질에 영향을 적게 받지만 구조가 복잡하고 취급이 어려운 단점이 있는 유량측정장치는?

① 오리피스미터   ② 습식가스미터
③ 벤투리미터   ④ 로터미터

해설 습식가스미터
계량이 정확하고 사용 중 기차의 변동이 거의 없으나 구조가 복잡하고 취급이 어려운 단점이 있다.

24 다음 분해반응은 몇 차 반응에 해당되는가?

$$2HI \rightarrow H_2 + I_2$$

① 0차   ② 1차
③ 2차   ④ 3차

해설 2HI의 분해반응(2차 반응) : $2HI \rightarrow H_2 + I_2$

25 일반도시가스 사업제조소에서 배관의 보호포 설치에 적용되는 재질 및 규격과 설치기준에 대한 설명으로 틀린 것은?

① 보호포의 폭은 15cm 이상으로 한다.
② 보호포의 두께는 0.2mm 이상으로 한다.
③ 보호포의 바탕색은 최고사용압력이 저압인 관은 적색으로 한다.
④ 일반형 보호포와 탐지형 보호포로 구분한다.

해설 최고 사용압력
- 저압 : 황색
- 중압 이상 : 적색

26 산소 압축기의 내부 윤활유로 주로 사용되는 것은?

① 석유류   ② 화이트유
③ 물   ④ 진한 황산

해설 산소 압축기(조연성 가스)의 윤활유로 물 또는 10% 이하의 묽은 글리세린수를 사용한다.

27 메탄가스가 완전 연소할 때의 화학반응식은 다음과 같다. 2g의 메탄이 연소하면 111.3kJ의 열량이 발생할 때 다음 반응식에서 x는 약 얼마인가?

$$CH_4 + 2O_2 \rightarrow CO_2 + 2H_2O + x$$

① 14kJ   ② 890kJ
③ 1,113kJ   ④ 1,336kJ

해설 메탄(CH_4)의 분자량 16(1몰=16g)
$CH_4 + 2O_2 \rightarrow CO_2 + 2H_2O$
$2g : 111.3 = 16g : x$
$\therefore x = 111.3 \times \dfrac{16}{2} = 890kJ$

28 압축기에 사용하는 윤활유의 구비조건으로 틀린 것은?

① 인화점이 낮고, 분해되지 않을 것
② 점도가 적당하고, 항유화성이 클 것
③ 수분 및 산류 등의 불순물이 적을 것
④ 화학적으로 안정하여 사용가스와 반응을 일으키지 않을 것

해설 압축기 윤활유
- 인화점이 높을 것
- 응고점이 낮을 것
- 정제도가 높아 잔류탄소가 적을 것

정답 22 ③ 23 ② 24 ③ 25 ③ 26 ③ 27 ② 28 ①

29 암모니아용 냉동기에서 팽창밸브 직전 액냉매의 엔탈피가 110kcal/kg, 흡입증기 냉매의 엔탈피가 360kcal/kg일 때 10RT의 냉동능력을 얻기 위한 냉매 순환량은 약 몇 kg/h인가?(단, 1RT는 3,320kcal/h이다.)

① 65.7　　② 132.8
③ 263.6　　④ 312.8

해설 냉매 순환량(WC) = $\dfrac{10\text{RT} \times 3,320\text{kcal/RT}}{360 - 110}$
　　　　　　　　　= 132.8kg/h

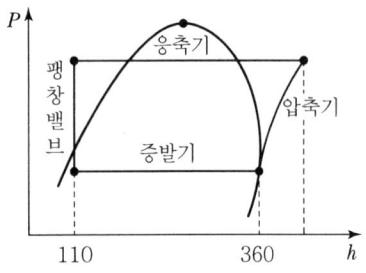

※ 냉매 증발열 = 360 − 110

30 독성 가스라 함은 공기 중에 일정량 존재하는 경우 인체에 유해한 독성을 가진 가스를 말하는데, 허용농도가 얼마 이하인 경우인가?(단, 해당 가스를 성숙한 흰쥐 집단에게 대기 중에서 1시간 동안 계속하여 노출시킨 경우 14일 이내에 그 흰쥐의 2분의 1 이상이 죽게 되는 가스의 농도를 말한다.)

① 100만분의 10 이하
② 100만분의 200 이하
③ 100만분의 2,000 이하
④ 100만분의 5,000 이하

해설 독성 가스 LC$_{50}$ 기준
독성 허용농도가 $\dfrac{5,000}{1,000,000}$ 이하에 해당하면 독성 가스이다.

31 다음 중 조연성 가스가 아닌 것은?

① 오존　　② 염소
③ 산소　　④ 수소

해설 조연성 가스(연소성을 도와주는 가스)
• 공기　　• 산소
• 염소　　• 오존
• 불소　　• 이산화질소
• 산화질소

32 질소 1.36kg이 압력 600kPa하에서 팽창하여 체적이 0.01m³ 증가하였다. 팽창 과정에서 20kJ의 열이 공급되었고 최종 온도가 93℃이었다면 초기 온도는 약 몇 ℃인가?(단, 정적비열은 0.74kJ/kg · ℃이다.)

① 59　　② 69
③ 79　　④ 89

해설 질소 1.36kg(분자량 28)
22.4m³ × $\dfrac{1.36}{28}$ = 1.088m³
600 × 0.01 = 6K
20 × 0.74 × 1.36 = 20K
상승온도 = 20 − 6 = 14
∴ 초기온도 = 93 − 14 = 79℃

33 배관의 수직방향에 의하여 발생하는 압력손실을 계산하려고 할 때 반드시 고려되어야 하는 것은?

① 입상 높이, 가스 비중
② 가스 유량, 가스 비중
③ 가스 유량, 입상 높이
④ 관 길이, 입상 높이

해설 입상관의 압력손실(H)
$H = 1.293(s-1) \times h$
여기서, s : 가스 비중
　　　　h : 입상배관 높이

정답　29 ②　30 ④　31 ④　32 ③　33 ①

34 다음 중 암모니아의 누출 식별 방법이 아닌 것은?

① 석회수에 통과시키면 유안의 백색 침전이 생긴다.
② HCl와 반응하여 백색의 연기를 낸다.
③ 리트머스시험지를 새는 곳에 대면 청색이 된다.
④ 네슬러 시약을 시료에 떨어뜨리면 암모니아의 양이 적을 때 황색, 많을 때는 다갈색이 된다.

해설 암모니아 가스 누출 검사방법
- 염화수소(HCl)와 반응하여 백색의 연기를 낸다.
- 리트머스시험지를 새는 곳에 대면 청색이 된다.
- 네슬러 시약을 시료에 떨어뜨리면 암모니아의 양이 적을 때는 황색, 많을 때는 다갈색이 된다.
- 자극적인 냄새로 식별된다.
- 페놀프탈렌지를 홍색으로 변화시킨다.

35 다음은 고정식 압축도시가스 자동차 충전시설의 가스누출 검지경보장치 설치상태를 확인한 것이다. 이 중 잘못 설치된 것은?

① 충전설비 내부에 1개가 설치되어 있었다.
② 압축가스설비 주변에 1개가 설치되어 있었다.
③ 배관접속부 8m마다 1개가 설치되어 있었다.
④ 펌프 주변에 1개가 설치되어 있었다.

해설 고정식 압축도시가스 자동차 충전시설에서 바닥면 둘레 10m마다 1개씩 설치한다.

36 어떤 장소의 온도를 재었더니 500°R이었다. 이는 섭씨온도로는 약 몇 ℃인가?

① 3.6 ② 4.6
③ 5.6 ④ 6.6

해설 $K(캘빈온도) = \frac{°R(랭킨온도)}{1.8} = \frac{500}{1.8} = 278K$

∴ $278 - 273 = 4.7℃$

37 공기액화분리장치에서 공기 중에 아세틸렌가스가 혼합되면 안 되는 이유에 대하여 가장 바르게 설명한 것은?

① 산소의 순도가 나빠지기 때문에
② 질소와 산소의 분리가 방해되므로
③ 배관 내에서 동결하여 관을 막을 수 있으므로
④ 분리기 내의 액체 산소 탱크 내에 들어가 폭발적인 작용을 하기 때문에

해설 공기액화분리장치 내에 C_2H_2 가스가 혼입하면 분리기 내의 액체산소 탱크 내에 들어가 폭발적인 작용을 하기 때문이다.

38 다음 중 가스 저장 용기 내에서 폭발성 혼합가스가 생성하는 주된 원인이 되는 경우는?

① 물 전해조의 고장에 의한 산소 및 수소의 혼합 충전
② 잔류 산소가 있는 용기 내에 아르곤의 충전
③ 잔류 천연가스 용기 내에 메탄의 충전
④ 유기액체를 혼입한 용기 내에 탄산가스의 충전

해설 폭발의 원인 제공
산소(조연성) + 수소(가연성)

39 가스용품에 대한 검사가 전부 생략되는 것이 아닌 것은?

① 수출용으로 제조하는 것
② 시험용 또는 연구개발용으로 수입하는 것
③ 산업기계설비 등에 부착되어 수입하는 것
④ 주한 외국기관에서 사용하기 위하여 수입하는 것

해설 주한 외국기관에서 사용하기 위하여 수입하는 기기는 가스용품 검사를 받는 대상 품목이다.

정답 34 ① 35 ② 36 ② 37 ④ 38 ① 39 ④

40 다음 중 가장 무거운 기체는?

① 헬륨   ② 수소
③ 공기   ④ 산소

[해설] 분자량이 큰 가스는 공기에 비하여 비중이 무겁다.

비중(가스 분자량/29)

헬륨 $\frac{4}{29}$, 수소 $\frac{2}{29}$, 공기 $\frac{29}{29}$, 산소 $\frac{32}{29}$

41 고압가스 냉동제조의 시설 및 기술기준에 대한 설명으로 틀린 것은?

① 냉매설비에는 그 설비가 정상적으로 작동할 수 있도록 자동제어장치를 설치한다.
② 독성 가스를 사용하는 내용적이 1만 리터 이상인 수액기 주위에는 액상의 가스가 누출될 경우에 그 유출을 방지하기 위하여 방류둑을 설치한다.
③ 안전밸브 또는 방출밸브에 설치된 스톱밸브는 그 밸브의 수리 등을 위하여 특별히 필요한 때를 제외하고는 항상 닫아 놓는다.
④ 냉매설비에는 그 설비 안의 압력이 상용압력을 초과하는 경우 즉시 그 압력을 상용압력 이하로 되돌릴 수 있는 과압안전장치를 설치한다.

[해설] 안전밸브, 방출밸브는 안전장치이므로 용기 내 설정압력이 초과할 때는 언제나 밸브가 열리도록 조정하여야 한다.

42 산소 100L가 용기의 구멍을 통해 새나가는데 20분이 소요되었다면 같은 조건에서 이산화탄소 100L가 새어나가는 데 걸리는 시간은 약 얼마인가?

① 20.0분   ② 23.5분
③ 27.0분   ④ 30.5분

[해설] 산소 분자량=32, 이산화탄소 분자량=44

∴ 시간 = $20분 \times \sqrt{\frac{44}{32}} = 23.5분$

43 고압가스 특정제조시설에서 설치가 완료된 배관의 내압시험 방법에 대한 설명으로 틀린 것은?

① 내압시험은 원칙적으로 기체의 압력으로 실시한다.
② 내압시험은 상용압력의 1.5배 이상으로 한다.
③ 규정압력을 유지하는 시간은 5분에서 20분간을 표준으로 한다.
④ 내압시험은 해당 설비가 취성파괴를 일으킬 우려가 없는 온도에서 실시한다.

[해설] 고압가스의 내압시험 압력(TP)은 가스마다 용기 내 설정압력이 정해진 법규대로 실시한다.

44 고온·고압하에서 사용하는 장치에 철재를 사용하면 철카르보닐을 형성하는 가스는?

① 일산화탄소   ② 질소
③ 아르곤   ④ 수소

[해설] CO 가스 반응
- 니켈카르보닐 형성
  $Ni + 4CO \xrightarrow{150℃} Ni(CO)_4$
- 철카르보닐 형성
  $Fe + 5CO \xrightarrow[고압]{200℃} Fe(CO)_5$

45 상온에서 수소 용기의 파열 원인으로 가장 거리가 먼 것은?

① 과충전
② 수소취성
③ 용기균열
④ 용기의 취급불량

[해설]
- 수소취성(170℃ 고온, 250atm 고압)
  $Fe_3C + 2H_2 \rightarrow CH_4 + 3Fe$
- 수소취성 방지 원소
  Cr, Ti, V, W, Mo, Nb
- 수소취성은 상온에서는 불가하다.

정답 40 ④ 41 ③ 42 ② 43 ① 44 ① 45 ②

46 안전관리자를 선임 또는 해임할 때 해임한 날로부터 며칠 이내에 다른 안전관리자를 선임하여야 하는가?

① 7일 ② 10일
③ 15일 ④ 30일

해설 안전관리자 선임기준
선·해임은 사유가 발생한 날로부터 30일 이내에 한다.

47 두 축의 축선이 약간의 각을 이루어 교차하고, 그 사이의 각도가 운전 중에 다소 변하더라도 자유롭게 운동을 전달할 수 있는 이음은?

① 기어이음(Gear Joint)
② 머프 커플링(Muff Coupling)
③ 플랜지 커플링(Flange Coupling)
④ 유니버설 조인트(Universal Joint)

해설 유니버설 조인트
두 축의 축선이 약간의 각을 이루어 교차하고, 그 사이의 각도가 운전 중에 다소 변하더라도 자유롭게 운동을 전달할 수 있는 이음이다.

48 다음 중 고압가스 제조허가의 종류가 아닌 것은?

① 고압가스 특수제조
② 고압가스 일반제조
③ 고압가스 충전
④ 냉동제조

해설 고압가스 충전(시행령 제3조)
용기나 차량에 고정된 탱크에 고압가스를 충전할 수 있는 설비로 고압가스를 충전하는 것으로 다음의 어느 하나에 해당하는 것
• 가연성 가스, 독성 가스 충전(LPG와 천연가스는 제외)
• 1일 처리능력이 10m³ 이상이고 저장능력이 3톤 이상인 것

49 어떤 기체가 20℃, 700mmHg에서 100mL의 무게가 0.5g이라면 표준상태에서 이 기체의 밀도는 약 몇 g/L인가?

① 2.8 ② 3.8
③ 4.8 ④ 5.8

해설 $100 \times \dfrac{273}{273+20} \times \dfrac{760}{700} = 101.16\text{mL}$

$1\text{L} = 1,000\text{mL}$, $\dfrac{1,000\text{mL}}{100\text{mL}} = 10$배

∴ 표준기체의 밀도(ρ)

$\rho = \dfrac{101.16 \times 0.5}{100} \times 10\text{배} = 5.05\text{g/L}$

50 가스배관 설비에 있어 옥내배관은 주로 강관이 사용된다. 강관 이음에서 가장 대표적으로 사용되는 이음 방법은?

① 기계적 이음
② 플레어이음
③ 나사이음
④ 소켓이음

해설 나사이음

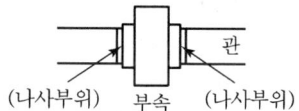
(나사부위) 부속 (나사부위) 관

51 고압가스 안전관리법의 적용범위에서 제외되는 고압가스가 아닌 것은?

① 등화용의 아세틸렌 가스
② 냉동능력이 2톤인 냉동설비 안의 고압가스
③ 온도 35℃에서 게이지 압력이 5.0MPa인 공기액화분리장치 내의 압축공기
④ 「소방시설 설치 및 관리에 관한 법률」의 적용을 받는 내용적 0.8리터의 소화기에 내장되는 용기 안의 고압가스

해설 고압가스법 시행령 제2조
35℃에서 1MPa(10kg/cm²) 이상이 되는 압축가스는 고압가스 종류이다.

정답 46 ④ 47 ④ 48 ① 49 ④ 50 ③ 51 ③

52 실제 기체가 이상기체처럼 행동하는 경우는?

① 높은 압력과 높은 온도
② 낮은 압력과 낮은 온도
③ 높은 압력과 낮은 온도
④ 낮은 압력과 높은 온도

해설 실제 기체가 압력은 낮고 온도가 높으면 이상기체(완전 가스)에 가깝다.

53 다음 중 액화석유가스 충전, 판매사업소의 변경 허가를 받지 않아도 되는 경우는?(단, 판매시설과 영업소의 저장설비는 제외한다.)

① 사업소의 이전
② 저장설비의 교체 설치
③ 저장설비의 용량 증가
④ 사업소 대표자의 주소 변경

해설 사업소 대표자의 현주소 변경은 LPG 충전, 판매사업소의 변경 허가사항이 아니다.

54 포화증기를 단열압축하면 어떻게 되는가?

① 포화액체가 된다.
② 과열증기가 된다.
③ 압축액체가 된다.
④ 증기의 일부가 액화한다.

해설 포화증기를 단열압축시키면 과열증기가 된다.

55 검사특성곡선(OC Curve)에 관한 설명으로 틀린 것은?(단, N : 로트의 크기, n : 시료의 크기, c : 합격판정개수이다.)

① N, n이 일정할 때 c가 커지면 나쁜 로트의 합격률은 높아진다.
② N, c가 일정할 때 n이 커지면 좋은 로트의 합격률은 낮아진다.
③ $N/n/c$의 비율이 일정하게 증가하거나 감소하는 퍼센트 샘플링 검사 시 좋은 로트의 합격률은 영향이 없다.
④ 일반적으로 로트의 크기 N이 시료 n에 비해 10배 이상 크다면, 로트의 크기를 증가시켜도 나쁜 로트의 합격률은 크게 변하지 않는다.

해설
- lot(로트) : 1회의 준비로서 만들 수 있는 생산단위
- α(생산자 위험확률)
- β(소비자 위험확률)
- c(합격판정개수)
- $L(P)$: 로트의 합격확률
- (N, n, c) : 샘플링 검사의 특성곡선
- N : 크기 N 모집단 로트(Lot)의 크기
- P_0 : 합격시키고 싶은 Lot의 부적합률 $(1-\alpha)$
- P_1 : 불합격시키고 싶은 Lot의 합격확률 $(1-\beta)$

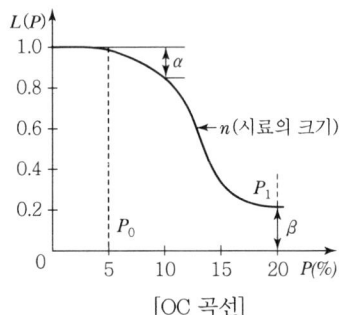

[OC 곡선]

56 브레인스토밍(Brainstorming)과 가장 관계가 깊은 것은?

① 특성요인도
② 파레토도
③ 히스토그램
④ 회귀분석

해설
- 브레인스토밍 : 일정한 테마에 관하여 구성원의 자유발언을 통해 아이디어 제시를 요구하여 발상을 찾아내려는 방법(브레인스토밍을 통해 지식과 문제의 원인 의견을 수집하려면 특성요인도가 필요함)
- 특성요인도 : 특성에 대하여 어떤 요인이 어떤 관계로 영향을 미치고 있는지 밝혀 원인 규명을 쉽게 할 수 있도록 하는 기법이다.

정답 52 ④ 53 ④ 54 ② 55 ③ 56 ①

57 다음 그림의 AOA(Activity – On – Arc) 네트워크에서 E작업을 시작하려면 어떤 작업들이 완료되어야 하는가?

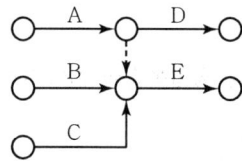

① B
② A, B
③ B, C
④ A, B, C

해설 E작업은 A, B, C작업이 완료된 이후에 시작한다.
AOA에서
- ○ : 마디는 단계 표시
- → : 가지는 활동
- ⇢ : 명목상의 활동을 필요로 함

58 표준시간을 내경법으로 구하는 수식으로 맞는 것은?

① 표준시간＝정미시간＋여유시간
② 표준시간＝정미시간×(1＋여유율)
③ 표준시간＝정미시간×$\left(\dfrac{1}{1-여유율}\right)$
④ 표준시간＝정미시간×$\left(\dfrac{1}{1+여유율}\right)$

해설 표준시간
- 내경법＝정미시간×$\left(\dfrac{1}{1-여유율}\right)$
- 외경법＝정미시간×(1＋여유율)

59 다음 데이터로부터 통계량을 계산한 것 중 틀린 것은?

> 21.5, 23.7, 24.3, 27.2, 29.1

① 범위(R)＝7.6
② 제곱합(S)＝7.59
③ 중앙값(Me)＝24.3
④ 시료분산(s^2)＝8.988

해설
① 범위(Range) : 데이터가 얼마나 많은 숫자 값을 포함하고 있는지 알려준다.
   $R=29.1-21.5=7.6$
② 제곱합(Sum of Sequence) : 각 데이터로부터 데이터의 평균값을 뺀 값의 제곱합
   평균값＝$\dfrac{(21.5+23.7+24.3+27.2+29.1)}{5}$
   ＝25.16
   $S=(21.5-25.16)^2+(23.7-25.16)^2$
   $+(24.3-25.16)^2+(27.2-25.16)^2$
   $+(29.1-25.16)^2$
   ＝35.952
③ 중앙값(Median)＝24.3
④ 시료분산＝$\dfrac{35.952}{4}$＝8.988

60 품질특성에서 X관리도로 관리하기에 가장 거리가 먼 것은?

① 볼펜의 길이
② 알코올 농도
③ 1일 전력소비량
④ 나사길이의 부적합품 수

해설 X관리도
- 개개 측정치의 관리도
- 계량치에 관한 관리도
- 길이, 무게, 강도, 전압, 전류 등 연속변량 측정

정답 57 ④　58 ③　59 ②　60 ④

2018년 3월 31일 과년도 기출문제

01 다음 가스의 성질에 대한 설명 중 옳지 않은 것은?

① 일산화탄소는 독성가스이고, 또한 가연성 가스이다.
② 암모니아는 산이나 할로겐과 잘 화합하고 고온, 고압에서는 강재를 침식한다.
③ 산소는 반응성이 강한 가스로서 가연성 물질을 연소시키는 조연성(助燃性)이 있다.
④ 질소는 안정한 가스로서 불활성 가스라고도 하는데 고온하에서도 금속과 화합하지 않는다.

[해설] 질소(N_2)
- 고온에서 Mg_3N_2, Ca_3N_2, Li_3N_2 등 질화물 생성
- 고온에서 산화질소 발생
  $N_2 + O_2 \rightarrow 2NO$
- 고온 고압에서 암모니아 발생
  $N_2 + 3H_2 \rightarrow 2NH_3$
- 고온에서 금속과 화합(불연성 가스)

02 완전가스의 비열비(Specific Heat Ratio)에 대한 설명 중 틀린 것은?

① 비열비 k는 $\dfrac{C_p}{C_v}$로 나타낸다.
② 비열비는 온도에 관계없이 일정하다.
③ 공기의 비열비는 1.4 정도이다.
④ 단원자보다 3원자 분자 이상 기체의 비열비가 크다.

[해설]
- 단원자 가스 비열비(k) = $\dfrac{5}{3}$ = 1.66
- 2원자 가스 비열비(k) = $\dfrac{7}{5}$ = 1.40
- 3원자 가스 비열비(k) = $\dfrac{4}{3}$ = 1.33

03 다음 중 중합폭발을 일으키는 가스는?

① 오존
② 시안화수소
③ 아세틸렌
④ 히드라진

[해설] 시안화수소(HCN)
- 독성이며 가연성가스(폭발범위 : 6~41%)이다.
- 2% 정도 소량의 수분으로 저장 시 중합이 촉진되어서 중합폭발을 발생시킨다.(복숭아 향이 난다.)

04 산화에틸렌에 대한 설명으로 가장 거리가 먼 것은?

① 폭발범위는 약 3.0~80%이다.
② 공업적 제법으로는 에틸렌을 산소로 산화해서 합성한다.
③ 액체 상태에서 열이나 충격 등으로 폭약과 같이 폭발을 일으킨다.
④ 철, 주석, 알루미늄의 무수염화물, 산·알칼리, 산화알루미늄 등에 의하여 중합 발열한다.

[해설] 산화에틸렌(C_2H_4O)의 특성
- 분해폭발, 화학폭발, 중합폭발성 가스이다.
- 증기상태에서 화염, 스파크, 충격, 아세틸드에 의해 분해폭발한다.

05 이상기체 상태방정식에서 기체상수(R) 값을 J/gmol·K의 단위로 나타낸 것은?

① 0.082
② 1.987
③ 8.314
④ 848

[해설] $R = \dfrac{1.0332 \times 10^4 \times 22.4L}{273}$

= 848kg·m/kmol·K
= 8314.4N·m/kmol·K
= 8314.4J/kmol·K
= 8.314J/gmol·K

정답 01 ④ 02 ④ 03 ② 04 ④ 05 ③

06 1torr는 약 몇 Pa인가?

① 14.5   ② 133.3
③ 750.0 ④ 760.0

해설 1torr = 1mmHg
1atm = 101,325Pa = 760mmHg
∴ $101{,}325 \times \dfrac{1}{760} = 133.3\,Pa$

07 같은 조건에서 수소의 확산속도는 산소의 확산속도보다 몇 배가 빠른가?

① 2   ② 4
③ 8   ④ 16

해설 기체의 확산속도 = $\dfrac{U_1}{U_2} = \sqrt{\dfrac{M_1}{M_2}} = \sqrt{\dfrac{d_1}{d_2}}$

분자량은 수소 2, 산소 32

∴ $\sqrt{\dfrac{2}{32}} = \sqrt{\dfrac{1}{16}} = \dfrac{1}{4}$ (H_2 : 4, O_2 : 1)

08 다음 중 가연성이면서 독성가스인 것은?

① 산화에틸렌   ② 아황산가스
③ 프로판   ④ 염소

해설
- 가연성이면서 독성가스는 CO, 산화에틸렌, 암모니아, 이황화탄소, 황화수소 등이다.
- 산화에틸렌가스 : 폭발범위 3~80%, 독성 50ppm

09 열역학 제2법칙에 대한 설명으로 옳은 것은?

① 일을 소비하지 않고 열을 저온체에서 고온체로 이동시키는 것은 불가능하다.
② 열이 높은 쪽에서 낮은 쪽으로 이동하여 마침내 온도의 차가 없는 열평형을 이룬다.
③ 온도가 일정한 조건에서 기체의 체적은 압력에 반비례한다.
④ 절대온도 0도에서는 엔트로피도 0이다.

해설 열역학 제2법칙의 Clausius 표현
- 열은 그 자신으로서는 다른 물체에 아무런 변화도 주지 않고 저온의 물체에서 고온의 물체로 이동하지 않는다.
- 자기 스스로 저열원으로부터 고열원으로 열을 전달할 수 없다.

10 어떤 기체 100mL를 취하여 가스분석기에서 CO_2를 흡수시킨 후 남은 기체는 88mL이며, 다시 O_2를 흡수시켰더니 54mL가 되었다. 여기서 다시 CO를 흡수시키니 50mL가 남았다. 잔존 기체가 질소일 때 이 시료기체 중 O_2의 용적백분율(%)은?

① 34%   ② 38%
③ 46%   ④ 50%

해설
- $CO_2 = 100 - 88 = 12\,mL$
- $O_2 = 88 - 54 = 34\,mL$
- $CO = 54 - 50 = 4\,mL$

∴ O_2 용적백분율(%) = $\dfrac{34}{100} = 0.34(34\%)$

11 이상기체 n몰에 대한 상태방정식으로 가장 옳은 식은?

① $PV = RT$
② $PV = nRT$
③ $PV = R$
④ $\dfrac{V}{T} = R$

해설
- $PV = nRT$
- 몰수$(n) = \dfrac{W}{M}$
- R(기체상수) $= \dfrac{PV}{nT}$
  $= \dfrac{1\,atm \times 22.4\,L}{1\,mol \times 273\,K}$
  $= 0.08205\,L \cdot atm/mol \cdot K$

12 다음 중 화학 친화력을 나타내는 것으로서 가장 적절한 것은?

① ΔH ② ΔG
③ ΔS ④ ΔU

해설 ΔG : 화학친화력 표시

정답 06 ② 07 ② 08 ① 09 ① 10 ① 11 ② 12 ②

13 포스겐(COCl₂) 가스를 검지할 수 있는 시험지는?

① 리트머스 시험지 ② 염화파라듐지
③ 하리슨 시험지 ④ 연당지

해설
- 포스겐 가스(COCl₂) : 하리슨 시험지
- CO 가스 : 염화파라듐지
- 암모니아 : 적색 리트머스 시험지
- 황화수소(H₂S) : 연당지(초산납 시험지)

14 돌턴의 법칙에 대한 설명으로 옳지 않은 것은?

① 모든 기체에 대해 정확히 성립한다.
② 혼합기체의 전압은 각 기체의 분압의 합과 같다.
③ 실제 기체의 경우 낮은 압력에서 적용할 수 있다.
④ 한 기체의 분압과 전압의 비는 그 기체의 몰수와 전체 몰수의 비와 같다.

해설 돌턴의 분압법칙

$$분압 = 전압 \times \frac{성분몰수}{전체몰수}$$
$$= 전압 \times \frac{성분부피}{전체부피}$$
$$= 전압 \times \frac{성분분자수}{전체분자수}$$

(혼합기체의 전압 : 성분기체의 분압)

15 두 축의 축선이 약간의 각을 이루어 교차하고, 그 사이의 각도가 운전 중에 다소 변하더라도 자유롭게 운동을 전달할 수 있는 이음은?

① 기어 이음(Gear Joint)
② 머프 커플링(Muff Coupling)
③ 플랜지 커플링(Flange Coupling)
④ 유니버설 조인트(Universal Joint)

해설 유니버설 조인트
- 두 축의 축선이 약간의 각을 이루어 교차한다.
- 각도가 운전 중에 다소 변하더라도 자유롭게 운동 전달이 가능하다.

16 순수한 수소와 질소를 고온, 고압에서 다음의 반응에 의해 암모니아를 제조한다. 반응기에서 수소의 전화율은 10%이고, 수소는 30kmol/s, 질소는 20kmol/s로 도입될 때 반응기에서 배출되는 질소의 양은 몇 kmol/s인가?

$$3H_2 + N_2 \rightarrow 2NH_3$$

① 3 ② 19
③ 27 ④ 37

해설 $30 - 20 = 10$kmol/s
$20 - (10 \times 0.1) = 19$kmol/s

17 공기를 압축하여 냉각시키면 액화된다. 다음 중 옳은 설명은?

① 질소가 먼저 액화한다.
② 산소가 먼저 액화한다.
③ 산소와 질소가 동시에 액화된다.
④ 산소와 질소의 액화 온도 차이는 약 50℃ 정도이다.

해설 비점이 높은 가스가 먼저 액화된다.
- 산소 : 비점 -183℃(먼저 액화)
- 질소 : 비점 -196℃

18 터보형 압축기의 특징에 대한 설명 중 틀린 것은?

① 압축비가 크고, 용량 조절범위가 넓다.
② 비교적 소형이며, 대용량에 적합하다.
③ 연속 토출이 되므로 맥동현상이 적다.
④ 전동기의 회전축에 직결하여 구동할 수 있다.

해설 터보형(비용적식) 압축기
- 일반적으로 효율이 낮고 높은 압축비를 얻기 어렵다.
- 용량 조절은 가능하나 비교적 어렵고 용량 조절 범위가 70~100% 정도로 좁다.

정답 13 ③ 14 ① 15 ④ 16 ② 17 ② 18 ①

19 산소압축기에 대한 설명으로 가장 거리가 먼 것은?

① 제조된 산소를 용기에 충전하는 목적에 쓰인다.
② 윤활제로는 기름 또는 10% 이하의 묽은 글리세린수를 사용한다.
③ 압축기와 충전용기 주관에는 수 분리기(Drain Separator)를 설치한다.
④ 최근에는 산소압축기에 래비린스 피스톤을 사용하는 무급유를 작동한다.

[해설] 산소압축기 내부 윤활유 종류
- 물
- 10% 이하의 묽은 글리세린수
※ 기름 사용은 불가함

20 고압가스를 취급하였을 때 다음 중 가장 위험하지 않은 경우는?

① 산소 10%를 함유한 CH_4를 10.0MPa까지 압축하였다.
② 산소제조장치를 공기로 치환하지 않고 용접수리하였다.
③ 수분을 함유한 염소를 진한 황산으로 세척하여 고압용기에 충전하였다.
④ 시안화수소를 고압용기에 충전하는 경우 수분을 안정제로 첨가하였다.

[해설]
- 산소와 메탄의 압축은 위험하다.
- 염소(Cl_2) 속에 포함된 수분은 건조제인 진한 황산(H_2SO_4)을 이용하여 제거한 후 충전시키면 안전하다.
- 산소는 공기가 아닌 불연성가스로 치환한다.
- 시안화수소(HCN)는 수분 2% 정도에서도 중합폭발이 발생된다.(시안화수소 안정제 : 황산, 동망, 염화칼슘, 인산, 오산화인, 아황산가스 등)

21 가스액화분리장치의 구성기기 중 축냉기의 축냉체로 주로 사용되는 것은?

① 구리 ② 물
③ 공기 ④ 자갈

[해설] 가스액화분리장치의 구성기기 중 축냉기의 축냉체로 주로 사용되는 것은 비열이 높은 자갈이다.

22 다음 중 냉매배관용 밸브가 아닌 것은?

① 팩트밸브
② 팩리스밸브
③ 플랩밸브
④ 플로트밸브

[해설]
- 플랩밸브(Flap Valve) : 유체, 오물의 역류방지
- 팩트밸브(Pact Valve) : 냉매용
- 팩리스밸브(Packless Valve) : 냉매용, 방열기용에 사용
- 플로트밸브(Float Valve) : 액면 부착용

23 배관에서 지름이 다른 관을 연결하는 데 주로 사용하는 것은?

① 플러그 ② 리듀서
③ 플랜지 ④ 캡

[해설]
- 플러그 : 관의 폐쇄
- 캡 : 관의 폐쇄
- 리듀서(줄임쇠)

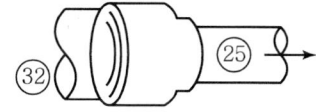

24 배관의 이음 방법 중 플랜지를 접합하는 방법이 아닌 것은?

① 나사식
② 노허브식
③ 블라인드식
④ 소켓 용접식

[해설] 노허브식 이음(No-hub Joint)
- 주철관의 이음이다.
- 소켓이음의 최신 개량형 이음
- 스테인리스 커플링과 고무링만으로 쉽게 이음된다.

정답 19 ② 20 ③ 21 ④ 22 ② 23 ② 24 ②

25 비철금속 중 구리관 및 구리합금관의 특징에 대한 설명 중 틀린 것은?

① 황산 등의 산화성 산에 의해 부식된다.
② 알칼리의 수용액과 유기화합물에 내식성이 강하다.
③ 산화제를 함유한 암모니아수에 의해 부식된다.
④ 연수에 대하여 내식성은 크나 담수에는 부식된다.

해설 동관(구리관)
- 담수에는 내식성이 크나 연수에는 부식된다.
- 가성소다, 가성칼리, 알칼리성에는 내식성이 강하다.
- 암모니아수, 습한 암모니아 가스, 초산, 진한 황산에는 침식된다.

26 압축기의 흡입 및 토출밸브의 구비조건으로 가장 옳은 것은?

① 개폐의 지연이 있어야 좋다.
② 통과 면적은 작고 유체저항은 커야 한다.
③ 개폐의 지연이 없고 작동이 양호 해야 한다.
④ 압축기의 기동 중에도 분해조립 할 수 있어야 한다.

해설 압축기, 흡입 및 토출밸브는 개폐의 지연이 없고 작동이 양호해야 한다.

27 다음 중 개스킷의 소재가 아닌 것은?

① 고무류   ② 오일류
③ 섬유류   ④ 금속류

해설 개스킷
- 고무류
- 섬유류
- 금속류

28 석유를 분해해서 얻은 수소와 공기를 분리하여 얻은 질소를 반응시켜 제조할 수 있는 것은?

① 프로필렌   ② 황화수소
③ 아세탈렌   ④ 암모니아

해설 $4NH_3 + 3O_2 \rightarrow 2N_2 + 6H_2O$
$\underline{3H_2} + \underline{N_2} \rightarrow \underline{2NH_3} + 24kcal$
수소 질소 암모니아

29 전기방식(防蝕) 중 외부전원법에 사용되는 정류기가 아닌 것은?

① 정전류형   ② 정전압형
③ 정저항형   ④ 정전위형

해설 전기방식 외부전원법 정류기
- 정전류형
- 정전압형
- 정전위형

30 역화방지장치를 반드시 설치하여야 할 위치가 아닌 것은?

① 아세틸렌 충전용 지관
② 아세틸렌의 고압건조기와 충전용 교체 밸브 사이의 배관
③ 가연성가스를 압축하는 압축기와 오토 클레이브 사이의 배관
④ 아세틸렌을 압축하는 압축기의 유분리기와 고압건조기 사이

해설 역화방지장치 설치위치는 ①, ②, ③에 해당되며 ④에는 역류방지장치(밸브)가 설치되어야 한다.

31 배관의 수직 방향에 의하여 발생하는 압력 손실을 계산하려고 할 때 반드시 고려되어야 하는 것은?

① 입상 높이, 가스 비중
② 가스 유량, 가스 비중
③ 가스 유량, 입상 높이
④ 관 길이, 입상 높이

해설 입상배관 압력손실(H)
$H = 1.293(s-1)h$
여기서, 1.293 : 공기밀도(kg/m^3)
s : 가스 비중
h : 입상관 높이(m)

정답 25 ④ 26 ③ 27 ② 28 ④ 29 ③ 30 ④ 31 ①

32 3단 압축기에서 2단 토출도관의 안전밸브가 열렸다. 가장 먼저 점검해야 할 곳은?

① 1단 압축기의 토출밸브
② 2단 압축기의 흡입밸브
③ 2단 압축기의 토출밸브
④ 3단 압축기의 흡입밸브

해설
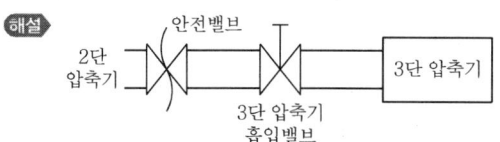

33 NH_3의 냉매번호는 R-717이다. 백 단위의 7은 무기물질을 뜻하는데 그 뒤 숫자 17은 냉매의 무엇을 뜻하는가?

① 냉동계수
② 증발잠열
③ 분자량
④ 폭발성

해설 NH_3(암모니아)의 분자량 17
여기서, N(질소) 원자량 14, H(수소) 원자량 1

34 가스시설의 전기 방식(防蝕)에 대한 설명으로 틀린 것은?

① 직류 전철 등에 의한 영향이 없는 경우에는 외부전원법 또는 희생양극법으로 한다.
② 직류 전철 등의 영향을 받는 배관에는 배류법으로 한다.
③ 전위측정용 터미널은 희생양극법에 의한 배관에는 300m 이내의 간격으로 설치한다.
④ 전위측정용 터미널은 외부 전원법에 의한 배관에는 300m 이내의 간격으로 설치한다.

해설 전기방식 : 외부전원법, 희생양극법, 배류법

300m 이내
(희생양극법, 배류법)
500m 이내
(외부 전원법)

35 고압가스 운반차량의 기준에서 용기 주밸브, 긴급차단장치에 속하는 밸브 그 밖의 중요한 부속품이 돌출된 저장탱크는 그 부속품을 차량의 좌측면이 아닌 곳에 설치한 단단한 조작상자 내에 설치한다. 이 경우 조작상자와 차량의 뒤범퍼와는 수평거리로 얼마 이상을 이격하여야 하는가?

① 20cm
② 30cm
③ 40cm
④ 60cm

해설
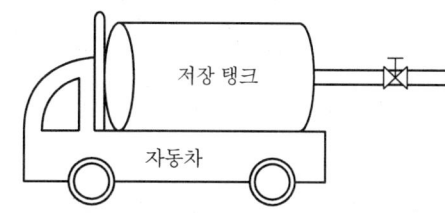

• 탱크 주밸브 : 뒤범퍼와 40cm 이상
• 후부취출식 외 : 뒤범퍼와 30cm 이상
• 조작상자 : 뒤범퍼와 20cm 이상

36 액화천연가스의 저장설비 및 처리설비는 그 외면으로부터 사업소 경계까지 일정 규모 이상의 안전거리를 유지하여야 한다. 이때 사업소 경계가 ( )의 경우에는 이들의 반대편 끝을 경계로 보고 있다. ( )에 들어갈 수 있는 경우로 적합하지 않은 것은?

① 산
② 호수
③ 하천
④ 바다

해설
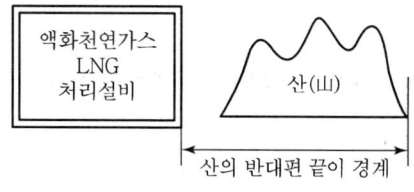

정답 32 ④ 33 ③ 34 ④ 35 ① 36 ①

37 가스공급시설 중 최고사용압력이 고압인 가스홀더 2개가 있다. 2개의 가스홀더의 지름이 각각 20m, 40m일 경우 두 가스홀더의 간격은 몇 m 이상을 유지하여야 하는가?

① 10m   ② 15m
③ 20m   ④ 30m

해설
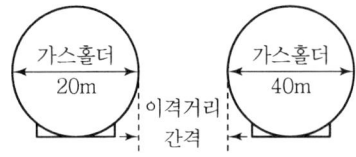

지름합산 $\times \dfrac{1}{4} = (20+40) \times \dfrac{1}{4} = 15\text{m}$ 이상

38 가연성가스 또는 독성가스를 충전하는 차량에 고정된 탱크 및 용기에는 안전밸브가 부착되어 있어야 한다. 그 성능기준으로 옳은 것은?

① 내압시험 압력의 10분의 6 이하의 압력에서 작동할 수 있는 것일 것
② 내압시험 압력의 10분의 7 이하의 압력에서 작동할 수 있는 것일 것
③ 내압시험 압력의 10분의 8 이하의 압력에서 작동할 수 있는 것일 것
④ 내압시험 압력의 10분의 9 이하의 압력에서 작동할 수 있는 것일 것

해설
- TP(내압시험) : 최고충전압력 $\times \dfrac{5}{3}$ 배
- 안전밸브 압력 = 내압시험 압력 $\times \dfrac{8}{10}$ 배 이하에서 작동

39 도시가스사업법의 목적에 포함되지 않는 것은?

① 공공의 안전을 확보
② 도시가스 사용자의 이익을 보호
③ 도시가스사업을 합리적으로 조정, 육성
④ 가스 품질의 향상과 국가 기간산업의 발전 도모

해설 도시가스사업법의 목적은 ①, ②, ③ 외에도 도시가스사업의 건전한 발전을 도모한다. 그 외에도 가스공급시설과 가스사용시설의 설치 유지 및 안전관리에 관한 사항을 규정한다.

40 다음 고압가스 중 상용 온도에서 그 압력이 0.2MPa 이상이 되어야 고압가스 범위에 해당하는 것은?

① 액화 시안화수소
② 액화 브롬화메탄
③ 액화 산화에틸렌
④ 액화 산소

해설 액화가스
상용의 온도에서 압력이 0.2MPa 이상 되는 가스는 고압가스이다. (단, 압력이 0.2MPa 이하의 가스는 섭씨 35℃ 이하의 액화가스도 고압가스에 해당한다.)

41 고압가스 일반 제조시설에서 저장탱크의 가스방출장치는 몇 m^3 이상의 가스를 저장하는 곳에 설치하여야 하는가?

① $3m^3$ ② $5m^3$
③ $7m^3$ ④ $10m^3$

해설 가스저장량이 $5m^3$ 이상 되는 가스의 경우 가스방출장치를 설치해야 한다.

42 가연성가스 저온저장탱크에서 내부의 압력이 외부의 압력보다 낮아져 저장탱크가 파괴되는 것을 방지하기 위한 조치로서 적당하지 않은 것은?

① 압력계를 설치한다.
② 압력 경보설비를 설치한다.
③ 진공안전밸브를 설치한다.
④ 압력방출밸브를 설치한다.

해설 부압(진공압) 방지조치는 ①, ②, ③ 외에 균압관, 냉동제어설비, 송액설비 등이 필요하다.

정답 37 ② 38 ③ 39 ④ 40 ④ 41 ② 42 ④

43 고압가스 냉동제조시설에서 항상 물에 접촉되는 부분에 사용할 수 없도록 규정된 재료는?

① 순도 61% 미만의 동합금
② 순도 61% 미만의 마그네슘
③ 순도 99.7% 미만의 청동
④ 순도 99.7% 미만의 알루미늄

해설 순도 99.7% 미만의 알루미늄은 냉동제조시설에서 항상 물에 접촉되는 곳에서는 사용이 불가하다.

44 차량에 고정된 고압가스 용기 운반 시 운반책임자를 반드시 동승시켜야 하는 경우는?(단, 독성가스는 허용농도가 100만분의 1,000인 가스이다.)

① 압축가스 중 용적이 400m³인 산소
② 압축가스 중 용적이 50m³인 독성가스
③ 액화가스 중 질량이 2,000kg인 프로판가스
④ 액화가스 중 질량이 2,000kg인 독성가스

해설

가스종류(동승기준)		기준
압축가스	허용농도 100만분의 200 초과, 100만분의 5,000 이하	100m³ 이상
	허용농도 100만분의 200 이하	10m³ 이상
액화가스	허용농도 100만분의 200 초과, 100만분의 5,000 이하	1,000kg 이상
	허용농도 100만분의 200 이하	100kg 이상

45 고압가스취급소 등에서 폭발 및 화재의 원인이 되는 발화원으로 가장 거리가 먼 것은?

① 충격   ② 마찰
③ 방전   ④ 접지

해설 전기의 접지시공을 하면 고압가스 등에서 폭발 및 화재가 방지된다.

46 액화석유가스 저장탱크를 지상에 설치하는 경우 냉각살수장치를 설치하여야 한다. 구형 저장탱크에 설치하여야 하는 살수장치는?

① 살수관식   ② 확산판식
③ 노즐식   ④ 분무관식

해설 액화석유가스 지상 저장탱크 냉각 살수장치는 확산관식을 사용한다.

47 액화석유가스 소형저장탱크의 설치기준에 대한 설명 중 옳은 것은?

① 충전질량이 2,000kg 이상인 것은 탱크 간 거리를 1m 이상으로 하여야 한다.
② 동일 장소에 설치하는 탱크의 수는 6기 이하로 하고 충전질량 합계는 6,000kg 미만이 되도록 하여야 한다.
③ 충전질량 1,000kg 이상인 탱크는 높이 1m 이상의 경계책을 만들고 출입구를 설치하여야 한다.
④ 소형저장탱크는 그 바닥이 지면보다 10cm 이상 높게 설치된 콘크리트 바닥 등에 설치하여야 한다.

해설 소형저장탱크 : 3,000kg 미만 탱크

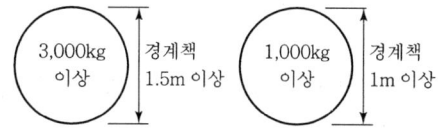

48 도시가스를 사용하는 공동주택 등에 압력조절기를 설치할 수 있는 경우의 기준으로 옳은 것은?

① 공동주택 등에 공급되는 가스압력이 중압 이상으로서 전체 세대수가 150세대 미만인 경우
② 공동주택 등에 공급되는 가스압력이 중압 이상으로서 전체 세대수가 200세대 미만인 경우
③ 공동주택 등에 공급되는 가스압력이 저압으로서 전체 세대수가 200세대 미만인 경우
④ 공동주택 등에 공급되는 가스압력이 저압으로서 전체 세대수가 300세대 미만인 경우

해설 공동주택(아파트, 다세대주택, 연립주택) 등의 중압가스 압력조정기 설치기준
전체 세대수 150세대 미만의 경우

정답 43 ④ 44 ④ 45 ④ 46 ② 47 ③ 48 ①

49 에어졸 제조기준에 대한 설명으로 틀린 것은?

① 내용적이 100cm³를 초과하는 용기는 그 용기 제조자의 명칭 또는 기호가 표시되어 있어야 한다.
② 에어졸 충전용기 저장소는 인화성 물질과 8m 이상의 우회거리를 유지한다.
③ 내용적이 30cm³ 이상인 용기는 에어졸 제조에 재사용하지 아니한다.
④ 40℃에서 용기 안의 가스압력의 1.5배의 압력을 가할 때 파열되지 아니하여야 한다.

해설 에어졸
- 누출시험 시 온도 : 46℃ 이상~50℃ 미만(온수시험)
- 35℃에서 용기 내압 : 0.8MPa 이하
- 에어졸 제조설비

```
  |←  8m 이상  →|   인화성
       우회거리
```

- 50℃에서 용기 안의 압력을 1.8배로 가할 시 파열되지 아니할 것

50 고압가스 시설에 설치하는 방호벽의 높이와 두께로 옳은 것은?

① 높이 1.5m 이상, 두께 10cm 이상의 철근 콘크리트 벽
② 높이 1.5m 이상, 두께 12cm 이상의 철근 콘크리트 벽
③ 높이 2m 이상, 두께 10cm 이상의 철근 콘크리트 벽
④ 높이 2m 이상, 두께 12cm 이상의 철근 콘크리트 벽

해설 방호벽

구분 종류	규격	
철근콘크리트	두께 12mm 이상	높이 2m 이상
콘크리트 블록	두께 15mm 이상	높이 2m 이상
박강판	두께 3.2mm 이상	높이 2m 이상
두꺼운 후강판	두께 6mm 이상	높이 2m 이상

51 흡수식 냉동설비의 냉동능력 정의로 옳은 것은?

① 발생기를 가열하는 24시간의 입열량 6천 640kcal를 1일의 냉동능력 1톤으로 본다.
② 발생기를 가열하는 1시간의 입열량 3천 320kcal를 1일의 냉동능력 1톤으로 본다.
③ 발생기를 가열하는 1시간의 입열량 6천 640kcal를 1일의 냉동능력 1톤으로 본다.
④ 발생기를 가열하는 24시간의 입열량 3천 320kcal를 1일의 냉동능력 1톤으로 본다.

해설 냉동설비의 구성요소

흡수식	증기압축식(프레온 등)
• 증발기 • 흡수기 • 재생기 • 응축기 1RT : 6,640kcal/h	• 증발기 • 압축기 • 응축기 • 팽창밸브 1RT : 3,320kcal/h

52 액화석유가스의 안전관리 및 사업법에서 규정하고 있는 안전관리자의 직무범위가 아닌 것은?

① 회사의 가스영업 활동
② 가스용품의 제조공정 관리
③ 사업소의 종업원에 대한 안전관리를 위하여 필요한 사항의 지휘·감독
④ 정기검사 및 수시검사 결과 부적합 판정을 받은 시설의 개선

해설 회사의 가스영업 활동은 회사 경영상의 문제이며, 안전관리 직무범위에서는 제외된다.

53 지하에 매몰할 수 없는 배관은?

① 도시가스용 탄소강관
② 가스용 폴리에틸렌관
③ 폴리에틸렌 피복강관
④ 분말용착식 폴리에틸렌 피복강관

해설 탄소강관은 부식력이 심하여 지하의 매몰배관에는 사용이 부적당하다.

정답 49 ④ 50 ④ 51 ③ 52 ① 53 ①

54 액화석유가스 저장탱크의 설치에 대한 설명으로 옳지 않은 것은?

① 지상에 설치하는 저장탱크 및 지주는 내열성의 구조로 한다.
② 저장탱크 외면으로부터 2m 이상 떨어진 위치에서 조작할 수 있는 냉각장치를 한다.
③ 지지구조물과 기초는 지진에 견딜 수 있도록 설계한다.
④ 저장탱크 외면에는 부식방지조치를 한다.

해설

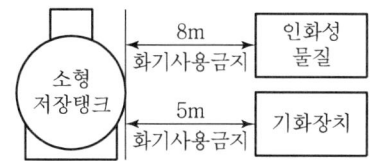

55 직물, 금속, 유리 등의 일정 단위 중 나타나는 흠의 수, 핀홀 수 등 부적합 수에 관한 관리도를 작성하려면 가장 적합한 관리도는?

① c 관리도
② np 관리도
③ p 관리도
④ $\overline{X}-R$ 관리도

해설
- c 관리도 : 부적합 등 결점수의 관리도
- P_n 관리도 : 불량개수의 관리도
- p 관리도 : 불량률의 관리도
- $\overline{X}-R$ 관리도 : 평균치와 범위의 관리도
- $\tilde{X}-R$ 관리도 : 메디안과 범위의 관리도

56 Ralph M. Barnes 교수가 제시한 동작경제의 원칙 중 작업장 배치에 관한 원칙(Arrangement of the Workplace)에 해당되지 않는 것은?

① 가급적이면 낙하 운반방법을 이용한다.
② 모든 공구나 재료는 지정된 위치에 있도록 한다.
③ 적절한 조명을 하여 작업자가 잘 보면서 작업할 수 있도록 한다.
④ 가급적 용이하고 자연스런 리듬을 타고 일할 수 있도록 작업을 구성하여야 한다.

해설 ④의 내용은 인체 사용에 관한 동작경제의 원칙에 해당한다.

57 다음 데이터의 제곱합(Sum of Squares)은 약 얼마인가?

| 18.8 | 19.1 | 18.8 | 18.2 | 18.4 |
| 18.3 | 19.0 | 18.6 | 19.2 | |

① 0.129
② 0.338
③ 0.359
④ 1.029

해설 제곱합
각 데이터로부터 데이터의 평균값을 뺀 것의 제곱합을 의미한다.

평균값 $= \dfrac{18.8+19.1+18.8+18.2+18.4}{9}$
$\qquad\quad + \dfrac{18.3+19.0+18.6+19.2}{9}$
$= 18.71$

제곱합 $= (18.8-18.71)^2 + (19.1-18.71)^2$
$\qquad + (18.8-18.71)^2 + (18.2-18.71)^2$
$\qquad + (18.4-18.71)^2 + (18.3-18.71)^2$
$\qquad + (19-18.71)^2 + (18.6-18.71)^2$
$\qquad + (19.2-18.71)^2$
$= 1.029$

58 국제표준화의 의의를 지적한 설명 중 직접적인 효과로 보기 어려운 것은?

① 국제 간 규격통일로 상호이익 도모
② KS 표시품 수출 시 상대국에서 품질인증
③ 개발도상국에 대한 기술개발의 촉진을 유도
④ 국가 간의 규격 상이로 인한 무역장벽의 제거

해설 KS 표시는 국제표준화가 아닌 우리나라의 품질인증이다.

정답 54 ② 55 ① 56 ④ 57 ④ 58 ②

59 어떤 회사의 매출액이 80,000원, 고정비가 15,000원, 변동비가 40,000원일 때 손익분기점 매출액은 얼마인가?

① 25,000원　② 30,000원
③ 40,000원　④ 55,000원

해설 손익분기점 매출액 $= \dfrac{\text{고정비}}{\text{한계이익률}}$

$= \dfrac{\text{고정비}}{1 - \left(\dfrac{\text{변동비}}{\text{매상고}}\right)}$

$= \dfrac{15,000}{1 - \left(\dfrac{40,000}{80,000}\right)}$

$= 30,000$원

60 전수검사와 샘플링 검사에 관한 설명으로 맞는 것은?

① 파괴검사의 경우에는 전수검사를 적용한다.
② 검사항목이 많을 경우 전수검사보다 샘플링 검사가 유리하다.
③ 샘플링 검사는 부적합품이 섞여 들어가서는 안되는 경우에 적용한다.
④ 생산자에게 품질향상의 자극을 주고 싶을 경우 전수검사가 샘플링 검사보다 더 효과적이다.

해설 전수검사와 샘플링 검사
- 검사 항목이 너무 많으면 전수검사보다 샘플링 검사가 유리하다.
- 더 정확한 것은 전수검사이다.
- 불량품이 1개라도 혼입되면 안 될 때나 전체검사를 쉽게 행할 수 있을 때 이외에는 소량의 표본만 검사하는 Sampling 검사를 주로 한다.

2018년 3월 31일 시험 이후
한국산업인력공단에서
시험문제를 공개하지 않으니
참고하시기 바랍니다.

정답 59 ②　60 ②

APPENDIX

02

CBT
실전모의고사

CBT 실전모의고사 제1회
CBT 실전모의고사 제2회
CBT 실전모의고사 제3회
CBT 실전모의고사 제4회
CBT 실전모의고사 제5회
CBT 실전모의고사 제6회

제1회 CBT 실전모의고사

01 아세틸렌 충전작업 시 주의사항으로 옳은 것은?

① 구리합금 중 구리 62% 이상 함유물은 사용하지 말 것
② 충전 중의 압력은 10kg/cm²을 넘지 않도록 할 것
③ 충전 후 12시간 정치할 것
④ 충전용 지관에는 탄소함유량 1% 이하의 강을 사용할 것

02 액화석유가스 저장탱크의 설치기준으로 옳지 않은 것은?

① 지상에 설치하는 저장탱크 및 지주는 내열성의 구조로 한다.
② 저장탱크 외면으로부터 2m 이상 떨어진 위치에서 조작할 수 있는 냉각살수장치를 한다.
③ 소형 저장탱크의 경우는 유효냉각 장치가 필요치 않다.
④ 저장탱크 외면에는 부식방지코팅 및 전기부식 방지조치를 한다.

03 상용압력 200kg/cm²인 고압설비의 안전밸브 작동압력은 몇 kg/cm²인가?

① 130kg/cm²
② 240kg/cm²
③ 350kg/cm²
④ 460kg/cm²

04 금속재료의 가스에 의한 침식에 관한 설명 중 옳지 않은 것은?

① 고온고압의 암모니아는 강재에 대해서 질화작용과 수소 취성의 두 가지 작용을 미친다.
② 일산화탄소는 Fe, Ni 등 철족의 금속과 작용하여 금속카르보닐을 생성한다.
③ 고온고압의 질소는 강재의 내부까지 침입하여 강재를 취화시키므로 고온고압의 질소를 취급하는 기기에는 강재를 사용할 수 없다.
④ 중유나 연료유 속에 포함되는 바나듐산화물이 금속표면에 부착하면 급격한 고온부식을 일으키는 일이 있다.

05 냉동장치의 배관 시공상 주의사항 중 잘못된 것은?

① 완전기밀이며 충분한 내압강도를 가질 것
② 기기 상호 간의 배관길이는 되도록 길게 할 것
③ 관의 자중 등을 고려 적당한 고정구 및 지지구를 사용할 것
④ 사용한 재료는 각각의 용도, 냉매의 종류, 온도에 따라서 선택된 것일 것

06 염소의 용도에 해당하지 않는 것은?

① 수돗물의 살균
② 염화비닐 원료
③ 섬유표백
④ 수소의 제조원료

07 어떤 통 속에 원자량이 35.5의 액체 염소 25kg이 들어 있다. 이 염소를 표준상태인 바깥으로 내놓으면 몇 m³의 부피를 차지하는가?

① 22.4　　② 15.4
③ 11.0　　④ 7.9

08 어떤 온도에서 A, B 각각 1몰을 반응시켜서 평형에 도달했을 때 C가 2/3몰 생성되었다. 이 반응 A(g)+B(g) → C(g)+D(g)의 평형상수는 얼마인가?

① 2　　② 4
③ 6　　④ 8

09 표준상태에서 어떤 가스의 부피가 1m³인 것은 몇 몰인가?

① 22.6　　② 33.6
③ 44.6　　④ 55.6

10 기체의 압력이 감소하여 $P \to 0$인 한계상황에서 분자 자체의 체적은 어떻게 변화하는가?

① 기체가 차지하는 전체 체적에 비해 점점 커지게 된다.
② 기체가 차지하는 전체 체적에 비해 점점 작아지게 된다.
③ 기체가 차지하는 전체 체적에 영향을 미치지 않는다.
④ 기체가 차지하는 전체 체적에 비해 지수함수적으로 커진다.

11 25℃, 1기압의 공기 중에서 프로판가스의 폭발범위는?

① 1.8~8.4%
② 2.2~9.5%
③ 4.15~75%
④ 1.5~80.5%

12 다음 사항 중 배관진동의 원인이 되지 않는 것은?

① 왕복 압축기의 맥동류
② 직관 내의 압력 강하
③ 안전 밸브 작동
④ 지진

13 압축가스를 단열 팽창시키면 온도와 압력이 강하하는 현상을 무엇이라고 하는가?

① 펠티에 효과
② 제백 효과
③ 줄-톰슨 효과
④ 패러데이 효과

14 다음 중 제백(Seeback) 효과를 응용한 온도계는?

① 저항온도계
② 열전대온도계
③ 부르동관식 온도계
④ 바이메탈식 온도계

15 다음은 고압가스 운반 시의 운반기준이다. 잘못된 항목은?

① 충전용기는 자전거 또는 오토바이에 적재하여 운반하지 아니할 것
② 염소와 수소는 동일 차량에 적재하여 운반하지 아니할 것
③ 가연성 가스를 운반하는 차량에는 소화설비 및 재해발생 방지를 위한 자재 및 공구를 휴대할 것
④ 충전용기와 휘발유를 동일 차량에 적재하여 운반할 경우에는 시·도지사의 허가를 받을 것

16 다음 배관 도시기호 중 관 내의 유체가 가스인 것을 나타내는 것은?

17 특정 고압가스가 아닌 것은?
① 산소
② 액화염소
③ 천연가스
④ 산화에틸렌

18 압축가스를 충전하는 용기의 부속품에 표시하는 기호는?
① PG
② AG
③ LT
④ LG

19 다음 물질의 제조(공업적) 시 최고압력이 높은 것부터 순서대로 나열된 것은?

> ㉠ 암모니아 제조
> ㉡ 폴리에틸렌의 제조
> ㉢ 일산화탄소와 물에 의한 수소제조

① ㉠－㉡－㉢
② ㉡－㉠－㉢
③ ㉢－㉡－㉠
④ ㉠－㉢－㉡

20 도시가스 누출 시 냄새에 의한 감지를 위하여 냄새나는 물질을 첨가하는 올바른 방법은?
① 1/100의 상태에서 감지 가능한 것
② 1/500의 상태에서 감지 가능한 것
③ 1/1,000의 상태에서 감지 가능한 것
④ 1/2,000의 상태에서 감지 가능한 것

21 배관을 지하매설하는 경우 배관은 그 외면으로부터 다른 시설물과 몇 m 이상 거리를 유지해야 하는가?
① 0.1m
② 0.3m
③ 0.5m
④ 0.7m

22 1kg의 공기가 100℃에서 열량 25kcal를 얻어 등온팽창할 때 엔트로피 변화량은 몇 kcal/kg·K인가?
① 0.043
② 0.058
③ 0.067
④ 0.083

23 액화석유가스 사용자 중에서 보험가입대상이 되는 자는?
① LPG 사용자 신고자 중 병원, 공중목욕탕, 호텔 또는 여관을 경영하는 자 또는 시장에서 최고 100kg 미만의 LPG를 저장하는 자
② LPG 사용자 신고자 중 제1종 보호시설에서 영업장의 면적이 $50m^2$ 미만인 영업소 경영자
③ LPG 사용자 신고자 중 저장능력이 50kg과 사용면적이 $50m^2$ 미만인 사용자
④ LPG 사용자 신고자 중 저장능력이 250kg 이상인 저장시설을 갖춘 자

24 다음 설명 중 ( )에 알맞은 것은?

> 허용농도가 1ppm 미만인 독성 액화가스는 (가) 이상이고, 독성 압축가스는 (나)일 때 저장허가를 받아야 한다.

	가	나
①	100kg	$10m^3$
②	10ton	$10만m^3$
③	1ton	$5m^3$
④	500kg	$100m^3$

25 관을 용접으로 이음 하고 용접부를 검사하는데, 다음 중 비파괴검사법에 속하지 않는 것은?

① 음향검사
② 침투검사
③ 인장시험검사
④ 자분검사

26 다음 중 프로판 가스의 성질이 아닌 것은?

① 완전연소에 필요한 이론공기량은 프로판 1몰에 대해 산소 5몰이 필요하다.
② 1kg의 발열량은 약 12,000kcal이다.
③ $1m^3$의 발열량은 약 12,000kcal이다.
④ 연소 속도가 늦다.

27 일산화탄소의 제법이다. 올바른 것은?

① 수소가스 제조 시의 부산물로 제조된다.
② 석유 또는 석탄을 가스화하여 얻을 수 있는 수성가스에서 회수한다.
③ 알코올 발효 시의 부산물이다.
④ 석회석의 연소에 의해 생성된다.

28 고압가스 용기제조의 기술기준에 있어서 재료로서 가장 옳은 것은?(단, 이음매 없는 용기는 제외)

① 스테인리스강, 알루미늄합금, 탄소·인 및 황의 함유량이 각각 0.33%, 0.04% 및 0.05% 이하의 강 등을 사용한다.
② 스테인리스강, 알루미늄합금, 탄소·인 및 황의 함유량이 각각 0.35% 이상인 강 등을 사용한다.
③ 스테인리스강, 알루미늄합금, 탄소·인 및 황의 함유량이 각각 3.3% 이상, 0.04% 이상 및 0.05% 이상인 강 등을 사용한다.
④ 스테인리스강, 알루미늄합금, 탄소·인 및 황의 함유량이 각각 0.33%, 0.04% 및 5% 이하인 강 등을 사용한다.

29 긴급차단 장치는 긴급차단 밸브의 동력원에 의해 다음과 같이 분류된다. 틀린 것은?

① 액압식 긴급차단장치
② 가업식 긴급차단장치
③ 스프링식 긴급차단장치
④ 전자식 긴급차단장치

30 다음 가스를 허용농도가 작은 것부터 올바르게 배열한 것은?

㉠ HCN   ㉡ Cl_2
㉢ $COCl_2$ ㉣ NH_3

① ㉠-㉡-㉢-㉣
② ㉢-㉡-㉣-㉠
③ ㉢-㉡-㉠-㉣
④ ㉡-㉢-㉣-㉠

31 스케줄 번호와 응력의 관계는?

① $Sch = 100 \times \dfrac{P}{S}$
② $Sch = 10 \times \dfrac{P}{S}$
③ $Sch = 100 \times \dfrac{S}{P}$
④ $Sch = 10 \times \dfrac{S}{P}$

32 가스발생설비에서 설치하지 않는 장치는?

① 압력상승방지장치
② 긴급차단장치
③ 역류방지장치
④ 밀도측정장치

33 다음 화학반응 중 수소가스를 발생하지 않는 반응은?

① 소금물의 전해반응
② 알루미늄과 수산화나트륨 용액의 반응
③ 은과 묽은 황산의 반응
④ 철과 묽은 황산의 반응

34 프로판가스 10kg을 완전 연소하는 데 필요한 공기량을 구하면?(단, 공기는 산소와 질소로 조성되어 있고, 체적비는 21 : 79로 되어 있다.)

① $96Nm^3$ ② $105Nm^3$
③ $120Nm^3$ ④ $122Nm^3$

35 냉동장치의 점검·수리 등을 위하여 냉매계통을 개방하고자 할 때는 펌프다운(Pump Down)을 하여 계통 내의 냉매를 어디에 회수하는가?

① 수액기 ② 압축기
③ 증발기 ④ 유분리기

36 도시가스 사용시설 중 배관에 표기하는 내용으로 틀린 것은?

① 가스명칭 ② 흐름방향
③ 최고사용압력 ④ 유량

37 가연성 가스 제조장치의 기밀시험에 사용되는 기체는?

① 암모니아 ② 산소
③ 아세틸렌 ④ 질소

38 도시가스 집단공급 사업자가 공급규정의 승인 또는 변경승인을 얻고자 할 때의 설명으로 맞는 것은?

① 도시가스사업자는 가스의 요금을 산업통상자원부장관이 정하는 서류를 첨부하여 시장, 군수, 구청장에서 제출한다.
② 공사는 공급규정을 정하여 군수, 구청장에게 제출한다.
③ 시·도지사가 정하는 서류첨부, 산업통상자원부장관에게 제출하여 승인을 얻는다.
④ 도시가스사업자는 가스의 요금 등을 정하여 산업통상자원부장관 또는 시·도지사의 승인을 얻는다.

39 암모니아의 공업적 제법 중 하버-보시법에 해당하는 것은?

① 석탄 고온건류에서 얻어진 암모니아
② 석회질소를 과열 수증기로 분해시켜 얻어진 암모니아
③ 수소와 질소를 직접 반응시켜 얻어진 암모니아
④ 염화암모니아 용액에 소석회액을 넣어서 얻어진 암모니아

40 다음 중 안전관리자의 직무범위가 아닌 것은?

① 가스용품의 제조공정관리
② 사업소의 종사자에 대한 안전관리를 위하여 필요한 지휘, 감독
③ 회사의 가스영업 활동
④ 정기검사 또는 수시검사 결과 부적합 판정을 받은 시설의 개선

41 독성가스이면서 가연성 가스인 것은?

① Cl_2 ② H_2S
③ HCl ④ $COCl_2$

42 유전지대에서 채취되는 습성 천연가스와 원유에서 액화석유가스를 회수하는 법으로 옳지 않은 것은?

① 압축냉각법
② 흡수유(경유)에 의한 흡수법
③ 활성탄에 의한 흡착법
④ 팽창가열에 의한 탈수법

43 산소의 공업적 제조법에 해당하는 것은?

① 과산화수소와 이산화망간을 반응시켜 얻는다.
② 염소산칼륨과 이산화망간을 혼합하여 열분해시켜 얻는다.
③ 공기를 액화 분리하여 산소를 얻는다.
④ 석유의 부분 산화법으로 산소를 얻는다.

44 냉매의 구비조건 중 틀린 것은?

① 증발잠열이 클 것
② 가스의 비체적이 작을 것
③ 열전도율이 좋을 것
④ 점성이 클 것

45 산업통상자원부장관은 도시가스사업법에 의하여 도시가스사업자에게 조정명령을 내릴 수 있다. 다음 중 조정명령 사항과 관계가 먼 것은?

① 가스공급시설 공사계획의 조정
② 가스요금 등 공급조건의 조정
③ 가스의 열량·압력의 조정
④ 가스검사기관의 조정

46 내부에너지가 30kcal 증가하고 압력의 변화가 1ata에서 4ata이며, 체적은 $3m^3$에서 $1m^3$로 변화한 계의 엔탈피 증가량은?

① 26.8kcal   ② 30.2kcal
③ 44.6kcal   ④ 53.4kcal

47 연소분석으로 메탄의 양을 정량하려고 한다. 소모된 공기가 400mL(이 중 산소는 20%)일 때 메탄가스의 양은?

① 20mL   ② 40mL
③ 30mL   ④ 50mL

48 고압가스 탱크의 수리를 위하여 내부 가스를 배출하고, 불활성 가스로 치환하여 다시 공기로 치환하였다. 분석결과는 각각의 가스에 대해 다음과 같다. 안전작업 조건에 해당하는 것은?

① 산소 30%
② 수소 10%
③ 일산화탄소 200ppm
④ 질소 80%, 나머지 산소

49 비등점이 −183℃ 되는 액체산소 용기나 저온용 금속재료로서 다음 중 적당치 않은 것은?

① 탄소강
② 9% 니켈강
③ 18−8 스테인리스강
④ 황동

50 도시가스 사용시설에 있어서 배관을 건축물에 고정 부착할 때 관 지름이 33mm 이상의 것에는 몇 m마다 고정장치를 설치하는가?

① 1m   ② 2m
③ 3m   ④ 4m

51 25℃의 병진에너지와 같은 에너지양을 가진 1몰의 수증기를 1몰의 물에 가하면 물의 온도는 약 얼마나 상승하는가?(단, 물의 열용량은 18cal이다.)

① 35℃ ② 41℃
③ 49℃ ④ 56℃

52 다음 중 용기의 재검사 항목이 아닌 것은?

① 질량검사
② 내압시험
③ 인장시험
④ 누출시험

53 산소압축기의 내부윤활제로 사용되는 것은?

① 석유
② 식물성유
③ 진한 황산
④ 물

54 가스 배관 장치에서 많이 쓰이고 있는 부르동관 압력계 사용 시 주의사항이 아닌 것은?

① 정기적인 검사를 행하고 지시 정확성을 확인하여 둘 것
② 안전장치를 한 것을 사용할 것
③ 압력계의 가스 유입 시, 폐지 시는 조용히 조작할 것
④ 압력계는 온도 변화나 진동, 충격 등의 변화에 관계없이 선택할 것

55 다음 검사 중 판정의 대상에 의한 분류가 아닌 것은?

① 관리 샘플링 검사
② 로트별 샘플링 검사
③ 전수검사
④ 출하검사

56 수요예측방법의 하나인 시계열분석에서 시계열적 변동에 해당되지 않는 것은?

① 추세변동
② 순환변동
③ 계절변동
④ 판매변동

57 다음 내용은 설비보전조직에 대한 설명이다. 어떤 조직의 형태인가?

> "보전작업자는 조직상 각 제조부문의 감독자 밑에 둔다."
> • 단점 : 생산 우선에 의한 보전작업 경시, 보전기술 향상의 곤란성
> • 장점 : 운전과의 일체감 및 현장감독의 용이성

① 집중보전
② 지역보전
③ 부문보전
④ 절충보전

58 파레토그림에 대한 설명으로 가장 거리가 먼 내용은?

① 부적합품(불량), 클레임 등의 손실금액이나 퍼센트를 그 원인별, 상황별로 취해 그림의 왼쪽에서부터 오른쪽으로 비중이 작은 항목부터 큰 항목의 순서로 나열한 그림이다.
② 현재의 중요 문제점을 객관적으로 발견할 수 있으므로 관리방침을 수립할 수 있다.
③ 도수분포의 응용수법으로 중요한 문제점을 찾아내는 것으로서 현장에서 널리 사용된다.
④ 파레토그림에서 나타난 1~2개의 부적합품(불량) 항목만 없애면 부적합품(불량)률은 크게 감소한다.

59 nP 관리도에서 시료군마다 $n = 100$이고, 시료군의 수가 $k = 20$이며, $\Sigma nP = 77$이다. 이때 nP 관리도의 관리상한선 UCL을 구하면 얼마인가?

① $UCL = 8.94$
② $UCL = 3.85$
③ $UCL = 5.77$
④ $UCL = 9.62$

60 원재료가 제품화되어가는 과정, 즉 가공, 검사, 운반, 지연, 저장에 관한 정보를 수집하여 분석하고 검토를 행하는 것은?

① 사무공정 분석표
② 작업자공정 분석표
③ 제품공정 분석표
④ 연합작업 분석표

▶▶▶ 정답 및 해설

01	02	03	04	05	06	07	08	09	10
①	②	②	③	②	④	④	②	③	②
11	12	13	14	15	16	17	18	19	20
②	③	③	②	④	②	④	①	②	③
21	22	23	24	25	26	27	28	29	30
②	③	④	①	③	③	②	①	④	③
31	32	33	34	35	36	37	38	39	40
②	④	③	④	①	④	④	④	④	③
41	42	43	44	45	46	47	48	49	50
②	④	③	④	④	④	②	④	①	③
51	52	53	54	55	56	57	58	59	60
③	③	④	④	④	④	③	①	④	③

01 $C_2H_2 + 2Cu \rightarrow Cu_2C_2 + H_2$
동아세틸라이드를 방지하기 위해 62% 이상의 동이나, 황동은 사용하지 말고 62% 이하의 동합금만 사용할 것 ($25kg/cm^2$ 이하, 24시간 정치, 지관에는 C 0.1% 이하 강 사용)

02 냉각살수장치
탱크 외면으로부터 5m 이상 떨어진 위치에서 조작이 가능하여야 한다.

03 내압시험 = 200×1.5배 = $300 kg/cm^2$
안전밸브 작동압력 = 내압 $\times 0.8$
$= 300 \times 0.8 = 240 kg/cm^2$

04 질소는 고온 고압에서 Cr, Al, Mo, Ti 등과 반응하여 질화성이 커져 부식 발생
※ 내질화성 원소 : Ni

05 각종 배관은 저항을 줄이기 위해 배관 길이를 짧게 한다.

06 염소의 용도
• 수돗물 살균
• 염화비닐 원료
• 섬유표백

07 염소 $Cl_2 = 71 kg/kmol = 22.4 Nm^3$
$\therefore \dfrac{22.4 \times 25}{71} = 7.887 Nm^3$

08 평형상수
반응물질과 생성물질 농도의 비는 일정한 값이 되며 이 일정한 값을 평형상수라 한다.
$aA+bB \rightarrow cC+dD$의 반응이 평형일 때
$\dfrac{[C]^c[D]^d}{[A]^a[B]^b} = K$(평형상수)
$K = \dfrac{\dfrac{2}{3} \times \dfrac{2}{3}}{\dfrac{1}{3} \times \dfrac{1}{3}} = 4$

09 $1m^3 = 1,000L$
1몰 = 22.4L
$\therefore \dfrac{1,000}{22.4} = 44.64$몰

10 기체의 압력이 $P \rightarrow 0$으로 떨어져 한계상황이 되면 분자 자체의 체적은 기체가 차지하는 전체 체적에 비해 점점 작아지게 된다.

11 폭발범위
• C_3H_8 : 2.2~9.5%
• C_4H_{10} : 1.8~8.4%
• H_2 : 4.15~75%
• C_2H_2 : 2.5~81%

12 안전밸브 작동과 배관의 진동과는 관련이 없다.

13 줄-톰슨 효과
압축가스를 단열 팽창시키면 온도와 압력이 강하하는 현상

14 열전대온도계는 제백효과(열기전력)를 응용한 온도계이다.

15 고압가스 충전용기와 소방법이 정하는 위험물(휘발유 등)과는 동일 차량에 적재하지 못한다.

16
- G : 가스
- O : 오일
- S : 증기
- W : 물
- A : 공기

17 특정 고압가스
수소, 산소, 아세틸렌, 액화암모니아, 액화염소, 천연가스 등

18
- PG : 압축가스
- AG : 아세틸렌가스
- LT : 저온 및 초저온가스용
- LG : 그 밖의 가스용
- LPG : 액화석유가스용

19
- 저농도 폴리에틸렌 : $2,000\text{kg/cm}^2$
- 암모니아 : $1,000\text{kg/cm}^2$
- CO와 H_2의 물에 의한 수소 제조 : 30kg/cm^2

20 부취제는 가스양의 $\frac{1}{1,000}$ 을 투여한다.

21 지하매설 배관공사 시 그 외면으로부터 다른 시설물과는 0.3m 이상 거리를 유지한다.

22 $ds = \frac{d\theta}{T} = \frac{25}{100+273} = 0.067\text{kcal/kg}\cdot\text{K}$

23 LPG 사용자 중 저장능력이 250kg 이상인 자는 보험가입 대상이 된다.

24
- 허용농도가 100만분의 1 미만(1ppm 미만)
- 저장허가 : 100kg 이상 시, 10m^3 이상 시

25 비파괴검사
- 음향검사
- 침투검사
- 자분검사
- 방사선투과검사
- 초음파검사
- 설파프린트검사

26 $1\text{m}^3 = 1,000\text{L} = 44.64$ 몰
C_3H_8 1kg의 발열량 = 12,000kcal
$C_3H_8 + 5O_2 \rightarrow 3CO_2 + 4H_2O + 530\text{kcal/mol}$

27 CO 가스는 석유 또는 석탄을 가스화하여 얻을 수 있는 수성가스에서 회수한다.
$C + H_2O \rightarrow CO + H_2$
$C + CO_2 \rightarrow 2CO$

28
- 스테인리스강 : 0.33% 이하
- 알루미늄합금 : 0.04% 이하
- 탄소, 인, 황 : 0.05% 이하

29 긴급차단장치(차단밸브의 구조에 따라)
- 액압식
- 기압식
- 전기식
- 스프링식

30 독성 가스 허용농도(ppm)
- 시안화수소 : 10
- 염소 : 1
- 포스겐 : 0.05
- 암모니아 : 25

31 스케줄 번호$(\text{Sch}) = 10 \times \frac{P}{S}$

32 가스발생설비의 설치 장치
- 압력상승방지장치
- 긴급차단장치
- 역류방지장치

33 은과 묽은 황산의 반응으로는 수소가스가 발생하지 않는다.

34 $C_3H_8 + 5O_2 \rightarrow 3CO_2 + 4H_2O$
$44\text{kg} + 5 \times 22.4\text{Nm}^3$
이론산소량 $= 5 \times 22.4 \times \frac{10}{44} = 25.45\text{Nm}^3$
이론공기량 $= 25.45 \times \frac{100}{21} = 121.2\text{Nm}^3$

35 냉동기에서 펌프다운 시 냉매는 수액기에 회수한다.

36 도시가스 배관에 표기하는 내용
- 가스명칭
- 흐름방향
- 최고사용압력

37 가연성 가스 기밀시험용 기체
질소, CO_2 등

38 도시가스 요금산정은 산업통상자원부장관 또는 시·도지사의 승인을 얻는다.

39 암모니아 제법 중 하버-보시법
$3H_2 + N_2 \rightarrow 2NH_3 + 24kcal$

40 회사의 가스영업활동과 가스안전관리자의 직무범위와는 관련성이 없다.

41 ㉠ 독성가스 : Cl_2, HCl, $COCl_2$
㉡ 황화수소(H_2S)
- 폭발범위 : 4.3~45%
- 독성허용농도 : 10ppm

42 액화석유가스 회수법
- 압축냉각법
- 경유에 의한 흡수법
- 활성탄에 의한 흡착법

43 산소는 공기를 액화 분리하여 비점 차에 의해 얻는다.

44 냉매는 점성이 작아야 이송이 가능하다.

45 가스검사기관 지정권자 : 산업통상자원부장관

46 $h = u + APV$, Δu : 30kcal
$\Delta h = A(P_2V_2 - P_1V_1)$
$= \frac{1}{427} \times 10^4 (4 \times 1 - 1 \times 3) + 30$
$= 53.4kcal$

47 $CH_4 + 2O_2 \rightarrow CO_2 + 2H_2O$
$400 \times 0.2 = 80mL$ (산소소비량)
∴ $1 : 2 = 40 : 80$

48 산소는 18~21%가 이상적이다.
$100 - 80 = 20\%$ 산소
(100 - 질소 = 산소값)

49 탄소강은 -70℃에서 충격값이 0이 된다.
고로 저온용 용기로서는 사용이 불가능하다.

50 • 13mm 이하 : 1m
• 13~33mm 이하 : 2m
• 33mm 초과 : 3m

51 병진에너지($KaVg$) = $\frac{3}{2}KT$
$K = \frac{R}{\left(\frac{M}{m}\right)} = \frac{848}{18} = 47.11$
(수증기 기체상수)
1몰의 수증기 에너지 = 1몰의 물 에너지
$18 \times \frac{3}{2} \times 47.11 \times \frac{1}{427} \times (273+25) = 18 \times \Delta t$
$\Delta t = \frac{3}{2} \times 47.11 \times \frac{1}{427} \times 298 = 49℃$

52 인장시험은 용기의 신규검사에서 실시한다.

53 압축기 윤활유
- LPG : 식물성유
- 산소 : 물
- 염소 : 진한 황산

54 압력계 사용 시에는 온도변화, 진동, 충격 등의 변화에 견디는 압력계를 사용한다.

55 ㉠ 검사의 성질에 의한 분류
- 파괴검사
- 비파괴검사
- 관능검사
㉡ 판정의 대상에 의한 분류
- 전수검사 또는 100% 검사
- 로트별 샘플링 검사
- 관리 샘플링 검사
- 무검사
- 자주검사

ⓒ 검사 항목에 의한 분류
- 수량검사
- 외관검사
- 중량검사
- 치수검사
- 성능검사

56 시계열분석

시계열에 따라 과거의 자료로부터 그 추세나 경향을 알아서 예측하는 것이다.
- 경향변동 : 목측법, 2점평균법, 최소자승법, 이동평균법, 지수평활법
- 주기변동 : 순환변동, 계절변동, 불규칙변동

57 설비통제
- 보전조직의 종류 : 집중보전, 지역보전, 부문보전, 절충보전
- 부문보전 : 공장의 보전요원을 각 제조부문의 감독자 밑에 배치하여 보전을 행하는 방식이다.

58 제조현장에서 품질에 대한 문제가 발생하면 그 원인을 찾아서 대책을 세우고 조치를 취하지 않으면 안 된다. 이럴 때 무엇부터 착수해야 될지 문제의 중점을 알려줄 수 있는 도구 중의 하나가 Pareto Graph이다. 파레토도는 제품의 불량이나 결점 등의 데이터를 그 내용이나 원인별로 분류하여 발생상황의 크기 차례로 놓아 기둥 모양으로 나타낸 그림이다.

59 $UCL = \overline{P_n} + 3\sqrt{P_n(1-P)}$

중심선(CL) = $\frac{77}{20} = 3.85$, $\frac{77}{100} \times 100 = 0.0385$

관리상한선 = $3.8 + 3\sqrt{3.85(1-0.0385)} = 9.62$

60 공정분석
ⓐ 단순공정분석
ⓑ 세밀공정분석
- 제품공정분석
- 작업자공정분석
- 연합공정분석 : 단일형, 조립형, 분해형

제2회 CBT 실전모의고사

01 CH_4 $1Nm^3$를 완전 연소시키는 데 필요한 공기량은?

① $44.8Nm^3$
② $11.52Nm^3$
③ $9.52Nm^3$
④ $22.4Nm^3$

02 다음 중 암모니아의 용도가 아닌 것은?

① 황산암모늄의 제조
② 요소비료의 제조
③ 냉동기의 냉매
④ 금속 산화제

03 냉매의 구비조건으로 옳은 것은?

① 증발잠열이 작을 것
② 가스의 비체적이 적을 것
③ 증발압력이 지나치게 낮을 것
④ 응축압력이 지나치게 높고 액화가 어려울 것

04 Methane 1g당 연소열은 약 몇 kcal인가?(단, Methane, 탄산가스 및 수증기의 생성열은 각각 17.9kcal/mol, 94.1kcal/mol 및 57.8kcal/mol이다.)

① 0.2kcal
② 12kcal
③ 120kcal
④ 200kcal

05 다음 원심펌프의 배관에 대한 설명 중 가장 적절한 것은?

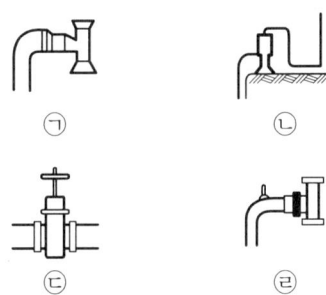

① 흡입관은 펌프구멍보다 굵은 것이 좋으므로 ㉠과 같이 배관했다.
② 토출관을 ㉡과 같이 하면 좋다.
③ 흡입관에 부득이 밸브를 부착할 경우 ㉢과 같이 손잡이가 위로 가도록 한다.
④ 흡입관을 ㉣과 같이 구배를 주어 배관한다.

06 비상공급시설 설치신고서에 첨부하여 시장, 군수, 구청장에게 제출해야 하는 서류가 아닌 것은?

① 안전관리자의 배치현황
② 설치위치 및 주위상황도
③ 비상공급시설의 설치사유서
④ 가스사용 예정시기 및 사용예정량

07 이상기체의 부피를 현재의 1/3로 하고 절대온도(K)를 현재의 2배로 했을 경우 압력은 몇 배로 되겠는가?

① 1/6
② 4
③ 6
④ 8

08 저장능력 100ton 초과 500ton 이하의 액화석유가스 충전시설에는 각각 몇 명의 안전관리자를 선임인원으로 두어야 하는가?

① 안전관리총괄자 : 1인
  안전관리책임자 : 1인
  안전관리원 : 1인 이상
② 안전관리총괄자 : 1인
  안전관리부총괄자 : 1인
  안전관리원 : 1인 이상
③ 안전관리총괄자 : 1인
  안전관리부총괄자 : 1인
  안전관리책임자 : 1인 이상
  안전관리원 : 2인 이상
④ 안전관리총괄자 : 1인
  안전관리부총괄자 : 2인
  안전관리책임자 : 1인 이상
  안전관리원 : 3인 이상

09 10kW는 몇 HP인가?

① 5.13   ② 13.4
③ 22.5   ④ 31.6

10 다음 가스 중 색이나 냄새로 가스의 존재 유무를 확인할 수 없는 것은?

① 산소   ② 암모니아
③ 염소   ④ 황화수소

11 정압과정에서의 전달열량은?

① 내부에너지의 변화량과 같다.
② 이루어진 일량과 같다.
③ 엔탈피 변화량과 같다.
④ 체적의 변화량과 같다.

12 비중량이 $1.22 kg_f/m^3$, 동점성계수가 $0.15 \times 10^{-4} m^2/s$인 건조공기의 점성계수(Poise)는?

① 1.83×10^{-4} ② 1.226×10^{-6}
③ 1.226×10^{-4} ④ 1.886×10^{-6}

13 다음 가스 중 제해용 약제로서 가성소다(NaOH)나 탄산소다(Na_2CO_3)의 수용액을 사용하지 않는 것은?

① 염소(Cl_2)   ② 이산화황(SO_2)
③ 황화수소(H_2S)   ④ 암모니아(NH_3)

14 배관 내의 마찰저항에 의한 압력손실에 대한 일반적인 설명으로 가장 거리가 먼 것은?

① 유체의 점도가 클수록 커진다.
② 관 길이에 반비례한다.
③ 관 내경의 5승에 반비례한다.
④ 유속의 2승에 비례한다.

15 원심펌프를 높은 능력으로 운전할 때 임펠러 흡입부의 압력이 낮아지게 되는 현상은?

① 공기바인딩   ② 에어리프트
③ 캐비테이션   ④ 감압화

16 도시가스의 압력측정 부분으로 가장 부적당한 곳은?

① 압송기의 출구
② 가스홀더의 출구
③ 정압기의 출구
④ 가스 공급시설의 끝부분

17 다음 압력계 중 탄성식 압력계에 해당되지 않는 것은?

① 부르동관 압력계   ② 벨로스 압력계
③ 피에조 압력계   ④ 다이어프램 압력계

18 섭씨온도(℃)와 화씨온도(°F)가 같은 값을 나타내는 온도는?

① -20℃   ② -40℃
③ -50℃   ④ -60℃

19 다음 중 이상기체를 가장 잘 나타낸 것은?

① 분자 부피는 있으나 인력이 무시되는 기체
② 인력은 작용하나 부피는 무시되는 기체
③ 인력과 분자 부피가 무시되는 기체
④ 분자 부피와 인력이 작용하는 기체

20 암모니아 1톤을 내용적 50L의 용기에 충전하고자 한다. 필요한 용기는 몇 개인가?(단, 암모니아의 충전정수는 1.86이다.)

① 11   ② 38
③ 47   ④ 20

21 다음은 응력-변형률 선도에 대한 설명이다. ( ) 안에 알맞은 것은?

> 하중 변형선도에서 세로축은 하중을 시편의 단면적으로 나눈 값을 응력값으로 취하고, 가로축에는 변형량을 본래의 ( )(으)로 나눈 변형률 값을 취하여 응력과 변형률과의 관계를 그래프로 표시한 것을 응력-변형률 선도(Stress-Strain Diagram)라 한다.

① 시편의 단면적
② 하중
③ 재료의 길이
④ 응력

22 다음 중 기체상수(Universal Gas Constant) R의 단위는?

① kg·m/kg·K   ② kcal/kg·℃
③ kcal/cm²·℃   ④ kg·K/cm²

23 지름 20mm 이하의 동관을 이음 할 때 또는 기계의 점검, 보수 기타 관을 떼어내기 쉽게 하기 위한 동관의 이음방법은?

① 플레어 이음   ② 플랜지 이음
③ 사이징 이음   ④ 슬리브 이음

24 축에 PS의 동력이 전달되는 경우, 전달마력 H(kgf·m/sec), 1분간 회전수를 N(rpm)이라고 할 때 비틀림 모멘트 T(kgf·cm)를 구하는 식은?

① $T = 716.2 \dfrac{H}{N}$

② $T = 9{,}740 \dfrac{H}{N}$

③ $T = 71{,}620 \dfrac{H}{N}$

④ $T = 97{,}400 \dfrac{H}{N}$

25 독성 가스라 함은 공기 중에 일정량 존재하는 경우 인체에 유해한 독성을 가진 가스를 말하는데, 허용농도가 얼마 이하인 경우인가?

① 100만분의 10 이하
② 100만분의 50 이하
③ 100만분의 100 이하
④ 100만분의 200 이하

26 다음 중 반데르발스(Van der Waals) 식의 표현이 올바른 것은?

① $\left(P - \dfrac{a}{V^2}\right)(V+b) = RT$

② $\left(P + \dfrac{a}{V^2}\right)(V-b) = RT$

③ $\left(P + \dfrac{a}{V}\right)(V^2+b) = RT$

④ $\left(P + \dfrac{a}{V}\right)(V^2-b) = RT$

27 펌프의 운전 중 소음과 진동의 발생 원인으로 가장 거리가 먼 것은?

① 서징 발생 시
② 공기의 불혼입 시
③ 임펠러 국부 마모, 부식 시
④ 베어링의 마모 또는 파손 시

28 내부용적 60L의 고압탱크에 산소가 0℃에서 150기압으로 충전되어 있다. 이 산소의 어떤 양을 소비하고 보니 같은 온도에서 50기압이 되었다. 소비한 산소의 양은 표준상태에서 몇 m^3 인가?

① 1
② 3
③ 6
④ 9

29 소형저장탱크는 LPG를 저장하기 위하여 지상 또는 지하에 고정 설치된 탱크로서 저장능력이 몇 톤 미만인 탱크를 말하는가?

① 0.5
② 1
③ 2
④ 3

30 Dalton의 법칙에 대한 설명으로 옳지 않은 것은?

① 모든 기체에 대해 정확히 성립한다.
② 혼합기체의 전압은 각 기체의 분압의 합과 같다.
③ 실제 기체의 경우 낮은 압력에서 적용할 수 있다.
④ 한 기체의 분압과 전압의 비는 그 기체의 몰수와 전체 몰수의 비와 같다.

31 산소 봄베에 산소를 충전하고 봄베 내의 온도와 밀도를 측정하니 20℃, 0.1kg/L이었다. 용기 내의 압력은 얼마인가?(단, 산소는 이상기체로 가정한다.)

① 0.75기압
② 75.08기압
③ 0.075기압
④ 7.5기압

32 가스가 65kcal의 열량을 흡수하여 10,000 kg·m의 일을 했다. 이때 가스의 내부에너지 증가는?

① 32.4kcal
② 38.7kcal
③ 41.6kcal
④ 57.2kcal

33 수소(H_2)와 산소(O_2)가 동일한 조건에서 대기 중에 누출되었을 때 확산속도는 어떻게 되는가?

① 수소가 산소보다 16배 빠르다.
② 수소가 산소보다 4배 빠르다.
③ 수소가 산소보다 16배 늦다.
④ 수소가 산소보다 4배 늦다.

34 액화석유가스 충전사업의 용기충전 시설기준으로 옳지 않은 것은?

① 주거지역 또는 상업지역에 설치하는 저장능력 10톤 이상의 저장탱크에는 폭발방지장치를 설치할 것
② 방류둑의 내측과 그 외면으로부터 5m 이내에는 그 저장탱크의 부속설비 외의 것을 설치하지 말 것
③ 저장 설비실 및 가스 설비실에는 산업자원부장관이 정하여 고시하는 바에 따라 가스누출 경보기를 설치할 것
④ 저장 설비실에 통풍이 잘 되지 않을 경우에는 강제통풍시설을 설치할 것

35 내압 시험압력 350kg/cm²(절대압력)의 오토클레이브(Autoclave)에 20℃에서 수소 100kg/cm²(절대압력)를 충전하였다. 오토클레이브의 온도를 점차 상승시키면 결국 안전밸브(작동압력은 내압시험압력의 8/10로 한다.)에서 수소가스가 분출할 것이다. 이때의 온도(℃)는 얼마인가?

① 547℃ ② 647℃
③ 720℃ ④ 820℃

36 산소압축기에 대한 설명으로 가장 거리가 먼 것은?

① 제조된 산소를 용기에 충전하는 목적에 쓰인다.
② 윤활제로는 기름 또는 10% 이하의 묽은 글리세린수를 사용한다.
③ 압축기와 충전용기 주관에는 수분리기(Drain Separator)를 설치한다.
④ 최근에는 산소압축기에 래비린스 피스톤을 사용하는 무급유를 작동한다.

37 도시가스사업법상 변경허가 대상이 되지 않는 것은?

① 가스의 열량 변경
② 대표자의 변경
③ 공급능력의 변경
④ 가스홀더의 종류 변경

38 비가역 단열변화에서 엔트로피 변화는 어떻게 되는가?

① 변화는 가역 및 비가역과 무관하다.
② 변화가 없다.
③ 감소한다.
④ 반드시 증가한다.

39 아세틸렌을 용기에 충전할 때 충전 중의 압력은 얼마 이하로 해야 하는가?

① 1.5MPa ② 2.5MPa
③ 3.5MPa ④ 4.5MPa

40 다음 중 자유도가 가장 작은 것은?

① 승화곡선 ② 증발곡선
③ 삼중점   ④ 용융곡선

41 시안화수소를 저장할 때는 안전관리상 충전용기의 가스 누출 검사를 한다. 이때 사용하는 것은?

① 질산구리벤지딘 ② KI 전분지
③ 가성소다 수용액 ④ 소석회

42 다음 반응식 중 수소가스를 발생시킬 수 없는 반응식은?

① $2Al + 6HCl \rightarrow 2AlCl_3 + 3H_2 \uparrow$
② $Zn + 2NaOH \rightarrow Na_2ZnO_2 + H_2 \uparrow$
③ $Cu + H_2SO_4 \rightarrow CuSO_4 + H_2 \uparrow$
④ $2Al + 2NaOH + 2H_2O$
 $\rightarrow 2NaAlO_2 + 3H_2 \uparrow$

43 도시가스사업법에서 정의하는 보호시설 중 제2종 보호시설은?(단, 가설건축물은 제외한다.)

① 문화재보호법에 의하여 지정문화재로 지정된 건축물
② 사람을 수용하는 건축물로서 사실상 독립된 부분의 연면적이 100m² 이상 1,000m² 미만인 것
③ 아동 · 노인 · 모자 · 장애인, 기타 사회복지사업을 위한 시설로서 수용 능력이 20인 이상인 건축물
④ 극장 · 교회 및 교회당, 그 밖에 유사한 시설로서 수용능력이 300인 이상인 건축물

44 서로 어긋나서 각을 이루며 만나는 두 축을 유니버설 조인트(훅 조인트)하였을 경우에 일어나는 현상을 설명한 것으로 옳지 않은 것은?

① 종동축의 각속도는 원동축의 각속도와 일치하지 않는다.
② 중간축을 이용하여 양쪽에 유니버설 조인트를 하면 각속도는 일치하게 된다.
③ 각속도는 서로 불일치하지만 전달토크에는 아무 이상이 없다.
④ 두 축이 어긋난 정도가 너무 크면(약 30 이상) 사용이 곤란하다.

45 차량에 고정된 탱크에 의한 운반기준 중 독성가스(액화 암모니아 제외)의 탱크 내용적은 얼마를 초과하지 않아야 하는가?

① 10,000L
② 12,000L
③ 15,000L
④ 18,000L

46 고압가스 특정제조의 허가를 얻어야 하는 산업자원부령이 정하는 대규모 시설에 해당하지 않는 것은?

① 철강공업자의 철강공업시설 또는 그 부대시설에서 고압가스를 제조하는 것으로 그 처리능력이 10만m³ 이상인 것
② 석유화학공업자 또는 지원사업을 하는 자의 시설에서 고압가스처리 능력이 1,000m³ 이상 또는 그 저장능력이 50ton 이상인 것
③ 석유정제업자의 석유정제시설 또는 그 부대시설에서 고압가스를 제조하는 것으로서 그 저장능력이 100ton 이상인 것
④ 비료생산업자의 비료제조시설 또는 그 부대시설에서 고압가스를 제조하는 것으로서 그 처리능력이 10만m³이거나 저장능력이 100ton 이상인 것

47 공기 중에 누출되었을 때 낮은 곳으로 흘러 고이는 것만으로 짝지어진 것은?

① 프로판, 수소, 아세틸렌
② 프로판, 염소, 포스겐
③ 아세틸렌, 염소, 암모니아
④ 아세틸렌, 포스겐, 암모니아

48 완전가스의 엔탈피는?

① 온도만의 함수이다.
② 압력만의 함수이다.
③ 온도와 압력의 함수이다.
④ 온도, 압력 및 비체적의 함수이다.

49 차량에 고정된 탱크로 고압가스를 운반할 때 가스를 송출 또는 이입하는 데 사용되는 밸브를 후면에 설치한 탱크에서 탱크 주 밸브와 차량의 뒤 범퍼와의 수평거리는 몇 cm 이상 떨어져 있어야 하는가?

① 20cm
② 30cm
③ 40cm
④ 50cm

50 LPG 공급방식 중 공기혼합가스 공급방식의 목적에 해당되지 않는 것은?

① 발열량 조절
② 누설 시의 손실 감소
③ 연소효율의 증대
④ 재기화 현상 방지

51 다음 설명 중 수소의 용도가 아닌 것은?

① 암모니아 합성
② 환원성을 이용한 금속의 제련
③ 인조보석, 유리제조용 가스
④ 네온사인의 봉입용 가스

52 공기 5kg이 온도 20℃, 게이지압력 7kg/cm²로 용기에 충전되어 있었으나, 수일 후에는 온도 10℃, 게이지압력 4kg/cm²로 되어 있었다. 몇 kg의 공기가 누출되었는가?(단, 이상기체로 가정한다.)

① 1.76kg　② 2.76kg
③ 3.24kg　④ 4.24kg

53 1mol의 산소기체에 대한 설명으로 옳지 않은 것은?(단, 산소를 이상기체로 간주한다.)

① 표준상태에서 22.4L를 차지한다.
② 일정온도에서 1atm으로부터 10atm으로 가압하면 산소의 엔트로피는 몰당 4.6e.u. 만큼 감소한다.
③ 산소의 내부에너지는 온도가 일정한 어떤 변화에서도 변하지 않는다.
④ 일정온도 이하에서 가압하면 액화한다.

54 가스사용시설(연소기는 제외)의 시설기준 및 기술기준 중 기밀시험 압력으로 옳은 것은?

① 최고사용압력의 1.1배 또는 1kPa 중 높은 압력 이상
② 최고사용압력의 1.0배 또는 8.4kPa 중 높은 압력 이상
③ 최고사용압력의 1.1배 또는 8.4kPa 중 높은 압력 이상
④ 최고사용압력의 1.5배 또는 10kPa 중 높은 압력 이상

55 다음 중 계량치 관리도는 어느 것인가?

① R 관리도　② nP 관리도
③ C 관리도　④ U 관리도

56 여력을 나타내는 식으로 가장 올바른 것은?

① 여력=1일 실동시간 + 1개월 실동시간 − 가동대수
② 여력=(능력 − 부하) × $\frac{1}{100}$
③ 여력=$\left(\frac{능력 - 부하}{능력}\right) \times 100$
④ 여력=$\left(\frac{능력 - 부하}{부하}\right) \times 100$

57 생산보전(PM ; Productive Maintenance)의 내용에 속하지 않는 것은?

① 사후보전　② 안전보전
③ 예방보전　④ 개량보전

58 다음 데이터로부터 통계량을 계산한 것 중 틀린 것은?

21.5, 23.7, 24.3, 27.2, 29.1

① 중앙값(Me)=24.3
② 제곱합(S)=7.59
③ 시료분산(s^2)=8.988
④ 범위(R)=7.6

59 다음 중 작업자에 대한 심리적 영향을 가장 많이 주는 작업측정의 기법은?

① PTS법　② 워크 샘플링법
③ WF법　④ 스톱워치법

60 다음 중 로트별 검사에 대한 AQL 지표형 샘플링 검사 방식은 어느 것인가?

① KS A ISO 2859−0
② KS A ISO 2859−1
③ KS A ISO 2859−2
④ KS A ISO 2859−3

▶▶▶ 정답 및 해설

01	02	03	04	05	06	07	08	09	10
③	④	②	②	④	④	③	③	②	①
11	12	13	14	15	16	17	18	19	20
③	①	④	②	③	①	③	②	③	②
21	22	23	24	25	26	27	28	29	30
③	①	③	④	②	②	③	②	③	①
31	32	33	34	35	36	37	38	39	40
②	③	②	②	①	②	②	④	②	③
41	42	43	44	45	46	47	48	49	50
①	③	②	④	②	②	①	③	③	④
51	52	53	54	55	56	57	58	59	60
④	①	④	③	①	③	②	②	④	②

01 $CH_4 + 2O_2 \rightarrow CO_2 + 2H_2O$

$A_0 = 2 \times \dfrac{1}{0.21} = 9.52 Nm^3$

02 암모니아 용도
- 질소비료 용도
- 냉매
- 나일론 및 소다회 제조
- 드라이아이스 제조

03 냉매가스의 비체적이 작으면 단위 냉동능력당 왕복동 압축기의 피스톤 배출량이 적어지고 수액기의 용량 설계도 작아진다.

04 $CH_4 + 2O_2 \rightarrow CO_2 + 2H_2O$
  17.9   94.1+57.8×2

∴ $\dfrac{94.1 + (57.8 \times 2) - 17.9}{16} = 12 kcal$

- 생성열 : 그 물질 1몰이 성분원소의 단체로부터 만들어질 때 방출 또는 흡수되는 열이다.
- 연소열 : 그 물질 1몰이 산소 중에서 완전히 연소될 때 발생하는 열이다.

05 ① 흡입관 구경은 펌프 구경과 동일하다.
② 토출관은 방향 전환을 하지 않는다.
③ 흡입관 밸브는 손잡이가 측면에 오게 한다.

06 비상공급시설 설치신고서 첨부서류
- 안전관리자의 배치현황
- 설치위치 및 주위 상황도
- 비상공급시설의 설치사유서

07 $\dfrac{P_1 V_1}{T_1} = \dfrac{P_2 V_2}{T_2}$, $V_2 = V_1 \times \dfrac{T_2}{T_1} \times \dfrac{P_1}{P_2}$

$P_2 = P_1 \times \dfrac{T_2}{T_1} \times \dfrac{V_1}{V_2} = 1 \times \dfrac{2}{1} \times \dfrac{1}{1/3} = 6$

08 저장능력 100톤 초과 500톤 이하의 액화석유가스 충전시설의 안전관리자 수
- 안전관리총괄자 : 1명
- 안전관리부총괄자 : 1명
- 안전관리책임자 : 1명 이상
- 안전관리원 : 2명 이상

09 1kWh = 860kcal
860 × 10 = 8,600kcal
1HPh = 641kcal
∴ 8,600 ÷ 641 = 13.4HP

10 산소는 조연성 가스로 무색, 무미, 무취의 가스이다.

11 $\Delta h = h_2 - h_1 = C_p(T_2 - T_1) = q = dh - Avdp$
(가열량은 모두 엔탈피 변화를 나타낸다.)

12 $1 Poise = 1 dyne \cdot sec/cm^2 = 1 g/cm \cdot sec$

$\nu = \dfrac{v}{\rho}$

$\mu = \dfrac{r\nu}{g} = \dfrac{1.22 \times 0.1501 \times 10^{-4}}{9.81}$

$= 1.867 \times 10^{-6}\ kg_f \cdot sec/m^2$

$= 1.83 \times 10^{-4}\ dyne \cdot sec/m^2$

$= 1.83 \times 10^{-4}\ poise$

13 암모니아 재해용 흡수제 : H_2O(다량)

14 배관 내 압력손실
- 유속의 2승에 비례(유속 2배 = 압력손실 4배)
- 관 내경의 5승에 반비례(내경 1/2배 = 압력손실 32배)
- 관의 길이에 비례(길이 2배 = 압력손실 2배)
- 압력과는 무관하다.

15 원심펌프의 운전 시 임펠러 흡입부의 압력이 낮아지면 공동현상(캐비테이션)이 발생된다.

16 압송기란 가스 공급지역이 넓어 수요량이 증대된 경우에는 압력이 낮아져서 가스공급을 원활히 할 수 없는데, 이때 공급압력을 높여주는 장치이다.

17 피에조 압력계는 수정 또는 전기석, 롯셀염 등 결정체의 특정 방향에 압력을 가하면 그 표면에 전기가 발생하고 발생한 전기량은 압력에 비례하는 것을 이용한다.

18 $℃ = \frac{5}{9}(℉ - 32)$

$℉ = \frac{9}{5} \times ℃ + 32$

$= \frac{9}{5} \times (-40℃) + 32$

$= -40℉$

19 이상기체는 인력과 분자 부피가 무시되는 기체이다.

20 $W = \frac{V}{C} = \frac{50}{1.86} = 26.88 \text{kg}$

∴ $\frac{1 \times 1,000}{26.88} = 37.2$개 ≒ 38개

21

22 기체상수(R)의 단위 : kg·m/kg·K

$\bar{R} = \frac{(10,332 \text{kg}_f/\text{m}^2) \times 22.41 \text{m}^3}{273 \text{K}}$

≒ 848 kg_f·m/kmol·K

$R = \frac{\bar{R}}{M} = \frac{848}{\text{분자량}}$

23 플레어 이음(압축이음)이란 지름 20mm 이하의 동관을 이음할 때 또는 기계의 점검, 보수, 기타 관을 떼어내기 쉽게 하기 위한 동관이음이다.

24 • H가 PS인 경우

비틀림 모멘트(T) = $71,620 \frac{H}{N}$(kg$_f$·cm)

• K가 kW인 경우

비틀림 모멘트(T) = $974,000 \frac{K}{N}$

25 독성 가스라 함은 공기 중에 일정량 존재하는 허용독성농도가 100만분의 200 이하에 해당되는 가스이다.

26 실제 기체상태식(반데르발스 식)

$\left(P + \frac{a}{V^2}\right)(V - b) = RT$(1몰일 때)

$\left(P + \frac{n^2 a}{V^2}\right)(V - nb) = nRT$($n$몰일 때)

27 펌프 운전 중 공기의 불혼입은 매우 양호한 운전이다.

28 $60 \times 150 = 9,000 \text{L} = 9 \text{m}^3$

$60 \times 50 = 3,000 \text{L} = 3 \text{m}^3$

∴ 소비량 = $9 - 3 = 6 \text{m}^3$

29 LPG 소형저장탱크는 3톤 미만인 탱크이다.

30 돌턴의 분압법칙
혼합기체의 전압은 성분기체의 분압의 합과 같다.

31 $PV = nRT$, $P = \frac{nRT}{V}$

$PV = GRT$, $P = \frac{GRT}{V}$

32 $10,000 \times \frac{1}{427} = 23.41 \text{kcal}$

$u = 65 - 23.41 = 41.6 \text{kcal}$

33 수소 분자량 = 2
산소 분자량 = 32

$\frac{U_1}{U_2} = \sqrt{\frac{M_2}{M_1}} = \sqrt{\frac{d_2}{d_1}} = \sqrt{\frac{2}{32}} = \sqrt{\frac{1}{16}} = \frac{1}{4}$

$H_2 : O_2 = 4 : 1$

34 액화석유가스 저장탱크에서 지상설치 시 1,000톤 이상의 탱크 주위에는 방류 둑이 필요하며 방류 둑 내측과 그 외면으로부터 10m 이내에는 그 저장탱크 부속설비 외는 설치하지 않는다.

35 $\dfrac{P_1 V_1}{T_1} = \dfrac{P_2 V_2}{T_2}$ 에서 $V_1 = V_2$

$P_1 = 100 + 1.033 = 101.033 \text{kg/cm}^2\text{a}$

$P_2 = 350 \times \dfrac{8}{10} = 281.03 \text{kg/cm}^2\text{a}$

$T_1 = 20 + 273 = 293\text{K}$

$T_2 = \dfrac{101.033}{293} = \dfrac{280}{T_2}$

$T_2 = T_1 \times \dfrac{P_2}{P_1} = 293 \times \dfrac{281.03}{101.033} = 815\text{K} = 542℃$

36 산소압축기에는 물이나 10% 이하의 묽은 글리세린수를 윤활제로 사용한다.

37 대표자의 변경은 신고사항이다.

38 • 가역 단열변화 : 엔트로피 불변
 • 비가역 단열변화 : 엔트로피 증가

39 • 아세틸렌은 충전 중의 압력은 2.5MPa이다.
 • 15℃에서는 1.55MPa 이하

40 자유도
 평형계에 있어서 압력, 온도, 조성 중 자유롭게 바꿀 수 있는 변수의 수를 자유도라 한다.

41 시안화수소의 시험지는 질산구리벤지딘(초산벤젠지)이며 누설 시 색변은 청색이다.

42 $4Cu + 2H_2S + O_2 \rightarrow 2Cu_2S + 2H_2O$
 $C_2H_2 + 2Cu \rightarrow Cu_2C_2 + H_2$

43 제2종 보호시설
 • 주택
 • 사람을 수용하는 건축물로서 사실상 독립된 부분의 연면적이 100m² 이상 1,000m² 미만

44 유니버설 조인트
 두 축이 일직선상에 있지 않고 서로 어떤 각도로 교차하는 경우의 축이음으로 두 축 끝에 끼운 요크(Yoke) 끝에 십자형의 핀을 회전할 수 있도록 연결한 것이다.

45 차량에 고정된 탱크의 내용적은 액화 암모니아를 제외한 독성가스의 경우 12,000L를 초과하지 못한다.

46 석유화학공업자는 그 저장능력이 100톤 이상이거나 10,000m³ 이상이면 특정제조 허가를 받아야 한다.

47 공기의 비중보다 큰 프로판(44), 염소(72), 포스겐(100)은 누출 시 낮은 곳으로 고인다.

48 완전가스의 엔탈피는 온도만의 함수이다.

49 송출, 이입되는 밸브가 차량 후면에 설치된 경우 주 밸브와 차량의 뒤 범퍼와는 수평 거리로 40cm 이상 이격을 요한다.

50 LPG의 공기혼합 공급방식의 특징
 • 발열량이 조절된다.
 • 누설 시 가스손실이 감소된다.
 • 연소효율이 증대한다.

51 수소의 용도
 • 암모니아 제조 원료
 • CH_3OH의 원료
 • 환원성을 이용한 금속제련용
 • 금속절단용 가스
 • 부양기구 가스
 • 인조보석 가스
 • 석영글라스 제조
 • 경화유 제조

52 $G_2 = G_1 \times \dfrac{P_2}{P_1} \times \dfrac{T_1}{T_2}$

$= 5 \times \dfrac{5.033}{8.033} \times \dfrac{293}{283} = 3.243\text{kg}$

∴ $5 - 3.243 = 1.76\text{kg}$ 누출

53 • 산소는 50.1기압 이상이면 액화된다.
   • -118.4℃ 이하에서 액화된다.

54 가스사용시설의 기밀시험압력
   최고사용압력의 1.1배 또는 840mmH$_2$O(8.4kPa) 중 높은 압력

55 계량치 ┬ X-R관리도 (평균치와 범위)
          ├ X-관리도 (개개의 측정치)
          └ $\tilde{X}$-R관리도 (메디안 범위)

56 여력 = $\dfrac{능력 - 부하}{능력} \times 100$

57 PM
   • 사후보전(BM)
   • 예방보전(PM)
   • 개량보전(CM)
   • 보전예방(MP)

58 • 중앙값 = 24.3
   • 범위 = 29.1 - 21.5 = 7.6
   • 평균값 = $\dfrac{21.5 + 23.7 + 24.3 + 27.2 + 29.1}{5} = 25.16$
   • 제곱합 = $(21.5 - 25.16)^2 + (23.7 - 25.16)^2$
             $+ (24.3 - 25.16)^2 + (27.2 - 25.16)^2$
             $+ (29.1 - 25.16)^2$
             $= 35.952$
   • 시료분산 = $\dfrac{35.952}{4} = 8.988$

59 스톱워치법
   작업자에 대한 심리적 영향을 가장 많이 주는 작업측정의 기법이다.

60 KS A ISO 2859-1
   로트별 검사에 대한 지표형 샘플링검사 방식
   ※ AQL(Average Quality Limit)

제3회 CBT 실전모의고사

01 고정식 관 이음쇠의 표시법 중 동심 리듀서를 나타내는 것은?

① ┼   ② ─◁
③ ┴   ④ ─▷

02 다음 ( ) 안에 알맞은 것은?

> 압력용기에 부착하는 안전밸브의 분출압력은 고압부에서는 당해 냉동설비 고압부의 상용압력의 (㉠)배의 압력 이하, 저압부에 있어서는 당해 냉매설비는 저압부 상용압력의 (㉡)배의 압력 이하의 압력이 되도록 설정하여야 한다.

① ㉠ 0.8배 ㉡ 1.2배
② ㉠ 1.2배 ㉡ 0.8배
③ ㉠ 1.05배 ㉡ 1.1배
④ ㉠ 1.1배 ㉡ 1.05배

03 충전용기의 적재, 하역 및 운반기준에 대한 설명 중 옳지 않은 것은?

① 적재함에는 리프트를 설치하여야 하며, 적재할 충전용기 최대 높이의 $\frac{2}{3}$ 이상까지 적재함을 보강하여야 한다.
② 운행 중에는 직사광선을 받으므로 충전용기 등이 40℃ 이하가 되도록 온도의 상승을 방지하는 조치를 하여야 한다.
③ 충전용기를 용기보관소로 운반할 때는 사람이 직접 운반하되, 이 때 용기의 중간 부분을 이용하여 운반하여야 한다.
④ 충전용기 등을 적재한 차량은 제 1종 보호시설에서 15m 이상 떨어진 안전한 장소에 주정차 하여야 한다.

04 Methane 80%, Ethane 15%, Propane 4%, Butane 1%의 혼합가스의 공기 중 폭발하한계 값은?(단, 공기 중 각 성분의 폭발하한계 값은 Methane 5.0%, Ethane 3.0%, Propane 2.1%, Butane 1.8%이다.)

① 2.15%   ② 4.26%
③ 5.67%   ④ 10.28%

05 도시가스사업법의 목적에 포함되지 않는 것은?

① 도시가스사업을 합리적으로 조정, 육성하기 위하여
② 가스 품질의 향상과 국가 기간사업의 발전을 도모하기 위하여
③ 도시가스 사용자의 이익을 보호하기 위하여
④ 공공의 안전을 확보하기 위하여

06 카르노(Carnot) 사이클의 과정 순서로 옳은 것은?

① 등온팽창 – 등온압축 – 단열팽창 – 단열압축
② 등온팽창 – 단열팽창 – 등온압축 – 단열압축
③ 등온팽창 – 단열압축 – 단열팽창 – 등온압축
④ 등온팽창 – 등온압축 – 단열압축 – 단열팽창

07 다음 중 전기방식(防蝕)의 기준으로 틀린 것은?

① 직류 전철 등에 의한 영향이 없는 경우에는 외부 전원법 또는 희생양극법으로 할 것
② 직류 전철 등의 영향을 받는 배관에는 배류법으로 할 것
③ 희생양극법에 의한 배관에는 300m 이내의 간격으로 설치할 것
④ 외부전원법에 의한 배관에는 300m 이내의 간격으로 설치할 것

08 다음 중 화학친화력을 나타내는 것으로서 가장 적절한 것은?

① ΔH ② ΔG
③ ΔS ④ ΔU

09 저온장치의 운전 중 CO_2와 수분이 존재할 때 장치에 미치는 영향에 대한 설명 중 가장 적절한 것은?

① CO_2는 저온에서 탄소와 수소로 분해 되어 영향이 없다.
② 얼음이 되어 배관밸브를 막아 흐름을 저해한다.
③ CO_2는 저장장치의 촉매기능을 하므로 효율을 상승시킨다.
④ CO_2는 가로 순도를 저하시킨다.

10 고압가스 안전관리법에서 정한 용기에 대한 표시사항이 아닌 것은?

① 용기의 번호
② 충전가스의 명칭
③ 내압시험 합격연월
④ 부속품의 기호 번호

11 증기압축 냉동기의 주요 구성요소가 아닌 것은?

① 압축기 ② 응축기
③ 과냉기 ④ 증발기

12 크리프(Creep)는 재료가 어떤 온도하에서는 시간과 더불어 변형이 증가되는 현상인데, 일반적으로 철강재료 중 크리프 영향을 고려해야 할 온도는 몇 ℃ 이상인가?

① 50℃ ② 150℃
③ 250℃ ④ 350℃

13 배관을 매설하면 주위의 환경에 따라 전기적 부식이 발생하는데 이를 방지하는 방법 중 강관보다 저전위의 금속을 직접 또는 도선으로 전기적으로 접속하여 양 금속 간의 고유 전위차를 이용하여 방식전류를 주어 방식하는 방법은?

① 유전양극법 ② 외부전원법
③ 선택배류법 ④ 강제배류법

14 가스 도매사업의 가스공급시설인 배관을 도로 밑에 매설하는 경우의 시설 및 기술기준 중 옳은 것은?

① 시가지의 도로 노면 밑에 매설하는 경우에는 노면으로부터 배관의 외면까지의 깊이는 1.0m 이상으로 할 것
② 인도, 보도 등의 노면 외의 도로 밑에 매설하는 경우에는 배관의 외면과 지표면과의 거리는 1.0m 이상으로 할 것
③ 전선, 상수도관이 매설되어 있는 도로에 매설하는 경우에는 이들의 상부에 매설할 것
④ 시가지 외의 도로 노면 밑에 매설하는 경우에는 노면으로부터 배관의 외면까지의 깊이는 1.2m 이상으로 할 것

15 다음은 분젠식 연소방식의 가스(제조가스, 천연가스, LP가스)에 따른 연소특성에 대한 그림이다. 이 중 LP가스에 해당하는 것은?

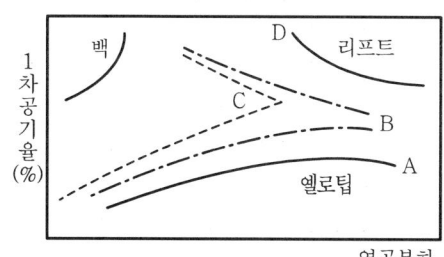

① A　　② B
③ C　　④ D

16 가연성 물질을 연소시키려고 한다. 공기 중의 산소농도가 증가되는 경우라면 이 때 나타나는 현상으로 볼 수 없는 것은?

① 연소속도는 증가
② 화염온도는 상승
③ 폭발한계는 좁아짐
④ 발화온도는 낮아짐

17 용적 400L의 탱크에 0℃의 질소 140kg을 저장하려 할 때 필요한 압력을 이상기체 방정식으로부터 계산하면 약 몇 atm인가?

① 180atm　　② 280atm
③ 380atm　　④ 480atm

18 다음 중 이상기체의 정압과정을 식으로 가장 잘 표현한 것은?

① $dU = C_v \cdot dT$
② $dH = dU + R$
③ $dH = C_p \cdot dT$
④ $dU = -P \cdot dV$

19 연소로의 드래프트 게이지로 많이 사용되는 압력계로서 사용압력이 약 20~5,000mmH₂O 이고, 구조상 먼지를 함유한 액체나 부식성 유체의 압력 측정에 효과적인 압력계는?

① 부르동관 압력계
② 벨로스 압력계
③ 다이어프램 압력계
④ 자유 피스톤식 압력계

20 다음 냉매 중 지구 오존층 파괴에 가장 큰 영향을 미치는 가스는?

① NH_3　　② R12
③ C_3H_8　　④ CO_2

21 공기액화 분리장치의 액화 산소통 내의 액화산소 30L 중에 메탄이 1,000mg, 아세틸렌 50mg이 섞여 있을 때의 조치로서 적당한 것은?

① 안전하므로 계속 운전한다.
② 운전을 계속하면서 액화산소를 방출한다.
③ 극히 위험한 상태이므로 즉시 희석제를 첨가한다.
④ 즉시 운전을 중지하고, 액화산소를 방출한다.

22 저압 지하식 저장탱크 제조소의 안전거리를 계산하면 약 얼마인가?(단, W=180ton이다.)

① 17m　　② 27m
③ 34m　　④ 71m

23 30℃, 2atm에서 산소 1mol이 차지하는 부피는 얼마인가?(단, 이상기체의 상태방정식에 따른다고 가정한다.)

① 6.2L　　② 8.4L
③ 12.4L　　④ 24.8L

24 섭씨온도(℃)와 화씨온도(℉)가 같은 값을 나타내는 온도는?

① -20 ② -40
③ -50 ④ -60

25 표준상태에서 질소 5.6L 중에 있는 질소 분자수는 다음의 어느 것과 같은가?

① 16g의 산소분자 ② 0.5g의 수소분자
③ 1g의 산소원자   ④ 4g의 수소분자

26 수소취성에 관한 다음 설명 중 옳은 것은?

① 니켈강은 수소취성을 일으키지 않는다.
② 수소는 환원성의 가스로 상온에서는 부식을 일으킨다.
③ 수소는 고온, 고압에서는 구리와 화합한다. 이것은 수소취성의 원인이다.
④ 수소는 고온, 고압에서 강철 중의 탄소와 화합하는데 이것이 수소취성의 원인이 된다.

27 1몰의 CO_2가 321K에서 1.32L를 차지할 때의 압력은?(단, CO_2는 반데르발식에 따른다고 할 때 상수 $a = 3.60L^2 \cdot atm/mol^2$, $b = 0.0482L/mol$이고, 기체상수 $R = 0.082 atm \cdot L/K \cdot mol$이다.)

① 42.78atm ② 35.94atm
③ 26.60atm ④ 18.63atm

28 산화에틸렌에 대한 설명으로 가장 거리가 먼 것은?

① 폭발범위는 약 3.0~80%이다.
② 공업적 제법으로는 에틸렌을 산소로 산화해서 합성한다.
③ 액체상태에서 열이나 충격 등으로 폭약과 같이 폭발을 일으킨다.
④ 철, 주석, 알루미늄의 무수염화물, 산·알칼리, 산화알루미늄 등에 의하여 중합발열한다.

29 1kcal에 대한 정의로서 가장 적절한 것은?(단, 표준기압하에서의 기준이다.)

① 순수한 물 1kg을 100℃만큼 변화시키는 데 필요한 열량
② 순수한 물 1lb를 32℉에서 212℉까지 높이는 데 필요한 열량
③ 순수한 물 1lb를 1℃만큼 변화시키는 데 필요한 열량
④ 순수한 물 1kg을 14.5℃에서 15.5℃까지 높이는 데 필요한 열량

30 지름 3cm의 강봉에 1,000kg의 하중이 안전하게 작용하고 있을 때 이 강봉의 극한 강도가 $600kg/cm^2$이면 안전율은?

① 2.67 ② 4.24
③ 6.18 ④ 8.05

31 내용적 5L의 고압 용기에 에탄 1,650g을 충전하였더니 용기의 온도가 100℃일 때 210atm을 나타내었다. 에탄의 압축계수는 약 얼마인가?(단, $PV = ZnRT$의 식을 적용한다.)

① 0.43 ② 0.62
③ 0.83 ④ 1.12

32 액화석유가스의 안전관리 및 사업법에 정한 정의 중 옳지 않은 것은?

① "액화석유가스"라 함은 프로판·부탄을 주성분으로 한 가스를 액화한 것을 말한다.
② "액화석유가스 집단공급사업"이라 함은 액화석유가스를 일반의 수요에 따라 배관을 통하여 연료로 공급하는 사업을 말한다.
③ "액화석유가스 판매사업"이라 함은 용기에 충전된 액화석유가스를 판매하는 것을 말한다.
④ "가스용품 제조사업"이라 함은 산업통상자원부령이 정하는 일정량 이상의 액화석유가스를 제조하는 사업을 말한다.

33 다음 중 의료용 가스용기에 표시한 색이 가스 종류와 일치하는 것은?

① 헬륨 – 회색
② 질소 – 흑색
③ 에틸렌 – 백색
④ 사이클로프로판 – 갈색

34 액화석유가스 소형 저장탱크의 설치기준에 대한 설명 중 옳은 것은?

① 충전질량이 2,000kg 이상인 것은 탱크 간 거리를 1m 이상으로 하여야 한다.
② 동일 장소에 설치하는 탱크의 수는 6기 이하로 하고 충전질량 합계는 6,000kg 미만이 되도록 하여야 한다.
③ 충전질량 1,000kg 이상인 탱크는 높이 1m 이상의 경계책을 만들고 출입구를 설치하여야 한다.
④ 소형 저장탱크는 그 바닥이 지면보다 10cm 높게 설치된 콘크리트 바닥 등에 설치하여야 한다.

35 배관용 합금 강관의 KS규격 표시 기호는?

① SPA   ② STPA
③ SPP   ④ SPPS

36 가스 정압기에서 메인밸브의 열림과 유량과의 관계를 의미하는 것은?

① 정특성   ② 동특성
③ 유량특성 ④ 오프셋

37 대기압이 753mmHg일 때 진공도가 90%라면 절대압력은 얼마인가?

① 0.1023ata   ② 0.2193ata
③ 0.3023ata   ④ 0.419ata

38 펌프의 캐비테이션(공동) 현상에 관한 다음 설명 중 옳은 것은?

① 캐비테이션은 유체의 온도가 낮을수록 일어나기 쉽다.
② 캐비테이션은 펌프의 날개차의 출구 및 토출관에 가장 많이 발생한다.
③ 유효 흡입양정(NPSH)은 캐비테이션을 일으키지 않을 한도의 최소 흡입양정을 말하며 액의 증기압력보다 펌프 그 자체의 흡입양정이 클 때 발생한다.
④ 유체 중에 그 액체온도의 증기압보다 낮은 부분이 생기면 유체가 증발을 일으켜서 기포를 발생하는데 이 현상을 캐비테이션이라고 한다.

39 일반적으로 직경 20mm 이하의 구리관을 이음할 때 기계의 점검, 보수, 기타 관을 분리하기 쉽게 하기 위한 구리관의 이음방법으로서 가장 적절한 것은?

① 플랜지 이음
② 슬리브 이음
③ 용접 이음
④ 플레어 이음

40 다음 중 열역학 제3법칙에 대하여 나타낸 것은?

① 에너지 보존의 법칙이다.
② 절대온도 0도에 이르게 할 수 없다.
③ 열은 일로 또 일은 열로 바꿀 수 있다.
④ 열은 스스로 저온 물체로부터 고온물체로 이동할 수 없다.

41 산소 가스압축기의 윤활제로 기름 사용을 금하고 있는 가장 큰 이유는?

① 한 번도 사용한 적이 없으므로
② 산소가스의 순도가 낮아지므로
③ 식품과 접촉하면 위험하기 때문에
④ 마찰로 실린더 내의 온도가 상승하여 연소 폭발하므로

42 다단 압축기에서 실린더 냉각의 목적으로 가장 거리가 먼 것은?

① 흡입 시에 가스에 주어진 열을 가급적 줄여서 흡입효율을 적게 한다.
② 온도가 냉각됨에 따라 단위 능력당 소요 동력이 증가되지만 압축효율은 좋게 한다.
③ 활동면을 냉각시켜 윤활이 원활하게 되어 피스톤 링에 탄소화합물이 발생하는 것을 막는다.
④ 밸브 및 밸브 스프링에서 열을 제거하여 오손을 줄이고 그 수명을 길게 한다.

43 허용 인장응력 $10kgf/mm^2$, 두께 10mm의 강판을 150mm V홈 · 맞대기 용접이음을 할 때 그 효율이 80%라면 용접 두께 t는 얼마로 하면 되는가?(단, 용접부의 허용응력은 $8kgf/mm^2$이다.)

① 10mm   ② 12mm
③ 14mm   ④ 16mm

44 아세틸렌 제조공정에 사용되는 설비로서 가장 거리가 먼 것은?

① 흡수탑
② 가스 발생기
③ 가스 청정기
④ 유분리기

45 압축기의 서징(Surging) 현상에 대한 설명 중 옳지 않은 것은?

① 압축기의 풍량을 횡축에, 토출압력을 종축에 취한 풍량 압력곡선에서 우측상부의 부분에 있을 때는 서징현상을 일으키는 일이 있다.
② 서징이 발생되면 관로에 심한 유체의 맥동과 진동이 발생한다.
③ 서징은 압축기를 기동하여 정격회전수에 이르기 전까지의 도중에서 일어나는 현상으로서 정격회전수에 도달한 후에는 일어나지 않는다.
④ 서징은 토출배관에 바이패스변을 설치해서 흡입측으로 돌려보내어 방지할 수 있다.

46 다음 중 진공단열법에 해당되지 않는 것은?

① 다층진공단열법
② 분말진공단열법
③ 고진공단열법
④ 상압단열법

47 고압가스취급 장치로부터 미량의 가스가 대기 중에 누출된 것을 검지하기 위하여 사용되는 시험지와 변색이 옳게 짝지어진 것은?

① 암모니아-KI 전분지-적색으로 변화
② 일산화탄소-염화팔라듐지-청색으로 변화
③ 아세틸렌-염화제1동착염지-적색으로 변화
④ 염소-적색리트머스-청색으로 변화

48 수소의 일반적인 성질에 대한 설명 중 옳은 것은?

① 열전도도가 대단히 크다.
② 확산속도가 작고 공기 중에 확산 혼합되기 쉽다.
③ 폭발한계 내인 경우 단독으로 분해 폭발한다.
④ 폭굉속도는 400~500m/s에 달한다.

49 지름 d = 100mm, 허용전단응력 τ_a = 50MPa 인 원형축이 100rpm으로 안전하게 전달할 수 있는 동력(PS)의 크기는?

① 1,370 ② 1,470
③ 1,570 ④ 1,670

50 압력 80kPa, 체적 0.37m³을 차지하고 있는 완전 가스를 등온팽창시켰더니 체적이 2.5배로 팽창하였다. 이때 외부에 대해서 한 일은 몇 N·m인가?

① 2.71 ② 2.71×10^2
③ 2.71×10^3 ④ 2.71×10^4

51 가스홀더의 내용적이 1,800L, 가스홀더의 최고사용압력이 3MPa로 압축가스를 충전 및 저장할 때에 이 설비의 저장능력은 몇 m³인가?

① 10.8 ② 30.6
③ 55.8 ④ 76.6

52 고온, 고압하에서 일산화탄소를 사용하는 장치에 철재를 사용할 수 없는 주요 원인은?

① 철카르보닐을 만들기 때문에
② 탈탄산작용을 하기 때문에
③ 중합부식을 일으키기 때문에
④ 가수분해하여 폭발하기 때문에

53 저압식 공기액화분리장치에 탄산가스 흡착기를 설치하는 주된 목적은?

① 공기량 증가
② 축열기의 효율 증대
③ 팽창 터빈의 보호
④ 정제산소 및 질소의 순도 증가

54 다음은 $P-i$ 선도이다. 2의 영역은 어떤 상태인가?

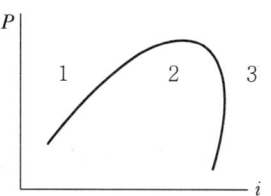

① 습증기 ② 과냉각액
③ 과열증기 ④ 건포화증기

55 다음 중 부하와 능력의 조정을 도모하는 것은?

① 진도관리 ② 절차계획
③ 공수계획 ④ 현품관리

56 다음 표를 이용하여 비용구배(Cost Slope)를 구하면 얼마인가?

정상		특급	
소요시간	소요비용	소요시간	소요비용
5일	40,000원	3일	50,000원

① 3,000원/일 ② 4,000원/일
③ 5,000원/일 ④ 6,000원/일

57 계수값 규준형 1회 샘플링 검사에 대한 설명 중 가장 거리가 먼 내용은?

① 검사에 제출된 로트에 관한 사전의 정보는 샘플링 검사를 적용하는 데 직접적으로 필요로 하지 않는다.
② 생산자 측과 구매자 측이 요구하는 품질보호를 동시에 만족시키도록 샘플링 검사방식을 선정한다.
③ 파괴검사의 경우와 같이 전수검사가 불가능한 때에는 사용할 수 없다.
④ 1회만의 거래 시에도 사용할 수 있다.

58 제품 공정분석표용 공정도시기호 중 정체 공정(Delay)기호는 어느 것인가?
① ○
② →
③ D
④ □

59 표준시간을 내경법으로 구하는 수식은?
① 표준시간=정미시간+여유시간
② 표준시간=정미시간×(1+여유율)
③ 표준시간=정미시간×$\left(\dfrac{1}{1-여유율}\right)$
④ 표준시간=정미시간×$\left(\dfrac{1}{1+여유율}\right)$

60 문제가 되는 결과와 이에 대응하는 원인과의 관계를 알기 쉽게 도표로 나타낸 것은?
① 산포도
② 파레토도
③ 히스토그램
④ 특성요인도

▶▶▶ 정답 및 해설

01	02	03	04	05	06	07	08	09	10
④	③	③	②	②	②	④	②	②	④
11	12	13	14	15	16	17	18	19	20
③	④	①	④	③	③	②	③	③	②
21	22	23	24	25	26	27	28	29	30
④	④	③	④	②	④	④	③	④	②
31	32	33	34	35	36	37	38	39	40
②	④	③	④	①	④	③	④	④	②
41	42	43	44	45	46	47	48	49	50
④	②	①	①	④	③	①	①	④	④
51	52	53	54	55	56	57	58	59	60
③	①	③	①	③	③	③	③	③	④

01 ① 크로스
④ 동심 리듀서

02 ㉠ 1.05배
㉡ 1.1배

03 충전용기는 손수레에 단단하게 묶어 사용하여야 하며 종료 후에는 용기보관실에 저장해 둘 것

04 $\dfrac{100}{\dfrac{80}{5.0}+\dfrac{15}{3}+\dfrac{4}{2.1}+\dfrac{1}{1.8}} = 4.26$

05 도시가스사업법과 국가 기간산업의 발전과는 관련성이 없다.

06 카르노 사이클의 과정 순서
등온팽창 – 단열팽창 – 등온압축 – 단열압축

07 외부전원법에 의한 배관에는 전기방식은 500m 이내의 간격으로 설치할 것

08 ΔG : 화학친화력

09 공기액화분리장치에서 CO_2와 수분이 존재하면 얼음이 되어 배관밸브를 막아 흐름을 저해한다.

10 용기의 표시에는 ①, ②, ③ 등 총 11가지를 표시한다.

11 증기압축식 냉동기
증발기, 압축기, 응축기, 팽창밸브

12 크리프 현상은 350℃ 이상에서 발생한다.

13 유전양극법은 지하매설배관은 Mg을 사용하며 금속을 캐소드로 되는 방식으로 전위차가 비교적 적기 때문에 저항이 큰 대상에 적합하다.

14 시가지 외의 도로 노면 밑에 매설하는 배관의 외면은 깊이 1.2m 이상으로 한다.

15 • A : 1차 공기가 큰 가스
• B : 1차 공기가 적고 부하가 큰 가스
• C : LP가스
• D : 1차 공기가 적은 가스

16 공기 중 산소농도가 증가하면 폭발한계는 증가한다.

17 $22.4 \times \dfrac{140}{28} \times 1,000 = 112,000L$

∴ $\dfrac{112,000}{400} = 280\,atm$

18 • 이상기체 엔탈피 변화 : $dH = C_p \cdot dT$
• 이상기체 내부에너지 변화 : $dU = C_v \cdot dT$

19 다이어프램 압력계 측정범위
20~5,000mmH$_2$O

20 지구 오존층 파괴 냉매
프레온 냉매(R-12 등)

21 액화산소 5L 중 C_2H_2 5mg, 탄소의 질량이 500mg을 넘으면 운전 중지 후 액화산소는 방출한다.

22 저압 지하식 저장탱크 제조소의 안전거리
$L = C \times \sqrt[3]{143,000\,W}$
$= 0.240 \times \sqrt[3]{143,000 \times 180}$
$≒ 70.86 ≒ 71m$
※ C는 저압 지하식 저장탱크는 0.240, 그 밖의 가스저장설비 및 처리설비는 0.576

23 $30+273=K$, $1mol=22.4L$

$V_2 = V_1 \times \dfrac{T_2}{T_1} \times \dfrac{P_1}{P_2}$

$= 22.4 \times \dfrac{303}{273} \times \dfrac{1}{2} = 12.43L$

24 $°C = \dfrac{5}{9} \times (°F - 32)$

$°F = \dfrac{9}{5} \times °C + 32 = \dfrac{9}{5} \times (-40°C) + 32 = -40°F$

25 $H_2 = 2g/mol = 22.4L$

$\therefore 22.4 \times \dfrac{0.5}{2} = 5.6L$

26 수소취성

$Fe_3C + 2H_2 \rightarrow (고온, 고압)CH_4 + 3Fe$

27 $P = \dfrac{nRT}{V-nb} - \dfrac{n^2a}{V^2}$

$= \dfrac{1 \times 0.082 \times (321)}{1.32 - 1 \times 0.0482} - \dfrac{1^2 \times 3.60}{1.32^2}$

$= 18.63atm$

28 산화에틸렌(C_2H_4O)은 증기상태에서 열이나 충격 등으로 폭발을 일으킨다.

29 1kcal : 순수한 물 1kg을 14.5~15.5°C로 1°C 높이는 데 필요한 열이다.

30 $A = \dfrac{\pi}{4}D^2 = \dfrac{3.14}{4} \times 3^2 = 7.065cm^2$

$\dfrac{1,000}{600} = 1.6666$, $\therefore \dfrac{7.065}{1.666} = 4.24$

31 $C_2H_6 = 30g$, $\dfrac{1,650}{30} = 55$몰

$PV = ZnRT$

$Z = \dfrac{PV}{nRT} = \dfrac{210 \times 5}{55 \times 0.082 \times (100+273)} = 0.62$

※ $R = 0.08205 L \cdot atm/mol \cdot K$

32 가스용품

압력조정기, 가스누출 자동차단장치, 고압고무호스, 염화비닐호스, 콕, 연소기

33
- 헬륨 : 갈색
- 질소 : 흑색
- 에틸렌 : 자색
- 사이클로프로판 : 주황색

34 LPG 충전질량 1,000kg 이상인 탱크는 높이 1m 이상의 경계책을 만들고 출입구를 설치한다.

35 ① SPA : 배관용 합금강 강관
③ SPP : 일반 배관용 탄소강 강관
④ SPPS : 압력 배관용 탄소강 강관

36 유량특성

가스 정압기에서 메인밸브의 열림과 유량과의 관계이다.

37 $753 \times 0.9 = 677.7cmHg$

$753 - 677.7 = 82.3mmHg$

$\therefore 1.033 \times \dfrac{82.3}{760} = 0.102ata$

38 ④의 내용은 펌프운전 시 캐비테이션 현상 설명이다.

39 20mm 이하의 구리관 이음으로 점검, 보수, 기타 관을 분리하기 위한 플레어 이음을 실시한다.

40 열역학 제3법칙은 어떠한 경우에도 절대온도 0도에 이르게 할 수 없다.

41 산소압축기의 기름 사용불가 이유는 마찰로 실린더 내의 온도가 상승하여 연소 폭발하기 때문이다.

42 다단 압축기에서 실린더를 냉각하면 단위 능력당 소요동력이 감소하고 압축효율을 좋게 한다.

43 $t = 10 \times 0.8 \times \dfrac{10}{8} = 10mm$

44 흡수탑은 공기액화분리기에 사용되는 부속장치이다.

45 원심식 압축기에서 서징현상은 정격회전수에 도달한 후 발생된다.

46 단열법
- 진공단열법(3가지)
- 상압단열법(액화산소까지)

47 시험지 변색
- 암모니아 : 적색리트머스 시험지(청색변화)
- CO : 염화팔라듐지(흑색변화)
- 염소 : KI 전분지(청색변화)

48 ① 수소는 열전도율이 대단히 크고 열에 대해 안정하다.
② 수소는 확산속도가 매우 빠르다.
③ 염소와 산소에 의해 폭발한다.
④ 폭굉속도는 1,000~3,500m/s이다.

49 $50MPa = 500kg/cm^2$

$A = \dfrac{3.14}{4} \times 0.1^2 = 0.00785m^2$

$1PS = 75kg \cdot m/sec$

비틀림모멘트 $T = \dfrac{\pi}{16}\left(\dfrac{D^4 - d^4}{D}\right) r$

$= \dfrac{3.14}{16} \times \left(\dfrac{10^4}{10}\right) \times 5{,}000$

$= 98{,}125 kg \cdot cm$

$\therefore H = \dfrac{TN}{71{,}620} = \dfrac{98{,}125 \times 100}{71{,}620} = 1{,}370PS$

50 $PV = C$: 등온과정

$_1W_2 = P_1 V_1 \ln \dfrac{V_2}{V_1}$

$= 80 \times 0.37 \ln \dfrac{0.37 \times 2.5}{0.37} = 27.1 kJ$

※ $80kPa = 80{,}000Pa$, $1kJ = 1{,}000J$

$\therefore 27.1 \times 1{,}000 = 2.71 \times 10^4 N \cdot m(J)$

51 $1{,}800L = 1.8m^3$

$1.0332 \times 30 = 30.996 kg/cm^2$

$\therefore 30.996 \times 1.8 = 55.7928 m^3$

52 금속카르보닐

- $Ni + 4CO \xrightarrow{150℃} Ni(CO)_4$ 니켈카르보닐

- $Fe + 5CO \xrightarrow[\text{고압}]{200℃} Fe(CO)_5$ 철카르보닐

53 $2NaOH + CO_2 \rightarrow Na_2CO_3 + H_2O$

54
- 1 : 과냉각액 구역
- 2 : 습증기 구역
- 3 : 과열증기 구역

55 공수계획은 생산계획 및 통제에 해당되며 공수계획은 부하와 능력의 조정을 꾀하는 것이다.

56 $5 + 3 = 8$일

$40{,}000 \times \dfrac{1}{8} = 5{,}000$원/일

57 계수규준형 1회 샘플링 검사는 로트로부터 1회만 시료를 채취하고 이것을 품질기준과 대조해서 양호품과 불량품으로 구분하고 시료 중에 발견된 불량품의 총수가 합격판정개수 이하이면 로트를 합격으로 하고 합격판정개수를 초과하면 로트를 불합격으로 하는 샘플링 검사이다.

58 작업관리 제품공정분석표
○ : 작업, □ : 검사, ▽ : 보관
⇨ : 운반, D : 대기(정체)

59 표준시간 = 정미시간 × $\left(\dfrac{1}{1 - \text{여유율}}\right)$

60 특성요인도
문제가 되는 결과와 이에 대응하는 원인과의 관계를 알기 쉽게 도표로 나타낸 것

제4회 CBT 실전모의고사

01 고압가스 안전관리법에서 정한 500리터 이상의 이음매 없는 용기의 재검사 주기는?

① 1년마다
② 2년마다
③ 3년마다
④ 5년마다

02 다음은 실제기체에 대한 설명이다. 틀린 것은?

① 분자 간의 인력이 상당히 있으며, 분자 부피가 존재한다.
② 완전 탄성체이다.
③ 압축인자가 압력이나 온도에 따라 변한다.
④ 압력이 낮고 온도가 높으면 이상 기체에 가까워진다.

03 일반적으로 가스를 구분할 때 가연성 가스가 아닌 것은?

① 수소
② 아세틸렌
③ 일산화탄소
④ 산소

04 다음 중 법령상 독성 가스가 아닌 것은?

① 시안화수소
② 황화수소
③ 염화비닐
④ 포스겐

05 다음 시설 또는 그 부대시설에서 고압가스 특정제조허가의 대상이 아닌 것은?

① 석유정제업자의 석유정제시설로서 그 저장능력이 100톤 이상인 것
② 석유화학공업자의 석유화학공업시설로서 그 저장능력이 100톤 이상인 것
③ 철강공업자의 철강공업시설로서 그 처리능력이 1만 세제곱미터 이상인 것
④ 비료생산업자의 비료제조시설로서 그 저장능력이 100톤 이상인 것

06 동관의 종류로서 옳지 않은 것은?

① 타프치동
② 인산탈동
③ 두랄루민
④ 무산소동

07 액화석유가스의 충전사업자는 수요자의 시설에 대하여 위해예방조치를 하고 그 실시 기록을 작성하여 몇 년간 보존하여야 하는가?

① 1년
② 2년
③ 3년
④ 4년

08 산화에틸렌의 저장탱크 및 충전용기에는 45℃에서 그 내부 가스의 압력이 얼마 이상이 되도록 질소가스를 충전하는가?

① 0.2MPa
② 0.4MPa
③ 1MPa
④ 2MPa

09 아세틸렌 제조에서 반드시 필요한 장치가 아닌 것은?

① 건조기 ② 압축기
③ 가스청정기 ④ 정류기

10 고온의 물체로부터 방사되는 에너지 중의 특정한 파장의 방사에너지, 즉 휘도를 표준온도의 고온물체와 비교하여 온도를 측정하는 온도계는?

① 열전대 온도계
② 광고온계
③ 색온도계
④ 제겔콘 온도계

11 다음 밸브(Valve) 중 유체를 한쪽 방향으로만 흐르게 하기 위한 역류방지용 밸브는?

① 글로브밸브(Globe Valve)
② 게이트밸브(Gate Valve)
③ 체크밸브(Check Valve)
④ 니들밸브(Needle Valve)

12 산소 공급원을 차단하여 소화하는 방법은?

① 제거소화
② 질식소화
③ 냉각소화
④ 희석소화

13 정압기의 구조에 따른 분류 중 일반 소비기기용이나 지구 정압기에 널리 사용되고 사용 압력은 중압용이며, 구조와 기능이 우수하고 정특성은 좋지만, 안정성이 부족하고 크기가 대형인 정압기는?

① 레이놀즈(Reynolds)식 정압기
② 피셔(Fisher)식 정압기
③ Axial Flow Valve(AFV)식 정압기
④ 루트(Roots)식 정압기

14 공기액화 분리장치의 밸브에서 열손실을 줄이는 방법으로 가장 거리가 먼 내용은?

① 단축밸브로 하여 열의 전도를 방지한다.
② 열전도율이 적은 재료를 밸브봉으로 사용한다.
③ 밸브 본체의 열용량을 가급적 적게 한다.
④ 누설이 적은 밸브를 사용한다.

15 기체의 확산에 대한 설명 중 옳은 것은?

① 기체의 확산속도는 분자량과 관계가 없다.
② 기체의 확산속도는 그 기체의 분자량의 제곱근에 반비례한다.
③ 기체의 확산속도는 그 기체의 분자량에 반비례한다.
④ 기체의 확산속도는 그 기체의 분자량에 비례한다.

16 냉동사이클에서 응축기가 열을 제거하는 과정을 나타내는 선은?

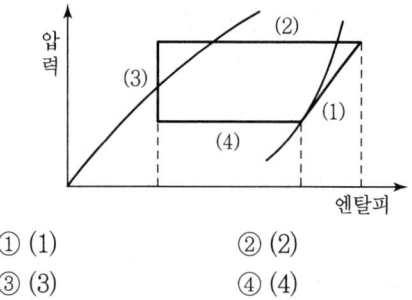

① (1) ② (2)
③ (3) ④ (4)

17 열역학 제2법칙에 대한 설명으로 옳은 것은?

① 일을 소비하지 않고 열을 저온체에서 고온체로 이동시키는 것은 불가능하다.
② 열이 높은 쪽에서 낮은 쪽으로 이동하여 마침내 온도의 차가 없는 열평형을 이룬다.
③ 온도가 일정한 조건에서 기체의 체적은 압력에 반비례한다.
④ 절대온도 0도에서는 엔트로피도 0이다.

18 식품접객업소로서 영업장의 면적이 몇 m² 이상인 가스 사용시설에 대하여 가스 누출자동차단기를 설치하여야 하는가?

① 33
② 50
③ 100
④ 200

19 압력 조정기에 대한 제품검사 항목이 아닌 것은?

① 구조검사
② 기밀검사
③ 외관검사
④ 치수검사

20 표준상태(0℃, 1기압)에서 부탄(C_4H_{10})가스의 비체적은 몇 L/g인가?

① 0.39
② 0.52
③ 0.64
④ 0.87

21 매설용 주철관에 모르타르 등으로 라이닝하는 이유로 가장 거리가 먼 것은?

① 부식을 방지하기 위하여
② 강도를 증가시키기 위하여
③ 마찰저항을 적게 하기 위하여
④ 수분의 접촉을 방지하기 위하여

22 줄-톰슨계수는 이상기체의 경우 어떤 값을 가지는가?

① 0이다.
② +값을 갖는다.
③ -값을 갖는다.
④ 1이 된다.

23 고압가스 취급장치로부터 미량의 가스가 누출되는 것을 검지하기 위하여 시험지를 사용한다. 검지가스에 대한 시험지 종류와 반응색이 옳게 짝지어진 것은?

① 아세틸렌 : 염화제1구리 착염지 – 적색
② 포스겐 : 연당지 – 흑색
③ 암모니아 : KI 전분지 – 적색
④ 일산화탄소 : 초산벤지딘지 – 청색

24 특정 고압가스 사용 신고의 기준에 대한 설명으로 옳지 않은 것은?

① 저장능력 250kg 이상의 액화가스 저장설비를 갖추고 특정고압가스를 사용하고 있는 자
② 저장능력 30m³ 이상의 압축가스 저장설비를 갖추고 특정고압가스를 사용하고 있는 자
③ 배관에 의하여 특정 고압가스를 공급받아 사용하는 자
④ 액화염소를 사용하고자 하는 자

25 이상적인 냉동사이클의 기본 사이클은?

① 카르노 사이클
② 역카르노 사이클
③ 랭킨 사이클
④ 브레이튼 사이클

26 고압가스를 제조할 때 압축하면 안 되는 가스는?

① 가연성 가스(아세틸렌, 에틸렌, 수소 제외) 중 산소 용량이 전 용량의 5%인 것
② 산소 중 가연성 가스의 용량이 전 용량의 3%인 것
③ 아세틸렌, 에틸렌 또는 수소 중의 산소 용량이 전 용량의 1%인 것
④ 산소 중의 아세틸렌, 에틸렌 및 수소의 용량 합계가 전 용량의 1%인 것

27 산소 16kg과 질소 56kg인 혼합기체의 전압이 506.5kPa이다. 이 때 질소의 분압은 몇 kPa인가?

① 202.6   ② 303.9
③ 405.2   ④ 506.5

28 가스제조공장에서 정제된 가스를 저장하여 가스의 질을 균일하게 유지하며, 제조량과 수요량을 조절하는 것은?

① 정압기   ② 압송기
③ 배송기   ④ 가스홀더

29 수소의 성질에 대한 설명 중 옳지 않은 것은?

① 상온에서 가장 가벼운 기체이다.
② 증기 밀도가 약 0.09g/L로서 아주 낮다.
③ 고온에서 금속재료에 전혀 투과하지 못한다.
④ 무색, 무미의 가연성 가스이다.

30 SI단위인 Joule에 대한 설명으로 옳지 않은 것은?

① 1Newton의 힘의 방향으로 1m 움직이는 데 필요한 일이다.
② 1Ω의 저항에 1A의 전류가 흐를 때 1초간 발생하는 열량이다.
③ 1kg의 질량을 $1m/sec^2$ 가속시키는 데 필요한 힘이다.
④ 1Joule은 약 0.24cal에 해당한다.

31 의료용 가스용기의 도색 구분으로 옳은 것은?

① 산소 : 청색
② 액화탄산가스 : 회색
③ 질소 : 갈색
④ 에틸렌 : 흑색

32 온도가 일정한 밀폐된 용기 속에 있는 기체를 압축하여 그 용적을 $\frac{1}{2}$로 하면 압력은 어떻게 변화하는가?

① $\frac{1}{4}$이 된다.   ② $\frac{1}{2}$이 된다.
③ 4배가 된다.   ④ 2배가 된다.

33 메탄 80v%, 에탄15v%, 프로판5v%의 혼합가스의 공기 중 폭발하한계 값은 몇 %인가?(단, 메탄, 에탄, 프로판의 하한계는 각각 5%, 30%, 2.1%이다.)

① 2.4%   ② 3.5%
③ 4.3%   ④ 5.1%

34 가스도매사업의 가스공급시설의 시설기준으로 옳지 않은 것은?

① 액화천연가스의 저장설비 및 처리설비는 그 외면으로부터 사업소 경계까지 30m 이상의 거리 유지
② 고압인 가스공급시설은 통로, 공지 등으로 구획된 안전구역 안에 설치하되, 그 면적은 2만m^2 미만일 것
③ 2개 이상의 제조소가 인접하여 있는 경우의 가스공급시설은 그 외면으로부터 그 제조소와 다른 제조소의 경계까지 20m 이상의 거리 유지
④ 액화천연가스의 저장탱크는 그 외면으로부터 처리능력이 20만m^3 이상인 압축기와 30m 이상 거리 유지

35 고압가스 안전관리법에 적용을 받는 가스 종류 및 범위의 기준으로 옳지 않은 것은?

① 상용의 온도에서 압력이 0.1MPa 이상이 되는 액화가스
② 상용의 온도에서 압력이 1MPa 이상이 되는 압축가스
③ 15℃에서 압력이 0Pa를 초과하는 아세틸렌가스
④ 35℃에서 압력이 0Pa를 초과하는 액화시안화수소

36 CO와 Cl_2를 원료로 하여 포스겐을 제조할 때 주로 쓰이는 촉매는?

① 염화제1구리   ② 백금, 로듐
③ 니켈, 바나듐   ④ 활성탄

37 메탄의 임계온도는 약 몇 ℃인가?

① -162   ② -83
③ 97   ④ 152

38 헴펠법에서 CO_2, O_2, C_mH_n, CO의 가스로 구성된 혼합가스를 흡수액에 접촉시킬 때 가스의 흡수분리 순서로 옳은 것은?

① CO → O_2 → C_mH_n → CO_2
② CO_2 → O_2 → CO → C_mH_n
③ C_mH_n → O_2 → CO_2 → CO
④ CO_2 → C_mH_n → O_2 → CO

39 산화에틸렌의 공기 중 폭발범위(한계)를 가장 옳게 나타낸 것은?

① 하한 : 3.0v%, 상한 : 80v%
② 하한 : 2.4v%, 상한 : 10.3v%
③ 하한 : 4.1v%, 상한 : 55v%
④ 하한 : 2.8v%, 상한 : 37v%

40 38cmHg 진공은 절대압력으로 약 몇 $kg/cm^2 \cdot abs$인가?

① 0.26   ② 0.52
③ 3.8   ④ 7.6

41 다음 기체 중 표준상태(STP)에서 밀도가 가장 큰 것은?

① 부탄(C_4H_{10})
② 이산화탄소(CO_2)
③ 삼산화황(SO_3)
④ 염소(Cl_2)

42 가스배관을 지하에 매설하는 경우의 기준으로 옳지 않은 것은?

① 배관은 그 외면으로부터 수평거리로 건축물(지하가 및 터널 포함)까지 2m 이상을 유지할 것
② 배관은 그 외면으로부터 지하의 다른 시설물과 0.3m 이상의 거리를 유지할 것
③ 배관은 지반의 동결에 따라 손상을 받지 않도록 적절한 깊이로 매설할 것
④ 배관입상부, 지반급변부 등 지지조건이 급변하는 장소에는 곡관의 삽입, 지반개량 등 필요한 조치를 할 것

43 석유를 분해해서 얻은 수소와 공기를 분리하여 얻은 질소를 반응시켜 제조할 수 있는 것은?

① 프로필렌   ② 황화수소
③ 아세틸렌   ④ 암모니아

44 염소의 제법에 대한 설명으로 옳지 않은 것은?

① 염산을 전기 분해한다.
② 표백분에 진한 염산을 가한다.
③ 소금물을 전기 분해한다.
④ 염화암모늄 용액에 소석회를 가한다.

45 냉매설비에 사용하는 재료에 대한 설명으로 옳지 않은 것은?

① 암모니아에는 동 및 동합금을 사용하지 못한다.
② 항상 물에 접촉되는 부분에는 60%를 넘는 알루미늄을 함유한 합금을 사용하지 못한다.
③ 염화메탄에는 알루미늄합금을 사용하지 못한다.
④ 프레온에는 2%를 넘는 마그네슘을 함유한 알루미늄 합금을 사용하지 못한다.

46 고압가스 일반 제조시설에서 저장탱크의 가스 방출장치는 몇 m^3 이상의 가스를 저장하는 곳에 설치하여야 하는가?

① 3
② 5
③ 7
④ 10

47 도시가스공급시설 중 정압기지 등의 기준으로 옳지 않은 것은?

① 정압기를 설치한 장소를 계기실·전기실 등과 구분하고 누출된 가스가 계기실 등으로 유입되지 아니하도록 할 것
② 정압기지에는 시설의 조작을 안전하고 확실하게 하기 위하여 조명도가 100럭스 이상이 되도록 할 것
③ 정압기지 주위에는 높이 1.5m 이상의 경계책 등을 설치하여 외부인의 출입을 방지할 수 있는 조치를 할 것
④ 지하에 설치하는 정압기실은 천정, 바닥 및 벽의 두께가 각각 30cm 이상의 방수조치를 한 콘크리트 구조일 것

48 LP 가스의 일반적인 성질로서 옳지 않은 것은?

① 물에는 녹지 않으나, 알코올과 에테르에는 용해한다.
② 액체는 물보다 가볍고, 기체는 공기보다 무겁다.
③ 기화는 용이하나, 기화하면 체적의 팽창률은 적다.
④ 증발잠열이 커서 냉매로도 사용할 수 있다.

49 독성가스를 수용하는 압력용기의 용접부의 전길이에 대하여 실시하여야 하는 비파괴시험법은?

① 침투탐상시험
② 방사선투과시험
③ 초음파탐상시험
④ 자분탐상시험

50 다음 중 완전 연소 시 공기량이 가장 적게 소요되는 가스는?

① 메탄   ② 에탄
③ 프로판   ④ 부탄

51 반데르발스(Van der Waals) 식은 기체분자 간의 인력과 기체 자신이 차지하는 부피를 고려한 상태식이다. 기체 n몰에 대한 반데르발스 식을 바르게 나타낸 것은?

① $\left(P+\dfrac{a}{nV^2}\right)(nV-b)=nRT$

② $\left(P+\dfrac{na}{V^2}\right)(nV-b)=nRT$

③ $\left(P+\dfrac{na}{V^2}\right)(V-nb)=nRT$

④ $\left(P+\dfrac{n^2a}{V^2}\right)(V-nb)=nRT$

52 질소의 용도로서 가장 거리가 먼 것은?
   ① 암모니아 합성원료   ② 냉매
   ③ 개미산 제조   ④ 치환용 가스

53 고압가스 안전관리법상 당해 가스시설의 안전을 직접 관리하는 사람은?
   ① 안전관리부총괄자
   ② 안전관리 책임자
   ③ 안전관리원
   ④ 특정설비 제조자

54 물체에 압력을 가하면 발생한 전기량은 압력에 비례하는 원리를 이용하여 압력을 측정하는 것으로서 응답이 빠르고 급격한 압력 변화를 측정하는 데 유효한 압력계는?
   ① 다이어프렘(Diaphram) 압력계
   ② 벨로스(Bellows) 압력계
   ③ 부르동관(Bourdon Tube) 압력계
   ④ 피에조(Piezo) 압력계

55 생산계획량을 완성하는 데 필요한 인원이나 기계의 부하를 결정하여 이를 현재인원 및 기계의 능력과 비교하여 조정하는 것은?
   ① 일정계획   ② 절차계획
   ③ 공수계획   ④ 진도관리

56 PERT에서 Network에 관한 설명 중 틀린 것은?
   ① 가장 긴 작업시간이 예상되는 공정을 주공정이라 한다.
   ② 명목상의 활동(Dummy)은 점선 화살표(┄┄→)로 표시한다.
   ③ 활동(Activity)은 하나의 생산작업요소로서 원(○)으로 표시된다.
   ④ Network는 일반적으로 활동과 단계의 상호관계로 구성된다.

57 어떤 측정법으로 동일 시료를 무한 횟수로 측정하였을 때 데이터 분포의 평균치와 참값과의 차를 무엇이라 하는가?
   ① 신뢰성   ② 정확성
   ③ 정밀도   ④ 오차

58 TPM 활동의 기본을 이루는 3정 5S 활동에서 3정에 해당되는 것은?
   ① 정시간   ② 정돈
   ③ 정리   ④ 정량

59 공정분석 기호 중 □는 무엇을 의미하는가?
   ① 검사   ② 가공
   ③ 정체   ④ 저장

60 축의 완성지름, 철사의 인장강도, 아스피린 순도와 같은 데이터를 관리하는 가장 대표적인 관리도는?
   ① $\overline{X} - R$ 관리도
   ② nP 관리도
   ③ c 관리도
   ④ u 관리도

▶▶▶ 정답 및 해설

01	02	03	04	05	06	07	08	09	10
④	②	④	③	③	③	②	②	④	②
11	12	13	14	15	16	17	18	19	20
③	②	①	①	②	②	①	③	③	①
21	22	23	24	25	26	27	28	29	30
②	①	①	②	②	①	③	④	③	③
31	32	33	34	35	36	37	38	39	40
②	④	③	①	④	④	④	③	①	②
41	42	43	44	45	46	47	48	49	50
③	①	④	④	②	②	②	③	②	①
51	52	53	54	55	56	57	58	59	60
④	③	①	④	③	③	②	④	①	①

01 ㉠ 500L 이상 : 5년마다(이음매 없는 용기)
㉡ 500L 미만
  • 10년 이하(5년) : 이음매 없는 용기
  • 10년 초과(3년) : 이음매 없는 용기

02 이상기체는 분자 간의 인력이 없고 완전 탄성체이다.

03 산소 : 조연성 가스

04 염화비닐
  • 폭발범위(4~21.7%)
  • PVC 원료
  • 물에는 잘 용해하지 않으며 기타 용제에는 대체로 용해한다.

05 철강공업자의 철강공업시설로서 그 처리능력이 10만 세제곱미터 이상인 것은 고압가스 특정제조허가의 대상이 된다.

06 동관
  • 타프치동
  • 인산탈동
  • 무산소동

07 액화석유가스 충전사업자는 수요자의 시설에 대하여 위해 예방조치 후 그 실시기록 보존은 2년간 한다.

08 C_2H_4O 가스는 45℃에서 $4kg_f/cm^2$(0.4MPa) 이상이 되도록 질소가스를 충전한다.

09 아세틸렌 제조 시 필요한 기구
  • 발생기   • 가스청정기
  • 유분리기   • 냉각기
  • 압축기   • 역화방지기

10 광고온도계
고온물체에서 나오는 복사선 중에 $0.65\mu m$ 특정파장의 복사에너지의 빛과 고온계 내부에 장치한 표준온도의 고온체(전구의 필라멘트)의 밝기를 갖게 조정하여 온도를 측정한다.

11 체크밸브
유체를 한쪽 방향으로만 흐르게 하기 위한 밸브이다.

12 질식소화는 산소 공급원을 차단하여 소화시키는 방법이다.

13 레이놀즈식 정압기
  • 언로딩형
  • 정특성은 좋으나 안정성이 부족
  • 다른 것에 비하여 크다.
  • 중압B → 저압용, 저압 → 저압용

14 단축밸브는 열전도방지가 불가능하다.

15 $\dfrac{U_1}{U_2} = \sqrt{\dfrac{M_2}{M_1}} = \sqrt{\dfrac{d_2}{d_1}}$
기체의 확산속도는 분자량 또는 밀도의 제곱근에 반비례한다.

16 (2) : (냉동기에서 응축기가 열을 제거하는 과정)

17 일을 소비하지 않고 열을 저온체에서 고온체로 이동시키는 것은 불가능하다는 열역학 제2법칙이다.

18 식품접객업소의 영업장의 면적이 $100m^2$ 이상이면 가스누출 차단장치가 필요하다.

19 압력조정기
  • 구조검사
  • 기밀검사
  • 치수검사

20 C_4H_{10}의 분자량 58

비체적 $= \dfrac{\text{체적}}{\text{분자량}} = \dfrac{22.4}{58} = 0.386 \text{L/g}$

21 라이닝처리와 강도와는 별개의 사항이다.

22 줄-톰슨계수는 이상기체에서 0의 값을 갖는다.

23 ① C_2H_2 : 염화제1구리 착염지 - 적색
    ② $COCl_2$: 연당지(하리슨시험지) - 오렌지색
    ③ NH_3 : 적색리트머스 시험지 - 청색
    ④ CO : 염화팔라듐지 - 흑색

24 저장능력 300m³ 또는 3톤 이상에서 사용 신고한다.

25 역카르노 사이클은 이상적인 냉동사이클의 기본이다.

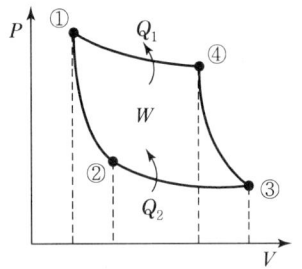

① 등온압축 : 4 → 1(응)
② 등온팽창 : 2 → 3(증)
③ 단열팽창 : 1 → 2(팽)
④ 단열압축 : 3 → 4(압)

26 ① 산소가 4% 이상이면 압축금지
    ② 4% 이상이면 압축금지
    ③ 2% 이상이면 압축금지
    ④ 2% 이상이면 압축금지

27 $N_2 = \dfrac{56}{56+16} \times 100 = 77.7\%$

$O_2 = \dfrac{16}{32} = 0.5$, $N_2 = \dfrac{56}{28} = 2$

∴ $506.5 \times \dfrac{2}{0.5+2} = 405.2 \text{kPa}$

※ $98\text{kPa}(1\text{kg}_f/\text{cm}^2)$, $102\text{kPa}(1{,}033\text{kg}_f/\text{cm}^2)$이다.

28 가스홀더
    정제된 가스를 저장하여 가스의 질을 균일하게 유지하며 제조량과 수요량을 조절하는 것

29 수소
    • 비중은 0.07로서 가장 가볍다.
    • 증기밀도가 0.09g/L이다.
    • 무색 무미의 압축가스이며 가연성 가스이다.
    • 고온에서 금속산화물 환원 및 수소취성 발생

30 • $1\text{J} = 1\text{N} \times 1\text{m}$
    • $1\text{J} = 0.24\text{cal}$
    • Joule의 법칙 : 저항 R에서 전압 V를 가하여 $I(\text{A})$의 전류가 $t(\sec)$ 동안 흘렀을 때 발생하는 열량이다.
    $H = I^2 Rt(\text{J})$

31 의료용
    • 산소 : 백색   • 액화탄산가스 : 회색
    • 질소 : 흑색   • 에틸렌 : 자색

32 기체의 부피는 압력에 반비례한다.

33 $\dfrac{100}{\dfrac{80}{5} + \dfrac{15}{3} + \dfrac{5}{2.1}} = 4.227\%$

34 ①은 $C^8\sqrt{143{,}000W}$에서 계산된 거리로 한다.
    ※ C : 0.240(저압지하식 저장탱크)
       C : 0.576(기타 가스저장설비 및 처리설비일 경우)
       W : 저장탱크는 저장 톤의 제곱근(그 밖의 것은 그 시설 내의 액화천연가스의 질량 톤)

35 ①은 0.2MPa 이상이어야 한다.

36 $CO + Cl_2 \xrightarrow{\text{활성탄}} COCl_2(\text{포스겐})$

$COCl_2 \xrightarrow{800℃} CO + Cl_2(\text{분해})$

37 메탄(CH_4)
    • 비점 : -162℃   • 임계온도 : -82.1℃
    • 임계압력 : 45.8atm   • 연소범위 : 5~15%

38 헴펠법에서 분리순서
    $CO_2 \to C_mH_n \to O_2 \to CO$

39 C_2H_4O 폭발범위 : 3.0~80%

40 $76 - 38 = 38 \text{cmHg}$
    $\therefore P = 1.033 \times \dfrac{38}{76} = 0.5165 \text{kgf/cm}^2 \text{abs}$

41 • 밀도(kg/m³)가 크면 분자량이 크다
    • 분자량 : 부탄(58), CO_2(44), SO_3(80), Cl_2(71)

42 지하매설배관은 건축물과는 1.5m 지하가나 터널과는 10m 이상의 수평거리를 유지할 것

43 암모니아 $3H_2 + N_2 \rightarrow 2NH_3 + 24\text{kcal}$
                3   :   1   :   2

44 염소
    • $CaOCl_2$(표백분) + $2HCl \rightarrow CaCl_2 + H_2O + Cl_2$
    • $2NaCl + Hg \rightarrow Cl_2(+극) + 2Na(Hg)(-극)$
    • $2HCl \rightarrow Cl_2(+) + H_2(-)$ 염산의 전기분해법

45 • 염화메탄(CH_3Cl)에는 Mg, Al, Zn은 사용불가
    • 암모니아는 Cu, Zn, Ag, Al, Co 등은 사용불가
    • 프레온 냉매는 2%를 넘는 Mg을 함유한 알루미늄 합금은 사용 불가

46 저장탱크 및 가스홀더는 가스가 누출하지 아니하는 구조로 하고 5m³ 이상의 가스를 저장하는 것에는 가스 방출장치를 설치할 것

47 ②에서 조명도는 150럭스 이상일 것

48 LP 가스는 기화하면 체적은 230~250배로 팽창한다.
    (체적의 팽창률이 크다.)

49 독성 가스 용기의 용접부 전 길이에 방사선투과시험 실시

50 $CH_4 + 2O_2 \rightarrow CO_2 + 2H_2O$
    $C_2H_6 + 3.5O_2 \rightarrow 2CO_2 + 3H_2O$
    $C_3H_8 + 5O_2 \rightarrow 3CO_2 + 4H_2O$
    $C_4H_{10} + 6.5O_2 \rightarrow 4CO_2 + 5H_2O$
    ※ 산소요구량이 적으면 공기량이 적다.

51 기체 n몰의 경우 ④의 계산식 채택
    기체 1몰의 경우는 $\left(P + \dfrac{a}{V^2}\right)(V-b)$

52 질소의 용도
    • 암모니아 합성 원료
    • 냉매, 치환용 가스 제조
    • 금속공업의 산화 방지
    • 소화기, 질소비료에 사용

53 안전관리부총괄자는 당해가스시설의 안전을 직접 관리한다.

54 피에조 압력계
    • 급격한 압력변화 측정
    • 고압측정용
    • 압력에 따라 전기량 발생

55 공수계획
    생산계획량을 완성하는 데 필요한 인원이나 기계의 부하를 결정하여 이를 현재 인원 및 기계의 능력과 비교하여 조정하는 것

56 PERT Network의 구성요소에서 에로 다이어그램의 구성요소에서 단계는 ○로 표시한다. 활동은 →로 표시한다. 명목상의 활동(가공작업)은 ┄┄→ 로 표시

57 정확성이란 어떤 측정법으로 동일 시료를 무한 횟수로 측정하였을 때 데이터 분포의 평균치와 참값과의 차이다.

58 생산관리의 원칙
    • 3정 : 정량, 정품, 정위치
    • 5S : 정리, 정돈, 청소, 청경, 습관화

59 ○ : 작업   ⇨ : 운반
    □ : 검사   D : 대기(정체)
    ▽ : 보관   (◎기호) : 결합기호

60 이 관리도($\overline{X} - R$ 관리도)는 관리항목이 축의 완성된 지름, 철사의 인장강도, 아스피린의 순도, 바이트의 소입온도, 전구의 소비전력 등과 같이 공정에서 채취한 시료의 길이, 무게, 시간, 강도, 성분, 수확률 등 계량치의 데이터에 대해서 $\overline{X}$와 R을 사용하여 공정을 관리한다.

제5회 CBT 실전모의고사

01 다음 중 지구 온실효과를 일으키는 가장 큰 원인이 되는 가스는?
① O_2
② CO_2
③ NO_2
④ N_2

02 염소가스는 수은법에 의한 식염의 전기분해로 얻을 수 있다. 이때 염소가스는 어느 곳에서 주로 발생하는가?
① 수은
② 소금물
③ 나트륨
④ 인조흑연(탄소판)

03 메탄가스에 대한 설명으로 옳은 것은?
① 공기 중 폭발범위는 5~25%이다.
② 비점은 약 −42℃이다.
③ 공기 중 메탄가스가 3% 함유된 혼합기체에 점화하면 폭발한다.
④ 고온에서 니켈촉매를 사용하여 수증기와 작용하면 일산화탄소와 수소를 생성한다.

04 다음 가스를 무거운 순서대로 옳게 나열한 것은?

㉠ 수소	㉡ 프로판
㉢ 암모니아	㉣ 아세틸렌

① ㉣ > ㉢ > ㉡ > ㉠
② ㉣ > ㉡ > ㉢ > ㉠
③ ㉡ > ㉣ > ㉢ > ㉠
④ ㉡ > ㉢ > ㉣ > ㉠

05 내용적 40L의 용기에 아세틸렌가스 10kg(액비중 0.613)을 충전할 때 다공성 물질의 다공도를 90%라고 하면 안전공간은 표준상태에서 약 얼마 정도인가?(단, 아세톤의 비중은 0.8이고, 주입된 아세톤 양은 14kg이다.)
① 3.5%
② 4.5%
③ 5.5%
④ 6.5%

06 "어떤 계에 흡수된 열을 완전히 일로 전환할 수 있는 장치란 없다"라는 법칙은 열역학 제 몇 법칙에 대한 것인가?
① 열역학 제0법칙
② 열역학 제1법칙
③ 열역학 제2법칙
④ 열역학 제3법칙

07 압축기에 의한 LPG 이송방식에 대한 설명으로 옳은 것은?
① 펌프에 비해 충전시간이 길다.
② 잔 가스의 회수가 가능하다.
③ 부탄의 경우에도 저온에서 재액화 현상이 일어나지 않는다.
④ 베어퍼록 현상을 일으킨다.

08 고압가스 일반제조 시설기준 중 가연성 가스 제조설비의 전기설비는 방폭 성능을 가지는 구조이어야 한다. 다음 중 제외 대상이 되는 가스는?
① 에탄
② 브롬화메탄
③ 에틸아민
④ 수소

09 가스의 검출(檢出)에 대한 설명 중 틀린 것은?

① 황린을 공기 중에 노출하면 백색 연기를 내면서 연소한다.
② 염소의 누출 검출에는 암모니아수를 사용한다.
③ 암모니아를 염산에 통하면 적갈색의 연기를 낸다.
④ 이산화탄소를 석회수에 통하면 흰색 침전물이 생성된다.

10 저장탱크의 침하상태를 측정하여 침하량(h/L)이 몇 %를 초과하였을 때 저장탱크의 사용을 중지하고 적절한 조치를 하여야 하는가?

① 0.5 ② 1
③ 3   ④ 5

11 에탄 1mol을 완전연소시켰을 때 발열량(Q)은 몇 kcal/mol인가?(단, $CO_2(g)$, $H_2O(g)$, $C_2H_5(g)$의 생성열은 1mol당 각각 94.1kcal, 57.8kcal, 20.2kcal이다.)

$$C_2H_6(g) + \frac{7}{2}O_2 \rightarrow 2CO_2(g) + 3H_2O(g) + Q$$

① 214.4 ② 259.4
③ 301.4 ④ 341.4

12 도시가스사업법에서 정의하는 다음 용어의 설명 중 틀린 것은?

① 배관이라 함은 본관, 공급관, 내관을 말한다.
② 본관이라 함은 공급관, 옥외배관을 말한다.
③ 내관이라 함은 가스사용자가 소유하고 있는 토지의 경계에서 연소기에 이르는 배관을 말한다.
④ 액화가스라 함은 상용의 온도에서 압력이 0.2MPa 이상이 되는 것을 말한다.

13 고압가스 안전관리법에서 정한 용기제조자의 수리범위에 해당되는 것은?

① 냉동기 용접부분의 용접 가공
② 냉동기 부속품의 교체, 가공
③ 특정설비의 부속품 교체
④ 아세틸렌 용기 내의 다공질물 교체

14 가스에 대한 품질검사기준으로 옳은 것은?

① 산소는 발연황산시약을 사용한 오르사트법에 의한 시험에서 순도가 98% 이상이고, 용기 내의 가스충전 압력이 35℃에서 11.8MPa 이상일 것
② 수소는 하이드로설파이드시약을 사용한 오르사트법에 의한 시험에서 99.5% 이상일 것
③ 아세틸렌은 브롬시약을 사용한 뷰렛법에 의한 시험에서 순도가 98% 이상이고, 질산은 시약을 사용한 정성시험에서 합격한 것일 것
④ 산소는 동·암모니아시약을 사용한 오르사트법에 의한 시험에서 순도가 98.5% 이상이고, 용기 내의 가스충전 압력이 35℃에서 11.8MPa 이상일 것

15 가스의 압력을 사용기구에 맞는 압력으로 감압하여 공급하는데 사용하는 정압기의 기본구조로서 옳은 것은?

① 다이어프램, 스프링(또는 분동) 및 메인밸브로 구성되어 있다.
② 팽창밸브, 회전날개, 케이싱(Casing)으로 구성되어 있다.
③ 흡입밸브와 토출밸브로 구성되어 있다.
④ 액송펌프와 메인밸브로 구성되어 있다.

16 부식이 특정한 부분에 집중하는 형식으로 부식 속도가 크므로 위험성이 높고 장치에 중대한 손실을 미치는 부식의 형태는?

① 국부부식　　② 전면부식
③ 선택부식　　④ 입계부식

17 가스엔진구동열펌프(GHP)에 대한 설명 중 옳지 않은 것은?

① 부분부하 특성이 우수하다.
② 난방 시 GHP의 기동과 동시에 난방이 가능하다.
③ 외기온도 변동에 영향이 많다.
④ 구조가 복잡하고 유지관리가 어렵다.

18 온도 25℃, 압력 1atm에서 이상기체 1mol의 부피는 약 몇 m^3인가?

① 12.23
② 24.44
③ 1.22×10^{-2}
④ 2.44×10^{-2}

19 "기체는 압력이 일정할 때 체적은 절대온도에 비례한다."는 것과 관계가 깊은 법칙은?

① 샤를의 법칙
② 보일의 법칙
③ 아보가드로의 법칙
④ 게이-뤼삭의 법칙

20 고압밸브에 대한 설명 중 틀린 것은?

① 밸브시트는 내식성이 좋은 재료를 사용한다.
② 주조품을 깎아서 만든다.
③ 글로브밸브는 기밀도가 크다.
④ 슬루스밸브는 난방배관용으로 적합하다.

21 탄소강의 물리적 성질 중 탄소함유량의 증가에 따라 증가하는 것은?

① 전기저항　　② 용융점
③ 열팽창률　　④ 열전도율

22 액화가스를 가열하여 기화시키는 기화장치의 성능기준으로 옳지 않은 것은?

① 접지 저항치는 10Ω 이하
② 안전장치는 내압시험(TP)의 8/10 이하의 압력에서 작동
③ 온수가열 방식의 온수는 80℃ 이하
④ 증기가열 방식의 온도는 100℃ 이하

23 산소(O_2)의 성질에 대한 설명으로 옳은 것은?

① 비점은 약 -183℃이다.
② 임계압력은 약 33.5atm이다.
③ 임계온도는 약 -144℃이다.
④ 분자량은 16이다.

24 가스 중의 황화수소 제거법 중 알칼리물질로 암모니아 또는 탄산소다를 사용하며, 촉매는 티오비산염을 사용하는 방법은?

① 사이록스법　　② 진공카보네이트법
③ 후막스법　　　④ 타카학스법

25 다음 중 수동식 밸브의 표시기호로 옳은 것은?

① 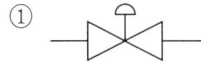　　②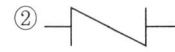

③ 　　④

26 다음 중 저온취성(메짐)을 일으키는 원소로 옳은 것은?

① Cr　　② Si
③ S　　　④ P

27 액화석유가스 저장탱크 설치방법에 있어서 지하에 묻는 경우의 기준으로 옳지 않은 것은?

① 저장탱크의 주위에는 마른 모래를 채울 것
② 저장탱크의 상부와 지면과의 거리는 60cm 이상으로 할 것
③ 저장탱크에 설치한 안전밸브에는 지면에서 5m 이상의 높이에 방출구가 있는 가스방출관을 설치할 것
④ 저장탱크를 2개 이상 인접하여 설치하는 경우에는 상호 간 2m 이상의 거리를 유지할 것

28 표준상태에서 1L의 A가스의 무게는 1.9768g, B가스의 무게는 1.2507g이다. 이 두 기체의 확산속도비 $\dfrac{V_A}{V_B}$는 약 얼마인가?

① 0.63 ② 0.80
③ 1.26 ④ 1.58

29 다음 가스 중 중독을 막기 위한 허용한도가 잘못 짝지어진 것은?

① 암모니아 – 25ppm
② 일산화탄소 – 50ppm
③ 이산화탄소 – 5,000ppm
④ 염소 – 10ppm

30 27℃에서 1mol의 이상기체가 1atm에서 20atm으로 정온가역적으로 압축되었다. 이때 소요된 일의 양은 약 몇 cal/mol인가?

① 1,586 ② 1,686
③ 1,786 ④ 1,886

31 가스크로마토그래피 검출기 중 H_2O, CO_2 등에는 감응하지 않으나, 탄화수소에서의 강도가 가장 좋은 검출기는?

① TCD ② FID
③ ECD ④ FPD

32 진탕형 오토클레이브(Auto Clave)의 특성에 대한 설명으로 옳은 것은?

① 고압력에 사용할 수 없다.
② 가스누설의 가능성이 없다.
③ 반응물의 오손이 많다.
④ 뚜껑판의 뚫어진 구멍에 촉매가 들어갈 염려가 없다.

33 암모니아 제조법 중 Haber – Bosch법은 수소와 질소를 혼합하여 몇 도의 온도와 몇 기압의 압력으로 합성시키며 촉매는 무엇을 사용하는가?

① 450~500℃, 300atm, Fe, Al_2O_3
② 150~30℃0, 10atm, 백금
③ 1,000℃, 800atm, NaCl
④ 150~200℃, 450atm, 알루미늄과 은

34 고압고무호스(트윈호스, 측도관 등)의 기준에 대한 설명 중 옳지 않은 것은?

① 고압고무호스는 안층 · 보강층 · 바깥층으로 되어 있고 안지름과 두께가 균일할 것
② 트윈호스는 차압 0.05MPa 이하에서 정상적으로 작동하는 체크밸브를 부착할 것
③ 측도관의 집합관에 연결하는 이음쇠의 나사는 KS B 0222(관용테이퍼나사)규정에 적합할 것
④ 트윈 호스의 길이는 900mm 또는 1,200mm이고, 허용차는 +20mm, -10mm로 할 것

35 줄(Joule)의 법칙에 의한 이상기체의 내부에너지는?

① 압력과 온도에만 의존한다.
② 체적과 온도에만 의존한다.
③ 압력과 체적에만 의존한다.
④ 온도에만 의존한다.

36. 도시가스사업자·특정가스사용시설의 사용자가 정기검사를 받지 않았을 때의 벌칙 기준으로 옳은 것은?

  ① 1년 이하의 징역 또는 1,000만 원 이하의 벌금
  ② 1년 이하의 징역 또는 2,000만 원 이하의 벌금
  ③ 2년 이하의 징역 또는 2,000만 원 이하의 벌금
  ④ 3년 이하의 징역 또는 3,000만 원 이하의 벌금

37. 가스액화분리장치의 구성기기 중 축냉기의 축냉체로 주로 사용되는 것은?

  ① 구리   ② 물
  ③ 공기   ④ 자갈

38. 다음 중 수소의 제조법이 아닌 것은?

  ① 물의 전기분해
  ② 천연가스의 분해
  ③ 이산화망간에 의한 과산화수소의 분해
  ④ 수증기를 이용한 일산화탄소의 전화반응

39. 7 : 3 황동에 대한 설명으로 옳은 것은?

  ① Zn 70%에 Cu 30%를 합금한 것으로 판, 봉, 선 등의 재료에 사용되며 방열기 부품 등에 쓰인다.
  ② Cu 70%에 Sn 30%를 합금한 것으로 판, 봉, 선 등의 재료에 사용되며 방열기 부품 등에 쓰인다.
  ③ Cu 70%에 Sn 30%를 합금한 것으로 열가공에 적합하며 강도가 커서 볼트, 너트 등에 쓰인다.
  ④ Sn 70%에 Cu 30%를 합금한 것으로 열가공에 적합하며 강도가 커서 볼트, 너트 등에 쓰인다.

40. 공기액화분리장치의 구성기기 중 터보팽창기에 대한 설명으로 옳은 것은?

  ① 팽창비는 약 5 정도이다.
  ② 회전수는 1,000~2,000rpm 정도이다.
  ③ 처리가스량은 1,000m^3/h 정도이다.
  ④ 복동식과 단동식으로 크게 구분된다.

41. 위험성 평가기법 중 결함수분석(FTA)에 대한 설명으로 옳지 않은 것은?

  ① 정성적 분석이 가능하다.
  ② 재해현상과 재해원인과의 관련성의 해석이 가능하다.
  ③ 정량적 해석이 가능하다.
  ④ 귀납적 해석방법이다.

42. Pb_3O_4를 400℃ 이상으로 가열하여 얻은 적색 분말을 끓인 아마인유에 섞은 것으로 철의 녹 방지를 위해 밑칠용으로 널리 사용되는 도료는?

  ① 합성수지 도료
  ② 산화철 도료
  ③ 광명단(연단) 도료
  ④ 알루미늄 도료

43. 고압배관용 탄소강 강관의 기호는?

  ① SPPS   ② SPPH
  ③ SPLT   ④ SPHT

44. 가연성 가스를 제조하는 장치를 신설하여 기밀시험을 실시할 때 사용되는 가스가 아닌 것은?

  ① 공기   ② 산소
  ③ 질소   ④ 이산화탄소

45 회전축의 전달동력이 20kW, 회전수 200rpm 이라면 이 전동축의 지름은 약 몇 mm인가? (단, 축의 허용전단응력 τ_a = 30MPa이다.)

① 25 ② 35
③ 45 ④ 55

46 표준기압 1atm은 몇 kgf/cm²인가? (단, Hg의 밀도는 13595.1kg/m³, 중력가속도는 9.80665 m/s²이다.)

① 1.0332
② 1013.25
③ 10.332
④ 101.325

47 개스킷 재료가 갖추어야 할 구비조건으로 가장 거리가 먼 것은?

① 충분한 강도를 가질 것
② 유체에 의해 변질되지 않을 것
③ 유연성을 유지할 수 있을 것
④ 내유성, 내후성, 내마모성이 적을 것

48 질소 14g과 수소 4g을 혼합하여 내용적이 4,000mL인 용기에 충전하였더니 용기 내의 온도가 100℃로 상승하였다. 용기 내 수소의 부분압력은 약 몇 atm인가? (단, 이 혼합기체는 이상기체로 간주한다.)

① 4.4 ② 12.6
③ 15.3 ④ 19.9

49 유독가스 검지법에 의한 가스별 착색 반응지와 색깔의 연결이 잘못된 것은?

① 일산화탄소 : 염화팔라듐지 – 흑색
② 이산화질소 : KI전분지 – 청색
③ 황화수소 : 연당지 – 황갈색
④ 아세틸렌 : 리트머스 시험지 – 청색

50 아세틸렌은 용기에 충전한 후 온도 15℃에서 압력이 얼마 이하로 될 때까지 정치하여야 하는가?

① 1.5MPa ② 2.5MPa
③ 3.5MPa ④ 4.5MPa

51 시안화수소(HCN)에 대한 설명으로 옳은 것은?

① 허용 농도는 10ppb이다.
② 충전한 후 90일을 정치한 후 사용한다.
③ 충전 시 수분이 존재하면 안전하다.
④ 누출 검지제는 질산구리벤젠지이다.

52 다음 가스의 성질에 대한 설명 중 옳지 않은 것은?

① 암모니아는 산이나 할로겐과 잘 화합하고 고온, 고압에서는 강재를 침식한다.
② 산소는 반응성이 강한 가스로서 가연성 물질을 연소시키는 조연성(助燃性)이 있다.
③ 질소는 안정한 가스로서 불활성 가스라고도 하는데 고온하에서도 금속과 화합하지 않는다.
④ 일산화탄소는 독성 가스이고, 또한 가연성 가스이다.

53 고압가스를 제조하는 경우에 압축이 가능한 가스는?

① 가연성 가스(H_2, C_2H_2, C_2H_4 외의 것) : 6%, 산소 : 94%
② 산소 : 3%, 가연성 가스(H_2, C_2H_2, C_2H_4 외의 것) : 97%
③ C_2H_2, C_2H_4, H_2 : 3%, 산소 : 97%
④ 산소 : 3%, C_2H_2, C_2H_4, H_2 : 97%

54 고압가스 저장시설 기준에 있어서 가연성 가스의 저장능력이 15,000m³일 때 제1종 보호시설과의 안전거리 기준은?

① 10m ② 12m
③ 17m ④ 21m

55 다음 중 관리의 사이클을 가장 올바르게 표시한 것은?(단, A : 조처, C : 검토, D : 실행, P : 계획)

① P → C → A → D
② P → A → C → D
③ A → D → C → P
④ P → D → C → A

56 다음 중 절차계획에서 다루어지는 주요한 내용으로 가장 관계가 먼 것은?

① 각 작업의 소요시간
② 각 작업의 실시 순서
③ 각 작업에 필요한 기계와 공구
④ 각 작업의 부하와 능력의 조정

57 그림과 같은 계획공정도(Network)에서 주공정으로 옳은 것은?(단, 화살표 밑의 숫자는 활동시간[단위 : 주]을 나타낸다.)

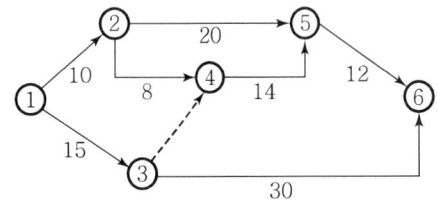

① ①-②-⑤-⑥
② ①-②-④-⑤-⑥
③ ①-③-④-⑤-⑥
④ ①-③-⑥

58 모집단을 몇 개의 층으로 나누고 각 층으로부터 각각 랜덤하게 시료를 뽑는 샘플링 방법은?

① 층별 샘플링 ② 2단계 샘플링
③ 계통 샘플링 ④ 단순 샘플링

59 작업자가 장소를 이동하면서 작업을 수행하는 경우에 그 과정을 가공, 검사, 운반, 저장 등의 기호를 사용하여 분석하는 것을 무엇이라 하는가?

① 작업자 연합작업분석
② 작업자 동작분석
③ 작업자 미세분석
④ 작업자 공정분석

60 u 관리도의 관리상한선과 관리하한선을 구하는 식으로 옳은 것은?

① $\bar{u} \pm 3\sqrt{\bar{u}}$ ② $\bar{u} \pm \sqrt{\bar{u}}$
③ $\bar{u} \pm 3\sqrt{\dfrac{\bar{u}}{n}}$ ④ $\bar{u} \pm \sqrt{n \cdot \bar{u}}$

▶▶▶ 정답 및 해설

01	02	03	04	05	06	07	08	09	10
②	④	④	③	③	③	②	②	③	②
11	12	13	14	15	16	17	18	19	20
④	②	④	③	①	①	③	④	①	②
21	22	23	24	25	26	27	28	29	30
①	④	①	①	③	④	④	②	④	③
31	32	33	34	35	36	37	38	39	40
②	②	④	①	①	④	②	③	②	①
41	42	43	44	45	46	47	48	49	50
④	③	②	②	④	①	③	④	③	①
51	52	53	54	55	56	57	58	59	60
④	③	②	④	④	④	④	①	④	③

01 온실가스
CO_2, CH_4, N_2O, HFCs(수소불화탄소), PFCs(과불화탄소), SF_5(육불화황)

02 $2NaCl + Hg \rightarrow \underline{Cl_2} + \underline{2Na(Hg)}$
          (+)   (-)
$2Na(Hg) + 2H_2O \rightarrow 2NaOH + H_2 + (Hg)$
양극(+)에 탄소흑연봉, 음극(-)에 Hg을 사용

03 메탄가스
- 폭발범위 : 5~15%
- 비점 : -162℃
- 공기 중 CH_4가 5% 이상이면 점화
- 고온에서 Ni을 촉매로 CO와 H_2 생성

04 가스의 분자량
프로판(44) > 아세틸렌(26) > 암모니아(17) > 수소(2)

05 $40 \times 0.613 = 24.52$kg
$14 \times 0.9 = 12.6$kg
$14 - 12.6 = 1.4$kg
$\therefore \frac{1.4}{24.52} \times 100 = 5.7\%$

06 열역학 제2법칙
어떤 계에 흡수된 열을 완전히 일로 전환할 수 있는 장치란 없다는 법칙

07 LPG 압축기 이송방식
- 충전시간이 짧다.
- 재액화 현상이 발생될 우려가 있다.
- 베이퍼록 현상이 없고 잔 가스 회수가 가능하다.

08 가연성 가스 중 전기설비에서 방폭 성능을 하지 않아도 되는 가스는 브롬화메탄 및 암모니아 가스이다.

09 암모니아 가스는 염산에 통하면 백연기가 발생된다.

10
- 저장탱크 침하량 h/L이 1%를 초과하면 저장탱크 사용 중지
- 저장탱크 침하량이 h/L이 0.5%를 초과하면 1년간 매월 측정하여 기록한다.

11 $(94.1 \times 2 + 57.8 \times 3) - 20.2 = 341.4$kcal/mol

12 본관
도시가스 제조사업소의 부지 경계에서 정압기까지 이르는 배관이다.

13 ①, ② 냉동기 제조자 수리범위
③ 특정설비 제조자 수리범위
④ 용기제조자 수리범위

14
- 산소의 순도 : 99.5% 이상(12MPa 이상)
- 수소의 순도 : 98.5% 이상(12MPa 이상)
- 아세틸렌 순도 : 98% 이상(충전량 3kg 이상)

15 정압기 기본구조
다이어프램, 스프링, 메인밸브 등

16 국부부식
부식이 특정한 부분에 집중하는 형식의 부식

17 가스엔진구동 히트펌프는 외기온도 변동에 영향이 적다.

18 1mol = 22.4L = 0.0224m^3
$\therefore 0.0224 \times \frac{25 + 273}{273} = 0.02445m^3 = 2.44 \times 10^{-2} m^3$

19 샤를의 법칙
기체는 압력이 일정할 때 체적은 절대온도(K)에 비례한다는 법칙

20 고압밸브 : 단조품 생산이다.

21 ㉠ 탄소량의 증가
- 인장강도 증가
- 경도, 항복점, 비열, 취성, 전기저항 증가

㉡ 탄소량의 감소
- 인성, 연신율, 충격치, 비중 감소
- 융해온도, 열전도율 감소

22
- 온수가열방식 : 80℃ 이하 온수 사용
- 증기가열방식 : 120℃ 이하 증기 사용
- 기화기의 안전장치 작동압력 : 내압시험의 8/10 이하 압력
- 가연성 가스의 기화장치 접지저항치 : 10Ω 이하일 것

23 산소의 성질
- 비점 : -183℃
- 임계압력 : 50.1atm
- 임계온도 : -118.4℃
- 분자량(O_2) : 32

24 사이록스법
가스 중의 황화수소 제거법(촉매는 티오비산염 사용)

25 수동식 밸브의 표시기호

26 인(P)은 인장강도 증가, 연신율 감소, 상온 및 저온취성의 원인이 된다.

27 지하 인접한 저장탱크 간격은 1m 이상의 거리를 유지한다.

28 $\dfrac{U_B}{U_A} = \dfrac{\sqrt{d_1}}{\sqrt{d_2}} = \dfrac{\sqrt{1.2507}}{\sqrt{1.9768}} = 0.7954$

29 염소허용농도 : 1ppm

30 공기 1mol=29g=0.029kg
등온변화 $_1W_2 = GRT\ln\left(\dfrac{P_2}{P_1}\right)$

$\therefore \dfrac{0.029 \times 29.27 \times (27+273)\ln\left(\dfrac{20}{1}\right)}{427}$

= 1.786kcal/mol
= 1,786cal/mol

※ 공기 $R = 29.27$kg·m/kg·K

31 수소이온화 검출기(FID)
탄화수소에서 감도가 최고이나 H_2, O_2, CO, CO_2, SO_2 가스 등에는 감도가 없다.

32 진탕형
가스누설의 우려가 없다. 고압에 적당하고 반응물의 오손이 없다.

33 NH_3 하버-보시 합성법
- 질소와 수소는 부피비가 3 : 1
- 압력 200~1,000atm
- 온도 450~500℃
- 촉매(Fe_3O_4, Al_2O_3, CaO, K_2O)

34
- 측도관의 길이는 600, 1,000mm가 있고 허용차는 +20, -10mm이다.
- ①, ③, ④는 고압고무호스의 기준이다.

35 줄의 법칙에 의한 이상기체의 내부에너지는 온도만의 함수이다.

36 도시가스사업자, 특정가스사용시설의 사용자가 정기검사를 받지 않으면 1년 이하의 징역 또는 1,000만 원 이하의 벌금에 처한다.

37
- 축냉기 : 수분과 탄산가스가 제거된다.
- 축냉체 : 주름이 있는 알루미늄리본, 자갈

38 수소의 제법(공업적 제법)은 ①, ②, ④ 외에도 석유분해법 등이 있다.

39 7 : 3 황동
구리가 70%, 아연이 30%의 합금(신주이다.)

40 팽창기
- 왕복동식 팽창기 : 팽창비가 약 40
- 터보팽창기 : 팽창비가 약 5

41 FTA : 정량적 안전성 평가기법이다.

42 광명단 도료 : 녹 방지용 밑칠용 도료이다.

43 ① SPPS : 압력배관용
② SPPH : 고압배관용
③ SPLT : 저온배관용
④ SPHT : 고온배관용

44 가연성 가스 제조 시 조연성 가스인 O_2는 기밀시험에서 제외된다.

45 • 전동축 종류 : 주축, 선축, 중간축
• 지름 $d = k^3\sqrt{\dfrac{N}{n \cdot r_a}}$ (cm)
$= 170^3\sqrt{\dfrac{20}{200 \times 3}} ≒ 55$mm
※ 30MPa = 300kg/cm² = 3kg/mm²

46 1atm = 1.0332kg$_f$/cm²

47 개스킷은 내유성, 내후성, 내마모성이 클 것

48 H_2 4g = 2mol = 44.8L = 44,800mL
∴ $\dfrac{\left(44,800 \times \dfrac{100+273}{273}\right)}{4,000} = 15.3$atm

49 아세틸렌 : 염화제1동 착염지

50 아세틸렌은 용기에서 15℃에서 1.5MPa(15kg/cm²) 이하로 정치한다.

51 시안화수소(HCN) 가스
• 안정제 : 아황산가스, 황산
• 정치시간 : 24시간
• 누출검사 : 1일 1회 이상 질산구리벤젠 등의 시험지
• 수분이 2% 이하에서 안전하다.

52 질소는 고온에서 산화질소발생(상온에서는 안정된 가스)
$N_2 + O_2 \xrightarrow[\text{방전}]{3,000℃} 2NO$

53 ②의 경우는 4% 이상에서 압축이 금지된다. (O_2) 3%의 경우 압축이 가능하다.

54 10,000 초과~20,000m³ 이하
제1종(21m), 제2종(14m)

55 관리의 사이클
계획 → 실행 → 검토 → 조처

56 절차계획(순서계획)은 ①, ②, ③의 내용 외에도 각 공정에 필요한 인원수, 사용자재, 기타 조건 등이 있다.

57 주공정
활동 시간이 가장 많은 ①-③-⑥이 해당된다.
① 42주   ② 44주
③ 41주   ④ 45주

58 층별 샘플링
모집단을 몇 개의 층으로 나누고 각 층으로부터 각각 랜덤하게 시료를 뽑는 샘플링 방법

59 공정분석
㉠ 단순공정분석
㉡ 세밀공정분석
• 제품공정분석 : 단일형, 조립형, 분해형
• 작업자공정분석 : 가공, 검사, 운반, 저장 기호 사용
• 연합공정분석

60 u 관리도는 관리항목으로 직물의 얼룩, 에나멜동선의 핀홀 등과 같은 결점수를 취급할 때 검사하는 시료의 길이나 면적 등이 일정하지 않은 경우에 사용한다.
$ucL = \bar{u} \pm 3\sqrt{\dfrac{\bar{u}}{n}}$

제6회 CBT 실전모의고사

01 다음 응력 변형률 선도에서 인장강도를 나타내는 점은?

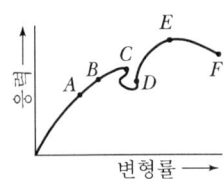

① C ② D
③ E ④ F

02 기체의 유속은 마하(Mach)수로 나타내며 압축성 유체의 유속계산에 사용된다. 마하수에 대한 표현으로 옳은 것은?(단, 마하수는 M, 유체속도는 V, 음속은 C이다.)

① $M = V \times C$
② $M = \dfrac{V}{C}$
③ $M = \dfrac{C}{V}$
④ $M = V + C$

03 다음 중 흡수식 냉동기에 사용되는 냉매는? (단, 흡수제는 물이다.)

① 톨루엔 ② 염화메틸
③ 물 ④ 암모니아

04 어떤 용기에 수소 1g, 산소 32g, 질소 56g을 넣었더니 1기압이 되었다. 이때 수소의 분압은 약 몇 atm인가?

① $\dfrac{1}{89}$
② $\dfrac{1}{7}$
③ $\dfrac{1}{3}$
④ 1

05 이상기체의 분자량을 구하는 식으로 옳은 것은?(단, M은 기체의 분자량, P는 기체의 압력, R은 기체상수, d는 기체의 밀도, T는 절대온도이다.)

① $M = \dfrac{dRT}{P}$
② $M = \dfrac{dP}{RT}$
③ $M = \dfrac{dPT}{R}$
④ $M = \dfrac{P}{dRT}$

06 온도 200℃, 부피 400L의 용기에 질소 140kg을 저장할 때 필요한 압력을 Van der Waals 식을 이용하여 계산하면 약 몇 atm인가?(단, $a = 1.351$ atm·L²/mol², $b = 0.0386$ L/mol이다.)

① 36.3 ② 363
③ 72.6 ④ 726

07 LP 가스의 제법이 아닌 것은?

① 원유에서 액화가스를 회수
② 석유정제공정에서 분리
③ 나프타 분해생성물에서 제조
④ 메탄의 부분 산화법으로 제조

08 아세틸렌 제조 시 청정제로 사용되지 않는 것은?

① 리카솔
② 카타리솔
③ 에퓨렌
④ 진타론

09 다음 가스 중 임계온도가 높은 것부터 나열된 것은?

① $O_2 > Cl_2 > N_2 > H_2$
② $Cl_2 > O_2 > N_2 > H_2$
③ $N_2 > O_2 > Cl_2 > H_2$
④ $H_2 > N_2 > Cl_2 > O_2$

10 고압가스 분출 시 정전기가 가장 발생하기 쉬운 경우는?

① 가스의 분자량이 적은 경우
② 가스의 온도가 높은 경우
③ 가스가 건조되어 있는 경우
④ 가스 속에 액체나 고체의 미립자가 있을 경우

11 밀폐된 용기 내에 1atm, 27℃로 프로판과 산소가 2 : 8의 비율로 혼합되어 있으며, 이것이 연소하여 다음과 같은 반응을 하고 화염온도는 3,000K가 되었다고 한다. 이 용기 내에 발생하는 압력은 몇 atm인가?(단, 내용적의 변화는 없다.)

$$2C_3H_3 + 8O_2 \rightarrow 6H_2O + 4CO_2 + 2CO + 2H_2$$

① 2　　② 6
③ 12　　④ 14

12 다음 중 분해폭발성 가스는?

① 산소　　② 질소
③ 아세틸렌　　④ 프로판

13 암모니아합성가스 분리장치에 대한 설명으로 옳은 것은?

① 메탄은 제1열교환기에서 액화하여 분리된다.
② 질소는 상압으로 공급된다.
③ 에틸렌은 제3열교환기에서 액화한다.
④ 일산화질소는 정촉매로 작용한다.

14 스크루 압축기의 특징에 대한 설명으로 옳은 것은?

① 기초, 설치 면적이 크다.
② 토출압력 변화에 따른 용량의 변화가 크다.
③ 저속 회전이다.
④ 토출가스에 맥동이 생기지 않는다.

15 수소(H_2) 가스의 공업적 제조법이 아닌 것은?

① 물의 전기분해법
② 공기액화 분리법
③ 수성가스법
④ 석유의 분해법

16 어떤 장소의 온도를 재었더니 500°R이었다. 이는 섭씨온도로는 약 몇 ℃인가?

① 3.4
② 4.4
③ 5.4
④ 6.4

17 다음 반응 중 평형상태가 압력의 영향을 받지 않는 것은?

① $2NO_2 \rightleftarrows N_2O_4$
② $2CO + O_2 \rightleftarrows 2CO_4$
③ $NH_3 + HCl \rightleftarrows NH_4Cl$
④ $N_2 + O_2 \rightleftarrows 2NO$

18 다음 중 공식(孔蝕)의 특징에 대한 설명으로 옳은 것은?

① 양극반응의 독특한 형태이다.
② 부식속도가 느리다.
③ 균일부식의 조건과 동반하여 발생한다.
④ 발견하기가 쉽다.

19 용접이음의 특징에 대한 설명으로 옳은 것은?

① 조인트 효율이 낮다.
② 기밀성 및 수밀성이 좋다.
③ 진동을 감쇠시키기 쉽다.
④ 응력집중에 둔감하다.

20 부르동관(Bourdon Tube) 압력계 사용 시의 주의사항으로 가장 거리가 먼 것은?

① 안전장치를 한 것을 사용할 것
② 압력계에 가스를 유입시키거나 또는 빼낼 때는 신속하게 조작할 것
③ 정기적으로 검사를 행하고 지시의 정확성을 확인할 것
④ 압력계는 가급적 온도변화나 진동, 충격이 적은 장소에 설치할 것

21 고압가스 장치에 사용되는 압력계 중 탄성식 압력계가 아닌 것은?

① 링밸런스식 압력계
② 부르동관식 압력계
③ 벨로스 압력계
④ 디이어프램식 압력계

22 다음 중 소석회에 의해 제독이 가능한 가스는?

① 염소
② 황화수소
③ 암모니아
④ 시안화수소

23 도시가스 성분 중 황화수소는 0℃, 101,325 Pa의 압력에서 건조한 도시가스 $1m^3$당 몇 g을 초과해서는 안 되는가?

① 0.02 ② 0.05
③ 0.2   ④ 0.5

24 액화프로판을 충전용기에 50kg 충전할 수 있는 용기의 내용적(L)은?(단, 액화프로판의 정수는 2.35이다.)

① 50.0   ② 58.8
③ 102.5 ④ 117.5

25 도시가스사업법에서 사용하는 용어의 정의를 설명한 것 중 틀린 것은?

① 도시가스 사업은 수요자에게 연료용 가스를 공급하는 사업이다.
② 가스 도매사업은 일반 도시가스 사업자 외의 자가 일반도시가스사업자 또는 산업자원부령이 정하는 대량수요자에게 천연가스(액화한 것 포함)를 공급하는 사업을 말한다.
③ 도시가스사업자는 가스를 제조하여 일반 수요자에게 용기로 공급하는 사업자를 말한다.
④ 가스사용시설은 가스공급시설 외의 가스사용자의 시설로서 산업통상자원부령이 정하는 것이다.

26 다음 [보기]에서 설명하는 강(綱)으로 가장 옳은 것은?

- 인성, 연성, 내식성이 우수하다.
- 결정구조는 FCC이고 비자성이다.
- 대표 강으로는 18-8스테인리스강이 있다.

① 구리-아연강(Cu-Zn Steel)
② 구리-주석강(Cu-Sn Steel)
③ 몰리브덴-크롬강(Mo-Cr Steel)
④ 크롬-니켈강(Cr-Ni Steel)

27 LP 가스의 저장설비실 바닥면적이 $15m^2$이라면 통풍구 크기는 몇 cm^2 이상이어야 하는가?

① 3,000 ② 3,500
③ 4,000 ④ 4,500

28 다음 중 프레온(R-12) 냉동장치에 사용하기에 가장 부적당한 금속은?

① 구리
② 마그네슘
③ 황동
④ 강

29 다음 [보기]에서 설명하는 응축기의 종류는?

- 암모니아, 프레온계 등 대, 중, 소 냉동기에 사용된다.
- 수량이 충분하지 않은 경우에 적당하다.
- 설치공간이 작다.
- 냉각관이 부식되기 쉽다.
- 냉각수량이 적어도 된다.

① 입형 셸 앤드 튜브식 응축기
② 횡형 셸 앤드 튜브식 응축기
③ 7통로식 응축기
④ 대기식 브리다형 응축기

30 피셔(Fisher)식 정압기의 2차압 이상상승의 원인에 해당하는 것은?

① 정압기 능력부족
② 필터의 먼지류의 막힘
③ Pilot Supply Valve에서의 누설
④ 파일럿 오리피스의 녹 막힘

31 다음 중 특정 고압가스로만 나열된 것은?

① 수소, 산소, 액화암모니아, 아세틸렌
② 수소, LPG, LNG, 아세틸렌
③ 산소, 수소, 질소, 아르곤
④ 액화염소, 액화암모니아, 질소, 아황산가스

32 포스겐가스를 가수분해시켰을 때 주로 생성되는 것은?

① CO, CO_2
② CO, Cl
③ CO_2, HCl
④ H_2CO_3, HCl

33 총 발열량이 10,400kcal/m³, 비중이 0.64인 가스의 웨베지수는 얼마인가?

① 6,656
② 9,000
③ 13,000
④ 16,250

34 다음 중 액화석유가스 허가대상 범위에 포함되지 않는 것은?

① 액화석유가스 충전사업
② 액화석유가스 집단공급사업
③ 액화석유가스 판매사업
④ 가스용품 판매사업

35 액화석유가스의 저장탱크를 매설할 때의 시설기준으로 옳은 것은?

① 지하에 묻는 저장탱크는 천장, 벽 및 바닥의 두께가 각각 15cm 이상의 철근콘크리트로 만든 방에 설치한다.
② 저장탱크 주위에는 물기가 있는 모래를 채운다.
③ 저장탱크의 정상부와 지면의 거리는 60cm 미만으로 해야 한다.
④ 저장탱크를 2개 이상 인접하여 설치하는 경우에는 상호 간에 1m 이상의 거리를 유지시켜야 한다.

36 가스크로마토그래피(Gaschromatography)의 구성 장치가 아닌 것은?

① 검출기(Detector)
② 유량계(Flowmeter)
③ 칼럼(Column)
④ 반응기(Reactor)

37 염소의 성질에 대한 설명으로 옳은 것은?
  ① 염소는 암모니아로 검출할 수 있다.
  ② 염소는 물의 존재 없이 표백작용을 한다.
  ③ 완전히 건조된 염소는 철과 잘 반응한다.
  ④ 염소폭명기는 냉암소에서도 폭발하여 염화수소가 된다.

38 암모니아를 사용하여 질산제조의 원료를 얻는 반응식으로 가장 옳은 것은?
  ① $2NH_3 + CO \rightarrow (NH_2)_2CO + H_2O$
  ② $NH_3 + HNO_3 \rightarrow NH_4NO_3$
  ③ $2NH_3 + H_2SO_4 \rightarrow (NH_4)_2SO_4$
  ④ $4NH_3 + 5O_2 \rightarrow 4NO + 6H_2O$

39 다음 중 가연성이면서 독성 가스인 것은?
  ① 산화에틸렌
  ② 아황산가스
  ③ 프로판
  ④ 염소

40 특정 고압가스 사용신고를 하여야 하는 자는 저장능력이 몇 kg 이상인 액화가스 저장설비를 갖추고 특정고압가스를 사용하여야 하는가?
  ① 100
  ② 250
  ③ 500
  ④ 1,000

41 산소봄베에 산소를 충전하고 온도 35℃에서 20MPa로 되도록 하려면 0℃에서 약 몇 MPa의 압력까지 충전해야 하는가?
  ① 13.5
  ② 17.7
  ③ 22.6
  ④ 26.3

42 용기에 액체질소 56kg이 충전되어 있다. 외부에서의 열이 매시간 5kcal씩 액체질소에 공급될 때 액체질소가 28kg으로 감소되는 데 걸리는 시간은?(단, N_2의 증발잠열은 1,600cal/mol이다.)
  ① 16시간
  ② 32시간
  ③ 160시간
  ④ 320시간

43 다음 가스와 검지를 위한 시험지가 틀리게 짝지어진 것은?
  ① 아세틸렌 – 초산납 시험지
  ② 일산화탄소 – 염화파라듐지
  ③ 염소 – 요오드화칼륨 전분지
  ④ 포스겐 – 하리슨 시험지

44 고압가스의 제조방법 중 안전관리상 옳은 것은?
  ① 산소를 용기에 충전할 때에는 용기 내부에 유지류를 제거하고 충전한다.
  ② 시안화수소의 안정제로 물을 사용한다.
  ③ 산화에틸렌 충전 시에는 산 및 알칼리로 세척한 후 충전한다.
  ④ 아세틸렌은 3.5MPa으로 압축하여 충전할 때에는 희석제로 이산화탄소를 사용한다.

45 암모니아의 물리적 성질에 대한 설명 중 틀린 것은?
  ① 쉽게 액화한다.
  ② 증발잠열이 크다.
  ③ 자극성의 냄새가 난다.
  ④ 물에 녹지 않는다.

46 염화암모늄과 아질산나트륨의 혼합물을 가열하였을 때 주로 얻을 수 있는 기체는?

① 염소
② 암모니아
③ 산화질소
④ 질소

47 다음 그림은 정압기의 정상상태에서 유량과 2차 압력의 관계를 나타낸 것이다. A, B, C에 해당되는 용어를 순서대로 옳게 나타낸 것은?

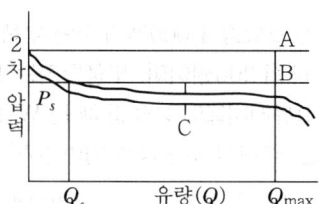

① A : Lock up, B : Offset, C : Shift
② A : Offset, B : Lock up, C : Shift
③ A : Shift, B : Offset, C : Lock up
④ A : Shift, B : Lock up, C : Offset

48 콕에 대한 설명 중 틀린 것은?

① 콕은 퓨즈콕·상자콕 및 주물연소기용 노즐콕으로 구분할 것
② 완전히 열었을 때의 핸들 방향은 유로의 방향과 직각일 것
③ 과류차단안전기구가 부착된 콕의 작동유량은 입구압이 1±0.1kPa인 상태에서 측정하였을 때 표시유량의 ±10% 이내일 것
④ 퓨즈콕·상자콕 및 주물연소기용 노즐콕의 핸들 회전력은 58.8N·cm 이하일 것

49 조정형 샘플링 검사는 검사에 로트가 계속해서 제출될 경우에 그 품질에 따라 검사의 강약을 조정하는 검사이다. 다음 중 이 검사에 해당하지 않는 것은?

① 무시험 검사
② 보통 검사
③ 수월한 검사
④ 까다로운 검사

50 완전가스에서 등엔탈피 변화는 어느 것인가?

① 등압변화
② 등적변화
③ 등온변화
④ 단열변화

51 완전가스의 비열(Specific Heat Ratio)에 대한 설명 중 틀린 것은?

① 비열비 k는 $\dfrac{C_p}{C_v}$로 나타낸다.
② 비열비는 온도에 관계없이 일정하다.
③ 공기의 비열비는 1.4 정도이다.
④ 단원자보다 3원자 분자 이상 기체의 비열비가 크다.

52 엔트로피(Entropy)에 대한 설명 중 틀린 것은?

① 열출입이 없는 단열변화의 경우에는 엔트로피의 증감이 없다.
② 가역과정에서는 불변이고, 비가역과정에서는 증가한다.
③ $dS = \dfrac{dQ}{T}$ (kcal/K)으로 나타낸다.
④ 어느 물체에 열을 가하면 엔트로피는 감소하고, 냉각시키면 증가하는 이론적인 양이다.

53 고압가스 일반제조의 기술기준 중 에어졸 제조기준에 대한 설명으로 틀린 것은?

① 에어졸은 35℃에서 그 용기의 내압이 0.5MPa 이하이어야 하고, 에어졸의 용량이 그 용기 내용적의 95% 이하일 것
② 내용적이 100cm³를 초과하는 용기는 그 용기 제조자의 명칭 또는 기호가 표시되어 있을 것
③ 용기의 내용적이 1L 이하이어야 하며, 내용적이 100cm³를 초과하는 용기의 재료는 강 또는 경금속을 사용한 것일 것
④ 에어졸의 분사제는 독성 가스를 사용하지 아니할 것

54 알루미늄합금 이외의 고압가스용기 내압시험압력을 옳게 나타낸 것은?

① 아세틸렌가스 : 최고충전압력의 2배
아세틸렌가스 외의 가스 : 최고충전압력의 3분의 5배
재충전금지용기에 충전하는 압축가스 : 최고충전압력의 1.8배
② 아세틸렌가스 : 최고충전압력의 3배
아세틸렌가스 외의 가스 : 최고충전압력의 4분의 5배
재충전금지용기에 충전하는 압축가스 : 최고충전압력의 1.8배
③ 아세틸렌가스 : 최고충전압력의 2배
아세틸렌가스 외의 가스 : 최고충전압력의 3분의 5배
재충전금지용기에 충전하는 압축가스 : 최고충전압력의 4분의 5배
④ 아세틸렌가스 : 최고충전압력의 3배
아세틸렌가스 외의 가스 : 최고충전압력의 3분의 5배
재충전금지용기에 충전하는 압축가스 : 최고충전압력의 4분의 5배

55 이항분포(Binomial Distribution)의 특징으로 가장 옳은 것은?

① $P=0$일 때는 평균치에 대하여 좌·우 대칭이다.
② $P \leq 0.1$이고, $nP=0.1\sim10$일 때는 포아송 분포에 근사한다.
③ 부적합품의 출현 개수에 대한 표준편차는 $D(x)=nP$이다.
④ $P \leq 0.5$이고, $nP \geq 5$일 때는 푸아송 분포에 근사한다.

56 연간 소요량 4,000개의 어떤 부품의 발주비용은 매회 200원이며, 부품단가는 100원, 연간 재고유지비율이 10%일 때 F. W. Harris 식에 의한 경제적 주문량은 얼마인가?

① 40개/회 ② 400개/회
③ 1,000개/회 ④ 1,300개/회

57 재품공정 분석표(Product Process Chart) 작성 시 가공시간 기입법으로 가장 올바른 것은?

① $\dfrac{1개당 \ 가공시간 \times 1로트의 \ 수량}{1로트의 \ 총 \ 가공 \ 시간}$
② $\dfrac{1로트의 \ 가공시간}{1로트의 \ 총 \ 가공시간 \times 1로트의 \ 수량}$
③ $\dfrac{1개당 \ 가공시간 \times 1로트의 \ 총 \ 가공시간}{1로트의 \ 수량}$
④ $\dfrac{1로프의 \ 총 \ 가공시간}{1개당 \ 가공시간 \times 1로트의 \ 수량}$

58 다음 중 검사의 판정 대상에 의한 분류가 아닌 것은?

① 관리 샘플링검사
② 로트별 샘플링검사
③ 전수검사
④ 출하검사

59 "무결점 운동"이라고 불리는 것으로 품질개선을 위한 동기부여 프로그램은 어느 것인가?

① TQC
② ZD
③ MIL-STD
④ ISO

60 M 타입의 자동차 또는 LCD TV를 조립, 완성한 후 부적합수(결점수)를 점검한 데이터에는 어떤 관리도를 사용하는가?

① P 관리도
② nP 관리도
③ c 관리도
④ $\bar{x}-R$ 관리도

▶▶▶ 정답 및 해설

01	02	03	04	05	06	07	08	09	10
③	②	④	②	①	④	④	④	②	④
11	12	13	14	15	16	17	18	19	20
④	③	③	④	②	②	④	①	②	②
21	22	23	24	25	26	27	28	29	30
①	①	①	④	③	④	④	②	①	③
31	32	33	34	35	36	37	38	39	40
①	③	①	③	④	④	①	④	①	②
41	42	43	44	45	46	47	48	49	50
②	④	①	①	④	②	④	②	①	③
51	52	53	54	55	56	57	58	59	60
④	④	①	④	②	②	①	④	②	③

01 • A : 비례한도
• B : 탄성한도
• C : 상항복점
• D : 하항복점
• E : 인장강도
• F : 파괴점

02 M(마하수) $= \dfrac{\text{유체속도}}{\text{음속}} = \dfrac{V}{C}$

03 흡수식 냉동기
• 냉매 : 암모니아
• 흡수제 : 물

04 수소 1g=11.2L
산소 32g=22.4L
질소 56g=44.8L
∴ $\dfrac{11.2}{11.2+22.4+44.8} \times 100 = 14.28\% = \dfrac{1}{7}$

05 분자량 $(M) = \dfrac{dRT}{P}$

06 $\left(P + \dfrac{a}{V^2}\right)(V-b) = RT$
$V = 400L$, $R = 0.082L \cdot atm/mol$
$T = (273+200) = 473K$
$140kg = 5,000mol$

$P = \dfrac{nRT}{V-nb} - \dfrac{n^2 a}{V^2}$
$= \dfrac{5,000 \times 0.082 \times 473}{400 - 5,000 \times 0.0386} - \dfrac{(5,000)^2 \times 1.351}{(400)^2}$
$= 726 atm$

07 LP 가스 제법
• 원유에서 액화가스 회수
• 석유정제공정에서 분리
• 나프타 분해생성물에서 제조

08 청정제
• 에퓨렌
• 리가솔
• 카타리솔

09 임계온도
• 수소 : $-239.9℃$
• 산소 : $-118.4℃$
• 질소 : $-147℃$
• 염소 : $144℃$

10 가스 분출 시 가스 속에 액체나 고체의 미립자가 있을 경우 정전기가 발생되기 쉽다.

11 $P_1 = 1atm$, $2+8=10mol$, $6+4+2+2=14mol$
$T_2 = 27+273 = 300K$
$\dfrac{P_2}{P_1} = \dfrac{n_2}{n_1} \times \dfrac{T_2}{T_1}$
$P_2 = \dfrac{n_2}{n_1} \times \dfrac{T_2}{T_1} \times P_1$
$= \dfrac{14}{10} \times \dfrac{3,000}{300} \times 1 = 14atm$

12 분해폭발
$C_2H_2 \xrightarrow{\text{압축}} 2C + H_2 + 54.2kcal$

C_2HO_4(산화에틸렌)의 증기는 화염, 전기스파크, 충격, 아세틸드의 분해에 의해 분해폭발 위험성 가스

13 암모니아합성가스 분리장치에서 에틸렌(C_2H_4)가스는 제3열교환기에서 액화한다.

14 스크루(나사) 압축기
  • 소음발생이 크다.
  • 용적형 회전식이다.
  • 연속 송출되며 맥동 및 진동이 없다.

15 공기액화분리법에서 제조하는 가스
  • 산소
  • 질소
  • 아르곤

16 $\dfrac{500}{1.8} - 273 = 4.7℃$

  $500 - 460 = 40°F$

  $\therefore \dfrac{5}{9}(40-32) = 4.4℃$

17 평형이동의 법칙
  평형상태에서 농도, 압력, 온도 등의 평형조건을 변동시키면 그 결과를 없애고자 하는 방향으로 반응이 진행되어 새로운 평형에 도달한다. ($N_2+O_2 \rightleftarrows 2NO$ 온도의 영향)

18 공식 부식은 양극반응의 독특한 부식이고 부식속도가 빠르며 발견이 어렵다.

19 용접이음의 특징
  • 조인트 효율이 좋다.
  • 응력집중에 민감하다.
  • 기밀성이나 수밀성이 좋다.
  • 보온재 사용이 편리하다.

20 부르동관 압력계 사용 시 압력계에 가스 유입, 유출 시에는 천천히 조작한다.

21 링밸런스식 압력계(환상천평식)
  유자관 대신에 환상관을 사용하는 압력계로서 수은을 채워서 사용하는 미압압력계

22 염소의 제독제
  • 소석회
  • 가성소다 수용액
  • 탄산소다 수용액

23 • S 전량 : 0.5g
   • H_2S : 0.02g
   • NH_3 : 0.2g

24 $50 = \dfrac{V_2}{2.35}L$

   $V_2 = 50 \times 2.35 = 117.5$

25 도시가스는 수요자에게 배관망으로 공급한다.

26 18-8 스테인리스강은 강철+크롬 18%+니켈 8% 합금으로 내식성이 큰 비자성체이다.

27 통풍구 = $1m^2$ 바닥당 $300cm^2$
   $\therefore 15 \times 300 = 4,500cm^2$

28 Freon 냉매는 마그네슘이나 Mg을 2% 이상 함유하는 알루미늄 합금을 부식시킨다.

29 횡형 셸 앤드 튜브식 응축기는 냉각수가 적게 들고 설치장소가 좁아도 된다. 또한 냉각관이 부식되기 쉽다.

30 피셔식 정압기의 2차압 이상상승의 원인
  • Pilot Supply Valve에서의 누설
  • 메인 밸브에 먼지류가 끼어 들어 Cut-off 불량
  • 바이패스 밸브류의 누설

31 특정 고압가스
  • 수소
  • 산소
  • 암모니아(액상)
  • 천연가스
  • 아세틸렌 등

32 $CO + Cl_2 \rightarrow COCl_2$(포스겐)
   $COCl_2 + H_2O \rightarrow CO_2 + 2HCl$(가수분해반응)

33 $WI = \dfrac{H_g}{\sqrt{d}} = \dfrac{10,400}{\sqrt{0.64}} = 13,000$

34 가스용품 판매사업은 신고사항이다.

35 ① 지하벽, 천장, 바닥 두께는 30cm 이상
   ② 주위에는 건조모래를 채운다.
   ③ 정상부와 지면의 거리는 60cm 이상
   ④ 탱크를 2개 이상 인접하여 설치하는 경우 상호 간에 1m 이상 거리 유지

36 가스크로마토그래피 구성요소
   • 검출기
   • 유량계
   • 칼럼

37 ② $Cl_2 + Ca(OH)_2 \rightarrow CaOCl_2 + H_2O$ (표백작용)
   ③ 건조된 염소는 철과 반응하지 않는다.
   ④ $H_2 + Cl_2 \xrightarrow{일광} 2HCl + 44kcal$
   (염소폭명기는 냉암소에서는 반응하지 않는다.)

38 $4NH_3 + 5O_2 \rightarrow 4NO(질산) + 6H_2O$

39 C_2H_4O(산화에틸렌)
   • 폭발범위 : 3.0~80.0%
   • 독성 허용농도 : 50ppm

40 특정 고압가스 저장량이 250kg 이상이면 사용신고를 하여야 한다.

41 $20 \times \dfrac{273}{273+35} = 17.7MPa(17.7kg_f/cm^2)$

42 $56 - 28 = 28kg = 28,000g = 1,000$몰
   $\therefore \dfrac{1,000 \times 1,600}{5 \times 1,000} = 320$시간

43 아세틸렌 : 염화제1동(Cu) 착염지

44 • 시안화수소 안정제 : 아황산가스, 황산
   • 산화에틸렌 저장 시 치환가스 : 질소, 탄산가스

45 암모니아는 물에 잘 용해된다.

46 염화암모늄+아질산나트륨=질소가스

47 • A : 로크-업
   • B : 오프셋
   • C : 시프트

48 콕을 완전히 열었을 때 핸들의 방향은 유로의 방향과 평행선이 된다.

49 조정형 샘플링 검사
   • 수월한 검사
   • 보통 검사
   • 까다로운 검사

50 완전가스의 상태변화(등온변화)
   • 내부에너지 변화가 없다.
   • 엔탈피 변화가 없다.
   • 가열한 열량은 전부 일로 바꾼다.
   $dh = C_p dT, \ dT = 0$
   $\Delta h = h_2 - h_1 = 0$
   $\therefore h_1 = h_2$

51 단원자 가스 $k = \dfrac{5}{3} = 1.66$
   2원자 가스 $k = \dfrac{7}{5} = 1.40$
   3원자 가스 $k = \dfrac{4}{3} = 1.33$

52 어느 물체에 열을 가하면 엔트로피는 증가하고 냉각시키면 감소하는 이론적인 양이다.

53 에어졸은 35℃에서 그 용기의 내압이 0.8MPa 이하이어야 하고, 에어졸의 용량이 그 용기 내용적의 90% 이하일 것

54 가스의 내압시험 압력
   • 아세틸렌가스 : 최고충전압력의 3배
   • 아세틸렌가스 외의 가스 : 최고충전압력의 $\dfrac{5}{3}$배
   • 초저온 용기 및 저온용기 액화가스 : 최고충전압력의 $\dfrac{5}{3}$배

55 • 확률$(P) = P \leq 0.1$이고, nP(회수와 확률)$= 0.1 \sim 10$일 때는 푸아송 분포에 근사한다.
   • 이항분포에서 nP를 일정하게 하고 $n \rightarrow \infty$, $P \rightarrow 0$으로 하면 푸아송 분포(Poisson Distribution)가 된다.

56 4,000×0.1=400개/회
※ 연간 재고유지비율 10%

57 가공시간 기입법

가공시간 = $\dfrac{1개당\ 가공시간 \times 1로트의\ 수량}{1로트의\ 총\ 가공시간}$

58 판정의 대상
- 전수검사(100% 검사)
- 로트별 샘플링검사
- 관리 샘플링검사
- 무검사
- 자주검사

59
- ZD : 무결점 운동
- TQC : 전사적 품질관리

60
- P 관리도 : 불량품의 관리도
- nP 관리도 : 불량개수의 관리도
- c 관리도 : 결점수의 관리도
- $\bar{x} - R$ 관리도 : 평균치와 범위의 관리도
- $x - R$ 관리도 : 메디안과 범위의 관리도

저자약력

■ 권오수
- 한국가스기술인협회 회장
- 한국에너지관리자격증연합회 회장
- 한국기계설비관리협회 명예회장
- 한국보일러사랑재단 이사장
- 한국가스학회 부회장 역임

■ 권혁채
- 서울 중앙열관리기술학원 고압가스 강사 역임
- 서울 제일열관리기술학원 고압가스 강사 역임
- 한국가스기술인협회 사무총장 역임
- 올윈에듀 가스분야 동영상 강사
- 가스분야 동영상 전문강사

■ 권영승
- 한국폴리텍대학 산업설비과 외래교수
- 가스기능장 / 직업능력개발 훈련교사
- 강원도시가스 기술부 주임 역임
- 한국가스안전공사 가스안전교육원 강사 역임
- 행정안전부 안전교육 전문강사

가스기능장 필기
과년도 기출문제

발행일	2008. 6. 10	초판발행
	2010. 1. 10	개정 1판 1쇄
	2012. 2. 10	개정 2판 1쇄
	2014. 1. 15	개정 3판 1쇄
	2015. 1. 30	개정 4판 1쇄
	2016. 1. 30	개정 5판 1쇄
	2018. 2. 20	개정 6판 1쇄
	2019. 3. 20	개정 7판 1쇄
	2021. 1. 10	개정 8판 1쇄
	2023. 1. 10	개정 9판 1쇄
	2025. 1. 10	개정 10판 1쇄

저 자 | 권오수 · 권혁채 · 권영승
발행인 | 정용수
발행처 | 예문사

주 소 | 경기도 파주시 직지길 460(출판도시) 도서출판 예문사
T E L | 031) 955-0550
F A X | 031) 955-0660
등록번호 | 11-76호

- 이 책의 어느 부분도 저작권자나 발행인의 승인 없이 무단 복제하여 이용할 수 없습니다.
- 파본 및 낙장은 구입하신 서점에서 교환하여 드립니다.
- 예문사 홈페이지 http://www.yeamoonsa.com

정가 : 35,000원
ISBN 978-89-274-5655-1 13570